Springer-Lehrbuch

Uwe Storch · Hartmut Wiebe

Grundkonzepte der Mathematik

Mengentheoretische, algebraische, topologische Grundlagen sowie reelle und komplexe Zahlen

 Springer Spektrum

Uwe Storch
Fakultät für Mathematik
Ruhr-Universität Bochum
Bochum, Deutschland

Hartmut Wiebe
Fakultät für Mathematik
Ruhr-Universität Bochum
Bochum, Deutschland

ISSN 0937-7433
Springer-Lehrbuch
ISBN 978-3-662-54215-6   ISBN 978-3-662-54216-3 (eBook)
https://doi.org/10.1007/978-3-662-54216-3

Die Deutsche Nationalbibliothek verzeichnet diese Publikation in der Deutschen Nationalbibliografie; detaillierte bibliografische Daten sind im Internet über http://dnb.d-nb.de abrufbar.

Planung: Iris Ruhmann

Gedruckt auf säurefreiem und chlorfrei gebleichtem Papier.

Springer Spektrum ist Teil von Springer Nature
Die eingetragene Gesellschaft ist Springer-Verlag GmbH Germany
Die Anschrift der Gesellschaft ist: Heidelberger Platz 3, 14197 Berlin, Germany

Vorwort

Mit dem vorliegenden Band beginnen wir eine Neuausgabe unseres Lehrbuchs der Mathematik [18–21], das in vier Bänden ebenfalls im Verlag Springer Spektrum erschienen ist. Wir freuen uns ganz besonders, dass wir dafür Herrn Prof. Dr. C. Becker von der Hochschule RheinMain in Wiesbaden, Herrn Prof. Dr. M. Kersken von der Fachhochschule Flensburg und Herrn Prof. Dr. F. Loose von der Universität Tübingen als Mitautoren gewinnen konnten. Wir danken ihnen ganz herzlich für ihre Bereitschaft und ihr Engagement. Ausgehend von den bestehenden Ausgaben wird der Stoff neu strukturiert und ausgeweitet. Die Bände werden sich spezifischer mit einzelnen Themen beschäftigen und sie umfassender behandeln als das bisher möglich war, sodass sie den Stoff eines regulären Mathematikstudiums (ohne Spezialisierungen) enthalten werden. Die einzelnen Bände sind weniger umfangreich als bisher. Vorgesehen sind folgende Themen:

1. Grundkonzepte der Mathematik
2. Analysis einer Veränderlichen
3. Lineare Algebra I
4. Lineare Algebra II
5. Differenzialrechnung mehrerer Veränderlicher
6. Maß- und Integrationstheorie
7. Analysis auf Mannigfaltigkeiten
8. Funktionalanalysis
9. Stochastik
10. Gewöhnliche Differenzialgleichungen
11. Funktionentheorie
12. Differenzialgeometrie/Differenzialtopologie
13. Algebra

Wir selbst gestalten noch die ersten beiden Bände, die übrigen Bände werden eigenständig von den drei oben genannten neuen Autoren bearbeitet. M. Kersken übernimmt Band 3, F. Loose Band 5 und C. Becker Band 6.

Das Projekt wurde von Herrn Dr. A. Rüdinger vom Verlag Springer Spektrum ange-
regt, dem wir dafür und für die bisherige vorzügliche Betreuung unserer Bücher herzlich
danken.

Bochum, März 2017   Uwe Storch
                                                                                       Hartmut Wiebe

Einleitung

*Die Mathematik zeigt ihre schönen Seiten
nur ihren geduldigen Anhängern.*
  M. Mirzakhani (1977–2017)

Der vorliegende Bd. 1 dieser Lehrbuchreihe behandelt in vier Kapiteln Grundkonzepte aus der Mengenlehre, der Algebra und der Topologie und gibt eine Einführung in die reellen und komplexen Zahlen. Er dient als Basis für die weiteren Bände. Dies betrifft insbesondere auch die Terminologie. Sein Inhalt fußt auf den Kapiteln I, II und IV von Band 1 sowie auf Kapitel I von Band 3 unseres Lehrbuchs der Mathematik [18, 20]. Das Kapitel über die algebraischen Grundlagen fasst die in den vier Bänden [18–21] verstreut abgehandelten algebraischen Gegenstände zusammen und ist dabei über den zunächst vorgesehenen Rahmen hinausgewachsen. Der Stoff wurde allerdings auch an vielen Stellen erweitert. Unser Ziel war es, eine begriffliche Grundlage für die Mathematik zu schaffen, aber im Detail auch tiefere Ergebnisse zu präsentieren. Zwar geht die Darstellung systematisch vor, bei einzelnen Beispielen oder auch in Aufgaben wird jedoch von Beginn an eine gewisse Vertrautheit im Umgang mit den natürlichen, rationalen und reellen Zahlen erwartet. Das Buch wendet sich an alle, die sich intensiver mit Mathematik beschäftigen wollen.

Im Folgenden beschreiben wir den Inhalt der einzelnen Kapitel etwas detaillierter.

Kap. 1 widmet sich den grundlegenden Sprechweisen über Mengen, Abbildungen und Relationen. Ausführlich werden die ordnungstheoretischen Begriffe diskutiert. Dazu gehört ein Abriss der Theorie der Kardinal- und Ordinalzahlen und ein Beweis des Zornschen Lemmas mit seinen unmittelbaren Konsequenzen wie Wohlordnungssatz, Vergleichbarkeitssatz für Kardinal- und Ordinalzahlen und der Produktsatz für unendliche Kardinalzahlen. Ausgehend von den Peano-Axiomen geben wir eine Einführung in die natürlichen Zahlen, für die die vollständige Induktion zentral ist. Die grundlegenden Methoden und Ergebnisse der elementaren Kombinatorik über das Abzählen endlicher Mengen werden dargestellt. Ausgangspunkt einer Einführung in die elementare Zahlentheorie ist der Euklidische Algorithmus und der damit gewonnene Hauptsatz über die eindeutige Primfaktorzerlegung natürlicher Zahlen.

Als Grundbegriffe der Algebra werden in Kap. 2 Monoide und Gruppen, Ringe und Körper sowie Moduln und Algebren besprochen. Homomorphismen spielen als strukturverträgliche Abbildungen eine entscheidende Rolle und führen zu Standardkonstruktionen wie Quotientenbildungen, Summen und Produkten und zur Diskussion freier Objekte. Stets betonen wir die universellen Eigenschaften der konstruierten Objekte und bereiten so auf eine mehr kategorientheoretische Betrachtungsweise in späteren Bänden vor. Das Operieren von Monoiden und Gruppen liefert einen einheitlichen Gesichtspunkt bei der Behandlung verschiedenster algebraischer Strukturen. Überdies wird so die ursprüngliche Bedeutung von Gruppen als Transformationsgruppen wiederbelebt. Die Gruppentheorie führen wir bis zu den Sylow-Sätzen aus und konkretisieren sie an endlichen Permutationsgruppen. Die Einfachheit der alternierenden Gruppen von Mengen mit mindestens fünf Elementen wird bewiesen. Weitere Anwendungen sind etwa das quadratische Reziprozitätsgesetz nach Jacobi und die Pólyasche Abzählformel.

Ringe, Moduln und Algebren sind Strukturen mit mehreren kanonisch verbundenen Verknüpfungen, die unter den bereits erwähnten generellen Gesichtspunkten betrachtet werden. Mit dem allgemeinen Chinesischen Restsatz wird die Struktur der minimalen Ringe, d. h. der Restklassenringe von $\mathbb{Z}$ und ihrer Einheitengruppen, der Primrestklassengruppen, geklärt. Moduln und Vektorräume werden einschließlich des Rang- und Dimensionsbegriffs behandelt. Der Abschnitt über Algebren diskutiert u. a. sehr ausführlich (auch nichtkommutative) Polynomalgebren bis hin zum Hilbertschen Basissatz und der Primfaktorzerlegung. Hauptidealbereiche und insbesondere euklidische Bereiche mit ihrer spezifischen Modultheorie finden dabei ihren Platz. Anwendungsbeispiele sind etwa endliche Körper und der Zwei- sowie der Vier-Quadrate-Satz.

Die reellen Zahlen bilden einen angeordneten Körper. Diese Tatsache und damit das Studium von Ungleichungen sind Ausgangspunkt von Kap. 3. Zentral ist die Konvergenz von Folgen, die wiederum zum Vollständigkeitsbegriff führt und zur Charakterisierung von $\mathbb{R}$ als einem vollständigen angeordneten Körper. Die Vollständigkeit wird von den verschiedensten Seiten beleuchtet, woraus sich auch natürliche Konstruktionen von $\mathbb{R}$ aus den rationalen Zahlen ergeben. Der Übergang zu den komplexen Zahlen ist dann ein kleiner Schritt. Für die Polarkoordinatendarstellung komplexer Zahlen werden allerdings im Vorgriff auf Bd. 2 schon hier trigonometrische Funktionen benutzt. Bei der Behandlung von Reihen bietet der Summierbarkeitsbegriff erhebliche methodische Vorteile. Er wird deshalb konsequent verwendet. Die Stetigkeit von reellen und komplexen Funktionen auf Teilmengen von $\mathbb{R}$ oder $\mathbb{C}$ wird ausführlich behandelt, einschließlich der Besonderheiten bei kompakten Definitionsbereichen. Als eine Anwendung erhält man den klassischen Beweis des Fundamentalsatzes der Algebra. Das Kapitel schließt mit der Einführung der reellen Exponential- und Logarithmusfunktionen.

Topologische Strukturen spielen heute in allen Bereichen der Mathematik eine wesentliche Rolle. Sie sind Gegenstand des Kap. 4. Ausgehend vom Abstandsbegriff werden zunächst metrische Räume eingeführt, zu denen speziell die normierten Vektorräume gehören. Metrische Räume motivieren das Konzept des topologischen Raums mit den zugehörigen Homomorphismen, nämlich den stetigen Abbildungen. Einschlägige Konstruktionen wie Bild- und Urbildtopologien mit ihren universellen Eigenschaften, speziell Quotienten und Produkte, werden ausführlich besprochen. Die fundamentalen Begriffe des Zusammenhangs und der Kompaktheit, die schon in Kap. 3 für die Räume $\mathbb{R}$ und $\mathbb{C}$ eine wichtige Rolle spielten, sind zentrale Gegenstände der Überlegungen. Wir diskutieren den Satz von Tychonoff und die Vollständigkeit metrischer Räume sowie die verschiedenen Konvergenzbegriffe in Abbildungsräumen wie punktale, gleichmäßige, lokal gleichmäßige und kompakte Konvergenz bis hin zum Satz von Arzelà-Ascoli mit dem Hausdorff-Abstand von abgeschlossenen Mengen in metrischen Räumen als einer Anwendung. Schließlich wird die Summierbarkeit in hausdorffschen abelschen topologischen Gruppen als Verallgemeinerung der Summierbarkeit in $\mathbb{R}$ und $\mathbb{C}$ eingeführt.

Die einzelnen Abschnitte werden durch zahlreiche Aufgaben ergänzt, deren Ergebnisse gelegentlich im Text benutzt werden. Zu den etwas schwierigeren Aufgaben werden Hinweise gegeben. Außerdem findet man zu einigen Aufgaben Lösungen in unseren Arbeitsbüchern [22] und [23]. Die Beispiele dienen nicht nur zur Illustration der Theorie, sondern führen sie auch weiter. Wir hoffen, dass sie die Darstellung stärker strukturieren und die Übersicht erhöhen. Das Ende von Beispielen und Bemerkungen ist jeweils durch ein $\diamond$ gekennzeichnet und das Ende von Beweisen durch $\square$.

Das Buch gibt nicht den Inhalt einer einzelnen Vorlesung wieder. Es muss nicht Seite für Seite gelesen werden, vielmehr kann der Leser einzelne Themen herausgreifen und es bei Bedarf auch als Nachschlagewerk benutzen. Das ausführliche Stichwortverzeichnis soll dabei helfen.

Der zweite Band dieser Reihe beschäftigt sich mit der Analysis von Funktionen einer reellen und komplexen Veränderlichen, also mit der Differenziation und Integration solcher Funktionen.

Wir danken Herrn Dr. A. Rüdinger und Frau I. Ruhmann vom Verlag Springer Spektrum herzlich für die Beratung bei der inhaltlichen Ausrichtung dieses Bandes und Frau A. Herrmann für die technische Unterstützung.

Bochum, Juli 2017   Uwe Storch
                                                                                                         Hartmut Wiebe

Inhaltsverzeichnis

1   Grundlagen der Mengenlehre   1

   1.1 Mengen   1

   1.2 Abbildungen und Familien   7

   1.3 Relationen   21

   1.4 Ordnungsrelationen   29

   1.5 Natürliche Zahlen und vollständige Induktion   41

   1.6 Endliche Mengen und Kombinatorik   52

   1.7 Primfaktorzerlegung natürlicher Zahlen   66

   1.8 Unendliche Mengen und Kardinalzahlen   86

2   Algebraische Grundlagen 103

   2.1 Monoide und Gruppen 103

   2.2 Homomorphismen 130

   2.3 Induzierte Homomorphismen und Quotientenbildung 160

   2.4 Operieren von Monoiden und Gruppen 188

   2.5 Permutationsgruppen 208

   2.6 Ringe 240

   2.7 Ideale und Restklassenringe 257

   2.8 Moduln und Vektorräume 274

   2.9 Algebren 296

   2.10 Hauptidealbereiche und faktorielle Integritätsbereiche 328

3   Reelle und komplexe Zahlen 361

   3.1 Angeordnete Körper 361

   3.2 Konvergente Folgen 371

   3.3 Reelle Zahlkörper 378

   3.4 Folgerungen aus der Vollständigkeit 398

   3.5 Die komplexen Zahlen 411

   3.6 Reihen 431

   3.7 Summierbarkeit 448

   3.8 Stetige Funktionen 462

3.9   Stetige Funktionen auf kompakten Mengen 490
3.10 Reelle Exponential-, Logarithmus- und Potenzfunktionen 497

4   Topologische Grundlagen 507
4.1   Metrische Räume 507
4.2   Topologische Räume und stetige Abbildungen 518
4.3   Zusammenhängende Räume 551
4.4   Kompakte Räume 565
4.5   Vollständige metrische Räume und gleichmäßige Konvergenz 588

Literatur 615

Symbolverzeichnis 617

Sachverzeichnis 621

Grundlagen der Mengenlehre

1

1.1 Mengen

Mathematik wird heute in der Sprache der Mengenlehre formuliert und gelehrt. Betrachtet werden Objekte, die zu Mengen zusammengefasst werden können. Diese können dann wiederum Elemente von Mengen sein. Die folgende klassische und immer noch aktuelle Beschreibung gibt G. Cantor (1845–1918) in der Arbeit: Beiträge zur Begründung der transfiniten Mengenlehre (Erster Artikel), Math. Ann. **46**, 481–512 (1895):

> Unter einer **Menge** M verstehen wir jede Zusammenfassung von bestimmten wohlunterschiedenen Objekten m unsrer Anschauung oder unseres Denkens (welche die **Elemente** von M genannt werden) zu einem Ganzen.

H. Hermes (1912–2003) kommentierte in seinen Vorlesungen Cantors Definition einer Menge etwas kritisch so: Während die Menschen in einem Hörsaal Objekte unserer Anschauung und die natürlichen Zahlen Objekte unseres Denkens sind, ist die Art der Einordnung z. B. der griechischen Götter und Göttinnen doch zweifelhaft. (Sie als Elemente einer Menge betrachten zu können, wird wohl nicht bezweifelt.)

Seien A eine Menge und a ein Objekt. Dann bedeutet

$$a \in A \quad \text{bzw.} \quad a \notin A,$$

dass a ein Element von A bzw. dass a kein Element von A ist. Eine Menge wird durch die Elemente, die sie enthält, konstituiert. Zwei Mengen sind also genau dann gleich, wenn sie dieselben Elemente enthalten. Dies ist der sogenannte **extensionale Standpunkt**.

Durch Bildung einer Menge wird stets ein neues Objekt geschaffen. Insbesondere gibt es keine Mengen $A_0, A_1, \ldots, A_n$ mit $A_0 \in A_1 \in \cdots \in A_{n-1} \in A_n$ und $A_n = A_0$. Speziell gibt es keine Mengen A, B mit $A \in A$ bzw. mit $A \in B \in A$. Die Menge aller Mengen existiert nicht; sie müsste sich ja selbst enthalten. Damit entfällt auch die Grundlage für die sogenannte **Russellsche Antinomie**: B. Russell (1872–1970) betrachtete die Menge B

© Springer-Verlag GmbH Deutschland 2017
U. Storch, H. Wiebe, *Grundkonzepte der Mathematik*, Springer-Lehrbuch,
https://doi.org/10.1007/978-3-662-54216-3_1

aller Mengen A, die sich nicht selbst enthalten, und stellte fest, dass definitionsgemäß B genau dann Element von B ist, wenn B nicht Element von B ist. Dies wäre paradox. Die Menge B existiert jedoch nicht, denn sie wäre wegen $A \notin A$ für jede Menge A mit der Menge aller Mengen identisch.

Bemerkung 1.1.1 Die Mengenlehre gibt es auch als mathematische Theorie. Diese versucht, die in der Mengenlehre benutzten Schlussweisen axiomatisch zu fassen. Einziger Grundbegriff ist die Element-von-Beziehung $a \in A$. Ein wesentlicher Teil der Axiome bezieht sich auf die Bildung und Existenz spezieller Mengen, wobei insbesondere eine formale Sprache benutzt wird. Eines der heute gebräuchlichsten Axiomensysteme ist das **ZFC**-System von E. Zermelo (1871–1953) und A. Fraenkel (1891–1965). Das „C" steht dabei für das **Auswahlaxiom** (= Axiom of Choice), auf das wir später eingehen werden, siehe etwa Abschn. 1.4. Der Leser lasse sich aber nicht verwirren: Die Mengentheorie ist eine mathematische Theorie wie jede andere. Um noch einmal H. Hermes zu zitieren: Wie alle Mathematiker nutzen die Mengentheoretiker das gleiche schmutzige Tuch (nämlich die Mengenlehre), um ihr Silber (nämlich die Mengentheorie) zu polieren. – Für einen Einstieg in die axiomatische Mengentheorie sei auf die Bücher [7] und [5] verwiesen. $\diamond$

Mengen werden beschrieben durch explizite Angabe ihrer Elemente – man spricht dann von **aufzählender Schreibweise** – oder durch Charakterisierung ihrer Elemente mittels einer Eigenschaft, die genau den Objekten zukommt, die der betrachteten Menge angehören. Es ist etwa

$$\{1, -1\} = \{1, -1, 1\} = \{x \mid x \text{ ist eine reelle Zahl und es ist } x^2 = 1\}$$
$$= \{x \in \mathbb{R} \mid x^2 = 1\}.$$

Ein und dieselbe Menge kann auf vielerlei Weise beschrieben werden. Wie bereits gesagt, entscheidend für die Gleichheit von Mengen ist, dass sie dieselben Elemente enthalten. Wir verwenden folgende Standardbezeichnungen:

$\mathbb{N} = \{0, 1, 2, 3, \ldots\}$	Menge der natürlichen Zahlen (nach DIN 5473),
$\mathbb{N}^* = \{1, 2, 3, \ldots\}$	Menge der positiven natürlichen Zahlen,
$\mathbb{Z} = \{0, 1, -1, 2, -2, \ldots\}$	Menge der ganzen Zahlen,
$\mathbb{Q} = \{\frac{a}{b} = a/b \mid a, b \in \mathbb{Z}, b \neq 0\}$	Menge der rationalen Zahlen,
$\mathbb{R}$	Menge der reellen Zahlen,
$\mathbb{R}^\times = \{x \in \mathbb{R} \mid x \neq 0\}$	Menge der reellen Zahlen $\neq 0$,
$\mathbb{R}_+ = \{x \in \mathbb{R} \mid x \geq 0\}$	Menge der nichtnegativen reellen Zahlen,
$\mathbb{R}_- = \{x \in \mathbb{R} \mid x \leq 0\}$	Menge der nichtpositiven reellen Zahlen,
$\mathbb{R}_+^\times = \{x \in \mathbb{R} \mid x > 0\}$	Menge der positiven reellen Zahlen,
$\mathbb{C} = \{a + bi \mid a, b \in \mathbb{R}\}$	Menge der komplexen Zahlen,
$\mathbb{C}^\times = \{z \in \mathbb{C} \mid z \neq 0\}$	Menge der komplexen Zahlen $\neq 0$.

Das elementare Rechnen in diesen Zahlbereichen wird von Anfang an benutzt. Auf die reellen und komplexen Zahlen gehen wir aber in Kap. 3 noch ausführlich ein. Zu Beginn spielen die komplexen Zahlen jedoch keine große Rolle.

A und B seien Mengen. A heißt **Teilmenge** (oder **Untermenge**) von B, wenn jedes Element von A auch Element von B ist. Man schreibt dann

$$A \subseteq B \quad \text{oder} \quad B \supseteq A$$

und spricht von der **Inklusion** der Menge A in der Menge B. Ist dabei $A \neq B$, so heißt die Inklusion **echt**. In diesem Fall schreiben wir auch

$$A \subset B \quad \text{oder} \quad B \supset A.$$

$A \subset B$ bedeutet also, dass jedes Element der Menge A auch zur Menge B gehört, es aber wenigstens ein Element in B gibt, das nicht zu A gehört.[1] Offenbar folgt aus den Inklusionen $A \subseteq B$ und $B \subseteq C$ die Inklusion $A \subseteq C$. Genau dann gilt $A = B$, wenn $A \subseteq B$ und $B \subseteq A$ gelten. Daher beweist man die Gleichheit $A = B$ zweier Mengen A und B in der Regel so, dass man diese beiden Inklusionen verifiziert, also für alle x zeigt: *Aus $x \in A$ folgt $x \in B$ und aus $x \in B$ folgt $x \in A$.* Die Menge, die überhaupt kein Element enthält, heißt die **leere Menge** und wird mit

$$\emptyset$$

bezeichnet. *Sie ist Teilmenge jeder Menge.*[2] – Wir beschreiben kurz die wichtigsten Mengenoperationen. Seien A und B Mengen. Dann heißen die Mengen

$$A \cup B := \{x \mid x \in A \text{ oder } x \in B\} \qquad \text{die \textbf{Vereinigung},}$$
$$A \cap B := \{x \mid x \in A \text{ und } x \in B\} \qquad \text{der \textbf{Durchschnitt} und}$$
$$A - B := \{x \mid x \in A \text{ und } x \notin B\} \qquad \text{die \textbf{Differenz(menge)}}$$

der Mengen A und B. Hier wie im Folgenden bedeutet der Doppelpunkt vor dem Gleichheitszeichen, dass die linke Seite der Gleichung durch die rechte Seite definiert wird (und umgekehrt die rechte Seite durch die linke, wenn der Doppelpunkt hinter dem Gleichheitszeichen steht). Ist B Teilmenge von A, so heißt die Differenz $A - B$ das **Komplement** von B in A. Es wird auch mit $\complement B = \complement_A B$ bezeichnet. Man beachte, dass bei der Definition der Vereinigung das Wort „oder" wie stets in der Mathematik im nicht ausschließenden Sinne, d. h. nicht im Sinn von „entweder-oder", gebraucht wird. $A \cap B$ ist also Teilmenge

---

[1] Die Inklusionszeichen $\subset$ und $\supset$ werden in der Literatur nicht einheitlich verwendet. Sie bezeichnen gelegentlich die nicht notwendig echte Inklusion.

[2] Ein Anfänger übersieht leicht, dass eine Menge leer sein kann. Will man etwa aus einer gegebenen Menge A ein Element a_0 herausgreifen, so vergewissere man sich, dass A nicht leer ist.

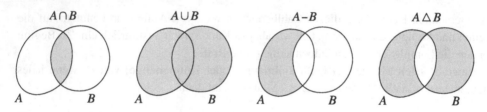

Abb. 1.1 Venn-Diagramme

von $A \cup B$. Die Menge

$$A \triangle B := \{x \mid \text{entweder } x \in A \text{ oder } x \in B\} = (A - B) \cup (B - A)$$
$$= (A \cup B) - (A \cap B)$$

heißt die **symmetrische Differenz** von A und B. Zwei Mengen mit leerem Durchschnitt heißen **disjunkt**. Genau dann gilt also $A \triangle B = A \cup B$, wenn die Mengen A und B disjunkt sind. Diese und ähnliche Begriffsbildungen werden häufig durch sogenannte **Euler-** oder **Venn-Diagramme** veranschaulicht (nach L. Euler (1707–1783) bzw, J. Venn (1834–1923)), vgl. Abb. 1.1.

Wir notieren einige Rechenregeln für die beschriebenen Operationen:

Proposition 1.1.2 *A, B und C seien Mengen. Dann gilt:*

(1) $A \cup \emptyset = A, \quad A \cap \emptyset = \emptyset$.

(2) $A \cup B = B \cup A, \quad A \cap B = B \cap A$.   **(Kommutativität)**

(3) $A \cup (B \cup C) = (A \cup B) \cup C$,
$\quad A \cap (B \cap C) = (A \cap B) \cap C$.   **(Assoziativität)**

(4) $A \cup (B \cap C) = (A \cup B) \cap (A \cup C)$,
$\quad A \cap (B \cup C) = (A \cap B) \cup (A \cap C)$.   **(Distributivtät)**

(5) $A - (B \cup C) = (A - B) \cap (A - C)$,
$\quad A - (B \cap C) = (A - B) \cup (A - C)$.   **(Regeln von De Morgan** (1806–1871))

(6) $A - (A - B) = A \cap B$.

Beweis Wir beweisen exemplarisch die erste der Gleichungen aus (4) und zeigen zunächst die Inklusion $A \cup (B \cap C) \subseteq (A \cup B) \cap (A \cup C)$. Sei $x \in A \cup (B \cap C)$. Dann ist $x \in A$ oder $x \in B \cap C$, also $x \in A$ oder aber gleichzeitig $x \in B$ und $x \in C$. Dann sind die Aussagen „$x \in A$ oder $x \in B$" und „$x \in A$ oder $x \in C$" beide wahr. Daher ist $x \in A \cup B$ und $x \in A \cup C$ und somit $x \in (A \cup B) \cap (A \cup C)$.

Zum Beweis der Inklusion $(A \cup B) \cap (A \cup C) \subseteq A \cup (B \cap C)$ sei $x \in (A \cup B) \cap (A \cup C)$. Dann ist $x \in A \cup B$ und $x \in A \cup C$, also gilt gleichzeitig „$x \in A$ oder $x \in B$" und „$x \in A$ oder $x \in C$". Es folgt $x \in A$ oder $x \in B \cap C$, d. h. $x \in A \cup (B \cap C)$. $\square$

Zu den Assoziativgesetzen 1.1.2 (3) sei bemerkt, dass die Menge $A \cap B \cap C :=$ $(A \cap B) \cap C = A \cap (B \cap C)$ bzw. die Menge $A \cup B \cup C := (A \cup B) \cup C = A \cup (B \cup C)$ einfach die Menge derjenigen Elemente ist, die in allen bzw. in wenigstens einer der Mengen A, B, C liegen. Auf diese Weise lassen sich Durchschnitt und Vereinigung für beliebig viele Mengen definieren, vgl. Abschn. 1.2. Für Teilmengen einer Menge können die Regeln (5) aus Proposition 1.1.2 folgendermaßen formuliert werden: *Das Komplement der Vereinigung ist der Durchschnitt der Komplemente, und das Komplement des Durchschnitts ist die Vereinigung der Komplemente.* Schließlich, *das Komplement des Komplements ist die ursprüngliche Teilmenge.* Wir werden gelegentlich weitere solcher elementaren Mengenbeziehungen benutzen, ohne sie im einzelnen stets zu begründen. Einige Beispiele findet man auch in den Aufgaben zu diesem Abschnitt.

Sei A wieder eine beliebige Menge. Die Menge der Teilmengen von A heißt die **Potenzmenge** von A und wird mit

$$\mathfrak{P}(A)$$

bezeichnet. Die Potenzmenge $\mathfrak{P}(\{\square, \lozenge, \triangle\})$ der Menge $\{\square, \lozenge, \triangle\}$ beispielsweise ist die Menge $\{\emptyset, \{\square\}, \{\lozenge\}, \{\triangle\}, \{\square, \lozenge\}, \{\square, \triangle\}, \{\lozenge, \triangle\}, \{\square, \lozenge, \triangle\}\}$.[3] Durchschnitt, Vereinigung und Differenz von Mengen aus $\mathfrak{P}(A)$ gehören wieder zu $\mathfrak{P}(A)$. Man beachte, dass die Potenzmenge $\mathfrak{P}(\emptyset) = \{\emptyset\}$ der leeren Menge $\emptyset$ *nicht* leer ist.[4]

Für Mengen A und B heißt die Menge der **Paare** (x, y), $x \in A$, $y \in B$, das **kartesische Produkt** oder das **Kreuzprodukt** von A und B und wird mit

$$A \times B$$

bezeichnet. Zwei Paare (x, y) und (v, w) sind genau dann gleich, wenn ihre entsprechenden **Komponenten** jeweils übereinstimmen, d. h. wenn $x = v$ und $y = w$ ist. Es ist also zwischen dem Paar (x, y) und der Menge $\{x, y\}$ zu unterscheiden. Bei $x \neq y$ ist $(x, y) \neq (y, x)$ aber natürlich $\{x, y\} = \{y, x\}$.[5]

Abb. 1.2 Kartesisches Produkt

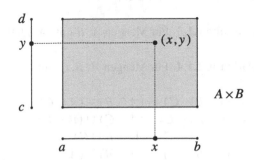

---

[3] Selbst wenn die Elemente der Menge A konkrete Objekte unserer Anschauung sind, ist ihre Potenzmenge als Ganzes nur ein Objekt des Denkens.
[4] Dies ist gewissermaßen eine Schöpfung aus dem Nichts.
[5] Nach K. Kuratowski (1896–1980) lässt sich der Begriff des Paares direkt auf Grundbegriffe der Mengenlehre zurückführen, indem man etwa $(x, y) := \{x, \{x, y\}\}$ setzt.

Beispiel 1.1.3 Sind A bzw. B die reellen Intervalle $[a,b] = \{x \in \mathbb{R} \mid a \le x \le b\}$ bzw.
$[c,d] = [y \in \mathbb{R} \mid c \le y \le d]$ mit $a < b$ bzw. $c < d$, so ist $A \times B$ das „Rechteck"

$$[a,b] \times [c,d] = \{(x,y) \in \mathbb{R} \times \mathbb{R} \mid a \le x \le b, c \le y \le d\} \subseteq \mathbb{R} \times \mathbb{R},$$

vgl. Abb. 1.2. Man veranschaulicht generell das kartesische Produkt zweier Mengen gern
als solch ein Rechteck. Kreuzprodukte mit beliebig vielen Faktoren werden in Abschn. 1.2
behandelt. $\diamond$

Wir werden in den folgenden Aufgaben und auch später häufig den Begriff der Äquivalenz von Aussagen benutzen. Zwei Aussagen heißen **äquivalent**, wenn aus der Gültigkeit
je einer von ihnen die Gültigkeit der jeweils anderen folgt. Mehrere Aussagen heißen
äquivalent, wenn je zwei von ihnen äquivalent sind. Oft (wenn auch nicht immer) ist es
zweckmäßig, die Äquivalenz von Aussagen $\alpha_1, \ldots, \alpha_n$ durch einen sogenannten **Ringschluss** zu zeigen, bei dem man (eventuell nach Umnummerieren) die Implikationen
$\alpha_1 \Rightarrow \alpha_2$, $\alpha_2 \Rightarrow \alpha_3$, ..., $\alpha_{n-1} \Rightarrow \alpha_n$ und schließlich $\alpha_n \Rightarrow \alpha_1$ zeigt. Sind die Aussagen α, β äquivalent, so schreiben wir $\alpha \Leftrightarrow \beta$.

Aufgaben

Aufgabe 1.1.1 Für eine Menge A sind folgende Aussagen äquivalent: (i) $A = \emptyset$. (ii) Für
jede Menge B ist $A - B = A \cap B$. (iii) Es gibt eine Menge B mit $A - B = A \cap B$.
(iv) Für jede Menge B ist $B - A = B \cup A$. (v) Es gibt eine Menge B mit $B - A = B \cup A$.

Aufgabe 1.1.2 Für Mengen A, B sind folgende Aussagen äquivalent: (i) $A \subseteq B$.
(ii) $A \cap B = A$. (iii) $A \cup B = B$. (iv) $A - B = \emptyset$. (v) $B - (B - A) = A$. (vi) Für
jede Menge C ist $A \cup (B \cap C) = (A \cup C) \cap B$. (vii) Es gibt eine Menge C mit
$A \cup (B \cap C) = (A \cup C) \cap B$.

Aufgabe 1.1.3 Für Mengen A, B gilt $(A \cap B) \cap (A - B) = \emptyset$ und $(A \cap B) \cup (A - B) = A$.

Aufgabe 1.1.4 Für Mengen A, B, C gilt:

a) $A \cap (B - C) = (A \cap B) - (A \cap C)$.
b) $(A \cup B) - C = (A - C) \cup (B - C)$.
c) $(A - B) - C = A - (B \cup C)$.
d) $A - (B - C) = (A - B) \cup (A \cap C)$.

Aufgabe 1.1.5 Die Mengen A, B sind genau dann gleich, wenn $A \cup B = A \cap B$ ist.

Aufgabe 1.1.6 Für Mengen A, B, C zeige man:

a) $A \triangle A = \emptyset$, $\quad A \triangle \emptyset = A$.
b) Genau dann ist $A = B$, wenn $A \triangle B = \emptyset$ ist.
c) Genau dann ist $A \cap B = \emptyset$, wenn $A \triangle B = A \cup B$ ist.
d) $(A \triangle B) \cap (A \cap B) = \emptyset$, $\quad (A \triangle B) \cup (A \cap B) = A \cup B$.
e) $(A \triangle B) \cap C = (A \cap C) \triangle (B \cap C)$.
f) Aus $A \triangle B = A \triangle C$ folgt $B = C$.
g) $(A \triangle B) \triangle C = A \triangle (B \triangle C)$.

Aufgabe 1.1.7 Die *nichtleeren* Mengen A, B sind genau dann gleich, wenn $A \times B = B \times A$ ist.

Aufgabe 1.1.8 Für Mengen A, B, C zeige man:

a) $A \times (B \cup C) = (A \times B) \cup (A \times C)$.
b) $A \times (B \cap C) = (A \times B) \cap (A \times C)$.
c) $A \times (B - C) = (A \times B) - (A \times C)$.

Aufgabe 1.1.9 A, B, C, D seien Mengen. Aus $A \subseteq C$ und $B \subseteq D$ folgt $A \times B \subseteq C \times D$. Bei $A \neq \emptyset$ und $B \neq \emptyset$ gilt auch die Umkehrung.

Aufgabe 1.1.10 Für Mengen A, B, C, D gilt:

a) $(A \times B) \cap (C \times D) = (A \cap C) \times (B \cap D)$.
b) $(A \times B) \cup (C \times D) \subseteq (A \cup C) \times (B \cup D)$. Die Gleichheit gilt hier genau dann, wenn sowohl die Bedingung „$A \subseteq C$ oder $D \subseteq B$" als auch die Bedingung „$C \subseteq A$ oder $B \subseteq D$" erfüllt ist.

1.2 Abbildungen und Familien

Der Begriff der Abbildung ist einer der fundamentalsten der ganzen Mathematik. Der Leser sollte sich so früh wie möglich damit vertraut machen.

A und B seien Mengen. Unter einer **Abbildung von A in** B versteht man eine Vorschrift f, die jedem Element $x \in A$ genau ein Element aus B zuordnet, das wir im Allgemeinen mit $f(x)$ bezeichnen. Eine Abbildung f von A in B schreibt man kurz in der Form

$$f : A \longrightarrow B \quad \text{oder} \quad A \overset{f}{\longrightarrow} B$$

und gibt sie auf Elementebene durch

$$x \longmapsto f(x), \quad x \in A,$$

an. A heißt der **Definitionsbereich** und B der **Wertebereich** oder auch der **Bildbereich** von f. Beide Bereiche gehören konstitutiv zur Abbildung f. Für $x \in A$ heißt $f(x) \in B$ das **Bild** von x unter f oder auch der **Wert** von f für das **Argument** x oder an der **Stelle** x. Der **Graph** von f ist die Teilmenge

$$\Gamma := \Gamma(f) := \Gamma_f := \{(x, f(x)) \mid x \in A\} \subseteq A \times B$$

von $A \times B$. Zusammen mit Definitions- und Wertebereich charakterisiert der Graph $\Gamma(f)$ die Abbildung f vollständig. Prinzipiell sind Abbildungen mit ihren Graphen zu iden-tifizieren. Die Definition einer Abbildung als Zuordnung(svorschrift) ist in der Regel zu vage. Eine Abbildung f mit Definitionsbereich A und Wertebereich B ist also eine Teil-menge Γ von $A \times B$ mit folgender Eigenschaft: Zu jedem $x \in A$ gibt es genau ein $y \in B$ (nämlich $y = f(x)$) mit $(x, y) \in \Gamma$. Wir halten fest, dass Abbildungen f und g genau dann gleich sind, wenn ihre Definitions- bzw. Wertebereiche jeweils übereinstimmen und wenn für alle Elemente x aus dem gemeinsamen Definitionsbereich $f(x) = g(x)$ gilt. In welcher Weise die Werte dabei beschrieben werden, ist unwesentlich. Dies ist wieder der extensionale Standpunkt, vgl. Abschn. 1.1. Die Menge aller Abbildungen von A in B bezeichnen wir mit[6]

$$\mathrm{Abb}(A, B) \quad \text{oder} \quad B^A.$$

Statt von Abbildungen spricht man häufig auch von **Funktionen**. Diese Sprechweise ist insbesondere dann üblich, wenn die Werte in Zahlbereichen liegen. Summe, Produkt und ähnliche Verknüpfungen von Funktionen f, g auf der Menge A mit Werten in ein und demselben Zahlbereich, etwa den reellen Zahlen $\mathbb{R}$, werden dann durch die entsprechen-den Operationen für die Werte definiert. Es ist beispielsweise

$$(f + g)(x) := f(x) + g(x) \quad \text{und} \quad (fg)(x) := f(x)g(x)$$

für alle x aus dem gemeinsamen Definitionsbereich A von f und g. Analog ist die Mul-tiplikation mit einer Zahl a erklärt:

$$(af)(x) := af(x), \quad x \in A.$$

Die **konstante Funktion** a ordnet jedem Argument x den festen Wert a zu.

Beispiel 1.2.1 Die Quadratfunktion $\mathbb{R} \to \mathbb{R}$ wird durch $x \mapsto x^2$ gegeben. Die Qua-dratwurzel liefert zunächst keine Funktion von $\mathbb{R}$ in $\mathbb{R}$, da negative Zahlen keine reelle Quadratwurzel haben. Auch auf $\mathbb{R}_+$ liefert die Quadratwurzel noch keine Funktion $\mathbb{R}_+ \to \mathbb{R}$, da eine positive reelle Zahl zwei Quadratwurzeln in $\mathbb{R}$ besitzt. Durch $x \mapsto \sqrt{x}$ wird jedoch eine Funktion $\mathbb{R}_+ \to \mathbb{R}$ definiert, wenn – wie allgemein üblich – *unter $\sqrt{x}$ für $x \in \mathbb{R}_+$ die nichtnegative Quadratwurzel verstanden wird*. Die zugehörigen Graphen sind also die in Abb. 1.3 dargestellten Teilmengen von $\mathbb{R} \times \mathbb{R}$ bzw. $\mathbb{R}_+ \times \mathbb{R}$.   ◇

---

[6] Die Potenzschreibweise B^A ist durch die weiter unten eingeführten allgemeinen Produkte von Mengen motiviert.

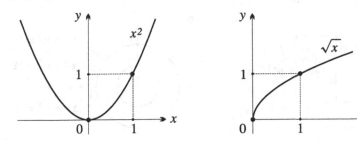

Abb. 1.3 Quadratfunktion und Quadratwurzelfunktion

Beispiel 1.2.2 Wir erwähnen einige weitere häufig benutzte Funktionen, vgl. Abb. 1.4.

(1) Die Abbildung $\mathbb{R} \to \mathbb{R}$ mit $x \mapsto x$ heißt die **Identität** von $\mathbb{R}$. Sie ist in analoger Weise für jede Menge A definiert und wird dann mit $\mathrm{id} = \mathrm{id}_A$ bezeichnet. Ihr Graph ist die **Diagonale** $\Delta_A := \{(x,x) \mid x \in A\} \subseteq A \times A$. Ist $f: A \to A$ eine beliebige Abbildung der Menge A in sich, so heißt ein Punkt $x \in A$ mit $f(x) = x$ ein **Fixpunkt** von f. Die Abbildung f hat einen Fixpunkt genau dann, wenn ihr Graph $\Gamma(f)$ die Diagonale $\Delta_A = \Gamma(\mathrm{id}_A)$ schneidet. Die Identität von A ist diejenige Abbildung von A in sich, für die jeder Punkt von A ein Fixpunkt ist. Die Menge der Fixpunkte von $f: A \to A$ bezeichnen wir mit

$$\mathrm{Fix}\, f = \mathrm{Fix}(f, A) = \{x \in A \mid f(x) = x\}.$$

Viele wichtige Sätze der Mathematik sind Sätze über die Existenz von Fixpunkten, sogenannte **Fixpunktsätze**.

(2) Die Funktion $\mathbb{R} \to \mathbb{R}$ mit $x \mapsto |x| := \begin{cases} x, \text{ falls } x \geq 0, \\ -x, \text{ falls } x < 0, \end{cases}$ heißt (**Absolut-**)**Betrag** oder **Betragsfunktion** (auf $\mathbb{R}$).

(3) Die Funktion $\mathbb{R} \to \mathbb{R}$ mit $x \mapsto \mathrm{Sign}\, x := \begin{cases} 1, \text{ falls } x > 0, \\ 0, \text{ falls } x = 0, \\ -1, \text{ falls } x < 0, \end{cases}$ heißt **Vorzei-chen(funktion)** oder **Signum** (auf $\mathbb{R}$).

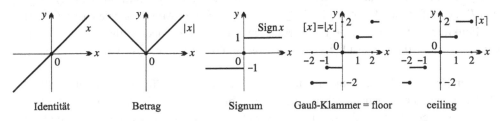

| Identität | Betrag | Signum | Gauß-Klammer = floor | ceiling |

Abb. 1.4 Beispiele von Abbildungen $\mathbb{R} \to \mathbb{R}$

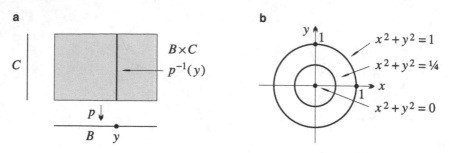

Abb. 1.5 Fasern einer Projektion, Fasern von $x^2 + y^2$

(4) Die Funktion $\mathbb{R} \to \mathbb{R}$ mit $x \mapsto [x]$, wobei $[x]$ für $x \in \mathbb{R}$ die größte ganze Zahl ist, die $\leq x$ ist, heißt die **Gauß-Klammer** (nach C. F. Gauß (1777–1855)). Für $x \in \mathbb{R}$ ist also $[x]$ durch die folgenden beiden Bedingungen festgelegt: (1) $[x] \in \mathbb{Z}$ und (2) $[x] \leq x < [x] + 1$. Beispielsweise ist $[\pi] = 3$ und $[-\pi] = -4$. Die Gauß-Klammer von x wird häufig auch mit $\lfloor x \rfloor$ bezeichnet und heißt im Englischen **floor** von x. Die kleinste ganze Zahl, die $\geq x$ ist, wird mit $\lceil x \rceil$ bezeichnet. Im Englischen heißt sie **ceiling** von x. Für alle $x \in \mathbb{R}$ ist $\lceil x \rceil = -\lfloor -x \rfloor$, und für $x \notin \mathbb{Z}$ ist $\lceil x \rceil = \lfloor x \rfloor + 1$, vgl. Abb. 1.4.   ◇

Sei $f \colon A \to B$ eine Abbildung. Für $A' \subseteq A$ bzw. $B' \subseteq B$ heißen

$$f(A') := \{ f(x) \mid x \in A' \} \subseteq B \quad \text{und} \quad f^{-1}(B') := \{ x \in A \mid f(x) \in B' \} \subseteq A$$

das **Bild** von A' bzw. das **Urbild** von B' unter f. Das Bild $f(A)$ heißt das **Bild** (nicht zu verwechseln mit dem Bildbereich) von f schlechthin und wird mit Bild f bezeichnet. Es ist eine Teilmenge des Bildbereichs von f (und im Allgemeinen von diesem verschieden). Für $y \in B$ heißt $f^{-1}(y) := f^{-1}(\{y\}) = \{ x \in A \mid f(x) = y \}$ die **Faser von f über** y. Für $x \in A$ ist $f^{-1}(f(x))$ die **Faser von f durch** x. Ist $f \colon A \to A$ eine Abbildung von A in sich, so heißt $A' \subseteq A$ f**-invariant**, wenn $f(A') \subseteq A'$ gilt. Dann induziert f durch Beschränken eine Abbildung $f' = f|A' \colon A' \to A'$, $f'(x) := f(x)$ für $x \in A'$, von A' in sich. Beispielsweise ist Bild $f = f(A)$ stets f-invariant.

Beispiel 1.2.3 Sind B und C Mengen, so sind die Fasern der **Projektion** $p \colon (y, z) \mapsto y$ von $B \times C$ auf B die Mengen $\{y\} \times C \subseteq B \times C$, $y \in B$, vgl. Abb. 1.5a. Die Faser $f^{-1}(a)$ der Funktion $f \colon (x, y) \mapsto x^2 + y^2$ von $\mathbb{R} \times \mathbb{R}$ in $\mathbb{R}$ ist bei $a < 0$ leer, enthält bei $a = 0$ nur den Punkt $0 = (0, 0)$ und ist bei $a > 0$ der Kreis um 0 mit Radius $\sqrt{a}$, vgl. Abb. 1.5b. ◇

Seien $f \colon A \to B$ eine Abbildung und $A' \subseteq A$ bzw. $B' \subseteq B$ Teilmengen mit $f(A') \subseteq B'$. Dann definiert f in natürlicher Weise eine Abbildung $A' \to B'$ dadurch, dass der Definitionsbereich auf A' beschränkt und der Wertebereich auf B' eingeschränkt wird und die Argumente $x \in A'$ wie bei f abgebildet werden. Man bezeichnet diese **Beschränkung** mit $f|A'$, wobei zu beachten ist, dass damit die (meist weniger wesentliche) Einschränkung des Bildbereichs von B auf B' nicht zum Ausdruck kommt.

Die im Folgenden eingeführten Begriffe sind fundamental:

Definition 1.2.4 Sei $f: A \to B$ eine Abbildung.

(1) f heißt **injektiv**, wenn es zu jedem $y \in B$ höchstens ein $x \in A$ gibt mit $f(x) = y$.
(2) f heißt **surjektiv**, wenn es zu jedem $y \in B$ (wenigstens) ein $x \in A$ gibt mit $f(x) = y$.
(3) f heißt **bijektiv**, wenn es zu jedem $y \in B$ genau ein $x \in A$ gibt mit $f(x) = y$.

Genau dann ist $f: A \to B$ injektiv, wenn jede Faser von f höchstens ein Element enthält. Dies heißt: Sind $x, x' \in A$ Elemente mit $f(x) = f(x')$, so folgt $x = x'$. *Genau dann ist f surjektiv, wenn jede Faser von f mindestens ein Element enthält,* d. h. wenn Bild $f = B$ ist. Eine injektive Abbildung $f: A \to B$ schreiben wir gelegentlich auch in der Form $f: A \hookrightarrow B$ und eine bijektive Abbildung in der Form $f: A \overset{\sim}{\to} B$. *Genau dann ist f bijektiv, wenn jede Faser von f genau ein Element enthält,* d. h. *wenn f injektiv und surjektiv ist.* Ist $f: A \to B$ eine surjektive Abbildung, so spricht man auch von einer Abbildung von A **auf** B. Eine bijektive Abbildung einer Menge A auf sich heißt eine **Permutation** von A. Die Menge aller Permutationen von A bezeichnet man mit

$$\mathfrak{S}(A), \quad \text{speziell} \quad \mathfrak{S}(\{1, 2, \ldots, n\}) \quad \text{mit} \quad \mathfrak{S}_n, n \in \mathbb{N}.$$

Die Menge $\mathfrak{S}_0 = \mathfrak{S}(\emptyset) = \{\emptyset\}$ enthält die leere Abbildung und ist damit nichtleer.

Beispiel 1.2.5 Die Elemente f in $\mathfrak{S}_n$ gibt man bequem mit einer **Wertetabelle**

$$\begin{pmatrix} 1 & 2 & \cdots & n \\ f(1) & f(2) & \cdots & f(n) \end{pmatrix}$$

an, bei der man überdies die erste Zeile weglässt, wenn deutlich ist, dass die Argumente in ihrer natürlichen Reihenfolge aufgeführt sind. So ist $\binom{123}{312}$ oder kurz $(3, 1, 2)$ die Permutation $1 \mapsto 3, 2 \mapsto 1, 3 \mapsto 2$ aus $\mathfrak{S}_3$.   ◇

Beispiel 1.2.6 Die einfachsten nichttrivialen Permutationen einer Menge A (mit mehr als einem Element) sind die Transpositionen von A. Eine **Transposition** τ vertauscht zwei verschiedene Elemente $a, b \in A$ und lässt die übrigen Elemente von A fest. Es ist also $\tau(a) = b, \tau(b) = a$ und $\tau(x) = x$ für $x \in A - \{a, b\}$. Man bezeichnet diese Transposition mit $\langle a, b \rangle$. Der Bequemlichkeit halber setzt man noch $\langle a, a \rangle := \mathrm{id}_A$ für $a \in A$.   ◇

Beispiel 1.2.7 Die Abbildung $\mathbb{R} \to \mathbb{R}$ mit $x \mapsto x^2$ ist weder injektiv noch surjektiv. Die Abbildung $\mathbb{R}_+ \to \mathbb{R}$ mit $x \mapsto x^2$ ist injektiv aber nicht surjektiv. Die Abbildung $\mathbb{R} \to \mathbb{R}_+$ mit $x \mapsto x^2$ ist surjektiv aber nicht injektiv. Schließlich ist die Abbildung $\mathbb{R}_+ \to \mathbb{R}_+$ mit $x \mapsto x^2$ und auch die Abbildung $\mathbb{R}_+ \to \mathbb{R}_+$ mit $x \mapsto \sqrt{x}$ bijektiv. Vgl. hierzu Abb. 1.3.   ◇

Definition 1.2.8 Sei $f\colon A \to B$ eine bijektive Abbildung. Die Abbildung $B \to A$, die jedem $y \in B$ das (eindeutig bestimmte) Element $x \in A$ mit $f(x) = y$ zuordnet, heißt die zu f **inverse Abbildung** oder die **Umkehrabbildung** von f. Sie wird mit f^{-1} bezeichnet.

Bijektive Abbildungen heißen auch **umkehrbare** Abbildungen. Für eine beliebige Menge A ist die Identität $\mathrm{id}_A\colon A \to A$, $x \mapsto x$, eine bijektive Abbildung, die zu sich selbst invers ist. Ist $f\colon A \to B$ eine beliebige bijektive Abbildung, so gilt $f^{-1}\big(f(x)\big) = x$ für alle $x \in A$ und $f\big(f^{-1}(y)\big) = y$ für alle $y \in B$. Mit f ist auch f^{-1} bijektiv und es gilt

$$(f^{-1})^{-1} = f.$$

Ist $\Gamma(f)(\subseteq A \times B)$ der Graph der bijektiven Abbildung $f\colon A \to B$, so ist der Graph $\Gamma(f^{-1})$ $(\subseteq B \times A)$ der zu f inversen Abbildung $f^{-1}\colon B \to A$ das Bild von $\Gamma(f)$ unter der bijektiven Abbildung $(x, y) \mapsto (y, x)$ von $A \times B$ auf $B \times A$, die die Komponenten vertauscht und deren Umkehrabbildung $B \times A \to A \times B$ ebenfalls die Komponenten vertauscht (aber bei $A \neq B$ eine andere Abbildung ist). Wenn f bijektiv ist, so stimmen für eine Teilmenge $B' \subseteq B$ das Bild von B' unter der Umkehrabbildung $f^{-1}\colon B \to A$ und das Urbild von B' unter $f\colon A \to B$ überein, so dass die gemeinsame Bezeichnung $f^{-1}(B')$ nicht zu Missverständnissen führt.

Beispiel 1.2.9 Die Umkehrabbildung der bijektiven Quadratfunktion $\mathbb{R}_+ \to \mathbb{R}_+$ mit $x \mapsto x^2$ ist die Quadratwurzelfunktion $\mathbb{R}_+ \to \mathbb{R}_+$ mit $x \mapsto \sqrt{x}$, und, umgekehrt, die Umkehrfunktion der Quadratwurzelfunktion ist die Quadratfunktion. – Sei $a \in \mathbb{R}_+^\times$, $a \neq 1$. Die Umkehrabbildung der bijektiven Exponentialfunktion $\mathbb{R} \to \mathbb{R}_+^\times$ mit $x \mapsto a^x$ ist die Logarithmusfunktion $\mathbb{R}_+^\times \to \mathbb{R}$ mit $x \mapsto \log_a x$. Vgl. Abb. 1.6. $\diamondsuit$

Definition 1.2.10 A, B und C seien Mengen, $f\colon A \to B$ und $g\colon B \to C$ seien Abbildungen. Dann heißt die Abbildung $A \to C$ mit $x \mapsto g\big(f(x)\big)$ die **Komposition** oder **Hintereinanderschaltung** von f und g. Sie wird mit $g \circ f$ oder kurz mit gf bezeichnet.

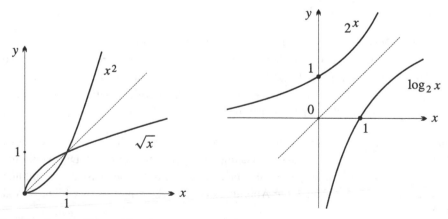

Abb. 1.6 x^2 und $\sqrt{x}$ bzw. 2^x und $\log_2 x$ als Umkehrfunktionen voneinander

Abb. 1.7 Induzierte Abbildung

Man verdeutlicht Kompositionen übersichtlich mit **kommutativen Diagrammen**. Die Kommutativität des Diagramms in Abb. 1.7 bedeutet zum Beispiel, dass $f = h \circ g$ ist. In diesem Fall gilt die Faserbedingung $g^{-1}(g(a)) \subseteq f^{-1}(f(a))$ für jedes $a \in A$, d. h. (die Beschränkung von) f *ist auf den Fasern von g jeweils konstant*. Ist nämlich $a' \in g^{-1}(g(a))$, so ist $f(a') = h(g(a')) = h(g(a)) = f(a)$. Überdies ist für ein Element $c = g(a) \in$ Bild g notwendigerweise $h(c) = h(g(a)) = f(a)$, d. h. die Abbildung ist auf dem Bild von g durch f eindeutig bestimmt.

Sind umgekehrt $f : A \to B$ und $g : A \to C$ Abbildungen mit $g^{-1}(g(a)) \subseteq f^{-1}(f(a))$ für alle $a \in A$ und *ist g surjektiv*, so gibt es genau eine Abbildung $h : C \dashrightarrow B$ mit $f = h \circ g$, mit der also das Diagramm in Abb. 1.7 kommutativ ist. Sie heißt die von f mittels g **induzierte Abbildung**. Wie schon gesagt, ist $h(c)$ für $c \in C$ durch $h(c) := f(a)$ zu definieren, wo a ein beliebiges Element der Faser $g^{-1}(c)$ ist. Dass dieser Wert unabhängig von der Wahl von a ist, ist gerade die vorausgesetzte Faserbedingung, dass f auf den Fasern von g jeweils konstant ist. Das Bild der von f induzierten Abbildung h ist offenbar mit dem Bild von f identisch. Genau dann ist h injektiv, wenn für alle $a \in A$ die Gleichheit der Fasern $g^{-1}(g(a)) = f^{-1}(f(a))$ gilt.

Definitionsgemäß lassen sich zwei Abbildungen f und g zunächst nur dann hintereinanderschalten, wenn der Wertebereich von f und der Definitionsbereich von g gleich sind. Allerdings lässt sich die Komposition bereits dann ausführen, wenn Bild f nur Teilmenge des Definitionsbereichs von g ist. In der Regel führt dies nicht zu Missverständnissen. Trivialerweise ist $\mathrm{id}_B \circ f = f = f \circ \mathrm{id}_A$ für jede Abbildung $f : A \to B$. Ist f bijektiv, so ist, wie bereits erwähnt, $f^{-1} \circ f = \mathrm{id}_A$ und $f \circ f^{-1} = \mathrm{id}_B$. Durch diese Gleichungen ist f^{-1} eindeutig bestimmt. Allgemeiner gilt die folgende Aussage, deren Beweis wir dem Leser überlassen.

Proposition 1.2.11 *Seien $f : A \to B$ und $g : B \to A$ Abbildungen mit $gf = \mathrm{id}_A$ und $fg = \mathrm{id}_B$. Dann sind f und g bijektiv, und es gilt $f^{-1} = g, g^{-1} = f$.*

Grundlegend ist ferner die **Assoziativität** des Hintereinanderschaltens von Abbildungen:

Satz 1.2.12 *Seien $f : A \to B$, $g : B \to C$ sowie $h : C \to D$ Abbildungen. Dann ist $(hg)f = h(gf)$.*

Beweis Für alle $a \in A$ gilt: $\big((hg)f\big)(a) = (hg)\big(f(a)\big) = h\big(g(f(a))\big) = h\big((gf)(a)\big) = \big(h(gf)\big)(a)$. Also ist wie behauptet $(hg)f = h(gf)$. $\square$

Nach Satz 1.2.12 kann man beim Komponieren von Abbildungen die Klammern weglassen. Dies gilt auch für die Hintereinanderschaltung von mehr als drei Abbildungen:

Satz 1.2.13 (Allgemeines Assoziativgesetz) *Für Abbildungen* $f_i\colon A_i \to A_{i-1}$, $i = 1,\ldots,n$, *(n* $\in \mathbb{N}^*$*) ist die Komposition* $f_1 \circ \cdots \circ f_n\colon A_n \to A_0$ *unabhängig von der Klammerung.*

Beweis Wir schließen durch Induktion über n und verweisen dazu auf Satz 1.5.1 bzw. Satz 1.5.5. Für $n = 1, 2$ ist nichts zu zeigen, für $n = 3$ handelt es sich um Satz 1.2.12. Sei also $n \geq 3$. Dann sind nach Induktionsvoraussetzung für alle $k = 1,\ldots,n-1$ die Produkte $f_1 \circ \cdots \circ f_k$, $f_{k+1} \circ \cdots \circ f_n$ unabhängig von der Klammerung. Wir haben $(f_1 \circ \cdots \circ f_k) \circ (f_{k+1} \circ \cdots \circ f_n) = f_1 \circ (f_2 \circ \cdots \circ f_n)$ für alle $k = 1,\ldots,n-1$ zu zeigen. Auch dies geschieht durch Induktion (jetzt über k). Sei $k > 1$. Dann ist aber $f_1 \circ \cdots \circ f_k = (f_1 \circ \cdots \circ f_{k-1}) \circ f_k$ und $f_k \circ (f_{k+1} \circ \cdots \circ f_n) = f_k \circ \cdots \circ f_n$, also

$$(f_1 \circ \cdots \circ f_k) \circ (f_{k+1} \circ \cdots \circ f_n) = ((f_1 \circ \cdots \circ f_{k-1}) \circ f_k) \circ (f_{k+1} \circ \cdots \circ f_n)$$
$$= (f_1 \circ \cdots \circ f_{k-1}) \circ (f_k \circ (f_{k+1} \circ \cdots \circ f_n))$$
$$= (f_1 \circ \cdots \circ f_{k-1}) \circ (f_k \circ f_{k+1} \circ \cdots \circ f_n) = f_1 \circ (f_2 \circ \cdots \circ f_n),$$

wobei bei der letzten Gleichung die Induktionsvoraussetzung für $k-1$ benutzt wurde. $\square$

Nach Satz 1.2.13 ist insbesondere das n-malige Hintereinanderschalten, $n \in \mathbb{N}^*$, ein- und derselben Abbildung $f\colon A \to A$ wohldefiniert. Wir bezeichnen diese **Iterierte** $f \circ \cdots \circ f$ (n-mal) von f kurz mit f^n und setzen noch $f^0 := \mathrm{id}_A$.

Bemerkung 1.2.14 Bei Funktionen mit Werten in $\mathbb{R}$ oder $\mathbb{C}$ (oder allgemeiner in multiplikativen Halbgruppen) bedeutet f^n allerdings gewöhnlich die Funktion $x \mapsto (f(x))^n$, die von der soeben eingeführten n-fachen Komposition $x \mapsto f(\cdots(f(x))\cdots)$, falls diese überhaupt definiert ist (d. h. falls Definitions- und Wertebereich von f übereinstimmen), im Allgemeinen verschieden ist. Beispielsweise ist das Quadrat der Identität $\mathbb{R} \to \mathbb{R}$ die Funktion $x \mapsto x^2 = x \cdot x$, die Komposition der Identität mit sich selbst ist jedoch wieder die Identität $x \mapsto x$. Ebenso hat man bei einer bijektiven Funktion $f\colon A \to A$, $A \subseteq \mathbb{R}^\times$ (oder $A \subseteq \mathbb{C}^\times$), zwischen der Umkehrfunktion f^{-1} und dem Kehrwert $1/f\colon x \mapsto 1/f(x)$, der ebenfalls häufig mit f^{-1} bezeichnet wird, zu unterscheiden. Meist ergibt sich aus dem Zusammenhang, was gemeint ist. $\diamond$

Beispiel 1.2.15 Auch wenn die Kompositionen $f \circ g$ und $g \circ f$ beide definiert sind, stimmen sie in der Regel nicht überein. Für die Funktionen $f\colon x \mapsto x+1$ und $g\colon x \mapsto x^2$ von $\mathbb{R}$ in sich etwa ist $f \circ g\colon x \mapsto x^2 + 1$ und $g \circ f\colon x \mapsto (x+1)^2 = x^2 + 2x + 1$. *Die Komposition von Abbildungen erfüllt also nicht generell ein Vertauschungsgesetz.* $\diamond$

Sind $f\colon A \to B$ *und* $g\colon B \to C$ *injektiv (bzw. surjektiv bzw. bijektiv), so gilt dies auch für* $gf\colon A \to C$. Im bijektiven Fall notieren wir explizit:

Proposition 1.2.16 *Sind* $f\colon A \to B$ *und* $g\colon B \to C$ *bijektive Abbildungen, so ist* $gf\colon A \to C$ *bijektiv mit* $(gf)^{-1} = f^{-1}g^{-1}$.

Beweis Mit der Assoziativität der Komposition gilt $(f^{-1}g^{-1})(gf) = f^{-1}(g^{-1}g)f = f^{-1}\text{id}_B f = f^{-1}f = \text{id}_A$ und $(gf)(f^{-1}g^{-1}) = g(ff^{-1})g^{-1} = g\text{id}_B g^{-1} = gg^{-1} = \text{id}_C$. Nun wendet man Proposition 1.2.11 an. $\qquad\qquad\qquad\qquad\qquad\square$

Beispiel 1.2.17 Die Menge $\mathfrak{S}(A)$ der Permutationen einer Menge A ist nach Prop. 1.2.16 abgeschlossen gegenüber der Komposition $\circ$ und auch gegenüber der Inversenbildung. Ferner gehört die Identität id_A zu den Permutationen von A. Da die Komposition überdies assoziativ ist, handelt es sich bei $\mathfrak{S}(A) = (\mathfrak{S}(A), \circ)$ um eine Gruppe im Sinne von Definition 2.1.5, nämlich um die **Permutationsgruppe** von A, vgl. auch Beispiel 2.1.13. Einfache Permutationen haben wir bereits in den Transpositionen $\langle a, b\rangle, a, b \in A, a \neq b$, in Beispiel 1.2.6 kennengelernt. Diese stimmen jeweils mit ihrer Umkehrabbildung überein. Generell ist eine Abbildung $f\colon A \to A$ mit $f^2 = \text{id}_A$ eine Permutation von A mit $f = f^{-1}$. Eine solche Abbildung f nennt man eine **Involution** oder eine **Spiegelung** von A und ihre Fixpunktmenge $\text{Fix}(f, A)$ den **Spiegel** von f (der leer sein kann). $\qquad\qquad\diamond$

Abbildungen erlauben es, Elemente einer Menge durch Indizes zu kennzeichnen, sie zu indizieren. Wir gehen kurz auf die damit verbundenen allgemeinen Sprechweisen ein. Sei $f\colon I \to A$ eine Abbildung. Dann sagen wir, die Menge Bild f wird vermöge f durch I indiziert, und nennen I die zugehörige **Indexmenge**. Für $i \in I$ schreiben wir statt $f(i)$ häufig f_i und sprechen statt von der Abbildung $f\colon I \to A$ von der **Familie** $(f_i)_{i\in I}$ oder f_i, $i \in I$. Solche Familien heißen auch I-**Tupel** (von Elementen aus A oder mit Komponenten aus A). Im I-Tupel $(f_i)_{i\in I}$ heißt das Element f_i die i-**te Komponente**. Wir betonen, dass für verschiedene Indizes i und j die Komponenten f_i und f_j übereinstimmen dürfen. Die **Indizierung** f braucht also nicht injektiv zu sein. Ist speziell I die Menge $\mathbb{N}$ der natürlichen Zahlen, so sind die Familien mit der Indexmenge $I = \mathbb{N}$ die (unendlichen) **Folgen** $(f_n)_{n\in\mathbb{N}}$ oder $(f_0, f_1, f_2, \ldots)$. Bei $I = \{1, 2, \ldots, n\}$ handelt es sich um die n-**Tupel** $(f_1, f_2, \ldots, f_n)$. Das 2-Tupel (f_1, f_2), d. h. die Abbildung $1 \mapsto f_1, 2 \mapsto f_2$, lässt sich mit dem Paar (f_1, f_2) identifizieren; 3-Tupel heißen **Tripel** usw. Eine unendliche Folge $(f_n)_{n\in\mathbb{N}}$ heißt **stationär**, wenn sie ab einer Stelle konstant ist, wenn es also ein $n_0 \in \mathbb{N}$ gibt mit $f_n = f_{n_0}$ für alle $n \geq n_0$. Der Wert f_{n_0} heißt dann der **Grenzwert** oder **Limes** der Folge.

Ist $(A_i)_{i\in I}$ eine Familie von Mengen A_i mit $I \neq \emptyset$, so heißen

$$\bigcap_{i\in I} A_i := \{x \mid x \in A_i \text{ für alle } i \in I\} \qquad \text{der } \textbf{Durchschnitt} \text{ und}$$

$$\bigcup_{i\in I} A_i := \{x \mid x \in A_i \text{ für (wenigstens) ein } i \in I\} \qquad \text{die } \textbf{Vereinigung}$$

der Mengen A_i, $i \in I$. Ist $A_1, \ldots, A_n$ eine endliche Folge von Mengen, so schreiben wir auch

$$A_1 \cap \cdots \cap A_n := \bigcap_{i=1}^{n} A_i \quad \text{bzw.} \quad A_1 \cup \cdots \cup A_n := \bigcup_{i=1}^{n} A_i$$

für ihren Durchschnitt bzw. ihre Vereinigung. Die Vereinigung der leeren Mengenfamilie
($I = \emptyset$) setzen wir gleich $\emptyset$. Den Durchschnitt für die leere Mengenfamilie definieren wir
aber nur, wenn eine feste Menge A vorgegeben ist, von der alle zu betrachtenden Mengen
Teilmengen sind. *In diesem Fall ist A der Durchschnitt über die leere Mengenfamilie.*

Sei weiter $(A_i)_{i \in I}$ eine Familie von Mengen und $A := \bigcup_{i \in I} A_i$ ihre Vereinigung. Dann
heißt die Menge der I-Tupel $(a_i)_{i \in I}$ von Elementen aus A mit $a_i \in A_i$ für alle $i \in I$ das
kartesische Produkt oder das **Kreuzprodukt** der Mengen A_i. Es wird mit

$$\prod_{i \in I} A_i$$

bezeichnet. Bei $I = \{1, \ldots, n\}$ ist auch die Schreibweise $A_1 \times \cdots \times A_n := \prod_{i=1}^{n} A_i$ ge-
bräuchlich. Für zwei Mengen A, B erhalten wir so das bereits früher eingeführte Produkt
$A \times B$ (wenn Paare mit 2-Tupeln identifiziert werden). Ist $A_i \neq \emptyset$ für jedes $i \in I$, so ist
auch das Kreuzprodukt $\prod_{i \in I} A_i \neq \emptyset$. Dies ist das sogenannte Auswahlaxiom der Mengenlehre. Wir werden es in Abschn. 1.4 ausführlicher diskutieren. Im Fall $A_i = A$ für alle
$i \in I$ ist das Produkt $\prod_{i \in I} A_i$ einfach die Menge $A^I = \mathrm{Abb}(I, A)$ aller Abbildungen von
I in A. Bei $I = \{1, \ldots, n\}$ ist A^I die Menge der n-Tupel von Elementen aus A. Sie wird
mit A^n bezeichnet. Es ist also $A^n = \{(a_1, \ldots, a_n) \mid a_i \in A, i = 1, \ldots, n\}$. $A^0 = \{\emptyset\}$
enthält als einziges Element die leere Abbildung $\emptyset \to A$. Zum Kreuzprodukt $\prod_{i \in I} A_i$
gehören die **kanonischen Projektionen**, und zwar heißt für ein $j \in I$ die Abbildung
$\prod_i A_i \to A_j$, die einem I-Tupel $(a_i) \in \prod_i A_i$ die j-te Komponente a_j zuordnet, die
j-te Projektion. Im Fall $A_i = A$ für alle $i \in I$ ordnet die j-te Projektion einer Abbildung $f \in A^I$ den Wert $f(j) \in A$ von f an der Stelle $j \in I$ zu.

Für eine Teilmenge $J \subseteq I$ bezeichnet e_J die Funktion $I \to \{0, 1\}$ mit

$$e_J(i) := \begin{cases} 1, \text{ falls } i \in J, \\ 0, \text{ falls } i \notin J. \end{cases}$$

e_J heißt die **Indikatorfunktion** von J (bzgl. I).[7] Ist $J = \{j\}$, $j \in I$, eine einelementige
Teilmenge, so schreiben wir kürzer e_j für $e_{\{j\}}$. Es ist also e_j das I-Tupel, das an der Stelle
j den Wert 1 und an allen übrigen Stellen den Wert 0 hat:

$$e_j = (\delta_{ij})_{i \in I} \quad \text{mit} \quad \delta_{ij} := \begin{cases} 1, \text{ falls } i = j, \\ 0, \text{ falls } i \neq j. \end{cases}$$

δ_{ij} heißt das **Kronecker-Symbol**. Für $I = \{1, \ldots, n\}$ und $j \in I$ ist e_j das n-Tupel

$$e_j = (0, \ldots, 0, 1, 0, \ldots, 0),$$

---

[7] Einige Autoren nennen Indikatorfunktionen auch **charakteristische Funktionen**. Neben e_J sind
die Bezeichnungen χ_J, $\mathbb{1}_J$ u. ä. üblich. Die Elemente $0, 1$ dürfen in einem beliebigen Ring liegen,
der nötigenfalls zu spezifizieren ist. Im Allgemeinen und ohne Spezifierung ist dies (der Ring) $\mathbb{Z}$.

wobei die Eins an der j-ten Stelle steht. Häufig notiert man n-Tupel auch als Spalten statt als Zeilen (insbesondere beim Rechnen mit Matrizen).

Aufgaben

Aufgabe 1.2.1 Man skizziere die Graphen der folgenden Funktionen $\mathbb{R} \to \mathbb{R}$:

a) $x \mapsto \{x\} := x - [x]$ (**Sägezahnkurve**).

b) $x \mapsto \begin{cases} x - |x|, \text{ falls } [x] \leq x < [x] + \frac{1}{2}, \\ [x] + 1 - x, \text{ falls } [x] + \frac{1}{2} \leq x < [x] + 1 \end{cases}$ (**Abstand zur nächsten gan-**

zen Zahl). Die Beschränkung des Doppelten dieser Funktion auf das Einheitsintervall $[0, 1]$ heißt **Zeltfunktion**. Sie bildet das Einheitsintervall auf sich ab. Man skizziere auch die Graphen einiger der Iterierten dieser Funktion.

c) $x \mapsto \begin{cases} 0, \text{ falls } x \leq 0, \\ 1, \text{ falls } x > 0 \end{cases}$ (**Heaviside-Funktion**).

d) $x \mapsto \lceil x \rceil$ (vgl. Beispiel 1.2.2 (4)).

e) $x \mapsto x|x| = (\text{Sign } x)x^2$.

f) $x \mapsto x + |x - 1|$.

g) $x \mapsto |x^2 - 4|$.

Aufgabe 1.2.2 Es seien f, g und h die durch $f(x) := 1/(1 + x^2), g(x) := |x|$ und $h(x) := x + 1$ definierten Funktionen von $\mathbb{R}$ in sich. Man bilde die Kompositionen fg, fh, gh, gf, hg, hf und prüfe, welche dieser Funktionen übereinstimmen.

Aufgabe 1.2.3 Für welche $a, b, c \in \mathbb{R}$ ist die Funktion $f \colon \mathbb{R} \to \mathbb{R}$ mit $f(x) := ax^2 + bx + c$ bijektiv?

Aufgabe 1.2.4 Man prüfe, welche der folgenden Abbildungen von $\mathbb{R} \times \mathbb{R}$ in sich (wobei jeweils der Wert für $(x, y) \in \mathbb{R} \times \mathbb{R}$ angegeben ist) injektiv bzw. surjektiv bzw. bijektiv ist. Im bijektiven Fall gebe man die Umkehrabbildung an.

$$(y, 3); \quad (x + y^2, y + 2); \quad (xy, x + 1); \quad (xy, x + y); \quad (2x^2 - y, x + y);$$
$$(x - y, x^2 - y^2); \quad (xy, x^2 - y^2); \quad \left(x / \sqrt{1 + x^2 + y^2}, y / \sqrt{1 + x^2 + y^2}\right).$$

Die entsprechende Aufgabe löse man für die Abbildung von $\mathbb{R} \times \mathbb{R} - \{(0, 0)\}$ in sich mit $(x, y) \mapsto \left(x/(x^2 + y^2), y/(x^2 + y^2)\right)$.

Aufgabe 1.2.5 Seien $a, b, c, d \in \mathbb{R}$ und $f \colon \mathbb{R} \to \mathbb{R}, g \colon \mathbb{R} \to \mathbb{R}$ die durch $f(x) := ax + b$ und $g(x) := cx + d$ definierten Funktionen. Unter welchen Bedingungen sind f und g vertauschbar, d. h. wann gilt $f \circ g = g \circ f$?

Aufgabe 1.2.6 Die Fasern reellwertiger Funktionen heißen auch **Niveaumengen**. Man skizziere die Niveaumengen folgender Funktionen $\mathbb{R} \times \mathbb{R} \to \mathbb{R}$ zu den Werten $-2, -1, 0, 1, 2$:

a) $(x, y) \mapsto x + y$, $(x, y) \mapsto xy$.
b) $(x, y) \mapsto |x - 1| + |y + 2|$.
c) $(x, y) \mapsto |y - x|$.
d) $(x, y) \mapsto x^2 - 4x + y^2$.
e) $(x, y) \mapsto \sqrt[3]{x + 1} - \sqrt{|y|}$.
f) $(x, y) \mapsto xy - (x + y)$.

Aufgabe 1.2.7 Seien $f: A \to B$ und $g: B \to C$ Abbildungen sowie $gf: A \to C$ ihre Komposition.

a) Ist gf injektiv, so ist f injektiv.
b) Ist gf surjektiv, so ist g surjektiv.
c) Ist gf bijektiv, so ist f injektiv und g surjektiv. (Man gebe ein Beispiel dafür, dass gf bijektiv ist, aber weder f noch g.)
d) Ist gf bijektiv und ist f (bzw. g) bijektiv, so ist auch g (bzw. f) bijektiv.

Aufgabe 1.2.8 Man beweise Prop. 1.2.11.

Aufgabe 1.2.9
a) Seien $f: A \to B$, $g: B \to C$ und $h: C \to D$ Abbildungen. Sind gf und hg bijektiv, so sind f, g und h bijektiv.
b) Seien $f: A \to B$, $g: B \to A$ und $h: A \to B$ Abbildungen. Aus $gf = \mathrm{id}_A$ und $hg = \mathrm{id}_B$ folgt $f = h$, d. h. die Bijektivität von g und $g^{-1} = f = h$.

Aufgabe 1.2.10 Sei $f: A \to B$ eine Abbildung.

a) Folgende Aussagen sind äquivalent: (i) f ist injektiv. (ii) Für alle Mengen C und alle Abbildungen $g_1: C \to A$ und $g_2: C \to A$ folgt aus $fg_1 = fg_2$ bereits $g_1 = g_2$. Ist überdies $A \neq \emptyset$ (und damit auch $B \neq \emptyset$), sind diese beiden Bedingungen äquivalent zu: (iii) Es gibt eine Abbildung $g: B \to A$ mit $gf = \mathrm{id}_A$. (Eine solche Abbildung g heißt eine **Retraktion** zu f.)
b) Folgende Aussagen sind äquivalent: (i) f ist surjektiv. (ii) Für alle Mengen D und alle Abbildungen $h_1: B \to D$ und $h_2: B \to D$ folgt aus $h_1 f = h_2 f$ bereits $h_1 = h_2$. (iii) Es gibt eine Abbildung $h: B \to A$ mit $fh = \mathrm{id}_B$. (Eine solche Abbildung h heißt ein **Schnitt** zu f. Für jedes $b \in B$ gehört $h(b)$ zur Faser $f^{-1}(b)$. – Zur Konstruktion eines Schnitts h benutzt man das Auswahlaxiom.)

Abb. 1.8 Faserbedingung für
kommutierende Abbildungen

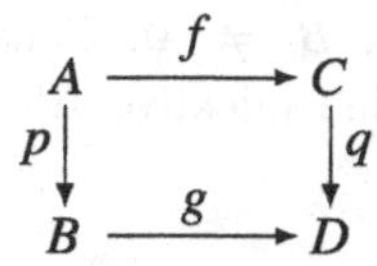

$$
\begin{array}{ccc}
A & \xrightarrow{\;f\;} & C \\
{\scriptstyle p}\downarrow & & \downarrow{\scriptstyle q} \\
B & \xrightarrow{\;g\;} & D
\end{array}
\qquad
f(p^{-1}(b)) \subseteq q^{-1}(g(b)) \,, \quad b \in B
$$

Aufgabe 1.2.11 Sei $f\colon A \to A$ eine Abbildung. Dann gilt Fix $f \subseteq$ Bild f, und die Gleichheit gilt genau dann, wenn $f^2 = f$ ist. (Man sagt dann, f sei eine **Projektion**.)

Aufgabe 1.2.12 Seien $p\colon A \to B$ und $q\colon C \to D$ Abbildungen. Für Abbildungen $f\colon A \to C$ und $g\colon B \to D$ sind folgende Bedingungen äquivalent: (i) Es ist $q \circ f = g \circ p$, d. h. das Diagramm in Abb. 1.8 ist kommutativ. (ii) Es ist $f(p^{-1}(b)) \subseteq q^{-1}(g(b))$ für alle $b \in B$.

Aufgabe 1.2.13 Sei $f\colon A \to B$ eine Abbildung. Für die von f induzierten Abbildungen $f_*\colon \mathfrak{P}(A) \to \mathfrak{P}(B)$, $A' \mapsto f(A')$, und $f^*\colon \mathfrak{P}(B) \to \mathfrak{P}(A)$, $B' \mapsto f^{-1}(B')$, gilt:

a) Äquivalent sind: (i) f ist injektiv. (ii) f_* ist injektiv. (iii) f^* ist surjektiv.
b) Äquivalent sind: (i) f ist surjektiv. (ii) f_* ist surjektiv. (iii) f^* ist injektiv.
c) Ist f bijektiv, so sind f_* und f^* zueinander inverse bijektive Abbildungen.

Aufgabe 1.2.14 Sei $f\colon A \to B$ eine Abbildung.

a) Für alle $A' \subseteq A$ ist $f^{-1}(f(A')) \supseteq A'$.
b) Für alle $B' \subseteq B$ ist $f(f^{-1}(B')) \subseteq B'$.
c) Für alle $A', A'' \subseteq A$ ist $f(A' \cup A'') = f(A') \cup f(A'')$, $f(A' \cap A'') \subseteq f(A') \cap f(A'')$ und $f(A' - A'') \supseteq f(A') - f(A'')$.
d) Für alle $B', B'' \subseteq B$ ist $f^{-1}(B' \cup B'') = f^{-1}(B') \cup f^{-1}(B'')$, $f^{-1}(B' \cap B'') = f^{-1}(B') \cap f^{-1}(B'')$ und $f^{-1}(B' - B'') = f^{-1}(B') - f^{-1}(B'')$. Insbesondere ist $f^{-1}(\complement_B B'') = \complement_A(f^{-1}(B''))$.
e) Für alle $A' \subseteq A$, $B' \subseteq B$ ist $f(A' \cap f^{-1}(B')) = f(A') \cap B'$.
f) Äquivalent sind: (i) f ist surjektiv. (ii) Für alle $B' \subseteq B$ ist $f(f^{-1}(B')) = B'$.
g) Äquivalent sind: (i) f ist injektiv. (ii) Für alle $A' \subseteq A$ ist $f^{-1}(f(A')) = A'$. (iii) Für alle $A', A'' \subseteq A$ ist $f(A' \cap A'') = f(A') \cap f(A'')$. (iv) Für alle $A', A'' \subseteq A$ mit $A' \cap A'' = \emptyset$ ist $f(A') \cap f(A'') = \emptyset$. (v) Für alle $A', A'' \subseteq A$ ist $f(A' - A'') = f(A') - f(A'')$.

Aufgabe 1.2.15 Seien $f\colon A \to B$ und $g\colon B \to C$ Abbildungen. Für alle $A' \subseteq A$ bzw. $C' \subseteq C$ gilt $(gf)(A') = g(f(A'))$ und $(gf)^{-1}(C') = f^{-1}(g^{-1}(C'))$. Es ist also $(gf)_* = g_* f_*$ und $(gf)^* = f^* g^*$. (Vgl. Aufg. 1.2.13. – Man sagt, der Übergang von f zu f_* sei **kovariant** und der von f zu f^* **kontravariant**.)

Aufgabe 1.2.16 Seien A, B Mengen, $B \neq \emptyset$. Genau dann gibt es eine surjektive Abbildung von A auf B, wenn es eine injektive Abbildung von B in A gibt. (Vgl. Aufg. 1.2.10b).)

Aufgabe 1.2.17 Seien $A_i, i \in I$, und $B_j, j \in J$, Familien von Mengen mit $I \neq \emptyset \neq J$. Dann gilt:

a) $\left(\bigcap_{i \in I} A_i\right) \cup \left(\bigcap_{j \in J} B_j\right) = \bigcap_{(i,j) \in I \times J} (A_i \cup B_j), \quad \left(\bigcap_{i \in I} A_i\right) \cup \left(\bigcup_{j \in J} B_j\right) = \bigcap_{i \in I} \left(\bigcup_{j \in J} A_i \cup B_j\right).$

b) $\left(\bigcup_{i \in I} A_i\right) \cap \left(\bigcup_{j \in J} B_j\right) = \bigcup_{(i,j) \in I \times J} (A_i \cap B_j), \quad \left(\bigcup_{i \in I} A_i\right) \cap \left(\bigcap_{j \in J} B_j\right) = \bigcup_{i \in I} \left(\bigcap_{j \in J} A_i \cap B_j\right).$

c) $\left(\bigcup_{i \in I} A_i\right) - \left(\bigcup_{j \in J} B_j\right) = \bigcup_{i \in I} \left(\bigcap_{j \in J} (A_i - B_j)\right), \quad \left(\bigcup_{i \in I} A_i\right) - \left(\bigcap_{j \in J} B_j\right) = \bigcup_{(i,j) \in I \times J} (A_i - B_j).$

Ist A eine weitere Menge, so ist $A - \left(\bigcup_{j \in J} B_j\right) = \bigcap_{j \in J}(A - B_j)$ und $A - \left(\bigcap_{j \in J} B_j\right) = \bigcup_{j \in J}(A - B_j)$. Insbesondere ist das Komplement einer Vereinigung gleich dem Durchschnitt der Komplemente und das Komplement eines Durchschnitts gleich der Vereinigung der Komplemente.

Aufgabe 1.2.18 Seien $f: A \to B$ eine Abbildung und $A_i, i \in I$, bzw. $B_j, j \in J$, Familien von Teilmengen $A_i \subseteq A$ bzw. $B_j \subseteq B$. Dann gilt:

a) $f\left(\bigcup_{i \in I} A_i\right) = \bigcup_{i \in I} f(A_i) \quad \text{und} \quad f\left(\bigcap_{i \in I} A_i\right) \subseteq \bigcap_{i \in I} f(A_i).$

b) $f^{-1}\left(\bigcup_{i \in I} B_i\right) = \bigcup_{i \in I} f^{-1}(B_i) \quad \text{und} \quad f^{-1}\left(\bigcap_{i \in I} B_i\right) = \bigcap_{i \in I} f^{-1}(B_i).$

Aufgabe 1.2.19 Seien A, I und J Mengen. Die Abbildung

$$f \mapsto \left(j \mapsto \left(i \mapsto f_{ij} = f(i, j)\right)\right)$$

ist eine bijektive Abbildung von $M_{I,J}(A) := A^{I \times J}$ auf $(A^I)^J$. (Die Elemente $f: I \times J \to A$ von $M_{I,J}(A)$ sind die sogenannten $I \times J$-**Matrizen** mit Koeffizienten in A. Die **partiellen Abbildungen** $f_{\bullet j}: I \to A, i \mapsto f_{ij} = f(i, j), j \in J$, bzw. $f_{i\bullet}: J \to A, j \mapsto f_{ij} = f(i, j), i \in I$, heißen die j-**te Spalte** bzw. die i-**te Zeile** der Matrix $f = (f_{ij}) \in M_{I,J}(A)$. Die Abbildung $f \mapsto (i \mapsto f_{i\bullet})$ ist eine bijektive Abbildung von $M_{I,J}(A) = A^{I \times J}$ auf $(A^J)^I$. – Ist $I = J$, so schreiben wir $M_I(A)$ für $M_{I,I}(A)$.)

Aufgabe 1.2.20 Sei I eine Menge. Die Abbildung $J \mapsto e_J$, die einer Teilmenge $J \subseteq I$ die Indikatorfunktion e_J von J zuordnet, ist eine bijektive Abbildung der Potenzmenge $\mathfrak{P}(I)$ von I auf die Menge $\{0, 1\}^I$ aller Abbildungen $I \to \{0, 1\}(\subseteq \mathbb{N})$. Die Umkehrabbildung ist $e \mapsto e^{-1}(1)$.

Aufgabe 1.2.21 Seien I eine Menge und J, K Teilmengen von I mit den Komplementen $J' = I - J$ bzw. $K' = I - K$ in I.

a) Man beweise die folgenden Gleichungen über Indikatorfunktionen (die als Funktionen mit Werten in $\mathbb{Z}$ zu verstehen sind): $e_\emptyset = 0$, $e_I = 1$, $e_{J \cap K} = e_J e_K$, $e_{J \cup K} = e_J + e_K - e_J e_K$, $e_{J-K} = e_J(1-e_K)$. Insbesondere ist $e_{J'} = 1 - e_J$ und $e_{J \triangle K} = e_J + e_K - 2e_J e_K$.

b) Allgemein seien $K_1 := J \cap K$, $K_2 := J \cap K'$, $K_3 := J' \cap K$, $K_4 := J' \cap K'$. Dann gebe man für jede der 16 Teilmengen $S \subseteq \{1, 2, 3, 4\}$ die Indikatorfunktion von $\bigcup_{i \in S} K_i$ an (mit Hilfe der Indikatorfunktionen von J und K).

1.3 Relationen

Wer mit wem verheiratet ist, lässt sich am einfachsten und klarsten durch Angabe der Menge der Ehepaare beschreiben. Generell definiert man:

Definition 1.3.1 Seien A und B Mengen. Eine **Relation zwischen A und B** ist eine Teilmenge R von $A \times B$. Bei $A = B$ sprechen wir von einer **Relation auf A**.

Ist R eine Relation zwischen A und B und ist $(x, y) \in R$, so schreibt man auch suggestiver $x R y$. Häufig benutzt man statt eines Buchstabens wie etwa R spezielle Symbole, die bereits bestimmte Eigenschaften dieser Relation andeuten. Beispielsweise beschreibt das Gleichheitszeichen $=$ die Gleichheitsrelation (auf einer Menge A), also die **Diagonale** $\Delta_A = \{(a, a) \mid a \in A\} \subseteq A \times A$. Für $x, y \in A$ ist nämlich $x = y$ äquivalent zu $(x, y) \in \Delta_A$. Diese Diagonale ist der Graph der Identität id_A. Jede Abbildung $f: A \to B$ definiert eine Relation zwischen A und B, nämlich ihren Graphen $\Gamma_f \subseteq A \times B$. Generell: Soll betont werden, dass eine Relation R zwischen A und B als Teilmenge von $A \times B$ betrachtet wird – und sie ist nichts anderes –, so spricht man auch vom **Graphen der Relation R**.

Bemerkung 1.3.2 (Graphen – Köcher) Eine Relation R auf einer Menge A heißt gelegentlich auch ein **gerichteter Graph** auf A. Man veranschaulicht einen solchen gerichteten Graphen in der Weise, dass man die Elemente von A durch **Ecken** in der Ebene (oder im Raume) repräsentiert und zwei Ecken P, Q mit einem **Pfeil** von P nach Q verbindet, falls das zu (P, Q) gehörige Paar aus $A \times A$ in R liegt. Ist sowohl (P, Q) als auch (Q, P) ein Paar in R, so verbindet man P und Q bei $P \neq Q$ einfach mit einer **Kante** statt mit einem Doppelpfeil. Gehört (P, P) zu R, so heftet man an die Ecke P eine **Schlinge**. Beispielsweise stellt das Diagramm in Abb. 1.9a die Relation $\{(C, C), (C, D), (D, E), (E, G), (G, E), (G, D)\}$ auf der Menge $\{C, D, E, F, G\}$ dar.

Ist die Relation R **symmetrisch**, d. h. gehört mit (P, Q) stets auch (Q, P) zu R, so enthält der Graph keine Pfeile und man spricht von einem **ungerichteten Graphen**. Ein ungerichteter Graph ohne Schlingen heißt ein **Graph** schlechthin. Jeder gerichtete Graph

a

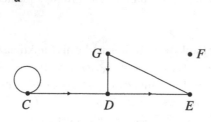

b

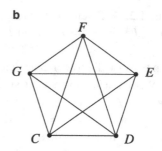

Abb. 1.9 Beispiele von Graphen

definiert durch Ignorieren der Pfeilrichtungen einen ungerichteten Graphen und durch Weglassen der Schlingen einen Graphen schlechthin. Ein Graph schlechthin auf einer Menge A ist durch eine Teilmenge K der Menge $\mathfrak{E}_2(A)$ der zweielementigen Teilmengen $\{P, Q\}$, $P, Q \in A$, $P \neq Q$, von A bestimmt. Zwei Ecken P, Q, $P \neq Q$, des Graphen sind genau dann mit einer Kante verbunden, wenn $\{P, Q\}$ zu K gehört. K heißt jetzt die Menge der Kanten des Graphen. Der Graph in Abb. 1.9b ist der **vollständige Graph** zur Eckenmenge $A = \{C, D, E, F, G\}$, der durch *alle* zweielementigen Teilmengen von A definiert ist.

Häufig hat man verallgemeinerte Graphen oder sogenannte **Köcher** (engl: quiver) zu betrachten, bei denen zwei Ecken $P, Q \in A$ durch mehrere Kanten verbunden sein können. Man beschreibt diese Situation am einfachsten durch eine Abbildung $\Gamma \colon K \to A \times A$, die äquivalent ist zu den beiden Komponentenabbildungen $\alpha \colon K \to A$ und $\omega \colon K \to A$ mit $\Gamma(k) = (\alpha(k), \omega(k))$. $\alpha(k)$ ist dann der **Anfangs**- und $\omega(k)$ der **Endpunkt** des **Pfeils** $k \in K$. Gerichtete Graphen sind also spezielle Köcher. Ein **(orientierter) Weg** der Länge $n \in \mathbb{N}^*$ im Köcher Γ ist eine Folge $\gamma = (k_1, \dots, k_n)$ von Pfeilen $k_i \in K$ mit $\omega(k_i) = \alpha(k_{i+1})$ für $i = 1, \dots, n-1$. Der **Anfangspunkt** $\alpha(\gamma)$ eines solchen Weges ist $\alpha(k_1)$, sein **Endpunkt** ist $\omega(\gamma) = \omega(k_n)$. Ferner definiert jede Ecke $P \in A$ des Köchers einen Weg der Länge 0 mit Anfangs- und Endpunkt P. Zwei Wege γ_1 und γ_2 der Längen n_1 bzw. n_2 mit $\omega(\gamma_1) = \alpha(\gamma_2)$ lasen sich in natürlicher Weise zu einem Weg $\gamma_1\gamma_2$ der Länge $n_1 + n_2$ verbinden. Ein Weg in einem Graphen schlechthin ist einfach eine Folge $(P_0, \dots, P_n)$ von Ecken, wobei $\{P_i, P_{i+1}\}$, $i = 0, \dots, n-1$, eine Kante ist. Ist dabei $P_0 = P_n$ und $n > 0$, so spricht man von einer **Schlinge** (engl: loop). Ein Graph schlechthin ohne Schlingen heißt ein **Wald**. Ein Graph heißt **zusammenhängend**, wenn er nicht leer ist und sich je zwei Ecken mit einem Weg verbinden lassen. Ein zusammenhängender Wald heißt ein **Baum**. Die ungerichteten Wege eines gerichteten Graphen sind definitionsgemäß die Wege des zugehörigen Graphen schlechthin.

Hat man in einem Köcher nicht zwischen den einzelnen Pfeilen, die jeweils Punkte P, Q verbinden, zu unterscheiden, interessiert also nur deren Anzahl $|\Gamma^{-1}(P, Q)|$, so führt dies zum Begriff eines **bewerteten Graphen**. Dies ist allgemein eine Relation $R \subseteq A \times A$ zusammen mit einer Abbildung $v \colon R \to L$, die man meist als quadratische

Matrix $(\ell_{PQ})_{P,Q \in A} \in M_A(L)$ schreibt, wobei ℓ_{PQ} für $(P, Q) \notin R$ ein festes, nicht zu Bild v gehörendes Element von L ist (in der Regel ist dies 0, meist ist L eine Menge von Zahlen). Eine Relation $R \subseteq A \times A$ wird also beschrieben durch ihre sogenannte **Adjazenzmatrix** $(e_{PQ} = e_R(P, Q))_{P,Q \in A}$ mit $e_{PQ} = 1$ genau dann, wenn $(P, Q) \in R$ ist, und $e_{PQ} = 0$ sonst. Ist R ein Graph schlechthin (ohne Schlingen), so ist die Adjazenzmatrix symmetrisch (d. h. es ist $e_{PQ} = e_{QP}$) und ihre Diagonalelemente e_{PP}, $P \in A$, sind alle gleich 0. Die Anzahl der Kanten, die die Ecke P eines solchen Graphen enthalten, heißt die **Ordnung** v_P von P. Die Elemente $\neq P$ dieser Kanten sind die v_P **Nachbarn** von P.[8] $\diamond$

Wir notieren einige immer wieder auftretende Eigenschaften von Relationen $R \subseteq A \times A$ auf einer Menge A. R heißt

(1) **reflexiv**, wenn für alle $a \in A$ gilt: $(a, a) \in R$;

(2) **antireflexiv**, wenn für alle $a \in A$ gilt: $(a, a) \notin R$;

(3) **symmetrisch**, wenn für alle $a, b \in A$ aus $(a, b) \in R$ stets $(b, a) \in R$ folgt;

(4) **antisymmetrisch**, wenn für alle $a, b \in A$ aus $(a, b) \in R$ und $(b, a) \in R$ stets $a = b$ folgt;

(5) **asymmetrisch**, wenn für alle $a, b \in A$ aus $(a, b) \in R$ stets $(b, a) \notin R$ folgt;

(6) **transitiv**, wenn für alle $a, b, c \in A$ aus $(a, b) \in R$ und $(b, c) \in R$ stets $(a, c) \in R$ folgt.

Das Identifizieren von Dingen, die man in einer gegebenen Situation zur Vereinfachung der Überlegungen nicht unterscheiden möchte, wird durch den für die gesamte Mathematik fundamentalen Begriff der Äquivalenzrelation erfasst:

Definition 1.3.3 Eine Relation $\sim$ auf der Menge A heißt eine **Äquivalenzrelation** auf A, wenn sie reflexiv, symmetrisch und transitiv ist, d. h. wenn für alle $a, b, c \in A$ gilt:

(1) $a \sim a$; (2) aus $a \sim b$ folgt $b \sim a$; (3) aus $a \sim b$ und $b \sim c$ folgt $a \sim c$.

Zwei Elemente $a, b \in A$ heißen **äquivalent** (bzgl. der Äquivalenzrelation $\sim$), wenn $a \sim b$ und damit auch $b \sim a$ gilt. Für ein Element $a \in A$ heißt die Menge der zu a äquivalenten Elemente von A die **Äquivalenzklasse** des Elements a.

Die Äquivalenzklasse von a bezeichnen wir im Allgemeinen mit $[a] = [a]_\sim$ oder $\overline{a}$ (oder in ähnlicher Weise). Es ist also $[a] = \{x \in A \mid x \sim a\}$. Der Übergang von den Elementen a zu ihren Äquivalenzklassen $[a]$ ist ein (durch die jeweilige Äquivalenzrelation $\sim$ präzisierter) Abstraktions- oder Identifizierungsprozess, was durch den folgenden Satz beschrieben wird.

---

[8] Wir bemerken, dass die Terminologie für Graphen in der Literatur nicht einheitlich ist (und häufig erst aus dem Kontext erschlossen werden muss).

Satz 1.3.4 *Sei $\sim$ eine Äquivalenzrelation auf der Menge A.*

(1) *Für jedes $a \in A$ ist $a \in [a]$ und insbesondere $[a] \neq \emptyset$. Es ist $A = \bigcup_{a \in A} [a]$.*
(2) *Für alle $a, b \in A$ sind die folgenden drei Bedingungen äquivalent:*

$$\text{(i) } [a] = [b]. \quad \text{(ii) } [a] \cap [b] \neq \emptyset. \quad \text{(iii) } a \sim b.$$

Beweis (1) ergibt sich aus $a \sim a$. Zum Beweis von (2) führen wir einen Ringschluss durch.

(i) $\Rightarrow$ (ii): Bei $[a] = [b]$ ist $a \in [a] = [b]$, also $a \in [a] \cap [b]$.
(ii) $\Rightarrow$ (iii): Sei $c \in [a] \cap [b]$, d. h. $c \sim a$ und $c \sim b$. Aus $a \sim c$ und $c \sim b$ folgt aber wegen der Transitivität $a \sim b$.
(iii) $\Rightarrow$ (i): Wegen der Symmetrie genügt es, $[a] \subseteq [b]$ zu zeigen. Sei $x \in [a]$, also $x \sim a$. Zusammen mit $a \sim b$ folgt $x \sim b$, also $x \in [b]$. $\square$

Sei $R \subseteq A \times A$ eine Äquivalenzrelation $\sim$ auf der Menge A. Die Menge der Äquivalenzklassen bzgl. $\sim$ ist eine Teilmenge der Potenzmenge $\mathfrak{P}(A)$ und heißt die **Quotientenmenge** oder der **Quotientenraum** von A bzgl. $\sim$. Sie wird mit

$$A/R \quad \text{oder} \quad A/\sim \quad \text{oder} \quad \overline{A} \quad \text{oder} \quad [A] \quad \text{oder} \quad [A]_R \quad \text{oder} \quad [A]_\sim \quad \text{usw.}$$

bezeichnet. Es ist $R = \bigcup_{C \in A/R} (C \times C)$, und die Mengen $C \times C$, $C \in A/R$, sind paarweise disjunkt, bilden also eine Zerlegung von R. Die surjektive Abbildung $\pi = \pi_R: a \mapsto [a]$ von A auf $\overline{A}$, die einem Element $a \in A$ seine Äquivalenzklasse $[a] \in \overline{A}$ bzgl. $\sim$ zuordnet, heißt die **kanonische Projektion** von A auf $\overline{A}$. Ihre Fasern sind genau die Äquivalenzklassen bzgl. $\sim$. Man sagt, $\overline{A}$ entstehe aus A durch **Identifizieren** der bzgl. $\sim$ äquivalenten Elemente. Ein Element einer Äquivalenzklasse heißt ein **Repräsentant** dieser Äquivalenzklasse. Wählt man aus jeder Äquivalenzklasse genau einen Repräsentanten (Auswahlaxiom!), so bilden diese zusammen ein **volles Repräsentantensystem** oder einen sogenannten **Fundamentalbereich** für die Menge aller Äquivalenzklassen. Eine Teilmenge $B \subseteq A$ heißt **saturiert bzgl. der Äquivalenzrelation** R auf A oder R-**saturiert**, wenn B mit jedem Element auch jedes dazu bzgl. R äquivalente Element enthält, wenn also B Vereinigung von Äquivalenzklassen bzgl. R ist. B ist genau dann R-saturiert, wenn $B = \pi_R^{-1}(\pi_R(B))$ ist. Die kanonische Projektion $\pi_R: A \to A/R$ hat folgende universelle Eigenschaft: *Ist $f: A \to B$ eine beliebige Abbildung, so gibt es genau dann eine Abbildung $\overline{f}: A/R \to B$ mit $f = \overline{f} \circ \pi_R$, wenn f auf den Fasern von π_R, also auf den Äquivalenzklassen bzgl. R, jeweils konstant ist.* $\overline{f}: A \to B$ ist dann **die von f induzierte Abbildung**.

Sind R und S Äquivalenzrelationen auf der Menge A, so heißt R **feiner** als S (bzw. S **gröber** als R), wenn $R \subseteq S$ ist, d. h. wenn aus aRb stets aSb folgt oder – äquivalent – wenn für jedes $a \in A$ stets $[a]_R \subseteq [a]_S$ gilt, d. h. wenn die S-Äquivalenzklassen von A

Abb. 1.10 R ist feiner als S

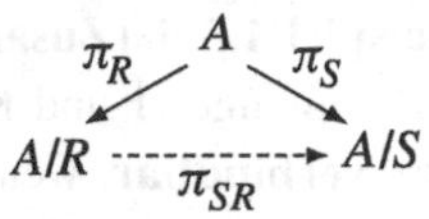

$$\begin{array}{ccc} & A & \\ \pi_R \swarrow & & \searrow \pi_S \\ A/R \dashrightarrow & & A/S \\ & \pi_{SR} & \end{array}$$

R-saturiert sind. Die Gleichheitsrelation (mit der Diagonalen Δ_A als Graph) ist die feins-te Äquivalenzrelation auf A. Ihre Äquivalenzklassen sind die einelementigen Teilmengen von A. Die gröbste Äquivalenzrelation auf A ist die **Allrelation** (mit $A \times A$ als Graphen). Bei $A \neq \emptyset$ ist A ihre einzige Äquivalenzklasse. Ist R feiner als S, so sind die Fasern $[a]_R$ der kanonischen Projektion $\pi_R \colon A \to A/R$ in den Fasern $[a]_S$ der kanonischen Projektion $\pi_S \colon A \to A/S$ enthalten. Folglich induziert π_S eine eindeutig bestimmte surjektive Ab-bildung $\pi_{SR} \colon A/R \to A/S$ mit $\pi_S = \pi_{SR} \circ \pi_R$, vgl. Abb. 1.10. Für $a \in A$ ist die Faser $\pi_{SR}^{-1}([a]_S)$ die Menge der in $[a]_S$ enthaltenen R-Äquivalenzklassen.

Jede Abbildung $f \colon A \to B$ definiert die Äquivalenzrelation

$$R_f \quad \text{durch} \quad aR_f b \iff f(a) = f(b)\,.$$

Die Äquivalenzklassen von R_f sind die nichtleeren Fasern von f, genauer: Die Äqui-valenzklasse von $a \in A$ bzgl. R_f ist die Faser $f^{-1}(f(a))$ von f durch a. Ist R eine Äquivalenzrelation auf A, die feiner ist als R_f, so induziert f eine Abbildung $\overline{f} \colon A/R \to B$ mit $f = \overline{f} \circ \pi_A$, d. h. mit $\overline{f}([a]_R) = f(a)$ für alle $a \in A$, die genau dann injektiv ist, wenn $R = R_f$ ist. Sie ist genau dann surjektiv, wenn f surjektiv ist.

Die Äquivalenzklassen bezüglich einer Äquivalenzrelation auf einer Menge A bilden eine Zerlegung der Menge A. Dabei heißt eine Teilmenge der Potenzmenge $\mathfrak{P}(A)$ von A eine **Zerlegung** von A, wenn ihre Elemente paarweise disjunkt sind und ihre Vereinigung ganz A ist. Sind dabei, wie bei den Äquivalenzklassen bzgl. einer Äquivalenzrelation, die Elemente $\neq \emptyset$, so spricht man auch von einer **Partition** von A. Etwas allgemeiner heißt eine Familie $A_i, i \in I$, von Teilmengen von A eine **Zerlegung** von A, wenn $A_i \cap A_j = \emptyset$ ist für $i \neq j$ und $\bigcup_{i \in I} A_i = A$. In diesem Fall schreiben wir auch

$$A = \biguplus_{i \in I} A_i\,.$$

Wir verlangen nicht – wie manche Autoren dies tun –, dass alle $A_i \neq \emptyset$ sind. Sind aber alle Mengen A_i einer Zerlegung nichtleer, so spricht man von einer **eigentlichen Zerlegung** von A. Partitionen sind also spezielle eigentliche Zerlegungen. *Die Zerlegungen $A_i, i \in I$, von A entsprechen bijektiv den Abbildungen $f \colon A \to I$:* Die Zerlegung $A_i, i \in I$, definiert einerseits die Abbildung $f \colon A \to I$ mit $f(a) := i$, falls $a \in A_i$, und die Abbildung $F \colon A \to I$ andererseits die Zerlegung $A_i := F^{-1}(i), i \in I$, von A. Den surjektiven Abbildungen entsprechen dabei die eigentlichen Zerlegungen. Gilt $\bigcup_{i \in I} A_i = A$, ohne dass notwendigerweise $A_i \cap A_j = \emptyset$ ist für alle $i \neq j$, so heißt die Familie $A_i, i \in I$, eine **Überdeckung** von A.

Beispiel 1.3.5 (Zusammenhangskomponenten eines Graphen) Sei Γ ein Graph mit Eckenmenge A und Kantenmenge $K \subseteq \mathfrak{E}_2(A) \subseteq \mathfrak{P}(A)$. Zwei Punkte $P, Q \in A$ heißen **verbindbar**, wenn es einen Weg $(P = P_0, P_1, \ldots, P_n = Q)$ mit Anfangspunkt P und Endpunkt Q in Γ gibt. Die Verbindbarkeit ist offenbar eine Äquivalenzrelation auf A. Der Rückweg $(Q = P_n, \ldots, P_1, P_0 = P)$ verbindet Q mit P. Der Graph Γ ist somit genau dann zusammenhängend, wenn es genau eine Äquivalenzklasse gibt. Daher heißen generell die Äquivalenzklassen bzgl. der Verbindbarkeit die **Zusammenhangskomponenten** von Γ. Die Zusammenhangskomponenten eines gerichteten Graphen oder eines Köchers sind definitionsgemäß die Zusammenhangskomponenten des zugehörigen Graphen schlechthin. $\Diamond$

Beispiel 1.3.6 (Kongruenzrelationen) Sei $n \in \mathbb{N}$ eine natürliche Zahl. Zwei ganze Zahlen a und b heißen **kongruent modulo** n, wenn ihre Differenz $b - a$ durch n teilbar ist, wenn es also ein $k \in \mathbb{Z}$ mit $b = a + kn$ gibt. Man schreibt dann

$$a \equiv b \bmod n \quad \text{oder} \quad a \equiv b(n).$$

Diese Relation ist eine Äquivalenzrelation: (1) Es ist $a \equiv a \bmod n$ wegen $a - a = 0 = 0 \cdot n$; (2) aus $a \equiv b \bmod n$, d.h. $b - a = kn$ mit $k \in \mathbb{Z}$, folgt $a - b = (-k)n$, und schließlich (3) aus $a \equiv b$ und $b \equiv c \bmod n$, d.h. $b - a = kn$ und $c - b = \ell n$ mit $k, \ell \in \mathbb{Z}$, folgt $c - a = (c - b) + (b - a) = kn + \ell n = (k + \ell)n$. – Bei $n = 0$ ist diese Relation die Gleichheitsrelation, bei $n = 1$ die Allrelation. Sei nun $n > 0$. Dann sind zwei ganze Zahlen genau dann kongruent modulo n, wenn sie bei der Division durch n denselben Rest (zwischen 0 und $n - 1$) lassen, vgl. Satz 1.7.5. *In diesem Fall bilden also die Zahlen $0, \ldots, n - 1$ ein kanonisches volles Repräsentantensystem.* Generell sind je n aufeinander folgende ganze Zahlen ein volles Repräsentantensystem. Es gibt somit genau n Äquivalenzklassen, die sogenannten **Restklassen modulo** n. Die Menge der Restklassen modulo n wird mit

$$\mathbb{Z}/\mathbb{Z}n$$

bezeichnet. Für $a \in \mathbb{Z}$ ist

$$[a]_n = a + \mathbb{Z}n = a + [0]_n = \{a + sn \mid s \in \mathbb{Z}\}$$

die Restklasse von a in $\mathbb{Z}/\mathbb{Z}n$. Im Fall $n = 2$ ist die Restklasse $\overline{0} = [0]_2$ die Menge der geraden Zahlen und die Restklasse $\overline{1} = [1]_2$ die Menge der ungeraden Zahlen. Die Kongruenzrelation modulo n ist genau dann feiner als die Kongruenzrelation modulo m, wenn $[0]_n = \mathbb{Z}n \subseteq [0]_m = \mathbb{Z}m$, d.h. wenn n Vielfaches von m oder – was dasselbe ist – wenn m ein Teiler von n ist. In diesem Fall induziert die kanonische Projektion $\pi_n \colon \mathbb{Z} \to \mathbb{Z}/\mathbb{Z}n$ die surjektive Abbildung $\pi_{m,n} \colon \mathbb{Z}/\mathbb{Z}n \to \mathbb{Z}/\mathbb{Z}m$ mit $\pi_{m,n}([a]_n) = [a]_m$ für alle $a \in \mathbb{Z}$.

+	0	1	2	3	4
0	0	1	2	3	4
1	1	2	3	4	0
2	2	3	4	0	1
3	3	4	0	1	2
4	4	0	1	2	3

·	0	1	2	3	4
0	0	0	0	0	0
1	0	1	2	3	4
2	0	2	4	1	3
3	0	3	1	4	2
4	0	4	3	2	1

+	0	1	2	3	4	5
0	0	1	2	3	4	5
1	1	2	3	4	5	0
2	2	3	4	5	0	1
3	3	4	5	0	1	2
4	4	5	0	1	2	3
5	5	0	1	2	3	4

·	0	1	2	3	4	5
0	0	0	0	0	0	0
1	0	1	2	3	4	5
2	0	2	4	0	2	4
3	0	3	0	3	0	3
4	0	4	2	0	4	2
5	0	5	4	3	2	1

Abb. 1.11 Addition und Multiplikation in $\mathbb{Z}/\mathbb{Z}5 = \{0, 1, 2, 3, 4\}$ bzw. in $\mathbb{Z}/\mathbb{Z}6 = \{0, 1, 2, 3, 4, 5\}$

Die Addition $+$ und die Multiplikation $\cdot$ auf $\mathbb{Z}$ induzieren entsprechende Operationen auf $\mathbb{Z}/\mathbb{Z}n$. Für $a, b \in \mathbb{Z}$ setzt man dazu

$$(a + \mathbb{Z}n) + (b + \mathbb{Z}n) := (a + b) + \mathbb{Z}n, \quad (a + \mathbb{Z}n) \cdot (b + \mathbb{Z}n) := (a \cdot b) + \mathbb{Z}n.$$

Zur Definition dieser Summe und dieses Produkts haben wir die speziellen Repräsentanten a, b der Restklassen benutzt. Es ist zu zeigen, dass die Ergebnisse nicht von der Wahl dieser Repräsentanten abhängen, d.h. dass aus $a \equiv a' \bmod n$, also $a = a' + kn$, und $b \equiv b' \bmod n$, also $b = b' + \ell n$, $k, \ell \in \mathbb{Z}$, folgt $a + b \equiv a' + b' \bmod n$ sowie $ab \equiv a'b' \bmod n$. Es ist aber $a + b = a' + b' + (k + \ell)n$ und $ab = a'b' + (kb' + a'\ell + k\ell n)n$. Die Notwendigkeit, eine solche **Wohldefiniertheit**, d.h. die **Unabhängigkeit von der Wahl des Repräsentanten** zu verifizieren, ist typisch für das Rechnen mit Äquivalenzklassen und wird dem Leser immer wieder begegnen. Die beiden Operationen $+$ und $\cdot$ auf $\mathbb{Z}/\mathbb{Z}n$ sind also wohldefiniert und so gewählt, dass für die kanonische Projektion $\pi_n \colon \mathbb{Z} \to \mathbb{Z}/\mathbb{Z}n$ gilt:

$$\pi_n(a + b) = [a + b]_n = [a]_n + [b]_n = \pi_n(a) + \pi_n(b),$$
$$\pi_n(ab) = [ab]_n = [a]_n[b]_n = \pi_n(a)\pi_n(b).$$

Damit übertragen sich die einschlägigen Rechengesetze von $\mathbb{Z}$ auf $\mathbb{Z}/\mathbb{Z}n$, beispielsweise die Assoziativgesetze von Addition und Multiplikation

$$([a] \overset{+}{} [b]) \overset{+}{} [c] = [a \overset{+}{} b] \overset{+}{} [c] = [(a \overset{+}{} b) \overset{+}{} c] = [a \overset{+}{} (b \overset{+}{} c)] = [a] \overset{+}{} [b \overset{+}{} c] = [a] \overset{+}{} ([b] \overset{+}{} [c]),$$

ebenso die Kommutativgesetze usw. Die Tafeln für Addition und Multiplikation in $\mathbb{Z}/\mathbb{Z}5$ bzw. $\mathbb{Z}/\mathbb{Z}6$ sind in Abb. 1.11 angegeben. Dabei haben wir die Restklasse $[a]$ der Einfachheit halber wieder mit a bezeichnet.[9] Im Fall $n = 2$ erhalten wir die bekannten Rechenregeln für **Paritäten**:

gerade + gerade = gerade = ungerade + ungerade, ungerade + gerade = ungerade;

gerade · gerade = gerade = ungerade · gerade, ungerade · ungerade = ungerade.

---

[9] $\mathbb{Z}/\mathbb{Z}5$ ist übrigens ein Körper, in $\mathbb{Z}/\mathbb{Z}6$ jedoch besitzen nur die Restklassen 1 und 5 ein Inverses bezüglich der Multiplikation.

Die Restklassenmengen $\mathbb{Z}/\mathbb{Z}n$ mit diesen Additionen und Multiplikationen sind wie $\mathbb{Z}$ kommutative Ringe und grundlegende Objekte der Mathematik. Wir werden sie in allgemeinerem Rahmen in Kap. 2 ausführlicher diskutieren. Die Kongruenzrelationen $\equiv$ mod n wurden erstmals systematisch von C. F. Gauß in den „Disquisitiones arithmeticae" (1801) benutzt.

Ganz allgemein schreibt man für eine reelle Zahl $T \neq 0$

$$a \equiv b \bmod T \quad \text{oder} \quad a \equiv b(T),$$

wenn a und b reelle Zahlen sind, deren Differenz $b - a$ ein *ganzzahliges* Vielfaches von T ist. Hierbei handelt es sich um eine Äquivalenzrelation auf $\mathbb{R}$. Beweis! Für $a \in \mathbb{R}$ enthält die Äquivalenzklasse $\overline{a} = a + \mathbb{Z}T$ von a genau die Elemente $a + kT$, $k \in \mathbb{Z}$. T und $-T$ definieren dieselbe Relation. Die Zahlen des halboffenen Intervalls

$$[0, |T|[\; := \big\{ x \in \mathbb{R} \mid 0 \le x < |T| \big\}$$

bilden ein volles Repräsentantensystem für die Menge

$$\mathbb{R}/\mathbb{Z}T$$

der Äquivalenzklassen. Der eindeutig bestimmte Repräsentant von $\overline{a} = a + \mathbb{Z}T$ in $[0, |T|[$ ist $a - [a/|T|] \cdot |T|$, wo $[-]$ die Gauß-Klammer bezeichnet. Man definiert die Funktionen $x \mapsto x \text{ DIV } T$ und $x \mapsto x \text{ MOD } T$ auf $\mathbb{R}$ mit Werten in $\mathbb{Z}$ bzw. im Intervall $[0, |T|[$ durch die Gleichung

$$x = (x \text{ DIV } T) \cdot T + (x \text{ MOD } T) \quad \text{mit} \quad x \text{ DIV } T \in \mathbb{Z}, \; 0 \le x \text{ MOD } T < |T|,$$

also $x \text{ DIV } T = \text{Sign } T \cdot [x/|T|]$.[10] Bei $T = n \in \mathbb{N}^*$ ist $\mathbb{Z}/\mathbb{Z}n$ die Menge derjenigen Äquivalenzklassen in $\mathbb{R}/\mathbb{Z}n$, die einen ganzzahligen Repräsentanten besitzen. Ist $S \neq 0$ eine weitere reelle Zahl $\neq 0$, so ist die Kongruenzrelation modulo T genau dann feiner als diejenige modulo S, wenn T ein *ganzzahliges* Vielfaches von S ist, d. h. $T/S \in \mathbb{Z}$ gilt. Auf der Menge $\mathbb{R}/\mathbb{Z}T$ ist wie auf $\mathbb{Z}/\mathbb{Z}n$ auch die Addition

$$(a + \mathbb{Z}T) + (b + \mathbb{Z}T) := (a + b) + \mathbb{Z}T, \quad a, b \in \mathbb{R},$$

wohldefiniert, *nicht* aber eine entsprechende Multiplikation. Warum nicht?   ◇

---

[10] Man beachte, dass der „ganzzahlige Quotient" $x \text{ DIV } T$ vom ganzen Teil $[x/T]$ verschieden sein kann. Die Funktionen DIV und MOD werden vor allem in Computersprachen und dort gelegentlich auch in anderer Weise definiert.

Aufgaben

Aufgabe 1.3.1 Jede Partition einer Menge A definiert eine Äquivalenzrelation, deren Äquivalenzklassen genau die Mengen der gegebenen Partition von A sind.

Aufgabe 1.3.2 Man gebe jeweils Beispiele von Relationen an, die zwei der drei Eigenschaften einer Äquivalenzrelation erfüllen, nicht jedoch die dritte. Wie viele Relationen gibt es auf einer Menge mit n Elementen und wie viele davon sind reflexiv, antireflexiv, symmetrisch, antisymmetrisch bzw. asymmetrisch, vgl. 1.6.2 und 1.6.3? (Die Anzahl der Äquivalenzrelationen heißt die n-te **Bellsche Zahl** β_n und wird in Aufg. 1.6.14 bestimmt.)

1.4 Ordnungsrelationen

Die große Bedeutung von allgemeinen (nicht notwendig totalen) Ordnungen wurde erstmals von F. Hausdorff (1868–1942) erkannt und in seinem Werk „Grundzüge der Mengenlehre" aus dem Jahr 1914 beschrieben. Heute sind sie und die damit zusammenhängenden Begriffe fundamental für alle Bereiche der Mathematik.

Definition 1.4.1 A sei eine Menge und $\leq$ eine Relation auf A. Dann heißt $\leq$ eine **Ordnung(srelation)** auf A und $A = (A, \leq)$ eine **geordnete Menge**, wenn $\leq$ reflexiv, antisymmetrisch und transitiv ist, d. h. wenn für alle $a, b, c \in A$ gilt:

(1) $a \leq a$; (2) aus $a \leq b, b \leq a$ folgt $a = b$; (3) aus $a \leq b, b \leq c$ folgt $a \leq c$.

Gilt überdies stets eine (und dann bei $a \neq b$ genau eine) der Beziehungen $a \leq b$ oder $b \leq a$, so heißt $\leq$ eine **vollständige** oder **totale Ordnung(srelation)** auf A.[11]

Eine Ordnung auf A induziert eine Ordnung auf jeder Teilmenge von A. Eine total geordnete Menge heißt auch eine **Kette**. Teilmengen von Ketten sind wieder Ketten. Bei einer Ordnung $\leq$ schreibt man statt „$a \leq b$ und $a \neq b$" kürzer „$a < b$". Die Relation $<$ ist antireflexiv, asymmetrisch und transitiv. Die Relationen $\leq$ und $<$ bestimmen sich gegenseitig. Statt $a \leq b$ (bzw. $a < b$) schreibt man auch $b \geq a$ (bzw. $b > a$). Dies liefert wieder eine Ordnung. Sie heißt die zu $\leq$ **entgegengesetzte Ordnung** und wird auch mit $\leq^{\mathrm{op}}$ bezeichnet. Zwei Elemente $a, b \in A$ heißen bzgl. der Ordnung $\leq$ **vergleichbar**, wenn $a \leq b$ oder $a \geq b$ ist. Für $a \in A$ bezeichnen wir mit $A_{\leq a}$ und $A_{<a}$ den **geschlossenen** bzw. **offenen Anfangsabschnitt**

$$A_{\leq a} := \{x \in A \mid x \leq a\} \quad \text{bzw.} \quad A_{<a} := \{x \in A \mid x < a\} = A_{\leq a} - \{a\}.$$

---

[11] In der Literatur findet man auch die Bezeichnung „partiell geordnete Menge" für eine geordnete Menge (im Englischen „poset"). Dann wird unter einer „geordneten Menge" häufig eine total geordnete Menge verstanden.

Analog sind die **Endabschnitte** $A_{\geq a}$ bzw. $A_{>a}$ definiert. Dies sind die Anfangsabschnitte der entgegengesetzten Ordnung $\leq^{\mathrm{op}} = \geq$. Damit lassen sich auch bequem die **abgeschlossenen, offenen** und **halboffenen Intervalle** in A beschreiben. Für $a, b \in A$ ist

$$[a, b] := A_{\geq a} \cap A_{\leq b}, \quad]a, b[:= A_{>a} \cap A_{<b},$$
$$]a, b] := A_{>a} \cap A_{\leq b} \quad \text{und} \quad [a, b[:= A_{\geq a} \cap A_{<b}.$$

Die Elemente von $A_{>a}$ heißen auch die **Nachfolger** und die Elemente von $A_{<a}$ die **Vorgänger** von a. Ist b ein Nachfolger von a, also $a < b$, und gibt es kein Element $c \in A$ mit $a < c < b$, ist also $]a, b[= \emptyset$, so heißt b ein **direkter** oder **unmittelbarer Nachfolger** von a und a ein **direkter** oder **unmittelbarer Vorgänger** von b. Die Elemente a, b oder b, a sind dann (direkte) **Nachbarn** oder **benachbart**. Definitionsgemäß liegen für (beliebige) $a, b \in A$ die Elemente von $[a, b] \cup [b, a]$ (bzw. von $]a, b[\cup]b, a[$) **zwischen** (bzw. **echt zwischen**) a und b. Die Zwischenrelation ist also symmetrisch. Genau dann gibt es ein Element zwischen a und b, wenn a und b vergleichbar sind. Genau dann sind a und b benachbart, wenn sie vergleichbar, aber verschieden sind und wenn überdies kein Element echt zwischen a und b liegt. All diese Definitionen sind also dem natürlichen Sprachgebrauch angepasst.

Ein Element $a_0 \in A$ heißt ein **größtes Element** oder ein **Maximum** von A, wenn $a \leq a_0$ für alle $a \in A$ gilt, wenn also $A_{\leq a_0} = A$ ist, und ein **maximales Element** von A, wenn $a \leq a_0$ für alle mit a_0 vergleichbaren $a \in A$ gilt, wenn also $A_{>a_0} = \emptyset$ ist. Entsprechend sind **kleinste Elemente** ($=$ **Minima**) bzw. **minimale Elemente** von A definiert. Dies sind die Maxima bzw. die maximalen Elemente bzgl. der jeweils entgegengesetzten Ordnung. *Maxima und Minima sind, falls sie existieren, jeweils eindeutig bestimmt.* Sind nämlich M und M' Maxima in A bzgl. $\leq$, so gilt $M \leq M'$, da M' ein Maximum ist, und $M' \leq M$, da M ein Maximum ist, also insgesamt $M = M'$ wegen der Antireflexivität von $\leq$. Das Maximum bzw. Minimum einer geordneten Menge A bezeichnet man, falls es existiert, mit

$$\mathrm{Max}\, A \quad \text{bzw.} \quad \mathrm{Min}\, A.$$

Allgemeiner bezeichnet Max $(a_i, i \in I)$ bzw. Min $(a_i, i \in I)$ für eine Familie $a_i, i \in I$, von Elementen einer geordneten Menge A das größte bzw. kleinste Element der (geordneten) Teilmenge $\{a_i \mid i \in I\} \subseteq A$ (falls es existiert). Für eine endliche nichtleere Familie in einer *Kette* existieren diese Elemente stets, wie man leicht durch Induktion über die Elementezahl der Familie beweist, vgl. Aufg. 1.5.10. Eine geordnete Menge A heißt **wohlgeordnet**, wenn *jede* nichtleere Teilmenge von A ein kleinstes Element besitzt. Dann ist A insbesondere total geordnet, denn für $a, b \in A$ hat $\{a, b\} \subseteq A$ ein kleinstes Element. Besitzt die geordnete Menge A ein kleinstes Element Min A, so heißt jedes minimale Element in $A - \{\mathrm{Min}\, A\}$ ein **Atom** von A. Besitzt A ein größtes Element Max A, so heißt jedes maximale Element in $A - \{\mathrm{Max}\, A\}$ ein **Antiatom** von A. Die Antiatome von $(A, \leq)$ sind die Atome von $(A, \leq^{\mathrm{op}})$.

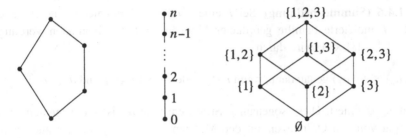

Abb. 1.12 Hasse-Diagramme

Beispiel 1.4.2 Die Gleichheit ist (bzgl. der Inklusion) die kleinste Ordnung auf einer Menge A. Sie ist die einzige Ordnung auf A, die gleichzeitig eine Äquivalenzrelation ist, und dadurch charakterisiert, dass je zwei verschiedene Elemente von A *nicht* vergleichbar sind. Man spricht von einer **Antikette** oder auch – etwas inkonsequent – von einer **total ungeordneten Menge**. Jedes Element einer Antikette ist minimal und maximal, aber weder ein kleinstes noch ein größtes Element, wenn die Antikette mehr als ein Element enthält.   ◇

Beispiel 1.4.3 Die natürliche Ordnung $\leq$ ist eine totale Ordnung auf $\mathbb{R}$ und damit auf jeder Teilmenge von $\mathbb{R}$. Es gibt in $\mathbb{R}$ weder ein größtes noch ein kleinstes Element. Die Teilmenge $\mathbb{N} \subseteq \mathbb{R}$ besitzt ein kleinstes Element, nämlich 0, aber kein größtes Element. 1 ist ein Atom in $\mathbb{N}$, und zwar das einzige.   ◇

Beispiel 1.4.4 Sei A eine Menge. Auf der Potenzmenge $\mathfrak{P}(A)$ von A definiert die Inklusion $\subseteq$ eine Ordnung, die keine totale Ordnung ist, wenn A mindestens zwei Elemente enthält. Sind nämlich $a, b \in A$ verschieden, so sind $\{a\}, \{b\} \in \mathfrak{P}(A)$ nicht vergleichbar. A ist das größte Element in $\mathfrak{P}(A)$ und $\emptyset$ das kleinste. Die einelementigen Teilmengen $\{a\}$, $a \in A$, sind die Atome von $\mathfrak{P}(A)$. Was sind die Antiatome von $\mathfrak{P}(A)$? Die Inklusionsordnungen auf Potenzmengen und deren Teilmengen sind die Prototypen für Ordnungen.   ◇

Beispiel 1.4.5 (Hasse-Diagramme) Bei der Veranschaulichung einer Ordnung mit Hilfe eines gerichteten Graphen, dessen Ecken Punkte der Zeichenebene sind, benutzt man im Allgemeinen folgende Vereinfachungen: Man achtet darauf, dass die Pfeile stets von unten nach oben verlaufen. Dann kann man die Pfeilspitzen weglassen. Außerdem streicht man alle Schlingen und alle die Verbindungslinien, die sich auf Grund der Transitivität der Ordnungsrelation erschließen lassen. Ein solches Diagramm für eine Ordnungsrelation nennt man ein **Hasse-Diagramm** (nach H. Hasse (1898–1979)). Ein typisches Beispiel für ein Hasse-Diagramm ist etwa die linke Figur in Abb. 1.12. Die beiden anderen Hasse-Diagramme sind das Diagramm für die natürliche Ordnung auf der Menge $\{0, 1, \ldots, n\}$ bzw. dasjenige für die Inklusion auf der Menge $\mathfrak{P}(\{1, 2, 3\})$.   ◇

Beispiel 1.4.6 (Summenordnung) Sei I eine *geordnete* Indexmenge und A_i, $i \in I$, eine durch I indizierte Familie geordneter Mengen. Auf der disjunkten Vereinigung $\biguplus_{i \in I} A_i = \bigcup_{i \in I} \{i\} \times A_i$ wird durch

$$(i, a_i) \leq (j, a_j) \text{ genau dann, wenn } i < j \text{ oder wenn } i = j \text{ und } a_i \leq a_j \text{ ist,}$$

eine Ordnung definiert. Diese sogenannte **Summenordnung** ist im Allgemeinen nicht nur abhängig von den Ordnungen auf den Mengen A_i, $i \in I$, sondern auch von der Ordnung auf der Indexmenge I. In der Regel ist aus dem Zusammenhang ersichtlich, welche Ordnung auf I gewählt ist. Genau dann ist die Summenordnung vollständig, wenn alle A_i und die Teilmenge $I' := \{i \in I \mid A_i \neq \emptyset\} \subseteq I$ vollständig geordnet sind. Insbesondere ist $\biguplus_{i=1}^{n} A_i = A_1 \uplus \cdots \uplus A_n$ vollständig geordnet, wenn alle $A_1, \ldots, A_n$ vollständig geordnet sind und $\{1, \ldots, n\}$ die natürliche Ordnung trägt. Ist I eine Antikette, so sind Elemente von A_i und A_j bei $i \neq j$ nicht vergleichbar. In diesem Fall spricht man von der **Summe** der geordneten Mengen A_i, $i \in I$, schlechthin. $\diamond$

Beispiel 1.4.7 (Produktordnung) Sei A_i, $i \in I$, eine Familie geordneter Mengen. Auf dem Kreuzprodukt $\prod_{i \in I} A_i$ wird durch die Vorschrift

$$(a_i)_{i \in I} \leq (b_i)_{i \in I} \text{ genau dann, wenn } a_i \leq b_i \text{ für alle } i \in I,$$

offensichtlich eine Ordnung definiert, die die **Produktordnung** auf $\prod_{i \in I} A_i$ heißt. Insbesondere trägt für eine geordnete Menge A und eine beliebige Menge I die Menge aller Abbildungen von I in A die Produktordnung. Für zwei Abbildungen $f, g \colon I \to A$ ist dabei $f \leq g$ genau dann, wenn für alle $i \in I$ die Werte $f(i)$ und $g(i)$ die Bedingung $f(i) \leq g(i)$ erfüllen. Sind alle $A_i \neq \emptyset$ und gibt es zwei verschiedene Indizes $i, j \in I$ derart, dass A_i und A_j mehr als ein Element enthalten, so ist die Produktordnung nicht vollständig. $\diamond$

Beispiel 1.4.8 (Lexikographische Ordnung) Seien $A_1, \ldots, A_n$ geordnete Mengen. Dann wird auf dem Produkt $A_1 \times \cdots \times A_n$ durch die Vorschrift

$$(a_1, \ldots, a_n) < (b_1, \ldots, b_n) \text{ genau dann, wenn}$$

$$(a_1, \ldots, a_n) \neq (b_1, \ldots, b_n) \text{ ist und für den kleinsten Index } i \text{ mit } a_i \neq b_i \text{ gilt } a_i < b_i,$$

eine Ordnung definiert. Sie heißt die **lexikographische Ordnung** auf $A_1 \times \cdots \times A_n$. Bezüglich der lexikographischen Ordnung ist $(1, 2) < (2, 1)$. (Im Lexikon steht das Wort „ab" vor „ba".) Bezüglich der Produktordnung sind $(1, 2)$ und $(2, 1)$ aber nicht vergleichbar. Sind alle $A_1, \ldots, A_n$ vollständig geordnet, so auch $A_1 \times \cdots \times A_n$ bezüglich der lexikographischen Ordnung. Vgl. Abb. 1.13. Die lexikographische Ordnung ist auf einem Produkt $\prod_{i \in I} A_i$ geordneter Mengen auch dann definiert, wenn die Indexmenge I unendlich und *wohlgeordnet* ist. Gelegentlich nutzen wir weitere Varianten der lexikographischen Ordnung. $\diamond$

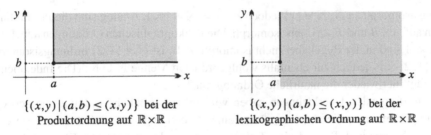

$\{(x,y)\,|\,(a,b)\le(x,y)\}$ bei der
Produktordnung auf $\mathbb{R}\times\mathbb{R}$

$\{(x,y)\,|\,(a,b)\le(x,y)\}$ bei der
lexikographischen Ordnung auf $\mathbb{R}\times\mathbb{R}$

Abb. 1.13 Produktordnung und lexikographische Ordnung

Die monotonen Abbildungen geordneter Mengen sind diejenigen Abbildungen geordneter Mengen, die mit den jeweiligen Ordnungen verträglich sind. Wir definieren:

Definition 1.4.9 Sei $f\colon A \to B$ eine Abbildung geordneter Mengen $(A, \le_A)$ und $(B, \le_B)$.

(1) f ist **monoton wachsend** (bzw. **monoton fallend**), wenn für alle $x, y \in A$ mit $x \le_A y$ gilt: $f(x) \le_B f(y)$ (bzw. $f(x) \ge_B f(y)$).

(2) f ist **streng monoton wachsend** (bzw. **streng monoton fallend**), wenn für alle $x, y \in A$ mit $x <_A y$ gilt: $f(x) <_B f(y)$ (bzw. $f(x) >_B f(y)$).

(3) f ist **monoton** (bzw. **streng monoton**), wenn f monoton wachsend oder monoton fallend (bzw. wenn f streng monoton wachsend oder streng monoton fallend) ist.

Insbesondere sind damit (streng) monoton wachsende und (streng) monoton fallende Folgen in einer geordneten Menge A definiert. Eine Abbildung $f\colon A \to B$ ist genau dann monoton fallend (bzw. streng monoton fallend), wenn f aufgefasst als Abbildung von $(A, \le_A)$ in $(B, \le_B^{\mathrm{op}})$ oder auch von $(A, \le_A^{\mathrm{op}})$ in $(B, \le_B)$ monoton wachsend (bzw. streng monoton wachsend) ist. Injektive monotone Abbildungen sind streng monoton. Ist umgekehrt $f\colon A \to B$ streng monoton *und A vollständig geordnet*, so ist f injektiv. Ist dabei f sogar bijektiv, so ist auch B vollständig geordnet und $f^{-1}\colon B \to A$ streng monoton (vom gleichen Monotonietyp wie f). Generell heißt $f\colon A \to B$ ein **(Ordnungs-)Isomorphismus** geordneter Mengen, wenn f bijektiv ist und sowohl f als auch f^{-1} (streng) monoton wachsend sind. Eine bijektive (streng) monoton wachsende Abbildung ist in der Regel noch kein Ordnungsisomorphismus. Allerdings ist dies der Fall, wenn A vollständig geordnet ist. Gibt es einen Isomorphismus $f\colon A \xrightarrow{\sim} B$, so heißen A und B vom **gleichen Ordnungstyp** oder **(ordnungs-)isomorph**. $(\mathbb{Z}, \le)$ und $(\mathbb{Z}, \le^{\mathrm{op}})$ etwa sind vom gleichen Ordnungstyp, $(\mathbb{N}, \le)$ und $(\mathbb{N}, \le^{\mathrm{op}})$ jedoch nicht. Ist $(A, \le)$ eine geordnete Menge, so ist die Abbildung $f\colon (A, \le) \to (\mathfrak{P}(A), \subseteq)$, $a \mapsto A_{\le a}$, streng monoton wachsend, und induziert einen Ordnungsisomorphismus von A auf Bild $f \subseteq \mathfrak{P}(A)$. Für jede Menge A ist die Abbildung $(\mathfrak{P}(A), \subseteq) \xrightarrow{\sim} (\{0, 1\}^A, \le)$, $B \mapsto e_B$, ein Ordnungsisomorphismus (wobei $\le$ die Produktordnung auf $\{0, 1\}^A$ ist). – Für geordnete Mengen A und B sind die Summen $A \uplus B$ und $B \uplus A$ ordnungsisomorph. Trägt die Indexmenge $\{1, 2\}$ jedoch die natürliche Ordnung, so sind $A \uplus B$ und $B \uplus A$ in der Regel nicht isomorph. Z. B. ist dann $\{x\} \uplus \mathbb{N}$

ordnungsisomorph zu $\mathbb{N}$, $\mathbb{N} \uplus \{x\}$ jedoch zu $\overline{\mathbb{N}} = \mathbb{N} \uplus \{\infty\}$. Analog sind die Produktord-
nungen auf $A \times B$ und $B \times A$ stets isomorph. Die lexikographischen Ordnungen auf $A \times B$
und $B \times A$ sind in der Regel aber nicht isomorph. Z. B. ist $\mathbb{N} \times \{1, 2\}$ ordnungsisomorph
zu $\mathbb{N}$, $\{1, 2\} \times \mathbb{N}$ jedoch zur ebenfalls wohlgeordneten Menge $\mathbb{N} \uplus \mathbb{N}$. (Die Indexmenge
$\{1, 2\}$ trägt hier wieder die natürliche Ordnung mit $1 < 2$.)

Für die folgenden Überlegungen haben wir einige zusätzliche ordnungstheoretische
Begriffe einzuführen, die aber von allgemeiner Bedeutung sind. Sei $A = (A, \leq)$ eine
geordnete Menge und $B \subseteq A$ eine Teilmenge von A. Dann heißt ein Element $S \in A$
eine **obere Schranke von B in A**, wenn $b \leq S$ gilt für alle $b \in B$. Die Menge der oberen
Schranken von B in A bezeichnen wir mit $\mathrm{OS}(B) = \mathrm{OS}_A(B)$. Existiert die kleinste obere
Schranke $\mathrm{Min}\,\mathrm{OS}(B)$ von B in A, so heißt sie die **obere Grenze** oder das **Supremum von
B in A** und wird mit

$$\mathrm{Sup}\,B = \mathrm{Sup}_A\,B \,(= \mathrm{Min}\,\mathrm{OS}_A(B))$$

bezeichnet. Entsprechend heißt ein Element $s \in A$ eine **untere Schranke von B in A**,
wenn $s \leq b$ gilt für alle $b \in B$. Die Menge der unteren Schranken von B in A bezeichnen
wir mit $\mathrm{US}(B) = \mathrm{US}_A(B)$. Existiert die größte untere Schranke $\mathrm{Max}\,\mathrm{US}(B)$ von B in A,
so heißt sie die **untere Grenze** oder das **Infimum von B in A**. Wir bezeichnen sie dann
mit

$$\mathrm{Inf}\,B = \mathrm{Inf}_A\,B \,(= \mathrm{Max}\,\mathrm{US}_A(B)).$$

Man beachte $\mathrm{Sup}_A A = \mathrm{Max}\,A$, $\mathrm{Sup}_A \emptyset = \mathrm{Min}\,A$, $\mathrm{Inf}_A A = \mathrm{Min}\,A$ und $\mathrm{Inf}_A \emptyset = \mathrm{Max}\,A$
(wobei eine Seite der Gleichungen genau dann existiert, wenn die jeweils andere Sei-
te existiert). Eine Teilmenge $B \subseteq A$ heißt **nach oben beschränkt** (bzw. **nach unten
beschränkt**), wenn sie in A eine obere (bzw. untere) Schranke besitzt, wenn also
$\mathrm{OS}_A(B) \neq \emptyset$ (bzw. $\mathrm{US}_A(B) \neq \emptyset$) gilt. Sie heißt **beschränkt**, wenn sie sowohl nach
oben als auch nach unten beschränkt ist.

Beispiel 1.4.10 (Verbände) Für jede Teilmenge $\mathcal{B} \subseteq \mathfrak{P}(A) = (\mathfrak{P}(A), \subseteq)$ existieren das
Supremum und das Infimum. Es ist $\mathrm{Sup}\,\mathcal{B} = \bigcup_{B \in \mathcal{B}} B$ und $\mathrm{Inf}\,\mathcal{B} = \bigcap_{B \in \mathcal{B}} B$. Eine geordnete Menge, in der – wie hier in $(\mathfrak{P}(A), \subseteq)$ – *jede* Teilmenge ein Supremum und ein Infi-
mum besitzt, heißt ein **vollständiger Verband**. Beispielsweise ist auch $\overline{\mathbb{N}} = (\mathbb{N} \uplus \{\infty\}, \leq)$
ein vollständiger Verband, nicht aber $\mathbb{N} = (\mathbb{N}, \leq)$. Ein **Verband** schlechthin ist definitionsgemäß eine geordnete Menge, in der je zwei Elemente x, y ein Supremum und ein
Infimum besitzen, die gewöhnlich mit $x \vee y$ oder $x \sqcup y$ bzw. mit $x \wedge y$ oder $x \sqcap y$ bezeichnet
werden. Eine vollständig geordnete Menge ist stets ein Verband. Umgekehrt ist ein end-
licher *nichtleerer* Verband A wegen $\mathrm{Sup}(a_1, \ldots, a_n, a_{n+1}) = \mathrm{Sup}(\mathrm{Sup}(a_1, \ldots, a_n), a_{n+1})$
und $\mathrm{Inf}(a_1, \ldots, a_n, a_{n+1}) = \mathrm{Inf}(\mathrm{Inf}(a_1, \ldots, a_n), a_{n+1})$, $a_1, \ldots, a_{n+1} \in A$, $n \in \mathbb{N}^*$, stets
ein vollständiger Verband. Eine geordnete Menge, in der je zwei Elemente eine obere
Schranke (bzw. eine untere Schranke) besitzen, heißt **nach oben** (bzw. **nach unten**) **ge-**

richtet. In einer solchen Menge A besitzt jede endliche Teilmenge eine obere (bzw. eine untere) Schranke, *falls $A \neq \emptyset$ ist*. Verbände sind nach oben und nach unten gerichtet. $\diamondsuit$

Ein fundamentaler Satz über die Existenz maximaler Elemente ist das Zornsche Lemma 1.4.15. Zunächst definieren wir:

Definition 1.4.11 Eine geordnete Menge A heißt **induktiv geordnet** (bzw. **strikt induktiv geordnet**), wenn jede Kette in A eine obere Schranke (bzw. eine obere Grenze) in A besitzt.

Strikt induktiv geordnete Mengen sind insbesondere induktiv geordnet. Induktiv geordnete Mengen sind nicht leer, da in ihnen die leere Kette eine obere Schranke besitzt. Strikt induktiv geordnete Mengen besitzen stets ein Minimum als obere Grenze der leeren Kette. Jede endliche geordnete Menge mit einem minimalen Element ist strikt induktiv geordnet. Das fundamentale Lemma für strikt induktiv geordnete Mengen ist der folgende Fixpunktsatz, dessen Beweis ohne Verständnisverlust beim ersten Lesen übergangen werden kann:

Lemma 1.4.12 *Sei A eine strikt induktiv geordnete Menge. Dann besitzt jede Abbildung $f : A \to A$ mit $x \leq f(x)$ für alle $x \in A$ einen Fixpunkt.* Mit anderen Worten: *Es gibt keine Abbildung $g : A \to A$ mit $x < g(x)$ für alle $x \in A$.*

Beweis Die Aussage ist trivial, wenn A eine Kette ist. Dann ist nämlich $S := \operatorname{Sup} A = \operatorname{Max} A$ ein Fixpunkt von A wegen $S \leq f(S) \leq S$. Der allgemeine Fall wird auf diesen Spezialfall zurückgeführt.

Im weiteren Beweis nennen wir eine Teilmenge $B \subseteq A$ *zulässig*, wenn B invariant unter f (d. h. wenn $f(B) \subseteq B$) ist und wenn für jede Kette $K \subseteq B$ die obere Grenze $\operatorname{Sup} K = \operatorname{Sup}_A K$ zu B gehört. Dann ist B ebenfalls strikt induktiv geordnet. A selbst ist zulässig, und beliebige Durchschnitte zulässiger Teilmengen von A sind wieder zulässig. Insbesondere gibt es eine kleinste zulässige Teilmenge von A. Indem wir A durch diese ersetzen, können wir von nun an voraussetzen, *dass A keine echten zulässigen Teilmengen besitzt*. Wir zeigen, dass A dann eine Kette ist, womit der Beweis nach der Vorbemerkung beendet ist.

Wir nennen einen Punkt $x \in A$ *trennend* (bzgl. f), wenn für alle $y \in A$ mit $y < x$ gilt $f(y) \leq x$. Zunächst zeigen wir:

(∗) *Sei $x \in A$ ein trennender Punkt. Dann ist $y \leq x$ oder $f(x) \leq y$ für alle $y \in A$. Insbesondere ist x (wegen der generellen Voraussetzung $x \leq f(x)$) vergleichbar mit jedem $y \in A$.*

Es genügt zu beweisen, dass die Menge $B := \{y \in A \mid y \leq x \text{ oder } f(x) \leq y\}$ zulässig ist. B enthält offenbar x und $f(x)$. Sei nun $K \subseteq B$ eine Kette in B und $S := \operatorname{Sup}_A K$.

Ist $y \leq x$ für alle $y \in K$, so ist x eine obere Schranke von K und $S \leq x$, also $S \in B$. Andernfalls gibt es ein $y \in K$ mit $f(x) \leq y \leq S$ und somit ebenfalls $S \in B$. Schließlich zeigen wir, dass B invariant unter f ist. Sei dazu $y \in B$. Ist $y < x$, so ist $f(y) \leq x$, da x ein trennender Punkt bzgl. f ist, und folglich $f(y) \in B$. Ist $y = x$, so ist $f(y) = f(x) \in B$ wie bereits bemerkt. Ist aber $f(x) \leq y$, so ist $f(x) \leq y \leq f(y)$ und daher wieder $f(y) \in B$.

Wir zeigen nun, *dass jeder Punkt $x \in A$ trennend ist bzgl. f.* Dann ist A nach dem bereits Gezeigten – wie behauptet – eine Kette. Wiederum genügt es zu zeigen, dass die Menge T der bzgl. f trennenden Punkte zulässig ist. Sei dazu $K \subseteq T$ eine Kette und $S := \mathrm{Sup}_A K$. Dann ist S ebenfalls ein trennender Punkt. Ist nämlich $y \in A$ und $y < S$, so ist y keine obere Schranke von K und es gibt ein $x \in K$ mit $x \not\leq y$. Dann ist wegen $x \leq f(x)$ auch $f(x) \not\leq y$. Da x trennend ist, ist $y \leq x$ nach $(*)$. Da $y = x$ nicht in Frage kommt, ist $y < x$ und folglich $f(y) \leq x \leq S$. Also ist S in der Tat trennend. Es bleibt noch $f(T) \subseteq T$ zu zeigen: Sei $t \in T$. Wir haben zu beweisen, dass $f(y) \leq f(t)$ ist für $y \in A$ mit $y < f(t)$. Da t trennend ist, gilt aber $y \leq t$ oder $f(t) \leq y$ wiederum nach $(*)$. Die zweite Bedingung ist wegen $y < f(t)$ nicht möglich. Also ist $y \leq t$. Ist sogar $y < t$, so ist $f(y) \leq t \leq f(t)$ nach Definition eines trennenden Punktes. Ist aber $y = t$, so ist $f(y) = f(t)$. $\qquad\square$

Die folgende etwas schwächere Version 1.4.13 des Zornschen Lemmas 1.4.15 (nach M. Zorn (1906–1993)) ist in vielen Fällen ausreichend. Beim Beweis wird entscheidend das bereits erwähnte sogenannte Auswahlaxiom benutzt, dessen Gültigkeit wir nicht in Frage stellen.[12]

Auswahlaxiom Sei A_i, $i \in I$, eine beliebige Familie *nichtleerer* Mengen. Dann gibt es eine Abbildung $f : I \to \bigcup_{i \in I} A_i$ mit $f(i) \in A_i$ für alle $i \in I$, d. h. das kartesische Produkt $\prod_{i \in I} A_i$ ist nichtleer.

Satz 1.4.13 *Jede strikt induktiv geordnete Menge A besitzt ein maximales Element.*

Beweis Angenommen, A enthielte kein maximales Element. Dann ist für jedes $x \in A$ die Menge $A_{>x} := \{y \in A \mid x < y\}$ nichtleer. Nach dem Auswahlaxiom gibt es eine Abbildung $g : A \to A$ mit $g(x) \in A_{>x}$, d. h. mit $x < g(x)$ für alle $x \in A$, im Widerspruch zu Lemma 1.4.12. $\qquad\square$

Der folgende **Maximalkettensatz** 1.4.14 wurde bereits im Jahr 1914 in dem zu Beginn dieses Abschnitts zitierten Buch „Grundzüge der Mengenlehre" von F. Hausdorff angegeben.

---

[12] Die Gültigkeit des Auswahlaxioms setzt – insbesondere bei nicht abzählbaren Indexmengen I – großes Vertrauen in die Fähigkeiten des menschlichen Verstandes voraus und wird nicht von allen Mathematikern akzeptiert (oder nur in eingeschränkter Weise). Man versucht daher, wo es möglich ist, die Anwendung des Auswahlaxioms zu vermeiden, insbesondere also die in den folgenden vier Sätzen ausgesprochenen Konsequenzen.

Satz 1.4.14 (Satz von Hausdorff) *Jede geordnete Menge A besitzt eine (bzgl. der Inklusion) maximale Kette.*

Beweis Die Menge $\mathcal{K} \subseteq \mathfrak{P}(A) = (\mathfrak{P}(A), \subseteq)$ der Ketten in A ist strikt induktiv geordnet. Ist nämlich $\mathcal{C} \subseteq \mathcal{K}$ eine Kette in $\mathcal{K}$, so ist $K := \bigcup_{C \in \mathcal{C}} C \subseteq A$ ebenfalls eine Kette in A und damit eine obere Grenze von $\mathcal{C}$ in $\mathcal{K}$. Zum Nachweis, dass K eine Kette ist, seien $x, x' \in K$. Dann gibt es $C, C' \in \mathcal{C}$ mit $x \in C$ und $x' \in C'$. Da $\mathcal{C}$ eine Kette ist, gilt $C \subseteq C'$ oder $C' \subseteq C$. In jedem Fall liegen x und y beide in einer der Ketten C bzw. C' und sind damit vergleichbar. Satz 1.4.13 liefert nun die Behauptung. $\qquad\square$

Das allgemeine Zornsche Lemma aus dem Jahr 1935 ist eine unmittelbare Folgerung des Hausdorffschen Maximalkettensatzes.

Satz 1.4.15 (Zornsches Lemma) *Jede induktiv geordnete Menge A besitzt ein maximales Element.*

Beweis Sei K eine maximale Kette in A gemäß des Maximalkettensatzes von Hausdorff. Nach Voraussetzung besitzt K eine obere Schranke S. Diese ist ein maximales Element von A. Gäbe es nämlich ein Element $a \in A$ mit $S < a$, so wäre $K \uplus \{a\}$ eine Kette in A, die echt größer als K ist, im Widerspruch zur Maximalität von K. $\qquad\square$

Als eine erste Anwendung des Zornschen Lemmas bzw. des Satzes 1.4.13 zeigen wir den **Wohlordnungssatz von Zermelo**, den E. Zermelo (1871–1953) bereits im Jahr 1904 bewies und den G. Cantor noch für selbstverständlich hielt. Zermelos zweiter Beweis aus dem Jahr 1908 enthält bereits viele Argumente, die beim Beweis des entscheidenden Fixpunktsatzes 1.4.12 benutzt wurden. Wir wiederholen die folgende Definition:

Definition 1.4.16 Eine geordnete Menge A heißt **wohlgeordnet**, wenn jede nichtleere Teilmenge von A ein kleinstes Element enthält.

Die Menge $\mathbb{N}$ der natürlichen Zahlen mit der Standardordnung ist das nichttriviale Musterbeispiel einer wohlgeordneten Menge, vgl. Abschn. 1.5. Damit ist jede vollständig geordnete Menge, deren Elemente sich in einer streng aufsteigenden Folge $a_0 < a_1 < a_2 < a_3 < \cdots$ aufzählen lassen, wohlgeordnet. Die Menge $\mathbb{Z}$ der ganzen Zahlen ist nicht wohlgeordnet. Jede nichtleere wohlgeordnete Menge besitzt ein kleinstes Element. Ist A_i, $i \in I$, eine Familie wohlgeordneter Mengen mit wohlgeordneter Indexmenge I, so ist die disjunkte Vereinigung $\uplus_{i \in I} A_i$ bzgl. der Summenordnung ebenfalls wohlgeordnet, vgl. Beispiel 1.4.6. Sind $A_1, \ldots, A_n$ wohlgeordnet, so ist das Produkt $A_1 \times \cdots \times A_n$ wohlgeordnet bzgl. der lexikographischen Ordnung, vgl. Beispiel 1.4.8. (Wie bei den Summenordnungen unterscheide man zwischen den beiden Produkten $A_1 \times A_2 = \uplus_{i \in A_1} \{i\} \times A_2$ und $A_2 \times A_1 = \uplus_{j \in A_2} \{j\} \times A_1$.) Produkte $\prod_{i \in I} A_i$ mit unendlicher wohlgeordneter Indexmenge I sind bzgl. der lexikographischen Ordnung zwar vollständig geordnet, aber nicht wohlgeordnet, wenn $A_i \neq \emptyset$ ist für jedes i und unendlich viele der A_i mehr als ein Element enthalten. Jedes Element a einer wohlgeordneten Menge A, das kein größtes Element von A ist, besitzt einen unmittelbaren Nachfolger, nämlich das kleinste Element des offenen Endabschnitts $A_{>a} \neq \emptyset$. Ist $A' \subset A$ eine echte Teilmenge von A, die mit jedem Element x alle Elemente $\leq x$ enthält, so ist A' ein offener Anfangsabschnitt $A_{<a}$ mit einem (eindeutig bestimmten) $a \in A$, nämlich dem kleinsten Element von $A - A' \neq \emptyset$. Es ist dann $A - A' = A_{\geq a}$.

Satz 1.4.17 (Wohlordnungssatz) *Jede Menge A besitzt eine Wohlordnung.*

Beweis Wir betrachten die Menge $\mathcal{W}$ der Paare $(B, \leq)$, wobei B eine Teilmenge von A ist und $\leq$ eine Wohlordnung auf B. Für zwei solche Paare $(B_1, \leq_1)$ und $(B_2, \leq_2)$ setzen wir $(B_1, \leq_1) \leq (B_2, \leq_2)$, wenn $B_1 \subseteq B_2$ gilt, $\leq_2$ die Ordnung $\leq_1$ auf B_1 induziert und $x < y$ für alle $x \in B_1$, $y \in B_2 - B_1$ ist. Dann ist $(\mathcal{W}, \leq)$ (sogar strikt) induktiv geordnet. Ist nämlich $\mathcal{K} \subseteq \mathcal{W}$ eine Kette, so lässt sich $M := \bigcup_{B \in \mathcal{K}} B$ in natürlicher Weise ordnen. Sind nämlich $x, y \in M$, so gibt es ein $(B_1, \leq_1) \in \mathcal{W}$ mit $x, y \in B_1$ und wir setzen $x \leq y$ genau dann, wenn $x \leq_1 y$ gilt. Diese Festsetzung ist offenbar unabhängig von der Wahl von $(B_1, \leq_1)$ und liefert eine Wohlordnung auf M. Um Letzteres einzusehen, sei $L \subseteq M$ eine nichtleere Teilmenge von M. Es gibt dann ein $K \in \mathcal{K}$ mit $K \cap L \neq \emptyset$, und $K \cap L$ enthält ein kleinstes Element m, da K wohlgeordnet ist. m ist ein kleinstes Element von L. Ist nämlich $x \in L$ beliebig und $x \in B \in \mathcal{K}$, so ist $B \subseteq K$ oder $K \subseteq B$, da $\mathcal{K}$ eine Kette ist. Es gilt also $x \in K$ oder $x \in B - K$. Im ersten Fall ist $x \in L \cap K$, und nach Wahl von m gilt $m \leq x$. Im zweiten Fall ist $K \subset B$ und $m < x$ nach Definition der Ordnung auf $\mathcal{W}$. $(M, \leq)$ ist also eine obere Grenze von $\mathcal{K}$.

Nach dem Zornschen Lemma 1.4.15 (bzw. bereits nach Satz 1.4.13) existiert ein maximales Element $(N, \leq) \in \mathcal{W}$. Es genügt zu zeigen, dass $N = A$ ist. Gäbe es aber ein $a \in A - N$, so wäre $(N' := N \uplus \{a\}, \leq')$ mit der Wohlordnung $\leq'$, die $\leq$ von N auf N' fortsetzt und für die $x <' a$ für alle $x \in N$ ist, ein größeres Element als $(N, \leq)$ in $\mathcal{W}$. Widerspruch! $\qquad\square$

Der Wohlordnungssatz 1.4.17 impliziert seinerseits wieder das Auswahlaxiom. Ist nämlich A_i, $i \in I$, eine Familie nichtleerer Mengen und $\leq$ eine Wohlordnung auf $A := \bigcup_{i \in I} A_i$, so ist $i \mapsto \mathrm{Min}\, A_i$, $i \in I$, eine Auswahlfunktion $I \to A$. *Das Auswahlaxiom, das Zornsche Lemma und der Wohlordnungssatz sind also äquivalente Prinzipien der Mengenlehre.* Schließlich sei bemerkt, dass bis heute keine überabzählbare Menge (vgl. Def. 1.8.1) mit einer expliziten Wohlordnung bekannt ist.

Die natürliche Erweiterung des Begriffs der Wohlordnung auf beliebige geordnete Mengen ist der Begriff der artinschen Ordnung.

Definition 1.4.18 Eine geordnete Menge A heißt **artinsch** (bzw. **noethersch**) geordnet, wenn jede nichtleere Teilmenge von A ein minimales (bzw. ein maximales) Element besitzt.[13]

---

[13] Nach E. Artin (1898–1962) bzw. E. Noether (1882–1935).

Eine geordnete Menge $(A, \leq)$ ist also genau dann noethersch geordnet, wenn sie bzgl. der oppositionellen Ordnung $\geq$ artinsch ist. Sehr nützlich ist folgendes Kriterium:

Lemma 1.4.19 *Sei $A = (A, \leq)$ eine geordnete Menge. Dann sind äquivalent:*

(i)   *A ist artinsch (bzw. noethersch) geordnet.*

(ii)   *Es gibt keine unendliche streng monoton fallende (bzw. keine unendliche streng monoton wachsende) Folge in A.*

(iii)   *Jede unendliche monoton fallende Folge $a_0 \geq a_1 \geq a_2 \geq \cdots$ (bzw. jede unendliche monoton wachsende Folge $a_0 \leq a_1 \leq a_2 \leq \cdots$) in A ist stationär.*

Beweis Es genügt, den artinschen Fall zu behandeln. (ii) und (iii) sind trivialerweise äquivalent. Zum Beweis von (i) $\Rightarrow$ (ii) sei $a_0 > a_1 > a_2 > \cdots$ eine streng monoton fallende Folge in A. Dann besitzt die Menge $\{a_i \mid i \in \mathbb{N}\}$ kein minimales Element. Widerspruch! Zum Beweis von (ii) $\Rightarrow$ (i) sei umgekehrt $B \subseteq A$ eine nichtleere Teilmenge ohne minimales Element. Dann konstruieren wir rekursiv eine streng monoton fallende unendliche Folge $a_0 > a_1 > a_2 > \cdots$ von Elementen aus B, was wiederum einen Widerspruch ergibt. $a_0 \in B$ sei beliebig. Sind $a_0, \ldots, a_n \in B$ mit $a_0 > \cdots > a_n$ bereits konstruiert, so ist a_n kein minimales Element von B, und es gibt Elemente in B, die kleiner sind als a_n, und wir wählen eines von diesen als a_{n+1}. Auch hier benutzen wir das Auswahlaxiom (allerdings in einer schwächeren Form). $\square$

Für artinsch bzw. noethersch geordnete Mengen lässt sich das Beweisprinzip der artinschen bzw. noetherschen Induktion formulieren:

Satz 1.4.20 (Artinsche und noethersche Induktion) *Sei A eine artinsch (bzw. noethersch) geordnete Menge. Für jedes $a \in A$ sei eine Aussage $S(a)$ gegeben. Gilt dann für jedes $a \in A$ die Aussage $S(a)$ unter der Voraussetzung, dass $S(b)$ gilt für alle $b \in A$ mit $b < a$ (bzw. mit $b > a$), so gilt $S(a)$ für alle $a \in A$.*

Beweis Wäre $B := \{a \in A \mid S(a) \text{ gilt nicht}\} \neq \emptyset$, so enthielte B ein minimales (bzw. ein maximales) Element a_0. Für alle $b \in A$ mit $b < a_0$ (bzw. mit $b > a_0$) gilt dann $S(b)$ und damit nach Voraussetzung auch $S(a_0)$. Widerspruch! $\square$

Ist die Menge A in Satz 1.4.20 unendlich und wohlgeordnet, so spricht man auch von **transfiniter Induktion**. Die gewöhnliche Induktion im Fall $A = \mathbb{N}$ gehört dazu, vgl. Abschn. 1.5, insbesondere Satz 1.5.5.

Aufgaben

Aufgabe 1.4.1 Die vorliegende Aufgabe benutzt die elementare Teilbarkeitstheorie im Bereich der positiven natürlichen Zahlen, vgl. Abschn. 1.7. Auf der Menge $\mathbb{N}^*$ der positiven natürlichen Zahlen sei $\mid$ die Teilbarkeitsrelation, d. h. es gelte $x \mid y$ genau dann, wenn x ein Teiler von y ist. Man zeige, dass $|$ eine Ordnungsrelation auf $\mathbb{N}^*$ mit 1 als kleinstem Element ist. Auf $\mathbb{N}^* - \{1\}$ sind genau die Primzahlen die minimalen Elemente bzgl. $|$, d. h. die Atome in $(\mathbb{N}^*, |)$. Man zeichne die Hasse-Diagramme für die Menge der Teiler von 12 bzw. von 30. (Die zweite ist ordnungsisomorph zu $\mathfrak{P}(\{2, 3, 5\})$.) Die Ketten in $\mathbb{N}^*$ bzgl. $|$ entsprechen bijektiv den endlichen oder unendlichen Folgen $(q_0, q_1, q_2, \ldots)$ mit $q_n \in \mathbb{N}^*$ und $q_n \geq 2$ bei $n \geq 1$. Die zugehörige Kette $\{q_0, q_0 q_1, q_0 q_1 q_2, \ldots\}$ ist genau dann maximal, wenn die Folge unendlich und $q_0 = 1$ ist sowie die übrigen q_n Primzahlen sind.

Aufgabe 1.4.2 Sei $\preceq$ eine reflexive und transitive Relation auf der Menge A; es gilt also $a \preceq a$ und aus $a \preceq b \preceq c$ folgt $a \preceq c$ für alle $a, b, c \in A$. Solche Relationen heißen **Quasiordnungen**. Jede Ordnung ist eine Quasiordnung. Für Quasiordnungen benutzt man häufig analoge Begriffe wie für Ordnungen, z. B. obere Schranke, untere Schranke, nach oben bzw. unten gerichtet usw. Sie verstehen sich meist von selbst.

a) Durch „$a \sim b$ genau dann, wenn $a \preceq b$ und $b \preceq a$", wird eine Äquivalenzrelation $\sim$ auf A definiert. Auf der Menge $\overline{A}$ der Äquivalenzklassen von A bezüglich $\sim$ ist durch „$[a] \leq [b]$ genau dann, wenn $a \preceq b$", eine Ordnungsrelation wohldefiniert. (Es ist insbesondere zu zeigen, dass die $\leq$-Beziehung für zwei Äquivalenzklassen nicht von den zur Definition benutzten Repräsentanten abhängt.)

b) Ist $f \colon A' \to A$ eine beliebige Abbildung, so wird durch $a' \preceq_f b'$ genau dann, wenn $f(a') \preceq f(b')$, eine Quasiordnung auf A' definiert. (Teil a) zeigt, dass auf diese Weise jede Quasiordnung auf einer Menge A aus einer Ordnung gewonnen werden kann, indem man in der Situation von a) für f die kanonische Projektion $A \to \overline{A}$ wählt und auf $\overline{A}$ die in a) definierte Ordnung.)

c) Sei R eine beliebige Relation auf A. Dann setzen wir $a \preceq_R b$ genau dann, wenn es eine endliche Folge $a_0, \ldots, a_n$ in A gibt mit $a_0 = a$, $a_n = b$ und $a_i R a_{i+1}$ für $i = 0, \ldots, n-1$. (Solch eine Folge heißt ein **gerichteter Pfad der Länge** n in A bzgl. R von a nach b, vgl. auch Bem. 1.3.2.) Man zeige, dass $\preceq_R$ eine Quasiordnung auf A ist. Wann handelt es sich sogar um eine Ordnung?

Aufgabe 1.4.3 Sei A eine induktiv geordnete Menge. Ist $a \in A$, so gibt es ein maximales Element $M \in A$ mit $a \leq M$. (Man betrachte den Abschnitt $A_{\geq a} \subseteq A$, der ebenfalls induktiv geordnet ist.)

Aufgabe 1.4.4 Sei $A = (A, \leq)$ eine geordnete Menge.

a) Sind a, b unvergleichbare Elemente in A, so wird durch $x \leq' y$ genau dann, wenn $x \leq y$ ist oder wenn $x \leq a$ und $b \leq y$ gilt, eine Ordnung $\leq'$ auf A definiert, für die $a \leq' b$ ist. Man folgere: Eine Ordnung auf A ist genau dann maximal bzgl. der Inklusion (Ordnungen als Teilmengen von $A \times A$ betrachtet), wenn sie vollständig ist.

b) Die Menge der Ordnungen auf A ist bzgl. der Inklusion strikt induktiv geordnet.

c) Jede Ordnung auf A ist in einer vollständigen Ordnung enthalten. Genauer: Eine gegebene Ordnung auf A ist der Durchschnitt aller sie umfassenden vollständigen Ordnungen. (Jede geordnete Menge mit n Elementen, $n \in \mathbb{N}$, ist also ordnungsisomorph zu einer Teilordnung der natürlichen Ordnung von $\mathbb{N}^*_{\leq n} = \{1, \ldots, n\}$.)

Aufgabe 1.4.5 Man gebe ein Beispiel einer (notwendigerweise unendlichen) induktiv geordneten Menge mit kleinstem Element, die nicht strikt induktiv geordnet ist.

Aufgabe 1.4.6 Sei A eine geordnete Menge. Wir nennen eine Teilmenge C von A **kofinal** in A, wenn es zu jedem $x \in A$ ein $y \in C$ mit $x \leq y$ gibt. C heißt **schwach kofinal** in A, wenn es kein $x \in A$ gibt mit $y < x$ für alle $y \in C$.

a) Ist $C \subseteq A$ kofinal, so ist C schwach kofinal. Ist A vollständig geordnet, so gilt auch die Umkehrung.

b) A besitzt eine wohlgeordnete, schwach kofinale Teilmenge. (Man schließe ähnlich wie beim Beweis von 1.4.17.) Insbesondere gilt: Eine vollständig geordnete Menge besitzt stets eine wohlgeordnete kofinale Teilmenge.(Zu ergänzenden Bemerkungen vgl. Aufg. 1.8.12.)

1.5 Natürliche Zahlen und vollständige Induktion

Im Folgenden wollen wir die Menge $\mathbb{N}$ der natürlichen Zahlen mit ihrer natürlichen Ordnung und der gewöhnlichen Addition und Multiplikation als bekannt voraussetzen. Insbesondere benutzen wir die sogenannte **Nachfolgerfunktion** $S: n \mapsto n' := n + 1$ mit folgenden charakteristischen Eigenschaften:

(Peano 1) S ist injektiv mit $\mathbb{N}^* = \mathbb{N} - \{0\}$ als Bild.
(Peano 2) $M = \mathbb{N}$ ist die einzige S-invariante Teilmenge $M \subseteq \mathbb{N}$ mit $0 \in M$.

Die wesentliche Bedingung (Peano 2) bedeutet: Ist M eine Teilmenge der Menge $\mathbb{N}$ der natürlichen Zahlen mit den beiden Eigenschaften

$$(1) \quad 0 \in M; \quad (2) \quad \text{für alle } n \in M \text{ ist auch } S(n) = n + 1 \in M,$$

so ist $M = \mathbb{N}$. Man erreicht also jede natürliche Zahl, ausgehend von 0, durch wiederholtes Addieren von 1. (Peano 1) und (Peano 2) heißen die **Peano-Axiome** (nach G. Peano (1858–1932)). Das Urbild $S^{-1}(n) = n - 1$ von $n \in \mathbb{N}^* = \mathbb{N} - \{0\}$ heißt der **Vorgänger** von n. Wie man umgekehrt aus den Peano-Axiomen die grundlegenden Eigenschaften und Rechenoperationen von $\mathbb{N}$ gewinnen kann, führen wir am Ende dieses Abschnitts in Bem. 1.5.7 etwas näher aus. Das Axiom (Peano 2) ist die Grundlage für das folgende sogenannte **Induktionsprinzip**.

Satz 1.5.1 (Vollständige Induktion) *Jeder natürlichen Zahl $n \in \mathbb{N}$ sei eine Aussage $A(n)$ zugeordnet. Folgende Bedingungen seien erfüllt:*

(1) **Induktionsanfang:** $A(0)$ *gilt.*
(2) **Induktionsschluss:** *Für jedes $n \in \mathbb{N}$ folgt aus der Gültigkeit von $A(n)$ auch die Gültigkeit von $A(n + 1)$.*

Dann gilt $A(n)$ für alle $n \in \mathbb{N}$.

Beweis Sei $M := \{n \in \mathbb{N} \mid A(n) \text{ gilt}\} \subseteq \mathbb{N}$. Nach Voraussetzung (1) ist $0 \in M$, und nach Voraussetzung (2) enthält M mit jedem n auch $S(n) = n + 1$. Also ist $M = \mathbb{N}$ nach dem Peano-Axiom (Peano 2), und das ist die Behauptung. $\qquad\square$

Beim Induktionsschluss von n auf $n + 1$ gemäß 1.5.1 (2) nennt man die Gültigkeit von $A(n)$ die **Induktionsvoraussetzung** und die Gültigkeit von $A(n + 1)$ die **Induktionsbehauptung**. Natürlich kann man beim Induktionsschluss auch vom Vorgänger $n - 1$ auf n schließen, $n \in \mathbb{N}^*$. Häufig wird die folgende Variante benutzt: Sei $n_0 \in \mathbb{N}$, und jeder natürlichen Zahl $n \geq n_0$ sei eine Aussage $A(n)$ zugeordnet. Gilt dann $A(n_0)$ und folgt für jedes $n \geq n_0$ aus der Gültigkeit von $A(n)$ stets auch die von $A(n + 1)$, so gilt $A(n)$ für alle $n \geq n_0$. Um dies einzusehen, betrachte man die Menge

$$M := \{n \in \mathbb{N} \mid n < n_0\} \cup \{n \in \mathbb{N} \mid n \geq n_0 \text{ und } A(n) \text{ gilt}\}.$$

Bevor wir einige Beispiele zur vollständigen Induktion besprechen, erklären wir kurz den Gebrauch von Summen- und Produktzeichen in $\mathbb{R}$ oder $\mathbb{C}$.[14] Sei a_i, $i \in I$, eine endliche Familie von Zahlen. Dann bezeichnen wir mit

$$\sum_{i \in I} a_i \quad \text{bzw.} \quad \prod_{i \in I} a_i$$

die Summe bzw. das Produkt aller dieser Zahlen a_i. Dass diese Summen und Produkte wohldefiniert sind, beruht auf der Kommutativität der Addition und Multiplikation in $\mathbb{R}$ und $\mathbb{C}$. Im Fall einer endlichen Folge $a_m, a_{m+1}, \ldots, a_n$ schreibt man auch

$$\sum_{i=m}^{n} a_i = a_m + a_{m+1} + \cdots + a_n \quad \text{bzw.} \quad \prod_{i=m}^{n} a_i = a_m a_{m+1} \cdots a_n$$

---

[14] Zu Verallgemeinerungen verweisen wir auf Abschn. 2.1.

für ihre Summe bzw. ihr Produkt. Für die leere Indexmenge ist die Summe definitionsgemäß gleich 0 und das Produkt gleich 1. Enthält $I = \{i\}$ nur ein Element i, so sind Summe
und Produkt gleich der Zahl a_i. Summe und Produkt ändern sich nicht beim sogenannten
Umindizieren, d. h. ist $\sigma\colon J \to I$ eine bijektive Abbildung, so ist

$$\sum_{j \in J} a_{\sigma(j)} = \sum_{i \in I} a_i, \quad \text{bzw.} \quad \prod_{j \in J} a_{\sigma(j)} = \prod_{i \in I} a_i.$$

Beispielsweise erhält man $\sum_{j=m-k}^{n-k} a_{j+k} = \sum_{i=m}^{n} a_i$ durch Verschieben der Indexmenge
um $k \in \mathbb{Z}$. Bei Gelegenheit benutzen wir weitere selbstverständliche Rechenregeln für
Summe und Produkt. Ist etwa I die disjunkte Vereinigung von I' und I'', gilt also $I =
I' \uplus I''$, so ist $\sum_{i \in I} a_i = \sum_{i \in I'} a_i + \sum_{i \in I''} a_i$, bei $1 \leq m \leq n$ speziell $\sum_{i=1}^{n} a_i =
\sum_{i=1}^{m} a_i + \sum_{i=m+1}^{n} a_i$.

Beispiel 1.5.2 (Einige arithmetische Reihen) Für alle $n \in \mathbb{N}$ ist

$$\sum_{k=1}^{n} k = 1 + 2 + \cdots + n = \frac{n(n+1)}{2}.$$

Wir beweisen dies durch Induktion über n. Der Induktionsanfang für $n = 0$ gilt, da
$\sum_{k=1}^{0} k$ als leere Summe gleich 0 ist und ebenfalls $0(0+1)/2 = 0$ gilt. Beim Induktionsschluss von n auf $n + 1$ dürfen wir $\sum_{k=1}^{n} k = n(n+1)/2$ voraussetzen und haben
dann $\sum_{k=1}^{n+1} k = (n+1)(n+2)/2$ zu zeigen. Es ist aber in der Tat

$$\sum_{k=1}^{n+1} k = \left(\sum_{k=1}^{n} k \right) + (n+1) = \frac{n(n+1)}{2} + (n+1) = \frac{(n+1)(n+2)}{2}. \qquad \square$$

Ähnlich beweist man die folgenden Formeln (die man ebenfalls kennen sollte):

$$\sum_{k=1}^{n} k^2 = \frac{n(n+1)(2n+1)}{6}, \quad \sum_{k=1}^{n} k^3 = \left(\frac{n(n+1)}{2} \right)^2 = \left(\sum_{k=1}^{n} k \right)^2. \qquad \diamond$$

Beispiel 1.5.3 (Endliche geometrische Reihe) Für jede von 1 verschiedene reelle (oder
komplexe) Zahl q und jedes $n \in \mathbb{N}$ gilt

$$\sum_{k=0}^{n} q^k = 1 + q + \cdots + q^n = \frac{q^{n+1} - 1}{q - 1}.$$

Für $n = 0$ sind beide Seiten gleich 1. Der Schluss von n auf $n + 1$ ergibt sich aus

$$\sum_{k=0}^{n+1} q^k = \left(\sum_{k=0}^{n} q^k \right) + q^{n+1} = \frac{q^{n+1} - 1}{q - 1} + q^{n+1} = \frac{q^{n+1} - 1 + q^{n+1}(q - 1)}{q - 1}$$
$$= \frac{q^{n+2} - 1}{q - 1}.$$

Für $q = 1$ ist natürlich $\sum_{k=0}^{n} q^k = \sum_{k=0}^{n} 1 = n + 1$. $\diamond$

Aus dem Induktionsprinzip 1.5.1 ergibt sich die Wohlordnungseigenschaft:

Satz 1.5.4 (Wohlordnungsprinzip für $\mathbb{N}$) *Die Menge $\mathbb{N}$ der natürlichen Zahlen ist wohlgeordnet, d. h. jede nichtleere Teilmenge M von $\mathbb{N}$ enthält ein kleinstes Element, also ein $m_0 \in M$ mit $m_0 \leq m$ für alle $m \in M$.*

Beweis Für $n \in \mathbb{N}$ sei $A(n)$ die folgende Aussage: Enthält M eine natürliche Zahl m mit $m \leq n$, so besitzt M ein kleinstes Element. Wir zeigen die Gültigkeit der Aussage $A(n)$ durch Induktion über n, womit auch die Behauptung 1.5.4 bewiesen ist.

$A(0)$ gilt: Enthält M eine natürliche Zahl $m \leq 0$, so ist notwendigerweise $m = 0$ und 0 das kleinste Element von M.

Beim Schluss von n auf $n + 1$ nehmen wir die Gültigkeit von $A(n)$ an. Enthält M sogar ein Element $m \leq n$, so auch ein kleinstes Element nach Induktionsvoraussetzung. Andernfalls enthält M die Zahl $n + 1$, da M ja nach Voraussetzung ein Element $m \leq n + 1$ enthält. In diesem Fall ist $n + 1$ das kleinste Element von M. $\square$

Die Aussage 1.5.4 zusammen mit Satz 1.4.20 erlaubt folgendes Induktionsschema:

Satz 1.5.5 (Verallgemeinertes Induktionsprinzip) *Für jedes $n \in \mathbb{N}$ sei eine Aussage $A(n)$ gegeben. Gilt dann für jedes $n \in \mathbb{N}$ die Aussage $A(n)$ unter der Voraussetzung, dass $A(m)$ gilt für alle $m < n$, so gilt $A(n)$ für alle $n \in \mathbb{N}$.*

Mit dem Induktionsprinzip beweist man die Möglichkeit der **rekursiven Definition** von Folgen. Seien dazu A eine Menge und $(h_n)_{n \in \mathbb{N}}$ eine Folge von Abbildungen $h_n \colon A^n \to A$, $(x_0, \ldots, x_{n-1}) \mapsto h_n(x_0, \ldots, x_{n-1})$. h_0 wird also gegeben durch ein Element $a_0 \in A$ **(Rekursionsanfang)**. *Dann gibt es genau eine Folge $(a_n)_{n \in \mathbb{N}}$ mit $a_n = h_n(a_0, \ldots, a_{n-1})$, $n \in \mathbb{N}^*$*, also

$$a_0, \quad a_1 = h_1(a_0), \quad a_2 = h_2(a_0, a_1), \quad \ldots, \quad a_n = h_n(a_0, a_1, \ldots, a_{n-1}), \quad \ldots$$

Man zeigt zum *Beweis* durch vollständige Induktion über $n \in \mathbb{N}$: Es gibt eindeutig bestimmte Funktionen $H_n \colon \mathbb{N}_{\leq n} \to A$, $n \in \mathbb{N}$, mit den Eigenschaften $H_0(0) = a_0$, $H_n(n) = h_n(H_0(0), \ldots, H_{n-1}(n-1))$, $n \in \mathbb{N}^*$, und $H_m = H_n|\mathbb{N}_{\leq m}$ für alle $m, n \in \mathbb{N}$, $m \leq n$. Dann setzt man $a_n := H_n(n)$, $n \in \mathbb{N}^*$. $\square$

Häufig hängt der Wert a_n nur vom vorhergehenden Folgenglied a_{n-1} ab, und oft ist dabei h_n immer dieselbe Abbildung $h: A \to A$. Das Rekursionsschema vereinfacht sich dann zu

$$a_0, \quad a_1 = h(a_0), \quad a_2 = h(a_1), \quad \ldots, \quad a_n = h(a_{n-1}), \quad \ldots$$

Offenbar ist in diesem Fall $a_n = h^n(a_0)$ für alle $n \in \mathbb{N}$, wobei $h^n = h \circ \cdots \circ h$ (n-mal) die n-te Iterierte von h ist. Gelegentlich werden wir weitere Rekursionsschemata, soweit sie sich von selbst verstehen oder sich leicht auf obiges Schema zurückführen lassen, kommentarlos benutzen. Bereits $\sum_{i=1}^{n} a_i$ und $\prod_{i=1}^{n} a_i$ sind – streng genommen – rekursiv zu definieren:

$$\sum_{i=1}^{0} a_i = 0, \quad \sum_{i=1}^{n} a_i = \left(\sum_{i=1}^{n-1} a_i \right) + a_n; \quad \prod_{i=1}^{0} a_i = 1, \quad \prod_{i=1}^{n} a_i = \left(\prod_{i=1}^{n-1} a_i \right) a_n.$$

Beispiel 1.5.6 (Fibonacci-Folge) Die durch $\mathsf{F}_0 = 0$, $\mathsf{F}_1 = 1$, $\mathsf{F}_n = \mathsf{F}_{n-1} + \mathsf{F}_{n-2}$, $n \geq 2$, rekursiv definierte Folge $(\mathsf{F}_n)_{n \in \mathbb{N}}$ heißt die **Fibonacci-Folge** und F_n die n-te **Fibonacci-Zahl**. Die ersten 12 Glieder $\mathsf{F}_0, \ldots, \mathsf{F}_{11}$ der Fibonacci-Folge sind also

$$0, 1, 1, 2, 3, 5, 8, 13, 21, 34, 55, 89.$$

Für die n-te Fibonacci-Zahl gilt die explizite Darstellung

$$\mathsf{F}_n = \frac{1}{\sqrt{5}} \left(\left(\frac{1 + \sqrt{5}}{2} \right)^n - \left(\frac{1 - \sqrt{5}}{2} \right)^n \right), \quad n \in \mathbb{N} \quad \textbf{(Binetsche Formel).}$$

Wir beweisen dies durch Induktion über n. Für $n = 0$ und $n = 1$ ist die Formel offenbar richtig. Der Induktionsschluss auf $n \geq 2$ ergibt sich aus

$$\mathsf{F}_n = \mathsf{F}_{n-1} + \mathsf{F}_{n-2}$$

$$= \frac{1}{\sqrt{5}} \left(\left(\frac{1 + \sqrt{5}}{2} \right)^{n-1} - \left(\frac{1 - \sqrt{5}}{2} \right)^{n-1} \right) + \frac{1}{\sqrt{5}} \left(\left(\frac{1 + \sqrt{5}}{2} \right)^{n-2} - \left(\frac{1 - \sqrt{5}}{2} \right)^{n-2} \right)$$

$$= \frac{1}{\sqrt{5}} \left(\left(\frac{1 + \sqrt{5}}{2} \right)^{n-2} \left(\frac{1 + \sqrt{5}}{2} + 1 \right) - \left(\frac{1 - \sqrt{5}}{2} \right)^{n-2} \left(\frac{1 - \sqrt{5}}{2} + 1 \right) \right)$$

$$= \frac{1}{\sqrt{5}} \left(\left(\frac{1 + \sqrt{5}}{2} \right)^{n-2} \left(\frac{1 + \sqrt{5}}{2} \right)^2 - \left(\frac{1 - \sqrt{5}}{2} \right)^{n-2} \left(\frac{1 - \sqrt{5}}{2} \right)^2 \right)$$

$$= \frac{1}{\sqrt{5}} \left(\left(\frac{1 + \sqrt{5}}{2} \right)^n - \left(\frac{1 - \sqrt{5}}{2} \right)^n \right).$$

Man setzt

$$\Phi := \frac{1}{2}\left(1 + \sqrt{5}\right) = 1{,}618033988749894848204\ldots$$

Dann ist $\Phi^2 = \Phi + 1$, also $\frac{1}{2}(\sqrt{5} - 1) = \Phi - 1 = \Phi^{-1}$ und

$$\mathsf{F}_n = (\Phi^n - (-1)^n \Phi^{-n})/\sqrt{5}.$$

F_n, $n \in \mathbb{N}$, *ist also diejenige ganze Zahl, die* $\Phi^n/\sqrt{5}$ *am nächsten liegt.* Φ heißt die **Zahl des Goldenen Schnitts**. Sind $a, b \in \mathbb{R}_+^\times$ und teilt der Punkt a die Strecke $[0, a + b] \subseteq \mathbb{R}$ im Verhältnis des Goldenen Schnitts, d. h. gilt $(a + b)/a = a/b$, so ist $a/b = 1 + b/a = \Phi$.[15] $\Diamond$

Im vorliegenden Abschnitt haben wir vorgegebene Aussagen mit Hilfe der vollständigen Induktion verifiziert. Interessanter und wichtiger ist es natürlich, Methoden zu entwickeln, mit denen man solche Ergebnisse gewinnen kann. (Für einige der vorstehenden Formeln geschieht das im anschließenden Band über Analysis einer Veränderlichen.)

Bemerkung 1.5.7 (Natürliche Zahlen nach Peano) Nach einer Mitteilung von H. Weber (1842–1913) soll L. Kronecker (1823–1891) im Jahr 1886 über die natürlichen Zahlen bemerkt haben:

Die ganzen Zahlen[16] hat der liebe Gott gemacht, alles andere ist Menschenwerk.

Wir wollen dem Leser – insbesondere dem Anfänger – diese naive Haltung den natürlichen Zahlen gegenüber nicht ausreden. Gleichwohl soll in dieser Bemerkung, die der Leser zunächst überschlagen kann, näher erläutert werden, wie die elementaren Eigenschaften der natürlichen Zahlen allein aus den Peano-Axiomen hergeleitet werden können.

Nach Peano ist ein System natürlicher Zahlen, wie schon eingangs bemerkt, ein Tripel $(\mathbb{N}, 0, S)$ bestehend aus einer (notwendigerweise unendlichen) Menge $\mathbb{N}$, einem Element $0 \in \mathbb{N}$ und einer sogenannten **Nachfolgerfunktion** $S\colon \mathbb{N} \to \mathbb{N}$ mit folgenden Eigenschaften:

(Peano 1) S ist injektiv und $0 \notin \text{Bild } S$.
(Peano 2) Ist $M \subseteq \mathbb{N}$ eine Teilmenge von $\mathbb{N}$ mit $0 \in M$ und $S(M) \subseteq M$, so ist $M = \mathbb{N}$.

Da $M := \{0\} \cup S(\mathbb{N})$ eine 0 enthaltende S-invariante Teilmenge von $\mathbb{N}$ ist, ist nach dem **Induktionsaxiom** (Peano 2) $M = \mathbb{N}$, d. h. $S(\mathbb{N}) = \mathbb{N}^* := \mathbb{N} - \{0\}$ und folglich S *eine*

---

[15] Die Wahl des Buchstabens Φ soll an $\Phi\varepsilon\iota\delta\iota\alpha\varsigma$ (5. Jh. v. Chr.) erinnern. Die Zahl Φ des Goldenen Schnitts wird häufig auch mit τ bezeichnet. – Für $\alpha := \pi/5$ folgen aus $0 = \sin 3\alpha - \sin 2\alpha = (4\cos^2 \alpha - 1 - 2\cos\alpha)\sin\alpha$ die Gleichungen $4\cos^2\alpha - 2\cos\alpha - 1 = 0$ und $2\cos\alpha = 2\cos(\pi/5) = \Phi$. *Somit lassen sich* $\cos(\pi/5)$ *und folglich das regelmäßige Zehneck sowie das regelmäßige Fünfeck mit dem Goldenen Schnitt konstruieren.* Vgl. die Darstellung von ζ_5 in Aufg. 3.5.28.
[16] Kronecker meint die natürlichen Zahlen.

bijektive Abbildung $\mathbb{N} \to \mathbb{N}^*$. Man setzt üblicherweise $1 := S(0), 2 := S(1) = S(S(0))$, $3 := S(2) = S(S(S(0)))$ usw. *Ein Modell für ein solches Tripel* $\mathbb{N} = (\mathbb{N}, 0, S)$ *gewinnt man bereits aus einer jeden injektiven Abbildung* $f : X \to X$, *die nicht surjektiv ist.* Dazu wählt man ein beliebiges Element 0 in X, das nicht zum Bild $f(X)$ von f gehört, und betrachtet die Menge der bzgl. f und 0 **induktiven** Teilmengen I von X. Dies sind definitionsgemäß die f-invarianten Teilmengen $I \subseteq X$ mit $0 \in I$. Da offensichtlich ein beliebiger Durchschnitt induktiver Teilmengen von X und insbesondere X selbst induktiv sind, gibt es eine kleinste induktive Teilmenge $\mathbb{N} \subseteq X$, nämlich den Durchschnitt aller induktiven Teilmengen von X. Dann ist $(\mathbb{N}, 0, S)$ mit $S := f|\mathbb{N}$ ein System natürlicher Zahlen im Sinne von Peano. Das Axiom (Peano 1) gilt nach Konstruktion. Ist ferner $M \subseteq \mathbb{N}$ invariant unter S mit $0 \in M$, so ist $M \subseteq X$ invariant unter f mit $0 \in M$, folglich induktiv und damit gleich $\mathbb{N}$, da $\mathbb{N}$ die kleinste induktive Teilmenge von X ist. Also gilt auch das Induktionsaxiom (Peano 2).

Das **Modell von J. v. Neumann** (1903–1957) für die natürlichen Zahlen gewinnt man nach diesem Prinzip auf folgende Weise: Man betrachtet für Mengen die Zuordnung $f : A \mapsto A \cup \{A\} = A \uplus \{A\}$, vgl. Abschn. 1.1. Dann ist $\emptyset \notin$ Bild f. Ferner ist f injektiv, d. h.: Sind A, B Mengen mit $A \uplus \{A\} = B \uplus \{B\}$, so ist $A = B$. Aus $A \uplus \{A\} = B \uplus \{B\}$ folgt nämlich zunächst $A \in B$ oder $A = B$ und analog $B \in A$ oder $B = A$. Da nicht gleichzeitig sowohl $A \in B$ als auch $B \in A$ gelten kann, vgl. Abschn. 1.1, muss $A = B$ sein. Gibt es nun eine Menge von Mengen, die invariant unter f ist (was in der axiomatischen Mengentheorie als **Unendlichkeitsaxiom** gefordert wird), so erhalten wir ein Modell der natürlichen Zahlen mit $0 = \emptyset$ und Nachfolgerfunktion $S(n) = n \uplus \{n\}, n \in \mathbb{N}$. Die ersten natürlichen Zahlen sind in diesem Modell also $0 = \emptyset$, $1 = 0 \uplus \{0\} = \{\emptyset\}$, $2 = 1 \uplus \{1\} = \{\emptyset, \{\emptyset\}\}$, $3 = 2 \uplus \{2\} = \{\emptyset, \{\emptyset\}, \{\emptyset, \{\emptyset\}\}\}$ usw. Die Zahl n ist hier also eine Menge mit genau n Elementen, was der üblichen (schon von B. Russell vorgeschlagenen) Repräsentierung einer natürlichen Zahl n entspricht. – Das **Modell von Zermelo** für die natürlichen Zahlen benutzt die injektive Zuordnung $A \mapsto \{A\}$, für die $\emptyset$ ebenfalls nicht zum Bild gehört. Damit sind die Mengen $\emptyset, \{\emptyset\}, \{\{\emptyset\}\}, \{\{\{\emptyset\}\}\}, \ldots$ (die bis auf $\emptyset$ alle 1-elementig sind) ebenfalls ein Modell für die natürlichen Zahlen.

Sei nun wieder allgemein $\mathbb{N} = (\mathbb{N}, 0, S)$ ein beliebiges System natürlicher Zahlen. Das Peano-Axiom (Peano 2) impliziert sofort die Gültigkeit des Induktionsprinzips 1.5.1 und die Möglichkeit der rekursiven Definition. Insbesondere sind die Iterierten f^n, $n \in \mathbb{N}$, einer Abbildung $f : A \to A$ rekursiv definiert durch

$$f^0 = \mathrm{id}_A, \quad f^{S(n)} = f \circ f^n, n \in \mathbb{N}.$$

Dann gilt

(1) $f^m \circ f^n = f^n \circ f^m$ und (2) $(f^m)^n = (f^n)^m$ für alle $m, n \in \mathbb{N}$,

was wir durch Induktion über n beweisen wollen. (Nachdem Addition und Multiplikation in $\mathbb{N}$ definiert sind, ist natürlich $f^m \circ f^n = f^n \circ f^m = f^{m+n}$ und $(f^m)^n = (f^n)^m = f^{mn}$.)

Beweis (1) Für $n = 0$ ist $f^m \circ f^0 = f^m \circ \mathrm{id} = f^m = \mathrm{id} \circ f^m = f^0 \circ f^m$. Für $n = 1$ beweisen wir die Gleichung $f^m \circ f = f \circ f^m = f^{S(m)}$ durch Induktion über m, wobei der Schluss von m auf $S(m)$ sich aus $f^{S(m)} \circ f = f \circ f^m \circ f = f \circ f^{S(m)}$ ergibt. Den allgemeinen Schluss von n auf $S(n)$ erhält man damit wegen $f^m \circ f^{S(n)} = f^m \circ f \circ f^n = f \circ f^m \circ f^n = f \circ f^n \circ f^m = f^{S(n)} \circ f^m$, wobei die vorletzte Gleichung die Induktionsvoraussetzung benutzt.

Beim Beweis von (2) benutzen wir, dass für jede Abbildung $g \colon A \to A$ mit $f \circ g = g \circ f$ auch $f^m \circ g = g \circ f^m$ und $(fg)^m = f^m \circ g^m$ für alle $m \in \mathbb{N}$ gilt, was sich wieder mit einer leichten Induktion über m ergibt. Für $n = 0$ erhält man nun $(f^m)^0 = \mathrm{id} = (\mathrm{id})^m = (f^0)^m$. Beim Schluss von n auf $S(n)$ gilt $f \circ f^n = f^n \circ f$ wegen (1) und somit $(f^m)^{S(n)} = f^m \circ (f^m)^n = f^m \circ (f^n)^m = (f \circ f^n)^m = (f^{S(n)})^m$. $\qquad\square$

Wir erklären nun, wie sich Addition und Multiplikation auf $\mathbb{N}$ allein mit Hilfe der Nachfolgerfunktion S einführen lassen. Die Addition von $1 = S(0)$ ist S selbst, d. h. es ist $m + 1 := S(m)$. Der **Vorgänger** $S^{-1}(m)$ einer natürlichen Zahl $\neq 0$ ist dann $m - 1$. Die **Addition** einer beliebigen Zahl $n \in \mathbb{N}$ gewinnt man durch n-faches Addieren von 1, d. h. wir setzen

$$m + n := S^n(m), \quad m, n \in \mathbb{N}.$$

Es ist $m = S^m(0)$ (Induktion über m) und $m + n = S^n(m) = S^n(S^m(0)) = S^m(S^n(0)) = n + m$ (vgl. (1)), d. h. *die Addition ist kommutativ*. Außerdem gilt die *Kürzungsregel der Addition*: Aus $m + k = n + k$, d. h. $S^k(m) = S^k(n)$ folgt $m = n$, da S^k wie S injektiv ist (Induktion über k). Überdies ist $m + n$ nur dann 0, wenn m und n beide 0 sind. Warum? Ferner ergibt sich $m + (n + 1) = S^{n+1}(m) = S(S^n(m)) = (n + m) + 1$. Für eine beliebige Abbildung $f \colon A \to A$ erhält man damit durch Induktion über n die bereits erwähnte Gleichung $f^m \circ f^n = f^{m+n}$. Beim Schluss von n auf $S(n) = n + 1$ ist nämlich

$$f^m f^{n+1} = f^m \circ f \circ f^n = f \circ f^m \circ f^n = f \circ f^{m+n} = f^{(m+n)+1} = f^{m+(n+1)}.$$

Nun folgt direkt das generelle *Assoziativgesetz der Addition*: Für $k, m, n \in \mathbb{N}$ ist

$$(k + m) + n = S^n(k + m) = S^n(S^m(k)) = S^{m+n}(k) = k + (m + n).$$

Das **Produkt** zweier natürlicher Zahlen m, n ist die Summe $m + \cdots + m$ mit n Summanden, d. h. wir setzen

$$m \cdot n = mn := (S^m)^n(0).$$

Speziell ist $0 \cdot n = n \cdot 0 = 0$ und $1 \cdot n = n \cdot 1 = n$. Nur dann ist das Produkt mn gleich 0, wenn einer der beiden Faktoren m oder n gleich 0 ist. Warum? Wegen $(S^m)^n = (S^n)^m$, vgl. (2), ist die *Multiplikation kommutativ*. Für eine beliebige Abbildung $f \colon A \to A$ erhält man durch Induktion über n die ebenfalls schon erwähnte Gleichung $(f^m)^n = f^{mn}$. Beim Induktionsschluss von n auf $n + 1$ ist nämlich $(f^m)^{n+1} = f^m \circ (f^m)^n = f^m \circ f^{mn} = f^{m+mn} = f^{m(n+1)}$ wegen $m(n + 1) = (S^m)^{n+1}(0) = (S^m \circ (S^m)^n)(0) = S^m(mn) = mn + m$. Die gewonnenen Gleichungen implizieren das *Assoziativgesetz der*

Multiplikation und auch das *Distributivgesetz*. Für $k, m, n \in \mathbb{N}$ ist nämlich $(km)n = (S^{km})^n(0) = ((S^k)^m)^n(0) = (S^k)^{mn}(0) = k(mn)$ und $k(m + n) = (S^k)^{m+n}(0) = ((S^k)^m \circ (S^k)^n)(0) = (S^{km} \circ S^{kn})(0) = km + kn$.

Mit Hilfe der Addition lässt sich die natürliche Ordnung auf $\mathbb{N}$ folgendermaßen gewinnen. Für $m, n \in \mathbb{N}$ ist

$$m \leq n \quad \text{genau dann wenn es ein } k \in \mathbb{N} \text{ gibt mit} \quad m + k = n.$$

Es ist also $\{n \in \mathbb{N} \mid m \leq n\} = \text{Bild } S^m$ (wegen $k = S^k(0)$ für alle $k \in \mathbb{N}$). Dies liefert in der Tat eine Ordnung. Die Antisymmetrie von $\leq$ folgt dabei daraus, dass eine Summe $k + \ell$ in $\mathbb{N}$ nur 0 sein kann, wenn beide Summanden gleich 0 sind. *Die Ordnung $\leq$ ist sogar vollständig*, d. h. für beliebige $m, n \in \mathbb{N}$ gilt $n \in \text{Bild } S^m$ oder $m \in \text{Bild } S^n$. Dies zeigt man durch Induktion über n unter Benutzung folgender Identität: $\text{Bild } S^n = \text{Bild } S^{n+1} \uplus \{n\}$. Es ist also $\mathbb{N} - \text{Bild } S^n = \{m \in \mathbb{N} \mid m < n\} = \{0, \ldots, n - 1\}$ die n-elementige Menge der natürlichen Zahlen $< n$. Nun lässt sich auch die **Wohlordnungseigenschaft** von $(\mathbb{N}, \leq)$ beweisen wie bei Satz 1.5.4 ausgeführt.

Es gibt im Wesentlichen nur ein System natürlicher Zahlen. Sind nämlich $\mathbb{N} = (\mathbb{N}, 0, S)$ und $\mathbb{N}' = (\mathbb{N}', 0', S')$ Tripel, die beide den Peano-Axiomen genügen, so gibt es eindeutig bestimmte Abbildungen $f: \mathbb{N} \to \mathbb{N}'$ und $f': \mathbb{N}' \to \mathbb{N}$ mit $f(0) = 0'$, $f \circ S = S' \circ f$ bzw. $f'(0') = 0$, $f' \circ S' = S \circ f'$. Sie werden rekursiv definiert durch $f(0) = 0'$, $f(S(n)) = S'(f(n))$, $n \in \mathbb{N}$, und analog für f'. Dann gilt notwendigerweise $f' \circ f = \text{id}_{\mathbb{N}}$ und $f \circ f' = \text{id}_{\mathbb{N}'}$, da $\text{id}_{\mathbb{N}}$ und $\text{id}_{\mathbb{N}'}$ dieselben Rekursionen wie $f' \circ f$ bzw. $f \circ f'$ erfüllen. *f und f' sind also zueinander inverse Abbildungen, die die durch $0, S$ und $0', S'$ gegebenen Strukturen auf $\mathbb{N}$ bzw. $\mathbb{N}'$ respektieren.* $\diamond$

Aufgaben

Aufgabe 1.5.1 Man beweise die am Ende von Beispiel 1.5.2 angegebenen Formeln.

Aufgabe 1.5.2 Für alle $n \in \mathbb{N}$ gilt:

a) $\displaystyle\sum_{k=1}^{n} (-1)^{k-1} k = \frac{1}{4}\left(1 + (-1)^{n-1}(2n + 1)\right).$

b) $\displaystyle\sum_{k=1}^{n} (-1)^{k-1} k^2 = (-1)^{n+1} \cdot \frac{n(n + 1)}{2}.$

c) $\displaystyle\sum_{k=1}^{n} (2k - 1) = n^2.$

d) $\displaystyle\sum_{k=1}^{n} k(k + 1) = \frac{1}{3} n(n + 1)(n + 2).$

e) $\displaystyle\sum_{k=1}^{n} (2k - 1)^2 = \frac{n}{3}(4n^2 - 1).$

Aufgabe 1.5.3 Für alle $n \in \mathbb{N}$ gilt:

a) $\displaystyle\sum_{k=1}^{n} \frac{1}{k(k+1)} = 1 - \frac{1}{n+1}$.

b) $\displaystyle\sum_{k=1}^{n} \frac{1}{4k^2 - 1} = \frac{1}{2}\left(1 - \frac{1}{2n+1}\right)$.

c) $\displaystyle\sum_{k=1}^{n} \frac{1}{k(k+1)(k+2)} = \frac{1}{4} - \frac{1}{2(n+1)(n+2)}$.

d) $\displaystyle\sum_{k=1}^{n} \frac{k-1}{k(k+1)(k+2)} = \frac{1}{4} - \frac{2n+1}{2(n+1)(n+2)}$.

Aufgabe 1.5.4 Für alle $n \geq 1$ gilt:

a) $\displaystyle\prod_{k=2}^{n} \left(1 - \frac{1}{k^2}\right) = \frac{1}{2}\left(1 + \frac{1}{n}\right)$.

b) $\displaystyle\prod_{k=2}^{n} \left(1 - \frac{2}{k(k+1)}\right) = \frac{1}{3}\left(1 + \frac{2}{n}\right)$.

c) $\displaystyle\prod_{k=2}^{n} \frac{k^3 - 1}{k^3 + 1} = \prod_{k=2}^{n}\left(1 - \frac{2}{k^3 + 1}\right) = \frac{2}{3}\left(1 + \frac{1}{n(n+1)}\right)$.

Aufgabe 1.5.5 Für alle $n \in \mathbb{N}$ und alle $q \in \mathbb{R}, q \neq 1$, gilt:

a) $\displaystyle\prod_{k=0}^{n} \left(1 + q^{2^k}\right) = \frac{q^{2^{n+1}} - 1}{q - 1}$.

b) $\displaystyle\sum_{k=1}^{n} k q^k = \frac{n q^{n+2} - (n+1)q^{n+1} + q}{(q-1)^2}$.

Aufgabe 1.5.6 Für alle $n \in \mathbb{N}$ gilt:

a) 5 teilt $2^{n+1} + 3 \cdot 7^n$.
b) 3 teilt $n^3 + 2n$.
c) 6 teilt $n^3 - n$.
d) 7 teilt $5^{2n+1} + 2^{2n+1}$.
e) 30 teilt $n^5 - n$.
f) 3 teilt $2^{2n} - 1$.
g) 15 teilt $3n^5 + 5n^3 + 7n$.
h) 133 teilt $11^{n+2} + 12^{2n+1}$.
i) 5 teilt $3^{n+1} + 2^{3n+1}$.

Aufgabe 1.5.7 Für die rekursiv definierten Folgen (a_n) in a) bis e) beweise man jeweils die angegebene explizite Darstellung.

a) $a_0 = 2, a_n = 2 - 1/a_{n-1}, n \geq 1$. Dann ist $a_n = (n+2)/(n+1)$ für alle $n \in \mathbb{N}$.
b) $a_0 = 0, a_1 = 1, a_n = \frac{1}{2}(a_{n-1} + a_{n-2}), n \geq 2$. Dann ist

$$a_n = \frac{2}{3}\left(1 - \frac{(-1)^n}{2^n}\right), \quad n \in \mathbb{N}.$$

c) $a_0 = 1, a_n = 1 + (1/a_{n-1}), n \geq 1$. Dann ist $a_n = \mathsf{F}_{n+2}/\mathsf{F}_{n+1}$ für alle $n \in \mathbb{N}$, wobei F_k für $k \in \mathbb{N}$ die k-te Fibonacci-Zahl ist.
d) $a_0 = 0, a_1 = 1, a_n = a_{n-1} + 2a_{n-2}, n \geq 2$. Dann ist $a_n = \frac{1}{3}(2^n - (-1)^n), n \in \mathbb{N}$.
e) $a_0 = 0, a_1 = 1, a_n = 2a_{n-1} + a_{n-2}, n \geq 2$. Es ist

$$a_n = \frac{\left(1 + \sqrt{2}\right)^n - \left(1 - \sqrt{2}\right)^n}{2\sqrt{2}}, \quad n \in \mathbb{N}.$$

Aufgabe 1.5.8 Die Folge (a_n) sei rekursiv definiert durch $a_0 = 1, a_n = \sum_{k=0}^{n-1} a_k, n \geq 1$.

a) Es ist $a_n = 2^{n-1}$ für alle $n \geq 1$.
b) Die Anzahl der endlichen Folgen (variabler Länge) positiver natürlicher Zahlen mit Summe n ist gleich a_n. (Beispielsweise hat man $a_3 = 4$ und $3 = 2 + 1 = 1 + 2 = 1 + 1 + 1$. – Für den Fall, dass die Folgenlänge fest vorgegeben ist, vgl. Aufg. 1.6.19.)

Aufgabe 1.5.9 Man beweise durch Induktion die folgenden Gleichungen für die Fibonacci-Zahlen $\mathsf{F}_n, n \in \mathbb{N}$.

a) Es ist $\mathsf{F}_{n+m} = \mathsf{F}_{n-1}\mathsf{F}_m + \mathsf{F}_n\mathsf{F}_{m+1}$ für alle $m \geq 0$ und alle $n \geq 1$. Speziell gilt für alle $n \geq 1$ die Gleichung $\mathsf{F}_{2n} = \mathsf{F}_n(\mathsf{F}_{n-1} + \mathsf{F}_{n+1}) = \mathsf{F}_{n+1}^2 - \mathsf{F}_{n-1}^2$.
b) Für alle $n \geq 1$ ist $\mathsf{F}_n^2 = \mathsf{F}_{n-1}\mathsf{F}_{n+1} + (-1)^{n+1}$.
c) Für $\Phi = \frac{1}{2}(1 + \sqrt{5})$ gilt $\Phi^n = \mathsf{F}_{n-1} + \mathsf{F}_n\Phi, n \in \mathbb{N}^*$. (Durch diese Identitäten lassen sich die Fibonacci-Zahlen F_n für alle $n \in \mathbb{Z}$ definieren. Dann gelten die Gleichungen $\mathsf{F}_n = \mathsf{F}_{n-1} + \mathsf{F}_{n-2}$ und $\mathsf{F}_n = (-1)^{n+1}\mathsf{F}_{-n}$ sowie die Formeln in a) und b) für alle $m, n \in \mathbb{Z}$. – Da sich die Potenzen Φ^n mit den Gleichungen

$$(a + b\Phi)^2 = (a^2 + b^2) + (2a + b)b\Phi, \quad a, b \in \mathbb{Z},$$

und dem Verfahren des schnellen Potenzierens (vgl. Bemerkung (2) in Beispiel 2.2.23) gut berechnen lassen, gewinnt man auch ein Verfahren zur Berechnung von F_n bei gegebenem $n \in \mathbb{N}$, ohne sämtliche Fibonacci-Zahlen $\mathsf{F}_k, 0 \leq k < n$, bestimmen zu müssen.)

Aufgabe 1.5.10 Seien $a_1, \ldots, a_n, n \in \mathbb{N}^*$, Elemente einer total geordneten Menge. Man beweise durch Induktion über n die Existenz von Min $(a_1, \ldots, a_n)$ und Max $(a_1, \ldots, a_n)$.

1.6   Endliche Mengen und Kombinatorik

Wir wollen in diesem Abschnitt einige Anzahlformeln für endliche Mengen herleiten. Diese gehören zur elementaren **Kombinatorik** und werden immer wieder gebraucht. Umfassender informieren etwa die Bücher [1] und [17].

Sei $n \in \mathbb{N}$. Der Prototyp für eine endliche Menge mit n Elementen ist die Menge

$$\mathbb{N}_{\leq n}^{*} = \{1, \dots, n\} = \{x \in \mathbb{N}^{*} \mid x \leq n\}$$

der ersten n positiven natürlichen Zahlen. Es sei daran erinnert, dass $\mathbb{N}^{*} = \mathbb{N} - \{0\}$ ist. Insbesondere ist $\mathbb{N}_{\leq 0}^{*} = \emptyset$. Wir sagen, eine Menge A sei eine **endliche Menge mit** n **Elementen**, wenn es eine bijektive Abbildung von $\mathbb{N}_{\leq n}^{*}$ auf A gibt, wenn sich also die Elemente von A mit den Zahlen $1, \dots, n$ durchnummerieren lassen, wobei verschiedene Elemente verschiedene Nummern bekommen. Es gilt dann $A = \{a_1, \dots, a_n\}$ mit $a_i \neq a_j$ für $i \neq j$. Die Zahl n ist dabei eindeutig bestimmt und heißt die **Elementezahl** oder die **Kardinalzahl** von A. Sie wird mit

$$|A| \quad \text{oder} \quad \text{Kard}\, A$$

bezeichnet.[17] Diese Eindeutigkeit der Elementezahl einer endlichen Menge ist durchaus nicht selbstverständlich und ergibt sich aus dem folgenden Lemma:

Lemma 1.6.1 *Sind* $m, n \in \mathbb{N}$ *und ist* $f \colon \mathbb{N}_{\leq n}^{*} \to \mathbb{N}_{\leq m}^{*}$ *eine bijektive Abbildung, so ist* $n = m$.

Beweis Wir verwenden Induktion über n. Da $\mathbb{N}_{\leq m}^{*}$ für $m > 0$ nicht leer ist, ist der Induktionsbeginn $n = 0$ klar. Beim Induktionsschluss von n auf $n + 1$ folgt die Induktionsbehauptung im Fall $f(n + 1) = m$ wegen $\mathbb{N}_{\leq n+1}^{*} = \mathbb{N}_{\leq n}^{*} \uplus \{n + 1\}$ und $\mathbb{N}_{\leq m}^{*} = \mathbb{N}_{\leq m-1}^{*} \uplus \{m\}$ unmittelbar aus der Induktionsvoraussetzung. Andernfalls sei $k := f^{-1}(m) \leq n$ und $\sigma = \langle k, n+1 \rangle$ die Transposition von $\mathbb{N}_{\leq n+1}^{*}$, die k und $n + 1$ vertauscht und die übrigen Elemente von $\mathbb{N}_{\leq n+1}^{*}$ als Fixpunkte hat. Dann ist $f \circ \sigma \colon \mathbb{N}_{\leq n+1}^{*} \to \mathbb{N}_{\leq m}^{*}$ bijektiv mit $(f \circ \sigma)(n + 1) = f(k) = m$, und man ist im bereits erwähnten trivialen Fall. $\square$

Die Menge der endlichen Teilmengen einer Menge A bezeichnen wir mit $\mathfrak{E}(A)$ und die Menge der n-elementigen Teilmengen von A mit $\mathfrak{E}_n(A)$, $n \in \mathbb{N}$. Es ist also

$$\mathfrak{E}(A) = \biguplus_{n \in \mathbb{N}} \mathfrak{E}_n(A),$$

und $\mathfrak{E}(A) = \mathfrak{P}(A)$ gilt genau dann, wenn A eine endliche Menge ist.

---

[17] In der englischsprachigen Literatur ist auch die Bezeichnung $\#A$ für $|A|$ üblich.

Ist $A \to B$ eine bijektive Abbildung, so ist A genau dann endlich, wenn B endlich ist. In diesem Fall ist $|A| = |B|$. Ist die Menge A zerlegt in die endlichen Teilmengen $A_1, \ldots, A_m$ (die paarweise disjunkt sind), so ist $A = \biguplus_{i=1}^{m} A_i$ ebenfalls endlich und es gilt

$$|A| = \left| \biguplus_{i=1}^{m} A_i \right| = \sum_{i=1}^{m} |A_i| = |A_1| + \cdots + |A_m|.$$

Man beweist dies durch Induktion über n. *Die Addition natürlicher Zahlen wird also realisiert durch die Vereinigung* disjunkter *endlicher Mengen.* Sind $A_1, \ldots, A_m$ beliebige endliche Mengen, so ist das Kreuzprodukt $\prod_{i=1}^{m} A_i = A_1 \times \cdots \times A_m$ ebenfalls endlich mit

$$\left| \prod_{i=1}^{m} A_i \right| = \prod_{i=1}^{m} |A_i| = |A_1| \cdots |A_m|.$$

Beim *Beweis* dieser Gleichung (durch Induktion über m) genügt es, den Fall $m = 2$ zu behandeln. Es ist aber $A_1 \times A_2$ die Vereinigung der paarweise disjunkten Mengen $\{a\} \times A_2$, $a \in A_1$, und folglich

$$|A_1 \times A_2| = \sum_{a \in A_1} |\{a\} \times A_2| = \sum_{a \in A_1} |A_2| = |A_1| \cdot |A_2|.$$

Die Multiplikation natürlicher Zahlen wird also realisiert durch das kartesische Produkt endlicher Mengen. Für jede endliche Menge A und jedes $m \in \mathbb{N}$ folgt insbesondere $|A^m| = |A|^m$. Es ist A^m die Menge der m-Tupel von Elementen aus A, d. h. die Menge der Abbildungen von $\mathbb{N}^*_{\leq m}$ in A. Die Menge $\mathbb{N}^*_{\leq m}$ durch eine beliebige endliche Menge I mit m Elementen ersetzend, erhält man:

Satz 1.6.2 *Sind I und A endliche Mengen mit m bzw. n Elementen, so ist die Menge A^I der Abbildungen von I in A endlich mit n^m Elementen. Es ist also $|A^I| = |A|^{|I|}$.*

Man beachte $A^{\emptyset} = \{\emptyset\}$ für jede Menge A. Es gibt also genau 2^n 0-1-Folgen der Länge $n \in \mathbb{N}$. Ordnet man einer Folge $(k_1, \ldots, k_s)$, $s \in \mathbb{N}$, positiver natürlicher Zahlen mit Summe $k_1 + \cdots + k_s = n$ diejenige 0-1-Folge zu, in der abwechselnd k_1 Nullen, k_2 Einsen, k_3 Nullen, $\ldots$ erscheinen, so erhält man für $n \geq 1$ eine bijektive Abbildung der Menge dieser Folgen auf die 2^{n-1}-elementige Menge der 0-1-Folgen der Länge n, die mit einer Null beginnen. Dies löst Aufg. 1.5.8b) kombinatorisch.[18]

Sei I eine Menge. Die Abbildung, die jeder Teilmenge $J \subseteq I$ die Indikatorfunktion e_J zuordnet, ist eine bijektive Abbildung der Potenzmenge $\mathfrak{P}(I)$ auf die Menge $\{0, 1\}^I$. Aus Satz 1.6.2 ergibt sich daher:

---

[18] Wir empfehlen generell, für Gleichungen, deren Terme kombinatorisch interpretiert werden können, nach kombinatorischen Begründungen zu suchen. Man gewinne beispielsweise die einfachen Gleichungen $2^0 + 2^1 + 2^2 + \cdots + 2^n = 2^{n+1} - 1$, $n \in \mathbb{N}$, durch passendes Abzählen der vom 0-Tupel verschiedenen 0-1-Folgen der Länge $n + 1$.

Korollar 1.6.3 *Sei I eine endliche Menge mit m Elementen. Dann ist $\mathfrak{P}(I)$ eine endliche Menge mit 2^m Elementen. Es gilt also $|\mathfrak{P}(I)| = 2^{|I|}$.*

Die folgende Aussage gibt die Anzahl der *injektiven* Abbildungen zwischen endlichen Mengen an.

Satz 1.6.4 *Sind I und A endliche Mengen mit m bzw. n Elementen, so gibt es genau*

$$[n]_m := \prod_{k=0}^{m-1}(n - k) = n(n-1)\cdots(n-m+1)$$

injektive Abbildungen von I in A.

Beweis Wir beweisen die Aussage durch Induktion über m. Für $m = 0$ ist I leer, und es gibt genau eine Abbildung von I in A (nämlich die leere Abbildung); $[n]_0$ ist als leeres Produkt ebenfalls 1. Ferner ist die Aussage auch für $m = 1$ selbstverständlich: Es gibt n injektive Abbildungen von $I = \{i\}$ in A, und es ist $[n]_1 = n$.

Beim Schluss von m auf $m + 1$ Elemente sei nun I eine Menge mit $m + 1$ Elementen. Sei zunächst $m \leq n$ und sei i_0 ein festes Element aus I. Nach Induktionsvoraussetzung gibt es $[n]_m$ injektive Abbildungen von $I' := I - \{i_0\}$ in A. Ist $f\colon I' \to A$ eine solche Abbildung, so gibt es $n - m$ injektive Abbildungen von I in A, deren Beschränkung auf I' mit f übereinstimmt: Als Bild von i_0 kommt nämlich wegen der Injektivität nur noch eines der $n - m$ Elemente in $A - f(I')$ in Frage. Insgesamt gibt es daher $[n]_m(n-m) = [n]_{m+1}$ injektive Abbildungen von I in A. Ist aber $m > n$, so gibt es nach Induktionsvoraussetzung keine injektiven Abbildungen von I' in A und damit erst recht keine von I in A. Außerdem ist in diesem Fall mit $[n]_m = 0$ auch $[n]_{m+1} = [n]_m(n - m) = 0$. $\square$

Das Symbol $[n]_m$ heißt **verallgemeinerte Fakultät** oder **absteigende Faktorielle**. Man definiert es für eine beliebige Zahl (oder sogar ein beliebiges Ringelement) α und jedes $m \in \mathbb{N}$:

$$[\alpha]_m := \prod_{k=0}^{m-1}(\alpha - k) = \alpha(\alpha - 1)\cdots(\alpha - m + 1).$$

Häufig verwendet man auch die sogenannte **aufsteigende Faktorielle** oder das **Pochhammer-Symbol** $(\alpha)_m := [\alpha + m - 1]_m = \alpha(\alpha + 1)\cdots(\alpha + m - 1)$.

Bemerkung 1.6.5 (Kombinatorisches Prinzip) Für $I = \{1, \dots, m\}$ ergibt sich aus Satz 1.6.4: Ist A eine Menge mit n Elementen, so gibt es genau $[n]_m$ Tupel $(a_1, \dots, a_m)$ mit paarweise verschiedenen Elementen $a_i \in A$, $i = 1, \dots, m$. Dies ist ein Spezialfall des folgenden allgemeinen **kombinatorischen Prinzips**: *Gegeben sei eine Menge $C \subseteq A^m$ von m-Tupeln. Ferner gebe es natürliche Zahlen $n_1, \dots, n_m$ mit folgenden Eigenschaften:*

Ist $k < m$ *und* $(a_1, \ldots, a_k)$ *Anfang einer Folge aus* C, *so gibt es genau* n_{k+1} *Elemente* $a_{k+1} \in A$, *für die* $(a_1, \ldots, a_k, a_{k+1})$ *ebenfalls Anfang einer Folge aus* C *ist. Dann hat* C *genau* $n_1 \cdots n_m$ *Elemente.* Man beweist auch dies leicht durch Induktion über m. Beim Induktionsschluss von $m - 1$ auf m verwendet man die Induktionsvoraussetzung für die Menge

$$C' := \{(a_1, \ldots, a_{m-1}) \in A^{m-1} \mid \text{es gibt ein } a_m \in A \text{ mit } (a_1, \ldots, a_{m-1}, a_m) \in C\}. \quad \diamond$$

Beispiel 1.6.6 Seien B und C endliche Mengen mit $|B| > |C|$. Dann gibt es natürlich – wie bereits erwähnt – keine injektive Abbildung von B in C. Für jede Abbildung $f: B \to C$ gibt es also Elemente $b, b' \in B$ mit $b \neq b'$ aber $f(b) = f(b')$. Diese Aussage ist auch als **(Dirichletsches) Schubfachprinzip** (nach L. Dirichlet (1805–1859)) bekannt: Verteilt man $m := |B|$ Gegenstände auf $n := |C|$ Schubfächer und ist $m > n$, so befindet sich in wenigstens einem Fach mehr als ein Gegenstand. *Ist allgemeiner* $m > n r, r \in \mathbb{N}$, *so befinden sich in wenigstens einem Fach mehr als* r *Gegenstände.*

Seien nun B *und* C *endliche Mengen mit gleich vielen Elementen. Für eine Abbildung* $f: B \to C$ *sind dann äquivalent:* (i) f *ist injektiv.* (ii) f *ist surjektiv.* (iii) f *ist bijektiv.*

Ist nämlich f injektiv, so hat $f(B)$ gleich viele Elemente wie B und damit wie C, schöpft also C ganz aus. Ist umgekehrt f nicht injektiv, so hat $f(B)$ weniger Elemente als B und damit als C. Dann ist $f(B) \neq C$ und f nicht surjektiv. $\quad \diamond$

Aus Satz 1.6.4 folgt direkt:

Korollar 1.6.7 B *und* C *seien endliche Mengen mit gleicher Elementezahl* $|B| = |C| = n$. *Dann gibt es genau*

$$n! := [n]_n = \prod_{k=1}^{n} k = 1 \cdots n$$

bijektive Abbildungen von B *auf* C. *Insbesondere gibt es genau* $n!$ *Permutationen der* n-*elementigen Menge* B.

Ist $n \in \mathbb{N}$, so liest man n-**Fakultät** für die Zahl $n!$. Man kann $n!$ rekursiv durch $0! = 1$ und $n! = (n-1)! \, n$ bestimmen. Für natürliche Zahlen m und n mit $m \leq n$ ist offenbar

$$[n]_m = \frac{n!}{(n-m)!}.$$

Bemerkung 1.6.8 Bei größeren Werten von n verwendet man für $n!$ die wichtige Abschätzung

$$\sqrt{2\pi n} \left(\frac{n}{e}\right)^n e^{1/(12n+1)} < n! < \sqrt{2\pi n} \left(\frac{n}{e}\right)^n e^{1/12n}.$$

Insbesondere hat man für $n \to \infty$ die gute Näherung

$$n! \sim \sqrt{2\pi n} \left(\frac{n}{e}\right)^n.$$

Dabei ist die Eulersche Zahl $e = 2{,}7182818284590\ldots$ die Basis der natürlichen Logarithmen.[19] Wir werden diese sogenannte **Stirlingsche Formel** in Bd. 2 beweisen. $\Diamond$

Die folgende Anzahlformel ist eines der wichtigsten Ergebnisse der elementaren Kombinatorik.

Satz 1.6.9 *Sei A eine endliche Menge mit n Elementen. Für jede natürliche Zahl $m \leq n$ ist dann*

$$\binom{n}{m} := \frac{[n]_m}{[m]_m} = \frac{n!}{m!(n-m)!} = \frac{n(n-1)\cdots(n-m+1)}{1 \cdot 2 \cdots m}$$

die Anzahl der m-elementigen Teilmengen von A.

Beweis Sei $I := \{1, \ldots, m\}$. Definitionsgemäß ist jede m-elementige Teilmenge von A Bild einer injektiven Abbildung $I \to A$. Zwei solche Abbildungen f und g haben genau dann dasselbe Bild, wenn es eine Permutation σ von I gibt mit $f = g \circ \sigma$. Folglich haben nach Korollar 1.6.7 je $[m]_m = m!$ dieser Abbildungen dasselbe Bild. Da es nach Satz 1.6.4 insgesamt $[n]_m$ injektive Abbildungen von $I \to A$ gibt, folgt die Behauptung. $\square$

Die Zahlen $\binom{n}{m}$ – sprich: n über m (im Englischen: n choose m) – in Satz 1.6.9 heißen **Binomialkoeffizienten**. Man definiert sie für beliebige (reelle oder komplexe) Zahlen α und jedes $m \in \mathbb{N}$:

$$\binom{\alpha}{m} := \frac{[\alpha]_m}{m!} = \frac{\alpha(\alpha-1)\cdots(\alpha-m+1)}{1 \cdot 2 \cdots m}.$$

Man beachte, dass mit dieser Definition die Formel in Satz 1.6.9 auch für $m > n$ gilt. Ferner setzt man noch $\binom{\alpha}{m} = 0$ für negative ganze Zahlen m. Damit ergeben sich unmittelbar folgende Rechenregeln:

Proposition 1.6.10 *Für beliebige α und alle $m \in \mathbb{Z}$ gilt:*

$$(1)\ \binom{\alpha}{0} = 1. \quad (2)\ \binom{\alpha}{m+1} = \binom{\alpha}{m} \cdot \frac{\alpha-m}{m+1} = \binom{\alpha-1}{m} \cdot \frac{\alpha}{m+1},\ m \neq -1.$$

$$(3)\ \binom{-\alpha}{m} = (-1)^m \binom{m+\alpha-1}{m}. \quad (4)\ \binom{\alpha+1}{m} = \binom{\alpha}{m} + \binom{\alpha}{m-1}.$$

---

[19] Wir verwenden die asymptotische Gleichheit $\sim$ in folgendem Sinne: Sind (a_n) und (b_n) Folgen reeller (oder komplexer) Zahlen, so bedeutet $a_n \sim b_n$, dass die Folge (a_n/b_n) für hinreichend große n definiert ist (d. h. $b_n \neq 0$ ist für hinreichend große n) und gegen 1 konvergiert, vgl. Aufg. 3.2.9.

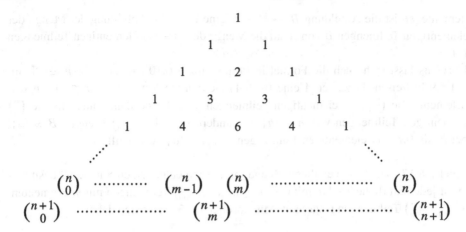

Abb. 1.14 Pascalsches Dreieck

Beispiel 1.6.11 (1) Die Werte $\binom{\alpha}{m}$, $m \in \mathbb{N}$, berechnet man bei festem α im Allgemeinen am schnellsten rekursiv mit Proposition 1.6.10 (2). Für $\alpha \in \mathbb{N}$ und $\alpha \geq m \geq 0$ sieht man diese Rekursionformel auch kombinatorisch ein: Sind $\mathfrak{C}_m$ bzw. $\mathfrak{C}_{m+1}$ die Mengen der m-bzw. $(m+1)$-elementigen Teilmengen von $I := \{1, \dots, \alpha\}$ und ist $\mathfrak{X}_m$ die Menge der Paare (C, c) mit $C \in \mathfrak{C}_m$, $c \in I - C$, so ist $\mathfrak{X}_m \to \mathfrak{C}_{m+1}$, $(C, c) \mapsto C \cup \{c\}$, eine surjektive Abbildung, deren Fasern alle genau $m + 1$ Elemente enthalten. Wegen $|\mathfrak{X}_m| = \binom{\alpha}{m} \cdot (\alpha - m)$ ergibt sich die Rekursion $\binom{\alpha}{m} \cdot \frac{\alpha - m}{m+1} = \binom{\alpha}{m+1}$ mit der Schäferregel aus Aufg. 1.6.6.

Sind n, m und $n - m$ große natürliche Zahlen, so liefert die Stirlingsche Formel aus Bemerkung 1.6.8 die Approximation

$$\binom{n}{m} = \frac{n!}{m!(n-m)!} \approx \frac{1}{\sqrt{2\pi n x (1-x)} \left(x^x (1-x)^{1-x} \right)^n}, \quad x := m/n.$$

Die Funktion $x^x(1-x)^{(1-x)}$ im Intervall $[0, 1]$ wird sehr gut durch den unteren Halbkreisbogen $1 - \sqrt{x(1-x)}$ des Kreises mit Mittelpunkt $(1/2, 1)$ und Radius $1/2$ approximiert. Der Logarithmus des Kehrwerts dieser Funktion, also $-x \ln x - (1-x) \ln(1-x)$, $x \in]0, 1[$, heißt die **Boltzmann-Gibbs-Entropie(-Funktion)**.

(2) **(Pascalsches Dreieck)** Die Formel aus Proposition 1.6.10 (4) liefert eine Methode zur Berechnung der Binomialkoeffizienten $\binom{n}{m}$ für $m, n \in \mathbb{N}$. Dazu notiert man diese Binomialkoeffizienten in Form des sogenannten **Pascalschen Dreiecks**, vgl. Abb. 1.14.

Man erhält darin die Binomialkoeffizienten $\binom{n+1}{m}$ der $(n + 1)$-ten Zeile, indem man diese Zeile mit 1 beginnt und dann jeweils zwei benachbarte Binomialkoeffizienten der n-ten Reihe (die bereits berechnet worden sind) addiert.

(3) Für $0 \leq m \leq n$ folgt aus der Definition unmittelbar $\binom{n}{m} = \binom{n}{n-m}$, so dass man in diesem Fall zur Berechnung von $\binom{n}{m}$ die Zahl m durch $n - m$ ersetzen kann (was bei $m > n/2$ nützlich ist). Mit Satz 1.6.9 sieht man dies auch so ein: Enthält die Menge A

n Elemente, so ist die Abbildung $B \mapsto A - B$ eine bijektive Abbildung der Menge der m-elementigen Teilmengen B von A auf die Menge der $(n - m)$-elementigen Teilmengen von A.

Übrigens lässt sich auch die Formel in Proposition 1.6.10 (4) für $\alpha = n \in \mathbb{N}$ mit Satz 1.6.9 beweisen. Dazu sei A eine $(n + 1)$-elementige Menge und $a \in A$ ein festes Element. Die $\binom{n+1}{m}$ m-elementigen Teilmengen von A sind dann einerseits die $\binom{n}{m}$ m-elementigen Teilmengen von $A - \{a\}$ und andererseits die $\binom{n}{m-1}$ Mengen $B \uplus \{a\}$, wobei B die $(m - 1)$-elementigen Teilmengen von $A - \{a\}$ durchläuft. $\diamond$

Beispiel 1.6.12 Sei A eine endliche Menge mit n Elementen. Nach Satz 1.6.9 besitzt A dann für jede natürliche Zahl m mit $0 \le m \le n$ genau $\binom{n}{m}$ Teilmengen mit m Elementen, also $\sum_{m=0}^{n} \binom{n}{m}$ Teilmengen insgesamt. Mit Korollar 1.6.3 ergibt sich daher

$$\sum_{m=0}^{n} \binom{n}{m} = 2^n,$$

was man auch leicht durch Induktion unter Verwendung von Proposition 1.6.10 (4) bestätigt. $\diamond$

Beispiel 1.6.13 *Seien m und n natürliche Zahlen. Die Anzahl der m-Tupel $(x_1, \ldots, x_m)$ natürlicher Zahlen mit $\sum_{i=1}^{m} x_i \le n$ ist gleich $\binom{n+m}{m}$.*

Beweis Die Abbildung $(x_1, x_2, \ldots, x_m) \longmapsto \{x_1+1, x_1+x_2+2, \ldots, x_1+\cdots+x_m+m\}$ ist eine bijektive Abbildung dieser Menge von m-Tupeln auf die Menge der m-elementigen Teilmengen der Menge $\{1, 2, \ldots, n + m\}$. $\square$

Die Anzahl der m-Tupel $(x_1, \ldots, x_m) \in \mathbb{N}^m$ mit $\sum_{i=1}^{m} x_i = n$ ist gleich $\binom{n+m-1}{m-1}$, wenn man hier ausnahmsweise $\binom{-1}{-1} := 1$ setzt. Zum *Beweis* hat man nur zu bemerken, dass die Abbildung $(x_1, \ldots, x_{m-1}, x_m) \longmapsto (x_1, \ldots, x_{m-1})$ bei $m \ge 1$ eine bijektive Abbildung der Menge der m-Tupel $(x_1, \ldots, x_m)$ mit $\sum_{i=1}^{m} x_i = n$ auf die Menge der $(m - 1)$-Tupel $(x_1, \ldots, x_{m-1})$ mit $\sum_{i=1}^{m-1} x_i \le n$ ist. – Die Anzahl der m-Tupel $(x_1, \ldots, x_m) \in \mathbb{N}^m$ mit $\sum_{i=1}^{m} x_i = n$ kann auch interpretiert werden als die Anzahl der Möglichkeiten, n Gegenstände auf m Fächer zu verteilen, falls zwei solche Verteilungen identifiziert werden, wenn sie durch eine Permutation der Gegenstände auseinander hervorgehen. $\diamond$

Beispiel 1.6.14 (Polynomialkoeffizienten) Seien $A_1, \ldots, A_r$ paarweise disjunkte endliche Mengen mit $m_1, \ldots, m_r$ Elementen und $A := \uplus_{i=1}^{r} A_i$. Dann ist $\sigma \mapsto (\sigma|A_1, \ldots, \sigma|A_r)$ eine bijektive Abbildung der Menge $\mathfrak{S}'$ derjenigen Permutationen σ von A mit $\sigma(A_i) = A_i$ für $i = 1, \ldots, r$ auf die Menge $\mathfrak{S}(A_1) \times \cdots \times \mathfrak{S}(A_r)$. Daher ist $|\mathfrak{S}'| = m_1! \cdots m_r!$. Allgemein setzt man für ein r-Tupel $m = (m_1 \ldots, m_r)$ natürlicher Zahlen

$$m! := m_1! \cdots m_r!.$$

Sei nun A eine endliche Menge mit n Elementen, und $m = (m_1, \ldots, m_r)$ ein r-Tupel natürlicher Zahlen mit

$$n = |m| = m_1 + \cdots + m_r.$$

Die Anzahl der Abbildungen $f : A \to \{1, \ldots, r\}$ mit $|f^{-1}(i)| = m_i$ für $i = 1, \ldots, r$ ist dann

$$\binom{n}{m} := \frac{n!}{m!} = \frac{n!}{m_1! \cdots m_r!}.$$

Beweis Die gesuchte Anzahl ist gleich der Anzahl der Zerlegungen $(A_1, \ldots, A_r)$ von A mit (paarweise disjunkten) Teilmengen $A_i \subseteq A$, für die $|A_i| = m_i$ gilt, $i = 1, \ldots, r$. Nach dem in Bemerkung 1.6.5 formulierten kombinatorischen Prinzip ist diese Anzahl aber gleich

$$\binom{n}{m_1} \binom{n - m_1}{m_2} \cdots \binom{n - m_1 - \cdots - m_{r-1}}{m_r}$$

$$= \frac{n!}{m_1!(n - m_1)!} \cdot \frac{(n - m_1)!}{m_2!(n - m_1 - m_2)!} \cdots \frac{(n - m_1 - \cdots - m_{r-1})!}{m_r!(n - m_1 - \cdots - m_r)!}$$

$$= \frac{n!}{m_1! m_2! \cdots m_r!} = \binom{n}{m}. \qquad \square$$

Beispielsweise gibt es $\binom{32}{10,10,10,2} = 2.753.294.408.504.640$ mögliche Kartenverteilungen beim Skatspiel. – Die Zahlen $\binom{n}{m}$ heißen **Polynomialkoeffizienten** oder auch **Multinomialkoeffizienten**. Bei $r = 2$ ergeben sich die Binomialkoeffizienten. Allgemein setzt man für eine Zahl α und ein r-Tupel $m = (m_1, \ldots, m_r) \in \mathbb{N}^r$ mit $|m| = m_1 + \cdots + m_r$

$$\binom{\alpha}{m} = \binom{\alpha}{m_1, \ldots, m_r} = \frac{[\alpha]_{|m|}}{m!} = \frac{\alpha(\alpha - 1) \cdots (\alpha - |m| + 1)}{m_1! \cdots m_r!}. \qquad \diamond$$

Eine wichtige Anwendung der Binomialkoeffizienten ist der binomische Lehrsatz. Wir formulieren ihn hier nur für reelle oder komplexe Zahlen. Er gilt aber (mit demselben Beweis) für *vertauschbare* Elemente a, b eines beliebigen Ringes, vgl. Satz 2.6.3.

Satz 1.6.15 (Binomischer Lehrsatz) *Für reelle (oder komplexe) Zahlen a und b und jede natürliche Zahl n gilt*

$$(a + b)^n = \sum_{m=0}^{n} \binom{n}{m} a^m b^{n-m} = \sum_{m=0}^{n} \binom{n}{m} a^{n-m} b^m$$

$$= a^n + n a^{n-1} b + \binom{n}{2} a^{n-2} b^2 + \cdots + n a b^{n-1} + b^n.$$

Beweis (durch Induktion über n) Für $n \leq 2$ ist die Aussage als „erste binomische Formel" wohlbekannt (und trivial). Der Schluss von n auf $n + 1$ ergibt sich mit Proposition 1.6.10 (4) (und dem Distributivgesetz) folgendermaßen:

$$(a + b)^{n+1} = (a + b)^n (a + b) = \sum_{m=0}^{n} \binom{n}{m} a^m b^{n-m} (a + b)$$

$$= \sum_{m=0}^{n} \binom{n}{m} a^{m+1} b^{n-m} + \sum_{m=0}^{n} \binom{n}{m} a^m b^{n+1-m}$$

$$= \sum_{m=1}^{n+1} \binom{n}{m-1} a^m b^{n+1-m} + \sum_{m=0}^{n} \binom{n}{m} a^m b^{n+1-m}$$

$$= \sum_{m=0}^{n+1} \left(\binom{n}{m-1} + \binom{n}{m} \right) a^m b^{n+1-m} = \sum_{m=0}^{n+1} \binom{n+1}{m} a^m b^{n+1-m}. \quad \square$$

Der binomische Lehrsatz lässt sich auch weniger formal wie folgt beweisen: Für beliebige reelle oder komplexe Zahlen (oder paarweise vertauschbare Ringelemente) $a_1, \ldots, a_n, b_1, \ldots, b_n$ ist offenbar

$$\prod_{i=1}^{n} (a_i + b_i) = \sum_{H} a^H b^{H'},$$

wobei H alle Teilmengen von $\{1, \ldots, n\}$ durchläuft und H' jeweils das Komplement von H in $\{1, \ldots, n\}$ ist. Ferner haben wir $a^H := \prod_{i \in H} a_i$ und analog $b^{H'} := \prod_{i \in H'} b_i$ gesetzt. Ist nun $a_1 = \cdots = a_n = a$ und $b_1 = \cdots = b_n = b$, so ist $a^H = a^{|H|}$ und $b^{H'} = b^{n-|H|}$. Nach Satz 1.6.9 gibt es genau $\binom{n}{m}$ Teilmengen H von $\{1, \ldots, n\}$ mit $|H| = m$. Daraus folgt Satz 1.6.15. – Mit einem völlig analogen Argument erhält man unter Benutzung von Beispiel 1.6.14 die folgende Verallgemeinerung des Binomialsatzes.

Satz 1.6.16 (Polynomialsatz) *Für reelle (oder komplexe) Zahlen $a_1, \ldots, a_r$ und jede natürliche Zahl n gilt*

$$(a_1 + \cdots + a_r)^n = \sum_{m \in \mathbb{N}^r, |m|=n} \binom{n}{m} a^m = \sum_{\substack{(m_1,\ldots,m_r) \in \mathbb{N}^r \\ m_1 + \cdots + m_r = n}} \frac{n!}{m_1! \cdots m_r!} a_1^{m_1} \cdots a_r^{m_r}.$$

Allgemeiner gilt für beliebige reelle oder komplexe Zahlen $a_{\rho i}$, $1 \leq \rho \leq r$, $1 \leq i \leq n$,

$$\prod_{i=1}^{n} (a_{1i} + \cdots + a_{ri}) = \sum_{(\rho_1,\ldots,\rho_n) \in \{1,\ldots,r\}^n} a_{\rho_1 1} \cdots a_{\rho_n n} = \sum_{(H_1,\ldots,H_r)} a_1^{H_1} \cdots a_r^{H_r},$$

wobei zuletzt über alle Zerlegungen $(H_1, \ldots, H_r)$ von $\{1, \ldots, n\}$ zu summieren ist und $a_\rho^{H_\rho} := \prod_{i \in H_\rho} a_{\rho i}$ gesetzt wurde.

Aufgaben

Aufgabe 1.6.1

a) $2^n \le n!$ für alle $n \in \mathbb{N}, n \ne 1, 2, 3$.

b) $n^2 \le 2^n$ für alle $n \in \mathbb{N}, n \ne 3$.

c) $3^n \le (n+1)!$ für alle $n \in \mathbb{N}, n \ne 1, 2, 3$.

d) $(n+1)^2 \le 3^n$ für alle $n \in \mathbb{N}, n \ne 1$.

e) $n^3 \le 2^n$ für alle $n \in \mathbb{N}, n \ge 10$.

f) $n! \le n^{n-1}$ für alle $n \in \mathbb{N}^*$.

Aufgabe 1.6.2

a) $\binom{-1}{n} = (-1)^n$, $n \in \mathbb{N}$.

b) $\binom{-1/2}{n} = (-1)^n \frac{1 \cdot 3 \cdots (2n-1)}{2 \cdot 4 \cdots 2n} = \left(\frac{-1}{4}\right)^n \binom{2n}{n}$, $n \in \mathbb{N}$.

c) $\binom{1/2}{n} = \frac{1}{2n}\binom{-1/2}{n-1} = \frac{(-1)^{n-1}}{2n}\frac{1 \cdot 3 \cdots (2n-3)}{2 \cdot 4 \cdots (2n-2)} = \frac{-1}{2n-1}\left(\frac{-1}{4}\right)^n \binom{2n}{n}$, $n \in \mathbb{N}^*$.

Aufgabe 1.6.3 Für alle $\alpha \in \mathbb{R}$ (oder $\mathbb{C}$) und $n \in \mathbb{N}$ gilt:

a) $\alpha\binom{\alpha-1}{n} = (n+1)\binom{\alpha}{n+1}$.

b) $n\binom{\alpha}{n} + (n+1)\binom{\alpha}{n+1} = \alpha\binom{\alpha}{n}$.

c) $\frac{\alpha+1+n}{\alpha+1}\binom{\alpha+1}{n} = \frac{\alpha+n}{\alpha}\binom{\alpha}{n} + \frac{\alpha+n-1}{\alpha}\binom{\alpha}{n-1}$, $\alpha \ne 0, -1$.

Aufgabe 1.6.4 Man beweise durch Induktion für alle $n \in \mathbb{N}$:

a) $\sum_{k=0}^{n} k \cdot (k!) = (n+1)! - 1$.

b) $\sum_{k=0}^{n} 2^{n-k}\binom{n+k}{k} = 4^n$. (Vgl. auch Aufg. 1.6.21.)

c) $\sum_{k=m}^{n}\binom{k}{m} = \binom{n+1}{m+1}$, $m \in \mathbb{N}, m \le n$.

d) $\sum_{k=0}^{n}\binom{\alpha+k}{k} = \binom{\alpha+n+1}{n}$, $\sum_{k=0}^{n}(-1)^k\binom{\alpha}{k} = n(-1)^n\binom{\alpha-1}{n}$, $\alpha \in \mathbb{R}$ (oder $\mathbb{C}$)

Aufgabe 1.6.5

a) Sei A eine *nichtleere* endliche Menge. Die Anzahl der Teilmengen von A mit gerader Elementezahl ist gleich der Anzahl der Teilmengen von A mit ungerader Elementezahl. (Bei endlichem $A \ne \emptyset$ ist also $\sum_{H \subseteq A}(-1)^{|H|} = 0$. – Sei $a \in A$ fest. Jedem $B \subseteq A$ ordne man die Teilmenge $B \triangle \{a\}$ zu.)

b) Es ist $\sum_{m=0}^{n}(-1)^m\binom{n}{m} = 0$ für $n \in \mathbb{N}^*$. (Man verwende a) oder $(1-1)^n = 0$ für $n \in \mathbb{N}^*$.)

c) Es ist $\sum_{k=0}^{n}\binom{2n+1}{2k} = 4^n = \sum_{k=0}^{n}\binom{2n+1}{2k+1}$ für $n \in \mathbb{N}$.

d) Es ist $\sum_{k=0}^{n}\binom{2n}{2k} = \frac{1}{2}4^n = \sum_{k=0}^{n-1}\binom{2n}{2k+1}$ für $n \in \mathbb{N}^*$.

Aufgabe 1.6.6 Sei $f: A \to B$ eine Abbildung von endlichen Mengen.

a) Es ist $|A| = \sum_{y \in B} |f^{-1}(y)|$. Haben speziell alle Fasern von f die gleiche Elemente-zahl m, so gilt $|A| = m|B|$ (**Schäferregel**).[20]
b) Ist f surjektiv, so ist $|B| = \sum_{x \in A} |f^{-1}(f(x))|$.

Aufgabe 1.6.7 Sei A eine Menge mit n Elementen und B eine Teilmenge von A mit k Elementen. Die Anzahl der m-elementigen Teilmengen von A, die B umfassen, ist $\binom{n-k}{m-k}$.

Aufgabe 1.6.8 Für $m, n \in \mathbb{N}$ mit $m \leq n$ zeige man $\sum_{k=0}^{m} \binom{n}{k}\binom{n-k}{m-k} = 2^m \binom{n}{m}$. (Man berechne die Summe der Anzahlen in Aufg. 1.6.7, wo B alle k-elementigen Teilmengen von A durchläuft, auf zweierlei Weise, oder benutze die Formel $\binom{n}{k}\binom{n-k}{m-k} = \binom{n}{m}\binom{m}{k}$.)

Bemerkung *Seien S, T endliche Mengen, $R \subseteq S \times T$ und $p: R \to S$ bzw. $q: R \to T$ die natürlichen Projektionen. Dann gilt $|R| = \sum_{s \in S} |p^{-1}(s)| = \sum_{t \in T} |q^{-1}(t)|$.* Dieses beim ersten Lösungshinweis (und auch vorher schon) benutzte **Prinzip des doppelten Abzählens** liefert viele interessante Anzahlformeln und ist Modell für verwandte Schlussweisen in anderen Bereichen der Mathematik.

Aufgabe 1.6.9
a) Für $m, n, k \in \mathbb{N}$ beweise man

$$\sum_{j=0}^{k} \binom{m}{j}\binom{n}{k-j} = \binom{m+n}{k}.$$

(Auf zweierlei Weise zähle man die k-elementigen Teilmengen einer $(m+n)$-elementi-gen Menge $\{x_1, \ldots, x_m, y_1, \ldots, y_n\}$. – Übrigens gilt diese sogenannte **Vandermonde-sche Identität** auch für beliebige reelle oder komplexe Zahlen m, n, was man mit Hilfe des Identitätssatzes für Polynome aus obigem Spezialfall gewinnt oder direkt mit Hilfe der Binomialreihen erhält, vgl. Bd. 2. Häufig lässt sich die Gültigkeit von (kombina-torisch bewiesenen) Identitäten für Binomialkoeffizienten natürlicher Zahlen mit dem Identitätssatz für Polynome 2.9.32 auf beliebige reelle oder komplexe Zahlen erwei-tern.)
b) Für $n \in \mathbb{N}$ ist $\sum_{j=0}^{n} \binom{n}{j}^2 = \binom{2n}{n}$.

Aufgabe 1.6.10 Sei V ein Verein mit n Mitgliedern.

a) Die Anzahl der Möglichkeiten, einen Vorstand aus m Vereinsmitgliedern und daraus einen 1., 2., $\ldots$, k-ten Vorsitzenden zu wählen, ist $\binom{n}{m} \cdot [m]_k = n! / k!(n-m)!$.

---

[20] n Schafe haben zusammen $4n$ Beine. Es kann gelegentlich durchaus bequemer sein, zunächst die Beine statt die Schafe zu zählen, vgl. etwa den Beweis zu Satz 1.6.9.

Abb. 1.15 Die ersten 11 Bell-
schen Zahlen

n	0	1	2	3	4	5	6	7	8	9	10
β_n	1	1	2	5	15	52	203	877	4140	21.147	115.975

b) Die Anzahl der Möglichkeiten, einen 1., 2., ..., k-ten Vorsitzenden zu wählen und
die Menge dieser Vorsitzenden zu einem Vorstand mit einer Mitgliederzahl $\leq n$ zu
ergänzen, ist $[n]_k \cdot 2^{n-k}$.

Aufgabe 1.6.11 Mit Aufg. 1.6.10 zeige man $\sum_{m=k}^{n} [m]_k \binom{n}{m} = 2^{n-k}[n]_k$ für $k, n \in \mathbb{N}$,
$k \leq n$.

Aufgabe 1.6.12 Sei A eine Menge. Die n-Tupel $(a_1, \dots, a_n) \in W_n(A) := A^n$ von Elementen aus A heißen auch **Wörter** der Länge n über dem **Alphabet** A, $n \in \mathbb{N}$. Das leere
Wort ist das einzige Wort der Länge 0. $W(A) := \biguplus_{n \in \mathbb{N}} W_n(A)$ ist die Menge aller Wörter
über dem Alphabet A. Sei nun A ein endliches Alphabet mit $m := |A| \geq 2$ Buchstaben
und $n \in \mathbb{N}$. Dann gibt es genau m^n Wörter der Länge n über A und $(m^{n+1} - m)/(m - 1)$
nichtleere Wörter mit einer Länge $\leq n$. Es gibt also $2(2^n - 1)$ nichtleere Wörter der Länge
$\leq n$ über dem zweielementigen Morsealphabet $-, \cdot$.

Aufgabe 1.6.13 Auf einer Menge mit $n \in \mathbb{N}$ Elementen gibt es genau 2^{n^2} Relationen.

Aufgabe 1.6.14 Sei A eine endliche Menge mit n Elementen. Die Anzahl der Äquivalenzrelationen auf A heißt die n-te **Bellsche Zahl** β_n, $n \in \mathbb{N}$.

a) Die Zahlen β_n genügen dem Rekursionsschema $\beta_0 = 1$, $\beta_{n+1} = \sum_{k=0}^{n} \binom{n}{k} \beta_k$.
b) Sei $\beta_{m,n} := \sum_{i=0}^{m} \binom{m}{i} \beta_{n-i}$, $0 \leq m \leq n$. Dann ist $\beta_{0,n} = \beta_n$, $n \in \mathbb{N}$, und die $\beta_{m,n}$
genügen der Rekursion

$$\beta_{0,0} = 1, \quad \beta_{0,n+1} = \beta_{n,n}, \quad \beta_{m+1,n+1} = \beta_{m,n} + \beta_{m,n+1}, \quad m, n \in \mathbb{N}, \ m \leq n.$$

c) Mit b) bestätige man die Tabelle aus Abb. 1.15.
(**Bemerkung** Die Bellsche Zahl β_n lässt sich auch interpretieren als die Anzahl der
Möglichkeiten, n Gegenstände auf n Fächer zu verteilen, falls zwei solche Verteilungen identifiziert werden, wenn sie durch eine Permutation der Fächer auseinander
hervorgehen. So gibt es beispielsweise für eine Frau und einen Mann nur 2 $(= \beta_2)$
und nicht 4 $(= 2^2)$ wesentlich verschiedene Möglichkeiten, die Betten eines Doppel-
zimmers zu belegen. Bei n Gegenständen und m Fächern ist die entsprechende Anzahl
$\beta(n, m) := \sum_{k=0}^{m} S(n, k)$. Dabei ist $S(n, k)$ die sogenannte **Stirlingsche Zahl zweiter Art**. Sie ist definitionsgemäß die Anzahl der Äquivalenzrelationen mit genau k
Äquivalenzklassen auf einer Menge mit n Elementen. Es ist also $\beta_n = \beta(n, n)$. Die
$S(n, k)$ erfüllen die Anfangsbedingungen $S(n, 0) = \delta_{n,0}$, $S(0, k) = \delta_{0,k}$, $n, k \in \mathbb{N}$,

und die Rekursiongleichung

$$S(n+1,k) = kS(n,k) + S(n,k-1), \quad n \in \mathbb{N}, k \in \mathbb{N}^*.$$

Die $\beta(n,m)$ erfüllen die Anfangsbedingungen $\beta(0,m) = 1$, $m \in \mathbb{N}$, $\beta(n,0) = 0$, $n \in \mathbb{N}^*$ sowie die Rekursionsgleichung

$$\beta(n+1, m+1) = \sum_{k=0}^{n} \binom{n}{k} \beta(k,m), \quad n,m \in \mathbb{N}.$$

Zur rekursiven Berechnung der $\beta(n,m)$ benutze man die Zahlen

$$\beta_k(n,m) := \sum_{i=0}^{k} \binom{k}{i} \beta(n-i,m),$$

für die $\beta_{k+1}(n+1,m) = \beta_k(n,m) + \beta_k(n+1,m)$, $\beta_0(n,m) = \beta(n,m)$, $\beta_n(n,m) = \beta(n+1,m+1)$ gilt.)

Aufgabe 1.6.15 Sei A eine Menge mit n Elementen.

a) Die Anzahl der Paare (B,C) disjunkter Teilmengen B,C von A ist 3^n.
b) Die Anzahl der m-Tupel paarweise disjunkter Teilmengen von A ist $(m+1)^n$. (Sind $A_1, \dots, A_m \subseteq A$ paarweise disjunkt, so ist $(A_1, \dots, A_m, A - \biguplus_{\mu=1}^{m} A_\mu)$ eine Zerlegung von A. – Der Fall $m = 1$ ist Korollar 1.6.3.)

Aufgabe 1.6.16 Seien $n,r \in \mathbb{N}$. Dann gilt $\sum_{m \in \mathbb{N}^r, |m|=n} \binom{n}{m} = r^n$. (Man verwende $r^n = (1 + \cdots + 1)^n$ oder Aufg. 1.6.15b). – Für $r = 2$ vgl. Beispiel 1.6.12.)

Aufgabe 1.6.17 Für reelle (oder komplexe) Zahlen $\alpha \neq 0, -1, -2, \dots$ und $m, n \in \mathbb{N}$ gilt:

a) $\sum_{k=0}^{n} (-1)^k \frac{1}{\alpha+k} \binom{n}{k} = \frac{n!}{[\alpha+n]_{n+1}}$. Insbesondere ($\alpha = m+1$) ist

$$\frac{(m+n+1)!}{m!n!} = (m+1) \binom{m+n+1}{n}$$

ein Teiler von $\mathrm{kgV}(m+1, \dots, m+n+1)$ ($= \mathrm{kgV}(1, \dots, m+n+1)$, falls $m \le n+1$), vgl. Abschn. 1.7.

b) $\sum_{k=0}^{n} (-1)^k \frac{[\beta+k-1]_k}{[\alpha+k-1]_k} \binom{n}{k} = \frac{[\alpha-\beta+n-1]_n}{[\alpha+n-1]_n}$, $\beta \in \mathbb{R}$ (oder $\mathbb{C}$).

Aufgabe 1.6.18 Das Produkt von k aufeinander folgenden ganzen Zahlen ist durch $k!$ teilbar.

Aufgabe 1.6.19 Sei $m \in \mathbb{N}^*$. Die Anzahl der Folgen $(a_1, \ldots, a_m)$ der Länge m positiver natürlicher Zahlen a_i mit Summe $n \in \mathbb{N}^*$ ist $\binom{n-1}{m-1}$. (Vgl. Beispiel 1.6.13.)

Aufgabe 1.6.20 Seien $n, k \in \mathbb{N}$ mit $k \le n$. Dann ist die Anzahl der k-elementigen Teilmengen A der n-elementigen Menge $\{1, \ldots, n\}$, die für kein $x \in A$ auch den Nachfolger $x + 1$ enthalten, gleich $\binom{n-k+1}{k}$. (Man benutze einen ähnlichen Kunstgriff wie in Beispiel 1.6.13. – Die Wahrscheinlichkeit, dass beim Lotto „6 aus 49" zwei benachbarte Zahlen gezogen werden, ist somit $\left(\binom{49}{6} - \binom{44}{6} \right) \Big/ \binom{49}{6} \approx 0,4951 \ldots$) Es gilt $\sum_{k=0}^{n} \binom{n-k+1}{k} = \mathsf{F}_{n+2}$, wo F_k, $k \in \mathbb{N}$, die Fionacci-Zahlen sind, vgl. Beispiel 1.5.6.

Bemerkung Diese Summenformel ergibt sich auch aus dem folgenden **Satz von Zeckendorf**, den der Leser leicht durch Induktion beweist: *Jede natürliche Zahl $m < \mathsf{F}_{n+2}$, $n \in \mathbb{N}$, lässt sich eindeutig (von der Reihenfolge der Summanden abgesehen) als Summe von paarweise verschiedenen der n Fibonacci-Zahlen $\mathsf{F}_2 = 1, \mathsf{F}_3 = 2, \ldots, \mathsf{F}_{n+1}$ schreiben, wobei keine zwei Summanden benachbarte Fibonacci-Zahlen sind, und jede solche Summe ist $< \mathsf{F}_{n+2}$.* Man gewinnt diese Zeckendorf-Darstellung von m durch den folgenden gierigen Algorithmus: Man bestimmt bei $m \ge 1$ die *größte* Fibonacci-Zahl $\mathsf{F}_k \le m$, $k \ge 2$, und fährt dann mit $m - \mathsf{F}_k$ statt m in gleicher Weise fort. Z. B. ist $100 = 89 + 11 = 89 + 8 + 3 = \mathsf{F}_{11} + \mathsf{F}_6 + \mathsf{F}_4$. – Der Satz von Zeckendorf ist Grundlage einer Strategie für das sogenannte **Fibonacci-Nim-Spiel**. Bei diesem Spiel wird eine Position durch ein Paar $(m, k) \in \mathbb{N} \times \mathbb{N}$ gegeben und m durch einen Haufen aus m Spielsteinen realisiert. Der Spieler, der in dieser Position am Zuge ist, entfernt ℓ Spielsteine mit $1 \le \ell \le k$ (falls dies möglich, d. h. $m \ge \ell$ ist). Der Kontrahent darf dann beim nächsten Zug von den restlichen Spielsteinen höchstens 2ℓ Steine entfernen. Er findet also die Position $(m - \ell, 2\ell)$ vor. Verloren hat derjenige, der nicht mehr ziehen kann (was genau für die Positionen mit $m = 0$ oder mit $k = 0$ der Fall ist). *Die Gewinnpositionen sind genau die günstigen Positionen*, wobei eine Position (m, k) „günstig" heiße, wenn $m \ne 0$ ist und $k \ge Z(m)$ für die *kleinste* Fibonacci-Zahl $Z(m)$, die in der Zeckendorf-Darstellung von m vorkommt. Dies ergibt sich direkt aus den folgenden beiden Aussagen, die der Leser leicht bestätigt: (1) Ist (m, k) günstig, so ist $(m - Z(m), 2Z(m))$ nicht günstig. (2) Ist (m, k) nicht günstig und $m \ne 0$, so ist jede mögliche Folgeposition günstig. – Eine Standard-Ausgangsposition $(m, m - 1)$, $m \in \mathbb{N}^*$, ist also nur dann eine Verlustposition für den Anziehenden, wenn m eine Fibonacci-Zahl F_k, $k \ge 2$, ist.

Aufgabe 1.6.21 Sei $n \in \mathbb{N}$. M bezeichne die Menge der mindestens $(n + 1)$-elementigen Teilmengen einer $(2n + 1)$-elementigen Menge $A := \{x_1, \ldots, x_{2n+1}\}$, und für $k = 0, \ldots, n$ sei $M_k \subseteq M$ die Menge derjenigen Teilmengen von A, die genau n der Elemente $x_1, \ldots, x_{n+k}$ sowie das Element x_{n+k+1} enthalten. (Außerdem können in den Teilmengen von A, die Elemente von M_k sind, also noch einige der Elemente $x_{n+k+2}, \ldots, x_{2n+1}$ liegen.) Man löse Aufg. 1.6.4b) noch einmal, indem man $M = \biguplus_{k=0}^{n} M_k$ auf zweierlei Weise abzähle.

Aufgabe 1.6.22 Seien A, B vollständig geordnete endliche Mengen mit m bzw. n Elementen.

a) Die Anzahl der monoton wachsenden Abbildungen $A \to B$ ist $\binom{m+n-1}{n-1}$.
b) Die Anzahl der streng monoton wachsenden Abbildungen $A \to B$ ist $\binom{n}{m}$.
c) Die Anzahl der surjektiven monoton wachsenden Abbildungen $A \to B$ ist $\binom{m-1}{n-1}$.

(Vgl. Beispiel 1.6.13 und Aufg. 1.6.19. – Auch in der vorliegenden Aufgabe sei $\binom{-1}{-1} := 1$.)

Aufgabe 1.6.23 (Siebformel) Seien $A_1, \ldots, A_n$ Teilmengen der endlichen Menge A. Für $I \subseteq \mathbb{N}^*_{\leq n} = \{1, \ldots, n\}$ sei $A_I := \bigcap_{i \in I} A_i$ (mit $A_\emptyset = A$) und $B := \bigcup_{i \in I} A_i$. Man zeige durch Induktion über n:

$$\sum_{I \subseteq \mathbb{N}^*_{\leq n}} (-1)^{|I|} |A_I| = |A - B| \ (= |A| - |B|) \quad \text{bzw.} \quad |B| = \sum_{I \subseteq \mathbb{N}^*_{\leq n},\, I \neq \emptyset} (-1)^{|I|-1} |A_I|.$$

(Man kann kombinatorisch auch so schließen: Ist B_k für $k \in \mathbb{N}$ die Menge der $x \in A$, die in genau k der Mengen $A_1, \ldots, A_n$ liegen, so gilt $A = \biguplus_{k=0}^n B_k$ und $x \in B_k$ gehört genau zu den 2^k der Mengen A_I, für die $I \subseteq \{i \in \mathbb{N}^*_{\leq n} \mid x \in A_i\}$ ist. Wegen $\sum_{\ell=0}^k (-1)^\ell \binom{k}{\ell} = \delta_{0,k}$ für $k \in \mathbb{N}$, vgl. Aufg. 1.6.5b), folgt, dass $x \in A$ in der Tat auf der linken Seite der ersten Formel genau dann gezählt wird und zwar genau einmal, wenn x nicht in B liegt, d. h. wenn $x \in B_0$ ist. – Häufig sind schon für $n = 2$ die Formeln $|A| \geq |A_1 \cup A_2| = |A_1| + |A_2| - |A_1 \cap A_2|$ und insbesondere $|A_1 \cap A_2| \geq |A_1| + |A_2| - |A|$ von großem Nutzen.)

Aufgabe 1.6.24 Sei X eine Menge und $\mathfrak{P}(X)$ die Potenzmenge von X mit der Inklusion als Ordnung.

a) Die Menge $\mathfrak{E}(X) \subseteq \mathfrak{P}(X)$ der endlichen Teilmengen von X ist artinsch geordnet.
b) Folgende Bedingungen sind äquivalent: (i) X ist endlich. (ii) $\mathfrak{P}(X)$ ist endlich. (iii) $\mathfrak{P}(X)$ ist artinsch geordnet. (iv) $\mathfrak{P}(X)$ ist noethersch geordnet. (v) $\mathfrak{E}(X)$ ist noethersch geordnet.

1.7 Primfaktorzerlegung natürlicher Zahlen

Wir behandeln in diesem Abschnitt die multiplikative Struktur der Menge $\mathbb{N}^*$ der positiven natürlichen Zahlen. Seien $a, b \in \mathbb{N}^*$. a heißt ein **Teiler** von b oder b ein **Vielfaches** von a, wenn es ein $c \in \mathbb{N}^*$ mit $b = ac$ gibt. Wir sagen dann, b sei durch a **teilbar** oder a teile b, und schreiben $a \mid b$. Die Menge der Teiler von a in $\mathbb{N}^*$ bezeichnen wir mit $T(a) = T_{\mathbb{N}^*}(a)$ und ihre (endliche) Anzahl mit $\tau(a) = \tau_{\mathbb{N}^*}(a)$. Die Vielfachen von a in $\mathbb{N}^*$ bilden die Menge $\mathbb{N}^* a = \{na \mid n \in \mathbb{N}^*\}$. In analoger Weise sind die Teilbarkeitsbegriffe in $\mathbb{Z}$ definiert. Es ist $T_{\mathbb{Z}}(0) = \mathbb{Z}$.

Definition 1.7.1 Eine natürliche Zahl p heißt **Primzahl** oder **prim**, wenn $p \geq 2$ ist und 1 und p die einzigen Teiler von p in $\mathbb{N}^*$ sind, wenn also $\tau_{\mathbb{N}^*}(p) = 2$ ist. Die Menge der Primzahlen in $\mathbb{N}^*$ bezeichnen wir mit

$$\mathbb{P}.$$

Ist n eine natürliche Zahl ≥ 2, so ist die kleinste natürliche Zahl $p \geq 2$, die n teilt, offenbar eine Primzahl; denn jeder Teiler von p teilt auch n. Daraus ergibt sich sofort die folgende Aussage, die schon von Euklid (ca. 325–265 v. Chr.) auf diese Weise bewiesen wurde:

Satz 1.7.2 *Es gibt unendlich viele Primzahlen.*

Beweis Angenommen, es gäbe nur endlich viele Primzahlen, etwa $p_1, \ldots, p_r$. Dann liegt $p_1 \cdots p_r + 1$ in $\mathbb{N}^*$ und ist ≥ 2, besitzt daher, wie wir soeben bemerkt haben, einen Primteiler p. Diese Primzahl p ist von $p_1, \ldots, p_r$ verschieden, da p sonst auch 1 teilte. $\qquad\square$

Beispiel 1.7.3 Die Folge der Primzahlen beginnt mit

$$2, 3, 5, 7, 11, 13, 17, 19, 23, 29, \ldots$$

Die größte Primzahl, die zur Zeit (2017) explizit bekannt ist, ist die Zahl $2^{74.207.281} - 1$. Sie hat $[\log_{10} 2^{74.207.281}] + 1 = [74.207.281 \cdot \log_{10} 2] + 1 = 22.338.618$ Stellen im Dezimalsystem und ist von der Form $M(p) = 2^p - 1$, wobei p selbst prim ist. Solche Zahlen $M(p)$ heißen **Mersenne-Zahlen** (nach M. Mersenne (1588–1648)), vgl. Aufg. 1.7.9. Alle sehr großen bekannten Primzahlen sind Mersenne- oder damit verwandte Zahlen. Dies liegt daran, dass es hierfür relativ bequeme Primzahltests gibt. Für eine Mersenne-Zahl $M(p)$ beispielsweise benutzt man den sogenannten **Lucas-Test** (nach É. Lucas (1842–1891)): Man bildet rekursiv die Folge r_n, $n \geq 1$, wobei $r_1 = -4$ und r_{n+1} für $n \in \mathbb{N}^*$ der kleinste nichtnegative Rest bei der Division von $r_n^2 - 2$ durch $M(p)$ ist, vgl 1.7.5. *Genau dann ist die Mersenne-Zahl $M(p)$, $p \geq 3$ prim, eine Primzahl, wenn $r_{p-1} = 0$ ist*, vgl. Beispiel 2.10.35. Die kleinste Mersenne-Zahl, die keine Primzahl ist, ist $M(11) = 2047 = 23 \cdot 89$. Dies ist kein Zufall: Ist p eine Primzahl $\equiv 3 \bmod 4$ und ist auch $2p + 1$ prim, so ist $2p + 1$ ein Teiler von $M(p)$, vgl. Aufg. 2.7.10.

Die **Primzahlfunktion** $\pi \colon \mathbb{R}_+ \to \mathbb{N}$ gibt für $x \in \mathbb{R}_+$ die Anzahl $\pi(x)$ der Primzahlen $p \in \mathbb{P}$ mit $p \leq x$ an. Nach Satz 1.7.2 ist π unbeschränkt. Ist p_n die n-te Primzahl in der obigen Liste, $n \in \mathbb{N}^*$, so ist $\pi(p_n) = n$. $\qquad\qquad\Diamond$

Proposition 1.7.4 *Jede positive natürliche Zahl ist Produkt von Primzahlen.*

Beweis Die Aussage gilt für die Zahl 1, die als leeres Produkt von Primzahlen dargestellt wird. Sei nun n eine natürliche Zahl ≥ 2, und die Behauptung gelte für alle kleineren natürlichen Zahlen. Wie bereits bemerkt, besitzt n dann einen Primteiler $p \in \mathbb{P}$, und es ist $n = pm$ mit einem $m \in \mathbb{N}^*$, $m < n$, das sich nach Induktionsvoraussetzung in der Form $m = p_1 \cdots p_r$ mit Primzahlen p_i, $i = 1, \ldots, r$, schreiben lässt. Somit ist auch $n = pp_1 \cdots p_r$ Produkt von Primzahlen. $\qquad\qquad\qquad\qquad\qquad\qquad\qquad\qquad\square$

Wir wollen zeigen, dass die Primfaktorzerlegung einer natürlichen Zahl gemäß Proposition 1.7.4 bis auf die Reihenfolge der Faktoren eindeutig ist. Dazu erinnern wir an die Division mit Rest und den daraus abgeleiteten **Euklidischen (Divisions-)Algorithmus.**

Satz 1.7.5 (Division mit Rest) *Seien a und b ganze Zahlen mit b > 0. Dann gibt es eindeutig bestimmte ganze Zahlen q und r mit*

$$a = qb + r \quad und \quad 0 \leq r < b.$$

Beweis Die Existenz von q und r beweist man bei $a \geq 0$ durch Induktion über a, indem man bei $a \geq b$ die Induktionsvoraussetzung auf $a - b$ anwendet: Aus $a - b = \widetilde{q}b + r$, $\widetilde{q} \in \mathbb{Z}$, $0 \leq r < b$, erhält man $a = qb + r$ mit $q := \widetilde{q} + 1$. Ist $a < 0$, so hat man $-a = q'b + r'$ mit $0 \leq r' < b$ und

$$a = \begin{cases} (-q' - 1)b + (b - r'), & \text{falls } r' \neq 0, \\ (-q')b, & \text{falls } r' = 0. \end{cases}$$

Zum Nachweis der Eindeutigkeit sei auch $a = q_1 b + r_1$ mit $0 \leq r_1 < b$. Dann ist $0 = a - a = (q - q_1)b + (r - r_1)$, und b teilt $|r_1 - r| < b$. Es folgt $|r_1 - r| = 0$, also $r = r_1$ und dann auch $q = q_1$. $\qquad\qquad\qquad\qquad\qquad\qquad\qquad\qquad\square$

Die Zahl r in Satz 1.7.5 ist der (kleinste nichtnegative) **Rest** von a bei Division durch b. Wegen $a/b = q + (r/b)$ ist q der **ganze Teil** von a/b, d.h. $q = [a/b]$, wobei $[-]$ die Gauß-Klammer ist. Mit den Bezeichnungen von Beispiel 1.3.6 ist $q = a$ DIV b und $r = a$ MOD b.

Beispiel 1.7.6 (g-al-Entwicklung) Sei g eine natürliche Zahl ≥ 2. Zu jeder natürlichen Zahl $n \geq 1$ gibt es dann eindeutig bestimmte natürliche Zahlen r und $a_0, \ldots, a_r$ mit $a_r \neq 0$ und $0 \leq a_i < g$ sowie

$$n = a_0 + a_1 g + \cdots + a_r g^r = \sum_{i=0}^{r} a_i g^i.$$

Man gewinnt die **Ziffern** a_i dieser sogenannten g-**al-Entwicklung** von n rekursiv durch fortlaufende Division mit Rest nach dem folgenden Schema:

$$
\begin{aligned}
n = q_0 &= q_1 g + a_0, & 0 &\leq a_0 < g, \\
q_1 &= q_2 g + a_1, & 0 &\leq a_1 < g, \\
&\ \ \vdots & & \\
q_{r-1} &= q_r g + a_{r-1}, & 0 &\leq a_{r-1} < g, \\
q_r &= a_r, & 0 &< a_r < g.
\end{aligned}
$$

Die Eindeutigkeit der Division mit Rest liefert die Eindeutigkeit dieser Ziffern. Man schreibt auch kurz $n = (a_r \ldots a_0)_g$. Bei $g = 2$, $g = 3$, $g = 10$ bzw. $g = 16$ spricht man der **Dual-** bzw. **Trial-** bzw. **Dezimal-** bzw. **Hexadezimal-** oder **Sedezimalentwicklung** von n. Im letzten System werden die Ziffern $10, \ldots, 15$ üblicherweise mit den Buchstaben A, ..., F bezeichnet. Aus der g-al-Entwicklung $n = a_0 + a_1 g + \cdots + a_r g^r$ berechnet man umgekehrt die Zahl n am schnellsten rekursiv durch

$$n_0 = a_r,$$
$$n_1 = n_0 g + a_{r-1} \ (= a_r g + a_{r-1}),$$
$$\vdots$$
$$n_{r-1} = n_{r-2} g + a_1 \ (= a_r g^{r-1} + a_{r-1} g^{r-2} + \cdots + a_2 g + a_1),$$
$$n_r = n_{r-1} g + a_0 = n.$$

Dies ist ein Spezialfall des sogenannten **Horner-Schemas**, vgl. Beispiel 2.9.19.

Gelegentlich wird folgende Verallgemeinerung der g-al-Entwicklung benutzt: Sei h_j, $j \in \mathbb{N}^*$, eine Folge natürlicher Zahlen > 1 und sei $g_i := h_1 \cdots h_i$, $i \in \mathbb{N}$, (also $g_0 = 1$). Dann besitzt jedes $n \in \mathbb{N}$ eine eindeutige Darstellung $n = \sum_{i \in \mathbb{N}} a_i g_i$ mit $0 \le a_i < h_{i+1}$ für alle i und $a_i = 0$ für fast alle i.[21] Die a_i sind rekursiv bestimmt durch $q_0 = n$, $q_i = q_{i+1} h_{i+1} + a_i$ für $0 \le a_i < h_{i+1}$, und umgekehrt lässt sich $n = n_r$ bei $a_i = 0$ für $i > r$ durch die Rekursion $n_0 = a_r$, $n_{i+1} = n_i h_{r-i} + a_{r-i-1}$ gewinnen. Bei obiger g-al-Entwicklung ist $h_j = g$ für alle $j \in \mathbb{N}^*$. Das altbabylonische **Sexagesimalsystem** ist eigentlich das gemischte System mit $h_1 = 10$, $h_2 = 6$; $h_3 = 10$, $h_4 = 6$; ..., aus dem man durch Zusammenfassen von je zwei Ziffern das reine Sexagesimalsystem mit $g = h_{2k-1} h_{2k} = 60$, $k \in \mathbb{N}^*$, gewinnt. Auch unser Zehnersystem wird gelegentlich (z. B. bei Strichlisten) als gemischtes System $(5, 2; 5, 2; \ldots)$ behandelt. Die Mayas besaßen ein reines 20er-System. $\diamond$

Für $a, b \in \mathbb{N}^*$ heißt $d \in \mathbb{N}^*$ der **größte gemeinsame Teiler (ggT)** von a und b, wenn d ein gemeinsamer Teiler von a und b ist und wenn jeder andere gemeinsame Teiler von a und b ein Teiler von d ist. Er ist eindeutig bestimmt durch a und b und wird mit

$$\mathrm{ggT}(a, b)$$

bezeichnet. Es ist also $T(a) \cap T(b) = T(\mathrm{ggT}(a, b))$.[22] Ist $\mathrm{ggT}(a, b) = 1$, ist also 1 der einzige gemeinsame Teiler von a und b in $\mathbb{N}^*$, so heißen a und b **teilerfremd.** *a und b sind genau dann teilerfremd, wenn sie keinen gemeinsamen Primteiler besitzen.* Haben a, b den größten gemeinsamen Teiler d, so sind a/d und b/d offenbar teilerfremd. Ist

---

[21] Eine Eigenschaft gilt für **fast alle** Glieder einer Familie $(x_i)_{i \in I}$, wenn sie für alle x_i mit höchstens endlich vielen Ausnahmen gilt, d. h. wenn es eine *endliche* Teilmenge $J \subseteq I$ gibt derart, dass alle x_i, $i \in I - J$, die in Rede stehende Eigenschaft besitzen. Diese äußerst nützliche und suggestive Sprechweise wurde wohl erstmals in dem Lehrbuch „Grundzüge der Differential- und Integralrechnung", p. 13, von G. Kowalewski verwendet.

[22] Man beachte, dass der ggT von a und b *nicht* mit der natürlichen Ordnung von $\mathbb{N}^*$, sondern mit der Teilbarkeit | (die ebenfalls eine Ordnung auf $\mathbb{N}^*$ ist) definiert wird. Existiert $\mathrm{ggT}(a, b)$, so ist er natürlich auch der größte gemeinsame Teiler von a und b bzgl. der natürlichen Ordnung von $\mathbb{N}^*$.

ferner $p \in \mathbb{P}$ eine Primzahl und $b \in \mathbb{N}^*$ eine nicht durch p teilbare Zahl, so sind p und b teilerfremd.

Die Existenz und ein schnelles Berechnungsverfahren von $\mathrm{ggT}(a,b)$ liefert der **Euklidische Algorithmus**. Man setzt $r_0 := a$ und $r_1 := b$ und führt nacheinander die folgenden Divisionen mit Rest aus:

$$
\begin{aligned}
r_0 &= q_1 r_1 + r_2, & 0 < r_2 < r_1, \\
r_1 &= q_2 r_2 + r_3, & 0 < r_3 < r_2, \\
&\ \ \vdots \\
r_{k-1} &= q_k r_k + r_{k+1}, & 0 < r_{k+1} < r_k, \\
r_k &= q_{k+1} r_{k+1}.
\end{aligned}
$$

Das Verfahren endet, falls r_{k+1} ein Teiler von r_k ist. Da die Reste sukzessive kleiner werden, tritt dieser Fall sicher nach endlich vielen Schritten ein.

Satz 1.7.7 *Es ist* $\mathrm{ggT}(a,b) = r_{k+1}$. *Insbesondere besitzen zwei positive natürliche Zahlen stets einen größten gemeinsamen Teiler.*

Beweis Zunächst ist $r_{k+1} = \mathrm{ggT}(r_k, r_{k+1})$, da r_{k+1} Teiler von r_k ist. Es genügt also zu zeigen, dass für jedes i mit $1 \le i \le k$ gilt: Existiert $\mathrm{ggT}(r_i, r_{i+1})$, so auch $\mathrm{ggT}(r_{i-1}, r_i)$ und beide sind gleich. Aus der Gleichung $r_{i-1} = q_i r_i + r_{i+1}$ folgt aber, dass die Zahlen r_i und r_{i+1} dieselben gemeinsamen Teiler haben wie die Zahlen r_{i-1} und r_i. $\qquad\square$

Parallel zum Euklidischen Algorithmus lassen sich die Reste r_i in der Form

$$ r_i = s_i a + t_i b $$

mit $s_i, t_i \in \mathbb{Z}$, $i = 0, \ldots, k+1$, darstellen. Insbesondere ist

$$ r_{k+1} = \mathrm{ggT}(a,b) = s_{k+1} a + t_{k+1} b $$

mit den ganzen Zahlen s_{k+1} und t_{k+1}. Dazu setzt man rekursiv

$$ s_0 = 1,\ t_0 = 0; \quad s_1 = 0,\ t_1 = 1; $$
$$ s_{i+1} = s_{i-1} - q_i s_i,\ t_{i+1} = t_{i-1} - q_i t_i, \quad i = 1, \ldots, k. $$

Dann ist in der Tat $r_0 = s_0 a + t_0 b$, $r_1 = s_1 a + t_1 b$ und

$$ r_{i+1} = r_{i-1} - q_i r_i = s_{i-1} a + t_{i-1} b - q_i s_i a - q_i t_i b = s_{i+1} a + t_{i+1} b, \quad i = 1, \ldots, k. $$

Wir halten noch einmal fest:

Satz 1.7.8 (Lemma von Bezout) *Sind a und b positive natürliche Zahlen, so gibt es ganze Zahlen s und t mit $\mathrm{ggT}(a,b) = sa + tb$. Speziell: Sind a und b teilerfremde positive natürliche Zahlen, so gibt es ganze Zahlen s und t mit $1 = sa + tb$.*

Abb. 1.16 Beispiel zum Euklidischen Algorithmus

i	0	1	2	3	4
q_i		2	1	164	
s_i	1	0	1	-1	165
t_i	0	1	-2	3	-494

Beispiel 1.7.9 Sei $a := 36.667$ und $b := 12.247$. Dann erhält man

$$36.667 = 2 \cdot 12.247 + 12.173, \quad 12.247 = 1 \cdot 12.173 + 74,$$
$$12.173 = 164 \cdot 74 + 37, \quad 74 = 2 \cdot 37.$$

Es ist also $37 = \mathrm{ggT}(36.667, 12.247) = 165 \cdot 36.667 - 494 \cdot 12.247$. Die s_i und t_i, $i = 0, \ldots, 4$, ergeben sich dabei aus der Tabelle in Abb. 1.16. $\diamond$

Eine direkte Folgerung des Lemmas von Bezout ist:

Satz 1.7.10 (Lemma von Euklid) *Teilt eine Primzahl $p \in \mathbb{P}$ ein Produkt $b_1 \cdots b_r$ positiver natürlicher Zahlen, so teilt p wenigstens einen der Faktoren $b_1, \ldots, b_r$.*

Beweis Ohne Einschränkung der Allgemeinheit sei $r = 2$ (Induktion über r). Nach Voraussetzung ist $b_1 b_2 = pc$ mit einem $c \in \mathbb{N}^*$. Nehmen wir an, p teile nicht b_1. Dann sind p und b_1 teilerfremd, und es gibt nach Satz 1.7.8 Zahlen $s, t \in \mathbb{Z}$ mit $1 = sp + tb_1$. Es folgt $b_2 = spb_2 + tb_1 b_2 = p(sb_2 + tc)$, d. h. p teilt b_2. $\square$

Trivialerweise können unter den natürlichen Zahlen ≥ 2 nur Primzahlen die im Lemma von Euklid 1.7.10 angegebene Teilbarkeitseigenschaft besitzen. Wie der Beweis der folgenden Eindeutigkeitsaussage zeigt, ist sie die wesentliche Eigenschaft der Primzahlen. Im Hinblick auf die definierende Eigenschaft in Definition 1.7.1 sollte man zunächst von **unzerlegbaren** Zahlen sprechen und erst nach dem Beweis des Euklidischen Lemmas 1.7.10 von Primzahlen, vgl. Aufg. 1.7.36.

Satz 1.7.11 (Hauptsatz der elementaren Zahlentheorie) *Jede positive natürliche Zahl lässt sich bis auf die Reihenfolge der Faktoren eindeutig als Produkt von Primzahlen darstellen.*

Beweis Wir haben wegen Proposition 1.7.4 nur noch die Eindeutigkeit zu zeigen. Seien

$$n = p_1 \cdots p_r = q_1 \cdots q_s$$

Darstellungen von $n \in \mathbb{N}^*$ als Produkt von Primzahlen $p_1, \ldots, p_r$ bzw. $q_1, \ldots, q_s$. Durch Induktion über n zeigen wir, dass $r = s$ und nach Umnummerieren $p_i = q_i$, $i = 1, \ldots, r$, ist. Sei $r \geq 1$ und damit auch $s \geq 1$. Dann teilt p_1 das Produkt $q_1 \cdots q_s$ und damit nach dem Euklidischen Lemma 1.7.10 einen der Faktoren. Wir können nach Umnummerierung

annehmen, dass p_1 ein Teiler von q_1 ist. Da q_1 prim ist, ist notwendigerweise $p_1 = q_1$, und
nach Kürzen von $p_1 = q_1$ folgt $p_2 \cdots p_r = q_2 \cdots q_s =: m$. Die Induktionsvoraussetzung,
angewandt auf $m < n$, liefert dann die Behauptung des Satzes.   □

Sei $n \in \mathbb{N}^*$. In der Primfaktorzerlegung von n fasst man gleiche Primfaktoren zu
Potenzen zusammen. Man erhält so die **kanonische Primfaktorzerlegung**

$$n = \prod_{p \in \mathbb{P}} p^{\mathsf{v}_p(n)}.$$

In diesem Produkt ist $\mathbb{P} = \{2, 3, 5, \dots\} \subseteq \mathbb{N}^*$ die Menge aller Primzahlen, und die
sogenannten p-**Exponenten**

$$\mathsf{v}_p(n) \in \mathbb{N}$$

sind nur für endlich viele $p \in \mathbb{P}$ von 0 verschieden, so dass bei obigem Produkt auch nur
endlich viele Faktoren $\neq 1$ zu berücksichtigen sind. Im konkreten Fall notiert man nur
diese wesentlichen Faktoren, beispielsweise ist $1001 = 7{\cdot}11{\cdot}13$ und $10.200 = 2^3{\cdot}3{\cdot}5^2{\cdot}17$.
Man setzt noch $\mathsf{v}_p(0) = \infty$ für alle $p \in \mathbb{P}$. Offenbar ist der p-Exponent v_p **additiv**, d. h.
es gilt

$$\mathsf{v}_p(ab) = \mathsf{v}_p(a) + \mathsf{v}_p(b) \quad \text{für alle } a, b \in \mathbb{N}$$

(wobei wir $\alpha + \infty := \infty + \alpha := \infty$ für alle $\alpha \in \overline{\mathbb{N}} = \mathbb{N} \cup \{\infty\}$ setzen). Sind

$$a = \prod_{p \in \mathbb{P}} p^{\mathsf{v}_p(a)} \quad \text{und} \quad b = \prod_{p \in \mathbb{P}} p^{\mathsf{v}_p(b)}$$

die kanonischen Primfaktorzerlegungen zweier Zahlen $a, b \in \mathbb{N}^*$, so ist a genau dann ein
Teiler von b, wenn $\mathsf{v}_p(a) \le \mathsf{v}_p(b)$ für alle $p \in \mathbb{P}$ ist. Daraus ergibt sich für den größten
gemeinsamen Teiler die Darstellung

$$\mathrm{ggT}(a, b) = \prod_{p \in \mathbb{P}} p^{\mathrm{Min}\,(\mathsf{v}_p(a), \mathsf{v}_p(b))}.$$

Analog ist

$$\mathrm{kgV}(a, b) = \prod_{p \in \mathbb{P}} p^{\mathrm{Max}\,(\mathsf{v}_p(a), \mathsf{v}_p(b))}$$

das **kleinste gemeinsame Vielfache (kgV)** von a und b. Dies ist definitionsgemäß dasjenige gemeinsame Vielfache von a und b, das jedes andere gemeinsame Vielfache von a
und b teilt, d. h. es ist $\mathbb{N}^*a \cap \mathbb{N}^*b = \mathbb{N}^* \,\mathrm{kgV}(a, b)$.[23]

---

[23] Für das kgV positiver natürlicher Zahlen gilt eine ähnliche Bemerkung wie in der vorangegangenen Fußnote für den ggT.

Für eine *ganze* Zahl $a \in \mathbb{Z}^* := \mathbb{Z} - \{0\}$ erhält man eine kanonische Primfaktorzerlegung, indem man bei $a < 0$ die Primfaktorzerlegung von $|a| = -a$ mit dem Vorzeichen $\varepsilon(a) = \mathrm{Sign}\, a = -1$ versieht. Wir setzen $\mathrm{ggT}(a,b) = \mathrm{ggT}\big(|a|,|b|\big)$ sowie $\mathrm{kgV}(a,b) = \mathrm{kgV}\big(|a|,|b|\big)$ für $a,b \in \mathbb{Z}^*$. $\mathrm{ggT}(a,b)$ ist wieder die bis auf das Vorzeichen eindeutig bestimmte ganze Zahl, die a und b teilt und von jedem gemeinsamen Teiler von a und b geteilt wird. Entsprechend ist $\mathrm{kgV}(a,b)$ die bis auf das Vorzeichen eindeutig bestimmte ganze Zahl, die ein gemeinsames Vielfaches von a und b ist und jedes gemeinsame Vielfache von a und b teilt.

Für eine von 0 verschiedene *rationale* Zahl $x = a/b$, $a,b \in \mathbb{Z}^*$, bekommt man durch Zusammenfassen der Primfaktorzerlegungen von a und b die **kanonische Darstellung**

$$x = \varepsilon \prod_{p \in \mathbb{P}} p^{\mathsf{v}_p(x)}$$

mit durch x eindeutig bestimmten p-**Exponenten** $\mathsf{v}_p(x) = \mathsf{v}_p(a) - \mathsf{v}_p(b) \in \mathbb{Z}$, von denen wiederum nur endlich viele $\neq 0$ sind, und dem Vorzeichen $\varepsilon = \varepsilon(x) = \mathrm{Sign}\, x \in \{1, -1\}$ von x. Genau dann ist x eine ganze Zahl, wenn alle Vielfachheiten $\mathsf{v}_p(x)$ nichtnegativ sind. Sind a und b *teilerfremde* ganze Zahlen, d. h. ist $\mathrm{ggT}(a,b) = 1$, so heißt a/b eine **gekürzte Darstellung** von x. Aus einer beliebigen Darstellung $x = a'/b'$, $a',b' \in \mathbb{Z}$, $b' \neq 0$, lässt sich eine solche Darstellung $x = a/b$, $a := a'/\mathrm{ggT}(a',b')$, $b := b'/\mathrm{ggT}(a',b')$, durch Kürzen immer gewinnen. *Sie ist bis auf die Vorzeichen von a und b eindeutig durch x bestimmt.* Zur Normierung wählt man meist $b > 0$. Damit wird die Darstellung eindeutig. Die gekürzte Darstellung von 0 ist dann $0/1$.

Beispiel 1.7.12 (Abzählung von $\mathbb{Q}_+^\times$ – Calkin-Wilf-Baum) Nach der letzten Bemerkung *ist* $(a,b) \mapsto a/b$ *eine bijektive Abbildung der Menge* **T** *der teilerfremden Paare* (a,b) *positiver natürlicher Zahlen auf die Menge* $\mathbb{Q}_{>0} = \mathbb{Q}_+^\times$ *der positiven rationalen Zahlen.* Mit Hilfe des Euklidischen Algorithmus, genauer, des klassischen Euklidischen Algorithmus durch **Wechselwegnahme** (= antepheiresis[24]) lässt sich die Menge **T** in natürlicher Weise mit der Struktur eines (gerichteten) Graphen versehen (vgl. Bemerkung 1.3.2).

Der **klassische Euklidische Algorithmus**, der in Buch VII, § 2 von Euklids Elementen beschrieben ist, geht von einem Paar $(a,b) \in (\mathbb{N}^*)^2$ zum Paar $(a, b-a)$ über, falls $a < b$, und zu $(a-b, b)$, falls $a > b$ ist, und endet schließlich bei $(\mathrm{ggT}(a,b), \mathrm{ggT}(a,b))$, also bei $(1,1)$, wenn das Ausgangspaar (a,b) teilerfremd war.[25] In umgekehrter Richtung gewinnt man somit das Paar $(a,b) \in \mathbf{T}$, ausgehend von $(1,1)$, durch eine *eindeutige* Folge

$$(1,1) = (a_0, b_0) \to (a_1, b_1) \to \cdots \to (a_i, b_i) \to (a_{i+1}, b_{i+1}) \to \cdots \to (a_r, b_r) = (a,b),$$

---

[24] Diese Bezeichnung geht bereits auf Aristoteles (384–322 v. Chr.) zurück. Die Wechselwegnahme wurde von den Griechen auch zum Vergleich von Strecken benutzt, siehe Beispiel 3.3.11 über Kettenbrüche.

[25] Der gewöhnliche Euklidische Algorithmus fasst mehrere gleichartige Schritte der Wechselwegnahme, die unmittelbar hintereinander ausgeführt werden, zu einem Schritt zusammen.

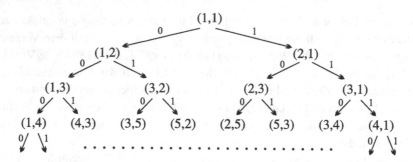

Abb. 1.17 Calkin-Wilf-Baum

wobei (a_{i+1}, b_{i+1}) jeweils eines der Paare $(a_i, a_i + b_i)$ bzw. $(a_i + b_i, b_i)$ ist, $0 \le i < r$. Wir verbinden daher zwei Paare $(c, d), (e, f) \in \mathbf{T}$ mit einem Pfeil $\xrightarrow{0}$ vom Typ 0, wenn $(e, f) = (c, c+d)$ ist, und mit einem Pfeil $\xrightarrow{1}$ vom Typ 1, wenn $(e, f) = (c+d, d)$ ist. Diese Pfeile bezeichnen wir mit $0_{(c,d)}$ bzw. $1_{(c,d)}$ oder auch kurz mit 0 bzw. 1, wenn sich der Ursprung des Pfeils aus dem Zusammenhang ergibt. Dann ist jedes Paar $(a, b) \in \mathbf{T}$ durch einen eindeutig bestimmten endlichen Pfad $(\varepsilon_1, \dots, \varepsilon_r) \in \{0, 1\}^r, r \in \mathbb{N}$, von $(1, 1)$ aus erreichbar. Ordnen wir die 0-1-Folgen einer festen Länge $r \in \mathbb{N}$ lexikographisch und setzen überdies $(\varepsilon_1, \dots, \varepsilon_r) < (\eta_1, \dots, \eta_s)$, falls $r < s$ ist, so erhalten wir eine kanonische bijektive Abzählung $(c_1, d_1), (c_2, d_2), (c_3, d_3), \dots$ der Elemente von $\mathbf{T}$ und damit eine bijektive Abzählung $c_1/d_1, c_2/d_2, c_3/d_3, \dots$ von $\mathbb{Q}_+^{\times}$ (die allerdings mit der natürlichen Ordnung von $\mathbb{Q}_+^{\times}$ wenig zu tun hat). Insgesamt erhalten wir den sogenannten **Calkin-Wilf-Baum.** Er beginnt wie in Abb. 1.17 angegeben.

Die Abzählung von $\mathbb{Q}_+^{\times}$ startet also mit

$$1/1, \ 1/2, \ 2/1, \ 1/3, \ 3/2, \ 2/3, \ 3/1, \ 1/4, \ 4/3, \ 3/5, \ 5/2, \ 2/5, \ 5/3, \ 3/4, \ 4/1, \ \dots$$

Das Paar (c_n, d_n), das von $(1, 1)$ auf dem Pfad $(\varepsilon_1, \dots, \varepsilon_r) \in \{0, 1\}^r$ der Länge $r \in \mathbb{N}$ erreicht wird, steht an der Stelle $n = 2^r + \sum_{i=1}^{r} \varepsilon_i 2^{r-i} = (1\varepsilon_1 \dots \varepsilon_r)_2 \in \mathbb{N}^*$. Die Dualentwicklung von $n \in \mathbb{N}^*$ bestimmt somit den Pfad zu (c_n, d_n). Für $n = (90.317)_{10} = (10110000011001101)_2$ etwa ergibt sich (c_n, d_n) aus

$$(1, 1) \xrightarrow{0} (1, 2) \xrightarrow{1} (3, 2) \xrightarrow{1} (5, 2) \xrightarrow{0} \cdots \xrightarrow{0} (5, 27) \xrightarrow{1} (32, 27) \xrightarrow{1} (59, 27)$$

$$\xrightarrow{0} (59, 86) \xrightarrow{0} (59, 145) \xrightarrow{1} (204, 145) \xrightarrow{1} (349, 145) \xrightarrow{0} (349, 494) \xrightarrow{1} (843, 494)$$

zu $(c_{90.317}, d_{90.317}) = (843, 494)$ bzw. dem Bruch $c_{90.317}/d_{90.317}$ zu $843/494$ (> 1, da n ungerade ist). Welches Paar erreicht man mit einem alternierenden Pfad $(0, 1, 0, 1, \dots)$ der Länge $r \in \mathbb{N}$, und an welcher Stelle steht es? Welche Zahl ist die größte in den Paaren der r-ten Reihe, $r \in \mathbb{N}$? Der Calkin-Wilf-Baum ist ein sogenannter (unendlicher) **binärer Entscheidungsbaum mit Wurzel** $(1, 1)$. Die Folge $(c_n, d_n), n \in \mathbb{N}^*$, kann leicht rekursiv bestimmt werden. Es ist $(c_1, d_1) = (1, 1)$ und offenbar $(c_n, d_n) = (c_m, c_m + d_m)$, falls $n = 2m$ gerade, bzw. $(c_n, d_n) = (c_m + d_m, d_m)$, falls $n = 2m + 1 > 1$ ungerade ist.

Eine Folge $(\varepsilon_1, \ldots, \varepsilon_r) \in \{0, 1\}^r$ lässt sich auch durch ein Tupel $[k_1, \ldots, k_s; \varepsilon]$ *positiver* ganzer Zahlen $k_1, \ldots, k_s$, versehen mit einer Markierung $\varepsilon \in \{0, 1\}$ bei $s > 0$, charakterisieren, wobei $k_1, \ldots, k_s \in \mathbb{N}^*$ die Anzahlen der Nullen bzw. Einsen angeben, die abwechselnd in $(\varepsilon_1, \ldots, \varepsilon_r)$ auftreten (es ist also $r = k_1 + \cdots + k_s$) und ε die letzte Komponente ist, vgl. die Bemerkung zu Satz 1.6.2. $[k_1, \ldots, k_s; 1 - \varepsilon]$ ist dann die Folge, bei der die Nullen und Einsen vertauscht sind. Z. B. wird die Folge $(0, 1, 1, 0, 0, 0, 0, 0, 1, 1, 0, 0, 1, 1, 0, 1)$ von oben auf diese Weise mit $[1, 2, 5, 2, 2, 2, 1, 1; 1]$ notiert. Ist $(a, b) \in \mathbf{T}$ mit $a > b$ und sind $q_1, \ldots, q_{k+1}$ die Quotienten im gewöhnlichen Euklidischen Algorithmus bei der Division von a durch b mit Rest, so ist $q_{k+1} > 1$ und $[q_{k+1} - 1, q_k, \ldots, q_1; 1]$ der Pfad (der Länge $q_1 + \cdots + q_k + q_{k+1} - 1$) von $(1, 1)$ nach (a, b) sowie $[q_{k+1} - 1, q_k, \ldots, q_1; 0]$ der Pfad von $(1, 1)$ nach (b, a). Für die Zahlen $a := 36.667/37 = 991$ und $b := 12.247/37 = 331$ aus Beispiel 1.7.9 etwa ist $k = 3$ und $q_1 = 2$, $q_2 = 1$, $q_3 = 164$, $q_4 = 2$, und man erhält den Pfad $[1, 164, 1, 2; 1] = (0, 1, \ldots, 1, 0, 1, 1)$ der Länge 168 von $(1, 1)$ nach $(991, 331)$. Dieses Paar bzw. der Bruch $991/331$ steht also an der Stelle $2^{168} + 2^{166} + \cdots + 2^3 + 2^1 + 2^0 = (2^{169} - 1) - 2^{167} - 2^2 = 3 \cdot 2^{167} - 5$ bei der Abzählung von $\mathbf{T}$ bzw. einer Abzählung von $\mathbb{Q}_+^\times$. An welcher Stelle steht das Paar $(331, 991)$?

In der Folge $(c_1, d_1), (c_2, d_2), (c_3, d_3), \ldots$ der Elemente von $\mathbf{T}$ gilt offenbar $d_i = c_{i+1}$ für alle $i \in \mathbb{N}^*$. Es genügt somit, die ersten Komponenten der Paare anzugeben. Die so gewonnene Folge

$$(c_n)_{n \in \mathbb{N}^*} = (1, 1, 2, 1, 3, 2, 3, 1, 4, 3, 5, 2, 5, 3, 4, \ldots)$$

heißt die **Folge von Stern-Brocot**. Das Paar $(c_n, d_n) \in \mathbf{T}$ ist dann (c_n, c_{n+1}), $n \in \mathbb{N}^*$, und c_1/c_2, c_2/c_3, c_3/c_4, $\ldots$ ist die zugehörige bijektive Aufzählung der positiven rationalen Zahlen. Die Rekursion von oben für die Paare (c_n, d_n) liefert für die c_n, $n \in \mathbb{N}^*$, die folgende Rekursion: *Es ist $c_1 = 1$ und $c_n = c_m$, wenn $n = 2m$ gerade, bzw. $c_n = c_m + c_{m+1}$, wenn $n = 2m + 1 > 1$ ungerade ist.* Ab $n = 2$ ist (c_n) eine Zickzack-Folge mit $1 = c_2 < c_3 > c_4 < c_5 > \cdots$. Die Folgenglieder c_n lassen sich auch kombinatorisch interpretieren. Sei dazu b_n für $n \in \mathbb{N}$ die Anzahl der Darstellungen von n als Summe von 2-er-Potenzen, wobei jede 2-er-Potenz höchstens 2-mal benutzt werden darf und die Reihenfolge der Summanden unberücksichtigt bleibt, also $b_0 = 1$ (leere Summe), $b_1 = 1$, $b_2 = 2$ (wegen $2 = 2 = 1 + 1$), $b_3 = 1$ (wegen $3 = 2 + 1$), $b_4 = 3$ (wegen $4 = 4 = 2 + 2 = 2 + 1 + 1$), $\ldots$ *Dann ist $b_n = c_{n+1}$, $n \in \mathbb{N}$*, denn die Folge $c_n' := b_{n-1}$, $n \in \mathbb{N}^*$, erfüllt offenbar dieselbe Rekursion wie die Folge c_n, $n \in \mathbb{N}^*$. (Man unterscheide, wie oft die $1 = 2^0$ als Summand benutzt wird.) Ferner lässt sich das dem Glied (c_n, d_n) folgende Glied leicht direkt angeben. Es ist

$$(c_{n+1}, d_{n+1}) = (d_n, (1 + 2[c_n/d_n])d_n - c_n), \quad n \in \mathbb{N}^*,$$

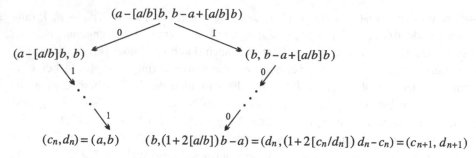

Abb. 1.18 Ausschnitt aus dem Calkin-Wilf-Baum

wie bei $n \notin \{2^{r+1} - 1 \mid r \in \mathbb{N}\}$ der in Abb. 1.18 angegebene Ausschnitt des Entscheidungsbaums zeigt, aber auch bei $n = 2^{r+1}-1$, d. h. bei $(c_n, d_n) = (r+1, 1)$, trivialerweise gilt.

Wir überlassen es dem Leser als kombinatorische Übung, weitere Einzelheiten im Calkin-Wilf-Baum zu entdecken. Im Übrigen verweisen wir auf die Arbeiten N. Calkin, H. S. Wilf, Recounting the Rationals, Am. Math. Monthly **167**, 360–363 (2000) und J.-P. Delahaye, Die verkannte Schwester der Fibonacci-Folge, Spektrum der Wiss., 64–69 (Mai 2015) sowie die dort angegebene Literatur. $\diamond$

Beispiel 1.7.13 (Irrationalität von Wurzeln) Seien a und n natürliche Zahlen ≥ 2. Genau dann gibt es eine rationale Zahl x mit $x^n = a$, wenn a bereits die n-te Potenz einer natürlichen Zahl ist, d. h. wenn x selbst ganz ist. Mit anderen Worten: *Ist a nicht die n-te Potenz einer natürlichen Zahl, so ist $\sqrt[n]{a} = a^{1/n}$ irrational.*[26] Zum *Beweis* können wir $x > 0$ annehmen. Ist dann $x = \prod_{p \in \mathbb{P}} p^{\mathsf{v}_p(x)}$ die kanonische Darstellung von x, so ist $a = x^n = \prod_{p \in \mathbb{P}} p^{n\mathsf{v}_p(x)} \in \mathbb{N}^*$ die kanonische Darstellung von a. Daraus folgt $n\mathsf{v}_p(x) \geq 0$ und somit $\mathsf{v}_p(x) \geq 0$ für alle $p \in \mathbb{P}$, d. h. $x \in \mathbb{N}^*$, wie behauptet. $\diamond$

Aufgaben

Aufgabe 1.7.1 Zu je zwei ganzen Zahlen $a, b \in \mathbb{Z}$ mit $b \neq 0$ gibt es ganze Zahlen q und r mit $a = qb + r$ und $|r| \leq \frac{1}{2}|b|$. Ist b ungerade, so sind q und r eindeutig bestimmt; ist b gerade, so gibt es bei $|r| = \frac{1}{2}|b|$ zwei Möglichkeiten. (r heißt der **absolut kleinste Rest** modulo b.)

Aufgabe 1.7.2 (Bachetsches Gewichtsproblem) Sei $r \in \mathbb{N}$.

a) Mit einer Balkenwaage und jeweils genau einmal vorhandenen Gewichten $1, 2, 2^2, \ldots,$ 2^r lässt sich jedes Gewicht $n \in \mathbb{N}$ mit $n \leq 2^{r+1} - 1$ auswiegen. Dabei dürfen die Gewichte nur auf eine der beiden Waagschalen gelegt werden. Es gibt keinen anderen Gewichtssatz mit $\leq r + 1$ Gewichten, mit dem dies möglich ist.

---

[26] Bei $n = 2$ vgl. dazu auch Fußnote 34 in Abschn. 1.8 weiter unten.

b) Dürfen auf *beide* Waagschalen Gewichte gelegt werden, so lässt sich mit einer Balkenwaage und dem Gewichtssatz $1, 3, 3^2, \ldots, 3^r$ jedes Gewicht $n \in \mathbb{N}$ mit $n \leq \frac{1}{2}(3^{r+1} - 1)$ auswiegen. Dies ist mit keinem anderen Gewichtssatz mit $\leq r + 1$ Gewichten möglich.

Aufgabe 1.7.3 Man bestimme die Dual- und Sedezimalentwicklung von 10^6. Welche Dezimalzahl ist $(\text{ABCDEF})_{16}$? Wie gewinnt man generell die Sedezimalentwicklung aus der Dualentwicklung und umgekehrt?

Aufgabe 1.7.4

a) Für $n \in \mathbb{N}^*$ sind die Primteiler von $n! + 1$ und bei $n > 1$ auch die Primteiler von $n! - 1$ alle $> n$. (Dies zeigt erneut, dass es unendlich viele Primzahlen gibt. Es ist unbekannt, ob unendlich viele der Zahlen $n! + 1$ bzw. $n! - 1$ selber prim sind.)

b) Ist $m \in \mathbb{N}^*, m > 1, m \neq 4$, vorgegeben, so ist die größte Primzahl $\leq m$ die kleinste Zahl $n \in \mathbb{N}^*$ derart, dass $n!$ von allen $k \in \mathbb{N}^*$ mit $k \leq m$ geteilt wird. Oder etwas anders formuliert: Für $n \in \mathbb{N}^*, n \neq 3$, wird $n!$ von allen $k \in \mathbb{N}^*$ mit $k < p$ geteilt, wo p die kleinste Primzahl $> n$ ist. (Zum Beweis benutze man bequemerweise das (von Tschebyschew (1821–1894) bewiesene) **Bertrandsche Postulat**: *Ist $n \in \mathbb{N}^*$, so gibt es eine Primzahl q mit $n < q \leq 2n$*. – Die sogenannte Platonische Zahl $7! = 5040$ ist durch alle Zahlen ≤ 10 teilbar. Das kleinste gemeinsame Vielfache $\text{kgV}(1, 2, \ldots, 10) = 2^3 \cdot 3^2 \cdot 5 \cdot 7 = 2520$ ist allerdings kleiner.)

Aufgabe 1.7.5 Für $n \in \mathbb{N}^*$ ist keine der n Zahlen $(n + 1)! + 2, \ldots, (n + 1)! + n + 1$ prim. Es gibt also beliebig große Primzahllücken.

Aufgabe 1.7.6 Man zeige für $a = 3, 4, 6$, dass es in der Folge $an + (a - 1), n \in \mathbb{N}$, unendlich viele Primzahlen gibt, indem man ähnlich wie bei Satz 1.7.2 mit $ap_1 \cdots p_r + (a - 1)$ argumentiert. (Generell gilt: Sind a, b teilerfremde positive natürliche Zahlen, so gibt es unendlich viele Primzahlen der Form $an + b$ mit $n \in \mathbb{N}$ (**Satz von Dirichlet**), vgl. Bd. 2, Satz 2.7.22.)

Aufgabe 1.7.7 Seien $n, r \in \mathbb{N}^*, n \geq 2$. Besitzt n keinen Primteiler $\leq \sqrt[r+1]{n}$, so ist n Produkt von höchstens r (nicht notwendig verschiedenen) Primzahlen. Insbesondere ist n prim, wenn n keinen Primteiler $\leq \sqrt{n}$ besitzt. (Darauf beruht das sogenannte **Sieb des Eratosthenes** (nach Eratosthenes (276–194 v. Chr.)): Um die Primzahlen $< N^2, N \in \mathbb{N}^*$, zu gewinnen, streicht man sukzessive aus der Liste der natürlichen Zahlen von 2 bis $N^2 - 1$ jeweils die echten Vielfachen der nächsten noch nicht gestrichenen Zahl, solange diese $< N$ ist. Die übrig gebliebenen Zahlen sind dann die Primzahlen $< N^2$.)

Aufgabe 1.7.8 Wegen $m^4 + 4^m = (m^2 - 2^{(m+1)/2}m + 2^m)(m^2 + 2^{(m+1)/2}m + 2^m)$ bei ungeradem $m \in \mathbb{N}^*$ (vgl. die Identität von Sophie Germain in Aufg. 3.5.5) ist keine der Zahlen $n^4 + 4^n, n \in \mathbb{N}, n \geq 2$, prim. Man bestimme die kanonische Primfaktorzerlegung dieser Zahlen für $2 \leq n \leq 10$.

Aufgabe 1.7.9 Seien $a, n \in \mathbb{N}$ mit $a, n \geq 2$. Ist $a^n - 1$ prim, so ist $a = 2$ und n prim, also $a^n - 1$ eine Mersennesche Primzahl, vgl. Beispiel 1.7.3.

Aufgabe 1.7.10 Seien $a, n \in \mathbb{N}^*, a \geq 2$. Ist $a^n + 1$ prim, so ist a gerade und n eine Potenz von 2. (Die Zahlen $F_m := 2^{2^m} + 1$, $m \in \mathbb{N}$, heißen **Fermatsche Zahlen** (nach P. Fermat (1601(?)–1665)). $F_0 = 3$, $F_1 = 5$, $F_2 = 17$, $F_3 = 257$, $F_4 = 65.537$ sind prim. Ob es weitere Fermatsche Primzahlen gibt, ist unbekannt. Einen Primzahltest für die Fermatschen Zahlen F_m findet man in Satz 2.5.29. Wegen $F_{m+1} = 2 + F_0 \cdots F_m$ (Beweis!) sind zwei verschiedene Fermatsche Zahlen teilerfremd. – Man weiß nicht, ob es unendlich viele Primzahlen der Form $a^2 + 1$ gibt. Zur Bedeutung der Fermatschen Zahlen für die Kreisteilung siehe Bd. 13 über Algebra.)

Aufgabe 1.7.11 Für $x, m, n \in \mathbb{N}^*$ mit $x \geq 2$ und $d := \mathrm{ggT}(m, n)$ ist

$$\mathrm{ggT}(x^m - 1, x^n - 1) = x^d - 1.$$

(Man kann leicht auf den Fall $d = 1$ reduzieren. Dann sind

$$\frac{x^m - 1}{x - 1} = x^{m-1} + \cdots + x + 1 \quad \text{und} \quad \frac{x^n - 1}{x - 1} = x^{n-1} + \cdots + x + 1$$

teilerfremd.) Insbesondere sind die Mersenne-Zahlen $M(p) = 2^{p-1} - 1$, $p \in \mathbb{P}$, paarweise teilerfremd. – Aus $m = qn + r$, $q, r \in \mathbb{N}$, folgt $x^m - 1 = x^{nq}x^r - 1 = Q \cdot (x^n - 1) + (x^r - 1)$ mit $Q = Q(x) := (x^{n(q-1)} + \cdots + x^n + 1)x^r$. Somit verläuft der Euklidische Algorithmus für $x^m - 1$ und $x^n - 1$ parallel zum Euklidischen Algorithmus für m und n. Es gibt also Polynome $R, S \in \mathbb{Z}[X]$ mit $R \cdot (X^m - 1) + S \cdot (X^n - 1) = X^d - 1$. Mit anderen Worten: $X^m - 1$ und $X^n - 1$ erzeugen im Polynomring $\mathbb{Z}[X]$ das Hauptideal $\mathbb{Z}[X](X^d - 1)$, vgl. Abschn. 2.7. Man bestimme R und S für $m = 11$ und $n = 7$.

Aufgabe 1.7.12

a) Man bestimme die Primfaktorzerlegung von 81.057.226.635.000.

b) Ist $n = p_1^{\alpha_1} \cdots p_r^{\alpha_r}$ die Primfaktorzerlegung der positiven natürlichen Zahl n mit paarweise verschiedenen Primzahlen $p_1, \ldots, p_r$, so ist $\tau(n) = (\alpha_1 + 1) \cdots (\alpha_r + 1)$ die Anzahl der Teiler von n in $\mathbb{N}^*$. Wie viele Teiler hat die in a) angegebene Zahl?

Aufgabe 1.7.13

a) Sei $a \in \mathbb{N}^*$. Für wie viele $x \in \mathbb{N}^*$ ist $x(x + a)$ eine Quadratzahl? Man bestimme diese x für $a \in \{15, 30, 60, 120\}$.

b) Sei $n \in \mathbb{N}^*$. Die Anzahl der Paare $(u, v) \in \mathbb{N}^2$ mit $u^2 - v^2 = n$ ist $\lceil \tau(n)/2 \rceil$, falls n ungerade, $\lceil \tau(n/4)/2 \rceil$, falls $4 \mid n$, und gleich 0 sonst. Man gebe alle vier Darstellungen von $u^2 - v^2 = 1000$ mit $u, v \in \mathbb{N}$ an. Die Anzahl der (paarweise inkongruenten)

pythagoreischen Dreiecke (d. h. der rechtwinkligen Dreiecke mit positiven ganzzahligen Seitenlängen), deren eine Kathete gleich der vorgegebenen Zahl $a \in \mathbb{N}^*$ ist, ist $\lfloor \tau(a^2)/2 \rfloor$, falls a ungerade, und $\lfloor \tau(a^2/4)/2 \rfloor$, falls a gerade ist.

Bemerkungen (1) Ein Tripel $(a, b, c) \in (\mathbb{N}^*)^3$ heißt ein **pythagoreisches Zahlentripel**, wenn gilt $a^2 + b^2 = c^2$, d. h. wenn a, b, c die Seitenlängen eines pythagoreischen Dreiecks sind. Sind diese Seitenlängen teilerfremd (was genau dann der Fall ist, wenn sie paarweise teilerfremd sind), so heißt das Tripel **primitiv**. In einem pythagoreischen Zahlentripel (a, b, c) ist stets $a \neq b$ (warum?). Die beiden pythagoreischen Tripel (a, b, c) und (b, a, c) bestimmen kongruente (aber nicht eigentlich kongruente) pythagoreische Dreiecke. In einem primitiven pythagoreischen Tripel (a, b, c) ist genau eine der Kathetenlängen a, b gerade (warum?). Ist dies b, so gibt es ein eindeutig bestimmtes teilerfremdes Paar $(u, v) \in (\mathbb{N}^*)^2$, bei dem eine Komponente gerade ist, mit $u > v$ und $a = u^2 - v^2$, $b = 2uv$ und $c = u^2 + v^2$. (**Indische Formeln** – Ist $b = 2b'$ mit $b' \in \mathbb{N}^*$, so ist $b'^2 = \frac{1}{2}(c + a) \cdot \frac{1}{2}(c - a)$ mit ungeraden teilerfremden $a, c \in \mathbb{N}^*$. Nun benutzt man Aufg. 1.7.23. Man vgl. auch Aufg. 3.5.12b).)

(2) Schwieriger als die vorliegende Aufgabe ist es, zu vorgegebener ganzzahliger Hypotenusenlänge $c > 0$ die Anzahl der pythagoreischen Zahlentripel (a, b, c) zu finden. Die gesuchte Anzahl der Tripel mit $a < b$ ist $\lfloor \tau'(c^2)/2 \rfloor$, wobei $\tau'(c^2)$ die Anzahl derjenigen natürlichen Teiler von c^2 sei, deren Primteiler alle $\equiv 1 \mod 4$ sind. Bei $c > 1$ ist die Anzahl der primitiven Tripel darunter gleich $2^{\omega(c)-1}$, falls $\omega(c)$ die Anzahl der verschiedenen Primteiler von c ist und diese alle $\equiv 1 \mod 4$ sind, und 0 sonst, vgl. den Zwei-Quadrate-Satz 2.10.42. Das kleinste pythagoreische Tripel ist das sogenannte **ägyptische Tripel** $(3, 4, 5)$ zu $c = 5$. Für $c = 39 = 3 \cdot 13$ gibt es (bis auf Vertauschen der ersten beiden Komponenten) genau ein solches Tripel, das jedoch nicht primitiv ist (nämlich das sogenannte **indische Tripel** $(15, 36, 39)$ mit zugehörigem primitiven Tripel $(5, 12, 13)$), das wir das primitive indische Tripel nennen wollen), bei $c = 65 = 5 \cdot 13$ jedoch 4 (welche?), darunter 2 primitive, und bei $c = 57 = 3 \cdot 19$ keins.

Aufgabe 1.7.14 (Ägyptische Seilspanneraufgabe) Sei $s \in \mathbb{N}^*$. Die primitiven pythagoreischen Tripel (a, b, c) (vgl. die Bemerkungen zur vorstehenden Aufgabe) mit geradem b und Umfang $s = a + b + c$ entsprechen bijektiv den Darstellungen $s = e \cdot 2f$ mit teilerfremden e und $2f$, $e < 2f < 2e$, wobei $e, f \in \mathbb{N}^*$ sind. Das zugehörige Tripel ist

$$(a, b, c) = (e(2f - e), 2f(e - f), (e - f)^2 + f^2).$$

(Man kann die indischen Formeln aus Aufg. 1.7.13 benutzen oder auch direkt schließen. – Wie gewinnt man zu gegebenem s alle pythagoreischen Tripel mit $s = a + b + c$?)

Aufgabe 1.7.15 Man bestimme alle Paare $(a, b) \in (\mathbb{N}^*)^2$ mit $(a^2 + b^2)/ab \in \mathbb{N}^*$.

Aufgabe 1.7.16

a) Sei $n \in \mathbb{N}^*$ und $p \in \mathbb{P}$. Dann ist

$$v_p(n!) = \left[\frac{n}{p}\right] + \left[\frac{n}{p^2}\right] + \left[\frac{n}{p^3}\right] + \cdots .$$

(Wegen $[x/m] = [[x]/m]$ für alle $x \in \mathbb{R}$ und alle $m \in \mathbb{N}^*$ berechnet man die Summanden bequem rekursiv. Man beweist leicht, dass für jedes $g \in \mathbb{N}^*$, $g \geq 2$, die Gleichung $\sum_{i \geq 1}[n/g^i] = \left(n - \sum_{i \geq 0} a_i\right)/(g-1)$ gilt, wobei die a_i die Ziffern in der g-al-Entwicklung von $n = \sum_{i \geq 0} a_i g^i$ sind, vgl. Beispiel 1.7.6. Insbesondere ist also n modulo $g - 1$ kongruent zur (g-al)-**Quersumme** $\sum_{i \geq 0} a_i$ von n. Bei $g = 10$ spricht man von der **Neunerprobe**. – Man zeige allgemeiner: Ist n_i, $i \in I$, eine endliche Familie positiver natürlicher Zahlen, so ist der p-Exponent des Produkts $\prod_{i \in I} n_i$ gleich $\sum_{k \in \mathbb{N}^*} v_k$, wobei v_k für $k \in \mathbb{N}^*$ die Anzahl der $i \in I$ ist, für die n_i durch p^k teilbar ist.)

b) Seien $n, k \in \mathbb{N}^*$, $k \leq n$. Jede Primzahlpotenz, die $\binom{n}{k}$ teilt, ist $\leq n$.

c) Für jede Primzahlpotenz $p^\alpha > 1$ und jedes $k \in \mathbb{N}^*$, $1 \leq k \leq p^\alpha$, ist

$$v_p\left(\binom{p^\alpha}{k}\right) = \alpha - v_p(k) = v_p(p^\alpha) - v_p(k).$$

Aufgabe 1.7.17

a) Man bestimme die kanonische Primfaktorzerlegung von 50! sowie von dem Produkt $\prod_{k=1}^{50}(2k - 1) = 100!/2^{50} \cdot 50! = 1 \cdot 3 \cdot 5 \cdots 99$ der ersten 50 ungeraden natürlichen Zahlen.

b) Man bestimme die kanonische Primfaktorzerlegung von kgV$(1, 2, 3, \ldots, 50)$.

c) Sei $n \in \mathbb{N}^*$. Für $p \in \mathbb{P}$ bestimme man $v_p(B(n))$, wobei $B(n) := \mathrm{kgV}(1, 2, 3, \ldots, n)$ das kgV der ersten n positiven natürlichen Zahlen ist.

Aufgabe 1.7.18 Seien $n, k \in \mathbb{N}^*$ teilerfremd. Man zeige, dass $\binom{n}{k}$ durch n und $\binom{n-1}{k-1}$ durch k teilbar ist. (Man denke an die Formel $k\binom{n}{k} = n\binom{n-1}{k-1}$.)

Aufgabe 1.7.19 Sei $p \in \mathbb{P}$. Für $r, k \in \mathbb{N}$ mit $r < k < p$ ist $\binom{p+r}{k}$ durch p teilbar. Insbesondere ist $\binom{p}{k}$ für $0 < k < p$ durch p teilbar.

Aufgabe 1.7.20 Sei $p \in \mathbb{P}$. Durch Induktion über n beweise man den **Kleinen Fermatschen Satz**: Für $n \in \mathbb{N}$ ist p ein Teiler von $n^p - n$, d.h. $n^p \equiv n \bmod p$ und $n^{p-1} \equiv 1 \bmod p$, falls $p \nmid n$. (Man verwende Aufg. 1.7.19.)

Aufgabe 1.7.21 Für jede natürliche Zahl n ist $n^8 - n^2$ durch $4 \cdot 7 \cdot 9 = 252$ teilbar. Man diskutiere auch noch einmal die Teilbarkeitsaussagen aus Aufg. 1.5.6.

Aufgabe 1.7.22 Seien $r \in \mathbb{N}^*, m = (m_1, \ldots, m_r) \in \mathbb{N}^r$ und $n := |m| = \sum_{i=1}^r m_i$. Alle Primzahlen p, für die Max $(m_1, \ldots, m_r) < p \le n$ gilt, teilen $\binom{n}{m} = n!/m_1! \cdots m_r!$.

Aufgabe 1.7.23 Sei $n \in \mathbb{N}^*$. Das Produkt zweier teilerfremder natürlicher Zahlen a und b ist genau dann die n-te Potenz einer natürlichen Zahl, wenn dies für a und b einzeln gilt.

Aufgabe 1.7.24 Seien $a, b \in \mathbb{N}^*$. Dann ist $\mathrm{ggT}(a, b) \cdot \mathrm{kgV}(a, b) = ab$. (Dies liefert über den Euklidischen Algorithmus ein bequemes Verfahren zur Berechnung des kgV.)

Aufgabe 1.7.25 Sei $v \in \mathbb{N}^*$ ein gemeinsames Vielfaches der Zahlen $a_1, \ldots, a_n \in \mathbb{N}^*$, $n \ge 1$.

a) Äquivalent sind: (i) Es ist $\mathrm{kgV}(a_1, \ldots, a_n) = v$. (ii) Es ist $\mathrm{ggT}(v/a_1, \ldots, v/a_n) = 1$. (iii) Es gibt $s_1, \ldots, s_n \in \mathbb{Z}$ mit $1/v = s_1/a_1 + \cdots + s_n/a_n$. (kgV und ggT von ganzen Zahlen $b_1, \ldots, b_n$ werden sinngemäß wie im Fall $n = 2$ erklärt. Gilt $\mathrm{ggT}(b_1, \ldots, b_n) = 1$, so heißen $b_1, \ldots, b_n$ **teilerfremd**. Dieser Begriff ist wohl zu unterscheiden von dem der paarweisen Teilerfremdheit.)

b) Sei $a := a_1 \cdots a_n$ und $a_i' := \mathrm{kgV}(a_j, j \ne i)$ für $i = 1, \ldots, n$. Äquivalent sind: (i) Die Zahlen $a_1, \ldots, a_n$ sind *paarweise* teilerfremd. (ii) Es ist $\mathrm{kgV}(a_1, \ldots, a_n) = a$. (iii) Für $i = 1, \ldots, n$ sind die Zahlen a_i und a_i' jeweils teilerfremd. (iv) Die Zahlen $a_1', \ldots, a_n'$ sind teilerfremd. (v) Die Zahlen $a/a_1, \ldots, a/a_n$ sind teilerfremd. (vi) Es gibt $s_1, \ldots, s_n \in \mathbb{Z}$ mit $1/a = s_1/a_1 + \cdots + s_n/a_n$.

Aufgabe 1.7.26 Seien $a_1, \ldots, a_n \in \mathbb{N}^*$. Es gibt Zahlen $u_1, \ldots, u_n \in \mathbb{Z}$ mit

$$\mathrm{ggT}(a_1, \ldots, a_n) = u_1 a_1 + \cdots + u_n a_n.$$

Insbesondere sind $a_1, \ldots, a_n$ genau dann teilerfremd, wenn es ganze Zahlen $u_1, \ldots, u_n$ gibt mit $1 = u_1 a_1 + \cdots + u_n a_n$. Die Koeffizienten $u_1, \ldots, u_n$ gewinnt man algorithmisch durch sukzessives Anwenden des vor Satz 1.7.8 beschriebenen Verfahrens unter Ausnutzung der Beziehung $\mathrm{ggT}(a_1, \ldots, a_{n-1}, a_n) = \mathrm{ggT}(\mathrm{ggT}(a_1, \ldots, a_{n-1}), a_n)$. Dieser Algorithmus liefert aber häufig dem Betrage nach unverhältnismäßig große Koeffizienten $u_1, \ldots, u_n$. Besser geht man folgendermaßen vor: Man nummeriert die Zahlen $a_1, \ldots, a_n$ zunächst so, dass a_1 minimal unter den a_i ist, und geht dann zum Tupel $(a_1, r_2, \ldots, r_n)$ über, wobei r_j der Rest von a_j bei der Division von a_j durch a_1 ist, streicht die Nullen unter den r_j und rechnet mit dem neuen Tupel wie zu Beginn. Dabei hat man zu kontrollieren, wie die Koeffizienten der konstruierten Tupel sich als Linearkombinationen der $a_1, \ldots, a_n$ darstellen lassen, beginnend mit $a_i = \sum_{k=1}^n \delta_{ik} a_k$. (Man vergleiche hierzu auch den Beweis des Elementarteilersatzes in Bd. 3: Lineare Algebra 1.) Man bestimme ganze Zahlen u_1, u_2, u_3 mit $1 = u_1 \cdot 88 + u_2 \cdot 152 + u_3 \cdot 209$.

Aufgabe 1.7.27 Seien $a_1, \ldots, a_n \in \mathbb{N}^*$ teilerfremd. Dann gibt es eine Zahl $f \in \mathbb{N}$ derart, dass jede natürliche Zahl $b \geq f$ eine Darstellung $b = u_1 a_1 + \cdots + a_n a_n$ mit *natürlichen* Zahlen $u_1, \ldots, u_n$ hat. Die kleinste solche Zahl f heißt der **Führer** des von den $a_1, \ldots, a_n$ erzeugten additiven Untermonoids

$$\mathbb{N}a_1 + \cdots + \mathbb{N}a_n = \{u_1 a_1 + \cdots + u_n a_n \mid u_1, \ldots, u_n \in \mathbb{N}\}$$

von $\mathbb{N}$. Bei $n = 2$ ist der Führer von $M := \mathbb{N}a_1 + \mathbb{N}a_2$ gleich $f := (a_1 - 1)(a_2 - 1)$. In diesem Fall gibt es genau $f/2$ Elemente in $\mathbb{N} - M$. (**Satz von Sylvester** (nach J. Sylvester (1814–1897)) – Für $0 \leq c \leq f - 1$ ist genau eine der beiden Zahlen c und $f - 1 - c$ Element von M. – Man kann auch durch Induktion über $a_1 + a_2$ schließen. Von a_1, a_2 gehe man zu $a_1 - a_2, a_2$ über, falls $a_1 > a_2$.)

Aufgabe 1.7.28 Seien $a, b \in \mathbb{N}^*$ und $d := \mathrm{ggT}(a, b) = sa + tb$ mit $s, t \in \mathbb{Z}$. Genau dann gilt auch $d = s'a + t'b$ für $s', t' \in \mathbb{Z}$, wenn es ein $k \in \mathbb{Z}$ gibt mit $s' = s - kb/d$, $t' = t + ka/d$.

Aufgabe 1.7.29

a) Sei $p_1 = 2, p_2 = 3, p_3 = 5, \ldots$ die (unendliche) Folge der Primzahlen. Ferner sei A ein Alphabet mit einer (endlichen oder unendlichen) Abzählung $A = \{a_1, a_2, a_3, \ldots\}$, $a_i \neq a_j$ für $i \neq j$, seiner Buchstaben. Dann wird durch $(a_{i_1}, \ldots, a_{i_n}) \mapsto p_1^{i_1} \cdots p_n^{i_n}$ eine injektive Abbildung der Menge $\mathrm{W}(A) = \biguplus_{n \in \mathbb{N}} A^n$ der Wörter über A in die Menge $\mathbb{N}^*$ der positiven natürlichen Zahlen gegeben.
   (**Bemerkung** Eine solche Kodierung der Wörter über A heißt eine **Gödelisierung** (nach K. Gödel (1906–1978)). Die dabei einem Wort zugeordnete natürliche Zahl heißt die **Gödelnummer** dieses Wortes. Welche Zahlen $m \in \mathbb{N}^*$ treten als Gödelnummer eines Wortes $W \in \mathrm{W}(A)$ auf und wie bestimmt man gegebenenfalls das zugehörige Wort $W \in \mathrm{W}(A)$?)

b) Seien A das endliche Alphabet $\{a_1, a_2, \ldots, a_g\}$ mit g Buchstaben, $g \geq 2$, und $a_0 \notin A$ ein weiterer Buchstabe. Ein Wort $W = (a_{i_1}, \ldots, a_{i_n})$ über A identifizieren wir nach Auffüllen mit a_0 mit der unendlichen Folge $(a_{i_1}, \ldots a_{i_n}, a_0, a_0, \ldots)$. Dann ist die Abbildung $(a_{i_\nu})_{\nu \in \mathbb{N}^*} \mapsto \sum_{\nu=1}^{\infty} i_\nu g^{\nu-1}$ eine *bijektive* Abbildung der Menge $\mathrm{W}(A)$ der Wörter über A auf die Menge $\mathbb{N}$ der natürlichen Zahlen und insbesondere eine Gödelisierung von $\mathrm{W}(A)$. (Es handelt sich um eine Variante der g-al-Entwicklung.)

Aufgabe 1.7.30 Seien $a, b \in \mathbb{Q}_+^\times$. Genau dann ist $\sqrt{a} + \sqrt{b} \in \mathbb{Q}_+^\times$, wenn sowohl a als auch b Quadrat einer rationalen Zahl ist.[27]

---

[27] Die irrationale Zahl $\sqrt{2} + \sqrt{3} = 3{,}14626\ldots$ wurde von Platon (427–347 v. Chr.) als Näherung der Kreiszahl $\pi = 3{,}14159\ldots$ angegeben. Zumindest vermutet das K. Popper in: Die offene Gesellschaft und ihre Feinde 1, München 1980, Anm. 9 [4] zu Kap. 6.

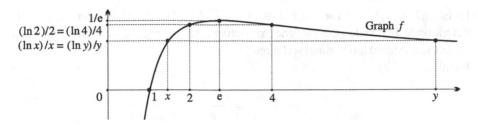

Abb. 1.19 Die Funktion $f(x) = (\ln x)/x$

Aufgabe 1.7.31

a) Sei $x := a/b \in \mathbb{Q}$ ein *gekürzter* Bruch, $a, b \in \mathbb{Z}$, $b > 0$. Für ganze Zahlen $a_0, \ldots, a_n$ und $a_n \neq 0$, $n \geq 1$, gelte $a_n x^n + \cdots + a_1 x + a_0 = 0$, d. h. x sei Nullstelle des Polynoms $a_n X^n + \cdots + a_1 X + a_0$. Dann ist a ein Teiler von a_0 und b ein Teiler von a_n. Insbesondere ist $x \in \mathbb{Z}$, wenn der höchste Koeffizient $a_n = 1$ ist (**Lemma von Gauß**).

b) Man bestimme sämtliche rationalen Nullstellen der Polynome

$$X^3 + \frac{3}{4}X^2 + \frac{3}{2}X + 3 \quad \text{bzw.} \quad 3X^7 + 4X^6 - X^5 + X^4 + 4X^3 + 5X^2 - 4.$$

Aufgabe 1.7.32

a) Seien $x, y \in \mathbb{Q}_+^\times$ und $y = c/d$ eine gekürzte Darstellung von y mit $c, d \in \mathbb{N}^*$. Genau dann ist x^y rational, wenn x die d-te Potenz einer rationalen Zahl ist.

b) Seien $x \in \mathbb{Q}_+^\times$ und a eine natürliche Zahl ≥ 2, die nicht von der Form b^d mit $b, d \in \mathbb{N}^*$, $d \geq 2$, ist. Dann ist $\log_a x$ ganzzahlig oder irrational. (Nach einem Satz von Gelfond-Schneider ist $\log_a x$ sogar transzendent, wenn $\log_a x$ irrational ist.)

Aufgabe 1.7.33 Die Paare $(x, y) \in (\mathbb{Q}_+^\times)^2$ positiver rationaler Zahlen mit $x < y$ und $x^y = y^x$ sind $\left((1 + \frac{1}{n})^n, (1 + \frac{1}{n})^{n+1}\right)$, $n \in \mathbb{N}^*$. Insbesondere ist $(2, 4)$ das einzige Paar $(x, y) \in (\mathbb{N}^*)^2$ mit $x < y$ und $x^y = y^x$. (Die angegebenen Paare bilden die bekannte Intervallschachtelung für die Eulersche Zahl e $= 2{,}718281828\ldots$, vgl. Beispiel 3.3.8. Zu jeder *reellen* positiven Zahl x mit $1 < x < $ e gibt es genau eine reelle Zahl $y > x$ mit $x^y = y^x$. Dann ist $y > $ e. Zum Beweis dieser Aussagen beachte man, dass $x^y = y^x$ äquivalent mit $(\ln x)/x = (\ln y)/y$ ist, und diskutiere die Funktion $f(x) = (\ln x)/x$ auf $\mathbb{R}_+^\times$, vgl. Abb. 1.19. Für die Exponential- und Logarithmusfunktion siehe Abschn. 3.10.)

Aufgabe 1.7.34 Seien $m, n \in \mathbb{N}^*$ teilerfremd. Die Folge $a_0, a_1, \ldots$ sei rekursiv durch $a_0 = n$, $a_{i+1} = a_0 \cdots a_i + m$, $i \in \mathbb{N}$, definiert. Für $i \geq 1$ ist $a_{i+1} = (a_i - m)a_i + m = a_i^2 - ma_i + m$.

a) Es ist $\text{ggT}(a_i, a_j) = 1$ für alle $i, j \in \mathbb{N}$ mit $i \neq j$. Die Primteiler der a_i, $i \in \mathbb{N}$, liefern unendlich viele verschiedene Primzahlen. (Die a_i eignen sich häufig gut zum Testen von Primfaktorisierungsverfahren.)

b) Für alle $i \in \mathbb{N}$ ist

$$\frac{1}{a_0} + \frac{m}{a_1} + \cdots + \frac{m^i}{a_i} = \frac{m+1}{n} - \frac{m^{i+1}}{a_{i+1} - m}.$$

Man folgere

$$\sum_{i=0}^{\infty} \frac{m^i}{a_i} = \frac{m+1}{n}.$$

c) Für $m = 2$ und $n = 1$ ist $a_{i+1} = F_i = 2^{2^i} + 1$ die i-te Fermatsche Zahl, $i \in \mathbb{N}$. Aus b) folgt $\sum_{i=0}^{\infty} 2^i / F_i = 1$. Man bestimme die ersten Glieder der Folge (a_i) für $m = n = 1$, d. h. mit $a_0 = 1$, $a_1 = 2$ und $a_{i+1} = a_i^2 - a_i + 1 = (a_i - 1)^2 + a_i$, $i \in \mathbb{N}^*$, und gebe ihre Primfaktorzerlegung an.

Aufgabe 1.7.35 Für jedes $s \geq 2$ ist $(m_s, n_s) := \big(2(2^{s-1} - 1), 2^{s+1}(2^{s-1} - 1)\big)$ ein Paar (m, n) von positiven natürlichen Zahlen derart, dass $m < n$ ist und m und n sowie $m + 1$ und $n + 1$ jeweils dieselben Primteiler haben. (Es gibt weitere solche Paare (m, n), z. B. $(75, 1215)$, vgl. Makowski: Ens. Math. **14**, 193 (1968).)

Aufgabe 1.7.36 Die Eindeutigkeit der Zerlegung einer positiven natürlichen Zahl als Produkt von unzerlegbaren Zahlen gemäß Satz 1.7.11 ist weit weniger selbstverständlich als die Existenz einer solchen Zerlegung, vgl. Proposition 1.7.4 und die Bemerkung vor Satz 1.7.11. Sei etwa $q \in \mathbb{N}^*$ eine beliebige Primzahl (z. B. $q = 2$ oder $q = 12.345.678.901.234.567.891$ und $N := \mathbb{N}^* - \{q\}$). N ist multiplikativ abgeschlossen, und jedes Element in N ist Produkt unzerlegbarer Elemente von N. Eine solche Zerlegung ist aber im Allgemeinen nicht mehr eindeutig. Man zeige genauer: Die unzerlegbaren Elemente in N sind neben den gewöhnlichen Primzahlen $p \neq q$ und deren Produkten pq mit q die beiden Elemente $q_2 := q^2$ und $q_3 := q^3$. Das Element $n := q^6 \in N$ hat die beiden wesentlich verschiedenen Zerlegungen $n = q_2 \cdot q_2 \cdot q_2 = q_3 \cdot q_3$ als Produkt unzerlegbarer Elemente von N. Das unzerlegbare Element q_3 teilt in N das Produkt $q_2 \cdot q_2 \cdot q_2$, aber keinen der Faktoren. Ebenso teilt q_2 in N das Produkt $q_3 \cdot q_3$, aber nicht q_3 (vgl. aber Satz 1.7.10). Ähnlich hat $m := pq^3 = (pq)q^2$ in N zwei wesentlich verschiedene Zerlegungen (p Primzahl $\neq q$). – Man diskutiere auch die Hilbertschen multiplikativen Monoide $H_{\mathbb{N}^*} := \{n \in \mathbb{N}^* \mid n \equiv 1 \bmod 4\} \subseteq \mathbb{N}^*$ bzw. $H_{\mathbb{Z}^*} := \{a \in \mathbb{Z}^* \mid a \equiv 1 \bmod 4\} \subseteq \mathbb{Z}^* = \mathbb{Z} - \{0\}$ und bestimme darin alle irreduziblen und alle Primelemente. (Die Monoide $H_{\mathbb{N}^*}$ und $H_{\mathbb{Z}^*}$ treten als Monoide von Diskriminanten quadratischer $\mathbb{Z}$-Algebren auf, vgl. Beispiel 2.10.37. In $H_{\mathbb{Z}^*}$ gilt der Satz von der eindeutigen Primfaktorzerlegung wie in $\mathbb{N}^*$, in $H_{\mathbb{N}^*}$ aber nicht. – Ein Primelement ist ein Element, das ein Produkt nur dann teilt, wenn es wenigstens einen Faktor teilt. – Vgl. auch die generelle Diskussion der Teilbarkeitsbegriffe in Abschn. 2.1.)

Aufgabe 1.7.37 Sei N eine Teilmenge von $\mathbb{N}$ mit $N^* := N \cap \mathbb{N}^* \neq \emptyset$, die mit je zwei Elementen r_1, r_2, $r_1 \geq r_2$, auch $r_1 + r_2$ und $r_1 - r_2$ enthält. Dann gibt es (genau) ein Element $k \in N^*$ mit $N = \mathbb{N}k = \{nk \mid n \in \mathbb{N}\}$. (Man betrachte das kleinste Element in N^*.)

Aufgabe 1.7.38 Eine (beliebige) Folge $(x_i)_{i \in \mathbb{N}}$ heißt **periodisch**, wenn es Zahlen $t \in \mathbb{N}$ und $r \in \mathbb{N}^*$ mit $x_{i+r} = x_i$ für alle $i \geq t$ gibt. (t, r) heißt dann ein **Periodenpaar** für (x_i). Man zeige: Ist $(x_i)_{i \in \mathbb{N}}$ periodisch, so gibt es ein eindeutig bestimmtes Periodenpaar $(m, k) \in \mathbb{N} \times \mathbb{N}^*$ für (x_i) derart, dass für jedes Periodenpaar (t, r) von (x_i) gilt: Es ist $m \leq t$ und k teilt r.[28] (Zum Beweis der Existenz von k benutze man Aufg. 1.7.37. – Man nennt m die (kleinste) **Vorperiodenlänge**, k die (kleinste) **Periodenlänge** und das kleinste Periodenpaar (m, k) den **Periodizitätstyp** von $(x_i)_{i \in \mathbb{N}}$. $(x_0, \ldots, x_{m-1})$ heißt die **Vorperiode** und $(x_m, \ldots, x_{m+k-1})$ die **Periode** von $(x_i)_{i \in \mathbb{N}}$. Eine nicht-periodische Folge habe definitionsgemäß den Typ $(\infty, 0)$. Eine Folge des Periodizitätstyps $(m, 1)$ ist stationär mit der einelementigen Periode x_m als Grenzwert. Eine periodische Folge des Periodizitätstyps $(0, k)$ heißt **rein-periodisch**.) Sind $(x_i)_{i \in \mathbb{N}}$ und $(y_i)_{i \in \mathbb{N}}$ Folgen vom Periodizitätstyp (m, k) bzw. (n, ℓ), so hat die Paarfolge $(x_i, y_i)_{i \in \mathbb{N}}$ den Periodizitätstyp $(\mathrm{Max}\,(m, n), \mathrm{kgV}(k, \ell))$.

Aufgabe 1.7.39 Die Division mit Rest natürlicher Zahlen gibt Anlass zum sogenannten **euklidischen Nim-Spiel**: Bei diesem Spiel wird eine Spielposition durch ein Paar $(a, b) \in \mathbb{N}^* \times \mathbb{N}^*$ gegeben, repräsentiert durch zwei Haufen aus a bzw. b Spielsteinen. Bei $a \neq b$ darf und muss der Spieler, der am Zug ist, von dem Haufen mit der größeren Steinezahl ein positives Vielfaches der Steinezahl des kleineren Haufens wegnehmen, ohne jedoch den größeren Haufen ganz zu entfernen. Eine Partie mit der Anfangsposition (a, b) endet mit der Position $(\mathrm{ggT}(a, b), \mathrm{ggT}(a, b))$.[29] Gewonnen hat derjenige Spieler, der den letzten Zug ausführen konnte. Man zeige: $(a, b) \in \mathbb{N}^* \times \mathbb{N}^*$ ist genau dann eine Gewinnposition für den Anziehenden, wenn a/b oder – äquivalent dazu – wenn b/a *nicht* im offenen Intervall $]\Phi^{-1} = \Phi - 1, \Phi[$ liegt ($\Phi = \frac{1}{2}(1 + \sqrt{5})$). – Die Behauptung ergibt sich sofort aus den folgenden beiden Aussagen, die wiederum eine Konsequenz davon sind, dass $]\Phi^{-1}, \Phi[$ das (einzige) offene Intervall der Länge 1 in $\mathbb{R}_+^{\times}$ ist, das invariant unter der Inversenbildung ist[30]: (1) Ist $1 < a/b < \Phi$, so ist $(a - b)/b = a/b - 1 < \Phi - 1 = \Phi^{-1}$. (2) Ist $a/b > \Phi$, so gibt es (genau) ein $q \in \mathbb{N}^*$ mit $(a - qb)/b = a/b - q \in]\Phi^{-1}, \Phi[$. – Ein Fibonacci-Paar

---

[28] (m, k) ist also das kleinste Element in der Menge aller Periodenpaare von (x_i), wobei $\mathbb{N} \times \mathbb{N}^* = (\mathbb{N}, \leq) \times (\mathbb{N}^*, |)$ die Produktordnung trägt. Die Ordnung auf $\mathbb{N}^*$ ist die Teilbarkeit, vgl. Aufg. 1.4.1.
[29] Die euklidischen Nim-Spiele bestimmen spielerisch den ggT zweier positiver natürlicher Zahlen.
[30] Man beachte, dass $\Phi = \frac{1}{2}(1 + \sqrt{5})$ irrational ist. a/b kann also nicht gleich einem der Randpunkte Φ^{-1}, Φ des Intervalls sein. Wäre nämlich $\Phi = a/b$ oder $\Phi^{-1} = b/a = \Phi - 1$, $a, b \in \mathbb{N}^*$, rational, so würde eine Partie mit der Ausgangsposition (a, b) wegen $(a - b)/b = a/b - 1 = b/a$ niemals enden, was absurd ist. Wegen dieses einfachen Arguments nimmt man an, dass Φ (und nicht $\sqrt{2}$ = Länge der Diagonalen im Einheitsquadrat) die erste Zahl war, die von den Griechen (speziell von dem Pythagoreer Hippasos von Metapont (um 450 v. Chr.)) als irrational erkannt wurde, vgl. K. von Fritz: The discovery of incommensurability by Hippasus of Metapontum, Ann. of Math. **48**, 242–264 (1945).

(F_{n+1}, F_n), $n \geq 1$, repräsentiert genau dann eine Gewinnposition, wenn n gerade ist. Das Paar $(36.667, 12.247)$ aus Beispiel 1.7.9 beschreibt eine Gewinnposition. Wie verläuft die Partie, wenn der Anziehende bei dieser Ausgangsposition optimal spielt? (Sie endet nach insgesamt 5 Zügen.)

1.8   Unendliche Mengen und Kardinalzahlen

Die einfachsten unendlichen Mengen sind die Mengen, deren Elemente sich mit Hilfe der natürlichen Zahlen nummerieren lassen: $a_0, a_1, a_2, \ldots$

Definition 1.8.1   Sei A eine Menge.

(1) A heißt (höchstens) **abzählbar**, wenn A leer ist oder eine surjektive Abbildung von $\mathbb{N}$ auf A existiert.
(2) A heißt **abzählbar unendlich**, wenn es eine bijektive Abbildung von $\mathbb{N}$ auf A gibt.
(3) A heißt **überabzählbar**, wenn A nicht abzählbar ist.

A ist genau dann abzählbar, wenn es eine injektive Abbildung von A in $\mathbb{N}$ gibt, vgl. Aufg. 1.2.16. Bilder und Teilmengen abzählbarer Mengen sind wieder abzählbar. Jede abzählbare Menge ist entweder endlich oder abzählbar unendlich. Jede unendliche Menge besitzt eine abzählbar unendliche Teilmenge, vgl. Bemerkung 1.5.7.

Lemma 1.8.2 $\mathbb{N} \times \mathbb{N}$ *ist abzählbar.*

Beweis Die Abbildung $g \colon \mathbb{N} \times \mathbb{N} \to \mathbb{N}$ mit $(m, n) \mapsto 2^m(2n + 1) - 1$ ist bijektiv. m ist nämlich der 2-Exponent von $g(m, n) + 1$ und $2n + 1$ der ungerade Restfaktor. $\qquad\Box$

Bemerkung 1.8.3 Man erkennt die Abzählbarkeit von $\mathbb{N} \times \mathbb{N}$ auch leicht mit Hilfe des **ersten** oder **Cauchyschen Diagonalverfahrens**, bei dem die Paare $(m, n) \in \mathbb{N} \times \mathbb{N}$ nacheinander in den Diagonalen gemäß dem Schema in Abb. 1.20 abgezählt werden. $\diamond$

Satz 1.8.4 *Die Vereinigung abzählbar vieler abzählbarer Mengen ist abzählbar.*

Abb. 1.20 Cauchysches Diagonalverfahren

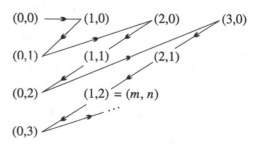

Beweis Seien A_i , $i \in I$, abzählbare Mengen mit der abzählbaren Indexmenge I und A ihre Vereinigung. Wir können ohne Weiteres annehmen, dass I und alle A_i nichtleer sind. Dann gibt es surjektive Abbildungen $f_i \colon \mathbb{N} \to A_i, i \in I$, und $h \colon \mathbb{N} \to I$, und die Abbildung $\mathbb{N} \times \mathbb{N} \to A$ mit $(m, n) \mapsto f_{h(m)}(n)$ ist ebenfalls surjektiv. Da $\mathbb{N} \times \mathbb{N}$ nach Lemma 1.8.2 abzählbar ist, gilt dies auch für A. $\square$

Korollar 1.8.5 *Sind die Mengen $A_1, \ldots, A_n$ abzählbar, so ist auch $A_1 \times \cdots \times A_n$ abzählbar.*

Beweis Man führt die Aussage durch Induktion auf den Fall $n = 2$ zurück. $A_1 \times A_2 = \bigcup_{a \in A_1} (\{a\} \times A_2)$ ist aber als abzählbare Vereinigung abzählbarer Mengen abzählbar. $\square$

Korollar 1.8.6 *Die Menge $\mathbb{Q}$ der rationalen Zahlen ist abzählbar.*

Beweis $\mathbb{Z}$ ist abzählbar als Vereinigung der beiden abzählbaren Mengen $\mathbb{N}$ und $-\mathbb{N} := \{-n \mid n \in \mathbb{N}\}$. Daher ist auch $\mathbb{Z} \times (\mathbb{Z} - \{0\})$ abzählbar. Die Abbildung $(a, b) \mapsto a/b$ von $\mathbb{Z} \times (\mathbb{Z} - \{0\})$ auf $\mathbb{Q}$ ist surjektiv. Folglich ist $\mathbb{Q}$ ebenfalls abzählbar. $\square$

Bemerkung 1.8.7 Eine mehr zahlentheoretisch motivierte *bijektive* Abzählung $\mathbb{N}^* \to \mathbb{Q}_+^\times$ der positiven rationalen Zahlen wird in Beispiel 1.7.12 beschrieben. $\diamond$

Beispiel 1.8.8 *Sei A eine abzählbare Menge. Dann ist die Menge $\mathfrak{E}(A)$ der endlichen Teilmengen von A ebenfalls abzählbar.* Für $n \in \mathbb{N}^*$ ist die Menge der nichtleeren Teilmengen von A mit höchstens n Elementen das Bild der Abbildung von A^n in $\mathfrak{P}(A)$ mit $(a_1, \ldots, a_n) \mapsto \{a_1, \ldots, a_n\}$ und daher abzählbar (vgl. Korollar 1.8.5). Nun folgt die Behauptung unmittelbar aus Satz 1.8.4. – Die Dualentwicklung $E \mapsto \sum_{n \in E} 2^n$ liefert eine explizite bijektive Abbildung $\mathfrak{E}(\mathbb{N}) \overset{\sim}{\longrightarrow} \mathbb{N}$, vgl. Beispiel 1.7.6. $\diamond$

Es gibt jedoch Mengen, die nicht abzählbar sind. Dies ist eine der großen Entdeckungen von G. Cantor. Beispielsweise ist die volle Potenzmenge einer abzählbar unendlichen Menge nicht mehr abzählbar. Dies ist ein Spezialfall des folgenden berühmten Cantorschen Satzes:

Satz 1.8.9 *A sei eine Menge. Dann gibt es keine surjektive Abbildung von A auf die Potenzmenge $\mathfrak{P}(A)$ von A. – Insbesondere ist die Potenzmenge einer unendlichen Menge überabzählbar.*

Beweis Sei $f \colon A \to \mathfrak{P}(A)$ eine beliebige Abbildung. Wir betrachten die Teilmenge $B := \{a \in A \mid a \notin f(a)\}$ von A und behaupten, dass B nicht zum Bild von f gehört. Angenommen, es sei $B = f(b)$ mit einem $b \in A$. Ist $b \in B$, so folgt nach Definition von B sofort der Widerspruch $b \notin f(b) = B$. Ist aber $b \notin B = f(b)$, so ist $b \in B$ nach Definition von B, was ebenfalls ein Widerspruch ist. $\square$

Satz 1.8.9 zeigt, dass beispielsweise die unendlichen Mengen $\mathbb{N}$, $\mathfrak{P}(\mathbb{N})$, $\mathfrak{P}\big(\mathfrak{P}(\mathbb{N})\big)$, ... fortlaufend wesentlich größer werden.

Bemerkung 1.8.10 Das im Beweis von Satz 1.8.9 verwandte Beweisprinzip ist das sogenannte **zweite** oder **Cantorsche Diagonalverfahren**. Identifiziert man die Elemente $J \in \mathfrak{P}(A)$ mit ihren Indikatorfunktionen $e_J \in \{0,1\}^A$, so ist die Funktion $e := e_B$ im Beweis von Satz 1.8.9 durch

$$e(a) := \begin{cases} 1, \text{ falls } f(a)(a) = 0, \\ 0, \text{ falls } f(a)(a) = 1, \end{cases}$$

d. h. mit Hilfe der „Diagonalwerte" $f(a)(a)$, $a \in A$, definiert. Konstruktionsgemäß ist $e(a) \neq f(a)(a)$ für alle $a \in A$, also gewiss $e = e_B \notin \text{Bild } f$. Das Cantorsche Diagonalverfahren wendet die Russelsche Antinomie, vgl. Abschn. 1.1, ins Positive: Die Menge aller Mengen, die sich nicht selbst enthalten, kann es nicht geben. $\diamond$

Beispiel 1.8.11 *Seien A eine überabzählbare Menge und B eine abzählbare Teilmenge von A. Dann gibt es eine bijektive Abbildung von A auf $A - B$. Beweis.* Mit A ist auch $A - B$ überabzählbar. Sei C eine abzählbar unendliche Teilmenge von $A - B$. Dann sind die Mengen $B \cup C$ und C beide abzählbar unendlich. Es gibt also eine bijektive Abbildung $g \colon B \cup C \longrightarrow C$. Nun definieren wir die bijektive Abbildung $f \colon A \longrightarrow A - B$ durch $f(x) := x$ für $x \notin B \cup C$ und $f(x) := g(x)$ für $x \in B \cup C$. $\diamond$

Die Menge $\mathbb{R}$ der reellen Zahlen ist ebenfalls nicht abzählbar. Es gibt nämlich, wie wir gleich zeigen werden, eine bijektive Abbildung von $\mathfrak{P}(\mathbb{N})$ auf $\mathbb{R}$. Allgemein heißen zwei Mengen A und B **gleichmächtig** oder von **gleicher Mächtigkeit**, wenn es eine bijektive Abbildung von A auf B gibt. Man schreibt dann $|A| = |B|$ oder auch Kard $A = $ Kard B. $\mathfrak{P}(\mathbb{N})$ und $\mathbb{R}$ sind also gleichmächtig. Man nennt die Mächtigkeit von $\mathbb{R}$ die **Mächtigkeit des Kontinuums** und bezeichnet sie im Anschluss an Cantor mit

$$\aleph.$$

($\aleph$ (= Aleph) ist der erste Buchstabe des hebräischen Alphabets.) Die Mächtigkeit von $\mathbb{N}$ wird mit

$$\aleph_0$$

bezeichnet. *Auf jeder Menge von Mengen ist die Gleichmächtigkeit eine Äquivalenzrelation*, da die Identität, das Inverse einer bijektiven Abbildung und die Komposition von bijektiven Abbildungen bijektiv sind.

Satz 1.8.12 *Die Mengen $\mathfrak{P}(\mathbb{N})$ und $\mathbb{R}$ sind gleichmächtig, d. h. es gibt eine bijektive Abbildung von $\mathfrak{P}(\mathbb{N})$ auf $\mathbb{R}$. Insbesondere ist $\mathbb{R}$ nicht abzählbar.*

Beweis Sei $\mathcal{U}$ die Menge der von $\mathbb{N}$ verschiedenen *unendlichen* Teilmengen von $\mathbb{N}$. Nach den Beispielen 1.8.8 und 1.8.11 sind $\mathcal{U}$ und $\mathfrak{P}(\mathbb{N})$ gleichmächtig. Die Abbildung

$$f : \mathcal{U} \longrightarrow]0, 1[:= \{x \in \mathbb{R} \mid 0 < x < 1\} \quad \text{mit} \quad A \longmapsto \sum_{n \in A} \frac{1}{2^{n+1}} = \sum_{n=0}^{\infty} \frac{e_A(n)}{2^{n+1}}$$

ist bijektiv, da jedes $x \in]0, 1[$ nach Beispiel 3.3.10 eine eindeutige *unendliche* Dual-bruchentwicklung besitzt.[31] Weiter ist $\mathbb{R}$ gleichmächtig zum Intervall $]0, 1[$. Die Abbildung $x \mapsto x/(1 + |x|)$ bildet nämlich $\mathbb{R}$ zunächst bijektiv auf das offene Intervall $]-1, 1[$ ab, das wiederum durch die Abbildung $x \mapsto \frac{1}{2}(x + 1)$ bijektiv auf $]0, 1[$ abgebildet wird. Insgesamt erhalten wir, dass $\mathfrak{P}(\mathbb{N})$ und $\mathbb{R}$ gleichmächtig sind. $\square$

Bemerkung 1.8.13 Die gegenüber Satz 1.8.12 etwas schwächere Aussage, dass $\mathbb{R}$ über-abzählbar ist, erhält man auch, indem man eine Variante des Cantorschen Diagonalverfah-rens etwa in folgender Weise auf die Dezimalbrüche anwendet: Mit $\mathbb{R}$ wäre das Intervall $[0, 1]$ ebenfalls abzählbar. Nehmen wir an,

$$0, a_{11} a_{12} a_{13} a_{14} \ldots$$
$$0, a_{21} a_{22} a_{23} a_{24} \ldots$$
$$0, a_{31} a_{32} a_{33} a_{34} \ldots$$
$$0, a_{41} a_{42} a_{43} a_{44} \ldots$$
$$\vdots$$

sei eine Abzählung dieser Zahlen, die als endlicher oder unendlicher Dezimalbruch mit den Ziffern $a_{ij} \in \{0, 1, \ldots, 9\}$ dargestellt sind. Dann kommt beispielsweise die Zahl $0, a_1 a_2 a_3 a_4 \ldots$ mit $a_i := 4$, falls $a_{ii} \neq 4$, und $a_i := 6$, falls $a_{ii} = 4$, in dieser Abzählung nicht vor. Widerspruch! – Den ersten Beweis, den Cantor für die Überabzählbarkeit von $\mathbb{R}$ gegeben hat, findet man in Beispiel 3.3.6. $\diamond$

Beispiel 1.8.14 *Ist I nichtleer und abzählbar, so hat $\mathbb{R}^I$ die Mächtigkeit des Kontinu-ums.* Beweis. Nach Satz 1.8.12 und Aufg. 1.2.20 genügt es zu zeigen, dass $(\{0, 1\}^{\mathbb{N}})^I$ und $\{0, 1\}^{\mathbb{N}}$ gleichmächtig sind. Nach Aufg. 1.2.19 sind aber die Mengen $(\{0, 1\}^{\mathbb{N}})^I$ und $\{0, 1\}^{\mathbb{N} \times I}$ gleichmächtig und nach Korollar 1.8.5 die Mengen $\mathbb{N} \times I$ und $\mathbb{N}$. Insgesamt sind also $\{0, 1\}^{\mathbb{N} \times I}$ und $\{0, 1\}^{\mathbb{N}}$ gleichmächtig. – *Die Räume $\mathbb{R}, \mathbb{R}^2, \mathbb{R}^3, \ldots$ und ebenso der Folgenraum $\mathbb{R}^{\mathbb{N}}$ haben daher alle die gleiche Mächtigkeit $\aleph$.* $\diamond$

Beispiel 1.8.15 Sei A eine Teilmenge der x-Achse in der (x, y)-Koordinatenebene $\mathbb{R} \times \mathbb{R}$. Jedem Punkt $a \in A$ soll ein Kreis[32] angeheftet werden, der in der oberen Halbebene liegt

---

[31] Wir erinnern daran, dass e_A die Indikatorfunktion von $A \subseteq \mathbb{N}$ ist. Die Abbildung f ist sogar ein Ordnungsisomorphismus, wenn $\mathcal{U} \subseteq \mathfrak{P}(\mathbb{N}) = \{0, 1\}^{\mathbb{N}}$ die lexikographische Ordnung trägt. Man beachte $\sum_{n \in \mathbb{N}} 1/2^{n+1} = 1$.

[32] Unter einem Kreis wollen wir hier (und in den Aufgaben dieses Abschnitts) eine Kreisscheibe mit positivem Radius einschließlich ihrer Peripherie verstehen.

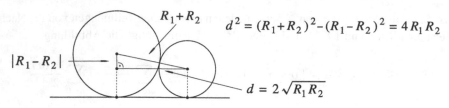

$$d^2 = (R_1 + R_2)^2 - (R_1 - R_2)^2 = 4R_1 R_2$$

$$d = 2\sqrt{R_1 R_2}$$

Abb. 1.21 Berührungsbedingung für Kreise

und die x-Achse in a berührt, wobei je zwei dieser Kreise keinen gemeinsamen Punkt haben sollen. Unter welchen Bedingungen an A ist diese Aufgabe lösbar?

Seien K_1 und K_2 zwei Kreise mit den Radien R_1 und R_2, die in der oberen Halbebene liegen und die x-Achse berühren, vgl. Abb. 1.21. Der Abstand ihrer Berührpunkte auf der x-Achse sei d. Nach dem Satz des Pythagoras berühren sich die Kreise, wenn $d = 2\sqrt{R_1 R_2}$ ist. Genau dann haben sie also keinen Punkt gemeinsam, wenn $d > 2\sqrt{R_1 R_2}$ ist.[33]

Sei nun etwa $A = \mathbb{Q}$. Wählen wir für jede rationale Zahl p/q (wobei $q > 0$ minimal gewählt sei) einen Radius $< 1/2q^2$, so schneiden sich die zugehörigen Kreise paarweise nicht. Sind nämlich p/q und r/s zwei verschiedene (gekürzte) rationale Zahlen mit $p, q, r, s \in \mathbb{Z}, q, s > 0$, so ist

$$d = \left| \frac{p}{q} - \frac{r}{s} \right| = \frac{|ps - qr|}{qs} \geq \frac{1}{qs} = 2\sqrt{\frac{1}{2q^2} \cdot \frac{1}{2s^2}}.$$

(Wählt man für p/q jeweils den Radius $1/2q^2$, so können sich die Kreise berühren, und zwar tun sie dies genau dann, wenn $|p/q - r/s| = 1/qs$, d. h. $ps - qr = \pm 1$ ist. Ein Paar $p/q, r/s$ von Brüchen mit dieser Eigenschaft heißt ein **Farey-Paar**.[34]

Generell ist die anfangs gestellte Aufgabe immer dann lösbar, wenn A abzählbar ist.

Ist nämlich $a_0, a_1, a_2, \ldots$ eine Abzählung der Elemente von A, so wählt man rekursiv den Radius R_i zum Punkt a_i so klein, dass sich der Kreis mit Berührpunkt a_i

---

[33] Der Leser sollte die Ungleichung $R_1 + R_2 \geq 2\sqrt{R_1 R_2}$ für das arithmetische und geometrische Mittel der Radien R_1, R_2 „sehen" (wobei das Gleichheitszeichen nur für $R_1 = R_2$ gilt).

[34] Die Abschätzung $|b - c| \geq 1/qs$ (oder besser $|b - c| \geq 1/\,\mathrm{kgV}(q, s)$) für *verschiedene* rationale Zahlen b, c mit Nennern $q, s \in \mathbb{N}^*$ wird sehr häufig benutzt. Wir geben dazu hier noch das folgende einfache Beispiel für eine sogenannte **diophantische Approximation**, wie sie oft Grundlage für Irrationalitäts- und sogar Transzendenzbeweise ist (vgl. dazu auch das Beispiel 3.3.11 über Kettenbrüche): Aus

$$0 < \left| 1 - \sqrt{2} \right|^{2^m} = \left| p_m - q_m \sqrt{2} \right| < 1/2^{2^m}, \quad m \in \mathbb{N},$$

und $p_{m+1} - q_{m+1}\sqrt{2} = (p_m - q_m\sqrt{2})^2 = p_m^2 + 2q_m^2 - 2p_m q_m \sqrt{2}$, also $p_0 = q_0 = 1$, $p_{m+1} = p_m^2 + 2q_m^2 \in \mathbb{N}^*$ und $q_{m+1} = 2p_m q_m \in \mathbb{N}^*$, folgt nicht nur die Irrationalität von $\sqrt{2}$, sondern es ergeben sich auch die ausgezeichneten Näherungen $\sqrt{2} \approx p_m/q_m$ mit

$$0 < p_m/q_m - \sqrt{2} < 1/q_m 2^{2^m}, \quad m \in \mathbb{N}^*.$$

mit keinem der schon konstruierten Kreise mit den Berührpunkten $a_0, a_1, \ldots, a_{i-1}$ schneidet.

Gibt es umgekehrt eine Lösung für die gegebene Menge A, so ist A notwendigerweise abzählbar. Insbesondere ist die gestellte Aufgabe für $A = \mathbb{R}$ nicht lösbar. Es genügt nach Satz 1.8.4 zu zeigen, dass $A \cap [n, n+1]$ für jedes $n \in \mathbb{Z}$ abzählbar ist. Sei A_q für $q \in \mathbb{N}^*$ die Menge der Punkte in $A \cap [n, n+1]$, für die der Radius des zugehörigen Kreises $\geq 1/q$ ist. In A_q liegen dann wegen obiger Schnittbedingung nur endlich viele Punkte (nämlich höchstens $(q+1)/2$). Folglich ist $A \cap [n, n+1] = \bigcup_{q \geq 1} A_q$ wiederum nach Satz 1.8.4 abzählbar. Die Idee dieses Verfahrens, die Abzählbarkeit von A zu zeigen, liegt vielen Abzählbarkeitsbeweisen zugrunde. – *Übrigens ist jede Menge $\mathcal{K}$ paarweise disjunkter Kreisscheiben in der Ebene $\mathbb{R}^2$ notwendigerweise abzählbar.* Eine Kreisscheibe $K \in \mathcal{K}$ enthält nämlich stets einen Punkt $(x_K, y_K) \in \mathbb{Q}^2 \cap K$, und $\mathcal{K} \to \mathbb{Q}^2$, $K \mapsto (x_K, y_K)$, ist injektiv sowie $\mathbb{Q}^2$ abzählbar. $\diamond$

Jede Menge A repräsentiert eine **Kardinalzahl** oder eine **Mächtigkeit**, die wir mit

$$|A| \quad \text{oder} \quad \text{Kard}\,A$$

bezeichnen, wobei zwei Mengen A und B dieselbe Kardinalzahl repräsentieren, wenn es eine bijektive Abbildung $A \xrightarrow{\sim} B$ gibt. Diese Bedingung definiert in der Tat eine Äquivalenzrelation auf jedem System von Mengen. Die Kardinalzahlen endlicher Mengen werden von den Anfangsabschnitten $\mathbb{N}^*_{\leq n}$, $n \in \mathbb{N}$, von $\mathbb{N}^*$ repräsentiert und können mit den natürlichen Zahlen identifiziert werden. Man setzt

$$|A| \leq |B|,$$

wenn es eine *injektive* Abbildung $A \to B$ gibt. Ist $|A| \leq |B|$, aber $|A| \neq |B|$, so schreiben wir

$$|A| < |B|.$$

Insbesondere ist $|A| \leq |B|$ für $A \subseteq B$. Bei endlichem B gilt hier das Gleichheitszeichen nur dann, wenn $A = B$ ist. Ist B jedoch nicht endlich, so gibt es stets *echte* Teilmengen $A \subset B$ mit $|A| = |B|$, vgl. Aufg. 1.8.3. Typische Beispiele sind die Mengen $\mathbb{N}^* \subset \mathbb{N} \subset \mathbb{Z} \subset \mathbb{Q}$, die alle die gleiche Mächtigkeit $\aleph_0 = |\mathbb{N}|$ haben. Ein echter Teil kann also genau so groß sein wie das Ganze. Dieses Phänomen hat lange Zeit für Irritationen bei der Behandlung unendlicher Mengen gesorgt und sogar (wie noch bei Gauß) dazu geführt, aktual unendliche Mengen auszuschließen. Es ist $\aleph_0 = |\mathbb{N}| < |\mathbb{R}| = \aleph$, vgl. Satz 1.8.12.

Die $\leq$-Relation für Kardinalzahlen ist trivialerweise reflexiv und transitiv. Dass sie auch antisymmetrisch und damit eine Ordnungsrelation ist, ist der Inhalt des folgenden

---

Übrigens: Wegen $p_{m+1}/q_{m+1} = (p_m^2 + 2q_m^2)/2p_m q_m = \frac{1}{2}(p_m/q_m + 2q_m/p_m)$ ist $x_m := p_m/q_m$, $m \in \mathbb{N}^*$, die Folge des Babylonischen Wurzelziehens für $a := 2$ gemäß Beispiel 3.3.7 und Aufg. 3.5.45, die mit dem Startwert $x_0 := p_0/q_0 = 1/1 = 1$ beginnt. – Ähnlich kann man für jede Wurzel $\sqrt{n}$, $n \in \mathbb{N}^*$ keine Quadratzahl, schließen.

berühmten Bernsteinschen Äquivalenzsatzes, der auch der **Satz von Bernstein-Schröder** (nach F. Bernstein (1878–1956) und E. Schröder (1841–1902)) heißt und erstaunlich elementar bewiesen werden kann.

Satz 1.8.16 (Bernsteinscher Äquivalenzsatz) *A und B seien Mengen. Gilt* $|A| \leq |B|$ *und auch* $|B| \leq |A|$, *so ist* $|A| = |B|$, *d. h. die Mengen A und B sind gleichmächtig.*

Beweis Seien $f \colon A \to B$ und $g \colon B \to A$ injektive Abbildungen. Zu $x \in A$ setzen wir nun $x_0 := x$; $x_1 := g^{-1}(x_0)$, falls $x_0 \in$ Bild g; $x_2 := f^{-1}(x_1)$, falls $x_1 \in$ Bild f, usw. Wir definieren $\ell(x) := n \in \mathbb{N}$, falls sich die so gewonnene Folge $x_0, x_1, \ldots, x_n$ nicht mehr verlängern lässt, und $\ell(x) := \infty$, falls auf diese Weise eine unendliche Folge konstruiert werden kann. Sei

$$A_0 := \{x \in A \mid \ell(x) \text{ gerade}\}, \quad A_1 := \{x \in A \mid \ell(x) \text{ ungerade}\},$$
$$A_\infty := \{x \in A \mid \ell(x) = \infty\}.$$

Dann ist $A = A_0 \uplus A_1 \uplus A_\infty$. Analog ist $B = B_0 \uplus B_1 \uplus B_\infty$ mit entsprechend definierten Mengen $B_0, B_1, B_\infty \subseteq B$. Es ist $f(A_1) \subseteq B_0, f(A_0) = B_1$ und $f(A_\infty) = B_\infty$, ferner $g(B_0) = A_1$. Somit ist die Abbildung $h \colon A \to B$ mit

$$h(x) := \begin{cases} f(x), \text{ falls } x \in A_0 \uplus A_\infty, \\ g^{-1}(x), \text{ falls } x \in A_1, \end{cases}$$

bijektiv, und A und B sind gleichmächtig.   □

Beispiel 1.8.17 Die folgende Aussage ist eine typische Anwendung des Bernsteinschen Äquivalenzsatzes: *Die Menge* $C = \mathrm{C}_{\mathbb{R}}(\mathbb{R})$ *der stetigen Funktionen* $\mathbb{R} \to \mathbb{R}$ *hat die Mächtigkeit des Kontinuums. Beweis.* Die Abbildung $\mathbb{R} \to C$, die jeder reellen Zahl a die konstante Funktion a zuordnet, ist injektiv. Also ist $|\mathbb{R}| = \aleph \leq |C|$. Die Abbildung $C \to \mathbb{R}^{\mathbb{Q}}$, die jeder stetigen Funktion $f \colon \mathbb{R} \to \mathbb{R}$ ihre Beschränkung $f|\mathbb{Q}$ auf $\mathbb{Q}$ zuordnet, ist ebenfalls injektiv, da eine stetige Funktion bereits durch ihre Werte auf $\mathbb{Q}$ eindeutig bestimmt ist (vgl. Aufg. 3.8.21: ist $x = \lim x_n$ mit $x \in \mathbb{R}$ und $x_n \in \mathbb{Q}$, $n \in \mathbb{N}$, so ist $f(x) = \lim f(x_n)$). Wegen $|\mathbb{R}^{\mathbb{Q}}| = \aleph$, vgl. Beispiel 1.8.14, gilt also auch $|C| \leq \aleph$. Mit dem Bernsteinschen Äquivalenzsatz ergibt sich insgesamt $|C| = \aleph$, wie behauptet.   □

Wir bemerken, dass die Menge $\mathbb{R}^{\mathbb{R}}$ aller Abbildungen von $\mathbb{R}$ in sich wegen $\{0, 1\}^{\mathbb{R}} \subseteq \mathbb{R}^{\mathbb{R}}$ nach 1.8.9 eine größere Mächtigkeit als $\mathbb{R}$ hat. Aus $|\mathbb{R}| = |\{0, 1\}^{\mathbb{N}}|$ und $|\mathbb{N} \times \mathbb{R}| = |\mathbb{R}|$ folgt aber $|\mathbb{R}^{\mathbb{R}}| = |\{0, 1\}^{\mathbb{N} \times \mathbb{R}}| = |\{0, 1\}^{\mathbb{R}}| = |\mathfrak{P}(\mathbb{R})|$.   ◇

Die Ordnung $\leq$ *auf den Kardinalzahlen ist vollständig, d. h. je zwei Kardinalzahlen sind vergleichbar.* Mit anderen Worten:

Satz 1.8.18 (Vergleichssatz für Kardinalzahlen) *Seien A und B Mengen. Dann gibt es eine injektive Abbildung $A \to B$ oder eine injektive Abbildung $B \to A$, d. h. es gilt $|A| \leq |B|$ oder $|B| \leq |A|$.*

Beweis Der Beweis ist zwar einfach, benutzt aber das Zornsche Lemma 1.4.15. Wir betrachten die Menge $\mathfrak{M}$ der Tripel, (M, f, N), wobei $M \subseteq A$ und $N \subseteq B$ ist sowie $f : M \xrightarrow{\sim} N$ eine bijektive Abbildung. Für $(M, f, N), (R, g, S) \in \mathfrak{M}$ setzen wir

$$(M, f, N) \leq (R, g, S) \iff M \subseteq R, \ N \subseteq S \text{ und } f = \Gamma_f \subseteq \Gamma_g = g \text{ (d. h. } f = g|M).$$

Trivialerweise handelt es sich dabei um eine Ordnung auf $\mathfrak{M}$. Diese Ordnung ist sogar (strikt) induktiv: Ist nämlich (M_i, f_i, N_i), $i \in I$, eine Kette in $\mathfrak{M}$, so ist (M, f, N) mit $M := \bigcup_{i \in I} M_i$, $N := \bigcup_{i \in I} N_i$ und $\Gamma_f := \bigcup_{i \in I} \Gamma_{f_i}$ die obere Grenze für diese Kette. Nach dem Zornschen Lemma 1.4.15 besitzt $\mathfrak{M}$ ein maximales Element (M_0, f_0, N_0). Es genügt zu zeigen, dass $M_0 = A$ oder $N_0 = B$ ist. Gäbe es aber Elemente $a \in A - M_0$, $b \in B - N_0$, so wäre (M_0', f_0', N_0') mit $M_0' := M_0 \uplus \{a\}$, $N_0' := N_0 \uplus \{b\}$ und $\Gamma_{f_0'} := \Gamma_{f_0} \uplus \{(a, b)\}$ ein echt größeres Element in $\mathfrak{M}$ als (M_0, f_0, N_0). Widerspruch! $\square$

Mengenoperationen lassen sich auf Kardinalzahlen übertragen. Sind $\alpha = |A|$ und $\beta = |B|$ Kardinalzahlen, so setzt man

$$\alpha + \beta := |A \uplus B|, \quad \alpha \cdot \beta := |A \times B| \quad \text{und} \quad \beta^\alpha = \left| B^A \right| \ (= |\mathrm{Abb}(A, B)|).$$

Für endliche Kardinalzahlen stimmen diese Operationen mit den üblichen Rechenoperationen auf $\mathbb{N}$ überein. Beispielsweise ist $\aleph = 2^{\aleph_0}$, $\aleph^n = \aleph^{\aleph_0} = \aleph$ für alle $n \in \mathbb{N}^*$ und $\aleph^\aleph = 2^\aleph$, vgl. die Beispiele 1.8.14 und 1.8.17. Allgemein sind Summe und Produkt von Kardinalzahlen kommutativ und assoziativ. Ferner gilt die Potenzrechenregel $(\alpha^\beta)^\gamma = \alpha^{\beta \cdot \gamma}$ (wegen $|(A^B)^C| = |A^{B \times C}|$ für beliebige Mengen A, B, C, vgl. Aufg. 1.2.19). Für jede Kardinalzahl α gilt $\alpha < 2^\alpha$ nach Satz 1.8.9. Summe und Produkt lassen sich für beliebige Familien $\alpha_i = |A_i|$, $i \in I$, von Kardinalzahlen definieren:

$$\sum_{i \in I} \alpha_i := \left| \biguplus_{i \in I} A_i \right| \quad \text{und} \quad \prod_{i \in I} \alpha_i := \left| \prod_{i \in I} A_i \right|.$$

Alle diese Rechenoperationen sind wohldefiniert, d. h. unabhängig von den gewählten Repräsentanten A, B, A_i, $i \in I$, der beteiligten Kardinalzahlen.

Wir haben bereits die Gleichungen $\aleph_0 \cdot \aleph_0 = \aleph_0$ und $\aleph \cdot \aleph = \aleph$ bewiesen, vgl. Lemma 1.8.2 und Beispiel 1.8.14. Ganz allgemein gilt die folgende wichtige und vielleicht überraschende Aussage:

Satz 1.8.19 (Produktsatz für unendliche Mengen) *Für eine beliebige unendliche Kardinalzahl α gilt $\alpha \cdot \alpha = \alpha$.*

Beweis Wir haben zu zeigen: Ist A eine unendliche Menge, so ist $|A| \cdot |A| = |A \times A| = |A|$. Dazu betrachten wir die Menge $\mathcal{M}$ der Paare (M, f), wo $M \subseteq A$ eine unendliche Teilmenge von A ist und $f \colon M \to M \times M$ eine bijektive Abbildung. Da A eine abzählbar unendliche Teilmenge besitzt, gibt es solche Paare. Für $(M, f), (N, g) \in \mathcal{M}$ setzen wir

$$(M, f) \leq (N, g) \quad \text{genau dann, wenn } M \subseteq N \text{ und } g|M = f.$$

Dadurch wird offenbar eine Ordnung auf $\mathcal{M}$ definiert. Ist (M_i, f_i), $i \in I$, eine nichtleere Kette in $\mathcal{M}$ und $M := \bigcup_{i \in I} M_i$, so ist $M \times M = \bigcup_{i \in I} M_i \times M_i$ und die bijektiven Abbildungen $f_i \colon M_i \to M_i \times M_i$ definieren eine bijektive Abbildung $f \colon M \to M \times M$ mit $f|M_i = f_i$, $i \in I$. Folglich ist (M, f) eine obere Grenze der betrachteten Kette. $\mathcal{M}$ ist also strikt induktiv geordnet. Nach dem Zornschen Lemma 1.4.15 besitzt $\mathcal{M}$ nun ein maximales Element (M_0, f_0). Insbesondere ist $|M_0| \cdot |M_0| = |M_0|$. In der Regel ist aber $M_0 \neq A$. (Man konstruiere dafür Beispiele!) Es genügt jedoch zu zeigen, dass $|A - M_0| \leq |M_0|$ ist; denn dann ist $|M_0| \leq |A| = |M_0| + |A - M_0| \leq 2 \cdot |M_0| \leq |M_0| \cdot |M_0| = |M_0|$, also $|A| = |M_0|$ (da $\leq$ für Kardinalzahlen nach dem Bernsteinschen Äquivalenzsatz 1.8.16 eine Ordnung ist) und $|A \times A| = |A|$.

Wäre aber $|A - M_0| \not\leq |M_0|$, so würde nach dem Vergleichssatz 1.8.18 $|M_0| \leq |A - M_0|$ gelten. D. h. es gäbe eine Teilmenge $N_0 \subseteq A - M_0$ mit $|N_0| = |M_0|$. Dann wäre

$$(M_0 \uplus N_0) \times (M_0 \uplus N_0) = (M_0 \times M_0) \uplus \big((M_0 \times N_0) \uplus (N_0 \times M_0) \uplus (N_0 \times N_0)\big)$$

und $|(M_0 \times N_0) \uplus (N_0 \times M_0) \uplus (N_0 \times N_0)| = 3 \cdot |N_0 \times M_0| = |N_0|$. Es gäbe also eine bijektive Abbildung $f_1 \colon N_0 \to (M_0 \times N_0) \uplus (N_0 \times M_0) \uplus (N_0 \times N_0)$, die zusammen mit der Abbildung $f_0 \colon M_0 \to M_0 \times M_0$ eine bijektive Fortsetzung $g_0 \colon M_0 \uplus N_0 \to (M_0 \uplus N_0) \times (M_0 \uplus N_0)$ von f_0 definierte, was der Maximalität von (M_0, f_0) widerspricht. □

Kardinalzahlen sind durch $\leq$ sogar wohlgeordnet. Wir formulieren dies folgendermaßen:

Satz 1.8.20 (Wohlordnung von Kardinalzahlen) *Sei α_i, $i \in I$, eine nichtleere Familie von Kardinalzahlen. Dann gibt es ein $i_0 \in I$ mit $\alpha_{i_0} \leq \alpha_i$ für alle $i \in I$.*

Beweis Sei $\alpha_i = |A_i|$ und A eine Menge mit $A_i \subseteq A$ und $|A_i| < |A|$ für alle $i \in I$. Wir wählen eine Wohlordnung auf A gemäß Satz 1.4.17. Nach dem unten folgenden Vergleichssatz 1.8.25 für Ordinalzahlen gibt es für jedes $i \in I$ ein (eindeutig bestimmtes) Element $a_i \in A$ derart, dass A_i (bzgl. der von A induzierten Wohlordnung) ordnungsisomorph und insbesondere gleichmächtig zum Anfangsabschnitt $A_{<a_i} = \{a \in A \mid a < a_i\}$

ist. Da A wohlgeordnet ist, gibt es ein $i_0 \in I$ mit $a_{i_0} \leq a_i$ für alle $i \in I$. Dann ist $A_{<a_{i_0}} \subseteq A_{<a_i}$ und folglich $\alpha_{i_0} = |A_{i_0}| = |A_{<a_{i_0}}| \leq |A_{<a_i}| = \alpha_i$ für alle $i \in I$. $\square$

Bemerkung 1.8.21 (Kontinuumshypothese) $\aleph_0 = |\mathbb{N}|$ ist die kleinste unendliche Kardinalzahl, und es ist $\aleph_0 < \aleph \ (= 2^{\aleph_0} = |\mathbb{R}|)$. Die sogenannte **(Cantorsche) Kontinuumshypothese** besagt, dass es keine Kardinalzahl α mit $\aleph_0 < \alpha < \aleph$ gibt, mit anderen Worten, dass jede überabzählbare Teilmenge von $\mathbb{R}$ gleichmächtig zu $\mathbb{R}$ ist. Bezeichnet $\aleph_1$ den Nachfolger von $\aleph_0$, d. h. die kleinste Kardinalzahl $> \aleph_0$, wie sie nach Satz 1.8.20 existiert, so ist $\aleph_0 < \aleph_1 \leq \aleph$ und die Kontinuumshypothese besagt $\aleph_1 = \aleph$. Nach K. Gödel (1906–1978) gibt es ein Modell der axiomatischen Mengenlehre, vgl. Bemerkung 1.1.1, in dem die Kontinuumshypothese gilt, und nach P. J. Cohen (1934–2007) gibt es auch ein Modell, in dem sie nicht gilt. Es ist immer noch ein Problem, ein *natürliches* (leicht zu akzeptierendes) Axiomensystem für die Mengentheorie zu finden, bei dem die Gültigkeit oder Nichtgültigkeit der Kontinuumshypothese bewiesen werden kann. Die **allgemeine Kontinuumshypothese** besagt, dass allgemein 2^α der Nachfolger einer jeden unendlichen Kardinalzahl α ist. Über die Gültigkeit bzw. Nichtgültigkeit dieser allgemeinen Kontinuumshypothese gilt Analoges wie für die spezielle Kontinuumshypothese. $\Diamond$

Bemerkung 1.8.22 (Ordinalzahlen) In dieser Bemerkung, die beim ersten Lesen übergangen werden kann, geben wir eine kurze Einführung in die Theorie der Ordinalzahlen. Sie benutzt wohlgeordnete Mengen, für deren grundlegende Eigenschaften wir auf das Ende von Abschn. 1.4 verweisen. Wegen der großen Bedeutung formulieren wir das Beweisprinzip der artinschen Induktion 1.4.20 noch einmal speziell für wohlgeordnete Mengen:

Satz 1.8.23 (Transfinite Induktion) *Sei A eine wohlgeordnete Menge. Jedem $a \in A$ sei eine Aussage $S(a)$ zugeordnet. Gilt dann für jedes $a \in A$ die Aussage $S(a)$ unter der Voraussetzung, dass $S(b)$ gilt für alle $b < a$, so gilt $S(a)$ für alle $a \in A$.*

Eine **Ordinalzahl** ist definitionsgemäß der Ordnungstyp einer wohlgeordneten Menge A, der mit

$$\text{Ord } A$$

bezeichnet wird. Zwei wohlgeordnete Mengen A und B definieren also dieselbe Ordinalzahl, wenn A und B ordnungsisomorph sind. Insbesondere sind dann A und B gleichmächtig und definieren dieselbe Kardinalzahl. Die Zuordnung $\sigma = \text{Ord } A \mapsto \text{Kard } A =:$ Kard σ von den Ordinalzahlen in die Kardinalzahlen ist daher wohldefiniert und überdies surjektiv, da nach Satz 1.4.17 jede Menge wohlgeordnet werden kann. Weil zwei *endliche* wohlgeordnete (d. h. total geordnete) Mengen mit gleich vielen Elementen ordnungsisomorph sind, liefert diese Zuordnung eine bijektive Abbildung der Menge der endlichen Ordinalzahlen auf die Menge der endlichen Kardinalzahlen, die folglich beide mit der

Menge $\mathbb{N}$ der natürlichen Zahlen identifiziert werden können.[35] Man setzt

$$\omega := \operatorname{Ord} \mathbb{N}.$$

Es ist also Kard $\omega = \aleph_0$. Grundlegend ist das folgende Lemma:

Lemma 1.8.24 *Sind A und B isomorphe wohlgeordnete Mengen, so gibt es genau einen Ordnungsisomorphismus $f: A \to B$. Insbesondere ist id_A der einzige Ordnungsisomorphismus $A \to A$.*

Beweis Der Beweis fußt auf einem auch für sich interessanten Hilfssatz:

Hilfssatz *Ist A eine wohlgeordnete Menge und $h: A \to A$ eine streng monoton wachsende Abbildung, so ist $x \leq h(x)$ für alle $x \in A$. – Insbesondere ist A zu keinem seiner offenen Anfangsabschnitte $A_{<a}$, $a \in A$, ordnungsisomorph.*

Zum *Beweis des Hilfssatzes* sei $C := \{x \in A \mid h(x) < x\}$. Wäre $C \neq \emptyset$, so enthielte C ein kleinstes Element c. Nach Definition von C gilt $h(c) < c$. Da h streng monoton wachsend ist, ist dann $h(h(c)) < h(c)$. Da andererseits $h(c) \notin C$ ist (wegen der Minimalität von c), ist $h(c) \leq h(h(c))$. Widerspruch! – Um den Zusatz im Hilfssatz zu beweisen, nehmen wir an, dass es für ein $a \in A$ eine streng monoton wachsende Abbildung $h': A \to A_{<a}$ gibt. Die Komposition $h := \iota \circ h': A \to A$ mit der kanonischen Injektion $\iota: A_{<a} \to A$ ist dann eine streng monoton wachsende Abbildung mit $h(a) < a$, die es nach dem vorher Gezeigten nicht geben kann.

Um nun das Lemma zu beweisen, seien $f, g: A \to B$ Ordnungsisomorphismen, also streng monoton wachsende bijektive Abbildungen. Dann sind auch $f^{-1}g, g^{-1}f: A \to A$ streng monoton wachsend. Nach dem Hilfssatz gilt $x \leq (f^{-1}g)(x)$ und $x \leq (g^{-1}f)(x)$ für alle $x \in A$. Es folgt $f(x) \leq f((f^{-1}g)(x)) = g(x)$ und analog $g(x) \leq f(x)$ Somit gilt $f(x) = g(x)$ für alle $x \in A$. $\square$

Die folgende Aussage ist die Grundlage für den Vergleich von Ordinalzahlen.

Satz 1.8.25 (Vergleichssatz für Ordinalzahlen) *Seien A und B wohlgeordnete Mengen. Dann tritt genau einer der folgenden drei Fälle auf:*

(1) *A und B sind ordnungsisomorph.*
(2) *Es gibt ein $b \in B$ und einen Ordnungsisomorphismus $A \overset{\sim}{\to} B_{<b}$. Dabei sind b und der Isomorphismus eindeutig bestimmt.*
(3) *Es gibt ein $a \in A$ und einen Ordnungsisomorphismus $B \overset{\sim}{\to} A_{<a}$. Dabei sind a und der Isomorphismus eindeutig bestimmt.*

---

[35] Dies ist wohl der Hintergrund dafür, dass im täglichen Leben Kardinalzahlen und Ordinalzahlen nicht immer deutlich unterschieden werden.

Beweis Die Eindeutigkeitsaussagen sind nach Lemma 1.8.24 und dem dabei benutzten Hilfssatz klar. Zum Beweis der Existenzaussagen betrachten wir die Menge A' derjenigen $a' \in A$, für die es ein $b' \in B$ gibt und einen Ordnungsisomorphismus $A_{<a'} \to B_{<b'}$. Das Element $f(a') := b' \in B$ ist dann (wie der Isomorphismus) eindeutig durch a' bestimmt. Die so definierte Abbildung $f: A' \to B$ ist streng monoton wachsend, und A' enthält mit jedem Element a' alle Elemente $\leq a'$. Es ist also entweder $A' = A$ oder $A' = A_{<a}$ für ein $a \in A$. Entsprechendes gilt für das Bild $B' := f(A')$. Ist $A' = A$, so gilt (1) oder (2). Analog gilt (1) oder (3), wenn $B' = B$ ist. Ist aber $A' = A_{<a}$ und $B' = B_{<b}$, so ist $f: A' \to B'$ ein Ordnungsisomorphismus und $a \in A'$. Widerspruch! $\qquad\square$

Sind A und B wohlgeordnete Mengen, die die Ordinalzahlen $\sigma = \mathrm{Ord}\, A$ und $\tau = \mathrm{Ord}\, B$ repräsentieren, so setzen wir

$$\sigma \leq \tau,$$

falls A zu B oder einem offenen Anfangsabschnitt $B_{<b}$ von B ordnungsisomorph ist. Nach dem Vergleichssatz 1.8.25 ist dies genau dann der Fall, wenn es eine streng monoton wachsende Abbildung $A \to B$ gibt. Der Vergleichssatz zeigt überdies, dass dies eine vollständige Ordnung für Ordinalzahlen liefert. $\omega = \mathrm{Ord}\,\mathbb{N}$ ist die kleinste unendliche Ordinalzahl. Ist A eine wohlgeordnete Menge, so ist $\mathrm{Ord}(A_{<a}) < \mathrm{Ord}\, A$ für jedes $a \in A$. Ist A unendlich, so gibt es aber echte Teilmengen $A' \subset A$ mit $\mathrm{Ord}\, A' = \mathrm{Ord}\, A$. Für endliche Ordinalzahlen stimmt die hier definierte Ordnung mit der natürlichen Ordnung auf $\mathbb{N}$ überein. Analog wie den Wohlordnungssatz 1.8.20 für Kardinalzahlen beweist man den folgenden Wohlordnungssatz für Ordinalzahlen, was wir dem Leser überlassen.

Satz 1.8.26 (Wohlordnung von Ordinalzahlen) *Sei σ_i, $i \in I$, eine nichtleere Familie von Ordinalzahlen. Dann gibt es ein $i_0 \in I$ mit $\sigma_{i_0} \leq \sigma_i$ für alle $i \in I$.*

Gewisse Operationen für wohlgeordnete Mengen lassen sich auf Ordinalzahlen übertragen. Sind $\sigma = \mathrm{Ord}\, A$ und $\tau = \mathrm{Ord}\, B$ Ordinalzahlen, so setzt man

$$\sigma + \tau := \mathrm{Ord}(A \uplus B), \quad \sigma \cdot \tau := \mathrm{Ord}(B \times A).$$

Die disjunkte Vereinigung $A \uplus B$ trägt die Summenordnung mit $a < b$ für $a \in A$, $b \in B$ und das Produkt $B \times A$ die lexikographische Ordnung. Man beachte bei der Definition des Produkts die geänderte Reihenfolge der Faktoren (die schon auf Cantor zurückgeht). Addition und Multiplikation von Ordinalzahlen sind offenbar assoziativ. Für jede Ordinalzahl σ ist $\sigma + 1 (\neq \sigma)$ der direkte Nachfolger von σ. Ist σ unendlich, so ist aber $1 + \sigma = \sigma$. *Die Addition von Ordinalzahlen ist also nicht kommutativ. Es ist $\sigma < \sigma + \tau$ für jede Ordinalzahl $\tau \neq 0$. Auch die Multiplikation ist nicht kommutativ. So ist $2 \cdot \omega = \omega$, aber $\omega \cdot 2 = \omega + \omega \neq \omega$:*

$$2 \cdot \omega: \quad (0,1) < (0,2) < (1,1) < (1,2) < (2,1) < (2,2) < \cdots$$
$$\omega \cdot 2: \quad (1,0) < (1,1) < (1,2) < \cdots < (2,0) < (2,1) < (2,2) < \cdots.$$

Die Gleichung $\omega = 2 \cdot \omega = (1 + 1) \cdot \omega \neq 1 \cdot \omega + 1 \cdot \omega = \omega + \omega$ zeigt, dass das Rechtsdistributivgesetz nicht gilt. Dagegen gilt das Linksdistributivgesetz $\rho \cdot (\sigma + \tau) = \rho \cdot \sigma + \rho \cdot \tau$ für alle Ordinalzahlen σ, τ. Beweis!

Potenzen von Ordinalzahlen sind zunächst nicht definiert, da die Potenz $B^A = $ Abb(A, B) wohlgeordneter Mengen mit der lexikographischen Ordnung nicht mehr wohlgeordnet ist, wenn A unendlich ist und B mindestens zwei Elemente enthält. Man kann die Potenzen aber definieren durch transfinite Rekursion. Dafür benötigt man zunächst den Begriff des **Limes** $\lim_{i \in I} \sigma_i$ einer Familie σ_i, $i \in I$, von Ordinalzahlen. Wir können die σ_i repräsentieren durch Anfangsabschnitte $A_{<a_i}$ ein und derselben wohlgeordneten Menge A. Dann ist

$$\lim_{i \in I} \sigma_i := \text{Ord} \bigcup_{i \in I} A_{<a_i}.$$

Beispielsweise ist $\omega = \lim_{n \in \mathbb{N}} n$. Allgemeiner gilt: Besitzt die wohlgeordnete Menge $A \neq \emptyset$ kein größtes Element, so ist $\sigma = \text{Ord} A = \lim_{a \in A} \text{Ord} A_{<a} = \lim_{\tau < \sigma} \tau$. Ordinalzahlen $\sigma \neq 0$ dieser Art heißen **Limeszahlen**. Sie sind notwendigerweise unendlich. Jede Nicht-Limeszahl $\sigma \neq 0$ ist ein direkter Nachfolger $\sigma = \sigma' + 1$.

Wir können die **Potenzen** σ^τ von Ordinalzahlen nun rekursiv folgendermaßen definieren:

$$\sigma^0 = 1; \quad \sigma^{\tau+1} = \sigma^\tau \cdot \sigma; \quad \sigma^\tau = \lim_{0 < \rho < \tau} \sigma^\rho, \text{ falls } \tau \text{ Limeszahl.}$$

Ist $\tau = n$ endlich, so ist $\sigma^\tau = \sigma^n$ das n-fache Produkt von σ mit sich selbst. Man versuche eine Vorstellung von $\sigma^\omega = \lim_{n \in \mathbb{N}} \sigma^n$ zu entwickeln. Die Ordinalzahl ω^ω ist offenbar abzählbar. Sie darf nicht mit dem Ordnungstyp von $\mathbb{N}^{\mathbb{N}}$ bzgl. der lexikographischen Ordnung verwechselt werden. Letzterer ist überabzählbar und gleich dem Ordnungstyp des halboffenen reellen Intervalls $[0, 1[$ oder von $\mathbb{R}_+$ (und insbesondere keine Wohlordnung), vgl. Aufg. 1.8.14b).

Wir haben zur Definition der Potenzen das Prinzip der transfiniten Rekursion benutzt. Es verläuft völlig analog zur rekursiven Definition von Folgen $\mathbb{N} \to X$ mit Werten in einer Menge X, vgl. Abschn. 1.5, und wird analog wie dort jetzt durch transfinite Induktion bewiesen.

Satz 1.8.27 (Transfinite Rekursion) *Sei A eine wohlgeordnete Menge. Ferner sei $h_a: X^{A_{<a}} \to X$, $a \in A$, eine Familie von Abbildungen (**Rekursionsgleichungen**). Insbesondere wird, falls $A \neq \emptyset$ ist, für das kleinste Element $0 \in A$ die Abbildung $h_0: \{\emptyset\} \to X$ durch ein Element $x_0 \in X$ gegeben (**Rekursionsanfang**). Dann gibt es genau eine Abbildung $H: A \to X$ mit $H(a) = h_a(H|A_{<a})$ für alle $a \in A$.*

Man könnte auch das Produkt $\sigma \cdot \tau$ von Ordinalzahlen rekursiv definieren, und zwar durch folgendes Schema:

$$\sigma \cdot 0 = 0; \quad \sigma \cdot (\tau + 1) = \sigma \cdot \tau + \sigma; \quad \sigma \cdot \tau = \lim_{\rho < \tau} \sigma \cdot \rho, \text{ falls } \tau \text{ Limeszahl.}$$

Wir haben schon mehrfach bemerkt, dass eine unendliche Menge mehrere nicht isomorphe Wohlordnungen besitzt. Es gilt sogar:

Satz 1.8.28 *Sei α eine unendliche Kardinalzahl und die Kardinalzahl β der direkte Nachfolger von α. Dann ist der Ordnungstyp der (wohlgeordneten) Menge der Wohlordnungen mit Kardinalzahl α die kleinste Ordinalzahl mit Kardinalzahl β. Folglich gibt es auf einer Menge mit Kardinalzahl α genau β paarweise nicht isomorphe Wohlordnungen.*

Beweis Sei B eine Menge mit Kardinalzahl β, versehen mit der kleinsten Wohlordnung zur Kardinalzahl β, vgl. Satz 1.8.26. (Dies ist eine Limeszahl.) Dann ist $|B_{<b}| < \beta$ für alle $b \in B$, und jede Wohlordnung zur Kardinalzahl α ist isomorph zu genau einem Abschnitt $B_{<b}$, $b \in B$, von B, vgl. Satz 1.8.25. Daher ist die geordnete Menge der Ordinalzahlen mit Kardinalzahl α isomorph zur Menge $B_\alpha := \{b \in B \mid |B_{<b}| = \alpha\}$, versehen mit der von B induzierten Ordnung. Diese ist, wiederum nach dem Vergleichssatz 1.8.25, isomorph zu einem Abschnitt von B oder zu B selbst. Ist c das kleinste Element von B_α, so ist $|B_{<c}| = \alpha$ und $B_\alpha = B_{\geq c}$. Wegen $\alpha < \beta$ und $B = B_{<c} \uplus B_{\geq c}$ ist $\beta = |B| = |B_{<c}| + |B_{\geq c}| = \mathrm{Max}\,(|B_{<c}|, |B_{\geq c}|) = |B_{\geq c}|$, vgl. Aufg. 1.8.15a), und B_α kann nicht isomorph zu einem Abschnitt von B sein, da dieser eine Kardinalzahl $< \beta$ hat. $\qquad\square$

Man nennt die Menge der Ordinalzahlen zu einer festen Kardinalzahl α die **Zahlklasse** von α und ihr kleinstes Element die **Anfangszahl** von α. Die Zahlklasse von $\aleph_0$ heißt die **erste Zahlklasse**. Nach Satz 1.8.28 ist ihre Kardinalzahl der Nachfolger $\aleph_1$ von $\aleph_0$. Die Anfangszahl von $\aleph_0$ ist ω. Die Kontinuumshypothese $\aleph = \aleph_1$, vgl. Bemerkung 1.8.21, lässt sich also folgendermaßen formulieren: Die Menge $\mathbb{N}$ besitzt kontinuumviele paarweise nicht isomorphe Wohlordnungen. $\qquad\qquad\diamond$

Aufgaben

Aufgabe 1.8.1 Man zeige, dass die Abbildung $\mathbb{R} \to \,]{-}1, 1[$, $x \mapsto x/(1 + |x|)$, die im Beweis von Satz 1.8.12 benutzt wurde, bijektiv ist.

Aufgabe 1.8.2 Man begründe, dass die Menge $\mathbb{R}$ aller reellen Zahlen und die Menge $\mathbb{R} - \mathbb{Q}$ der irrationalen Zahlen gleichmächtig sind (Beispiel 1.8.11).

Aufgabe 1.8.3 Für eine Menge A sind äquivalent: (i) A ist unendlich (d. h. nicht endlich). (ii) Es gibt eine echte Teilmenge von A, die zu A gleichmächtig ist. (iii) Es gibt eine injektive Abbildung $A \to A$, die nicht surjektiv ist. (iv) Es gibt eine surjektive Abbildung $A \to A$, die nicht injektiv ist. (R. Dedekind (1831–1916) hat diese Charakterisierungen zur *Definition* unendlicher Mengen benutzt.)

Aufgabe 1.8.4 Die Menge der (unendlichen) Folgen mit Elementen aus einer mindestens zweielementigen Menge ist überabzählbar.

Aufgabe 1.8.5 Sei $f: A \to B$ eine Abbildung. Ist B abzählbar und sind alle Fasern von f abzählbar, so ist auch A abzählbar.

Aufgabe 1.8.6 Die Abbildung $\mathbb{N} \times \mathbb{N} \to \mathbb{N}$ des Cauchyschen Diagonalverfahrens wird explizit durch $(m,n) \longmapsto \frac{1}{2}(m+n+1)(m+n) + n$ gegeben. Man beweise direkt, dass diese Abbildung bijektiv ist.

Aufgabe 1.8.7 In Verallgemeinerung von Aufg. 1.8.6 beweise man für $k \geq 1$ die Bijektivität der Abbildung $f_k: \mathbb{N}^k \to \mathbb{N}$ mit

$$(m_1, m_2, \ldots, m_k) \longmapsto \binom{m_1}{1} + \binom{m_1 + m_2 + 1}{2} + \cdots + \binom{m_1 + \cdots + m_k + k - 1}{k}.$$

Man gewinnt das Urbild $f_k^{-1}(n)$ für $n \in \mathbb{N}$ rekursiv durch folgenden gierigen Algorithmus: Man bestimmt das größte $\ell \in \mathbb{N}$ mit $\binom{\ell+k-1}{k} \leq n$ und dann $f_{k-1}^{-1}\left(n - \binom{\ell+k-1}{k}\right)$.

Aufgabe 1.8.8 Man zeige konstruktiv ohne Benutzung des Bernsteinschen Äquivalenzsatzes, dass die Mengen $\mathbb{R}$ und $\mathbb{R} \times \mathbb{N}$ gleichmächtig sind.

Aufgabe 1.8.9 Seien $B \subseteq \mathbb{R}^2$ eine abzählbare Menge und R_n, $n \in \mathbb{N}$, eine Folge positiver reeller Zahlen mit $\lim R_n = 0$.[36] Dann gibt es eine Folge K_n paarweise disjunkter Kreise (wie in Fußnote 32 zu Beispiel 1.8.15) in $\mathbb{R}^2$ mit den Radien R_n, $n \in \mathbb{N}$, deren Vereinigung B umfasst. (Wählt man zum Beispiel $B := \mathbb{Q}^2$, so gibt es keinen Kreis mehr, der ganz im Komplement von $\bigcup_{n\in\mathbb{N}} K_n$ liegt. Es ist jedoch nicht möglich, die ganze Ebene $\mathbb{R}^2$ mit paarweise disjunkten Kreisen zu überdecken, vgl. Aufg. 3.4.20.)

Aufgabe 1.8.10 Die Menge der Polynome mit rationalen Koeffizienten ist abzählbar, die der Polynome mit beliebigen reellen (oder komplexen) Koeffizienten hat die Mächtigkeit des Kontinuums.

Aufgabe 1.8.11 Ein Barbier behauptet, er rasiere genau die Männer seines Dorfes, die sich nicht selbst rasieren. Man zeige, dass der Barbier mit dieser Aussage lügt oder eine Frau ist. (Vgl. Satz 1.8.9.)

Aufgabe 1.8.12
a) Die Menge $\mathfrak{E}(\mathbb{N})$ der endlichen Teilmengen von $\mathbb{N}$ besitzt eine wohlgeordnete kofinale Teilmenge (bzgl. der Inklusion), vgl. Aufg. 1.4.6.

---

[36] Zu jedem $\varepsilon > 0$ gibt es also ein $n_0 \in \mathbb{N}$ mit $R_n \leq \varepsilon$ für alle $n \geq n_0$, vgl. Definition 3.2.1.

b) Ist X eine nicht abzählbare unendliche Menge, so gibt es keine kofinale Kette in der Menge $\mathfrak{E}(X)$ der endlichen Teilmengen von X. (Jede Kette $\mathcal{K} \subseteq \mathfrak{E}(X)$ ist wohlgeordnet und abzählbar; denn $K \mapsto |K|$ ist eine injektive streng monotone Abbildung $\mathcal{K} \to \mathbb{N}$. – Man beachte, dass $\mathfrak{E}(X)$ ein Verband und insbesondere nach oben gerichtet ist. Jede unendliche Kette in $\mathfrak{E}(X)$ ist schwach kofinal.)

c) Ist A ein abzählbarer Verband, so besitzt A eine wohlgeordnete kofinale Teilmenge. (Ist $A = \{a_0, a_1, a_2, \ldots\}$, so ist $\{\mathrm{Sup}(a_0, \ldots, a_n) = a_0 \vee \cdots \vee a_n \mid n \in \mathbb{N}\}$ solch eine Teilmenge.)

d) Besitzt die geordnete Menge A eine abzählbare total geordnete kofinale Teilmenge, so gibt es in A eine streng monoton wachsende (endliche oder unendliche) kofinale Folge $a_0 < a_1 < a_2 < \cdots$.

e) Es gibt wohlgeordnete Mengen ohne abzählbare kofinale Teilmengen. (Beispiele sind etwa die wohlgeordneten Mengen, die die Anfangszahl einer Kardinalzahl α' repräsentiert, wobei α' der Nachfolger einer unendlichen Kardinalzahl α ist, vgl. die Bemerkungen im Anschluss an den Beweis von Satz 1.8.28.)

Aufgabe 1.8.13 Sei $(A, \leq)$ eine geordnete Menge. Eine Teilmenge $D \subseteq A$ heißt **dicht in** A, wenn zu je zwei Elementen $a, b \in A$ mit $a < b$ ein $d \in D$ existiert mit $a < d < b$. Die Ordnung $\leq$ heißt **dicht**, wenn A dicht in A. Ist D dicht in A, so ist D auch dicht in jeder Teilmenge von A, die D umfasst. Ist D dicht in A und D' dicht in D, so ist D' dicht in A. Ist A dicht und besitzt A zwei verschiedene vergleichbare Elemente, so ist A unendlich. $\mathbb{Q}$ und (z. B.) auch die Menge $\mathbb{Z}_2 := \{a/2^n \mid a \in \mathbb{Z}, n \in \mathbb{N}\}$ ist dicht in $\mathbb{R}$.

a) Zu jeder abzählbaren vollständig geordneten Menge A gibt es eine streng monoton wachsende Abbildung $f \colon A \to \mathbb{Q}$, d. h. jede abzählbare vollständig geordnete Menge ist ordnungsisomorph zu einer Teilmenge von $\mathbb{Q}$. (Man benutze eine Abzählung $a_0, a_1, a_2, \ldots$ der Elemente von A und definiere f rekursiv.)

b) Genau dann ist A ordnungsisomorph zu $\mathbb{Q}$, wenn A folgende Eigenschaften besitzt: (1) A ist nichtleer und abzählbar. (2) A ist dicht. (3) A ist vollständig geordnet. (4) A besitzt weder ein kleinstes noch ein größtes Element. – Insbesondere ist jede abzählbare Teilmenge von $\mathbb{R}$, die $\mathbb{Q}$ umfasst, ordnungsisomorph zu $\mathbb{Q}$.

c) Ist A ordnungsisomorph zu $\mathbb{Q}$ und ist $E \subseteq A$ eine endliche Teilmenge von A, so ist auch $A - E$ ordnungsisomorph zu $\mathbb{Q}$.

d) Man folgere, dass $\mathbb{R}$ nicht abzählbar ist. (Wäre $\mathbb{R}$ abzählbar, so wäre $\mathbb{R}$ ordnungsisomorph zu $\mathbb{Q}$ und damit auch zu $\mathbb{R} - \{0\}$. Man zeige, dass dies nicht möglich ist, und benutze dazu die Definition 3.3.1.)

Aufgabe 1.8.14

a) Die Abbildung $2^{\mathbb{N}} \to [0,1]$, $(\varepsilon_n) \mapsto \sum_{n=0}^{\infty} 2\varepsilon_n/3^{n+1}$ ist eine streng monoton wachsende Abbildung des Folgenraums $2^{\mathbb{N}}$, versehen mit der lexikographischen Ordnung, in das reelle Einheitsintervall $[0, 1]$ (mit der natürlichen Ordnung), deren Bild das sogenannte Cantorsche Diskontinuum $\mathfrak{C}$ ist, vgl. Aufg. 3.4.19. $\mathfrak{C}$ und $2^{\mathbb{N}}$ haben also denselben Ordnungstyp.

b) Die Menge $\mathbb{N}^{\mathbb{N}}$ der unendlichen Folgen natürlicher Zahlen mit der lexikographischen Ordnung ist vom selben Ordnungstyp wie das reelle halboffene Intervall $[0, 1[$. (Beispielsweise ist $(c_n)_{n \in \mathbb{N}} \mapsto \sum_{n=0}^{\infty} 1/2^{c_0 + \cdots + c_n + n + 1}$ gemäß der Dualentwicklung reeller Zahlen, vgl. Beispiel 3.3.10, eine streng monoton fallende bijektive Abbildung $\mathbb{N}^{\mathbb{N}} \to \,]0, 1]$.)

Aufgabe 1.8.15

a) Sind α und β Kardinalzahlen $\neq 0$, von denen mindestens eine unendlich ist, so ist $\alpha + \beta = \alpha \cdot \beta = \mathrm{Max}\,(\alpha, \beta)$.

b) Ist A eine unendliche Menge und $B \subseteq A$ eine Teilmenge mit $|B| < |A|$, so ist $|A| = |A - B|$. (Vgl. Beispiel 1.8.11 für den Fall, dass B abzählbar ist.)

Aufgabe 1.8.16

a) Für jede unendliche Kardinalzahl α und $n \in \mathbb{N}^*$ gilt $\alpha^n = \alpha$.

b) Für jede unendliche Menge A gilt $|A| = |\mathfrak{E}(A)|$. (Im Fall, dass A abzählbar unendlich ist, vgl. Beispiel 1.8.8.)

Aufgabe 1.8.17 Sei $f \colon A \to B$ eine Abbildung mit unendlichem B und $|f^{-1}(b)| \leq |B|$ für alle $b \in B$. Dann ist $|A| \leq |B|$. Es folgt: Ist $A = \bigcup_{i \in B} A_i$ mit $|A_i| \leq |B|$, so ist $|A| \leq \sum_{i \in B} |A_i| \leq |B|$.

Aufgabe 1.8.18 Ist A unendlich und I eine nichtleere Menge mit $|I| \leq |A|$, so gibt es eine Zerlegung A_i, $i \in I$, von A mit $|A_i| = |A|$ für alle $i \in I$.

Aufgabe 1.8.19 Seien α, β Kardinalzahlen mit $2 \leq \alpha \leq \beta$ und β unendlich. Dann ist $\alpha^{\beta} = 2^{\beta}$.

Aufgabe 1.8.20 Seien σ, τ, ρ Ordinalzahlen. Man beweise durch transfinite Induktion über ρ die Potenzrechenregel $(\sigma^{\tau})^{\rho} = \sigma^{\tau \cdot \rho}$.

Algebraische Grundlagen 2

2.1 Monoide und Gruppen

Das Vertrautwerden mit der Addition und der Multiplikation in den Zahlbereichen $\mathbb{N}$, $\mathbb{Z}$, $\mathbb{Q}$ (und $\mathbb{R}$) ist ein erstrebenswertes Ziel bereits im Elementarunterricht. Mengen, auf denen eine oder mehrere Rechenoperationen (wie etwa Addition und Multiplikation) mit gewissen Rechenregeln erklärt sind, spielen eine bedeutende Rolle in allen Bereichen der Mathematik. Es ist eine wichtige Aufgabe der Algebra, solche Mengen mit Verknüpfungen unter allgemeinen Gesichtspunkten zu studieren. Zunächst definieren wir:

Definition 2.1.1 Eine **Verknüpfung** auf einer Menge A ist eine Abbildung $A \times A \to A$.

Für beliebige Verknüpfungen verwenden wir neutrale Verknüpfungszeichen wie $*$ oder $\diamond$ etc. und schreiben suggestiv $a * b$ bzw. $a \diamond b$ für das Bild von $(a, b) \in A \times A$ unter der gegebenen Verknüpfung $A \times A \to A$. Allerdings lassen wir das Verknüpfungszeichen häufig ganz weg und benutzen die sogenannte **multiplikative Schreibweise** ab für $a * b$. Dann spricht man im Allgemeinen von einer **Multiplikation** und nennt ab das **Produkt** von a und b sowie a und b selbst seine **Faktoren**. Wenn nichts anderes gesagt wird, sind dies unsere Standardnotationen für eine Verknüpfung. Bei Verwendung des Summenzeichens $+$ als Verknüpfungszeichen heißt die Verknüpfung eine **Addition** und $a + b$ die **Summe** mit den **Summanden** a und b (**additive Schreibweise**). Eine Menge A mit einer Verknüpfung $*$ nennt man ein **Magma** (oder auch ein **Verknüpfungsgebilde**) $A = (A, *)$.

Sei $(A, *)$ ein Magma und $A' \subseteq A$ eine Teilmenge von A. Ist $a * b \in A'$ für alle $a, b \in A'$, so definiert $*$ durch Beschränken auf $A' \times A'$ eine Verknüpfung auf A', die die durch $*$ auf A' **induzierte Verknüpfung** heißt und wieder mit $*$ bezeichnet wird. In diesem Fall heißt $A' = (A', *)$ ein **Untermagma** von $A = (A, *)$.

Abb. 2.1 Verknüpfungstafel

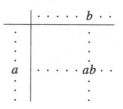

Der Leser sollte eine Verknüpfung $A \times A \to A$ auf einer Menge A stets auch als quadratische $A \times A$-Matrix betrachten mit Koeffizienten in A und den partiellen Abbildungen

$$L \colon A \to A^A, \; a \mapsto (L_a \colon x \mapsto ax) \quad \text{bzw.} \quad R \colon A \to A^A, \; b \mapsto (R_b \colon x \mapsto xb),$$

vgl. Aufg. 1.2.19. Die Zeilenabbildung $L_a \colon A \to A$ heißt die **Linkstranslation** mit $a \in A$ in A und die Spaltenabbildung $R_b \colon A \to A$ die **Rechtstranslation** mit $b \in A$ in A. Die Matrix $(ab)_{a,b \in A}$ heißt auch die zugehörige **Verknüpfungstafel**. In ihrer a-ten Zeile und b-ten Spalte steht das Produkt ab, vgl. Abb 2.1.

Im Allgemeinen interessieren nur Verknüpfungen, die gewissen Rechenregeln genügen. In der folgenden Definition führen wir einige der wichtigsten dieser Regeln ein.

Definition 2.1.2 Sei $*$ eine Verknüpfung auf der Menge A.

(1) Die Verknüpfung $*$ heißt **assoziativ**, wenn für alle $a, b, c \in A$ gilt:

$$(a * b) * c = a * (b * c).$$

(2) Elemente $a, b \in A$ **kommutieren**, wenn $a * b = b * a$ ist. Die Verknüpfung $*$ heißt **kommutativ**, wenn je zwei Elemente von A kommutieren, d. h. wenn für alle $a, b \in A$ gilt:

$$a * b = b * a.$$

(3) Ein Element $e \in A$ heißt ein **neutrales Element** (bzgl. $*$), wenn für alle $a \in A$ gilt:

$$e * a = a * e = a.$$

Offenbar gilt:

(1) Folgende Aussagen sind äquivalent: (i) Die Verknüpfung $*$ ist assoziativ. (ii) Es gilt $L_{a*b} = L_a \circ L_b$ für alle $a, b \in A$. (iii) Es gilt $R_c \circ R_b = R_{b*c}$ für alle $b, c \in A$. (iv) Es gilt $R_c \circ L_a = L_a \circ R_c$ für alle $a, c \in A$.

(2) Die Verknüpfung $*$ ist genau dann kommutativ, wenn $L_a = R_a$ für alle $a \in A$ gilt. Ist die kommutative Verknüpfung additiv geschrieben, so bezeichnet man die Translation $L_a = R_a$ gelegentlich auch mit T_a und spricht von der **Verschiebung** um a. Es ist dann also $T_a(x) = a + x = x + a$ für alle $a, x \in A$.

(3) $e \in A$ ist genau dann ein neutrales Element, wenn $L_e = R_e = \mathrm{id}_A$ ist. Gilt $L_e = \mathrm{id}_A$ für ein $e \in A$, so heißt e **linksneutral**. Entsprechend heißt e **rechtsneutral**, wenn $R_e = \mathrm{id}_A$ ist. e ist genau dann neutrales Element, wenn es sowohl links- als auch rechtsneutral ist. *Besitzt A ein neutrales Element e, so ist dieses eindeutig bestimmt.* Ist nämlich $e' \in A$ ein weiteres neutrales Element, so ist $e' = ee' = e$. Die erste Gleichung gilt, da e linksneutral, und die zweite, da e' rechtsneutral ist. Falls es existiert, bezeichnen wir das eindeutig bestimmte neutrale Element von A auch mit

$$e_A,$$

wenn der Bezug zu A deutlich gemacht werden soll.

Definition 2.1.3 Sei $A = (A, *)$ ein Magma, d. h. eine Menge A mit einer Verknüpfung $*$.

(1) A heißt eine **Halbgruppe**, wenn die Verknüpfung $*$ assoziativ ist. Ist sie überdies kommutativ, so spricht man von einer **kommutativen** oder **abelschen Halbgruppe**.
(2) A heißt ein **Monoid**, wenn A eine Halbgruppe mit neutralem Element ist. Ist die Verknüpfung überdies kommutativ, so spricht man von einem **kommutativen** oder **abelschen Monoid**.

Ein Untermagma einer (kommutativen) Halbgruppe ist wieder eine (kommutative) Halbgruppe. Man spricht dann von einer **Unterhalbgruppe**. Ein Untermagma eines Monoids ist eine Unterhalbgruppe, aber nicht notwendigerweise ein Monoid. Es ist jedoch dann ein Monoid, wenn es das neutrale Element des Monoids enthält. In diesem Fall spricht man von einem **Untermonoid**. *Ein Untermonoid M' eines Monoids M hat also definitionsgemäß stets dasselbe neutrale Element wie M.* Man beachte, dass ein Magma bzw. eine Halbgruppe stets das leere Magma bzw. die leere Halbgruppe als Unterobjekt enthalten. Ist die Halbgruppe A kommutativ, so sind die Translationen paarweise vertauschbar: $L_a \circ L_b = L_{a*b} = L_{b*a} = L_b \circ L_a$ für alle $a, b \in A$. Ist A ein Monoid, so gilt auch die Umkehrung. Für beliebige Halbgruppen ist dies aber im Allgemeinen nicht der Fall. (Beispiel?)

Bei multiplikativer Schreibweise heißt das neutrale Element eines Monoids M auch das **Einselement** von M und wird mit

$$1 = 1_M$$

bezeichnet. Die additive Schreibweise wird in der Regel nur bei kommutativen Halbgruppen benutzt. (Eine Ausnahme ist etwa die Addition von Ordinalzahlen in Bemerkung 1.8.22.) Das neutrale Element eines kommutativen Monoids heißt bei additiver Schreibweise gewöhnlich das **Nullelement**

$$0 = 0_M$$

von M. Es gilt dann also $0 + a = a = a + 0$ für alle $a \in M$.

Definition 2.1.4 Sei M ein (multiplikatives) Monoid mit neutralem Element e und $a \in M$. Ein Element $a' \in M$ heißt ein zu a **inverses Element** wenn

$$aa' = a'a = e$$

ist. a' heißt **rechtsinvers** zu a, wenn $aa' = e$ ist, und **linksinvers**, wenn $a'a = e$ ist. Ein Element ist also ein inverses Element zu a, wenn es sowohl rechts- als auch linksinvers ist.

Das zu a inverse Element a' wie in Definition 2.1.4 *ist durch $a \in M$ eindeutig bestimmt.* Erfüllt nämlich auch $a'' \in M$ die Bedingung für ein inverses Element zu $a \in M$, so ist $a' = a'e = a'(aa'') = (a'a)a'' = ea'' = a''$. Die zweite Gleichung gilt, da a'' ein Rechtsinverses zu a ist, und die vierte, da a' ein Linksinverses zu a ist. Es folgt noch: *Besitzt $a \in M$ ein Rechtsinverses $a'' \in M$ und ein Linksinverses $a' \in M$, so ist $a' = a''$ und a besitzt ein Inverses.*

Sei weiterhin M ein Monoid. Genau dann besitzt $a \in M$ ein Rechtsinverses (bzw. ein Linksinverses), wenn die Linkstranslation L_a (bzw. die Rechtstranslation R_a) surjektiv ist. *Genau dann besitzt a ein Inverses a', wenn die Linkstranslation L_a oder die Rechtstranslation R_a bijektiv ist. In diesem Falle ist $L_a^{-1} = L_{a'}$ und $R_a^{-1} = R_{a'}$.* Ist nämlich $a' \in M$ invers zu a, so ist $\mathrm{id}_M = L_e = L_{aa'} = L_a L_{a'}$ und ebenso $\mathrm{id}_M = L_e = L_{a'a} = L_{a'}L_a$. Ist umgekehrt L_a bijektiv, so besitzt a ein Rechtsinverses $a' = L_a^{-1}(e)$, und es ist $\mathrm{id}_M = L_e = L_{aa'} = L_a L_{a'}$. Da L_a bijektiv ist, ist notwendigerweise $L_{a'} = L_a^{-1}$, und folglich $a'a = L_{a'}(a) = L_a^{-1}(a) = e$. Ähnlich schließt man für die Rechtstranslationen.

Bei multiplikativer Schreibweise bezeichnet man das Inverse zu $a \in M$ (wenn es existiert) mit

$$a^{-1}$$

und bei additiver Schreibweise in der Regel mit

$$-a.$$

$-a$ nennt man das **Negative** von a. Es ist also $(-a) + a = 0 = a + (-a)$. Für beliebiges $b \in M$ schreibt man bei additiver Schreibweise kurz

$$b - a := b + (-a)$$

und nennt dieses Element die **Differenz** von b und a.[1]

Kommutieren $a, b \in M$ und ist a invertierbar, so kommutieren auch a^{-1} und b. Aus $ab = ba$ folgt ja zunächst $b = eb = a^{-1}ab = a^{-1}ba$ und dann $ba^{-1} = (a^{-1}b)aa^{-1} = a^{-1}b$. Ist a' invers zu a, so ist natürlich a invers zu a', also $(a^{-1})^{-1} = a$ bei multiplikativer und $-(-a) = a$ bei additiver Schreibweise. Überdies ist das neutrale Element e

---

[1] Wir erinnern daran, dass die additive Schreibweise gewöhnlich nur für kommutative Verknüpfungen verwandt wird.

invertierbar mit Inversem e. Sind $a, b \in M$ invertierbar, so auch das Produkt ab mit

$$(ab)^{-1} = b^{-1} a^{-1}.$$

Dies ist einfach die Rechenregel $L_{ab}^{-1} = (L_a L_b)^{-1} = L_b^{-1} L_a^{-1} = L_{b^{-1}a^{-1}}$ für die zugehörigen invertierbaren Linkstranslationen L_a und L_b, vgl. Proposition 1.2.16. Insgesamt bilden die invertierbaren Elemente des Monoids M ein Untermonoid von M, das wir mit

$$M^\times$$

bezeichnen. Die Elemente von $M^\times$ heißen die **Einheiten** von M. Das Monoid M heißt **spitz**, wenn $M^\times = \{e\}$ ist, wenn also das neutrale Element von M die einzige Einheit in M ist. In dem Untermonoid $M^\times \subseteq M$ ist jedes Element invertierbar. Diese Situation verdient einen eigenen Namen:

Definition 2.1.5 Eine **Gruppe** ist ein Monoid, in dem jedes Element invertierbar ist. Eine Menge $G = (G, *)$ mit einer Verknüpfung $*$ ist also genau dann eine Gruppe, wenn gilt:

(1) Die Verknüpfung ist assoziativ (d. h. es ist $(a * b) * c = a * (b * c)$ für alle $a, b, c \in G$).
(2) G besitzt ein neutrales Element e (mit $e * a = a = a * e$ für alle $a \in G$).
(3) Jedes Element $a \in G$ besitzt ein Inverses a^{-1} (mit $a * a^{-1} = e = a^{-1} * a$).

Die Kardinalzahl $|G|$ einer Gruppe G heißt die **Ordnung** von G und wird auch mit Ord G bezeichnet. Die invertierbaren Elemente eines Monoids M bilden die **Gruppe $M^\times$ der invertierbaren Elemente** oder die **Einheitengruppe** von M. Genau dann ist das Monoid M eine Gruppe, wenn $M = M^\times$ ist. Ist die Verknüpfung einer Gruppe kommutativ, so sprechen wir von einer **kommutativen** oder **abelschen Gruppe**. Ein Untermonoid einer Gruppe G, das (mit der induzierten Verknüpfung) selbst eine Gruppe ist, heißt eine **Untergruppe** von G. Wir beweisen dafür das folgende einfache Kriterium:

Proposition 2.1.6 (Untergruppenkriterium) *Sei G eine (multiplikativ geschriebene) Gruppe mit neutralem Element e. Eine Teilmenge H von G ist genau dann eine Untergruppe von G, wenn gilt:*

(1) $e \in H$.   (2) *Mit $a, b \in H$ gilt auch $ab \in H$ und $a^{-1} \in H$.*

Beweis Es ist klar, dass H eine Untergruppe von G ist, wenn H die Bedingungen (1) und (2) erfüllt. Sei umgekehrt H eine Untergruppe von G. Wir haben zu zeigen, dass das neutrale Element e_H von H mit e übereinstimmt und dass das Inverse a' eines Elements $a \in H$ in der Untergruppe H notwendigerweise das Inverse a^{-1} von a in der Gruppe G ist. Es ist aber $e = e_H e_H^{-1} = e_H e_H e_H^{-1} = e_H e = e_H \in H$. Ferner folgen aus $aa' = e = a^{-1}a$ die Gleichungen $a' = ea' = (a^{-1}a)a' = a^{-1}(aa') = a^{-1}e_H = a^{-1}e = a^{-1}$, also $a' = a^{-1}$. $\qquad\square$

Bedingung (2) in 2.1.6 lässt sich bei Gültigkeit von (1) offenbar auch so formulieren:

$$(2') \ \textit{Mit } a, b \in H \textit{ ist auch } ab^{-1} \in H.$$

Dabei kann man Bedingung (1) noch durch die Bedingung „$(1')$ $H \neq \emptyset$" ersetzen. Aus Proposition 2.1.6 ergibt sich sofort:

Lemma 2.1.7 *Der Durchschnitt einer beliebigen Familie von Untergruppen einer Gruppe ist wieder eine Untergruppe.*

Die Untergruppen einer gegebenen Gruppe G bilden also einen vollständigen Verband (bzgl. der Inklusion). Das Supremum einer Familie F_i, $i \in I$, von Untergruppen ist der Durchschnitt derjenigen Untergruppen von G, die alle F_i umfassen (wozu G selbst gehört). Analoges gilt natürlich auch für die Menge der Untermagmen bzw. Unterhalbgruppen bzw. Untermonoide eines Magmas bzw. einer Halbgruppe bzw. eines Monoids.

Wir diskutieren weiterhin Halbgruppen, Monoide und Gruppen, wobei wir wie bisher die multiplikative Schreibweise bevorzugen. Das Assoziativgesetz besagt, dass bei einem Produkt mit drei Faktoren a, b, c aus einer Halbgruppe die Klammern weglassen werden können: $abc := (ab)c = a(bc)$. Dies gilt auch für Produkte mit einer beliebigen endlichen Zahl von Faktoren: *Sind $x_1, \ldots, x_n$, $n \geq 1$, Elemente einer Halbgruppe H, so ist das Produkt $p_n = x_1 \cdots x_n$ unabhängig davon, wie beim Ausrechnen geklammert wird.* Dieses **allgemeine Assoziativgesetz** folgt aus dem speziellen Fall $n = 3$ durch Induktion über n. Der Beweis verläuft ganz analog zum Beweis von Satz 1.2.13, die Abbildungen $f_1, \ldots, f_n$ durch die Elemente $x_1, \ldots, x_n$ ersetzend. Die Aussage lässt sich aber auch direkt auf Satz 1.2.13 zurückführen: Nach eventueller Adjunktion eines neutralen Elements e (vgl. Aufg. 2.1.7) kann man annehmen, dass H ein Monoid ist. Dann ist $L_x(e) = x$ für alle $x \in M$ ist und die Aussage folgt daraus, dass $L_x \circ L_y = L_{xy}$ für alle $x, y \in H$ ist und $L_{x_1} \circ \cdots \circ L_{x_n}$ nach Satz 1.2.13 unabhängig von der Klammerung ist. Für das obige n-fache Produkt p_n verwendet man das Produktzeichen

$$\prod_{i=1}^{n} x_i = x_1 \cdots x_n.$$

Bei additiver Schreibweise benutzt man das Summenzeichen

$$\sum_{i=1}^{n} x_i = x_1 + \cdots + x_n.$$

Ist die betrachtete Halbgruppe M sogar ein Monoid, besitzt also ein neutrales Element e, so definiert man für $n = 0$ das sogenannte **leere Produkt** als das neutrale Element e. Es ist also

$$\prod_{i=1}^{0} x_i = e \quad \text{(bzw. bei additiver Schreibweise} \sum_{i=1}^{0} x_i = 0 \text{)}.$$

Für eine *vollständig geordnete* endliche Indexmenge I und eine Familie x_i, $i \in I$, setzt man

$$x^I = \prod_{i \in I} x_i := x_{i_1} \cdots x_{i_n},$$

wenn $i_1 < \cdots < i_n$, $n \in \mathbb{N}$, die Elemente von I in der vorgegebenen Ordnung sind. Bei additiver Schreibweise ist es üblich, die Summe in der Form $x_I = \sum_{i \in I} x_i$ zu schreiben. Sind die Elemente $x_1, \ldots, x_n$, $n \in \mathbb{N}$, invertierbar in M, so gilt offenbar (Induktion über n)

$$(x_1 \cdots x_n)^{-1} = \left(\prod_{i=1}^{n} x_i \right)^{-1} = \prod_{i=1}^{n} x_{n+1-i}^{-1} = x_n^{-1} \cdots x_1^{-1}.$$

Ist die Halbgruppe bzw. das Monoid abelsch, so hängt das Produkt $x_1 \cdots x_n$ nicht nur nicht von der Klammerung, sondern auch nicht von der Reihenfolge der Faktoren $x_1, \ldots, x_n$ ab. Es gilt also für jede Permutation $\sigma \in \mathfrak{S}_n$

$$\prod_{i=1}^{n} x_i = \prod_{i=1}^{n} x_{\sigma i}.$$

Dieses **allgemeine Kommutativgesetz** beweist man etwa in folgenden Schritten: Zunächst gilt die Aussage nach Definition der Kommutativität, wenn σ eine Transposition ist, die zwei benachbarte Indizes vertauscht (und die übrigen festlässt). Sie gilt ferner für die Komposition $\sigma\tau$ zweier Permutationen in $\mathfrak{S}_n$, wenn sie für σ und τ einzeln gilt. Schließlich benutzt man, dass jede Permutation in $\mathfrak{S}_n$ Komposition von Transpositionen der genannten Art ist, vgl. etwa Aufg. 2.5.10. Bei kommutativem M lässt sich daher für eine endliche Familie x_i, $i \in I$, von Elementen aus M auch bei einer beliebigen Indexmenge I das Produkt bzw. die Summe

$$x^I = \prod_{i \in I} x_i \quad \text{bzw.} \quad x_I = \sum_{i \in I} x_i$$

erklären. Es handelt sich einfach um das Produkt bzw. die Summe derjenigen Familie, die man erhält, indem man I in irgendeiner Weise vollständig ordnet. Allgemein ist das Produkt $\prod_{i \in I} x_i$ bereits dann definiert, wenn die Elemente x_i, $i \in I$, paarweise kommutieren. Überdies ist das Produkt paarweise kommutierender Elemente $x_i \in M$, $i \in I$, eines Monoids M schon dann erklärt, wenn I eventuell unendlich ist, x_i aber gleich dem neutralen Element $e \in M$ ist für fast alle $i \in I$. In diesem Fall ist das Produkt gleich dem Produkt über die endliche Teilfamilie x_i, $i \in \{i \in I \mid x_i \neq e\} \subseteq I$.

Beispiel 2.1.8 Seien I, J endliche Mengen und x_{ij}, $(i, j) \in I \times J$, eine Familie von Elementen eines additiv geschriebenen kommutativen Monoids. Dann erhält man durch Umklammern

$$\sum_{(i,j) \in I \times J} x_{ij} = \sum_{i \in I} \left(\sum_{j \in J} x_{ij} \right) = \sum_{j \in J} \left(\sum_{i \in I} x_{ij} \right);$$

$$
\begin{array}{cccc}
x_{11}+ & x_{12}+\cdots+ & x_{1n} & \sum_{j=1}^{n} x_{1j} \\[2mm]
+\,x_{21}+ & x_{22}+\cdots+ & x_{2n} & \sum_{j=1}^{n} x_{2j} \\[2mm]
\cdots\cdots\cdots\cdots\cdots & & & \cdots \\[2mm]
+\,x_{m1}+ & x_{m2}+\cdots+ & x_{mn} & \sum_{j=1}^{n} x_{mj}
\end{array}
$$

$$
\sum_{i=1}^{m} x_{i1}+\sum_{i=1}^{m} x_{i2}+\cdots+\sum_{i=1}^{m} x_{in}=\sum_{j=1}^{n}\Big(\sum_{i=1}^{m} x_{ij}\Big) \ \Big| \ =\sum_{i=1}^{m}\Big(\sum_{j=1}^{n} x_{ij}\Big)
$$

Abb. 2.2 Vertauschen von Summationen

speziell bei $I:=\mathbb{N}^{*}_{\leq m}=\{1,\dots,m\}$, $J:=\mathbb{N}^{*}_{\leq n}=\{1,\dots,n\}$

$$
\sum_{\substack{1\leq i\leq m \\ 1\leq j\leq n}} x_{ij}=\sum_{i=1}^{m}\Big(\sum_{j=1}^{n} x_{ij}\Big)=\sum_{j=1}^{n}\Big(\sum_{i=1}^{m} x_{ij}\Big).
$$

Die letzten Gleichungen überblickt man gut mit dem Schema aus Abb. 2.2.   ◇

Produkte mit gleichen Faktoren schreibt man als **Potenzen**. Ist x Element einer Halbgruppe und $n\in\mathbb{N}^{*}$, so ist x^{n} das n-fache Produkt von x mit sich selbst. Ist $x^{2}=x$, so ist $x^{n}=x$ für alle $n\in\mathbb{N}^{*}$. Ein solches Element x heißt **idempotent** oder eine **Projektion** (da diese Eigenschaft im Monoid A^{A} der Abbildungen einer Menge A in sich die Projektionen charakterisiert). Die Menge der idempotenten Elemente einer Halbgruppe H bezeichnen wir mit

$$
\mathrm{Idp}(H).
$$

In einem Monoid M mit neutralem Element e definiert man überdies $x^{0}:=e$ und $x^{-n}:=(x^{-1})^{n}=(x^{n})^{-1}$, falls $x\in M^{\times}$ invertierbar ist. Bei additiver Schreibweise hat man entsprechend die **Vielfachen** nx. Es gelten die folgenden elementaren Rechenregeln:

$$
x^{m+n}=x^{m}x^{n},\quad (x^{m})^{n}=x^{mn},
$$

für *kommutierende* Elemente x,y ferner

$$
(xy)^{m}=x^{m}y^{m},
$$

jeweils für alle $m,n\in\mathbb{Z}$ soweit die auftretenden Terme definiert sind. Bei additiver Schreibweise lauten diese Regeln:

$$
(m+n)x=mx+nx,\quad n(mx)=(mn)x=(nm)x,\quad m(x+y)=mx+my.
$$

In einer Gruppe G gibt es zu jeder Familie a_i, $i \in I$, von Elementen von G eine kleinste Untergruppe

$$H(a_i, i \in I) \subseteq G,$$

die diese Elemente enthält (nämlich den Durchschnitt aller Untergruppen von G, die alle a_i, $i \in I$, enthalten). Diese Gruppe heißt die **von den** a_i, $i \in I$, **erzeugte Untergruppe** von G, und a_i, $i \in I$, heißt ein **Erzeugendensystem** dieser Untergruppe. Sie besteht offenbar genau aus allen endlichen Produkten von Elementen der Menge $\{a_i \mid i \in I\} \cup \{a_i^{-1} \mid i \in I\}$. Im Fall $I = \{1\}$, $a := a_1$ sind dies genau die Potenzen a^n, $n \in \mathbb{Z}$, von a. Es ist also

$$H(a) = \{a^n \mid n \in \mathbb{Z}\}.$$

Eine Gruppe G heißt **zyklisch**, wenn sie von einem einzigen Element erzeugt wird, d. h. wenn $G = H(a)$ mit einem (geeigneten) $a \in G$ ist. Wegen $a^n a^m = a^{n+m} = a^{m+n} = a^m a^n$ für alle $m, n \in \mathbb{Z}$ ist jede zyklische Gruppe $H(a)$ kommutativ. Allgemein enthält in einer *abelschen* Gruppe G die von der Familie $a = (a_i)_{i \in I}$ erzeugte Untergruppe genau die Produkte

$$a^n := \prod_{i \in I} a_i^{n_i}, \quad n := (n_i) \in \mathbb{Z}^{(I)} := \{(z_i) \in \mathbb{Z}^I \mid z_i = 0 \text{ für fast alle } i \in I\}.$$

Es handelt sich folglich um die Menge aller endlichen Produkte von ganzzahligen Potenzen der a_i, $i \in I$. Bei additiver Schreibweise enthält die von der Familie $a = (a_i)_{i \in I}$ erzeugte Untergruppe die Summen

$$na := \sum_{i \in I} n_i a_i, \quad n := (n_i) \in \mathbb{Z}^{(I)}.$$

Sie wird mit $\sum_{i \in I} \mathbb{Z}a_i$ bezeichnet, bei $I = \{1, \dots, n\}$ auch mit $\mathbb{Z}a_1 + \cdots + \mathbb{Z}a_n$, bei $I = \{1\}$, $a := a_1$ also mit $\mathbb{Z}a$.

Sei wieder allgemeiner M ein (multiplikatives, nicht notwendig kommutatives) Monoid mit neutralem Element e. Ist $a \in M^\times$ invertierbar in M, so sind die Linkstranslationen $L_a : x \mapsto ax$ und die Rechtstranslation $R_a : y \mapsto ya$ Permutationen von M mit den Umkehrabbildungen $L_{a^{-1}}$ bzw. $R_{a^{-1}}$. Mit anderen Worten:

Satz 2.1.9 *Sei a ein invertierbares Element im Monoid M. Dann gibt es zu jedem $b \in M$ eindeutig bestimmte Elemente x und y in M mit*

$$ax = b \quad und \quad ya = b, \quad und\ zwar\ ist \quad x = a^{-1}b \quad und \quad y = ba^{-1}.$$

Ist M ein abelsches Monoid, so stimmen natürlich die Lösungen x und y in Satz 2.1.9 überein. *Bei additiver Schreibweise ist das die Differenz $x = y = b + (-a) = b - a$. In einer Gruppe $M = M^\times$ haben also alle Gleichungen $ax = b$ und $ya = b$, $a, b \in M$, eindeutige Lösungen $x, y \in M$.*

Invertierbare Elemente a kann man kürzen, d. h. aus $ab = ac$ oder $ba = ca$ folgt $b = c$. Dies ist die Injektivität der Links- bzw. Rechtstranslation mit a. Allgemein definieren wir:

Definition 2.1.10 Sei H eine Halbgruppe.

(1) Das Element $a \in H$ heißt **linksregulär** (bzw. **rechtsregulär**) in H, wenn die Linkstranslation $L_a \colon H \to H$ (bzw. die Rechtstranslation $R_a \colon H \to H$) mit a auf H injektiv ist.

(2) Das Element $a \in H$ heißt **regulär** in H, wenn a sowohl links- als auch rechtsregulär in H ist. Die Menge der regulären Elemente von H bezeichnen wir mit

$$H^*.$$

(3) Die Halbgruppe H heißt **regulär**, wenn $H = H^*$ ist.

Ein reguläres Element $a \in H^*$ kann man kürzen: Für $b, c \in H$ folgt die Gleichheit $b = c$ sowohl aus $ab = ac$ als auch aus $ba = ca$. In regulären Halbgruppen kann man also generell kürzen. Deshalb heißen reguläre Halbgruppen auch **Halbgruppen mit Kürzungsregel**. In Gruppen gilt stets die Kürzungsregel. Allgemein gilt $M^\times \subseteq M^*$ für jedes Monoid M. Da die Komposition injektiver Abbildungen wieder injektiv ist, *ist H^* stets eine reguläre Unterhalbgruppe der Halbgruppe H und M^* ein reguläres Untermonoid des Monoids M. In einem Monoid M ist das neutrale Element e_M das einzige Element, das zugleich regulär und idempotent ist*. Ist nämlich $a \in M$ regulär und idempotent, so folgt aus $a^2 = aa = a = e_M a$ nach Kürzen von a die Gleichung $a = e_M$. (Es genügte zu fordern, dass a links- *oder* rechtsregulär ist.)

Im Folgenden diskutieren wir die einschlägigen **Teilbarkeitsbegriffe** und beschränken uns dabei auf *abelsche* Monoide. Vorbild dafür ist die Teilbarkeit in $(\mathbb{N}, \cdot)$ oder $(\mathbb{Z}, \cdot)$. Seien also M ein multiplikatives *abelsches* Monoid mit neutralem Element 1 und $a, b \in M$. Dann heißt a ein **Teiler** von b oder b ein **Vielfaches** von a, wenn es ein $c \in M$ gibt mit $b = ac$, d. h. wenn b im Bild $aM = Ma$ der Translation $L_a = R_a$ liegt oder – äquivalent dazu – wenn $Ma \supseteq Mb$ ist.[2] Man schreibt dann

$$a \mid b \quad \text{oder genauer} \quad a \mid_M b.$$

Die Menge aller Teiler von b in M bezeichnen wir mit

$$T(b) = T_M(b).$$

$T(1)$ ist die Gruppe $M^\times$ der Einheiten von M. Die Menge der Vielfachen von a ist einfach Ma.[3] Es gilt also

$$a \mid b \iff a \in T(b) \iff T(a) \subseteq T(b) \iff b \in Ma \iff Mb \subseteq Ma.$$

---

[2] Bei nichtabelschen Monoiden hat man zwischen Links- und Rechtsteilbarkeit zu unterscheiden.
[3] Wegen dieser übersichtlichen Beschreibung der Vielfachen ist es bei Teilbarkeitsüberlegungen häufig bequemer, mit dem Vielfachenbegriff zu operieren statt mit dem Teilerbegriff. Gegenüber den Vielfachenmengen Ma sind die Teilermengen $T_M(a)$ in der Regel sehr viel schwerer zu überblicken (schon in $\mathbb{N}^*$).

Die Teilbarkeitsrelation | ist reflexiv und transitiv, d. h. eine Quasiordnung, vgl. Aufg. 1.4.2. Die zugehörige Äquivalenzrelation

$$\| = {}_M\|_M$$

wird gegeben durch

$$a \parallel b \quad \text{genau dann, wenn} \quad a \mid b \quad \text{und} \quad b \mid a,$$

d. h. wenn $Ma = Mb$ oder $T(a) = T(b)$ ist. Auf der Quotientenmenge $\overline{M} := M/\|$ ist dann durch

$$[a] \leq [b] \quad \text{genau dann, wenn} \quad a \mid b$$

(also $T(a) \subseteq T(b)$ oder $Ma \supseteq Mb$) eine Ordnung wohldefiniert, und die Abbildung $\overline{M} \to \mathfrak{P}(M)$, $[a] \mapsto Ma$, induziert einen Ordnungsisomorphismus von $(\overline{M}, \leq)$ auf das durch Antiinklusion $\supseteq$ geordnete Bild $\{Ma \mid a \in M\} \subseteq \mathfrak{P}(M)$. Außerdem ist $\overline{M}$ ein Monoid vermöge der wohldefinierten Verknüpfung $[a] \cdot [b] := [ab]$. Ferner ist $[a][c] \leq [b][c]$ für alle $a, b, c \in \overline{M}$ mit $[a] \leq [b]$, d. h. die Translationen in $\overline{M}$ sind monoton wachsend, und $\overline{M}$ *ist ein geordnetes Monoid mit* $[1] = M^\times$ *als kleinstem Element*, vgl. Aufg. 2.1.16 für den Begriff des geordneten Monoids. Die Teilbarkeitsrelation in $\overline{M}$ ist die Ordnungsrelation $\leq$, und ihr Studium ist im Wesentlichen äquivalent zum Studium der Teilbarkeit in M. Man beachte, dass die Einheitengruppe $(\overline{M})^\times = \{[1]\}$ von $\overline{M}$ trivial ist, d. h. $\overline{M}$ *ein spitzes Monoid ist*. Wie schon erwähnt ist es häufig bequemer, im zu $\overline{M}$ isomorphen Untermonoid $\{Ma \mid a \in M\} \subseteq \mathfrak{P}(M)$ mit der Komplexmultiplikation $(Ma) \cdot (Mb) = Mab$ zu rechnen, in dem die Teilbarkeit die Antiinklusion $\supseteq$ ist.[4] Die Äquivalenzklassen bzgl. $\|$, d. h. die Elemente von $\overline{M}$, nennt man **Teilerklassen**. Jede Teilerklasse $[a]$ ist Teilmenge der Menge $T(a)$ aller Teiler von a. Ein Teiler b von a heißt ein **echter Teiler** von a, wenn b nicht zur Teilerklasse von a gehört – oder äquivalent dazu – wenn $T(b) \subset T(a)$ bzw. $Ma \subset Mb$ gilt. Die **trivialen Teiler** von $a \in M$ sind definitionsgemäß die Einheiten von M und die Elemente der Teilerklasse $[a]$ von a. Die Anzahl der Teilerklassen in $T(a)$, d. h. die Anzahl der Elemente des Abschnitts $\overline{M}_{\leq [a]}$ in $\overline{M}$ bezeichnen wir mit

$$\tau(a) = \tau_M(a).$$

Zur Teilerklasse $[a] = [a]_{M\|_M}$ von a gehören stets die zu a assoziierten Elemente. Dabei heißt das Element $b \in M$ **assoziiert** zu $a \in M$, wenn es ein $e \in M^\times$ mit $b = ea$ gibt. Die Assoziiertheit ist eine Äquivalenzrelation auf M mit den Äquivalenzklassen $M^\times a \subseteq [a]$, $a \in M$. Sie ist im Allgemeinen echt feiner als die gegenseitige Teilbarkeit $\|$. Beispiel? *Ist aber $a \in M^*$ ein reguläres Element von M, so ist* $[a] = M^\times a$. Gilt nämlich $a \mid b$ und $b \mid a$, so ist $b = ac$ und $a = bd$, also $a = acd$ und somit, da a regulär ist, $e = cd$, d. h. $d, c \in M^\times$. a und b sind daher assoziiert. Die Quotientenmenge bzgl. der Assoziiertheit bezeichnet man mit $M/M^\times$. Auf $M/M^\times$ liefert die Komplexmultiplikation

---

[4] Zum Isomorphiebegriff siehe Abschn. 2.2.

$(M^\times b)\cdot(M^\times c) = M^\times bc$ eine Monoidstruktur, vgl. Beispiel 2.1.17. Das neutrale Element $M^\times$ ist die einzige Einheit in $M/M^\times$, d. h. $M/M^\times$ ist ebenfalls ein spitzes Monoid.

Ein Element $q \in M$ heißt **unzerlegbar** oder **irreduzibel**, wenn q keine Einheit in M ist und wenn aus einer Zerlegung $[q] = [c][d] = [cd]$ in $\overline{M}$ stets $[q] = [c]$ oder $[q] = [d]$ folgt. Besitzt die Nichteinheit q nur die trivialen Teiler (ist also $\tau(q) = 2$), d. h. ist die Teilerklasse von q ein Atom in der geordneten Menge $\overline{M} \subseteq \mathfrak{P}(M)$ aller Teilerklassen von M oder – äquivalent – ist $T(q)$ ein Atom bzgl. der Inklusion in $\{T(a) \mid a \in M\} \subseteq \mathfrak{P}(M)$ bzw. Mq ein Antiatom (wieder bzgl. der Inklusion) in $\{Ma \mid a \in M\} \subseteq \mathfrak{P}(M)$, so ist q offenbar unzerlegbar. Umgekehrt hat ein *reguläres* unzerlegbares Element q nur die Elemente der Teilerklassen $M^\times$ und $[q] = M^\times q$ als Teiler. Beweis!

Von den unzerlegbaren Elementen sind die Primelemente zu unterscheiden. Ein Element $p \in M$ heißt **prim** in M oder ein **Primelement**, wenn p keine Einheit in M ist und p ein Produkt ab von Elementen $a, b \in M$ nur dann teilt, wenn p einen der Faktoren a oder b teilt.[5] Genau dann ist ein Element von M irreduzibel bzw. prim, wenn Entsprechendes für alle Elemente seiner Teilerklasse gilt. *Ein Primelement $p \in M$ ist stets unzerlegbar.* Ist nämlich $[p] = [c][d]$, $c, d \in M$, so teilt $[p]$ das Produkt $[c][d]$ und damit $[c]$ oder $[d]$ und umgekehrt teilen $[c]$ und $[d]$ auch $[p]$. Also ist $[c] = [p]$ oder $[d] = [p]$. Mit

$$\mathbb{I}_M \quad \text{bzw.} \quad \mathbb{P}_M$$

bezeichnen wir stets ein volles Repräsentantensystem für die Teilerklassen der irreduziblen bzw. primen Elemente von M. Dabei wählen wir stets $\mathbb{P}_M \subseteq \mathbb{I}_M$. Häufig bieten sich für $\mathbb{I}_M$ und $\mathbb{P}_M$ kanonische Vertreter an, etwa bei $M = \mathbb{Z}^*$ die Menge $\mathbb{I}_{\mathbb{Z}^*} = \mathbb{P}_{\mathbb{Z}^*} = \mathbb{P} \subseteq \mathbb{N}^*$ der positiven Primzahlen. In $(\mathbb{N}, \cdot)$ oder $(\mathbb{Z}, \cdot)$ ist auch 0 prim.

Suprema und Infima bzgl. der Quasiordnung $\mid_M$ von M bzw. der zugehörigen Ordnung von $\overline{M} = M/\mid_M\|_M$ heißen **kleinste gemeinsame Vielfache (kgV)** bzw. **größte gemeinsame Teiler (ggT)**. Ist a_i, $i \in I$, eine Familie von Elementen von M, so nennt man jedes Element $a \in M$, das ein Supremum (bzw. ein Infimum) der Teilerklassen $\overline{a}_i$, $i \in I$, repräsentiert, ein kleinstes gemeinsames Vielfaches $v = \mathrm{kgV}(a_i, i \in I)$ (bzw. einen größten gemeinsamen Teiler $d = \mathrm{ggT}(a_i, i \in I)$) der a_i, $i \in I$. *Diese sind also nur bis auf Äquivalenz bzgl. der gegenseitigen Teilbarkeit $\|$ definiert.* v ist ein gemeinsames Vielfaches der a_i und teilt jedes andere gemeinsame Vielfache der a_i, $i \in I$. Analog ist d ein gemeinsamer Teiler der a_i, $i \in I$, und Vielfaches eines jeden anderen gemeinsamen Teilers.

Wie bereits bemerkt, stimmen die Assoziiertheit und die gegenseitige Teilbarkeit $_M\|_M$ überein, wenn das Monoid M regulär ist. *Für ein reguläres Monoid M ist also $M/\mid_M\|_M = M/M^\times$.* Ferner ist dann für einen Teiler a von b mit $b = ac$ das Element $c \in M$ auf

---

[5] Wie bei irreduziblen Elementen fordern wir nicht (wie viele Autoren), dass Primelemente regulär sind. Generell sei bemerkt, dass irreduzible Elemente bzw. Primelemente in der Literatur unterschiedlich definiert werden. Für reguläre Elemente sind die Definitionen aber in der Regel jeweils äquivalent.

Grund der Kürzungsregel eindeutig durch a und b bestimmt. Es heißt der **Quotient** b/a von b und a. Dieser ist ebenfalls ein Teiler von b und heißt der zu a **komplementäre Teiler** von b. Da mit M offenbar auch $M/M^\times$ regulär ist, ergibt sich: *Ist M ein reguläres abelsches Monoid, so ist $M/M^\times$ ein spitzes geordnetes Monoid mit [1] als kleinstem Element*, speziell, *ist M zusätzlich spitz, so ist M selbst bzgl. der Teilbarkeit ein geordnetes Monoid mit 1 als kleinstem Element*. Zum Beispiel ist für das *additive* Monoid $(\mathbb{N}, +)$ die Teilbarkeit die natürliche Ordnung auf $\mathbb{N}$. Ist M regulär und spitz, so sind $\mathbb{I}_M$ und $\mathbb{P}_M$ einfach die Mengen aller irreduziblen bzw. aller primen Elemente von M. Elemente $a, b \in M$ mit $\mathrm{ggT}(a, b) = 1$ heißen **teilerfremd**. Die Elemente $a, b \in M$ sind also genau dann teilerfremd, wenn die Einheiten in M die einzigen gemeinsamen Teiler von a und b sind.

Wir werden die hier besprochenen Teilbarkeitsbegriffe insbesondere für das reguläre multiplikative Monoid A^* der von 0 verschiedenen Elemente eines Integritätsbereichs A verwenden, vgl. Abschn. 2.10. In diesem Fall liefert die Addition in A zusätzliche Mittel auch zum Studium des multiplikativen Monoids A^*. Ein Beispiel dafür ist bereits das Monoid $\mathbb{Z}^* = (\mathbb{Z}^*, \cdot)$ mit $\mathbb{Z}^*/\mathbb{Z}^\times = \mathbb{N}^*$. Der Beweis des Hauptsatzes der elementaren Zahlentheorie benutzt ganz wesentlich die Addition in $\mathbb{Z}$, vgl. Abschn. 1.7.

Wir diskutieren nun einige Beispiele zu den in diesem Abschnitt bislang eingeführten Begriffen.

Beispiel 2.1.11 Auf einer endlichen Menge A mit $n \in \mathbb{N}$ Elementen gibt es genau $\left| A^{A \times A} \right| = |A|^{|A \times A|} = n^{n^2}$ Verknüpfungen, vgl. Satz 1.6.2. So gibt es auf einer zweielementigen Menge bereits $2^4 = 16$ Verknüpfungen. Viele Konjunktionen einer Sprache verbinden zwei Aussagen in der Weise, dass der Wahrheitswert „W = Wahr" bzw. „F = Falsch" der Gesamtaussage nur von den Wahrheitswerten der Einzelaussagen abhängt. Beispielsweise haben die Konjunktionen $\wedge$ (= und = sowohl-als-auch), $\vee$ (= oder), $\triangle$ (= entweder-oder), $\Rightarrow$ (= wenn, dann), $\Leftrightarrow$ (= genau dann, wenn) und $|$ (= nicht beide) die Verknüpfungstafeln (= **Wahrheitstafeln**) aus Abb. 2.3. Bis auf „$\Rightarrow$" sind alle diese Verknüpfungen kommutativ: Ihre Verknüpfungstafeln sind symmetrisch zur Hauptdiagonalen, die von links oben nach rechts unten führt. Welche dieser Verknüpfungen sind assoziativ und welche besitzen ein neutrales Element? Die Verknüpfung „$|$" ist die Negation von "$\wedge$" und heißt **Shefferscher Strich**. Im Englischen wird sie mit „nand" abgekürzt. Die Verknüpfung „weder-noch" (im Englischen kurz „nor") ist die Negation von „oder". Man gebe ihre Verknüpfungstafel an. $\Diamond$

$\wedge$	W	F
W	W	F
F	F	F

$\vee$	W	F
W	W	W
F	W	F

$\triangle$	W	F
W	F	W
F	W	F

$\Rightarrow$	W	F
W	W	F
F	W	W

$\Leftrightarrow$	W	F
W	W	F
F	F	W

$|$	W	F
W	F	W
F	W	W

Abb. 2.3 Aussagenlogische Verknüpfungen

Beispiel 2.1.12 (Oppositionelles Magma) Sei $A = (A, *)$ ein Magma mit der Verknüpfung $(a, b) \mapsto a * b$. Dann ist auch $A^{\text{op}} = (A, *^{\text{op}})$ mit der oppositionellen Verknüpfung $(a, b) \mapsto a *^{\text{op}} b := b * a$ ein Magma. Es heißt das zu A **oppositionelle** Magma. Es ist $(A^{\text{op}})^{\text{op}} = A$. Genau dann ist A kommutativ, wenn $A = A^{\text{op}}$ ist. Genau dann ist A eine Halbgruppe bzw. ein Monoid bzw. eine Gruppe, wenn Entsprechendes für A^{op} gilt. Man spricht dann von der oppositionellen Halbgruppe bzw. dem oppositionellen Monoid bzw. der oppositionellen Gruppe. Das neutrale Element und die jeweiligen Inversen stimmen in A und A^{op} überein. Für ein Monoid M ist also $(M^{\text{op}})^{\times} = (M^{\times})^{\text{op}}$. Für eine Halbgruppe H ist $(H^{\text{op}})^{*} = (H^{*})^{\text{op}}$. $\diamond$

Beispiel 2.1.13 Sei X eine Menge. Die Menge X^X aller Abbildungen von X in sich ist mit der Komposition $\circ$ von Abbildungen als Verknüpfung ein Monoid mit der Identität id_X als neutralem Element. Seine invertierbaren Elemente sind die Permutationen von X. Sie bilden die so genannte **Permutationsgruppen** $\mathfrak{S}(X) := (X^X)^{\times}$ von X. Das inverse Element zu einer Permutation $\sigma \in \mathfrak{S}(X)$ ist die zu σ inverse Abbildung σ^{-1}. Ist X eine endliche Menge mit n Elementen, so sind auch X^X und $\mathfrak{S}(X)$ endlich mit n^n bzw. $n!$ Elementen, vgl. Satz 1.6.2 bzw. Korollar 1.6.7. In diesem Fall ist also $\text{Ord}\,\mathfrak{S}(X) = n!$. Insbesondere hat die Permutationsgruppe $\mathfrak{S}_n = \mathfrak{S}(\{1, \ldots, n\})$ die Ordnung $n!$ für jedes $n \in \mathbb{N}$. Ist X unendlich, so ist $\text{Ord}\,\mathfrak{S}(X) = 2^{|X|}$, vgl. Aufg. 2.1.4b). Mit den endlichen Permutationsgruppen beschäftigen wir uns ausführlicher in Abschn. 2.5. Die linksregulären Elemente im Abbildungsmonoid X^X sind genau die injektiven Abbildungen und die rechtsregulären Elemente sind genau die surjektiven Abbildungen, vgl. Aufg. 1.2.10. Die regulären Elemente in X^X stimmen also mit den invertierbaren Elementen überein: $(X^X)^{*} = (X^X)^{\times} = \mathfrak{S}(X)$. $\diamond$

Beispiel 2.1.14 Sei X eine Menge. Auf der Potenzmenge $\mathfrak{P}(X)$ von X sind die Vereinigung $(A, B) \mapsto A \cup B = \text{Sup}(A, B)$ und der Durchschnitt $(A, B) \mapsto A \cap B = \text{Inf}(A, B)$ assoziative und kommutative Verknüpfungen mit den neutralen Elementen $\emptyset$ bzw. X.[6] Diese neutralen Elemente sind jeweils die einzigen invertierbaren Elemente in $(\mathfrak{P}(X), \cup)$ bzw. $(\mathfrak{P}(X), \cap)$. Für die Menge $\mathfrak{E}(X) \subseteq \mathfrak{P}(X)$ der endlichen Teilmengen von X ist $(\mathfrak{E}(X), \cup)$ ein Untermonoid von $(\mathfrak{P}(X), \cup)$ und $(\mathfrak{E}(X), \cap)$ eine Unterhalbgruppe von $(\mathfrak{P}(X), \cap)$ (jedoch kein Untermonoid, wenn X unendlich ist). – Auch die symmetrische Differenz $(A, B) \mapsto A \triangle B = (A \cup B) - (A \cap B)$ ist eine assoziative und kommutative Verknüpfung auf $\mathfrak{P}(X)$ (für die Assoziativität siehe Aufg. 1.1.6f)). Die leere Menge $\emptyset$ ist neutrales Element. Ferner ist $A \triangle A = \emptyset$ für jedes $A \in \mathfrak{P}(X)$. $(\mathfrak{P}(X), \triangle)$ *ist also eine abelsche Gruppe, in der jedes Element zu sich selbst invers ist.* Solche Gruppen heißen **elementare** **2-Gruppen**, vgl. Aufg. 2.1.6. $(\mathfrak{E}(X), \triangle)$ ist eine Untergruppe von $(\mathfrak{P}(X), \triangle)$. Die Gruppen $(\mathfrak{E}(X), \triangle)$ sind übrigens bis auf Isomorphie alle elementaren 2-Gruppen, vgl. Aufg. 2.3.6. – Generell heißt ein Element a eines Monoids M **involutorisch** oder eine **Involution**, wenn $a^2 = e_M$ ist. Dies ist genau dann der Fall, wenn a invertierbar ist

---

[6] Sup und Inf verstehen sich bzgl. der Inklusion.

mit $a^{-1} = a$. Im Abbildungsmonoid X^X sind die Involutionen genau die Spiegelungen $\sigma \in \mathfrak{S}(X)$ mit $\sigma^2 = \mathrm{id}_X$, vgl. Beispiel 1.2.17. Daher nennt man auch in einem beliebigen Monoid die involutorischen Elemente häufig **Spiegelungen**.

Die Verknüpfungen $\cup = \mathrm{Sup}$ und $\cap = \mathrm{Inf}$ in $\mathfrak{P}(X)$ sind analog für beliebige Verbände definiert. Wir erinnern daran, dass ein **Verband** eine geordnete Menge $V = (V, \leq)$ ist, in der je zwei Elemente ein Supremum und ein Infimum besitzen, vgl. Beispiel 1.4.10. Auf einem solchen Verband sind

$$a \sqcup b := \mathrm{Sup}(a, b) \quad \text{und} \quad a \sqcap b := \mathrm{Inf}(a, b), \quad a, b \in V,$$

assoziative und kommutative Verknüpfungen. Alle Elemente von V sind bzgl. beider Verknüpfungen idempotent, d. h. es ist $a \sqcup a = a \sqcap a = a$ für alle $a \in A$. Genau dann ist $a \leq b$, wenn $a \sqcup b = b$ oder wenn $a \sqcap b = a$ ist. Ferner gelten die sogenannten **Verschmelzungsregeln**

$$a \sqcup (a \sqcap b) = a = a \sqcap (a \sqcup b), \quad a, b \in V.$$

Ein Element $0 \in V$ ist ein neutrales Element bzgl. $\sqcup$ genau dann, wenn 0 ein kleinstes Element in V ist, und $1 \in V$ ist ein neutrales Element bzgl. $\sqcap$ genau dann, wenn 1 ein größtes Element in V ist. Existiert in V das Nullelement 0, so ist es das einzige invertierbare Element bzgl. $\sqcup$. Entsprechendes gilt für das Einselement 1. Ersetzt man V durch den oppositionellen Verband $V^{\mathrm{op}} = (V, \leq^{\mathrm{op}}) = (V, \geq)$, so vertauschen die Operationen $\sqcup$ und $\sqcap$ ihre Rollen und man erhält wieder einen Verband (**Dualitätsprinzip für Verbände**). – Ist umgekehrt $V = (V, \sqcup, \sqcap)$ eine Menge mit zwei assoziativen und kommutativen Verknüpfungen $\sqcup$ bzw. $\sqcap$, für die die obigen Verschmelzungsregeln gelten, so wird durch „$a \leq b$ genau dann, wenn $a \sqcup b = b$" eine Ordnung auf V definiert, bzgl. der V ein Verband ist mit $\mathrm{Sup}(a, b) = a \sqcup b$ und $\mathrm{Inf}(a, b) = a \sqcap b$ für alle $a, b \in V$. Beweis! Eine Teilmenge V' eines Verbandes $V = (V, \sqcup, \sqcap)$ heißt ein **Unterverband**, wenn V' bzgl. der beiden Verknüpfungen $\sqcup$ und $\sqcap$ abgeschlossen ist, wenn als mit $a, b \in V'$ stets auch $\mathrm{Sup}_V(a, b)$ und $\mathrm{Inf}_V(a, b)$ zu V' gehören. Man beachte, *dass eine Teilmenge $V' \subseteq V$ bzgl. der von V induzierten Ordnung ein Verband sein kann, ohne dass V' ein Unterverband von V ist.* Beispiel? $\Diamond$

Beispiel 2.1.15 Die klassischen Zahlbereiche liefern eine Fülle von wichtigen Beispielen für Monoide und Gruppen. $\mathbb{N}$ ist bzgl. Addition und Multiplikation jeweils ein abelsches Monoid mit neutralem Element 0 bzw. 1. Dies sind auch die einzigen invertierbaren Elemente in $(\mathbb{N}, +)$ bzw. in $(\mathbb{N}, \cdot)$. Die Bezeichnung $\mathbb{N}^*$ für die Menge $\mathbb{N} - \{0\}$ der regulären Elemente im multiplikativen Monoid $(\mathbb{N}, \cdot)$ haben wir bereits vorweggenommen. Die Unterhalbgruppe $\{0\}$ des multiplikativen Monoids $\mathbb{N} = (\mathbb{N}, \cdot)$ ist natürlich ein Monoid, aber kein Untermonoid, da sein neutrales Element 0 nicht das neutrale Element von $(\mathbb{N}, \cdot)$ ist. $(\mathbb{Z}, +)$ ist eine abelsche Gruppe mit neutralem Element 0, die $(\mathbb{N}, +)$ als Untermonoid umfasst. $(\mathbb{Z}, \cdot)$ ist ein abelsches Monoid mit neutralem Element 1 und $\mathbb{Z}^\times = \{1, -1\}$ als

Gruppe der invertierbaren Elemente. $\mathbb{Z}^* = \mathbb{Z} - \{0\}$ ist das Untermonoid der regulären Elemente von $(\mathbb{Z}, \cdot)$. Die Teilbarkeit in $\mathbb{Z}^*$ und $\mathbb{N}^* = \mathbb{Z}^*/\mathbb{Z}^\times$ wird beherrscht vom Hauptsatz der elementaren Zahlentheorie 1.7.11.

$(\mathbb{Z}, +)$ wiederum ist eine Untergruppe der additiven abelschen Gruppe $(\mathbb{Q}, +)$. $(\mathbb{Q}, \cdot)$ ist ein abelsches Monoid, aber keine Gruppe; das einzige Element in $(\mathbb{Q}, \cdot)$, das nicht invertierbar ist, ist 0. (0 darf man nicht kürzen!) Es ist also $\mathbb{Q}^\times = (\mathbb{Q} - \{0\}, \cdot) = \mathbb{Q}^*$. Die positiven rationalen Zahlen bilden darin eine Untergruppe $\mathbb{Q}_+^\times$. Entsprechendes gilt für $\mathbb{R}$: $(\mathbb{R}, +)$ ist eine abelsche Gruppe, $(\mathbb{R}, \cdot)$ ein abelsches Monoid mit $\mathbb{R}^\times = (\mathbb{R} - \{0\}, \cdot)$ als Gruppe der invertierbaren Elemente. Wieder ist $\mathbb{R}^\times = \mathbb{R}^*$ und $\mathbb{R}_+^\times = \{x \in \mathbb{R} \mid x > 0\}$ eine Untergruppe von $\mathbb{R}^\times$. $\diamond$

Beispiel 2.1.16 (Produkte) Die Produktbildung ist in allen Bereichen der Mathematik ein wichtiges Verfahren, um aus gegebenen Strukturen neue zu schaffen und gegebene Strukturen auf bereits bekannte zurückzuführen. Sei A_i, $i \in I$, eine Familie von (multiplikativ geschriebenen) Magmen. Dann ist die Produktmenge $\prod_{i \in I} A_i$ mit **komponentenweiser Verknüpfung**

$$(a_i)_{i \in I} \cdot (b_i)_{i \in I} := (a_i \cdot b_i)_{i \in I}, \quad (a_i)_{i \in I}, (b_i)_{i \in I} \in \prod_{i \in I} A_i$$

ein Magma. Es heißt das **Produkt** der Magmen A_i, $i \in I$. Sind alle A_i Halbgruppen bzw. Monoide bzw. Gruppen, so gilt Entsprechendes auch für das Produkt. Allgemeiner ist für eine Familie von Monoiden M_i mit neutralen Elementen e_i, $i \in I$, das Element $e := (e_i)_{i \in I}$ das neutrale Element des Produkts, und es gilt

$$\left(\prod_{i \in I} M_i\right)^\times = \prod_{i \in I} M_i^\times \quad \text{mit} \quad (a_i)_{i \in I}^{-1} = \left(a_i^{-1}\right)_{i \in I} \quad \text{für} \quad (a_i)_{i \in I} \in \prod_{i \in I} M_i^\times.$$

Ebenso gilt $\left(\prod_{i \in I} H_i\right)^* = \prod_{i \in I} H_i^*$ für eine Familie von Halbgruppen H_i, $i \in I$. Für Monoide M_i wird häufig das folgende Untermonoid des Produktmonoids benutzt:

$$\prod_{i \in I}' M_i := \left\{(a_i)_{i \in I} \in \prod_{i \in I} M_i \,\middle|\, a_i = e_i \text{ für fast alle } i \in I\right\} \subseteq \prod_{i \in I} M_i.$$

Es heißt das **eingeschränkte Produkt** der M_i, $i \in I$. Auch hier gilt $\left(\prod_{i \in I}' M_i\right)^\times = \prod_{i \in I}' M_i^\times$. In $\prod_{i \in I}' M_i$ (und damit auch in $\prod_{i \in I} M_i$) sind die einzelnen Faktoren M_i, $i \in I$, als Untermonoide eingebettet. Wir identifizieren dazu ein Element $a_i \in M_i$ mit dem I-Tupel, das an der Stelle i den Wert a_i hat und an den übrigen Stellen das jeweilige neutrale Element. Sind alle Monoide M_i gleich ein und demselben Monoid M, so bezeichnen wir das eingeschränkte I-fache Produkt mit

$$M^{(I)}.$$

Es ist das Untermonoid derjenigen I-Tupel in M^I, für die fast alle Komponenten gleich dem neutralen Element von M sind. Man beachte, dass nach Obigem das Monoid M in $M^{(I)}$ (bei $M \neq \{e_M\}$) auf $|I|$ verschiedene Weisen kanonisch eingebettet ist. Diese Einbettungen dürfen (bei $I \neq \emptyset$) nicht verwechselt werden mit der **Diagonaleinbettung** $M \to M^I$, die jedem $a \in M$ das konstante Tupel (a_i) mit $a_i = a$ für alle $i \in I$ zuordnet. $M^{(I)}$ ist ein Untermonoid des vollen I-fachen Produkts M^I und stimmt mit diesem überein, wenn I endlich ist. $M^{(I)}$ ist das Monoid der Abbildungen $f: I \to M$ mit $f(i) = e_M$ für fast alle $i \in I$. – Sind alle M_i, $i \in I$, additiv geschriebene abelsche Monoide, so bezeichnet

$$\bigoplus_{i \in I} M_i = \{(a_i)_{i \in I} \mid a_i \in M_i \text{ für alle } i \in I \text{ und } a_i = 0_i \text{ für fast alle } i \in I\}$$

ihr eingeschränktes Produkt. Man nennt es die **direkte Summe** der M_i, $i \in I$. $\diamond$

Beispiel 2.1.17 (Komplexmultiplikation) Sei M ein *nichtleeres* multiplikatives Magma. Für Teilmengen $A, B \subseteq M$ bezeichnen wir mit AB das sogenannte **Komplexprodukt**

$$AB := \{ab \mid a \in A, b \in B\}$$

von A und B. AB ist also das Bild von $A \times B$ unter der Verknüpfung $M \times M \to M$ von M. Man schreibt aB bzw. Ab für $\{a\}B$ bzw. $A\{b\}$. Mit dieser **Komplexmultiplikation** ist die Potenzmenge $\mathfrak{P}(M)$ von M ebenfalls ein Magma. M selbst fassen wir bzgl. der kanonischen Einbettung $a \mapsto \{a\}$ als Untermagma von $\mathfrak{P}(M)$ auf. Die leere Menge ist ein absorbierendes Element in $\mathfrak{P}(M)$ mit $\emptyset \cdot A = A \cdot \emptyset = \emptyset$ für alle $A \in \mathfrak{P}(M)$.[7] $\mathfrak{P}(M) - \{\emptyset\}$ ist ein Untermagma von $\mathfrak{P}(M)$. Bei additiver Schreibweise nennt man das Komplexprodukt

$$A + B = \{a + b \mid a \in A, b \in B\}$$

die **Minkowski-Summe** von A und B. Beispielsweise ist die Minkowski-Summe zweier Intervalle $[a, b]$ und $[c, d]$, $a \leq b, c \leq d$, in $(\mathbb{R}, +)$ das Intervall $[a + c, b + d]$. Offenbar ist $\mathfrak{P}(M)$ genau dann assoziativ bzw. kommutativ, wenn Entsprechendes für M gilt. Ferner besitzt $\mathfrak{P}(M)$ genau dann ein neutrales Element, wenn M ein neutrales Element e_M besitzt. In diesem Fall ist $e_{\mathfrak{P}(M)} = \{e_M\} = e_M$. Genau dann ist $\mathfrak{P}(M)$ also ein Monoid, wenn M ein Monoid ist. In diesem Fall ist M ein Untermonoid von $\mathfrak{P}(M)$ und $\mathfrak{P}(M)^\times = M^\times$. $\mathfrak{P}'(M) := \mathfrak{P}(M) - \{\emptyset\}$ ist nur dann eine Gruppe, wenn M das triviale Monoid $\{e_M\}$ ist.

Ist $A \subseteq M^\times$ eine beliebige Menge invertierbarer Elemente des Monoids M, so bezeichnet man in der Regel mit A^{-1} die Menge $A^{-1} := \{a^{-1} \mid a \in A\}$, d. h. das Bild von

---

[7] Generell heißt ein Element 0 eines Magmas N ein **absorbierendes Element**, wenn $0 \cdot x = x \cdot 0 = 0$ ist für alle $x \in N$. Man verwechsele das absorbierende Element 0 nicht mit dem Nullelement eines additiven Monoids. Die Null ist absorbierendes Element in den multiplikativen Monoiden $(\mathbb{N}, \cdot)$ und $(\mathbb{Z}, \cdot)$ (und im multiplikativen Monoid eines jeden Rings). Ein absorbierendes Element eines additiven Monoids wird häufig mit ∞ oder mit $-\infty$ bezeichnet.

A unter der Inversenbildung $M^\times \to M^\times$. A^{-1} *ist aber nur dann das Inverse von* A *in* $\mathfrak{P}(M)$, *wenn* A *einelementig ist.* Man beachte auch die Rechenregel $(AB)^{-1} = B^{-1}A^{-1}$ für $A, B \subseteq M^\times$.

Seien nun M eine Gruppe und F, H Untergruppen von M. Dann ist $(FH)^{-1} = H^{-1}F^{-1} = HF$. Es folgt: *Genau dann ist das Komplexprodukt* FH *ebenfalls eine Untergruppe von* M, *wenn* $FH = HF$ *ist.* Diese letzte Bedingung ist sicher dann erfüllt, wenn M abelsch ist. – In der Gruppe $\mathfrak{S}_3$ mit den zyklischen Untergruppen E, F, H, die von den Transpositionen $\langle 1, 2 \rangle$, $\langle 1, 3 \rangle$ bzw. $\langle 2, 3 \rangle$ erzeugt werden, gilt $EFH = \mathfrak{S}_3$, aber das Produkt von je zwei verschiedenen dieser Untergruppen ist keine Untergruppe. $\diamond$

Das additive Monoid $(\mathbb{N}, +)$ und die additive Gruppe $(\mathbb{Z}, +)$ sind von universeller Bedeutung. Dies liegt vor allem daran, dass für ein beliebiges Monoid M und ein Element $a \in M$ bzw. $a \in M^\times$ die Exponentialabbildungen $\mathbb{N} \to M$ bzw. $\mathbb{Z} \to M$ mit $n \mapsto a^n$ mit den Verknüpfungen in $\mathbb{N}$ bzw. $\mathbb{Z}$ und in M verträglich sind. Genau dies besagt die Potenzrechenregel $a^{m+n} = a^m a^n$. Die Gruppe $\mathbb{Z} = (\mathbb{Z}, +)$ ist zyklisch und wird sowohl von 1 als auch von -1 erzeugt (und von keinem anderen Element). Fundamental ist der folgende Satz über die Untergruppen von $\mathbb{Z}$:

Satz 2.1.18 *Zu jeder Untergruppe* H *von* $\mathbb{Z} = (\mathbb{Z}, +)$ *gibt es genau ein* $n \in \mathbb{N}$ *mit* $H = \mathbb{Z}n$. *Insbesondere sind alle Untergruppen von* $\mathbb{Z}$ *zyklisch.*

Beweis Im Fall $H = \{0\}$ ist $n = 0$. Im Fall $H \neq \{0\}$ enthält H positive Zahlen; denn bei $a \in H$, $a \neq 0$, ist a oder $-a (\in H)$ positiv. Für die kleinste Zahl $n \in H \cap \mathbb{N}^*$, vgl. Satz 1.5.4, gilt dann $H = \mathbb{Z}n$. Wegen $n \in H$ ist nämlich auch $\mathbb{Z}n \subseteq H$. Sei umgekehrt $a \in H$ beliebig. Division mit Rest liefert eine Darstellung $a = qn + r$, $q, r \in \mathbb{Z}$, $0 \leq r < n$. Wegen $r = a + (-q)n \in H \cap \mathbb{N}$ ist aber notwendigerweise $r = 0$ nach Wahl von n und damit $a = qn \in \mathbb{Z}n$. Die Eindeutigkeit von n ist trivial. $\square$

Für die Untergruppe $H = \mathbb{Z}n \subseteq \mathbb{Z}$ kann auch $-n$ als erzeugendes Element verwandt werden (aber kein weiteres). Ein erzeugendes Element von H ist also bei $H \neq 0$ nur bis auf das Vorzeichen bestimmt. Als Beispiel zu Satz 2.1.18 beweise der Leser die folgende Proposition:

Proposition 2.1.19 *Es seien* $a_1, \ldots, a_n \in \mathbb{N}^*$. *Dann gilt*

$$\mathbb{Z}a_1 + \cdots + \mathbb{Z}a_n = \mathbb{Z}\,\mathrm{ggT}(a_1, \ldots, a_n) \quad und \quad \mathbb{Z}a_1 \cap \cdots \cap \mathbb{Z}a_n = \mathbb{Z}\,\mathrm{kgV}(a_1, \ldots, a_n).$$

Für eine *beliebige* Familie $a_i \in \mathbb{Z}$, $i \in I$, ganzer Zahlen sind entsprechend der größte gemeinsame Teiler und das kleinste gemeinsame Vielfache die erzeugenden Elemente von $\sum_{i \in I} \mathbb{Z}a_i$ bzw. $\bigcap_{i \in I} \mathbb{Z}a_i$. Beide sind wieder nur bis auf das Vorzeichen bestimmt.

Eine Untergruppe H einer beliebigen Gruppe G definiert zwei wichtige Zerlegungen von G. Wir benutzen dabei die Komplexmultiplikation aus Beispiel 2.1.17. Insbesondere benutzen wir für die Untergruppe H die sogenannten **Linksnebenklassen** $aH = \{a\}H$ und die **Rechtsnebenklassen** $Ha = H\{a\}$, $a \in G$. Die Linkstranslation $L_a \colon x \mapsto ax$ und die Rechtstranslation $R_a \colon y \mapsto ya$ induzieren bijektive Abbildungen $L_a|H \colon H \to aH$ bzw. $R_a|H \colon H \to Ha$. Insbesondere ist

$$|aH| = |H| = |Ha| \quad \text{für alle } a \in G.$$

Ferner gilt $(aH)^{-1} = H^{-1}a^{-1} = Ha^{-1}$ und $(Ha)^{-1} = a^{-1}H^{-1} = a^{-1}H$ für alle $a \in G$. Die Menge der Linksnebenklassen (bzw. die Menge der Rechtsnebenklassen) von G bzgl. H bezeichnet man mit

$$G/H \quad (\text{bzw. } G\backslash H).$$

Nach der letzten Bemerkung induziert die Inversenbildung von G zueinander inverse Bijektionen $G/H \to G\backslash H$ und $G\backslash H \to G/H$. Die gemeinsame Kardinalzahl von G/H und $G\backslash H$ heißt der **Index** von H in G und wird mit

$$[G : H] := \mathrm{Ind}_G H := |G/H| = |G\backslash H|$$

bezeichnet. Bei abelschen Gruppen stimmen die Links- und Rechtsnebenklassen überein und heißen einfach **Nebenklassen**. Fundamental ist das folgende generelle Lemma:

Lemma 2.1.20 *Ist H eine Untergruppe der Gruppe G, so sind $G/H \subseteq \mathfrak{P}(G)$ und auch $G\backslash H \subseteq \mathfrak{P}(G)$ Partitionen von G.*

Beweis Es genügt die Linksnebenklassen zu betrachten. Wegen $a = ae \in aH$ ist $G = \bigcup_{a \in G} aH$. Es bleibt $aH = bH$ zu zeigen, falls $aH \cap bH \neq \emptyset$ ist für $a, b \in G$. Sei dazu $c = ah_1 = bh_2$ mit $h_1, h_2 \in H$. Für $h \in H$ ist dann $ah = bh_2h_1^{-1}h \in bH$, also $aH \subseteq bH$. Analog gilt $bH \subseteq aH$. $\qquad\square$

Die Äquivalenzrelationen $_H\!\equiv$ und $\equiv_H$ auf G zu den Partitionen G/H (bzw. $G\backslash H$) von G lassen sich offenbar folgendermaßen beschreiben: Für $a, b \in G$ gilt $a \,_H\!\equiv b$, d.h. $aH = bH$ (bzw. $a \equiv_H b$, d.h. $Ha = Hb$) genau dann, wenn es ein $h \in H$ gibt mit $ah = b$ (bzw. mit $ha = b$). Man nennt diese Relationen die **Kongruenzrelationen** auf G bzgl. der Untergruppe H. Die Fasern der kanonischen Projektion $G \to G/H$ (bzw. $G \to G\backslash H$) sind genau die Elemente von G/H (bzw. von $G\backslash H$). Da diese alle dieselbe Kardinalzahl $|H|$ haben, erhält man:

Satz 2.1.21 (Satz von Lagrange) *Ist H eine Untergruppe der Gruppe G, so gilt*

$$|G| = |H| \cdot [G : H].$$

In einer endlichen Gruppe G ist die Ordnung $|H|$ einer jeden Untergruppe H von G ein Teiler der Ordnung $|G|$ von G mit dem Quotienten $|G|/|H| = [G : H]$.

Ist beispielsweise $|G|$ eine Primzahl, so besitzt G nur die trivialen Untergruppen $\{e_G\}$ und G. *Insbesondere ist dann $G = \mathrm{H}(a)$ für jedes $a \in G$, $a \neq e_G$, und G ist zyklisch.*

Die Zerlegungen G/H und $G \backslash H$ einer Gruppe in ihre Nebenklassen bzgl. einer Untergruppe $H \subseteq G$ stimmen in der Regel nicht überein. Wie wir in den nächsten beiden Abschnitten sehen werden, ist der Fall $G/H = G \backslash H$ von besonderer Bedeutung. Wir definieren deshalb bereits hier:

Definition 2.1.22 Eine Untergruppe N einer Gruppe G heißt eine **normale Untergruppe** oder ein **Normalteiler** von G, wenn $G/N = G \backslash N$ ist, wenn also $aN = Na$ für alle $a \in N$ ist. In diesem Fall heißen die Elemente von $G/N = G \backslash N$ einfach die **Nebenklassen** (oder **Restklassen**) von G modulo N.

Ist N ein Normalteiler, so gilt $AN = NA$ für jede Teilmenge $A \subseteq G$. Insbesondere ist dann $HN = NH \subseteq G$ eine Untergruppe von G für jede Untergruppe $H \subseteq G$.

Beispiel 2.1.23 Ist G eine abelsche Gruppe, so ist – wie bereits erwähnt – jede Untergruppe $H \subseteq G$ normal in G. Die Nebenklassen bzgl. der Untergruppe $\mathbb{Z}m \subseteq \mathbb{Z}$ von $\mathbb{Z}$, $m \in \mathbb{N}^*$, sind die m paarweise verschiedenen Restklassen $a + \mathbb{Z}m$, $a \in \mathbb{N}$, $0 \leq a < m$. Die Elemente von $a + \mathbb{Z}m$ sind diejenigen ganzen Zahlen, die bei der Division durch m den Rest a haben. Man vergleiche hierzu bereits Beispiel 1.3.6. Dieses Beispiel vor Augen, wird in abelschen Gruppen – insbesondere, wenn sie additiv geschrieben sind – eine Nebenklasse auch „Restklasse" genannt. – $\{e_G\}$ und G selbst sind trivialerweise Normalteiler einer jeden Gruppe G. Das einfachste Beispiel für eine nicht normale Untergruppe liefert die Permutationsgruppe $G = \mathfrak{S}_3 = \mathfrak{S}(\{1, 2, 3\})$ einer Menge von drei Elementen und ihre Untergruppe H, die aus der Identität id und einer Transposition, etwa $\binom{123}{213} = \langle 1, 2 \rangle$, besteht. Die Menge $\mathfrak{S}_3/H$ der Linksnebenklassen enthält dann die Elemente

$$H, \quad \langle 1,3 \rangle H = \left\{ \langle 1,3 \rangle, \binom{123}{231} \right\}, \quad \langle 2,3 \rangle H = \left\{ \langle 2,3 \rangle, \binom{123}{312} \right\}$$

und die Menge $\mathfrak{S}_3 \backslash H$ der Rechtsnebenklassen die Elemente

$$H, \quad H \langle 1,3 \rangle = \left\{ \langle 1,3 \rangle, \binom{123}{312} \right\}, \quad H \langle 2,3 \rangle = \left\{ \langle 2,3 \rangle, \binom{123}{231} \right\}.$$

Die beiden Mengen $\mathfrak{S}_3/H$ und $\mathfrak{S}_3 \backslash H$ stimmen also *nicht* überein. Die zyklische Untergruppe N von $\mathfrak{S}_3$ mit dem Index 2, die neben der Identität die Permutation $\binom{123}{231}$ und deren Inverses $\binom{123}{312}$ enthält, ist aber normal. Ihre Nebenklassen sind N und das Komplement $\mathfrak{S}_3 - N$. *Generell ist eine Untergruppe vom Index 2 in einer beliebigen Gruppe G normal.* Ihre beiden Nebenklassen sind notwendigerweise die Untergruppe selbst und ihr Komplement in G.   ◇

Aufgaben

Aufgabe 2.1.1 Man gebe alle assoziativen Verknüpfungen auf der Menge $\{W, F\}$ der beiden verschiedenen Elemente W, F an, vgl. Beispiel 2.1.11.

Aufgabe 2.1.2 Sei M eine Halbgruppe und $a \in M$. Dann bilden die mit a kommutierenden Elemente von M eine Unterhalbgruppe $Z(a) = Z_M(a)$ von M. Ist M ein Monoid, so ist $Z(a)$ ein Untermonoid von M mit $Z(a)^{\times} = Z(a) \cap M^{\times}$. Insbesondere ist $Z(a)$ eine Untergruppe, wenn M eine Gruppe ist. ($Z(a)$ heißt der **Zentralisator** von a in M. Für eine beliebige Teilmengen $A \subseteq M$ heißt $Z(A) = Z_M(A) := \bigcap_{a \in A} Z(a)$ der **Zentralisator** von A in M, und wiederum gilt $Z(A)^{\times} = Z(A) \cap M^{\times}$, falls M ein Monoid ist. $Z(M)$ heißt **Zentrum** von M. Genau dann ist M kommutativ, wenn $Z(M) = M$ ist. Ist M eine Gruppe, so ist ihr Zentrum $Z(M)$ eine normale Untergruppe von M.)

Aufgabe 2.1.3 Sei X eine Menge. Hat X mindestens zwei Elemente, so ist das Monoid X^X nicht kommutativ. Hat X mindestens drei Elemente, so ist die Permutationsgruppe $\mathfrak{S}(X)$ nicht kommutativ.

Aufgabe 2.1.4 Sei X eine Menge.

a) Ist $|X| > 1$, so besitzt X eine Permutation σ ohne Fixpunkt. (Ist X unendlich, so kann man σ wegen $|X| = |X| + |X|$ als Involution wählen. Bei endlichem X gibt es eine Involution auf X ohne Fixpunkt genau dann, wenn X gerade ist.)

b) Ist X unendlich, so ist $|\mathfrak{S}(X)| = 2^{|X|}$. ($|\mathfrak{S}(X)| \leq 2^{|X|}$ folgt aus

$$|\mathfrak{S}(X)| \leq |\mathfrak{P}(X \times X)| = 2^{|X \times X|} = 2^{|X|}.$$

Für die umgekehrte Ungleichung betrachte man die Abbildung $\mathfrak{S}(X) \to \mathfrak{P}(X)$, $\sigma \mapsto$ Fix σ, und benutze a).)

Aufgabe 2.1.5 Sei H eine multiplikative Halbgruppe und $\mathrm{Idp}(H) = \{x \in H \mid x^2 = x\}$ die Menge der idempotenten Elemente ($=$ Menge der Projektionen) von H.

a) Ist $h \in \mathrm{Idp}(H)$, so ist $hHh = \{hxh \mid x \in H\}$ eine Unterhalbgruppe von H mit neutralem Element h.

b) Für $x, y \in \mathrm{Idp}(H)$ sind folgende Bedingungen äquivalent: (i) $xHx \subseteq yHy$. (ii) $x \in yHy$. (iii) $x = yxy$. (iv) $x = yx = xy$.

c) Durch „$x \leq y$ genau dann, wenn $x, y \in H$ die äquivalenten Bedingungen aus b) erfüllen " ist auf der Menge $\mathrm{Idp}(H)$ eine Ordnung definiert. Ist $1 \in H$ neutrales Element von H, so ist 1 das größte Element von $\mathrm{Idp}(H)$. Ist $0 \in H$ absorbierendes Element von H (d. h. gilt $0 \cdot x = x \cdot 0 = 0$ für alle $x \in H$), so ist 0 kleinstes Element von H. Ist H kommutativ, so ist $\mathrm{Idp}(H)$ eine (geordnete, vgl. Aufg. 2.1.16) Unterhalbgruppe von H und es ist $xy = \mathrm{Inf}(x, y)$ für $x, y \in \mathrm{Idp}(H)$.

Abb. 2.4 Monoid zur Projektion p einer Menge X

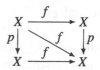

d) Sei X eine Menge und $p \in X^X$ eine Projektion (d. h. es sei $p^2 = p \circ p = p$). Man beschreibe mengentheoretisch die Elemente des Monoids $p X^X p$ (gemäß a)). (Es sind dies z. B. genau die Abbildungen $f\colon X \to X$ mit Bild $f \subseteq$ Bild p und $f(p^{-1}(x)) \subseteq p^{-1}(f(x))$, für die also das Diagramm aus Abb. 2.4 kommutativ ist.) Sind $p, q \in X^X$ bzgl. der kanonischen Ordnung auf $\mathrm{Idp}(X^X)$ vergleichbare Projektionen mit Bild $p = $ Bild q, so ist $p = q$.

Aufgabe 2.1.6 Sei M ein Monoid.

a) Ist jedes Element von M involutorisch, so ist M eine abelsche Gruppe, eine sogenannte **elementare (abelsche) 2-Gruppe**. (Für die Struktur solcher Gruppen vgl. Aufg. 2.3.6a).)
b) Ist M ein reguläres Monoid und gilt $(xy)^2 = x^2 y^2$ für alle $x, y \in M$, so ist M abelsch. Man gebe ein nichtabelsches Monoid M (mit 3 Elementen) an, für das $(xy)^2 = x^2 y^2$ für alle $x, y \in M$ gilt.

Aufgabe 2.1.7 Sei A ein multiplikatives Magma und e ein Element, das nicht in A liegt. Dann ist $A' := A \uplus \{e\}$ bzgl. der Verknüpfung $*$ mit

$$a * b := ab, \quad \text{falls} \quad a, b \in A; \quad e * c := c * e := c \quad \text{für alle} \quad c \in A',$$

ein Magma mit neutralem Element e, das A als Untermagma umfasst. Ist A eine Halbgruppe, so ist A' ein spitzes Monoid (auch dann, wenn A selbst schon ein Monoid ist). (Man sagt, A' entstehe aus A durch **Adjunktion eines neutralen Elements**. Durch diese Konstruktion kann man gelegentlich Probleme über Halbgruppen auf Probleme über Monoide zurückführen. Man konstruiere in analoger Weise zu einem Magma (bzw. einer Halbgruppe) ein Magma (bzw. eine Halbgruppe) mit absorbierendem Element durch **Adjunktion eines absorbierenden Elements**.)

Aufgabe 2.1.8 Sei M ein Monoid, in dem jede Gleichung der Form $ax = b$ mit $a, b \in M$ lösbar ist, für das also *alle* Linkstranslationen L_a, $a \in M$, surjektiv sind. Dann ist M eine Gruppe. Man gebe eine nichtleere Halbgruppe (mit zwei Elementen) an, bei der alle Linkstranslationen bijektiv sind, die aber keine Gruppe ist.

Aufgabe 2.1.9 Sei H eine nichtleere Halbgruppe, in der *alle* Links- *und alle* Rechtstranslationen surjektiv sind. Dann ist H eine Gruppe. Insbesondere ist jede nichtleere reguläre und endliche Halbgruppe eine Gruppe, und jede nichtleere endliche Unterhalbgruppe einer Gruppe ist eine Untergruppe.

Aufgabe 2.1.10 Seien M ein Monoid und $x \in M$ ein Element mit $x^d = e$ für ein $d \in \mathbb{N}^*$. Dann ist $x \in M^\times$, und für alle $m, n \in \mathbb{Z}$ gilt $x^m = x^n$, wenn m und n kongruent modulo d sind.

Aufgabe 2.1.11 Für $a, b \in \mathbb{R}$ sei $f_{a,b} \colon \mathbb{R} \to \mathbb{R}$ durch $f_{a,b}(x) := ax + b$, $x \in \mathbb{R}$, definiert. Dann ist $M := \{ f_{a,b} \mid a, b \in \mathbb{R} \}$ ein Untermonoid von $\mathbb{R}^{\mathbb{R}}$ mit

$$M^\times = \{ f_{a,b} \mid a, b \in \mathbb{R}, a \neq 0 \}$$

als Einheitengruppe. ($M^\times$ ist die sogenannte **affine Gruppe** $A_1(\mathbb{R})$, vgl. das Ende von Beispiel 2.6.19.)

Aufgabe 2.1.12 Sei G eine endliche Gruppe mit n Elementen und $(a_1, \ldots, a_n) \in G^n$. Dann gibt es Indizes r, s mit $0 \leq r < s \leq n$ und $a_{r+1} \cdots a_s = e_G$. (Die $n + 1$ Produkte $a_1 \cdots a_s$, $s = 0, \ldots, n$, können nicht paarweise verschieden sein.)

Aufgabe 2.1.13 Man untersuche, ob die angegebenen Teilmengen H jeweils Untergruppen der Gruppe G sind:

$G := (\mathbb{Q}, +);$ $\quad H := \{ a/b \mid a, b \in \mathbb{Z},\ b \text{ ungerade} \}.$

$G := (\mathbb{Q}^\times, \cdot);$ $\quad H := \{ x^n \mid x \in \mathbb{Q}^\times \}$ ($n \in \mathbb{Z}$ fest),

$\qquad\qquad\qquad H := \{ a/b \mid a, b \in \mathbb{Z},\ a \text{ und } b \text{ nicht durch 5 teilbar} \}.$

$G := (\mathbb{C}^\times, \cdot);$ $\quad H := \{ z = a + b\mathrm{i} \in \mathbb{C} \mid |z|^2 = a^2 + b^2 = 1 \},$

$\qquad\qquad\qquad H := \{ z = a + b\mathrm{i} \in \mathbb{C} \mid \Re z = a > 0 \}.$

$G := \mathfrak{S}(A)$ (A fest vorgegebene Menge) ;

$\qquad\qquad\qquad H := \{ \sigma \in \mathfrak{S}(A) \mid \sigma(b) = b \text{ für alle } b \in B \}$ $\quad$ ($B \subseteq A$ fest),

$\qquad\qquad\qquad H := \{ \sigma \in \mathfrak{S}(A) \mid \sigma(a) = a \text{ für fast alle } a \in A \},$

$\qquad\qquad\qquad H := \{ \sigma^n \mid \sigma \in \mathfrak{S}(A) \}$ $\quad$ ($n \in \mathbb{N}$ fest),

$\qquad\qquad\qquad H := \{ \sigma \in \mathfrak{S}(A) \mid \sigma^n = \mathrm{id}_A \}$ $\quad$ ($n \in \mathbb{N}$ fest).

Aufgabe 2.1.14 Sei G eine Gruppe.

a) Seien $H_1, H_2 \subseteq G$ Untergruppen. Genau dann ist $H_1 \cup H_2$ ebenfalls eine Untergruppe, wenn $H_1 \subseteq H_2$ oder $H_2 \subseteq H_1$ ist.

b) Ist $A \subseteq G$, so erzeugt A oder aber das Komplement $G - A$ die Gruppe G.

c) Ist G endlich und sind $A, B \subseteq G$ Teilmengen mit $|A| + |B| > |G|$, so ist $AB = G$.

Aufgabe 2.1.15

a) Jede Untergruppe H von $\mathbb{Q} = (\mathbb{Q}, +)$, die ein endliches Erzeugendensystem besitzt, ist bereits zyklisch. (H ist Untergruppe von $\mathbb{Z}(1/m)$, wo m ein Hauptnenner (d. h. ein gemeinsames Vielfaches der Nenner) von endlich vielen Erzeugenden von H ist.

– Sind $a_1, \ldots, a_n \in \mathbb{Q}$, $n \in \mathbb{N}^*$, so heißen die eindeutig bestimmten nichtnegativen erzeugenden Elemente der Untergruppen $\sum_{i=1}^{n} \mathbb{Z}a_i$ bzw. $\bigcap_{i=1}^{n} \mathbb{Z}a_i$ von $\mathbb{Q}$ der **größte gemeinsame Teiler** bzw. das **kleinste gemeinsame Vielfache** der rationalen Zahlen $a_1, \ldots, a_n$. Sie werden mit $\mathrm{ggT}(a_1, \ldots a_n)$ bzw. $\mathrm{kgV}(a_1, \ldots, a_n)$ bezeichnet. Diese Bezeichnungen sind wegen Satz 2.1.19 mit der schon eingeführten Terminologie für ganze Zahlen verträglich. Man zeige $\mathrm{ggT}(a_1, \ldots, a_n) \cdot \mathrm{kgV}(a_1^{-1}, \ldots, a_n^{-1}) = 1$, falls $a_1, \ldots, a_n \in \mathbb{Q}^{\times}$.)

b) Die Gruppe $\mathbb{Q} = (\mathbb{Q}, +)$ besitzt kein endliches Erzeugendensystem. Mehr noch: $\mathbb{Q}$ besitzt kein minimales Erzeugendensystem, d. h. jedes Erzeugendensystem von $\mathbb{Q}$ lässt sich verkleinern.

Aufgabe 2.1.16 Sei $M = (M, \leq)$ ein (multiplikativ geschriebenes) Magma mit einer Ordnung $\leq$. M heißt ein **geordnetes Magma**, wenn die sogenannten **Monotoniegesetze** gelten, d. h. wenn alle Links- und Rechtstranslationen in M monoton wachsend sind. Dann ist auch $(M, \geq)$ ein geordnetes Magma. Z. B. ist für jedes Magma N die Potenzmenge $\mathfrak{P}(N)$ mit der Komplexmultiplikation bzgl. der Inklusion $\subseteq$ und damit auch bzgl. der Anti-Inklusion $\supseteq$ ein geordnetes Magma mit N als größtem bzw. $\emptyset$ kleinstem Element. Ein Untermagma eines geordneten Magmas ist wieder ein geordnetes Magma. $(\mathbb{R}, +)$ mit der natürlichen Ordnung und damit auch seine Unterhalbgruppen bzw. Untergruppen, etwa $\mathbb{N}, \mathbb{Z}, \mathbb{Q}$ usw., sind geordnete Halbgruppen bzw. Gruppen. Analoges gilt für das multiplikative Monoid $(\mathbb{R}_+, \cdot)$. Insbesondere ist $(\mathbb{R}_+^{\times}, \cdot)$ eine geordnete Gruppe. Die Gruppe $(\mathbb{R}^{\times}, \cdot)$ ist aber (bzgl. der natürlichen Ordnung) keine geordnete Gruppe. Ist M ein geordnetes Monoid, so sind $M_{\geq 1}$ und $M_{\leq 1}$ wegen der Monotoniegesetze spitze(!) Untermonoide von M.

a) Sei M ein kommutatives Monoid. Dann ist das Monoid $\overline{M} = M/\|$ der Teilerklassen von M bzgl. der durch die Teilbarkeit auf M gegebenen Ordnung ein geordnetes spitzes Monoid mit $[1]$ als kleinstem Element, und die natürliche Injektion $\overline{M} \to \mathfrak{P}(M)$, $[a] \mapsto Ma$, ist sowohl mit den Verknüpfungen als auch mit den Ordnungen $\leq$ bzw. $\supseteq$ verträglich (also ein Isomorphismus geordneter Monoide von $\overline{M}$ auf sein Bild). (Man beachte, dass für $a, b \in M$ die Inklusion $T_M(a) T_M(b) \subseteq T_M(ab)$ in $\mathfrak{P}(M)$ im Allgemeinen echt ist. Beispiel? Die Vielfachenmengen sind in der Regel handlicher als die Teilermengen.) Diese Konstruktion lässt sich verallgemeinern: Sei dazu $N \subseteq M$ ein Untermonoid. Wir setzen

$$a \mid_N b \quad \text{genau dann, wenn} \quad Nb \subseteq Na.$$

Dann ist $\mid_N$ wiederum eine Quasiordnung auf M, und $M/_N\|_N$ ist ein geordnetes Monoid, wobei die Äquivalenzrelation $_N\|_N$ durch „$a \;_N\|_N\; b$ genau dann, wenn $Na = Nb$", und die Ordnung durch „$[a]_N \leq [b]_N$ genau dann, wenn $a \mid_N b$" gegeben sind. Das Untermonoid $\overline{N} := N/_N\|_N \subseteq M/_N\|_N$ ist das Untermonoid der

Elemente $\geq_N [1]_N$. Ist M regulär und spitz, so ist $M = M/_N\|_N$ selbst ein geordnetes Monoid mit $M_{\geq 1} = N$. (Suprema und Infima bzgl. der Ordnung $\leq_N$ werden mit kgV_N bzw. ggT_N bezeichnet.)

b) **(Geordnete Gruppen)** Sei G eine (nicht notwendig abelsche) geordnete Gruppe. Dann ist $P := G_{\geq 1}$ ein Untermonoid von G mit $P^{-1} = G_{\leq 1}$. Ferner gilt (1) $aPa^{-1} = P$ für alle $a \in G$ sowie (2) $P \cap P^{-1} = \{1\}$. Genau dann ist G eine vollständig geordnete Gruppe, wenn $P \cup P^{-1} = G$ ist. Ist umgekehrt $P \subseteq G$ ein Untermonoid von G mit (1) und (2), so gibt es genau eine Ordnung $\leq_P$ auf G derart, dass $(G, \leq_P)$ eine geordnete Gruppe mit $G_{\geq 1} = P$ ist. Es ist $a \leq_P b$ genau dann, wenn $a^{-1}b \in P$ ist (oder wenn $ba^{-1} = a(a^{-1}b)a^{-1} \in P$ ist). (**Bemerkung** Ist G eine additiv geschriebene abelsche geordnete Gruppe, so heißt $P := G_{\geq 0}$ (etwas missbräuchlich) auch der **Positivitätsbereich** von G. Er ist ein spitzes Untermonoid von G mit $P \cap (-P) = \{0\}$. Beispielsweise ist die Produktgruppe $(\mathbb{R} \times \mathbb{R}, +)$ sowohl bzgl. der Produktordnung als auch bzgl. der lexikographischen Ordnung eine geordnete Gruppe. Die Positivitätsbereiche sind in Abb. 1.13 skizziert, wobei für (a, b) jeweils der Punkt $(0, 0)$ zu wählen ist. Die lexikographische Ordnung ist vollständig.)

Aufgabe 2.1.17 Seien M ein kommutatives reguläres Monoid mit neutralem Element 1 und $a, b, c \in M$. Man beweise folgende Rechenregeln für den ggT und das kgV. (Dabei ist zu beachten, dass ggT und kgV in M jeweils nur bis auf Assoziiertheit eindeutig bestimmt sind.)

a) Existiert $\mathrm{ggT}(ac, bc)$, so existiert auch $\mathrm{ggT}(a, b)$ und es gilt $\mathrm{ggT}(ac, bc) = \mathrm{ggT}(a, b)c$. Man gebe ein Beispiel dafür, dass $\mathrm{ggT}(a, b)$ existiert, ohne dass $\mathrm{ggT}(ac, bc)$ existiert.

b) Genau dann existiert $\mathrm{kgV}(ac, bc)$, wenn $\mathrm{kgV}(a, b)$ existiert, und es gilt $\mathrm{kgV}(ac, bc) = \mathrm{kgV}(a, b)c$. (Man beachte $M(ac) \cap M(bc) = (Ma \cap Mb)c$ und $M\,\mathrm{kgV}(a, b) = Ma \cap Mb$.)

c) Existiert $\mathrm{kgV}(a, b)$, so existiert auch $\mathrm{ggT}(a, b)$ und es gilt $\mathrm{kgV}(a, b)\,\mathrm{ggT}(a, b) = ab$ (bis auf Assoziiertheit). Sind die Elemente a, b teilerfremd, d. h. ist $\mathrm{ggT}(a, b) = 1$ und *existiert* $\mathrm{kgV}(a, b)$, so ist $\mathrm{kgV}(a, b) = ab$. Umgekehrt folgt aus $\mathrm{kgV}(a, b) = ab$ bereits, dass a und b teilerfremd sind. Man gebe ein Beispiel für zwei teilerfremde Elemente, deren kgV nicht existiert. (**Bemerkung** Einige Autoren definieren die Teilerfremdheit von Elementen a, b eines kommutativen regulären Monoids durch die Bedingung $\mathrm{kgV}(a, b) = ab$, die also einschränkender ist als unsere Definition.)

d) Existiert $\mathrm{ggT}(ac, bc)$ für alle $c \in M$, so existiert auch $\mathrm{kgV}(a, b)$ und damit $\mathrm{kgV}(ac, bc)$ für alle $c \in M$. (Man reduziert auf den Fall $\mathrm{ggT}(a, b) = 1$. Dann ist ab ein kgV von a, b.)

e) Genau dann existiert $\mathrm{ggT}(a, b)$ für beliebige $a, b \in M$, wenn $\mathrm{kgV}(a, b)$ für beliebige $a, b \in M$ existiert.

Aufgabe 2.1.18 Sei M ein reguläres kommutatives Monoid. Für Elemente $a \in M - M^\times$ und $x \in M$ sei

$$\mathsf{v}_a(x) \in \overline{\mathbb{N}} = \mathbb{N} \uplus \{\infty\}$$

der sogenannte a-**Exponent** von x, das ist das Supremum in $\overline{\mathbb{N}}$ der Exponenten $m \in N$ mit $a^m \mid x$. Ist $\mathsf{v}_a(x)$ endlich, so hat x die Darstellung $x = a^{\mathsf{v}_a(x)}x'$, wobei x' der sogenannte a-**freie Faktor** von x mit $\mathsf{v}_a(x') = 0$ ist. Ist $x = a^m b$ mit $m \in \mathbb{N}$ und $\mathsf{v}_a(b) = 0$, so ist $m = \mathsf{v}_a(x)$ und $b = x'$ der a-freie Faktor von x. Man gebe ein Beispiel dafür, dass $\mathsf{v}_a(x) = \infty$ sein kann. (Im additiven spitzen Monoid $(\mathbb{Z} \times \mathbb{N}^*) \uplus (\mathbb{N} \times \{0\}) \subseteq (\mathbb{Z} \times \mathbb{N}, +)$ etwa ist das Element $p := (1, 0)$ das einzige Primelement und auch das einzige irreduzible Element. Es teilt jedes Element $\neq (0, 0)$, und es ist $\mathsf{v}_p(x) = \infty$ für jedes $x \in \mathbb{Z} \times \mathbb{N}^*$.)

a) Für $a \in M - M^\times$ ist der a-Exponent $\mathsf{v}_a \colon M \to \overline{\mathbb{N}}$ **superadditiv**, d. h. es ist $\mathsf{v}_a(xy) \geq \mathsf{v}_a(x) + \mathsf{v}_a(y)$ für alle $x, y \in M$. Genau dann ist v_a additiv (d. h. genau dann gilt in der Ungleichung stets das Gleichheitszeichen), wenn a prim ist.

b) Sei $p \notin M^\times$. Folgende Aussagen sind äquivalent: (i) p ist prim. (ii) Für jedes Element $a \in M$ mit $p \nmid a$ gilt $\mathrm{kgV}(a, p) = ap$. (iii) Der p-Exponent $\mathsf{v}_p \colon M \to (\overline{\mathbb{N}}, +)$, $x \mapsto \mathsf{v}_p(x)$, ist additiv. (Man beachte: Ist $q \in M$ irreduzibel und gilt $q \nmid a$, so ist $\mathrm{ggT}(a, q) = 1$. Ist also q irreduzibel und existiert $\mathrm{kgV}(a, q)$ für alle $a \in M$, so ist q prim nach Aufg. 2.1.17c).)

c) Sei $a \in M - M^\times$ Produkt von Primelementen. Dann ist $(\mathsf{v}_p(a))_{p \in \mathbb{P}_M} \in \mathbb{N}^{(\mathbb{P}_M)}$ und

$$a = \varepsilon \prod_{p \in \mathbb{P}_M} p^{\mathsf{v}_p(a)} \quad \text{mit einer Einheit } \varepsilon \in M^\times.$$

Ist $a = \eta \prod_{p \in \mathbb{P}_M} p^{\alpha_p}$ mit $(\alpha_p) \in \mathbb{N}^{(\mathbb{P}_M)}$ und $\eta \in M^\times$ eine weitere solche Darstellung, so ist $(\alpha_p) = (\mathsf{v}_p(a))$ und $\eta = \varepsilon$ (**Eindeutigkeit der Primfaktorzerlegung**). Die Teiler von a sind genau die Elemente $\eta \prod_{p \in \mathbb{P}_M} p^{\alpha_p}$ mit $\eta \in M^\times$, $(\alpha_p) \in \mathbb{N}^{(\mathbb{P}_M)}$, $\alpha_p \leq \mathsf{v}_p(a)$ für alle $p \in \mathbb{P}_M$ (Induktion über $\sum_p \mathsf{v}_p(a)$). Insbesondere ist $\tau_M(a) = \prod_{p \in \mathbb{P}_M} (\mathsf{v}_p(a) + 1)$, vgl. Aufg. 1.7.12b). Genau dann hat a insgesamt nur endlich viele Teiler in M, wenn $M^\times$ endlich ist. Es ist $|T_M(a)| = |M^\times| \cdot \tau_M(a)$.

Aufgabe 2.1.19 Seien G ein Gruppe, N ein Normalteiler in G und F, H Untergruppen von G mit $F \subseteq H$.

a) Es ist $HN = NH$ eine Untergruppe von G.

b) Ist F ein Normalteiler in H, so ist FN ein Normalteiler in HN. Insbesondere ist FN ein Normalteiler in G, wenn F normal in G ist.

c) $H \cap N$ ist ein Normalteiler in H.

Aufgabe 2.1.20 Die normalen Untergruppen einer Gruppe G bilden einen vollständigen Unterverband des Verbandes aller Untergruppen von G. Ist $N_i, i \in I$, eine Familie von normalen Untergruppen von G, so ist $N_i N_j = N_j N_i$ für alle $i, j \in I$ und $\bigcap_{i \in I} N_i$ das Infimum bzw. $\mathrm{H}\left(\bigcup_{i \in I} N_i\right) = \bigcup_{J \in \mathfrak{E}(I)} N_J$ das Supremum der N_i, $i \in I$, wobei $N_J := \prod_{i \in J} N_i$ für jede *endliche* Teilmenge $J \subseteq I$ gesetzt wurde.

Aufgabe 2.1.21 Seien H und F Untergruppen der Gruppe G mit $H \subseteq F$. Sind a_i, $i \in I$, bzw. b_j, $j \in J$, jeweils volle Repräsentantensysteme für F/H bzw. G/F, so ist $a_i b_j$, $(i, j) \in I \times J$, ein volles Repräsentantensystem für G/H. – Insbesondere gilt der sogenannte **Indexsatz**

$$[G : H] = [G : F][F : H].$$

Aufgabe 2.1.22 Seien H, F Untergruppen der Gruppe G.

a) Es ist $[F : (F \cap H)] \leq [G : H]$. Jedes volle Repräsentantensystem von $F/(F \cap H)$ ist Teil eines vollen Repräsentantensystems für G/H.

b) Ist FH eine Untergruppe von G, d. h. ist $FH = HF$, so gilt

$$[FH : H] = [F : (F \cap H)] \quad \text{und} \quad [G : F][G : H] = [G : FH][G : (F \cap H)].$$

Welche Formeln sind dies im Fall der Untergruppen $F := \mathbb{Z}m$, $H := \mathbb{Z}n$ von $G := \mathbb{Z}$, $m, n \in \mathbb{N}^*$?

c) Haben die Untergruppen $H_1, \dots, H_n$ der Gruppe G alle einen endlichen Index, so auch ihr Durchschnitt $H := H_1 \cap \cdots \cap H_n$ und es gilt

$$[G : H] \leq [G : H_1] \cdots [G : H_n].$$

Sind die Indizes $[G : H_i]$, $i = 1, \dots, n$, paarweise teilerfremd, so gilt das Gleichheitszeichen.

Aufgabe 2.1.23 Die **Möbiussche μ-Funktion** $\mu \colon \mathbb{N}^* \to \mathbb{Z}$ (nach A. Möbius (1790–1868)) ist definiert durch

$$\mu(n) := \begin{cases} (-1)^r, & \text{falls } n \in \mathbb{N}^* \text{ quadratfrei mit genau } r \text{ Primfaktoren ist,} \\ 0 & \text{sonst.} \end{cases}$$

Die Werte $\mu(1), \dots, \mu(10)$ sind der Reihe nach $1, -1, -1, 0, -1, 1, -1, 0, 0, 1$. Für $n \in \mathbb{N}^*$ bezeichne $\mathbb{P}_n$ die Menge der Primteiler von n und für eine endliche Menge $H \subseteq \mathbb{P}$ von Primzahlen sei $p^H = \prod_{p \in H} p$.

a) Man beweise die folgende fundamentale Eigenschaft der μ-Funktion: Für $n \in \mathbb{N}^*$ ist

$$\sum_{d \mid n} \mu(d) = \delta_{1,n} = \begin{cases} 1, & \text{falls } n = 1, \\ 0 & \text{sonst.} \end{cases}$$

(Es ist $\sum_{d\mid n} \mu(d) = \sum_{H \subseteq \mathbb{P}_n} (-1)^{|H|} = 1$, falls $\mathbb{P}_n = \emptyset$, und $= 0$, falls $\mathbb{P}_n \neq \emptyset$, vgl. Aufg. 1.6.5a).)

b) Sei H eine additiv geschriebene abelsche Gruppe. Für eine **zahlentheoretische Funktion** $f: \mathbb{N}^* \to H$ heißt $F = S(f): \mathbb{N}^* \to H$, $n \mapsto \sum_{d\mid n} f(d)$, die **Summatorfunktion** von f. Nach a) ist beispielsweise $n \mapsto \delta_{1,n}$ die Summatorfunktion der μ-Funktion. Es gilt die folgende **Möbiussche Umkehrformel**:

$$f(n) = \sum_{d\mid n} \mu(d) F(n/d) = \sum_{H \subseteq \mathbb{P}_n} (-1)^{|H|} F(n/p^H), \quad n \in \mathbb{N}^*.$$

(Es ist $\sum_{d\mid n} \mu(d) F(n/d) = \sum_{(d,e),\ de\mid n} \mu(d) f(e) = \sum_{e\mid n} \left(\sum_{d\mid(n/e)} \mu(d) \right) f(e) = f(n)$.) Man formuliere diese Umkehrformel auch für multiplikativ geschriebene abelsche Gruppen.

2.2 Homomorphismen

Schon mehrfach sind uns Abbildungen zwischen Magmen begegnet, die mit den jeweiligen Verknüpfungen verträglich sind. Solche strukturverträglichen Abbildungen heißen Homomorphismen (und in allgemeineren Situationen auch Morphismen). Sie sind in der gesamten Mathematik – und nicht nur in der Algebra – zum Vergleich von Strukturen von größter Bedeutung. Hier konzentrieren wir uns zunächst auf Mengen mit Verknüpfungen, die wir – wenn nichts anderes gesagt wird – multiplikativ schreiben.

Definition 2.2.1 Eine Abbildung $\varphi: M \to N$ zwischen Magmen M und N heißt ein **Homomorphismus** oder eine **multiplikative** Abbildung (von Magmen), wenn für alle $a, b \in M$ gilt:

$$\varphi(ab) = \varphi(a)\varphi(b).$$

Bijektive Homomorphismen heißen **Isomorphismen**. Bei additiver Schreibweise der Verknüpfungen spricht man statt von Homomorphismen auch von **additiven** Abbildungen.

Eine Abbildung $\varphi: M \to N$ zwischen Magmen ist genau dann ein Homomorphismus, wenn φ mit den Links- oder auch mit den Rechtstranslationen in M bzw. N kommutiert, d. h. wenn jeweils für alle a bzw. b in M gilt: $\varphi \circ L_a = L_{\varphi(a)} \circ \varphi$ bzw. $\varphi \circ R_b = R_{\varphi(b)} \circ \varphi$. Ein Homomorphismus $\varphi: M^{\mathrm{op}} \to N$ (oder – äquivalent – ein Homomorphismus $\varphi: M \to N^{\mathrm{op}}$), für den also $\varphi(ab) = \varphi(b)\varphi(a)$ für alle $a, b \in M$ gilt, heißt ein **Antihomomorphismus**.

Ist $\psi: L \to M$ neben $\varphi: M \to N$ ein weiterer Homomorphismus, so ist die Komposition $\varphi\psi: L \to N$ offenbar ebenfalls ein Homomorphismus. Ferner ist $\varphi^{-1}: N \to M$ ein Isomorphismus, wenn φ ein Isomorphismus ist. Sind nämlich $c = \varphi(a)$ und $d = \varphi(b)$, $a, b \in M$, beliebige Elemente von N, so ist $\varphi^{-1}(cd) = \varphi^{-1}(\varphi(a)\varphi(b)) = \varphi^{-1}(\varphi(ab)) = ab = \varphi^{-1}(c)\varphi^{-1}(d)$.

Die Menge der Homomorphismen bzw. Isomorphismen von M in N bezeichnen wir mit

$$\mathrm{Hom}(M, N) \quad \text{bzw.} \quad \mathrm{Iso}(M, N).$$

Homomorphismen von M in sich selbst ($M = N$) nennt man **Endomorphismen**, bijektive Endomorphismen, also Isomorphismen von M auf sich, auch **Automorphismen**. Da die Identität id_M trivialerweise ein Automorphismus von M ist, bilden die Endomorphismen bzw. Automorphismen von M nach obiger Bemerkung ein Untermonoid bzw. eine Untergruppe

$$\mathrm{End}\, M = \mathrm{Hom}(M, M) \quad \text{bzw.} \quad \mathrm{Aut}\, M = \mathrm{Iso}(M, M) = (\mathrm{End}\, M)^{\times}$$

des Monoids M^M bzw. der Permutationsgruppe $\mathfrak{S}(M) = (M^M)^{\times}$. Zwei Magmen M und N heißen **isomorph**, wenn es einen Isomorphismus von M auf N gibt. In diesem Fall schreiben wir

$$M \cong N.$$

Die Isomorphie von Magmen ist reflexiv, symmetrisch und transitiv und damit eine Äquivalenzrelation auf jeder Menge von Magmen. Eine Äquivalenzklasse bzgl. der Isomorphie nennt man eine **Isomorphieklasse**. Beispielsweise bilden die einelementigen Magmen eine Isomorphieklasse. Isomorphe Magmen haben die gleiche Struktur. Sie unterscheiden sich nur in der Benennung ihrer Elemente. Ist M ein Magma und $\varphi\colon M \to X$ eine bijektive Abbildung auf eine beliebige *Menge* X, so besitzt X genau eine Verknüpfung $*$, bzgl. der φ ein Isomorphismus ist, nämlich $x * y := \varphi(\varphi^{-1}(x)\varphi^{-1}(y))$, $x, y \in X$. Man sagt, *die Struktur von M sei vermöge φ nach X übertragen worden*.

Schon die folgende einfache Proposition zeigt die Bedeutung von Homomorphismen.

Proposition 2.2.2 *Für einen* surjektiven *Homomorphismus $\varphi\colon M \to M'$ von Magmen gilt:*

(1) *Ist M assoziativ, d. h. ist M eine Halbgruppe, so auch M'.*

(2) *Ist M kommutativ, so auch M'.*

(3) *Besitzt M ein neutrales Element, so auch M'. Genauer: Ist e_M neutrales Element von M, so ist $\varphi(e_M)$ neutrales Element von M'.*

(4) *Ist M ein Monoid, so auch M', und für $a \in M^{\times}$ ist $\varphi(a) \in (M')^{\times}$ mit $(\varphi(a))^{-1} = \varphi(a^{-1})$. Insbesondere ist M' eine Gruppe, wenn dies für M gilt.*

Beweis Zu beliebigen Elementen $a', b', c' \in M'$ gibt es $a, b, c \in M$ mit $\varphi(a) = a'$, $\varphi(b) = b'$, $\varphi(c) = c'$. Ist M nun assoziativ, so gilt $(a'b')c' = (\varphi(a)\varphi(b))\varphi(c) = \varphi(ab)\varphi(c) = \varphi((ab)c) = \varphi(a(bc)) = \varphi(a)\varphi(bc) = \varphi(a)(\varphi(b)\varphi(c)) = a'(b'c')$.

Der Beweis von (2) ergibt sich bei kommutativem M aus $a'b' = \varphi(a)\varphi(b) = \varphi(ab) = \varphi(ba) = \varphi(b)\varphi(a) = b'a'$. Ist e_M neutrales Element von M, so ist $\varphi(e_M)a' =$

$\varphi(e_M)\varphi(a) = \varphi(e_M a) = \varphi(a) = a'$ und analog $a'\varphi(e_M) = a'$, $\varphi(e_M)$ also neutrales Element von M'. (4) schließlich folgt aus (1) und (3) sowie aus $e_{M'} = \varphi(e_M) = \varphi(aa^{-1}) = \varphi(a)\varphi(a^{-1})$ und $e_{M'} = \varphi(e_M) = \varphi(a^{-1}a) = \varphi(a^{-1})\varphi(a)$ für $a \in M^\times$.   □

Sind M und N Monoide, so bildet ein Homomorphismus $\varphi\colon M \to N$ im Sinne von Definition 2.2.1 das neutrale Element e_M von M nicht notwendig auf das neutrale Element e_N von N ab. φ heißt aber nur dann ein **Monoidhomomorphismus**, wenn zusätzlich $\varphi(e_M) = e_N$ gilt. Nach Proposition 2.2.2 ist dies automatisch der Fall, wenn φ surjektiv ist, ferner auch dann, wenn M nur ein einziges idempotentes Element besitzt, etwa dann, wenn N ein reguläres Monoid ist, und *speziell, wenn N eine Gruppe ist*. In diesem Fall ist nämlich $\varphi(e_M) = \varphi(e_M^2) = (\varphi(e_M))^2$ ebenfalls idempotent, also gleich e_N nach Voraussetzung. Ein Halbgruppenhomomorphismus von Gruppen ist somit stets ein **Gruppenhomomorphismus**. Die konstante Abbildung $M \to N$, $a \mapsto e_N$, ist ein Monoidhomomorphismus, der sogenannte **triviale Homomorphismus** von M in N. Für Monoide M, N ist $\mathrm{Hom}(M, N)$ somit niemals leer. Ist M eine Gruppe, so ist die Inversenbildung $a \mapsto a^{-1}$ in M wegen $(ab)^{-1} = b^{-1}a^{-1}$ und $(a^{-1})^{-1} = a$ ein involutorischer Anti-Isomorphismus von M. Bei kommutativem M handelt es sich um einen Automorphismus von M. *Eine Gruppe und ihre oppositionelle Gruppe sind also stets isomorph.* (Für Monoide gilt das in der Regel nicht. Beispiel?)

Sei $\varphi\colon M \to N$ ein Homomorphismus von Halbgruppen. Dann ist φ auch mit mehrfachen Produkten verträglich (Induktion über n):

$$\varphi(a_1 \cdots a_n) = \varphi\left(\prod_{i=1}^{n} a_i\right) = \prod_{i=1}^{n} \varphi(a_i) = \varphi(a_1) \cdots \varphi(a_n), \quad a_1, \ldots, a_n \in M, \, n \in \mathbb{N}^*.$$

Ist φ ein Monoidhomomorphismus, so gilt dies auch noch für $n = 0$. Für Potenzen ergibt sich speziell:

Proposition 2.2.3 *Sei $\varphi\colon M \to N$ ein Monoidhomomorphismus und $a \in M$. Dann gilt:*

(1) *Es ist $\varphi(a^n) = \varphi(a)^n$ für alle $n \in \mathbb{N}$.*
(2) *Ist $a \in M^\times$, so ist $\varphi(a) \in N^\times$ und es gilt $\varphi(a^n) = \varphi(a)^n$ für alle $n \in \mathbb{Z}$.*

Beweis (1) ergibt sich direkt aus der Vorbemerkung. (2) erhält man aus (1) und Folgendem: Ist $a \in M^\times$, so ist $\varphi(a) \in N^\times$ und es gilt $\varphi(a^{-1}) = \varphi(a)^{-1}$. Letzteres folgt aber aus $e_N = \varphi(e_M) = \varphi(aa^{-1}) = \varphi(a)\varphi(a^{-1})$ und $e_N = \varphi(e_M) = \varphi(a^{-1}a) = \varphi(a^{-1})\varphi(a)$.   □

Ein Monoidhomomorphismus $\varphi\colon M \to N$ induziert nach Proposition 2.2.3 einen Gruppenhomomorphismus $M^\times \to N^\times$, den man in der Regel mit $\varphi^\times$ bezeichnet. Für Magmen M, N ist die Menge $\mathrm{Hom}(M, N)$ eine Teilmenge des Produktmagmas $N^M = \mathrm{Abb}(M, N)$ (mit $(fg)(a) = f(a)g(a)$ für $f, g \in N^M$, $a \in M$). Bei assoziativen Verknüpfungen gilt sogar:

Proposition 2.2.4 *Seien* M, N *Halbgruppen (bzw. Monoide bzw. Gruppen) und* N *überdies kommutativ. Dann ist* $\mathrm{Hom}(M, N)$ *eine Unterhalbgruppe (bzw. ein Untermonoid bzw. eine Untergruppe) von* N^M.

Beweis Seien $f, g \in \mathrm{Hom}(M, N)$. Für $a, b \in M$ gilt

$$(fg)(ab) = f(ab)g(ab) = f(a)f(b)g(a)g(b) = f(a)g(a)f(b)g(b)$$
$$= (fg)(a)(fg)(b).$$

Also ist $\mathrm{Hom}(M, N)$ eine Unterhalbgruppe von N^M. Sind M, N Monoide, so ist das neutrale Element von N^M der triviale Homomorphismus $a \mapsto e_N$, also ist $\mathrm{Hom}(M, N)$ ein Untermonoid von N^M. Sind M, N Gruppen, so enthält $\mathrm{Hom}(M, N)$ mit f auch das Inverse f^{-1} (das nicht verwechselt werden darf mit einem eventuell existierenden, zu f inversen Homomorphismus $N \to M$). Dieses Inverse ist nämlich die Komposition von f mit der Inversenbildung $b \mapsto b^{-1}$ von N, welche (da N kommutativ ist) ein (involutorischer) Automorphismus von N ist. Nach Proposition 2.1.6 ist dann $\mathrm{Hom}(M, N)$ eine Untergruppe von N^M. $\qquad\square$

Seien L, M, N additiv geschriebene abelsche Gruppen. Nach Proposition 2.2.4 sind auch $\mathrm{Hom}(L, M)$ und $\mathrm{Hom}(M, N)$ abelsche Gruppen, und für die Komposition

$$\mathrm{Hom}(M, N) \times \mathrm{Hom}(L, M) \to \mathrm{Hom}(L, N), \quad (g, f) \mapsto g \circ f,$$

gelten offenbar die folgenden **Distributivgesetze**:

$$(g_1 + g_2) \circ f = g_1 \circ f + g_2 \circ f, \quad g \circ (f_1 + f_2) = g \circ f_1 + g \circ f_2,$$

$f_1, f_2, f \in \mathrm{Hom}(L, M)$, $g, g_1, g_2 \in \mathrm{Hom}(M, N)$. Man sagt, die Komposition von Homomorphismen abelscher Gruppen sei **biadditiv**. $\mathrm{End} N = \mathrm{Hom}(N, N)$ hat also neben der Addition $+$ noch die Komposition $\circ$ als natürliche Verknüpfung. Bzgl. der Addition ist $\mathrm{End} N$ eine Gruppe und bzgl. der Komposition ein Monoid mit id_N als neutralem Element und $\mathrm{Aut} N = \mathrm{End}(N, N)^\times$ als Gruppe der invertierbaren Elemente. Beide Verknüpfungen sind ferner durch die Distributivgesetze verbunden. $\mathrm{End} N = (\mathrm{End} N, +, \circ)$ *ist somit für eine abelsche Gruppe* N *ein Ring*, vgl. Definition 2.6.1.

Seien $\varphi \colon M \to N$ ein Homomorphismus von Magmen und M' bzw. N' Untermagmen von M bzw. N. Offenbar sind dann das Bild $\varphi(M')$ und das Urbild $\varphi^{-1}(N')$ Untermagmen von N bzw. M. Analoge Aussagen gelten für Halbgruppen, Monoide und Gruppen. (Im Fall von Gruppen benutzt man Proposition 2.2.3 (2).) Insbesondere ist für einen Monoidhomomorphismus $\varphi \colon M \to N$ das Urbild

$$\mathrm{Kern}\,\varphi := \varphi^{-1}(e_N) = \{x \in M \mid \varphi(x) = e_N\}$$

des trivialen Untermonoids $\{e_N\} \subseteq N$ ein Untermonoid von M, der sogenannte **Kern von** φ. Ist M eine Gruppe, so ist $\mathrm{Kern}\,\varphi$ eine Untergruppe von M. Für Gruppen gilt genauer:

Satz 2.2.5 *Sei $\varphi\colon G \to H$ ein Homomorphismus von Gruppen und $a \in G$. Dann ist*

$$\varphi^{-1}(\varphi(a)) = a\,\mathrm{Kern}\,\varphi = (\mathrm{Kern}\,\varphi)a.$$

Insbesondere ist $\mathrm{Kern}\,\varphi$ eine normale Untergruppe von G, und die nichtleeren Fasern von φ sind die Nebenklassen von $\mathrm{Kern}\,\varphi$ in G. Es gilt

$$|G| = |\mathrm{Bild}\,\varphi| \cdot |\mathrm{Kern}\,\varphi|.$$

Man erhält alle Elemente der Faser $\varphi^{-1}(\varphi(a))$ durch $a \in G$, indem man a mit allen Elementen des Kerns von φ von rechts oder von links multipliziert.

Beweis Wir zeigen nur $\varphi^{-1}(\varphi(a)) = a\,\mathrm{Kern}\,\varphi = \{ay \mid y \in \mathrm{Kern}\,\varphi\}$. Analog beweist man $\varphi^{-1}(\varphi(a)) = (\mathrm{Kern}\,\varphi)a$. Sei also $x \in \varphi^{-1}(\varphi(a))$, d. h. $\varphi(x) = \varphi(a)$. Dann ist $\varphi(a^{-1}x) = \varphi(a)^{-1}\varphi(x) = e_H$, also $y := a^{-1}x \in \mathrm{Kern}\,\varphi$, $x = ay \in a\,\mathrm{Kern}\,\varphi$. Dies beweist die Inklusion $\varphi^{-1}(\varphi(a)) \subseteq a\,\mathrm{Kern}\,\varphi$. Ist umgekehrt $x = ay$ mit $y \in \mathrm{Kern}\,\varphi$, so ist $\varphi(x) = \varphi(a)\varphi(y) = \varphi(a)e_H = \varphi(a)$, womit auch die Inklusion $a\,\mathrm{Kern}\,\varphi \subseteq \varphi^{-1}(\varphi(a))$ bewiesen ist. $\qquad\qquad\square$

Als Korollar ergibt sich direkt:

Korollar 2.2.6 (Injektivitätskriterium) *Ein Homomorphismus $\varphi\colon G \to H$ von Gruppen ist genau dann injektiv, wenn $\mathrm{Kern}\,\varphi = \{e_G\}$ trivial ist.*

Das Injektivitätskriterium gilt in dieser Form nicht allgemein für Monoidhomomorphismen. Natürlich hat ein injektiver Monoidhomomorphismus einen trivialen Kern, die Umkehrung gilt aber in der Regel nicht. Beispiel?

Jede normale Untergruppe $N \subseteq G$ einer Gruppe G tritt als Kern eines Gruppenhomomorphismus $G \to H$ auf. Die Menge $G/N = G\backslash N$ der Nebenklassen bzgl. N ist dann nämlich mit der Komplexmultiplikation eine Unterhalbgruppe von $\mathfrak{P}(G)$ wegen $(aN)(bN) = aNbN = abNN = abN$ und die kanonische Projektion $\pi_N\colon G \to G/N$, $a \mapsto aN$, ist ein Homomorphismus von Halbgruppen. *Also ist*, vgl. Proposition 2.2.2, *G/N eine Gruppe mit neutralem Element $\pi_N(e_G) = N$ und $(aN)^{-1} = \pi_N(a)^{-1} = \pi_N(a^{-1}) = a^{-1}N$, $a \in G$, und der Kern von π_N ist N.*[8] In der Situation von Satz 2.2.5 induziert der Homomorphismus $\varphi\colon G \to H$ eine injektive Abbildung $\overline{\varphi}\colon G/\mathrm{Kern}\,\varphi \to H$ mit $\overline{\varphi}(a\,\mathrm{Kern}\,\varphi) = \varphi(a)$. *Die Gruppen $G/\mathrm{Kern}\,\varphi$ und $\mathrm{Bild}\,\varphi$ sind also kanonisch isomorph.* Im nächsten Abschnitt werden wir diese sogenannten **Quotientengruppen** G/N, $N \subseteq G$ normale Untergruppe, und die gerade besprochene Isomorphie ausführlicher und in allgemeinerem Rahmen diskutieren.

Für eine Untergruppe F von G und einen Gruppenhomomorphismus $\varphi\colon G \to H$ mit $N := \mathrm{Kern}\,\varphi$ ist genau dann $\varphi^{-1}(\varphi(F)) = F$, wenn $N \subseteq F$ gilt. Darüber hinaus erwähnen wir:

---

[8] Man beachte: G/N ist bei $e_{G/N} = N \neq \{e_G\} = e_{\mathfrak{P}(G)}$ kein Untermonoid des Monoids $\mathfrak{P}(G)$.

Proposition 2.2.7 *Sei $\varphi \colon G \to H$ ein surjektiver Homomorphismus von Gruppen. Dann sind die Abbildungen $G' \mapsto \varphi(G')$ und $H' \mapsto \varphi^{-1}(H')$ zueinander inverse bijektive Abbildungen der Menge der Untergruppen $G' \subseteq G$ mit $\operatorname{Kern}\varphi \subseteq G'$ und der Menge der Untergruppen $H' \subseteq H$. Dabei entsprechen die normalen Untergruppen von G, die $\operatorname{Kern}\varphi$ umfassen, den normalen Untergruppen von H.*

Man beachte, dass in der Situation von Proposition 2.2.7 das φ-Bild einer *jeden* normalen Untergruppe von G eine normale Untergruppe von H ist; denn $\varphi(aG') = \varphi(a)\varphi(G')$ und $\varphi(G'a) = \varphi(G')\varphi(a)$ für jede Untergruppe $G' \subseteq G$ und jedes $a \in G$.

Beispiel 2.2.8 (Cayley-Abbildung) Sei M ein Magma. Dann ist die Abbildung

$$L \colon M \to M^M, \ a \mapsto (L_a \colon x \mapsto ax),$$

genau dann ein Homomorphismus des Magmas M in das Abbildungsmonoid M^M, wenn $L_{ab} = L_a \circ L_b$ ist für alle $a, b \in M$, d. h. wenn die Verknüpfung auf M assoziativ, M also eine Halbgruppe ist. Ist M ein Monoid, so ist L wegen $L(e_M) = \operatorname{id}_M$ sogar ein Monoidhomomorphismus und L überdies injektiv wegen $L_a(e_M) = ae_M = a$. (Für eine Halbgruppe ist L im Allgemeinen nicht injektiv.) Somit induziert L einen Isomorphismus von M auf das Untermonoid $L(M) \subseteq M^M$. Im Fall einer Gruppe G liegt das Bild von L in der Gruppe der invertierbaren Elemente des Monoids G^G, d. h. in der Permutationsgruppe $\mathfrak{S}(G)$ von G, und *L induziert einen Gruppenisomorphismus von G auf die Untergruppe $L(G)$ von $\mathfrak{S}(G)$.*

Satz 2.2.9 (Cayleyscher Darstellungssatz) *Jede Gruppe G ist isomorph zu einer Untergruppe der Permutationsgruppe $\mathfrak{S}(G)$ von G, und jede endliche Gruppe mit $\operatorname{Ord} G = n$, $n \in \mathbb{N}^*$, ist isomorph zu einer Untergruppe der Gruppe $\mathfrak{S}_n$.*

Der Zusatz ergibt sich aus Folgendem: Ist $g \colon X \to Y$ eine bijektive Abbildung beliebiger Mengen, so ist die sogenannte **Konjugation** $\kappa_g \colon f \mapsto gfg^{-1}$ **mit** g ein Isomorphismus des Monoids X^X auf das Monoid Y^Y, der daher einen Gruppenisomorphismus $\kappa_g \colon \mathfrak{S}(X) \to \mathfrak{S}(Y)$ induziert.

Man nennt einen Homomorphismus $\varphi \colon M \to N$ auch eine **Darstellung** von M in N. Die Darstellung heißt **treu**, wenn φ injektiv ist. In diesem Fall induziert φ einen Isomorphismus von M auf $\varphi(M) \subseteq N$. Der Cayleysche Darstellungssatz besagt also, dass $L \colon G \to \mathfrak{S}(G)$ eine treue Darstellung der Gruppe G in der Permutationsgruppe $\mathfrak{S}(G)$ ist. Sie heißt auch die **reguläre Darstellung** der Gruppe G. Allgemein heißt eine Darstellung einer Gruppe G in der Permutationsgruppe $\mathfrak{S}(X)$ einer Menge X eine **Operation** von G auf X. Solche Operationen bilden ein wesentliches Hilfsmittel zum Studium von Gruppen. Wir werden uns in Abschn. 2.4 etwas näher mit ihnen beschäftigen.

Wegen $R_a \circ R_b = R_{ba}$ für Elemente a, b einer Halbgruppe M ist $R \colon a \mapsto R_a$ ein Antihomomorphismus von M in M^M, also eine Darstellung der oppositionellen Halbgruppe

M^{op} im Abbildungsmonoid M^M (die im Allgemeinen ebenfalls nicht treu ist). Sie ist wieder treu, wenn M und damit M^{op} ein Monoid bzw. eine Gruppe ist. Man spricht von einer **Antidarstellung**.

Eine beliebige Halbgruppe M lässt sich jedoch ebenfalls treu in einem Abbildungsmonoid darstellen. Zunächst lässt sich nämlich M durch Adjunktion eines neutralen Elementes e treu darstellen in einem Monoid $M' := M \uplus \{e\}$, vgl. Aufg. 2.1.7, und M' lässt sich dann treu darstellen in $M'^{M'}$. $\diamond$

Beispiel 2.2.10 (Ordnung eines Gruppenelements – Isomorphieklassen zyklischer Gruppen) Sei G eine Gruppe, $a \in G$ und $\mathrm{H}(a)$ die von a erzeugte zyklische Untergruppe von G. Dann ist die Abbildung

$$\varphi : n \mapsto a^n, \quad n \in \mathbb{Z},$$

ein surjektiver Homomorphismus der Gruppe $\mathbb{Z} = (\mathbb{Z}, +)$ auf $\mathrm{H}(a)$. Der Kern von φ ist die Untergruppe

$$\mathrm{Kern}\, \varphi = \{n \in \mathbb{Z} \mid a^n = e\} \subseteq \mathbb{Z}.$$

Nach Satz 2.1.18 ist dies die Gruppe $\mathbb{Z}m$ der ganzzahligen Vielfachen einer eindeutig bestimmten Zahl $m \in \mathbb{N}$. Dieses m heißt die **Ordnung** von a und wird mit

$$\mathrm{Ord}\, a$$

bezeichnet. Es ist also

$$\mathrm{Kern}\, \varphi = \mathbb{Z}\, \mathrm{Ord}\, a$$

und somit $a^n = e$ *für $n \in \mathbb{Z}$ genau dann, wenn n ein Vielfaches von* $\mathrm{Ord}\, a$ *ist.*

Ist $m = \mathrm{Ord}\, a = 0$, so ist φ nach 2.2.6 injektiv und folglich bijektiv, d. h. alle Potenzen a^n, $n \in \mathbb{Z}$, von a sind paarweise verschieden und φ *ist ein Isomorphismus von $\mathbb{Z}$ auf* $\mathrm{H}(a)$.[9]

Sei nun $m = \mathrm{Ord}\, a > 0$. Nach Satz 2.2.5 ist $\varphi^{-1}(a^n) = n + \mathrm{Kern}\, \varphi = n + \mathbb{Z}m$ die Restklasse von n modulo m. Es gilt also

$$a^n = a^{n'} \quad \text{genau dann, wenn} \quad n \equiv n' \bmod m = \mathrm{Ord}\, a,$$

d. h. wenn die Differenz $n - n'$ der Exponenten n, n' durch $m = \mathrm{Ord}\, a$ teilbar ist. Somit sind

$$e_G = a^0,\ a = a^1, \ldots, a^{m-1}$$

---

[9] Häufig sagt man in diesem Fall auch, die Ordnung von a sei ∞, da $\mathrm{H}(a)$ dann unendlich viele Elemente besitzt.

Abb. 2.5 Zyklische Gruppe $\mathbf{Z}_m$ der Ordnung $m \in \mathbb{N}^*$ (hier $\mathbf{Z}_{16}$)

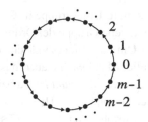

die paarweise verschiedenen Potenzen von a, und *die zyklische Gruppe* $H(a)$ *hat die endliche (positive) Ordnung* m. In jedem Fall ist die induzierte Abbildung

$$\overline{\varphi} \colon \mathbb{Z}/\mathbb{Z}m \to H(a), \quad r + \mathbb{Z}m \mapsto a^r,$$

wohldefiniert und bijektiv und sogar *ein Gruppenisomorphismus der Quotientengruppe* $\mathbb{Z}/\mathbb{Z}m$ *auf* $H(a)$ wegen $\overline{\varphi}([r]_m + [s]_m) = \overline{\varphi}([r+s]_m) = a^{r+s} = a^r a^s = \overline{\varphi}([r]_m)\overline{\varphi}([s]_m)$. Man bemerke, dass wir die Gruppe $(\mathbb{Z}/\mathbb{Z}m, +)$ bereits in Beispiel 1.3.6 eingeführt haben. Wir haben bewiesen:

Satz 2.2.11 *Jede zyklische Gruppe G ist isomorph zu genau einer der zyklischen Restklassengruppen $\mathbb{Z}/\mathbb{Z}m$, $m \in \mathbb{N}$. Ist a ein erzeugendes Element von G mit* $\mathrm{Ord}\, a = m$, *so ist*

$$\mathbb{Z}/\mathbb{Z}m \xrightarrow{\sim} G, \quad r + \mathbb{Z}m \mapsto a^r,$$

ein Isomorphismus von Gruppen. Insbesondere ist G genau dann unendlich, wenn $m = 0$ ist, und $\mathrm{Ord}\, G = \mathrm{Ord}\, a = m$, *wenn $m \in \mathbb{N}^*$ ist.*

Die Restklassengruppen $\mathbb{Z}/\mathbb{Z}m$, $m \in \mathbb{N}$, repräsentieren also bis auf Isomorphie alle zyklischen Gruppen. Wir verwenden

$$\mathbf{Z}_m := (\mathbb{Z}/\mathbb{Z}m, +), \ m \in \mathbb{N}^*, \quad \text{bzw.} \quad \mathbf{Z}_0 := (\mathbb{Z}, +) \ (= \mathbb{Z}/\mathbb{Z}0)$$

als Standardmodelle für eine endliche zyklische Gruppe der Ordnung $m \in \mathbb{N}^*$ bzw. für eine unendliche zyklische Gruppe. Identifizieren wir bei $m > 0$ die Elemente von $\mathbf{Z}_m$ mit ihren Standardrepräsentanten $0, \ldots, m - 1$, so bildet die Cayley-Darstellung $\mathbf{Z}_m \to \mathfrak{S}(\mathbf{Z}_m)$, vgl. Beispiel 2.2.8, das kanonische erzeugende Element $1 \in \mathbf{Z}_m$ auf die Permutation

$$\begin{pmatrix} 0 & 1 & 2 & \cdots & m-2 & m-1 \\ 1 & 2 & 3 & \cdots & m-1 & 0 \end{pmatrix}$$

ab, die man auch kurz mit $\langle 0, 1, 2, \ldots, m - 2, m - 1 \rangle$ bezeichnet, vgl. Abschn. 2.5. Sie vertauscht die m Elemente $0, 1, 2, \ldots, m - 2, m - 1$ zyklisch, vgl. Abb. 2.5. Die davon erzeugte Untergruppe in $\mathfrak{S}(\mathbf{Z}_m) \cong \mathfrak{S}_m$ ist also ebenfalls ein natürliches Modell für die zyklische Gruppe der Ordnung m.

Um Sätze über zyklische Gruppen zu beweisen, benutzt man häufig diese Standardmodelle. Man beachte aber, dass *eine Isomorphie* $\mathbf{Z}_m \xrightarrow{\sim} G$ *nur im Fall* $m = 1$ *und* $m = 2$ *eindeutig bestimmt ist*, da bei $m \neq 1, 2$ mit a stets auch $a^{-1} \neq a$ ein erzeugendes Element der Gruppe $G = \mathrm{H}(a)$ ist und $r + \mathbb{Z}m \mapsto a^r$ bzw. $r + \mathbb{Z}m \mapsto a^{-r}$ zwei verschiedene Isomorphismen $\mathbf{Z}_m \xrightarrow{\sim} G$ sind. Genauer gilt:

Satz 2.2.12 *Sei G eine zyklische Gruppe mit erzeugendem Element a und* $\mathrm{Ord}\, a = m$. *Genau dann ist* a^r, $r \in \mathbb{Z}$, *ebenfalls ein erzeugendes Element von G, wenn* $\mathrm{ggT}(r, m) = 1$ *ist. Insbesondere besitzt G für $m \in \mathbb{N}^*$ genau die paarweise verschiedenen erzeugenden Elemente a^n mit zu m teilerfremdem n, $0 \leq n < m$.*

Beweis Wir gehen zur additiven Schreibweise über und können $G = \mathbb{Z}/\mathbb{Z}m$ und $a = 1 + \mathbb{Z}m$ annehmen. Sei $\pi_m \colon \mathbb{Z} \to \mathbb{Z}/\mathbb{Z}m$ mit $\pi_m(r) = r + \mathbb{Z}m$ die kanonische Projektion. Die von $n \cdot (1 + \mathbb{Z}m) = n + \mathbb{Z}m$ erzeugte Untergruppe $U \subseteq \mathbb{Z}/\mathbb{Z}m$ enthält genau die Elemente $rn + \mathbb{Z}m$, $r \in \mathbb{Z}$, und stimmt, da π_m surjektiv ist, mit $\mathbb{Z}/\mathbb{Z}m$ genau dann überein, wenn ihr Urbild $\pi_m^{-1}(U) = \mathbb{Z}n + \mathbb{Z}m$ gleich $\mathbb{Z}$ ist. Nach Proposition 2.1.19 ist dies mit $\mathrm{ggT}(n, m) = 1$ äquivalent. – Der Zusatz ergibt sich daraus, dass $0 + \mathbb{Z}m = 0 \cdot (1 + \mathbb{Z}m), \ldots, (m-1) + \mathbb{Z}m = (m-1) \cdot (1 + \mathbb{Z}m)$ bei $m > 0$ die m verschiedenen Elemente von G sind. $\square$

Sei $m \in \mathbb{N}^*$. Die erzeugenden Elemente der Gruppe $\mathbb{Z}/\mathbb{Z}m$ werden dann auch von den Elementen der Menge $U_m := \{n \in \mathbb{N}^*_{\leq m} = \{1, \ldots, m\} \mid \mathrm{ggT}(n, m) = 1\} \subseteq \mathbb{N}^*_{\leq m}$ repräsentiert. Ihre Anzahl wird mit

$$\varphi(m)$$

bezeichnet. $\varphi \colon \mathbb{N}^* \to \mathbb{N}$ heißt die **Eulersche (φ-)Funktion**.. *Eine endliche zyklische Gruppe der Ordnung m besitzt nach* Satz 2.2.12 *somit genau $\varphi(m)$ erzeugende Elemente*. Ist $m = p^\alpha$, $\alpha > 0$, eine Potenz der Primzahl $p \in \mathbb{P}$, so sind die Vielfachen $1 \cdot p, \ldots, p^{\alpha-1}p = p^\alpha$ von p genau die Elemente von $\mathbb{N}^*_{\leq p^\alpha} - U_{p^\alpha}$. Folglich ist

$$\varphi(p^\alpha) = |U_{p^\alpha}| = p^\alpha - p^{\alpha-1} = p^{\alpha-1}(p-1).$$

Für ein beliebiges $m \in \mathbb{N}^*$ mit der kanonischen Primfaktorzerlegung $m = p_1^{\alpha_1} \cdots p_k^{\alpha_k}$, $p_1 < \cdots < p_k, \alpha_1, \ldots, \alpha_k > 0$, ist $\mathbb{N}^*_{\leq m} - U_m = \bigcup_{i=1}^k V_i$, $V_i := \{\ell \in \mathbb{N}^*_{\leq m} \mid p_i \mid \ell\}$. Mit der Siebformel aus Aufg. 1.6.23 ergibt sich wegen $V_I := \bigcap_{i \in I} V_i = \{\ell \in \mathbb{N}^*_{\leq m} \mid p^I \mid \ell\}$, $p^I = \prod_{i \in I} p_i$, $I \subseteq \mathbb{N}^*_{\leq k}$, speziell $V_\emptyset = \mathbb{N}^*_{\leq m}$, die sogenannte **Eulersche Formel**

$$\varphi(m) = |U_m| = \left| \mathbb{N}^*_{\leq m} - \bigcup_{i=0}^k V_i \right| = \sum_{I \subseteq \mathbb{N}^*_{\leq k}} (-1)^{|I|} \frac{m}{p^I} = m \prod_{i=1}^k \left(1 - \frac{1}{p_i}\right)$$

$$= m \prod_{p \in \mathbb{P}, p \mid m} \left(1 - \frac{1}{p}\right).$$

Insbesondere ist $\varphi(m_1 m_2) = \varphi(m_1)\varphi(m_2)$ für teilerfremde $m_1, m_2 \in \mathbb{N}^*$, woraus ebenfalls $\varphi(p_1^{\alpha_1} \cdots p_k^{\alpha_k}) = p_1^{\alpha_1 - 1}(p_1 - 1) \cdots p_k^{\alpha_k - 1}(p_k - 1)$ folgt. Vgl. auch Aufg. 2.2.11. Ferner folgt für $m, \alpha \in \mathbb{N}^*$ die Formel $\varphi(m^\alpha) = m^{\alpha - 1}\varphi(m)$, z. B. $\varphi(10^\alpha) = 4 \cdot 10^{\alpha - 1} = 2^{\alpha + 1} \cdot 5^{\alpha - 1}$.

Sei $m \in \mathbb{N}^*$. Das Urbild einer Untergruppe $U \subseteq \mathbb{Z}/\mathbb{Z}m$ bzgl. der kanonischen Projektion $\pi: \mathbb{Z} \to \mathbb{Z}/\mathbb{Z}m$ ist eine Untergruppe von $\mathbb{Z}$, die Kern $\pi = \mathbb{Z}m$ umfasst, also $\pi^{-1}(U) = \mathbb{Z}d \supseteq \mathbb{Z}m$, $d \mid m$, und $U = \pi(\pi^{-1}(U)) \subseteq \mathbb{Z}/\mathbb{Z}m$ ist die von $d + \mathbb{Z}m$ erzeugte zyklische Untergruppe der Ordnung m/d. Ist U die von $r + \mathbb{Z}m \in \mathbb{Z}/\mathbb{Z}m$, $r \in \mathbb{Z}$, erzeugte Untergruppe von $\mathbb{Z}/\mathbb{Z}m$, so ist $\pi^{-1}(U) = \mathbb{Z}r + \mathbb{Z}m = \mathbb{Z}\,\mathrm{ggT}(r, m)$, vgl. Satz 2.1.19. Wir haben in Analogie zu Satz 2.1.18 bewiesen:

Satz 2.2.13 *Sei G eine endliche zyklische Gruppe der Ordnung $m \in \mathbb{N}^*$ mit erzeugendem Element $a \in G$. Dann gibt es zu jedem Teiler n von m genau eine Untergruppe der Ordnung n (und dem Index m/n). Diese ist ebenfalls zyklisch und wird von $a^{m/n}$ erzeugt. Ferner gilt*

$$\mathrm{Ord}(a^r) = m/\mathrm{ggT}(r, m) \quad und \quad \mathrm{H}(a^r) = \mathrm{H}(a^{\mathrm{ggT}(r, m)}), \quad r \in \mathbb{Z}.$$

Satz 2.2.12 ist ein Spezialfall der allgemeinen Formel in Satz 2.2.13. Da jedes der Elemente einer zyklische Gruppe der Ordnung m eine der $\tau(m)$ zyklischen Untergruppen von $\mathbb{Z}/\mathbb{Z}m$ erzeugt ($\tau(m) = $ Anzahl der Teiler von m in $\mathbb{N}^*$) und jede dieser zyklischen Untergruppen der Ordnung d nach Satz 2.2.12 genau $\varphi(d)$ erzeugende Elemente besitzt, gilt

$$\sum_{d \mid m} \varphi(d) = m, \quad m \in \mathbb{N}^*.$$

$\mathrm{id}_{\mathbb{N}^*}: m \mapsto m$, $m \in \mathbb{N}^*$, *ist also die Summatorfunktion der φ-Funktion.* Mit der Möbiusschen Umkehrformel, vgl. Aufg. 2.1.23, ergibt sich damit noch einmal die Eulersche Formel

$$\varphi(m) = \sum_{H \subseteq \mathbb{P}_m} (-1)^{|H|} \frac{m}{p^H} = m \prod_{p \in \mathbb{P}_m} \left(1 - \frac{1}{p}\right), \quad m \in \mathbb{N}^*.$$

In einer beliebigen endlichen Gruppe G erzeugt ein Element $a \in G$ eine zyklische Untergruppe $\mathrm{H}(a)$ der Ordnung $\mathrm{Ord}\,a$, die nach dem Satz von Lagrange 2.1.21 die Ordnung $|G| = \mathrm{Ord}\,G$ von G teilt. Es ergibt sich somit der folgende wichtige Satz:

Satz 2.2.14 (Kleiner Fermatscher Satz) *Sei G eine endliche Gruppe. Für jedes $a \in G$ gilt*

$$a^{\mathrm{Ord}\,G} = e_G.$$

Wir erwähnen den folgenden hübschen Beweis des Kleinen Fermatschen Satzes für endliche *abelsche* Gruppen G, den Euler gegeben hat: Ist $a \in G$, so ist die Translation $L_a: x \mapsto ax$ bijektiv und folglich $\prod_{x \in G} x = \prod_{x \in G}(ax) = a^{|G|} \prod_{x \in G} x$, also $e_G = a^{|G|}$ nach Kürzen.

Mit der obigen Formel $\sum_{d \mid m} \varphi(d) = m$ ergibt sich leicht das folgende häufiger benutzte Kriterium für die Zyklizität endlicher Gruppen, vgl. etwa den Beweis von Satz 2.6.22.

Satz 2.2.15 *Sei G eine endliche Gruppe der Ordnung m. Für jeden Teiler d von m gebe es höchstens d Elemente $x \in G$ mit $x^d = e_G$. Dann ist G zyklisch.*

Beweis Für $d \mid m$ sei $\alpha(d)$ die Anzahl der $x \in G$ mit Ord $x = d$. Wir zeigen $\alpha(d) \leq \varphi(d)$ für alle $d \mid m$. Wegen $\sum_{d \mid m} \alpha(d) = m = \sum_{d \mid m} \varphi(d)$ gilt dann $\alpha(d) = \varphi(d)$ für alle $d \mid m$ und insbesondere $\alpha(m) = \varphi(m) \geq 1$, d. h. G ist zyklisch. Ist aber $\alpha(d) = 0$, so ist gewiss $\alpha(d) \leq \varphi(d)$. Sei nun $\alpha(d) > 0$ und $a \in G$ ein Element der Ordnung d. Nach Voraussetzung sind dann die d Elemente von $\mathrm{H}(a)$ die einzigen Elemente $x \in G$ mit $x^d = e_G$. Insbesondere gibt es im Komplement $G - \mathrm{H}(a)$ kein Element der Ordnung d, und es ist $\alpha(d) = \varphi(d)$. $\qquad\qquad\square$

Sei G eine beliebige Gruppe. Elemente $a \in G$ mit Ord $a > 0$ heißen **Torsionselemente** von G. Die Menge der Torsionselemente von G bezeichnen wir mit $\mathrm{T}G$. Es ist

$$\mathrm{T}G = \bigcup_{n \in \mathbb{N}^*} \mathrm{T}_n G,$$

wobei

$$\mathrm{T}_n G := \{x \in G \mid x^n = e_G\}$$

die sogenannte n-**Torsion** von G ist. Man bezeichnet sie häufig auch einfach mit $_nG$. Sie ist die Menge derjenigen Elemente von G, deren Ordnung ein Teiler von n ist, oder nach Satz 2.2.14 auch die Vereinigung aller endlichen Untergruppen von G, deren Ordnung n teilt. Der Vollständigkeit halber setzen wir noch $\mathrm{T}_0 G := \{x \in G \mid x^0 = e_G\} = G$. Die Gruppe G heißt eine **Torsionsgruppe**, wenn $G = \mathrm{T}G$ ist, und **torsionsfrei**, wenn $\mathrm{T}G = \{e_G\}$ ist. Das Bild der **Potenzabbildung** $x \mapsto x^n$ von G, $n \in \mathbb{N}$, bezeichnen wir mit

$$^nG := \{x^n \mid x \in G\}.$$

Bei additiver Schreibweise ist dies die Untergruppe nG der n-Fachen der Elemente von G. Sind alle Potenzabbildungen $x \mapsto x^n$, $n \in \mathbb{N}^*$, von G surjektiv, d. h. ist $G = {}^nG$ für alle $n \in \mathbb{N}^*$, so heißt die Gruppe G **divisibel**. Dies ist genau dann der Fall, wenn $G = {}^pG$ für alle $p \in \mathbb{P}$ ist. Die Gruppe $\mathbb{Q} = (\mathbb{Q}, +)$ ist torsionsfrei und divisibel. Jedes homomorphe Bild einer divisiblen Gruppe ist wieder divisibel.

Ist G abelsch und $n \in \mathbb{N}^*$, so ist die Potenzabbildung $G \to G$, $x \mapsto x^n$, sogar ein Gruppenendomorphismus mit $\mathrm{T}_n G = {}_nG$ als Kern und ^nG als Bild. Insbesondere sind dann $\mathrm{T}_n G$ und auch $\mathrm{T}G$ sowie ^nG Untergruppen von G. Nach Satz 2.2.5 gilt $|G| = |_nG| \cdot |{}^nG|$ für jede *abelsche* Gruppe G und jedes $n \in \mathbb{N}^*$. Ist $n = p$ eine Primzahl, so heißt die p-Torsion $_pG$ einer (beliebigen) Gruppe G auch der p-**Sockel** von G. Ist G abelsch, so ist der p-Sockel $_pG$ eine elementare abelsche p-Gruppe, vgl. Aufg. 2.3.6. *Für eine endliche abelsche Gruppe G sind die Gruppen $_nG$ und $G/{}^nG$ (und natürlich auch – wie für beliebige abelsche Gruppen – die Gruppen ^nG und $G/_nG$) isomorph.* Dies ist trivial, wenn G zyklisch ist, da dann beide Gruppen ebenfalls zyklisch von derselben Ordnung sind, und folgt allgemein aus dem Hauptsatz für endliche abelsche Gruppe, vgl. Aufg. 2.2.25. $\qquad\qquad\Diamond$

Beispiel 2.2.16 (Exponentialabbildungen und die multiplikativen Gruppen $\mathbb{R}_+^\times, \mathbb{C}^\times$)
Wir diskutieren in diesem Beispiel einige wichtige Gruppen aus der Analysis, die wir später wesentlich erweitern werden. Im Vorgriff auf Abschn. 3.5 (und den nächsten Band) benutzen wir insbesondere für $\mathbb{C}$ einige weniger elementare Eigenschaften.

(1) Sei $a \in \mathbb{R}, a > 0, a \neq 1$. *Die reelle Exponentialabbildung*

$$x \mapsto a^x, \quad x \in \mathbb{R},$$

ist ein Isomorphismus der additiven Gruppe $(\mathbb{R}, +)$ *von* $\mathbb{R}$ *auf die multiplikative Gruppe* $(\mathbb{R}_+^\times, \cdot)$ *der positiven reellen Zahlen.* Dass es sich um einen Gruppenhomomorphismus handelt, ist das sogenannte **Additionstheorem** $a^{x+y} = a^x a^y$ **der Exponentialfunktion.** *Der Umkehrisomorphismus* $\mathbb{R}_+^\times \xrightarrow{\sim} \mathbb{R}$ *ist der* **Logarithmus**

$$y \mapsto \log_a y, \quad y \in \mathbb{R}_+^\times,$$

zur Basis a. Wir verweisen auf Abschn. 3.10. Für die Eulersche Zahl e $= 2,71828\ldots$ ist $\mathbb{R} \xrightarrow{\sim} \mathbb{R}_+^\times$, $x \mapsto \exp x = e^x$, die reelle Exponentialfunktion schlechthin mit dem natürlichen Logarithmus $\mathbb{R}_+^\times \xrightarrow{\sim} \mathbb{R}$, $y \mapsto \log_e y = \ln y$, als Umkehrung. – Die Gruppe $\mathbb{R}^\times$ ist isomorph zur Produktgruppe $\{\pm 1\} \times \mathbb{R}_+^\times$. Die Abbildung $\{\pm 1\} \times \mathbb{R}_+^\times \xrightarrow{\sim} \mathbb{R}^\times$, $(\varepsilon, x) \mapsto \varepsilon x$, ist ein Gruppenisomorphismus mit $y \mapsto (\text{Sign } y, |y|)$ als inversem Isomorphismus.

(2) Die komplexe e-Funktion $\mathbb{C} \to \mathbb{C}^\times$, $z \mapsto \exp z = e^z$, lässt sich folgendermaßen definieren:

$$e^z = e^{x+iy} = e^x e^{iy} = e^x(\cos y + i \sin y), \quad z = x + iy, \quad x = \Re z, \quad y = \Im z \in \mathbb{R},$$

wobei cos und sin die schon aus der Schule bekannten reellen trigonometrischen Funktionen sind, deren grundlegende Eigenschaften wir bereits hier benutzen wollen. Sie werden ausführlich erst im zweiten Band diskutiert. Aus dem Additionstheorem für die reelle e-Funktion $x \mapsto e^x$ und den Additionstheoremen für die trigonometrischen Funktionen

$$\cos(\alpha + \beta) = \cos\alpha \cos\beta - \sin\alpha \sin\beta,$$
$$\sin(\alpha + \beta) = \sin\alpha \cos\beta + \cos\alpha \sin\beta, \quad \alpha, \beta \in \mathbb{R},$$

ergibt sich sofort das **Additionstheorem für die komplexe e-Funktion**, d. h. exp: $z \mapsto e^z$ *ist ein Gruppenhomomorphismus von* $(\mathbb{C}, +)$ *in* $(\mathbb{C}^\times, \cdot)$. Mit anderen Worten: Es ist

$$e^{z+w} = e^z e^w, \quad z, w \in \mathbb{C}.$$

Für $z = x + iy$ und $w = u + iv$, $x, y, u, v \in \mathbb{R}$, gilt nämlich

$$e^{z+w} = e^{(x+u)+i(y+v)} = e^{x+u}\big(\cos(y+v) + i\sin(y+v)\big)$$
$$= e^x e^u\big(\cos y \cos v - \sin y \sin v\big) + i e^x e^u\big(\sin y \cos v + \cos y \sin v\big),$$
$$e^z e^w = e^x(\cos y + i \sin y)e^u(\cos v + i \sin v)$$
$$= e^x e^u\big(\cos y \cos v - \sin y \sin v\big) + i e^x e^u\big(\cos y \sin v + \sin y \cos v\big).$$

Abb. 2.6 Einheitskreis

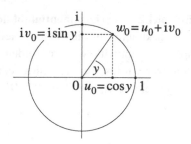

exp: $\mathbb{C} \to \mathbb{C}^\times$ *ist surjektiv.* Ist $w = u + \mathrm{i}v \in \mathbb{C}^\times$, so ist $w = |w|w_0$ mit

$$|w| = \sqrt{u^2 + v^2} \in \mathbb{R}_+,$$

wobei $w_0 = u_0 + \mathrm{i}v_0$, $|w_0|^2 = u_0^2 + v_0^2 = 1$ ist. Dann gibt es ein $x \in \mathbb{R}$ mit $\mathrm{e}^x = |w|$, vgl. (1), und wegen der Eigenschaften der trigonometrischen Funktionen – der Punkt $(u_0, v_0) \in \mathbb{R}^2$ liegt auf dem Einheitskreis! – ein $y \in \mathbb{R}$ mit $w_0 = \cos y + \mathrm{i} \sin y$, vgl. Abb. 2.6. Dann ist $w = \mathrm{e}^{x+\mathrm{i}y}$.

Der Kern von exp ist die Untergruppe

$$U := \{z = x + \mathrm{i}y \in \mathbb{C} \mid \mathrm{e}^z = \mathrm{e}^x(\cos y + \mathrm{i}\sin y) = 1\}.$$

Für $z = x + \mathrm{i}y \in U$ ist dann notwendigerweise $\mathrm{e}^x = 1$, d. h. $x = 0$, und $\cos y = 1$, $\sin y = 0$, d. h. $y \in \mathbb{Z}2\pi$. Also ist

$$U = \mathrm{Kern\, exp} = \mathbb{Z}2\pi\mathrm{i}.$$

Für $w \in \mathbb{C}^\times$ heißt jede Zahl $z \in \mathbb{C}$ mit $\exp z = w$ ein **(natürlicher) Logarithmus**

$$z = \log w$$

von w. Eine komplexe Zahl $\neq 0$ besitzt also unendlich viele natürliche Logarithmen, und je zwei dieser Logarithmen unterscheiden sich um ein Element aus Kern exp, d. h. um ein ganzzahliges Vielfaches von $2\pi\mathrm{i}$. Die Darstellung

$$w = e^{\log w} = e^{\Re \log w}\big(\cos(\Im \log w) + \mathrm{i}\sin(\Im \log w)\big) = |w|\big(\cos(\Im \log w) + \mathrm{i}\sin(\Im \log w)\big)$$

heißt auch die **Polarkoordinatendarstellung** von w und der Winkel

$$\mathrm{Arg}\, w := \Im \log w$$

ein **Argument** von w. Diese Darstellung ist nicht eindeutig, da $\log w$ nicht eindeutig ist. Es gibt aber genau einen Logarithmus mit $-\pi < \Im \log w \le \pi$. Dieser heißt der **Hauptwert** des natürlichen Logarithmus oder der **natürliche Logarithmus** schlechthin und wird mit

$$\ln w$$

bezeichnet. Das zugehörige Argument $\operatorname{Arg} w = \Im \ln w \in\ ]-\pi, \pi]$ ist das **Standardargu-ment** von w. Die (bijektive) Funktion $\ln\colon \mathbb{C}^\times \to \mathbb{C}$ setzt die reelle Logarithmusfunktion $\ln\colon \mathbb{R}_+^\times \to \mathbb{R}$ fort, ist aber kein Gruppenhomomorphismus mehr. Wegen $e^{i\pi} = \cos\pi + i\sin\pi = -1$ [10] ist beispielsweise $\ln(-1) = i\pi$, aber $\ln\big((-1)^2\big) = \ln 1 = 0 \neq 2i\pi$. *Genau dann gilt die Gleichung*

$$\ln(w_1 w_2) = \ln w_1 + \ln w_2,$$

wenn $\operatorname{Arg} w_1 + \operatorname{Arg} w_2 \in\ ]-\pi, \pi]$ *für die Standardargumente von* w_1 *und* w_2 *erfüllt ist.*

Ist $a \in \mathbb{C}^\times$ und $a \neq 1$, so ist $\ln a \neq 0$ und man definiert

$$a^z := e^{z \ln a}, \quad z \in \mathbb{C}.$$

Diese **Exponentialfunktion zur Basis** a definiert ebenfalls einen surjektiven Gruppenho-momorphismus $(\mathbb{C}, +) \to (\mathbb{C}^\times, \cdot)$. Er ist die Komposition des Isomorphismus $(\mathbb{C}, +) \xrightarrow{\sim} (\mathbb{C}, +)$, $z \mapsto z \ln a$, mit dem Exponentialhomomorphismus $\exp\colon (\mathbb{C}, +) \to (\mathbb{C}^\times, \cdot)$. Sein Kern ist also die Untergruppe $\{z \in \mathbb{C} \mid e^{z \ln a} = 1\} = \mathbb{Z} 2\pi i / \ln a \subseteq \mathbb{C}$.

Sei nun

$$\mathrm{U} := \Big\{ z = x + iy \in \mathbb{C} \,\Big|\, |z| = \sqrt{x^2 + y^2} = 1 \Big\} \subseteq \mathbb{C}^\times$$

die sogenannte **Kreisgruppe** der komplexen Zahlen vom Betrag 1. Sie bilden den Ein-heitskreis in $\mathbb{C} = \mathbb{R}^2$. Das Urbild $\exp^{-1}(\mathrm{U})$ ist die imaginäre Achse $\mathbb{R}i \subseteq \mathbb{C}$. Folglich induziert $\exp$ einen surjektiven Homomorphismus $\mathbb{R}i \to \mathrm{U}$, $i\varphi \mapsto e^{i\varphi} = \cos\varphi + i\sin\varphi$,[11] mit Kern $\mathbb{Z} 2\pi i$, und $\mathbb{R} \to \mathrm{U}$, $t \mapsto e^{2\pi i t} = \cos 2\pi t + i\sin 2\pi t$ ist ein surjektiver Grup-penhomomorphismus mit Kern $\mathbb{Z}$. Seine Fasern sind die Restklassen $t + \mathbb{Z}$, $t \in \mathbb{R}$, für die das halboffene Intervall $[a, a+1[$ oder auch $]a, a+1]$, für jedes $a \in \mathbb{R}$ ein volles Re-präsentantensystem bildet. *Die induzierte Abbildung* $\mathbb{R}/\mathbb{Z} \xrightarrow{\sim} \mathrm{U}$, $t + \mathbb{Z} \mapsto e^{2\pi i t}$, *ist ein Gruppenisomorphismus*, wobei $\mathbb{R}/\mathbb{Z}$ die Quotientengruppe mit der Minkowski-Addition $(t + \mathbb{Z}) + (s + \mathbb{Z}) = (t + s) + \mathbb{Z}$, $t, s \in \mathbb{R}$, ist, vgl. schon Beispiel 1.3.6. Die Gruppe

$$\mathbb{T} := \mathbb{R}/\mathbb{Z}\ (\cong \mathrm{U})$$

heißt die (1-dimensionale) **Torusgruppe**.[12]

Der Gruppenisomorphismus $\mathbb{R}_+^\times \times \mathrm{U} \to \mathbb{C}^\times$, $(r, u) \mapsto ru$, liefert mit dem reellen Exponentialisomorphismus $\mathbb{R} \to \mathbb{R}_+^\times$, $t \mapsto e^t$, den Gruppenisomorphismus

$$\mathbb{R} \times \mathrm{U} \xrightarrow{\sim} \mathbb{C}^\times, \quad (t, u) \mapsto e^t u.$$

Die Menge $\mathbb{R} \times \mathrm{U} \subseteq \mathbb{R} \times \mathbb{C} = \mathbb{R}^3$ ist ein Zylinder. Man nennt deshalb die Gruppe $\mathbb{R} \times U \cong \mathbb{C}^\times$ oft die **Zylindergruppe**. Wegen $\mathrm{U} \cong \mathbb{T} = \mathbb{R}/\mathbb{Z}$ ist sie auch isomorph zu $\mathbb{R} \times \mathbb{T}$.

---

[10] $e^{i\pi} + 1 = 0$ gilt als die schönste Formel der Mathematik.
[11] $e^{i\varphi} = \cos\varphi + i\sin\varphi$ heißt übrigens die **Eulersche Gleichung**.
[12] Die Produktgruppe $\mathbb{T}^n = (\mathbb{R}/\mathbb{Z})^n$ ist die sogenannte n-**dimensionale Torusgruppe**, $n \in \mathbb{N}$.

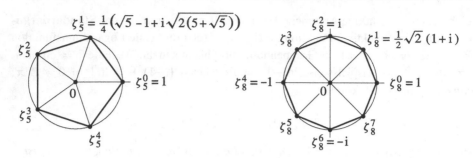

Abb. 2.7 Gruppen $_5\mathbb{E}$ und $_8\mathbb{E}$ der komplexen 5-ten bzw. 8-ten Einheitswurzeln

Die Torsionsuntergruppe $\mathrm{T}\mathbb{C}^\times$ von $\mathbb{C}^\times$ ist die Gruppe

$$\mathbb{E} := \{\xi \in \mathbb{C} \mid \xi^n = 1 \ \text{für ein} \ n \in \mathbb{N}\}$$

der sogenannten komplexen **Einheitswurzeln**. Sie korrespondiert vermöge des Isomorphismus $\mathbb{R} \times (\mathbb{R}/\mathbb{Z}) \overset{\sim}{\to} \mathbb{C}^\times$, $(x, t + \mathbb{Z}) \mapsto e^x e^{2\pi i t}$, mit der Torsionsuntergruppe $\mathrm{T}(\mathbb{R} \times (\mathbb{R}/\mathbb{Z})) = \mathrm{T}\mathbb{R} \times \mathrm{T}(\mathbb{R}/\mathbb{Z}) = \{0\} \times \mathbb{Q}/\mathbb{Z} \cong \mathbb{Q}/\mathbb{Z}$. Die Abbildung $\mathbb{Q}/\mathbb{Z} \overset{\sim}{\to} \mathbb{E}$, $t + \mathbb{Z} \mapsto e^{2\pi i t}$, ist also ein Gruppenisomorphismus. Zu jedem $m \in \mathbb{N}^*$ ist die m-Torsionsuntergruppe $\mathrm{T}_m(\mathbb{Q}/\mathbb{Z})$ die einzige Untergruppe der Ordnung m von $\mathbb{Q}/\mathbb{Z}$. Sie ist zyklisch und wird von $(1/m) + \mathbb{Z}$ erzeugt. *Folglich ist die m-Torsion $\mathrm{T}_m\mathbb{C}^\times = {}_m\mathbb{E} \subseteq \mathbb{E}$ von $\mathbb{C}^\times$, das ist die Gruppe der sogenannten m-ten komplexen Einheitswurzeln, die zyklische Gruppe*

$$_m\mathbb{E} = \{\zeta_m^k \mid 0 \leq k < m\}$$

der Ordnung m, die von

$$\zeta_m := e^{2\pi i/m} = \cos(2\pi/m) + i\sin(2\pi/m)$$

erzeugt wird. Ein Element der Ordnung m in $\mathbb{C}^\times$ heißt eine **primitive m-te Einheitswurzel**. Jede von ihnen erzeugt $_m\mathbb{E}$. Nach Satz 2.2.12 sind dies genau die Zahlen $\zeta_m^k = e^{2\pi i k/m}$, $0 \leq k < m$, $\mathrm{ggT}(k, m) = 1$. Die Fälle $m = 5$ und $m = 8$ sind in Abb. 2.7 dargestellt. Ist $t = a/b \in \mathbb{Q}$, $a \in \mathbb{Z}$, $b \in \mathbb{N}^*$, $\mathrm{ggT}(a, b) = 1$, die kanonische gekürzte Darstellung einer beliebigen rationalen Zahl mit Zähler a und Nenner b (vgl. die Bemerkungen vor Beispiel 1.7.12), so ist $e^{2\pi i a/b} = (e^{2\pi i/b})^a$ eine primitive b-te Einheitswurzel. $\diamond$

Beispiel 2.2.17 (Homomorphismen in direkte Produkte) Sei N_i, $i \in I$, eine beliebige Familie von Magmen und $N := \prod_{i \in I} N_i$ ihr Produkt, vgl. Beispiel 2.1.16. Dann sind die kanonischen Projektionen $p_i \colon N \to N_i$, $(y_j)_{j \in I} \mapsto y_i$, Homomorphismen, $i \in I$. Ist M ein beliebiges Magma, so ist eine Abbildung $\varphi \colon M \to N$ eindeutig bestimmt durch die Kompositionen $\varphi_i = p_i \varphi$, $i \in I$. Es ist $\varphi(x) = (\varphi_i(x))_{i \in I}$ für alle $x \in M$. Man schreibt $\varphi = (\varphi_i)_{i \in I}$. Offenbar ist φ genau dann ein Homomorphismus, wenn alle φ_i Homomorphismen sind, d. h. *die kanonische Abbildung*

$$\text{Hom}\left(M, \prod_{i \in I} N_i\right) \xrightarrow{\sim} \prod_{i \in I} \text{Hom}(M, N_i), \quad \varphi \mapsto (p_i \varphi)_{i \in I},$$

ist bijektiv. Man nennt diese Tatsache auch die **universelle Eigenschaft des Produkts** der N_i, $i \in I$. Definiert die Familie $\varphi_i \colon N \to N_i$, $i \in I$, einen Isomorphismus $N \xrightarrow{\sim} \prod_{i \in I} N_i$, so sagt man, N zusammen mit den Homomorphismen φ_i, $i \in I$, repräsentiere das Produkt der N_i, $i \in I$. Eine völlig analoge Aussage gilt für Halbgruppen, Monoide und Gruppen und die zugehörigen Homomorphismenmengen. Im Fall von Gruppen gilt offenbar

$$\text{Kern } \varphi = \bigcap_{i \in I} \text{Kern } \varphi_i.$$

Das Bild von φ lässt sich in der Regel nicht so einfach angeben. Als Beispiel betrachten wir die folgende Situation: Seien G eine Gruppe und $\varphi_i \colon G \to H_i$ Gruppenhomomorphismen mit $N_i := \text{Kern } \varphi_i$, $i = 1, \ldots, n$, sowie

$$\varphi \colon G \longrightarrow H_1 \times \cdots \times H_n, \quad x \mapsto (\varphi_1(x), \ldots, \varphi_n(x)),$$

der zugehörige Homomorphismus von G in das Produkt $H_1 \times \cdots \times H_n$ mit

$$\text{Kern } \varphi = N_1 \cap \cdots \cap N_n.$$

Dann ist N_i für jedes $i = 1, \ldots, n$ ein Normalteiler in G und $N_i F$ für jede Untergruppe $F \subseteq G$ wegen $N_i F = F N_i$ ebenfalls eine Untergruppe von G. φ kann nur dann surjektiv sein, wenn alle $\varphi_1, \ldots, \varphi_n$ surjektiv sind. Es gilt nun:

Satz 2.2.18 (Chinesischer Restsatz) *Die Gruppenhomomorphismen $\varphi_i \colon G \to H_i$ seien surjektiv, und es sei $N_i := \text{Kern } \varphi_i$, $i = 1, \ldots, n$. Genau dann ist der Homomorphismus $\varphi = (\varphi_i) \colon G \to H_1 \times \cdots \times H_n$ ebenfalls surjektiv, wenn für alle $i = 1, \ldots, n$ gilt:*

$$N_i \cdot N_i' = G \quad \text{mit} \quad N_i' := \bigcap_{j \neq i} N_j.$$

Insbesondere repräsentiert G mit den Homomorphismen $\varphi_1, \ldots, \varphi_n$ genau dann das Produkt der H_i, wenn $N_i \cdot N_i' = G$, $i = 1, \ldots, n$, und $N := N_1 \cap \cdots \cap N_n = \{e_G\}$ gilt.

Beweis Sei φ surjektiv und $i \in \{1, \ldots, n\}$. Wir bezeichnen die neutralen Elemente von $H_1, \ldots, H_n$ mit $e_1, \ldots, e_n$. Zu gegebenem $y \in G$ gibt es ein $x \in G$ mit

$$\varphi(x) = (e_1, \ldots, e_{i-1}, \varphi_i(y), e_{i+1}, \ldots, e_n).$$

Es ist also $\varphi_i(x) = \varphi_i(y)$ und $\varphi_j(x) = e_j$ für $j \neq i$, also $y \in N_i x$, vgl. Satz 2.2.5, und $x \in \bigcap_{j \neq i} N_j$.

Sei umgekehrt die angegebene Bedingung für die N_i erfüllt. Es genügt zu zeigen, dass für $i = 1, \ldots, n$ und alle $y \in H_i$ die Elemente $y' := (e_1, \ldots, e_{i-1}, y, e_{i+1}, \ldots, e_n)$ zu Bild φ gehören. Wegen der Surjektivität von φ_i gibt es zu gegebenem $y \in H_i$ ein $x \in G$ mit $\varphi_i(x) = y$. Nach Voraussetzung gibt es ein $z \in N_i$ und ein $w \in N_i' = \bigcap_{j \neq i} N_j$ mit $x = zw$. Dann gilt

$$\varphi(w) = \varphi(z^{-1}x) = \big(\varphi_1(w), \ldots, \varphi_{i-1}(w), \varphi_i(z^{-1}x), \varphi_{i+1}(w), \ldots, \varphi_n(w)\big) = y'. \quad \square$$

Übrigens folgt aus $N_i \cdot N_i' = G$, $i = 1, \ldots, n$, sogar $N_1' \cdots N_n' = G$, vgl. Aufg. 2.2.15. Standardbeispiele zum Chinesischen Restsatz 2.2.18 bilden die kanonischen Projektionen $\pi_i \colon \mathbb{Z} \to \mathbb{Z}/\mathbb{Z}m_i$ (von additiven Gruppen) mit $m_i \in \mathbb{N}^*$, $i = 1, \ldots, n$. Dann ist $N_i = \mathbb{Z}m_i$, $N_i' = \bigcap_{j \neq i} \mathbb{Z}m_j = \mathbb{Z}m_i'$, $m_i' = \mathrm{kgV}(m_j, j \neq i)$ und $N_i + N_i' = \mathbb{Z}\,\mathrm{ggT}(m_i, m_i')$, $i = 1, \ldots, n$, und $N = N_1 \cap \cdots \cap N_n = \mathbb{Z}m$ mit $m := \mathrm{kgV}(m_1, \ldots, m_n)$. Der Kern des induzierten Homomorphismus

$$\pi \colon \mathbb{Z} \longrightarrow \mathbb{Z}/\mathbb{Z}m_1 \times \cdots \times \mathbb{Z}/\mathbb{Z}m_n$$

ist $\mathbb{Z}m \subseteq \mathbb{Z}$. Nach Satz 2.2.18 ist π surjektiv, wenn m_i und m_i' teilerfremd sind für alle $i = 1, \ldots, n$. Dies ist offenbar genau dann der Fall, wenn $m_1, \ldots, m_n$ paarweise teilerfremd sind, vgl. Aufg. 1.7.25b). In diesem Fall ist $m = m_1 \cdots m_n$. Wir erhalten:

Korollar 2.2.19 *Sind $m_1, \ldots, m_n \in \mathbb{N}^*$ paarweise teilerfremd und ist $m = m_1 \cdots m_n$, so ist der kanonische Homomorphismus*

$$\overline{\pi} \colon \mathbb{Z}/\mathbb{Z}m \xrightarrow{\sim} \mathbb{Z}/\mathbb{Z}m_1 \times \cdots \times \mathbb{Z}/\mathbb{Z}m_n, \quad r + \mathbb{Z}m \longmapsto (r + \mathbb{Z}m_1, \ldots, r + \mathbb{Z}m_n),$$

ein Isomorphismus (von additiven zyklischen Gruppen der Ordnung m).

Korollar 2.2.19 besagt also: Sind $m_1, \ldots, m_n \in \mathbb{N}^*$ paarweise teilerfremd und sind $r_1, \ldots, r_n$ beliebige ganze Zahlen, so gibt es ganze Zahlen r mit $r \equiv r_i \bmod m_i$ für alle $i = 1, \ldots, n$. Ferner sind je zwei solche r kongruent modulo $m = m_1 \cdots m_n$.

Wir bemerken, dass in der Situation von Korollar 2.2.19 die Injektivität von $\overline{\pi}$ wegen Kern $\pi = \mathbb{Z}m$ trivial ist. Die Surjektivität folgt dann auch daraus, dass beide Gruppen gleich viele, nämlich $m = m_1 \cdots m_n$ Elemente enthalten. Da die $m_i' := m/m_i$, $i = 1, \ldots, n$, teilerfremd sind, gibt es $c_i \in \mathbb{Z}$ mit $1 = m_1'c_1 + \cdots + m_n'c_n$, vgl. etwa Proposition 2.1.19. *Die Umkehrabbildung zu $\overline{\pi}$ wird dann explizit gegeben durch*

$$(r_1 + \mathbb{Z}m_1, \ldots, r_n + \mathbb{Z}m_n) \longmapsto \big(r_1 m_1' c_1 + \cdots + r_n m_n' c_n\big) + \mathbb{Z}m.$$

Spezialfälle von Korollar 2.2.19 waren schon im alten China vor 2000 Jahren bekannt. Von Sun Tse (ca. 150 v. Chr.) stammt die folgende Aufgabe; Man bestimme alle natürlichen Zahlen r mit $r \equiv 2 \bmod 3$, $r \equiv 3 \bmod 5$ und $r \equiv 2 \bmod 7$. Der Leser löse diese Aufgabe.

Für $n = 2$ besagt Satz 2.2.18: Genau dann repräsentiert die Gruppe G mit den surjektiven Homomorphismen $\varphi_i \colon G \to H_i$, $i = 1, 2$, das Produkt $H_1 \times H_2$, wenn $N_1 N_2$ $(= N_2 N_1) = G$ und $N_1 \cap N_2 = \{e_G\}$ ist für die normalen Untergruppen $N_i := \operatorname{Kern} \varphi_i$, $i = 1, 2$. In diesem Fall induziert φ_1 einen Isomorphismus $\varphi_1 | N_2 \colon N_2 \xrightarrow{\sim} H_1$ und φ_2 einen Isomorphismus $\varphi_2 | N_1 \colon N_1 \xrightarrow{\sim} H_2$. Wir erhalten also die Isomorphie $N_2 \times N_1 \xrightarrow{\sim} G$, $(x_2, x_1) \mapsto x_2 x_1$. Insbesondere gilt für $x_1 \in N_1$ und $x_2 \in N_2$ elementweise $x_1 x_2 = x_2 x_1$. Man sagt, G sei das **Produkt der normalen Untergruppen** N_1 und N_2. Man beachte aber, dass es in einer Gruppe G Untergruppen F_1 und F_2 mit $F_1 F_2 = F_2 F_1 = G$ und $F_1 \cap F_2 = \{e_G\}$ geben kann, ohne dass G isomorph zum Produkt $F_1 \times F_2$ ist. Ein Beispiel liefert schon die Gruppe $G = \mathfrak{S}_3$. $\Diamond$

Beispiel 2.2.20 (Homomorphismen auf eingeschränkten Produkten) Wir beschränken uns in diesem Beispiel auf Homomorphismen von Monoiden (und Gruppen). Sei M_i, $i \in I$, eine Familie von Monoiden. Homomorphismen auf dem Produkt $\prod_{i \in I} M_i$ sind schwer zu beschreiben, wenn die Indexmenge I unendlich ist. Solch ein Homomorphismus ist in der Regel nicht schon bestimmt durch seine Werte auf den Faktoren M_i, die in $\prod_{i \in I} M_i$ kanonisch eingebettet sind, vgl. Beispiel 2.1.16. Allerdings ist ein Monoidhomomorphismus $\varphi \colon \prod_{i \in I}' M_i \to N$ auf dem eingeschränkten Produkt $M := \prod_{i \in I}' M_i$ durch seine Werte auf den Untermonoiden $M_i \subseteq M$, $i \in I$, bestimmt, vgl. loc. cit. Der Deutlichkeit halber bezeichnen wir die kanonische Einbettung $M_i \to M$ mit ι_i. Da die Elemente von M_i mit denen von M_j für $i \neq j$ kommutieren, gilt offenbar: *Für ein beliebiges Monoid N ist die kanonische Abbildung*

$$\operatorname{Hom}\left(\prod_{i \in I}{}' M_i, N\right) \longrightarrow \prod_{i \in I} \operatorname{Hom}(M_i, N), \quad \varphi \mapsto (\varphi \circ \iota_i)_{i \in I},$$

injektiv. Ihr Bild enthält genau die I-Tupel $(\varphi_i) \in \prod_{i \in I} \operatorname{Hom}(M_i, N)$, für die $\varphi_i(x_i)\varphi_j(x_j) = \varphi_j(x_j)\varphi_i(x_i)$ für alle $x_i \in M_i$, $x_j \in M_j$, $i, j \in I$, gilt. Für solch ein Tupel (φ_i) und den zugehörigen Homomorphismus $\varphi \colon \prod_{i \in I}' M_i \to N$ gilt dann

$$\varphi\big((x_i)_{i \in I}\big) = \prod_{i \in I} \varphi_i(x_i).$$

Insbesondere ist die angegebene Abbildung bijektiv, wenn N kommutativ ist. In diesem Fall ist die angegebene Abbildung sogar ein Isomorphismus von Monoiden, vgl. Proposition 2.2.4. Man nennt diese Aussage die **universelle Eigenschaft der eingeschränkten Produkte**. Sie gilt völlig analog für die eingeschränkten Produkte von Gruppen. (Man konstruiere auch ein eingeschränktes Produkt für Halbgruppen H_i, $i \in I$, mit der entsprechenden universellen Eigenschaft und benutze dazu die durch Adjunktion neutraler Elemente e_i entstehenden Monoide $H_i' := H_i \uplus \{e_i\}$. Dann hat $\prod_{i \in I}' H_i := \prod_{i \in I}' H_i' - \{e\}$ mit $e := (e_i)_{i \in I}$ und den kanonischen Einbettungen $\iota_i \colon H_i \to \prod_{i \in I}' H_i$, $i \in I$, die gewünschte universelle Eigenschaft.) Im Fall additiv geschriebener abelscher Monoide bzw.

Gruppen M_i, $i \in I$, und N lautet die universelle Eigenschaft der **direkten Summen** einfach: *Die kanonische Abbildung*

$$\mathrm{Hom}\left(\bigoplus_{i \in I} M_i, N\right) \longrightarrow \prod_{i \in I} \mathrm{Hom}(M_i, N), \quad \varphi \longmapsto (\varphi \circ \iota_i)_{i \in I},$$

ist ein Isomorphismus von Monoiden bzw. Gruppen. Zum Tupel $(\varphi_i) \in \prod_{i \in I} \mathrm{Hom}(M_i, N)$ gehört als Urbild der Homomorphismus

$$\bigoplus_{i \in I} M_i \longrightarrow N, \quad (x_i)_{i \in I} \longmapsto \sum_{i \in I} \varphi_i(x_i).$$

Ein wichtiges Beispiel ist das folgende: Sei M_i, $i \in I$, eine Familie von Untermonoiden (bzw. Untergruppen) des additiv geschriebenen Monoids (bzw. der additiv geschriebenen Gruppe) M. Die kanonischen Inklusionen $M_i \hookrightarrow M$, $i \in I$, definieren dann den Homomorphismus

$$\bigoplus_{i \in I} M_i \longrightarrow M, \quad (x_i)_{i \in I} \longmapsto \sum_{i \in I} x_i,$$

dessen Bild das Untermonoid (bzw. die Untergruppe) $\sum_{i \in I} M_i \subseteq M$ von M ist, das (bzw. die) von den M_i erzeugt wird. Ist dieser Homomorphismus injektiv, so sagt man die Summe $\sum_{i \in I} M_i$ sei direkt und spricht von der **(inneren) direkten Summe**

$$\sum_{i \in I}^{\oplus} M_i$$

der M_i, $i \in I$. Für Gruppen lässt sich diese Situation folgendermaßen charakterisieren:

Lemma 2.2.21 (Direkte Summen von Untergruppen) *Die Summe $\sum_{i \in I} H_i \subseteq G$ der Untergruppen H_i, $i \in I$, der additiven abelschen Gruppe G ist genau dann direkt, wenn folgende Bedingung gilt: Für jedes $i \in I$ ist*

$$H_i \cap \sum_{j \neq i} H_j = \{0\}.$$

Ist I vollständig geordnet, so ist diese Bedingung auch äquivalent mit der folgenden: Es gilt $H_i \cap \sum_{j < i} H_j = \{0\}$ für alle $i \in I$.

Beweis Sei die Summe der H_i direkt und $x = x_i = \sum_{j \neq i} x_j \in H_i \cap \sum_{j \neq i} H_j$. Dann ist $0 = x_i + \sum_{j \neq i}(-x_j)$, also $x_k = 0$ für alle $k \in I$ und insbesondere $x = x_i = 0$. – Ist umgekehrt die Durchschnittsbedingung erfüllt und ist $0 = \sum_{k \in I} x_k = 0$ für $(x_k) \in \bigoplus_{k \in I} H_k$, so gilt $x_i = \sum_{j \neq i}(-x_j) \in H_i \cap \sum_{j \neq i} H_j = \{0\}$, also $x_i = 0$ für jedes $i \in I$. – Den Beweis des Zusatzes überlassen wir dem Leser. $\qquad\square$

Als Anwendung beweisen wir die sogenannte Primärzerlegung einer abelschen Torsionsgruppe. Sei zunächst G eine beliebige Gruppe und $p \in \mathbb{P}$ eine Primzahl. Unter der p-**Primärkomponente** von G versteht man die Teil*menge*

$$G(p) := \bigcup_{n \in \mathbb{N}} \mathrm{T}_{p^n} G \subseteq \mathrm{T}G$$

derjenigen Elemente von G, deren Ordnung eine Potenz von p ist. G heißt eine p-**Gruppe**, wenn $G = G(p)$ ist, wenn also die Ordnung eines jeden Elementes von G eine p-Potenz ist. Ist G endlich und $|G|$ eine Potenz von p, so ist G eine p-Gruppe. Davon gilt auch die Umkehrung, da es zu jedem Primteiler q der Ordnung einer endlichen Gruppe G ein Element der Ordnung q in G gibt. Dies ist einfach, wenn G abelsch ist, vgl. Aufg. 2.2.20, und ist allgemein der Satz 2.4.8 von Cauchy. Die p-Primärkomponenten einer *abelschen* Gruppe sind offenbar Untergruppen. Es gilt sogar:

Satz 2.2.22 (Primärzerlegung abelscher Torsionsgruppen) *Jede additiv geschriebene abelsche Torsionsgruppe G ist die (innere) direkte Summe ihrer Primärkomponenten, d. h. es gilt*

$$G = \mathrm{T}G = \sum_{p \in \mathbb{P}}^{\oplus} G(p).$$

Beweis Es ist $G = \sum_{p \in \mathbb{P}} G(p)$. Dafür genügt es zu zeigen, dass jede endliche zyklische Gruppe $\mathbb{Z}/\mathbb{Z}m$ die Summe ihrer Primärkomponenten ist, wobei $m = p_1^{\alpha_1} \cdots p_n^{\alpha_n}$ die kanonische Primfaktorzerlegung von $m \in \mathbb{N}^*$ ist. Nach dem Chinesischen Restsatz 2.2.19 ist aber $\mathbb{Z}/\mathbb{Z}m \cong \mathbb{Z}/\mathbb{Z}p_1^{\alpha_1} \oplus \cdots \oplus \mathbb{Z}/\mathbb{Z}p_n^{\alpha_n}$. Die Summe $\sum_{p \in \mathbb{P}} G(p)$ ist direkt: Wir benutzen das Kriterium aus Lemma 2.2.21. Sei dazu $x \in G(p) \cap \sum_{q \neq p} G(q)$. Dann ist die Ordnung von x einerseits ein Potenz von p und andererseits ein Produkt von q-Potenzen, $q \in \mathbb{P} - \{p\}$. Dies ist aber nur für Ord $x = 1$, d. h. für $x = 0$ möglich. $\square$

Zum Studium abelscher Torsionsgruppen G sollte man stets an ihre Primärzerlegungen denken. Insbesondere gilt dies für endliche abelsche Gruppen. Nach der Bemerkung im Anschluss an den Chinesischen Restsatz 2.2.19 lassen sich die Primärkomponenten $x_i \in G(p_i)$ eines Elements $x \in G$ der Ordnung $m = p_1^{\alpha_1} \cdots p_n^{\alpha_n}$ direkt angeben: Ist $m_i' = m/p_i^{\alpha_i}$ und $1 = m_1'c_1 + \cdots + m_n'c_n$ mit $c_i \in \mathbb{Z}$, so ist $x = x_1 + \cdots + x_n$ mit $x_i := m_i'c_i x \in G(p_i)$, $i = 1, \dots, n$. $\diamond$

Beispiel 2.2.23 (Exponent einer Gruppe) Sei G eine Gruppe mit neutralem Element e. Für $n \in \mathbb{Z}$ sei $\chi_n \colon G \to G$ die Potenzabbildung $x \mapsto x^n$. Wegen $\chi_m(\chi_n(x)) = (x^n)^m = x^{mn} = \chi_{mn}(x)$ ist die Abbildung $\chi \colon \mathbb{Z} \to G^G, n \mapsto \chi_n$, ein Monoidhomomorphismus des multiplikativen Monoids $(\mathbb{Z}, \cdot)$ in das Abbildungsmonoid G^G (mit der Komposition als Verknüpfung). Genau dann ist $\chi_m = \chi_n$, wenn $x^{m-n} = e$ ist für alle $x \in G$. Die Menge der $k \in \mathbb{Z}$ mit $x^k = e$ für alle $x \in G$ ist offenbar eine Untergruppe von $\mathbb{Z} = (\mathbb{Z}, +)$. Das eindeutig bestimmte erzeugende Element ≥ 0 dieser Untergruppe heißt der **Exponent** von G und wird mit

$$\operatorname{Exp} G$$

bezeichnet. $\operatorname{Exp} G$ ist das kgV der Ordnungen $\operatorname{Ord} a$, $a \in G$. *Es gilt also $\chi_m = \chi_n$ genau dann, wenn $m - n \in \mathbb{Z} \operatorname{Exp} G$ ist, d. h. wenn $m \equiv n \bmod \operatorname{Exp} G$ ist.* Die Fasern der Abbildung χ sind die Restklassen $k + \mathbb{Z} \operatorname{Exp} G$, $k \in \mathbb{Z}$, und χ induziert einen injektiven Homomorphismus

$$\overline{\chi}: (\mathbb{Z}/\mathbb{Z} \operatorname{Exp} G, \cdot) \to (G^G, \circ)$$

multiplikativer Monoide. Die Multiplikation auf $\mathbb{Z}/\mathbb{Z} \operatorname{Exp} G$ ist dabei die kanonische (durch Multiplikation der Repräsentanten) und wurde bereits in Beispiel 1.3.6 eingeführt. Insbesondere ist $\chi_n = \operatorname{id}_G = \chi_1$ genau dann, wenn $n \equiv 1 \bmod \operatorname{Exp} G$ ist, und genau dann sind χ_m und χ_n invers zueinander, wenn $mn \equiv 1 \bmod \operatorname{Exp} G$ ist.

Sei nun G eine abelsche Gruppe, die wir jetzt additiv schreiben. Dann ist χ_n für jedes $n \in \mathbb{Z}$ ein Endomorphismus von G wegen $\chi_n(x + y) = n(x + y) = nx + ny = \chi_n(x) + \chi_n(y)$ und χ eine Abbildung $\chi: \mathbb{Z} \to \operatorname{End} G$. Wegen $\chi_{m+n}(x) = (m + n)x = mx + nx = \chi_m(x) + \chi_n(x)$ ist χ überdies ein Homomorphismus der additiven Gruppe $(\mathbb{Z}, +)$ in die additive Gruppe $\operatorname{End} G$. *Insgesamt ist $\chi: \mathbb{Z} \to \operatorname{End} G$ also ein Ringhomomorphismus mit* Kern $\chi = \mathbb{Z} \operatorname{Exp} G$, vgl. Proposition 2.2.4 und die Bemerkung dazu. χ induziert einen injektiven Homomorphismus $\overline{\chi}: \mathbb{Z}/\mathbb{Z} \operatorname{Exp} G \to \operatorname{End} G$. Dies ist nicht nur ein Homomorphismus der additiven Gruppen, sondern auch eine Homomorphismus der multiplikativen Monoide $(\mathbb{Z}/\mathbb{Z} \operatorname{Exp} G, \cdot)$ und $(\operatorname{End} G, \circ)$, also ebenfalls ein Ringhomomorphismus.

Sei nun $G = \mathrm{H}(a) = \mathbf{Z}_m$ sogar zyklisch mit $m = \operatorname{Exp} G$. *Dann ist $\overline{\chi}$ auch surjektiv und damit ein kanonischer Ringisomorphismus*

$$\mathbb{Z}/\mathbb{Z} m \xrightarrow{\sim} \operatorname{End} \mathbf{Z}_m, \quad [n]_m \mapsto (\chi_n: x \mapsto nx).$$

Ist nämlich $\varphi: \mathbf{Z}_m \to \mathbf{Z}_m$ ein Endomorphismus mit $\varphi(a) = na$, so ist $\varphi = \chi_n$. Insbesondere induziert $\overline{\chi}$ den Gruppenisomorphismus

$$(\mathbb{Z}/\mathbb{Z} m, \cdot)^{\times} \xrightarrow{\sim} (\operatorname{Aut} \mathbf{Z}_m, \circ).$$

Ist G endlich, d. h. $m > 0$, so besteht die Gruppe $(\mathbb{Z}/\mathbb{Z} m)^{\times}$ aus den Restklassen $[n]_m = n + \mathbb{Z} m$ mit $\operatorname{ggT}(n, m) = 1$, vgl. Satz 2.2.12. Ihre Ordnung ist $\varphi(m)$, und nach dem Kleinen Fermatschen Satz 2.2.14 ist

$$n^{\varphi(m)} \equiv 1 \bmod m, \quad \text{falls } \operatorname{ggT}(n, m) = 1 \quad \textbf{(Eulersche Formel)}.$$

Wir werden die Einheitengruppen $(\mathbb{Z}/\mathbb{Z} m, \cdot)^{\times}$ in Beispiel 2.7.10 genauer studieren. Sie heißt die **Primrestklassengruppe** modulo m. Hier führen wir bereits die folgende

Bezeichnung ein: Ist $a \in \mathbb{Z}$, $\mathrm{ggT}(a, m) = 1$, so sei

$$\mathrm{Ord}_m \, a$$

die Ordnung von $[a]_m = a + \mathbb{Z}m$ in $(\mathbb{Z}/\mathbb{Z}m, \cdot)^\times$. $\mathrm{Ord}_m \, a$ *teilt* $\mathrm{Ord}(\mathbb{Z}/\mathbb{Z}m)^\times = \varphi(m)$.

Sei nun G eine multiplikativ geschriebene, nicht notwendig abelsche Torsionsgruppe. Dann ist χ_n genau dann bijektiv, wenn n und $\mathrm{Ord}\, a$ für jedes $a \in G$ teilerfremd sind. Denn χ_n bildet für jedes $a \in G$ die zyklische Gruppe $\mathrm{H}(a)$ in sich ab. Ist $\mathrm{Exp}\, G > 0$, so ist diese Bedingung äquivalent dazu, dass n und $\mathrm{Exp}\, G$ teilerfremd sind (da $\mathrm{Exp}\, G$ das kgV der Ordnungen $\mathrm{Ord}\, a$, $a \in G$, ist). In diesem Fall ist, wie bereits bemerkt, χ_k die Umkehrabbildung von χ_n, wobei $nk \equiv 1 \bmod \mathrm{Exp}\, G$ ist. Für eine endliche Gruppe G ist die Bedingung $\mathrm{ggT}(n, \mathrm{Exp}\, G) = 1$ äquivalent mit $\mathrm{ggT}(n, \mathrm{Ord}\, G) = 1$, denn $\mathrm{Exp}\, G$ *und* $\mathrm{Ord}\, G$ *haben für eine endliche Gruppe* G *dieselben Primteiler*. Zunächst ist nämlich $\mathrm{Exp}\, G$ wegen $x^{\mathrm{Ord}\, G} = e$ für alle $x \in G$ ein Teiler von $\mathrm{Ord}\, G$. Anderseits ist jeder Primteiler p von $\mathrm{Ord}\, G$ ein Teiler von $\mathrm{Exp}\, G$, da G dann ein Element der Ordnung p besitzt. Für abelsche G ist das – wie bereits bemerkt – einfach, vgl. Aufg. 2.2.20, im allgemeinen Fall ist dies der Satz 2.4.8 von Cauchy. – Man gebe ein Beispiel einer Torsionsgruppe G mit $\mathrm{Exp}\, G = 0$, für die ein Exponent $n > 1$ existiert derart, dass $\chi_n \colon G \to G$ bijektiv ist. (Dazu sei bemerkt, dass dann n und $\mathrm{Exp}\, G$ wegen $\mathrm{ggT}(n, 0) = n$ *nicht* teilerfremd sind.)

Bemerkungen (1) Potenzabbildungen von Gruppen werden gern in der Kryptographie zur Konstruktion von **Public-Key-Kryptosystemen** im Sinne von W. Diffie, M. Hellmann und R. Merkle benutzt. Bei diesen Kryptosystemen wird eine Nachricht mit einem vom Empfänger zugänglich gemachten öffentlichen Schlüssel (**public key**) chiffriert. Zum Dechiffrieren benutzt der Empfänger einen nur ihm bekannten Schlüssel (**private key**), der für Außenstehende nur mit unverhältnismäßig großem Aufwand zu finden sein sollte. Im vorliegenden Fall ist der öffentliche Schlüssel die endliche Gruppe G und der zu $\mathrm{Ord}\, G$ (oder $\mathrm{Exp}\, G$) teilerfremde Exponent n. Eine Nachricht wird kodiert als Element $x \in G$, und übertragen wird die einfach zu berechnende Potenz x^n, siehe die nachfolgende Bemerkung (2). Um x zurückzugewinnen, benötigt man ein Element k mit $nk \equiv 1 \bmod \mathrm{Exp}\, G$ (was durch $nk \equiv 1 \bmod \mathrm{Ord}\, G$ gewährleistet ist). Dann ist $(x^n)^k = x$ die Ausgangsnachricht. Das Inverse k zu n modulo $\mathrm{Ord}\, G$ oder modulo $\mathrm{Exp}\, G$ zu finden sollte sehr schwierig sein, etwa dadurch, dass man die Ordnung von G nicht kennt. Für ein explizites Beispiel siehe die RSA-Codes am Ende von Beispiel 2.7.10.

Man nennt bijektive Abbildungen $f \colon A \to B$ (wie hier die Potenzabbildungen $x \mapsto x^n$), deren Werte einfach zu berechnen sind, während die Bestimmung der Werte der Umkehrabbildungen $f^{-1} \colon B \to A$ sehr schwierig ist, aber dann einfach wird, wenn zusätzliche Informationen (wie hier das Element k) zur Verfügung stehen, **Falltürfunktionen** oder **Einwegfunktionen**[13].

(2) In diesem Zusammenhang ist das **schnelle Potenzieren** wichtig. Sei M ein beliebiges Monoid, $x \in M$ und $n \in \mathbb{N}^*$. Ist dann $n = (a_r \ldots a_1 a_0)_2 = a_0 + a_1 2 + \cdots + a_r 2^r$ mit

---

[13] Im Englischen **trapdoor functions** bzw. **one-way functions**.

$a_i \in \{0, 1\}$, $i = 0, \ldots, r$, die Dualentwicklung von n, so ist $x^n = x^{a_0}(x^2)^{a_1} \cdots (x^{2^r})^{a_r}$.
Zur Bestimmung von x^n berechnet man also rekursiv, mit $y_0 = x$, $x_0 = y_0$, falls $a_0 = 1$,
bzw. $x_0 = e_M$, falls $a_0 = 0$, beginnend, die Elemente

$$y_{i+1} = y_i^2, \quad x_{i+1} = \begin{cases} x_i y_{i+1}, \text{ falls } a_{i+1} = 1, \\ x_i, \text{ falls } a_{i+1} = 0, \end{cases} \quad 0 \le i < r.$$

Dann ist $x^n = x_r$. Es werden also höchstens $2r$ Multiplikationen in M benötigt (statt $n-1$
wie beim naiven Potenzieren $x^0 = e_M, x, x^2 = x \cdot x, \ldots, x^{n-1} = x^{n-2}x, x^n = x^{n-1}x$).

(3) Ferner erwähnen wir die sogenannten **diskreten Logarithmusprobleme (DLP)**.
Seien a, x Elemente einer Gruppe G. Gesucht ist ein Exponent $t \in \mathbb{N}$ mit $x = a^t$, falls er
existiert. t nennt man dann einen (diskreten) **Logarithmus von x zur Basis a** und schreibt

$$t = \text{Log}_a x.$$

Bei $\text{Ord}\, a = m \in \mathbb{N}^*$ ist $\text{Log}_a x$ nur modulo m bestimmt, und man wählt dann für $\text{Log}_a x$
den Repräsentanten t mit $0 \le t < m$. Ist eine Faktorzerlegung $m = m_1 \cdots m_s$ von m
mit möglichst kleinen Faktoren $m_1, \ldots, m_s$ bekannt, so gewinnt man nach Pohlig und
Hellmann $\text{Log}_a x$ durch Lösen von diskreten Logarithmusproblemen für Gruppenelemen-
te der Ordnungen $m_1, \ldots, m_s$. Wir notieren dazu das gesuchte t mit $0 \le t < m$ in der
Form $t = t_0 + t_1 m_1 + \cdots + t_{s-1} m_1 \cdots m_{s-1}$ mit eindeutig bestimmten t_i, $0 \le t_i < m_{i+1}$,
vgl. die Bemerkung in Beispiel 1.7.6, und benutzen nun die additive Schreibweise. Dann
ist $x = ta$, und es folgt

$$x_i := x - (t_0 + \cdots + t_{i-1} m_1 \cdots m_{i-1})a = m_1 \cdots m_i (t_i + \cdots + t_{s-1} m_{i+1} \cdots m_{s-1})a,$$

sowie als Rekursion zur Bestimmung der „Ziffern" $t_0, \ldots, t_{s-1}$:

$$x_0 = x, \quad m_2 \cdots m_s x_0 = t_0 (m/m_1)a;$$
$$x_i = x_{i-1} - t_{i-1} m_1 \cdots m_{i-1} a, \quad m_{i+2} \cdots m_s x_i = t_i (m/m_{i+1})a, \quad 0 < i < s.$$

Da die Elemente $(m/m_i)a$ die Ordnung m_i haben, ist die Behauptung bewiesen. Ist ein
Rekursionsschritt nicht ausführbar, so hat das gegebene Logarithmusproblem keine Lösung. – Zum Lösen von diskreten Logarithmusproblemen mit relativ kleinem $m = \text{Ord}\, a$
(etwa $m \le 10^{20}$?) geht man häufig folgendermaßen vor: Man speichert zu einem $k \ge 1$ die
Potenzen $1 = a^0, \ldots, a^{k-1}$ und berechnet sukzessive die Elemente $x, xa^{-k}, x(a^{-k})^2, \ldots$,
bis man ein $j \in \mathbb{N}$ findet, für das ein $i < k$ mit $x(a^{-k})^j = a^i$ existiert. Dann ist $x = a^{i+jk}$. Ist das diskrete Logarithmusproblem lösbar, so gibt es solch ein j mit $j < \lceil m/k \rceil$.
In der Regel wählt man k – sofern der Speicherplatz das zulässt – nahe an $\sqrt{m}$ (**Babystep-
Giantstep-Methode**).

Ist die Gruppe G endlich und ist zunächst nur die Primfaktorzerlegung der Ordnung
$n = p_1^{\alpha_1} \cdots p_r^{\alpha_r}$ von G bekannt, so ist $m = \text{Ord}\, a = p_1^{\alpha_1 - \gamma_1} \cdots p_r^{\alpha_r - \gamma_r}$, wobei γ_ρ das
Maximum der $\gamma \in \mathbb{N}$ mit $\gamma \le \alpha_\rho$ und $a^{n/p_\rho^\gamma} = e_G$ ist, $\rho = 1, \ldots, r$. Beweis! $\diamond$

Aufgaben

Aufgabe 2.2.1 Seien M und N Magmen, Halbgruppen, Monoide bzw. Gruppen und $\varphi\colon M \to N$ eine Abbildung mit dem Graphen $\Gamma_\varphi = \{(x, \varphi(x)) \mid x \in M\} \subseteq M \times N$.

a) Genau dann ist φ ein Homomorphismus, wenn Γ_φ ein Untermagma, eine Unterhalbgruppe, ein Untermonoid bzw. eine Untergruppe des Produkts $M \times N$ ist. In diesem Fall ist $x \mapsto (x, \varphi(x))$ eine Isomorphismus von M auf Γ_φ.

b) Seien M und N Gruppen. Genau dann ist Γ_φ eine normale Untergruppe von $M \times N$, wenn φ ein Homomorphismus ist, dessen Bild im Zentrum $\mathrm{Z}(N)$ von N liegt, vgl. Aufg. 2.1.2. In diesem Fall ist $(x, y) \mapsto \varphi(x)y^{-1}$ ein surjektiver Gruppenhomomorphismus $M \times N \to N$, dessen Kern gleich Γ_φ ist.

Aufgabe 2.2.2 Für eine Gruppe G sind äquivalent: (i) G ist abelsch. (ii) Das Quadrieren $x \mapsto x^2$ ist ein Endomorphismus von G. (iii) Die Inversenbildung $x \mapsto x^{-1}$ ist ein Automorphismus von G. (iv) Die „Hyperbel"

$$\mathrm{H}_G := \{(x, y) \in G \times G \mid xy = e_G\} = \{(x, x^{-1}) \mid x \in G\}$$

von G ist eine Untergruppe von $G \times G$. (In diesem Fall ist H_G isomorph zu G.) (v) Die Multiplikationsabbildung $\mu\colon G \times G \to G$, $\mu(x, y) = xy$, ist ein Gruppenhomomorphismus. (In diesem Fall ist μ surjektiv mit Kern $\mu = \mathrm{H}_G$ (vgl. (iv)).) (vi) Die Diagonale $\Delta_G = \{(x, x) \mid x \in G\}$ ist eine normale Untergruppe von G. (vii) Die Quotientenbildung $v\colon G \times G \to G$, $v(x, y) = xy^{-1}$, ist ein Gruppenhomomorphismus. (In diesem Fall ist v surjektiv mit Kern $v = \Delta_G$ (vgl. (vi)).)

Aufgabe 2.2.3 Sei M ein Monoid und $a \in M^\times$. Die **Konjugation** von M mit a ist definitionsgemäß die Abbildung

$$\kappa_a\colon M \to M, \quad x \mapsto axa^{-1}.$$

a) Für jedes $a \in M^\times$ ist κ_a ein Automorphismus von M mit $(\kappa_a)^{-1} = \kappa_{a^{-1}}$.

b) Die Abbildung $\kappa\colon M^\times \to \operatorname{Aut} M$, $a \mapsto \kappa_a$, ist ein Gruppenhomomorphismus. Sein Kern ist die Untergruppe $\mathrm{Z}(M)^\times = \mathrm{Z}(M) \cap M^\times = \{a \in M^\times \mid ax = xa \text{ für alle } x \in M\}$ (vgl. Aufg. 2.1.2), und sein Bild ist eine normale Untergruppe von $\operatorname{Aut} M$. (Es ist $\varphi \kappa_a \varphi^{-1} = \kappa_{\varphi(a)}$ für $a \in M^\times$ und $\varphi \in \operatorname{Aut} M$. – Man beachte, dass die Inklusion $\mathrm{Z}(M)^\times \subseteq \mathrm{Z}(M^\times)$ echt sein kann. Beispiel?)

Bemerkung Die Automorphismen κ_a, $a \in M^\times$, sind die sogenannten **inneren Automorphismen** von M, und die Quotientengruppe $\operatorname{Out} M := \operatorname{Aut} M/\operatorname{Inn} M$, $\operatorname{Inn} M := \operatorname{Bild} \kappa \cong M^\times/\mathrm{Z}(M)^\times$, heißt die **Gruppe der äußeren Automorphismen** von M.

Aufgabe 2.2.4 Für eine Untergruppe N einer Gruppe G sind äquivalent: (i) N ist Normalteiler in G (d. h. es ist $aN = Na$ für alle $a \in G$). (i$'$) Für alle $a \in G$ ist $aN \subseteq Na$. (i$''$) Für alle $a \in G$ ist $Na \subseteq aN$. (ii) Für alle $a \in G$ ist $aNa^{-1} = N$. (ii$'$) Für alle $a \in G$ ist $aNa^{-1} \subseteq N$ (d. h. alle inneren Automorphismen von G bilden N in sich ab).

Aufgabe 2.2.5 Seien M und N jeweils Magmen, Halbgruppen, Monoide bzw. Gruppen und $\varphi, \psi \colon M \to N$ Homomorphismen.

a) Die Menge der $x \in M$ mit $\varphi(x) = \psi(x)$ ist ein entsprechendes Unterobjekt von M.
b) Man folgere aus a): Zwei Homomorphismen $\varphi, \psi \colon M \to N$ stimmen bereits dann überein, wenn sie auf einem Erzeugendensystem von M übereinstimmen.
c) Ist $\psi \colon M \xrightarrow{\sim} N$ ein Isomorphismus, so ist $\mathrm{Iso}(M, N) = \psi \circ (\mathrm{Aut}\, M) = (\mathrm{Aut}\, N) \circ \psi$ und die Konjugation $\chi \mapsto \psi \circ \chi \circ \psi^{-1}$ mit ψ ein Gruppenisomorphismus $\mathrm{Aut}\, M \xrightarrow{\sim} \mathrm{Aut}\, N$.

Aufgabe 2.2.6 Seien $\varphi \colon G \to H$ ein Homomorphismus von Gruppen und $a, b \in G$.

a) Für $n \in \mathbb{N}$ ist $\varphi(\mathrm{T}_n G) \subseteq \mathrm{T}_n H$, d. h. ist $\mathrm{Ord}\, a$ ein Teiler von n, so ist auch $\mathrm{Ord}\, \varphi(a)$ ein Teiler von n. Ferner ist $\varphi(TG) \subseteq TH$.
b) Ist φ injektiv, so ist $\mathrm{Ord}\, \varphi(a) = \mathrm{Ord}\, a$.
c) Es ist $\mathrm{Ord}(ab) = \mathrm{Ord}(ba)$. (Man beachte $ba = b(ab)b^{-1} = \kappa_b(ab)$.)

Aufgabe 2.2.7 Die einzigen Endomorphismen der additiven Gruppe $\mathbb{Q} = (\mathbb{Q}, +)$ sind die Streckungen $L_a \colon x \mapsto ax$, $a \in \mathbb{Q}$. (Man überlege, dass ein Endomorphismus $\varphi \colon \mathbb{Q} \to \mathbb{Q}$ durch seinen Wert $\varphi(1)$ bestimmt ist. Es ist $\varphi = L_{\varphi(1)}$.)

Aufgabe 2.2.8 Sei G eine Gruppe und H eine zyklische Gruppe mit erzeugendem Element a der Ordnung $n \in \mathbb{N}$ (z. B. $H = \mathbb{Z}/\mathbb{Z}n$ und $a = 1 + \mathbb{Z}n$). Dann ist die Abbildung $\mathrm{Hom}(H, G) \to \mathrm{T}_n G$, $\varphi \mapsto \varphi(a)$, bijektiv. Ist G abelsch, so ist sie ein Isomorphismus von Gruppen.

Aufgabe 2.2.9 Seien G und H endliche zyklische Gruppen der Ordnungen m bzw. n.

a) Die Gruppe $\mathrm{Hom}(G, H)$ ist ebenfalls zyklisch und $\mathrm{Hom}(G, H) \cong \mathbb{Z}/\mathbb{Z}\,\mathrm{ggT}(m, n)$. Man gebe die Elemente von $\mathrm{Hom}(G, H)$ explizit an. (Für den Fall $G = H$ siehe auch Beispiel 2.2.23. – Welche Gruppe ist $\mathrm{Hom}(G, \mathbb{Z})$?)
b) Sei m ein Teiler von n und $\varphi \colon F \to H$ ein Homomorphismus einer Untergruppe $F \subseteq G$ in H. Dann lässt sich φ zu einem Homomorphismus $G \to H$ fortsetzen. (Man kann $m = n$ und dann $G = H$ annehmen. Dann ist φ ein Endomorphismus von F, also eine Potenzabbildung $x \mapsto x^k$ mit einem $k \in \mathbb{N}$. – Man zeige, dass ohne die Voraussetzung $m \mid n$ die Aussage im Allgemeinen nicht gilt.)
c) Unter den Voraussetzungen von b) sei φ injektiv. Dann lässt sich φ zu einem injektiven Homomorphismus $G \to H$ fortsetzen. (Man kann annehmen, dass m und n Potenzen einer Primzahl p sind.)

Aufgabe 2.2.10 Eine Gruppe der Ordnung 4 ist zyklisch, also isomorph zu $\mathbf{Z}_4$, oder isomorph zu $\mathbf{Z}_2 \times \mathbf{Z}_2$. (Im zweiten Fall spricht man von einer **Kleinschen Vierergruppe**.

– Bzgl. wie vieler der $4^{16} = 2^{32}$ Verknüpfungen auf einer Menge A mit 4 Elementen ist A eine Gruppe? Es sind $24/2 + 24/6 = 16$. Man beachte $|\mathrm{Aut}\,\mathbf{Z}_4| = 2$, $|\mathrm{Aut}(\mathbf{Z}_2 \times \mathbf{Z}_2)| = 6$.)

Aufgabe 2.2.11 Seien $G_1, \ldots, G_n$ Gruppen und $G := G_1 \times \cdots \times G_n$ ihr Produkt. Ferner sei $a = (a_1, \ldots, a_n)$ ein Element in G.

a) Es ist $\mathrm{Ord}\,a = \mathrm{kgV}(\mathrm{Ord}\,a_1, \ldots, \mathrm{Ord}\,a_n)$.
b) Genau dann ist G zyklisch, wenn die Faktoren G_i alle zyklisch sind und die Ordnungen $m_1, \ldots, m_n \in \mathbb{N}$ von erzeugenden Elementen von $G_1, \ldots, G_n$ paarweise teilerfremd sind. Insbesondere ist G genau dann eine endliche zyklische Gruppe, wenn die G_i, $i = 1, \ldots, n$, endliche zyklische Gruppen mit paarweise teilerfremden Ordnungen sind. In diesem Fall ist $\mathrm{Ord}\,G = \mathrm{Ord}\,G_1 \cdots \mathrm{Ord}\,G_n$ und a genau dann ein erzeugendes Element von G, wenn die Komponente a_i jeweils ein erzeugendes Element von G_i ist, $i = 1, \ldots, n$. (**Bemerkung** Die letzte Aussage liefert noch einmal den Chinesischen Restsatz 2.2.19 und sehr übersichtlich die Multiplikativität der Eulerschen φ-Funktion: $\varphi(m_1 \cdots m_n) = \varphi(m_1) \cdots \varphi(m_n)$ für paarweise teilerfremde $m_1, \ldots, m_n \in \mathbb{N}^*$.)

Aufgabe 2.2.12 Seien F und H Untergruppen der Gruppe G und $\varphi: F \times H \to G$ die Multiplikationsabbildung $(x, y) \mapsto xy$, deren Bild das Komplexprodukt $FH \subseteq G$ ist. Genau dann ist $\mathrm{Bild}\,\varphi = FH$ eine Untergruppe von G, wenn $FH = HF$ ist.

a) Es ist $\varphi^{-1}(xy) = \{(xz, z^{-1}y) \mid z \in F \cap H\}$. Insbesondere haben alle nichtleeren Fasern von φ dieselbe Kardinalzahl $|F \cap H|$, und es folgt

$$|F| \cdot |H| = |F \cap H| \cdot |FH|.$$

b) Genau dann ist φ injektiv, wenn $F \cap H = \{e_G\}$ ist.
c) Genau dann ist φ bijektiv, wenn $F \cap H = \{e_G\}$ und $FH = G$ ist.
d) Genau dann ist φ ein Gruppenhomomorphismus, wenn F und H elementweise vertauschbar sind. In diesem Fall ist die normale Untergruppe $\mathrm{Kern}\,\varphi$ die abelsche Untergruppe $\{(z, z^{-1}) \mid z \in F \cap H\} \subseteq F \times H$ (die zu $F \cap H$ isomorph ist).

Aufgabe 2.2.13 Seien F und H Untergruppen der Gruppe G, für die die Multiplikationsabbildung $\varphi: F \times H \to G$, $(x, y) \mapsto xy$, bijektiv ist, für die also $F \cap H = \{e_G\}$ und $FH = G$ gilt, vgl. die vorstehende Aufgabe. In diesem Fall hat jedes Element $w \in G$ eine Darstellung $w = p_{F,H}(w)q_{F,H}(w)$ mit eindeutig bestimmten Elementen $p_{F,H}(w) \in F$ und $q_{F,H}(w) \in H$. Die Abbildungen $p_{F,H}: G \to G$ und $q_{F,H}: G \to G$ sind Projektionen von G (d. h. es ist $p_{F,H}^2 = p_{F,H}$ und $q_{F,H}^2 = q_{F,H}$) mit Bild $p_{F,H} = \mathrm{Fix}(p_{F,H}, G) = F$ bzw. Bild $q_{F,H} = \mathrm{Fix}(q_{F,H}, G) = H$. $p_{F,H}$ heißt die **Projektion von G auf F längs H** und $q_{F,H}$ die **Projektion von G längs F auf H**. Wegen $w = (w^{-1})^{-1} = (q_{F,H}(w^{-1}))^{-1}(p_{F,H}(w^{-1}))^{-1}$ gilt $p_{H,F}(w) = (q_{F,H}(w^{-1}))^{-1}$ und $q_{H,F}(w) = (p_{F,H}(w^{-1}))^{-1}$. Im abelschen Fall ist natürlich $p_{H,F} = q_{F,H}$ und $q_{H,F} = p_{F,H}$.

a) Folgende Bedingungen sind äquivalent: (i) Die Projektion $q_{F,H}\colon G \to G$ ist ein Gruppenhomomorphismus. (ii) Es ist $q_{F,H} = p_{H,F}$. (iii) F ist eine normale Untergruppe von G. (**Bemerkung** Sind diese Bedingungen erfüllt, so ist Kern $q_{F,H} = F = \mathrm{Kern}\, p_{H,F}$ und man sagt, H sei ein **schwaches Komplement** zu F in G und $G = FH$ das **semidirekte Produkt** von F und H. Man beachte für $u, x \in F$ und $v, y \in H$ die Gleichung $(uv)(xy) = u(vxv^{-1})vy = (u\kappa_v(x))(vy)$. Insbesondere ist $p_{F,H}(vx) = \kappa_v(x)$ und $q_{F,H}(vx) = v = p_{H,F}(vx)$. Die Multiplikation in G ist somit bestimmt durch die Multiplikationen in F und H sowie den Konjugationshomomorphismus $\kappa|H\colon H \to \mathrm{Aut}\,F$. Zu semidirekten Produkten verweisen wir auch auf Beispiel 2.4.12.)

b) Folgende Bedingungen sind äquivalent: (i) φ ist ein Gruppenisomorphismus. (ii) Die Projektionen $p_{F,H}$ und $q_{F,H}$ sind Gruppenhomomorphismen. (iii) Es ist $p_{F,H} = q_{H,F}$ und $q_{F,H} = p_{H,F}$. (iv) F und H sind normale Untergruppen von G. (v) Die Untergruppen F und H kommutieren elementweise. (**Bemerkung** Sind diese Bedingungen erfüllt, so sagt man, G sei das **direkte Produkt** der Untergruppen F und H und nennt H ein **(starkes) Komplement** zu F in G (sowie F ein (starkes) Komplement zu H). Ein semidirektes Produkt $G = FH$ (vgl. a)) ist genau dann ein direktes Produkt, wenn der Konjugationshomomorphismus $\kappa|H\colon H \to \mathrm{Aut}\,F$ trivial ist. Ist G abelsch, so sind die angegebenen Bedingungen stets erfüllt.)

c) Man gebe ein Beispiel dafür, dass in der betrachteten Situation weder F noch H eine normale Untergruppe in G ist. (Etwa in $G := \mathfrak{S}_4$ findet man solche Beispiele.)

(Zur vorstehenden Aufgabe vgl. auch die Beispiele 2.2.17 und 2.2.20.)

Aufgabe 2.2.14 Sei F eine normale Untergruppe der Gruppe G. F heißt ein **(starker) direkter Faktor** bzw. ein **schwacher direkter Faktor** von G, wenn F ein (starkes) Komplement bzw. ein schwaches Komplement in G besitzt, vgl. die vorstehende Aufgabe. Jeder starke direkte Faktor ist auch ein schwacher direkter Faktor. Für abelsche Gruppen stimmen beide Begriffe überein.

a) Genau dann ist F ein (starker) Faktor von G, wenn es eine Projektion $p\colon G \to G$ mit Bild $p = F$ gibt, die ein Gruppenhomomorphismus ist. In diesem Fall ist Kern p ein (starkes) Komplement von F in G.

b) Genau dann ist F ein schwacher Faktor von G, wenn es eine Projektion $p\colon G \to G$ mit Kern $p = F$ gibt, die ein Gruppenhomomorphismus ist. In diesem Fall ist Bild p ein schwaches Komplement von F in G.

c) Sei G' eine Untergruppe von G mit $F \subseteq G'$. Ist H ein starkes (bzw. schwaches) Komplement zu F in G, so ist $H \cap G'$ ein starkes (bzw. schwaches) Komplement zu F in G'.

d) Ist H ein schwaches Komplement zu F in G, so ist die Beschränkung der kanonischen Projektion $\pi\colon G \to G/F$ auf H ein Gruppenisomorphismus $\pi|H\colon H \xrightarrow{\sim} G/F$. Insbesondere sind alle schwachen Komplemente zu F in G isomorph.

e) Ist G/F abelsch (d. h. ist $[G, G] \subseteq F$, vgl. Beispiel 2.3.10), so ist F genau dann ein (starker) direkter Faktor von G, wenn $F \cap Z(G)$ ein (starker = schwacher) direkter Faktor von $Z(G)$ ist. In diesem Fall ist jedes Komplement von $F \cap Z(G)$ in $Z(G)$ ein (starkes) Komplement von F in G.

Aufgabe 2.2.15 Für Normalteiler $N_1, \ldots, N_n$ einer Gruppe G mit $N_i' := \bigcap_{j \neq i} N_j$, $i = 1, \ldots, n$, sind folgende Bedingungen äquivalent: (i) $N_i N_i' = G$ für $i = 1, \ldots, n$. (ii) $N_1' \cdots N_n' = G$. (iii) Der Homomorphismus $\pi := (\pi_{N_1}, \ldots, \pi_{N_n}) \colon G \to G/N_1 \times \cdots \times G/N_n$ ist surjektiv. (Vgl. Satz 2.2.18.) – Sind die Indizes $[G : N_i]$, $i = 1, \ldots, n$, endlich und paarweise teilerfremd, so sind diese Bedingungen erfüllt.

Aufgabe 2.2.16 Seien $\varphi_i \colon G \to H_i$ surjektive Homomorphismen der Gruppe G in die endlichen Gruppen H_i mit paarweise teilerfremden Ordnungen, $i = 1, \ldots, n$. Dann ist der Homomorphismus $\varphi = (\varphi_1, \ldots, \varphi_n) \colon G \to H_1 \times \cdots \times H_n$ ebenfalls surjektiv.

Aufgabe 2.2.17 Seien F, H Untergruppen der abelschen Gruppe G mit $FH = G$ und seien $\varphi \colon F \to L$ bzw. $\psi \colon H \to L$ Homomorphismen in die abelsche Gruppe L. Genau dann gibt es einen Homomorphismus $\chi \colon G \to L$ mit $\chi|F = \varphi$ und $\chi|H = \psi$, wenn $\varphi|(F \cap H) = \psi|(F \cap H)$ ist. Man zeige an einem Beispiel, dass eine analoge Aussage für beliebige Gruppen G im Allgemeinen nicht gilt.

Aufgabe 2.2.18 Sei G eine abelsche Gruppe mit $^{n^k}G = \{e_G\}$ für ein $n \in \mathbb{N}^*$ und ein $k \in \mathbb{N}$. Ist $F \subseteq G$ eine Untergruppe von G mit $G = F \cdot {}^n G$, so ist $G = F$. (Es ist $G = F \cdot {}^{n^m}G$ für alle $m \in \mathbb{N}$.)

Aufgabe 2.2.19 Sei $p \in \mathbb{P}$ und G eine p-Gruppe.

a) Ist $\varphi \colon G \to H$ ein Gruppenhomomorphismus und ist $\varphi|_p G$ injektiv, so ist φ selbst injektiv.

b) Ist $G = {}^p G$, so ist G divisibel.

Aufgabe 2.2.20 Sei G eine endliche abelsche Gruppe. Zu jedem Teiler d von Ord G gibt es eine Untergruppe von G der Ordnung d. Insbesondere gibt es zu jedem Primteiler p von Ord G ein Element der Ordnung p in G. (Wegen Satz 2.2.22 kann man annehmen, dass Ord G eine Primzahlpotenz p^α ist. Dann schließt man durch Induktion über α. Ist $a \in G$ ein Element der Ordnung p, so wende man die Induktionsvoraussetzung auf die Gruppe $G/H(a)$ an, deren Ordnung $p^{\alpha-1}$ ist und benutze dann Proposition 2.2.7. – Auch bei nichtabelschen endlichen Gruppen G gibt es zu jedem Primteiler p von Ord G ein Element der Ordnung p, vgl. den Satz 2.4.8 von Cauchy. Für abelsche endliche Gruppen lässt sich dies auch einfach folgendermaßen beweisen: Sei $G = H(a_1, \ldots, a_n)$. Dann ist $H(a_1) \times \cdots \times H(a_n) \to G$, $(x_1, \ldots, x_n) \mapsto x_1 \cdots x_n$, ein surjektiver Gruppenhomomorphismus und folglich Ord G ein Teiler von Ord $\big(H(a_1) \times \cdots \times H(a_n) \big) = $ Ord $a_1 \cdots $ Ord a_n, und jeder Primteiler von Ord G teilt wenigstens eine der Ordnungen Ord $a_1, \ldots,$ Ord a_n. Bei nichtabelschen endlichen Gruppen gibt es nicht immer zu jedem Teiler d der Gruppenordnung eine Untergruppe der Ordnung d. Beispielsweise besitzt die Permutationsgruppe $\mathfrak{S}_5$ keine Untergruppe der Ordnung 15. Diese müsste zyklisch sein.)

Aufgabe 2.2.21 Sei G eine endliche Gruppe. Genau dann ist G zyklisch, wenn G zu jedem Teiler d von $|G|$ höchstens eine Untergruppe der Ordnung d besitzt. (Man zeige, dass die d-Torsion $\mathrm{T}_d\, G$ von G höchstens d Elemente besitzt und verwende dann Satz 2.2.15.)

Aufgabe 2.2.22 Sei G eine endliche abelsche Gruppe.

a) Folgende Bedingungen sind äquivalent: (i) G ist zyklisch. (ii) Jede Primärkomponente von G ist zyklisch. (iii) Für jeden Primteiler p von $|G|$ ist der p-Sockel $_p G$ zyklisch. (Zum Beweis von (iii) $\Rightarrow$ (ii) sei die Ordnung von G eine Primzahlpotenz p^α, $\alpha > 0$. Dann ist $|{}^p G| = |G|/|_p G|$. Bei $|_p G| = p$ ist jedes Element des Komplements $G - {}^p G$ ein erzeugendes Element von G, vgl. Aufg. 2.2.18. – Die Implikation (iii) $\Rightarrow$ (i) verschärft für endliche abelsche Gruppen das Zyklizitätskriterium 2.2.15. Die Quaternionengruppe $\mathbf{Q}_4$ der Ordnung 8 ist nicht zyklisch, obwohl $|_2 \mathbf{Q}_4| = 2$ ist, vgl. Aufg. 2.4.7. Eine endliche p-Gruppe G mit $p > 2$ und $|_p G| = p$ ist aber bereits zyklisch.)

b) Ist die Ordnung von G quadratfrei, so ist G zyklisch.

Aufgabe 2.2.23 Sei G eine endliche abelsche Gruppe mit neutralem Element e.

a) Es gibt ein Element $a \in G$ mit Ord $a = \mathrm{Exp}\, G$, vgl. Beispiel 2.2.23. (Nach Satz 2.2.22 kann man annehmen, dass Ord G eine Primzahlpotenz ist. – Die Aussage gilt nicht allgemein für endliche Gruppen, beispielsweise nicht für $G = \mathfrak{S}_3$.)

b) G ist genau dann zyklisch, wenn Ord $G = \mathrm{Exp}\, G$ ist. (Daraus folgt noch einmal das Zyklizitätskriterium 2.2.15 für endliche *abelsche* Gruppen.)

Aufgabe 2.2.24 Sei G eine endliche abelsche Gruppe und $a_0 \in G$ ein Element mit Ord $a_0 = \mathrm{Exp}\, G$. Dann ist $\mathrm{H}(a_0)$ ein direkter Faktor von G. (Sei $G = \mathrm{H}(a_0, a_1, \ldots, a_n)$. Mit Hilfe von Aufg. 2.2.9b) und Aufg. 2.2.17 setze man die Identität von $\mathrm{H}(a_0)$ sukzessive zu Homomorphismen $\mathrm{H}(a_0, a_1) = \mathrm{H}(a_0)\, \mathrm{H}(a_1) \to \mathrm{H}(a_0), \ldots, G = \mathrm{H}(a_0)\, \mathrm{H}(a_1) \cdots \mathrm{H}(a_n) \to \mathrm{H}(a_0)$ fort. – Mit dem Zornschen Lemma 1.4.15 beweist man die Aussage auch noch für unendliche abelsche Gruppen mit $\mathrm{Exp}\, G > 0$.)

Aufgabe 2.2.25 Man beweise den sogenannten **Hauptsatz über endliche abelsche Gruppen**: Jede endliche abelsche Gruppe G ist direktes Produkt von zyklischen Gruppen $H_1, \ldots, H_r$, wobei überdies noch die Beziehungen $1 < \mathrm{Ord}\, H_r \mid \mathrm{Ord}\, H_{r-1} \mid \cdots \mid \mathrm{Ord}\, H_1$ angenommen werden können. (Nach Aufg. 2.2.23a) und Aufg. 2.2.24 ist G isomorph zu $H_1 \times G'$, wobei H_1 eine zyklische Gruppe der Ordnung $\mathrm{Exp}\, G$ ist.)

Bemerkung Die Ordnungen der H_i sind durch die angegebenen Teilbarkeitseigenschaften eindeutig durch G bestimmt und heißen die **Elementarteiler** der Gruppe G. Zum Beweis kann man annehmen, dass G eine p-Gruppe ist. Dann sind die Elementarteiler z. B. durch die Ordnungen der Gruppen $_pG, _{p^2}G, \ldots$ bestimmt.

Aufgabe 2.2.26 Sei $p \in \mathbb{P}$ eine Primzahl. $\mathbb{Z}_p$ sei die Untergruppe $\{a/p^n \mid a \in \mathbb{Z}, n \in \mathbb{N}\} \subseteq \mathbb{Q} = (\mathbb{Q}, +)$ und $\mathbb{Z}_{(p)}$ die Untergruppe $\{a/b \mid a, b \in \mathbb{Z}, p \nmid b\}$. Mit π_p sei der kanonische surjektive Homomorphismus $\mathbb{Q}/\mathbb{Z} \to \mathbb{Q}/\mathbb{Z}_{(p)}, x+\mathbb{Z} \mapsto x+\mathbb{Z}_{(p)}$, bezeichnet.

a) $\mathbb{Q}/\mathbb{Z}$ ist eine Torsionsgruppe, und $\mathbb{Z}_p/\mathbb{Z}$ ist die p-Primärkomponente von $\mathbb{Q}/\mathbb{Z}$. Es ist also $\mathbb{Q}/\mathbb{Z} = \sum_{p \in \mathbb{P}}^{\oplus} \mathbb{Z}_p/\mathbb{Z}$. Zu jedem $m \in \mathbb{N}^*$ gibt es genau eine Untergruppe der Ordnung m in $\mathbb{Q}/\mathbb{Z}$. Sie wird von der Restklasse $m^{-1} + \mathbb{Z}$ erzeugt und ist gleich der m-Torsion $\mathrm{T}_m(\mathbb{Q}/\mathbb{Z})$ von $\mathbb{Q}/\mathbb{Z}$.

b) $\mathbb{Q}/\mathbb{Z}_{(p)}$ ist eine p-Gruppe. Der durch die π_p, $p \in \mathbb{P}$, induzierte Homomorphismus $\pi\colon \mathbb{Q}/\mathbb{Z} \to \prod_{p \in \mathbb{P}} \mathbb{Q}/\mathbb{Z}_{(p)}$ ist injektiv, sein Bild ist die direkte Summe $\bigoplus_{p \in \mathbb{P}} \mathbb{Q}/\mathbb{Z}_{(p)} \subseteq \prod_{p \in \mathbb{P}} \mathbb{Q}/\mathbb{Z}_{(p)}$. Es ist also $\pi\colon \mathbb{Q}/\mathbb{Z} \xrightarrow{\sim} \bigoplus_{p \in \mathbb{P}} \mathbb{Q}/\mathbb{Z}_{(p)}$ ein Isomorphismus.

c) π induziert einen Isomorphismus $\mathbb{Z}_p/\mathbb{Z} \xrightarrow{\sim} \mathbb{Q}/\mathbb{Z}_{(p)}$. (Die Gruppe $\mathbb{Z}_p/\mathbb{Z}$ und jede dazu isomorphe Gruppe heißt die **Prüfersche p-Gruppe** und wird mit $\mathrm{I}(p)$ bezeichnet.)

Aufgabe 2.2.27 Den Isomorphietyp der Gruppe $\mathbb{Q}/\mathbb{Z}$ (und jede dazu isomorphe Gruppe) bezeichnet man auch mit $\mathbf{Z}_\infty$. Diese Bezeichnung wird durch folgende Charakterisierung motiviert: Eine Torsionsgruppe G ist genau dann isomorph zu $\mathbb{Q}/\mathbb{Z}$, wenn sie zu jedem $n \in \mathbb{N}^*$ genau eine Untergruppe der Ordnung n enthält (die notwendigerweise zyklisch ist, vgl. Aufg. 2.2.21).

Aufgabe 2.2.28 Sei G eine Gruppe. Die Abbildung $\varphi \mapsto$ Kern φ ist eine bijektive Abbildung der Menge der surjektiven Homomorphismen $\varphi\colon G \to \mathbf{Z}_2$ auf die Menge $\mathcal{N}_2 = \mathcal{N}_2(G)$ der Untergruppen vom Index 2 in G (die automatisch normal in G sind). Der Durchschnitt $\bigcap_{N \in \mathcal{N}_2} N$ ist gleich der von den Quadraten in G erzeugten normalen Untergruppe $\mathrm{H}(^2G)$. Ist $\mathcal{N}_2$ endlich, so ist $|\mathcal{N}_2| = 2^n - 1$ und $G/\mathrm{H}(^2G) \cong \mathbf{Z}_2^n$ mit einem $n \in \mathbb{N}$. (Man verwende Aufg. 2.3.6.) Für jedes $n \in \mathbb{N}^*$ erzeugt die Menge ^nG der n-ten Potenzen offenbar eine normale Untergruppe $\mathrm{H}(^nG)$ von G, und der Exponent der Restklassengruppe $G/\mathrm{H}(^nG)$ teilt n. Ferner liegt $\mathrm{H}(^nG)$ im Durchschnitt $\bigcap_{N \in \mathcal{N}_n} N$ der normalen Untergruppen N vom Index n in G. ($\mathcal{N}_n$ ist die Menge dieser normalen Untergruppen.) Ist $n = p$ eine Primzahl und G abelsch, so gilt wieder die Gleichheit $\mathrm{H}(^pG) = {}^pG = \bigcap_{N \in \mathcal{N}_p} N$. Für eine Primzahl $p > 2$ und beliebige Gruppen gilt dies aber nicht allgemein.

Aufgabe 2.2.29 Sei G eine endliche abelsche Gruppe, $n \in \mathbb{N}^*$ und $d := \mathrm{ggT}(n, |G|)$. Für jeden Primteiler p von n sei die p-Primärkomponente $G(p)$ von G zyklisch, d. h. der p-Sockel $_pG$ von G sei zyklisch. Genau dann ist $x \in G$ eine n-te Potenz in G, wenn $x^{|G|/d} = e_G$ ist (**Euler-Kriterium für n-te Potenzen**). (Die Aussage lässt sich auf den

Fall reduzieren, dass G zyklisch ist. – Euler selbst hat das Kriterium nur für den Fall $n = 2$ formuliert. Dafür lautet es also: *Besitzt G genau ein Element f der Ordnung 2, so ist ein Element $x \in G$ genau dann ein Quadrat in G, wenn $x^{|G|/2} = e_G$ ist. Andernfalls ist $x^{|G|/2} = f$.* – Um allgemein für ein $x \in G$, das die obige Bedingung für eine n-te Potenz erfüllt, ein $y \in G$ mit $y^n = x$ zu finden, kann man etwa folgendermaßen vorgehen: Ist n teilerfremd zu $|G|$, so ist $y = x^m$ die einzige Lösung, wobei $mn \equiv 1 \bmod |G|$ ist. Andernfalls kann man auf Grund der Primärzerlegung von G annehmen, dass G eine zyklische Gruppe der Ordnung p^α, $\alpha > 0$, ist, vgl. Satz 2.2.22 und die sich daran anschließende Bemerkung. Durch Versuch und Irrtum findet man dann ein erzeugendes Element a von G. (Die Wahrscheinlichkeit, dass ein beliebig gewähltes Element aus G ein erzeugendes Element von G ist, ist $\varphi(p^\alpha)/p^\alpha = 1 - p^{-1}$, also mindestens $1/2$.) Sei $n = kp^\beta$ mit $p \nmid k$. Nach Voraussetzung ist $x^{p^{\alpha-\mathrm{Min}(\alpha,\beta)}} = e_G$. Wir können also $\beta \le \alpha$ und $x^{p^{\alpha-\beta}} = e_G$ annehmen. Zunächst bestimmen wir ein $z \in G$ mit $z^k = x$. Es genügt dann, ein y mit $y^{p^\beta} = z$ zu finden. Wir berechnen dazu den Logarithmus $\ell := \mathrm{Log}_a\, z$ von z zur Basis a, etwa mit der in Bemerkung (3) zu Beispiel 2.2.23 beschriebenen Methode. Nach Voraussetzung ist ℓ ein Vielfaches von p^α, und $y := a^{\ell/p^\alpha}$ ist eine p^α-te Wurzel von z.)

2.3 Induzierte Homomorphismen und Quotientenbildung

In diesem Abschnitt beweisen wir Homomorphie- und Isomorphiesätze und besprechen typische Konstruktionen (u. a. Quotientenbildungen), die von exemplarischer Bedeutung sind für die gesamte Algebra und darüber hinaus.

Seien L, M, N Magmen und $\psi\colon L \to M$, $\varphi\colon L \to N$ (zunächst) beliebige Abbildungen, wobei ψ surjektiv sei. Ist dann die durch ψ induzierte Äquivalenzrelation R_ψ (mit den Fasern $\psi^{-1}(\psi(a))$ als Äquivalenzklassen $[a]_{R_\psi}$, $a \in L$) feiner als die durch φ induzierte Äquivalenzrelation R_φ (mit den Äquivalenzklassen $\varphi^{-1}(\varphi(a)) = [a]_{R_\varphi}$), ist also $[a]_{R_\psi} \subseteq [a]_{R_\varphi}$ für alle $a \in L$, so induziert φ eine Abbildung $\overline{\varphi}\colon M \dashrightarrow N$, die durch die Bedingung $\varphi = \overline{\varphi} \circ \psi$, d. h. die Kommutativität des Diagramms aus Abb. 2.8, eindeutig bestimmt ist. Es ist $\overline{\varphi}(c) = \varphi(a)$, wobei a ein beliebiges Element aus der (nichtleeren) Faser $\psi^{-1}(c)$, $c \in M$, ist. Genau dann ist $\overline{\varphi}$ surjektiv, wenn φ surjektiv ist, und genau dann injektiv, wenn $R_\varphi = R_\psi$ ist. Sind nun ψ und φ Homomorphismen, so ist auch $\overline{\varphi}$ ein Homomorphismus. Sind nämlich $c, d \in M$ und $a \in \psi^{-1}(c)$, $b \in \psi^{-1}(d)$, so ist $ab \in \psi^{-1}(cd)$, da ψ ein Homomorphismus ist, und $\overline{\varphi}(cd) = \varphi(ab) = \varphi(a)\varphi(b) = \overline{\varphi}(c)\overline{\varphi}(d)$. Wir haben bewiesen:

Satz 2.3.1 (Satz vom induzierten Homomorphismus) *Seien $\psi\colon L \to M$ und $\varphi\colon L \to N$ Homomorphismen von Magmen. ψ sei surjektiv, und es gelte $\psi^{-1}(\psi(a)) \subseteq \varphi^{-1}(\varphi(a))$*

Abb. 2.8 $\overline{\varphi}$ wird von φ vermöge ψ induziert.

für alle $a \in L$, *d. h. es gelte* $\varphi(a) = \varphi(b)$ *für alle* $a, b \in L$ *mit* $\psi(a) = \psi(b)$. *Dann gibt es genau einen Homomorphismus* $\overline{\varphi}: M \to N$ *mit* $\varphi = \overline{\varphi} \circ \psi$. – *Genau dann ist* $\overline{\varphi}$ *surjektiv, wenn* φ *surjektiv ist.* – *Genau dann ist* $\overline{\varphi}$ *injektiv, wenn* $\psi^{-1}(\psi(a)) = \varphi^{-1}(\varphi(a))$ *ist für alle* $a \in L$. – *Genau dann ist* $\overline{\varphi}$ *ein Isomorphismus, wenn* φ *surjektiv ist und* $\psi^{-1}(\psi(a)) = \varphi^{-1}(\varphi(a))$ *für alle* $a \in L$ *gilt.*

Sind in der Situation von Satz 2.3.1 ψ und φ Monoidhomomorphismen, so ist offenbar auch $\overline{\varphi}$ ein Monoidhomomorphismus. Im Fall von Gruppen sind $\psi^{-1}(\psi(a)) = a \operatorname{Kern} \psi = (\operatorname{Kern} \psi)a$ und $\varphi^{-1}(\varphi(a)) = a \operatorname{Kern} \varphi = (\operatorname{Kern} \varphi)a$, $a \in L$, die Fasern, vgl. Satz 2.2.5, und wir erhalten das folgende wichtige Ergebnis für Gruppen:

Satz 2.3.2 (Satz vom induzierten Homomorphismus für Gruppen) *Seien* $\psi: G \to F$ *und* $\varphi: G \to H$ *Homomorphismen von Gruppen.* ψ *sei surjektiv, und es gelte* $\operatorname{Kern} \psi \subseteq \operatorname{Kern} \varphi$. *Dann gibt es genau einen Homomorphismus* $\overline{\varphi}: F \to H$ *mit* $\varphi = \overline{\varphi} \circ \psi$.

Genau dann ist $\overline{\varphi}$ *surjektiv, wenn* φ *surjektiv ist.* – *Genau dann ist* $\overline{\varphi}$ *injektiv, wenn* $\operatorname{Kern} \psi = \operatorname{Kern} \varphi$ *ist.* – *Genau dann ist* $\overline{\varphi}$ *ein Isomorphismus, wenn* φ *surjektiv ist und* $\operatorname{Kern} \psi = \operatorname{Kern} \varphi$ *gilt* (**Isomorphiesatz für Gruppen**).

Sei wieder $\psi: L \to M$ ein surjektiver Homomorphismus von Magmen. Dann gilt die Inklusion $\psi^{-1}(\psi(a)) \cdot \psi^{-1}(\psi(b)) \subseteq \psi^{-1}(\psi(ab))$ für alle $a, b \in L$, d. h. die von ψ induzierte Äquivalenzrelation R_ψ ist in folgendem Sinne kompatibel:

Definition 2.3.3 Sei R eine Äquivalenzrelation auf dem Magma L. Dann heißt R **kompatibel** (mit der gegebenen Verknüpfung auf L), wenn $[a]_R[b]_R \subseteq [ab]_R$ für alle $a, b \in L$ ist, d. h. wenn für alle $a, b, c, d \in L$ gilt: Aus aRc und bRd folgt $(ab)R(cd)$.

Die Kompatibilität der Äquivalenzrelation R lässt sich in zwei Schritten prüfen: Genau dann ist R kompatibel, wenn für alle $a, b, c \in L$ gilt: Aus aRc folgt $(ab)R(cb)$ und $(ba)R(bc)$. Die Allrelation $R = L \times L$ ist stets kompatibel auf L. Ist $R \subseteq L \times L$ eine beliebige Relation auf L, so heißt die kleinste kompatible Äquivalenzrelation auf L, die R umfasst (das ist der Durchschnitt aller R umfassenden kompatiblen Äquivalenzrelationen auf L) die **von R erzeugte kompatible Äquivalenzrelation**. Wir bezeichnen sie mit $\langle R \rangle$.

Satz 2.3.4 (Quotienten) *Sei R eine kompatible Äquivalenzrelation auf dem Magma L. Dann wird durch*

$$[a]_R \cdot [b]_R := [ab]_R, \quad a, b \in L$$

eine Verknüpfung auf L/R definiert, bzgl. der die kanonische Projektion

$$\pi_R: L \to L/R, \quad a \mapsto [a]_R,$$

ein Homomorphismus ist. L/R heißt der **Quotient von L bzgl.** *R. Ist L eine Halbgruppe bzw. ein Monoid bzw. eine Gruppe, so gilt Entsprechendes für den Quotienten L/R.*

Beweis Es ist nur zu zeigen, dass die Verknüpfung auf L/R wohldefiniert ist, d. h. dass aus $[a]_R = [c]_R$ und $[b]_R = [d]_R$ stets $[ab]_R = [cd]_R$ folgt. Dies ist aber genau die vorausgesetzte Kompatibilität von R. Die Zusätze folgen aus Proposition 2.2.2. $\square$

Sei R eine kompatible Äquivalenzrelation auf der *Gruppe* L mit neutralem Element e. Dann ist $\pi_R\colon L \to L/R$ ein surjektiver Gruppenhomomorphismus mit $N := \operatorname{Kern} \pi_R = [e]_R$ und $[a]_R = aN = Na$. Mit anderen Worten:

Satz 2.3.5 (Quotientengruppen) *Die kompatiblen Äquivalenzrelationen auf einer Gruppe G sind genau die Kongruenzrelationen bezüglich der normalen Untergruppen von G. Ist N eine normale Untergruppe von G, so ist die Verknüpfung auf der Quotientengruppe $G/N = G\backslash N$ die Komplexmultiplikation der Nebenklassen bzgl. N: $(aN) \cdot (bN) = (ab)N$, $a, b \in G$, und die kanonische Projektion $\pi_N\colon G \to G/N$ ist die Abbildung $a \mapsto aN = Na$, $a \in G$.*

In der Situation von Satz 2.3.5 heißt die Gruppe G/N auch die **Restklassengruppe** oder die **Faktorgruppe** von G nach dem Normalteiler N von G. Wir haben diese Gruppen bereits im Anschluss an Satz 2.2.5 eingeführt. Man beachte, dass anders als bei Gruppen für beliebige kompatible Äquivalenzrelationen R auf einem Magma L die Inklusion $[a]_R[b]_R \subseteq [ab]_R$ echt sein kann, d. h. *die Verknüpfung auf L/R ist nicht notwendigerweise die Komplexmultiplikation von $\mathfrak{P}(L)(\supseteq L/R)$.* Beispielsweise sind – wie bereits bemerkt – auch die Multiplikation von $\mathbb{Z}$ und die Kongruenzrelation mod m auf $\mathbb{Z}$, $m \in \mathbb{N}$, kompatibel (wegen $(r + \mathbb{Z}m) \cdot (s + \mathbb{Z}m) \subseteq rs + \mathbb{Z}m$ für alle $r, s \in \mathbb{Z}$). Bezüglich der Multiplikation $(r + \mathbb{Z}m)(s + \mathbb{Z}m) = rs + \mathbb{Z}m$ ist $\mathbb{Z}/\mathbb{Z}m$ also ein Monoid. Bei $m \geq 2$ gilt aber für das Komplexprodukt beispielsweise $(0 + \mathbb{Z}m) \cdot (0 + \mathbb{Z}m) = \mathbb{Z}m^2 \subset \mathbb{Z}m = 0 + \mathbb{Z}m$. – Aus Satz 2.3.1 ergibt sich sofort:

Satz 2.3.6 (Universelle Eigenschaft des Quotienten) *Seien L und N Magmen bzw. Halbgruppen bzw. Monoide bzw. Gruppen, R eine kompatible Äquivalenzrelation auf L und $\varphi\colon L \to N$ ein Homomorphismus. Ist dann R feiner als die Äquivalenzrelation R_φ, so gibt es genau einen Homomorphismus $\overline{\varphi}\colon L/R \to N$ mit $\varphi = \overline{\varphi} \circ \pi_R$. Genau dann ist $\overline{\varphi}$ surjektiv bzw. injektiv bzw. ein Isomorphismus, wenn φ surjektiv bzw. $R = R_\varphi$ bzw. wenn φ surjektiv und $R = R_\varphi$ ist. Speziell gilt die Isomorphie*

$$L/R_\varphi \cong \operatorname{Bild} \varphi.$$

Für Gruppen formulieren wir explizit, vgl. Satz 2.3.5:

Satz 2.3.7 *Seien G und H Gruppen, N eine normale Untergruppe und $\varphi\colon G \to H$ ein Homomorphismus. Ist dann $N \subseteq \operatorname{Kern} \varphi$ und $\pi_N\colon G \to G/N$ der kanonische Homomorphismus, so gibt es genau einen Homomorphismus*

$$\overline{\varphi}\colon G/N \to H$$

mit $\varphi = \overline{\varphi} \circ \pi_N$. *Es ist* $\overline{\varphi}(aN) = \varphi(a)$ *für alle* $a \in G$. *Genau dann ist* $\overline{\varphi}$ *surjektiv bzw. injektiv bzw. ein Isomorphismus, wenn* φ *surjektiv ist bzw.* $N = \mathrm{Kern}\,\varphi$ *gilt bzw. wenn sowohl* φ *surjektiv ist als auch* $N = \mathrm{Kern}\,\varphi$ *gilt.*

Insbesondere erhält man:

Korollar 2.3.8 (Isomorphiesatz für Gruppen) *Sei* $\varphi \colon G \to H$ *ein Homomorphismus von Gruppen. Dann induziert* φ *einen Isomorphismus*

$$\overline{\varphi} \colon G/\mathrm{Kern}\,\varphi \xrightarrow{\sim} \mathrm{Bild}\,\varphi.$$

Beispiel 2.3.9 (Zyklische Gruppen) Wir betrachten noch einmal eine zyklische Gruppe G mit erzeugendem Element a. Der surjektive Exponentialhomomorphismus $\varphi_a \colon \mathbb{Z} \to G$, $n \mapsto a^n$, mit Kern $\varphi_a = \mathbb{Z}\,\mathrm{Ord}\,a$ induziert dann die Isomorphie

$$\mathbb{Z}/\mathbb{Z}\,\mathrm{Ord}\,a \xrightarrow{\sim} G,$$

die wir bereits in Beispiel 2.2.10 ausführlich diskutiert haben. $\Diamond$

Beispiel 2.3.10 (Kommutatorgruppe) Seien G eine Gruppe, H eine kommutative Gruppe und $\varphi \colon G \to H$ ein Homomorphismus von G in H. Für beliebige Elemente $a, b \in G$ ist dann der sogenannte **Kommutator**

$$[a, b] := aba^{-1}b^{-1}$$

offenbar ein Element von Kern φ. Daher enthält Kern φ die von den Kommutatoren $[a, b]$, $a, b \in G$, erzeugte Untergruppe von G. Diese wird mit

$$[G, G] \quad \text{oder} \quad \mathrm{D}(G)$$

bezeichnet und heißt die **Kommutatorgruppe** oder die **derivierte Gruppe** von G. *Sie ist ein Normalteiler von* G. Beweis. Für jeden Gruppenhomomorphismus $\psi \colon G \to G'$ ist $\psi([a, b]) = [\psi(a), \psi(b)]$. Insbesondere ergibt sich für $a, b, c \in G$

$$c[a, b]c^{-1} = [cac^{-1}, cbc^{-1}],$$

wenn man für ψ die Konjugation $\kappa_c \colon x \mapsto cxc^{-1}$ mit dem Element $c \in G$ wählt. Für alle $c \in G$ folgt $c[G, G]c^{-1} \subseteq [G, G]$ und damit $c[G, G] = [G, G]c$. $\square$

G ist genau dann abelsch, wenn $[G, G]$ *nur aus dem neutralen Element besteht.* Die Restklassengruppe $G/[G, G]$ ist abelsch, und nach Satz 2.3.7 induziert der gegebene Homomorphismus $\varphi \colon G \to H$ einen Gruppenhomomorphismus $\overline{\varphi} \colon G/[G, G] \to H$. Die **Abelisierung**

$$G_{\mathrm{ab}} := G/[G, G]$$

von G mit der kanonischen Projektion $\pi_{\mathrm{ab}} \colon G \to G_{\mathrm{ab}}$ hat somit folgende universelle Eigenschaft: *Für jede abelsche Gruppe H ist die Abbildung* $\mathrm{Hom}(G_{\mathrm{ab}}, H) \to \mathrm{Hom}(G, H)$, $\overline{\varphi} \mapsto \overline{\varphi} \circ \pi_{\mathrm{ab}}$, *ein Isomorphismus abelscher Gruppen.* Insbesondere ist also genau dann jeder Homomorphismus von G in eine abelsche Gruppe trivial, wenn die Gruppe G_{ab} trivial, d. h. wenn $G = [G, G]$ ist. Solche Gruppen G heißen **perfekt**.

Für ein beliebiges Magma M ist die Abelisierung M_{ab} das Quotientenmagma von M bzgl. der von den Paaren (ab, ba), $a, b \in M$, erzeugten kompatiblen Äquivalenzrelation. $\Diamond$

Beispiel 2.3.11 (Einfache Gruppen) Eine Gruppe G heißt **einfach**, wenn $G \neq \{e_G\}$ ist und G und $\{e_G\}$ die einzigen Normalteiler von G sind, d. h. wenn $G \neq \{e_G\}$ ist und jeder Homomorphismus von G in eine Gruppe H trivial oder injektiv ist, vgl. Satz 2.3.5. *Eine abelsche Gruppe ist genau dann einfach, wenn sie zyklisch von Primzahlordnung ist*, vgl. Aufg. 2.3.5b). Weitere Beispiele einfacher Gruppen sind die alternierenden Gruppen $\mathfrak{A}_n$, $n \geq 5$, vgl. Satz 2.5.19. Nichtabelsche einfache Gruppen sind perfekt, vgl. Beispiel 2.3.10. Die Klassifikation aller endlichen einfachen Gruppen ist ein wichtiges und schwieriges Problem der Gruppentheorie, das aber heute als im Wesentlichen gelöst gilt.[14] $\Diamond$

Beispiel 2.3.12 (Erzeugendensysteme endlicher abelscher Gruppen) Sei H eine endliche abelsche Gruppe. Genau dann ist die Gruppe H trivial, wenn ${}^p H = H$ bzw. ${}_p H = \{e\}$ ist für jede Primzahl $p \in \mathbb{P}$. Dies folgt z. B. aus der Formel $|H| = |{}_p H| \cdot |{}^p H|$, d. h. $|H/{}^p H| = |{}_p H|$, und aus ${}_p H \neq \{e_H\}$ für jeden Primteiler p von $|H|$. Wir wollen diese Überlegung etwas verallgemeinern.

Lemma 2.3.13 *Die Elemente* $x_1, \ldots, x_r \in H$ *erzeugen genau dann die endliche abelsche Gruppe H, wenn für jede Primzahl p die Restklassen von $x_1, \ldots, x_r$ die elementare abelsche p-Gruppe $H/{}^p H$ erzeugen.*

Beweis Die Elemente $x_1, \ldots, x_r$ mögen die angegebene Bedingung erfüllen. Sei dann $F = \mathrm{H}(x_1, \ldots, x_r)$ die von $x_1, \ldots, x_r$ erzeugte Untergruppe. Nach Voraussetzung ist $H = F \cdot {}^p H$, also ${}^p(H/F) = (F \cdot {}^p H)/F = H/F$ für jede Primzahl p. Nach der Vorbemerkung ist die Gruppe H/F trivial und damit $H = F$. $\square$

Seien nun $p_1, \ldots, p_n$ die verschiedenen Primteiler von $|H|$. Dann ist H das direkte Produkt $H = H(p_1) \times \cdots \times H(p_n)$ seiner Primärkomponenten $H(p_i)$, $i = 1, \ldots, n$, vgl. Satz 2.2.22. Nach Lemma 2.3.13 und Aufg. 2.3.6 ist die minimale Anzahl der Elemente eines Erzeugendensystems von $H(p_i)$ gleich α_i, wenn $|H(p_i)/{}^{p_i} H(p_i)| = |{}_{p_i} H(p_i)| = |{}_{p_i} H| = p_i^{\alpha_i}$ ist. Es folgt mit dem Chinesischen Restsatz, vgl. Aufg. 2.2.11b):

---

[14] Siehe etwa Gorenstein, D.; Lyons, R. Solomon, R: The classification of the finite simple groups, Mathematical Surveys and Monographs, vol. 40, Number 1–6. Providence, R.I. 1994–2004.

Satz 2.3.14 *Die Minimalzahl für die Anzahl der Elemente eines Erzeugendensystems einer endlichen abelschen Gruppe* H *ist* Max $(\alpha_1, \ldots, \alpha_n)$, *falls für die verschiedenen Primteiler* $p_1, \ldots, p_n$ *von* $|H|$ *gilt: Die Ordnung des* p_i-*Sockels* ${}_{p_i}H$ *von* H, *d. h. die Anzahl der Lösungen der Gleichung* $x^{p_i} = e_H$, *ist* $p_i^{\alpha_i}$, $i = 1, \ldots, n$.

Aus dem letzten Satz ergibt sich noch einmal das folgende Zyklizitätskriterium für endliche abelsche Gruppen H: H *ist genau dann zyklisch, wenn die Gleichung* $x^p = e_H$ *für jeden Primteiler* p *von* $|H|$ *nur* p *Lösungen in* H *hat.* Vgl. auch Aufg. 2.2.22a). Satz 2.3.14 ergibt sich natürlich auch aus dem Hauptsatz für endliche abelsche Gruppen. Hat H die m Elementarteiler $e_1, \ldots, e_m (> 1)$, so ist m die Minimalzahl der Elemente eines Erzeugendensystems von H, vgl. Aufg. 2.2.25. $\diamond$

Beispiel 2.3.15 (Weitere Isomorphiesätze) Seien H und N Untergruppen der Gruppe G, N sei ein Normalteiler. Die Komposition der kanonischen Injektion $H \rightarrow HN$ und der kanonischen Projektion $HN \rightarrow (HN)/N$ ist surjektiv mit $H \cap N$ als Kern. Der allgemeine Isomorphiesatz 2.3.8 impliziert also den folgenden sogenannten **Noetherschen Isomorphiesatz**: *Die Abbildung*

$$H/(H \cap N) \xrightarrow{\sim} (HN)/N, \quad a(H \cap N) \mapsto aN, \, a \in H,$$

ist ein Gruppenisomorphismus.

Sei nun auch H ein Normalteiler in G mit $N \subseteq H$. Dann induziert die Identität von G nach Satz 2.3.7 einen surjektiven Homomorphismus $G/N \rightarrow G/H$, dessen Kern offenbar H/N ist. Der Isomorphiesatz 2.3.8 liefert jetzt: *Die Abbildung*

$$(G/N)/(H/N) \xrightarrow{\sim} G/H, \quad \overline{a}(H/N) \mapsto aH, \, \overline{a} = aN \in G/N, \, a \in G,$$

ist ein Isomorphismus von Gruppen. – Der Leser verstehe die vorstehenden Aussagen nur als Beispiele für viele ähnliche Anwendungen von induzierten Homomorphismen. $\diamond$

Beispiel 2.3.16 (Bruchmonoide – Grothendieck-Gruppen) Kompatible Äquivalenzrelationen auf Monoiden (und nicht nur auf Gruppen) sind uns schon in Abschn. 2.1 begegnet. So ist die Teilbarkeitsrelation „$a \mid_N b$ genau dann, wenn $aN \supseteq bN$" auf einem abelschen Monoid M mit Untermonoid $N \subseteq M$ eine Quasiordnung auf M, deren zugehörige Äquivalenzrelation „$a_N \|_N b$ genau dann, wenn $aN = bN$" eine kompatible Äquivalenzrelation auf M ist. Aus $a_N \|_N c$ und $b_N \|_N d$ folgt nämlich $aN = cN$, $bN = dN$ und somit $(ab)N = (aN)(bN) = (cN)(dN) = (cd)N$, d. h. $ab_N \|_N cd$. Das zugehörige Quotientenmonoid $\overline{M} = M/_N \|_N$ haben wir bereits in Abschn. 2.1 eingeführt, vgl. auch Aufg. 2.1.16. Genau dann gilt $a \mid_N b$, wenn $\overline{a} \mid_{\overline{N}} \overline{b}$ gilt, wobei $\overline{N} = N/_N \|_N$ das kanonische Bild von N in $\overline{M}$ ist. Da die Teilbarkeit $\mid_{\overline{N}}$ in $\overline{M}$ sogar eine Ordnung ist, werden Teilbarkeitsüberlegungen durch Übergang zu $\overline{M}$ häufig einfacher und übersichtlicher. Ist $N = M^{\times}$, so ist die Teilbarkeit $\mid_{M^{\times}}$ bereits eine Äquivalenzrelation und die zugehörigen Äquivalenzklassen sind die Assoziiertheitsklassen $aM^\times$, $a \in M$. Das Quotientenmonoid $M/_{M^\times}\|_{M^\times} = M/M^\times$ ist spitz, d. h. seine Einheitengruppe ist trivial.

Sei nun $S \subseteq M$ ein Untermonoid des (nicht notwendig kommutativen) Monoids M und ferner $\varphi\colon M \to L$ ein Monoidhomomorphismus derart, dass das Bild $\varphi(S) \subseteq L^*$ nur reguläre Elemente von L enthält. Gibt es dann zu $a, b \in M$ Elemente $s, t \in S$ mit $\varphi(sat) = \varphi(sbt)$, so folgt $\varphi(s)\varphi(a)\varphi(t) = \varphi(s)\varphi(b)\varphi(t)$, also $\varphi(a) = \varphi(b)$, da $\varphi(s)$ und $\varphi(t)$ regulär in L sind. Aus $(sat)R_\varphi(sbt)$ folgt also stets $aR_\varphi b$, wobei R_φ die durch φ definierte kompatible Äquivalenzrelation auf M ist. Ist $\approx_S$ die feinste kompatible Äquivalenzrelation R auf M mit der zusätzlichen Eigenschaft „aus $(sat)R(sbt)$ für $a, b \in M$, $s, t \in S$ folgt stets aRb" – sie existiert als Durchschnitt aller R mit dieser Eigenschaft –, so ist $\pi_S(S) \subseteq (M/\approx_S)^*$, wobei $\pi_S\colon M \to M/\approx_S$ die kanonische Projektion ist. Sind nämlich $s, t \in S$ und gilt $\pi_S(s)\pi_S(a)\pi_S(t) = \pi_S(s)\pi_S(b)\pi_S(t)$, so ist $sat \approx_S sbt$ und folglich $a \approx_S b$, d. h. $\pi_S(a) = \pi_S(b)$. Zusammen mit der universellen Eigenschaft 2.3.6 der Quotientenmonoide erhalten wir die folgende universelle Eigenschaft von $M/\approx_S$:

Proposition 2.3.17 *Sei $S \subseteq M$ ein Untermonoid von M und $\pi_S\colon M \to M/\approx_S$ die kanonische Projektion. Dann ist $\pi_S(S) \subseteq (M/\approx_S)^*$ und zu jedem Monoidhomomorphismus $\varphi\colon M \to L$ mit $\varphi(S) \subseteq L^*$ gibt es genau einen Monoidhomomorphismus $\overline{\varphi}\colon M/\approx_S \to L$ mit $\varphi = \overline{\varphi} \circ \pi_S$.*

In der Situation von Proposition 2.3.17 heißt $M/\approx_S$ die **Regularisierung von M bzgl. $S \subseteq M$**. Bei $S = M$ spricht man von der Regularisierung von M schlechthin. Sie ist ein reguläres Monoid, das M in kanonischer Weise zugeordnet ist. Für eine beliebige Teilmenge $T \subseteq M$ versteht man unter der Regularisierung von M bzgl. T die Regularisierung von M bzgl. des von T erzeugten Untermonoids, das wir mit $\langle T \rangle$ bezeichnen.

Die Relation $\approx_S$ ist im Allgemeinen schwer zu überschauen. Sie wird sehr viel übersichtlicher, *wenn S im Zentrum $Z(M)$ von M liegt. Dann gilt nämlich*

$$a \approx_S b \iff \text{es gibt ein } s \in S \text{ mit } sa = sb, \quad a, b \in M.$$

Beweis Die durch die rechte Seite definierte Relation R_0 ist trivialerweise eine Äquivalenzrelation. Sie ist überdies kompatibel; denn aus aR_0c und bR_0d folgt $sa = sc$ und $tb = td$ mit $s, t \in S$ und folglich $(st)(ab) = (st)(cd))$ mit $st \in S$, d. h. $(ab)R_0(cd)$. Ferner folgt aus $(sat)R_0(sbt)$ für $a, b \in M$, $s, t \in S$, d. h. $usta = ustb$ mit einem $u \in S$, stets aR_0b wegen $ust \in S$. Schließlich ist R_0 feiner als jede kompatible Äquivalenzrelation R mit der Eigenschaft „aus $(sat)R(sbt)$ für $a, b \in M$, $s, t \in S$ folgt stets aRb". Aus aR_0b folgt nämlich $sa = sb$ mit $s \in S$ und daher $(sa)R(sb)$ und somit aRb (man wähle $t = e_M$). $\square$

Wir suchen jetzt zu $S \subseteq M$ ein Monoid, das die analoge universelle Eigenschaft aus Proposition 2.3.17 für Einheiten statt für reguläre Elemente erfüllt, *wobei wir die Bequemlichkeitshypothese $S \subseteq Z(M)$ beibehalten*. Da Einheiten reguläre Elemente sind, nehmen wir zunächst an, dass S sogar ein Untermonoid von M^* ist, also $S \subseteq Z(M) \cap M^*$ gilt. Ist dann $\varphi \colon M \to L$ ein Monoidhomomorphismus mit $\varphi(S) \subseteq L^{\times}$, so ist $\varphi' \colon M \times S \to L$, $(a, s) \mapsto \varphi(a)\varphi(s)^{-1}$, ebenfalls ein Monoidhomomorphismus, vgl. Beispiel 2.2.20, da die Elemente $\varphi(s)^{-1}$, $s \in S$, wie die $\varphi(s)$ mit allen Elementen $\varphi(a)$, $a \in M$, vertauschbar sind. Die zugehörige (kompatible) Äquivalenzrelation $R_{\varphi'}$ ist gegeben durch

$$(a, s) \, R_{\varphi'} \, (b, t) \quad \Longleftrightarrow \quad \varphi(a)\varphi(s)^{-1} = \varphi(b)\varphi(t)^{-1}$$
$$\Longleftrightarrow \quad \varphi(at) = \varphi(a)\varphi(t) = \varphi(b)\varphi(s) = \varphi(bs),$$

$a, b \in M$. Dies legt es nahe, auf dem Produktmonoid $M \times S$ die Relation

$$(a, s) \equiv_S (b, t) \quad \Longleftrightarrow \quad at = bs, \quad a, b \in M, \ s, t \in S,$$

zu betrachten. Dies ist in der Tat eine Äquivalenzrelation. Zum Nachweis der Transitivität sei $(a, s) \equiv_S (b, t) \equiv_S (c, u)$. Dann gilt $at = bs$, $bu = ct$ und folglich $aut = bus = cst$, also $au = cs$, da $t \in S$ regulär ist, und somit $(a, s) \equiv_S (c, u)$. Die Relation $\equiv_S$ ist überdies kompatibel. Aus $(a, s) \equiv_S (c, u)$ und $(b, t) \equiv_S (d, v)$ folgt nämlich $au = cs$ und $bv = dt$ und folglich $(ab)(uv) = (cd)(st)$, d.h. $(ab, st) \equiv_S (cd, uv)$. Nach der universellen Eigenschaft 2.3.6 des Quotienten $(M \times S)/\!\equiv_S$ mit der kanonischen Projektion $\pi'_S \colon M \times S \to (M \times S)/\!\equiv_S$, $(a, s) \mapsto [a, s]$, gibt es zum Homomorphismus $\varphi \colon M \to L$ mit $\varphi(S) \subseteq L^{\times}$ bzw. seiner Erweiterung $\varphi' \colon M \times S \to L$ genau einen Homomorphismus $\overline{\varphi'} \colon (M \times S)/\!\equiv_S \, \to L$ mit $\varphi' = \overline{\varphi'} \circ \pi'_S$. Überdies bildet π'_S die Elemente von $S = S \times \{e_M\} \subseteq M \times S$ auf zentrale Einheiten von $(M \times S)/\!\equiv_S$ ab. Es ist nämlich $[s, e_M] \cdot [e_M, s] = [s, s] = [e_M, e_M]$ und $[s, e_M][a, t] = [sa, t] = [as, t] = [a, t][s, e_M]$ für alle $(a, t) \in M \times S$. Allgemeiner ist $[a, s]$ der Quotient $[a, e_M]/[s, e_M]$. Man bezeichnet ihn auch einfach mit

$$a/s \quad \text{oder} \quad \frac{a}{s}.$$

Ist S ein beliebiges Untermonoid des Zentrums $Z(M) \subseteq M$, so bilden wir zunächst die Regularisierung $\overline{M}$ von M bzgl. S mit kanonischer Projektion $\overline{\pi} \colon M \to \overline{M}$. Dann ist $\overline{S} := \overline{\pi}(S) \subseteq \overline{M}$ ein Untermonoid von $Z(\overline{M}) \cap \overline{M}^*$, und das Monoid

$$S^{-1}M := M_S := \left(\overline{M} \times \overline{S}\right)/\!\equiv_{\overline{S}} \quad \text{mit}$$
$$\frac{a}{s} = a/s := [\overline{a}, \overline{s}] = [\overline{a}, \overline{e}_M] \cdot [\overline{s}, \overline{e}_M]^{-1}, \ a \in M, \ s \in S,$$

ist definiert. Es heißt das **Monoid der Brüche** oder das **Bruchmonoid** von M **mit Nennern in** S.[15] $S^{-1}M$ lässt sich auch direkt als Quotientenmonoid des Produktmonoids $M \times S$ bzgl. der kompatiblen Äquivalenzrelation „$(a, s) \equiv_S (b, t) \Longleftrightarrow$ es gibt ein $u \in S$ mit $atu = bsu$" definieren. Mit anderen Worten: In $S^{-1}M$ gilt

$$a/s = b/t \quad \Longleftrightarrow \quad \text{es gibt ein } u \in S \text{ mit } atu = bsu.$$

---

[15] Häufig spricht man auch von einem Quotientenmonoid. Diese Sprechweise kann aber leicht mit der von Quotientenmonoiden bzgl. kompatibler Äquivalenzrelationen verwechselt werden.

Die Multiplikation in $S^{-1}M$ ist gegeben durch

$$(a/s) \cdot (b/t) = (ab)/(st).$$

Mit dem kanonischen Homomorphismus $\iota_S \colon M \to S^{-1}M, a \mapsto a/e_M$, hat das Monoid der Brüche $S^{-1}M$ auf Grund der universellen Eigenschaften von $\overline{M}$ und $\overline{M} \times \overline{S}/\equiv_{\overline{S}}$ die folgende universelle Eigenschaft:

Satz 2.3.18 *Sei* $S \subseteq M$ *ein Untermonoid des Monoids* M *mit* $S \subseteq Z(M)$. *Außerdem sei* $\iota_S \colon M \to S^{-1}M$ *der kanonische Homomorphismus* $a \mapsto a/e_M$ *von* M *in das Monoid* $S^{-1}M$ *der Brüche von* M *mit Nennern in* S. *Dann gilt* $\iota_S(S) \subseteq Z(S^{-1}M)^{\times}$, *und zu jedem Monoidhomomorphismus* $\varphi \colon M \to L$ *mit* $\varphi(S) \subseteq L^{\times}$ *gibt es genau einen Homomorphismus* $S^{-1}\varphi \colon S^{-1}M \to L$ *mit* $\varphi = (S^{-1}\varphi) \circ \iota_S$. *Es ist*

$$(S^{-1}\varphi)(a/s) = \varphi(a)\varphi(s)^{-1} = \varphi(s)^{-1}\varphi(a), \quad a \in M, \, s \in S.$$

Offenbar ist ι_S genau dann injektiv, wenn $S \subseteq Z(M) \cap M^*$ gilt. In diesem Fall identifiziert man in der Regel die Elemente $a \in M$ mit den Elementen $a/e_M \in S^{-1}M$. Dann ist a/s einfach der Quotient $as^{-1} = s^{-1}a$. Ist $T \subseteq M$ eine beliebige Teilmenge von $Z(M)$, so ist definitionsgemäß $T^{-1}M := M_T := \langle T \rangle^{-1}M = M_{\langle T \rangle}$, wobei $\langle T \rangle$ das von T erzeugte Untermonoid von M ist.

Ist M kommutativ, so heißt das Monoid $Q(M) := (M^*)^{-1}M$ der Brüche von M mit allen regulären Elementen von M als Nennern das **totale Bruchmonoid** von M. Ist $S \subseteq M^*$ ein beliebiges Untermonoid aus regulären Elementen von M, so kann $S^{-1}M$ mit dem Untermonoid $\{a/s \in Q(M) \mid a \in M, s \in S\} \subseteq Q(M)$ von $Q(M)$ identifiziert werden.

Diese Konstruktionen werden häufig auf additiv geschriebene abelsche Monoide M angewandt. Man spricht dann von **Differenzenmonoiden**. Ist M solch ein additives Monoid mit neutralem Element 0 und ist $S \subseteq M$ ein Untermonoid, so ist das Monoid der Differenzen von M bzgl. S das Quotientenmonoid der direkten Summe $M \oplus S$ nach der kompatiblen Äquivalenzrelation

$$(a,s) \equiv_S (b,t) \quad \Leftrightarrow \quad \text{es gibt ein } u \in S \text{ mit } a + t + u = b + s + u.$$

Das Element $[a,s]$ im Differenzenmonoid ist die Differenz $[a,0] - [s,0]$. Enthält S nur reguläre Elemente, so gilt einfach „$(a,s) \equiv_S (b,t) \Leftrightarrow a + t = b + s$". In diesem Fall ist der kanonische Homomorphismus $\iota_S \colon a \mapsto [a,0]$ injektiv und M wird mit einem Untermonoid des Differenzenmonoids identifiziert. Dann ist $[a,s]$ die Differenz $a - s$. Im Fall $S = M$ ist das Differenzenmonoid eine abelsche Gruppe und heißt die **Differenzengruppe** oder auch die **Grothendieck-Gruppe** von M (nach A. Grothendieck (1928–2014) und wird mit

$$G(M)$$

bezeichnet. Mit dem kanonischen Homomorphismus $\iota_M \colon M \to G(M), a \mapsto [a,0]$, hat sie folgende universelle Eigenschaft:

Satz 2.3.19 (Universelle Eigenschaft der Grothendieck-Gruppe) *Sei M ein kommutatives Monoid und $\iota_M \colon M \to G(M)$ der kanonische Homomorphismus von M in seine Grothendieck-Gruppe $G(M)$. Ist $\varphi \colon M \to L$ ein Homomorphismus von M in eine Gruppe L, so gibt es genau einen Gruppenhomomorphismus $\widetilde{\varphi} \colon G(M) \to L$ mit $\varphi = \widetilde{\varphi} \circ \iota_M$. Genau dann ist ι_M injektiv, $\widetilde{\varphi}$ also eine Fortsetzung von φ, wenn M ein reguläres Monoid ist.*

Die Monoide $S^{-1}M$ bzw. die Grothendieck-Gruppen $G(M)$ existieren auch dann, wenn S nicht im Zentrum des Monoids M liegt bzw. wenn M nicht kommutativ ist. Sie sind dann aber schwieriger und unübersichtlicher zu beschreiben, vgl. das Ende von Beispiel 2.3.34.

Das Paradebeispiel für eine Grothendieck-Gruppe ist die additive Gruppe $\mathbb{Z} = (\mathbb{Z}, +)$ der ganzen Zahlen als Grothendieck-Gruppe des additiven Monoids $\mathbb{N} = (\mathbb{N}, +)$ der natürlichen Zahlen. Generell gilt offenbar: Sind M und $S \subseteq M$ Untermonoide des Monoids L mit $S \subseteq Z(M) \cap L^{\times}$ und $\iota_M \colon M \to L$ die kanonische Einbettung, so ist der kanonische Homomorphismus $S^{-1}\iota_M \colon S^{-1}M \to L, a/s \mapsto as^{-1} = s^{-1}a$ injektiv. Ist $S = M$, M also kommutativ, und $M \subseteq L^{\times}$, so ist sein Bild die von M in $L^{\times}$ erzeugte Untergruppe $\{ab^{-1} = b^{-1}a \mid a, b \in M\}$, *die somit isomorph ist zur Grothendieck-Gruppe von M*.

Das totale Bruchmonoid $(\mathbb{Z}^*)^{-1}\mathbb{Z}$ des multiplikativen Monoids $\mathbb{Z} = (\mathbb{Z}, \cdot)$ ist nach der letzten Bemerkung das multiplikative Monoid $\mathbb{Q} = (\mathbb{Q}, \cdot)$. Die tautologische Abbildung $(\mathbb{Z}^*)^{-1}\mathbb{Z} \to \mathbb{Q}, a/s \mapsto a/s$, ist ein Isomorphismus. Die Grothendieck-Gruppe $G(\mathbb{Z}^*) = (\mathbb{Z}^*)^{-1}\mathbb{Z}^*$ von $\mathbb{Z}^*$ ist also $\mathbb{Q}^{\times}$. Auch die Addition auf $\mathbb{Q}$ lässt sich direkt mit Hilfe von $\mathbb{Z} \times \mathbb{Z}^*$ gewinnen. Die Rechenregeln für Brüche motivieren die folgende Addition auf $\mathbb{Z} \times \mathbb{Z}^*$:

$$(a, s) + (b, t) := (at + bs, st), \quad a, b \in \mathbb{Z}, \ s, t \in \mathbb{Z}^*.$$

Sie ist kommutativ und assoziativ mit neutralem Element $(0, 1)$, wie man direkt prüft. Ferner ist die Äquivalenzrelation $\equiv_{\mathbb{Z}^*}$ auf $\mathbb{Z} \times \mathbb{Z}^*$ kompatibel mit dieser Addition. Aus $(a, s) \equiv_S (c, u)$ und $(b, t) \equiv_S (d, v)$, d.h. $au = cs$ und $bv = dt$, folgt nämlich $(at + bs)uv = atuv + bsuv = cstv + dtsu = (cv + du)st$, also $(a, t) + (b, s) \equiv_S (c, u) + (d, v)$. Die Addition auf $\mathbb{Z} \times \mathbb{Z}^*$ definiert also eine kommutative Monoidstruktur auf $(\mathbb{Z}^*)^{-1}\mathbb{Z} = \mathbb{Q}$ mit $(a/s) + (b/t) = (at + bs)/st$. Es handelt sich sogar um eine Gruppe, das Negative von a/s ist $(-a)/s$. Das additive Monoid $(\mathbb{Z} \times \mathbb{Z}^*, +)$ ist zwar regulär, aber keine Gruppe.

Man bestimme die Grothendieck-Gruppe von $(\mathbb{Z} \times \mathbb{Z}^*, +)$ und den Kern des kanonischen surjektiven Homomorphismus $G(\mathbb{Z} \times \mathbb{Z}^*, +) \to ((\mathbb{Z}^*)^{-1}\mathbb{Z}, +) = (\mathbb{Q}, +)$. Ferner prüft man leicht die Gültigkeit der Distributivgesetze für die Verknüpfungen $+$ und $\cdot$ auf $(\mathbb{Z}^*)^{-1}\mathbb{Z}$. (Auf $\mathbb{Z} \times \mathbb{Z}^*$ gelten die Distributivgesetze für $+$ und $\cdot$ aber nicht allgemein!) Wir werden die letzten Konstruktionen allgemeiner bei Ringen (an Stelle von $\mathbb{Z}$) in Abschn. 2.6 besprechen. $\diamond$

Beispiel 2.3.20 (Freie kommutative Monoide – Faktorielle Monoide) Sei I eine Indexmenge. Die Elemente der direkten Summe $\mathbb{N}^{(I)}$ sind I-Tupel natürlicher Zahlen $n := (n_i)_{i \in I}$, deren Komponenten jeweils fast alle verschwinden. Die Addition geschieht komponentenweise. Somit ist $n = \sum_{i \in I} n_i e_i$ mit $e_i := (\delta_{ji})_{j \in I}$, wobei das Kronecker-Delta δ_{ji} für $j \neq i$ verschwindet und für $j = i$ gleich 1 ist. Es ist also $\mathbb{N}^{(I)} = \sum_{i \in I} \mathbb{N} e_i = \sum_{i \in I}^{\oplus} \mathbb{N} e_i = \bigoplus_{i \in I} \mathbb{N} e_i$. Häufig wird das Basiselement e_i auch einfach mit i bezeichnet. Man fasst also I als Teilmenge von $\mathbb{N}^{(I)}$ auf. Die Elemente von $\mathbb{N}^{(I)}$ sind dann einfach die formalen Summen $\sum_{i \in I} n_i i$, wobei fast alle $n_i \in \mathbb{N}$ verschwinden. Das kommutative Monoid $\mathbb{N}^{(I)}$ mit der kanonischen Injektion $\iota_I : I \to \mathbb{N}^{(I)}, i \mapsto i = e_i$, hat folgende universelle Eigenschaft, vgl. Beispiel 2.2.20:

Satz 2.3.21 (Universelle Eigenschaft freier kommutativer Monoide) *Sei I eine Indexmenge und $x = (x_i)_{i \in I} \in M^I$ eine beliebige Familie von Elementen des kommutativen Monoids M. Dann gibt es genau einen Monoidhomomorphismus $\varphi : \mathbb{N}^{(I)} \to M$ mit $\varphi(i) = \varphi(e_i) = x_i, i \in I$. Mit anderen Worten: Die Abbildung*

$$\mathrm{Hom}(\mathbb{N}^{(I)}, M) \xrightarrow{\sim} M^I = \mathrm{Abb}(I, M), \quad \varphi \mapsto \varphi \circ \iota_I = \varphi|I,$$

ist ein Isomorphismus von kommutativen Monoiden. Es ist

$$\varphi(n) = x^n = \prod_{i \in I} x_i^{n_i}, \quad n = (n_i)_{i \in I} = \sum_{i \in I} n_i e_i \in \mathbb{N}^{(I)}.$$

Das Bild von φ ist das von der Familie $x = (x_i)_{i \in I}$ erzeugte Untermonoid von M.

Bei additiver Schreibweise ist $\varphi(n) = nx = \sum_{i \in I} n_i x_i, n \in \mathbb{N}^{(I)}$, und Bild $\varphi = \sum_{i \in I} \mathbb{N} x_i$. Ist $x_i, i \in I$, ein Erzeugendensystem von M, so ist φ surjektiv und nach dem Isomorphiesatz 2.3.6 folglich $\mathbb{N}^{(I)} / R_\varphi \xrightarrow{\sim} M, [n]_{R_\varphi} \mapsto x^n$, ein Isomorphismus. *Mit den Quotientenmonoiden von $\mathbb{N}^{(I)}$ und speziell mit den Quotientenmonoiden von $\mathbb{N}^m, m \in \mathbb{N}$, kennt man also bis auf Isomorphie alle kommutativen Monoide bzw. alle endlich erzeugten kommutativen Monoide.* Häufig gibt man von $R = R_\varphi$ nur ein Erzeugendensystem T an, d. h. eine Teilmenge $T \subseteq R \subseteq \mathbb{N}^{(I)} \times \mathbb{N}^{(I)}$ derart, dass $R = \langle T \rangle$ die kleinste kompatible Äquivalenzrelation auf $\mathbb{N}^{(I)}$ ist, die T umfasst.

Monoide, die isomorph sind zu einem Monoid des Typs $\mathbb{N}^{(I)} = (\mathbb{N}^{(I)}, +)$, I beliebige Indexmenge, heißen **freie kommutative Monoide**. Ist $\varphi : \mathbb{N}^{(I)} \xrightarrow{\sim} M$ ein Isomorphismus auf ein multiplikatives Monoid M, so bezeichnet man die Bilder der Basiselemente $e_i \in \mathbb{N}^{(I)}$ in der Regel mit Großbuchstaben, etwa mit $X_i, i \in I$. Jedes Element von M hat dann eine eindeutige Darstellung der Form

$$X^n = \prod_{i \in I} X_i^{n_i}, \quad n = (n_i)_{i \in I} \in \mathbb{N}^{(I)},$$

und M hat bzgl. der Einbettung $\iota_I : I \to M, i \mapsto X_i$, die analoge universelle Eigenschaft wie $\mathbb{N}^{(I)}$. Die Elemente $X^n \in M, n \in \mathbb{N}^{(I)}$, heißen auch **Monome** in den **Unbestimmten**

X_i, $i \in I$. Die Abbildung

$$\text{Grad}: M \to \mathbb{N} = (\mathbb{N}, +), \quad X^n \mapsto \text{Grad } X^n := |n| = \sum_{i \in I} n_i,$$

ist ein Monoidhomomorphismus und heißt **Grad(funktion)**. Ist $I = \{i\}$ einelementig und $X := X_i$, so handelt es sich einfach um die Potenzen $X^n = X_i^n$ mit Grad $X^n = n, n \in \mathbb{N}$. Für eine beliebige Funktion $\gamma: I \to N$, $i \mapsto \gamma_i$, mit Werten in einem additiven Monoid N heißt der Homomorphismus $\text{Grad}_\gamma: M \to N$, $X^n \mapsto \text{Grad}_\gamma X^n := n\gamma = \sum_{i \in I} n_i \gamma_i$ der γ-**Grad** bzgl. der **Gewichte** $\gamma_i = \text{Grad}_\gamma X_i \in \mathbb{N}$ der Unbestimmten $X_i, i \in I$.

Im freien kommutativen Monoid M ist die Menge der Unbestimmten $X_i, i \in I$, die wir wie bisher auch mit der Menge I selbst identifizieren, eindeutig bestimmt. Es ist die Menge $\mathbb{P}_M$ der Primelemente in M, die überdies gleich der Menge der irreduziblen Elemente von M ist, vgl. Aufg. 2.1.18. *Jedes irreduzible Element in M ist also prim.* Insbesondere ist die Anzahl $|I|$ eindeutig bestimmt. Sie heißt der **Rang** des freien kommutativen Monoids M. Ferner ist $\text{Aut } M \overset{\sim}{\to} \mathfrak{S}(I)$, $\varphi \mapsto \varphi|I$, ein Isomorphismus von Gruppen, da jeder Automorphismus von M notwendigerweise die Primelemente von M permutiert. Mit Hilfe von Aufg. 2.1.18c) lassen sich die freien kommutativen Monoide folgendermaßen charakterisieren:

Proposition 2.3.22 *Ein kommutatives Monoid M ist genau dann frei, wenn es regulär und spitz ist und von der Menge $\mathbb{P}_M$ seiner Primelemente erzeugt wird.*

Da bei Teilbarkeitsfragen die Einheiten eine untergeordnete Rolle spielen, wollen wir den Begriff des freien kommutativen Monoids etwa verallgemeinern.

Definition 2.3.23 Ein kommutatives Monoid M heißt **faktoriell**, wenn M regulär ist und $M/M^\times$ frei.

Ist also M faktoriell und $\mathbb{P}_M$ wie bisher ein Repräsentantensystem für die Assoziiertheitsklassen der Primelemente von M, so besitzt jedes Element $a \in M$ die **eindeutige Primfaktorzerlegung**

$$a = \varepsilon \prod_{p \in \mathbb{P}_M} p^{v_p(a)} \quad \text{mit} \quad \varepsilon \in M^\times \quad \text{und} \quad (v_p(a))_{p \in \mathbb{P}_M} \in \mathbb{N}^{(\mathbb{P}_M)}.$$

Mit anderen Worten: *Die Abbildung $M^\times \times \mathbb{N}^{(\mathbb{P}_M)} \overset{\sim}{\to} M$, $(\varepsilon, (\alpha_p)) \mapsto \varepsilon \prod_p p^{\alpha_p}$, ist ein Monoidisomorphismus.* Das von $\mathbb{P}_M$ erzeugte freie kommutative (zu $\mathbb{N}^{(\mathbb{P}_M)}$ isomorphe) Untermonoid von M ist ein Repräsentantensystem für die Assoziiertheitsklassen der Elemente von M. Für $a, b \in M$ sind

$$\text{ggT}(a,b) = \prod_{p \in \mathbb{P}_M} p^{\text{Min}(v_p(a), v_p(b))} \quad \text{und} \quad \text{kgV}(a,b) = \prod_{p \in \mathbb{P}_M} p^{\text{Max}(v_p(a), v_p(b))}$$

die (durch die Wahl von $\mathbb{P}_M$ festgelegten) natürlichen Repräsentanten für die größten gemeinsamen Teiler bzw. die kleinsten gemeinsamen Vielfachen von a und b. Wir notieren noch die folgenden Kriterien für faktorielle Monoide:

Lemma 2.3.24 *Sei M ein reguläres kommutatives Monoid und M' die Unterhalbgruppe $M' := M - M^\times \subseteq M$ der Nichteinheiten von M. Folgende Bedingungen sind äquivalent:*

(i)   *M ist faktoriell.*
(ii) *Jedes Element von M' ist Produkt von Primelementen.*
(iii) *Jedes Element von M' ist Produkt von irreduziblen Elementen, und jedes irreduzible Element von M ist prim.*
(iv) *Jedes Element von M' ist Produkt von irreduziblen Elementen, und für je zwei Elemente $a, b \in M$ existiert der größte gemeinsame Teiler $\mathrm{ggT}(a, b)$.*
(v)   *Jedes Element von M' ist Produkt von irreduziblen Elementen, und für je zwei Elemente $a, b \in M$ existiert das kleinste gemeinsame Vielfache $\mathrm{kgV}(a, b)$.*

Für die Äquivalenz von (iv) bzw. (v) mit (iii) siehe Aufg. 2.1.18c). Die Äquivalenz von (ii) und (iii) ist zwar tautologisch, wird aber häufig benutzt, da es vielfach einfach ist, die Zerlegbarkeit in irreduzible Elemente zu prüfen. Zum Beispiel ist dies der Fall, wenn die Anzahl $\tau(a)$ der Teilerklassen für jedes $a \in M'$ endlich ist (was eine notwendige Bedingung für Faktorialität ist) oder wenn es keine Folge $a_0, a_1, a_2, \dots$ von Elementen in M gibt derart, dass a_{i+1} stets ein echter Teiler von a_i ist oder – äquivalent dazu – wenn die Menge $M/M^\times$ der Assoziiertheitsklassen artinsch bzw. $\{Ma \mid a \in M\}$ noethersch geordnet ist, vgl. Aufg. 2.3.16. Es bleibt dann die meistens schwierigere Aufgabe, die Primelementeigenschaft von irreduziblen Elementen nachzuweisen.

Ist M ein faktorielles Monoid und $S \subseteq M$ ein Untermonoid, so ist auch das Bruchmonoid $S^{-1}M$ faktoriell, vgl. Aufg. 2.3.10. Eine gewisse Umkehrung liefert das folgende Lemma von M. Nagata (1927–2008):

Lemma 2.3.25 (Lemma von Nagata) *Seien M ein reguläres kommutatives Monoid und $S \subseteq M$ ein Untermonoid mit folgenden Eigenschaften: (1) Jede Nichteinheit von M ist Produkt von irreduziblen Elementen von M. (2) S wird von Primelementen von M erzeugt. Ist dann $S^{-1}M$ faktoriell, so auch M.*

Beweis Wir können annehmen, dass S von einer Menge $\mathbb{P}_S$ von paarweise nichtassoziierten Primelementen von M erzeugt wird, dass also jedes Element von S ein (eindeutiges) Produkt $\prod_{p \in \mathbb{P}_S} p^{\alpha_p}$, $(\alpha_p) \in \mathbb{N}^{(\mathbb{P}_S)}$, ist. Es genügt zu zeigen, dass jedes irreduzible Element $q \in M$, das zu keinem Element aus $\mathbb{P}_S$ assoziiert ist, prim in M ist. Zunächst ist solch ein q keine Einheit in $S^{-1}M$. Wäre nämlich $qb/s = 1$, $b \in M$, $s \in S$, so wäre $qb = s$ Produkt von Primelementen aus $\mathbb{P}_S$ und damit das irreduzible Element q selbst assoziiert zu einem Element von $\mathbb{P}_S$. Widerspruch! q ist also Produkt von Primelementen in $S^{-1}M$, d.h. es gilt $q = q_1 \cdots q_n/s$ mit $n \in \mathbb{N}^*$, $s \in S$ und Elementen $q_1, \dots q_n \in M$, die prim in $S^{-1}M$ sind. Es folgt $sq = q_1 \cdots q_n$ und folglich $q = q_1' \cdots q_m'$ mit Elementen $q_1', \ldots, q_m' \in M$, die prim in $S^{-1}M$ sind (wegen $\mathsf{v}_p(s) \leq \mathsf{v}_p(sq) = \mathsf{v}_p(q_1) + \cdots + \mathsf{v}_p(q_n)$ für jedes Primelement $p \in \mathbb{P}_S$). Da q irreduzibel in M ist, ist $m = 1$ und q prim in $S^{-1}M$. Dann ist q aber auch prim in M. Ist nämlich q ein Teiler von ab in M, so ist q auch ein Teiler von ab in $S^{-1}M$ und folglich $qc = as$ oder $qd = bt$ mit $c, d \in M$ und $s, t \in S$. Es folgt $s|c$ bzw. $t|d$ und somit $q|a$ oder $q|b$ in M. $\square$

Die Voraussetzung im Lemma 2.3.25 von Nagata, dass in M jedes Element Produkt von irreduziblen Elementen ist, lässt sich nicht vollständig eliminieren. Ein Beispiel liefert das additive Monoid $M = (\mathbb{Z} \times \mathbb{N}^*) \uplus (\mathbb{N} \times \{0\}) \subseteq (\mathbb{Z} \times \mathbb{N}, +)$ aus Aufg. 2.1.18 mit dem einzigen Primelement $p = (1, 0)$. Ist dann $S = \mathbb{N}p = \mathbb{N} \times \{0\}$ das von p erzeugte Untermonoid, so ist das Differenzenmonoid von M bzgl. S das faktorielle Monoid $\mathbb{Z} \times \mathbb{N}$. M selbst ist aber nicht faktoriell. $\diamond$

Beispiel 2.3.26 (Freie abelsche Gruppen) Sei I eine Indexmenge. Die Grothendieck-Gruppe des freien abelschen Monoids $(\mathbb{N}^{(I)}, +)$ ist die abelsche Gruppe $G(\mathbb{N}^{(I)}) = \mathbb{Z}^{(I)} = (\mathbb{Z}^{(I)}, +)$ mit der kanonischen Injektion $\mathbb{N}^{(I)} \hookrightarrow \mathbb{Z}^{(I)}$. Jedes Element $n = (n_i)_i \in \mathbb{Z}^{(I)}$ hat die Darstellung $n = \sum_{i \in I} n_i e_i$, wobei die Koeffizienten $n_i \in \mathbb{Z}$ durch n eindeutig bestimmt sind. Die Gruppe $\mathbb{Z}^{(I)}$ ist also die direkte Summe der unendlichen zyklischen Untergruppen $\mathbb{Z}e_i$, $i \in I$. Wir identifizieren wieder die Elemente i mit den Basiselementen e_i, $i \in I$, und schreiben auch kurz $\mathbb{Z}^{(I)} = \sum_{i \in I} \mathbb{Z}i = \sum_{i \in I}^{\oplus} \mathbb{Z}i = \bigoplus_{i \in I} \mathbb{Z}i$. Mit der kanonischen Injektion $\iota_I : I \to \mathbb{Z}^{(I)}$ hat diese Gruppe die folgende universelle Eigenschaft:

Satz 2.3.27 (Universelle Eigenschaft freier abelscher Gruppen) *Sei I eine Indexmenge und $x = (x_i)_{i \in I} \in G^I$ eine beliebige Familie von Elementen einer abelschen Gruppe G. Dann gibt es genau einen Gruppenhomomorphismus $\varphi : \mathbb{Z}^{(I)} \to G$ mit $\varphi(i) = \varphi(e_i) = x_i$, $i \in I$. Mit anderen Worten: Die Abbildung*

$$\mathrm{Hom}(\mathbb{Z}^{(I)}, G) \xrightarrow{\sim} G^I = \mathrm{Abb}(I, G), \quad \varphi \mapsto \varphi \circ \iota_I = \varphi|I,$$

ist ein Isomorphismus von abelschen Gruppen. Es ist

$$\varphi(n) = x^n = \prod_{i \in I} x_i^{n_i}, \quad n = (n_i)_{i \in I} = \sum_{i \in I} n_i e_i \in \mathbb{Z}^{(I)}.$$

Das Bild von φ ist die von der Familie $x = (x_i)_{i \in I}$ erzeugte Untergruppe von G.

Bei additiver Schreibweise, die wir von jetzt an in diesem Beispiel bevorzugen wollen, ist φ die Abbildung $n \mapsto nx = \sum_{i \in I} n_i x_i$. Eine (additive) abelsche Gruppe G heißt eine **freie abelsche Gruppe**, wenn G eine Familie $x = (x_i)_{i \in I} \in G^I$ besitzt derart, dass der zugehörige Homomorphismus $\varphi \colon \mathbb{Z}^{(I)} \to G$ ein Isomorphismus ist, wenn also jedes Element $g \in G$ eine Darstellung

$$g = nx = \sum_{i \in I} n_i x_i$$

mit durch g eindeutig bestimmten Koeffizienten $n_i \in \mathbb{Z}$ besitzt (von denen fast alle verschwinden). Die Familie $x = (x_i)_{i \in I}$ heißt dann eine **Basis** von G. Im Gegensatz zu den freien abelschen Monoiden ist die Menge der Elemente einer Basis einer freien abelschen Gruppe nicht eindeutig bestimmt. Zum Beispiel kann man jedes Basiselement x_i durch sein Negatives ersetzen oder auch durch $x_i + a_j x_j$, wobei $j \neq i$ ist und $a_j \in \mathbb{Z}$ beliebig. Wir werden darauf später genauer eingehen. Die Kardinalzahl $|I|$ einer Basis von G ist aber eindeutig bestimmt und heißt der **Rang** von G. Ist nämlich I endlich und H eine beliebige *endliche* abelsche Gruppe, so ist nach Satz 2.3.27 die Anzahl $|H|^{|I|} = |H^I| = |\mathrm{Hom}(G, H)|$ eindeutig durch G bestimmt. Ist I unendlich, so ist $|I| = |\mathbb{Z}^{(I)}| = |G|$ ebenfalls eindeutig bestimmt; denn es ist

$$|I| \leq |\mathbb{Z}^{(I)}| = \left| \bigcup_{J \in \mathfrak{E}(I)} \mathbb{Z}^J \right| \leq \sum_{J \in \mathfrak{E}(I)} |\mathbb{Z}^J| = \aleph_0 \cdot |\mathfrak{E}(I)| = \aleph_0 \cdot |I| = |I|$$

nach Aufg. 1.8.16b) (und dem Produktsatz 1.8.19 für Mengen).

Ist x_i, $i \in I$, ein Erzeugendensystem der abelschen Gruppe G, so ist der assoziierte Homomorphismus $\varphi \colon \mathbb{Z}^{(I)} \to G$, $e_i \mapsto x_i$, $i \in I$, surjektiv und folglich $G \cong \mathbb{Z}^{(I)}/\mathrm{Kern}\, \varphi$. Insbesondere *repräsentieren die Restklassengruppen der freien abelschen Gruppen* $\mathbb{Z}^{(I)}$ *bis auf Isomorphie alle abelschen Gruppen und die Restklassengruppen der Gruppen* $\mathbb{Z}^m$, $m \in \mathbb{N}$, *alle endlich erzeugten abelschen Gruppen.* Somit interessieren die Untergruppen von freien abelschen Gruppen. Hier gilt die folgende vielleicht überraschende Aussage:

Satz 2.3.28 (Untergruppen freier abelscher Gruppen) *Jede Untergruppe U einer freien abelschen Gruppe G ist wieder eine freie abelsche Gruppe, und es gilt* Rang $U \leq$ Rang G.

Beweis Wir können $G = \mathbb{Z}^{(I)}$ annehmen und betrachten $\mathbb{Z}^{(J)} = \sum_{i \in J} \mathbb{Z} e_i$ für $J \subseteq I$ als Untergruppe von $\mathbb{Z}^{(I)}$. Ist I einelementig, also $G = \mathbb{Z}$, so handelt es sich bei dem vorliegenden Satz um die Aussage von 2.1.18. Ist I unendlich, so werden wir das Zornsche Lemma benutzen.

Wir betrachten nun die Menge $\mathfrak{B}$ der Tripel (J, B_J, f_J), wobei $J \subseteq I$ ist, $B_J \subseteq U$ eine Basis von $U \cap \mathbb{Z}^{(J)}$ und $f_J \colon B_J \to J$ eine injektive Abbildung. Wir setzen $(J, B_J, f_J) \leq (K, B_K, f_K)$, falls $J \subseteq K$, $B_J \subseteq B_K$ und $f_J = f_K | B_J$ ist. Dies ist offenbar eine Ordnung auf $\mathfrak{B}$. Sie ist sogar strikt induktiv. Ist nämlich (J_r, B_{J_r}, f_{J_r}), $r \in R$, eine Kette in $\mathfrak{B}$, so ist (J, B_J, f) eine obere Grenze dieser Kette, wobei $J := \bigcup_{r \in R} J_r$ ist, $B_J := \bigcup_{r \in R} B_{J_r}$ und f_{B_J} die eindeutig bestimmte injektive Abbildung $f_J \colon B_J \to J$ mit $f_J | B_{J_r} = f_{J_r}$, $r \in R$.

(Für die leere Kette ist das kleinste Element $(\emptyset, \emptyset, \emptyset)$ von $\mathcal{B}$ die obere Grenze.) Sei nun (J, B_J, f_J) ein maximales Element von $\mathcal{B}$. Ist I endlich, so ist die Existenz eines solchen Elements trivial; man wählt ein Element mit maximalem $|J|$ $(\leq |I|)$. In jedem Fall ergibt sich die Existenz aus dem Zornschen Lemma 1.4.15. Es genügt zu zeigen, dass $J = I$ ist. Angenommen, es gäbe ein $i_0 \in I - J$. Dann sei $J' := J \uplus \{i_0\}$. Es ist $\mathbb{Z}^{(J')} = \mathbb{Z}^{(J)} \oplus \mathbb{Z} e_{i_0}$, und wir betrachten die Projektion $p : \mathbb{Z}^{(J')} \to \mathbb{Z} e_{i_0}$ auf $\mathbb{Z} e_{i_0}$ mit Kern $\mathbb{Z}^{(J)}$. Es ist $p(U \cap \mathbb{Z}^{(J')})$ gleich 0 oder gleich $\mathbb{Z} a e_{i_0}$ mit einem $a \in \mathbb{N}^*$. Im ersten Fall ist $U \cap \mathbb{Z}^{(J')} = U \cap \mathbb{Z}^{(J)}$ und $(J, B_J, f_J) < (J', B_J, f_J)$. Widerspruch! Im zweiten Fall sei $y \in U \cap \mathbb{Z}^{(J')}$ ein Element mit $p(y) = a e_{i_0}$. Dann ist $(J, B_J, f_J) < (J', B_J \uplus \{y\}, f_{J'})$ mit $f_{J'}|J = f_J$ und $f_{J'}(y) = i_0$ ein echt größeres Element in $\mathcal{B}$, was ebenfalls einen Widerspruch ergibt. $\qquad\square$

Korollar 2.3.29 *Sei G eine abelsche Gruppe mit n Erzeugenden, $n \in \mathbb{N}$. Dann besitzt jede Untergruppe $H \subseteq G$ ein Erzeugendensystem aus höchstens n Elementen.*

Beweis Es gibt einen *surjektiven* Homomorphismus $\varphi : \mathbb{Z}^n \to G$, und $U := \varphi^{-1}(H) \subseteq \mathbb{Z}^n$ ist eine Untergruppe von $\mathbb{Z}^n$, die nach Satz 2.3.28 von höchstens n Elementen erzeugt wird. Dann wird auch $H = \varphi(\varphi^{-1}(H)) = \varphi(U)$ von höchstens n Elementen erzeugt. $\quad\square$

Wie der Beweis von Satz 2.3.28 zeigt, besitzt eine Untergruppe $U \subseteq \mathbb{Z}^n$ stets eine Basis der Form

$$y_1 = a_{11} e_1 + \cdots + a_{1n_1} e_{n_1}, \quad y_2 = a_{21} e_1 + \cdots + a_{2n_2} e_{n_2}, \quad \ldots,$$
$$y_r = a_{r1} e_1 + \cdots + a_{rn_r} e_{n_r}$$

mit $1 \leq n_1 < n_2 < \cdots < n_r \leq n$ und $a_{1n_1}, a_{2n_2}, \ldots, a_{rn_r} \in \mathbb{N}^*$, $r = \text{Rang } U$. Offenbar ist die Restklassengruppe $\mathbb{Z}^n / U$ genau dann endlich, wenn $r = n$ (und $n_\rho = \rho$, $\rho = 1, \ldots, n$) ist. In diesem Fall ist ihre Ordnung gleich $a_{11} \cdot a_{22} \cdots a_{nn}$. Die genauere Struktur der Restklassengruppe $\mathbb{Z}^n / U$ erhält man aus der folgenden schärferen Aussage: *Es gibt eine Basis $x_1, \ldots, x_n$ von $\mathbb{Z}^n$ und positive natürliche Zahlen $a_1, \ldots, a_r$ derart, dass $a_1 x_1, \ldots, a_r x_r$ eine Basis von U ist. Man kann überdies erreichen, dass die Teilbarkeitsbedingungen $a_1 \mid a_2 \mid \cdots \mid a_r$ erfüllt sind. Dann ist $\mathbb{Z}^n / U \cong \mathbb{Z}_{a_1} \oplus \cdots \oplus \mathbb{Z}_{a_r} \oplus \mathbb{Z}_0^{n-r}$.* Wir werden diesen sogenannten **Elementarteilersatz** in Bd. 3 beweisen. Aus ihm folgt natürlich auch der Hauptsatz für endliche abelsche Gruppen aus Aufg. 2.2.25. Es ergibt sich sogar, dass jede endlich erzeugte abelsche Gruppe direkte Summe von zyklischen Gruppen ist. Dies können wir schon hier beweisen. Zur Vorbereitung zeigen wir die folgende, auch für sich wichtige Aussage:

Satz 2.3.30 *Jede endlich erzeugte torsionsfreie abelsche Gruppe G ist eine freie abelsche Gruppe.*

Beweis Sei $G = \mathbb{Z}x_1 + \cdots + \mathbb{Z}x_n$. Wir wählen eine maximale Teilmenge $J \subseteq \{1, \ldots, n\}$ derart, dass x_j, $j \in J$, eine Basis der Untergruppe $G_J = \sum_{j \in J} \mathbb{Z}x_j$ ist. Insbesondere ist G_J also eine freie abelsche Gruppe. Nach Umnummerieren können wir annehmen, dass $J = \{1, \ldots, r\}$ ist. Da $x_1, \ldots x_r, x_i$ für $i > r$ keine Basis von $G_J + \mathbb{Z}x_i$ ist, gibt es ein $c_i \in \mathbb{N}^*$ mit $c_i x_i \in G_J$, $i = r + 1, \ldots, n$. Sei $c := c_{r+1} \cdots c_n$. Dann ist $cG \subseteq G_J$. Da G torsionsfrei ist, ist $x \mapsto cx$ ein Gruppenisomorphismus $G \xrightarrow{\sim} cG$. Also ist G isomorph zu einer Untergruppe der freien abelschen Gruppe G_J und damit nach Satz 2.3.28 selber eine freie abelsche Gruppe. (Ihr Rang ist natürlich r.) $\square$

Nicht endlich erzeugte abelsche torsionsfreie Gruppen sind selbstverständlich in der Regel nicht frei. Das Musterbeispiel dafür ist die additive Gruppe $(\mathbb{Q}, +)$. Wir beweisen nun den folgenden bereits angekündigten Satz:

Satz 2.3.31 (Hauptsatz über endlich erzeugte abelsche Gruppen) *Jede endlich erzeugte abelsche Gruppe G ist direkte Summe von zyklischen Gruppen, d. h.*

$$G \cong \mathbf{Z}_{m_1} \oplus \cdots \oplus \mathbf{Z}_{m_s} \oplus \mathbf{Z}_0^r \quad mit \quad r, s \in \mathbb{N}, \; m_1, \ldots, m_s > 1.$$

Beweis Sei TG die Torsionsuntergruppe von G. Dann ist TG wie G nach Korollar 2.3.29 endlich erzeugt und damit endlich, also nach Aufg. 2.2.25 endliche direkte Summe von endlichen zyklischen Gruppen. Die Restklassengruppe $G/$TG ist offenbar torsionsfrei und überdies endlich erzeugt, also frei nach Satz 2.3.30. Sind dann $x_1, \ldots, x_r$ Elemente in G, deren Restklassen eine Basis von $G/$TG bilden, so ist $x_1, \ldots, x_r$ Basis der Untergruppe $F := \mathbb{Z}x_1 + \cdots + \mathbb{Z}x_r$ von G, die damit isomorph zu $\mathbb{Z}^r = \mathbf{Z}_0^r$ ist. Überdies ist (TG)$+ F = G$ und (TG) $\cap F = 0$. Also ist $G = ($T$G) \oplus F$ die direkte Summe von TG und F. $\square$

Die Zahl r in Satz 2.3.31 ist der Rang des freien Anteils $G/$TG von G und heißt ebenfalls der **Rang** von G. Die endlichen zyklischen Gruppen $\mathbf{Z}_{m_i}$, $i = 1, \ldots, s$, lassen sich nach dem Chinesischen Restsatz 2.2.18 als direkte Summen von zyklischen Gruppen von Primzahlpotenzordnung darstellen. Daher kann man annehmen, dass die m_i in 2.3.31 Primzahlpotenzen sind. Unter dieser Voraussetzung sind sie bis auf die Reihenfolge auch eindeutig bestimmt, was wir bereits in Aufg. 2.2.25 bemerkt haben. $\diamond$

Beispiel 2.3.32 (Freie Monoide) Sei I eine Indexmenge. Wir suchen jetzt ein Monoid $\mathrm{W}(I)$ mit einer kanonischen Abbildung $\iota_I \colon I \to \mathrm{W}(I)$, das die analoge universelle Eigenschaft von Satz 2.3.21 für beliebige (und nicht nur für kommutative) Monoide besitzt. Ein solches lässt sich sehr einfach konstruieren. Man betrachtet I als ein **Alphabet** und bildet die Menge

$$\mathrm{W}(I) := \biguplus_{n \in \mathbb{N}} \mathrm{W}_n(I)$$

aller endlichen **Wörter** über I. Die Menge $\mathrm{W}_n(I) = I^n$ ist die Menge der Wörter der **Länge** n, $n \in \mathbb{N}$, und I identifizieren wir mit der Menge $\mathrm{W}_1(I)$ der Wörter der Länge 1. $\mathrm{W}_0(I) = \{\emptyset\}$ enthält nur das leere Wort (auch wenn I selbst leer ist). Zwei Wörter

$v = (i_1, \ldots, i_m) \in W_m(I)$ und $w = (j_1, \ldots, j_n) \in W_n(I)$ werden multipliziert durch Aneinanderfügen (**Konkatenation**):

$$v \cdot w := (i_1, \ldots, i_n) \cdot (j_1, \ldots, j_m) := (i_1, \ldots, i_n, j_1, \ldots, j_m) \in W_{n+m}(I).$$

Mit dieser Multiplikation ist $W(I)$ offensichtlich ein Monoid mit dem leeren Wort als neutralem Element. Das Wort $(i_1, \ldots, i_n)$ ist das Produkt seiner Buchstaben:

$$(i_1, \ldots, i_n) = i_1 \cdots i_n = \prod_{k=1}^{n} i_k.$$

Man nennt $W(I)$ mit der kanonischen Injektion $\iota_I \colon I \hookrightarrow W(I)$ das **freie Monoid** über der Indexmenge oder dem Alphabet I. Es hat offensichtlich die gewünschte universelle Eigenschaft:

Satz 2.3.33 (Universelle Eigenschaft freier Monoide) *Sei I eine Indexmenge und $x = (x_i)_{i \in I} \in M^I$ eine beliebige Familie von Elementen des Monoids M. Dann gibt es genau einen Monoidhomomorphismus $\varphi \colon W(I) \to M$ mit $\varphi(i) = x_i$, $i \in I$. Mit anderen Worten: Die Abbildung*

$$\mathrm{Hom}(W(I), M) \overset{\sim}{\longrightarrow} M^I = \mathrm{Abb}(I, M), \quad \varphi \mapsto \varphi \circ \iota_I = \varphi | I,$$

ist bijektiv. Für $v = (i_1, \ldots, i_n) = i_1 \cdots i_n \in W(I)$ ist

$$\varphi(v) = \varphi(i_1 \cdots i_n) = x^v = \prod_{k=1}^{n} x_{i_k} = x_{i_1} \cdots x_{i_n}.$$

Das Bild von φ ist das von der Familie $x = (x_i)_{i \in I}$ erzeugte Untermonoid von M.

Ein Monoid N heißt **frei**, wenn es einen Isomorphismus $W(I) \overset{\sim}{\longrightarrow} N$ gibt. Die Bilder der Buchstaben $i \in I$ bezeichnet man als **nichtkommutierende Unbestimmte** X_i, $i \in I$. Die Elemente von N sind die **Monome** $X^v = X_{i_1} \cdots X_{i_n}$, $v = i_1 \cdots i_n \in W(I)$, die man auch eindeutig in der Form $X_{j_1}^{n_1} X_{j_2}^{n_2} \cdots X_{j_r}^{n_r}$ schreiben kann, wobei $(j_1, n_1), \ldots, (j_r, n_r)$ eine endliche Folge mit Elementen aus $I \times \mathbb{N}^*$ ist, für die $j_\rho \neq j_{\rho+1}$, $\rho < r$, ist. Die **Länge** $\ell(X^v) := n = n_1 + \cdots + n_r$ eines Monoms $X^v = X_{i_1} \cdots X_{i_n} = X_{j_1}^{n_1} X_{j_2}^{n_2} \cdots X_{j_r}^{n_r} \in N$ nennt man den **Grad**

$$\mathrm{Grad}\, X^v$$

von X^v. Die Gradfunktion $\mathrm{Grad} \colon N \to \mathbb{N}$ ist ein Monoidhomomorphismus. Ein freies Monoid ist immer spitz. Die Menge der Unbestimmten X_i, $i \in I$, ist eindeutig bestimmt als die Menge $N' - (N' \cdot N')$, $N' := N - \{e_N\}$. Insbesondere ist die Automorphismengruppe von N isomorph zur Permutationsgruppe $\mathfrak{S}(I)$. Man nennt N ein freies Monoid vom **Rang** $|I|$ mit **Basis** X_i, $i \in I$.

Abb. 2.9 Endliches zyklisches Monoid vom Typ
$(m, k) = (4, 8)$

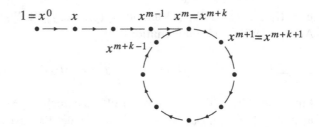

Ein Monoid M mit einem Erzeugendensystem $x = (x_i)_{i \in I}$ ist isomorph zum Quotientenmonoid N/R_φ, wobei $\varphi \colon N \to M$ der Homomorphismus des freien Monoids N
mit Basis X_i, $i \in I$, auf M ist, der X_i auf x_i abbildet, $i \in I$. Das Bild $x^\nu = \varphi(X^\nu)$
des Monoms $F = X^\nu$ bezeichnen wir auch mit $F(x)$. *Mit den Quotientenmonoiden der
freien Monoide sind also bis auf Isomorphie alle Monoide gegeben.* Wird die kompatible
Äquivalenzrelation $R_\varphi \subseteq N \times N$ von den Monompaaren (F_j, G_j), $j \in J$, erzeugt, so
sagt man M habe die **Darstellung**

$$\langle x_i, i \in I \mid F_j(x) = G_j(x), j \in J \rangle$$

mit **Erzeugenden** x_i, $i \in I$, **und Relationen** $F_j(x) = G_j(x)$, $j \in J$. Ein Monoid M mit
der obigen Darstellung hat (auf Grund von Satz 2.3.1) folgende universelle Eigenschaft:
*Ist $y = (y_i)_{i \in I}$, eine Familie von Elementen eines beliebigen Monoids L mit $F_j(y) =
G_j(y)$ für alle $j \in J$, so gibt es genau einen Monoidhomomorphismus $\varphi \colon M \to L$ mit
$\varphi(x_i) = y_i$, $i \in I$.* Beispielsweise hat ein freies *kommutatives* Monoid mit Basis x_i,
$i \in I$, die Darstellung $\langle x_i, i \in I \mid x_i x_j = x_j x_i, i, j \in I, i \neq j \rangle$. Beweis!

Ein freies Monoid N mit Rang $N = 1$ ist bis auf Isomorphie das Monoid $(\mathbb{N}, +)$, das
bei multiplikativer Schreibweise genau die Potenzen X^n, $n \in \mathbb{N}$, einer Unbestimmten
X enthält. Es stimmt überein mit dem freien *kommutativen* Monoid vom Rang 1. Seine
Quotientenmonoide sind bis auf Isomorphie die **zyklischen Monoide** M, deren Elemente
die Potenzen x^n eines einzigen Elements $x \in M$ sind. Sind diese paarweise verschieden,
so ist M frei. Andernfalls gibt es $t \in \mathbb{N}$ und $r \in \mathbb{N}^*$ mit $x^{t+r} = x^t$ und damit $x^{n+r} =
x^n$ für alle $n \geq t$. Die Folge der Potenzen ist also periodisch mit Periodenlänge r und
Vorperiodenlänge t. Es gibt daher ein eindeutig bestimmtes Paar $(m, k) \in \mathbb{N} \times \mathbb{N}^*$ mit
folgender Eigenschaft: Jede Periode r von (x^n) ist ein Vielfaches von k, und gilt $x^n =
x^{n+r}$ für $n \geq t$, so ist $t \geq m$, vgl. Aufg. 1.7.38. Die Potenzen $1 = x^0, \dots, x^{m-1}$ bilden
die Vorperiode der Länge $m \in \mathbb{N}$ der Folge (x^n) und die Potenzen $x^m, \dots, x^{m+k-1}$ ihre
Periode der Länge $k \in \mathbb{N}^*$, und $x^0, \dots, x^{m+k-1}$ sind die $m + k$ verschiedenen Elemente
des Monoids M, vgl. Abb. 2.9. Wir nennen (m, k) den **Typ** des zyklischen Monoids M.
$m + k$ ist der kleinste Exponent $n \in \mathbb{N}^*$ mit $x^n \in \{x^0, \dots, x^{n-1}\}$.

Die Periodenglieder bilden offenbar eine k-elementige *reguläre* Unterhalbgruppe von
M, also eine Gruppe G. Sie ist zyklisch mit neutralem Element x^{m+i_0}, $0 \leq i_0 < k$,
$i_0 \equiv -m \bmod k$, und den $\varphi(k)$ erzeugenden Elementen x^{m+i}, $0 \leq i < k$, $\mathrm{ggT}(m+i, k) =
1$. Ist $m \geq 2$, so ist x das einzige erzeugende Element von M. Bei $m \leq 1$ sind die

Erzeugenden der Untergruppe G die Erzeugenden von M. Genau dann ist M eine Gruppe, wenn $m = 0$, also $M = G$ ist. *Insgesamt ist der Typ des endlichen zyklischen Monoids M unabhängig von der Wahl des erzeugenden Elements x eindeutig bestimmt. Zwei endliche zyklische Monoide sind genau dann isomorph, wenn sie den gleichen Typ $(m, k) \in \mathbb{N} \times \mathbb{N}^*$ haben.*

Ist M keine Gruppe, also $m \geq 1$, so besitzt M ein vom neutralen Element verschiedenes idempotentes Element. Es ergibt sich: *Ein endliches (nicht notwendig zyklisches) Monoid ist genau dann eine Gruppe, wenn das neutrale Element sein einziges idempotentes Element ist.* Das zyklische Monoid vom Typ $(m, k) \in \mathbb{N} \times \mathbb{N}^*$ ist bis auf Isomorphie das Quotientenmonoid $\mathbb{N}/\langle(m, m + k)\rangle$ von $\mathbb{N} = (\mathbb{N}, +)$ bzgl. der von $(m, m + k) \in \mathbb{N} \times \mathbb{N}$ erzeugten kompatiblen Äquivalenzrelation auf $\mathbb{N}$. Es hat also die Darstellung $(x \mid x^m = x^{m+k})$. Ein unendliches zyklisches Monoid hat definitionsgemäß den Typ $(\infty, 0)$. Hat das von x erzeugte Monoid den Typ (m, k), so hat das von dem Element x^n, $n \in \mathbb{N}^*$, erzeugte zyklische Untermonoid offensichtlich den Typ $(\lceil m/n \rceil, k/\mathrm{ggT}(k, n))$. $\diamond$

Beispiel 2.3.34 (Freie Gruppen) Sei I eine Indexmenge. Wir suchen eine Gruppe $\mathrm{F}(I)$ mit einer kanonischen Abbildung $\iota_I \colon I \to \mathrm{F}(I)$, die die analoge universelle Eigenschaft aus Satz 2.3.27 für beliebige (und nicht nur für abelsche) Gruppen besitzt. Zur Konstruktion verdoppeln wir die Indexmenge I und betrachten die Menge $I \uplus I'$ sowie das freie Monoid $\mathrm{W}(I \uplus I')$ der Wörter über dem Alphabet $I \uplus I'$, wobei $I \to I'$, $i \mapsto i'$, eine bijektive Abbildung von I auf eine zu I disjunkte Menge I' ist. R_I sei die von den Paaren $(i i', \emptyset)$, $(i' i, \emptyset)$, $i \in I$, erzeugte kompatible Äquivalenzrelation auf $\mathrm{W}(I \uplus I')$. Dann ist

$$\mathrm{F}(I) := \mathrm{W}(I \uplus I')/R_I$$

eine Gruppe, da die ereugenden Elemente $X_i := [i]_{R_I}$ und $X_{i'} := [i']_{R_I}$ in $\mathrm{F}(I)$ invertierbar sind mit $X_i^{-1} = X_{i'}$, $i \in I$. $\mathrm{F}(I)$ mit der kanonischen Abbildung $\iota_I \colon I \to \mathrm{F}(I)$, $i \mapsto X_i$, hat die gewünschte universelle Eigenschaft:

Satz 2.3.35 (Universelle Eigenschaft freier Gruppen) *Sei I eine Indexmenge und $x = (x_i)_{i \in I} \in G^I$ eine beliebige Familie von Elementen der Gruppe G. Dann gibt es genau einen Gruppenhomomorphismus $\varphi \colon \mathrm{F}(I) \to G$ mit $\varphi(X_i) = x_i$, $i \in I$. Mit anderen Worten: Die Abbildung*

$$\mathrm{Hom}(\mathrm{F}(I), G) \xrightarrow{\sim} G^I = \mathrm{Abb}(I, G), \quad \varphi \mapsto \varphi \circ \iota_I = \varphi|I,$$

ist bijektiv. Das Bild von φ ist die von der Familie $x = (x_i)_{i \in I}$ erzeugte Untergruppe von G.

Beweis Nach Satz 2.3.33 gibt es einen Monoidhomomorphismus $\Phi \colon \mathrm{W}(I \uplus I') \to G$ mit $\Phi(i) = x_i$ und $\Phi(i') = x_i^{-1}$. Wegen $\Phi(i i') = \Phi(i' i) = e_G$ ist die von Φ induzierte kompatible Äquivalenzrelation R_Φ gröber als R_I, und nach Satz 2.3.6 induziert Φ einen Homomorphismus $\varphi\colon F(I) \to G$ mit $\Phi = \varphi \circ \pi$, wo $\pi\colon W(I \uplus I') \to F(I)$ die kanonische Projektion ist. Es ist also $\varphi(X_i) = \varphi(\pi(i)) = \Phi(i) = x_i$, $i \in I$. Da die X_i die Gruppe $F(I)$ erzeugen, ist φ durch diese Bedingung auch eindeutig bestimmt. $\qquad\square$

Eine Gruppe F heißt **frei**, wenn es einen Isomorphismus $F(I) \overset{\sim}{\longrightarrow} F$ für eine geeignete Menge I gibt. Die Bilder der Elemente $X_i \in F(I)$ bezeichnet man ebenfalls mit X_i, $i \in I$. Sie bilden die **Basis** $(X_i)_{i \in I}$ der freien Gruppe F. Jedes Element von F hat offensichtlich eine Darstellung als **Monom** der Form

$$X_{i_1}^{n_1} X_{i_2}^{n_2} \cdots X_{i_r}^{n_r} \quad \text{mit} \quad (i_1, n_1), \ldots, (i_r, n_r) \in I \times \mathbb{Z}^* \quad \text{und} \quad i_\rho \neq i_{\rho+1}, \rho < r.$$

Dass diese Darstellung eindeutig ist, ist nicht so einfach zu beweisen. Natürlich ist der **Grad** $n_1 + \cdots + n_r \in \mathbb{Z}$ eines solchen Monoms als Bild des Gruppenhomomorphismus Grad$\colon F \to \mathbb{Z}$, $X_i \mapsto 1$, eindeutig bestimmt. Zum *Beweis*, dass verschiedene solche Monome auch verschiedene Elemente in F darstellen, kann man etwa folgendermaßen vorgehen: Sei $\mathcal{X}$ die Menge der Folgen $\left(X_{i_1}^{n_1}, \ldots, X_{i_r}^{n_r}\right)$, wobei die (i_ρ, n_ρ) die angegebenen Bedingungen erfüllen. Für $i \in I$ sei $\sigma_i\colon \mathcal{X} \to \mathcal{X}$ die Abbildung mit

$$\sigma_i \left(X_{i_1}^{n_1}, X_{i_2}^{n_2}, \ldots, X_{i_r}^{n_r}\right) := \begin{cases} \left(X_i, X_{i_1}^{n_1}, X_{i_2}^{n_2}, \ldots, X_{i_r}^{n_r}\right), \text{ falls } i \neq i_1, \\ \left(X_{i_2}^{n_2}, \ldots, X_{i_r}^{n_r}\right), \text{ falls } i = i_1, n_1 = -1, \\ \left(X_{i_1}^{n_1+1}, X_{i_2}^{n_2}, \ldots, X_{i_r}^{n_r}\right), \text{ falls } i = i_1, n_1 \neq -1. \end{cases}$$

Dann ist σ_i eine Permutation von $\mathcal{X}$. σ_i simuliert die Multiplikation mit X_i von links. Das Inverse von σ_i ist die Abbildung σ_i', die analog zu σ_i definiert ist, wobei die Wirkung von X_i durch die von X_i^{-1} ersetzt wird, also

$$\sigma_i' \left(X_{i_1}^{n_1}, X_{i_2}^{n_2}, \ldots, X_{i_r}^{n_r}\right) := \begin{cases} \left(X_i^{-1}, X_{i_1}^{n_1}, X_{i_2}^{n_2}, \ldots, X_{i_r}^{n_r}\right), \text{ falls } i \neq i_1, \\ \left(X_{i_2}^{n_2}, \ldots, X_{i_r}^{n_r}\right), \text{ falls } i = i_1, n_1 = 1, \\ \left(X_{i_1}^{n_1-1}, X_{i_2}^{n_2}, \ldots, X_{i_r}^{n_r}\right), \text{ falls } i = i_1, n_1 \neq 1. \end{cases}$$

Wegen der universellen Eigenschaft der freien Gruppe F gibt es einen Gruppenhomomorphismus $\psi\colon F \to \mathfrak{S}(\mathcal{X})$ mit $X_i \mapsto \sigma_i$ für alle $i \in I$. Aus $\psi\left(X_{i_1}^{n_1} \cdots X_{i_r}^{n_r}\right) = \left(X_{i_1}^{n_1}, \ldots, X_{i_r}^{n_r}\right)$ ergibt sich das Gewünschte. $\qquad\square$

Wie bei den freien abelschen Gruppen ist die Kardinalzahl $|I|$ einer Basis X_i, $i \in I$, einer freien Gruppe F eindeutig bestimmt und heißt der **Rang** von F. Dies kann man wie im abelschen Fall mit Kardinalzahlargumenten beweisen. Man kann es aber auch darauf zurückführen: *Die Abelisierung $F_{\mathrm{ab}} = F/[F, F]$ von F mit der kanonischen Projektion $\pi_{\mathrm{ab}}\colon F \to F_{\mathrm{ab}}$ ist nämlich eine freie abelsche Gruppe vom Rang $|I|$.* Beweis. Der kanonische Homomorphismus $F \to \mathbb{Z}^{(I)}$ mit $X_i \mapsto e_i$, $i \in I$, von F in die abelsche Gruppe $\mathbb{Z}^{(I)}$ induziert einen Homomorphismus $F_{\mathrm{ab}} \to \mathbb{Z}^{(I)}$ mit $\pi_{\mathrm{ab}}(X_i) \mapsto e_i$. Nach der universellen Eigenschaft der freien abelschen Gruppe $\mathbb{Z}^{(I)}$ gibt es umgekehrt einen Homomorphismus $\mathbb{Z}^{(I)} \to F_{\mathrm{ab}}$ mit $e_i \mapsto \pi_{\mathrm{ab}}(X_i)$. Beide sind invers zueinander und damit Isomorphismen. $\qquad \square$

Man hat sorgfältig zwischen freien Gruppen und freien abelschen Gruppen zu unterscheiden. Nur bei Rang ≤ 1 stimmen beide überein. Den Isomorphietyp von freien Gruppen vom Rang $n \in \mathbb{N}$ bezeichnet man auch mit

$$\mathbb{F}^n.$$

Der Isomorphietyp ihrer Abelisierungen ist $\mathbb{Z}^n$.

Eine Gruppe G mit einem Erzeugendensystem $x = (x_i)_{i \in I}$ ist isomorph zur Quotientengruppe $F/\mathrm{Kern}\,\varphi$, wobei F eine freie Gruppe mit Basis $(X_i)_{i \in I}$ ist und $\varphi \colon F \to G$ der Homomorphismus mit $\varphi(X_i) = x_i$, $i \in I$. *Mit den Quotientengruppen der freien Gruppen sind also bis auf Isomorphie alle Gruppen gegeben.* Ist $\mathrm{Kern}\,\varphi$ die kleinste *normale* Untergruppe von F, die die Elemente $F_j G_j^{-1}$, $j \in J$, enthält, wobei F_j und G_j Monome $X_{i_1}^{n_1} X_{i_2}^{n_2} \cdots X_{i_r}^{n_r} \in F$ der oben beschriebenen Art sind, so sagt man, G habe die **Darstellung**

$$\langle x_i, i \in I \mid F_j(x) = G_j(x), j \in J \rangle$$

durch Erzeugende x_i, $i \in I$, **und Relationen** $F_j(x) = G_j(x)$, $j \in J$, wobei wieder $F_j(x) := \varphi(F_j)$ und $G_j(x) := \varphi(G_j)$, $j \in J$, ist. Sind I und J endlich, so spricht man von einer **endlichen Darstellung** der Gruppe G. Eine Gruppe G mit der obigen Darstellung hat (auf Grund von Satz 2.3.2) folgende universelle Eigenschaft: *Ist $y = (y_i)_{i \in I}$ eine Familie von Elementen einer beliebigen Gruppe H mit $F_j(y) = G_j(y)$ für alle $j \in J$, so gibt es genau einen Gruppenhomomorphismus $\varphi \colon G \to H$ mit $\varphi(x_i) = y_i$, $i \in I$.* Beispielsweise hat eine freie *abelsche* Gruppe mit Basis x_i, $i \in I$, die Darstellung $\langle x_i, i \in I \mid x_i x_j = x_j x_i, i, j \in I, i \neq j \rangle$. Eine beliebige Gruppe G hat die Darstellung $\langle x_g, g \in G \mid x_g x_h = x_{gh}, g, h \in G \rangle$. Beweis! *Ist G endlich, so handelt es sich dabei um eine endliche Darstellung von G.* Eine zyklische Gruppe $\mathbf{Z}_n$, $n \in \mathbb{N}$, hat die Darstellung $\langle x \mid x^n = e \rangle$.

Hat das Monoid M die Darstellung $\langle x_i, i \in I \mid F_j(x) = G_j(x), j \in J \rangle$ durch Erzeugende und Relationen und ist G die *Gruppe* mit derselben Darstellung, so hat G mit dem kanonischen Monoidhomomorphismus $\iota_M \colon M \to G$, $x_i \mapsto x_i$, $i \in I$, die folgende universelle Eigenschaft: Ist $\varphi \colon M \to L$ ein Monoidhomomorphismus von M in die Gruppe L, so gibt es genau einen Gruppenhomomorphismus $\widetilde{\varphi} \colon G \to L$ mit $\varphi = \widetilde{\varphi} \circ \iota_M$. G *ist also die* **Grothendieck-Gruppe** $\mathrm{G}(M)$ von M, vgl. Satz 2.3.19. Man konstruiere in ähnlicher Weise das Bruchmonoid $S^{-1}M$, wobei S ein (nicht notwendig zentrales) Untermonoid von M ist, vgl. Satz 2.3.18. Anders als für $S \subseteq \mathrm{Z}(M)$ braucht bei $S \subseteq M^*$ der kanonische Homomorphismus $\iota_S \colon M \to S^{-1}M$ *nicht* injektiv zu sein. Erste Beispiele dazu konstruierte A. I. Mal'cev (1909–1967) im Jahr 1937 mit $S = M = M^*$. *Ein reguläres Monoid ist also nicht notwendigerweise in eine Gruppe einbettbar.*

Im Allgemeinen ist es sehr schwer, aus einer Darstellung einer Gruppe ihre Struktur zu bestimmen. Mit diesem Problemkreis beschäftigt sich die **kombinatorische Gruppentheorie**. Wichtig ist in diesem Zusammenhang der **Satz von Nielsen-Schreier**: *Jede Untergruppe einer freien Gruppe F ist frei*. Allerdings gibt es kein Analogon zu dem Satz 2.3.28 über den Rang von Untergruppen freier abelscher Gruppen, falls Rang F endlich ist. *So besitzt jede freie Gruppe vom Rang ≥ 2 freie Untergruppen unendlichen Ranges* (die insbesondere nicht endlich erzeugt sind). Wir werden diesen Satz und den Satz von Nielsen-Schreier in Bd. 5 beweisen. Sie folgen zum Beispiel daraus, dass die Fundamentalgruppen von Graphen stets freie Gruppen sind. $\diamond$

Die letzten vier etwas umfangreicheren Beispiele sollen dem Leser die Idee **freier Objekte** und **universeller Eigenschaften** vermitteln. Zu einer gegebenen Menge I ist ein freies Objekt ein Paar $(\mathfrak{F}_I, \iota_I)$ mit einem Objekt $\mathfrak{F}_I$ eines bestimmten Typs und einer Abbildung $\iota_I \colon I \to \mathfrak{F}_I$ derart, dass für jedes Objekt A desselben Typs wie $\mathfrak{F}_I$ die Abbildung $\varphi \mapsto \varphi \circ \iota_I$ von der Homomorphismenmenge $\mathrm{Hom}(\mathfrak{F}_I, A)$ in die Menge der Abbildungen $I \to A$ bijektiv ist. Der allgemeine Rahmen dafür wird durch die Sprache der Kategorien geliefert, auf die in Bd. 3 etwas näher eingegangen wird. Der Leser konstruiere auch freie Objekte mit den zugehörigen universellen Eigenschaften für Halbgruppen und (etwas schwieriger) für Magmen.

Aufgaben

Aufgabe 2.3.1 Das Zentrum $\mathrm{Z}(G)$ einer Gruppe G ist eine normale Untergruppe von G, vgl. Aufg. 2.1.2. Die Restklassengruppe $G/\mathrm{Z}(G)$ ist isomorph zur Gruppe $\mathrm{Inn}(G)$ der inneren Automorphismen von G. Ist $G/\mathrm{Z}(G)$ zyklisch, so ist $G = \mathrm{Z}(G)$, G also abelsch. Insbesondere ist der Index des Zentrums einer Gruppe niemals eine Primzahl.

Aufgabe 2.3.2 Sei $\varphi \colon G \to G'$ ein Homomorphismus von Gruppen. N bzw. N' seien Normalteiler von G bzw. G' mit $\varphi(N) \subseteq N'$. Dann induziert φ einen Homomorphismus $\overline{\varphi} \colon G/N \to G'/N'$ mit $\overline{\varphi}(aN) = \varphi(a)N'$.

Aufgabe 2.3.3 Sei G eine Gruppe und $[G, G]$ die Kommutatorgruppe von G, vgl. Beispiel 2.3.10.

a) Sei $\varphi \colon G \to G'$ ein Homomorphismus von Gruppen. Genau dann ist Bild φ abelsch, wenn $[G, G]$ in Kern φ liegt.

b) Sei $N \subseteq G$ ein Normalteiler in G. Genau dann ist G/N abelsch, wenn $[G, G] \subseteq N$ ist.

c) Jede Untergruppe von G, die $[G, G]$ umfasst, ist ein Normalteiler in G.

d) Seien H und N Normalteiler in G. Genau dann ist $G/(H \cap N)$ abelsch, wenn G/H und G/N abelsch sind.

Aufgabe 2.3.4 G sei eine endliche Gruppe, N ein Normalteiler von G und H eine Untergruppe von G, für die die Ordnung Ord H und der Index $[G : N]$ teilerfremd sind. Dann ist $H \subseteq N$. – Insbesondere ist ein Normalteiler N von G, für den Ordnung und Index teilerfremd sind, die einzige Untergruppe seiner Ordnung von G. Ist G abelsch, so ist dieses N ein direkter Faktor von G und G genau dann zyklisch, wenn N und G/N zyklisch sind. (Vgl. Satz 2.2.22 und Aufg. 2.2.11. – Im Fall nichtabelscher Gruppen ist dieses N noch ein schwacher direkter Faktor, d. h. N besitzt ein schwaches Komplement in G (**Satz von Schur-Zassenhaus**).

Aufgabe 2.3.5

a) Sei G eine Gruppe mit mehr als einem Element. Besitzt G außer den trivialen Untergruppen G und $\{e\}$ keine weiteren Untergruppen, so ist G zyklisch von Primzahlordnung.

b) Eine abelsche einfache Gruppe ist zyklisch von Primzahlordnung. (Eine nichtabelsche endliche einfache Gruppe hat stets eine gerade Ordnung (ja sogar eine durch 4 teilbare Ordnung, vgl. Proposition 2.5.21). Dies ist der berühmte **Satz von Feit-Thompson**.)

Aufgabe 2.3.6 Sei $p \in \mathbb{P}$ eine Primzahl. Eine abelsche Gruppe H heißt eine **elementare abelsche p-Gruppe**, wenn jedes vom neutralen Element verschiedene Element von H die Ordnung p hat. Sei H eine solche Gruppe, die wir additiv schreiben. Dann gilt $pH = 0$ und für jedes Element $x \neq 0$ in H ist $\mathbb{Z}x$ eine zyklische Untergruppe von H der Ordnung p.

a) Man zeige: Es gibt eine Teilmenge $B \subseteq H - \{0\}$ derart, dass $H = \sum_{x \in B}^{\oplus} \mathbb{Z}x$ die direkte Summe der Untergruppen $\mathbb{Z}x$, $x \in B$, ist. Insbesondere ist H isomorph zur direkten Summe $\mathbf{Z}_p^{(I)}$ für jede Indexmenge I mit $|I| = |B|$. (Ein solches B heißt eine **Basis** von H. Eine Teilmenge $F \subseteq H - \{0\}$ heißt **frei** oder **unabhängig**, wenn die Summe $\sum_{x \in F} \mathbb{Z}x$ direkt ist, vgl. Lemma 2.2.21. Man zeigt, dass die freien Teilmengen von $H - \{0\}$ bzgl. der Inklusion strikt induktiv geordnet sind. Jede maximale Teilmenge (deren Existenz aus dem Zornschen Lemma 1.4.15 folgt und für endliches H trivial ist) ist eine Basis von H.) Alle Basen von H haben die gleiche Kardinalzahl. (Sie heißt der **Rang** oder die **Dimension** von H. – Die Invarianz der Kardinalzahl von B ergibt sich aus $\left|\mathbf{Z}_p^{(I)}\right| = p^{|I|}$ bei endlichem I und aus $\left|\mathbf{Z}_p^{(I)}\right| = |I|$ bei unendlichem I.)

b) Jede Untergruppe U von H ist ein direkter Summand von H. (Ist $B \subseteq H$ eine Teilmenge, die mit der kanonischen Projektion $H \to H/U$ bijektiv auf eine Basis von H/U abgebildet wird, so erzeugt B ein Komplement zu U.)

Bemerkung Man kann die Ergebnisse dieser Aufgabe als Ausgangspunkt für den Beweis der folgenden **Verallgemeinerung des Hauptsatzes über endliche abelsche Gruppen** benutzen, die auf H. Prüfer (1896–1934) zurückgeht: *Sei H eine abelsche Gruppe mit* *positivem Exponenten* Exp H. *Dann ist* H *eine direkte Summe von zyklischen Untergruppen.* Zum *Beweis* kann man auf Grund der Primärzerlegung 2.2.22 überdies annehmen, dass H eine p-Gruppe ist, dass also $p^n H = 0$ ist für ein $n \in \mathbb{N}^*$. Der Fall $n = 1$ wird durch Teil a) der vorliegenden Aufgabe erledigt. Beim Schluss von $n \geq 1$ auf $n + 1$ gehe man folgendermaßen vor: Wegen $p^n(pH) = 0$ gibt es nach Induktionsvoraussetzung Elemente $px_i \in pH - \{0\}$, $i \in I$, derart, dass pH die direkte Summe $\sum_{i \in I}^{\oplus} \mathbb{Z}px_i$ ist. Dann ist auch die Summe $\sum_{i \in I} \mathbb{Z}x_i$ direkt. (Mit $\bigoplus_{i \in I} \mathbb{Z}px_i \to pH$ ist auch $\bigoplus_{i \in I} \mathbb{Z}x_i \to H$ injektiv, z. B. da $\bigoplus_{i \in I} \mathbb{Z}px_i$ und $\bigoplus_{i \in I} \mathbb{Z}x_i$ denselben p-Sockel haben.) Ist dann $U \subseteq {}_pH$ ein Komplement zu ${}_pH \cap \sum_{i \in I}^{\oplus} \mathbb{Z}x_i$ im p-Sockel ${}_pH$ von H (vgl. Teil b)), so ist $H = U \oplus \sum_{i \in I}^{\oplus} \mathbb{Z}x_i$.

Aufgabe 2.3.7 Seien F und G *nicht kommutative* einfache Gruppen. Dann besitzt das Produkt $F \times G$ nur die vier trivialen Normalteiler $\{(e_F, e_G)\}$, $\{e_F\} \times G$, $F \times \{e_G\}$ und $F \times G$. Man formuliere und beweise eine analoge Aussage für ein Produkt $F_1 \times \cdots \times F_n$ von n einfachen, nicht kommutativen Gruppen. (Das n-fache Produkt $\mathbf{Z}_p \times \cdots \times \mathbf{Z}_p = \mathbf{Z}_p^n$ der abelschen einfachen Gruppe $\mathbf{Z}_p = \mathbb{Z}/\mathbb{Z}p$, p prim, ist die additive Gruppe des $\mathbf{F}_p$-Vektorraums $\mathbf{F}_p^n$, und ihre Normalteiler (= Untergruppen) stimmen mit den $\mathbf{F}_p$-Unterräumen von $\mathbf{F}_p^n$ überein, vgl. Beispiel 2.8.3 (4). Ihre Anzahl ist $G_{n,p} := \sum_{m=0}^n G_m^{[n]}(p)$, vgl. Bd. 2, Aufg. 2.7.9c). Die $G_m^{[n]}$ sind dabei die sogenannten **Gauß-Polynome**

$$G_m^{[n]} = (T^n - 1)(T^{n-1} - 1) \cdots (T^{n-m+1} - 1)/(T^m - 1)(T^{m-1} - 1) \cdots (T - 1).$$

Man gebe explizit die $G_{2,p} = p + 3$ Untergruppen der Gruppe $\mathbf{Z}_p \times \mathbf{Z}_p$ an.)

Aufgabe 2.3.8 (Lemma von Goursat) (nach É. Goursat (1858–1936)) Seien G und H Gruppen.

a) Durch
$$(A, M; B, N; \varphi) \mapsto U := \{(a, b) \in A \times B \mid \varphi(aM) = bN\}$$

wird eine bijektive Abbildung gegeben von der Menge der 5-Tupel $(A, M; B, N; \varphi)$, bei denen $A \subseteq G$ und $B \subseteq H$ Untergruppen sind, M eine normale Untergruppe von A und N eine normale Untergruppe von B sowie $\varphi\colon A/M \xrightarrow{\sim} B/N$ ein Isomorphismus, auf die Menge der Untergruppen U der Produktgruppe $G \times H$. (Ist M Normalteiler einer Untergruppe $A \subseteq G$, so heißt A/M ein **Subquotient** von G. *Die Untergruppen von $G \times H$ entsprechen also umkehrbar eindeutig den Isomorphismen zwischen den Subquotienten von G bzw. H.*) Unter welchen zusätzlichen Voraussetzungen ist die durch $(A, M; B, N; \varphi)$ bestimmte Untergruppe von $G \times H$ ein Normalteiler in $G \times H$?

b) Seien G und H endlich. Folgende Bedingungen sind äquivalent: (i) Jede Untergruppe von $G \times H$ ist von der Form $G' \times H'$ mit Untergruppen $G' \subseteq G$ und $H' \subseteq H$. (ii) Die Ordnungen von G und H sind teilerfremd. (Man benutze den Satz 2.4.8 von Cauchy.)

Aufgabe 2.3.9 Seien G eine abelsche Gruppe und $m_1, \ldots, m_n \in \mathbb{N}^*$ paarweise teilerfremd. Die Abbildung $(H_1, \ldots, H_n) \mapsto H_1 \cap \cdots \cap H_n$ ist eine bijektive Abbildung der Menge der n-Tupel $(H_1, \ldots, H_n)$ von Untergruppen $H_i \subseteq G$ mit $[G : H_i] = m_i$, $i = 1, \ldots, n$, auf die Menge der Untergruppen $H \subseteq G$ mit $[G : H] = m_1 \cdots m_n$.

Aufgabe 2.3.10 Sei M ein faktorielles Monoid und $\mathbb{P}_M$ ein Repräsentantensystem für die Assoziiertheitsklassen der Primelemente von M. Ferner sei S ein Untermonoid und $\mathbb{P}(S)$ die Menge der $p \in \mathbb{P}_M$, die ein Element aus S teilen. Dann ist das Bruchmonoid $S^{-1}M$ ebenfalls faktoriell und $\mathbb{P}_{S^{-1}M} := \mathbb{P}_M - \mathbb{P}(S)$ ist ein Repräsentantensystem für die Assoziiertheitsklassen der Primelemente von $S^{-1}M$. Überdies ist

$$\left(\varepsilon, (\alpha_p)_{p \in \mathbb{P}(S)}, (\beta_q)_{q \in \mathbb{P}_{S^{-1}M}} \right) \mapsto \varepsilon \prod_{p \in \mathbb{P}(S)} p^{\alpha_p} \prod_{q \in \mathbb{P}_{S^{-1}M}} q^{\beta_q}$$

ein Monoidisomorphismus $M^\times \times \mathbb{Z}^{(\mathbb{P}(S))} \times \mathbb{N}^{(\mathbb{P}_{S^{-1}M})} \xrightarrow{\sim} S^{-1}M$ und insbesondere die Gruppe $M^\times \times \mathbb{Z}^{(\mathbb{P}(S))}$ isomorph zur Einheitengruppe von $S^{-1}M$. Die Grothendieck-Gruppe $\mathrm{G}(M)$ von M ist isomorph zur Gruppe $M^\times \times \mathbb{Z}^{(\mathbb{P}_M)}$, die Grothendieck-Gruppe $\mathrm{G}(M/M^\times)$ von $M/M^\times$ ist die freie abelsche Gruppe $\mathbb{Z}^{(\mathbb{P}_M)}$.

Aufgabe 2.3.11 Sei $r \in \mathbb{N}$ und H eine freie abelsche Gruppe vom Rang $\geq r$. Eine Untergruppe $U \subseteq H$ vom Rang $\leq r$ ist genau dann maximal in der (durch Inklusion geordneten) Menge aller Untergruppen vom Rang $\leq r$ in H, wenn U erzeugt wird von r Elementen einer Basis von H. (Man kann für die nichttriviale Implikation auf den Fall reduzieren, dass H selbst von endlichem Rang ist. Dann betrachte man die Torsion der Gruppe H/U.)

Aufgabe 2.3.12

a) $(\alpha_p)_{p \in \mathbb{P}} \mapsto \prod_{p \in \mathbb{P}} p^{\alpha_p}$ ist ein Isomorphismus $(\mathbb{Z}^{(\mathbb{P})}, +) \xrightarrow{\sim} \mathbb{Q}_+^\times = \mathrm{G}(\mathbb{N}^*)$. $\mathbb{Q}_+^\times = (\mathbb{Q}_+^\times, \cdot)$ ist also eine freie abelsche Gruppe mit $\mathbb{P} = \mathbb{P}_{\mathbb{N}^*}$ als Basis.

b) Gegeben seien $r + 1$ Zahnradtypen mit jeweils $n_0, n_1, \ldots, n_r \in \mathbb{N}^* - \{1\}$ Zähnen, $r \in \mathbb{N}$, von jedem Typ potenziell beliebig viele Exemplare. Die Menge der Übersetzungsverhältnisse von Getrieben, die man mit diesen Zahnrädern konstruieren kann, ist die von $n_1/n_0, \ldots, n_r/n_0$ erzeugte Untergruppe G von $\mathbb{Q}_+^\times$. G ist eine freie abelsche Gruppe vom Rang $\leq r$. Genau dann ist Rang $G = r$, wenn es kein $(r + 1)$-Tupel ganzer Zahlen $(\alpha_0, \alpha_1, \ldots, \alpha_r) \in \mathbb{Z}^{r+1} - \{0\}$ gibt mit $\alpha_0 + \alpha_1 + \cdots + \alpha_r = 0$ und $n_0^{\alpha_0} n_1^{\alpha_1} \cdots n_r^{\alpha_r} = 1$. Genau dann ist G maximal in der Menge aller Untergruppen von $\mathbb{Q}_+^\times$ mit Rang $\leq r$, wenn $n_1/n_0, \ldots, n_r/n_0$ Teil einer Basis von $\mathbb{Q}_+^\times$ ist, vgl. Aufg. 2.3.11. (**Bemerkung** Ist Rang $G \geq 2$, so ist G dicht in der (geordneten) Gruppe $\mathbb{R}_+^\times$ (vgl. Bd. 2, Lemma 1.4.8) und jedes Übersetzungsverhältnis $d \in \mathbb{R}_+^\times$ lässt sich beliebig genau mit einem Getriebe aus den gegebenen Zahnrädern approximieren.

Chr. Huygens (1629–1695) nutzte Kettenbruchentwicklungen, um ein vorgegebenes Verhältnis $d \in \mathbb{R}_+^\times$ mit möglichst wenigen Zahnrädern angenähert zu realisieren, vgl. Beispiel 3.3.11.)

c) Mit Zahnrädern des Typentripels $(n_0, n_1, n_2) = (9, 15, 21)$ (Lego-System) lassen sich genau die Übersetzungsverhältnisse $3^\alpha 5^\beta 7^\gamma \in \mathbb{Q}_+^\times$ mit $\alpha, \beta, \gamma \in \mathbb{Z}$ und $\alpha + \beta + \gamma = 0$ realisieren. Sie bilden eine freie Untergruppe von $\mathbb{Q}_+^\times$ vom Rang 2, die maximal ist in der Menge aller Untergruppen vom Rang ≤ 2 in $\mathbb{Q}_+^\times$. Man untersuche in analoger Weise das Fischer-Technik-System mit den Zahnradtypen $(10, 15, 20, 30, 40, 58)$.

Aufgabe 2.3.13 Sei $a = (a_1, \ldots, a_n) \in \mathbb{Z}^n, a \neq 0$, und $d := \mathrm{ggT}(a) = \mathrm{ggT}(a_1, \ldots, a_n)$.

a) Genau dann ist a Teil einer Basis der freien abelschen Gruppe $\mathbb{Z}^n$, wenn $d = 1$ ist. Ist $1 = r_1 a_1 + \cdots + r_n a_n$ mit $r_1, \ldots, r_n \in \mathbb{Z}$, so ist $U := \mathrm{Kern}\,\varphi$, wobei $\varphi \colon \mathbb{Z}^n \to \mathbb{Z}$ der durch $e_i \mapsto r_i$, $i = 1, \ldots, n$, gegebene Homomorphismus ist, ein Komplement von $\mathbb{Z}a$ in $\mathbb{Z}^n$, d. h. es ist $\mathbb{Z}^n = \mathbb{Z}a \oplus U$.

b) Sei $(a, b) \in \mathbb{Z}^2$. Ist $1 = ra + sb, r, s \in \mathbb{Z}$, so ist $(a, b), (-s, r)$ eine Basis von $\mathbb{Z}^2$.

c) Man ergänze $a := (55, 85, 187) \in \mathbb{Z}^3$ zu einer Basis von $\mathbb{Z}^3$. (Man konstruiere eine Basis eines Komplementes $U \subseteq \mathbb{Z}^3$ gemäß a) mit der Methode des Beweises von Satz 2.3.28.)

d) Die Restklassengruppe $\mathbb{Z}^n/\mathbb{Z}a$ ist isomorph zu $\mathbf{Z}_d \oplus \mathbb{Z}^{n-1}$. (Der Fall $d = 1$ ist a).)

(Zu Verallgemeinerungen siehe Bd. 3: Lineare Algebra 1.)

Aufgabe 2.3.14 Sei M ein Untermonoid von $\mathbb{Z}^n = (\mathbb{Z}^n, +)$. Dann ist die Grothendieck-Gruppe $\mathrm{G}(M)$ von M eine Untergruppe von $\mathbb{Z}^n$, also frei. Wir wollen daher gleich voraussetzen, dass $\mathrm{G}(M) = \mathbb{Z}^n$ ist.

a) Genau dann ist M faktoriell, wenn es eine Basis $a_1, \ldots, a_r, b_1, \ldots, b_s, r + s = n$, von $\mathbb{Z}^n$ gibt mit $M = \mathbb{Z}a_1 + \cdots + \mathbb{Z}a_r + \mathbb{N}b_1 + \cdots + \mathbb{N}b_s$. (Ist M faktoriell, so ist die freie abelsche Gruppe $M^\times \subseteq \mathbb{Z}^n$ ein direkter Summand von $\mathbb{Z}^n$.) Ist M faktoriell, so ist $\mathbb{P}_M$ endlich.

b) Stets ist $|\mathbb{P}_M| \leq n$. (Das von $\mathbb{P}_M$ erzeugte Untermonoid ist frei, vgl. Aufg. 2.1.18c), und damit seine Grothendieck-Gruppe eine freie abelsche Gruppe.) Ist $n = 1$, so ist auch $\mathbb{I}_M$ endlich. (In diesem Fall ist $M = \mathbb{Z}$ oder $M \subseteq \mathbb{N}$ oder $-M \subseteq \mathbb{N}$. Nun benutze man Aufg. 1.7.27.) Die Untermonoide $M \subseteq \mathbb{N}$ mit $\mathrm{G}(M) = \mathbb{Z}$ heißen **numerische Monoide**. Sie werden bis heute immer wieder studiert. Für $n = 2$ gebe man ein Beispiel $M \subseteq \mathbb{N}^2$ derart, dass $\mathbb{I}_M$ unendlich ist. (Z. B. $M := \{(0, 0)\} + (\mathbb{N}^*)^2$.)

Aufgabe 2.3.15 Sei M ein kommutatives Monoid. Eine Teilmenge $A \subseteq M$ heißt ein **Ideal** in M, wenn A mit jedem Element a auch die Menge Ma der Vielfachen von a umfasst, wenn also $A = MA$ ist.[16] Die Ideale der Form $Ma, a \in A$, heißen **Hauptideale**. Beliebige Vereinigungen und Durchschnitte von Idealen sind wieder Ideale. Die Menge

---

[16] Bei nichtkommutativen Monoiden M hat man zwischen **Links-** und **Rechtsidealen** $A \subseteq M$ mit $A = MA$ bzw. mit $A = AM$ zu unterscheiden.

$M - M^\times$ der Nichteinheiten von M ist das größte Ideal $\neq M$ in M, $\emptyset$ ist das kleinste Ideal in M. $E \subseteq A$ heißt ein **Erzeugendensystem** des Ideals A, wenn $A = ME = \bigcup_{a \in E} Ma$ ist. M heißt **noethersch**, wenn die Menge der Ideale von M noethersch geordnet ist.

a) Sei $\varphi\colon M \to N$ ein Monoidhomomorphismus. Ist B ein Ideal in N, so ist das Urbild $\varphi^{-1}(B)$ ein Ideal in M. Ist φ surjektiv und A ein Ideal in M, so ist das Bild $\varphi(A)$ ein Ideal in N. Ist φ surjektiv und M noethersch, so ist auch N noethersch.

b) Genau dann ist M noethersch, wenn das Monoid $M/_M\|_M$ der Teilerklassen von M noethersch ist.

c) Genau dann ist M noethersch, wenn jedes Ideal in M endlich erzeugt ist. Jedes Ideal wird in einem noetherschen Monoid von jedem Repräsentantensystem seiner endlich vielen minimalen Teilerklassen erzeugt.

d) Ist M noethersch, so auch das Produktmonoid $M \times (\mathbb{N}^r, +)$, $r \in \mathbb{N}$. (Induktion über r. Ist B ein Ideal in $M \times \mathbb{N}$, so ist $A_n := \{a \in M \mid (a,n) \in B\}$, $n \in \mathbb{N}$, eine monoton wachsende Folge von Idealen in M, also $A_n = A_{n_0}$ für alle $n \geq n_0$. Mit endlichen Erzeugendensystemen der M-Ideale $A_0, \ldots, A_{n_0}$ gewinnt man nun ein endliches Erzeugendensystem von B.)

e) Das freie abelsche Monoid $\mathbb{N}^r$ ist für jedes $r \in \mathbb{N}$ noethersch, d. h. jedes Ideal von $\mathbb{N}^r$ wird von endlich vielen Elementen erzeugt. Da die Teilbarkeitsrelation in $\mathbb{N}^r$ mit der Produktordnung auf $\mathbb{N}^r$ übereinstimmt, bedeutet dies: *Jedes Ideal in $\mathbb{N}^r$ (und damit jede Teilmenge von $\mathbb{N}^r$) besitzt nur endlich viele minimale Elemente bzgl. der Produktordnung* (**Lemma von Dickson**).

f) Ist M endlich erzeugt (als Monoid), so ist M noethersch. (Man benutze a) und e).)

g) Ist M regulär, so ist M genau dann noethersch, wenn $M/M^\times (= M/_M\|_M)$ ein endlich erzeugtes Monoid ist. (Man betrachte ein Erzeugendensystem des Ideals $M - M^\times$. – Mit der Verknüpfung $(a,b) \mapsto \mathrm{Max}\,(a,b)$ ist $\mathbb{N}$ ein spitzes noethersches Monoid mit $\mathbb{N} = \mathbb{N}/_\mathbb{N}\|_\mathbb{N}$, das nicht endlich erzeugt ist. Ideale sind nur die Hauptideale $\mathbb{N}n_0 = \mathbb{N}_{\geq n_0}$, $n_0 \in \mathbb{N}$, sowie $\emptyset$.)

h) Ein Untermonoid von $\mathbb{Z}^n$, $n \in \mathbb{N}$, ist genau dann noethersch, wenn es endlich erzeugt ist. (Man beachte: Eine endlich erzeugte Gruppe ist auch als Monoid endlich erzeugt.)

i) Ist M faktoriell, so ist M genau dann noethersch, wenn $\mathbb{P}_M$ endlich ist.

Aufgabe 2.3.16

a) Sei M ein kommutatives Monoid, in dem die Menge der Hauptideale Ma, $a \in M$, noethersch bzw. – äquivalent dazu – die Menge der Teilermengen $T(a)$, $a \in M$, artinsch geordnet ist (was insbesondere der Fall ist, wenn M noethersch ist). Man zeige, dass jede Nichteinheit in M Produkt von irreduziblen Elementen ist. (Andernfalls betrachte man ein maximales Element in der Menge der Hauptideale $Ma \neq M$, für die a nicht Produkt irreduzibler Elemente ist.)

b) Man konstruiere ein spitzes reguläres kommutatives Monoid derart, dass jedes Element Produkt von irreduziblen Elementen ist, die Menge der Hauptideale aber nicht noethersch geordnet ist.

Aufgabe 2.3.17 Sei M ein spitzes kommutatives reguläres Monoid. Dann erzeugt jedes Element $x \in M$ ein freies Untermonoid (vom Rang ≤ 1). Man zeige an Beispielen, dass die Grothendieck-Gruppe eines solchen Monoids nichttriviale Torsionselemente besitzen kann. (Man starte mit einer geeigneten kommutativen Gruppe mit nichttrivialer Torsion.)

2.4   Operieren von Monoiden und Gruppen

Die Theorie der Gruppen begann konkret mit dem Studium von Permutationsgruppen, die als Symmetriegruppen von mathematischen und dabei vor allem von geometrischen Objekten auftraten. Erst im Laufe des 19. Jahrhunderts wurde der abstrakte Gruppenbegriff entwickelt, wobei speziell A. Cayley (1821–1895) als Pionier anzusehen ist. Der Begriff der Gruppenoperation verbindet wieder beide Gesichtspunkte, ein Gedanke, der vor allem von F. Klein (1849–1925) propagiert wurde. In diesem Abschnitt führen wir die einschlägigen elementaren Begriffe ein.

Seien M und X Mengen. Eine **Operation** von M auf X ist eine Abbildung

$$\mu \colon M \times X \to X.$$

Wir schreiben sie gewöhnlich in der Form $(a, x) \mapsto ax := \mu(a, x), a \in M, x \in X$. Die für ein festes $a \in M$ durch $\vartheta_a \colon x \mapsto ax$ definierte Abbildung ϑ_a von X in sich ist dann die **Operation des Elements** $a \in M$ auf X. Die Abbildung $\vartheta \colon M \to X^X, a \mapsto \vartheta_a$, beschreibt die betrachtete Operation von M auf X vollständig. Sie heißt die **Aktion** von M auf X. Eine Operation $\mu \colon M \times X \to X$ von M auf X induziert eine Operation von $\mathfrak{P}(M)$ auf der Potenzmenge $\mathfrak{P}(X)$ von X mittels

$$AY := \{ay \mid a \in A, y \in Y\} = \mu(A \times Y) = \bigcup_{a \in A} \vartheta_a(Y), \quad A \subseteq M, Y \subseteq X.$$

Für $x \in X$ heißt die Menge $Mx := M\{x\} = \{ax \mid a \in M\}$ die **Bahn** oder der **Orbit von** x unter der gegebenen Operation.

Sei nun M ein Monoid. Da die Menge X^X der Abbildungen von X in sich ebenfalls ein Monoid ist (mit der Komposition von Abbildungen als Verknüpfung), liegt folgende Begriffsbildung nahe:

Definition 2.4.1 Sei M ein Monoid mit neutralem Element $e_M = e$. Eine Operation $\mu \colon M \times X \to X, (a, x) \mapsto ax := \mu(a, x)$, von M auf der Menge X heißt eine **Monoidoperation** oder eine **Operation von M als Monoid**, wenn die zugehörige Aktion $\vartheta \colon M \to X^X, a \mapsto (\vartheta_a \colon x \mapsto ax)$, ein Monoidhomomorphismus ist, wenn also folgende Bedingungen für alle $a, b \in M$ und alle $x \in X$ erfüllt sind:

$$(1) \ (ab)x = a(bx), \text{ d. h. } \vartheta_{ab} = \vartheta_a \vartheta_b. \quad (2) \ ex = x, \text{ d. h. } \vartheta_e = \mathrm{id}_X.$$

Eine Menge $X = (X, \vartheta)$ zusammen mit einer Operation von M auf X heißt auch eine M-**Menge** oder ein M-**Raum**.

Ist M ein Monoid, so sei im Folgenden eine Operation von M auf einer Menge X stets eine Operation als Monoid, falls nicht ausdrücklich etwas anderes gesagt wird. Die von $M \times X \to X$ induzierte Operation $\mathfrak{P}(M) \times \mathfrak{P}(X) \to \mathfrak{P}(X)$ ist dann ebenfalls eine Operation von $\mathfrak{P}(M)$ als Monoid (mit der Komplexmultiplikation als Verknüpfung). Ist der Aktionshomomorphismus $\vartheta \colon M \to X^X$ injektiv, so heißt die Operation **treu** oder **effektiv**.

Sei $M \times X \to X$ eine Operation des Monoids M. Die zugehörige Aktion $\vartheta \colon M \to X^X$ bildet dann die Einheitengruppe $M^\times$ in die Einheitengruppe $\mathfrak{S}(X) \subseteq X^X$ von X^X ab. *Insbesondere ist eine* **Gruppenoperation** *einer Gruppe G auf X durch einen Gruppenhomomorphismus* $\vartheta \colon G \to \mathfrak{S}(X)$ *gegeben. Sein Kern heißt der* **Kern** *oder die* **Ineffektivität** der Operation. *Genau dann ist die Operation treu, wenn ihr Kern trivial ist.*

Bei einer treuen Operation des Monoids M auf X lässt sich M bzgl. $\vartheta \colon M \hookrightarrow X^X$ als Untermonoid von X^X auffassen. Umgekehrt operiert jedes Untermonoid $N \subseteq X^X$ in kanonischer Weise treu auf X, die Aktion ist die kanonische Einbettung $N \hookrightarrow X^X$. Man spricht dann von der **natürlichen Operation** von N auf X und nennt N ein **Transformationsmonoid** von X. Ist der Aktionshomomorphismus $\vartheta \colon M \to X^X$ trivial, d. h. operiert jedes Element von M wie die Identität auf X, so spricht man von der **trivialen Operation** von M auf X. Ist X eine mathematische Struktur mit einem Monoid $\operatorname{End} X$ von Endomorphismen und einer Gruppe $\operatorname{Aut} X = (\operatorname{End} X)^\times$ von Automorphismen, z. B. ein Magma, eine Halbgruppe etc., und liegt das Bild $\vartheta(M)$ im Untermonoid $\operatorname{End} X$ von X^X bzw. in der Untergruppe $\operatorname{Aut} X$ von $\mathfrak{S}(X)$, so sagt man, M **operiere als Monoid von Endomorphismen** von X bzw. **als Gruppe von Automorphismen** von X, wenn M eine Gruppe ist, $\vartheta(M)$ also eine Untergruppe von $\operatorname{Aut} X = (\operatorname{End} X)^\times$ ist. Insbesondere operieren $\operatorname{End} X$ und $\operatorname{Aut} X$ in natürlicher Weise als Monoid von Endomorphismen bzw. als Gruppe von Automorphismen auf X.

Eine Teilmenge $Y \subseteq X$ heißt **invariant** unter einer Operation $\mu \colon M \times X \to X$, wenn $\mu(M \times Y) \subseteq Y$ gilt. In diesem Fall liefert die Beschränkung $\mu | (M \times Y)$ eine Operation von M auf Y. *Beispielsweise sind die Bahnen Mx, $x \in X$, einer jeden Operation invariant.* Für jede Teilmenge $A \subseteq X$ ist $MA := \mu(M \times A) = \{ax \mid a \in M, x \in A\}$ die kleinste A umfassende, unter der Operation von M invariante Teilmenge von X. Ist $\varphi \colon L \to M$ ein Monoidhomomorphismus, so ist die Komposition $\vartheta \circ \varphi \colon L \to X^X$ der Aktionshomomorphismus der **durch φ induzierten Operation** $L \times X \to X$, $(c, x) \mapsto \varphi(c)x$, von L auf X. Ist L ein Untermonoid von M, so induziert die kanonische Injektion $L \hookrightarrow M$ die Beschränkung $L \times X \to X$ auf L der Operation $M \times X \to X$ von M auf X. Jede Operation ist die durch ϑ induzierte Operation der natürlichen Operation von $\vartheta(M)$ auf X. Ist X_i, $i \in I$, eine Familie von M-Räumen, so ist auch die disjunkte Vereinigung $X := \biguplus_{i \in I} X_i$ in kanonischer Weise ein M-Raum, die sogenannte **Summe** (oder auch das **Koprodukt**) der M-Räume X_i, $i \in I$, die auch mit $\coprod_{i \in I} X_i$ bezeichnet wird. Die X_i sind dabei M-invariant, und die M-Operation auf X induziert die gegebenen Operationen auf den X_i, $i \in I$. Ebenso ist das **Produkt** $\prod_{i \in I} X_i$ der M-Räume X_i, $i \in I$, ein M-Raum mit der sogenannten **Diagonaloperation** $a(x_i)_{i \in I} := (ax_i)_{i \in I}$, $a \in M$, $(x_i)_{i \in I} \in \prod_{i \in I} X_i$.

Wir werden uns in diesem Abschnitt im Wesentlichen auf Operationen von Gruppen beschränken. Wird nicht ausdrücklich etwas Anderes gesagt, so handelt es sich im Folgenden also um Gruppenoperationen.

Die Bahnen Gx, $x \in X$, *der Operation* $G \times X \to X$ *einer Gruppe G auf der Menge X mit der Aktion* $\vartheta \colon G \to \mathfrak{S}(X)$ *bilden eine Zerlegung von X.* Es ist nämlich $x = ex \in Gx$, und aus $z = gx = hy \in Gx \cap Gy$ folgt $x = g^{-1}hy \in Gy$, also $Gx \subseteq Gy$ und analog $Gy \subseteq Gx$, d. h. $Gx = Gy$. Die durch diese Zerlegung definierte Äquivalenzrelation $\sim = \sim_\vartheta$ auf X wird gegeben durch

$$ x \sim y \iff y \in Gx \iff \text{es gibt ein} \quad g \in G \quad \text{mit} \quad y = gx. $$

Die Menge aller Bahnen heißt der **Bahnenraum** von X bzgl. ϑ. Er wird mit

$$ X \backslash G = X \backslash_\vartheta G \quad \text{(vielfach auch – mnemotechnisch günstiger – mit} \quad G \backslash X = G \backslash_\vartheta X) $$

bezeichnet. Zu ihm gehört die kanonische Projektion $\pi = \pi_\vartheta \colon X \to X \backslash G$, $x \mapsto Gx$. Ihre Fasern sind die Bahnen der Operation. Ein volles Repräsentantensystem $F \subseteq X$ für die Menge $X \backslash G$ der Bahnen heißt ein **Fundamentalbereich** der gegebenen Operation.

Zur Beschreibung der Bahn Gx betrachten wir die kanonische surjektive Abbildung $G \to Gx$, $g \mapsto gx$. Genau dann ist $gx = hx$, wenn $h^{-1}gx = x$ ist, d. h. wenn h und g dieselbe Linksnebenklasse der sogenannten **Isotropiegruppe**

$$ G_x := \text{Stab}(x, G) := \text{Stab}(x, G, \vartheta) := \{ g \in G \mid gx = \vartheta_g(x) = x \} $$

in G repräsentieren. G_x ist offenbar eine Untergruppe von G und heißt auch der **Stabilisator** oder die **Stabilitätsuntergruppe** oder die **Standgruppe** von x. Die Abbildung $g \mapsto gx$ induziert also die Bijektion $G/G_x \xrightarrow{\sim} Gx$ mit $gG_x \mapsto gx$. Folglich ist

$$ |Gx| = [G : G_x], $$

d. h. *die Bahn durch x hat genau so viele Elemente wie der Index der Isotropiegruppe von x angibt.* Für eine endliche Gruppe G führt dies zu wichtigen Einschränkungen über die Bahnlängen, nämlich: *Die Länge $|Gx|$ einer jeden Bahn Gx teilt die Gruppenordnung.* – Es ist

$$ G_{gx} = gG_x g^{-1}; $$

denn $h \in G_{gx}$, d. h. $h(gx) = gx$, gilt genau dann, wenn $g^{-1}hgx = x$, d. h. $g^{-1}hg \in G_x$ ist. *Die Isotropiegruppen der Elemente gx einer Bahn Gx sind also genau die zur Isotropiegruppe G_x konjugierten Untergruppen $gG_x g^{-1} = \kappa_g(G_x)$, $g \in G$,* vgl. auch Beispiel 2.4.5 weiter unten. Diese Klasse konjugierter Untergruppen von G heißt die **Isotropieklasse** der Bahn Gx. Sie ist unabhängig von der speziellen Wahl eines Elements x der betrachteten Bahn. Genau dann ist $G_x = G$, wenn die Bahn Gx von x nur aus dem

Element x besteht. Man sagt dann, x sei ein **Fixpunkt** der Operation von G auf X. Die Menge aller dieser Fixpunkte bezeichnen wir mit[17]

$$\mathrm{Fix}(G, X).$$

Der Durchschnitt $\bigcap_{x \in X} G_x$ aller Isotropiegruppen ist der Kern der Aktion ϑ. Der Durchschnitt $\bigcap_{y \in Gx} G_y$ der Isotropiegruppen aus der Isotropieklasse der Bahn Gx ist also der Kern der Beschränkung der gegebenen Operation auf die Bahn Gx und insbesondere ein Normalteiler in G. *Er ist der größte Normalteiler von G, der in einer der Isotropiegruppen G_y, $y \in Gx$, aus der Isotropieklasse von Gx liegt.*

Die Zerlegung der Menge in die Bahnen einer Operation der Gruppe G auf X liefert die folgende fundamentale Gleichung:

Satz 2.4.2 (Klassengleichung) *Die Gruppe G operiere auf der Menge X. Sind Gx_i, $i \in I$, die paarweise verschiedenen Bahnen mit mehr als einem Element, so ist*

$$|X| = |\mathrm{Fix}(G, X)| + \sum_{i \in I} |Gx_i|.$$

Bei endlichem G ist $|Gx_i| = [G : G_{x_i}]$ ein Teiler $\neq 1$ der Ordnung $|G|$ von G, $i \in I$.

Das folgende Korollar werden wir häufig benutzen.

Korollar 2.4.3 *Die endliche Gruppe H der Ordnung p^α, p prim, operiere auf der endlichen Menge X. Dann gilt die Kongruenz*

$$|X| \equiv |\mathrm{Fix}(H, X)| \bmod p.$$

Insbesondere hat die Operation von H einen Fixpunkt, wenn p kein Teiler von $|X|$ ist, und $|\mathrm{Fix}(H, X)|$ ist durch p teilbar, wenn $|X|$ selbst durch p teilbar ist.

Ist die Isotropiegruppe G_x für jedes $x \in X$ trivial, so operiert G definitionsgemäß **frei** auf X. Die Operation von G auf X heißt **transitiv**, wenn sie genau eine Bahn hat, d. h. wenn $X \neq \emptyset$ ist und zu je zwei Elementen $x, y \in X$ stets ein $g \in G$ mit $gx = y$ existiert, wenn also $Gx = X$ ist für ein und damit für jedes $x \in X \neq \emptyset$. Sie heißt **einfach transitiv**, wenn sie transitiv und frei ist, d. h. wenn $X \neq \emptyset$ ist und zu $x, y \in X$ stets genau ein $g \in G$ mit $gx = y$ existiert. Dieses Element $g \in G$ wird häufig mit $\overrightarrow{xy}$ bezeichnet. Für jedes $x \in X$ ist dann die Abbildung $G \to X$ mit $g \mapsto gx$ bijektiv. Jede einfach transitive Operation ist treu, und jede freie Operation induziert eine einfach transitive Operation auf jeder ihrer Bahnen. Eine Menge X mit einer einfach transitiven Operation der Gruppe G auf X heißt auch ein G-**affiner Raum**. Musterbeispiele für transitive Operationen sind

---

[17] Sind keine Mißverständnisse zu befürchten, bezeichnet man diese Menge häufig auch mit X^G.

die Räume G/H der Linksnebenklassen von G bzgl. einer Untergruppe $H \subseteq G$ mit der natürlichen Operation $(g, aH) \mapsto gaH, a, g \in G$, vgl. auch Beispiel 2.4.14. Wegen $\mathrm{Stab}(H, G) = H$ ist

$$\mathrm{Stab}(aH, G) = aHa^{-1}, \quad a \in G.$$

Beispiel 2.4.4 Die Verknüpfung einer beliebigen Gruppe G ist eine einfach transitive Operation von G auf sich selbst. Der zugehörige injektive Gruppenhomomorphismus $\vartheta: G \to \mathfrak{S}(G)$ ist die Cayleysche Darstellung $L: G \to \mathfrak{S}(G)$, $g \mapsto (x \mapsto gx)$, von G als Transformationsgruppe, vgl. Satz 2.2.9. Schränkt man diese Operation von G auf sich auf eine Untergruppe H von G ein, so sind die Bahnen die *Rechts*nebenklassen Hx von G bzgl. H, $x \in G$. Die Klassengleichung lautet

$$|G| = |G \backslash H| \cdot |H| = [G : H] \cdot |H|,$$

da alle Isotropiegruppen trivial sind. Dies ist der Satz 2.1.21 von Lagrange.   ◇

Auch die Linksnebenklassen von G bzgl. H lassen sich ähnlich wie im letzten Beispiel gewinnen. Es gibt dazu zwei Möglichkeiten. Man betrachtet neben den bislang eingeführten (Links-) Operationen auch **Rechtsoperationen** von Monoiden M auf Mengen X, die als Abbildungen $X \times M \to X$, $(x, a) \mapsto xa$, mit

$$(1) \quad x(ab) = (xa)b \quad \text{und} \quad (2) \quad xe = x \quad \text{für alle } x \in X, \ a, b \in M,$$

definiert sind. Der Aktionshomomorphismus $\eta: M \to X^X$, $a \mapsto (\eta_a: x \mapsto xa)$, ist in diesem Fall ein Antihomomorphismus, d. h. ein Homomorphismus $\eta: M^{\mathrm{op}} \to X^X$. *Die Rechtsoperationen des Monoids M sind also identisch mit den (Links-)Operationen des zu M oppositionellen Monoids M^{op}.* Für die Untergruppe H der Gruppe G sind die Bahnen der Rechtsoperation $G \times H \to G$ mit $(g, h) \mapsto gh$ von H auf G gerade die *Links*nebenklassen xH von G bzgl. H. Dementsprechend bezeichnen wir den Bahnenraum bei einer beliebigen Rechtsoperation einer Gruppe G mit Aktionshomomorphismus $\eta: G^{\mathrm{op}} \to X^X$ mit $X/G = X/_{\eta} G$.

Andererseits liefert jede Rechtsoperation $X \times G \to X$ einer *Gruppe* G direkt eine Linksoperation $G \times X \to X$, die dieselben Bahnen wie die ursprüngliche Rechtsoperation hat. Sie ist durch $(g, x) \mapsto xg^{-1}$ definiert und benutzt, dass die Inversenbildung $g \mapsto g^{-1}$ ein Antihomomorphismus $G \to G$, also ein Isomorphismus $G \xrightarrow{\sim} G^{\mathrm{op}}$ ist. Im behandelten Fall einer Untergruppe H von G erhält man auf diese Weise aus der angegebenen Rechtsoperation die Operation $(h, x) \mapsto xh^{-1}$ von H auf G (von links), deren Bahnen also die Linksnebenklassen xH, $x \in G$, sind.

Beispiel 2.4.5 (Operation durch Konjugation) Sei M ein Monoid. Die Automorphismengruppe $\mathrm{Aut}\, M$ von M operiert in natürlicher Weise als Gruppe von Automorphismen. Der Konjugationshomomorphismus $\kappa: M^{\times} \to \mathrm{Aut}\, M$, $a \mapsto (\kappa_a: x \mapsto axa^{-1})$, vgl.

Aufg. 2.2.3, induziert daher die Operation $M^\times \times M \to M$, $(a, x) \mapsto axa^{-1}$, von $M^\times$ auf M als Gruppe von Automorphismen von M mit Aktionshomomorphismus κ, die man die **Konjugation** von M nennt. Die zugehörigen Bahnen $C_{M^\times}(x) := \{axa^{-1} \mid a \in M^\times\}$, $x \in M$, heißen die **Konjugationsklassen** von M. Die Isotropiegruppe

$$M_x = \{a \in M^\times \mid axa^{-1} = x\} = \{a \in M^\times \mid ax = xa\} = Z_{M^\times}(x)$$

ist die Untergruppe der mit $x \in M$ vertauschbaren Elemente von $M^\times$, also der **Zentralisator von x in $M^\times$**.

Sei nun $M = G$ eine Gruppe. Dann ist die Fixpunktmenge der Konjugation das Zentrum $Z(G)$. Das Zentrum ist auch der Kern von κ. Die allgemeine Klassengleichung 2.4.2 liefert daher die spezielle **Klassengleichung von G**:

$$|G| = |Z(G)| + \sum_{i \in I} |C_i|.$$

Dabei bezeichnen C_i, $i \in I$, die paarweise verschiedenen Konjugationsklassen von G mit mehr als einem Element. Ist $x_i \in C_i$, so ist $|C_i| = [G : Z_G(x_i)]$. Man beachte, dass bei endlichem G die Zahlen $|Z(G)|$ und $|C_i|$, $i = 1, \ldots, r$, in dieser Klassengleichung alle die Gruppenordnung $|G|$ teilen. Die Anzahl aller Konjugationsklassen, also $|Z(G)| + |I|$, heißt die **Klassenzahl** der Gruppe G. Mit Korollar 2.4.3 ergibt sich:

Satz 2.4.6 *Eine nichttriviale endliche Gruppe, deren Ordnung eine Primzahlpotenz ist, besitzt ein nichttriviales Zentrum.*

Sei G wieder eine beliebige Gruppe. G ist auch die Einheitengruppe des Monoids $\mathfrak{P}(G)$ (mit der Komplexmultiplikation als Verknüpfung, vgl. Beispiel 2.1.17). Folglich operiert G auch auf $\mathfrak{P}(G)$ durch Konjugation. Die zugehörigen Bahnen heißen wieder **Konjugationsklassen**. Die Isotropiegruppe einer Menge $A \in \mathfrak{P}(G)$ heißt jetzt der **Normalisator von A in G** und wird mit

$$N_G(A) := \mathrm{Stab}(A, G, \kappa) = \{g \in G \mid \kappa_g(A) = gAg^{-1} = A\}$$

bezeichnet. Sein Index ist die Anzahl der zu A konjugierten Teilmengen von G. A heißt **normal**, wenn A invariant unter allen Konjugationen ist, wenn also $N_G(A) = G$ ist. Genau dann ist A normal, wenn A Vereinigung von gewissen Konjugationsklassen $C_G(x)$ von G ist. Der Kern der Operation von $N_G(A)$ auf A ist der **Zentralisator**

$$Z_G(A) = \bigcap_{a \in A} Z_G(a) = \{g \in G \mid ga = ag \text{ für alle } a \in A\}$$

von A in G. Insbesondere ist $Z_G(A)$ ein Normalteiler in $N_G(A)$. *Ist $A = H$ eine Untergruppe von G, so ist $N_G(H)$ die größte Untergruppe von G, in der H ein Normalteiler* *ist. Der Index* $[G : N_G(H)]$ *ist die Anzahl der zu* H *konjugierten Untergruppen von* G *und ein Teiler von* $[G : H]$, *falls* $[G : H]$ *endlich ist.* Wegen $\mathrm{Stab}(aH, G) = aHa^{-1}$ (wobei G und damit H auf G/H wie oben in natürlicher Weise operiert) ergibt sich die nützliche Beschreibung

$$N_G(H)/H = \mathrm{Fix}(H, G/H) \subseteq G/H.$$

Stets ist $H \cap Z_G(H) = Z(H)$. $\diamond$

Beispiel 2.4.7 Seien G eine endliche Gruppe der Ordnung n und $p \in \mathbb{P}$ eine Primzahl. Im Anschluss an J. McKay, vgl. Amer. Math. Monthly **66**, 119 (1959), betrachten wir auf der Menge G^p der p-Tupel von G die Operation der zyklischen Gruppe $\mathbf{Z}_p = \mathbb{Z}/\mathbb{Z}p$ der Ordnung p durch zyklisches Vertauschen $\big(a, (x_1, \ldots, x_p)\big) \mapsto (x_{1+a}, \ldots, x_{p+a})$, wobei mit a und den Indizes $1, \ldots, p$ als Restklassen in $\mathbf{Z}_p$ zu rechnen ist. Die Fixpunkte dieser Operation sind die konstanten p-Tupel $(x, \ldots, x)$. Die Teilmenge $X \subseteq G^p$ der p-Tupel $(x_1, \ldots, x_p)$ mit $x_1 \cdots x_p = e$ ist $\mathbf{Z}_p$-invariant; denn mit $x_1 x_2 \cdots x_p = (x_1 \cdots x_r)(x_{r+1} \cdots x_p) = e$ ist auch $(x_{r+1} \cdots x_p)(x_1 \cdots x_r) = e$ für $r = 1, \ldots, p-1$. Offenbar ist $|X| = n^{p-1}$, und nach Korollar 2.4.3 ist $n^{p-1} \equiv |\mathrm{Fix}(\mathbf{Z}_p, X)| \bmod p$. Ist nun n durch p teilbar, so gilt dies auch für $|\mathrm{Fix}(\mathbf{Z}_p, X)|$, d.h. *die Menge der* $x \in G$ *mit* $x^p = e$ *ist durch* p *teilbar, wenn* $|G|$ *durch* p *teilbar ist.* Insbesondere erhält man:

Satz 2.4.8 (Satz von Cauchy) *Eine endliche Gruppe, deren Ordnung durch die Primzahl* p *teilbar ist, besitzt Elemente der Ordnung* p.

Als direkte Folgerung ergibt sich das folgende schon mehrfach erwähnte Ergebnis: *Der Exponent* $\mathrm{Exp}\, G$ *und die Ordnung* $\mathrm{Ord}\, G$ *einer endlichen Gruppe* G *haben dieselben Primteiler. Eine endliche Gruppe* G *ist genau dann eine* p-*Gruppe,* $p \in \mathbb{P}$, *wenn die Ordnung von* G *eine* p-*Potenz ist.* – Ist übrigens die Primzahl p kein Teiler der Gruppenordnung n, so enthält die Fixpunktmenge $\mathrm{Fix}(\mathbf{Z}_p, X)$ der obigen Operation von $\mathbf{Z}_p$ auf X nur das konstante Tupel $(e, \ldots, e) \in X \subseteq G^p$ und wir bekommen die schon bekannte Kongruenz $n^{p-1} \equiv 1 \bmod p$ des Kleinen Fermatschen Satzes (und der Fermat-Quotient $(n^{p-1} - 1)/p$ ist die Anzahl $|X \backslash \mathbf{Z}_p|$ der Bahnen der Operation von $\mathbf{Z}_p$ auf X). $\diamond$

Beispiel 2.4.9 (Sylowsche Sätze) Wir nehmen den Satz 2.4.8 von Cauchy zum Ausgangspunkt für den Beweis der Sylowschen Sätze über p-Untergruppen endlicher Gruppen, die von fundamentaler Bedeutung für die Theorie der endlichen Gruppen sind. Im Folgenden sei G stets eine Gruppe.

Definition 2.4.10 Sei $p \in \mathbb{P}$ eine Primzahl. Dann heißt eine Untergruppe von G eine p-**Sylow-(Unter-)Gruppe** von G, wenn sie maximal ist in der Menge aller p-Untergruppen von G.

G besitzt nach dem Zornschen Lemma 1.4.15 p-Sylow-Gruppen zu jedem $p \in \mathbb{P}$, genauer: *Jede p-Untergruppe von G ist in einer p-Sylow-Gruppe von G enthalten.* Sei $S_p \subseteq G$ eine p-Sylow-Untergruppe. Dann ist auch $\varphi(S_p)$ für jeden Automorphismus φ von G eine p-Sylow-Gruppe in G. Ferner ist S_p auch eine p-Sylow-Gruppe in jeder Untergruppe $H \subseteq G$ mit $S_p \subseteq H$. Ist S_p normal in G und ist H eine beliebige p-Untergruppe von G, so ist $H \subseteq S_p$, denn $S_p H = H S_p$ ist ebenfalls eine p-Gruppe (man beachte $S_p H / S_p \cong H/(S_p \cap H)$), und S_p folglich die einzige p-Sylow-Gruppe in G. *Allgemeiner gilt $H \subseteq S_p$ für jede p-Untergruppe $H \subseteq \mathrm{N}_G(S_p)$.* Ist G abelsch, so ist die p-Primärkomponente $G(p)$ von G die einzige p-Sylow-Gruppe in G (vgl. Satz 2.2.22). Der Hauptsatz über Sylow-Gruppen lautet:

Satz 2.4.11 (Satz von Sylow) *Sei $p \in \mathbb{P}$ eine Primzahl, G eine endliche Gruppe der Ordnung $n = p^\alpha m$, $p \nmid m$ (d. h. $\alpha = \mathrm{v}_p(|G|)$) und $S_p \subseteq G$ eine p-Sylow-Gruppe in G.*

(1) *S_p hat die (maximal mögliche) Ordnung p^α.*

(2) *Ist $H \subseteq G$ eine beliebige p-Untergruppe von G, so ist $H \subseteq g S_p g^{-1}$ für ein $g \in G$. Insbesondere sind alle p-Sylow-Gruppen in G konjugiert.*

(3) *Für die Anzahl $s_p = [G : \mathrm{N}_G(S_p)]$ der p-Sylow-Gruppen in G gilt $s_p \mid m$ und $s_p \equiv 1 \bmod p$.*

Beweis (1) Es genügt zu zeigen: Ist $H \subseteq G$ eine Untergruppe der Ordnung p^β, $\beta < \alpha$, so gibt es eine Untergruppe $H' \subseteq G$ mit $H \subseteq H'$ und $|H'| = p^{\beta+1}$. Da $|G/H|$ von p geteilt wird und

$$|\mathrm{N}_G(H)/H| = |\mathrm{Fix}(H, G/H)| \equiv |G/H| \bmod p$$

gilt, vgl. Korollar 2.4.3, ist p auch ein Teiler von $|\mathrm{N}_G(H)/H|$. Nach dem Satz 2.4.8 von Cauchy gibt es eine Untergruppe $H'/H \subseteq \mathrm{N}_G(H)/H$ der Ordnung p. Dann ist $|H'| = |H'/H| \cdot |H| = p \cdot |H| = p^{\beta+1}$.

(2) Da p nach (1) kein Teiler von $|G/S_p|$ ist, hat die natürliche Operation von H auf G/S_p einen Fixpunkt $g S_p$, $g \in G$, vgl. Korollar 2.4.3. Dann ist $H \subseteq g S_p g^{-1}$.

(3) Nach (2) ist $[G : \mathrm{N}_G(S_p)]$ die Anzahl s_p der p-Sylow-Gruppen in G, und wegen $S_p \subseteq \mathrm{N}_G(S_p) \subseteq G$ ist s_p ein Teiler von $[G : S_p] = m$. – Wir betrachten nun die natürliche Operation von S_p auf $G/\mathrm{N}_G(S_p)$ und behaupten, dass $\mathrm{N}_G(S_p)$ ihr einziger Fixpunkt ist. Ist nämlich $g\mathrm{N}_G(S_p)$, $g \in G$, ein Fixpunkt, d. h. ist $S_p \subseteq g\mathrm{N}_G(S_p)g^{-1}$ oder $g^{-1}S_p g \subseteq \mathrm{N}_G(S_p)$, so ist $g^{-1}S_p g = S_p$, da S_p die einzige p-Sylow-Gruppe in $\mathrm{N}_G(S_p)$ ist, also $g \in \mathrm{N}_G(S_p)$. Wieder mit Korollar 2.4.3 ergibt sich $s_p = |G/\mathrm{N}_G(S_p)| \equiv 1 \bmod p$. $\diamond$

Beispiel 2.4.12 (Semidirekte Produkte) Sei G eine Gruppe mit neutralem Element e und N ein Normalteiler in G mit einem schwachen Komplement $H \subseteq G$, d. h. H ist eine Untergruppe von G mit $N \cap H = \{e\}$ und $NH = HN = G$. Das Produkt gg' zweier

Elemente $g = nh$ und $g' = n'h'$, $n, n' \in N$, $h, h' \in H$, hat dann die Darstellung

$$gg' = nhn'h' = \big(n(hn'h^{-1})\big)hh' = \big(n\kappa_h(n')\big)(hh')$$

mit $n\kappa_h(n') \in N$ und $hh' \in H$ (da der Normalteiler N invariant unter der Konjugation κ_h mit h ist). *Die Verknüpfung auf G ist also bestimmt durch die Verknüpfungen von N und H sowie die Operation von H auf N durch Konjugation.* Diese Beobachtung führt zu der folgenden allgemeinen Konstruktion:

Satz 2.4.13 *Seien N und H Monoide mit neutralen Elementen e_N bzw. e_H. H operiere auf N vermöge der Aktion $\vartheta\colon H \to \operatorname{End} N$ als Monoid von Endomorphismen von N. Dann wird auf $N \times H$ durch die Verknüpfung*

$$(n, h) \cdot (n', h') := \big(n \cdot \vartheta_h(n'), h \cdot h'\big)$$

eine Monoidstruktur mit neutralem Element (e_N, e_H) definiert. $N \times H$ mit dieser Verknüpfung heißt das (abstrakte) **semidirekte Produkt** *der Monoide N und H bzgl. der Operation ϑ und wird mit*

$$N \rtimes H = N \rtimes_\vartheta H$$

bezeichnet. Genau dann ist $(n, h) \in (N \rtimes H)^\times$, wenn $n \in N^\times$ und $h \in H^\times$ ist. In diesem Fall gilt

$$(n, h)^{-1} = (\vartheta_{h^{-1}}(n^{-1}), h^{-1}).$$

Insbesondere ist $N \rtimes H$ genau dann eine Gruppe, wenn N und H Gruppen sind. Allgemein ist

$$(N \rtimes_\vartheta H)^\times = N^\times \rtimes_{\vartheta^\times} H^\times,$$

wo $\vartheta^\times\colon H^\times \to \operatorname{Aut}(N^\times)$ die von ϑ induzierte Gruppenaktion ist.

Beweis Es ist also $\vartheta_h^\times = \vartheta_h | N^\times \in \operatorname{Aut}(N^\times)$, $h \in H$. – Die Assoziativität der Multiplikation in $N \rtimes H$ ergibt sich aus

$$\big((n, h)(n', h')\big)(n'', h'') = (n\vartheta_h(n'), hh')(n'', h'') = (n\vartheta_h(n')\vartheta_{hh'}(n''), hh'h''),$$
$$(n, h)\big((n', h')(n'', h'')\big) = (n, h)(n'\vartheta_{h'}(n''), h'h'') = (n\vartheta_h(n'\vartheta_{h'}(n'')), hh'h'')$$

und $\vartheta_h(n')\vartheta_{hh'}(n'') = \vartheta_h(n'\vartheta_{h'}(n''))$. Offenbar ist (e_N, e_H) neutrales Element. Ist (n, h) invertierbar, so gibt es (n', h') mit $n\vartheta_h(n') = e_N = n'\vartheta_{h'}(n)$ und $hh' = e_H = h'h$. Daher ist $h \in H^\times$ mit $h^{-1} = h'$ und somit $\vartheta_h \in \operatorname{Aut} N$ mit $\vartheta_h^{-1} = \vartheta_{h'}$ sowie $e_N = \vartheta_h(e_N) = \vartheta_h(n')\vartheta_h\vartheta_{h'}(n) = \vartheta_h(n')n$. Es folgt, dass n invertierbar ist mit Inversem $\vartheta_h(n')$ und $n' = \vartheta_{h^{-1}}(n^{-1})$. Umgekehrt prüft man sofort, dass $(\vartheta_{h^{-1}}(n^{-1}), h^{-1})$ invers zu (n, h) ist. $\qquad\square$

In der Situation von Satz 2.4.13 sind $N \hookrightarrow N \rtimes H$, $n \mapsto (n, e_H)$, und $H \hookrightarrow N \rtimes H$, $h \mapsto (e_N, h)$, Einbettungen von Monoiden, mit deren Hilfe wir N und H als Untermonoide von $N \rtimes H$ auffassen. Das Paar (n, h) ist dann das Produkt $n \cdot h$, und beim Vertauschen

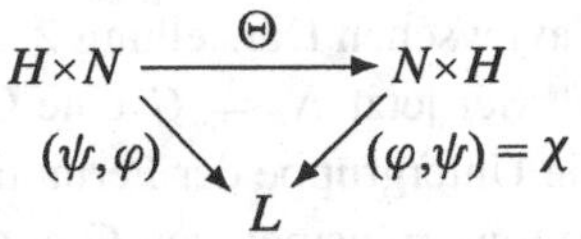

Abb. 2.10 Universelle Eigenschaft des semidirekten Produkts

$$H \times N \xrightarrow{\ \Theta\ } N \times H$$
$$(\psi, \varphi) \searrow \quad \swarrow (\varphi, \psi) = \chi$$
$$L$$

der Faktoren hat man ϑ_h anzuwenden: $h \cdot n = (e_N, h)(n, e_H) = (\vartheta_h(n), h) = \vartheta_h(n) \cdot h$. Ist h invertierbar, so ist $n \mapsto \vartheta_h(n) = hnh^{-1}$ die Konjugation $\kappa_h | N$. Die Abbildung $n \cdot h \mapsto h$ ist eine Monoidprojektion auf H, die im Fall von Gruppen ein Gruppenhomomorphismus mit N als Kern ist. *In diesem Fall ist also $N \rtimes_\vartheta H$ das semidirekte Produkt von N und H, wobei $\vartheta_h = \kappa_h | N$ das Konjugieren mit h auf N ist, $h \in H$.* Ist die Gruppe G wie zu Beginn dieses Beispiels als semidirektes Produkt des Normalteilers N mit schwachem Komplement H gegeben, so ist $N \rtimes_{\kappa | H} H \xrightarrow{\sim} G, \, n \cdot h \mapsto nh$, ein kanonischer Gruppenisomorphismus. Genau dann operiert H auf N trivial, wenn $N \rtimes H$ das Produktmonoid $N \times H$ ist. Im Fall von Gruppen ist dies dadurch charakterisiert, dass auch H ein Normalteiler in $N \rtimes H$ ist. Genau dann ist $N \rtimes H$ kommutativ, wenn N und H kommutativ sind und H trivial auf N operiert.

Das semidirekte Produkt $N \rtimes_\vartheta H$ hat offenbar folgende **universelle Eigenschaft**: Zu Monoidhomomorphismen $\varphi \colon N \to L$ und $\psi \colon H \to L$ gibt es genau dann einen Monoidhomomorphismus $\chi \colon N \rtimes_\vartheta H \to L$ mit $\chi | N = \varphi$ und $\chi | H = \psi$, wenn $\psi(h)\varphi(n) = \varphi(\vartheta_{h(n)})\psi(h)$ für alle $n \in N$, $h \in H$ gilt, wenn also das Diagramm aus Abb. 2.10 kommutativ ist, in dem $\Theta(h, n) = (\vartheta_h(n), h)$ und (ψ, φ) und (φ, ψ) durch $(h, n) \mapsto \psi(h)\varphi(n)$ bzw. $(n, h) \mapsto \varphi(n)\psi(h)$ definiert sind.

Wir erwähnen einige konkrete Beispiele.

(1) Das semidirekte Produkt

$$\mathrm{Hol}\, N := N \rtimes \mathrm{End} N,$$

wobei $\mathrm{End} N$ in natürlicher Weise auf N operiert, heißt das **volle Holomorph** von N. Ist $H \subseteq \mathrm{End} N$ nur ein Untermonoid, so heißt das semidirekte Produkt $N \rtimes H$, das ein Untermonoid des vollen Holomorphs $N \rtimes \mathrm{End} N$ ist, ein (eingeschränktes) **Holomorph** von N. Wir bezeichnen es mit $\mathrm{Hol}_H N$. Wichtig ist dabei vor allem der Fall $H = \mathrm{Aut}\, N$. Das damit gewonnene Holomorph ist

$$\mathrm{Hol}_{\mathrm{Aut}\, N}\, N = N \rtimes \mathrm{Aut}\, N$$

und heißt das **Holomorph** von N schlechthin. Ist $N = G$ eine Gruppe, so ist dieses Holomorph die Einheitengruppe $(\mathrm{Hol}\, G)^\times$ des vollen Holomorphs $\mathrm{Hol}\, G$ von G.

Die Abbildung $\mathrm{Hol}\, N \to N^N$, $(a, \sigma) \mapsto L_a \circ \sigma$, ist ein Monoidhomomorphismus. *Er ist injektiv, wenn N regulär ist, insbesondere dann, wenn N eine Gruppe ist*, vgl. Aufg. 2.4.6. In diesem Fall lässt sich also $\mathrm{Hol}\, N$ und damit jedes Holomorph von N in kanonischer Weise als Untermonoid des Abbildungsmonoids N^N auffassen, wobei das Untermonoid $N \subseteq \mathrm{Hol}\, N$ mit dem Monoid der Linkstranslationen von N gemäß der

Cayleyschen Darstellung 2.2.8 identifiziert wird und End$N$ in N^N kanonisch eingebettet ist. Sei jetzt $N = G$ eine Gruppe. Dann ist das Holomorph $\mathrm{Hol}_{\mathrm{Aut}\,G}\,G = G \rtimes \mathrm{Aut}\,G$ die Untergruppe der Permutationsgruppe $\mathfrak{S}(G)$, die von den Linkstranslationen und den Automorphismen von G erzeugt wird. Wegen $R_g = L_g \circ \kappa_{g^{-1}} = \kappa_{g^{-1}} \circ L_g$ für $g \in G$ enthält $\mathrm{Hol}_{\mathrm{Aut}\,G}\,G$ auch alle Rechtstranslationen, und die von den Links- und Rechtstranslationen erzeugte Untergruppe von $\mathfrak{S}(G)$ ist das Holomorph $G \rtimes \mathrm{Inn}\,G \subseteq \mathrm{Hol}_{\mathrm{Aut}\,G}\,G$ zur Untergruppe $\mathrm{Inn}\,G \subseteq \mathrm{Aut}\,G$ der inneren Automorphismen von G.

(2) (**Diedergruppen**) Sei H eine (additiv geschriebene) abelsche Gruppe. Auf H operiert die zyklische Gruppe $\mathbb{Z}^\times = \{1, -1\}$ der Ordnung 2, wobei -1 durch Bildung des Negativen auf H wirkt. Das zugehörige semidirekte Produkt heißt die **Diedergruppe** zur Gruppe H und wird mit $\mathbf{D}(H)$ bezeichnet. Die Verknüpfung auf $\mathbf{D}(H) = H \rtimes \mathbb{Z}^\times$ wird explizit durch

$$(n, \varepsilon)(n', \varepsilon') = (n + \varepsilon n', \varepsilon\varepsilon'), \quad n, n' \in N, \ \varepsilon, \varepsilon' \in \mathbb{Z}^\times,$$

gegeben. Genau dann ist $\mathbf{D}(H)$ das direkte Produkt von H und $\mathbb{Z}^\times$, d. h. eine abelsche Gruppe, wenn die Inversenbildung auf H die Identität von H, H also eine elementare (abelsche) 2-Gruppe ist.[18] Die Diedergruppe zur zyklischen Gruppe $\mathbf{Z}_n = \mathbb{Z}/\mathbb{Z}n$, $n \in \mathbb{N}$, bezeichnet man mit $\mathbf{D}_n$. Man beachte $\mathrm{Ord}\,\mathbf{D}_n = 2n$ für $n \in \mathbb{N}^*$. Die unendliche Diedergruppe $\mathbf{D}_0 := \mathbf{D}(\mathbb{Z})$ ist das Holomorph $\mathrm{Hol}_{\mathrm{Aut}\,\mathbb{Z}}\,\mathbb{Z} = \mathbb{Z} \rtimes \mathrm{Aut}\,\mathbb{Z}$ der additiven Gruppe $\mathbb{Z}$. Ferner ist $\mathbf{D}_1 = \mathbf{Z}_2$ und $\mathbf{D}_2 = \mathbf{Z}_2 \times \mathbb{Z}^\times \cong \mathbf{Z}_2 \times \mathbf{Z}_2$. Bei $n > 2$ ist $\mathbf{D}_n = \mathrm{Hol}_{\{\pm\mathrm{id}\}}\,\mathbf{Z}_n \subseteq \mathrm{Hol}_{\mathrm{Aut}\,\mathbf{Z}_n}\,\mathbf{Z}_n$ ein Holomorph von $\mathbf{Z}_n$, das wir, wie in (1) beschrieben, als diejenige Untergruppe von $\mathfrak{S}(\mathbf{Z}_n) = \mathfrak{S}(\{0, \dots, n-1\})$ auffassen, die von den beiden Permutationen

$$\begin{pmatrix} 0 & 1 & 2 & \cdots & n-2 & n-1 \\ 1 & 2 & 3 & \cdots & n-1 & 0 \end{pmatrix}, \quad \begin{pmatrix} 0 & 1 & 2 & \cdots & n-2 & n-1 \\ 0 & n-1 & n-2 & \cdots & 2 & 1 \end{pmatrix}$$

erzeugt wird. Ist $n = 3$, so erhält man $\mathbf{D}_3 = \mathfrak{S}(\{0, 1, 2\}) \cong \mathfrak{S}_3$. Für $n = 3, 4, 6$ (und nur für diese) gilt sogar $\mathbf{D}_n = \mathrm{Hol}_{\mathrm{Aut}\,\mathbf{Z}_n}\,\mathbf{Z}_n$. Häufig bezeichnet man die Gruppen $\mathbf{D}_n$, $n \in \mathbb{N}$, als die **Diedergruppen** schlechthin. $\mathbf{D}_n$ ist die volle Symmetriegruppe eines regulären n-Ecks der euklidischen Ebene oder die Gruppe der eigentlichen Symmetrien eines n-Dieders, d. h. eines geraden Doppelkegels, dessen Basis ein reguläres n-Eck ist, vgl. dazu Bd. 4. Dort wird auch gezeigt, wie die Diedergruppe $\mathbf{D}(\mathbb{R})$ mit der Gruppe der Bewegungen einer affinen euklidischen Geraden und die Diedergruppe $\mathbf{D}(\mathbb{R}/\mathbb{Z})$ mit der Gruppe der Isometrien eines (orientierten) zweidimensionalen euklidischen Vektorraums zu identifizieren sind. Man bezeichnet die Diedergruppe $\mathbf{D}(\mathbb{R}/\mathbb{Z})$ (sowie gelegentlich die Diedergruppe $\mathbf{D}(\mathbf{Z}_\infty) = \mathbf{D}(\mathbb{Q}/\mathbb{Z})$, vgl. Aufg. 2.2.27) auch mit $\mathbf{D}_\infty$. $\Diamond$

Zum Schluss gehen wir noch kurz auf diejenigen Abbildungen ein, die mit Monoidoperationen verträglich sind, also auf die Homomorphismen von Mengen mit Monoidopera-

---

[18] Zu deren Struktur siehe Aufg. 2.3.6a).

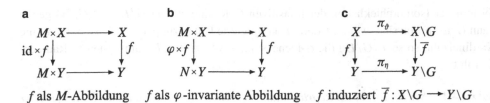

f als M-Abbildung   f als φ-invariante Abbildung   f induziert $\overline{f}: X\backslash G \to Y\backslash G$

Abb. 2.11 Invariante Abbildungen

tionen. Sind X und Y Mengen, auf denen jeweils das Monoid M operiert, so heißt eine Abbildung $f: X \to Y$ eine M-**invariante Abbildung** oder kurz eine M-**Abbildung**, wenn für alle $a \in M$ und $x \in X$ gilt: $f(ax) = af(x)$, wenn also $f \circ \vartheta_a = \eta_a \circ f$ ist, wobei $\vartheta: M \to X^X$ und $\eta: N \to Y^Y$ die Aktionen von M auf X bzw. Y sind. Dies bedeutet, dass das Diagramm in Abb. 2.11a kommutativ ist, wobei die horizontalen Pfeile die Operationen bezeichnen. Eine M-invariante Abbildung $f: X \to Y$ heißt ein M-**invarianter Isomorphismus** oder ein M-**Isomorphismus**, wenn f bijektiv ist. Dann ist auch f^{-1} M-invariant. Ferner ist die Komposition beliebiger M-invarianter Abbildungen wieder M-invariant. Insbesondere bilden die M-invarianten Abbildungen einer M-Menge X in sich ein Untermonoid von X^X, dessen Einheitengruppe die Gruppe der M-invarianten Automorphismen von X ist. Eine M-invariante Abbildung $f: X \to Y$ bildet die Bahn Mx auf die Bahn $Mf(x)$ ab, $x \in X$. Ist $M = G$ eine Gruppe, so induziert sie also eine Abbildung $\overline{f}: X\backslash G \to Y\backslash G$ der zugehörigen Bahnenräume derart, dass das Diagramm in Abb. 2.11c mit den kanonischen Projektionen $\pi_\vartheta: X \to X\backslash G$, $\pi_\eta: Y \to Y\backslash G$ kommutativ ist, und auch eine Abbildung $f|\text{Fix}(G, X): \text{Fix}(G, X) \to \text{Fix}(G, Y)$ der Fixpunktmengen. Allgemein ist offenbar die Isotropiegruppe G_x von $x \in X$ eine Untergruppe der Isotropiegruppe $G_{f(x)}$.

Eine M-invariante Abbildung ist ein Spezialfall einer φ-invarianten Abbildung, wobei $\varphi: M \to N$ ein Homomorphismus von Monoiden M und N ist, die auf X bzw. Y operieren. Die Abbildung $f: X \to Y$ heißt φ-**invariant**, wenn für alle $a \in M$ und $x \in X$ gilt: $f(ax) = \varphi(a)f(x)$, wenn also $f \circ \vartheta_a = \eta_{\varphi(a)} \circ f$ ist. Dies bedeutet, dass das Diagramm in Abb. 2.11b kommutativ ist. Genau dann ist $f: X \to Y$ φ-invariant, wenn f eine M-invariante Abbildung ist, wobei die M-Operation auf Y von der N-Operation auf Y mittels φ induziert wird. Die M-invarianten Abbildungen sind identisch mit den id_M-invarianten Abbildungen.

Beispiel 2.4.14 (Klassifikation von G-Räumen) Sei G eine Gruppe. Ein G-invarianter Isomorphismus $f: X \xrightarrow{\sim} Y$ induziert für jedes $x \in X$ einen G-invarianten Isomorphismus $f|Gx: Gx \xrightarrow{\sim} Gf(x)$. Folglich stimmen die Isotropieklassen der Bahnen Gx und $Gf(x)$ überein. Ist $H \subseteq G$ ein Element der Isotropieklasse von Gx, z. B. $H = G_y$, $y \in Gx$, so ist $G/H \xrightarrow{\sim} Gy = Gx$, $gH \mapsto gy$, ein Isomorphismus, wobei G/H der bereits oben eingeführte transitive G-Raum ist (mit der Operation $g(g'H) = (gg')H$, $g, g' \in G$). Die G-Räume G/H, $H \subseteq G$ Untergruppe, bilden also ein volles

System der Isomorphieklassen der transitiven G-Räume, wobei G/H und G/H' genau dann G-isomorph sind, wenn H und H' konjugierte Untergruppen von G sind. Ist α eine Kardinalzahl, so sei $\alpha(G/H)$ die α-fache Summe von zu G/H isomorphen G-Räumen. Es folgt:

Satz 2.4.15 *Sei H_i, $i \in I$, ein Repräsentantensystem für die Konjugationsklassen $[H]$ der Untergruppen H von G, und sei X ein G-Raum. Dann ist X G-isommorph zur Summe $\coprod_{i \in I} \alpha_i(G/H_i)$, wobei α_i die Kardinalzahl der zu G/H_i isomorphen Bahnen von $X \backslash G$ ist, $i \in I$. Es ist $|X \backslash G| = \sum_{i \in I} \alpha_i$ und $|X| = \sum_{i \in I} \alpha_i \cdot [G : H_i]$.*

Die Funktion $[H_i] \mapsto \alpha_i$, $i \in I$, heißt die **Burnside-Funktion** von X. Sie charakterisiert X bis auf G-Isomorphie. Insbesondere gilt: *Ist G eine endliche Gruppe und $H_1, \ldots, H_r$ ein Repräsentantensystem für die Konjugationsklassen der Untergruppen von G, so werden die endlichen G-Räume bis auf G-Isomorphie durch die r-Tupel $(n_1, \ldots, n_r) \in \mathbb{N}^r$ charakterisiert.* Zum Tupel $(n_1, \ldots, n_r)$ gehört der endliche G-Raum $n_1(G/H_1) \amalg \cdots \amalg n_r(G/H_r)$ mit $n_1[G : H_1] + \cdots + n_r[G : H_r]$ Elementen und $n_1 + \cdots + n_r$ Bahnen. Die Isomorphieklassen endlicher G-Räume bilden somit ein zu $\mathbb{N}^r = (\mathbb{N}^r, +)$ isomorphes Monoid, wenn die Verknüpfung auf den Isomorphieklassen durch die disjunkte Vereinigung gegeben wird. Die Grothendieck-Gruppe $B(G)$ dieses Monoids ist also eine freie abelsche Gruppe vom Rang r. Das Produkt von G-Räumen liefert eine assoziative Multiplikation auf der Menge der Isomorphieklassen von G-Räumen. Diese induziert eine Multiplikation auf $B(G)$, mit der $B(G)$ ein Ring wird, der sogenannte **Burnside-Ring von** G, vgl. dazu die Konstruktion des Grothendieck-Rings in Beispiel 2.6.10. ◇

Beispiel 2.4.16 (Mittelbildung – Exakte Sequenzen) Die endliche Gruppe G der Ordnung n operiere auf der (additiv geschriebenen) abelschen Gruppe H als Gruppe von Automorphismen. Für jedes $x \in H$ ist die Summe $\sigma(x) = \sigma_G(x) := \sum_{g \in G} gx$ ein Fixpunkt der Operation wegen $h(\sigma(x)) = \sum_{g \in G}(hg)x = \sum_{g \in G} gx = \sigma(x)$ für jedes $h \in G$, da mit g auch hg ganz G durchläuft.[19] Sei nun die Vielfachenbildung $x \mapsto nx$ mit n auf H bijektiv. Die Umkehrabbildung schreiben wir als Multiplikation mit $1/n$: $H \to H$, $x \mapsto x/n$. Beide Abbildungen sind dann G-invariant. Das Element

$$\mu(x) = \mu(G, H)(x) := \frac{1}{n}\sigma(x) = \frac{1}{n}\sum_{g \in G} gx$$

heißt das **Mittel von** $x \in H$ und ist wie $\sigma(x)$ ein Fixpunkt der gegebenen Operation von G. Es gilt:

Lemma 2.4.17 *Der Gruppenhomomorphismus $\mu = \mu(G, H) \colon H \to H$ ist eine Projektion von H auf die Untergruppe $\mathrm{Fix}(G, H)$, d. h. es ist $\mu = \mu^2$ und Bild $\mu = \mathrm{Fix}(G, H)$. Ferner ist Kern $\mu = \mathrm{Bild}(\mathrm{id}_H - \mu)$ ein Komplement von $\mathrm{Fix}(G, H)$ in H.*

---

[19] $\sigma(x)$ heißt auch die **Spur** von x. Bei multiplikativer Schreibweise spricht man von der **Norm**.

Beweis Die Inklusion $\mu(H) \subseteq \mathrm{Fix}(G, H)$ haben wir bereits erwähnt. Für $x \in \mathrm{Fix}(G, H)$ gilt $\mu(x) = \frac{1}{n} \sum_{g \in G} gx = \frac{1}{n} nx = x$. Dies beweist $\mathrm{Fix}(G, H) \subseteq \mu(H)$ und $\mu = \mu^2$. $\square$

Lemma 2.4.17 liefert häufig die bequemste Methode zur Bestimmung der Gruppe der Fixpunkte. Sie ist zum Beispiel immer dann anwendbar, wenn H die additive Gruppe eines Vektorraumes über einem Körper K mit $n \cdot 1_K \neq 0$ ist (oder allgemeiner die additive Gruppe eines Moduls über einem Ring A mit $n \cdot 1_A \in A^\times$), vgl. dazu Abschn. 2.8.

Im folgenden Satz benutzen wir den Begriff der **exakten Sequenz** von abelschen Gruppen. Seien H', H, H'' abelsche Gruppen und $f' \colon H' \to H$ sowie $f \colon H \to H''$ Gruppenhomomorphismen. Dann heißt die Sequenz

$$H' \xrightarrow{\;f'\;} H \xrightarrow{\;f\;} H'', \quad \text{kurz} \quad H' \to H \to H'',$$

ein **Komplex** (oder eine **Nullsequenz**), wenn $f \circ f' = 0$ ist, d. h. wenn Bild $f' \subseteq$ Kern f gilt. Die Quotientengruppe

$$\mathrm{H} = \mathrm{H}\bigl(H' \to H \to H''\bigr) := \text{Kern } f / \text{Bild } f'$$

nennt man dann die **Homologie(gruppe)** (oder – je nach Zusammenhang – auch die **Kohomologie(gruppe)**) des gegebenen Komplexes. Diese Homologie verschwindet genau dann, wenn Bild $f' = $ Kern f ist. In diesem Fall heißt der Komplex (oder die Sequenz) **exakt**. Ein Homomorphismus $H \to H''$ etwa ist genau dann injektiv (bzw. surjektiv), wenn die Sequenz $0 \to H \to H''$ (bzw. die Sequenz $H \to H'' \to 0$) exakt ist. Eine längere Sequenz $\cdots \to H_{i+1} \to H_i \to H_{i-1} \to \cdots$ ($i \in \mathbb{Z}$) von abelschen Gruppen und Gruppenhomomorphismen heißt ein **Komplex** (bzw. eine **exakte Sequenz**), wenn alle darin auftretenden Dreiersequenzen $H_{i+1} \to H_i \to H_{i-1}$ Komplexe (bzw. exakt) sind. Beispielsweise ist eine sogenannte **kurze Dreiersequenz**

$$0 \to F \xrightarrow{\;f\;} G \xrightarrow{\;g\;} H \to 0$$

von abelschen Gruppen F, G, H genau dann exakt, wenn f injektiv und g surjektiv ist sowie Kern $g = $ Bild f gilt. Nach dem Isomorphiesatz 2.3.8 für Gruppen induziert g dann einen Isomorphismus $\overline{g} \colon G/\text{Bild } f \xrightarrow{\;\sim\;} H$. Gelegentlich nennt man auch eine Sequenz $F \xrightarrow{\;f\;} G \xrightarrow{\;g\;} H$ von nichtabelschen Gruppen und Gruppenhomomorphismen exakt, wenn Kern $g = $ Bild f ist. Bild f ist dann notwendigerweise ein Normalteiler von G. Damit sind auch kurze exakte Dreiersequenzen für nichtabelsche Gruppen erklärt. Man sagt eine kurze exakte Dreiersequenz $1 \to F \xrightarrow{\;f\;} G \xrightarrow{\;g\;} H \to 1$ von beliebigen Gruppen **spaltet stark** (bzw. **schwach**) **auf**, wenn Bild $f(\cong F)$ ein starker (bzw. ein schwacher) Faktor von G ist. In diesen Fällen induziert g einen Isomorphismus von jedem Komplement von Bild f auf H.

Eine wichtige Folgerung der Beschreibung der Fixpunktgruppen mit Hilfe der Mittelbildung in Lemma 2.4.17 ist nun:

Satz 2.4.18 *Seien G eine endliche Gruppe der Ordnung n und H', H, H'' abelsche Gruppen, auf denen G jeweils als Gruppe von Automorphismen operiert. Ferner sei*

$$H' \xrightarrow{f'} H \xrightarrow{f} H''$$

eine exakte Sequenz mit G-invarianten Gruppenhomomorphismen. Ist dann die Multiplikation mit n auf H und H' bijektiv,[20] so ist auch die induzierte Sequenz

$$\mathrm{Fix}(G, H') \longrightarrow \mathrm{Fix}(G, H) \longrightarrow \mathrm{Fix}(G, H'')$$

der Fixpunktgruppen exakt.

Beweis Trivialerweise ist mit $H' \to H \to H''$ auch die induzierte Sequenz der Fixpunktgruppen ein Komplex. Wir haben noch zu jedem $x \in \mathrm{Fix}(G, H)$ mit $f(x) = 0$ ein $x' \in \mathrm{Fix}(G, H')$ mit $f'(x') = x$ zu finden. μ, μ' bezeichnen die Mittelbildungen in H bzw. H'. Sei nun $\widetilde{x} \in H'$ mit $f'(\widetilde{x}) = x$. Dann ist $x' := \mu'(\widetilde{x}) \in \mathrm{Fix}(G, H')$ und

$$f'(x') = f'(\mu'(\widetilde{x})) = \mu\left(f'(\widetilde{x})\right) = \mu(x) = x. \qquad \square$$

Es sei bemerkt, dass Satz 2.4.18 für beliebige abelsche Gruppen im Allgemeinen nicht gilt. Operiere etwa $G := \mathbb{Z}^{\times} = \{1, -1\}$ stets in natürlicher Weise, d. h. -1 durch Negativbildung. Dann ist die kanonische Projektion von $\mathbb{Z}$ auf $\mathbb{Z}/\mathbb{Z}2$ surjektiv, der induzierte Homomorphismus $0 \to \mathbb{Z}/\mathbb{Z}2$ der Fixpunktgruppen aber nicht. $\Diamond$

Aufgaben

Aufgabe 2.4.1 Eine gegebene Operation einer Gruppe G auf einer Menge X induziert in vielfältiger Weise neue Operationen. Neben den bereits genannten geben wir einige weitere Beispiele. $\vartheta \colon G \to \mathfrak{S}(X)$ sei die zugehörige Aktion. Die Menge Y sei beliebig.

a) Ist $\varphi \colon G \to G''$ ein surjektiver Gruppenhomomorphismus, dessen Kern im Kern der Operation von G auf X liegt, so operiert G'' auf X vermöge $g''x := gx$, wo $g \in \varphi^{-1}(g'')$ beliebig ist. Die zugehörige Aktion $\overline{\vartheta} \colon G'' \to \mathfrak{S}(X)$ ist der von $\vartheta \colon G \to \mathfrak{S}(X)$ induzierte Homomorphismus.

b) Eine Abbildung $f \colon X \to Y$ heißt **verträglich** mit der Operation von G auf X, wenn für alle $x, x' \in X$ aus $f(x) = f(x')$ stets $f(gx) = f(gx')$ für alle $g \in G$ folgt, wenn also jedes Element $g \in G$ die Fasern von f permutiert. Ist f zusätzlich surjektiv, so induziert die Operation von G auf X eine Operation von G auf Y vermöge $gy := f(gx)$, wo $x \in f^{-1}(y)$ beliebig ist. Dies ist dann die einzige Operation von G auf Y, bzgl. der f eine G-Abbildung wird.

---

[20] Es genügt vorauszusetzen, dass sie auf H' surjektiv und auf Bild $f' = \mathrm{Kern}\, f$ injektiv ist.

c) G operiert auf den Abbildungsmengen X^Y bzw. Y^X vermöge $g\widetilde{f} := \vartheta_g \circ \widetilde{f}$ bzw.
$gf := f \circ \vartheta_{g^{-1}} = f \circ \vartheta_g^{-1}$, $\widetilde{f} \in X^Y$, $f \in Y^X$, $g \in G$.[21] Allgemeiner gilt: Operiert
die Gruppe H auf Y vermöge der Aktion $\eta \colon H \to \mathfrak{S}(Y)$, so operiert die Gruppe $H \times G$
auf Y^X vermöge $(h,g)f := \eta_h \circ f \circ g^{-1}$, $(h,g) \in H \times G$, $f \in Y^X$. Operiert also G
sowohl auf X als auch auf Y, so operieren $G \times G$ und damit auch G auf Y^X, wobei G
mit der Diagonalen $\Delta_G \subseteq G \times G$ identifiziert wird. Dann ist $\mathrm{Fix}(G, Y^X)$ die Menge
der G-invarianten Abbildungen $X \to Y$.

Aufgabe 2.4.2 Eine *abelsche* Gruppe operiert genau dann einfach transitiv, wenn sie transitiv und treu operiert.

Aufgabe 2.4.3 Sei p eine Primzahl. Jede Gruppe der Ordnung p^2 ist abelsch, und zwar zyklisch oder isomorph zum Produkt zweier zyklischer Gruppen der Ordnung p. (Man verwende 2.4.6.)

Aufgabe 2.4.4 Sei p eine Primzahl. Jede Gruppe der Ordnung $2p$ ist zyklisch oder isomorph zur Diedergruppe $\mathbf{D}_p$. ($p = 2$ ist ein Sonderfall.)

Aufgabe 2.4.5 Seien p eine Primzahl und G eine nichtabelsche Gruppe der Ordnung p^3. Die Kommutatorgruppe und das Zentrum von G stimmen überein. (Man verwende Aufg. 2.3.1.) Die Klassenzahl von G ist $p^2 + p - 1$.

Bemerkung *Es gibt bis auf Isomorphie zwei nichtabelsche und drei abelsche Gruppen der Ordnung p^3.* Eine der nichtabelschen Gruppen ist das Holomorph $\mathrm{Hol}_H \mathbf{Z}_{p^2} = \mathbf{Z}_{p^2} \rtimes H$, wobei H die (einzige) Untergruppe der Ordnung p der (zyklischen) Gruppe $\mathrm{Aut}\,\mathbf{Z}_{p^2} \cong (\mathbb{Z}/\mathbb{Z}p^2, \cdot)^\times$ ist. (Man beachte $|\mathrm{Aut}\,\mathbf{Z}_{p^2}| = \varphi(p^2) = p(p-1)$.) Die andere ist bei $p > 2$ ein Holomorph $\mathrm{Hol}_F(\mathbf{Z}_p \times \mathbf{Z}_p) = (\mathbf{Z}_p \times \mathbf{Z}_p) \rtimes F$, wobei F eine der Untergruppen der Ordnung p von $\mathrm{Aut}(\mathbf{Z}_p \times \mathbf{Z}_p)$ ist, und bei $p = 2$ die sogenannte Quaternionengruppe $\mathbf{Q}_4$ der Ordnung 8, vgl. Aufg. 2.4.7. Es ist $|\mathrm{Aut}(\mathbf{Z}_p \times \mathbf{Z}_p)| = (p+1)p(p-1)^2$. Die Untergruppen F der Ordnung p in $\mathrm{Aut}(\mathbf{Z}_p \times \mathbf{Z}_p)$ sind nach Satz 2.7.11 (2) konjugiert. $\mathrm{Hol}_F(\mathbf{Z}_p \times \mathbf{Z}_p)$ hat (bei $p > 2$) den Exponenten p. (Bei $p = 2$ handelt es sich um die Diedergruppe der Ordnung 8.) Die abelschen Gruppen der Ordnung p^3 sind $\mathbf{Z}_p \times \mathbf{Z}_p \times \mathbf{Z}_p$, $\mathbf{Z}_p \times \mathbf{Z}_{p^2}$ und $\mathbf{Z}_{p^3}$, vgl. Aufg. 2.2.25.

Aufgabe 2.4.6 Das Monoid H operiere auf dem Monoid N vermöge des Aktionshomomorphismus $\vartheta \colon H \to \mathrm{End}\,N$. Dann ist die Abbildung $N \rtimes_\vartheta H \to N^N$, $(n,h) = nh \mapsto L_n \circ \vartheta_h$, ein Monoidhomomorphismus des semidirekten Produkts $N \rtimes_\vartheta H$ in das Abbildungsmonoid N^N. (Vgl. Beispiel 2.4.12. Man beachte $\varphi \circ L_n = L_{\varphi(n)} \circ \varphi$ für $\varphi \in \mathrm{End}\,N$ und $n \in N$.) Insbesondere ist $(n, \sigma) \mapsto L_n \circ \sigma$, $n \in N$, $\sigma \in \mathrm{End}\,N$, ein Homomorphismus von $\mathrm{Hol}\,N = N \rtimes \mathrm{End}\,N$ in N^N. Letzterer ist injektiv, wenn N regulär ist. Man gebe ein Beispiel dafür, dass dieser Homomorphismus nicht immer injektiv ist.

---

[21] Man beachte die Inversenbildung bei der Operation auf Y^X. Ohne diese erhält man eine Rechtsoperation.

Abb. 2.12 Quaternionengruppe $\mathbf{Q}_4$

	1	-1	i	j	k	-i	-j	-k
1	1	-1	i	j	k	-i	-j	-k
-1	-1	1	-i	-j	-k	i	j	k
i	i	-i	-1	k	-j	1	-k	j
j	j	-j	-k	-1	i	k	1	-i
k	k	-k	j	-i	-1	-j	i	1
-i	-i	i	1	-k	j	-1	k	-j
-j	-j	j	k	1	-i	-k	-1	i
-k	-k	k	-j	i	1	j	-i	-1

Aufgabe 2.4.7 Man bestimme die Untergruppen der Ordnung 8 in der Gruppe $\mathrm{Hol}_{\mathrm{Aut}\,\mathbf{Z}_8}\,\mathbf{Z}_8 = \mathbf{Z}_8 \rtimes \mathrm{Aut}\,\mathbf{Z}_8 = (\mathbb{Z}/\mathbb{Z}8) \rtimes (\mathbb{Z}/\mathbb{Z}8)^\times$. Sie repräsentieren bis auf Isomorphie alle Gruppen der Ordnung 8. Insbesondere ist die von $(2,1)$ und $(1,3)$ erzeugte Untergruppe die sogenannte **Quaternionengruppe** $\mathbf{Q}_4$. Sie ist bis auf Isomorphie unter den Gruppen der Ordnung 8 dadurch charakterisiert, dass sie nicht kommutativ ist und genau ein Element der Ordnung 2 besitzt, und tritt nur einmal auf. (Man katalogisiere die gesuchten Untergruppen nach ihrem Bild in $\mathrm{Aut}\,\mathbf{Z}_8 (\cong \mathbf{D}_2)$ bzgl. des kanonischen Homomorphismus $\mathbf{Z}_8 \rtimes \mathrm{Aut}\,\mathbf{Z}_8 \to \mathrm{Aut}\,\mathbf{Z}_8$. – Bezeichnet man im Anschluss an W. R. Hamilton (1805–1865) das Element der Ordnung 2 in $\mathbf{Q}_4$ mit $-1 (\in Z(\mathbf{Q}_4))$ und wählt unter den 6 Elementen der Ordnung 4 die Elemente i, j, k derart, dass $j \notin H(i)$ und $k = ij$ ist, so erhält man für $\mathbf{Q}_4$ die Verknüpfungstafel aus Abb. 2.12. (Darin ist $-a := (-1)a = a(-1)$ für $a \in \{i, j, k\}$.) Von dieser Tafel ritzte Hamilton am 16. Oktober 1843 die (inzwischen verwitterten) Gleichungen $i^2 = j^2 = k^2 = ijk = -1$ in die Broome Bridge von Dublin.[22] Man überlege, dass sich daraus die vollständige Tafel erschließen lässt, vgl. auch Aufg. 2.4.18. – Die übrigen Untergruppen der Ordnung 8, die isomorph sind zu $\mathbf{Z}_8$, $\mathbf{Z}_4 \times \mathbf{Z}_2$, $(\mathbf{Z}_2)^3$ bzw. $\mathbf{D}_4$ treten mehrfach auf. Insgesamt gibt es 15 Untergruppen der Ordnung 8, nämlich neben der einzigen $\mathbf{Q}_4$ der Reihe nach jeweils 3, 3, 3 bzw. 5 Untergruppen. Man beachte: $\{(0,1),(4,1)\} = 4\mathbf{Z}_8$ ist das Zentrum von $\mathrm{Hol}_{\mathrm{Aut}\,\mathbf{Z}_8}\,\mathbf{Z}_8$.)

Aufgabe 2.4.8 Für eine Untergruppe H ist die Menge G/H der Linksnebenklassen der Gruppe G bzgl. H eine Bahn bzgl. der kanonischen Operation von G auf $\mathfrak{P}(G)$ durch Linkstranslation. Der Kern der induzierten Operation von G auf G/H ist der Normalteiler $N := \bigcap_{g \in G} gHg^{-1} \subseteq G$. Insbesondere induziert die Aktion von G einen injektiven Gruppenhomomorphismus $G/N \to \mathfrak{S}(G/H)$. Man folgere: (1) Jede Untergruppe von endlichem Index n in G umfasst einen Normalteiler, dessen Index endlich ist und $n!$ teilt. (2) Ist G einfach und $H \subset G$ eine echte Untergruppe von G, so ist G isomorph zu einer Untergruppe von $\mathfrak{S}(G/H)$ und insbesondere G endlich sowie $\mathrm{Ord}\,G$ ein Teiler von $n!$, wenn H den endlichen Index $n > 1$ in G hat. (3) Ist G endlich und H eine Untergruppe vom Primzahlindex p, wobei p der kleinste Primteiler von $\mathrm{Ord}\,G$ ist, so ist H ein Normalteiler in G. Insbesondere ist jede Untergruppe vom Index p ein Normalteiler in jeder endlichen p-Gruppe.

---

[22] Eine Gedenktafel erinnert daran.

Aufgabe 2.4.9 Ist G eine endliche Gruppe ungerader Ordnung und $a \in G, a \neq e_G$, so liegen a und a^{-1} in verschiedenen Konjugationsklassen.

Aufgabe 2.4.10 Sei H eine abelsche Gruppe. Man bestimme die Konjugationsklassen der Diedergruppe $\mathbf{D}(H)$, und insbesondere die von $\mathbf{D}_n = \mathbf{D}(\mathbf{Z}_n), n \in \mathbb{N}$.

Aufgabe 2.4.11 Die endliche Gruppe G operiere auf der endlichen Menge X. Dann gilt

$$|G| \cdot |X \backslash G| = \sum_{g \in G} |\mathrm{Fix}(g, X)| \quad \textbf{(Formel von Cauchy-Frobenius-Burnside)},$$

d. h. die Anzahl der Bahnen ist das arithmetische Mittel der Elementezahlen der einzelnen Fixpunktmengen der Gruppenelemente. (Man zähle die Anzahl der Elemente von $\{(g, x) \in G \times X \mid gx = x\} \subseteq G \times X$ auf zweierlei Weisen, vgl. die Bemerkung in Aufg. 1.6.8. – Man beachte, dass konjugierte Elemente in G dieselbe Anzahl von Fixpunkten haben. Es ist also $|G| \cdot |X \backslash G| = \sum_{i=1}^{r} |C_G(g_i)||\mathrm{Fix}(g_i, X)|$, wobei $g_1, \ldots, g_r$ ein Repräsentantensystem für die verschiedenen Konjugationsklassen von G ist.)

Aufgabe 2.4.12 G sei eine Gruppe und $H \subset G$ eine Untergruppe $\neq G$ von endlichem Index. Dann ist $\bigcup_{g \in G} g H g^{-1} \neq G$. (Vgl. Beispiel 2.4.5. Man kann annehmen, dass G endlich ist (Folgerung (1) in Aufg. 2.4.18).)

Aufgabe 2.4.13 Sei N ein Normalteiler der Gruppe G, und G (und damit auch N) operiere auf der Menge X. Ferner sei $x \in X$.

a) Es ist $N_x = G_x \cap N$. G operiert auch auf der Menge $X \backslash N$ der N-Bahnen von X, und es ist $G_{Nx} = NG_x \subseteq G$ sowie $|Gx| = |Nx| \cdot [G : NG_x]$. (Es ist $[G : NG_x] = [(G/N) : (NG_x/N)]$ und $NG_x/N \cong G_x/N_x$.)

b) Die Fixpunktmenge $\mathrm{Fix}(N, X) = \bigcap_{g \in N} \mathrm{Fix}(g, X)$ ist invariant unter G, und N gehört zum Kern der von G auf $\mathrm{Fix}(N, X)$ induzierten Operation. Die Quotientengruppe G/N operiert also in natürlicher Weise auf $\mathrm{Fix}(N, X)$.

Aufgabe 2.4.14 Sei N eine Gruppe. Genau dann ist jedes semidirekte Produkt $N \rtimes_\vartheta H$ mit einer Gruppe H gleich dem direkten Produkt $N \times H$, wenn $|N| \leq 2$ ist. (Es ist zu zeigen: *Jede Gruppe N mit mehr als zwei Elementen besitzt einen von der Identität verschiedenen Automorphismus.* – Man denke im nichtabelschen Fall an die Konjugationen, im abelschen Fall an die Inversenbildung (die die Diedergruppen liefert) und für elementare abelsche 2-Gruppen an den Struktursatz aus Aufg. 2.3.6a). – Das Ergebnis dieser Aufgabe lässt sich auch so formulieren: Genau dann besitzt die Gruppe N höchstens 2 Elemente, wenn sie folgende Eigenschaft hat: Ist N eine normale Untergruppe einer Gruppe G und ist N ein schwacher direkter Faktor in G, so ist N sogar ein starker direkter Faktor in G. Oder mit exakten Sequenzen ausgedrückt: Sei N eine Gruppe. Ist $|N| \leq 2$ und nur dann, ist jede schwach aufspaltende exakte Sequenz $1 \rightarrow N \rightarrow G \rightarrow H \rightarrow 1$ von Gruppen sogar stark aufspaltend.)

Aufgabe 2.4.15 Sei H eine Untergruppe der Gruppe G. Der G-Raum G/H ist bis auf G-Isomorphie ein Modell für jeden G-Raum, auf dem G transitiv mit Isotropieklasse $[H] = \{gHg^{-1} \mid g \in G\}$ operiert. Für jeden solchen Raum X ist also $\mathrm{Aut}_G\, X \cong \mathrm{Aut}_G(G/H)$.

a) Sei $x \in G$. Genau dann gibt es einen G-Isomorphismus $G/H \to G/H$ mit $H \mapsto xH$, wenn $x \in \mathrm{N}_G(H)$ ist, d. h. wenn $H = xHx^{-1}$ ist. Ist $x \in \mathrm{N}_G(H)$, so bezeichnen wir diesen G-Isomorphismus $gH \mapsto gxH$, $g \in G$, mit f_x.

b) Die Abbildung $\mathrm{N}_G(H) \to \mathrm{Aut}_G(G/H)$, $x \mapsto f_x$, ist ein surjektiver Antihomomorphismus von Gruppen mit H als Kern. Insbesondere ist $\left(\mathrm{N}_G(H)/H\right)^{\mathrm{op}} \xrightarrow{\sim} \mathrm{Aut}_G(G/H)$, $\overline{x} \mapsto (f_x\colon gH \mapsto gxH)$, ein Gruppenisomorphismus. Ist N eine normale Untergruppe von G, so ist $(G/N)^{\mathrm{op}} \xrightarrow{\sim} \mathrm{Aut}_G(G/N)$, $\overline{x} \mapsto f_x$, ein Isomorphismus. Speziell: Operiert G einfach transitiv auf X (ist also $N = \{e_G\}$), so ist $\mathrm{Aut}_G\, X \cong G^{\mathrm{op}}$. Konkret: Die G-Automorphismen von $G = G/\{e_G\}$ sind die *Rechts*translationen R_x, $x \in G$, von G.

c) Man beschreibe die Gruppe der G-Automorphismen eines beliebigen G-Raums X. (Vgl. Satz 2.4.15.)

Aufgabe 2.4.16 Eine Operation des freien Monoids $\mathbb{N} = (\mathbb{N}, +)$ auf der Menge X wird gegeben durch eine Abbildung $g\colon X \to X$. Die zugehörige Aktion $\vartheta\colon \mathbb{N} \to X^X$ ist dann $n \mapsto g^n$, $n \in \mathbb{N}$. Ist g speziell eine Permutation von X, so lässt sich diese Operation eindeutig ausdehnen zu einer Operation der freien Gruppe $\mathbb{Z} = (\mathbb{Z}, +)$ auf der Menge X, wobei $n \in \mathbb{Z}$ wieder wie g^n operiert. Ein Paar (X, g) mit einer Menge X und einer Abbildung $g\colon X \to X$ heißt ein **diskretes dynamisches System**. Ein diskretes dynamisches System (Y, h) ist genau dann zu (X, g) isomorph, wenn (Y, h) zu (X, g) **konjugiert** ist, d. h. wenn es eine bijektive Abbildung $f\colon X \xrightarrow{\sim} Y$ gibt mit $h = fgf^{-1}$. Durch Übergang zu einem konjugierten System lassen sich Überlegungen für diskrete dynamische Systeme häufig vereinfachen.

Sei (X, g) wieder ein beliebiges diskretes dynamisches System. Für einen Punkt $x \in X$ liefert die Folge $x_n = g^n(x)$, $n \in \mathbb{N}$, die rekursiv durch

$$x_0 = x, \quad x_{n+1} = g(x_n), \ n \in \mathbb{N},$$

definiert werden kann, die Bahn (den Orbit) $\mathbb{N}x = \{x_n \mid n \in \mathbb{N}\}$ zum Startwert $x_0 = x$.[23] Ist x **periodisch**, d. h. ist die Folge (x_n) periodisch mit einem Periodizitätstyp $(m, k) \in \mathbb{N} \times \mathbb{N}^*$, vgl. Aufg. 1.7.38, so sind die $k + m$ Punkte $x_0 \ldots, x_{m+k-1} \in X$ der Bahn $\mathbb{N}x$ paarweise verschieden. $x_0, \ldots, x_{m-1}$ ist die **Vorperiode** und $x_m, \ldots, x_{m+k-1}$ die **Periode** von x. Ferner ist $x_m = g(x_{m-1}) = x_{m+k}$. Ist x **aperiodisch**, d. h. ist die Folge (x_n) vom Typ $(\infty, 0)$, so sind alle Folgenglieder x_n, $n \in \mathbb{N}$, paarweise verschieden. Ist g injektiv, so ist x offenbar aperiodisch oder **rein-periodisch**. (Dies gilt insbesondere, wenn g eine Permutation ist.) Der Periodizitätstyp der Folge (x_n) heißt auch der **Typ** von $x = x_0$ bzgl. g.

---

[23] Ist g bijektiv, so heißt $\mathbb{N}x$ auch die **Halbbahn** und $\mathbb{Z}x = \{x_n = g^n(x_0) \mid n \in \mathbb{Z}\}$ die (volle) **Bahn** zu x.

Auf dem additiven Monoid $\mathbb{N} = (\mathbb{N}, +)$ ist die Relation „$i \sim j \Leftrightarrow x_i = g^i(x) = g^j(x) = x_j$" eine kompatible Äquivalenzrelation, und das zyklische Quotientenmonoid $\mathbb{N}/\sim$ hat denselben Typ wie x, vgl. Beispiel 2.3.32 und dort insbesondere Abb. 2.9. Die Menge der *rein*-periodischen Punkte $x \in X$ mit Periodenlänge $k \in \mathbb{N}^*$ werde mit

$$\mathrm{Per}_k(g) = \mathrm{Per}_k(g, X)$$

bezeichnet. Für $x \in \mathrm{Per}_k(g)$ ist also $x_0, \ldots, x_{k-1}$ die Bahn von x. Sie hat die Länge k. Ist x periodisch vom Typ (m, k), so sind die k Punkte $x_m, \ldots, x_{m+k-1}$ der Periode von x Elemente von $\mathrm{Per}_k(g)$. $\mathrm{Per}_1(g, X)$ ist die Menge $\mathrm{Fix}(g, X)$ der Fixpunkte von g in X. $\mathrm{Per}_k(g)$ ist eine g-invariante Teilmenge von X und $g|\mathrm{Per}_k(g)$ ist eine Permutation von $\mathrm{Per}_k(g)$, deren (paarweise disjunkte) Bahnen alle die Länge k haben. Insbesondere ist $|\mathrm{Per}_k(g)| \equiv 0 \bmod k$, falls $\mathrm{Per}_k(g)$ endlich ist.

a) Sei x periodisch vom Typ $(m, k) \in \mathbb{N} \times \mathbb{N}^*$ bzgl. g. Für $\ell \in \mathbb{N}$ ist $x_\ell = g^\ell(x)$ bzgl. g periodisch vom Typ $(\mathrm{Max}\,(m - \ell, 0), k)$. Ist $q \in \mathbb{N}^*$, so ist x bzgl. g^q periodisch vom Typ $(\lceil m/q \rceil, k/\mathrm{ggT}(k, q))$.[24]

b) Für $k \in \mathbb{N}^*$ ist

$$\mathrm{Fix}(g^k) = \biguplus_{d \mid k} \mathrm{Per}_d(g).$$

c) Sei $k \in \mathbb{N}^*$ und $\mathrm{Fix}(g^k)$ eine endliche Menge. Dann gilt

$$\left|\mathrm{Fix}(g^k)\right| = \sum_{d \mid k} |\mathrm{Per}_d(g)| \quad \text{und} \quad \sum_{d \mid k} \mu(d) \left|\mathrm{Fix}(g^{k/d})\right| = |\mathrm{Per}_k(g)| \equiv 0 \bmod k.$$

(Man benutze die Möbiussche Umkehrformel aus Aufg. 2.1.23b).)

d) Um ein Beispiel für die in c) hergeleitete Formel zu geben, seien $n, k \in \mathbb{N}^* - \{1\}$. Als diskretes dynamisches System wählen wir $(\mathbf{Z}_{n^k-1}, \chi_n)$, wo $\chi_n \colon \mathbf{Z}_{n^k-1} \to \mathbf{Z}_{n^k-1}$ die Vielfachenbildung $x \mapsto nx$ ist, die ein Automorphismus der (additiven) zyklischen Gruppe $\mathbf{Z}_{n^k-1}$ ist. Für einen Teiler e von k ist dann $\mathrm{Fix}(\chi_n^e = \chi_{n^e}, \mathbf{Z}_{n^k-1})$ die (zyklische) Untergruppe der Ordnung $n^e - 1$ von $\mathbf{Z}_{n^k-1}$, also $|\mathrm{Fix}(\chi_n^e, \mathbf{Z}_{n^k-1})| = n^e - 1$. Es folgt

$$\sum_{H \subseteq \mathbb{P}_k} (-1)^{|H|} n^{k/p^H} = |\mathrm{Per}_k(\chi_n, \mathbf{Z}_{n^k-1})| \equiv 0 \bmod k,$$

wobei $\mathbb{P}_k$ die Menge der Primteiler von k ist und $p^H = \prod_{p \in H} p$. (Man beachte $\sum_{d \mid k} \mu(d) = 0$ wegen $k > 1$.) Die angegebene Kongruenz gilt für alle $n \in \mathbb{Z}$. (Man ersetze einfach n durch eine Zahl $n + ak > 1$.) Es handelt sich um eine Verallgemeinerung des Kleinen Fermatschen Satzes. Für $k = p \in \mathbb{P}$ erhält man nämlich

---

[24] Ist $(x_i)_{i \in \mathbb{N}}$ eine beliebige periodische Folge vom Typ (m, k), so ist der Typ (m', k') der Teilfolge $(x_{qi})_{i \in \mathbb{N}}$, $q \in \mathbb{N}^*$, nicht notwendigerweise $(\lceil m/q \rceil, k/\mathrm{ggT}(k, q))$. Es ist aber $m' \leq \lceil m/q \rceil$ und k' ein Teiler von $k/\mathrm{ggT}(k, q)$. Man betrachte Beispiele!

$n^p - n \equiv 0 \bmod p$ für alle $n \in \mathbb{Z}$. Die obige Formel gibt überdies für $n > 0$ und $p \nmid n$ eine Interpretation des sogenannten **Fermat-Exponenten** $v_p(n^{p-1}-1) = v_p(n^p-n)$.[25] Dies ist die Anzahl der Bahnen der Beschränkung von χ_n auf die Menge der rein-p-periodischen ($= p$-periodischen) Punkte von $\chi_n\colon \mathbb{Z}_{n^p-1} \to \mathbb{Z}_{n^p-1}$. – Statt der eingangs angegebenen dynamischen Systeme kann man auch auf der additiven Torusgruppe $\mathbb{T} = \mathbb{R}/\mathbb{Z}$ für $n > 1$ das dynamische System $(\mathbb{T}, \chi_n)$ betrachten, wo χ_n wieder die n-Fachen-Bildung $x \mapsto nx$ ist (oder äquivalent dazu die Potenzabbildung $z \mapsto z^n$ auf der Kreisgruppe $U = \{z \in \mathbb{C} \mid |z| = 1\}$). Für $k \in \mathbb{N}^*$ ist $\chi_n^k = \chi_{n^k}$ und

$$\operatorname{Fix}(\chi_{n^k}, \mathbb{T}) = \mathrm{T}_{n^k-1}(\mathbb{T}) = \frac{1}{n^k - 1}\mathbb{Z}\Big/\mathbb{Z}, \quad \text{also} \quad |\operatorname{Fix}(\chi_{n^k}, \mathbb{T})| = n^k - 1,$$

woraus sich wieder die obige Formel als Verallgemeinerung des Kleinen Fermatschen Satzes ergibt. Man bestimme auch die periodischen, rein-periodischen bzw. aperiodischen Punkte $x \in \mathbb{T}$ mit Hilfe des Repräsentanten $\alpha \in [0, 1[$ von x und beobachte den Zusammenhang mit dem Periodizitätsverhalten der n-al-Entwicklung von α, vgl. die Beispiele 3.3.10 und 3.6.18. Genau dann ist x aperiodisch, wenn α irrational ist.

Aufgabe 2.4.17 Für $n \in \mathbb{N}$ sind

$$\langle x, z \mid x^n = z^2 = e, zxz^{-1} = x^{-1}\rangle \quad \text{und} \quad \langle y, z \mid y^2 = z^2 = (yz)^n = e\rangle$$

Darstellungen der Diedergruppe $\mathbf{D}_n$ mit Erzeugenden und Relationen, vgl. Beispiel 2.3.34.

Aufgabe 2.4.18 $\langle \varepsilon, \mathrm{i}, \mathrm{j}, \mathrm{k} \mid \varepsilon^2 = e, \mathrm{i}^2 = \mathrm{j}^2 = \mathrm{k}^2 = \mathrm{ijk} = \varepsilon\rangle$ ist eine Darstellung der Quaternionengruppe $\mathbf{Q}_4$ der Ordnung 8. (Hamilton – Vgl. Aufg. 2.4.7.)

Aufgabe 2.4.19 Sei $p \in \mathbb{P}$ und N ein Normalteiler in der endlichen Gruppe G mit der kanonischen Projektion $\pi\colon G \to G/N$. Ist dann $S_p \subseteq G$ eine p-Sylow-Gruppe von G, so ist $N \cap S_p$ eine p-Sylow-Gruppe von N und $\pi(S_p) = (S_pN)/N \cong S_p/(N \cap S_p)$ eine p-Sylow-Gruppe von G/N, (Vgl. Beispiel 2.4.9. – Ist $H \subseteq N$ eine p-Gruppe, so gibt es nach Satz 2.4.11(2) ein $x \in G$ mit $xHx^{-1} \subseteq N \cap S_p$.)

2.5 Permutationsgruppen

In diesem Abschnitt beschreiben wir die Permutationsgruppen endlicher Mengen etwas ausführlicher und führen zunächst einige allgemeine Bezeichnungen ein.

Sei I eine Menge. Wir betrachten die Permutationsgruppe $\mathfrak{S}(I)$ von I und jede ihrer Untergruppen stets mit ihrer natürlichen Operation auf I. (Es ist also $\sigma i = \sigma(i)$ für alle

---

[25] Der Fermat-Exponent ist selten > 1. Für $n = 2$ zum Beispiel gibt es nur zwei Primzahlen $p \leq 6{,}7 \cdot 10^{15}$ mit $v_p(2^{p-1} - 1) \geq 2$, nämlich $p = 1093$ (Meißner 1913) und $p = 3511$ (Beeger 1922). Solche Primzahlen heißen **Wieferich-Primzahlen** (nach A. Wieferich (1884–1954)).

$\sigma \in \mathfrak{S}(I)$, $i \in I$.) Das Komplement in I der Fixpunktmenge Fix $\sigma = \mathrm{Fix}(\sigma, I)$ von $\sigma \in \mathfrak{S}(I)$ heißt der **Wirkungsbereich** von σ und wird mit $\mathrm{W}(\sigma) = \mathrm{W}(\sigma, I)$ bezeichnet. Es ist also

$$\mathrm{W}(\sigma) := \{ i \in I \mid \sigma(i) \neq i \} \subseteq I.$$

Wie Fix σ ist auch $\mathrm{W}(\sigma)$ invariant unter σ. Permutationen $\sigma, \tau \in \mathfrak{S}(I)$ mit disjunkten Wirkungsbereichen sind offenbar vertauschbar, d. h. aus $\mathrm{W}(\sigma) \cap \mathrm{W}(\tau) = \emptyset$ folgt $\sigma\tau = \tau\sigma$. Ist I' eine Teilmenge der Menge I, so gewinnt man eine kanonische Einbettung von $\mathfrak{S}(I')$ in $\mathfrak{S}(I)$, indem man jedem $\sigma \in \mathfrak{S}(I')$ die Permutation von I zuordnet, die auf I' wie σ und auf dem Komplement $I - I'$ wie die Identität operiert, also denselben Wirkungsbereich wie σ hat. In dieser Weise identifizieren wir für $I' \subseteq I$ stets $\mathfrak{S}(I')$ mit einer Untergruppe von $\mathfrak{S}(I)$ und insbesondere $\mathfrak{S}_m = \mathfrak{S}(\mathbb{N}^*_{\leq m}) = \mathfrak{S}(\{1, \ldots, m\})$ mit einer Untergruppe von $\mathfrak{S}_n$ für $m, n \in \mathbb{N}$, $m \leq n$. Man hat somit die Kette von Untergruppen

$$\{\mathrm{id}\} = \mathfrak{S}_0 = \mathfrak{S}_1 \subset \mathfrak{S}_2 \subset \cdots \subset \mathfrak{S}_n \subset \mathfrak{S}_{n+1} \subset \cdots \subset \mathfrak{S}(\mathbb{N}^*) \quad \text{mit} \quad \bigcup_{n \in \mathbb{N}} \mathfrak{S}_n = \mathfrak{S}_{\mathrm{fin}}(\mathbb{N}^*),$$

wobei für eine Menge I generell

$$\mathfrak{S}_{\mathrm{fin}}(I) \subseteq \mathfrak{S}(I)$$

die Gruppe der Permutationen von I mit endlichem Wirkungsbereich bezeichnet. $\mathfrak{S}_{\mathrm{fin}}(I)$ ist eine normale Untergruppe von $\mathfrak{S}(I)$, denn für beliebige $\sigma, \tau \in \mathfrak{S}(I)$ ist $\mathrm{Fix}(\tau\sigma\tau^{-1}) = \tau(\mathrm{Fix}(\sigma))$ und damit auch $\mathrm{W}(\tau\sigma\tau^{-1}) = \tau(\mathrm{W}(\sigma))$. Zwei Permutationen $\sigma, \tau \in \mathfrak{S}(I)$ sind genau dann kongruent modulo $\mathfrak{S}_{\mathrm{fin}}(I)$, wenn σ und τ fast überall auf I übereinstimmen. Ist $I = \biguplus_{j \in J} I_j$ eine Zerlegung der Menge I, so kommutieren die Untergruppen $\mathfrak{S}(I_j) \subseteq \mathfrak{S}(I)$, $j \in J$, elementweise. Folglich ist dann $(\sigma_j)_{j \in J} \mapsto \prod_{j \in J} \sigma_j$ eine Einbettung der Produktgruppe $\prod_{j \in J} \mathfrak{S}(I_j)$ in die Gruppe $\mathfrak{S}(I)$. Dabei operiert (auch bei unendlichem J) das Produkt $\prod_{j \in J} \sigma_j \in \mathfrak{S}(I)$ auf I_j wie σ_j, $j \in J$. Die Produktgruppe $\prod_{j \in J} \mathfrak{S}(I_j)$ identifiziert sich also mit der Untergruppe derjenigen $\sigma \in \mathfrak{S}(I)$, die alle I_j, $j \in J$, invariant lassen.

Sei nun I eine endliche Menge. Dann ist $\mathfrak{S}(I)$ eine endliche Gruppe mit $|I|!$ Elementen, vgl. Satz 1.6.7. Zu einer übersichtlichen Beschreibung eines Elements $\sigma \in \mathfrak{S}(I)$ betrachten wir die Bahnen der natürlichen Operation der von σ erzeugten zyklischen Untergruppe $\mathrm{H}(\sigma) \subseteq \mathfrak{S}(I)$ auf I, die auch die **Bahnen** von σ heißen. Ist $i_0 \in I$, so gilt

$$\mathrm{H}(\sigma)i_0 = \{ i_0, i_1 := \sigma(i_0), i_2 := \sigma(i_1) = \sigma^2(i_0), \ldots, i_{k-1} := \sigma^{k-1}(i_0) \},$$

wobei σ^k das erzeugende Element der Isotropiegruppe $\mathrm{H}(\sigma)_{i_0} = \{ \tau \in \mathrm{H}(\sigma) \mid \tau(i_0) = i_0 \} \subseteq \mathrm{H}(\sigma)$ von i_0 mit minimalem $k \in \mathbb{N}^*$ ist. Die Bahn hat also $k = [\mathrm{H}(\sigma) : \mathrm{H}(\sigma)_{i_0}]$ Elemente. k teilt Ord $\sigma = |\mathrm{H}(\sigma)|$ und i_0 ist bzgl. σ ein (rein-)periodischer Punkt der Periodenlänge k, vgl. auch Aufg. 2.4.16, wo allgemeiner Abbildungen einer Menge in sich behandelt werden. Die Bahn durch i_0 ist genau die Menge der Elemente, die aus i_0 durch

Abb. 2.13 Zyklische Vertau-
schung

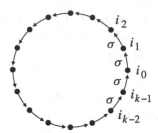

wiederholtes Anwenden von σ (oder auch von σ^{-1}) gewonnen werden. σ operiert also auf dieser Bahn durch **zyklisches Vertauschen**, vgl. Abb. 2.13 oder auch schon Abb. 2.5.

Wir bezeichnen die Permutation von I, die die Elemente $i_0, \ldots, i_{k-1}$ in dieser Weise zyklisch vertauscht und die übrigen Elemente von I punktweise festlässt, mit

$$\langle i_0, \ldots, i_{k-1} \rangle$$

und sprechen von einem **Zyklus** der **Länge** $L\big(\langle i_0, \ldots, i_{k-1} \rangle\big) = k$. Für jedes $j = 0, \ldots, k-1$ ist

$$\langle i_0, \ldots, i_{k-1} \rangle = \langle i_j, \ldots, i_{k-1}, i_0, \ldots, i_{j-1} \rangle.$$

σ stimmt auf der Bahn $\mathrm{H}(\sigma)i_0$ mit dem Zyklus $\langle i_0, \ldots, i_{k-1} \rangle$ überein. Ist $k = 1$, so ist der Zyklus die Identität, i_0 also ein Fixpunkt von σ. Ist $k > 1$, so gehört die Bahn $\mathrm{H}(\sigma)i_0$ zum Wirkungsbereich von σ. Da die Bahnen von σ eine Zerlegung von I bilden, erhalten wir:

Satz 2.5.1 (Kanonische Zyklendarstellung) *Sei I eine endliche Menge. Jede Permutation σ von I besitzt eine Darstellung $\sigma = \sigma_1 \cdots \sigma_r$ mit Zyklen $\sigma_1, \ldots, \sigma_r \in \mathfrak{S}(I)$ der Länge ≥ 2, deren Wirkungsbereiche paarweise disjunkt sind. Diese Darstellung ist bis auf die Reihenfolge der Faktoren $\sigma_1, \ldots, \sigma_r$ eindeutig.*

Um die Eindeutigkeit einzusehen, beachte man, dass die Wirkungsbereiche der Zyklen $\sigma_1, \ldots, \sigma_r$ notwendigerweise die Bahnen von σ mit mehr als einem Element sind. Eine analoge Aussage gilt auch für Permutationen σ beliebiger Mengen I (mit eventuell unendlich vielen nichttrivialen Zyklen), wenn nur alle Bahnen von σ endlich sind, was sicher bei $\mathrm{Ord}\, \sigma \in \mathbb{N}^*$ der Fall ist.

Beispiel 2.5.2 Die Permutation

$$\sigma := \begin{pmatrix} 1 & 2 & 3 & 4 & 5 & 6 & 7 & 8 & 9 & 10 & 11 & 12 & 13 & 14 & 15 & 16 & 17 & 18 & 19 & 20 \\ 17 & 3 & 11 & 5 & 4 & 2 & 19 & 12 & 9 & 15 & 7 & 1 & 10 & 18 & 20 & 14 & 8 & 16 & 6 & 13 \end{pmatrix} \in \mathfrak{S}_{20}.$$

hat die Zyklendarstellung

$$\sigma = \langle 1, 17, 8, 12 \rangle \langle 2, 3, 11, 7, 19, 6 \rangle \langle 4, 5 \rangle \langle 10, 15, 20, 13 \rangle \langle 14, 18, 16 \rangle.$$

Sie hat genau 5 Bahnen mit mehr als einem Punkt, und ihr Wirkungsbereich ist $W(\sigma) = \{1, \ldots, 20\} - \{9\}$. (Insgesamt hat sie also 6 Bahnen.)

Aus der Zyklendarstellung $\sigma = \sigma_1 \cdots \sigma_r$ gemäß 2.5.1 lassen sich leicht die Potenzen $\sigma^m = \sigma_1^m \cdots \sigma_r^m, m \in \mathbb{Z}$, berechnen, da die Potenzen von Zyklen sofort angegeben werden können. *Insbesondere ergibt sich für die Ordnung von σ die Formel*

$$\operatorname{Ord} \sigma = \operatorname{kgV}(\operatorname{Ord} \sigma_1, \ldots, \operatorname{Ord} \sigma_r) = \operatorname{kgV}(L(\sigma_1), \ldots, L(\sigma_r)),$$

da die Ordnung eines Zyklus gleich seiner Länge ist, vgl. auch Aufg. 2.2.11a). Die obige Permutation $\sigma \in \mathfrak{S}_{20}$ hat also die Ordnung $\operatorname{Ord} \sigma = \operatorname{kgV}(4, 6, 2, 4, 3) = 12$. Auch das Inverse σ^{-1} lässt sich mit der Zyklendarstellung $\sigma = \sigma_1 \cdots \sigma_r$ unmittelbar angeben. Es ist nämlich $\sigma^{-1} = \sigma_1^{-1} \cdots \sigma_r^{-1}$ (da die σ_i paarweise kommutieren), und für einen Zyklus ist

$$\langle i_0, \ldots, i_{k-1} \rangle^{-1} = \langle i_{k-1}, i_{k-2}, \ldots, i_0 \rangle = \langle i_0, i_{k-1}, \ldots, i_1 \rangle.$$

Im obigen Beispiel ergibt sich

$$\sigma^{-1} = \langle 1, 12, 8, 17 \rangle \langle 2, 6, 19, 7, 11, 3 \rangle \langle 4, 5 \rangle \langle 10, 13, 20, 15 \rangle \langle 14, 16, 18 \rangle. \qquad \diamond$$

Die Zyklen der Länge 2 sind die **Transpositionen**. Die Transposition $\langle i, j \rangle \in \mathfrak{S}(I)$, $i \neq j$, vertauscht die Elemente i und j und lässt die übrigen Elemente aus I fest. Sie ist also involutorisch mit Wirkungsbereich $\{i, j\}$. Ein Zyklus $\langle i_0, i_1, \ldots, i_{k-1} \rangle$ der Länge k hat die folgende Darstellung als Produkt von $k - 1$ Transpositionen:

$$\langle i_0, i_1, \ldots, i_{k-1} \rangle = \langle i_0, i_1 \rangle \langle i_1, i_2 \rangle \cdots \langle i_{k-2}, i_{k-1} \rangle.$$

Der Leser prüfe dies sorgfältig. Wir erinnern daran, dass Permutationen wie Abbildungen von rechts nach links gelesen werden. Mit Satz 2.5.1 ergibt sich:

Lemma 2.5.3 *Sei I eine endliche Menge. Jede Permutation σ von I besitzt eine Darstellung als Produkt von Transpositionen. Genauer: Ist s die Anzahl der Bahnen von σ (einschließlich der einelementigen), so besitzt σ eine Darstellung als Produkt von $|I| - s$ Transpositionen.*

Die Existenz einer Darstellung von $\sigma \in \mathfrak{S}(I)$ als Produkt von Transpositionen zeigt man auch leicht direkt durch Induktion über $|W(\sigma)|$: Sei $\sigma(i_0) = j_0 \neq i_0$. Dann hat $\sigma' := \langle i_0, j_0 \rangle \sigma$ den Fixpunkt i_0, und wegen $|W(\sigma')| < |W(\sigma)|$ gibt es eine Darstellung $\sigma' = \langle i_1, j_1 \rangle \cdots \langle i_s, j_s \rangle$. Es folgt $\sigma = \langle i_0, j_0 \rangle \sigma' = \langle i_0, j_0 \rangle \langle i_1, j_1 \rangle \cdots \langle i_s, j_s \rangle$.

Die Darstellung einer Permutation als Produkt von Transpositionen ist (im Gegensatz zur kanonischen Zyklendarstellung) natürlich nicht eindeutig. Man kann beispielsweise jede solche Darstellung durch $\operatorname{id} = \tau\tau$ mit einer beliebigen Transposition τ verlängern. Wie wir gleich zeigen werden, ist aber die Parität der Anzahl der zur Darstellung von σ benötigten Transpositionen eindeutig bestimmt. Der Zusatz in Lemma 2.5.3 motiviert also die folgende Definition:

Definition 2.5.4 Sei σ eine Permutation der n-elementigen Menge I. Die Anzahl der Bahnen von σ sei s. Dann heißt

$$\operatorname{Sign} \sigma := (-1)^{n-s}$$

das **Signum** (oder das **Vorzeichen**) von σ. Die Permutation σ heißt **gerade**, wenn $\operatorname{Sign} \sigma = 1$, d. h. wenn $n - s$ gerade ist, andernfalls heißt sie **ungerade**. (Ist $\sigma: I \to I$ nicht bijektiv, so setzt man $\operatorname{Sign} \sigma = 0$.)

Sind $B_1, \dots, B_s$ die Bahnen von σ, so ist

$$n - s = \sum_{k=1}^{s} |B_k| - s = \sum_{k=1}^{s} (|B_k| - 1)$$

und somit

$$\operatorname{Sign} \sigma = \prod_{k=1}^{s} (-1)^{|B_k|-1} = (-1)^g,$$

wobei g die Anzahl der gerad(zahlig)en Bahnen von σ ist. σ *ist also genau dann gerade, wenn die Anzahl der geraden Bahnen von σ gerade ist.*

Beispiel 2.5.5

(1) Die Identität ist gerade. Eine Transposition ist ungerade; allgemein hat ein Zyklus der Länge k das Signum $(-1)^{k-1}$.

(2) Die Permutation $\sigma \in \mathfrak{S}_{20}$ aus Beispiel 2.5.2 ist gerade, da sie genau 4 geradzahlige Bahnen hat.

(3) Es ist $\operatorname{Sign} \sigma = \operatorname{Sign}(\sigma|\mathrm{W}(\sigma))$. Mit dieser Beobachtung lässt sich die Signumfunktion für die Gruppe $\mathfrak{S}_{\mathrm{fin}}(I)$ der Permutationen mit endlichem Wirkungsbereich auf einer beliebigen Menge I definieren. Man setzt $\operatorname{Sign} \sigma := \operatorname{Sign}(\sigma|\mathrm{W}(\sigma))$ für $\sigma \in \mathfrak{S}_{\mathrm{fin}}(I)$.

(4) Häufig ersetzt man die multiplikative Gruppe $\mathbb{Z}^{\times}$ durch die additive Gruppe $\mathbf{Z}_2 = \mathbb{Z}/\mathbb{Z}2$ und spricht dann von der **Parität** $\operatorname{Par} \sigma$ der Permutation σ. Es ist also $\operatorname{Par} \sigma = 0 \in \mathbf{Z}_2$, falls σ gerade, und $\operatorname{Par} \sigma = 1 \in \mathbf{Z}_2$, falls σ ungerade ist sowie $\operatorname{Sign} \sigma = (-1)^{\operatorname{Par} \sigma}$. $\diamond$

Grundlegend ist folgender Satz:

Satz 2.5.6 *Die Permutation* $\sigma \in \mathfrak{S}(I)$, *$I$ endlich, sei als Produkt* $\sigma = \tau_1 \cdots \tau_k$ *von k Transpositionen* $\tau_1, \dots, \tau_k$ *dargestellt. Dann ist* $\operatorname{Sign} \sigma = (-1)^k$.

Beweis (durch Induktion über k) Es genügt zu zeigen, dass σ und $\tau\sigma$ für eine beliebige Transposition τ verschiedene Vorzeichen haben. Dazu genügt es zu zeigen, dass die Anzahlen der Bahnen von $\tau\sigma$ und σ sich um 1 unterscheiden. Sei $\tau = \langle i, j \rangle$. Die Bahnen von σ, die weder i noch j enthalten, sind auch Bahnen von $\tau\sigma$. Wir betrachten also nur noch die Bahnen von σ, die i oder j enthalten.

1. Fall: Liegen i und j in ein und derselben Bahn von σ, so haben σ und $\tau\sigma$ die kanonischen Zyklendarstellungen

$$\sigma = \langle i_0, \ldots, i_r, \ldots, i_{s-1}\rangle \cdots \quad \text{bzw.} \quad \tau\sigma = \langle i_0, \ldots, i_{r-1}\rangle \langle i_r, \ldots, i_{s-1}\rangle \cdots,$$

mit $i_0 = i$ und $i_r = j$, und die Anzahl der Bahnen von $\tau\sigma$ ist um 1 größer als die von σ.
2. Fall: Liegen i und j in verschiedenen Bahnen, so haben σ und $\tau\sigma$ die kanonischen Zyklendarstellungen

$$\sigma = \langle i_0, \ldots, i_{r-1}\rangle \langle j_0, \ldots, j_{s-1}\rangle \cdots \quad \text{bzw.} \quad \tau\sigma = \langle i_0, \ldots, i_{r-1}, j_0, \ldots, j_{s-1}\rangle \cdots$$

mit $i_0 = i$ und $j_0 = j$. Die Anzahl der Bahnen von $\tau\sigma$ ist um 1 kleiner als die von σ. $\square$

Nach Satz 2.5.6 ist, wie bereits erwähnt, die Anzahl der Faktoren in der Darstellung einer geraden (bzw. ungeraden) Permutation als Produkt von Transpositionen stets gerade (bzw. stets ungerade). Ferner ergibt sich die folgende fundamentale Aussage:

Satz 2.5.7 *Sei I eine endliche Menge. Die Abbildung*

$$\text{Sign} : \mathfrak{S}(I) \longrightarrow \{1, -1\}$$

ist ein Homomorphismus von Gruppen, d. h. für $\sigma, \tau \in \mathfrak{S}(I)$ ist

$$\text{Sign}\,\sigma\tau = (\text{Sign}\,\sigma)(\text{Sign}\,\tau).$$

Beweis Wir schreiben $\sigma = \sigma_1 \cdots \sigma_s$ und $\tau = \tau_1 \cdots \tau_t$ als Produkt von Transpositionen $\sigma_1, \ldots, \sigma_s$ bzw. $\tau_1, \ldots, \tau_t$ und erhalten die Darstellung $\sigma\tau = \sigma_1 \cdots \sigma_s \tau_1 \cdots \tau_t$. Nach Satz 2.5.6 ist $\text{Sign}\,\sigma\tau = (-1)^{s+t} = (-1)^s (-1)^t = (\text{Sign}\,\sigma)(\text{Sign}\,\tau)$. $\square$

Satz 2.5.7 gilt offenbar auch für die Gruppe $\mathfrak{S}_{\text{fin}}(I)$ einer beliebigen Menge I. – Eine besonders wichtige Untergruppe einer Permutationsgruppe ist der Kern der Signumfunktion, also die Gruppe der geraden Permutationen.

Definition 2.5.8 Sei I eine endliche Menge. Dann heißt die Gruppe der geraden Permutationen von I die **alternierende Gruppe** von I. Sie wird mit

$$\mathfrak{A}(I)$$

bezeichnet. $\mathfrak{A}_n \subseteq \mathfrak{S}_n$ bezeichnet die alternierende Gruppe der Menge $\{1, \ldots, n\}$.

Auch für eine beliebige Menge I bezeichnet $\mathfrak{A}(I) \subseteq \mathfrak{S}_{\text{fin}}(I)$ den Kern der Signumfunktion $\text{Sign} : \mathfrak{S}_{\text{fin}}(I) \to \mathbb{Z}^{\times}$. *Als Kern eines Gruppenhomomorphismus ist $\mathfrak{A}(I)$ ein*

Normalteiler in $\mathfrak{S}(I)$. Er hat den Index 2, wenn $|I| \geq 2$ ist, denn Sign $\langle i, j \rangle = -1$ für eine Transposition $\langle i, j \rangle$. Die beiden Nebenklassen sind dann die Menge $\mathfrak{A}(I)$ der geraden Permutationen und die Menge $\mathfrak{S}(I) - \mathfrak{A}(I) = \tau \mathfrak{A}(I) = \mathfrak{A}(I)\tau$ der ungeraden Permutationen von I, wobei $\tau \in \mathfrak{S}(I)$ eine beliebige ungerade Permutation (z. B. eine Transposition) ist. Für eine endliche Menge I mit $|I| \geq 2$ ist insbesondere

$$\operatorname{Ord} \mathfrak{A}(I) = (\operatorname{Ord} \mathfrak{S}(I))/2 = |I|!/2$$

(und die Anzahl der ungeraden Permutation ist ebenfalls $|I|!/2$).

Im Fall $I = \{1, \ldots, n\}$ (oder allgemeiner für eine vollständig geordnete endliche Menge I) lässt sich das Signum einer Permutation $\sigma \in \mathfrak{S}(I)$ auch mit Hilfe der sogenannten Fehlstände beschreiben. Für $\sigma \in \mathfrak{S}(I)$ heißt ein Paar $(i, j) \in I \times I$ ein **Fehlstand** von σ, wenn $i < j$, aber $\sigma(i) > \sigma(j)$ ist. Die Anzahl der Fehlstände von σ bezeichnen wir mit $F(\sigma)$. Es ist $F(\sigma) = F(\sigma|\mathrm{W}(\sigma))$.[26]

Beispiel 2.5.9
(1) Die Transposition $\langle i, j \rangle \in \mathfrak{S}_n$, $i < j$, hat die Fehlstände

$$(i, i+1), \ldots, (i, j); \quad (i+1, j), \ldots, (j-1, j).$$

Also ist $F(\langle i, j \rangle) = 2(j - i) - 1$.
(2) In der Permutation $\sigma := \left(\begin{smallmatrix} 1 & 2 & \cdots & n \\ n & n-1 & \cdots & 1 \end{smallmatrix}\right) \in \mathfrak{S}_n$ sind alle (i, j) mit $1 \leq i < j \leq n$ Fehlstände. Also ist $F(\sigma) = \binom{n}{2}$. Jede andere Permutation aus $\mathfrak{S}_n$ hat weniger als $\binom{n}{2}$ Fehlstände. Die Identität ist die einzige Permutation in $\mathfrak{S}_n$ mit 0 Fehlständen.
(3) Die Permutation $\sigma := \left(\begin{smallmatrix} 1 & 2 & 3 & 4 & 5 \\ 3 & 1 & 5 & 2 & 4 \end{smallmatrix}\right) \in \mathfrak{S}_5$ hat die Fehlstände $(1, 2)$, $(1, 4)$, $(3, 4)$ und $(3, 5)$. Also ist $F(\sigma) = 4$. $\diamond$

Satz 2.5.10 *Sei $\sigma \in \mathfrak{S}_n$ eine Permutation. Dann gilt* Sign $\sigma = (-1)^{F(\sigma)}$. *Die Parität der Permutation σ stimmt also mit der Parität ihrer Fehlstände überein.*

Beweis Da nach Beispiel 2.5.9 (1) eine Transposition eine ungerade Anzahl von Fehlständen hat, genügt es, folgendes zu zeigen: Für $\sigma, \tau \in \mathfrak{S}_n$ ist

$$(-1)^{F(\sigma\tau)} = (-1)^{F(\sigma)}(-1)^{F(\tau)}.$$

Offenbar ist für $\sigma \in \mathfrak{S}_n$

$$(-1)^{F(\sigma)} = \prod_{1 \leq i < j \leq n} \operatorname{Sign}\left(\sigma(j) - \sigma(i)\right)$$

---

[26] Man beachte, dass die Anzahl der Fehlstände einer Permutation $\sigma \in \mathfrak{S}(I)$ im Allgemeinen von der auf I gewählten vollständigen Ordnung abhängt. Die Minimalzahl der Fehlstände für $\sigma \in \mathfrak{S}(I)$, die man durch geschickte Wahl der Ordnung von I erreichen kann, ist die schon in Definition 2.5.4 auftretende Zahl $|I| - s$, wobei s die Anzahl der Bahnen von σ ist, vgl. Aufg. 2.5.10.

(wobei auf der rechten Seite der Gleichung Sign die Signumfunktion auf $\mathbb{Z}$ bezeichnet, vgl. Beispiel 1.2.2 (3)). Werden in der Differenz $\sigma(j) - \sigma(i)$ die Argumente $i \neq j$ vertauscht, so ändert sich das Vorzeichen. Damit erhält man:

$$(-1)^{F(\sigma\tau)} = \prod_{1 \leq i < j \leq n} \text{Sign} \ (\sigma(\tau(j)) - \sigma(\tau(i)))$$

$$= (-1)^{F(\tau)} \prod_{1 \leq r < s \leq n} \text{Sign} \ (\sigma(s) - \sigma(r)) = (-1)^{F(\tau)}(-1)^{F(\sigma)}.$$

Das zweite Gleichheitszeichen ergibt sich daraus, dass die Komponenten in genau $F(\tau)$ der Paare $(\tau(i), \tau(j))$, $1 \leq i < j \leq n$, zu vertauschen sind, um wieder die Menge der Paare (r, s), $1 \leq r < s \leq n$, zu erhalten. $\square$

Beispiel 2.5.11 Die Permutation σ aus Beispiel 2.5.9 (2) hat nach Satz 2.5.10 das Signum Sign $\sigma = (-1)^{\binom{n}{2}}$. Dies ergibt sich auch aus der kanonischen Zyklenzerlegung

$$\sigma = \langle 1,n \rangle \langle 2, n-1 \rangle \ldots \langle [n/2], n + 1 - [n/2] \rangle,$$

die aus $[n/2]$ Transpositionen besteht. Es ist

$$(-1)^{[n/2]} = (-1)^{\binom{n}{2}} = \begin{cases} 1, \text{ falls } n \equiv 0,1 \bmod 4, \\ -1, \text{ falls } n \equiv 2,3 \bmod 4. \end{cases}$$

Dies ist ein komplizierter Beweis für die einfache Kongruenz $\left[\frac{n}{2}\right] \equiv \binom{n}{2} \bmod 2$. $\diamond$

Beispiel 2.5.12 Sei I eine Menge mit mehr als zwei Elementen. *Dann ist das Zentrum der Permutationsgruppe $\mathfrak{S}(I)$ trivial.* Ist nämlich $\sigma \in \mathfrak{S}(I)$, $\sigma \neq \text{id}$, $\sigma(a) \neq a$ und τ eine Transposition $\langle \sigma(a), c \rangle$ mit $c \notin \{a, \sigma(a)\}$, so gilt $\tau(a) = \tau^{-1}(a) = a$ und $\tau\sigma\tau^{-1}$ bildet das Element a auf c ab. Somit ist $\tau\sigma\tau^{-1} \neq \sigma$ und σ nicht mit τ vertauschbar. $\diamond$

Beispiel 2.5.13 (Konjugierte Permutationen – Typ einer Permutation) Eine bijektive Abbildung $f : I \to J$ induziert den Gruppenisomorphismus $\mathfrak{S}(I) \to \mathfrak{S}(J)$ mit $\sigma \mapsto f \circ \sigma \circ f^{-1}$, der die **Konjugation** mit f heißt. Ist $I = J$, so handelt es sich um die gewöhnliche Konjugation mit f in der Gruppe $\mathfrak{S}(I)$, vgl. Beispiel 2.4.5. f bildet die Bahnen von σ bijektiv auf die Bahnen von $f \circ \sigma \circ f^{-1}$ ab, und der Zyklus $\langle a_0, \ldots, a_{k-1} \rangle$ geht in den Zyklus $\langle f(a_0), \ldots, f(a_{k-1}) \rangle$ über. *Bei endlichem I erhält man also die Zyklenzerlegung der konjugierten Permutation $f \circ \sigma \circ f^{-1} \in \mathfrak{S}(J)$ aus der von $\sigma \in \mathfrak{S}(I)$, indem man die Elemente in den Zyklen von σ durch ihre f-Bilder ersetzt.* Ist $|I| = n$, so bezeichnen wir als **Typ** einer Permutation $\sigma \in \mathfrak{S}(I)$ die Folge $v = v(\sigma) = (v_1(\sigma), \ldots, v_n(\sigma)) = (v_1, \ldots, v_n)$, wobei v_k die Anzahl der Bahnen der Länge k von σ ist, $k = 1, \ldots, n$. Der Typ $(v_1, \ldots, v_n) \in \mathbb{N}^n$ definiert eine **Zerlegung** oder **Partition der natürlichen Zahl** n, d. h. es ist $1v_1 + \cdots + nv_n = n$. Speziell ist $v_1(\sigma) = |\text{Fix}(\sigma, I)|$ die Anzahl der

Abb. 2.14 Young-Tableaus für
die Partitionen $(1^2, 3, 5)$ bzw.
$(1^2, 2^2, 4)$ von 10

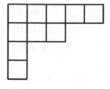 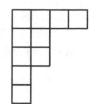

Fixpunkte von σ, und die Gleichung $n = \text{Fix}(\sigma, I) + 2\nu_2 + \cdots + n\nu_n$ ist die Klassengleichung 2.4.2 für die Operation der Gruppe $H(\sigma)$ auf I. Die Anzahl der Bahnen dieser Operation ist die Anzahl $|\nu| = \nu_1 + \cdots + \nu_n$ der Bahnen von σ. Fassen wir (I, σ) als diskretes dynamisches System auf, vgl. Aufg. 2.4.16, so ist die Menge $\text{Per}_k(\sigma, I)$ der (rein-) k-periodischen Punkte gleich der Vereinigung der k-elementigen Bahnen von σ. Insbesondere ist $|\text{Per}_k(\sigma, I)| = k\nu_k(\sigma)$ und

$$\nu_1(\sigma^k) = \left|\text{Fix}\left(\sigma^k, I\right)\right| = \sum_{d \mid k} d\nu_d(\sigma),$$

$$\nu_k(\sigma) = k^{-1} \sum_{d \mid k} \mu(d) \left|\text{Fix}\left(\sigma^{k/d}, I\right)\right| = k^{-1} \sum_{d \mid k} \mu(d)\nu_1\left(\sigma^{k/d}\right),$$

vgl. Aufg. 2.4.16c). Die Partition $\nu(\sigma)$ und die Folge $\nu_1(\sigma^0) = n, \nu_1(\sigma), \ldots, \nu_1(\sigma^{\text{Ord}\,\sigma - 1})$ bestimmen sich also gegenseitig.

Eine Partition $(\nu_1, \nu_2, \ldots)$ von n schreibt man häufig als (endliche) monoton wachsende Folge $(1, \ldots, 1, 2, \ldots, 2, \ldots)$ mit ν_1 Einsen, ν_2 Zweien usw. oder auch in der Form $(1^{\nu_1}, 2^{\nu_2}, \ldots)$, wobei man Terme der Form i^0 weglässt $(1^2, 3, 4^3)$ bezeichnet also die Partition $(1, 1, 3, 4, 4, 4)$ der Zahl $n = 17$. Sehr oft werden Partitionen mit monoton fallenden Folgen beschrieben, auch mit unendlichen stationären monoton fallenden Folgen in $\mathbb{N}^{\mathbb{N}}$, deren Grenzwert 0 ist, also $(4, 4, 4, 3, 1, 1, 0, 0, \ldots)$ für die obige Partition der Zahl 17. Man benutzt ferner sogenannte **Young-Tableaus** zur Darstellung von Partitionen wie in Abb. 2.14 für die Partitionen $(1^2, 3, 5)$ bzw. $(1^2, 2^2, 4)$ von 10. Die beiden Tableaus sind **assoziiert**: Die Spalten des einen sind die Zeilen des jeweils anderen.

Wir haben bewiesen:

Satz 2.5.14 *Sei I eine endliche Menge. Zwei Permutationen in $\mathfrak{S}(I)$ sind genau dann konjugiert, wenn sie den gleichen Typ haben.*

Die Anzahl der Konjugationsklassen der Gruppe $\mathfrak{S}_n$, also die Klassenzahl von $\mathfrak{S}_n$, ist somit gleich der Zahl $P(n)$ der Partitionen von n. In Aufg. 3.7.16 beschreiben wir, wie sich die Zahlen $P(n)$ für nicht zu große n leicht berechnen lassen. Eine Liste findet man in Abb. 2.15.

n	0	1	2	3	4	5	6	7	8	9	10	11	12	13	14	15
$P(n)$	1	1	2	3	5	7	11	15	22	30	42	56	77	101	135	176

Abb. 2.15 Anzahl $P(n)$ der Partitionen von n für $n \le 15$

Die Anzahl $|C_{\mathfrak{S}_n}(\sigma)|$ der zu einer Permutation $\sigma \in \mathfrak{S}_n$ vom Typ $(\nu_1, \ldots, \nu_n)$ konjugierten Permutationen ist gleich

$$\frac{n!}{\nu_1! \cdots \nu_n! 1^{\nu_1} \cdots n^{\nu_n}},$$

dies ist der Index des Zentralisators dieser Permutation σ, vgl. Aufg. 2.5.17.

Ist $\sigma \in \mathfrak{A}_n$ eine gerade Permutation, so gilt $C_{\mathfrak{A}_n}(\sigma) = C_{\mathfrak{S}_n}(\sigma)$ genau dann, wenn der Zentralisator $Z_{\mathfrak{S}_n}(\sigma)$ von σ eine ungerade Permutation enthält. Andernfalls zerfällt $C_{\mathfrak{S}_n}(\sigma)$ in $\mathfrak{A}_n$ in die beiden Konjugationsklassen gleicher Kardinalzahl $C_{\mathfrak{A}_n}(\sigma)$ und $C_{\mathfrak{A}_n}(\tau\sigma\tau^{-1})$, wo $\tau \in \mathfrak{S}_n$ eine beliebige ungerade Permutation ist, vgl. Aufg. 2.4.13. *Der erste Fall tritt genau dann ein, wenn σ eine gerade Bahn besitzt oder zwei ungerade Bahnen gleicher Länge.* Beweis! ◇

Beispiel 2.5.15 (Struktur der Gruppen $\mathfrak{A}_n$ und $\mathfrak{S}_n$) Die Gruppe $\mathfrak{A}_n$ umfasst als Kern des Homomorphismus Sign von $\mathfrak{S}_n$ in die *kommutative* Gruppe $\mathbb{Z}^{\times} = \{1, -1\}$ die Kommutatorgruppe von $\mathfrak{S}_n$. Es gilt sogar:

Proposition 2.5.16 *Für jedes $n \in \mathbb{N}$ ist $\mathfrak{A}_n = [\mathfrak{S}_n, \mathfrak{S}_n]$ die Kommutatorgruppe von $\mathfrak{S}_n$.*

Beweis Sind $a, b, c, d \in \{1, \ldots, n\}$ mit $a \ne b$ und $c \ne d$ und ist $\tau \in \mathfrak{S}_n$ eine Permutation mit $\tau(a) = c$, $\tau(b) = d$, so ist nach Beispiel 2.5.13

$$\langle a, b \rangle \langle c, d \rangle = \langle a, b \rangle \tau \langle a, b \rangle \tau^{-1}$$

ein Kommutator. Da die Permutationen $\langle a, b \rangle \langle c, d \rangle$ nach (Lemma 2.5.3 und) Satz 2.5.6 die Gruppe $\mathfrak{A}_n$ erzeugen, folgt die Behauptung. □

Der Vorzeichenhomomorphismus Sign ist also (bei $n \ge 2$) im Wesentlichen der einzige nichttriviale Homomorphismus von $\mathfrak{S}_n$ in eine abelsche Gruppe. – Zum Beweis der nächsten Proposition benutzen wir das folgende Lemma:

Lemma 2.5.17 *Für jedes $n \in \mathbb{N}$ erzeugen die Dreierzyklen $\langle a, b, c \rangle$ die Gruppe $\mathfrak{A}_n$.*

Beweis Nach Satz 2.5.6 erzeugen die Produkte $\langle a, b \rangle \langle c, d \rangle$ von je zwei Transpositionen die Gruppe $\mathfrak{A}_n$. Sind aber a, b, c, d paarweise verschieden, so ist

$$\langle a, b \rangle \langle b, c \rangle = \langle a, b, c \rangle \,, \quad \langle a, b \rangle \langle c, d \rangle = \langle a, b \rangle \langle b, c \rangle \langle b, c \rangle \langle c, d \rangle = \langle a, b, c \rangle \langle b, c, d \rangle. \quad □$$

Proposition 2.5.18 *Für jedes $n \geq 5$ ist $\mathfrak{A}_n = [\mathfrak{A}_n, \mathfrak{A}_n]$, die Gruppe $\mathfrak{A}_n$ somit perfekt.*

Beweis Wegen $\langle a, b, c \rangle = \langle a, b, d \rangle \langle c, e, a \rangle \langle a, b, d \rangle^{-1} \langle c, e, a \rangle^{-1}$ für paarweise verschiedene Elemente a, b, c, d, e ist jeder Dreierzyklus in $\mathfrak{A}_n$, $n \geq 5$, ein Kommutator in $\mathfrak{A}_n$. Die Behauptung folgt nun mit Lemma 2.5.17. $\square$

Als wesentliche Verschärfung von Proposition 2.5.18 gilt sogar.

Satz 2.5.19 *Für jedes $n \geq 5$ ist die alternierende Gruppe $\mathfrak{A}_n$ einfach.*

Beweis Wir beweisen den Satz in den folgenden beiden Schritten: (1) Die Gruppe $\mathfrak{A}_5$ ist einfach. (2) Ist die Gruppe $\mathfrak{A}_5$ einfach, so ist auch jede Gruppe $\mathfrak{A}_n$, $n \geq 5$, einfach.

Beweis von (1): Die Permutationen von $\mathfrak{A}_5$ haben die Typen (1^5), $(1^2, 3)$, $(1, 2^2)$, (5). In der Gruppe $\mathfrak{S}_5$ besitzen die zugehörigen Konjugationsklassen die Elementezahlen $1, 20, 15, 24$. Die ersten drei Konjugationsklassen sind auch Konjugationsklassen bzgl. $\mathfrak{A}_5$. Die letzte zerfällt in $\mathfrak{A}_5$ in zwei Konjugationsklassen mit je 12 Elementen. (Vgl. das Ende von Beispiel 2.5.13.) Insgesamt hat $\mathfrak{A}_5$ also 5 Konjugationsklassen mit $1, 20, 15, 12, 12$ Elementen. Jeder Normalteiler ist eine Vereinigung von Konjugationsklassen, wobei jeweils die triviale Konjugationsklasse $\{\mathrm{id}\}$ auftritt. Mit den angegebenen Zahlen lässt sich aber kein von 1 und 60 verschiedener Teiler von 60 als Summe mit 1 als einem der Summanden realisieren. (Mit derselben Methode beweist man auch leicht, dass die Gruppe $\mathfrak{A}_6$ einfach ist.)

Beweis von (2): Sei $n \geq 5$ und $N \subseteq \mathfrak{A}_n$ eine normale Untergruppe $\neq \{\mathrm{id}\}$. Ferner sei $\sigma \in N$, $\sigma \neq \mathrm{id}$, und seien $i, k \in \{1, \dots, n\}$ mit $j := \sigma(i) \neq i$ und $k \notin \{i, j, \sigma(j)\}$. Für den Dreierzyklus $\tau := \langle i, j, k \rangle$ ist dann der Kommutator $\rho := \sigma \tau \sigma^{-1} \tau^{-1} = \langle \sigma(i), \sigma(j), \sigma(k) \rangle \tau^{-1}$ wegen $\langle \sigma(i), \sigma(j), \sigma(k) \rangle \neq \tau$ ein von id verschiedenes Element von N. Somit ist $N \cap \mathfrak{A}(A)$ eine nichttriviale normale Untergruppe von $\mathfrak{A}(A)$, wobei $A \subseteq \{1, \dots, n\}$ eine 5-elementige Teilmenge mit $i, j, k, \sigma(j), \sigma(k) \in A$ ist. Nach (1) ist $N \cap \mathfrak{A}(A) = \mathfrak{A}(A)$. Insbesondere enthält N einen Dreierzyklus. Da in $\mathfrak{A}_n$ alle Dreierzyklen konjugiert sind – sie sind nämlich zunächst konjugiert in $\mathfrak{S}_n$ und dann wegen $n \geq 5$ auch in $\mathfrak{A}_n$ –, enthält N alle Dreierzyklen und ist somit gleich $\mathfrak{A}_n$ nach Lemma 2.5.17. $\square$

Aus Satz 2.5.19 folgt auch die Einfachheit der alternierenden Gruppen $\mathfrak{A}(I)$ für beliebige unendliche Mengen I, vgl. Aufg. 2.5.23c). Die Gruppe $\mathfrak{A}_5$ der Ordnung 60 ist in folgendem Sinne die kleinste nichtabelsche einfache Gruppe: *Jede nichtabelsche einfache Gruppe mit einer Ordnung ≤ 60 ist isomorph zur Gruppe $\mathfrak{A}_5$.* Vgl. [15], Anhang VI.A, Aufg. 9. Für $n \geq 5$ ist $\mathfrak{A}_n$ der einzige nichttriviale Normalteiler in der Gruppe $\mathfrak{S}_n$, vgl. Aufg. 2.5.24a).

Die Gruppe $\mathfrak{S}_1$ ist die triviale Gruppe, die Gruppe $\mathfrak{S}_2 \cong \mathbf{Z}_2$ ist zyklisch, die Gruppe $\mathfrak{S}_3$ ist isomorph zur Diedergruppe $\mathbf{D}_3$ und hat die Gruppe $\mathfrak{A}_3 \cong \mathbf{Z}_3$ als einzigen nichttrivialen Normalteiler. Die Gruppe $\mathfrak{S}_4$ besitzt die Kette normaler Untergruppen

$$\{\mathrm{id}\} \subset \mathfrak{V}_4 \subset \mathfrak{A}_4 \subset \mathfrak{S}_4$$

mit $\mathfrak{S}_4/\mathfrak{V}_4 \cong \mathfrak{S}_3$ und $\mathfrak{A}_4/\mathfrak{V}_4 \cong \mathfrak{A}_3$. Dabei ist $\mathfrak{V}_4 \subseteq \mathfrak{S}_4$ das Standardmodell für die zur Gruppe $\mathbf{Z}_2 \times \mathbf{Z}_2$ isomorphen sogenannten **Kleinschen Vierergruppen**. Neben der Identität enthält $\mathfrak{V}_4$ die Permutationen $\langle 1, 2 \rangle \langle 3, 4 \rangle$, $\langle 1, 3 \rangle \langle 2, 4 \rangle$, $\langle 1, 4 \rangle \langle 2, 3 \rangle$, woraus sofort ersichtlich ist, dass sie eine normale Untergruppe von $\mathfrak{S}_4$ ist, vgl. Beispiel 2.5.13. Die von $\langle 1, 2 \rangle$ und $\langle 3, 4 \rangle$ (beispielsweise) erzeugte Untergruppe in $\mathfrak{S}_4$ ist aber auch eine Kleinsche Vierergruppe (aber nicht **die** Kleinsche Vierergruppe $\mathfrak{V}_4$). Die Gruppen $\mathfrak{V}_4$ und $\mathfrak{A}_4$ sind die einzigen nichttrivialen Normalteiler in der Gruppe $\mathfrak{S}_4$, und $\mathfrak{V}_4$ ist auch der einzige nichttriviale Normalteiler in der Gruppe $\mathfrak{A}_4$, vgl. Aufg. 2.5.24. ◇

Beispiel 2.5.20 Die endliche Gruppe G operiert auf sich durch Linkstranslation mit der Aktion $L: G \to \mathfrak{S}(G), a \mapsto (L_a: x \mapsto ax)$. Die Komposition Sign $\circ\, L: a \mapsto \mathrm{Sign}\,(L_a)$ ist ein Gruppenhomomorphismus. Wir bezeichnen ihn mit $\Lambda = \Lambda_G: G \to \mathbf{Z}^\times = \{\pm 1\}$.

Proposition 2.5.21 *Sei G eine endliche Gruppe. Mit den obigen Bezeichnungen gilt*

$$\Lambda_G(a) = (-1)^{|G|-|G|/\mathrm{Ord}\,a}, \quad a \in G.$$

Insbesondere ist der Homomorphismus $\Lambda_G: G \to \mathbf{Z}^\times$ genau dann nichttrivial, d. h. das Bild des Cayley-Homomorphismus $L: G \to \mathfrak{S}(G)$ keine Untergruppe von $\mathfrak{A}(G)$, wenn $|G|$ gerade ist und G ein Element der Ordnung $2^{\mathsf{v}_2(|G|)}$ enthält (d. h. wenn die 2-Sylow-Gruppen von G nichttriviale zyklische Gruppen sind, vgl. Satz 2.4.11 (1)). Sind diese beiden Bedingungen erfüllt, so ist Λ_G der einzige nichttriviale Homomorphismus von G auf $\mathbf{Z}^\times$. Kern Λ_G also der einzige Normalteiler vom Index 2 in G. Speziell enthält eine Gruppe der Ordnung $2k$ mit ungeradem $k \in \mathbb{N}^*$ (genau) einen Normalteiler vom Index 2 (und ist insbesondere nicht einfach).

Beweis Die Bahnen der Permutation $L_a: G \to G$ von G sind die Rechtsnebenklassen der von a erzeugten Untergruppe $\mathrm{H}(a) \subseteq G$. Die Formel für $\Lambda_G(a)$ folgt daher direkt aus der Definition 2.5.4 des Signums einer Permutation. Offenbar ist $\Lambda_G(a)$ genau dann -1, wenn $|G|$ gerade ist und $\mathsf{v}_2(\mathrm{Ord}\,a) = \mathsf{v}_2(|G|)$ ist. Das beweist den Zusatz über die Nichttrivialität von Λ_G.

Sei nun $\Lambda = \Lambda_G$ nichttrivial, $a \in G$ ein Element mit $\mathsf{v}_2(\mathrm{Ord}\,a) = \mathsf{v}_2(|G|)$ (d. h. $\mathrm{H}(a) = S_2$ eine 2-Sylow-Gruppe von G) und $\varphi: G \to \mathbf{Z}^\times$ ein surjektiver Homomorphismus $\neq \Lambda$. Dann ist $N := \mathrm{Kern}\,\Lambda \cap \mathrm{Kern}\,\varphi \subseteq G$ ein Normalteiler in G vom Index 4 und $G/N \cong \mathbf{Z}_2 \times \mathbf{Z}_2$ eine Kleinsche Vierergruppe. Dies widerspricht dem Ergebnis von Aufg. 2.4.19, nach dem G/N als 2-Gruppe wie S_2 zyklisch ist. ◇

Beispiel 2.5.22 (Jacobi-Symbol – Reziprozitätsformel) Seien $a, b \in \mathbb{Z}^* = \mathbb{Z} - \{0\}$ mit $\mathrm{ggT}(a, b) = 1$. Dann ist die Vielfachenbildung $x \mapsto ax$ ein Automorphismus $_b\chi_a: \mathbf{Z}_{|b|} \to \mathbf{Z}_{|b|}$ der zyklischen Gruppe $\mathbf{Z}_{|b|} = \mathbb{Z}/\mathbb{Z}b$. Besteht über b kein Zweifel, so schreiben wir auch einfach χ_a für $_b\chi_a$. Im Anschluss an G. Frobenius (1849–1917) und E. Zolotarev (1847–1878) definieren wir:

Definition 2.5.23 Sind $a, b \in \mathbb{Z}^*$ mit $\mathrm{ggT}(a, b) = 1$ sowie $_b\chi_a \colon \mathbb{Z}_{|b|} \to \mathbb{Z}_{|b|}$ der Automorphismus $x \mapsto ax$, so sei

$$\left(\frac{a}{b}\right) = (a/b) := \mathrm{Sign}\, _b\chi_a.$$

Ist b ungerade, so heißt (a/b) das **Jacobi-Symbol** „a über b" (nach C. Jacobi (1804–1851)); ist $b \geq 2$, $b \in \mathbb{P}$, eine ungerade Primzahl, so spricht man auch vom **Legendre-Symbol** (nach A.-M. Legendre (1752–1833)). (Ist $a \in \mathbb{Z}$ nicht teilerfremd zu b, so setzt man $(a/b) := 0$.)

Es ist also $(a/b) = (a/|b|)$. Natürlich kann man in der Definition von (a/b) die zyklische Gruppe $\mathbb{Z}/\mathbb{Z}b$ durch eine beliebige zyklische Gruppe der Ordnung $|b|$ ersetzen. Bei multiplikativer Schreibweise ist dann χ_a das Potenzieren $x \mapsto x^a$. Wegen $\chi_{a_1 a_2} = \chi_{a_1} \circ \chi_{a_2}$ gilt: *Das Symbol (a/b) ist multiplikativ im Zähler*, d. h.

$$\left(\frac{a_1 a_2}{b}\right) = \left(\frac{a_1}{b}\right)\left(\frac{a_2}{b}\right).$$

$[a]_b \mapsto (a/b)$ ist also ein Homomorphismus $(\mathbb{Z}/\mathbb{Z}b)^\times \to \{\pm 1\}$ multiplikativer Gruppen.

Überraschender ist schon, dass das Jacobi-Symbol auch multiplikativ im Nenner ist. Es gilt nämlich: *Sind $b_1, b_2 \in \mathbb{Z}^*$ beide ungerade und ist $a \in \mathbb{Z}^*$ mit $\mathrm{ggT}(a, b_1 b_2) = 1$, so gilt*

$$\left(\frac{a}{b_1 b_2}\right) = \left(\frac{a}{b_1}\right)\left(\frac{a}{b_2}\right).$$

Ist aber b_1 ungerade und b_2 gerade, so ist $(a/b_1 b_2) = (a/b_2)$. Beide Aussagen folgen direkt aus dem Ergebnis von Aufg. 2.5.13, angewandt auf die kanonische exakte Sequenz

$$0 \to \mathbb{Z}/\mathbb{Z}b_1 \to \mathbb{Z}/\mathbb{Z}b_1 b_2 \to \mathbb{Z}/\mathbb{Z}b_2 \to 0$$

mit ungeradem b_1 und die Automorphismen $_b\chi_a$, $_{b_1 b_2}\chi_a$ bzw. $_{b_2}\chi_a$. Für 2-er-Potenzen gilt: *Ist a ungerade, so ist $(a/2) = 1$ und $(a/2^n) = (a/4) = (-1)^{(a-1)/2}$, falls $n \geq 2$*, vgl. Aufg. 2.7.5. Wir werden uns daher im Folgenden nur noch mit dem Jacobi-Symbol (a/b) mit ungeradem b beschäftigen.

Wegen der Multiplikativität im Nenner genügt es, zur Bestimmung aller Jacobi-Symbole die Legendre-Symbole (a/p) für ungerade Primzahlen p zu kennen. Die Multiplikation $\chi_a \colon \mathbb{Z}/\mathbb{Z}p \to \mathbb{Z}/\mathbb{Z}p$ hat 0 als Fixpunkt und ist auf der multiplikativen Gruppe $(\mathbb{Z}/\mathbb{Z}p)^\times = (\mathbb{Z}/\mathbb{Z}p) - \{[0]_p\}$ die Multiplikation mit der Restklasse $a = [a]_p$. Nach Proposition 2.5.21 ist

$$\left(\frac{a}{p}\right) = (-1)^{(p-1)-(p-1)/\mathrm{Ord}_p a}.$$

Wir werden später sehen, dass die Gruppe $(\mathbb{Z}/\mathbb{Z}p)^\times$ zyklisch ist, vgl. Satz 2.7.13. Hier benutzen wir aber nur, dass ihre 2-Primärkomponente zyklisch ist, dass also $[-1]_p$ das einzige Element der Ordnung 2 in $(\mathbb{Z}/\mathbb{Z}p)^\times$ ist. Dies ist jedoch trivial. Ist nämlich $a^2 \equiv 1 \bmod p$, so ist p ein Teiler von $a^2 - 1 = (a-1)(a+1)$ und damit ein Teiler von $a - 1$ oder von $a + 1$, d. h. es ist $a \equiv 1$ oder $a \equiv -1 \bmod p$. Es folgt, wieder mit Proposition 2.5.21, dass das Legendre-Symbol einen nichttrivialen Homomorphismus $(\mathbb{Z}/\mathbb{Z}p)^\times \to \{\pm 1\}$ definiert und dass dies der einzige solche Homomorphismus ist. Da andererseits $[a]_p \mapsto [a]_p^{(p-1)/2}$ nach dem Eulerschen Kriterium aus Aufg. 2.2.29 ein Homomorphismus $(\mathbb{Z}/\mathbb{Z}p)^\times \to \{\pm 1\}(\subseteq (\mathbb{Z}/\mathbb{Z}p)^\times)$ ist, dessen Kern die Gruppe der Quadrate in $(\mathbb{Z}/\mathbb{Z}p)^\times$ ist und der folglich ebenfalls nicht trivial ist, haben wir bewiesen:

Satz 2.5.24 (Euler-Kriterium für quadratische Reste) *Sei $p > 2$ eine ungerade Primzahl und $a \in \mathbb{Z}$, $p \nmid a$. Dann gilt*

$$\left(\frac{a}{p}\right) \equiv a^{(p-1)/2} \bmod p,$$

und die Restklasse $[a]_p$ ist ein Quadrat in $(\mathbb{Z}/\mathbb{Z}p)^\times$ genau dann, wenn $(a/p) = 1$ ist.[27]

Zur Berechnung des allgemeinen Jacobi-Symbols (a/b) für ungerades $b > 0$ bestimmen wir die Parität der Anzahl der Fehlstände der Permutation $\chi_a : \mathbb{Z}/\mathbb{Z}b \to \mathbb{Z}/\mathbb{Z}b$, wobei wir als Ordnung auf der Menge $\mathbb{Z}/\mathbb{Z}b$ die natürliche Ordnung der absolut kleinsten Reste $-(b-1)/2, \ldots, -1, 0, 1, \ldots, (b-1)/2$ verwenden. Grundlegend ist die folgende wichtige Formel von Gauß:

Satz 2.5.25 (Gaußsche Vorzeichenformel) *Seien $a, b \in \mathbb{Z}$ mit $\mathrm{ggT}(a, b) = 1$, $b > 0$ ungerade. Ferner sei v die Anzahl der $r \in \mathbb{N}^*$ mit $0 < r \leq \frac{1}{2}(b-1)$, für die der absolut kleinste Rest von ar bei der Division durch b negativ ist. Dann ist*

$$\left(\frac{a}{b}\right) = (-1)^v \quad \textbf{(Formel von Gauß)}.$$

Beweis In diesem Beweis identifizieren wir grundsätzlich eine Restklasse aus $\mathbb{Z}/\mathbb{Z}b$ mit ihrem absolut kleinsten Repräsentanten und betrachten die Beschränkung von χ_a auf $(\mathbb{Z}/\mathbb{Z}b) - \{0\}$. Nach Satz 2.5.10 ist $(a/b) = (-1)^F$, wobei $F = |\mathcal{F}|$ mit

$$\mathcal{F} := \left\{ (r, s) \in \mathbb{Z}^2 \,\middle|\, r \neq 0 \neq s, -\frac{1}{2}(b-1) \leq r < s \leq \frac{1}{2}(b-1), [ar]_b > [as]_b \right\}$$

ist. Mit (r, s) gehört auch $(-s, -r)$ zu $\mathcal{F}$ (wegen $[-ak]_b = -[ak]_b$ für alle k). Daher haben $|\mathcal{F}|$ und die Anzahl der Fixpunkte der Involution $(r, s) \mapsto (-s, -r)$ von $\mathcal{F}$ dieselbe

---

[27] Bei beliebigem ungeraden b kann $(a/b) = 1$ gelten, ohne dass $[a]_b$ ein Quadrat in $(\mathbb{Z}/\mathbb{Z}b)^\times$ ist. Beispiel? Ist aber $(a/b) = -1$, so besitzt b wenigstens einen Primfaktor p derart, dass $[a]_p$ kein Quadrat ist in $(\mathbb{Z}/\mathbb{Z}p)^\times$.

Parität.[28] Ein Paar $(-r, r)$ mit $0 < r \le \frac{1}{2}(b - 1)$ gehört aber genau dann zu $\mathcal{F}$, wenn $[ar]_b < 0$ ist, d. h. es ist $F \equiv v \bmod 2$. $\square$

Damit ergibt sich sofort die erste Formel des folgenden Satzes:

Satz 2.5.26 *Für ungerades* $b \in \mathbb{N}^*$ *gilt*

$$\left(\frac{-1}{b}\right) = (-1)^{\frac{b-1}{2}}, \quad \left(\frac{2}{b}\right) = (-1)^{\frac{b^2-1}{8}} = \begin{cases} 1, & \textit{falls } b \equiv \pm 1 \bmod 8, \\ -1, & \textit{falls } b \equiv \pm 3 \bmod 8. \end{cases}$$

Beweis Für $a = 2$ sind in der Gaußschen Vorzeichenformel 2.5.25 die Zahlen r mit $0 < r \le \frac{1}{2}(b - 1)$ und $[2r]_b < 0$ genau die Zahlen $r \in \mathbb{N}^*$ mit $\frac{1}{4}(b - 1) < r \le \frac{1}{2}(b - 1)$. Ist $b \equiv 1 \bmod 4$, so ist ihre Anzahl gleich $\frac{1}{2}(b - 1) - \frac{1}{4}(b - 1) = \frac{1}{4}(b - 1) \equiv \frac{1}{4 \cdot 2}(b - 1)(b + 1) = \frac{1}{8}(b^2 - 1) \bmod 2$. Ist $b \equiv 3 \bmod 4$, so ist diese Anzahl gleich $\frac{1}{2}(b - 1) - \frac{1}{4}(b - 3) = \frac{1}{4}(b + 1) \equiv \frac{1}{4 \cdot 2}(b + 1)(b - 1) = \frac{1}{8}(b^2 - 1) \bmod 2$. Insgesamt erhält man also die zweite Formel. $\square$

Seien jetzt $a, b \in \mathbb{N}^*$ beide positiv, ungerade und teilerfremd. Die Anzahl v in der obigen Formel von Gauß lässt sich auch beschreiben als die Anzahl der Paare $(r, s) \in \mathbb{N}^* \times \mathbb{N}^*$ mit $0 < r \le \frac{1}{2}(b - 1)$, $0 < s \le \frac{1}{2}(a - 1)$ und $-\frac{1}{2}(b - 1) \le ar - bs < 0$. Aus der Bedingung $-\frac{1}{2}(b - 1) \le ar - bs < 0$ folgt nämlich, dass s durch ein gegebenes $r \in \{1, \dots, \frac{1}{2}(b - 1)\}$ eindeutig bestimmt ist und $s \in \{1, \dots, \frac{1}{2}(a - 1)\}$ gilt. Analog ist $(b/a) = (-1)^\mu$, wobei μ die Anzahl der Paare $(r, s) \in \mathbb{N}^* \times \mathbb{N}^*$ ist mit $0 < s \le \frac{1}{2}(a - 1)$, $0 < r \le \frac{1}{2}(b - 1)$ sowie $-\frac{1}{2}(a - 1) \le bs - ar < 0$, d. h. $0 < ar - bs \le \frac{1}{2}(a - 1)$. Es ist also $(a/b)(b/a) = (-1)^{v+\mu}$, wobei $v + \mu = |\mathcal{G}|$ ist mit

$$\mathcal{G} := \left\{ (r, s) \in (\mathbb{N}^*)^2 \,\middle|\, 0 < r \le \frac{1}{2}(b - 1),\, 0 < s \le \frac{1}{2}(a - 1), \right.$$

$$\left. -\frac{1}{2}(b - 1) \le ar - bs \le \frac{1}{2}(a - 1) \right\}.$$

Man beachte, dass für die in der Definition von $\mathcal{G}$ auftauchenden (r, s) wegen der Teilerfremdheit von a, b niemals $ar - bs = 0$ ist. Wir betrachten nun die Involution

$$\tau \colon (r, s) \mapsto \left(\frac{1}{2}(b + 1) - r, \frac{1}{2}(a + 1) - s\right).$$

Sie bildet $\mathcal{G}$ in sich ab. Für $(r, s) \in \mathcal{G}$ ist nämlich

$$a\left(\frac{1}{2}(b + 1) - r\right) - b\left(\frac{1}{2}(a + 1) - s\right) = -ar + bs + \frac{1}{2}(a - b)$$

---

[28] Wir wiederholen noch einmal die triviale, aber wichtige Beobachtung: *Ist σ eine Involution einer endlichen Menge X, so haben $|X|$ und $|\mathrm{Fix}(\sigma, X)|$ dieselbe Parität.*

und $-\frac{1}{2}(a-1) \le -ar + bs \le \frac{1}{2}(b-1)$, woraus sich $\tau(r,s) \in \mathcal{G}$ ergibt. Die Parität von $\nu + \mu$ ist also gleich der Parität von $|\mathrm{Fix}(\tau, \mathcal{G})|$. τ hat aber $\left(\frac{1}{4}(b+1), \frac{1}{4}(a+1)\right)$ als einzigen Fixpunkt. Er liegt in $\mathcal{G}$ genau dann, wenn $a, b \equiv 3 \bmod 4$ sind, was genau dann der Fall ist, wenn $\frac{1}{2}(a-1)$ und $\frac{1}{2}(b-1)$ beide ungerade sind. Wir haben damit das Hauptergebnis über das Jacobi-Symbol erhalten:

Satz 2.5.27 (Reziprozitätsformel für das Jacobi-Symbol) *Für teilerfremde ungerade Zahlen $a, b \in \mathbb{N}^*$ gilt*

$$\left(\frac{a}{b}\right)\left(\frac{b}{a}\right) = (-1)^{\frac{a-1}{2} \cdot \frac{b-1}{2}}.$$

(a/b) und (b/a) stimmen also genau dann überein, wenn wenigstens eine der Zahlen a, b kongruent 1 modulo 4 ist.

Für das Legendre-Symbol formulieren wir die bewiesenen Aussagen gesondert. Sie bilden das sogenannte quadratische Reziprozitätsgesetz, das zuerst von Gauß in den „Disquisitiones Arithmeticae" (1801) bewiesen wurde.

Satz 2.5.28 (Quadratisches Reziprozitätsgesetz) *Für Primzahlen $p, q > 2$, $p \neq q$, gilt*

$$\left(\frac{-1}{q}\right) = (-1)^{\frac{q-1}{2}}, \quad \left(\frac{2}{q}\right) = (-1)^{\frac{q^2-1}{8}} \quad und \quad \left(\frac{p}{q}\right)\left(\frac{q}{p}\right) = (-1)^{\frac{p-1}{2} \cdot \frac{q-1}{2}}.$$

Die ersten beiden Formeln werden auch die **Ergänzungssätze** zum quadratischen Reziprozitätsgesetz genannt. Wir illustrieren die Reziprozitätsformel an zwei kleinen Beispielen:

(1) Sei $n := 1.234.567.890$. Für die beiden Primzahlen $p := n + 1 = 1.234.567.891$ und $q := 10^{10}n + n + 1 = 12.345.678.901.234.567.891$, die beide $\equiv 3 \bmod 4$ sind, gilt dann, da 10^{10} ein Quadrat ist,

$$\left(\frac{p}{q}\right) = \left(\frac{n+1}{10^{10}n+n+1}\right) = -\left(\frac{10^{10}n+n+1}{n+1}\right) = -\left(\frac{-10^{10}}{n+1}\right) = -\left(\frac{-1}{p}\right) = 1.$$

Die Restklasse von $p = 1.234.567.891$ ist also ein Quadrat in der Gruppe $(\mathbb{Z}/\mathbb{Z}q)^\times$. Zur Berechnung einer Quadratwurzel siehe die Bemerkungen zu Aufg. 2.2.29.

(2) Sei $b \in \mathbb{N}^*$ ungerade und teilerfremd zu 3. Wegen $(3/b) = (-1)^{(3-1)(b-1)/4}(b/3) = (-1)^{(b-1)/2}(b/3)$ ist $(3/b) = 1$, wenn $b \equiv \pm 1 \bmod 12$, bzw. $(3/b) = -1$, wenn $b \equiv \pm 5 \bmod 12$ ist. *Ist also $q > 3$ prim, so ist 3 genau dann ein Quadrat in $(\mathbb{Z}/\mathbb{Z}q)^\times$, wenn $q \equiv \pm 1 \bmod 12$ ist.* Für eine Fermatsche Primzahl $q = F_m = 2^{2^m} + 1$, $m \ge 1$, ist daher $(3/F_m) = -1 \equiv 3^{(F_m-1)/2}$ modulo F_m. Die Restklasse $[3]_{F_m}$ erzeugt somit die zyklische Gruppe $(\mathbb{Z}/\mathbb{Z}F_m)^\times$ der Ordnung $F_m - 1 = 2^{2^m}$. Gilt umgekehrt $3^{(F_m-1)/2} \equiv -1$ modulo F_m, so ist $[3]_{F_m}$ ein Element der Ordnung $F_m - 1$ in $(\mathbb{Z}/\mathbb{Z}F_m)^\times$ und F_m notwendigerweise prim. Wir haben bewiesen:

a

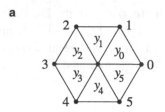

b

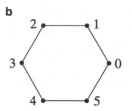

Färbung der Sektoren eines 6-Ecks   Graph eines 6er-Zyklus

Abb. 2.16 Beispiele für Mengen, auf denen C_6 bzw. D_6 operiert

Satz 2.5.29 (Pépin-Test) (nach Th. Pépin (1826–1904)) *Die Fermatsche Zahl $F_m =$
$2^{2^m} + 1$, $m \geq 1$, ist genau dann prim, wenn $3^{(F_m-1)/2} \equiv -1$ modulo F_m ist.*

Mit diesem Test beweist man, dass F_m in der Regel nicht prim ist (ohne eine konkrete
Zerlegung angeben zu müssen). ◇

Beispiel 2.5.30 (Zyklenpolynome – Pólyasche Abzählmethode) In diesem Beispiel
rechnen wir (elementar) in kommutativen Ringen, insbesondere auch in Polynomringen,
vgl. Abschn. 2.6 und 2.9. Die Methoden fußen auf der Arbeit: Kombinatorische Anzahl-
bestimmungen für Gruppen, Graphen und chemische Verbindungen, Acta Mathematica
68, 145–254 (1937), von G. Pólya (1887–1985), die die Entwicklung der Kombinatorik
wesentlich beeinflusst hat.

Ziel ist u. a., systematisch die Anzahl der Bahnen bei der Operation einer (endlichen)
Gruppe auf einer (endlichen) Menge zu bestimmen. Dies ist in der Regel ein Klassifika-
tionsproblem. Die Gruppe wird als Symmetriegruppe interpretiert und die Elemente einer
Bahn sind Muster desselben Typs. Um etwas konkreter zu sein, verstehen wir unter einem
Muster auf einer endlichen Menge X eine Abbildung $f: X \to Y$ in eine Menge Y, wobei
wir Y als Menge von „Farben" interpretieren. Die Operation $G \times X \to X$ einer endlichen Gruppe G auf X induziert eine Operation von G auf der Menge Y^X der Muster mit
Farbmenge Y. Es ist $gf = f \circ \vartheta_g^{-1}$ für $g \in G$, $f \in Y^X$, vgl. Aufg. 2.4.1c). Die Bahnen
repräsentieren dann die wesentlich verschiedenen Muster bzgl. der durch die Operation
von G gegebenen Symmetrien ϑ_g, $g \in G$, von X.

Beispielsweise wird ein Muster der Sektoren eines regelmäßigen n-Ecks in der euklidischen Anschauungsebene, $n \geq 3$, durch eine Abbildung $f: E \to F$ seiner Eckenmenge
E gegeben, vgl. die Zeichnung in Abb. 2.16a. Zwei solcher Muster, die durch eine Drehung um den Mittelpunkt des n-Ecks auseinander hervorgehen, wird man identifizieren.
Wenn man etwas großzügiger ist, lässt man auch noch Spiegelungen an den Symmetrie-
achsen des n-Ecks zu. Im ersten Fall ist die Symmetriegruppe G eine zyklische Gruppe
$\mathbf{Z}_n$ der Ordnung n, die wir in der hier gegebenen geometrischen Realisierung mit C_n bezeichnen. Die Operation von C_n auf den Sektoren ist isomorph zur Cayley-Operation von
C_n auf C_n (vermöge Linkstranslation). Im zweiten Fall ist die Symmetriegruppe die Die-

dergruppe $\mathbf{D}_n$ der Ordnung $2n$, die wir in der jetzigen geometrischen Situation mit D_n bezeichnen. Man beachte, dass D_n auch die Automorphismengruppe des Graphen des Zyklus mit den n Ecken $0, 1, \ldots, n-1$ und den n Kanten $\{0, 1\}, \{1, 2\} \ldots, \{n-1, 0\}$ ist, vgl. die Abb. 2.16b.[29] Man könnte die Ecken des Graphen auch als Perlen einer geschlossenen Kette interpretieren, die verschiedene Farben haben. In diesem Fall ist D_n die angemessene Symmetriegruppe. Ihre Operation ist isomorph zur natürlichen Operation der Diedergruppe $\mathbf{D}_n$ als Untergruppe der Permutationsgruppe $\mathfrak{S}(\mathbf{Z}_n)$, vgl. Beispiel 2.4.12 (2). Ist die Kette offen, so ist der Graph ein Segment, in dem etwa die Kante $\{n-1, 0\}$ fehlt, und die zu betrachtende Symmetriegruppe ist eine Untergruppe der Ordnung 2 von D_n, die neben der Identität nur eine Spiegelung enthält.

Für die allgemeine Diskussion sei nun X eine endliche Menge mit n Elementen, auf der die endliche Gruppe G mit der Aktion $\vartheta \colon G \to \mathfrak{S}(X)$ operiert. Den Typ $v = v(\sigma) = (v_1(\sigma), \ldots, v_n(\sigma)) = (v_1, \ldots, v_n)$ einer Permutation $\sigma \in \mathfrak{S}(X)$, vgl. Beispiel 2.5.13, kodieren wir durch das Monom

$$Z^v = Z_1^{v_1} \cdots Z_n^{v_n}$$

aus einem multiplikativen freien kommutativen Monoid M_n in den Unbestimmten $Z = (Z_1, \ldots, Z_n)$, vgl. Beispiel 2.3.20. Um solche Monome nicht nur multiplizieren, sondern auch addieren zu können, betrachten wir die direkte Summe $\mathbb{Q}[Z] = \mathbb{Q}[Z_1, \ldots, Z_n] = \mathbb{Q}^{(M_n)}$, wobei wir die Multiplikation von M_n so auf $\mathbb{Q}[Z]$ fortsetzen, dass die Distributivgesetze gelten. Dies ergibt den Polynomring über $\mathbb{Q}$ in den Unbestimmten $Z_1, \ldots, Z_n$ mit der Multiplikation

$$\left(\sum_{\alpha \in \mathbb{N}^n} a_\alpha Z^\alpha \right) \cdot \left(\sum_{\beta \in \mathbb{N}^n} b_\beta Z^\beta \right) = \sum_{\gamma \in \mathbb{N}^n} \left(\sum_{\alpha + \beta = \gamma} a_\alpha b_\beta \right) Z^\gamma,$$

vgl. Abschn. 2.9. Im Folgenden benutzen wir die Abkürzung $v(g) = v(g, \vartheta) := v(\vartheta_g)$.

Definition 2.5.31 Das Polynom

$$\psi(G) = \psi(G, \vartheta) := |G|^{-1} \sum_{g \in G} Z^{v(g)} = |G|^{-1} \sum_{g \in G} Z_1^{v_1(g)} \cdots Z_n^{v_n(g)}$$

aus $\mathbb{Q}[Z] = \mathbb{Q}[Z_1, \ldots, Z_n]$ heißt das **Zyklenpolynom** von $G = (G, \vartheta)$.

Für $v \in \mathbb{N}^n$ ist der Koeffizient $a_v \in \mathbb{Q}$ von Z^v im Zyklenpolynom $\psi(G)$ die Häufigkeit der Elemente $g \in G$ mit $v(g) = v$. Offenbar ist $\psi(G, \vartheta) = \psi(\vartheta(G))$, wobei $\vartheta(G) \subseteq \mathfrak{S}(X)$ in natürlicher Weise auf X operiert. Ferner haben isomorphe Operationen dasselbe Zyklenpolynom. Da konjugierte Permutationen den gleichen Typ haben,

---

[29] Dem Leser wird es nicht schwerfallen, die Automorphismengruppe eines Graphen zu definieren.

folgt: *Sind* $g_1, \ldots, g_r$ *Repräsentanten der verschiedenen Konjugationsklassen* $C_G(g_i)$, $\rho = 1, \ldots, r$, *von* G, *so ist*

$$\psi(G) = \sum_{\rho=1}^{r} \frac{1}{|Z_G(g_\rho)|} Z^{\nu(g_\rho)},$$

wobei $Z_G(g) = \{h \in G \mid hg = gh\}$ der Zentralisator von $g \in G$ ist. Man beachte die Gleichung $|G| = |Z_G(g)| \cdot |C_G(g)|$, $g \in G$. Ferner denke man daran, dass nach Beispiel 2.5.13 für die Exponenten im Monom $Z^{\nu(g)} = Z_1^{\nu_1(g)} \cdots Z_n^{\nu_n(g)}$ gilt:

$$\nu_i(g) = i^{-1} \sum_{d \mid i} \mu(d) \nu_1 \left(g^{i/d} \right).$$

Beispielsweise erhält man mit den Schlussbemerkungen in Beispiel 2.5.13 für $n \geq 2$ die Zyklenpolynome

$$\psi(\mathfrak{S}_n) = \sum_{1 \cdot \nu_1 + \cdots + n\nu_n = n} \frac{1}{\nu_1! \cdots \nu_n!} \left(\frac{Z_1}{1} \right)^{\nu_1} \cdots \left(\frac{Z_n}{n} \right)^{\nu_n}$$

und

$$\psi(\mathfrak{A}_n) = 2 \cdot \sum_{\substack{1 \cdot \nu_1 + \cdots + n\nu_n = n \\ \nu_2 + \nu_4 + \cdots \equiv 0(2)}} \frac{1}{\nu_1! \cdots \nu_n!} \left(\frac{Z_1}{1} \right)^{\nu_1} \cdots \left(\frac{Z_n}{n} \right)^{\nu_n}$$

für die symmetrische Gruppe $\mathfrak{S}_n$ bzw. für die alternierende Gruppe $\mathfrak{A}_n$ bzgl. ihrer natürlichen Operationen auf $\{1, \ldots, n\}$. Das Polynom

$$\psi(\mathfrak{A}_5) = \frac{1}{60} \left(Z_1^5 + 20Z_1^2 Z_3 + 15Z_1 Z_2^2 + 24Z_5 \right)$$

haben wir bereits im Beweis von Satz 2.5.19 berechnet.

Operiert die endliche Gruppe G der Ordnung n auf sich selbst durch Linkstranslation (Cayley-Operation = reguläre Darstellung von G), so ist offenbar

$$\psi(G) = \frac{1}{n} \sum_{d \mid n} \alpha(d) Z_d^{n/d},$$

wobei $\alpha(d)$ die Anzahl der Elemente der Ordnung d in G ist, vgl. den Beweis von Proposition 2.5.21. Insbesondere ist das Zyklenpolynom für die Cayley-Operation einer endlichen zyklischen Gruppe $\mathbf{Z}_n$ gleich

$$\psi(\mathbf{Z}_n) = \frac{1}{n} \sum_{d \mid n} \varphi(d) Z_d^{n/d}.$$

Für die natürliche Operation der Diedergruppe $\mathbf{D}_n \subseteq \mathfrak{S}(\mathbf{Z}_n)$ kommen noch die n Involutionen hinzu (die bei ungeradem n alle konjugiert sind und bei geradem n in zwei Konjugationsklassen zerfallen). Das ergibt das Zyklenpolynom

$$\psi(\mathbf{D}_n) = \frac{1}{2n} \sum_{d \mid n} \varphi(d) Z_d^{n/d} + \begin{cases} \frac{1}{4}\left(Z_1^2 + Z_2\right) Z_2^{(n-2)/2}, \text{ falls } n \equiv 0(2), \\ \frac{1}{2} Z_1 Z_2^{(n-1)/2}, \text{ falls } n \equiv 1(2). \end{cases}$$

Mit Hilfe des Zyklenpolynoms hat G. Pólya eine Formel für die Anzahl $|Y^X \backslash G|$ der Äquivalenzklassen der Muster auf X mit endlicher Farbenmenge Y angegeben. Dazu betrachten wir allgemein eine **Gewichtsfunktion** $\gamma \colon Y \to A$ von Y in einen kommutativen Ring A, in dem $|G| = |G| \cdot 1_A$ eine Einheit ist. Einem Muster $f \colon X \to Y$ ordnen wir das Gewicht

$$\gamma(f) := \prod_{x \in X} \gamma\left(f(x)\right) = \prod_{y \in Y} \gamma(y)^{|f^{-1}(y)|} \in A$$

zu. Äquivalente Muster haben offenbar dasselbe Gewicht. Somit induziert γ eine Gewichtsfunktion $Y^X \backslash G \to A$, die wir ebenfalls mit γ bezeichnen. Ist γ konstant gleich 1, so ist auch $\gamma(f) = 1$ für alle $f \in Y^X$. Mit diesen Bezeichnungen gilt:

Satz 2.5.32 (Pólyasche Abzählformel) *Sei $\psi(G)$ das Zyklenpolynom der Operation der endlichen Gruppe G auf der endlichen Menge X. Ferner sei Y eine endliche (Farben-) Menge und $\gamma \colon Y \to A$ eine Gewichtsfunktion mit Werten in einem kommutativen Ring A mit $|G| \cdot 1_A \in A^\times$. Ist dann π_i die Potenzsumme $\sum_{y \in Y} \gamma(y)^i$, $i = 1, \ldots, n$, so gilt*

$$\sum_{[f] \in Y^X \backslash G} \gamma\left([f]\right) = \psi(G)(\pi_1, \ldots, \pi_n).$$

Ist insbesondere $|Y| = m$ und sind $g_1, \ldots, g_r$ Repräsentanten der verschiedenen Konjugationsklassen von G, so gilt

$$|Y^X \backslash G| = \psi(G)(m, \ldots, m) = \frac{1}{|G|} \sum_{g \in G} m^{|\nu(g)|} = \sum_{\rho=1}^{r} \frac{m^{|\nu(g_\rho)|}}{|Z_G(g_\rho)|}.$$

Beweis Sei $M = Y^X$ und $[M] = M \backslash G$. Zunächst bemerken wir, dass ein Muster $f \in M$ genau dann invariant unter der Operation von $g \in G$ ist, wenn f auf den Bahnen $X_1, \ldots, X_s$ von g jeweils einen konstanten Wert $y_1, \ldots, y_s$ hat. Es folgt

$$\sum_{f \in \mathrm{Fix}_g M} \gamma(f) = \sum_{(y_1, \ldots, y_s) \in Y^s} \gamma(y_1)^{|X_1|} \cdots \gamma(y_s)^{|X_s|} = \pi_{|X_1|} \cdots \pi_{|X_s|} = \pi_1^{\nu_1} \cdots \pi_n^{\nu_n} = \pi^{\nu(g)},$$

wo $\nu(g) = (\nu_1, \dots, \nu_n)$ der Typ von g ist. Nun erhält man – $G_f = \mathrm{Stab}_G(f, M)$ ist die Isotropiegruppe eines Musters $f \in M$ –

$$|G| \sum_{[f]\in[M]} \gamma([f]) = \sum_{f\in M} |G_f|\gamma(f) = \sum_{(g,f),g\in G_f} \gamma(f) = \sum_{(g,f),f\in \mathrm{Fix}(g,M)} \gamma(f)$$
$$= \sum_{g\in G} \pi^{\nu(g)} = |G| \cdot \psi(G)(\pi_1, \dots, \pi_n). \qquad \square$$

Wie der Beweis zeigt, darf man in Satz 2.5.32 auch eine unendliche Farbenmenge Y zulassen, wenn etwa $A = \mathbb{C}$ und $\gamma(y)$, $y \in Y$, summierbar ist, was gelegentlich sehr nützlich sein kann.[30] Die Kunst bei der Anwendung von Satz 2.5.32 besteht darin, die Menge der Farben und ihre Gewichte dem Problem gemäß geschickt zu wählen. Die größte Schwierigkeit bereitet aber in der Regel die Bestimmung des Zyklenpolynoms $\psi(G)$. Wir illustrieren das Verfahren an einigen Beispielen.

(1) Als erstes Beispiel betrachten wir die zu Beginn beschriebenen Färbungen der Sektoren eines regulären n-Ecks, $n \geq 3$, mit der Farbenmenge $Y := \{1, \dots, m\}$, $m \in \mathbb{N}^*$, wobei wir als Symmetriegruppe G die Gruppe $\mathrm{C}_n (\cong \mathbf{Z}_n)$ der Drehungen des n-Ecks wählen. Wie bereits angegeben, ist das zugehörige Zyklenpolynom $\psi(\mathrm{C}_n) = \psi(\mathbf{Z}_n) = n^{-1} \sum_{d\mid n} \varphi(d) Z_d^{n/d}$. Geben wir der Farbe $i \in Y$ als Gewicht die Unbestimmte T_i, so ist für ein Muster $f\colon E \to Y$ das Gesamtgewicht gleich $\gamma(f) = T_1^{\alpha_1} \cdots T_m^{\alpha_m}$, wobei α_i die Anzahl der Sektoren mit der Farbe i ist. Nach Satz 2.5.32 ist in dem Polynom

$$n^{-1} \sum_{d\mid n} \varphi(d) \left(T_1^d + \cdots + T_m^d\right)^{n/d}$$

der Koeffizient von $T_1^{\alpha_1} \cdots T_m^{\alpha_m}$ die Anzahl der inäquivalenten Muster, in denen die Farbe i genau α_i-mal auftritt. Nach dem Polynomialsatz 2.6.3, vgl. auch schon 1.6.16, ist dies bei $\alpha_1 + \cdots + \alpha_m = n$ und $\alpha := \mathrm{ggT}(\alpha_1, \dots, \alpha_m)$ die Summe

$$\frac{1}{n} \sum_{d\mid \alpha} \varphi(d) \frac{(n/d)!}{(\alpha_1/d)! \cdots (\alpha_m/d)!},$$

bei $\alpha = 1$ insbesondere $(n-1)!/\alpha_1! \cdots \alpha_m!$. Die Gesamtzahl der inäquivalenten Muster mit (höchstens) m Farben ist

$$b_m := n^{-1} \sum_{d\mid n} \varphi(d) m^{n/d}.$$

---

[30] Um es möglichst allgemein zu formulieren: Satz 2.5.32 *gilt für einen kommutativen vollständigen topologischen Ring A, in dem $|G| = |G| \cdot 1_A$ invertierbar ist, und Gewichtsfunktionen $\gamma\colon Y \to A$, für die die Summen $\sum_{y\in Y^r} \gamma(y_1) \cdots \gamma(y_r)$, $1 \leq r \leq |X|$, existieren*, vgl. Abschn. 4.5. Die letzte Bedingung ist in der Regel bereits dann erfüllt, wenn $\pi_1 = \sum_{y\in Y} \gamma(y)$ existiert. Häufig ist A ein formaler Potenzreihenring.

So besitzt ein regelmäßiges Sechseck $(2^6 + 2^3 + 2 \cdot 2^2 + 2 \cdot 2^1)/6 = 14$ inäquivalente Färbungen mit höchstens 2 Farben und 12 Färbungen, bei denen beide Farben vorkommen.

Um generell für $m \in \mathbb{N}$ die Anzahlen a_m bzw. $b_m = \sum_{j=0}^{m} \binom{m}{j} a_j$ inäquivalenter Muster zu vergleichen, bei denen genau m Farben bzw. höchstens m Farben vorkommen, betrachten wir die exponentiellen erzeugenden Funktionen ($=$ Potenzreihen)

$$P := \sum_{m \in \mathbb{N}} \frac{a_m}{m!} X^m \quad \text{und} \quad Q := \sum_{m \in \mathbb{N}} \frac{b_m}{m!} X^m$$

der Folgen (a_m) bzw. (b_m) in $\mathbb{Q}[\![X]\!]$. Mit der Exponentialreihe $e^X = \sum_{m \in \mathbb{N}} X^m/m!$ gilt dann $Q = e^X P$ und folglich $P = e^{-X} Q$ wegen $e^X e^{-X} = 1$ (Beweis!), woraus

$$a_m = \sum_{j=0}^{m} (-1)^{m-j} \binom{m}{j} b_j \quad \text{mit} \quad b_m = \sum_{j=0}^{m} \binom{m}{j} a_j, \quad m \in \mathbb{N},$$

folgt. Man nennt diese Formeln die **binomischen Umkehrformeln** für die Folgen (a_m) und (b_m).

(2) Identifiziert man zwei Muster auch dann noch, wenn sie durch die Operation der Diedergruppe $D_n \supseteq C_n$ auseinander hervorgehen, wie es beim eingangs erwähnten Halskettenproblem angemessen ist, so hat man die natürliche Operation der Diedergruppe $D_n \subseteq \mathfrak{S}(\mathbb{Z}_n)$ auf $X = \mathbb{Z}_n$ zu betrachten, deren Zyklenpolynom $\psi(D_n) = \psi(\mathbf{D}_n)$ wir ebenfalls oben angegeben haben. Die Gesamtzahl der inäquivalenten Muster mit (höchstens) m Farben verringert sich somit zu

$$\psi(D_n)(m, \dots, m) = \frac{1}{2n} \sum_{d \mid n} \varphi(d) m^{n/d} + \begin{cases} \frac{1}{4}(m+1)m^{n/2}, & \text{falls } n \equiv 0(2), \\ \frac{1}{2} m^{(n+1)/2}, & \text{falls } n \equiv 1(2), \end{cases}$$

im Fall $n = 6$ und $m = 2$ also zu $7 + (3 \cdot 8)/4 = 13$ bzw. zu 11, falls beide Farben vorkommen.[31] Man formuliere auch für die Operation von D_n die allgemeinen Umkehrformeln für die Anzahl der inäquivalenten Muster mit genau m Farben.

Ähnlich wie oben für die Gruppe C_n lässt sich auch jetzt explizit die Anzahl der inäquivalenten Muster angeben, in denen die Farbe $i \in \{1, \dots, m\}$ genau α_i-mal auftritt. Dies ist der Koeffizient von $T_1^{\alpha_1} \cdots T_m^{\alpha_m}$ in demjenigen Polynom, das man aus dem Zyklenpolynom $\psi(D_n)$ dadurch erhält, dass man die Unbestimmte Z_i durch $T_1^i + \cdots + T_m^i$ ersetzt, $i = 1, \dots, n$.

Für nicht geschlossene Ketten hat man als Symmetriegruppe die Spiegelungsgruppe S, die neben der Identität nur die Involution $i \mapsto n - 1 - i, i = 0, \dots, n-1$, enthält, $n \geq 2$.

---

[31] Man gebe die beiden Muster an, die bezüglich der Operation der Gruppe D_6 äquivalent sind, nicht jedoch bezüglich der Operation der Gruppe C_6.

Das Zyklenpolynom ist

$$\psi(\mathrm{S}) = \frac{1}{2}Z_1^n + \begin{cases} \frac{1}{2}Z_2^{n/2}, \text{ falls } n \equiv 0(2), \\ \frac{1}{2}Z_1 Z_2^{(n-1)/2}, \text{ falls } n \equiv 1(2). \end{cases}$$

Die Anzahl der inäquivalenten offenen Ketten mit genau α_i Perlen der Farbe i, $i = 1, \dots, m$, $\sum_{i=1}^m \alpha_i = n$, ist der Koeffizient von $T^\alpha = T_1^{\alpha_1} \cdots T_m^{\alpha_m}$ im Polynom

$$\frac{1}{2}(T_1 + \cdots + T_m)^n + \begin{cases} \frac{1}{2}\left(T_1^2 + \cdots + T_m^2\right)^{n/2}, \text{ falls } n \equiv 0(2), \\ \frac{1}{2}(T_1 + \cdots + T_m)\left(T_1^2 + \cdots + T_m^2\right)^{(n-1)/2}, \text{ falls } n \equiv 1(2). \end{cases}$$

Wir überlassen es dem Leser, diesen Koeffizienten mit Hilfe des Polynomialsatzes explizit zu notieren. Die Anzahl aller Äquivalenzklassen offener Ketten mit n Perlen von m verschiedenen Sorten ist

$$\psi(\mathrm{S})(m,m) = \frac{1}{2}m^n + \begin{cases} \frac{1}{2}m^{n/2}, \text{ falls } n \equiv 0(2), \\ \frac{1}{2}m^{(n+1)/2}, \text{ falls } n \equiv 1(2). \end{cases}$$

(3) Ein Graph mit der Eckenmenge $\{1, \dots, n\}$ wird durch eine Teilmenge der Menge $\mathfrak{E}_2 = \mathfrak{E}_2(\mathbb{N}_n^*)$ der 2-elementigen Teilmengen von $\mathbb{N}_n^* = \{1, \dots, n\}$ definiert. Zwei Graphen, die durch eine Permutation der Eckenmenge auseinander hervorgehen, sind äquivalent (= isomorph). Die Permutationsgruppe $\mathfrak{S}_n$ operiert dabei in der natürlichen Weise (bei $n \geq 2$ transitiv) auf $\mathfrak{E}_2$. Das zugehörige Zyklenpolynom sei ψ_n. Die Isomorphieklassen von Graphen bilden die Menge $\{0,1\}^{\mathfrak{E}_2} \backslash \mathfrak{S}_n$, wobei wir eine Teilmenge in $\mathfrak{E}_2$ mit ihrer Indikatorfunktion aus $\{0,1\}^{\mathfrak{E}_2}$ identifizieren. Geben wir der Farbe 0 das Gewicht 1 und der Farbe 1 das Gewicht T, so ist $\pi_d = 1 + T^d$ und der Koeffizient von T^α im Polynom

$$\psi_n\left(1 + T, 1 + T^2, \dots\right)$$

die Anzahl der Isomorphieklassen der Graphen mit n Ecken und α Kanten, $\alpha \in \mathbb{N}$. Die Gesamtzahl der Isomorphieklassen der Graphen mit n Ecken ist $\psi_n(2, 2, \dots)$. Die Anzahl der bewerteten Graphen, bei denen eine Kante einen der Werte $1, \dots, m$, $m \in \mathbb{N}^*$, annehmen kann, ist $\psi_n(1 + m, 1 + m, \dots)$. Zur Bestimmung von ψ_n hat man für den Typ $\nu = (\nu_1, \dots, \nu_n)$ einer Permutation $\sigma \in \mathfrak{S}_n$ den Typ $\widetilde{\nu} := \nu(\sigma, \mathfrak{E}_2)$ der von σ auf $\mathfrak{E}_2$ induzierten Permutation zu bestimmen. Mit etwas Konzentration (Aufgabe!) zeigt man

$$\widetilde{\nu}_i = \frac{1}{2}\nu_i(i\nu_i - e_i) + \nu_{2i} + \sum_{\substack{1 \leq r < s \leq n \\ \mathrm{kgV}(r,s) = i}} \mathrm{ggT}(r,s)\nu_r\nu_s, \quad i = 1, \dots, \binom{n}{2} = |\mathfrak{E}_2|,$$

wobei $e_i := 1$ ist, falls i ungerade, und $e_i := 2$, falls i gerade. Das Zyklenpolynom ist dann

$$\psi_n = \sum_{1 \cdot \nu_1 + \cdots + n\nu_n = n} \frac{1}{\nu_1! \cdots \nu_n! 1^{\nu_1} \cdots n^{\nu_n}} \prod_{i=1}^{\binom{n}{2}} Z_i^{\widetilde{\nu}_i}.$$

Die Anzahl der Isomorphieklassen der Graphen mit n Ecken ist also

$$
\psi_n(2,2,\dots) = \sum_{\nu,1\cdot\nu_1+\cdots+n\nu_n=n} \frac{2^{|\tilde{\nu}|}}{\nu_1!\cdots\nu_n!1^{\nu_1}\cdots n^{\nu_n}}
$$

mit $|\tilde{\nu}| = \tilde{\nu}_1 + \tilde{\nu}_2 + \cdots = \frac{1}{2}\sum_i i\,\nu_i^2 - \frac{1}{2}\sum_{i\equiv 1(2)}\nu_i + \sum_{r<s}\mathrm{ggT}(r,s)\nu_r\nu_s$.

Bei $n=4$ beispielsweise ergibt sich $\psi_4 = \frac{1}{24}\left(Z_1^6 + 9Z_1^2 Z_2^2 + 6Z_2 Z_4 + 8Z_3^2\right)$ (vgl. auch Aufg. 2.5.25) und $\psi_4(2,2,2,2) = 11$ als Anzahl der Isomorphieklassen von Graphen mit 4 Ecken. Man gebe für jede Klasse einen Repräsentanten an. Die Anzahl der Isomorphieklassen von Graphen mit n Ecken, $1 \le n \le 10$, ist der Reihe nach 1, 2, 4, 11, 34, 156, 1044, 12.346, 274.668, 12.005.168.

(4) Die Gruppe W der 24 Drehungen im euklidischen Anschauungsraum, die einen Würfel in sich überführen, operiert (transitiv) auf den 6 Seiten dieses Würfels. Da die Isotropiegruppe einer Seite aus den 4 Drehungen um den Mittelpunkt dieser Seite besteht, ist $|W| = 6\cdot 4 = 24$. Es ist $W \cong \mathfrak{S}_4$, denn W operiert treu auf der Menge der 4 Würfeldiagonalen. vgl. auch Aufg. 2.5.25. Die Identität, die 3 Halbdrehungen um die Würfelachsen, die 6 Vierteldrehungen um diese Achsen, die 6 Halbdrehungen um gegenüberliegende Kantenmitten und die 8 Drittelungen um die Diagonalen haben der Reihe nach die Zyklenpolynome $Z_1^6,\ Z_1^2 Z_2^2,\ Z_1^2 Z_4,\ Z_2^3,\ Z_3^2$. Das Zyklenpolynom für die Operation von W auf der Menge der 6 Seiten des Würfels ist also

$$
\psi = \psi(W) = \frac{1}{24}\left(Z_1^6 + 3Z_1^2 Z_2^2 + 6Z_1^2 Z_4 + 6Z_2^3 + 8Z_3^2\right).
$$

Die Anzahl der inäquivalenten Färbungen der Würfelseiten mit höchstens m Farben, bei denen die Farbe i genau α_i-mal auftritt, ist nach Satz 2.5.32 gleich dem Koeffizienten von $T_1^{\alpha_1}\cdots T_m^{\alpha_m}$ in dem Polynom, das aus $\psi(W)$ dadurch hervorgeht, dass die Unbestimmte Z_i durch $T_1^i + \cdots + T_m^i$ ersetzt wird. Insbesondere ist die Gesamtzahl der inäquivalenten Färbungen gleich

$$
\frac{1}{24}m^2\left(m^4 + 3m^2 + 12m + 8\right),
$$

für $m=2$ also 10 (und 8, falls beide Farben vorkommen). Interpretiert man die (unendlich vielen) Farben $i \in \mathbb{N}$ als Zahlen und gibt der Farbe i das Gewicht T^i, $i \in \mathbb{N}$, so ist

$$
\pi_d = \sum_{i=0}^{\infty} T^{id} = \frac{1}{1-T^d},
$$

und der Koeffizient von T^α in der Potenzreihe

$$
\psi\left(1/(1-T),\, 1/\left(1-T^2\right),\, 1/\left(1-T^3\right),\, 1/\left(1-T^4\right)\right)
$$

gibt die Anzahl der inäquivalenten Nummerierungen der Würfelseiten mit natürlichen Zahlen an, bei denen die Gesamtsumme der Zahlen gleich α ist, $\alpha \in \mathbb{N}$.

Zu Erweiterungen der Pólyaschen Abzählmethode verweisen wir auf das empfehlenswerte Buch von A. Kerber: Algebraic Combinatorics Via Finite Group Actions, Mannheim 1991, und die darin angegebene Literatur. ◇

Aufgaben

Aufgabe 2.5.1 Für die folgenden Permutationen gebe man jeweils die kanonische Zyklendarstellung, eine Darstellung als Produkt von Transpositionen, die Anzahl der Fehlstände, das Signum und die Ordnung an.

a) $\begin{pmatrix} 1 & 2 & 3 & 4 & 5 & 6 & 7 & 8 & 9 & 10 & 11 & 12 \\ 3 & 2 & 9 & 10 & 8 & 12 & 4 & 6 & 1 & 11 & 7 & 5 \end{pmatrix} \in \mathfrak{S}_{12}.$

b) $\begin{pmatrix} 1 & 2 & 3 & 4 & 5 & 6 & 7 & 8 & 9 & 10 & 11 & 12 & 13 & 14 & 15 \\ 1 & 4 & 10 & 12 & 5 & 7 & 11 & 2 & 15 & 14 & 9 & 8 & 6 & 3 & 13 \end{pmatrix} \in \mathfrak{S}_{15}.$

c) $\begin{pmatrix} 1 & 2 & 3 & 4 & 5 & 6 & 7 & 8 & 9 & 10 & 11 & 12 \\ 7 & 12 & 1 & 10 & 8 & 2 & 11 & 4 & 6 & 5 & 3 & 9 \end{pmatrix} \in \mathfrak{S}_{12}.$

Aufgabe 2.5.2 Für die folgenden Permutationen gebe man die Anzahl der Fehlstände und das Signum an.

a) $\begin{pmatrix} 1 & 2 & \ldots & n & n+1 & \ldots & 2n \\ 1 & 3 & \ldots & 2n-1 & 2 & \ldots & 2n \end{pmatrix} \in \mathfrak{S}_{2n}.$

b) $\begin{pmatrix} 1 & 2 & \ldots & n & n+1 & \ldots & 2n \\ 2 & 4 & \ldots & 2n & 1 & \ldots & 2n-1 \end{pmatrix} \in \mathfrak{S}_{2n}.$

c) $\begin{pmatrix} 1 & \ldots & n-r+1 & n-r+2 & \ldots & n \\ r & \ldots & n & 1 & \ldots & r-1 \end{pmatrix} \in \mathfrak{S}_n, 1 \le r \le n.$

d) $\begin{pmatrix} 1 & 2 & 3 & 4 & 5 & 6 & \ldots & 2n \\ 1 & 2n & 3 & 2(n-1) & 5 & 2(n-2) & \ldots & 2 \end{pmatrix} \in \mathfrak{S}_{2n}.$

Aufgabe 2.5.3 Für eine Teilmenge $J \subseteq \{1, \ldots, n\}$ mit $J = \{j_1, \ldots, j_m\}, j_1 < \cdots < j_m$, sei σ_J die Permutation

$$\sigma_J = \begin{pmatrix} 1 & \ldots & m & m+1 & \ldots & n \\ j_1 & \ldots & j_m & i_1 & \ldots & i_{n-m} \end{pmatrix} \in \mathfrak{S}_n,$$

wobei die Zahlen $i_1 < \cdots < i_{n-m}$ die Elemente des Komplements von J in $\{1, \ldots, n\}$ sind. Dann ist die Anzahl der Fehlstände von σ_J gleich

$$F(\sigma_J) = \left(\sum_{k=1}^{m} j_k \right) - \binom{m+1}{2}$$

und somit $\text{Sign}(\sigma_J) = (-1)^{F(\sigma_J)}$. (Die Permutationen σ_J heißen **Shuffle-Permutationen**. Zu festem $m = |J|, 0 \le m \le n$, bilden sie ein kanonisches Repräsentantensystem für die Linksnebenklassen der Untergruppe $\mathfrak{S}(\{1,\ldots,m\}) \times \mathfrak{S}(\{m+1,\ldots,n\}) \subseteq \mathfrak{S}_n$ in $\mathfrak{S}_n$. Diese Gruppe ist die Isotropiegruppe der Menge $\{1,\ldots,m\}$ unter der kanonischen Operation der Gruppe $\mathfrak{S}_n$ auf der Potenzmenge $\mathfrak{P}(\mathbb{N}_n^*)$. Die Bahn von $\{1,\ldots,m\}$ ist die Menge $\mathfrak{E}_m(\mathbb{N}_n^*)$ der m-elementigen Teilmengen von $\mathbb{N}_n^*$. Die Inversen σ_J^{-1} der Shuffle-Permutationen σ_J, $|J| = m$, bilden ein Repräsentantensystem für die Rechtsnebenklassen der Gruppe $\mathfrak{S}(\{1,\ldots,m\}) \times \mathfrak{S}(\{m+1,\ldots,n\})$ in $\mathfrak{S}_n$.)

Aufgabe 2.5.4 Sei I eine endliche Menge. Das Inverse σ^{-1} einer Permutation $\sigma \in \mathfrak{S}(I)$ hat dieselben Bahnen und dasselbe Vorzeichen wie σ.

Aufgabe 2.5.5 Eine Untergruppe der Permutationsgruppe $\mathfrak{S}_n$, die eine ungerade Permutation enthält, besteht aus gleich vielen ungeraden wie geraden Permutationen.

Aufgabe 2.5.6
a) Eine Permutation $\sigma \in \mathfrak{S}_n$ ungerader Ordnung ist gerade.
b) Das Quadrat σ^2 einer Permutation $\sigma \in \mathfrak{S}_n$ ist eine gerade Permutation.

Aufgabe 2.5.7 Der Exponent der Gruppe $\mathfrak{S}_n$, $n \in \mathbb{N}^*$, ist gleich

$$B(n) := \mathrm{kgV}(1,\ldots,n) = \prod_{p \in \mathbb{P}} p^{\alpha_p} \quad \text{mit} \quad \alpha_p := [\log_p n] = [\ln n / \ln p].$$

(Wir werden die Funktion $B(n)$, $n \in \mathbb{N}^*$, in Bd. 5 im Zusammenhang mit dem Primzahlsatz diskutieren.)

Aufgabe 2.5.8 Sei $m = p_1^{\alpha_1} \cdots p_r^{\alpha_r}$ die kanonische Primfaktorzerlegung von $m \in \mathbb{N}^*$. Genau dann enthält die Gruppe $\mathfrak{S}_n$ ein Element der Ordnung m, wenn $n \geq p_1^{\alpha_1} + \cdots + p_r^{\alpha_r}$ ist. Man bestimme das Maximum $C(n)$ der Ordnungen der Elemente von $\mathfrak{S}_n$ für $n = 1,\ldots,20$. (Für eine Diskussion der Funktion $C(n)$, $n \in \mathbb{N}^*$, siehe W. Miller: The maximum order of an element of a finite symmetric group, Amer. Math. Monthly **94**, 497–506 (1987).)

Aufgabe 2.5.9
a) Welchen Typ kann eine Permutation σ der Ordnung 40 bzw. 60 in der Gruppe $\mathfrak{S}_{20}$ besitzen?
b) Sei $p \in \mathbb{P}$ eine Primzahl. Für welche $n \in \mathbb{N}$ gibt es ein Element der Ordnung p^3 in der Gruppe $\mathfrak{S}_n$ und welchen Typ kann eine solche Permutation haben?

Aufgabe 2.5.10 Sei $n \in \mathbb{N}^*$.

a) Sei m_i für $1 \leq i < n$ die Anzahl der Fehlstände (i,j), $i < j \leq n$, in der Permutation $\sigma \in \mathfrak{S}_n$, und sei $\sigma_i := \langle i+m_i, i+m_i-1 \rangle \cdots \langle i+1, i \rangle$. Dann ist $\sigma = \sigma_1 \cdots \sigma_{n-1}$. Insbesondere ist σ Produkt von $F(\sigma)$ Transpositionen der Form $\langle 1,2 \rangle, \langle 2,3 \rangle, \ldots, \langle n-1,n \rangle$.

(Dies beweist erneut 2.5.10 und rekonstruiert die Permutation σ aus ihren Fehlständen. Genauer: Die Permutation σ ist durch das $(n-1)$-Tupel $(m_1, \ldots, m_{n-1})$ mit $0 \le m_i \le n-i$ eindeutig bestimmt, und jedes solche Tupel bestimmt ein $\sigma \in \mathfrak{S}_n$. Diese Kodierung der Elemente von $\mathfrak{S}_n$ wird recht häufig benutzt. – Man betrachte auch das analoge Problem mit den Anzahlen m_i' der Fehlstände (j, i), $j < i$, $i = 2, \ldots, n$.)

b) Sei $\sigma \in \mathfrak{S}_n$ und $\sigma' := \sigma \circ \langle i, i+1 \rangle$ mit $i \in \{1, \ldots, n-1\}$. Dann ist $|F(\sigma) - F(\sigma')| = 1$. Es folgt: σ ist nicht Produkt von weniger als $F(\sigma)$ Transpositionen benachbarter Elemente.

Aufgabe 2.5.11 Seien $\sigma \in \mathfrak{S}_n$ und $m \in \mathbb{Z}$. Jede Bahn von σ der Länge k zerfällt in $\mathrm{ggT}(k, m)$ Bahnen der Länge $k / \mathrm{ggT}(k, m)$ von σ^m. (Vgl. auch Beispiel 2.5.13.)

Aufgabe 2.5.12

a) Sei X eine endliche Menge. Man bestimme das Signum der Involution $(x_1, x_2) \mapsto (x_2, x_1)$ von $X \times X$.

b) Sei $X = \biguplus_{i \in I} X_i$ eine Zerlegung der endlichen Menge X und $\sigma \in \mathfrak{S}(X)$ eine Permutation, die jedes X_i invariant lässt, $i \in I$. Dann ist $\mathrm{Sign}\, \sigma = \prod_{i \in I} \mathrm{Sign}\, (\sigma | X_i)$.

c) Seien X_i endliche Mengen mit $m_i := \prod_{j \ne i} |X_j|$ und $\sigma_i \in \mathfrak{S}(X_i)$, $i \in I$, I endlich. Ferner sei $\sigma \in X := \prod_{i \in I} X_i \to X$, $(x_i)_{i \in I} \mapsto (\sigma_i(x_i))_{i \in I}$, das Produkt der Permutationen σ_i, $i \in I$. Dann ist $\mathrm{Sign}\, \sigma = \prod_{i \in I} (\mathrm{Sign}\, \sigma_i)^{m_i}$. (Man kann annehmen, dass σ_i bis auf eine Ausnahme die Identität ist.)

d) Sei $\sigma \in \mathfrak{S}(X)$ eine Permutation der endlichen Menge X mit $|X| = m$, und sei $\mathfrak{E}_r(X)$ die Menge der r-elementigen Teilmengen von X, $0 \le r \le m$. Dann ist das Signum der von σ auf $\mathfrak{E}_r(X)$ induzierten Permutation gleich $(\mathrm{Sign}\, \sigma)^{\binom{m-2}{r-1}}$, wobei $\binom{m-2}{-1} = 0$ zu setzen ist für alle $m \in \mathbb{N}$. (Man kann annehmen, dass σ eine Transposition ist.) Man bestimme auch das Vorzeichen der von σ auf $\mathfrak{P}(X) = \mathfrak{E}(X) = \biguplus_{r=0}^{m} \mathfrak{E}_r(X)$ induzierten Permutation.

Aufgabe 2.5.13 Seien $1 \to F \to G \to H \to 1$ eine exakte Sequenz von (nicht notwendig abelschen) endlichen Gruppen und $\varphi: F \to F$, $\chi: G \to G$, $\psi: H \to H$ Automorphismen von Gruppen derart, dass das Diagramm in Abb. 2.17 kommutativ ist. F habe ungerade Ordnung oder enthalte kein Element der Ordnung $2^{v_2(|F|)}$, vgl. Proposition 2.5.21. Dann gilt

$$\mathrm{Sign}\, \chi = (\mathrm{Sign}\, \varphi)^{|H|} \cdot (\mathrm{Sign}\, \psi)^{|F|}.$$

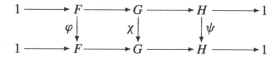

Abb. 2.17 Kommutatives Diagramm von Gruppen mit exakten Dreiersequenzen als Zeilen

Insbesondere gilt: *Ist die Ordnung von G ungerade, so ist* Sign χ = Sign $\varphi \cdot$ Sign ψ.
(Zum Beweis kann man annehmen, dass F eine normale Untergruppe von G ist, H die
Quotientengruppe G/F sowie $\varphi = \chi|F$ und ψ der von χ induzierte Automorphismus
$G/F \to G/F$. Sei dann $A \subseteq G$ ein Repräsentantensystem für die Elemente von G/F und
$f: A \times F \to G$ die bijektive Abbildung $(a, x) \mapsto ax$. Es gilt $\chi(aF) = \chi(a)F = \sigma(a)F$
mit einer Permutation $\sigma \in \mathfrak{S}(A)$. Seien nun $g_a := \sigma(a)^{-1}\chi(a) \in F$, $a \in A$ und h, g
die Permutationen $h(a, x) = (\sigma(a), \chi(x))$ bzw. $g(a, x) = (a, g_a x)$ von $A \times F$. Nach
Voraussetzung über F ist Sign $g = 1$, vgl. Aufg. 2.5.12b) und Proposition 2.5.21. Ferner
ist $\chi = f(gh)f^{-1}$. Es folgt Sign χ = Sign (gh) = Sign h = (Sign $\psi)^{|F|} \cdot$ (Sign $\varphi)^{|H|}$,
vgl. Aufg. 2.5.12c).)

Aufgabe 2.5.14 Sei $n \in \mathbb{N}^*$ und T eine Menge von Transpositionen in der Gruppe $\mathfrak{S}_n$.
Wir ordnen T den Graphen Γ_T zu, dessen Ecken die Zahlen $1, \ldots, n$ sind und bei dem
zwei Ecken i und j, $i \neq j$, genau dann mit einer Kante verbunden sind, wenn die Trans-
position $\langle i, j \rangle = \langle j, i \rangle$ zu T gehört. $\Gamma_1, \ldots, \Gamma_r$ seien die Zusammenhangskomponenten
von Γ_T, vgl. Beispiel 1.3.5.

a) Genau dann erzeugen die Transpositionen aus T die Gruppe $\mathfrak{S}_n$, wenn Γ_T zusammenhängend, also $r = 1$ ist, d. h. wenn je zwei Ecken von Γ_T durch einen Kantenzug
   verbunden werden können. Allgemein ist die von T erzeugte Untergruppe das Produkt
   $\mathfrak{S}(\Gamma_1) \times \cdots \times \mathfrak{S}(\Gamma_r) \subseteq \mathfrak{S}_n$.
b) Ist T ein Erzeugendensystem der Gruppe $\mathfrak{S}_n$, so enthält T wenigstens $n - 1$ Elemente.
   (Es gilt sogar allgemein: Sind $\tau_1, \ldots, \tau_m$ die Elemente von T (evtl. mit Wiederholun-
   gen) und ist $\tau_1 \cdots \tau_m = $ id, so ist m gerade und $m \geq 2 \sum_{\rho=1}^{r}(|\Gamma_\rho| - 1)$.)
c) Jedes Erzeugendensystem von $\mathfrak{S}_n$ aus Transpositionen enthält ein (minimales) Erzeugendensystem von $\mathfrak{S}_n$ mit $n - 1$ Elementen. (Die Graphen zu solchen minimalen
   Erzeugendensystemen sind die Bäume mit Eckenmenge $\mathbb{N}^*_{\leq n}$. Jeder zusammenhängende Graph besitzt einen **erzeugenden Baum**, d. h. einen Teilgraphen, der ein Baum
   ist und dieselbe Eckenmenge hat. *Jeder erzeugende Baum eines zusammenhängenden
   Graphen mit n Ecken hat $n - 1$ Kanten. Beweis! – Übrigens besitzt die Gruppe $\mathfrak{S}_n$
   genau n^{n-2} Erzeugendensysteme aus $n - 1$ Transpositionen* (**Satz von Cayley**). *Zum
   Beweis* zeige man allgemeiner: Bezeichnet $f_{n,k}$ für $1 \leq k \leq n$ die Anzahl der Wälder
   mit Eckenmenge $\mathbb{N}^*_{\leq n}$ und genau k markierten Bäumen (so genannten **Wurzelbäumen**),[32] so gilt $f_{n,n} = 1$, $(n - k + 1)f_{n,k-1} = n(k - 1)f_{n,k}$. (Durch „Pfropfen"
   gewinnt man aus einem Wald mit $k \geq 2$ Wurzelbäumen $n(k - 1)$ Wälder mit $k - 1$
   Wurzelbäumen und durch Entfernen jeweils einer Kante aus einem Wald mit $k - 1$

---

[32] Eine **markierte Menge** ist ein Paar (X, P), bestehend aus einer Menge X und einem Punkt
$P \in X$. Zu einer Menge X gehören also genau $|X|$ markierte Mengen (X, P). Ein Baum mit
$m \in \mathbb{N}^*$ Ecken besitzt genau m Markierungen.

Wurzelbäumen $n - k + 1$ Wälder mit k Wurzelbäumen.) *Somit ist*

$$f_{n,k} = \binom{n-1}{k-1} n^{n-k}, \quad 1 \le k \le n.$$

Die gesuchte Anzahl ist $f_{n,1}/n$.)

d) Die Transpositionen $\langle 1,2 \rangle$, $\langle 2,3 \rangle, \ldots, \langle n-1,n \rangle$ sowie $\langle 1,2 \rangle$, $\langle 1,3 \rangle, \ldots, \langle 1,n \rangle$ bilden jeweils ein minimales Erzeugendensystem von $\mathfrak{S}_n$. Jede Permutation $\sigma \in \mathfrak{S}_n$ ist Produkt von Transpositionen jeweils benachbarter Elemente, vgl. Aufg. 2.5.10.

e) Eine zu a) analoge Aussage gilt auch für die alternierenden Gruppen. Für ein „Dreieck" $\triangle = \{a, b, c\} \in \mathfrak{E}_3(\mathbb{N}^*_{\le n})$ bezeichne $\alpha(\triangle)$ die Menge der beiden 3-er-Zyklen $\langle a, b, c \rangle$, $\langle a, c, b \rangle = \langle a, b, c \rangle^{-1}$ (die unabhängig von einer Ordnung oder „Orientierung" auf $\triangle$ ist). Dann gilt: Für 3-er-Mengen $\triangle_1, \ldots, \triangle_m \in \mathfrak{E}_3(\mathbb{N}^*_{\le n})$ erzeugen die Zyklen aus $\alpha(\triangle_1) \cup \cdots \cup \alpha(\triangle_m)$ die Gruppe $\mathfrak{A}(\Gamma_1) \times \cdots \times \mathfrak{A}(\Gamma_r) \subseteq \mathfrak{A}_n$. Dabei sind $\Gamma_1, \ldots, \Gamma_r$ die Zusammenhangskomponenten des Graphen mit Eckenmenge $\mathbb{N}^*_{\le n}$, dessen Kanten jeweils zu einem der Dreiecke $\triangle_1, \ldots, \triangle_m$ gehören. (Man beweise durch Induktion über t: Sind $\triangle_1, \ldots, \triangle_t$ 3-er-Mengen mit $\triangle_i \cap \triangle_{i+1} \neq \emptyset$ für $i = 1, \ldots, t-1$, so erzeugt $\alpha(\triangle_1) \cup \cdots \cup \alpha(\triangle_t)$ die alternierende Gruppe $\mathfrak{A}(\triangle_1 \cup \cdots \cup \triangle_t)$.) Man folgere: Die Minimalzahl von 3-er-Zyklen, die die Gruppe $\mathfrak{A}_n$, $n \ge 3$, erzeugen, ist $\lceil (n-1)/2 \rceil$. Man gebe drei 3-er-Zyklen an, die die Gruppe $\mathfrak{A}_5$ erzeugen, von denen aber keine zwei ($= \lceil (5-1)/2 \rceil$) die Gruppe $\mathfrak{A}_5$ erzeugen.

f) Bei $n \ge 3$ bilden die 3-er-Zyklen $\langle 1,2,3 \rangle$, $\langle 2,3,4 \rangle, \ldots, \langle n-2, n-1, n \rangle$ sowie $\langle 1,2,3 \rangle$, $\langle 1,2,4 \rangle, \ldots, \langle 1,2,n \rangle$ jeweils ein Erzeugendensystem von $\mathfrak{A}_n$.

Aufgabe 2.5.15 Eine Permutation $\sigma \in \mathfrak{S}_n$ mit s Bahnen besitzt eine Darstellung als Produkt von $n - s$ Transpositionen und keine Darstellung als Produkt von weniger als $n - s$ Transpositionen. (Diese Aufgabe besitzt eine natürliche Verallgemeinerung: Sei $T \subseteq \mathfrak{S}_n$ eine Menge von Transpositionen, die die Gruppe $\mathfrak{S}_n$ erzeugt (gegeben etwa durch den zusammenhängenden Graphen $\Gamma = \Gamma_T$ auf der Eckenmenge $\mathbb{N}^*_{\le n}$, vgl. Aufg. 2.5.14a). Für $\sigma \in \mathfrak{S}_n$ bestimme man das Minimum $\ell(\sigma) = \ell_T(\sigma)$ der $m \in \mathbb{N}$, für die es eine Darstellung $\sigma = \tau_1 \cdots \tau_m$ mit $\tau_i \in T$ gibt. Übrigens ist $\ell(\sigma) = \ell(\sigma^{-1})$, und $d(\sigma_1, \sigma_2) := \ell(\sigma_2 \sigma_1^{-1})$, $\sigma_1, \sigma_2 \in \mathfrak{S}_n$, ist eine Metrik auf $\mathfrak{S}_n$ (vgl. Abschn. 4.1), für die Links- und Rechtstranslationen abstandserhaltend sind. Man betrachte für Γ_T neben dem vollständigen Graphen auch die Beispiele in Abb. 2.18. Zum ersten dieser Graphen vgl. Aufg. 2.5.10. Für $T \subseteq T'$ ist natürlich $\ell_{T'} \le \ell_T$.)

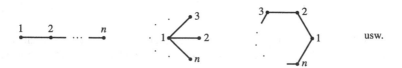

Abb. 2.18 Beispiele von Erzeugendensystemen von $\mathfrak{S}_n$ aus Transpositionen

Aufgabe 2.5.16

a) Die beiden Zyklen $\langle 1, 2\rangle$, $\langle 2, \ldots, n\rangle$ erzeugen die Gruppe $\mathfrak{S}_n$, $n \geq 2$.

b) Die beiden Zyklen $\langle 1, 2\rangle$, $\langle 1, 2, \ldots, n\rangle$ erzeugen die Gruppe $\mathfrak{S}_n$, $n \geq 2$. Allgemeiner gilt: Sind k, n natürliche Zahlen mit $1 < k \leq n$, so erzeugen die beiden Zyklen $\langle 1, k\rangle$, $\langle 1, 2, \ldots, n\rangle$ genau dann die Gruppe $\mathfrak{S}_n$, wenn $\operatorname{ggT}(k - 1, n) = 1$ ist.

c) Sei $n \geq 3$. Die Zyklen $\langle 1, 2, 3\rangle$, $\langle 1, 2, 3, \ldots, n\rangle$, wenn n ungerade, bzw. $\langle 1, 2, 3\rangle$, $\langle 2, 3, \ldots, n\rangle$, wenn n gerade ist, erzeugen die Gruppe $\mathfrak{A}_n$.

(Man benutze die Aufg. 2.5.14d) und 2.5.14f).)

Aufgabe 2.5.17 Die Anzahl der mit einer Permutation $\sigma \in \mathfrak{S}_n$ vom Typ $(\nu_1, \ldots, \nu_n)$ vertauschbaren Permutationen ist $\nu_1! \cdots \nu_n! 1^{\nu_1} \cdots n^{\nu_n}$, $n \in \mathbb{N}$. (Diese Permutationen bilden den Zentralisator $Z_{\mathfrak{S}_n}(\sigma)$. – Vgl. Beispiel 2.5.13 und 2.4.5.)

Aufgabe 2.5.18

a) Die Anzahl der Involutionen (= Spiegelungen) in $\mathfrak{S}_{2n}$, die keinen Fixpunkt besitzen, ist $1 \cdot 3 \cdots (2n - 1) = (2n)!/(n! 2^n) \sim \sqrt{2}(2n/e)^n$ für $n \to \infty$. Dies ist auch die Anzahl der Partitionen von $\mathbb{N}_{\leq 2n}^*$ in Zweiermengen.

b) Die Anzahl der Involutionen (= Spiegelungen) in $\mathfrak{S}_n$ ist $\sum_{k \geq 0} \binom{n}{2k} \frac{(2k)!}{k! 2^k}$.

Aufgabe 2.5.19

a) Die Anzahl der Permutationen in $\mathfrak{S}_n$, die eine feste Bahn $B \in \mathfrak{P}(\mathbb{N}_{\leq n}^*)$ der Länge k besitzen, ist $(k - 1)!(n - k)!$, $1 \leq k \leq n$.

b) Die Anzahl der Bahnen aller Permutationen in $\mathfrak{S}_n$ ist $n! H_n$, wobei $H_n = \sum_{k=1}^n 1/k$ die n-te harmonische Zahl ist. (Man bestimme die Anzahl der Paare $(\sigma, B) \in \mathfrak{S}_n \times \mathfrak{P}(\mathbb{N}_{\leq n}^*)$, für die B eine Bahn von σ ist, und benutze dabei a). – Die mittlere Anzahl der Bahnen einer Permutation $\sigma \in \mathfrak{S}_n$ ist also H_n. Es ist $H_n = \ln n + \gamma + \rho_n$ mit der Eulerschen Zahl γ und einer monoton fallenden Nullfolge (ρ_n), vgl. Beispiel 3.3.8 (2). Die mittlere Anzahl der Bahnen geht also für $n \to \infty$ sehr langsam (wie $\ln n$) gegen ∞.)

Aufgabe 2.5.20 Die Anzahl der Permutationen in $\mathfrak{S}_n$, in deren kanonischer Zyklenzerlegung ein (und damit genau ein) Zyklus der Länge $> n/2$ vorkommt, ist $n! \sum_{n/2 < k \leq n} 1/k = n!(H_n - H_{[n/2]}) \sim n! \ln 2$ für $n \to \infty$, vgl. Aufg. 3.3.27a). Ihre mittlere Anzahl ist also $H_n - H_{[n/2]} \xrightarrow{n \to \infty} \ln 2 = 0{,}693147 \ldots$

Aufgabe 2.5.21

a) Die Anzahl der Permutationen in $\mathfrak{S}_n$, die keinen Fixpunkt besitzen, ist $n! \sum_{k=0}^n (-1)^k/k!$ $\sim n!/e$ für $n \to \infty$. Ihre mittlere Anzahl ist $\sum_{k=0}^n (-1)^k/k! \to e^{-1} = 0{,}367879 \ldots$ (Die Anzahl der Permutationen in $\mathfrak{S}_n$, $n \geq 1$, die einen vorgegebenen Fixpunkt für $n \to \infty$ haben ist $(n - 1)!$. Mit der Siebformel aus Aufg. 1.6.23 bestimme man dann die Anzahl der Permutationen in $\mathfrak{S}_n$, die wenigstens einen Fixpunkt haben.)

b) Die Anzahl der Permutationen in $\mathfrak{S}_n$ mit genau m Fixpunkten ist $[n]_{n-m} \sum_{k=0}^{n-m} (-1)^k / k!$, $0 \le m \le n$.

Aufgabe 2.5.22

a) Sei $n \ge 2$. Die Anzahl der Permutationen $\sigma \in \mathfrak{S}_n$, die den Fehlstand (i_0, j_0), $1 \le i_0 < j_0 \le n$, haben, ist $\binom{n}{2}(n - 2)! = n!/2$.

b) Die Anzahl der Fehlstände aller Permutationen in $\mathfrak{S}_n$ ist $\frac{1}{2}\binom{n}{2}n!$. (Man bestimme die Anzahl der Paare $(\sigma, (i, j))$ mit $\sigma \in \mathfrak{S}_n$ und $1 \le i < j \le n$, für die (i, j) ein Fehlstand von σ ist, und benutze dabei a). – Die mittlere Anzahl der Fehlstände ist also $\frac{1}{2}\binom{n}{2}$. Die maximale Anzahl von Fehlständen, die eine Permutation aus $\mathfrak{S}_n$ haben kann, ist $\binom{n}{2}$. Sie wird nur von der Permutation $i \mapsto n + 1 - i$, $1 \le i \le n$, erreicht, vgl. Beispiel 2.5.9 (2). – Die mittlere Zahl der Fehlstände berechnet man auch leicht mit dem Ergebnis von Aufg. 2.5.10a).)

Aufgabe 2.5.23

a) Mit Hilfe der Einfachheit der Gruppen $\mathfrak{A}_n$, $n \ge 5$, vgl. Satz 2.5.19, beweise man, dass die Gruppe $\mathfrak{A}_n$ der einzige nichttriviale Normalteiler in der Gruppe $\mathfrak{S}_n$ ist für $n \ge 5$.

b) Sei $n \ge 2$. Die Gruppe $\mathfrak{S}_n$ ist isomorph zu einer Untergruppe von $\mathfrak{A}_{n+2}$, aber zu keiner Untergruppe von $\mathfrak{A}_{n+1}$.

c) Für jede unendliche Menge I ist die alternierende Gruppe $\mathfrak{A}(I) \subseteq \mathfrak{S}_{\mathrm{fin}}(I)$ einfach.

Aufgabe 2.5.24

a) Die Untergruppen $\mathfrak{A}_4$ und $\mathfrak{V}_4$ sind die einzigen nichttrivialen Normalteiler in $\mathfrak{S}_4$. (Vgl. Beispiel 2.5.15. – Ist X eine beliebige Menge mit vier Elementen, so ist die **Kleinsche Vierergruppe** $\mathfrak{V}(X) \subseteq \mathfrak{S}(X)$ als einziger Normalteiler der Ordnung 4 in $\mathfrak{S}(X)$ wohldefiniert. Ist $G \cong \mathbf{Z}_2 \times \mathbf{Z}_2$ eine abstrakte Kleinsche Vierergruppe, so ist die Kleinsche Vierergruppe $\mathfrak{V}(G)$ das Bild der regulären (= Cayley-)Darstellung $L: G \to \mathfrak{S}(G)$.)

b) Die Gruppe $\mathfrak{V}_4$ ist der einzige nichttriviale Normalteiler in $\mathfrak{A}_4$.

c) Sei G eine beliebige Gruppe der Ordnung $12 = 2^2 \cdot 3$. Dann ist eine der nichttrivialen Sylow-Gruppen von G ein Normalteiler in G und G somit ein semidirektes Produkt von Sylow-Gruppen. (Man zähle die Elemente von G und benutze den Satz von Sylow 2.4.11.) Sind sowohl die 2- als auch die 3-Sylow-Gruppen von G normal, so ist G abelsch, also isomorph zu $\mathbf{Z}_{12}$ oder zu $\mathbf{Z}_6 \times \mathbf{Z}_2$. Sei G nicht abelsch. Ist die 2-Sylow-Gruppe von G normal, so ist $G \cong \mathfrak{A}_4$. Ist die 2-Sylow-Gruppe von G nicht normal, so ist $G \cong \mathbf{Z}_3 \rtimes_\vartheta \mathbf{Z}_4$, wobei $\vartheta: \mathbf{Z}_4 \to \mathrm{Aut}\,\mathbf{Z}_3$ der einzige nichttriviale Homomorphismus ist, oder aber $G \cong \mathbf{Z}_3 \rtimes_\eta (\mathbf{Z}_2 \times \mathbf{Z}_2) \cong \mathbf{D}_6 \cong \mathbf{Z}_2 \times \mathbf{D}_3$, wobei $\eta: \mathbf{Z}_2 \times \mathbf{Z}_2 \to \mathrm{Aut}\,\mathbf{Z}_3$ einer der drei nichttrivialen Homomorphismen ist. Es gibt also bis auf Isomorphie

5 Gruppen der Ordnung 12. (Die Gruppe $\mathbf{Z}_3 \rtimes_\vartheta \mathbf{Z}_4$ ist die sogenannte Quaternionen-gruppe $\mathbf{Q}_6$.)[33]

Aufgabe 2.5.25 Die Würfelgruppe W in Beispiel 2.5.30 (4) operiert jeweils auch transitiv auf den 8 Ecken, 12 Kanten, 4 Diagonalen und 6 Diagonalebenen des Würfels. Man bestimme die zugehörigen Zyklenpolynome. Die beiden letzteren sind identisch mit dem Zyklenpolynom $\psi(\mathfrak{S}_4)$ bzw. dem Zyklenpolynom ψ_4 aus Beispiel 2.5.30 (3). Man begründe dies a priori.

Aufgabe 2.5.26

a) Die Quadratgruppe D_4 operiert in natürlicher Weise auf der Menge der n^2 Felder eines $n \times n$-Schachbretts, $n \in \mathbb{N}^*$. Man bestimme das zugehörige Zyklenpolynom. (Man unterscheide die Fälle, dass n ungerade oder gerade ist, und schließe durch Induktion von n nach $n + 2$.) Man bestimme auch das Zyklenpolynom für die Untergruppe $C_4 \subseteq D_4$ der vier Drehungen. Auf wie viele wesentlich verschiedene Weisen kann man die Felder eines $n \times n$-Schachbretts mit zwei Farben färben, wobei die eine Farbe α-mal und die andere Farbe $\beta(= n^2 - \alpha)$-mal benutzt wird?

b) Für die natürliche Operation der Diedergruppe D_2 auf der Menge der Felder eines rechteckigen $m \times n$-Schachbretts, $m, n \in \mathbb{N}^*$, beantworte man die zu a) analogen Fragen.

c) Die Würfelgruppe W (vgl. Beispiel 2.5.30 (4)) operiert in natürlicher Weise auf den insgesamt 54 Feldern der 6 Seiten eines Würfels, die jeweils in 9 quadratische Felder geteilt sind. (Man denke an den Rubik-Würfel.) Man bestimme das zugehörige Zyklenpolynom. Wie viele wesentlich verschiedene Färbungen mit 6 Farben gibt es, wobei jede Farbe genau 9-mal vorkommt?

Aufgabe 2.5.27 Die endlichen Gruppen G und H operieren auf den endlichen Mengen X und Y. Dann operiert die Produktgruppe $G \times H$ in natürlicher Weise auf der disjunkten Vereinigung $X \uplus Y$ mit $\vartheta_{(g,h)}|X = \vartheta_g$ und $\vartheta_{(g,h)}|Y = \vartheta_h$. Für die Zyklenpolynome gilt $\psi(G \times H) = \psi(G)\psi(H)$.

Aufgabe 2.5.28 In der Situation der Pólyaschen Abzählformel 2.5.32 sei das Gewicht $\gamma(y)$ für jede Farbe y ein Monom $\prod_{i \in I} T_i^{\beta_i(y)}$ in den (kommutierenden) Unbestimmten T_i, $i \in I$. Man interpretiere den Koeffizienten von $\prod_{i \in I} T_i^{\alpha_i}$, $(\alpha_i) \in \mathbb{N}^{(I)}$, in dem Polynom $\sum_{[f]} \gamma([f]) = \psi(G)(\pi_1, \ldots, \pi_n)$ aus Satz 2.5.32. (Diesen Fall behandelt G. Pólya in der zu Beginn von Beispiel 2.5.30 angegebenen Arbeit ausführlich.)

---

[33] Der Leser erstelle eine Liste der 28 Gruppen der Ordnung ≤ 15 (bis auf Isomorphie). Eine Gruppe der Ordnung 15 ist zyklisch, ihre 5-Sylow-Gruppe ist notwendigerweise normal, und jede Operation der Gruppe $\mathbf{Z}_3$ auf $\mathbf{Z}_5$ als Gruppe von Automorphismen ist trivial. Für Gruppen der Ordnung 8 siehe Aufg. 2.4.7.

2.6   Ringe

In diesem Abschnitt studieren wir Mengen mit zwei (miteinander verträglichen) Verknüpfungen. Solche Strukturen sind uns in den Zahlbereichen $\mathbb{Z}, \mathbb{Q}, \mathbb{R}, \mathbb{C}$ oder auch $\mathbb{Z}/\mathbb{Z}n$, $n \in \mathbb{N}^*$, schon häufig begegnet. Eine der beiden Verknüpfungen ist dabei die Addition und wird in der Regel additiv mit dem Verknüpfungszeichen $+$ geschrieben, die andere ist die Multiplikation und wird in der Regel multiplikativ geschrieben.

Definition 2.6.1 Eine Menge $A = (A, +, \cdot)$ mit den beiden Verknüpfungen $+$ (**Addition**) und $\cdot$ (**Multiplikation**) heißt ein **Ring**, wenn folgende Bedingungen erfüllt sind:

(1) $(A, +)$ ist eine abelsche Gruppe.
(2) $(A, \cdot)$ ist ein Monoid.
(3) Es gelten die sogenannten **Distributivgesetze**: Für alle $x, y, z \in A$ ist

$$x \cdot (y + z) = (x \cdot y) + (x \cdot z) \quad \text{und} \quad (y + z) \cdot x = (y \cdot x) + (z \cdot x).$$

Das neutrale Element der **additiven Gruppe** $(A, +)$ eines Ringes A heißt die **Null** von A und wird (wie bisher) mit $0 = 0_A$ bezeichnet. Das neutrale Element des **multiplikativen Monoids** $(A, \cdot)$ von A heißt die **Eins** von A und wird (wie gelegentlich bisher schon) mit $1 = 1_A$ bezeichnet. – Ist $(A, \cdot)$ ein kommutatives Monoid, so heißt A ein **kommutativer Ring**. – Eine Abbildung $\varphi \colon A \to B$ von Ringen $A = (A, +, \cdot)$ und $B = (B, +, \cdot)$ heißt ein **(Ring-)Homomorphismus**, wenn φ sowohl ein Homomorphismus der additiven Gruppen $(A, +)$ und $(B, +)$ als auch ein Homomorphismus der multiplikativen Monoide $(A, \cdot)$ und $(B, \cdot)$ ist, wenn also für alle $x, y \in A$ gilt

$$\varphi(x + y) = \varphi(x) + \varphi(y), \quad \varphi(x \cdot y) = \varphi(x) \cdot \varphi(y) \quad \text{sowie} \quad \varphi(1_A) = 1_B.$$

Zur Vereinfachung der Schreibweise vereinbart man, dass grundsätzlich die Multiplikation Priorität vor der Addition hat (*Punktrechnung vor Strichrechnung!*). Die Distributivgesetze (3) lauten dann kurz $x(y + z) = xy + xz$, $(y + z)x = yx + zx$. Man sagt genauer, die Multiplikation sei distributiv über der Addition. In einem kommutativen Ring folgt natürlich das zweite Distributivgesetz aus dem ersten. Elemente x, y eines Ringes heißen **vertauschbar** oder **kommutierend**, wenn sie bzgl. der Multiplikation vertauschbar sind, wenn also $xy = yx$ ist. Ein Ring ist genau dann kommutativ, wenn je zwei seiner Elemente kommutieren. Wir werden die vor allem in den Abschn. 2.1, 2.2 und 2.3 entwickelten Begriffe und Resultate über Gruppen und Monoide und ihre Homomorphimen – zum Teil kommentarlos – auf die additiven Gruppen und die multiplikativen Monoide von Ringen anwenden. Man unterscheide die Translationen $\tau_a \colon x \mapsto x + a = a + x$ in der Gruppe $(A, +)$ und die Translationen $L_a \colon x \mapsto ax$ bzw. $R_a \colon x \mapsto xa$ im Monoid $(A, \cdot)$, $a \in A$. Erstere heißen auch **Verschiebungen**, letztere **Streckungen**. Der Ring $(A, +, \cdot^{\mathrm{op}})$ mit der zu $\cdot$ oppositionellen Multiplikation $a \cdot^{\mathrm{op}} b = ba$ heißt der zu A **oppositionelle Ring** A^{op}.

$$\sum_{i=1}^{m}\sum_{j=1}^{n} x_i\, y_j = \quad \begin{aligned} & x_1\, y_1 + \quad x_1\, y_2 + \cdots + \quad x_1\, y_n \\ & + x_2\, y_1 + \quad x_2\, y_2 + \cdots + \quad x_2\, y_n \\ & \cdots\cdots\cdots\cdots\cdots\cdots\cdots\cdots \\ & + x_m\, y_1 + \quad x_m\, y_2 + \cdots + \quad x_m\, y_n \end{aligned}$$

$$= \Big(\sum_{i=1}^{m} x_i\Big) y_1 + \Big(\sum_{i=1}^{m} x_i\Big) y_2 + \cdots + \Big(\sum_{i=1}^{m} x_i\Big) y_n = \Big(\sum_{i=1}^{m} x_i\Big)\Big(\sum_{j=1}^{n} y_j\Big)$$

Abb. 2.19 Allgemeines Distributivgesetz

Die Distributivgesetze beschreiben die Verträglichkeit von Addition und Multiplikation in einem Ring A. Sie besagen, dass die Links- und Rechtstranslationen L_a bzw. R_a, $a \in A$, des multiplikativen Monoids $(A, \cdot)$ Homomorphismen der additiven Gruppe $(A, +)$ sind. Daraus folgen bereits die bekannten Vorzeichenregeln, vgl. Proposition 2.2.3:

Proposition 2.6.2 *A sei ein Ring. Dann gilt für alle $x, y, z \in A$:*

(1) $x \cdot 0 = 0 = 0 \cdot x$. (2) $x(-y) = (-x)y = -xy$. (3) $(-x)(-y) = xy$.

(4) $x(y - z) = xy - xz$ *und* $(y - z)x = yx - zx$.

Das Nullelement 0_A ist also ein absorbierendes Element für das multiplikative Monoid eines Ringes A. Dies allein verhindert, dass $(A, \cdot)$ eine Gruppe ist, es sei denn A ist der sogenannte **Nullring**, der nur 0_A enthält, für den also $0_A = 1_A$ ist. Diese letzte Gleichung impliziert bereits, dass A der Nullring ist; denn dann ist ja $x = 1_A \cdot x = 0_A \cdot x = 0_A$ für alle $x \in A$. Die Distributivgesetze liefern durch Induktion das **allgemeine Distributivgesetz**: Sind x_i, $i \in I$, und y_j, $j \in J$, endliche Familien von Elementen des Rings A (oder Familien, deren Elemente fast alle 0 sind), so gilt

$$\Big(\sum_{i \in I} x_i\Big)\Big(\sum_{j \in J} y_j\Big) = \sum_{(i,j) \in I \times J} x_i\, y_j.$$

Den Spezialfall

$$\Big(\sum_{i=1}^{m} x_i\Big)\Big(\sum_{j=1}^{n} y_j\Big) = \sum_{1 \le i \le m,\, 1 \le j \le n} x_i\, y_j = \sum_{i=1}^{m}\sum_{j=1}^{n} x_i\, y_j$$

veranschaulicht das Schema aus Abb. 2.19. Stimmen die x_i und die y_j jeweils überein, so ergeben sich aus dem allgemeinen Distributivgesetz die Rechenregeln für die Vielfachen

$$(mx)(ny) = (mn)(xy),$$

die auf Grund der Vorzeichenregeln für alle $x, y \in A$ und alle $m, n \in \mathbb{Z}$ gelten (und nicht nur für $m, n \in \mathbb{N}$). Insbesondere ist $mx = (m1_A)x$ für alle $x \in A$ und $m \in \mathbb{Z}$. Aus

Abb. 2.20 Ring mit 2 Elementen

+	0	1		·	0	1
---	---	---		---	---	---
0	0	1		0	0	0
1	1	0		1	0	1

$m1_A = 0_A$ folgt also $mx = 0_A$ für alle $x \in A$. Mit anderen Worten: *Die Ordnung* Ord 1_A *in der additiven Gruppe* $(A, +)$ *ist der Exponent von* $(A, +)$. Diese natürliche Zahl heißt die **Charakteristik** von A und wird mit

$$\text{Char } A = \text{Ord } 1_A = \text{Exp}(A, +)$$

bezeichnet. Char $A = 0$ bedeutet, dass alle Vielfachen $n1_A, n \in \mathbb{Z}$, paarweise verschieden sind, Char $A = n > 0$ bedeutet, dass die Elemente $1_A = 1 \cdot 1_A, \dots, (n-1)1_A$ von 0_A verschieden sind, aber $n1_A = 0_A$ ist. Nach dem Nullring, dessen Charakteristik gleich 1 ist, ist der Ring der nur die beiden *verschiedenen* Elemente $0 = 0_A$ und $1 = 1_A$ enthält, der kleinste Ring. Die Verknüpfungstafeln für seine Addition und Multiplikation sind notwendigerweise die aus Abb. 2.20. Er hat die Charakteristik 2 und ist sogar ein Körper, vgl. Beispiel 2.6.16. Er wird mit $\mathbf{A}_2$ oder $\mathbf{F}_2$ bezeichnet. In einem Ring A der Charakteristik 2 ist $x = -x$ für alle $x \in A$, $(A, +)$ ist dann also eine elementare 2-Gruppe.

Weitere Rechenregeln, die sich mit den Distributivgesetzen ergeben, sind die Binomialformel und allgemeiner die Polynomialformel, die wir bereits in den Sätzen 1.6.15 und 1.6.16 für reelle oder komplexe Zahlen angegeben haben, deren Beweise sich auf die hier angegebene allgemeine Situation wörtlich übertragen lassen und daher nicht wiederholt werden.

Satz 2.6.3 (Binomialsatz – Polynomialsatz) *Für vertauschbare Elemente* x, y *eines Ringes* A *und jedes* $n \in \mathbb{N}$ *gilt*

$$(x + y)^n = \sum_{m=0}^{n} \binom{n}{m} x^m y^{n-m}.$$

Allgemeiner gilt für paarweise vertauschbare Elemente $x_1, \dots, x_r \in A$

$$(x_1 + \dots + x_r)^n = \sum_{\substack{m \in \mathbb{N}^r \\ |m|=n}} \binom{n}{m} x^m = \sum_{\substack{m=(m_1,\dots,m_r) \in \mathbb{N}^r \\ |m|=m_1+\dots+m_r=n}} \frac{n!}{m_1! \cdots m_r!} x_1^{m_1} \cdots x_r^{m_r}.$$

Man beachte, dass wegen $(x + y)^2 = x^2 + xy + yx + y^2$ die klassische „erste binomische Formel" $(x + y)^2 = x^2 + 2xy + y^2$ *genau dann* gilt, wenn x und y vertauschbar sind. Im Fall von Primzahlcharakteristik hat der binomische Lehrsatz ein wichtiges und interessantes Korollar:

Korollar 2.6.4 *Sei A ein Ring der Primzahlcharakteristik $p \in \mathbb{P}$. Dann gilt für kommutierende Elemente $x, y \in A$ und alle $n \in \mathbb{N}$*

$$(x + y)^{p^n} = x^{p^n} + y^{p^n}.$$

Insbesondere ist die Abbildung $x \mapsto x^{p^n}$ für jedes $n \in \mathbb{N}$ ein Ringendomorphismus von A, wenn A zusätzlich kommutativ ist.

Beweis Es genügt den Fall $n = 1$ zu behandeln (Induktion über n). Da die Binomialkoeffizienten $\binom{p}{m}$ für $0 < m < p$ nach Aufg. 1.7.19 durch p teilbar sind, ergibt sich die Aussage direkt aus dem Binomialsatz 2.6.3. $\square$

Für einen kommutativen Ring A der Primzahlcharakteristik $p \in \mathbb{P}$ heißt der Endomorphismus

$$f : A \to A, \quad x \mapsto x^p,$$

der **Frobenius-Homomorphismus** des Rings A. Seine Iterierten sind die Endomorphismen $f^n : x \mapsto x^{p^n}$, $x \in A$, $n \in \mathbb{N}$.

Durch direktes distributives Ausmultiplizieren beweist man auch die folgende Formel (die eine der am häufigsten benutzten in der Mathematik ist).

Satz 2.6.5 (Geometrische Reihe) *Für vertauschbare Elemente x, y eines Ringes A und jedes $n \in \mathbb{N}$ gilt*

$$(x - y) \sum_{m=0}^{n} x^{n-m} y^m = (x - y)(x^n + x^{n-1} y + \cdots + x y^{n-1} + y^n) = x^{n+1} - y^{n+1}.$$

Insbesondere gilt für jedes $y \in A$ und jedes $n \in \mathbb{N}$

$$(1 - y) \sum_{m=0}^{n} y^m = (1 - y)(1 + y + \cdots + y^{n-1} + y^n) = 1 - y^{n+1}.$$

Man beachte, dass wegen $(x - y)(x + y) = x^2 + xy - yx - y^2$ auch die „dritte binomische Formel" $(x - y)(x + y) = x^2 - y^2$ *genau dann* gilt, wenn x und y vertauschbar sind.

Bemerkung 2.6.6 (Bi- und multiadditive Abbildungen) Das Distributivgesetz in einem Ring besagt, dass die Multiplikation $A \times A \to A$ in einem Ring A biadditiv ist in folgendem Sinne:

Definition 2.6.7 Seien F, G, H additive abelsche Gruppen. Eine Abbildung $f\colon F \times G \to H$ heißt **biadditiv**, wenn für alle $x, x_1, x_2 \in F$ und alle $y, y_1, y_2 \in G$ folgende Distributivitäten gelten:

$$f(x, y_1 + y_2) = f(x, y_1) + f(x, y_2) \quad \text{und} \quad f(x_1 + x_2, y) = f(x_1, y) + f(x_2, y),$$

wenn also alle partiellen Abbildungen $f(x, -)\colon G \to H$, $x \in F$, und $f(-, y)\colon F \to H$, $y \in G$, Homomorphismen von Gruppen sind. Analog ist für eine *endliche* Familie G_i, $i \in I$, von additiven abelschen Gruppen eine **multiadditive** Abbildung $f\colon \prod_{i \in I} G_i \to H$ definiert: Bei Festhalten aller Argumente bis auf das i-te definiert f jeweils einen Homomorphimus $G_i \to H$, $i \in I$.

Ist $I = \emptyset$, so ist f einfach ein Element von H, bei $I = \{i\}$ ist f ein Homomorphismus $G_i \to H$, bei $|I| = 3$ spricht man von triadditiven Abbildungen usw. Für multiadditive Abbildungen gelten die zu den obigen allgemeinen Distributivgesetzen analogen Aussagen. Insbesondere ist der Wert einer multiadditiven Abbildung immer dann gleich 0, wenn wenigstens eine Komponente des Argumentetupels verschwindet. Die allgemeinen Distributivgesetze haben u. a. die folgende Konsequenz:

Lemma 2.6.8 *Sind $x_{i j_i}$, $j_i \in J_i$, Erzeugendensysteme der additiven abelschen Gruppen G_i, $i \in I$, so stimmen zwei multiadditive Abbildungen $f, g\colon \prod_{i \in I} G_i \to H$ bereits dann überein, wenn sie auf allen I-Tupeln $(x_{i j_i})_{i \in I}$, $(j_i) \in \prod_{i \in I} J_i$, übereinstimmen.*

Eine additive Gruppe A zusammen mit einer biadditiven, d. h. distributiven Multiplikation $A \times A \to A$ heißt ein **verallgemeinerter Ring**. $(A, \cdot)$ ist also nur ein Magma. Um zu verifizieren, dass ein solcher verallgemeinerter Ring A sogar ein Ring ist, hat man das Assoziativgesetz und die Existenz eines neutralen Elementes für die Multiplikation zu zeigen. Da aber die beiden Abbildungen $A^3 \to A$, $(x, y, z) \mapsto (xy)z$ bzw. $(x, y, z) \mapsto x(yz)$ triadditiv sind, genügt es für die Assoziativität der Multiplikation zu zeigen, dass $(x_{i_1} x_{i_2}) x_{i_3} = x_{i_1}(x_{i_2} x_{i_3})$ für beliebige Elemente $x_{i_1}, x_{i_2}, x_{i_3}$ eines Erzeugendensystems x_i, $i \in I$, der additiven Gruppe von A ist. Ferner ist in diesem Fall 1_A bereits dann ein Einselement, wenn $1_A x_i = x_i = x_i 1_A$ für alle $i \in I$ gilt. Diese Reduktion werden wir häufig benutzen.   ◇

Eine Teilmenge A' eines Rings A heißt ein **Unterring** von A, wenn A' sowohl eine Untergruppe von $(A, +)$ als auch ein Untermonoid von $(A, \cdot)$ ist. Dann ist A' mit den induzierten Verknüpfungen ebenfalls ein Ring. Die Vielfachen der Eins bilden den kleinsten Unterring $\mathbb{Z} 1_A$ von A. Er heißt der **Minimalring von A**.[34] Ein Ring, der mit seinem Minimalring übereinstimmt, heißt ein **Minimalring** schlechthin. Jeder Unterring eines Ringes A hat dieselbe Charakteristik Char $A = $ Char $\mathbb{Z} 1_A$ wie A.

---

[34] Es ist üblich, das Element $n 1_A \in A$ für $n \in \mathbb{Z}$ kurz mit n zu bezeichnen, falls dies nicht zu Missverständnissen führen kann. – In [15] heißen die Minimalringe Primringe.

Sei A ein Ring. Ist $a \in A$, so ist der Zentralisator $Z_A(a)$ offenbar ein Unterring von A. Da der Durchschnitt von Unterringen wieder ein Unterring ist, ist für eine beliebige Teilmenge $X \subseteq A$ der Zentralisator $Z_A(X) = \bigcap_{x \in X} Z_A(x)$ ein Unterring von A. *Insbesondere ist das* **Zentrum**

$$Z(A) = \{a \in A \mid ax = xa \text{ für alle } x \in A\}$$

ein kommutativer Unterring von A.

Die **Einheitengruppe**

$$A^{\times}$$

eines Ringes A ist definitionsgemäß die Einheitengruppe seines multiplikativen Monoids $(A, \cdot)$. Gelegentlich nennt man sie auch die **multiplikative Gruppe** von A. Da ein Element $b \in A$, das mit einer Einheit $a \in A^{\times}$ kommutiert, auch mit a^{-1} kommutiert, gilt

$$Z(A)^{\times} = Z(A) \cap A^{\times}.$$

Analog sind die **regulären Elemente** des Rings A definitionsgemäß die regulären Elemente von $(A, \cdot)$. Sie bilden ein Untermonoid

$$A^{*}$$

von $(A, \cdot)$. Ein Element $a \in A$ ist genau dann regulär, wenn die Links- und die Rechtsmultiplikation L_a bzw. R_a mit a beide injektiv sind, wenn man also a sowohl auf der linken Seite wie auch auf der rechten Seite kürzen kann. Da L_a und R_a Homomorphismen der Gruppe $(A, +)$ sind, ist dies genau dann der Fall, wenn $ab = 0$ oder $ba = 0$ für ein $b \in A$ nur dann gilt, wenn $b = 0$ ist. Man nennt deswegen die regulären Elemente in A auch (nicht ganz konsequent) **Nichtnullteiler** und die Elemente von $A - A^{*}$ **Nullteiler** von A. Stets ist $A^{\times} = (A^{*})^{\times} \subseteq A^{*}$. Ist A nicht der Nullring, so ist $0 \notin A^{*}$. Ein Ring A mit $A^{*} = A - \{0\}$ heißt ein **Bereich**. Ist A überdies kommutativ, so spricht man von einem **Integritätsbereich**. *Ein Ring A ist genau dann ein Bereich, wenn er nicht der Nullring ist und 0 der einzige Nullteiler in A ist, wenn also für Elemente $a, b \in A$ genau dann $ab = 0$ gilt, wenn $a = 0$ oder $b = 0$ ist.* Jeder Unterring eines Bereichs ist ebenfalls ein Bereich.

Ein Bereich A, in dem alle von 0 verschiedenen Elemente sogar Einheiten sind, für den also $A^{\times} = A - \{0\}$ gilt, heißt ein **Divisionsbereich** oder auch ein **Schiefkörper**. Wegen der großen Bedeutung dieses Begriffs beschreiben wir ihn noch einmal explizit:

Definition 2.6.9 Eine Menge $K = (K, +, \cdot)$ mit einer Addition $+$ und einer Multiplikation $\cdot$ heißt ein **Divisionsbereich** (oder ein **Schiefkörper**), wenn gilt:

(1) $(K, +)$ ist eine abelsche Gruppe (mit neutralem Element 0).
(2) $(K - \{0\}, \cdot)$ ist eine Gruppe (mit neutralem Element $1 \neq 0$).
(3) Es gelten die Distributivgesetze, d. h. die Multiplikation $K \times K \to K$ ist biadditiv.

Ist die Gruppe $(K - \{0\}, \cdot)$ überdies kommutativ, so heißt K ein **Körper**.

Ist K ein Divisionsbereich wie in Definition 2.6.9, so folgen die Assoziativität der Multiplikation auf ganz K (und nicht nur auf $K^\times = K - \{0\}$) sowie die Gleichungen $1 \cdot 0 = 0 \cdot 1 = 0$ aus $0 \cdot x = x \cdot 0 = 0$ für alle $x \in K$, was eine Konsequenz der Biadditivität der Multiplikation ist.

Die Charakteristik eines Bereichs A ist 0 oder eine Primzahl. Ist nämlich $m :=$ Char $A > 0$, so ist $m > 1$ (wegen $A \neq 0$). Wäre nun $m = k\ell$ mit $1 < k, \ell < m$, so wäre $0_A = m \cdot 1_A = (k \cdot 1_A)(\ell \cdot 1_A)$, also $k \cdot 1_A = 0_A$ oder $\ell \cdot 1_A = 0_A$. Widerspruch! *Ein endlicher Bereich A ist ein Divisionsbereich*, denn dann ist $(A - \{0\}, \cdot)$ ein endliches reguläres Monoid und damit eine Gruppe, vgl. Aufg. 2.1.9.[35] *Das Zentrum $Z(D)$ eines Divisionsbereichs D ist ein Körper* (wegen $Z(D)^\times = D^\times \cap Z(D) = Z(D) - \{0\}$).

Sei A wieder ein beliebiger Ring. Für eine zentrale Einheit $b \in Z(A)^\times = A^\times \cap Z(A)$ und ein beliebiges Element $a \in A$ verwendet man häufig die **Bruchschreibweise**

$$\frac{a}{b} = a/b := ab^{-1} = b^{-1}a.$$

Dann ist $1/b = b^{-1}$, und für alle $a \in A$ und $b, b' \in Z(A)^\times$ gilt die **Erweiterungsregel** (oder **Kürzungsregel** – je nach Sichtweise) $a/b = (ab')/(bb') = (b'a)/(b'b)$ wegen $ab^{-1} = ab'b'^{-1}b^{-1} = (ab')(bb')^{-1} = (ab')/(bb')$. Ist $a' \in A$ ein weiteres Element, so gelten die **Rechenregeln für Brüche**:

$$\frac{a}{b} + \frac{a'}{b'} = \frac{ab'}{bb'} + \frac{ba'}{bb'} = (ab')(bb')^{-1} + (ba')(bb')^{-1} = (ab' + ba')(bb')^{-1}$$
$$= \frac{ab' + ba'}{bb'},$$
$$\frac{a}{b} \cdot \frac{a'}{b'} = ab^{-1}a'b'^{-1} = (aa')(b^{-1}b'^{-1}) = \frac{aa'}{bb'}.$$

Ferner ist $(b/b')^{-1} = b'/b$ wegen $(b/b')(b'/b) = (bb')/(b'b) = 1/1 = 1$.

Beispiel 2.6.10 (Halbringe – Grothendieck-Ringe) Das Modellbeispiel eines Ringes ist der **Ring $\mathbb{Z}$ der ganzen Zahlen** mit seinen natürlichen Operationen $+$ und $\cdot$. Er ist ein Integritätsbereich und der Grothendieck-Ring zum Halbring $\mathbb{N} = (\mathbb{N}, +, \cdot)$ der natürlichen Zahlen, dessen Addition und Multiplikation bei Interpretation der Elemente von $\mathbb{N}$ als Kardinalzahlen endlicher Mengen durch die mengentheoretischen Operationen „disjunkte Vereinigung" bzw. „Produktbildung" repräsentiert werden, vgl. die Abschn. 1.5 und 1.6 und insbesondere Bemerkung 1.5.7.

Allgemein versteht man unter einem **Halbring** eine Menge $A = (A, +, \cdot)$ mit einer Addition $+$ und einer Multiplikation $\cdot$ derart, dass (1) $(A, +)$ ein (additiv geschriebenes) kommutatives Monoid ist, (2) $(A, \cdot)$ ein Monoid ist und (3) die Links- und Rechtsmultiplikationen Monoidhomomorphismen von $(A, +)$ sind, dass also die Distributivgesetze

---

[35] *Ein endlicher Divisionsbereich ist stets kommutativ, also ein Körper.* Dieser **Satz von Wedderburn** wird in einem der späteren Bände bewiesen.

$x(y + z) = xy + xz$, $(y + z)x = yx + zx$ gelten und überdies $0_A \cdot y = 0_A = y \cdot 0_A$, $x, y, z \in A$, ist. Ein Halbring ist ein Ring, wenn sein additives Monoid eine Gruppe ist. *Jedem Halbring A lässt sich auf kanonische Weise ein Ring zuordnen.* Seine additive Gruppe ist die Grothendieck- oder Differenzengruppe $(G(A), +)$ des additiven Monoids $(A, +)$, vgl. Beispiel 2.3.16. Es handelt sich dabei um das Quotientenmonoid der direkten Summe $A \oplus A$ bzgl. der kompatiblen Äquivalenzrelation „$(a, b) \sim (a', b')$ genau dann, wenn es ein $u \in A$ mit $a + b' + u = b + a' + u$ gibt". $A \oplus A$ trägt auch eine kanonische Multiplikation. An das Distributivgesetz $(a - b)(c - d) = (ac + bd) - (bc + ad)$ denkend, definiert man

$$(a, b) \cdot (c, d) := (ac + bd, bc + ad), \quad a, b, c, d \in A,$$

und prüft leicht, dass $A \oplus A$ mit der Addition und dieser Multiplikation ebenfalls ein Halbring mit dem Einselement $(1, 0)$ ist. Die obige Äquivalenzrelation $\sim$ ist auch mit dieser Multiplikation kompatibel. Ersetzt man nämlich (a, b) durch das dazu äquivalente Element (a', b'), so ist $a + b' + u = b + a' + u$ und folglich

$$ac + b'c + uc = bc + a'c + uc, \quad ad + b'd + ud = bd + a'd + ud,$$
$$(ac + bd + b'c + a'd) + (uc + ud) = (bc + ad + a'c + b'd) + (uc + ud),$$

also $(a, b)(c, d) = (ac + bd, bc + ad) \sim (a'c + b'd, b'c + a'd) = (a', b')(c, d)$. Analog schließt man, wenn man (c, d) durch ein äquivalentes Element (c', d') ersetzt. Die Multiplikation auf $A \oplus A$ induziert also eine Multiplikation auf $G(A)$ derart, dass $(G(A), +, \cdot)$ ein Halbring ist. Da aber $(G(A), +)$ eine abelsche Gruppe ist, handelt es sich um einen Ring. Er heißt der **Grothendieck-Ring** (oder **Differenzenring**) von A. Ist A (d. h. $(A, \cdot)$) kommutativ, so auch $G(A)$. Die kanonische Abbildung $\iota_A : A \to G(A)$, $a \mapsto [a] = [(a, 0)]$, ist ein Homomorphismus von Halbringen und es ist

$$[(a, b)] = \iota_A(a) - \iota_A(b) = [a] - [b], \quad a, b \in A.$$

Das Paar $(G(A), \iota_A)$ hat offenbar folgende universelle Eigenschaft, vgl. Satz 2.3.19:

Satz 2.6.11 (Universelle Eigenschaft des Grothendieck-Rings) *Seien $A = (A, +, \cdot)$ ein Halbring, $B = (B, +, \cdot)$ ein Ring und $G(A) = (G(A), +, \cdot)$ der Grothendieck-Ring von A. Ist dann $\varphi : A \to B$ ein Homomorphismus von Halbringen, so gibt es genau einen Ringhomomorphismus $\widetilde{\varphi} : G(A) \to B$ mit $\varphi = \widetilde{\varphi} \circ \iota_A$. Es ist $\widetilde{\varphi}([x] - [y]) = \varphi(x) - \varphi(y)$, $x, y \in A$.*

Sei die additive Halbgruppe $(A, +)$ des Halbrings A regulär. Dann ist ι_A injektiv und man identifiziert A mit seinem Bild in $G(A)$. Ferner ist dann offenbar $A^* \subseteq G(A)^*$. Ist aber A ein Bereich, d. h. $A^* = A - \{0\}$, so braucht $G(A)$ kein Bereich zu sein, vgl. Aufg. 2.6.12. Allerdings gilt dies, wenn $G(A) = AG(A)^* = G(A)^*A$ ist (wie es etwa für

$A = \mathbb{N}$ von vornherein der Fall ist). *Der Grothendieck-Ring des Halbrings $\mathbb{N}$ ist $\mathbb{Z}$.* Der Burnside-Ring $B(G)$ einer endlichen Gruppe G ist der Grothendieck-Ring zum Halbring der Isomorphieklassen endlicher G-Räume, vgl. Beispiel 2.4.14. $\diamond$

Beispiel 2.6.12 (Restklassenringe von $\mathbb{Z}$ – Klassifikation der Minimalringe) Sei A ein Ring. Dann gibt es genau einen Homomorphismus $\chi = {}_A\chi\colon \mathbb{Z} \to A$ der additiven Gruppen von $\mathbb{Z}$ und A mit $\chi(1) = 1_A$. Nach den Rechengesetzen für die Vielfachenbildung ist χ auch multiplikativ. *Daher ist ${}_A\chi$ der einzige Ringhomomorphismus $\mathbb{Z} \to A$.* Er heißt der **charakteristische Homomorphismus** von A. Sein Bild ist der Minimalring $\mathbb{Z}1_A$ von A, und sein Kern ist $\mathbb{Z}\,\mathrm{Ord}\,1_A = \mathbb{Z}\,\mathrm{Char}\,A$ (definitionsgemäß ist $\mathrm{Ord}\,1_A = \mathrm{Char}\,A$). Somit induziert χ zunächst einen Isomorphismus

$$\overline{\chi}\colon \mathbb{Z}/\mathbb{Z}\,\mathrm{Char}\,A \overset{\sim}{\longrightarrow} \mathbb{Z}1_A$$

von additiven Gruppen. Dieser ist offenbar auch mit der Multiplikation verträglich und *damit ein Isomorphismus von Ringen.* Für die Endomorphismenringe von abelschen Gruppen haben wir dies bereits in Beispiel 2.2.23 bemerkt. Es gilt also:

Satz 2.6.13 *Jeder Minimalring A der Charakteristik $m \in \mathbb{N}$ ist isomorph zum Restklassenring $\mathbb{Z}/\mathbb{Z}m$, und es gibt genau einen Isomorphismus $\mathbb{Z}/\mathbb{Z}m \overset{\sim}{\longrightarrow} A$.*

Die Restklassenringe $\mathbb{Z}/\mathbb{Z}m$, $m \in \mathbb{N}$, repräsentieren somit bis auf eindeutige Isomorphie alle Minimalringe. Wir verwenden

$$\mathbf{A}_m := (\mathbb{Z}/\mathbb{Z}m, +, \cdot),\ m \in \mathbb{N}^*, \quad \text{bzw.} \quad \mathbf{A}_0 := (\mathbb{Z}, +, \cdot)$$

als Standardmodelle für einen Minimalring der Charakteristik $m \in \mathbb{N}^*$ bzw. für einen Minimalring der Charakteristik 0, bezeichnen aber auch jeden anderen Minimalring der Charakteristik m mit $\mathbf{A}_m$. Die Identifikation mit $\mathbb{Z}/\mathbb{Z}m$ ist dann also (anders als bei zyklischen Gruppen) eindeutig. Insbesondere ist $\mathbf{A}_m = \mathbb{Z}1_A \subseteq A$ der Minimalring für jeden Ring A der Charakteristik m. Die additive Gruppe des *Rings* $\mathbf{A}_m$ ist die zyklische *Gruppe* $\mathbf{Z}_m = (\mathbf{A}_m, +)$. Die Einheitengruppe $\mathbf{A}_m^\times = (\mathbf{A}_m, \cdot)^\times$ enthält genau die Elemente $a \cdot 1_{\mathbf{A}_m}$ mit $a \in \mathbb{Z}$, $\mathrm{ggT}(a, m) = 1$. Bei $m > 0$ ist ihre Ordnung $\varphi(m)$. Insbesondere ist $\mathbf{A}_m$ genau dann ein (Integritäts-)Bereich, wenn $m \in \overline{\mathbb{P}} := \mathbb{P} \uplus \{0\}$ ist[36] und genau dann ein Körper, wenn $m \in \mathbb{P}$ eine Primzahl ist. Bei $m > 0$ hei ßt $\mathbf{A}_m^\times$ die **Primrestklassengruppe modulo** m, vgl. Beispiel 2.7.10. $\diamond$

Beispiel 2.6.14 (Ringe von Brüchen – Totale Quotientenringe) Die rationalen Zahlen bilden mit der gewöhnlichen Addition und Multiplikation einen Körper $\mathbb{Q}$. Dies ist der Körper der Brüche a/b, $a, b \in \mathbb{Z}$, $b \neq 0$. Dieser Übergang vom Integritätsbereich $\mathbb{Z}$ zum Körper $\mathbb{Q}$ lässt sich wesentlich verallgemeinern, was von besonderer Bedeutung in der Kommutativen Algebra ist.

---

[36] $\overline{\mathbb{P}}$ ist die Menge *aller* Primelemente von $(\mathbb{N}, \cdot)$.

Sei A ein Ring und $S \subseteq Z(A)$ ein zentrales Untermonoid des multiplikativen Monoids $(A, \cdot)$ von A. Bereits in Beispiel 2.3.16 haben wir das Monoid $S^{-1}A = A_S$ der Brüche $a/s, a \in A, s \in S$, mit dem kanonischen Homomorphismus $\iota_S: A \to A_S, a \mapsto a/1$, konstruiert. Dies ist das Quotientenmonoid des Produktmonoids $A \times S$ bzgl. der kompatiblen Äquivalensrelation $\equiv_S$, die durch

$$(a, s) \equiv_S (b, t) \quad \Longleftrightarrow \quad \text{es gibt ein } u \in S \text{ mit } atu = bsu$$

definiert ist. a/s ist die Äquivalenzklasse von (a, s). An die Addition von Brüchen denkend (siehe oben), definiert man auf $A \times S$ zusätzlich die Addition

$$(a, s) + (b, t) := (at + bs, st), \quad a, b \in A, \ s, t \in S.$$

Damit ist $A \times S$ offenbar ein kommutatives additives Monoid mit neutralem Element $(0, 1)$. *Die Äquivalenzrelation* $\equiv_S$ *ist auch kompatibel mit dieser Addition.* Ist nämlich $(a', s') \equiv_S (a, s)$, d. h. $a'su = as'u$ mit einem $u \in S$, so folgt

$$(at + bs)s'tu = ats'tu + bss'tu = a'tstu + bs'stu = (a't + bs')stu$$

und damit $(a, s) + (b, t) = (at + bs, st) \equiv_S (a't + bs', st) = (a', s') + (b, t)$. A_S ist also mit der induzierten Addition

$$\frac{a}{s} + \frac{b}{t} = \frac{at + bs}{st}, \quad a, b \in A, \ s, t \in S,$$

ein kommutatives Monoid mit Nullelement $0 = 0/1$, vgl. Satz 2.3.4. *Es handelt sich sogar um eine Gruppe*; denn $(-a)/s$ ist wegen $a/s + (-a)/s = (as + (-a)s)/s^2 = 0/s^2 = 0$ das Negative von a/s. Die Multiplikation auf A_S ist auch distributiv über der Addition, wie der Leser leicht bestätigt.[37] Insgesamt ist A_S ein Ring, und $\iota_S: A \to A_S$ ist nicht nur multiplikativ sondern wegen $a/1 + b/1 = (a \cdot 1 + b \cdot 1)/1 \cdot 1 = (a + b)/1$ auch additiv, also ein Ringhomomorphismus.

$$S^{-1}A = A_S$$

heißt der **Ring der Brüche** oder der **Bruchring von A mit Nennern in S**. Ferner überträgt sich die universelle Eigenschaft von (A_S, ι_S) aus Satz 2.3.18 zu einer universellen Eigenschaft von Ringen. Wir haben bewiesen:

Satz 2.6.15 *Sei A ein Ring und $S \subseteq Z(A)$ ein zentrales Untermonoid des multiplikativen Monoids $(A, \cdot)$. Dann hat der Ring der Brüche A_S mit dem kanonischen Ringhomomorphismus $\iota_S: A \to A_S, a \mapsto a/1$, folgende universelle Eigenschaft: Ist $\varphi: A \to B$ ein Homomorphismus von Ringen mit $\varphi(S) \subseteq B^\times$, so gibt es genau einen Ringhomomorphismus $\varphi_S: A_S \to B$ mit $\varphi = \varphi_S \circ \iota_S$. Es ist*

$$\varphi_S(a/s) = \varphi(a)\varphi(s)^{-1} = \varphi(s)^{-1}\varphi(a), \quad a \in A, \ s \in S.$$

---

[37] Die Distributivgesetze gelten im Allgemeinen noch *nicht* in $A \times S$, d. h. $A \times S$ ist kein Halbring.

Man beachte, dass in der Situation von Satz 2.6.15 $\varphi(S)$ im Zentrum des Bildrings $\varphi(A)$ liegt. Genau dann ist ι_S injektiv, wenn $S \subseteq Z(A) \cap A^*$ gilt. In diesem Fall identifiziert man in der Regel die Elemente $a \in A$ mit den Elementen $a/1 \in A_S$. Dann ist a/s einfach der Quotient $as^{-1} = s^{-1}a$, $a \in A$, $s \in S$. Ist $T \subseteq A$ eine beliebige Teilmenge von $Z(A)$, so ist definitionsgemäß $A_T = T^{-1}A := A_{\langle T \rangle}$, wobei $\langle T \rangle$ das von T erzeugte zentrale Untermonoid von $(A, \cdot)$ ist. Genau dann ist A_T der Nullring, wenn $0 \in \langle T \rangle$ (aber nicht notwendigerweise $0 \in T$) gilt. Insbesondere ist für $s \in A$ der Ring A_s der Bruchring mit den Nennern s^n, $n \in \mathbb{N}$.

Ein Spezialfall ist besonders wichtig, nämlich der, dass A kommutativ ist und S das Monoid A^* der regulären Elemente von A. In diesem Fall heißt

$$Q(A) := A_{A^*}$$

der **totale Quotientenring** von A. Jeder Bruchring A_S von A mit Nennern $S \subseteq A^*$ lässt sich mit dem Unterring $\{a/s \mid a \in A, s \in S\} \subseteq Q(A)$ des totalen Quotientenrings von A identifizieren. Genau dann ist $A = Q(A)$, wenn $A^\times = A^*$ ist. Ist A ein Integritätsbereich, so ist $A^* = A - \{0\}$ und $Q(A)$ ein Körper, der sogenannte **Quotientenkörper** von A. Das Inverse zu $a/b \neq 0 = 0/1$ ist der Kehrwert b/a. *Der Körper $\mathbb{Q}$ der rationalen Zahlen ist der Quotientenkörper von $\mathbb{Z}$.* $\diamond$

Beispiel 2.6.16 (Klassifikation der Primkörper) Sei D ein Divisionsbereich. Dann ist der Durchschnitt aller Unterdivisionsbereiche von D ebenfalls ein Divisionsbereich und damit der kleinste Unterdivisionsbereich. Da das Zentrum $Z(D)$ von D ein Körper ist, ist dieser kleinste Unterdivisionsbereich von D ebenfalls ein Körper. Er heißt der **Primkörper** von D und enthält natürlich den Minimalring $\mathbf{A}_{\mathrm{Char}\,D}$ von D. Die Charakteristik Char D von D ist 0 oder eine Primzahl $p \in \mathbb{P}$.

Ist Char $D = p \in \mathbb{P}$, so ist der Minimalring $\mathbf{A}_p$ bereits ein Körper und damit der Primkörper von D. (Dass $\mathbf{A}_p = \mathbb{Z}/\mathbb{Z}p$ ein Körper ist, ergibt sich auch schon mit folgendem einfachen Argument: Ist $[a]_p \neq [0]_p$, so ist die von $[a]_p$ erzeugte Untergruppe von $\mathbb{Z}/\mathbb{Z}p$ gleich $\mathbb{Z}/\mathbb{Z}p$, da $\mathbb{Z}/\mathbb{Z}p$ keine nichttrivialen Untergruppen besitzt. Somit gibt es ein $b \in \mathbb{Z}$ mit $[1]_p = b[a]_p = b[1]_p[a]_p = [b]_p[a]_p$.)

Sei nun Char $D = 0$. Dann ist der Minimalring $\mathbf{A}_0 = \mathbb{Z}$ von D kein Körper. Die kanonische Einbettung $_D\chi \colon \mathbb{Z} \to D$ lässt sich aber auf Grund der universellen Eigenschaft des Quotientenkörpers $\mathbb{Q} = Q(\mathbb{Z})$ eindeutig fortsetzen zu dem ebenfalls injektiven Homomorphismus $\mathbb{Q} \to D$ mit $a/b \mapsto a/b = a1_D/b1_D$. Sein Bild ist der Primkörper von D. Wir haben bewiesen:

Satz 2.6.17 *Zu jedem $p \in \overline{\mathbb{P}} = \mathbb{P} \uplus \{0\}$ gibt es bis auf Isomorphie genau einen Primkörper der Charakteristik p. Dieser ist für $p \in \mathbb{P}$ isomorph zum Restklassenkörper $\mathbb{Z}/\mathbb{Z}p$ und für $p = 0$ isomorph zu $\mathbb{Q}$.*

Die Restklassenkörper $\mathbf{A}_p = \mathbb{Z}/\mathbb{Z}p$, $p \in \mathbb{P}$, sowie der Körper $\mathbb{Q}$ der rationalen Zahlen repräsentieren also bis auf Isomorphie alle Primkörper. Wir verwenden

$$\mathbf{F}_p := (\mathbb{Z}/\mathbb{Z}p, +, \cdot), \; p \in \mathbb{P}, \quad \text{bzw.} \quad \mathbf{F}_0 := (\mathbb{Q}, +, \cdot)$$

als Standardmodelle für einen Primkörper der Charakteristik $p \in \mathbb{P}$ bzw. für einen Primkörper der Charakteristik 0, bezeichnen aber auch den Primkörper eines beliebigen Divisionsbereichs der Charakteristik $p \in \overline{\mathbb{P}}$ mit $\mathbf{F}_p$. Die Identifikation mit $\mathbb{Z}/\mathbb{Z}\,p$ bzw. $\mathbb{Q}$ ist dann eindeutig. $\diamond$

Beispiel 2.6.18 (Produktringe) Sei B_i, $i \in I$, eine Familie von Ringen mit den Null- und Einselementen 0_i bzw. 1_i, $i \in I$. Dann ist das Produkt

$$B := \prod_{i \in I} B_i$$

ebenfalls ein Ring, wobei $(B, +)$ das Produkt der additiven Gruppe $(B_i, +)$ ist und $(B, \cdot)$ das Produkt der multiplikativen Monoide $(B_i, \cdot)$. Im **Produktring** B wird also komponentenweise addiert und multipliziert. Sein Nullelement ist $0 = 0_B = (0_i)_{i \in I}$ und sein Einselement ist $1 = 1_B = (1_i)_{i \in I}$. Zusammen mit den kanonischen Projektionen $p_i \colon B \to B_i$ hat er folgende **universelle Eigenschaft**: Ist A ein beliebiger Ring und $\varphi_i \colon A \to B_i$ eine Familie von Ringhomomorphismen, so gibt es genau einen Ringhomomorphismus $\varphi = (\varphi_i)_{i \in I} \colon A \to B$ mit $\varphi_i = p_i\varphi$, $i \in I$, d. h. *die kanonische Abbildung*

$$\mathrm{Hom}\left(A, \prod_{i \in I} B_i\right) \overset{\sim}{\longrightarrow} \prod_{i \in I} \mathrm{Hom}(A, B_i), \quad \varphi \mapsto (p_i\varphi)_{i \in I},$$

ist bijektiv. Es ist $\varphi(a) = \big(\varphi_i(a)\big)_{i \in I}$. Definiert die Familie $\psi_i \colon C \to B_i$, $i \in I$, einen Isomorphismus $\psi = (\psi_i)_{i \in I} \colon C \overset{\sim}{\longrightarrow} \prod_{i \in I} B_i$, so sagt man, C zusammen mit den Homomorphismen ψ_i, $i \in I$, repräsentiere das Produkt der B_i, $i \in I$. Für den Produktring $B = \prod_i B_i$ gilt $B^* = \prod_i B_i^*$, $B^\times = \prod_i B_i^\times$ und $Z(B) = \prod_i Z(B_i)$. Wichtig sind ferner die Elemente

$$e_J := (e_{J,k})_{k \in I} \quad \text{mit} \quad \begin{cases} e_{J,k} = 1_k, \text{ falls } k \in J, \\ e_{J,k} = 0_k, \text{ falls } k \in I - J, \end{cases} \quad J \subseteq I.$$

Diese Elemente e_J sind offenbar zentrale idempotente Elemente von B, d. h. es gilt $e_J \in Z(B)$ und $e_J^2 = e_J$. Generell sind die **idempotenten Elemente** eines Rings definitionsgemäß die idempotenten Elemente seines multiplikativen Monoids (vgl. auch Aufg. 2.6.6). Es ist $e_{J \cap K} = e_J e_K$ und $e_{J \triangle K} = (e_J - e_K)^2$ für $J, K \subseteq I$. Die Familie $e_i := e_{\{i\}} = (\delta_{ik})_{k \in I}$, $i \in I$, ist **orthogonal**, d. h. es gilt

$$e_i e_j = \delta_{ij} e_i, \quad i, j, \in I.$$

Ferner ist $Be_i = e_i B$ mit den von B induzierten Verknüpfungen ein Ring mit Einselement e_i (aber kein Unterring von B, wenn $B_j \neq \{0_j\}$ ist für wenigstens ein $j \neq i$), und die Abbildung $p_i|Be_i \colon Be_i \overset{\sim}{\longrightarrow} B_i$ ist ein Ringisomorphismus, $i \in I$. Ist I endlich, so ist die Familie e_i, $i \in I$, überdies **vollständig**, d. h. es gilt zusätzlich die Vollständigkeitsrelation

$$\sum_{i \in I} e_i = 1 = 1_B.$$

Bei endlichem I ist also e_i, $i \in I$, eine vollständige orthogonale Familie zentraler idempotenter Elemente des Produktrings B. Umgekehrt sieht man sofort: *Ist B ein beliebiger Ring und e_i, $i \in I$, eine endliche vollständige orthogonale Familie zentraler idempotenter Elemente von B, so sind $B_i := B e_i = e_i B$, $i \in I$, mit den von B induzierten Verknüpfungen Ringe und $\prod_i B_i \xrightarrow{\sim} B$, $(b_i)_{i \in I} \mapsto \sum_i b_i$, ist ein Ringisomorphismus.* Die endlichen Produktzerlegungen eines Ringes B entsprechen also umkehrbar eindeutig den endlichen vollständigen orthogonalen Familien zentraler idempotenter Elemente von B. Insbesondere liefert jedes zentrale idempotente Element e eines Rings B die zentrale orthogonale Familie e, $1 - e$ und damit die Produktzerlegung $Be \times B(1-e) \xrightarrow{\sim} B = Be \oplus B(1-e)$. Ein Ring B heißt **unzerlegbar** oder **zusammenhängend**, wenn er nicht der Nullring ist und nicht isomorph ist zu einem Produkt $B_1 \times B_2$ zweier Ringe $B_1, B_2 \neq 0$. *Ein vom Nullring verschiedener Ring ist somit genau dann unzerlegbar, wenn er außer 0 und 1 keine zentralen idempotenten Elemente besitzt.* Ein Bereich ist stets unzerlegbar. – Eine weitere Methode, endliche Produktdarstellungen von Ringen zu beschreiben, wird am Ende von Beispiel 2.7.8 angegeben. – Ist $B_i = A$ für alle $i \in I$ mit einem festen Ring A, so ist der Produktring $\prod_i B_i$ der Ring A^I der A-wertigen Funktionen $I \to A$, die werteweise addiert und multipliziert werden: $(f+g)(i) = f(i)+g(i)$, $(fg)(i) = f(i)g(i)$, $f, g \in A^I$, $i \in I$. Die Elemente $e_J \in A^I$, $J \subseteq L$, sind die Indikatorfunktionen mit $e_J(i) = 1$ für $i \in J$ und $e_J(i) = 0$ für $i \in I - J$. Solche **Funktionenringe** und ihre Unterringe sind wichtige Objekte der Mathematik, insbesondere von Analysis und Topologie. $\diamond$

Beispiel 2.6.19 (Cayley-Darstellung eines Rings – Affine Gruppe eines Rings) Die natürlichsten Beispiele von Ringen sind die Endomorphismenringe abelscher Gruppen, die wir bereits im Anschluss an Proposition 2.2.4 eingeführt haben.

Sei H eine additiv geschriebene abelsche Gruppe. Dann ist $\operatorname{End} H \subseteq H^H$ sowohl eine Untergruppe der additiven Produktgruppe H^H als auch ein Untermonoid des multiplikativen Abbildungsmonoids H^H mit der Komposition $\circ$ von Endomorphismen als Multiplikation. Da diese distributiv über der Addition ist, vgl. loc. cit., ist $\operatorname{End} H = (\operatorname{End} H, +, \circ)$ ein Ring, der sogenannte **Endomorphismenring** von H.[38]

Sei nun A ein Ring. Dann sind die Linkstranslationen $L_a \colon x \mapsto ax$ wegen der Distributivgesetze Endomorphismen der additiven Gruppe von A, und die Cayley-Abbildung $a \mapsto L_a$ von A in $\operatorname{End}(A, +)$ ist nicht nur multiplikativ, sondern auch additiv: $L_{a+b}(x) = (a+b)x = ax + bx = L_a(x) + L_b(x)$. Insgesamt gilt:

Satz 2.6.20 (Cayleyscher Darstellungssatz) *Sei A ein Ring. Dann ist die Cayley-Abbildung*

$$L \colon A \longrightarrow \operatorname{End}(A, +), \quad a \mapsto L_a,$$

---

[38] H^H ist aber mit $+$ und $\circ$ kein Ring, wenn H nicht die Nullgruppe ist. Beweis!

ein injektiver Ringhomomorphismus. Insbesondere kann ein Ring stets mit einem Unter-
ring des Endomorphismenrings seiner additiven Gruppe identifiziert werden.

Der Cayley-Homomorphismus $L\colon A \to \mathrm{End}\,A$ heißt auch die **reguläre Darstellung**
von A. Er ist (natürlich) im Allgemeinen nicht surjektiv. Er ist aber surjektiv und damit ein
Ringisomorphismus, wenn A ein Minimalring ist, d. h. *der Minimalring* $\mathbf{A}_m$, $m \in \mathbb{N}$, *kann*
identifiziert werden mit dem Endomorphismenring der zyklischen Gruppe $\mathbf{Z}_m = (\mathbf{A}_m, +)$.
Speziell ist die Primrestklassengruppe $\mathbf{A}_m^\times$ kanonisch isomorph zur Automorphismengruppe der zyklischen Gruppe $\mathbf{Z}_m$. Auch das haben wir schon in Beispiel 2.2.23 beschrieben.

Ebenso ist für den Primkörper $\mathbf{F}_0 = \mathbb{Q}$ der Charakteristik 0 der Cayley-Homomorphismus $\mathbb{Q} \to \mathrm{End}(\mathbb{Q}, +)$ ein Isomorphismus, vgl. Aufg. 2.2.7. *Für den Körper* $\mathbb{R}$ *ist der*
Cayley-Homomorphismus nicht surjektiv. Zu einer allgemeinen Diskussion dieses soge-
nannten **Cauchy-Problems** siehe Beispiel 2.8.19.

Die Rechtstranslationen von A liefern die Cayley-Darstellung $R\colon A^{\mathrm{op}} \to \mathrm{End}(A^{\mathrm{op}}, +) =$
$\mathrm{End}(A, +)$, $a \mapsto R_a$, des zu A oppositionellen Rings. Insbesondere operiert das multiplikative Monoid $(A^{\mathrm{op}}, \cdot)$ als Monoid von Endomorphismen von $(A, +)$. Das zugehörige
semidirekte Produkt $A \rtimes A^{\mathrm{op}} = (A, +) \rtimes (A^{\mathrm{op}}, \cdot)$ ist ein Untermonoid des vollen Holomorphs $A \rtimes \mathrm{End}(A, +)$. Der kanonische Homomorphismus $A \rtimes A^{\mathrm{op}} \to A^A$ identifiziert
$A \rtimes A^{\mathrm{op}}$ mit dem Monoid der **affinen Abbildungen** $x \mapsto xa+b$, $(b, a) \in A \rtimes A^{\mathrm{op}}$, von A.[39]
Seine Einheitengruppe ist die Gruppe der **Affinitäten** $x \mapsto xa + b$, $(b, a) \in A \rtimes (A^\times)^{\mathrm{op}}$,
oder die **affine Gruppe** von A und wird mit

$$\mathrm{A}_1(A)$$

bezeichnet. Es ist $A \rtimes A^\times = \mathrm{A}_1(A^{\mathrm{op}})$.   ◇

Zum Schluss dieses Abschnitts beweisen wir bereits einen wichtigen Satz über Integritätsbereiche, auf den wir in allgemeinerem Rahmen noch einmal in Abschn. 2.9 bei der
Diskussion von Polynomfunktionen zurückkommen werden.

Satz 2.6.21 *Seien A ein Integritätsbereich und $a_0, \ldots, a_n \in A$, $n \in \mathbb{N}$, mit $a_n \neq 0$. Dann*
gibt es höchstens n Elemente $x \in A$ mit

$$P(x) := \sum_{k=0}^{n} a_k x^k = a_0 + a_1 x + \cdots + a_n x^n = 0.$$

Beweis Wir verwenden Induktion über n. Für $n = 0$ (und $n = 1$) ist die Aussage trivial.
Sei nun $n > 0$ und $x_1 \in A$ ein Element mit $P(x_1) = 0$. Ist dann $x \neq x_1$ ein weiteres

---

[39] Die Rechtstranslationen R_a, $a \in A$, sind die A-linearen Endomorphismen des A-(Links-)Moduls
A, vgl. Abschn. 2.8. Daher spricht man von den affinen Abbildungen von A und nicht von den
affinen Abbildungen von A^{op}. Bei kommutativem A entfällt diese Unterscheidung.

Element in A mit $P(x) = 0$, so gilt

$$0 = P(x) - P(x_1) = (x - x_1)\left(b_1 + b_2 x + \cdots + b_n x^{n-1}\right)$$

mit $b_\ell := a_\ell + a_{\ell+1} x_1 + \cdots + a_n x_1^{n-\ell}$, $\ell = 1, \cdots, n$, vgl. Satz 2.6.5. Da A ein Integritätsbereich ist, folgt $b_1 + b_2 x + \cdots + b_n x^{n-1} = 0$ wegen $x - x_1 \neq 0$. Überdies ist $b_n = a_n \neq 0$. Nach Induktionsvoraussetzung gibt es somit höchstens $n - 1$ solche Elemente $x \in A$. $\square$

Eine wichtige Konsequenz der vorstehenden Aussage ist:

Satz 2.6.22 *Sei A ein Integritätsbereich. Dann ist jede endliche Untergruppe G der Einheitengruppe $A^\times$ von A zyklisch. – Insbesondere ist die multiplikative Gruppe eines endlichen Körpers zyklisch.*

Beweis G erfüllt nach Satz 2.6.21 die Voraussetzungen des Zyklizitätskriteriums 2.2.15. $\square$

Aufgaben

Aufgabe 2.6.1

a) Man begründe, dass die Potenzmenge $\mathfrak{P}(I)$ einer nichtleeren Menge I, versehen mit der Vereinigung als Addition und dem Durchschnitt als Multiplikation, niemals ein Ring ist.

b) Man zeige, dass $\mathfrak{P}(I)$ jedoch mit der symmetrischen Differenz $\triangle$ als Addition und dem Durchschnitt $\cap$ als Multiplikation ein kommutativer Ring mit $\emptyset$ als Null- und A als Einselement ist. Dieser Ring heißt der **Mengenring** zu I. Ist $|I| = 1$, so handelt es sich um den Körper mit zwei Elementen, andernfalls ist der Mengenring zu I kein Körper. Die Abbildung $\mathfrak{P}(I) \xrightarrow{\sim} \mathbf{F}_2^I$, $J \mapsto e_J$, ist ein Ringisomorphismus.[40] (Diese Bijektion liefert die bequemste Methode, die Ringaxiome für $(\mathfrak{P}(I), \triangle, \cap)$ zu verifizieren.) Man bestimme zum Beispiel $\sum_{k \in \mathbb{N}^*} e_{k\mathbb{N}^*}$ in $\mathbf{F}_2^{\mathbb{N}^*}$. (Die Summe ist zwar unendlich, wegen $e_{k\mathbb{N}^*}(n) = 0$ für $k > n$ aber wohldefiniert. Vgl. Beispiel 4.5.43 (1).)

Aufgabe 2.6.2 Man zeige, dass die Kommutativität der Addition in einem Ring aus den übrigen Ringaxiomen folgt.

Aufgabe 2.6.3 Sei A ein Ring. Ein Element $x \in A$ mit $x^m = 0$ für ein $m \in \mathbb{N}$ heißt **nilpotent**. Das kleinste m mit $x^m = 0$ heißt dann der **Nilpotenzgrad** von x. Ist A nicht der Nullring, so ist dieser > 0. Ein Element der Form $1 - x$ mit nilpotentem $x \in A$ heißt **unipotent**. Ein Ring ohne von 0 verschiedene nilpotente Elemente heißt **reduziert**.

---

[40] Man verwechsle die Differenz $J - K$ im Mengenring $\mathfrak{P}(I)$, die ja mit der Addition, d. h. der symmetrischen Differenz $J \triangle K$, $J, K \subseteq I$, identisch ist, nicht mit der Differenzmengenbildung $J - K$. Sie stimmen genau dann überein, wenn $J \supseteq K$ ist.

a) Sei $x \in A$ nilpotent mit Nilpotenzgrad m. Dann ist $1 - x$ eine Einheit in A mit dem Inversen $1 + x + \cdots + x^{m-1}$. *Unipotente Elemente sind also Einheiten.*

b) Seien x und y *vertauschbare* nilpotente Elemente von A mit den Nilpotenzgraden m bzw. n. Dann ist auch $x + y$ nilpotent, und zwar mit einem Nilpotenzgrad $\leq$ Max $(0, m + n - 1)$. (Man benutze den Binomialsatz 2.6.3.)

c) *Sind die Elemente $x, y \in A$ vertauschbar* und ist eines von ihnen nilpotent mit einem Nilpotenzgrad m, so ist ihr Produkt xy nilpotent mit einem Nilpotenzgrad $\leq m$.

d) Sei A kommutativ. Die Ergebnisse von b) und c) implizieren dann, dass die Menge $\mathfrak{n}_A$ der nilpotenten Elemente von A ein Ideal von A ist (im Sinne von Definition 2.7.1). Es heißt das **Nilradikal** von A und ist genau dann das Nullideal 0, wenn A reduziert ist. Insbesondere ist $\mathfrak{n}_A$ eine Untergruppe von $(A, +)$. Man zeige, dass die Menge $1 + \mathfrak{n}_A$ der unipotenten Elemente von A eine Untergruppe der Einheitengruppe $A^\times$ ist.

Aufgabe 2.6.4 Sei A ein Ring $\neq \{0\}$, in dem jede Gleichung der Form $ax + b = 0$ mit $a, b \in A$, $a \neq 0$, eine Lösung $x \in A$ besitzt. Dann ist A ein Divisionsbereich.

Aufgabe 2.6.5 In Verallgemeinerung von Satz 2.6.5 zeige man: Für nicht notwendig vertauschbare Elemente x, y eines Ringes gilt

$$\sum_{m=0}^{n} x^{n-m}(x - y)y^m = x^{n+1} - y^{n+1}.$$

Aufgabe 2.6.6 Sei A ein Ring und seien $x, y \in \mathrm{Idp}(A)$ $(= \mathrm{Idp}(A, \cdot))$.

a) Ist $xy = yx$, so sind $xy, x + y - xy$ und $(x - y)^2$ ebenfalls idempotent. Ist A kommutativ, so ist die Menge $\mathrm{Idp}(A)$ der idempotenten Elemente von A mit der Addition $x \triangle y := (x - y)^2$ und der von A induzierten Multiplikation ein kommutativer Ring der Charakteristik 2 bei $A \neq 0$ (und 1 bei $A = 0$), in dem jedes Element idempotent ist.

(**Bemerkung** Ein Ring B heißt ein **boolescher Ring** (nach G. Boole (1815–1864)), wenn jedes Element von B idempotent ist. Sei B solch ein Ring. Dann ist $4 = 2 \cdot 2 = 2$, also $2 = 0$ in B und Char $B = 2$ bei $B \neq 0$. Ferner ist $x + y = (x + y)^2 = x^2 + xy + yx + y^2 = x - xy + yx + y$ und somit $xy = yx$ für alle $x, y \in B$. *Ein boolescher Ring ist notwendigerweise kommutativ.* Klassische Beispiele boolescher Ringe sind die Mengenringe $\mathfrak{P}(I) \cong \mathbf{F}_2^I$ und ihre Unterringe, vgl. Aufg. 2.6.1. Nach dem Stoneschen Darstellungssatz aus Aufg. 4.4.28a) ist jeder boolesche Ring isomorph zu einem Unterring eines geeigneten Mengenrings. Ist B ein boolescher Ring, so stimmt die oben definierte Ringstruktur auf $\mathrm{Idp}(B) = B$ mit der gegebenen überein. *Ein endlicher boolescher Ring B ist stets isomorph zu einem der Mengenringe $\mathbf{F}_2^n$, $n \in \mathbb{N}$.* Zum *Beweis* durch Induktion über $|B|$ habe B mehr als zwei Elemente. Ist dann $e \in B$, $0 \neq e \neq 1$, so ist $B \cong Be \times B(1 - e)$, vgl. Beispiel 2.6.18, und nach Induktionsvoraussetzung gilt $Be \cong \mathbf{F}_2^k$, $B(1 - e) \cong \mathbf{F}_2^\ell$ und folglich $B \cong \mathbf{F}_2^{k+\ell}$. – Ist also der boolesche Ring $\mathrm{Idp}(Z(A))$ endlich, so ist $|\mathrm{Idp}(Z(A))|$ eine Potenz von 2.)

b) Genau dann ist $x + y$ idempotent, wenn $xy = yx$ und $2xy = 0$ ist.

c) Genau dann ist $x - y$ idempotent, wenn $xy = yx$ und $2(1 - x)y = 0$ ist. (Man führt dies leicht auf b) zurück.)

d) $1 - 2x$ ist **involutorisch**, d.h. zu sich selbst invers (bzgl. der Multiplikation in A). Ist A kommutativ, so ist $x \mapsto 1 - 2x$ ein Homomorphismus der Gruppe $(\mathrm{Idp}(A), \triangle)$ (vgl. a)) in die Gruppe $\mathrm{Inv}(A) \subseteq A^\times$ der involutorischen Elemente von A, der bei $2 = 2 \cdot 1_A \in A^\times$ ein Isomorphismus ist.

Aufgabe 2.6.7 Man beweise die folgenden sogenannten **Polarisationsformeln** für paarweise kommutierende Elemente $x_1, \ldots, x_r$, $r \in \mathbb{N}^*$, eines Ringes A.

a)

$$2^{r-1} r! x_1 \cdots x_r = \sum_\varepsilon \varepsilon_2 \cdots \varepsilon_r (x_1 + \varepsilon_2 x_2 + \cdots + \varepsilon_r x_r)^r,$$

wobei auf der rechten Seite über alle Vorzeichentupel $\varepsilon = (\varepsilon_2, \ldots, \varepsilon_r) \in \{1, -1\}^{r-1}$ zu summieren ist. Bei $r = 2$ ist dies die Formel $4x_1 x_2 = (x_1 + x_2)^2 - (x_1 - x_2)^2$, die bei $2 \in A^\times$ das Multiplizieren auf zweimaliges Quadrieren zurückführt.

b)

$$(-1)^r r! x_1 \cdots x_r = \sum_{H \subseteq \{1,\ldots,r\}} (-1)^{|H|} x_H^r = \sum_e (-1)^{e_1 + \cdots + e_r} (e_1 x_1 + \cdots + e_r x_r)^r$$

(mit $x_H := \sum_{i \in H} x_i$ für $H \subseteq \{1, \ldots, r\}$). Dabei durchläuft e alle Tupel $(e_1, \ldots, e_r) \in \{0, 1\}^r$. Diese Formel verallgemeinert die Gleichung $2x_1 x_2 = (x_1 + x_2)^2 - x_1^2 - x_2^2$.

Aufgabe 2.6.8 Die additive Gruppe $(K, +)$ und die multiplikative Gruppe $(K^\times, \cdot)$ eines Körpers K sind niemals isomorph.

Aufgabe 2.6.9 Sei A ein Ring.

a) A ist genau dann ein Minimalring, wenn seine additive Gruppe zyklisch ist. Ist A endlich mit quadratfreier Elementezahl, so ist A ein Minimalring. Man bestimme bis auf Isomorphie alle Ringe mit einer Elementezahl $n \leq 7$. (Bei $n = 4$ sind es vier, darunter ein Körper.)

b) Ist A endlich, so haben $|A|$ und $\mathrm{Char}\, A$ dieselben Primteiler. Insbesondere ist die Elementezahl eines endlichen Körpers K eine Primzahlpotenz. (Die additive Gruppe von K ist sogar eine elementare abelsche p-Gruppe, $p := \mathrm{Char}\, K = \mathrm{Exp}(K, +)$.)

Aufgabe 2.6.10 Man gebe ein Beispiel eines Rings B mit einem Unterring $A \subseteq B$ an derart, dass $A^\times \subset B^\times \cap A$ und $A^* \supset B^* \cap A$ gilt. (Die Inklusionen $A^\times \subseteq B^\times \cap A$ und $A^* \supseteq B^* \cap A$ sind trivial.)

Aufgabe 2.6.11 Seien $\varphi\colon A \to B$ ein Homomorphismus von Ringen und $A' \subseteq A$ sowie $B' \subseteq B$ Unterringe von A bzw. B. Dann ist $\varphi(A')$ ein Unterring von B, $\varphi^{-1}(B')$ ein Unterring von A, der Kern $\varphi = \varphi^{-1}(0)$ umfasst, und $\varphi^{-1}(\varphi(A')) = A' + \mathrm{Kern}\,\varphi$. (Bei $B \neq 0$ ist aber Kern φ kein Unterring von A.) Ist φ surjektiv, so sind $A' \mapsto \varphi(A')$ und $B' \mapsto \varphi^{-1}(B')$ bijektive und zueinander inverse Abbildungen zwischen der Menge der Unterringe von A, die Kern φ umfassen, und der Menge aller Unterringe von B.

Aufgabe 2.6.12 Sei H eine additive abelsche Gruppe und A_H die direkte Summe $A_H := \mathbb{Z} \oplus H$. Wir identifizieren $\mathbb{Z}$ und H mit den Summanden $\mathbb{Z} \oplus \{0\}$ bzw. $\{0\} \oplus H$ von A_H.

a) A_H ist mit der gegebenen Addition und der Multiplikation

$$(a + x)(b + y) := ab + (ay + bx), \quad a, b \in \mathbb{Z}, \ x, y \in H,$$

ein kommutativer Ring. Die Abbildung $(\varepsilon, x) \mapsto \varepsilon(1 + x)$ ist ein Gruppenisomorphismus der Produktgruppe $\mathbb{Z}^{\times} \times H$ auf die Gruppe $A_H^{\times} = \{\varepsilon + h \mid \varepsilon \in \mathbb{Z}^{\times}, h \in H\}$ der Einheiten von A_H. Das Monoid A_H^* der regulären Elemente von A_H enthält genau die Elemente $n + h \in A_H$ mit $n \in \mathbb{Z}^*, h \in H$ und $_nH = \{x \in H \mid nx = 0\} = 0$.

b) $A := (\mathbb{N}^* \oplus H) \uplus \{0\}$ ist ein Unterhalbbereich von A_H (d. h. A ist ein Unterhalbring mit $A^* = A - \{0\}$). Sein Grothendieck-Ring ist $G(A) = A_H$. Es gibt Halbbereiche, deren Grothendieck-Ring kein Bereich ist und sich folglich(!) in keinen Bereich einbetten lassen.

2.7 Ideale und Restklassenringe

Seien A, B Ringe und $\varphi\colon A \to B$ ein Ringhomomorphismus. Dann ist $\mathfrak{a} := \mathrm{Kern}\,\varphi = \varphi^{-1}(0_B)$ eine Untergruppe der additiven Gruppe von A, und die durch $\mathfrak{a}$ definierte Kongruenzrelation $\equiv_{\mathfrak{a}}$ auf $A = (A, +)$ ist nicht nur mit der Addition von A kompatibel, sondern auch mit der Multiplikation von A. Aus $a \equiv_{\mathfrak{a}} 0$ folgt für beliebiges $x \in A$ insbesondere $xa \equiv_{\mathfrak{a}} x \cdot 0 = 0$ und $ax \equiv_{\mathfrak{a}} 0 \cdot x = 0$, d. h. $xa \in \mathfrak{a}$ und $ax \in \mathfrak{a}$. $\mathfrak{a}$ ist somit ein zweiseitiges Ideal im Sinne der folgenden Definition.

Definition 2.7.1 Seien A ein Ring und $\mathfrak{a}$ eine Untergruppe der additiven Gruppe von A.

(1) $\mathfrak{a}$ heißt ein **zweiseitiges Ideal** von A, wenn $\mathfrak{a}$ mit jedem Element a auch alle Links- und Rechtsvielfachen xa und ax, $x \in A$, von a enthält.

(2) $\mathfrak{a}$ heißt ein **Linksideal** (bzw. ein **Rechtsideal**) von A, wenn $\mathfrak{a}$ mit jedem Element a auch alle Linksvielfachen xa (bzw. alle Rechtsvielfachen ax), $x \in A$, von a enthält.

Eine Teilmenge $\mathfrak{a} \subseteq A$ ist genau dann ein zweiseitiges Ideal, wenn $\mathfrak{a}$ sowohl ein Links- als auch ein Rechtsideal von A ist. Die Rechtsideale in A sind die Linksideale im oppositionellen Ring A^{op}. Ist A kommutativ, so stimmen zweiseitige Ideale, Linksideale und Rechtsideale von A überein, und wir sprechen einfach von **Idealen** in A. In beliebigen Ringen verwenden wir „Ideal" auch als Sammelbezeichnung für die verschiedenen Idealtypen.

Lemma 2.7.2 *Sei* $\alpha \subseteq A$ *ein zweiseitiges Ideal im Ring* A. *Dann ist die Kongruenzrelation* $\equiv_\alpha$ *(nicht nur mit der Addition, sondern auch) mit der Multiplikation von* A *kompatibel.*

Beweis Sei $x \equiv_\alpha x'$ und $y \equiv_\alpha y'$, d.h. $x = x' + a$ und $y = y' + b$ mit $a, b \in \alpha$. Dann ist

$$xy = (x' + a)(y' + b) = x'y' + (x'b + ay' + ab),$$

also $xy \equiv_\alpha x'y'$ wegen $x'b + ay' + ab \in \alpha$. $\square$

Sei $\alpha \subseteq A$ ein zweiseitiges Ideal im Ring A. Dann induzieren die Addition und die Multiplikation auf A entsprechende Verknüpfungen auf A/α derart, dass A/α eine abelsche Gruppe ist, $(A/\alpha, \cdot)$ ein Monoid und überdies die kanonische Projektion $\pi = \pi_\alpha \colon A \to A/\alpha$, $x \mapsto \overline{x} = [x] = [x]_\alpha = x + \alpha$, ein surjektiver Gruppen- und Monoidhomomorphismus (vgl. Satz 2.3.4). Damit übertragen sich auch die Distributivgesetze von A nach A/α. Insgesamt erhalten wir:

Satz 2.7.3 *Sei* $\alpha \subseteq A$ *ein zweiseitiges Ideal im Ring* A, *Dann ist* A/α *mit den Verknüpfungen*

$$(x + \alpha) + (y + \alpha) = (x + y) + \alpha, \quad (x + \alpha) \cdot (y + \alpha) = xy + \alpha$$

ein Ring, und die kanonische Projektion $\pi_\alpha \colon A \to A/\alpha$ *ist ein surjektiver Ringhomomorphismus mit* Kern $\pi_\alpha = \alpha$ *und folgender universellen Eigenschaft: Ist* $\varphi \colon A \to B$ *ein beliebiger Homomorphismus von Ringen mit* $\alpha \subseteq$ Kern φ, *so gibt es genau einen Ringhomomorphismus* $\overline{\varphi} \colon A/\alpha \to B$ *mit* $\varphi = \overline{\varphi} \circ \pi_\alpha$. *Es ist* $\overline{\varphi}(x + \alpha) = \varphi(x)$, Bild $\overline{\varphi} =$ Bild φ *und* Kern $\overline{\varphi} = ($Kern $\varphi)/\alpha$. *Insbesondere ist* $\overline{\varphi}$ *genau dann ein Isomorphismus, wenn* Kern $\varphi = \alpha$ *ist und* φ *surjektiv. Es ist also*

$$A/\text{Kern}\,\varphi \xrightarrow{\sim} \text{Bild}\,\varphi.$$

Die **Restklassenringe** A/α, α zweiseitiges Ideal in A, repräsentieren somit bis auf Isomorphie alle homomorphem Bilder des Rings A. Dies motiviert die folgende Definition in Analogie zur Definition einfacher Gruppen:

Definition 2.7.4 Ein Ring A heißt **einfach**, wenn er nicht der Nullring ist und 0 und A die einzigen zweiseitigen Ideale in A sind.

Abb. 2.21 Der Ringhomo-
morphismus $\overline{\varphi}$ wird von φ
induziert

$A \neq 0$ ist also genau dann einfach, wenn jeder Homomorphismus $A \to B$ in einen Ring $B \neq 0$ injektiv ist. Divisionsbereiche sind offenbar einfach, aber nicht jeder einfache Ring ist ein Divisionsbereich, vgl. Aufg. 2.8.8e). *Kommutative* einfache Ringe sind allerdings Körper. Vgl. Proposition 2.7.16 weiter unten.

Wir notieren noch den allgemeinen Satz vom induzierten Homomorphismus, vgl. 2.3.1 und 2.3.2, wie er sich für Ringe darstellt.

Satz 2.7.5 (Satz vom induzierten Homomorphismus für Ringe) *Seien* $\psi\colon A \to C$ *und* $\varphi\colon A \to B$ *Homomorphismen von Ringen.* ψ *sei surjektiv, und es gelte* $\mathrm{Kern}\,\psi \subseteq \mathrm{Kern}\,\varphi$. *Dann gibt es genau einen Ringhomomorphismus* $\overline{\varphi}\colon C \to B$ *mit* $\varphi = \overline{\varphi} \circ \psi$. *Dabei gilt* $\mathrm{Bild}\,\overline{\varphi} = \mathrm{Bild}\,\varphi$ *und* $\mathrm{Kern}\,\overline{\varphi} = \psi(\mathrm{Kern}\,\varphi)$. *(Vgl. Abb. 2.21.)*

Genau dann ist $\overline{\varphi}$ *surjektiv, wenn* φ *surjektiv ist. – Genau dann ist* $\overline{\varphi}$ *injektiv, wenn* $\mathrm{Kern}\,\psi = \mathrm{Kern}\,\varphi$ *ist. – Genau dann ist* $\overline{\varphi}$ *ein Isomorphismus, wenn* φ *surjektiv ist und* $\mathrm{Kern}\,\psi = \mathrm{Kern}\,\varphi$ *gilt* (**Isomorphiesatz für Ringe**).

Sei $\mathfrak{a}_i, i \in I$, eine Familie von Linksidealen im Ring A. Dann sind die Summe $\sum_{i\in I} \mathfrak{a}_i$ und der Durchschnitt $\bigcap_{i\in I} \mathfrak{a}_i$ ebenfalls Linksideale in A. Die Linksideale bilden also einen vollständigen Unterverband des Verbands der Untergruppen von $(A, +)$. Entsprechendes gilt für Rechtsideale und zweiseitige Ideale. Sind $\mathfrak{a}, \mathfrak{b} \subseteq A$ Linksideale, so ist das Komplexprodukt von $\mathfrak{a}$ und $\mathfrak{b}$ in der Regel keine Untergruppe von $(A, +)$. *Daher bezeichnet in der Theorie der Ringe das Produkt*

$$\mathfrak{a}\mathfrak{b}$$

stets die vom Komplexprodukt $\{ab \mid a \in \mathfrak{a}, b \in \mathfrak{b}\}$ *erzeugte Untergruppe von* $(A, +)$.[41] Sie enthält die endlichen Summen von Produkten $ab, a \in \mathfrak{a}, b \in \mathfrak{b}$. Das so definierte Produkt $\mathfrak{a}\mathfrak{b}$ ist dann offenbar wieder ein Linksideal, und Entsprechendes gilt für Rechtsideale und zweiseitige Ideale. Offenbar gelten für Ideale $\mathfrak{a}, \mathfrak{b}, \mathfrak{c}$ die Assoziativ- und Distributivgesetze

$$(\mathfrak{a}+\mathfrak{b})+\mathfrak{c} = \mathfrak{a}+(\mathfrak{b}+\mathfrak{c}), \ (\mathfrak{a}\mathfrak{b})\mathfrak{c} = \mathfrak{a}(\mathfrak{b}\mathfrak{c}) \quad \text{bzw.} \quad \mathfrak{a}(\mathfrak{b}+\mathfrak{c}) = \mathfrak{a}\mathfrak{b}+\mathfrak{a}\mathfrak{c}, \ (\mathfrak{b}+\mathfrak{c})\mathfrak{a} = \mathfrak{b}\mathfrak{a}+\mathfrak{c}\mathfrak{a}.$$

---

[41] Wir bemerken auch, dass für ein zweiseitiges Ideal $\mathfrak{a} \subseteq A$ das Produkt $(x + \mathfrak{a})(y + \mathfrak{a}) = xy + \mathfrak{a}$, $x, y \in A$, im Ring $A/\mathfrak{a}$ in der Regel *nicht* das Komplexprodukt von $x + \mathfrak{a}$ und $y + \mathfrak{a}$ in $(\mathfrak{P}(A), \cdot)$ ist.

Die Menge der jeweiligen Ideale ist also ein Halbring mit dem **Nullideal** $0 = \{0\}$ als Nullelement und dem **Einheitsideal** A als Einselement.[42]

Das kleinste Linksideal, das ein gegebenes Element $a \in A$ enthält, ist die Menge $Aa = \{xa \mid x \in A\}$ der Linksvielfachen von a, und ein Element $b \in A$ gehört genau dann zu Aa, wenn a ein Rechtsteiler von b ist. Dann ist $Ab \subseteq Aa$. Aa heißt das von a erzeugte **Linkshauptideal** von A. Ist jedes Linksideal von A ein Linkshauptideal, so heißt ein **Linkshauptidealring** bzw. ein **Linkshauptidealbereich**, wenn A überdies ein Bereich ist. Analog sind **Rechtshauptideale** sowie **Rechtshauptidealringe** bzw. **-bereiche** definiert. Im kommutativen Fall spricht man einfach von **Hauptidealen** und **Hauptidealringen** bzw. **Hauptidealbereichen**. Das kleinste Linksideal, das eine Familie a_i, $i \in I$, enthält, ist die Summe $\sum_{i \in I} Aa_i$. Das kleinste zweiseitige Ideal, das das Element a enthält, ist die von den Produkten xay, $x, y \in A$, erzeugte Untergruppe von $(A, +)$ und im nichtkommutativen Fall häufig schwer zu überschauen. Gemäß obiger Konvention bezeichnet man es auch mit AaA. Für eine beliebige Teilmenge $M \subseteq A$ ist AM, MA und AMA das von M erzeugte Links-, Rechts- bzw. zweiseitige Ideal. Ist a_i, $i \in I$ eine Familie von Elementen aus A, so bezeichnen wir das kleinste Links-, Rechts- bzw. zweiseitige Ideal, das die a_i, $i \in I$, enthält, häufig einfach mit $(a_i, i \in I)$, bei $I = \{1, \ldots, n\}$ also mit $(a_1, \ldots, a_n)$, wenn aus dem Zusammenhang sowohl der Ring A als auch der Idealtyp ersichtlich sind.

Bemerkung 2.7.6 (Teilbarkeit in Ringen) Sei A ein kommutativer Ring. Die Teilbarkeitsbegriffe in A beziehen sich immer auf das multiplikative Monoid von A. $b \in A$ ist also genau dann ein Teiler von $a \in A$, wenn a im Hauptideal Ab liegt oder wenn $Aa \subseteq Ab$ ist. Einer Sprechweise von R. Dedekind (1831–1916) folgend, nannte man daraufhin lange Zeit ein beliebiges Ideal $\mathfrak{b} \subseteq A$ einen Teiler des Ideals $\mathfrak{a} \subseteq A$, wenn die Inklusion $\mathfrak{a} \subseteq \mathfrak{b}$ gilt. Hierbei handelt es sich offenbar um die Teilbarkeit im Monoid der Ideale von A mit dem Durchschnitt $\mathfrak{a} \cap \mathfrak{b}$ von Idealen als Verknüpfung. Diese Teilbarkeitsrelation ist zu unterscheiden von der Teilbarkeit von Idealen im (ebenfalls kommutativen) multiplikativen Monoid der Ideale mit dem oben eingeführten Produkt als Verknüpfung. Das Ideal $\mathfrak{b}$ ist dabei ein Teiler von $\mathfrak{a}$, wenn es ein Ideal $\mathfrak{c}$ mit $\mathfrak{a} = \mathfrak{b}\mathfrak{c}$ gibt. (Man beachte, dass dann ebenfalls $\mathfrak{a} \subseteq \mathfrak{b}$ gilt.) Dedekind war der Erste, der nach Vorarbeiten von E. Kummer (1810–1893) bemerkte, dass es für die Teilbarkeitstheorie in Ringen sehr nützlich ist, nicht nur Hauptideale zu betrachten, sondern beliebige Ideale. Er führte auch die Bezeichnung „Ideal" ein. – Ferner hat man zwischen den Idealen des Rings A und den Idealen des multiplikativen Monoids $(A, \cdot)$ zu unterscheiden, vgl. Aufg. 2.3.15. Jedes Ringideal ist natürlich ein Ideal des Monoids, die Umkehrung ist aber in der Regel falsch. Im Ring $\mathbb{Z}$ etwa ist jede Untergruppe zyklisch und insbesondere jedes Ideal ein Hauptideal, im multiplikativen Monoid $(\mathbb{Z}, \cdot)$ jedoch ist z. B. $\mathbb{Z} - \mathbb{Z}^\times$ ein Ideal, das noch nicht einmal endlich erzeugt ist. $\diamond$

---

[42] Der zugehörige Grothendieck-Ring ist aber trivial wegen $\mathfrak{a} + \mathfrak{a} = \mathfrak{a}$ für alle Ideale $\mathfrak{a}$.

Wir erwähnen noch die folgende zu Proposition 2.2.7 analoge Aussage, deren einfachen Beweis dem Leser überlassen sei.

Proposition 2.7.7 *Sei $\varphi\colon A \to B$ ein Homomorphismus von Ringen.*

(1) *Ist $\mathfrak{b} \subseteq B$ ein zweiseitiges Ideal in B, so ist $\varphi^{-1}(\mathfrak{b})$ ein zweiseitiges Ideal in A, das $\operatorname{Kern}\varphi$ umfasst, und φ induziert einen injektiven Ringhomomorphismus $\overline{\varphi}\colon A/\varphi^{-1}(\mathfrak{b}) \to B/\mathfrak{b}$.*

(2) *Sei φ surjektiv. Ist $\mathfrak{a} \subseteq A$ ein zweiseitiges Ideal in A, so ist $\varphi(\mathfrak{a})$ ein zweiseitiges Ideal in B und $\varphi^{-1}(\varphi(\mathfrak{a})) = \mathfrak{a} + \operatorname{Kern}\varphi$. Ferner sind $\mathfrak{a} \mapsto \varphi(\mathfrak{a})$ und $\mathfrak{b} \mapsto \varphi^{-1}(\mathfrak{b})$ bijektive und zueinander inverse Abbildungen zwischen der Menge der zweiseitigen Ideale in A, die $\operatorname{Kern}\varphi$ umfassen, und der Menge aller zweiseitigen Ideale in B. Für $\mathfrak{b} \subseteq B$ ist der induzierte Homomorphismus $\overline{\varphi}\colon A/\varphi^{-1}(\mathfrak{b}) \xrightarrow{\sim} B/\mathfrak{b}$ ein Ringisomorphismus.*

Die in (1) und (2) angegebene Korrespondenz von zweiseitigen Idealen in A bzw. B gilt in analoger Weise auch für Links- bzw. Rechtsideale.

Ist φ in der Situation von 2.7.7 nicht surjektiv, so ist das Bild $\varphi(\mathfrak{a})$ eines Ideals $\mathfrak{a} \subseteq A$ nicht notwendigerweise ein entsprechendes Ideal von B. Statt $\varphi(\mathfrak{a})$ betrachtet man daher das von $\varphi(\mathfrak{a})$ erzeugte Ideal $B\varphi(\mathfrak{a})$, $\varphi(\mathfrak{a})B$ bzw. $B\varphi(\mathfrak{a})B$ in B.

Beispiel 2.7.8 (Chinesischer Restsatz) Hier betrachten wir den Chinesischen Restsatz aus Beispiel 2.2.17 für Ringe. Seien A ein Ring und $\varphi_i\colon A \to A_i$ surjektive Homomorphismen von Ringen mit den Kernen $\mathfrak{a}_i$, $i = 1, \ldots, n$. Die φ_i induzieren den Ringhomomorphismus

$$\varphi = (\varphi_1, \ldots, \varphi_n)\colon A \to A_1 \times \cdots \times A_n, \quad x \mapsto (\varphi_1(x), \ldots, \varphi_n(x)).$$

Es ist $\mathfrak{a} := \operatorname{Kern}\varphi = \mathfrak{a}_1 \cap \cdots \cap \mathfrak{a}_n$. Nach Satz 2.7.3 induziert φ einen injektiven Ringhomomorphismus $\overline{\varphi}\colon A/\mathfrak{a} \to A_1 \times \cdots \times A_n$. Die Frage nach der Surjektivität von φ und damit von $\overline{\varphi}$ wird durch Satz 2.2.18 beantwortet. Nämlich: Genau dann ist φ surjektiv, wenn für jedes $i = 1, \ldots, n$ gilt:

$$\mathfrak{a}_i + \mathfrak{a}_i' = A \quad \text{mit} \quad \mathfrak{a}_i' := \bigcap_{j \neq i} \mathfrak{a}_j.$$

Diese Bedingung für die zweiseitigen Ideale $\mathfrak{a}_1, \ldots, \mathfrak{a}_n$ lässt sich übersichtlicher formulieren. Zunächst impliziert sie, dass $\mathfrak{a}_i + \mathfrak{a}_j = A$ ist für alle $i \neq j$. Umgekehrt folgt daraus aber auch die ursprüngliche Bedingung. Zum *Beweis* sei i fest, etwa $i = 1$. Wegen $\mathfrak{a}_1 + \mathfrak{a}_j = A$ für $j = 2, \ldots, n$ gibt es Elemente $a_j \in \mathfrak{a}_1$ und $a_j' \in \mathfrak{a}_j$ mit $1 = a_j + a_j'$. Dann ist

$$1 = (a_2 + a_2') \cdots (a_n + a_n') = b + b' \in \mathfrak{a}_1 + \mathfrak{a}_1'$$

mit $b \in \mathfrak{a}_1$ und $b' = a'_2 \cdots a'_n \in \mathfrak{a}_2 \cap \cdots \cap \mathfrak{a}_n = \mathfrak{a}'_1$. Da $\mathfrak{a}_1$ und $\mathfrak{a}'_1$ (zweiseitige) Ideale sind, ist dann $\mathfrak{a}_1 + \mathfrak{a}'_1 = A$. $\square$

Ideale $\mathfrak{a}, \mathfrak{b}$ eines Ringes A mit $\mathfrak{a} + \mathfrak{b} = A$ heißen **komaximal**, vgl. auch Aufg. 2.7.10.[43] Wir haben also bewiesen:

Satz 2.7.9 (**Chinesischer Restsatz für Ringe**) *Sind* $\varphi_i \colon A \to A_i$, $i = 1, \ldots, n$, *surjektive Ringhomomorphismen mit paarweise komaximalen Kernen* $\mathfrak{a}_1 := \operatorname{Kern} \varphi_1, \ldots, \mathfrak{a}_n := \operatorname{Kern} \varphi_n$, *so ist der kanonische Ringhomomorphismus*

$$\overline{\varphi} \colon A/(\mathfrak{a}_1 \cap \cdots \cap \mathfrak{a}_n) \xrightarrow{\sim} A_1 \times \cdots \times A_n, \quad mit \quad \overline{\varphi}(\overline{a}) = (\varphi_1(a), \ldots, \varphi_n(a))$$

ein Isomorphismus von Ringen.

Die Umkehrabbildung von $\overline{\varphi}$ kann mit einer Darstellung $1 = a'_1 + \cdots + a'_n$, $a'_i \in \mathfrak{a}'_i = \bigcap_{j \neq i} \mathfrak{a}_j$, wie sie nach Aufg. 2.2.15 existiert (vgl. auch Aufg. 2.7.10c)), explizit angegeben werden. Es ist

$$\overline{\varphi}^{-1}(\varphi_1(a_1), \ldots, \varphi_n(a_n)) = \overline{a_1 a'_1 + \cdots + a_n a'_n} = \overline{a'_1 a_1 + \cdots + a'_n a_n}, \quad a_1, \ldots, a_n \in A.$$

Häufig wendet man den Chinesischen Restsatz 2.7.9 für paarweise komaximale zweiseitige Ideale $\mathfrak{a}_1, \ldots, \mathfrak{a}_n \subseteq A$ und die kanonischen Projektionen $\pi_i \colon A \to A/\mathfrak{a}_i$, $i = 1, \ldots, n$, an. Ist z. B. $e_1, \ldots, e_n$ eine vollständige orthogonale Familie zentraler idempotenter Elemente im Ring B, so sind die Hauptideale $\mathfrak{b}_i := B(1 - e_i) = (1 - e_i)B = \sum_{j \neq i} Be_j$, $i = 1, \ldots, n$, paarweise komaximal mit $\mathfrak{b}_1 \cap \cdots \cap \mathfrak{b}_n = 0$ und wir erhalten somit die Produktdarstellung $B \xrightarrow{\sim} B_1 \times \cdots \times B_n$ mit $B_i = B/\mathfrak{b}_i \xrightarrow{\sim} Be_i$, $i = 1, \ldots, n$, aus Beispiel 2.6.18. *Hat man also im Ring B paarweise komaximale zweiseitige Ideale* $\mathfrak{b}_1, \ldots, \mathfrak{b}_n$ *mit Durchschnitt* $\mathfrak{b}_1 \cap \cdots \cap \mathfrak{b}_n = 0$, *so ist* $B \xrightarrow{\sim} (B/\mathfrak{b}_1) \times \cdots \times (B/\mathfrak{b}_n)$ *und es gibt eine (eindeutig bestimmte) vollständige orthogonale Familie* $e_1, \ldots, e_n$ *von zentralen idempotenten Elementen von B mit* $\mathfrak{b}_i = B(1 - e_i)$, $i = 1, \ldots, n$. Insbesondere ist ein Ring $B \neq 0$ genau dann zerlegbar, wenn es in B zweiseitige komaximale Ideale $\mathfrak{b}$ und $\mathfrak{c}$ gibt mit $\mathfrak{b} \neq B \neq \mathfrak{c}$ und $\mathfrak{b} \cap \mathfrak{c} = 0$. $\diamond$

Beispiel 2.7.10 (**Primrestklassengruppen**) Im Integritätsbereich $\mathbb{Z}$ der ganzen Zahlen stimmen die Untergruppen der additiven Gruppe $(\mathbb{Z}, +)$ mit den Idealen überein. Zu jedem Ideal $\mathfrak{a}$ in $\mathbb{Z}$ gibt es nach Satz 2.1.18 (genau) ein $a \in \mathbb{N}$ mit $\mathfrak{a} = \mathbb{Z}a$. Insbesondere ist $\mathfrak{a}$ ein Hauptideal, und die Restklassenringe von $\mathbb{Z}$ sind genau die Minimalringe $\mathbf{A}_m = \mathbb{Z}/\mathbb{Z}m$, $m \in \mathbb{N}$. Wegen $\mathbb{Z}a + \mathbb{Z}b = \mathbb{Z}\operatorname{ggT}(a, b)$, vgl. 2.1.19, sind die Ideale $\mathfrak{a} = \mathbb{Z}a$ und $\mathfrak{b} = \mathbb{Z}b$ genau dann komaximal, wenn a und b teilerfremd sind. Dann ist $\mathbb{Z}a \cap \mathbb{Z}b = \mathbb{Z}ab$. Der Chinesische Restsatz 2.7.9 liefert also für den Ring $\mathbb{Z}$:

---

[43] Gemäß Bemerkung 2.7.6 nennen einige Autoren komaximale Ideale auch **teilerfremde** Ideale.

Satz 2.7.11 (Chinesischer Restsatz für $\mathbb{Z}$) *Sind* $m_1, \ldots, m_n \in \mathbb{N}^*$ *paarweise teilerfremd, so ist der kanonische Homomorphismus*

$$\overline{\varphi} \colon \mathbf{A}_m = \mathbb{Z}/\mathbb{Z}m \overset{\sim}{\longrightarrow} \mathbb{Z}/\mathbb{Z}m_1 \times \cdots \times \mathbb{Z}/\mathbb{Z}m_n = \mathbf{A}_{m_1} \times \cdots \times \mathbf{A}_{m_n}, \quad m := m_1 \cdots m_n,$$

ein Isomorphismus von Ringen.

Mit einer Darstellung $1 = c_1 m_1' + \cdots + c_n m_n'$, $m_i' := m/m_i$, $i = 1, \ldots, n$, (vgl. auch Proposition 2.1.19) ist die Umkehrabbildung von $\overline{\varphi}$ explizit gegeben durch

$$(r_1 + \mathbb{Z}m_1, \ldots, r_n + \mathbb{Z}m_n) \longmapsto (r_1 c_1 m_1' + \cdots + r_n c_n m_n') + \mathbb{Z}m.$$

Den Chinesischen Restsatz 2.7.11 benutzt man zum Rechnen mit großen ganzen Zahlen. Ist etwa das Produkt zweier ganzer Zahlen b, c dem Betrage nach $\le r$, so kann man es in folgender Weise bestimmen: Man wählt (verhältnismäßig kleine) paarweise teilerfremde positive natürliche Zahlen (z. B. verschiedene Primzahlen) $m_1, \ldots, m_n$ mit $m := m_1 \cdots m_n \ge 2r + 1$ und berechnet das Produkt bc modulo der einzelnen Zahlen $m_1, \ldots, m_n$. Mit 2.7.11 gewinnt man daraus das Produkt bc modulo m, wodurch bc aber wegen $|bc| \le r$ bereits eindeutig bestimmt ist. – Den Isomorphismus aus Satz 2.7.11 haben wir für die additiven Gruppen $\mathbf{Z}_m$ bzw. $\mathbf{Z}_{m_1}, \ldots \mathbf{Z}_{m_n}$ der Minimalringe $\mathbf{A}_m = \mathbb{Z}/\mathbb{Z}m$ bzw. $\mathbf{A}_{m_1} = \mathbb{Z}/\mathbb{Z}m_1, \ldots, \mathbf{A}_{m_n} = \mathbb{Z}/\mathbb{Z}m_n$ schon mehrfach benutzt, vgl. Korollar 2.2.19. Wir wählen jetzt für m die feinstmögliche Zerlegung $m = m_1 \cdots m_n = p_1^{\alpha_1} \cdots p_n^{\alpha_n}$ mit teilerfremden Primzahlpotenzen $m_i = p_i^{\alpha_i} > 1$ und erhalten die Zerlegung

$$\mathbf{A}_m \overset{\sim}{\longrightarrow} \mathbf{A}_{p_1^{\alpha_1}} \times \cdots \times \mathbf{A}_{p_n^{\alpha_n}}.$$

Sei $e_1, \ldots, e_n$ die zugehörige vollständige orthogonale Familie idempotenter Elemente von $\mathbf{A}_m$ und A ein beliebiger Ring der Charakteristik m. Nach der letzten Bemerkung im vorangegangenen Beispiel besitzt dann der Ring A die Produktzerlegung

$$A \overset{\sim}{\longrightarrow} Ae_1 \times \cdots \times Ae_n \quad \text{mit} \quad A/A(1 - e_i) \overset{\sim}{\longrightarrow} Ae_i, \ i = 1, \ldots, n.$$

Die Ae_i sind offenbar die p_i-Primärkomponenten der additiven Gruppe von A, und es ist Char $Ae_i = p_i^{\alpha_i}$. Der Ring A (mit Char $A > 0$) *ist also als Ring isomorph zum direkten Produkt der Primärkomponenten seiner additiven Gruppe.*

Die Einheitengruppen der Minimalringe sind die Primrestklassengruppen. Der Chinesische Restsatz 2.7.11 impliziert:

Korollar 2.7.12 *Sind* $m_1, \ldots, m_n \in \mathbb{N}^*$ *paarweise teilerfremd, so ist der kanonische Homomorphismus*

$$\overline{\varphi}^{\times} \colon \mathbf{A}_m^{\times} \overset{\sim}{\longrightarrow} \mathbf{A}_{m_1}^{\times} \times \cdots \times \mathbf{A}_{m_n}^{\times}, \quad m := m_1 \cdots m_n,$$

ein Isomorphismus von Gruppen. Speziell für die kanonische Primfaktorzerlegung $m =$ $p_1^{\alpha_1} \cdots p_n^{\alpha_n}$ *einer Zahl* $m \in \mathbb{N}^*$ *ergibt sich*

$$\mathbf{A}_m^\times \xrightarrow{\sim} \left(\mathbf{A}_{p_1^{\alpha_1}}\right)^\times \times \cdots \times \left(\mathbf{A}_{p_n^{\alpha_n}}\right)^\times.$$

Die Struktur der Primrestklassengruppen $\mathbf{A}_m^\times$ ist mit diesem Korollar zurückgeführt auf die Struktur der Primrestklassengruppen $(\mathbf{A}_{p^\alpha})^\times$, $p \in \mathbb{P}$. Zunächst gilt:

Satz 2.7.13 *Sei* $p \in \mathbb{P}$ *eine Primzahl* > 2 *und* $\alpha \in \mathbb{N}^*$. *Dann ist die Primrestklassengruppe* $(\mathbf{A}_{p^\alpha})^\times$ *zyklisch.*

Beweis Für $\alpha = 1$ ist $\mathbf{A}_p = \mathbf{F}_p$ ein Körper, und die Aussage folgt aus Satz 2.6.22. – Sei nun $\alpha > 1$. Wir betrachten den surjektiven Homomorphismus $(\mathbf{A}_{p^\alpha})^\times \to \mathbf{A}_p^\times$, $[a]_{p^\alpha} \mapsto [a]_p$, mit dem Kern $1 + p\mathbf{A}_{p^\alpha} \subseteq (\mathbf{A}_{p^\alpha})^\times$ der Ordnung $p^{\alpha-1}$. Wegen der Zyklizität von $\mathbf{A}_p^\times$ und $\mathrm{ggT}\left(|1 + p\mathbf{A}_{p^\alpha}|, |\mathbf{A}_p^\times|\right) = 1$ genügt es zu zeigen, dass die p-Gruppe $1 + p\mathbf{A}_{p^\alpha}$ ebenfalls zyklisch ist. Dafür wiederum genügt es zu zeigen, dass ihr p-Sockel nur p Elemente enthält, vgl. Aufg. 2.2.22a). Sei also $r \in \mathbb{Z}$ und $1 = (1+rp)^p = 1+rp^2+$ $\binom{p}{2}r^2p^2 + \cdots + r^pp^p$ in $\mathbf{A}_{p^\alpha}$, d. h. p^α teilt $rp^2\left(1 + \binom{p}{2}r + \cdots + r^{p-1}p^{p-2}\right)$. Da $p > 2$ ist, ist p Teiler von $\binom{p}{2}r + \cdots + r^{p-1}p^{p-2}$ und daher kein Teiler von $1 + \binom{p}{2}r + \cdots + r^{p-1}p^{p-2}$. Also ist $p^{\alpha-2}$ ein Teiler von r und somit $1 + rp \in 1 + p^{\alpha-1}\mathbf{A}_{p^\alpha}$, d. h. $1 + p^{\alpha-1}\mathbf{A}_{p^\alpha}$ ist der Sockel von $1 + p\mathbf{A}_{p^\alpha}$. $\qquad\square$

Man zeigt auch leicht direkt, dass das Element $1 + p \in 1 + p\mathbf{A}_{p^\alpha}$ die Ordnung $p^{\alpha-1}$ hat. Allgemeiner: Genau die Elemente $1 + pr$, $r \in \mathbb{Z}$, $p \nmid r$, sind erzeugende Elemente der zyklischen Untergruppe $1 + p\mathbf{A}_{p^\alpha} \subseteq \mathbf{A}_{p^\alpha}^\times$, $\alpha \in \mathbb{N}^*$. – Im Fall von Zweierpotenzen gilt:

Satz 2.7.14 *Sei* $\alpha \in \mathbb{N}^*$. *Für* $\alpha \leq 2$ *ist* $(\mathbf{A}_{2^\alpha})^\times$ *zyklisch, und für* $\alpha \geq 3$ *ist* $(\mathbf{A}_{2^\alpha})^\times$ *das direkte Produkt der zyklischen Untergruppe* $\{\pm 1\}$ *der Ordnung* 2 *und der von* 3 *(oder der von* 5*) erzeugten zyklischen Untergruppe der Ordnung* $2^{\alpha-2}$.

Beweis Sei $\alpha \geq 3$. Dann ist $(\mathbf{A}_{2^\alpha})^\times = 1 + 2\mathbf{A}_{2^\alpha}$ eine 2-Gruppe der Ordnung $2^{\alpha-1}$. Wir betrachten den surjektiven Homomorphismus $(\mathbf{A}_{2^\alpha})^\times \to \mathbf{A}_8^\times$ ($\cong \mathbf{D}_2 \cong \mathbf{Z}_2 \times \mathbf{Z}_2$) mit dem Kern $1 + 8\mathbf{A}_{2^\alpha}$ vom Index 4 und zeigen weiter unten, dass dieser Kern gleich der Gruppe $^2(\mathbf{A}_{2^\alpha})^\times$ der Quadrate in $(\mathbf{A}_{2^\alpha})^\times$ ist. Dann erzeugen je zwei Elemente von $(\mathbf{A}_{2^\alpha})^\times$, deren Bilder in $\mathbf{A}_8^\times$ diese Gruppe erzeugen, auch die Gruppe $(\mathbf{A}_{2^\alpha})^\times$, vgl. Lemma 2.3.13. Somit ist $(\mathbf{A}_{2^\alpha})^\times$ das Produkt der von -1 bzw. von 3 (oder auch von 5) erzeugten zyklischen Untergruppen, und der Durchschnitt dieser beiden zyklischen Untergruppen ist notwendigerweise trivial, ihr Produkt also direkt.

Wir zeigen nun $^2(\mathbf{A}_{2^\alpha})^\times = 1 + 8\mathbf{A}_{2^\alpha}$. Da alle Quadrate in $\mathbf{A}_8^\times$ trivial sind, ist sicher $^2(\mathbf{A}_{2^\alpha})^\times \subseteq 1 + 8\mathbf{A}_{2^\alpha}$, und es genügt zu zeigen, dass der 2-Sockel von $(\mathbf{A}_{2^\alpha})^\times$ nur 4 Elemente enthält. Sei also $r \in \mathbb{Z}$ und $1 = (1 + 2r)^2 = 1 + 4r + 4r^2$ in

$\mathbf{A}_{2^\alpha}$, d. h. 2^α teilt $4r(1+r)$ oder $2^{\alpha-2}$ teilt $r(1+r)$. Ist r gerade, so gilt $2^{\alpha-2}|r$ und $1+2r \in \{1, 1+2^{\alpha-1}\} \subseteq (\mathbf{A}_{2^\alpha})^\times$. Ist r ungerade, so gilt $2^{\alpha-2}|(1+r)$ und es ist $1+2r = 1-2+2^{\alpha-1}s \in \{-1, -1+2^{\alpha-1}\} \subseteq (\mathbf{A}_{2^\alpha})^\times$ mit einem $s \in \mathbb{Z}$. $\qquad\square$

Wir erinnern an die Bezeichnung

$$\mathrm{Ord}_m\, a = \mathrm{Ord}[a]_m, \quad a \in \mathbb{Z},\ m \in \mathbb{N}^*,\ \mathrm{ggT}(a, m) = 1.$$

Der letzte Beweis zeigt, dass -1 und a die Gruppe $(\mathbf{A}_{2^\alpha})^\times$ erzeugen, falls nur $a \equiv \pm 3 \bmod 8$ ist. *Diese a sind bei $\alpha > 3$ genau die Elemente a mit $\mathrm{Ord}_{2^\alpha}\, a = 2^{\alpha-2}$.* Man folgere überdies $\mathrm{Ord}_{2^\alpha}\, 7 = \mathrm{Ord}_{2^\alpha}\, 9 = 2^{\alpha-3}$ für $\alpha \geq 4$ (etwa durch Induktion über α).

Sei nun $m = 2^\alpha p_1^{\alpha_1} \cdots p_r^{\alpha_r}$ mit Primzahlen $2 < p_1 < \cdots < p_r$ und $\alpha \geq 0, \alpha_1, \ldots, \alpha_r \geq 1$, die kanonische Primfaktorzerlegung von m. Dann lässt sich die Formel von Euler $a^{\varphi(m)} \equiv 1 \bmod m$, $\mathrm{ggT}(a, m) = 1$, mit der Eulerschen φ-Funktion

$$\varphi(m) = 2^{\mathrm{Max}\,(\alpha-1,0)} p_1^{\alpha_1-1}(p_1-1)\cdots p_r^{\alpha_r-1}(p_r-1)$$

verbessern zu

$$a^{\varepsilon(m)} \equiv 1 \bmod m, \quad a \in \mathbb{Z},\ m \in \mathbb{N}^*,\ \mathrm{ggT}(a, m) = 1, \quad \text{wobei}$$

$$\varepsilon(m) := \mathrm{Exp}\,\mathbf{A}_m^\times = \begin{cases} \mathrm{kgV}\left(2^{\alpha-2}, p_1-1, \ldots, p_r-1, p_1^{\alpha_1-1}\cdots p_r^{\alpha_r-1}\right), \alpha \geq 3 \\ \mathrm{kgV}\left(2, p_1-1, \ldots, p_r-1, p_1^{\alpha_1-1}\cdots p_r^{\alpha_r-1}\right), \alpha = 2 \\ \mathrm{kgV}\left(p_1-1, \ldots, p_r-1, p_1^{\alpha_1-1}\cdots p_r^{\alpha_r-1}\right), \alpha = 0, 1, \end{cases}$$

der Exponent der Gruppe $\mathbf{A}_m^\times$ ist, vgl. Satz 2.7.13 und Satz 2.7.14. Der Exponent $\varepsilon(m)$ ist ein Teiler von $\varphi(m)$ und *genau dann gleich $\varphi(m)$, wenn $\mathbf{A}_m^\times$ zyklisch ist, d. h. wenn m eine der Zahlen 1, 2, 4, p^α, $2p^\alpha$ ist mit einer Primzahl $p \in \mathbb{P}$, $p \geq 3$, und $\alpha \geq 1$.* Ist $\mathbf{A}_m$ zyklisch, so heißt jede zu m teilerfremde ganze Zahl $a \in \mathbb{Z}$, deren Restklasse $[a]_m$ die Gruppe $\mathbf{A}_m^\times$ erzeugt, ein **primitiver Rest modulo** m. Es gibt dann genau $\varphi(\varphi(m))$ Klassen primitiver Reste modulo m. Besonders wichtig sind die primitiven Reste modulo $p \in \mathbb{P}$, $p \geq 3$. Ihr Anteil an allen Resten $\neq 0$ ist $\varphi(p-1)/(p-1) = \prod_{q \in \mathbb{P}, q|(p-1)}(1-q^{-1})$. Für die Zehnerpotenzen $m = 10, 100, 1000, 10^\alpha$, $\alpha \geq 4$, ist $\varphi(m) = 4, 40, 400, 4 \cdot 10^{\alpha-1}$ aber $\varepsilon(m) = 4, 20, 100, 10^{\alpha-1}/2$. Die primitiven Reste modulo 10 sind $\equiv 3, 7 \bmod 10$.

Die multiplikativen Monoide $(\mathbf{A}_m, \cdot)$ und ihre Einheitengruppen $\mathbf{A}_m^\times$ werden für Public-Key-Kryptosysteme gemäß Bemerkung (1) in Beispiel 2.2.23 benutzt. Wir übernehmen die Überlegungen und Bezeichnungen (leicht abgeändert) von dort. Sei $m = p_1 \cdots p_n \in \mathbb{N}^*$ quadratfrei mit den paarweise verschiedenen (sehr großen) Primfaktoren $p_1, \ldots, p_n$. Dann ist das Potenzieren $x \mapsto x^a$ in $\mathbf{A}_m^\times$ genau dann bijektiv, d. h. ein Automorphismus von $\mathbf{A}_m^\times$, wenn a teilerfremd zu $\varphi(m)$ oder zum Exponenten $\varepsilon(m)$ ist. In diesem Fall ist $x \mapsto x^a$ sogar ein Automorphismus des Monoids $(\mathbf{A}_m, \cdot)$, vgl. Aufg. 2.7.6, und die Umkehrabbildung ist das Potenzieren $x \mapsto x^b$, wobei $b \in \mathbb{N}^*$ beliebig mit $ab \equiv 1 \bmod \varphi(m)$

oder mit $ab \equiv 1 \bmod \varepsilon(m)$ ist. Um aus der verschlüsselten Botschaft x^a die Ausgangs-nachricht x zu gewinnen, braucht man dieses b, das aber schwer zu bestimmen ist, wenn die Primfaktorzerlegung von m nicht bekannt ist. Mit dieser Primfaktorzerlegung kennt man aber $\varphi(m)$ und $\varepsilon(m)$ und kann dann b schnell (mit Hilfe des Euklidischen Algorithmus) berechnen.

Bei den sogenannten **RSA-Codes** (nach R. Rivest, A. Shamir und L. Adleman) veröffentlicht jeder, der eine chiffrierte Botschaft empfangen möchte, als öffentlichen Schlüssel (public key) zwei Zahlen m und a, wobei $m = pq$ das Produkt von $n = 2$ sehr großen und wesentlich verschiedenen Primzahlen $p, q \in \mathbb{P}$ ist und $a \in \mathbb{N}^*$ teilerfremd zu $\varphi(m) = (p-1)(q-1) = m - p - q + 1$. Der Absender der Botschaft sendet die verschlüsselte Botschaft $y = x^a$ modulo m. Der Empfänger gewinnt daraus die Botschaft $x = y^b$ modulo m zurück. Dabei ist der private Schlüssel (private key) b durch $ab \equiv 1 \bmod (p-1)(q-1)$ bzw. durch $\varepsilon(m) = \mathrm{kgV}(p-1, q-1)$ bestimmt und nur dem Empfänger bekannt. Man beachte, dass die Kenntnis des Produkts $(p-1)(q-1)$ mit der Kenntnis der Faktoren p und q von $m = pq$ äquivalent ist. Zur Zeit (ohne Quanten-computer) ist kein Verfahren bekannt, das die Primfaktorzerlegung einer solchen Zahl m in angemessener Zeit berechnet, wenn p und q einige 1000 Dezimalstellen haben. Es ist jedoch kein großes Problem, solche Primzahlen zu generieren, etwa mit dem Primzahltest aus Aufg. 2.7.8.

Primitive Reste modulo Primzahlen verwendet man in folgender Weise zur **Absen-derkennzeichnung**: Man wählt eine große Primzahl $p \in \mathbb{P}$ und einen festen primitiven Rest a modulo p. Jeder Teilnehmer eines Kommunikationsnetzes veröffentlicht die Rest-klasse $x_s \in \mathbf{A}_p^\times = \mathbf{F}_p^\times$ von a^s, wobei s eine vom Teilnehmer gewählte und von ihm geheim gehaltene zu $p-1$ teilerfremde natürliche Zahl ist (so dass x_s ebenfalls ein primitiver Rest modulo p ist). Es wird darauf geachtet, dass verschiedene Teilnehmer verschiedene Zah-len s wählen, d. h. verschiedene Restklassen x_s veröffentlicht werden. Übermittelt nun der Teilnehmer T, der die Zahl t gewählt hat, eine Nachricht an den Teilnehmer S mit der Zahl s, so gibt er zur Absenderkennzeichnung (auch öffentlich) die Potenz $x_s^t \in \mathbf{F}_p^\times$ an. Da diese gleich der Potenz $a^{st} = (a^t)^s = x_t^s$ ist, kann der Empfänger die Absen-derangabe prüfen. Um T als Absender vorzutäuschen, hätte man zur bekannten Potenz $x_t = a^t$ den Exponenten t zu bestimmen. Dies ist ein diskretes Logarithmusproblem, vgl. dazu Bemerkung (3) in Beispiel 2.2.23, und dafür sind nur sehr zeitaufwändige Verfahren bekannt. Unveröffentlicht kann $x_s^t = x_t^s$ von S und T auch als ein nur ihnen bekannter geheimer Schlüssel benutzt werden. – Auch hier werden wie oben bei den RSA-Codes Einwegfunktionen benutzt, nämlich die Exponentialfunktionen $t \mapsto a^t$ von $\mathbf{F}_p^\times$, deren Werte leicht zu berechnen sind, während die Werte der Umkehrfunktionen $y \mapsto \mathrm{Log}_a y$ nur schwer zu bestimmen sind. Allerdings gilt dies nicht, wenn die Ordnung $p-1$ des Elements a nur kleine Primfaktoren besitzt (was ja auch bei großem p der Fall sein kann), vgl. loc. cit. – Statt der Primkörper $\mathbf{F}_p$ wählt man häufig auch andere endliche Körper, vgl. Beispiel 2.10.33. $\qquad\qquad\qquad\qquad\qquad\qquad\qquad\qquad\qquad\qquad\qquad\qquad\qquad\qquad\qquad\qquad \Diamond$

Beispiel 2.7.15 (Maximale Ideale) Wir beginnen mit einer Charakterisierung von Divi-sionsbereichen.

Proposition 2.7.16 *Für einen Ring A sind folgende Bedingungen äquivalent:*

(i) *A ist ein Divisionsbereich.*
(ii) *Die trivialen Ideale 0 und A sind die einzigen Linksideale in A, und es ist $0 \neq A$.*
(ii') *Die trivialen Ideale 0 und A sind die einzigen Rechtsideale in A, und es ist $0 \neq A$.*

Beweis Es genügt, die Äquivalenz von (i) und (ii) zu zeigen. Ist A ein Divisionsbereich und $\mathfrak{a} \subseteq A$ ein Linksideal $\neq 0$, so enthält $\mathfrak{a}$ eine Element $a \neq 0$ und damit auch $1 = a^{-1}a$, d. h. es ist $A = A \cdot 1 \subseteq \mathfrak{a}$. Seien umgekehrt $0 \neq A$ und A die einzigen Linksideale in A und $a \in A$, $a \neq 0$. Dann ist das Linkshauptideal Aa gleich A, und es gibt ein $a' \in A$, $a' \neq 0$, mit $a'a = 1$. *Jedes* Element in $A - \{0\}$ hat also ein Linksinverses in $(A - \{0\}, \cdot)$, und $(A - \{0\}, \cdot)$ ist eine Gruppe. $\qquad\qquad\square$

Wir bemerken noch einmal ausdrücklich, dass A nicht notwendig ein Divisionsbereich ist, wenn 0 und $A \neq 0$ die einzigen zweiseitigen Ideale in A sind, wenn A also ein einfacher Ring ist, vgl. Aufg. 2.8.8e). Proposition 2.7.16 besagt vielmehr, dass A genau dann ein Divisionsbereich ist, wenn 0 ein maximales Linksideal oder ein maximales Rechtsideal in A ist im Sinne der folgenden Definition.

Definition 2.7.17 Sei A ein Ring. Ein Links-, Rechts- bzw. zweiseitiges Ideal $\mathfrak{a} \subseteq A$ heißt ein **maximales** Links-, Rechts- bzw. zweiseitiges Ideal in A, wenn $\mathfrak{a}$ (bzgl. der Inklusion) maximal in der Menge aller von A verschiedenen Links-, Rechts- bzw. zweiseitigen Ideale von A ist (wenn also $\mathfrak{a}$ ein Antiatom ist in der Menge der jeweiligen Ideale von A).

Ist $\mathfrak{a} \subseteq A$ ein zweiseitiges Ideal $\neq \mathfrak{a}$, so entsprechen nach Proposition 2.7.7 (2) die jeweiligen maximalen Ideale im Restklassenring $A/\mathfrak{a}$ den entsprechenden maximalen Idealen in A, die $\mathfrak{a}$ umfassen. Insbesondere ist nach Proposition 2.7.16 $A/\mathfrak{a}$ *genau dann ein Divisionsbereich, wenn $\mathfrak{a}$ sogar ein maximales Linksideal oder ein maximales Rechtsideal in A ist.*

Ist der Ring A nicht der Nullring, so ist die Menge $\mathfrak{I}$ der von A verschiedenen Links-, Rechts- bzw. zweiseitigen Ideale bzgl. der Inklusion (sogar strikt) induktiv geordnet. Es ist $0 \in \mathfrak{I}$ und ist $\mathfrak{K} \subseteq \mathfrak{I}$ eine nichtleere Kette, so ist $\mathfrak{b} := \bigcup_{\mathfrak{a} \in \mathfrak{K}} \mathfrak{a}$ ebenfalls in $\mathfrak{I}$ wegen $1 \notin \mathfrak{b}$ und damit eine obere Grenze von $\mathfrak{K}$ in $\mathfrak{I}$. Das Lemma von Zorn 1.4.15 impliziert also den folgenden Satz:

Satz 2.7.18 (Satz von Krull) *Sei A ein Ring und $\mathfrak{a}$ ein Links-, Rechts- bzw. zweiseitiges Ideal $\neq A$ in A. Dann existiert ein maximales Links-, Rechts- bzw. zweiseitiges Ideal $\mathfrak{m} \subset A$ mit $\mathfrak{a} \subseteq \mathfrak{m}$.*

Im kommutativen Fall erhalten wir als wichtiges Korollar:

Korollar 2.7.19 *Sei A ein kommutativer Ring und $\mathfrak{a}$ ein Ideal $\neq A$ in A. Dann gibt es ein maximales Ideal $\mathfrak{m}$ in A mit $\mathfrak{a} \subseteq \mathfrak{m} \subset A$, für das also $A/\mathfrak{m}$ ein Körper ist. – Insbesondere besitzt jeder kommutative Ring $\neq 0$ (mindestens) ein maximales Ideal.*

Atome, d. h. minimale Elemente der Menge der Ideale $\neq 0$, besitzt die Menge der Ideale eines kommutativen Ringes in der Regel nicht. Man betrachte etwa den Ring $\mathbb{Z}$. – Die Menge der maximalen Ideale eines kommutativen Rings A heißt das **maximale Spektrum** von A und wird mit

$$\mathrm{Spm}\, A$$

bezeichnet. Ein kommutativer Ring A ist genau dann der Nullring, wenn $\mathrm{Spm}\, A = \emptyset$ ist. Das maximale Spektrum von $\mathbb{Z}$ ist $\mathrm{Spm}\, \mathbb{Z} = \{\mathbb{Z}p \mid p \in \mathbb{P}\}$. Das maximale Spektrum eines Körpers enthält nur das Nullideal.

Satz 2.7.20 *Für einen Ring A sind äquivalent:*

(i) *A besitzt genau ein maximales Linksideal $\mathfrak{m}$.*
(ii) *A besitzt genau ein maximales Rechtsideal $\mathfrak{n}$.*

Sind diese Bedingungen erfüllt, so ist $\mathfrak{m} = \mathfrak{n}$ ein zweiseitiges Ideal $\mathfrak{m}_A$ in A, $A/\mathfrak{m}_A$ ein Divisionsbereich und $A^\times = A - \mathfrak{m}_A$.

Beweis Sei $\mathfrak{m}$ das einzige maximale Linksideal in A. Wir zeigen, dass $\mathfrak{m}$ auch ein Rechtsideal von A ist, d. h. dass mit $a \in A$ auch das Linksideal $\mathfrak{m}a$ in $\mathfrak{m}$ liegt. Dazu können wir gleich $a \notin \mathfrak{m}$, also $Aa + \mathfrak{m} = A$ annehmen. Wir betrachten den surjektiven Homomorphismus additiver Gruppen $\varphi : A \to A/\mathfrak{m}$, $x \mapsto [xa]_\mathfrak{m}$, für den

$$\mathfrak{a} := \mathrm{Kern}\, \varphi = \{x \in A \mid xa \in \mathfrak{m}\}$$

ebenfalls ein von A verschiedenes Linksideal ist. Da $\mathfrak{m}$ das einzige maximale Linksideal von A ist, gilt $\mathfrak{a} \subseteq \mathfrak{m}$ nach Satz 2.7.18. Wäre nun $\mathfrak{a}$ echt in $\mathfrak{m}$ enthalten, so wäre $\varphi(\mathfrak{m}) = (\mathfrak{m}a + \mathfrak{m})/\mathfrak{m}$ eine nichttriviale Untergruppe von $A/\mathfrak{m}$, d. h. $\mathfrak{m}a + \mathfrak{m}$ ein Linksideal echt zwischen $\mathfrak{m}$ und A. Widerspruch! Also ist, wie gewünscht, $\mathfrak{a} = \mathfrak{m}$. Insbesondere ist $A/\mathfrak{m}$ ein Divisionsbereich (vgl. Proposition 2.7.16), $\mathfrak{m}$ ein maximales Rechtsideal von A und $A - \mathfrak{m}$ ein Untermonoid von $(A, \cdot)$. Es folgt, dass $A - \mathfrak{m}$ eine Gruppe ist und daher gleich $A^\times$; denn: ist $x \notin \mathfrak{m}$ beliebig, so ist $Ax = A$ wegen $Ax \not\subseteq \mathfrak{m}$ und x besitzt ein Linksinverses, das ebenfalls nicht in $\mathfrak{m}$ liegt. Jetzt folgt auch, dass $\mathfrak{m}$ das einzige maximale Rechtsideal in A ist. Ist nämlich $\mathfrak{b}$ ein Rechtsideal mit $\mathfrak{b} \not\subseteq \mathfrak{m}$, so gibt es ein $b \in \mathfrak{b} - \mathfrak{m}$. Nach dem Bewiesenen ist b eine Einheit in A und $\mathfrak{b} = A$. Damit ist der Satz vollständig bewiesen. $\qquad\square$

Definition 2.7.21 Ein Ring A, der die äquivalenten Bedingungen von Satz 2.7.20 erfüllt, heißt ein **lokaler Ring**. Das einzige maximale Linksideal $\mathfrak{m}_A$ eines lokalen Rings A heißt das **Jacobson-Radikal** von A.

Das Jacobson-Radikal $\mathfrak{m}_A$ eines lokalen Rings ist also auch das einzige maximale Rechtsideal von A und damit auch das einzige maximale zweiseitige Ideal von A. Ein kommutativer Ring ist genau dann lokal, wenn sein maximales Spektrum Spm $A = \{\mathfrak{m}_A\}$ einelementig ist. Für einen beliebigen Ring A definiert man das **Jacobson-Radikal** $\mathfrak{m}_A$ als den Durchschnitt aller maximalen Linksideale von A. $\mathfrak{m}_A$ ist dann auch der Durchschnitt aller maximalen Rechtsideale von A und insbesondere ein zweiseitiges Ideal, vgl. Aufg. 2.8.7. ◇

Beispiel 2.7.22 (Primideale) Primideale definieren wir nur für kommutative Ringe.

Definition 2.7.23 Sei A ein *kommutativer* Ring. Ein Ideal $\mathfrak{p} \subseteq A$ von A heißt **prim** oder ein **Primideal**, wenn der Restklassenring $A/\mathfrak{p}$ ein Integritätsbereich ist. Die Menge aller Primideale von A heißt das **(Prim-)Spektrum** von A. Wir bezeichnen es mit

$$\mathrm{Spek}\,A.$$

Sei weiterhin A bis zum Ende dieses Beispiels ein kommutativer Ring. Ein Ideal $\mathfrak{p}$ ist genau dann ein Primideal, wenn $\mathfrak{p} \neq A$ ist und wenn für Elemente $a, b \in A$ aus $[0]_{\mathfrak{p}} = [a]_{\mathfrak{p}}[b]_{\mathfrak{p}} = [ab]_{\mathfrak{p}}$ stets $[a]_{\mathfrak{p}} = [0]_{\mathfrak{p}}$ oder $[b]_{\mathfrak{p}} = [0]_{\mathfrak{p}}$ folgt, mit anderen Worten, wenn für alle $a, b \in A$ gilt:

Ist $ab \in \mathfrak{p}$, so ist $a \in \mathfrak{p}$ oder $b \in \mathfrak{p}$.

Häufig ist die folgende Umformulierung nützlich. Ein Ideal $\mathfrak{p} \neq A$ ist genau dann prim, wenn für beliebige Ideale $\mathfrak{a}, \mathfrak{b} \subseteq A$ gilt: Ist $\mathfrak{a}\mathfrak{b} \subseteq \mathfrak{p}$, so ist $\mathfrak{a} \subseteq \mathfrak{p}$ oder $\mathfrak{b} \subseteq \mathfrak{p}$. Ein Ideal $\mathfrak{c} \neq A$ ist also genau dann *nicht* prim, wenn es Ideale $\mathfrak{a}, \mathfrak{b} \subseteq A$ gibt mit $\mathfrak{c} \subset \mathfrak{a}, \mathfrak{c} \subset \mathfrak{b}$, aber $\mathfrak{a}\mathfrak{b} \subseteq \mathfrak{c}$. Da für ein Hauptideal $\mathfrak{p} = Ap$ und ein Element $c \in A$ die Bedingung $c \in Ap$ mit der Teilbarkeitsbedingung $p \mid c$ äquivalent ist, *ist ein Hauptideal $\mathfrak{p} = Ap$ genau dann prim, wenn p keine Einheit in A ist und wenn für alle $a, b \in A$ gilt*:

Aus $p \mid ab$ folgt $p \mid a$ oder $p \mid b$,

d. h. wenn p ein Primelement im multiplikativen Monoid $(A, \cdot)$ im Sinne von Abschn. 2.1 ist. Der (kommutative) Ring A ist genau dann ein Integritätsbereich, wenn sein Nullideal prim ist, d. h. wenn 0 ein Primelement in A ist. *Maximale Ideale in A sind stets prim*, d. h. es ist Spm $A \subseteq \mathrm{Spek}\,A$. Insbesondere ist $\mathrm{Spek}\,A = \emptyset$ genau dann, wenn A der Nullring ist. Das Spektrum von $\mathbb{Z}$ ist $\mathrm{Spek}\,\mathbb{Z} = \{0\} \uplus \mathrm{Spm}\,\mathbb{Z} = \{\mathbb{Z}p \mid p \in \overline{\mathbb{P}} = \{0\} \uplus \mathbb{P}\}$. Die Primidealeigenschaft eines Ideals in A lässt sich auch so formulieren: *Das Ideal $\mathfrak{p} \subseteq A$ ist genau dann prim, wenn das Komplement $S_{\mathfrak{p}} := A - \mathfrak{p}$ ein Untermonoid von $(A, \cdot)$ ist.*

Dies führt dazu, den Ring der Brüche $A_{S_{\mathfrak{p}}}$ zu betrachten, den man stets (leicht missverständlich) mit $A_{\mathfrak{p}}$ bezeichnet. Es ist also

$$A_{\mathfrak{p}} = \{a/s \mid a, s \in A, \ s \notin \mathfrak{p}\},$$

wobei zwei Brüche $a/s, b/t \in A_{\mathfrak{p}}$ genau dann gleich sind, wenn es ein $u \in A - \mathfrak{p}$ mit $atu = bsu$ gibt, vgl. Beispiel 2.6.14. $A_{\mathfrak{p}}$ *ist ein lokaler Ring mit einzigem maximalen Ideal* $\mathfrak{m}_{A_{\mathfrak{p}}} = \mathfrak{p}A_{\mathfrak{p}} := \iota_{\mathfrak{p}}(\mathfrak{p})A_{\mathfrak{p}}$, wobei $\iota_{\mathfrak{p}} \colon A \to A_{\mathfrak{p}}$ der kanonische Homomorphismus $a \mapsto a/1$ ist, vgl. Aufg. 2.7.15. $A_{\mathfrak{p}}$ heißt die **Lokalisierung** von A bzgl. des Primideals $\mathfrak{p}$. Diese Lokalisierungen spielen eine fundamentale Rolle u. a. in der Algebraischen Zahlentheorie, Kommutativen Algebra und Algebraischen Geometrie. So hat man den folgenden **Nulltest**: *Ein Element* $a \in A$ *ist genau dann* 0*, wenn* $a/1 = 0 = 0/1$ *ist in allen Lokalisierungen* $A_{\mathfrak{m}}$, $\mathfrak{m} \in \operatorname{Spm} A$. Ist nämlich $a \neq 0$ und $\mathfrak{m} \in \operatorname{Spm} A$ mit $\{x \in A \mid xa = 0\} \subseteq \mathfrak{m}$, so ist $a/1 \neq 0$ in $A_{\mathfrak{m}}$. Ein Ideal $\mathfrak{a} \subseteq A$ ist also genau dann das Nullideal, wenn $\mathfrak{a}A_{\mathfrak{m}} = 0$ ist für alle $\mathfrak{m} \in \operatorname{Spm} A$. Etwas allgemeiner folgt: *Sind* $\mathfrak{a}, \mathfrak{b} \subseteq A$ *Ideale in* A*, so gilt* $\mathfrak{a} \subseteq \mathfrak{b}$ *genau dann, wenn* $\mathfrak{a}A_{\mathfrak{m}} \subseteq \mathfrak{b}A_{\mathfrak{m}}$ *gilt für alle* $\mathfrak{m} \in \operatorname{Spm} A$. Zum Beweis betrachtet man das Ideal $(\mathfrak{a} + \mathfrak{b})/\mathfrak{b} \subseteq A/\mathfrak{b}$. – Für ein Primelement $p \in A$ hat man sorgfältig zwischen der Lokalisierung A_{Ap} und dem Ring der Brüche $A_p = \{a/p^n \mid a \in A, n \in \mathbb{N}\}$ bzgl. des von p erzeugten Nennermonoids $\langle p \rangle = \{p^n \mid n \in \mathbb{N}\}$ zu unterscheiden. $\diamond$

Aufgaben

Aufgabe 2.7.1 Man berechne das Inverse von $[40]$ in $\mathbf{A}_{91}^{\times}$ und in $\mathbf{F}_{97}^{\times}$.

Aufgabe 2.7.2 Sei $m \in \mathbb{N}^{*}$. Die Anzahl der idempotenten Elemente in $\mathbf{A}_m$ ist $2^{\omega(m)}$, wobei $\omega(m)$ die Anzahl der *verschiedenen* Primteiler von m ist. Man bestimme die idempotenten Elemente in A_{60} und $A_{10.000}$.

Aufgabe 2.7.3 Für zwei teilerfremde Zahlen $a, b \in \mathbb{N}^{*}$ ist $a^{\varphi(b)} + b^{\varphi(a)} \equiv 1 \bmod ab$.

Aufgabe 2.7.4 Seien $p \in \mathbb{P}$ eine Primzahl > 2 sowie $a \in \mathbb{Z}$ mit $p \nmid a$ und $\alpha \in \mathbb{N}^{*}$.

a) Es ist $\operatorname{Ord}_{p^{\alpha}} a = p^{\beta} \operatorname{Ord}_p a$ mit $\beta := \operatorname{Max}(0, \alpha - \mathsf{v}_p(a^{p-1} - 1))$.

b) Folgende Bedingungen sind äquivalent: (i) a ist ein primitiver Rest modulo p^{α} für alle $\alpha \in \mathbb{N}^{*}$. (ii) a ist ein primitiver Rest modulo p^2. (iii) a ist ein primitiver Rest modulo p und der Fermat-Exponent $\mathsf{v}_p(a^{p-1} - 1)$ ist 1. (Vgl. Satz 2.7.13 und die Bemerkungen dazu. 14 ist primitiver Rest modulo 29, aber nicht modulo 29^2. Allerdings ist 14 nicht der kleinste primitive Rest modulo 29. Dies ist vielmehr 2, und 2 ist auch primitiver Rest modulo 29^2 und damit primitiver Rest modulo aller Potenzen $29^{\alpha}, \alpha \geq 1$. Bis heute ist kein p bekannt, für das 2 primitiver Rest modulo p ist, aber nicht modulo p^2. Bei den Wieferich-Primzahlen 1093 und 3511 mit Fermat-Exponenten $\mathsf{v}_p(2^{p-1} - 1) > 1$, vgl. Aufg. 2.4.16, ist 2 kein primitiver Rest. Für $p = 3511$ folgt dies schon daraus, dass $(2/3511) = 1$ ist, vgl. Satz 2.5.28, sodass 2 ein Quadrat in $\mathbf{F}_{3511}$ ist. Man bestimme auch $\operatorname{Ord}_{1093} 2$ (< 1092). Die kleinste Primzahl p, für die der kleinste positive primitive Rest kein primitiver Rest modulo p^2 ist, ist $p = 40.487$ mit kleinstem positiven primitiven Rest 5.)

c) Ist a primitiver Rest modulo p, so ist a oder $a + p$ (bzw. a oder $a(1 + p)$) primitiver Rest modulo p^{α} für alle $\alpha \geq 1$.

Aufgabe 2.7.5 Sei $\alpha \in \mathbb{N}^*$, $\alpha \geq 2$, und $a \in \mathbb{Z}$ eine ungerade ganze Zahl. Dann gilt $(a/2^\alpha) = (a/4) = (-1)^{(a-1)/2}$. (Zum Symbol $(a/2^\alpha)$ siehe Beispiel 2.5.22. – Für $\beta = 0, \dots, \alpha$ sind die Mengen der Elemente der Ordnung 2^β in $\mathbf{Z}_{2^\alpha}$ jeweils invariant unter der Multiplikation mit a. Es folgt $(a/2^\alpha) = \prod_{\beta=0}^{\alpha} \mathrm{Sign}\, \lambda_\beta$, wobei λ_β die Multiplikation mit a in $\mathbf{A}_{2^\beta}^\times$ ist. Nun benutze man Proposition 2.5.21 und die (triviale) Aussage, dass $\mathbf{A}_{2^\beta}^\times$ nicht zyklisch ist für $\beta \geq 3$.)

Aufgabe 2.7.6 Sei $m = p_1 \cdots p_n \in \mathbb{N}^*$ eine quadratfreie Zahl mit den paarweise verschiedenen Primfaktoren $p_1, \dots, p_n$. Für $a \in \mathbb{N}^*$ ist das Potenzieren $x \mapsto x^a$ in $\mathbf{A}_m$ genau dann bijektiv, d. h. ein Automorphismus des multiplikativen Monoids $(\mathbf{A}_m, \cdot)$, wenn a teilerfremd zu $\varphi(m)$ ist. (Es ist $\mathbf{A}_m \overset{\sim}{\longrightarrow} \mathbf{F}_{p_1} \times \cdots \times \mathbf{F}_{p_n}$.) Ist $m \in \mathbb{N}^*$ nicht quadratfrei, so gibt es kein $a \in \mathbb{N}^*$, $a \geq 2$, derart, dass $\mathbf{A}_m \to \mathbf{A}_m$, $x \mapsto x^a$, bijektiv ist.

Aufgabe 2.7.7 Sei m eine ungerade natürliche Zahl > 1. Folgende Aussagen sind äquivalent: (i) Der Exponent $\varepsilon(m)$ $(= \mathrm{Exp}\, \mathbf{A}_m^\times)$ ist ein echter Teiler von $m - 1$. (ii) m ist *keine* Primzahl, es gilt aber $a^{m-1} \equiv 1 \bmod m$ für alle zu m teilerfremden Zahlen $a \in \mathbb{Z}$. (iii) m ist *keine* Primzahl, es gilt aber $a^m \equiv a \bmod m$ für alle $a \in \mathbb{Z}$. (iv) m ist quadratfrei mit mindestens drei verschiedenen Primfaktoren, und es gilt $p - 1$ teilt $m - 1$ für jeden Primfaktor p von m. (Zu $\varepsilon(m)$ siehe die Bemerkungen im Anschluss an die Sätze 2.7.13 und 2.7.14. – Zahlen, die die angegebenen Bedingungen erfüllen, heißen **Carmichael-Zahlen**. $561 = 3 \cdot 11 \cdot 17$ ist die kleinste Carmichael-Zahl. Sind die Zahlen $6t + 1$, $12t + 1$ und $18t + 1$ prim und m ihr Produkt, so ist $\varepsilon(m) = \mathrm{kgV}(6t, 12t, 18t) = 36t$ ein echter Teiler von $m - 1$ und m eine Carmichael-Zahl. Dies liefert z. B. die Carmichael-Zahl $7 \cdot 13 \cdot 19 = 1729$. Es gibt übrigens unendlich viele Carmichael-Zahlen.)

Aufgabe 2.7.8 Seien $m \in \mathbb{N}^*$ und $p_1, \dots, p_r$ die verschiedenen Primfaktoren von $m - 1$. Gibt es Zahlen $a_1, \dots, a_r \in \mathbb{Z}$ mit $a_i^{m-1} \equiv 1 \bmod m$ und $a_i^{(m-1)/p_i} \not\equiv 1 \bmod m$, so ist m eine Primzahl. (**Fermatscher Primzahltest** – Man zeige, dass $\mathbf{A}_m^\times$ wenigstens $m - 1$ Elemente besitzt. – Ist m prim, so gibt es stets solche Zahlen $a_1, \dots, a_r$. Man kann sie sogar alle gleich wählen, denn $\mathbf{A}_m^\times$ ist dann zyklisch. – Der Fermatsche Primzahltest eignet sich besonders im Fall, dass die Primfaktoren von $m - 1$ leicht zu bestimmen sind.) Etwas allgemeiner beweise man: Sei $m - 1 = ab$ mit teilerfremden natürlichen Zahlen a, b, und seien $p_1, \dots, p_r$ die verschiedenen Primfaktoren von a. Gibt es Zahlen $a_1, \dots, a_r \in \mathbb{Z}$ mit $a_i^{m-1} \equiv 1 \bmod m$ und $\mathrm{ggT}(a_i^{(m-1)/p_i} - 1, m) = 1$, so gilt für jeden Primteiler q von m die Kongruenz $q \equiv 1 \bmod m$. Insbesondere ist m prim, falls $a > b$ ist. (Man zeige: a teilt $|\mathbf{F}_q^\times| = q - 1$.)

Aufgabe 2.7.9 Sei $p \in \mathbb{P}$ eine Primzahl ≥ 3 derart, dass auch $2p + 1$ eine Primzahl ist.[44]

a) Ist $p \equiv 3 \bmod 4$, so ist $2p + 1$ ein Teiler von $M(p) = 2^p - 1$. (Nach Satz 2.5.28 ist $(2/(2p + 1)) = 1$.)

b) Ist $p \equiv 1 \bmod 4$, so ist 2 primitiver Rest modulo $2p + 1$. (Es ist $(2/(2p + 1)) = -1$.)

---

[44] Generell heißen Primzahlpaare der Form $(p, 2p + 1)$ **Sophie-Germain-Paare** (nach S. Germain (1776–1831)).

Aufgabe 2.7.10 Seien $\mathfrak{a}, \mathfrak{b}, \mathfrak{c}, \mathfrak{a}_1, \ldots, \mathfrak{a}_n$ zweiseitige Ideale im Ring A und $\mathfrak{a}_i' :=$ $\bigcap_{j \neq i} \mathfrak{a}_j, i = 1, \ldots, n.$

a) Sind $\mathfrak{a}, \mathfrak{b}$ komaximal, so gilt $\mathfrak{a} \cap \mathfrak{b} = \mathfrak{a}\mathfrak{b} + \mathfrak{b}\mathfrak{a}$. Insbesondere ist dann $\mathfrak{a} \cap \mathfrak{b} = \mathfrak{a}\mathfrak{b}$, wenn A kommutativ ist.

b) Sind sowohl $\mathfrak{a}, \mathfrak{b}$ als auch $\mathfrak{a}, \mathfrak{c}$ komaximal, so sind auch $\mathfrak{a}$ und $\mathfrak{b}\mathfrak{c}$ komaximal. Insbesondere sind $\mathfrak{a}^m, \mathfrak{b}^n$ komaximal für alle $m, n \in \mathbb{N}$, falls $\mathfrak{a}, \mathfrak{b}$ komaximal sind.

c) Folgende Aussagen sind äquivalent: (i) $\mathfrak{a}_1, \ldots, \mathfrak{a}_n$ sind paarweise komaximal. (ii) $\mathfrak{a}_i$ und $\mathfrak{a}_i'$ sind komaximal für alle $i = 1, \ldots, n$. (iii) Es ist $\mathfrak{a}_1' + \cdots + \mathfrak{a}_n' = A$. – Sind diese Bedingungen erfüllt, so gilt $\mathfrak{a}_1 \cap \cdots \cap \mathfrak{a}_n = \sum_{\sigma \in \mathfrak{S}_n} \mathfrak{a}_{\sigma 1} \cdots \mathfrak{a}_{\sigma n}.$

Aufgabe 2.7.11 Sei A ein endlicher kommutativer Ring. Dann ist $\mathrm{Spm}\, A = \mathrm{Spek}A$. Man bestimme $\mathrm{Spm}\, \mathbf{A}_m = \mathrm{Spek}\mathbf{A}_m$ für $m \in \mathbb{N}^*$.

Aufgabe 2.7.12 Ist B ein boolescher Ring, so ist $\mathrm{Spm}\, B = \mathrm{Spek}B$. ($\mathbf{F}_2$ ist der einzige boolesche Ring, der auch ein Integritätsbereich ist.)

Aufgabe 2.7.13 Seien $\mathfrak{a}_i$ jeweils Links-, Rechts- bzw. zweiseitige Ideale in den Ringen $A_i, i \in I$, und $A := \prod_{i \in I} A_i$ das kartesische Produkt der A_i sowie $\mathfrak{a} := \prod_{i \in I} \mathfrak{a}_i \subseteq A.$

a) $\mathfrak{a}$ ist ein Links-, Rechts- bzw. zweiseitiges Ideal in A. Ist I endlich, so sind alle Ideale in A von dieser Form. Bei zweiseitigen Idealen $\mathfrak{a}_i$ gilt $A/\mathfrak{a} \xrightarrow{\sim} \prod_{i \in I} A_i/\mathfrak{a}_i$. Im Fall, dass für unendliche viele $i \in I$ der Ring A_i nicht der Nullring ist, gebe man ein Ideal von A an, das *kein* Produktideal ist.

b) Seien die Ringe A_i alle kommutativ. Genau dann ist $\mathfrak{a}$ ein maximales Ideal (bzw. ein Primideal) in A, wenn es einen Index $i_0 \in I$ gibt derart, dass $\mathfrak{a}_{i_0}$ maximal (bzw. prim) in A_{i_0} ist und $\mathfrak{a}_i = A_i$ für alle $i \neq i_0$. Ist I endlich, so kann man also $\mathrm{Spm}\, A$ (bzw. $\mathrm{Spek}A$) mit der disjunkten Vereinigung $\biguplus_{i \in I} \mathrm{Spm}\, A_i$ (bzw. $\biguplus_{i \in I} \mathrm{Spek}A_i$) identifizieren. Ist $A_i \neq 0$ für unendlich viele $i \in I$, so gibt es maximale Ideale in A, die nicht zu $\biguplus_{i \in I} \mathrm{Spm}\, A_i$ gehören.

Aufgabe 2.7.14 Sei $\varphi \colon A \to B$ ein Homomorphismus kommutativer Ringe. Ist $\mathfrak{q} \in \mathrm{Spek}B$, so ist $\varphi^{-1}(\mathfrak{q}) \in \mathrm{Spek}A$. φ induziert also in kanonischer Weise eine Abbildung

$$\mathrm{Spek}\varphi \colon \mathrm{Spek}B \to \mathrm{Spek}A.$$

Ist φ surjektiv mit $\mathfrak{a} := \mathrm{Kern}\, \varphi$, so ist $\mathrm{Spek}\varphi$ injektiv mit dem Bild

$$\mathrm{V}(\mathfrak{a}) = \mathrm{V}_A(\mathfrak{a}) := \{\mathfrak{p} \in \mathrm{Spek}A \mid \mathfrak{a} \subseteq \mathfrak{p}\} \subseteq \mathrm{Spek}A.$$

Insbesondere kann man das Spektrum $\mathrm{Spek}(A/\mathfrak{a})$ von $A/\mathfrak{a}$ mit $\mathrm{V}(\mathfrak{a})$ identifizieren.

Bemerkung Man beachte, dass φ im Allgemeinen nicht in gleicher Weise eine Abbildung von Spm B in Spm A induziert. Ist φ jedoch surjektiv, so ist die Beschränkung $(\mathrm{Spek}\varphi)|\,\mathrm{Spm}\,B$ eine bijektive Abbildung Spm $B \xrightarrow{\sim} V(\mathfrak{a}) \cap \mathrm{Spm}\,A$. Insbesondere identifiziert sich $\mathrm{Spm}(A/\mathfrak{a})$ mit $V(\mathfrak{a}) \cap \mathrm{Spm}\,A$.

Aufgabe 2.7.15 A sei ein kommutativer Ring und S ein Untermonoid von $(A, \cdot)$. Ferner sei $\iota_S \colon A \to A_S$ der kanonische Homomorphismus $a \mapsto a/1$ von A in den Ring der Brüche A_S. Dann ist $\mathrm{Spek}\,\iota_S \colon \mathrm{Spek}\,A_S \to \mathrm{Spek}\,A$ (vgl. Aufg. 2.7.14) eine injektive Abbildung, deren Bild $\mathrm{Spek}_S\,A := \{\mathfrak{p} \in \mathrm{Spek}\,A \mid \mathfrak{p} \cap S = \emptyset\} \subseteq \mathrm{Spek}\,A$ ist. Die Umkehrabbildung $\mathrm{Spek}_S\,A \xrightarrow{\sim} \mathrm{Spek}\,A_S$ wird gegeben durch

$$\mathfrak{p} \mapsto \mathfrak{p}A_S := \iota_S(\mathfrak{p})A_S = \{a/s \mid a \in \mathfrak{p}, s \in S\} \subseteq A_S.$$

Insbesondere ist $\mathrm{Spek}_S\,A \neq \emptyset$, wenn $A_S \neq 0$, d.h. $0 \notin S$ ist. Im Fall $S = A - \mathfrak{p}$ mit einem Primideal $\mathfrak{p} \in \mathrm{Spek}\,A$ erhält man Folgendes: Das Spektrum der Lokalisierung $A_{\mathfrak{p}} = A_S$ besteht genau aus den Primidealen $\mathfrak{q}A_{\mathfrak{p}}$, $\mathfrak{q} \in \mathrm{Spek}\,A$, $\mathfrak{q} \subseteq \mathfrak{p}$. Speziell ist $A_{\mathfrak{p}}$ ein lokaler Ring mit dem einzigen maximalen Ideal (= Jacobson-Radikal) $\mathfrak{m}_{A_{\mathfrak{p}}} = \mathfrak{p}A_{\mathfrak{p}}$, vgl. Definition 2.7.21, und die kanonische Injektion $A/\mathfrak{p} \to A_{\mathfrak{p}}/\mathfrak{m}_{A_{\mathfrak{p}}}$ induziert einen kanonischen Isomorphismus $\mathrm{Q}(A/\mathfrak{p}) \xrightarrow{\sim} A_{\mathfrak{p}}/\mathfrak{m}_{A_{\mathfrak{p}}}$, vgl. Beispiel 2.6.14.

Aufgabe 2.7.16 Sei A ein kommutativer Ring. Der Durchschnitt $\bigcap_{\mathfrak{p} \in \mathrm{Spek}\,A} \mathfrak{p}$ aller Primideale von A ist gleich dem Nilradikal $\mathfrak{n}_A$ von A (das genau die nilpotenten Elemente von A enthält, vgl. Aufg. 2.6.3). (Die Inklusion $\mathfrak{n}_A \subseteq \mathfrak{p}$ für jedes Primideal $\mathfrak{p}$ ist trivial. Sei $x \in A$ nicht nilpotent. Dann enthält $S := \{x^n \mid n \in \mathbb{N}\} \subseteq (A, \cdot)$ nicht das Nullelement, und nach Aufg. 2.7.15 existiert ein Primideal $\mathfrak{p} \subseteq A$ mit $\mathfrak{p} \cap S = \emptyset$.) Ist S ein multiplikatives Untermonoid von A, so ist $\mathfrak{n}_{A_S} = \iota_S(\mathfrak{n}_A)A_S$. Genau dann ist A reduziert (d.h. $\mathfrak{n}_A = 0$), wenn $A_{\mathfrak{m}}$ reduziert ist für alle $\mathfrak{m} \in \mathrm{Spm}\,A$.

Aufgabe 2.7.17 Sei $\varphi \colon A \to B$ ein surjektiver Homomorphismus kommutativer Ringe, dessen Kern nur nilpotente Elemente enthält (für den also $\mathrm{Kern}\,\varphi \subseteq \mathfrak{n}_A$ gilt). Dann ist der von φ induzierte Homomorphismus $\mathrm{Idp}(\varphi) \colon \mathrm{Idp}(A) \to \mathrm{Idp}(B)$ ein Isomorphismus boolescher Ringe. (Vgl. Aufg. 2.6.6a).) Insbesondere ist der Ring A genau dann zusammenhängend, wenn der Ring B zusammenhängend ist. (Die Injektivität von $\mathrm{Idp}(\varphi)$ ist trivial. Zum Beweis der Surjektivität sei $e \in A$ ein Element mit $\varphi(e) \in \mathrm{Idp}(B)$, d.h. mit $e - e^2 = e(1 - e) \in \mathrm{Kern}\,\varphi$ und $e^n(1 - e)^n = 0$ für ein $n \in \mathbb{N}^*$. Dann ist $Ae^n + A(1-e)^n = A$ und $Ae^n \cap A(1-e)^n = Ae^n(1-e)^n = 0$. Sind dann c, d Elemente in A mit $ce^n + d(1-e)^n = 1$, so ist ce^n idempotent und $\varphi(e) = \varphi(ce^{n+1}) = \varphi(ce^n)$. – Man beachte, dass dieses Liften idempotenter Elemente konstruktiv ist. Ist ferner $\varphi \colon A \to B$ ein surjektiver Homomorphismus *beliebiger* Ringe, dessen Kern nur nilpotente Elemente enthält, so ist $\mathrm{Idp}(\varphi) \colon \mathrm{Idp}(A) \to \mathrm{Idp}(B)$ ebenfalls surjektiv (aber im Allgemeinen nicht injektiv). Ist $b \in \mathrm{Idp}(B)$ und $a \in A$ mit $\varphi(a) = b$, so betrachte man zum Beweis die surjektive Beschränkung $\varphi|\mathbb{Z}[a] \colon \mathbb{Z}[a] \to \mathbb{Z}[b]$.)

Aufgabe 2.7.18 Sind $\varphi, \psi \colon A \to B$ surjektive Ringhomomorphismen mit Kern $\varphi =$ Kern ψ, so gibt es einen Ringautomorphismus $\chi \colon B \xrightarrow{\sim} B$ mit $\psi = \chi \circ \varphi$. (Ein analoger Satz gilt natürlich auch für Gruppen.)

2.8 Moduln und Vektorräume

Sei A ein Ring und V eine additiv geschriebene abelsche Gruppe. Ist

$$A \times V \to V, \quad (a, x) \mapsto ax,$$

eine Operation des multiplikativen Monoids $(A, \cdot)$ von A auf V als Monoid von Gruppenhomomorphismen, so ist der Aktionshomomorphismus

$$\vartheta \colon A \to \operatorname{End} V, \quad a \mapsto (\vartheta_a \colon x \mapsto ax),$$

ein Homomorphismus von $(A, \cdot)$ in das multiplikative Monoid $(\operatorname{End} V, \circ)$ des Endomorphismenrings $\operatorname{End} V = (\operatorname{End} V, +, \circ)$, vgl. Beispiel 2.6.19. Da $\operatorname{End} V$ ein Ring ist, ist es natürlich, solche Operationen von A zu betrachten, für die ϑ sogar ein Ringhomomorphismus ist.

Definition 2.8.1 Sei A ein Ring. Eine additiv geschriebene abelsche Gruppe V zusammen mit einer Operation $A \times V \to V$ heißt ein A-**Modul** oder auch ein **Modul über** A, wenn diese Operation durch einen Ringhomomorphismus $\vartheta = \vartheta_V \colon A \to \operatorname{End} V$ gegeben wird, wenn also für alle $a, b \in A$ und alle $x, y \in V$ gilt:

(1) $(ab)x = a(bx)$,   (2) $a(x+y) = ax+by$,   (3) $(a+b)x = ax+bx$,   (4) $1 \cdot x = x$.

Eine Abbildung $f \colon V \to W$ des A-Moduls V in den A-Modul W heißt ein A-**Homomorphismus** oder ein **Homomorphismus von** A-**Moduln** oder eine A-**lineare Abbildung**, wenn f ein Homomorphismus der additiven Gruppen von V und W ist, der mit den Operationen ϑ_V und ϑ_W von A auf V bzw. W verträglich ist, wenn also $f \circ \vartheta_{V,a} = \vartheta_{W,a} \circ f$ für alle $a \in A$ ist, d. h. wenn für alle $a \in A$ und alle $x, y \in V$ gilt:

$$f(x + y) = f(x) + f(y), \quad f(ax) = af(x).$$

Die Moduln über einem Divisionsbereich K heißen K-**Vektorräume** oder **Vektorräume über** K.

Die Operation $A \times V \to V$ eines A-Moduls V heißt die **Skalarmultiplikation** von V. Sie ist biadditiv, vgl. Definition 2.6.7. Insbesondere ist $0 \cdot x = 0 = a \cdot 0$ für alle $x \in V$ und alle sogenannten **Skalare** $a \in A$. Die Operation $\vartheta_a \colon V \to V, x \mapsto ax$, von $a \in A$ auf V

heißt die **Homothetie** oder **Streckung** mit a. Ist diese injektiv, so heißt $a \in A$ **regulär** für den A-Modul V. Die additive Translation $\tau_{x_0} \colon x \mapsto x_0 + x$ von V mit einem $x_0 \in V$ heißt auch die **Verschiebung** um x_0. Die Komposition von A-Homomorphismen ist wieder ein A-Homomorphismus. Die Menge aller A-Homomorphismen $f \colon V \to W$ eines A-Moduls V in einen A-Modul W bezeichnen wir mit

$$\mathrm{Hom}_A(V, W).$$

Dies ist offenbar eine Untergruppe der Gruppe $\mathrm{Hom}(V, W)$ *der Homomorphismen der additiven Gruppen von V und W. Dementsprechend bezeichnet* $\mathrm{Iso}_A(V, W) \subseteq \mathrm{Hom}_A(V, W)$ *die Menge der A-**Isomorphismen** von V auf W, d. h. die Menge der bijektiven A-Homomorphismen $V \to W$. Die Menge* $\mathrm{End}_A V := \mathrm{Hom}_A(V, V)$ *der A-**Endomorphismen** von V ist ein Unterring von* $\mathrm{End} V$, *dessen Einheitengruppe* $(\mathrm{End}_A V)^{\times}$ *die Gruppe*

$$\mathrm{GL}_A V = \mathrm{Aut}_A V = \mathrm{Iso}_A(V, V)$$

*der A-**Automorphismen** von V ist.*[45] *Ist A kommutativ, so sind die Homothetien $\vartheta_{V,a}$, $a \in A$, eines A-Moduls V A-linear. Es folgt, dass dann das a-Fache $af = \vartheta_{W,a} \circ f = f \circ \vartheta_{V,a}$ eines A-Homomorphismus $V \to W$ ebenfalls ein A-Homomorphismus ist, und man prüft sofort, dass mit dieser Skalarmultiplikation $\mathrm{Hom}_A(V, W)$ ein A-Modul ist. Wir fassen noch einmal zusammen:*

Proposition 2.8.2 *Sind V und W Moduln über dem Ring A, so ist $\mathrm{Hom}_A(V, W)$ eine Untergruppe von $\mathrm{Hom}(V, W)$. Ist A kommutativ, so ist $\mathrm{Hom}_A(V, W)$ ein A-Modul mit der Skalarmultiplikation $af \colon x \mapsto af(x) = f(ax)$, $a \in A$, $f \in \mathrm{Hom}_A(V, W)$.*

Ein A-**Untermodul** U von V ist eine Untergruppe von $(V, +)$, die invariant ist unter der Skalarmultiplikation, für die also $ax \in U$ ist für alle $a \in A$ und $x \in U$. Sind $U_i \subseteq V$, $i \in I$, Untermoduln von V, so ist ihre Summe $\sum_{i \in I} U_i \subseteq V$ nicht nur eine Untergruppe, sondern sogar ein A-Untermodul von V und damit der kleinste Untermodul von V, der alle U_i, $i \in I$, umfasst. Bilder und Urbilder von Untermoduln bzgl. einer A-linearen Abbildung $f \colon V \to W$ von A-Moduln sind offenbar wieder Untermoduln. Insbesondere ist Bild f ein Untermodul von W und Kern $f = f^{-1}(0)$ ein Untermodul von V.

Beispiel 2.8.3 (1) Sei W eine abelsche Gruppe. Der charakteristische Homomorphismus $\chi \colon \mathbb{Z} \to \mathrm{End} W$, $a \mapsto \chi_a = a\,\mathrm{id}_W$, ist der einzige Ringhomomorphismus von $\mathbb{Z}$ in $\mathrm{End} W$. Folglich besitzt W genau eine $\mathbb{Z}$-Modulstruktur, und diese wird gegeben durch die Vielfachenbildung $(a, x) \mapsto ax$, $a \in \mathbb{Z}$, $x \in W$. *Abelsche Gruppen und $\mathbb{Z}$-Moduln sind also ein und dasselbe, und es ist* $\mathrm{Hom}(V, W) = \mathrm{Hom}_{\mathbb{Z}}(V, W)$ *für abelsche Gruppen V, W.*

---

[45] Häufig wird der Index A für Mengen von A-Homomorphismen unterdrückt, wenn über den Skalarenring A kein Zweifel besteht. Generell nennt man den Skalarenring A auch oft den **Grundring**, wenn er ein für allemal fest gewählt ist.

(2) Sei A ein Ring. Der Cayley-Homomorphismus $A \to \operatorname{End}(A, +)$, $a \mapsto L_a$, definiert eine A-Modulstruktur auf A, deren Homothetien die Linkstranslationen L_a, $a \in A$. sind. Die zugehörige Operation $A \times A \to A$ ist die Multiplikation von A. A wird, wenn nichts anderes gesagt wird, stets mit dieser A-Modulstruktur betrachtet. *Die A-Untermoduln von A sind dann genau die Linksideale von A.*

Ist $f: A \to V$ ein A-Homomorphismus, so ist $f(a) = f(a \cdot 1) = a f(1)$ für alle $a \in A$. f ist also durch den Wert $f(1)$ eindeutig bestimmt. Umgekehrt ist für beliebiges $v \in V$ die Abbildung $a \mapsto a v$ ein A-Homomorphismus. *Die Abbildung*

$$\operatorname{Hom}_A(A, V) \xrightarrow{\sim} V, \quad f \mapsto f(1),$$

ist also bijektiv und offenbar sogar ein Gruppenisomorphismus bzw. sogar ein A-Modulhomomorphismus, wenn A kommutativ ist. Bei $V = A$ gilt $(f \circ g)(1) = f(g(1)) = g(1) f(1)$ für die Komposition zweier A-Endomorphismen $f, g: A \to A$. *Die Abbildung $f \mapsto f(1)$ ist also ein Ringisomorphismus* $\operatorname{End}_A A \xrightarrow{\sim} A^{\mathrm{op}}$.

Die Rechtstranslationen $R_a: x \mapsto x a$, $a \in A$, definieren einen Ringhomomorphismus $R: A^{\mathrm{op}} \to \operatorname{End}(A, +)$ und damit eine A^{op}-Modulstruktur auf A, für die die Rechtstranslationen R_a, $a \in A$, die Homothetien sind und die Rechtsideale die A^{op}-Untermoduln. Generell nennt man einen A^{op}-Modul einen A-**Rechtsmodul** und die bisher betrachteten A-Moduln, wenn es der Deutlichkeit halber nötig ist, A-**Linksmoduln**. Schreibt man eine A-Rechtsmodulstruktur auf V als Rechtsoperation $V \times A \to V$, $(x, a) \mapsto x a$, so gelten die übersichtlichen Rechenregeln

(1) $x(ab) = (xa)b$,   (2) $(x + y)a = xa + ya$,   (3) $x(a + b) = xa + xb$,   (4) $x \cdot 1 = x$

für alle $a, b \in A$, $x, y \in V$. Der Ring A selbst trägt also zwei Modulstrukturen, die überdies im folgenden Sinn verträglich sind: Die Homothetien der einen Struktur kommutieren mit den Homothetien der anderen Struktur: $L_a \circ R_b = R_b \circ L_a$ für alle $a, b \in A$. Generell nennt man zwei A- bzw. B-(Links-)Modulstrukturen auf ein und derselben abelschen Gruppe V mit den Aktionshomomorphismen $\vartheta: A \to \operatorname{End} V$ bzw. $\eta: B \to \operatorname{End} V$ **verträglich**, wenn die Homothetien ϑ_a, $a \in A$, und η_b, $b \in B$, kommutieren, wenn also $a(bx) = b(ax)$ ist für alle $a \in A$, $b \in B$, $x \in V$, d. h. wenn die Homothetien der einen Struktur linear sind bzgl. der jeweils anderen Struktur. Man spricht dann von einem A-B-**Bimodul** V. Jeder Ring A ist also ein A-A^{op}-Bimodul, und jeder Modul über einem *kommutativen* Ring A mit ein und derselben A-Modulstruktur ein A-A-Bimodul. Ist V ein A-B-Bimodul und W ein A-Modul, so ist $\operatorname{Hom}_A(V, W)$ mit der Rechtsoperation $\operatorname{Hom}_A(V, W) \times B \to \operatorname{Hom}_A(V, W)$, $(f, b) \mapsto f b := f \circ \eta_b$, ein B-Rechtsmodul, d. h. ein B^{op}-(Links-)Modul. In analoger Weise ist $\operatorname{Hom}_A(V, W)$ mit der Linksoperation $b f := \eta_b \circ f$ ein B-Linksmodul, wenn W eine A-B-Bimodulstruktur trägt. Auf diese Weise wurde oben bei kommutativem A die A-Modulstruktur auf $\operatorname{Hom}_A(V, W)$ aus der kanonischen A-A-Bimodulstruktur von V (oder von W) gewonnen. Die obige Isomorphie $\operatorname{Hom}_A(A, V) \xrightarrow{\sim} V$ ist für jeden Ring A und jeden A-Modul V eine A-Modulisomorphie, wenn $\mathrm{Hom}_A(A, V)$ diejenige A-Modulstruktur trägt, die von der A-A^{op}-Bimodulstruktur auf A induziert wird. – Im Gegensatz zu den Elementen von $\mathrm{Hom}_A(A, V)$ sind die sogenannten A-**Linearformen** $f \in V^* := \mathrm{Hom}_A(V, A)$ auf V schwerer zu beschreiben. Nach der letzten Bemerkung induziert jedoch die A-A^{op}-Bimodulstruktur auf A eine A-*Rechts*modulstruktur auf

$$V^* = \mathrm{Hom}_A(V, A)$$

mit der Skalarmultiplikation $fa\colon x \mapsto f(x)a$, $a \in A$, $f \in V^*$. V^* heißt mit dieser Modulstruktur der **Dualmodul** von V.

(3) Sei V ein A-Modul mit Aktionshomomorphismus $\vartheta\colon A \to \mathrm{End}\, V$. Ist $\varphi\colon A' \to A$ ein Homomorphismus von Ringen, so definiert die Komposition $\vartheta \circ \varphi\colon A' \to \mathrm{End}\, V$ eine A'-Modulstruktur auf V mit der Operation $(a', x) \mapsto a'x = \varphi(a')x$. Sie heißt die durch φ **induzierte A'-Modulstruktur** auf V. Besonders wichtig ist der Fall, dass A' ein Unterring von A ist und φ die kanonische Inklusion $A' \hookrightarrow A$. Dann ist die A'-Operation auf V einfach die Beschränkung der A-Operation. Ohne Kommentar werden wir in dieser Weise einen A-Modul auch als A'-Modul betrachten. Beispielsweise ist jeder komplexe (d. h. $\mathbb{C}$-)Vektorraum auch ein reeller (d. h. $\mathbb{R}$-)Vektorraum und jeder $\mathbb{R}$-Vektorraum auch ein $\mathbb{Q}$-Vektorraum.

(4) Sei V ein A-Modul mit Aktionshomomorphismus $\vartheta\colon A \to \mathrm{End}\, V$. Dann heißt das zweiseitige Ideal

$$\mathrm{Ann}_A\, V := \mathrm{Kern}\, \vartheta = \{a \in A \mid ax = 0 \text{ für alle } x \in V\} = \{a \in A \mid aV = 0\}$$

der **Annullator** *des Moduls* V. Es ist $\mathrm{Ann}_A\, V = \bigcap_{x \in V} \mathrm{Ann}_A\, x$, wobei

$$\mathrm{Ann}_A\, x := \{a \in A \mid ax = 0\}$$

der **Annullator** *des Elements* $x \in V$ ist. $\mathrm{Ann}_A\, x$ ist der Kern des A-Homomorphismus $A \to V$, $a \mapsto ax$, und daher (nur) ein Linksideal. V heißt ein **treuer A-Modul**, wenn $\mathrm{Ann}_A\, V = 0$ ist. Ist $\mathfrak{a} \subseteq \mathrm{Ann}_A\, V$ ein zweiseitiges Ideal im Annullator von V, so induziert der Aktionshomomorphismus $\vartheta\colon A \to \mathrm{End}\, V$ einen Homomorphismus $\overline{\vartheta}\colon A/\mathfrak{a} \to \mathrm{End}_A\, V$ von Ringen und damit eine $(A/\mathfrak{a})$-Modulstruktur auf V mit Skalarmultiplikation $[a]_{\mathfrak{a}}x = ax$, $a \in A$, und $\mathrm{Ann}_{A/\mathfrak{a}}\, V = (\mathrm{Ann}_A\, V)/\mathfrak{a}$. Umgekehrt induziert eine $(A/\mathfrak{a})$-Modulstruktur auf V mittels der kanonischen Projektion $A \to A/\mathfrak{a}$ eine A-Modulstruktur auf V mit $\mathfrak{a} \subseteq \mathrm{Ann}_A\, V$. *Für ein zweiseitiges Ideal* $\mathfrak{a} \subseteq A$ *sind also* $(A/\mathfrak{a})$-*Moduln und* A-*Moduln, deren Annullator* $\mathfrak{a}$ *umfasst, ein und dasselbe.* So ist der Annullator einer abelschen Gruppe W (aufgefasst als $\mathbb{Z}$-Modul) das Ideal $\mathbb{Z}\,\mathrm{Exp}\, W \subseteq \mathbb{Z}$. Für $m \in \mathbb{N}$ sind abelsche Gruppen mit $(\mathrm{Exp}\, W)|m$ und $\mathbf{A}_m$-Moduln dasselbe. Speziell sind für eine Primzahl $p \in \mathbb{P}$ elementare abelsche p-Gruppen und $\mathbf{F}_p$-Vektorräume identische Objekte.

(5) Sei V ein Modul über dem *kommutativen* Ring A. Ein Element $x \in V$ heißt ein **Torsionselement** von V, wenn es einen Nichtnullteiler $a \in A^*$ gibt mit $ax = 0$, wenn also $\mathrm{Ann}_A\, x$ einen Nichtnullteiler enthält. Die Menge aller Torsionselemente von V wird

mit

$$T_A V$$

bezeichnet. $T_A V$ ist offenbar ein A-Untermodul von V. Für einen Nichtnullteiler $a \in A^*$ heißt $T_a V := \mathrm{Kern}\, \vartheta_a = \{x \in V \mid ax = 0\}$ die a-**Torsion** von V. Dann ist $Aa \subseteq \mathrm{Ann}_A\, T_a V$, $T_a V$ also ein (A/Aa)-Modul (vgl. (4)), und $T_A V = \bigcup_{a \in A} T_a V$. V heißt ein **Torsionsmodul**, wenn $T_A V = V$ ist, und **torsionsfrei**, wenn $T_A V = 0$ ist.

(6) Sei W eine additive abelsche Gruppe. Die Identität $\mathrm{End}\,W \to \mathrm{End}\,W$ definiert die sogenannte **tautologische** $(\mathrm{End}\,W)$-**Modulstruktur** auf W mit Skalarmultiplikation

$$fx := f(x), \quad f \in \mathrm{End}\,W,\ x \in W.$$

Insbesondere ist W ein Modul über jedem Unterring von $\mathrm{End}\,W$. Eine beliebige A-Modulstruktur auf W wird durch den Aktionshomomorphismus $\vartheta : A \to \mathrm{End}\,W$ induziert. $\diamondsuit$

Beispiel 2.8.4 (**Direkte Summen und direkte Produkte**) (1) Sei W_i, $i \in I$, eine Familie von A-Moduln. Dann ist auch das **direkte Produkt** $\prod_{i \in I} W_i$ mit (komponentenweiser Addition und) komponentenweiser Skalarmultiplikation ein A-Modul. Analog zu abelschen Gruppen hat es mit den kanonischen A-linearen Projektionen $p_i : \prod_{i \in I} W_i \to W_i$, $i \in I$, die folgende universelle Eigenschaft, vgl. Beispiel 2.2.17: *Für jeden A-Modul V ist die kanonische Abbildung*

$$\mathrm{Hom}_A \Big(V, \prod_{i \in I} W_i \Big) \xrightarrow{\sim} \prod_{i \in I} \mathrm{Hom}_A(V, W_i), \quad f \mapsto (p_i f)_{i \in I},$$

ein Gruppenisomorphismus und bei kommutativem A ein A-Modulisomorphismus. Das I-Tupel $(f_i)_{i \in I} \in \prod_{i \in I} \mathrm{Hom}_A(V, W_i)$ ist das Bild des A-Homomorphismus $V \to \prod_{i \in I} W_i$, $x \mapsto (f_i(x))_{i \in I}$, der ebenfalls mit $(f_i)_{i \in I}$ bezeichnet wird.

(2) Sei V_j, $j \in J$, eine Familie von A-Moduln. Das eingeschränkte direkte Produkt oder die **direkte Summe** $\bigoplus_{j \in J} V_j$ der V_j ist der Untermodul derjenigen Elemente $(x_j)_{j \in J}$ des direkten Produkts $\prod_{j \in J} V_j$, bei denen fast alle Komponenten verschwinden. Neben den kanonischen Projektionen $(v_j)_{j \in J} \mapsto v_j$ spielen jetzt die kanonischen Injektionen $\iota_j : V_j \to \bigoplus_{j \in J} V_j$, $j \in J$, eine besondere Rolle. Für $x_j \in V_j$ ist $\iota_j(x_j) = (\delta_{ij} x_j)_{i \in J}$ dasjenige J-Tupel, dessen j-te Komponente gleich x_j ist und dessen übrige Komponenten verschwinden. Analog zu abelschen Gruppen hat die direkte Summe mit den kanonischen A-linearen Injektionen $\iota_j : V_j \to \bigoplus_{j \in J} V_j$ die folgende universelle Eigenschaft, vgl. Beispiel 2.2.20: *Für jeden A-Modul W ist die kanonische Abbildung*

$$\mathrm{Hom}_A \Big(\bigoplus_{j \in J} V_j, W \Big) \xrightarrow{\sim} \prod_{j \in J} \mathrm{Hom}_A(V_j, W), \quad g \mapsto (g\iota_j)_{j \in J},$$

ein Gruppenisomorphismus und bei kommutativem A ein A-Modulisomorphismus. Das J-Tupel $(f_j)_{j \in J} \in \prod_{j \in J} \mathrm{Hom}_A(V_j, W)$ ist das Bild des A-Homomorphismus

$$\sum_{j \in J} f_j : \bigoplus_{j \in J} V_j \to W, \quad (x_j)_{j \in J} \mapsto \sum_{j \in J} f_j(x_j).$$

Die Kombination der universellen Eigenschaften von direktem Produkt und direkter Summe liefert folgenden wichtigen Satz:

Satz 2.8.5 *Seien V_j, $j \in J$, und W_i, $i \in I$, Familien von A-Moduln. Dann ist die kanonische Abbildung*

$$\mathrm{Hom}_A \left(\bigoplus_{j \in J} V_j, \prod_{i \in I} W_i \right) \overset{\sim}{\to} \prod_{(i,j) \in I \times J} \mathrm{Hom}_A(V_j, W_i),$$

$$f \mapsto (f_{ij})_{(i,j) \in I \times J}, \quad f_{ij} := p_i f \iota_j, \quad i \in I, \; j \in J,$$

ein Gruppenisomorphismus und bei kommutativem A ein A-Modulisomorphismus. Die Matrix $(f_{ij})_{(i,j) \in I \times J} \in \prod_{(i,j) \in I \times J} \mathrm{Hom}_A(V_j, W_i)$ ist das Bild des Homomorphismus

$$f : \bigoplus_{j \in J} V_j \to \prod_{i \in I} W_i, \quad (x_j)_{j \in J} \mapsto (y_i)_{i \in I} \quad mit \quad y_i := \sum_{j \in J} f_{ij}(x_j), i \in I.$$

Man beachte, dass für endliche Indexmengen direkte Summen und direkte Produkte übereinstimmen. Seien I, J, K *endliche* Indexmengen und U_k, $k \in K$, eine weitere Familie von A-Moduln. Beschreiben dann die Matrizen $B = (g_{jk}) \in \prod_{j,k} \mathrm{Hom}_A(U_k, V_j)$ und $A = (f_{ij}) \in \prod_{I,j} \mathrm{Hom}_A(V_j, W_i)$ die Homomorphismen $g : \bigoplus_{k \in K} U_k \to \bigoplus_{j \in J} V_j$ bzw. $f : \bigoplus_{j \in J} V_j \to \bigoplus_{i \in I} W_i$, so wird die Komposition $f \circ g : \bigoplus_{k \in K} U_k \to \bigoplus_{i \in I} W_i$ gegeben durch die **Produktmatrix**

$$AB := (f_{ij})_{i,j} (g_{jk})_{j,k} = (h_{ik})_{i,k} \in \prod_{(i,k) \in I \times K} \mathrm{Hom}_A(U_k, W_i)$$

$$\mathrm{mit} \quad h_{ik} := \sum_{j \in J} f_{ij} \circ g_{jk}, \; (i,k) \in I \times K.$$

Wir überlassen es dem Leser, die Einschränkungen an die Matrizen A bzw. B zu formulieren, wenn die Indexmengen I, J, K nicht notwendig endlich sind. In dem häufig benutzten Fall der direkten Summen A^n und A^m lautet Satz 2.8.5 unter Berücksichtigung der Identifikation von $\mathrm{End}_A A$ mit A^{op}, vgl. Beispiel 2.8.3 (2): *Jeder A-Modulhomomorphismus $f : A^n \to A^m$ wird durch eine $m \times n$-Matrix $A = (a_{ij}) \in \mathrm{M}_{m,n}(A^{\mathrm{op}}) = (A^{\mathrm{op}})^{\{1,...,m\} \times \{1,...,n\}}$ gegeben.* Schreibt man – wie es üblich ist – die Elemente $x \in A^n$ bzw

$y \in A^m$ als einspaltige Matrizen mit n bzw. m Zeilen, so ist

$$f(x) = Ax = \begin{pmatrix} a_{11} & a_{12} & \cdots & a_{1n} \\ a_{21} & a_{22} & \cdots & a_{2n} \\ \vdots & \vdots & \ddots & \vdots \\ a_{m1} & a_{m2} & \cdots & a_{mn} \end{pmatrix} \begin{pmatrix} x_1 \\ x_2 \\ \vdots \\ x_n \end{pmatrix} = \begin{pmatrix} y_1 \\ y_2 \\ \vdots \\ y_m \end{pmatrix} = y$$

$$\text{mit} \quad y_i = \sum_{j=1}^{n} x_j a_{ij}, \ 1 \leq i \leq m.$$

Man beachte, dass die Matrizen Koeffizienten im oppositionellen Ring A^{op} haben und dort zu multiplizieren sind! Dies liefert die Summanden $x_j a_{ij}$ statt $a_{ij} x_j$ und ist auch bei der Multiplikation von Matrizen zu beachten. *Der Endomorphismenring des A-Moduls A^n ist also der Ring* $\mathrm{M}_n(A^{\mathrm{op}})$ *der quadratischen $n \times n$-Matrizen mit Koeffizienten in A^{op}.* Die Identität von A^n wird durch die **Einheitsmatrix**

$$E_n := (\delta_{ij}) = \begin{pmatrix} 1 & 0 & \cdots & 0 \\ 0 & 1 & \cdots & 0 \\ \vdots & \vdots & \ddots & \vdots \\ 0 & 0 & \cdots & 1 \end{pmatrix} \in \mathrm{M}_n(A)$$

repräsentiert. Im wichtigen Fall, dass A kommutativ ist, braucht man natürlich nicht zwischen A und A^{op} zu unterscheiden.

In der Regel ist es einfacher, direkte Summendarstellungen eines Moduls anzugeben als direkte Produktdarstellungen. Beispielsweise impliziert Lemma 2.2.21:

Lemma 2.8.6 (Direkte Summen von Untermoduln) *Sei U_i, $i \in I$, eine Familie von Untermoduln des A-Moduls V und $h: \bigoplus_{i \in I} U_i \to V$, $(u_i)_{i \in I} \mapsto \sum_{i \in I} u_i$, der kanonische A-Homomorphismus mit $\sum_{i \in I} U_i$ als Bild. Genau dann ist h injektiv, die Summe der U_i also direkt, wenn folgende Bedingung erfüllt ist: Für jedes $i \in I$ gilt*

$$U_i \cap \sum_{j \neq i} U_j = \{0\}.$$

Ist I vollständig geordnet, so ist diese Bedingung auch äquivalent mit der folgenden: Es gilt $U_i \cap \sum_{j < i} U_j = \{0\}$ für alle $i \in I$.

Ist die Summe $\sum_{i \in I} U_i \subseteq V$ direkt, so bezeichnet man diese Summe auch mit

$$\sum_{I \in I}^{\oplus} U_i. \qquad\qquad\qquad \diamond$$

Für einen Untermodul U eines A-Moduls V ist die Restklassengruppe

$$V/U$$

ebenfalls ein A-Modul. Seine Skalarmultiplikation ist $a[x]_U = [ax]_U, a \in A, x \in V$. Die Operation $\overline{\vartheta}_a$ von $a \in A$ auf V/U wird also von der Operation ϑ_a von a auf V induziert (was wegen $\vartheta_a(U) \subseteq U$ wohldefiniert ist). Die kanonische Projektion $\pi_U : V \to V/U$ ist A-linear und hat folgende universelle Eigenschaft, vgl. Satz 2.3.7 und Satz 2.3.8:

Satz 2.8.7 *Sei U ein Untermodul des A-Moduls V und $f : V \to W$ eine A-lineare Abbildung in einen A-Modul W mit $U \subseteq \text{Kern } f$. Dann gibt es genau eine A-lineare Abbildung $\overline{f} : V/U \to W$ mit $f = \overline{f} \circ \pi_U$. Dabei ist $\overline{f}([x]_U) = f(x)$, $x \in V$, $\text{Bild } \overline{f} = \text{Bild } f$ und $\text{Kern } \overline{f} = (\text{Kern } f)/U$ ($\subseteq V/U$). – Genau dann ist $\overline{f}$ ein Isomorphismus, wenn f surjektiv ist und $U = \text{Kern } f$. Insbesondere ist*

$$V/\text{Kern } f \overset{\sim}{\longrightarrow} \text{Bild } f \quad \text{(\textbf{Isomorphiesatz für Moduln})}.$$

Die Nebenklassen $x + U$, $x \in V$, eines K-Untervektorraums U eines K-Vektorraums V (K Schiefkörper) heißen auch (zu U parallele) **affine Unterräume** von V.[46]

Der allgemeine Satz vom induzierten Homomorphismus, von dem Satz 2.8.7 ein Spezialfall ist, hat für Moduln die folgende Gestalt (vgl. Satz 2.3.2):

Satz 2.8.8 (Satz vom induzierten Homomorphismus für Moduln) *Seien $g : V \to W$ und $f : V \to X$ Homomorphismen von A-Moduln. g sei surjektiv, und es gelte $\text{Kern } g \subseteq \text{Kern } f$. Dann gibt es genau einen Homomorphismus $\overline{f} : W \to X$ mit $f = \overline{f} \circ g$. – Genau dann ist $\overline{f}$ surjektiv, wenn f surjektiv ist. – Genau dann ist $\overline{f}$ injektiv, wenn $\text{Kern } g = \text{Kern } f$ ist. – Genau dann ist $\overline{f}$ ein Isomorphismus, wenn f surjektiv ist und $\text{Kern } g = \text{Kern } f$ gilt* (**Isomorphiesatz für Moduln**).

Sei V ein A-Modul. Die Elemente von V lassen sich mit Hilfe der Skalare $a \in A$ (die man in der Regel mehr oder weniger gut kennt) häufig übersichtlich darstellen. Dazu erwähnen wir zunächst das **allgemeine Distributivgesetz**: Sind a_i, $i \in I$, und x_j, $j \in J$, Familien von Elementen in A bzw. V, von denen jeweils fast alle verschwinden, so gilt

$$\left(\sum_{i \in I} a_i \right) \left(\sum_{j \in J} x_j \right) = \sum_{(i,j) \in I \times J} a_i x_j.$$

Für eine beliebige Familie v_i, $i \in I$, von Elementen von V heißen die Elemente

$$\sum_{i \in I} a_i v_i, \quad (a_i)_{i \in I} \in A^{(I)},$$

---

[46] Gelegentlich wird eine ähnliche Sprechweise auch bei Moduln benutzt.

die **Linearkombinationen** der v_i, $i \in I$, (mit Koeffizienten in A). Sie bilden den von v_i, $i \in I$, erzeugten Untermodul von V, d. h. den kleinsten A-Untermodul von V, der alle v_i, $i \in I$, enthält. Ist dieser Untermodul gleich V, so heißt v_i, $i \in I$, ein **Erzeugendensystem** von V. Die Linearkombinationen der Familie $v_1, \ldots, v_n$ in V sind die Elemente

$$a_1 v_1 + \cdots + a_n v_n, \quad (a_1, \ldots, a_n) \in A^n.$$

Für $v \in V$ ist $Av = \{av \mid a \in A\}$ der von v erzeugte Untermodul und somit $\sum_{i \in I} Av_i$ der von den v_i, $i \in I$, erzeugte Untermodul. Ist $M \subseteq V$ eine Teilmenge von V, so ist AM der von M erzeugte Untermodul von V. Dabei benutzen wir die folgende schon bei Ringen eingeführte Konvention: Für eine Teilmenge R von A und eine Teilmenge M von V bezeichnet RM die von dem Komplexprodukt $\{ax \mid a \in R, x \in M\}$ erzeugte Unter*gruppe* von $(V, +)$. Das Infimum der Kardinalzahlen der Erzeugendensysteme von V, das nach Satz 1.8.20 existiert, bezeichnen wir mit

$$\mu_A(V).$$

Ist $\mu_A(V) \in \mathbb{N}$ endlich, so heißt V ein **endlicher** A-Modul.[47] Ist $\mu_A(V) \leq 1$, d. h. wird V von (höchstens) einem Element erzeugt, so heißt V **zyklisch**. Es ist $\mu_A(0) = 0$. Wir erwähnen folgendes einfache Lemma:

Lemma 2.8.9 *Sei V ein A-Modul.*

(1) *Ist $\mu_A(V)$ endlich, so enthält jedes Erzeugendensystem von V ein endliches erzeugendes Teilsystem.*

(2) *Sei $\mu_A(V)$ unendlich. Dann enthält jedes Erzeugendensystem von V ein erzeugendes Teilsystem mit $\mu_A(V)$ Elementen. Insbesondere hat jedes minimale Erzeugendensystem von V $\mu_A(V)$ Elemente.*

(3) *Ist $0 \to U \xrightarrow{f} V \xrightarrow{g} W \to 0$ eine exakte Sequenz von A-Moduln und A-Homomorphismen, so gilt $\mu_A(V) \leq \mu_A(U) + \mu_A(W)$. – Insbesondere ist V endlicher A-Modul, wenn dies für U und W gilt.*

Beweis (1) Sei $v_1, \ldots, v_n$ ein (endliches) Erzeugendensystem von V und w_j, $j \in J$, ein beliebiges Erzeugendensystem. Dann gibt es endliche Teilmengen $J_1, \ldots, J_n \subseteq J$ mit $v_i \in \sum_{j \in J_i} Aw_j$, $i = 1, \ldots, n$. Für die endliche Teilmenge $J' := J_1 \cup \cdots \cup J_n \subseteq J$ gilt dann $x_i \in \sum_{j \in J'} Aw_j$ für alle $i = 1, \ldots, n$. Folglich ist $\sum_{j \in J'} Aw_j = V$.

(2) Sei v_i, $i \in I$, ein Erzeugendensystem von V mit $|I| = \mu_A(V)$ und w_j, $j \in J$, ein beliebiges Erzeugendensystem. Dann gibt es endliche Teilmengen $J_i \subseteq J$ mit $v_i \in$

---

[47] Hat A unendlich viele Elemente, so hat ein endlicher A-Modul in der Regel auch unendlich viele Elemente, z. B. $A = A \cdot 1_A$ selbst.

$\sum_{j \in J_i} Aw_j$, $i \in I$, und es ist w_j, $j \in J' := \bigcup_{i \in I} J_i$, ebenfalls ein Erzeugendensystem von V. Nach Aufg. 1.8.17 ist $|J'| \leq |I| = \mu_A(V)$. Da andererseits $\mu_A(V) \leq |J'|$ nach Definition von $\mu_A(V)$ ist, gilt $|J'| = \mu_A(V)$ nach dem Bernsteinschen Äquivalenzsatz 1.8.16.

(3) Exakte Sequenzen von A-Moduln sind in genau derselben Weise definiert wie für abelsche Gruppen, vgl. Beispiel 2.4.16. Zum Beweis von (3) seien u_i, $i \in I$, ein Erzeugendensystem von U mit $|I| = \mu_A(U)$ und v_j, $j \in J$, eine Familie von Elementen von V derart, dass $g(v_j)$, $j \in J$, ein Erzeugendensystem von W mit $|J| = \mu_A(W)$ ist. Dann bilden die Elemente $f(u_i)$, $i \in I$, und v_j, $j \in J$, zusammen ein Erzeugendensystem von V mit $|I| + |J| = \mu_A(U) + \mu_A(W)$ Elementen. Ist nämlich $x \in V$ und $g(x) = \sum_{j \in J} a_j g(v_j) = g\left(\sum_{j \in J} a_j v_j\right)$, also $g\left(x - \sum_{j \in J} a_j v_j\right) = 0$, so ist $x - \sum_{j \in J} a_j v_j = f(u) = f\left(\sum_{i \in I} b_i u_i\right)$ mit einem $u \in U$ und folglich $x = \sum_{j \in J} a_j v_j + \sum_{i \in I} b_i f(u_i)$. $\square$

Wir bemerken ausdrücklich, dass ein minimales Erzeugendensystem eines endlichen A-Moduls V mehr als $\mu_A(V)$ Elemente enthalten kann. So ist $2, 3$ ein minimales Erzeugendensystem des zyklischen $\mathbb{Z}$-Moduls $\mathbb{Z}$. Ferner braucht ein A-Modul kein minimales Erzeugendensystem zu besitzen, vgl. Aufg. 2.8.12. (Dann ist natürlich $\mu_A(V)$ unendlich.)

Definition 2.8.10 Ein A-Modul V heißt **artinsch** (bzw. **noethersch**), wenn die Menge der A-Untermoduln von V (bzgl. der Inklusion) artinsch (bzw. noethersch) geordnet ist, d. h. wenn folgende jeweils äquivalenten Bedingungen erfüllt sind, vgl. Lemma 1.4.19:

(i)   Jede nichtleere Menge von Untermoduln von V besitzt ein minimales (bzw. ein maximales) Element.

(ii) Es gibt keine unendliche streng monoton fallende (bzw. streng monoton wachsende) Folge von Untermoduln von V.

(iii) Jede unendliche monoton fallende (bzw. monoton wachsende) Folge von Untermoduln von V ist stationär.

Ein Ring A heißt **linksartinsch** (bzw. **linksnoethersch**), wenn er als A-(Links-)Modul artinsch (bzw. noethersch) ist, wenn also die Linksideale in A die obigen äquivalenten Bedingungen erfüllen. Er heißt **rechtsartinsch** (bzw. **rechtsnoethersch**), wenn er als A-Rechtsmodul artinsch (bzw. noethersch) ist, wenn also die Rechtsideale in A die obigen äquivalenten Bedingungen erfüllen. Ist A kommutativ, so spricht man einfach von einem **artinschen** (bzw. **noetherschen**) **Ring**.

Wir erwähnen ohne Beweis den folgenden **Satz von Hopkins**: *Jeder linksartinsche Ring ist linksnoethersch.* Untermoduln und homomorphe Bilder von artinschen (bzw. noetherschen) Moduln sind offenbar wieder artinsch (bzw. noethersch). Im wichtigen noetherschen Fall kommt folgende interessante Charakterisierung hinzu (vgl. Aufg. 2.3.15c)):

Proposition 2.8.11 *Für einen A-Modul V sind folgende Bedingungen äquivalent:*

(i)   *V ist noethersch.*
(ii) *Jeder Untermodul von V ist endlich (erzeugt).*
(iii) *Jede unendliche monoton wachsende Folge von endlichen Untermoduln von V ist stationär.*

Beweis

(i) $\Rightarrow$ (ii): Sei U ein Untermodul von V und U' ein maximales Element in der Menge der endlichen Untermoduln von U. Ist dann $x \in U$, so ist $U' + Ax \supseteq U'$ ebenfalls endlich und damit gleich U', also ist $x \in U'$ und folglich $U' = U$ endlich.

(ii) $\Rightarrow$ (iii): Sei $U_0 \subseteq U_1 \subseteq \cdots$ eine unendliche Folge von (endlichen) Untermoduln von V. Dann ist $U := \bigcup_{n \in \mathbb{N}} U_n$ ein Untermodul von V und besitzt damit ein endliches Erzeugendensystem $x_1, \ldots, x_r$. Es gibt ein $n_0 \in \mathbb{N}$ mit $x_1, \ldots, x_r \in U_{n_0}$, also ist $U \subseteq U_{n_0} \subseteq U_{n_0+1} \subseteq \cdots \subseteq U$ und $U = U_n$ für alle $n \geq n_0$.

(iii) $\Rightarrow$ (i): Angenommen, es gäbe eine unendliche streng monoton wachsende Folge $U_0 \subset U_1 \subset U_2 \subset \cdots$ von Untermoduln von V. Ist dann $x_n \in U_{n+1} - U_n$ für alle n, so ist $0 \subset Ax_0 \subset Ax_0 + Ax_1 \subset Ax_0 + Ax_1 + Ax_2 \subset \cdots$ eine unendliche streng monoton wachsende Folge *endlicher* Untermoduln von V. Widerspruch. $\qquad \Box$

Proposition 2.8.12 *Sei* $0 \to U \xrightarrow{f} V \xrightarrow{g} W \to 0$ *eine exakte Sequenz von A-Moduln und A-Homomorphismen. Genau dann ist V artinsch (bzw. noethersch), wenn U und W artinsch (bzw. noethersch) sind.*

Beweis Wir behandeln nur den noetherschen Fall. Der Beweis im artinschen Fall verläuft völlig analog. Mit V sind auch U und W noethersch. Zum Beweis der Umkehrung sei $V_0 \subseteq V_1 \subseteq V_2 \subseteq \cdots$ eine monoton wachsende Folge von Untermoduln von V. Dann sind $f^{-1}(V_0) \subseteq f^{-1}(V_1) \subseteq f^{-1}(V_2) \subseteq \cdots$ und $g(V_0) \subseteq g(V_1) \subseteq g(V_2) \subseteq \cdots$ monoton wachsende Folgen von Untermoduln in U bzw. W. Nach Voraussetzung sind diese Folgen stationär. Sind aber $V' \subseteq V''$ Untermoduln von V mit $f^{-1}(V') = f^{-1}(V'')$ und $g(V') = g(V'')$, so ist offenbar $V' = V''$. Also wird auch die Ausgangsfolge $V_n, n \in \mathbb{N}$, stationär. $\qquad \Box$

Im noetherschen Fall kann man Proposition 2.8.12 auch so beweisen: Ist V' ein Untermdul von V, so ist die induzierte Sequenz $0 \to f^{-1}(V') \to V' \to g(V') \to 0$ exakt und mit $f^{-1}(V')$ und $g(V')$ ist auch V' nach Lemma 2.8.9 (3) endlich.

Nach der letzten Proposition ist eine endliche (direkte) Summe von artinschen (bzw. noetherschen Moduln) wieder artinsch (bzw. notthersch). Insbesondere ist jeder endliche A-Modul artinsch (bzw. noethersch), wenn der Ring A selbst linksartinsch (bzw. linksnoethersch) ist. Im noetherschen Fall ergibt sich mit Proposition 2.8.11:

Proposition 2.8.13 *Sei A ein linksnoetherscher Ring. Genau dann ist ein A-Modul V*
noethersch, wenn V ein endlicher A-Modul ist. Ist V endlich und werden alle Linksidea-
le von A von $\leq m$ Elementen erzeugt, $m \in \mathbb{N}$, so werden alle Untermoduln von V von
$\leq m\mu_A(V)$ Elementen erzeugt. Insbesondere werden alle Untermoduln eines endlichen
A-Moduls V von $\leq \mu_A(V)$ Elementen erzeugt, wenn alle Linksideale von A Linkshaupt-
ideale sind.

Die Zusätze ergeben sich durch Induktion über $\mu_A(V)$ mit Lemma 2.8.9 (3).

Sei wieder A ein beliebiger Ring und I eine Indexmenge. In der direkten Summe $A^{(I)}$
identifiziert man das Element

$$e_i = (\delta_{ij})_{j \in I},$$

das als i-te Komponente die 1 hat und an den übrigen Stellen die 0, bei $A \neq 0$ häufig mit
i selbst: $i = e_i$. Dann hat jedes Element $(a_i)_{i \in I} \in A^{(I)}$ die Darstellung

$$(a_i)_{i \in I} = \sum_{i \in I} a_i e_i = \sum_{i \in I} a_i i.$$

Man nennt $A^{(I)}$ den **freien A-Modul** zur (Index-)Menge I. Wegen $\mathrm{Hom}_A(A, V) = V$
für jeden A-Modul V, vgl. Beispiel 2.8.3 (2), hat der Modul $A^{(I)}$ zusammen mit der
Abbildung $\iota_I : I \to A^{(I)}$, $i \mapsto e_i$, nach Beispiel 2.8.4 (2) folgende universelle Eigenschaft,
die ihn in der Tat als freies Objekt charakterisiert:

Satz 2.8.14 *Seien A ein Ring und I eine Menge. Dann ist für jeden A-Modul V die*
Abbildung
$$\mathrm{Hom}(A^{(I)}, V) \xrightarrow{\sim} V^I, \quad f \mapsto f \circ \iota_I = (f(e_i))_{i \in I},$$

ein Gruppenisomorphismus und bei kommutativem A sogar ein A-Modulisomorphismus.
Für ein I-Tupel $(v_i)_{i \in I} \in V^I$ ist das Urbild der Homomorphismus

$$f : A^{(I)} \to V, \quad (a_i)_{i \in I} \mapsto \sum_{i \in I} a_i v_i,$$

dessen Bild der von den v_i, $i \in I$, erzeugte Untermodul von V ist.

Der Kern des Homomorphismus $f : A^{(I)} \to V$, $(a_i)_{i \in I} \mapsto \sum_{i \in I} a_i v_i$, ist der Untermodul

$$\mathrm{Rel}_A(v_i, i \in I) = \mathrm{Syz}_A(v_i, i \in I) := \left\{ (a_i) \in A^{(I)} \,\middle|\, \sum_{i \in I} a_i v_i = 0 \right\}.$$

Er heißt der **Relationenmodul** oder der **Syzygienmodul** der Familie $(v_i)_{i \in I} \in V^I$. Seine Elemente sind die sogenannten **Relationen** oder **Syzygien** der v_i, $i \in I$.[48] Es ist also

$$A^{(I)}/\mathrm{Syz}_A(v_i, i \in I) \overset{\sim}{\longrightarrow} \mathrm{Bild} \, f = \sum_{i \in I} A v_i.$$

Insbesondere ist $A^{(I)}/\mathrm{Syz}_A(v_i, i \in I) \overset{\sim}{\longrightarrow} V$, falls v_i, $i \in I$, ein Erzeugendensystem von V ist. *Jeder A-Modul, der ein Erzeugendensystem mit $|I|$ Elementen besitzt, ist also isomorph zu einem Restklassenmodul von $A^{(I)}$.* Speziell repräsentieren die Restklassenmoduln von A^n bis auf Isomorphie alle endlichen Moduln mit n Erzeugenden, $n \in \mathbb{N}$. Ein zyklischer A-Modul $V = Ax$ ist zu einem Restklassenmodul von A isomorph, genauer zu $Ax \cong A/\mathrm{Syz}_A x = A/\mathrm{Ann}_A x$. Will man einen A-Modul V vorgeben, so gibt man häufig nur einen Untermodul $U \subseteq A^{(I)}$ an, der der Syzygienmodul eines Erzeugendensystems von V ist, und beschränkt sich dabei wiederum auf ein Erzeugendensystem von U. Ist I endlich und A linksnoethersch, so wird U nach Proposition 2.8.13 immer von endlich vielen Elementen erzeugt. Der Modul V ist dann selbst noethersch.

Definition 2.8.15 Sei v_i, $i \in I$, eine Familie von Elementen des A-Moduls V.

(1) Die Familie v_i, $i \in I$, heißt **linear unabhängig** (über A), wenn $\mathrm{Syz}_A(v_i, i \in I) = 0$ ist, wenn also eine Linearkombination $\sum_{i \in I} a_i v_i$ der v_i, $i \in I$, über A nur dann 0 ist, wenn *alle* (und nicht nur fast alle) Koeffizienten a_i, $i \in I$, verschwinden.
(2) Die Familie v_i, $i \in I$, heißt eine A-**Basis** von V, wenn sie ein linear unabhängiges Erzeugendensystem von V ist. V heißt ein **freier A-Modul**, wenn V eine Basis über A besitzt.

Die Familie v_i, $i \in I$, ist genau dann linear unabhängig, wenn der durch die v_i definierte Homomorphismus $f \colon A^{(I)} \to V$, $(a_i)_{i \in I} \mapsto \sum_{i \in I} a_i v_i$, injektiv ist, wenn also die Koeffizienten a_i einer Linearkombination $x = \sum_{i \in I} a_i v_i$ durch x eindeutig bestimmt sind. Genau dann ist v_i, $i \in I$, eine Basis von V, wenn f bijektiv ist, d. h. wenn jedes Element $x \in V$ eine Darstellung $x = \sum_{i \in I} a_i v_i$ mit durch x eindeutig bestimmten Koeffizienten $a_i \in A$, $i \in I$, besitzt. Die v_i, $i \in I$, sind genau dann linear unabhängig, wenn die Summe der zyklischen Untermoduln $A v_i$, $i \in I$, direkt ist und überdies $\mathrm{Ann}_A v_i = 0$ ist für jedes $i \in I$. Ist $f \colon V \to W$ eine A-lineare Abbildung und ist die Bildfamilie $f(v_i)$, $i \in I$, linear unabhängig, so auch die Familie v_i, $i \in I$, selbst. Eine Familie v_i, $i \in I$, ist genau dann linear unabhängig, wenn jede *endliche* Teilfamilie linear unabhängig ist. *Bei $A \neq 0$ ist jede Basis v_i, $i \in I$, von V ein minimales Erzeugendensystem von V* (es ist $v_i \notin \sum_{j \neq i} A v_j$ für jedes $i \in I$). Die Kenntnis einer Basis von V liefert eine vollständige Übersicht über die Elemente von V. Häufig ist eine solche Basis durch die Konstruktion gegeben, etwa für $V = A^{(I)}$ die oben angegebene sogenannte **Standardbasis** e_i, $i \in I$.

---

[48] Die Benutzung des Wortes „Syzygie" im vorliegenden Zusammenhang geht auf D. Hilbert (1862–1943) zurück.

Ein freier A-Modul V mit Basis v_i, $i \in I$, hat analog zu $A^{(I)}$ die folgende **universelle Eigenschaft**, die ihn als freies Objekt kennzeichnet: *Für jeden A-Modul W ist die Abbildung*

$$\operatorname{Hom}_A(V, W) \xrightarrow{\sim} W^I, \quad f \mapsto (f(v_i))_{i \in I},$$

ein Gruppenisomorphismus und bei kommutativem A ein A-Modulisomorphismus. Das Urbild $f: V \to W$ des I-Tupels $(w_i) \in W^I$ bildet die Linearkombination $\sum_i a_i v_i \in V$ auf die Linearkombination $\sum_i a_i w_i \in W$ ab. Genau dann ist f surjektiv, wenn die w_i, $i \in I$, den Modul W erzeugen, und genau dann injektiv, wenn die w_i, $i \in I$, linear unabhängig sind.

Nützlich ist das folgende einfache Lemma, dessen Beweis dem Leser überlassen sei.

Lemma 2.8.16 *Sei v_i, $i \in I$, eine Familie im A-Modul V und $I = I' \uplus I''$ eine Zerlegung von I. Genau dann ist v_i, $i \in I$, linear unabhängig (bzw. eine Basis), wenn die Teilfamilie v_i, $i \in I'$, linear unabhängig ist und wenn die Familie der Restklassen $[v_i]$, $i \in I''$, linear unabhängig in (bzw. eine Basis von) V/U ist, $U := \sum_{i \in I'} A v_i$.*

Vektorräume sind frei. Grundlage des Beweises ist folgendes triviale Lemma:

Lemma 2.8.17 *Sei V ein Vektorraum über dem Divisionsbereich K. Ferner sei v_i, $i \in I$, eine linear unabhängige Familie in V. Dann ist für jeden Vektor $v \in V$ mit $v \notin U := \sum_{i \in I} K v_i$ auch die um v erweiterte Familie v, v_i, $i \in I$, linear unabhängig und damit eine Basis von $U' := Kv + U$. Ist überdies $w \in U' - U$ beliebig, so ist auch w, v_i, $i \in I$, eine Basis von U'.*

Beweis Sei $0 = av + \sum_{i \in I} a_i v_i$ mit $a \in A$, $(a_i) \in A^{(I)}$. Bei $a \neq 0$ wäre $v = -\sum_{i \in I} a^{-1} a_i v_i \in \sum_{i \in I} K v_i$. Widerspruch. Daher ist $a = 0$ und dann auch $(a_i) = 0$, da die v_i linear unabhängig sind. Den Beweis des Zusatzes überlassen wir wieder dem Leser. □

Wir beweisen nun den folgenden fundamentalen Satz.

Satz 2.8.18 *Sei V ein Vektorraum über dem Divisionsbereich K, und sei v_i, $i \in I$, ein Erzeugendensystem von V. Ferner sei v_i, $i \in I' \subseteq I$, ein linear unabhängiges Teilsystem. Dann gibt es eine Teilmenge $I'' \subseteq I$ mit $I' \subseteq I''$ derart, dass v_i, $i \in I''$, eine Basis von V ist. Insbesondere besitzt V stets eine Basis.*

Beweis Der Zusatz ergibt sich für $I' = \emptyset$. – Zum Beweis der Existenz von I'' betrachten wir die Menge $\mathcal{M}$ derjenigen Teilmengen J von I mit $I' \subseteq J \subseteq I$, für die v_i, $i \in J$, linear unabhängig ist. $\mathcal{M}$ ist bzgl. der Inklusion (sogar strikt) induktiv geordnet: Wegen $I' \in \mathcal{M}$ ist $\mathcal{M} \neq \emptyset$, und für eine nichtleere Kette $\mathcal{K} \subseteq \mathcal{M}$ ist $\bigcup_{J \in \mathcal{K}} J \in \mathcal{M}$ eine obere Grenze von $\mathcal{K}$. Nach dem Zornschen Lemma 1.4.15 besitzt $\mathcal{M}$ maximale Elemente, und jedes solche maximale Element $I'' \in \mathfrak{M}$ liefert eine Basis v_i, $i \in I''$, von V. Wäre nämlich $U := \sum_{i \in I''} K v_i \subset V$, so gäbe es ein $i_0 \in I$ mit $v_{i_0} \notin U$ (da die v_i, $i \in I$, den K-Vektorraum V erzeugen), und $I'' \uplus \{i_0\}$ wäre nach Lemma 2.8.17 ein echt größeres Element als I'' von $\mathfrak{M}$. Widerspruch. $\qquad\qquad\qquad\qquad\square$

Man beachte, dass im Beweis von Satz 2.8.18 die Existenz eines maximalen $I'' \in \mathfrak{M}$ trivial ist, wenn I endlich, V also ein endlicher K-Vektorraum ist.

Beispiel 2.8.19 (Hamelsche Basen) Die Existenz von Basen beliebiger Vektorräume wurde zuerst im Jahr 1905 für den Spezialfall von $\mathbb{R}$ als $\mathbb{Q}$-Vektorraum (vgl. Beispiel 2.8.3 (3)) von G. Hamel (1877–1954) gezeigt. Noch heute heißen die $\mathbb{Q}$-Basen von $\mathbb{R}$ **Hamelsche Basen**. Hamel bewies Satz 2.8.18 mittels einer Wohlordnung von I mit $i' < i$ für alle $i' \in I'$, $i \in I - I'$ – der Wohlordnungssatz 1.4.17 war gerade erst von Zermelo bewiesen worden – und definierte I'' in folgender Weise: $i \in I''$ genau dann, wenn $x_i \notin \sum_{j<i} K x_j$. Dann ist $I' \subseteq I''$ und v_i, $i \in I''$, eine Basis von V. Beweis! – Hamel benutzte eine $\mathbb{Q}$-Basis v_i, $i \in I$, von $\mathbb{R}$ (deren Mächtigkeit $\aleph$ sein muss), um folgendes **Problem von Cauchy** zu lösen: Gibt es additive Abbildungen $\mathbb{R} \to \mathbb{R}$, die keine Streckungen $L_a : x \mapsto ax$ mit einem $a \in \mathbb{R}$ sind? Da nach der universellen Eigenschaft einer Basis die kanonische Isomorphie $\mathrm{End}\mathbb{R} = \mathrm{End}_{\mathbb{Q}}\mathbb{R} \xrightarrow{\sim} \mathbb{R}^I$ gilt, bei der die Homothetie L_a, $a \in \mathbb{R}$, dem I-Tupel $(av_i)_{i \in I}$ entspricht, sind die meisten additiven Endomorphismen von $\mathbb{R}$ keine Streckungen L_a, $a \in \mathbb{R}$. Die Mächtigkeit von $\mathrm{End}\mathbb{R}$ ist gleich $\aleph^{\aleph} = 2^{\aleph} > \aleph$, da jede $\mathbb{Q}$-Basis von $\mathbb{R}$ die Mächtigkeit $\aleph$ hat. Vgl. auch Beispiel 2.6.19 und Aufg. 2.8.17 sowie Aufg. 3.10.6. $\qquad\qquad\qquad\qquad\qquad\diamond$

Es ist keineswegs selbstverständlich, dass zwei Basen eines freien Moduls über einem Ring $\neq 0$ dieselbe Kardinalzahl haben. In der Tat ist dies auch falsch. Es gibt Ringe $A \neq 0$, für die der A-Modul A eine Basis aus zwei (und damit auch aus $n \in \mathbb{N}^*$) Elementen besitzt, also $A \cong A^n$ für alle $n \in \mathbb{N}^*$ ist, vgl. Aufg. 2.8.15.

Definition 2.8.20 Ein freier Modul V über dem Ring A besitzt definitionsgemäß einen Rang, wenn alle Basen von V die gleiche Kardinalzahl haben. Diese gemeinsame Kardinalzahl heißt dann der **Rang** von V (über A) und wird mit

$$\mathrm{Rang}\, V = \mathrm{Rang}_A V$$

bezeichnet. Bei Vektorräumen über einem Divisionsbereich K spricht man im Allgemeinen von der **Dimension** von V statt vom Rang und schreibt dafür

$$\mathrm{Dim}\, V = \mathrm{Dim}_K V.$$

Problemlos für den Rang sind nicht endliche freie Moduln.

Satz 2.8.21 *Jeder freie Modul V mit einer unendlichen Basis v_i, $i \in I$, über einem Ring $A \neq 0$ besitzt den Rang* $\mathrm{Rang}_A V = |I|$.

Beweis Da v_i, $i \in I$, ein minimales Erzeugendensystem von V ist, gibt es nach Lemma 2.8.9 (1) kein endliches Erzeugendensystem von V und damit keine endliche Basis. Sei w_j, $j \in J$, eine beliebige Basis von V. Nach 2.8.9 (2) ist dann $|J| = |I| = \mu_A(V)$. $\qquad\square$

Für Vektorräume gilt generell:

Satz 2.8.22 *Jeder Vektorraum V über einem Divisionsbereich K besitzt eine Dimension, d. h. alle Basen von V haben die gleiche Kardinalzahl.*

Beweis Nach Satz 2.8.21 können wir annehmen, dass V ein endlicher K-Vektorraum ist. In diesem Fall ergibt sich die Aussage aus dem nachfolgenden Lemma. $\qquad\square$

Lemma 2.8.23 *Sei V ein K-Vektorraum mit Basis $v_1, \ldots, v_n$. Dann sind je $n+1$ Vektoren $w_1, \ldots, w_{n+1} \in V$ linear abhängig.*

Beweis Wir verwenden Induktion über n. Die Aussage ist trivial für $n = 0$ (und $n = 1$). Beim Schluss von n auf $n + 1$ nehmen wir an, dass $v_1, \ldots, v_{n+1}$ eine Basis von V ist und dass $w_1, \ldots, w_{n+2} \in V$ linear unabhängig sind. Dann liegen nach Induktionsvoraussetzung nicht alle w_i im Unterraum $U := Kv_1 + \cdots + Kv_n \subseteq V$. Sei etwa $w_{n+2} \notin U$. Nach Lemma 2.8.17 ist $v_1, \ldots, v_n, w_{n+2}$ eine Basis von V, und die Restklassen $[v_1], \ldots, [v_n] \in V/Kw_{n+2}$ bilden nach Lemma 2.8.16 eine Basis von V/Kw_{n+2}. Ebenfalls nach Lemma 2.8.16 sind $[w_1], \ldots, [w_{n+1}]$ linear unabhängig in V/Kw_{n+2}, was nach Induktionsvoraussetzung nicht möglich ist. $\qquad\square$

Bis auf Isomorphie repräsentieren also die Vektorräume K^n, $n \in \mathbb{N}$, alle endlichdimensionalen Vektorräume über dem Divisionsbereich K. Dies sollte jedoch nicht dazu verleiten, nur diese Räume als endlichdimensionale Vektorräume in Betracht zu ziehen. Die Identifikation eines n-dimensionalen K-Vektorraums V mit K^n, d. h. eine **Eichung** von V, bedeutet die Auswahl einer K-Basis $v_1, \ldots, v_n$ von V, was ein nichttrivialer Prozess ist (schon bei $n = 1$ und $|K| > 2$). – Aus Lemma 2.8.16 folgt sofort:

Satz 2.8.24 (Rangsatz) *Sei $0 \to U \xrightarrow{f} V \xrightarrow{g} W \to 0$ eine exakte Sequenz von K-Vektorräumen und K-Homomorphismen. Dann gilt*

$$\operatorname{Dim}_K V = \operatorname{Dim}_K U + \operatorname{Dim}_K W.$$

Insbesondere ist $\operatorname{Dim}_K V = \operatorname{Dim}_K U + \operatorname{Dim}_K(V/U)$ für einen K-Vektorraum V und einen K-Unterraum $U \subseteq V$.

Auch freie Moduln über einem kommutativen Ring $A \neq 0$ besitzen einen Rang. Dies lässt sich mit folgender Konstruktion auf den Körperfall zurückführen: Sei zunächst V ein beliebiger Modul über dem beliebigen Ring A und $\mathfrak{a} \subseteq A$ ein zweiseitiges Ideal in A.

Dann ist αV ein Untermodul von V mit $\alpha V = \sum_{i \in I} \alpha v_i$ für jedes Erzeugendensystem v_i, $i \in I$, von V. Überdies ist $\alpha \subseteq \mathrm{Ann}_A(V/\alpha V)$ und damit $V/\alpha V$ ein A/α-Modul, vgl. Beispiel 2.8.3 (4). Ist nun v_i, $i \in I$, eine Basis von V, so ist $\alpha V = \sum_{i \in I}^{\oplus} \alpha v_i \subseteq V = \sum_{i \in I}^{\oplus} Av_i$ und $(A/\alpha)^{(I)} \cong \bigoplus_{i \in I} (Av_i/\alpha v_i) = V/\alpha V$. Folglich bilden dann die Restklassen $[v_i]$, $i \in I$, eine (A/α)-Basis von $V/\alpha V$. Es folgt: Haben alle freien (A/α)-Moduln einen Rang, so auch alle freien A-Moduln. Da ein kommutativer Ring $A \neq 0$ maximale Ideale $\mathfrak{m}$ besitzt, für die also $A/\mathfrak{m}$ ein Körper ist, vgl. Satz 2.7.18, ergibt sich speziell mit Satz 2.8.22:

Satz 2.8.25 *Jeder freie Modul über einem kommutativen Ring $\neq 0$ besitzt einen Rang.*

Ebenso hat Lemma 2.8.23 ein Analogon für kommutative Ringe $\neq 0$, vgl. Aufg. 2.8.16c). Allgemeiner als Satz 2.8.25 ist die folgende Aussage:

Satz 2.8.26 *Sei $\varphi \colon A \to B$ ein Homomorphismus von Ringen. Hat jeder freie B-Modul einen Rang, so auch jeder freie A-Modul.*

Beweis Unter Benutzung von Satz 2.8.21 haben wir zu zeigen: Sind $m, n \in \mathbb{N}$ und gilt $A^m \cong A^n$, so ist $m = n$. Seien $f \colon A^n \to A^m$ und $g \colon A^m \to A^n$ zueinander inverse A-Isomorphismen, die durch die Matrizen $A = (a_{ij}) \in \mathrm{M}_{m,n}(A^{\mathrm{op}})$ und $B = (b_{jk}) \in \mathrm{M}_{n,m}(A^{\mathrm{op}})$ beschrieben werden, vgl. Beispiel 2.8.4 (2). Dann beschreiben die Produktmatrizen $BA \in \mathrm{M}_n(A^{\mathrm{op}})$ und $AB \in \mathrm{M}_m(A^{\mathrm{op}})$ die Kompositionen $g \circ f = \mathrm{id}_{A^n}$ bzw. $f \circ g = \mathrm{id}_{A^m}$, sind also die Einheitsmatrizen E_n bzw. E_m. Die φ-Bilder $\varphi(A) = (\varphi(a_{ij})) \in \mathrm{M}_{m,n}(B^{\mathrm{op}})$ und $\varphi(B) = (\varphi(b_{jk})) \in \mathrm{M}_{n,m}(B^{\mathrm{op}})$ beschreiben dann zueinander inverse B-Isomorphismen $B^n \to B^m$ bzw. $B^m \to B^n$. Nach Voraussetzung über B ist also $m = n$, wie gewünscht. $\square$

Die Theorie der Ringe ist im Wesentlichen identisch mit der Theorie der Moduln über Ringen, wobei die Kommutative Algebra vor allem Moduln über noetherschen kommutativen Ringen betrachtet. Die Lineare Algebra wiederum beschäftigt sich zum großen Teil mit linearen Abbildungen freier Moduln und dabei insbesondere mit der Struktur linearer Abbildungen zwischen Vektorräumen (die nach Satz 2.8.18 ohne Weiteres frei sind). Bei Körpern kommt hinzu, dass die Homomorphismengruppen $\mathrm{Hom}_K(V, W)$ sogar K-Vektorräume sind. Ausführlich wird die Lineare Algebra in den Bänden 3 und 4 behandelt.

Aufgaben

Aufgabe 2.8.1 Für Untermoduln U, W eines A-Moduls V gelten folgende kanonische Isomorphien: (1) $U/(U \cap W) \xrightarrow{\sim} (U + W)/W$. (2) Ist $U \subseteq W$, so gilt $(V/U)/(W/U) \xrightarrow{\sim} V/W$.

Aufgabe 2.8.2 Seien U, W Untermoduln des A-Moduls V. Dann sind die beiden soge-nannten **Meyer-Vietoris-Sequenzen**

$$0 \to U \cap W \to U \oplus W \to U + W \to 0,$$
$$0 \to V/(U \cap W) \to (V/U) \oplus (V/W) \to V/(U + W) \to 0$$

exakt, wobei die nichttrivialen Homomorphismen in der ersten Sequenz durch $x \mapsto (x, -x)$ bzw. $(x, y) \mapsto x + y$ und in der zweiten Sequenz analog durch $[x] \mapsto ([x], -[x])$ bzw. $([x], [y]) \mapsto [x + y]$ gegeben sind. Aus der ersten exakten Sequenz folgere man im Fall, dass $A = K$ ein Divisionsbereich ist, die sogenannte **Dimensionsformel**

$$\mathrm{Dim}_K U + \mathrm{Dim}_K W = \mathrm{Dim}_K(U \cap W) + \mathrm{Dim}_K(U + W)$$

und aus der zweiten die sogenannte **Kodimensionsformel**

$$\mathrm{Kodim}_K(U, V) + \mathrm{Kodim}_K(W, V) = \mathrm{Kodim}_K(U \cap W, V) + \mathrm{Kodim}_K(U + W, V).$$

Dabei heißt

$$\mathrm{Kodim}_K(U, V) := \mathrm{Dim}_K(V/U)$$

für einen beliebigen Unterraum U eines K-Vektorraums V die (K-)**Kodimension** von U in V. Insbesondere gelten im Fall eines endlichdimensionalen K-Vektorraums V die beiden Ungleichungen $\mathrm{Dim}_K(U \cap W) \geq \mathrm{Dim}_K U + \mathrm{Dim}_K W - \mathrm{Dim}_K V$ und $\mathrm{Kodim}_K(U \cap W, V) \leq \mathrm{Kodim}_K(U, V) + \mathrm{Kodim}_K(W, V)$. Ist insbesondere $\mathrm{Dim}_K U + \mathrm{Dim}_K W > \mathrm{Dim}_K V$, so ist $U \cap W \neq 0$.

Aufgabe 2.8.3 Für eine Familie v_i, $i \in I$, von Vektoren eines K-Vektorraums V sind äquivalent: (i) v_i, $i \in I$, ist eine Basis von V. (ii) v_i, $i \in I$, ist ein minimales Erzeugen-densystem von V. (iii) v_i, $i \in I$, ist eine maximale linear unabhängige Familie in V.

Aufgabe 2.8.4 Sei $A \neq 0$ und x eine Basis des zyklischen A-Moduls $V := Ax$. Genau dann ist $y = ax \in V$, $a \in A$, ebenfalls eine Basis von V, wenn a eine Einheit in A ist. (Man beachte, dass Ax ein freier A-Modul $\neq 0$ sein kann, ohne dass x eine Basis von Ax ist, vgl. Aufg. 2.8.15c).)

Aufgabe 2.8.5 Sei $A \subseteq B$ eine Erweiterung von Ringen. B sei als A-(Links-)Modul frei mit Basis b_i, $i \in I$ (vgl. Beispiel 2.8.3 (3)). Ist dann W ein freier B-Modul mit Basis w_j, $j \in J$, so ist W auch ein freier A-Modul, und zwar mit $b_i w_j$, $(i, j) \in I \times J$, als Basis. Besitzen alle freien A- und B-Moduln jeweils einen Rang, so gilt

$$\mathrm{Rang}_A W = \mathrm{Rang}_A B \cdot \mathrm{Rang}_B W \quad \textbf{(Rangformel)}.$$

Insbesondere gilt für Divisionsbereiche K, L mit $K \subseteq L$ und jeden L-Vektorraum W die **Dimensionsformel** $\mathrm{Dim}_K W = \mathrm{Dim}_K L \cdot \mathrm{Dim}_L W$. Speziell ist jeder $\mathbb{C}$-Vektorraum ein $\mathbb{R}$-Vektorraum der doppelten Dimension. Die Dimension $\mathrm{Dim}_K L$ der Erweiterung $K \subseteq L$ von Divisionsbereichen nennt man auch den **Grad** der Erweiterung und bezeichnet ihn mit

$$[L : K] := \mathrm{Dim}_K L \,.$$

Aufgabe 2.8.6 Sei V ein A-Modul, $S \subseteq \mathrm{Z}(A)$ ein zentrales Untermonoid von $(A, \cdot)$ und A_S der Ring der Brüche von A bzgl. S, vgl. Beispiel 2.6.14. Dann ist $V \times S$ mit der Addition $(x, s) + (y, t) = (tx + sy, st)$ ein kommutatives Monoid und durch

$$(x, s) \equiv_S (y, t) \Longleftrightarrow \text{ es gibt ein } u \in S \text{ mit } utx = usy,$$

ist eine kompatible Äquivalenzrelation auf $V \times S$ definiert. $V_S = S^{-1}V$ bezeichnet das Quotientenmonoid und x/s, $x \in V$, $s \in S$, die Äquivalenzklasse von (x, s). V_S ist sogar eine abelsche Gruppe mit der Addition $x/s + y/t = (tx + sy)/st$, und durch

$$\frac{a}{s} \cdot \frac{x}{t} := \frac{ax}{st}, \quad a \in A, \ x \in V, \ s, t \in S,$$

ist eine Sakalarmultiplikation $A_S \times V_S \to V_S$ auf V_S wohldefiniert, bzgl. der V_S ein A_S-Modul ist. V_S hat mit dem kanonischen A-Modul-Homomorphismus $\iota_S \colon V \to V_S$, $x \mapsto x/1$, die folgende universelle Eigenschaft: Ist $f \colon V \to W$ ein A-Modul-Homomorphismus von V in einen A_S-Modul W, so gibt es genau einen A_S-Modulhomomorphismus $f_S \colon V_S \to W$ mit $f = f_S \circ \iota_S$. Es ist $f_S(x/s) = (1/s)f(x) = f(x)/s$.

Bemerkung V_S heißt der **Modul der Brüche** von V bzgl. S. – Ist z. B. A *kommutativ* und $\mathrm{Q}(A) = A_{A^*}$ der totale Quotientenring von A, so ist V_{A^*} ein Modul über $\mathrm{Q}(A)$ und Kern ι_{A^*} der Torsionsuntermodul $\mathrm{T}_A V$ von V. Man sagt, dass V einen **Rang über** A besitzt, wenn $A \neq 0$ und V_{A^*} ein freier $\mathrm{Q}(A)$-Modul ist. Man setzt dann $\mathrm{Rang}_A V :=$ $\mathrm{Rang}_{\mathrm{Q}(A)} V_{A^*}$. Ist V selbst frei über A mit Basis v_i, $i \in I$, so ist $v_i/1$, $i \in I$, eine $\mathrm{Q}(A)$-Basis von V_{A^*}, d. h. die neue Rangdefinition ist mit der aus Definition 2.8.20 verträglich. Insbesondere ist für einen Integritätsbereich A der Modul der Brüche V_{A^*} ein Vektorraum über dem Quotientenkörper $K := \mathrm{Q}(A)$ von A und V ein A-Modul mit $\mathrm{Rang}_A V = \mathrm{Dim}_K V_{A^*}$.

Aufgabe 2.8.7 Sei A ein Ring $\neq 0$. Ein A-Modul V heißt **einfach**, wenn $V \neq 0$ ist und V nur die trivialen Untermoduln 0 und V besitzt.

a) Für einen A-Modul V sind äquivalent: (i) V ist einfach. (ii) Es ist $V \neq 0$ und jeder Homomorphismus $V \to W$ von A-Moduln ist der Nullhomomorphismus oder injektiv. (iii) Es ist $V \neq 0$ und $V = Ax$ für jedes $x \in V - \{0\}$. (iv) V ist isomorph zu einem Restklassenmodul $A/\mathfrak{a}$, wobei $\mathfrak{a}$ ein maximales Linksideal in A ist.

b) Sei V ein einfacher A-Modul. Dann ist das zweiseitige Ideal $\mathrm{Ann}_A V$ der Durchschnitt der maximalen Linksideale $\mathrm{Ann}_A x$, $x \in V - \{0\}$. (Man erhält so einen einfachen Beweis dafür, dass der Durchschnitt aller maximalen Linksideale von A ein zweiseitiges Ideal in A ist. Dies ist das **Jacobson-Radikal** von A, vgl. die Bemerkungen im Anschluss an Definition 2.7.21.)

Aufgabe 2.8.8 Sei $f \colon V \to W$ ein Homomorphismus von A-Moduln.

a) Für einen Untermodul $U \subseteq V$ ist $f^{-1}(f(U)) = U + \mathrm{Kern}\, f$ und $U/(U \cap \mathrm{Kern}\, f) \xrightarrow{\sim} (U + \mathrm{Kern}\, f)/\mathrm{Kern}\, f \xrightarrow{\sim} f(U)$.

b) Ist f surjektiv, so sind $U \mapsto f(U)$ und $X \mapsto f^{-1}(X)$ zueinander inverse Abbildungen zwischen der Menge der Untermoduln U von V, die $\mathrm{Kern}\, f$ umfassen, und der Menge aller Untermoduln X von W.

c) Seien V und W einfache A-Moduln, vgl. Aufg. 2.8.7. Dann ist jeder A-Homomorphismus $V \to W$ der Nullhomomorphismus oder ein Isomorphismus. Insbesondere ist $\mathrm{End}_A V$ ein Divisionsbereich (**Lemma von (Issai) Schur**).

d) Ist A kommutativ, so sind die Moduln $A/\mathfrak{m}$, $\mathfrak{m} \in \mathrm{Spm}\, A$, bis auf Isomorphie die einzigen einfachen A-Moduln, und verschiedene maximale Ideale von A definieren nicht isomorphe einfache A-Moduln. (Man beachte $\mathrm{Ann}_A(A/\mathfrak{m}) = \mathfrak{m}$. – Die Klassifikation der einfachen Moduln über nichtkommutativen Ringen ist komplizierter. Ein lokaler Ring A mit Jacobson-Radikal $\mathfrak{m}_A$ hat den Restklassendivisionsbereich $A/\mathfrak{m}_A$ (aufgefasst als A-Modul) bis auf Isomorphie als einzigen einfachen A-Modul.)

e) Sei V ein Vektorraum $\neq 0$ über dem Divisionsbereich K. Dann ist V ein einfacher $(\mathrm{End}_K V)$-Modul, vgl. Beispiel 2.8.3 (5). Die Endomorphismen von V als $(\mathrm{End}_K V)$-Modul sind die Homothetien ϑ_a, $a \in K$, von V. Es ist also $\mathrm{End}_{\mathrm{End}_K V} V \cong K$ das Bild des Aktionshomomorphismus $\vartheta \colon K \to \mathrm{End}\, V$. Das Jacobson-Radikal von $\mathrm{End}_K V$ ist 0. (Es ist $\mathrm{Ann}_{\mathrm{End}_K V} V = \bigcap_{x \in V} \mathrm{Ann}_{\mathrm{End}_K V} x = 0$.)

f) Sei V ein endlichdimensionaler K-Vektorraum der Dimension $n > 0$. Dann ist $\mathrm{End}_K V$ ein einfacher Ring. (Ist $f \in \mathrm{End}_K V$ und $v_1, \dots, v_n$ eine K-Basis von V mit $f(v_1) \neq 0$, so enthält das von f erzeugte zweiseitige Ideal in $\mathrm{End}_K V$ ein Element f_1 mit $f_1(v_j) = \delta_{1j}(v_j)$, $j = 1, \dots, n$, und dann auch id_V.) Für jede K-Basis $v_1, \dots, v_n$ von V ist die Abbildung $\mathrm{End}_K V \to V^n$, $f \mapsto (f(v_1), \dots, f(v_n))$, ein Isomorphismus von $\mathrm{End}_K V$-Moduln (vgl. den Chinesischen Restsatz 2.2.18). V ist bis auf Isomorphie der einzige einfache $(\mathrm{End}_K V)$-Modul.

g) Ist $\alpha := \mathrm{Dim}_K V \geq \aleph_0$, V also unendlichdimensional, so ist

$$\mathfrak{a}_\alpha := \{ f \in \mathrm{End}_K V \mid \mathrm{Dim}_K \mathrm{Bild}\, f < \alpha \}$$

das einzige maximale zweiseitige Ideal in $\mathrm{End}_K V$. Der Ring $(\mathrm{End}_K V)/\mathfrak{a}_\alpha$ ist einfach (aber nach Aufg. 2.8.15c) wegen Satz 2.8.26 kein Divisionsbereich). Ist $\alpha > \aleph_0$, so ist $\mathfrak{a}_{\aleph_0} := \{ f \in \mathrm{End}_K V \mid \mathrm{Dim}_K \mathrm{Bild}\, f < \aleph_0 \}$ ein weiteres zweiseitiges Ideal in $\mathrm{End}_K V$.

Aufgabe 2.8.9 Sei V ein Modul über dem Ring A und $U \subseteq V$ ein Untermodul von V. Wir erinnern daran, dass U definitionsgemäß ein **direkter Summand** von V ist, wenn es zu U ein Modulkomplement $W \subseteq V$ gibt, für das also $V = U \oplus W$ ist.

a) Genau dann ist U ein direkter Summand von V, wenn es eine Projektion $p \in \operatorname{End}_A V$ gibt mit Bild $p = U$. In diesem Fall ist $V = U \oplus W$ mit $W := \operatorname{Kern} p$, $p = p_{U,W}$ die **Projektion auf U längs W**, und die komplementäre Projektion $q = q_{U,W} = \operatorname{id}_V - p_{U,W} = p_{W,U}$ ist die **Projektion längs U auf W**. (Vgl. dazu Aufg. 2.2.13.)

b) Ist $A = K$ ein Divisionsbereich, so besitzt jeder Unterraum $U \subseteq V$ ein Komplement.

c) Sei W ein Komplement von U. Dann ist $f \mapsto \Gamma_f = \{f(y) + y \mid y \in W\} \subseteq V$ eine bijektive Abbildung von $\operatorname{Hom}_A(W, U)$ auf die Menge aller Komplemente von U in V.

Aufgabe 2.8.10 Sei V ein A-Modul über dem Ring $A \neq 0$. V heißt **unzerlegbar** oder **irreduzibel**, wenn $V \neq 0$ ist und es keine direkte Summenzerlegung $V = U \oplus W$ mit Untermoduln $U \neq 0 \neq W$ von V gibt.

a) Genau dann ist V unzerlegbar, wenn $V \neq 0$ ist und der Endomorphismenring $\operatorname{End}_A V$ keine nichttrivialen idempotenten Elemente enthält. Jeder einfache A-Modul ist unzerlegbar. Man gebe ein Beispiel eines unzerlegbaren Moduls, der nicht einfach ist. Genau dann ist A als A-(Links- oder Rechts-)Modul unzerlegbar, wenn der Ring A keine nichttrivialen idempotenten Elemente besitzt. (Man unterscheide dies deutlich von der Unzerlegbarkeit von A als Ring. Diese ist äquivalent dazu, dass A keine nichttrivialen *zentralen* idempotenten Elemente besitzt.)

b) Die einzigen unzerlegbaren Vektorräume über einem Divisionsbereich K sind die eindimensionalen Vektorräume. (Im Allgemeinen ist es schwierig – wenn nicht unmöglich –, die unzerlegbaren Moduln über einem gegebenen Ring A zu klassifizieren. Die endlich erzeugten unzerlegbaren abelschen Gruppen (= $\mathbb{Z}$-Moduln) sind genau die zyklischen Gruppen $\mathbb{Z} = \mathbf{Z}_0$ und $\mathbf{Z}_{p^\alpha}$, $p \in \mathbb{P}$, $\alpha \in \mathbb{N}^*$. Dies ist im Wesentlichen der Hauptsatz 2.3.31 über endlich erzeugte abelsche Gruppen. Es gibt aber viele weitere unzerlegbare abelsche Gruppen, z. B. sind alle Untergruppen $\neq 0$ von $\mathbb{Q} = (\mathbb{Q}, +)$ unzerlegbar und ebenso alle Prüferschen p-Gruppen $\mathrm{I}(p)$, $p \in \mathbb{P}$, vgl. Aufg. 2.2.26c). Jede abelsche p-Gruppe mit 1-dimensionalem (d. h. von 0 verschiedenem zyklischen) p-Sockel ist unzerlegbar. Bis auf Isomorphie sind dies genau die Gruppen $\mathbf{Z}_{p^\alpha}$, $\alpha \in \mathbb{N}^*$, und $\mathrm{I}(p)$. Warum?)

Aufgabe 2.8.11 Ein Ring $A \neq 0$ ist genau dann ein Divisionsbereich, wenn alle A-(Links-)Moduln (oder wenn alle A-Rechtsmoduln) frei sind.

Aufgabe 2.8.12 Sei A ein Integritätsbereich, aber kein Körper. Dann besitzt der Quotientenkörper $Q(A)$ von A kein minimales Erzeugendensystem als A-Modul. Insbesondere ist $Q(A)$ nicht endlich erzeugt über A.

Aufgabe 2.8.13 Sei $m \in \mathbb{N}^*$. Man gebe ein minimales Erzeugendensystem der abelschen Gruppe $\mathbb{Z}$ mit genau m Elementen an.

Aufgabe 2.8.14 Sei V ein Modul über dem lokalen Ring A mit Jacobson-Radikal $\mathfrak{m}_A$ und v_i, $i \in I$, eine Familie von Elementen von V.

a) Ist v_i, $i \in I$, ein Erzeugendensystem von V, so ist v_i, $i \in I$, genau dann minimal, wenn $\mathrm{Syz}_A(v_i, i \in I) \subseteq \mathfrak{m}_A A^{(I)}$ ist. (Es ist $A^\times = A - \mathfrak{m}_A$.) In diesem Fall bilden die Restklassen $[v_i] \in V/\mathfrak{m}_A V$, $i \in I$, eine $(A/\mathfrak{m}_A)$-Basis von $V/\mathfrak{m}_A V$, und es gilt

$$\mu_A(V) = |I| = \mathrm{Dim}_{A/\mathfrak{m}_A}(V/\mathfrak{m}_A V).$$

Insbesondere gilt für jeden endlichen A-Modul V: Es ist $\mu_A(V) = \mathrm{Dim}_{A/\mathfrak{m}_A}(V/\mathfrak{m}_A V)$ und $V = 0$ genau dann, wenn $V = \mathfrak{m}_A V$ ist.

b) Ist $U \subseteq V$ ein Untermodul von V derart, dass der Restklassenmodul V/U endlich ist, und gilt $V = U + \mathfrak{m}_A V$, so ist $V = U$ (**Lemma von Nakayama**). (Es ist $V/U = \mathfrak{m}_A(V/U)$ und folglich $V/U = 0$.) Ist V endlich, so erzeugen die Elemente v_i, $i \in I$, genau dann V, wenn ihre Restklassen den Vektorraum $V/\mathfrak{m}_A V$ erzeugen.

Aufgabe 2.8.15 Sei A ein Ring $\neq 0$.

a) Ist $A^m \cong A^{m+1}$ (als A-Moduln) für ein $m \in \mathbb{N}$, so ist $A^m \cong A^n$ für alle $n \geq m$.

b) Genau dann ist $x, y \in A$ eine Basis des A-Moduls A, wenn es Elemente $a, b \in A$ gibt mit (1) $ax + by = 1$, (2) $xa = 1$, (3) $xb = 0$, (4) $ya = 0$ und (5) $yb = 1$. (Es ist also

$$(x, y) \begin{pmatrix} a \\ b \end{pmatrix} = (1), \quad \begin{pmatrix} a \\ b \end{pmatrix} (x, y) = \begin{pmatrix} 1 & 0 \\ 0 & 1 \end{pmatrix},$$

wobei alle Matrizen über dem oppositionellen Ring A^{op} aufzufassen sind, vgl. Beispiel 2.8.4 (2).)

c) Sei B ein Ring $\neq 0$ und V ein B-Modul $\neq 0$ mit $V \cong V \oplus V$ (z. B. ein freier B-Modul mit unendlicher Basis). Dann gibt es im Endomorphismenring $A := \mathrm{End}_B V$ Elemente a, b, x, y, die die Gleichungen (1) bis (5) aus b) erfüllen. Insbesondere besitzen die endlichen freien A-Moduln keinen Rang. (Man beschreibe zueinander inverse Isomorphismen $V \xrightarrow{\sim} V \oplus V$ und $V \oplus V \xrightarrow{\sim} V$ mit Matrizen, deren Koeffizienten in $\mathrm{End}_A V$ liegen, gemäß Satz 2.8.5.)

Aufgabe 2.8.16 Sei A ein Ring $\neq 0$.

a) $w_1, \ldots, w_{n+1}$ seien linear unabhängige Elemente im freien A-Modul V mit der Basis $v_1, \ldots, v_n$. Dann besitzt V einen freien Untermodul mit einer abzählbar unendlichen Basis. (Man konstruiert rekursiv eine unendliche Folge $u_0, u_1, u_2, \ldots$ linear unabhängiger Elemente in V und freie Untermoduln $U_0, U_1, U_2, \ldots \subseteq V$ mit jeweils einer Basis aus n Elementen derart, dass für jedes $k \in \mathbb{N}$ die direkte Summenzerlegung $Au_1 \oplus \cdots \oplus Au_k \oplus U_k$ gilt. Dann erzeugen $u_0, u_1, u_2, \ldots$ den gewünschten Untermodul. Man beginnt mit $u_0 := w_1$, $U_0 := Aw_2 \oplus \cdots \oplus Aw_{n+1}$.)

b) Ist A linksnoethersch und $n \in \mathbb{N}$, so sind je $n + 1$ Elemente in einem A-Modul V mit $\mu_A(V) \le n$ linear abhängig. (Man kann annehmen, dass $V \cong A^n$ ist, und beachte, dass A^n ein noetherscher A-Modul ist. – Aus a) folgt auch die analoge Aussage für linksartinsche Ringe. Dies ergibt sich aber bereits aus dem schon zitierten Satz von Hopkins.)

c) Mit einem Kunstgriff lässt sich das Ergebnis von b) auf beliebige *kommutative* Ringe $A \ne 0$ übertragen: *Ist A kommutativ und $n \in \mathbb{N}$, so sind je $n + 1$ Elemente in einem A-Modul V mit $\mu_A(V) \le n$ linear abhängig.* (Nehmen wir an, dass A^n $n + 1$ linear unabhängige Elemente $w_j = \sum_{i=1}^{n} a_{ij} e_i$, $j = 1, \ldots, n + 1$, enthält. Nach dem Hilbertschen Basissatz 2.9.21 ist der kleinste Unterring $B := \mathbb{Z}[a_{ij}, 1 \le i \le n, 1 \le j \le n + 1] \subseteq A$ von A, der alle Koeffizienten a_{ij} enthält, noethersch, und die Elemente $w_1, \ldots, w_{n+1} \in B^n$ sind auch linear unabhängig über B in B^n im Widerspruch zu b). – Man nennt die hier verwandte Methode, ein Problem auf den noetherschen Fall zurückzuführen, **Noetherisieren** eines Problems.)

Aufgabe 2.8.17 Sei V eine additiv geschriebene abelsche Gruppe. Genau dann ist V die additive Gruppe eines $\mathbb{Q}$-Vektorraums, wenn V torsionsfrei und divisibel ist. In diesem Fall ist die $\mathbb{Q}$-Vektorraumstruktur von V eindeutig bestimmt. Für $a, b \in \mathbb{Z}$, $b \ne 0$, ist $\vartheta_{a/b} = \vartheta_a \vartheta_b^{-1} = \vartheta_b^{-1} \vartheta_a$. Sind V, W beliebige torsionsfreie und divisible abelsche Gruppen, so ist $\mathrm{Hom}(V, W) = \mathrm{Hom}_{\mathbb{Z}}(V, W) = \mathrm{Hom}_{\mathbb{Q}}(V, W)$. (Ist V torsionsfrei und divisibel, so bildet der charakteristische Homomorphismus $\mathbb{Z} \to \mathrm{End}\,V$ das Monoid $\mathbb{Z}^*$ in $\mathrm{Aut}\,V$ ab und lässt sich daher eindeutig zu einem Ringhomomorphismus $\mathbb{Q} \to \mathrm{End}\,V$ fortsetzen.) Bis auf Isomorphie sind also die torsionsfreien und divisiblen abelschen Gruppen genau die direkten Summen $\mathbb{Q}^{(I)}$, I beliebige Menge. Wegen $|\mathbb{Q}^{(I)}| = |I|$ für unendliche Mengen I sind insbesondere zwei überabzählbare torsionsfreie und divisible abelsche Gruppen genau dann isomorph, wenn sie die gleiche Kardinalzahl haben. So sind etwa die additiven Gruppen der $\mathbb{R}$-Vektorräume $\mathbb{R}^n$, $n \in \mathbb{N}^*$, sowie $\mathbb{R}^{(\mathbb{N})}$ und $\mathbb{R}^{\mathbb{N}}$ alle untereinander isomorph (was den Anfänger in der Regel überrascht). Der Endomorphismenring $\mathrm{End}(\mathbb{R}, +) = \mathrm{End}_{\mathbb{Q}}(\mathbb{R}, +)$ besitzt genau dann nur zwei nichttriviale zweiseitige Ideale, wenn die Kontinuumshypothese aus Bemerkung 1.8.21 gilt, vgl. Aufg. 2.8.8g).

2.9 Algebren

Im Begriff einer Algebra verschmelzen Ring- und Modulstrukturen. Sei S ein Ring und A eine additive abelsche Gruppe. A ist eine S-Algebra, wenn A sowohl ein Ring als auch ein S-Modul ist, wobei die Addition für beide Strukturen die gegebene Addition auf A ist. Die einzig vernünftige Verträglichkeitsbedingung für beide Strukturen ist die, dass die Links- und Rechtsmultiplikationen L_x und R_y, $x, y \in A$, des Rings $(A, +, \cdot)$ S-linear sind, dass also $L_x \circ \vartheta_b = \vartheta_b \circ L_x$ und $R_y \circ \vartheta_a = \vartheta_a \circ R_y$ gilt oder – explizit – dass $x(by) = b(xy)$ und $(ax)y = a(xy)$ für alle $a, b \in S$ und $x, y \in A$ ist. Insbesondere ist dann also $\vartheta_a = L_{a \cdot 1_A} = R_{a \cdot 1_A}$ für alle $a \in S$, d.h. $S \cdot 1_A$ liegt im Zentrum $Z(A)$

Abb. 2.22 S-Algebrahomo-
morphismus f

von A. Aus diesem Grund wollen wir von vorneherein annehmen, dass der Grundring S kommutativ ist, und definieren:

Definition 2.9.1 Sei S ein *kommutativer* Ring. Eine S-**Algebra** A ist ein S-Modul mit einer Multiplikation $\cdot: A \times A \to A$ derart, dass $(A, +, \cdot)$ ein Ring ist, für den alle Links- und Rechtstranslationen L_x und R_y, $x, y \in A$, S-linear sind, d. h. dass für alle $a, b \in S$ und alle $x, y \in A$ gilt:

$$(1)\ x(by) = b(xy), \quad (2)\ (ax)y = a(xy).$$

Eine Abbildung $f: A \to B$ von S-Algebren heißt ein S-**Algebrahomomorphismus**, wenn f sowohl ein Ring- als auch ein S-Modulhomomorphismus ist.

Wir übernehmen alle einschlägigen Aussagen und Konstruktionen, die Ringe und Moduln betreffen und die sich ohne Weiteres übertragen lassen, in der Regel ohne Kommentar für Algebren. Die Menge der S-Algebrahomomorphismen $A \to B$ bezeichnen wir mit

$$\mathrm{Hom}_{S\text{-Alg}}(A, B).$$

Sie ist eine Teilmenge von $\mathrm{Hom}_S(A, B)$. Die Menge $\mathrm{End}_{S\text{-Alg}}(A)$ der S-Algebraendomorphismen von A ist bzgl. der Komposition ein Monoid mit Einheitengruppe $\mathrm{Aut}_{S\text{-Alg}} A$.

Sei A eine Algebra über dem kommutativen Ring S. Die Bedingungen (1) und (2) in Definition 2.9.1 lassen sich zu der einen Bedingung

$$(ax)(by) = (ab)(xy) \quad \text{für alle } a, b \in S,\ x, y \in A$$

zusammenfassen. Die Abbildung $\varphi: S \to A$, $a \mapsto a \cdot 1_A$, ist ein Ringhomomorphismus, *dessen Bild im Zentrum von A liegt*, und heißt der **Strukturhomomorphismus** von A. Durch ihn ist die Skalarmultiplikation auf A eindeutig bestimmt: Es ist $ax = (a \cdot 1_A)x = \varphi(a)x$ für alle $a \in S$, $x \in A$. Sind A, B S-Algebren mit Strukturhomomorphismen φ bzw. ψ, so ist ein Ringhomomorphismus $f: A \to B$ genau dann ein S-Algebrahomomorphismus, wenn $f \circ \varphi = \psi$ ist, wenn also das Diagramm in Abb. 2.22 kommutativ ist.

Ist umgekehrt $\varphi: S \to A$ ein Homomorphismus des kommutativen Rings S in den (beliebigen) Ring A mit Bild $\varphi \subseteq \mathrm{Z}(A)$, so ist A mit der Skalarmultiplikation $ax := \varphi(a)x$, $a \in S$, $x \in A$, eine S-Algebra. *Für einen kommutativen Ring S sind also S-Algebren und Paare (A, φ), A Ring, $\varphi: S \to A$ Ringhomomorphismus mit $\varphi(S) \subseteq \mathrm{Z}(A)$ dasselbe.* Insbesondere definiert jeder Homomorphismus $S \to A$ kommutativer Ringe eine

S-Algebrastruktur auf A. Jeder Ring ist eine Algebra über seinem Zentrum und dessen Unterringen. Ferner liefert die einzige $\mathbb{Z}$-Modulstruktur seiner additiven Gruppe stets eine $\mathbb{Z}$-Algebrastruktur. Ringe und $\mathbb{Z}$-Algebren sind also dasselbe. Ein Unterring A' einer S-Algebra A ist genau dann eine S-Unteralgebra, wenn A' die kleinste S-Unteralgebra $S \cdot 1_A \cong S/\mathrm{Ann}_S 1_A$ von A umfasst. Die Restklassenalgebren $S/\mathfrak{s}$ von S, $\mathfrak{s}$ Ideal in S, sind also bis auf Isomorphie die minimalen S-Algebren (die definitionsgemäß keine echten S-Unteralgebren besitzen).

Bemerkung 2.9.2 (**S-bilineare und S-multilineare Abbildungen**) Sei S ein kommutativer Ring. Ist A ein Ring, der zugleich ein S-Modul ist (mit derselben Addition), so ist A definitionsgemäß genau dann eine S-Algebra, wenn die Multiplikation $A \times A \to A$ S-bilinear in folgendem Sinne ist, vgl. Bemerkung 2.6.6:

Definition 2.9.3 Seien V, W, X Moduln über dem kommutativen Ring S. Eine Abbildung $f : V \times W \to X$ heißt (S-)**bilinear**, wenn für alle $a \in S, x, x_1, x_2 \in V$ und alle $y, y_1, y_s \in W$ Folgendes gilt:

$$f(x, y_1 + y_2) = f(x, y_1) + f(x, y_2), \quad f(x_1 + x_2, y) = f(x_1, y) + f(x_2, y),$$
$$f(ax, y) = af(x, y) = f(x, ay),$$

wenn also alle partiellen Abbildungen $f(x, -) : W \to X$, $x \in V$, und $f(-, y) : V \to X$, $y \in W$, S-linear sind. Analog ist für eine *endliche* Familie V_i, $i \in I$, von S-Moduln eine (S-)**multilineare** Abbildung $f : \prod_{i \in I} V_i \to X$ definiert: Bei Festhalten aller Argumente bis auf das i-te definiert f eine S-lineare Abbildung $V_i \to X$, $i \in I$.

Ist $I = \emptyset$, so ist f ein Element von X, bei $I = \{i\}$ ist f eine S-lineare Abbildung $V_i \to X$, bei $|I| = 3$ spricht man von S-trilinearen Abbildungen usw. Für multilineare Abbildungen gelten analoge Aussagen wie für multiadditive Abbildungen, insbesondere:

Lemma 2.9.4 *Sind v_{ij_i}, $j_i \in J_i$, Erzeugendensysteme der S-Moduln V_i, $i \in I$, so stimmen zwei S-multilineare Abbildungen $f, g : \prod_{i \in I} V_i \to X$ bereits dann überein, wenn sie auf allen I-Tupeln $(v_{ij_i})_{i \in I}$, $(j_i) \in \prod_{i \in I} J_i$, übereinstimmen.*

Ein S-Modul A zusammen mit einer S-bilinearen Multiplikation $A \times A \to A$ heißt eine **verallgemeinerte S-Algebra**. Die Multiplikation auf einer verallgemeinerten S-Algebra A ist nach Lemma 2.9.4 bereits eindeutig bestimmt durch die Produkte $v_i v_j$, $i, j \in I$, wobei v_i, $i \in I$, ein S-Modulerzeugendensystem von A ist. Um dann zu verifizieren, dass A sogar eine S-Algebra (im engeren Sinne) ist mit Einselement 1_A, hat man nur die Gleichungen $(v_i v_j)v_k = v_i(v_j v_k)$ und $1_A \cdot v_i = v_i = v_i \cdot 1_A$ für alle $i, j, k \in I$ zu prüfen. $\diamond$

Ist A eine S-Algebra und x_i, $i \in I$, eine Familie von Elementen in A, so bezeichnet

$$S \langle x_i, i \in I \rangle$$

die kleinste S-Unteralgebra von A, die die Elemente x_i, $i \in I$, enthält. Sie wird als S-Modul erzeugt von dem Untermonoid $M(x_i, i \in I)$ des multiplikativen Monoids von A, das von den x_i erzeugt wird. $M(x_i, i \in I)$ besteht aus den Monomen $x^\nu = x_{i_1} \cdots x_{i_n}$, wobei $\nu = i_1 \cdots i_n \in W(I)$ ein Wort über dem Alphabet I ist. Kommutieren die x_i paarweise, so ist auch die von den x_i, $i \in I$, erzeugte S-Unteralgebra kommutativ und man schreibt dann

$$S[x_i, i \in I]$$

für diese Unteralgebra. Die Monome in den x_i lassen sich in diesem Fall in der Form $x^\nu = \prod_{i \in I} x_i^{\nu_i}$, $\nu = (\nu_i) \in \mathbb{N}^{(I)}$, schreiben. Eine S-Algebra A heißt **endlich** (bzw. **frei**), wenn A als S-Modul endlich (bzw. frei) ist.[49] Ist $\upsilon = (\upsilon_i)_{i \in I}$, eine S-Modulbasis der freien S-Algebra A, so ist die Multiplikation auf A bereits durch die Produkte

$$\upsilon_i \cdot \upsilon_j = \sum_{k \in I} a_{ij}^{(k)} \upsilon_k, \quad i, j \in I,$$

bestimmt, vgl. Lemma 2.9.4. Die $a_{ij}^{(k)} \in S$, $i, j, k \in I$, heißen die **Strukturkonstanten** von A bzgl. der S-Basis υ. Eine S-Algebra A heißt **von endlichem Typ**, wenn sie ein endliches S-Algebraerzeugendensystem besitzt, wenn es also eine endliche Familie x_i, $i \in I$, gibt mit $A = S\langle x_i, i \in I \rangle$. Endliche Algebren und Algebren von endlichem Typ dürfen nicht verwechselt werden. Natürlich ist jede endliche Algebra auch von endlichem Typ.

Beispiel 2.9.5 Im Folgenden bezeichne S stets einen kommutativen Ring $\neq 0$.

(1) Urbeispiele für S-Algebren sind die Endomorphismenalgebren $\mathrm{End}_S V$ von S-Moduln V. Nach Proposition 2.8.2 ist $\mathrm{End}_S V$ sowohl ein Ring als auch ein S-Modul mit der Komposition als Ringmultiplikation bzw. der Skalarmultiplikation $af = \vartheta_a \circ f = f \circ \vartheta_a$, $a \in S$, $f \in \mathrm{End}_S V$. Die definierende Eigenschaft als S-Algebra ist wegen

$$(af)(bg) = \vartheta_a f \vartheta_b g = \vartheta_a \vartheta_b fg = \vartheta_{ab}(fg) = (ab)(fg), \quad a, b \in S, \ f, g \in \mathrm{End}_S V,$$

erfüllt. Im Fall $V = S^I = S^{(I)}$ mit einer *endlichen* Indexmenge I erhalten wir die endliche freie S-Algebra vom Rang $|I|^2$ der **quadratischen $I \times I$-Matrizen** über S

$$\mathrm{End}_S S^I = M_I(S^{\mathrm{op}}) = M_I(S) = S^{I \times I},$$

vgl. Satz 2.8.5. Es ist

$$AB = C = (c_{ik}) \quad \text{mit} \quad c_{ik} = \sum_{j \in I} a_{ij} b_{jk} \quad \text{für} \quad A = (a_{ij}), B = (b_{jk}) \in M_I(S),$$

---

[49] Man unterscheide sorgfältig zwischen freien Algebren im hier angegebenen Sinne und den frei erzeugten Algebren, vgl. Beispiel 2.9.12.

vgl. loc. cit.[50] Die Automorphismengruppe $\mathrm{Aut}_S\,S^I = \mathrm{GL}_S\,S^I$ bezeichnen wir demgemäß mit

$$\mathrm{GL}_I(S) = \mathrm{M}_I(S)^{\times}.$$

Nach Auszeichnen einer Basis $v_1, \ldots, v_n$ lässt sich die Endomorphismenalgebra eines freien S-Moduls vom Rang $n \in \mathbb{N}$ mit der Matrizenalgebra $\mathrm{M}_n(S)$ vom Rang n^2 identifizieren und ihre Einheitengruppe mit der Gruppe $\mathrm{GL}_n(S) \subseteq \mathrm{M}_n(S)$ der invertierbaren $n \times n$-Matrizen. Dies gilt insbesondere für Vektorräume der Dimension n über einem Körper.

Sei A ein Ring, der gleichzeitig ein S-Modul ist, und $L\colon A \to \mathrm{End}\,A = \mathrm{End}(A, +)$ die reguläre Darstellung von A, vgl. Beispiel 2.6.19. Ist A eine S-Algebra, so sind die Linkstranslationen $L_a\colon A \to A$, $a \in A$, S-linear und das Bild von L liegt in der S-Algebra $\mathrm{End}_S\,A$. Da auch die Rechtstranslationen $R_b\colon A \to A$, $b \in A$, S-linear sind, ist L sogar S-linear und damit ein S-Algebrahomomorphismus. Mit anderen Worten: *A ist eine S-Algebra genau dann, wenn das Bild der regulären Darstellung $L\colon A \to \mathrm{End}\,A$ in der S-Algebra $\mathrm{End}_S\,A \subseteq \mathrm{End}\,A$ liegt und L überdies S-linear ist.* Insbesondere kann eine S-Algebra A stets mit einer S-Unteralgebra von $\mathrm{End}_S\,A$ identifiziert werden und eine freie S-Algebra vom Rang $n \in \mathbb{N}$ nach Auszeichnen einer S-Basis $v_1, \ldots, v_n$ mit einer S-Unteralgebra der Matrizenalgebra $\mathrm{M}_n(S)$. Letzteres ist völlig analog zum entsprechenden Satz 2.2.9 über Gruppen, der besagt, dass jede endliche Gruppe der Ordnung n mit einer Untergruppe der Permutationsgruppe $\mathfrak{S}_n$ identifiziert werden kann.

Sei A eine S-Algebra. Ein A-Modul V ist dann auch ein S-Modul, und die Homothetien $\vartheta_a\colon V \to V$, $a \in A$, sind S-linear. Das Bild des Aktionshomomorphismus ϑ liegt also in der S-Algebra $\mathrm{End}_S\,V \subseteq \mathrm{End}\,V$. Anders gesagt: *Ein A-Modul ist ein S-Modul V, zusammen mit einem S-Algebrahomomorphismus $\vartheta\colon A \to \mathrm{End}_S\,V$.* Ist beispielsweise $S = K$ ein Körper, so ist V ein K-Vektorraum, also frei, und $\mathrm{End}_K\,V$ gut zu überschauen, insbesondere dann, wenn V endlichdimensional ist.

(2) Wegen der großen Bedeutung erwähnen wir explizit die kommutativen Funktionenalgebren S^I als Spezialfälle allgemeiner Produktalgebren $\prod_{i \in I} A_i$ von Familien A_i, $i \in I$, von S-Algebren. Ein Unterring C von S^I ist genau dann eine S-Unteralgebra, wenn C die konstanten Funktionen $a\colon I \to S$, $i \mapsto a$, enthält. Solche speziellen **Funktionenalgebren** treten häufig auf, insbesondere in der Analysis und der Topologie. Beispielsweise bilden die Polynomfunktionen $S \to S$ eine S-Unteralgebra von S^S. Diese wird von der Identität $x \mapsto x$ von S erzeugt, die man häufig auch einfach wieder mit x bezeichnet. Die Polynomfunktionen sind also die S-Linearkombinationen $a_0 + a_1 x + \cdots + a_n x^n$, $a_\nu \in S$, der Potenzfunktionen x^ν, $\nu \in \mathbb{N}$. Ebenso bilden die Funktionen $I \to S$ mit endlich vielen Werten oder mit höchstens abzählbar vielen Werten jeweils eine S-Unteralgebra von S^I. Allgemeiner gilt dies für die Funktionen mit $(< \alpha)$- bzw. mit $(\leq \alpha)$-vielen Werten, wobei α eine beliebige unendliche Kardinalzahl ist, vgl. Aufg. 1.8.15a). Ist X ein topologischer

---

[50] Für einen beliebigen (nicht notwendig kommutativen) Ring R ist $\mathrm{M}_I(R)$ mit dieser Multiplikation ebenfalls ein Ring, nämlich der R^{op}-Endomorphismenring von $(R^{\mathrm{op}})^I$. Es ist also $\mathrm{End}_R\,R^I = \mathrm{M}_I(R^{\mathrm{op}})$. Man achte auf diesen (schon mehrfach betonten) Übergang zum oppositionellen Ring.

Raum, so bilden die stetigen reellen oder stetigen komplexen Funktionen auf X jeweils eine $\mathbb{R}$- bzw. $\mathbb{C}$-Algebra $C_{\mathbb{R}}(X) \subseteq \mathbb{R}^X$ bzw. $C_{\mathbb{C}}(X) \subseteq \mathbb{C}^X$, vgl. Satz 4.2.31, ebenso die differenzierbaren Funktionen auf einem Intervall $I \subseteq \mathbb{R}$ usw, vgl. Bd. 2. $\diamond$

Beispiel 2.9.6 (Monoidalgebren) Eine wichtiges Verfahren zur Konstruktion neuer Algebren wird durch die sogenannten Monoidalgebren gegeben. Im Folgenden sei S immer ein kommutativer Ring $\neq 0$. A sei eine S-Algebra und M ein (multiplikatives) Monoid mit neutralem Element ι. Die Elemente e_σ, $\sigma \in M$, der Standardbasis des A-Moduls $A^{(M)}$ bezeichnen wir kurz mit σ. Dann ist die Multiplikation

$$\left(\sum_{\sigma \in M} a_\sigma \sigma\right)\left(\sum_{\tau \in M} b_\tau \tau\right) := \sum_{\rho \in M} c_\rho \rho \quad \text{mit} \quad c_\rho := \sum_{\sigma\tau = \rho} a_\sigma b_\tau,$$

auf $A^{(M)}$ offenbar S-bilinear, und auf den Produkten $a\sigma$, $a \in A$, $\sigma \in M$, stimmt sie mit der Multplikation auf dem Produktmonoid $A \times M$ überein, ist also dort insbesondere assoziativ und dann sogar assoziativ auf ganz $A^{(M)}$, vgl. Lemma 2.9.4. Wegen $\iota(a\sigma) = a\sigma = (a\sigma)\iota$ für alle $(a, \sigma) \in A \times M$ ist ι überdies ein Einselement für die Multiplikation auf $A^{(M)}$. *Insgesamt ist $A^{(M)}$ eine S-Algebra.* Sie heißt die **Monoidalgebra** über A zum Monoid M und wird mit

$$A[M]$$

bezeichnet. Ist M eine Gruppe, so spricht man auch von einer **Gruppenalgebra**. Wir identifizieren A stets mit der S-Unteralgebra $A\iota$ von $A[M]$. Bei $A \neq 0$ ist der kanonische Monoidhomomorphismus $\iota_M : M \to A[M]$, $\sigma \mapsto \sigma$, injektiv. Er erlaubt es dann, auch M mit seinem Bild in $A[M]$ zu identifizieren. $A[M]$ hat folgende universelle Eigenschaft:

Satz 2.9.7 *Sei A eine S-Algebra und M ein Monoid. Ferner sei B eine weitere S-Algebra. Dann ist $f \mapsto (f|A, f \circ \iota_M)$ eine bijektive Abbildung der Menge $\mathrm{Hom}_{S\text{-Alg}}(A[M], B)$ auf die Menge der Paare $(g, h) \in \mathrm{Hom}_{S\text{-Alg}}(A, B) \times \mathrm{Hom}(M, B)$ mit $g(a)h(\sigma) = h(\sigma)g(a)$ für alle $a \in A$ und alle $\sigma \in M$ (wobei $\mathrm{Hom}(M, B)$ die Menge der Monoidhomomorphismen $M \to (B, \cdot)$ ist). Ein solches Paar (g, h) definiert den S-Algebrahomomorphismus $f : A[M] \to B$, $\sum_{\sigma \in M} a_\sigma \sigma \mapsto \sum_{\sigma \in M} g(a_\sigma)h(\sigma)$. Im Fall $A = S$ ergibt sich insbesondere: $f \mapsto f \circ \iota_M$ ist eine bijektive Abbildung $\mathrm{Hom}_{S\text{-Alg}}(S[M], B) \xrightarrow{\sim} \mathrm{Hom}(M, B)$ mit Umkehrabbildung*

$$h \mapsto \left(\sum_{\sigma \in M} a_\sigma \sigma \mapsto \sum_{\sigma \in M} a_\sigma h(\sigma)\right).$$

Beweis Der Leser prüft sofort, dass die Abbildungen $f \mapsto (f|A, f \circ \iota_M)$ und $(g, h) \mapsto f$ zueinander invers sind. Der Zusatz ergibt sich daraus, dass $\mathrm{Hom}_{S\text{-Alg}}(S, B)$ nur ein Element enthält, nämlich den Strukturhomomorphismus $S \to B$. $\qquad \square$

Nach dem Zusatz in Satz 2.9.7 ist ein $S[M]$-Modul gegeben durch einen S-Modul V und einen Monoidhomomorphismus $M \to (\mathrm{End}_S V, \circ)$, d. h. durch eine Operation von M auf V als Monoid von S-Endomorphismen. Man spricht dann auch von einer **Darstellung von M im S-Modul** V. *Die Theorie der Darstellungen von M in S-Moduln ist also äquivalent zur Modultheorie von $S[M]$*. Die triviale Darstellung von M in V liefert die $S[M]$-Modulstruktur auf V mit $\sigma x = x$ für alle $\sigma \in M$ und alle $\in V$. $S[M]$-Moduln heißen auch M-S-Moduln und für $S = \mathbb{Z}$ einfach M-Moduln. Ein M-Modul ist also eine abelsche Gruppe, auf der M als Monoid von Gruppenendomorphismen operiert.

Der durch den trivialen Homomorphismus $M \to A$, $\sigma \to 1_A$, definierte S-Algebrahomomorphismus $A[M] \to A$, $\sum_\sigma a_\sigma \sigma \mapsto \sum_\sigma a_\sigma$, heißt die **Augmentation** von $A[M]$, sein Kern das **Augmentationsideal**. Es wird von den Elementen $\sigma - 1 = \sigma - \iota$, $\sigma \in M$, erzeugt. Mit Lemma 2.8.26 folgt noch: *Haben alle freien A-Moduln einen Rang, so auch alle freien $A[M]$-Moduln.*

Das Rechnen in $A[M]$ wird durch die direkte Summenzerlegung $A[M] = \sum^{\oplus}_{\sigma \in M} A\sigma$ mit $(A\sigma)(A\tau) \subseteq A(\sigma\tau)$ besonders übersichtlich. Generell definiert man:

Definition 2.9.8 Sei B eine S-Algebra und M ein Monoid mit neutralem Element ι. Eine M-**Graduierung** auf B ist eine direkte Summenzerlegung $B = \sum^{\oplus}_{\sigma \in M} B_\sigma$ mit S-Untermoduln $B_\sigma \subseteq B$, für die $1_B \in B_\iota$ ist und $B_\sigma B_\tau \subseteq B_{\sigma\tau}$ gilt für alle $\sigma, \tau \in M$. B zusammen mit einer M-Graduierung heißt eine M-**graduierte S-Algebra**. Ist $S = \mathbb{Z}$, so spricht man einfach von einem M-**graduierten Ring**.

Für ein Element $b = \sum_{\sigma \in M} b_\sigma \in B$, $b_\sigma \in B_\sigma$, heißt b_σ die σ-**te homogene Komponente**. Wegen $1_B \in B_\iota$ ist $S1_B \subseteq B_\iota$. Ein Element $b \in B$ heißt **homogen vom Grad** σ, wenn $b \in B_\sigma$ ist. Der Grad eines homogenen Elements $\neq 0$ ist eindeutig bestimmt. Das Nullelement $0 \in B$ hat definitionsgemäß jeden Grad $\sigma \in M$. Die Bedingung $1_B \in B_\iota$ ist automatisch erfüllt, wenn M ein reguläres Monoid ist. Beweis! Wenn B kommutativ ist, so gilt $B_\sigma B_\tau = B_\tau B_\sigma \subseteq B_{\sigma\tau} \cap B_{\tau\sigma}$. Bei kommutativen M-graduierten Algebren wird in der Regel also auch das Monoid M selbst kommutativ sein. Bei additiver Schreibweise von M ist $B_\sigma B_\tau \subseteq B_{\sigma+\tau}$ und $1_B \in B_0$.

Besonders wichtig ist der Fall, dass $M = (M, \leq)$ ein *total* geordnetes Monoid (vgl. Aufg. 2.1.16) ist. Ist dann $b = \sum_{\sigma \in M} b_\sigma \in B$ mit $b_\sigma \in B_\sigma$ ein Element $\neq 0$, so heißt

$$\omega = \mathrm{Grad}\, b := \mathrm{Max}\, \{\sigma \in M \mid b_\sigma \neq 0\}$$

der **(Ober-)Grad** und $\mathrm{LF}(b) := b_\omega$ die **Leitform** von b. Offenbar gilt die Ungleichung $\mathrm{Grad}(bc) \leq (\mathrm{Grad}\, b)(\mathrm{Grad}\, c)$, wenn $b, c, bc \neq 0$. In einer Monoidalgebra $A[M]$ mit $A \neq 0$ hat die Leitform von $b \in A[M]$ die Gestalt $a\sigma$, $a \in A - \{0\}$, $\sigma \in M$. σ heißt dann das **Leitmonom** $\mathrm{LM}(b)$ und a der **Leitkoeffizient** $\mathrm{LK}(b)$ von b. Das Element $b \neq 0$ heißt **normiert**, wenn sein Leitkoeffizient gleich 1_A ist. **Untergrad**, **Anfangsform** $\mathrm{AF}(b)$ sowie **Anfangsmonom** $\mathrm{AM}(b)$ und **Anfangskoeffizient** $\mathrm{AK}(b)$ von b sind definitionsgemäß der Obergrad, die Leitform, das Leitmonom und der Leitkoeffizient von b bzgl. der entgegengesetzten Ordnung $\leq^{\mathrm{op}} = \geq$ auf M.

Lemma 2.9.9 *Sei M ein reguläres total geordnetes Monoid. In der M-graduierten Algebra B sei eine der Leitformen* LF(b), LF(c) *der Elemente $b, c \in B - \{0\}$ ein Nichtnullteiler in B. Dann ist*

$$\mathrm{LF}(bc) = \mathrm{LF}(b)\,\mathrm{LF}(c) \quad \text{und speziell} \quad \mathrm{Grad}(bc) = (\mathrm{Grad}\,b)(\mathrm{Grad}\,c) \quad \textbf{(Gradfomel)}.$$

Insbesondere ist b ein Nichtnullteiler in B, wenn LF(b) *ein Nichtnullteiler ist, und B ein Bereich, wenn alle homogenen Elemente $\neq 0$ in B Nichtnullteiler sind. Ist die S-Algebra A ein Bereich, so auch die Monoidalgebra $A[M]$.*

Zum *Beweis* ist nur zu beachten, dass $\rho\sigma < \rho\tau$ und $\sigma\rho < \tau\rho$ gilt für beliebige Elemente ρ, σ, τ mit $\sigma < \tau$ des regulären total geordneten Monoids M. $\square$

Beispiel 2.9.10 Das am Ende von Beispiel 2.3.34 erwähnte Mal'cevsche reguläre Monoid M, das nicht in eine Gruppe einbettbar ist, lässt sich so total ordnen, dass M ein total geordnetes Monoid wird. *Ist also S ein Integritätsbereich, so ist die Monoidalgebra $S[M]$ ein Bereich, der sich nicht in einen Divisionsbereich einbetten lässt.* $\Diamond$

Sei weiterhin $B = \sum_{\sigma \in M}^{\oplus} B_\sigma$ ein M-graduierter Ring. Ein (Links-, Rechts- oder zweiseitiges) Ideal $\mathfrak{b} \subseteq B$ heißt **homogen** oder **graduiert**, wenn $\mathfrak{b} = \sum_{\sigma \in M}^{\oplus} (\mathfrak{b} \cap B_\sigma)$ ist, wenn also ein Element $b = \sum_\sigma b_\sigma \in B$ genau dann zu $\mathfrak{b}$ gehört, wenn alle seine homogenen Komponenten b_σ zu $\mathfrak{b}$ gehören. Offenbar ist $\mathfrak{b}$ genau dann graduiert, wenn $\mathfrak{b}$ von homogenen Elementen erzeugt wird. Dann ist auch $B/\mathfrak{b} = \sum_{\sigma \in M}^{\oplus} B_\sigma/\mathfrak{b}_\sigma$ M-graduiert. Ist M total geordnet, so lässt sich jedem beliebigen Ideal $\mathfrak{b} \subseteq B$ in natürlicher Weise sein sogenanntes **Leitformenideal** LF($\mathfrak{b}$) zuordnen. Es ist das homogene (Links-, Rechts- oder zweiseitige) Ideal, das von den Leitformen der Elemente $b \in \mathfrak{b} - \{0\}$ erzeugt wird. Zur Illustration der Nützlichkeit von Leitformenidealen beweisen wir exemplarisch folgendes Lemma:

Lemma 2.9.11 $B = \sum_{\sigma \in M}^{\oplus} B_\sigma$ *sei ein M-graduierter Ring, $\mathfrak{b}$ ein Links- oder Rechtsideal in B, und M sei ein reguläres geordnetes Monoid bzgl. einer Wohlordnung. Erzeugen dann die Leitformen $c_{j,\mu_j} := \mathrm{LF}(c_j) \in B_{\mu_j}$, $j \in J$, der Elemente $c_j \in \mathfrak{b} - \{0\}$ das Leitformenideal* LF($\mathfrak{b}$) *von $\mathfrak{b}$, so erzeugen die c_j, $j \in J$, das Ideal $\mathfrak{b}$.*

Beweis Wir behandeln den Fall eines Linksideals $\mathfrak{b}$. Sei $\mathfrak{b}' \subseteq \mathfrak{b}$ das von den c_j, $j \in J$, erzeugte Ideal. Angenommen, es sei $\mathfrak{b}' \neq \mathfrak{b}$. Dann sei b ein Element kleinsten Grades in $\mathfrak{b} - \mathfrak{b}'$ mit Leitform $b_\mu \in \mathrm{LF}(\mathfrak{b}) \cap B_\mu$. Es gibt eine endliche Teilmenge $J' \subseteq J$ und – da M regulär ist – homogene Elemente a_j, $j \in J'$, in B mit $b_\mu = \sum_{j \in J'} a_j c_{j,\mu_j}$. Dann liegt $b - \sum_{j \in J'} a_j c_j$ in $\mathfrak{b} - \mathfrak{b}'$ und hat einen Grad $< \mu$. Widerspruch! $\square$

Man nennt ein System von Elementen $c_j \in \mathfrak{b}$, $j \in J$, deren Leitformen wie in der Situation von Lemma 2.9.11 das Leitformenideal von $\mathfrak{b}$ erzeugen, eine **Gröbner-Basis** von b (nach W. Gröbner (1899–1980)). Mit Hilfe von Gröbner-Basen lassen sich viele Operationen mit Idealen rechnerisch beherrschen. Wir verweisen auf die einschlägige Literatur, etwa auf T. Becker, B. V. Weispfenning: Gröbner Bases: A Computational Approach to Commutative Algebra. Graduate Texts in Mathematics 141, New York 1993.

Häufig vergröbert man eine gegebene M-Graduierung mit einem Monoidhomomorphismus $\varphi\colon M \to N$: Ist $B = \sum_{\sigma}^{\oplus} B_\sigma$ eine M-Graduierung von B, so ist $B = \sum_{\tau \in N}^{\oplus} B_\tau$ mit $B_\tau := \sum_{\sigma \in \varphi^{-1}(\tau)}^{\oplus} B_\sigma$ eine N-Graduierung von B. Für jedes Untermonoid $M' \subseteq M$ ist $\sum_{\sigma \in M'}^{\oplus} B_\sigma$ eine M'-graduierte Unteralgebra von B. Ist D ein Linksideal in M (d. h. ist $MD \subseteq D$), so ist $\sum_{\sigma \in D}^{\oplus} B_\sigma$ ein homogenes Linksideal in B.

Wir erwähnen zwei Erweiterungen des Begriffs der Monoidalgebra.

(1) Das Monoid M operiere auf der S-Algebra A als Monoid von S-Algebraendomorphismen mit Aktionshomomorphismus $\vartheta\colon M \to \mathrm{End}_{S\text{-Alg}} A$. Dann ist das semidirekte Produkt $A \rtimes_\vartheta M$ mit der Multiplikation $(a\sigma)(b\tau) = (a\vartheta_\sigma(b))(\sigma\tau)$ ein Monoid, vgl. Satz 2.4.13, und $A^{(M)}$ wird mit der Multiplikation

$$\left(\sum_{\sigma \in M} a_\sigma \sigma\right)\left(\sum_{\tau \in M} b_\tau \tau\right) = \sum_{\rho \in M} c_\rho \rho, \quad c_\rho := \sum_{\sigma\tau = \rho} a_\sigma \vartheta_\sigma(b_\tau),$$

eine S-Algebra mit Einselement $\iota = 1_A \iota$. Sie heißt die mit ϑ **verschränkte Monoidalgebra** über A zum Monoid M und wird mit

$$A[M, \vartheta]$$

bezeichnet. Die obige gewöhnliche Monoidalgebra erhält man mit der trivialen Operation von M auf A (bei der $\vartheta_\sigma = \mathrm{id}_A$ ist für alle $\sigma \in M$). Durch $A \rtimes_\vartheta M \to \mathrm{End}_S A$, $a\sigma \mapsto L_a \vartheta_\sigma$, wird ein S-Algebrahomomorphismus $A[M, \vartheta] \to \mathrm{End}_S A$ definiert, vgl. Aufg. 2.4.6. Auch die verschränkten Monoidalgebren $A[M, \vartheta]$ sind M-graduierte Algebren mit den homogenen Komponenten $A\sigma$, $\sigma \in M$. Ist z. B. M das freie Monoid der Monome X^ν, $\nu \in \mathbb{N}$, so ist $A[M]$ die **Polynomalgebra** $A[X]$ und eine Operation von M auf der S-Algebra A wird einfach durch einen S-Algebraendomorphismus φ von A gegeben. Man schreibt dann auch $A[X, \varphi]$ für die zugehörige sogenannte **verschränkte Polynomalgebra**. Für $b \in A$ und $\nu \in \mathbb{N}$ ist $X^\nu b = \varphi^\nu(b) X^\nu$.

(2) Sei M ein Monoid, für das die Fasern der Multiplikation $M \times M \to M$ alle endlich sind, für das also jedes Element von M nur endlich viele Links- und endlich viele Rechtsteiler besitzt. Dann lässt sich auch auf dem Produkt $\prod_{\sigma \in M} A\sigma$ wie für die Monoidalgebra $A[M]$ eine Multiplikation wie folgt definieren:

$$(a_\sigma \sigma)_{\sigma \in M} (b_\tau \tau)_{\tau \in M} := (c_\rho \rho)_{\rho \in M}, \quad c_\rho := \sum_{\sigma\tau = \rho} a_\sigma b_\tau.$$

Dies liefert wieder eine S-Algebrastruktur auf A^M. Die so gewonnene S-Algebra heißt die **formale Monoidalgebra** über A zu M. Sie wird mit

$$A[\![M]\!]$$

bezeichnet. Auch das Element $(a_\sigma \sigma)_{\sigma \in M}$ schreibt man als (jetzt im Allgemeinen unendliche) Summe $\sum_{\sigma \in M} a_\sigma \sigma$. Dies kann man begründen, wenn man $A[\![M]\!] = A^M$ mit der Produkttopologie versieht, wobei A selbst die diskrete Topologie trägt, vgl. Beispiel 4.5.43 (1). Die gewöhnliche Monoidalgebra $A[M]$ ist eine Unteralgebra der formalen Monoidalgebra $A[\![M]\!]$. Analog zu (1) lassen sich auch verschränkte formale Monoidalgebren $A[\![M, \vartheta]\!]$ als Erweiterungen der verschränkten Monoidalgebren $A[M, \vartheta]$ definieren. Beispielsweise wird die verschränkte Polynomalgebra $A[X, \varphi]$ zur sogenannten **verschränkten Potenzreihenalgebra** $A[\![X, \varphi]\!]$ erweitert, deren Elemente die sogenannten **Potenzreihen** $\sum_{\nu \in \mathbb{N}} a_\nu X^\nu$, $a_\nu \in A$, sind. Ist $\varphi = \mathrm{id}_A$, so erhält man die gewöhnliche **Potenzreihenalgebra** $A[\![X]\!]$ zur Polynomalgebra $A[X]$. $\diamond$

Beispiel 2.9.12 (Frei erzeugte Algebren) Sei S ein kommutativer Ring $\neq 0$ und M ein freies Monoid in den (nicht kommutierenden) Unbestimmten X_i, $i \in I$, siehe Beispiel 2.3.32. Die Elemente von N sind also die Monome $X^\nu = X_{i_1} \cdots X_{i_n}$, $\nu = i_1 \cdots i_n \in \mathrm{W}(I)$, die man auch eindeutig in der Form $X_{i_1}^{n_1} X_{i_2}^{n_2} \cdots X_{i_r}^{n_r}$ schreiben kann, wobei $(i_1, n_1), \ldots, (i_r, n_r)$ eine endliche Folge mit Elementen aus $I \times \mathbb{N}^*$ ist, für die $i_\rho \neq i_{\rho+1}$, $\rho < r$, ist, vgl. Beispiel 2.3.32. Die Monoidalgebra $S[M]$ bezeichnet man mit

$$S\langle X_i, i \in I \rangle.$$

Sie heißt die **frei erzeugte S-Algebra** in den (nicht kommutierenden) Unbestimmten X_i, $i \in I$. Ihre Elemente heißen **Polynome in den nichtkommutierenden Unbestimmten** X_i, $i \in I$. Die Monome X^ν, $\nu \in \mathrm{W}(I)$, bilden eine S-Modulbasis von $S\langle X_i, i \in I \rangle$. Insbesondere bilden die X_i, $i \in I$, ein S-Algebraerzeugendensystem von $S\langle X_i, i \in I \rangle$. Die universelle Eigenschaft des freien Monoids M, vgl. 2.3.33, zusammen mit der universellen Eigenschaft der Monoidalgebra $S[M]$ gemäß Satz 2.9.7 ergeben die folgende universelle Eigenschaft der frei erzeugten Algebra $S\langle X_i, i \in I \rangle$:

Satz 2.9.13 *Für jede S-Algebra A ist die Abbildung*

$$\mathrm{Hom}_{S\text{-Alg}}(S\langle X_i, i \in I \rangle, A) \xrightarrow{\sim} A^I, \quad f \mapsto (f(X_i))_{i \in I},$$

eine bijektive Abbildung. Der durch $x := (x_i)_{i \in I} \in A^I$ definierte S-Algebrahomomorphismus $S\langle X_i, i \in I \rangle \to A$ heißt der sogenannte **Einsetzungshomomorphismus**. *Er wird mit*

$$\varphi_x \colon S\langle X_i, i \in I \rangle \to A, \quad X_i \mapsto x_i, i \in I,$$

bezeichnet und bildet das Monom $X^\nu = X_{i_1} \cdots X_{i_n}$, $\nu \in \mathrm{W}(I)$, in den Unbestimmten X_i auf das Monom $x^\nu = x_{i_1} \cdots x_{i_n}$ in den Elementen x_i, $i \in I$, von A ab. Das Bild von φ_x ist die von den x_i, $i \in I$, erzeugte Unteralgebra $S\langle x_i, i \in I \rangle$ von A. Insbesondere ist φ_x genau dann surjektiv, wenn die x_i, $i \in I$, ein S-Algebraerzeugendensystem von A bilden. Das Bild eines beliebigen Elements $F \in S\langle X_i, i \in I \rangle$ bezeichnen wir mit

$$\varphi_x(F) = F\langle x \rangle = F\langle x_i, i \in I \rangle.$$

Der Kern von φ_x heißt das **Relationenideal** der x_i, $i \in I$.[51] Nach dem Isomorphiesatz ist

$$S\langle X_i, i \in I\rangle / \mathrm{Kern}\,\varphi_x \xrightarrow{\sim} S\langle x_i, i \in I\rangle.$$

Für $x \in S^I$ ist $S\langle x_i, i \in I\rangle = S$, und $\mathrm{Kern}\,\varphi_x$ wird von den Polynomen $X_i - x_i$, $i \in I$, erzeugt, vgl. Aufg. 2.9.3. Insbesondere erzeugen die Unbestimmten X_i, $i \in I$, den Kern von φ_0. Das Bild $\varphi_0(F) = F(0)$ ist der sogenannte **konstante Term** von F. Die Restklassenalgebren der frei erzeugten S-Algebren repräsentieren also bis auf Isomorphie alle S-Algebren (und bei $S = \mathbb{Z}$ alle Ringe). Erzeugen die Polynome $G_j \in S\langle X_i, i \in I\rangle$, $j \in J$, das zweiseitige Ideal $\mathrm{Kern}\,\varphi_x$, so sagt man

$$\langle x_i, i \in I \mid G_j(x) = 0, j \in J\rangle$$

sei eine **Darstellung der Algebra** $S\langle x_i, i \in I\rangle$ **durch Erzeugende und Relationen**. Jede so dargestellte S-Algebra $S\langle x_i, i \in I\rangle$ hat folgende universelle Eigenschaft: *Ist A eine beliebige S-Algebra, so ist die Abbildung*

$$\mathrm{Hom}_{S\text{-Alg}}(S\langle x_i, i \in I\rangle, A) \xrightarrow{\sim} \mathrm{NS}_A(G_j, j \in J) := \{a = (a_i) \in A^I \mid G_j(a) = 0, j \in J\}$$

bijektiv. Will man also die Nullstellenmengen $\mathrm{NS}_A(G_j, j \in J) = \bigcap_{j \in J} \mathrm{NS}_A(G_j)$ für beliebige S-Algebren A verstehen, so hat man die Algebra $S\langle x_i, i \in I\rangle$ zu studieren. Sind die Indexmengen I und J endlich, so heißt die Darstellung **endlich**. Wie schon bei Gruppen ist es im Allgemeinen bereits bei einfachen Relationensystemen schwierig, die zugehörige Algebra übersichtlich zu beschreiben.

Das freie Monoid M in den Unbestimmten X_i lässt sich leicht so mit einer totalen Ordnung versehen, dass es zu einem total geordneten Monoid wird. Üblich ist etwa das folgende Verfahren: Man versieht die Indexmenge I mit einer totalen Ordnung, ordnet für jedes $n \in \mathbb{N}$ die Menge $\mathrm{W}_n(I)$ der Wörter der Länge n lexikographisch und versieht die disjunkte Vereinigung $\mathrm{W}(I) = \biguplus_{n \in \mathbb{N}} \mathrm{W}_n(I)$ aller Wörter mit der totalen Summenordnung gemäß Beispiel 1.4.6, wobei die Indexmenge $\mathbb{N}$ die natürliche Ordnung trägt. Wir nennen auch die so gewonnene Ordnung die (durch die gegebene Ordnung auf I induzierte) **homogene lexikographische Ordnung** $\leq_{\mathrm{hlex}}$ auf $\mathrm{W}(I)$.[52] Man überträgt sie auf M, wodurch M offenbar zu einem regulären spitzen total geordneten Monoid wird. Ist I wohlgeordnet, so offenbar auch $\mathrm{W}(I)$. Die direkte Summe $S\langle X_i, i \in I\rangle_n := \sum_{v \in \mathrm{W}_n(I)}^{\oplus} SX^v$ ist die n-te homogene Komponente von $S\langle X_i, i \in I\rangle$ bzgl. der $\mathbb{N}$-Graduierung, die aus der M-Graduierung mittels des Homomorphismus $\mathrm{M} \to (\mathbb{N}, +)$, $X_i \mapsto 1$, entsteht. Der Grad eines Polynoms $F = \sum_{n \in \mathbb{N}} F_n$ bzgl. dieser Graduierung heißt der

---

[51] Man beachte, dass der Relationenmodul $\mathrm{Rel}_S(x_i, i \in I) = \mathrm{Syz}_S(x_i, i \in I) = (\sum_{i \in I} SX_i) \cap \mathrm{Kern}\,\varphi_x$, vgl. die Definitionen im Anschluss an Satz 2.8.14, nur die *linearen* Relationen der x_i, $i \in I$, enthält.

[52] Sie stimmt nicht ganz mit der Ordnung der Wörter in einem Lexikon überein. Dort steht „sechs" vor „zwei", hier aber dahinter. Die Bezeichnung „homogen" soll daran erinnern, dass $\leq_{\mathrm{hlex}}$ die durch die Länge der Wörter gegebene Quasiordnung auf $\mathrm{W}(I)$ verfeinert.

Grad Grad F von F schlechthin. Gelegentlich ist es geschickt, den Unbestimmten X_i beliebige Gewichte $\gamma_i = \gamma(X_i) \in \mathbb{Z}$, $i \in I$, statt des Gewichts 1 zuzuordnen. Man spricht dann vom γ-**Grad**

$$\text{Grad}_\gamma F$$

von F. – Mit Lemma 2.9.9 ergibt sich:

Proposition 2.9.14 *Sei S ein Integritätsbereich. Dann ist jede frei erzeugte Algebra $Q :=$ $S\langle X_i, i \in I \rangle$ ein Bereich. Ferner ist $Q^\times = S^\times$.*

Offenbar ist für jede S-Algebra A, die ein Bereich ist, auch $A\langle X_i, i \in I \rangle = A[M]$ ein Bereich. Überraschend ist vielleicht der folgende Satz:

Satz 2.9.15 *Sei K ein Körper. Dann ist jedes Linksideal in der frei erzeugten Algebra $A := K\langle X_i, i \in I \rangle$ ein freier A-Modul. Allgemeiner ist jeder Untermodul eines freien A-Moduls ebenfalls frei.*

Beweis Sei $\alpha \subseteq A$ ein Linksideal $\neq 0$. Neben der oben angegebenen homogenen lexikographischen Wohlordnung von M bzgl. einer *Wohlordnung* auf I benutzen wir auch die durch die Rechtsteilbarkeit $\preceq$ bestimmte Ordnung von M (die bei $|I| \geq 2$ nicht total ist): Genau dann ist $X^\mu \preceq X^\nu$, wenn es ein $X^\lambda \in M$ gibt mit $X^\lambda X^\mu = X^\nu$, wenn also das Wort μ ein Suffix von ν ist. Wie die Wohlordnung ist auch $\preceq$ eine artinsche Ordnung auf M. Sei G_j, $j \in J$, die Familie derjenigen normierten Polynome in α, deren Leitmonome minimal sind bzgl. der Ordnung $\preceq$ in der Menge aller Leitmonome $\text{LM}(F)$, $F \in \alpha - \{0\}$.

Die G_j, $j \in J$, bilden eine A-Basis von α. Da die Leitmonome der G_j, $j \in J$, nach Konstruktion das Leitformenideal $\text{LF}(\alpha)$ von α erzeugen, erzeugen die G_j, $j \in J$, nach Lemma 2.9.11 das Ideal α. Die G_j, $j \in J$, sind auch linear unabhängig über A. Zum Beweis durch Widerspruch seien $J' \subseteq J$ eine endliche Teilmenge $\neq \emptyset$ und F_j, $j \in J'$, Polynome $\neq 0$ in A mit $\sum_{j \in J'} F_j G_j = 0$. Nach Lemma 2.9.9 gilt $\text{LM}(F_j G_j) = \text{LM}(F_j) \text{LM}(G_j)$ für alle $j \in J'$. Da die Monome $\text{LM}(G_j)$ paarweise bzgl. $\preceq$ unvergleichbar sind, sind die $\text{LM}(F_j G_j)$ paarweise verschieden. Das größte darunter bzgl. der Wohlordnung auf M ist dann das Leitmonom der angegeben Linearkombination, die daher nicht 0 sein kann.

Der Zusatz ergibt sich aus dem folgenden Lemma 2.9.16, dessen Beweis völlig analog zum Beweis von Satz 2.3.28 verläuft (ohne allerdings auf die Kardinalzahlen der auftretenden Basen zu achten) und dem Leser überlassen bleibt. $\quad\square$

Lemma 2.9.16 *Sei A ein Ring, dessen sämtliche Linksideale freie A-Moduln sind. Dann sind A-Untermoduln beliebiger freier A-Moduln frei.*

Wie der Beweis von Satz 2.9.15 zeigt, bildet jede Antikette bzgl. $\preceq$ von Monomen in M eine Basis eines Linksideals von $K\langle X_i, i \in I \rangle$. Bei $|I| \geq 2$ besitzt also A freie

Untermoduln vom Rang Max $(\aleph_0, |I|)$ (aber keine größeren Rangs). Im Fall $|I| = 1$ ist $M = \{X^\nu \mid \nu \in \mathbb{N}\}$ und $K\langle X_i, i \in I \rangle = K\langle X \rangle = K[X]$ der (kommutative) Polynomring über K in einer Unbestimmten X.

Korollar 2.9.17 *Ist K ein Körper, so ist der Polynomring $K[X]$ in einer Unbestimmten über K ein Hauptidealbereich. Ist $\mathfrak{a} \subseteq K[X]$ ein Ideal $\neq 0$, so ist $\mathfrak{a} = K[X]G$, wobei G ein Polynom minimalen Grades in $\mathfrak{a} - \{0\}$ ist.* $\diamondsuit$

Sei S wieder ein kommutativer Ring $\neq 0$ und I eine Indexmenge. Ferner sei M $(\cong \mathbb{N}^{(I)})$ ein freies kommutatives Monoid in den (kommutierenden) Unbestimmten X_i, $i \in I$. Die Elemente von M sind die Monome $X^\nu = \prod_{i \in I} X_i^{\nu_i}$, $\nu = (\nu_i)_{i \in I} \in \mathbb{N}^{(I)}$, vgl. Beispiel 2.3.20. Die (kommutative) Monoidalgebra $S[M]$ über S heißt die **Polynomalgebra über S in den (kommutierenden) Unbestimmten** X_i, $i \in I$. Sie wird mit

$$S[X_i, i \in I]$$

bezeichnet. Die Monome X^ν, $\nu \in \mathbb{N}^{|I|}$, bilden eine S-Modulbasis der Polynomalgebra $S[X_i, i \in I]$, und die Multiplikation ist durch $(aX^\mu)(bX^\nu) = (ab)X^{\mu+\nu}$, $a, b \in S$, $\mu, \nu \in \mathbb{N}^{(I)}$, bestimmt. Die formale Monoidalgebra $S[\![M]\!] = \prod_{\nu \in \mathbb{N}^{(I)}} SX^\nu$ heißt die **(formale) Potenzreihenalgebra über S in den (kommutierenden) Unbestimmten** X_i, $i \in I$. Sie wird mit

$$S[\![X_i, i \in I]\!]$$

bezeichnet.

Die universelle Eigenschaft des Monoids M, vgl. Satz 2.3.21, zusammen mit der universellen Eigenschaft der Monoidalgebren, vgl. Satz 2.9.7, liefert die folgende universelle Eigenschaft kommutativer Polynomalgebren:

Satz 2.9.18 *Für jede S-Algebra A ist die Abbildung*

$$\mathrm{Hom}_{S\text{-Alg}}(S[X_i, i \in I], A) \longrightarrow A^I, \quad f \longmapsto (f(x_i))_{i \in I},$$

eine injektive Abbildung auf die Menge der I-Tupel $x = (x_i)_{i \in I} \in A^I$ mit $x_i x_j = x_j x_i$ für alle $i, j \in I$. Der durch solch ein I-Tupel definierte S-Algebrahomomorphismus ist der **Einsetzungshomomorphismus** $\varphi_x : S[X_i, i \in I] \to A$, $X_i \mapsto x_i$, $i \in I$, *mit*

$$\varphi_x(F) = F(x) = F(x_i, i \in I) = \sum_{\nu \in \mathbb{N}^{(I)}} a_\nu x^\nu, \quad F = \sum_{\nu \in \mathbb{N}^{(I)}} a_\nu X^\nu \in S[X_i, i \in I].$$

Speziell: Ist A kommutativ, so ist die Abbildung $\mathrm{Hom}_{S\text{-Alg}}(S[X_i, i \in I], A) \xrightarrow{\sim} A^I$ mit $f \mapsto (f(X_i))_{i \in I}$ bijektiv. – Das Bild des Einsetzungshomomorphismus φ_x ist die von den x_i, $i \in I$, erzeugte kommutative S-Unteralgebra $S[x_i, i \in I]$ von A. Insbesondere ist φ_x genau dann surjektiv, wenn die x_i, $i \in I$, ein S-Algebraerzeugendensystem von A bilden.

Der Kern von φ_x heißt das **Relationenideal** der paarweise kommutierenden Elemente x_i, $i \in I$. Nach dem Isomorphiesatz ist

$$S[X_i, i \in I]/\mathrm{Kern}\,\varphi_x \overset{\sim}{\longrightarrow} S[x_i, i \in I].$$

Ist das Relationenideal $\mathrm{Kern}\,\varphi_x$ das Nullideal, d. h. induziert der Einsetzungshomomorphismus φ_x einen Isomorphismus $S[X_i, i \in I] \overset{\sim}{\longrightarrow} S[x_i, i \in I]$, so heißt die Familie $x = (x_i)_{i \in I}$ **algebraisch unabhängig** oder **transzendent**, andernfalls **algebraisch abhängig** (über S). Bei $|I| = 1$ spricht man einfach von **transzendenten** bzw. **algebraischen Elementen**. Ein Element $x \in A$ ist also genau dann **algebraisch** über S, wenn es ein Polynom $F \neq 0$ in $S[X]$ gibt mit $F(x) = 0$. Gibt es sogar ein (bzgl. der $\mathbb{N}$-Graduierung von $S[X]$) normiertes Polynom F in $S[X]$ mit $F(x) = 0$, so heißt x **ganz (algebraisch)** über S. Die S-Algebra A heißt **algebraisch** bzw. **ganz (algebraisch)** über S, wenn jedes Element von A algebraisch bzw. ganz (algebraisch) über S ist. *Jede endliche S-Algebra ist ganz*, vgl. Aufg. 2.9.17a). Dies ist für einen Körper $S = K$, über dem die Begriffe „algebraisch" und „ganz (algebraisch)" natürlich zusammenfallen, trivial: Ist nämlich $\mathrm{Dim}_K A$ endlich, so kann für $x \in A$ der Einsetzungshomomorphismus $\varphi_x \colon K[X] \to A$ nicht injektiv sein.

Die Restklassenalgebren der kommutativen Polynomalgebren über S repräsentieren bis auf Isomorphie alle kommutativen S-Algebren (und bei $S = \mathbb{Z}$ alle kommutativen Ringe). Erzeugen die Polynome G_j, $j \in J$, das Relationenideal $\mathrm{Kern}\,\varphi_x$, so sagt man

$$\langle x_i, i \in I \mid G_j(x) = 0, j \in J \rangle$$

sei eine **Darstellung der kommutativen S-Algebra** $S[x_i, i \in I]$ **durch Erzeugende und Relationen**. Jede so dargestellte kommutative S-Algebra $S[x_i, i \in I]$ hat folgende universelle Eigenschaft: *Ist A eine beliebige kommutative S-Algebra, so ist die Abbildung*

$$\mathrm{Hom}_{S\text{-Alg}}(S[x_i, i \in I], A) \overset{\sim}{\longrightarrow} \mathrm{NS}_A(G_j, j \in J) := \{a = (a_i) \in A^I \mid G_j(a) = 0, j \in J\}$$

bijektiv. Will man also die Nullstellenmengen $\mathrm{NS}_A(G_j, j \in J) = \bigcap_{j \in J} \mathrm{NS}_A(G_j)$ für beliebige *kommutative S-Algebren A* verstehen, so hat man die Algebra $S[x_i, i \in I]$ zu studieren. Sind die Indexmengen I und J endlich, so heißt die Darstellung **endlich**. *Insbesondere repräsentieren die Restklassenalgebren der Polynomalgebren $S[X_1, \ldots, X_n]$, $n \in \mathbb{N}$, bis auf Isomorphie sämtliche kommutativen S-Algebren von endlichem Typ.*

Die Einsetzungshomomorphismen $\varphi_x \colon S[X_i, i \in I] \to S$, $x \in S^I$, liefern zusammen einen Homomorphismus

$$\varphi \colon S[X_i, i \in I] \longrightarrow S^{S^I} = \mathrm{Abb}(S^I, S), \quad F \longmapsto (x \mapsto \varphi_x(F) = F(x)),$$

dessen Bilder die sogenannten **Polynomfunktionen** auf S^I sind. Da $\varphi(X_i)$ die i-te Projektion (= i-te Koordinatenfunktion) $S^I \to S$, $x \mapsto x_i$, ist, wird die S-Algebra $\mathrm{Bild}\,\varphi$ der Polynomfunktionen auf S^I von diesen Koordinatenfunktionen erzeugt. Im Allgemeinen ist φ nicht injektiv: *Verschiedene Polynome können die gleichen Polynomfunktionen* *definieren.* Beispielsweise definiert über einem endlichen kommutativen Ring S das normierte Polynom $\prod_{a \in S}(X - a) \in S[X]$ vom Grad $|S|$ die Nullfunktion auf S, vgl. aber Korollar 2.9.33.

Beispiel 2.9.19 (Horner-Schema) Zur Berechnung der Werte eines Polynoms in einer Variablen

$$F = a_0 + a_1 X + \cdots + a_n X^n \in S[X]$$

an einer Stelle $a \in S$ verwendet man zweckmäßigerweise das sogenannte **Horner-Schema.** Dazu definiert man rekursiv eine Folge von Polynomen

$$F_0 = a_n, \quad F_1 = a_{n-1} + F_0 X = a_{n-1} + a_n X, \quad \ldots,$$

$$F_{k+1} = a_{n-k-1} + F_k X = a_{n-k-1} + \cdots + a_{n-1} X^k + a_n X^{k+1}, \quad \ldots,$$

$$F_n = a_0 + F_{n-1} X = F,$$

woraus sich für den Wert $F(a) = F_n(a)$ das Rekursionsschema

$$F_0(a) = a_n, \quad F_{k+1}(a) = a_{n-k-1} + F_k(a)a, \ k = 0, \ldots, n-1,$$

ergibt. Man kann es auch verwenden, um den Wert $F(a)$ für ein Element a einer beliebigen S-Algebra zu berechnen. Eine Ergänzung hierzu findet man in Aufg. 2.9.21b). $\qquad\qquad \diamond$

Man unterscheide sorgfältig zwischen der frei erzeugten S-Algebra $S\langle X_i, i \in I \rangle$ und der kommutativen Polynomalgebra $S[X_i, i \in I]$. Nur bei $|I| \leq 1$ stimmen beide überein. (Man beachte, dass $S \neq 0$ ist.) Der Kern des surjektiven Einsetzungshomomorphismus $\varphi_X \colon S\langle X_i, i \in I \rangle \longrightarrow S[X_i, i \in I], X_i \mapsto X_i, i \in I$, wird von den sogenannten **Kommutatoren** $[X_i, X_j] := X_i X_j - X_j X_i, i, j \in I$, erzeugt. Beweis! Ist die Indexmenge $I = I' \uplus I''$ zerlegt in disjunkte Teilmengen I', I'', so ist der Einsetzungshomomorphismus

$$S[X_i, i \in I] \xrightarrow{\sim} \big(S[X_i, i \in I']\big)[X_i, i \in I''], \quad X_i \mapsto X_i, i \in I,$$

offenbar ein Isomorphismus von S-Algebren, mit dessen Hilfe man beide Algebren identifiziert. Beispielsweise ist

$$S[X_1, \ldots, X_{n+1}] = (S[X_1, \ldots, X_n])[X_{n+1}], \quad n \in \mathbb{N}.$$

Damit lassen sich für kommutative Polynomalgebren in endlich vielen Unbestimmten häufig Induktionsbeweise führen; für frei erzeugte Algebren gelten analoge Isomorphien nicht.

Wie ein freies Monoid besitzt auch ein kommutatives freies Monoid $\mathbb{N}^{(I)}$ kanonische totale Ordnungen, die es zu einem geordneten Monoid machen, so dass man dann auch von Leittermen, Leitkoeffizienten und insbesondere von **normierten Polynomen** (d. h. solchen mit Leitkoeffizient 1) sprechen kann. Sei $\mathbb{N}^{(I)} \to \mathbb{N}, \nu = (\nu_i) \mapsto |\nu| = \sum_i \nu_i$, der Standardgewichtshomomorphismus, mit dessen Hilfe der (Standard-)**Grad** eines Polynoms definiert wird. Dann wählt man eine totale Ordnung auf I und setzt sie zu einer totalen Ordnung auf ganz $\mathbb{N}^{(I)}$ fort. Besonders beliebt sind zwei solche Fortsetzungen. Bei der **homogenen lexikographischen Ordnung** $\leq = \leq_{\text{hlex}}$ gilt definitionsgemäß $\mu = (\mu_i) < \nu = (\nu_i)$ genau dann, wenn $|\mu| < |\nu|$ ist oder wenn $|\mu| = |\nu|$ ist, aber $\mu \neq \nu$, und für den *kleinsten* Index i_0 mit $\mu_{i_0} \neq \nu_{i_0}$ gilt $\mu_{i_0} > \nu_{i_0}$.[53] Bei der **reversen homogenen lexikographischen Ordnung** $\leq = \leq_{\text{rev hlex}}$ gilt $\mu = (\mu_i) < \nu = (\nu_i)$ genau dann, wenn $|\mu| < |\nu|$ ist oder wenn $|\mu| = |\nu|$ ist, aber $\mu \neq \nu$, und für den *größten* Index i_0 mit $\mu_{i_0} \neq \nu_{i_0}$ gilt $\mu_{i_0} < \nu_{i_0}$. In beiden Fällen ist das Nulltupel das kleinste Element, $e_i < e_j$ für $i < j$ und $\mathbb{N}^{(I)}$ ein (reguläres) total geordnetes Monoid. Wir überlassen es dem Leser zu zeigen, dass es sich jeweils um Wohlordnungen handelt, wenn die vorgegebene Ordnung auf I eine Wohlordnung ist. (Bei endlichem I ist das trivial.) Ab $|I| \geq 3$ sind beide Ordnungen verschieden. (Beispiele?) Diese Ordnungen werden auf die Monome X^ν, $\nu \in \mathbb{N}^{(I)}$, übertragen und machen $S[X_i, i \in I]$ jeweils zu einer $\mathbb{N}^{(I)}$-graduierten S-Algebra mit den freien homogenen Komponenten SX^ν, $\nu \in \mathbb{N}^{(I)}$, vom Rang 1. Aus Lemma 2.9.9 ergibt sich:

Proposition 2.9.20 *Sei S ein Integritätsbereich. Dann ist jede Polynomalgebra $P := S[X_i, i \in I]$ ein Integritätsbereich. Ferner ist $P^\times = S^\times$.*

Sei S ein kommutativer Ring $\neq 0$ mit totalem Quotientenring $Q(S) = S_{S^*}$, vgl. Beispiel 2.6.14, und P die Polynomalgebra $S[X_i, i \in I]$. Dann ist der kanonische Homomorphismus $P_{S^*} \to Q(S)[X_i, i \in I]$, der die Inklusion $P \hookrightarrow Q(S)[X_i, i \in I]$ fortsetzt, offenbar ein Isomorphismus. Die totalen Quotientenringe von P und $Q(S)[X_i, i \in I]$ stimmen also überein. Wir bezeichnen diesen gemeinsamen Quotientenring mit

$$Q(S)(X_i, i \in I).$$

Ist S ein Integritätsbereich, so auch P. Dann ist $Q(S)$ der Quotientenkörper K von S, und der Quotientenkörper von P ist der sogenannte Körper $K(X_i, i \in I)$ der **rationalen Funktionen** in den Unbestimmten X_i, $i \in I$, über K.

Sei S wieder ein beliebiger kommutativer Ring $\neq 0$. Die mit dem Gradhomomorphismus $\nu \to |\nu|$ vergröberte Graduierung $P = \sum_{n \in \mathbb{N}}^\oplus P_n$ auf der Polynomalgebra $P := S[X_i, i \in I]$ hat die freien S-Moduln $P_n := \sum_{|\nu|=n} SX^\nu$, $n \in \mathbb{N}$, als homogene Komponenten. Bei endlichem I und $S \neq 0$ besitzt P_n den Rang $\binom{n+|I|-1}{|I|-1}$, vgl. Beispiel 1.6.13. Wir wiederholen die **Gradformel**

$$\text{Grad}(FG) \leq \text{Grad}\,F + \text{Grad}\,G, \quad F, G \in P, \; FG \neq 0,$$

wobei das Gleichheitszeichen gilt, wenn der Grundring S ein Integritätsbereich ist, vgl. Lemma 2.9.9.

Von größter Bedeutung ist der folgende Hilbertsche Basissatz.

Satz 2.9.21 (Hilbertscher Basissatz) *Ist S ein noetherscher kommutativer Ring und $n \in \mathbb{N}$, so ist auch die Polynomalgebra $S[X_1, \ldots, X_n]$ noethersch.*

---

[53] Man achte auf die Umkehrung des Ordnungszeichens.

Beweis Wir schließen durch Induktion über n und können uns daher auf den Fall $n = 1$ beschränken. Nach Lemma 2.9.11 genügt es zu zeigen, dass jedes *homogene* Ideal $\mathfrak{a} \subseteq S[X]$ endlich erzeugt ist. Offenbar ist dann $\mathfrak{a} = \sum_{n \in \mathbb{N}}^{\oplus} \mathfrak{a}_n X^n$ mit einer monoton wachsenden Folge $\mathfrak{a}_0 \subseteq \mathfrak{a}_1 \subseteq \mathfrak{a}_2 \subseteq \cdots \subseteq S$ von Idealen in S. Da S noethersch ist, sind alle $\mathfrak{a}_n$ endlich erzeugt und es gibt ein n_0 mit $\mathfrak{a}_n = \mathfrak{a}_{n_0}$ für alle $n \geq n_0$. Sind a_{i,j_i}, $j_i \in J_i$, endliche Erzeugendensysteme von $\mathfrak{a}_i$, $i = 0, \ldots, n_0$, so erzeugen die endlich vielen Elemente $a_{i,j_i} X^i$, $0 \leq i \leq n_0$, $j_i \in J_i$, das homogene Ideal $\mathfrak{a}$ in $S[X]$. $\qquad\square$

Bemerkung 2.9.22 (1) Allgemeiner als Satz 2.9.21 gilt (mit demselben Beweis): *Ist A eine linksnoethersche S-Algebra, so auch $A[X_1, \ldots, X_n]$ ($= A[\mathbb{N}^n]$).*

(2) Man vergleiche den Hilbertschen Basissatz 2.9.21 mit der analogen Aussage in Aufg. 2.3.15d) über noethersche Monoide. Das Lemma von Dickson, dass die Monoide $(\mathbb{N}^n, +)$, $n \in \mathbb{N}$, noethersch sind, folgt hier auch direkt aus dem Hilbertschen Basissatz. Ist nämlich $A \subseteq \mathbb{N}^n$ ein Ideal im Monoid $\mathbb{N}^n$, so ist $\sum_{\nu \in A} K X^\nu \subseteq K[X_1, \ldots, X_n]$ ein Ideal im noetherschen Polynomring $K[X_1, \ldots, X_n]$ über einem (beliebigen) Körper K und somit endlich erzeugt. Sind X^ν, $\nu \in N \subseteq A$, endlich viele Monome, die dieses Ideal erzeugen, so erzeugen die ν, $\nu \in N$, das Monoidideal A.

(3) Will man beim Beweis des Hilbertschen Basissatzes den Rückgriff auf die Leitformenideale vermeiden, so kann man folgendermaßen schließen: Angenommen, $\mathfrak{a} \subseteq S[X]$ sei ein (nicht notwendig homogenes) Ideal, das nicht endlich erzeugt ist. Dann definiert man rekursiv Polynome $F_m \in \mathfrak{a}$, $m \in \mathbb{N}$, mit folgenden Eigenschaften: F_0 ist ein Polynom $\neq 0$ kleinsten Grades in $\mathfrak{a}$, und F_{m+1} ist ein Polynom kleinsten Grades in $\mathfrak{a} - \sum_{j=0}^{m} S[X] F_j$. Dann ist die Folge Grad F_m, $m \in \mathbb{N}$, monoton wachsend, und es gilt $\mathrm{LK}(F_{m+1}) \notin \sum_{j=0}^{m} S \cdot \mathrm{LK}(F_j)$, $m \in \mathbb{N}$, d.h. die Folge $0 \subset S \cdot \mathrm{LK}(F_0) \subset S \cdot \mathrm{LK}(F_0) + S \cdot \mathrm{LK}(F_1) \subset \cdots$ von S-Idealen ist streng monoton wachsend. Widerspruch!

(4) Eine zum Hilbertschen Basissatz analoge Aussage gilt auch für Potenzreihenalgebren: *Ist S ein noetherscher kommutativer Ring und $n \in \mathbb{N}$, so ist auch die Potenzreihenalgebra $S[\![X_1, \ldots, X_n]\!]$ noethersch.* Beim *Beweis* durch Induktion kann man wieder $n = 1$ annehmen. Statt der Leitformen benutzt man jetzt die **Anfangsformen** $\mathrm{AF}(F)$ einer von 0 verschiedenen Potenzreihe $F = \sum_{n \in \mathbb{N}} a_n X^n \in S[\![X]\!]$. Dies ist die Form $a_{n_0} X^{n_0}$, wobei n_0 der *kleinste* Index mit $a_{n_0} \neq 0$ ist. a_{n_0} heißt dann der **Anfangskoeffizient** $\mathrm{AK}(F)$ und n_0 die **Ordnung** der Potenzreihe F. Ist nun $\mathfrak{a} \subseteq S[\![X]\!]$ ein Ideal, so bilden die Anfangsformen vom Grad $n \in \mathbb{N}$ der Elemente $F \neq 0$ aus $\mathfrak{a}$ zusammen mit 0 eine Menge der Form $\mathfrak{a}_n X^n$ mit einem Ideal $\mathfrak{a}_n \subseteq S$. Es gilt $\mathfrak{a}_0 \subseteq \mathfrak{a}_1 \subseteq \mathfrak{a}_2 \subseteq \cdots \subseteq S$. Ist $\mathfrak{a}_n = \mathfrak{a}_{n_0}$ für alle $n \geq n_0$ und sind $a_{i,j_i} \neq 0$, $j_i \in J_i$, endliche Erzeugendensysteme von $\mathfrak{a}_i$, $i = 0, \ldots, n_0$, so erzeugen Potenzreihen $F_{i,j_i} \in \mathfrak{a}$, $0 \leq i \leq n_0$, $j_i \in J_i$, mit Anfangsformen $a_{i,j_i} X^i$ das Ideal $\mathfrak{a}$. Wir überlassen es dem Leser, dies zu verifizieren. $\diamond$

Korollar 2.9.23 *Jede kommutative Algebra A von endlichem Typ über einem noetherschen kommutativen Ring S ist noethersch und besitzt eine endliche Darstellung $A \cong S[X_1, \ldots, X_n]/(G_1, \ldots, G_r)$ mit $n, r \in \mathbb{N}$. Insbesondere gilt dies für kommutative Algebren von endlichem Typ über einem Körper oder über dem Ring $\mathbb{Z}$ der ganzen Zahlen.*

Die kommutativen Algebren von endlichem Typ über kommutativen noetherschen Ringen sind klassische Objekte der Kommutativen Algebra und der Algebraischen Geometrie.

Ein nützliches Hilfsmittel für das Rechnen mit Polynomen ist das formale Differenzieren, dessen Kalkül aus der Analysis übernommen wird und dessen Essenz die Produktregel ist. Sei S ein kommutativer Ring und A eine (zunächst nicht notwendig kommutative) S-Algebra. Eine Abbildung $\delta\colon A \to A$ heißt eine S-**Derivation**, wenn δ S-linear ist und der **Produktregel**

$$\delta(xy) = \delta(x)y + x\delta(y), \quad x, y \in A,$$

genügt. Wegen $\delta(1_A) = \delta(1_A \cdot 1_A) = 2\delta(1_A)$ ist $\delta(1_A) = 0$ und damit $\delta(s) = \delta(s \cdot 1_A) = s \cdot \delta(1_A) = 0$. *Der Kern einer S-Derivation $\delta\colon A \to A$ ist also wegen der Produktregel eine S-Unteralgebra von A.* Durch Induktion ergibt sich die allgemeine **Potenzregel**

$$\delta(x^n) = nx^{n-1}\delta(x), \quad x \in A, \ n \in \mathbb{N}^*.$$

Die Menge

$$\mathrm{Der}_S A$$

der S-Derivationen von A ist offenbar ein S-Untermodul und sogar ein $Z(A)$-Untermodul von $\mathrm{End}_S A$.

Sei nun $A = S[X]$ eine Polynomalgebra in einer Unbestimmten X über $S \neq 0$ und δ eine S-Derivation von $S[X]$. Für ein Polynom $F = \sum_n a_n X^n \in S[X]$ gilt dann mit der Potenzregel

$$\delta(F) = \sum_{n \in \mathbb{N}^*} na_n X^{n-1}\delta(X) = F'\delta(X) \quad \text{mit} \quad F' := \sum_{n \in \mathbb{N}^*} na_n X^{n-1}.$$

Man zeigt sofort, dass $F \mapsto F'$ eine S-Derivation von $S[X]$ ist. Sie heißt die **Ableitung** von $S[X]$ und wird auch mit

$$\partial_X \quad \text{oder mit} \quad \mathrm{D} = \mathrm{D}_X$$

bezeichnet. Es folgt:

Proposition 2.9.24 *Die Abbildungen $S[X] \to S[X]$, $F \mapsto F'H$, mit festem $H \in S[X]$ sind die einzigen S-Derivationen von $S[X]$. Der Modul $\mathrm{Der}_S S[X]$ der S-Derivationen von $S[X]$ ist also ein freier $S[X]$-Modul vom Rang 1 mit Basis D_X. Für $\delta \in \mathrm{Der}_S S[X]$ ist $\delta = \delta(X)\mathrm{D}_X$.*

Sei allgemeiner $P := S[X_i, i \in I]$ eine beliebige Polynomalgebra in den (kommutierenden) Unbestimmten X_i, $i \in I$. Für festes $i \in I$ fassen wir dann $P = P_i[X_i]$ als Polynomalgebra in der Unbestimmten X_i über der Polynomalgebra $P_i := S[X_j, j \neq i]$ auf. Die P_i-Derivation

$$\partial_{X_i} = \mathrm{D}_{X_i}\colon P \to P,$$

die natürlich auch eine S-Derivation ist, heißt die i-te **partielle Ableitung** von P. Offenbar sind die partiellen Ableitungen vertauschbar: $D_{X_i} D_{X_j} = D_{X_j} D_{X_i}$ für alle $i, j \in I$. Die Abbildung $\delta \longmapsto (\delta(X_i))_{i \in I}$ ist ein P-Modulisomorphismus $\mathrm{Der}_S P \to P^I$ mit dem Umkehrisomorphismus

$$P^I \xrightarrow{\sim} \mathrm{Der}_S P, \quad (G_i)_{i \in I} \longmapsto \left(F \mapsto \sum_{i \in I} (\partial_{X_i} F) G_i \right),$$

vgl. Aufg. 2.9.5. Für $\nu \in \mathbb{N}^{(I)}$ ist die Komposition $D_X^\nu = \prod_{i \in I} D_{X_i}^{\nu_i}$ eine sogenannte **höhere partielle Ableitung**. Die ν-te Iterierte D_X^ν, $\nu \in \mathbb{N}$, der gewöhnlichen Ableitung $F \mapsto F'$ der Polynomalgebra $S[X]$ in einer Variablen bezeichnet man in der Regel mit $F \mapsto F^{(\nu)}$. – Die partiellen Ableitungen $\partial_{X_i} = D_{X_i}$, $i \in I$, sind in analoger Weise auch für Potenzreihenalgebren $S[\![X_i, i \in I]\!]$ definiert. Es handelt sich ebenfalls um Derivationen.

Beispiel 2.9.25 (Kroneckersche Unbestimmtenmethode) Man benutzt die Polynomringe $S[X_i, i \in I]$ unter anderem für den Beweis allgemeingültiger Identitäten. Grundlage dafür sind die Einsetzungshomomorphismen. Will man eine Gleichung für die Familie $x = (x_i)_{i \in I}$, einer beliebigen kommutativen S-Algebra A beweisen, so genügt es häufig, die entsprechende Identität für die Unbestimmten X_i, $i \in I$, zu zeigen und diese dann mit dem Einsetzungshomomorphismus $\varphi_x \colon X_i \mapsto x_i$, $i \in I$, nach A zu transportieren. Dieses Verfahren heißt die **(Kroneckersche) Unbestimmtenmethode**.

Die binomische Gleichung

$$(1 + x)^n = \sum_{k=0}^n \binom{n}{k} x^k, \quad x \in A,$$

beispielsweise, vgl. Satz 2.6.3, braucht nur für die Unbestimmte $X \in \mathbb{Z}[X]$ bewiesen zu werden. Dabei kann man wegen $X \in \mathbb{Z}[X] \subseteq \mathbb{Q}[X]$ noch $\mathbb{Z}$ durch $\mathbb{Q}$ ersetzen. Die Gleichung

$$(1 + X)^n = \sum_{k=0}^n \binom{n}{k} X^k$$

ist in $\mathbb{Q}[X]$ aber nach der Taylor-Formel, vgl. Aufg. 2.9.4b), selbstverständlich, da die k-te Ableitung des Polynoms $(1 + X)^n$ gleich $n(n-1) \cdots (n-k+1)(1 + X)^{n-k}$ ist, $0 \le k \le n$. In analoger Weise folgt der Polynomialsatz aus der entsprechenden Darstellung von $(X_1 + \cdots + X_r)^n$ in $\mathbb{Z}[X_1, \ldots, X_r]$, die man ebenfalls mit der Taylor-Formel gewinnt. $\diamond$

Sei S wieder ein kommutativer Ring $\neq 0$. Wie bereits gesagt, erfordert das Studium der Nullstellen eines Polynoms $F \in S[X]$ in einer Unbestimmten X in S-Algebren A eine gute Übersicht über die Restklassenalgebren $S[X]/(F)$ bzw. $A[X]/(F)$ (wobei $F \in A[X]$ das kanonische Bild von F in $A[X]$ bezeichnet): Die kanonischen Abbildungen

$$\mathrm{Hom}_{S\text{-Alg}}(S[X]/(F), A) \xrightarrow{\sim} \mathrm{NS}_A(F) = \{x \in A \mid F(x) = 0\}$$

sind bijektiv. Ist A kommutativ, so ist natürlich auch die kanonische Abbildung $\mathrm{Hom}_{A-\mathrm{Alg}} \cdot$ $(A[X]/(F), A) \xrightarrow{\sim} \mathrm{NS}_A(F)$ bijektiv. Die Diskussion dieser Nullstellenmengen $\mathrm{NS}_A(F)$ war der Ursprung und ist seit Jahrtausenden ein zentraler Gegenstand der Algebra. Dabei ist die Division mit Rest ein wichtiges Hilfsmittel zur Untersuchung von Polynomen in einer Unbestimmten.

Satz 2.9.26 (Division mit Rest) *Seien S ein kommutativer Ring $\neq 0$ und F, G Polynome in $S[X]$. G sei normiert. Dann gibt es eindeutig bestimmte Polynome Q und R in $S[X]$ mit*

$$F = QG + R \quad und \quad R = 0 \quad oder \quad \mathrm{Grad}\, R < \mathrm{Grad}\, G.$$

Genau dann ist G ein Teiler von F in $S[X]$, wenn $R = 0$ ist.

Beweis Die Existenz von Q und R ist bei $F = 0$ trivial und wird sonst durch Induktion über $\mathrm{Grad}\, F$ bewiesen. Im Fall $n := \mathrm{Grad}\, F < m := \mathrm{Grad}\, G$ setzt man $Q := 0$ und $R := F$. Sei nun $n \geq m$ und $F = a_n X^n + \cdots + a_0$ sowie $G = X^m + \cdots + b_0$ mit $a_n \neq 0$. Dann ist $F_0 := F - a_n X^{n-m} G$ ein Polynom kleineren Grades als F. Nach Induktionsvoraussetzung gibt es Polynome Q_0 und R_0 mit $F_0 = Q_0 G + R_0$ und $R_0 = 0$ oder $\mathrm{Grad}\, R_0 < \mathrm{Grad}\, G$. Daraus ergibt sich

$$F = (a_n X^{n-m} + Q_0)G + R_0 = QG + R \quad mit \quad Q := a_n X^{n-m} + Q_0, \ R := R_0.$$

Zum Nachweis der Eindeutigkeit sei auch $F = Q_1 G + R_1$ eine Darstellung wie im Satz. Dann ist $0 = F - F = (Q - Q_1)G + (R - R_1)$. Bei $Q \neq Q_1$ wäre

$$\mathrm{Grad}\, G \leq \mathrm{Grad}(Q - Q_1) + \mathrm{Grad}\, G = \mathrm{Grad}\,((Q - Q_1)G) = \mathrm{Grad}(R_1 - R) < \mathrm{Grad}\, G.$$

Widerspruch! Also ist $Q = Q_1$ und dann auch $R = R_1$. $\qquad\qquad\qquad\qquad\qquad\square$

Der Existenzbeweis zu Satz 2.9.26 ist konstruktiv und liefert das bekannte Verfahren zur Gewinnung des Quotienten Q und des Restes R bei der Division zweier Polynome F und Q. Man nennt Q den **Quotienten** und R den **Rest** bei der Division von F durch G. Statt der Voraussetzung, dass G normiert ist, genügt es, dass $G \neq 0$ ist und der Leitkoeffizient $\mathrm{LK}(G)$ eine Einheit in S ist. Man wendet dann Satz 2.9.26 auf F und das normierte Polynom $\widetilde{G} := \mathrm{LK}(G)^{-1} G$ an. Insbesondere ist die Division mit Rest für beliebige Polynome $G \neq 0$ über Körpern ausführbar. Das Verfahren ist effektiv. Wir erläutern es an einem Beispiel.

Beispiel 2.9.27 Für die Polynome $F := 3X^4 + \frac{3}{2}X^3 + \frac{7}{2}X^2 + 2X + 2$ und $G := 2X^2 + X + 1$ erhält man bei der Division von F durch G in $\mathbb{Q}[X]$ mit dem Rechenschema aus Abb. 2.23 die Darstellung $F = (\frac{3}{2}X^2 + 1)G + (X + 1)$, also den Quotienten $\frac{3}{2}X^2 + 1$ und den Rest $X + 1$. $\qquad\qquad\qquad\qquad\qquad\qquad\qquad\qquad\qquad\qquad\qquad\qquad\qquad\qquad\qquad\diamond$

$$(3X^4 + \tfrac{3}{2}X^3 + \tfrac{7}{2}X^2 + 2X + 2) : (2X^2 + X + 1) = \tfrac{3}{2}X^2 + 1 \quad \text{Rest} \quad X + 1$$

$$\underline{-(3X^4 + \tfrac{3}{2}X^3 + \tfrac{3}{2}X^2)}$$

$$2X^2 + 2X + 2$$

$$\underline{-(2X^2 + \ X + 1)}$$

$$X + 1$$

Abb. 2.23 Division mit Rest

Sei S ein Unterring des kommutativen Rings T. Sind dann F und G Polynome in $S[X]$ wie in Satz 2.9.26, so ist es gleichgültig, ob die Division mit Rest in $S[X]$ oder in $T[X]$ ausgeführt wird. Speziell:

Korollar 2.9.28 *Sei S ein Unterring des kommutativen Rings T und seien $F, G \in S[X]$ Polynome wie in* Satz 2.9.26. *Genau dann ist G ein Teiler von F in $S[X]$, wenn G ein Teiler von F in $T[X]$ ist.*

Für $G = X - a \in S[X]$ ergibt die Division mit Rest von $F \in S[X]$ durch G die Gleichung $F = Q \cdot (X - a) + R$ mit $R = 0$ oder Grad $R = 0$. In jedem Fall gilt also $R \in S$. Der Einsetzungshomomorphismus $\varphi_a \colon S[X] \to S$ liefert $R = F(a)$. Es folgt:

Korollar 2.9.29 *Sei $a \in S$ und $F \in S[X]$. Dann gibt es genau ein Polynom $Q \in S[X]$ mit $F = Q \cdot (X - a) + F(a)$. Insbesondere ist $X - a$ genau dann ein Teiler von F, wenn a eine Nullstelle von F ist, d. h. $a \in \mathrm{NS}_S(F)$.*

Wendet man bei $Q \neq 0$ das Korollar 2.9.29 auf Q an, so erhält man eine Darstellung $F = Q_2(X - a)^2 + Q(a)(X - a) + F(a)$. In dieser Weise fortfahrend, gewinnt man schließlich die sogenannte **Taylor-Entwicklung von** f **um** a: Ist $F \in S[X] - \{0\}$ *und* Grad $F = n \in \mathbb{N}$, *so ist*

$$F = a_n(X - a)^n + a_{n-1}(X - a)^{n-1} + \cdots + a_1(X - a) + a_0$$

mit eindeutig bestimmten Koeffizienten $a_0, \dots, a_n \in S$, $a_n \neq 0$, vgl. auch Aufg. 2.9.4b) und Aufg. 2.9.21a). – Korollar 2.9.29 hat wichtige Konsequenzen für Polynomfunktionen. Zunächst beweisen wir noch einmal das Resultat aus Satz 2.6.21 in allgemeinerer Form.

Satz 2.9.30 *Sei $F \in S[X]^*$ ein Polynom $\neq 0$ über dem Integritätsbereich S. Dann gibt es eindeutig bestimmte, paarweise verschiedene Elemente $a_1, \dots, a_r \in S$, $r \in \mathbb{N}$, positive natürliche Zahlen $\alpha_1, \dots, \alpha_r \in \mathbb{N}^*$ und ein Polynom $G \in S[X]^*$ ohne Nullstellen in S mit*

$$F = (X - a_1)^{\alpha_1} \cdots (X - a_r)^{\alpha_r} G.$$

Die Faktoren G und $(X - a_i)^{\alpha_i}$, $i = 1, \ldots, r$, sind bis auf die Reihenfolge eindeutig bestimmt. Insbesondere ist $r = |NS_S(F)| \leq \text{Grad } F$, und die Polynomfunktion zu F ist sicher nicht die Nullfunktion, wenn $|S| > \text{Grad } F$ ist.

Beweis (Induktion über Grad F) Zunächst bemerken wir, dass $S[X]$ wie S ein Integritätsbereich ist, vgl. Proposition 2.9.20. Hat F keine Nullstellen in S, so ist notwendigerweise $r = 0$ und $G = F$. Andernfalls gibt es ein $a_1 \in S$ mit $F(a_1) = 0$ und nach Korollar 2.9.28 ein $Q \in S[X]$ mit $F = Q \cdot (X - a_1)$. Dann ist Grad $Q = \text{Grad } F - 1$, und die Induktionsvoraussetzung liefert die Existenz der angegebenen Darstellung von F. Zur Eindeutigkeit ist nur zu bemerken, dass $NS_S(F) = \{a_1, \ldots, a_r\}$ ist. $\square$

Korollar 2.9.31 *Sei S ein Integritätsbereich, $F \in S[X]$ und $n \in \mathbb{N}$. Hat die Polynomfunktion $S \to S$ zu F mehr als n Nullstellen, so ist $F = 0$ oder Grad $F > n$.*

Die linearen Polynome $X - a$, $a \in S$, sind wegen $S[X]/(X - a) \xrightarrow{\sim} S$ Primelemente in der Polynomalgebra $S[X]$ über dem Integritätsbereich S. Die Exponenten α_i in Satz 2.9.30 sind also die $(X - a_i)$-Exponenten von F. Generell bezeichnet $v_a(F)$ den $(X - a)$-Exponenten des Polynoms $F \neq 0$. Er heißt auch die **Vielfachheit** der Nullstelle a in F und ist genau dann 0, wenn a keine Nullstelle von F ist. a heißt eine **einfache Nullstelle** von F, wenn $v_a(F) = 1$ ist. Wir werden diesen Gesichtspunkt im nächsten Abschnitt weiter verfolgen. Hier erweitern wir Satz 2.9.30 partiell auf Polynomalgebren in mehreren Unbestimmten. Ist $F \in S[X_i, i \in I]$ ein Polynom $\neq 0$ in den Unbestimmten X_i, $i \in I$, so bezeichnen wir für $k \in I$ als **partiellen Grad** $\text{Grad}_{X_k} F$ von F bzgl. X_k den Grad von $F \in S[X_i, i \in I]$, aufgefasst als Polynom in $\big(S[X_i, i \neq k]\big)[X_k]$. Dann gilt:

Satz 2.9.32 (Identitätssatz für Polynome) *Sei $F \in S[X_i, i \in I]^*$ ein Polynom $\neq 0$ in den Unbestimmten X_i, $i \in I$, über dem Integritätsbereich S. Sind dann $N_i \subseteq S$ Teilmengen von S mit $|N_i| > \text{Grad}_{X_i} F$, $i \in I$, so ist $N := \prod_i N_i \not\subseteq NS_S(F)$, d. h. es gibt ein $x = (x_i)_{i \in I} \in N$ mit $F(x) \neq 0$. – Insbesondere ist die durch F definierte Polynomfunktion $S^I \to S$ nicht die Nullfunktion, wenn S unendlich ist.*

Beweis Da in F nur endlich viele Unbestimmte vorkommen, können wir annehmen, dass I endlich ist, etwa $I = \{1, \ldots, n\}$, und schließen dann durch Induktion über n. Für $n = 0$ ist die Aussage trivial. Beim Schluss von $n - 1$ auf $n \geq 1$ sei

$$F = \sum_{k=0}^{d} F_k(X_1, \ldots, X_{n-1}) X_n^k, \quad d := \text{Grad}_{X_n} F \geq 0.$$

Dann ist $F_d(X_1, \ldots, X_{n-1}) \in S[X_1, \ldots, X_{n-1}]$ nicht das Nullpolynom. Wegen $\text{Grad}_{X_i} F_d \leq \text{Grad}_{X_i} F < |N_i|$ für $i = 1, \ldots, n-1$ gibt es nach Induktionsvoraussetzung ein $(n-1)$-Tupel $(x_1, \ldots, x_{n-1}) \in N_1 \times \cdots \times N_{n-1}$ mit $F_d(x_1, \ldots, x_{n-1}) \neq 0$. Folglich ist $F(x_1, \ldots, x_{n-1}, X_n) = \sum_{k=0}^{d} F_k(x_1, \ldots, x_{n-1}) X_n^k \in S[X_n]$ ein Polynom vom Grad $d < |N_n|$. Nach Satz 2.9.30 gibt es ein $x_n \in N_n$ mit $F(x_1, \ldots, x_{n-1}, x_n) \neq 0$. $\square$

Korollar 2.9.33 *Sei S ein Integritätsbereich mit unendlich vielen Elementen. Dann ist für jede Indexmenge I der S-Algebrahomomorphismus $\varphi\colon S[X_i, i \in I] \to \mathrm{Abb}(S^I, S)$, der ein Polynom $F \in S[X_i, i \in I]$ auf die zugehörige Polynomfunktion $x \mapsto F(x)$ abbildet, injektiv.*

Beispiel 2.9.34 Sei weiterhin S ein kommutativer Ring $\neq 0$. Ferner sei

$$G = c_0 + c_1 X + \cdots + c_{n-1} X^{n-1} + X^n \in S[X]$$

ein *normiertes* Polynom vom Grad $n \in \mathbb{N}$ und $(G) = S[X]G$ das von G in $S[X]$ erzeugte Hauptideal. Nach Satz 2.9.26 hat jedes Element in der Restklassenalgebra

$$S[x] = S[X]/(G), \quad x := [X]_G = X + (G),$$

einen eindeutig bestimmten Repräsentanten $R \in S[X]$ mit $R = 0$ oder Grad $R < n$. Mit anderen Worten: $S[x]$ *ist eine endliche freie S-Algebra vom Rang n mit S-Modulbasis* $1 = x^0, x, \ldots, x^{n-1}$. Für ein beliebiges Polynom $F \in S[X]$ ist

$$F(x) = R(x) = a_0 + a_1 x + \cdots + a_{n-1} x^{n-1},$$

wobei $R = a_0 + a_1 X + \cdots + a_{n-1} X^{n-1}$ der Rest bei der Division von F durch G ist. Man beachte, dass die Multiplikation in $S[x]$ durch die Operationen in S und die Gleichung

$$0 = G(x) = c_0 + c_1 x + \cdots + c_{n-1} x^{n-1} + x^n, \quad \text{d.\,h.} \quad x^n = -c_0 - c_1 x - \cdots - c_{n-1} x^{n-1},$$

bestimmt ist. In $S[x]$ besitzt das Polynom G also die Nullstelle x, und in $(S[x])[X]$ gilt

$$G = H \cdot (X - x) \quad \text{mit} \quad H = b_0 + b_1 X + \cdots + b_{n-1} X^{n-1} \in (S[x])[X],$$

wobei die Koeffizienten $b_{n-1}, \ldots, b_0$ bequem rekursiv mit dem **Horner-Schema**

$$b_{n-1} = 1, \quad b_{n-(i+1)} = c_{n-i} + b_{n-i} x, \ i = 1, \ldots, n-1,$$

berechnet werden können, vgl. Beispiel 2.9.19. Ist $S = K$ ein Körper, $K[x]$ eine zyklische K-Algebra und x *algebraisch* über K, so ist das Relationenideal Kern $\varphi_x = \{F \in K[X] \mid F(x) = 0\}$ das Hauptideal (μ_x), wobei das sogenannte **Minimalpolynom von** x

$$\mu_x$$

das (eindeutig bestimmte) normierte Polynom kleinsten Grades in Kern φ_x ist, vgl. Korollar 2.9.17. Die K-Algebra $K[x] \xleftarrow{\sim} K[X]/(\mu_x)$ ist also endlich und hat die Dimension $n := \operatorname{Grad} \mu_x$ mit K-(Vektorraum-)Basis $1, x, \ldots, x^{n-1}$. Man nennt n dann auch den **Grad von** x (über K). Wir werden uns mit solchen endlichen zyklischen Algebren etwas ausführlicher im nächsten Abschnitt beschäftigen, vgl. Beispiel 2.10.20. $\diamond$

Beispiel 2.9.35 (Freie quadratische Algebren) Sei S wieder ein kommutativer Ring $\neq 0$. In Fortsetzung des vorangegangenen Beispiels betrachten wir den einfachsten nicht-trivialen Fall $n = 2$. Wir schreiben dann G in der Form[54]

$$G = X^2 - pX + q, \quad p, q \in S.$$

Die sogenannte **freie quadratische S-Algebra** $S[x] = S[X]/(G)$ hat die S-Basis $1, x$, und wegen $x^2 = px - q$ gilt für $a, b, c, d \in S$

$$(a + bx)(c + dx) = ac + (ad + bc)x + bdx^2 = (ac - bdq) + (ad + bc + bdp)x.$$

In $(S[x])[X]$ gilt $G = X^2 - pX + q = (X - x)(X - (p - x))$. Da $p - x$ ebenfalls eine Nullstelle von G ist, wird (auf Grund der universellen Eigenschaft von $S[x]$) durch $x \mapsto p - x$ ein S-Algebrahomomorphismus $\kappa \colon S[x] \to S[x]$ definiert. Wegen $\kappa^2(x) = \kappa(p - x) = p - \kappa(x) = x$ ist κ ein *involutorischer S-Algebraautomorphismus von $S[x]$.* Er heißt die **Konjugation** von $S[x]$. Für

$$z = a + bx \in S[x], \quad a, b \in S, \quad \text{ist} \quad \overline{z} := \kappa(z) = a + b\kappa(x) = (a + bp) - bx.$$

Es folgt $\mathrm{Sp}(z) := z + \overline{z} = 2a + bp \in S$ und $\mathrm{N}(z) := z\overline{z} = a^2 + pab + qb^2 \in S$ sowie

$$(X - z)(X - \overline{z}) = X^2 - \mathrm{Sp}(z)X + \mathrm{N}(z) \in S[X].$$

Die **Spur(abbildung)** $\mathrm{Sp} = \mathrm{Sp}_S^{S[x]} \colon S[x] \to S, z \mapsto \mathrm{Sp}(z) = z + \overline{z}$, ist S-linear, und die **Norm(abbildung)** $\mathrm{N} = \mathrm{N}_S^{S[x]} \colon S[x] \to S, z \mapsto \mathrm{N}(z) := z\overline{z}$, ist ein Homomorphismus der multiplikativen Monoide von $S[x]$ bzw. S. Als wichtige Anwendung der Norm notieren wir: *Ein Element $z = a + bx \in S[x]$ ist genau dann eine Einheit in $S[x]$, wenn $\mathrm{N}(z)$ eine Einheit in S ist. In diesem Fall ist*

$$z^{-1} = \frac{\overline{z}}{\mathrm{N}(z)} = \frac{a + bp}{a^2 + pab + qb^2} - \frac{b}{a^2 + pab + qb^2}x.$$

Im Fall $p = 0$ spricht man von einer **rein-quadratischen S-Algebra.** Dann ist $x = \sqrt{-q}$ eine Quadratwurzel aus $-q$ und

$$S\left[\sqrt{-q}\right] \xleftarrow{\sim} S[X]/(X^2 + q).$$

Die Multiplikation in $S\left[\sqrt{-q}\right]$ ist

$$\left(a + b\sqrt{-q}\right)\left(c + d\sqrt{-q}\right) = (ac - bdq) + (ad + bc)\sqrt{-q},$$

---

[54] Man beachte die Konvention über das Vorzeichen des Koeffizienten von X, die vielleicht vom Schulunterricht abweicht.

und für $z = a + b\sqrt{-q}$ gilt einfach $\overline{z} = a - b\sqrt{-q}$ und

$$\mathrm{Sp}(z) = 2a, \quad \mathrm{N}(z) = a^2 + qb^2,$$

$$z^{-1} = \frac{a}{a^2 + qb^2} - \frac{b}{a^2 + qb^2}\sqrt{-q}, \quad \text{falls} \quad a^2 + qb^2 \in S^{\times}. \qquad \diamond$$

Ist 2 ein Nichtnullteiler in S, so ist $z = \overline{z}$ äquivalent zu $z \in S$, d. h. es ist $\mathrm{Fix}\left(\kappa, S[\sqrt{-q}]\right) = S$, und $z = -\overline{z}$, d. h. $\mathrm{Sp}(z) = 0$, ist äquivalent zu $z \in S\sqrt{-q}$. Für einen Integritätsbereich S mit $2 \neq 0$ und ein Element $z = a + b\sqrt{-q} \in S[\sqrt{-q}]$, $z \neq 0$, ist $\mathrm{Sp}(z) = 2a = 0$ auch äquivalent zu $z \notin S$ und $z^2 \in S$. Dies folgt aus $z^2 = a^2 - qb^2 + 2ab\sqrt{-q}$.

Ist S wieder beliebig und $-q$ ein Quadrat bereits in S, etwa $-q = s^2$, $s \in S$, so darf man die quadratische Algebra $S[\sqrt{-q}]$ nicht mit der Algebra $S[s] = S$ verwechseln. Auf Grund der universellen Eigenschaft von $S[\sqrt{-q}]$ gibt es aber den surjektiven Einsetzungshomomorphismus $S[\sqrt{-q}] \to S$, $\sqrt{-q} \mapsto s$, dessen Kern bereits als S-Modul von $s - \sqrt{-q}$ erzeugt wird. Für $q = 0$ bezeichnet man $\sqrt{0}$ gewöhnlich mit ε und nennt die Algebra $S[\varepsilon] \overset{\sim}{\longleftarrow} S[X]/(X^2)$ die **Algebra der dualen Zahlen** über S.[55]

Der Fall $q = 1$ liefert die historisch ersten Beispiele für rein-quadratische Algebren. Für den Grundring S ist dies die Algebra

$$\mathbb{C}_S := S[\sqrt{-1}] \overset{\sim}{\longleftarrow} S[X]/(X^2 + 1)$$

der **komplexen Zahlen über** S. Im Anschluss an Euler setzt man

$$\mathrm{i} := \sqrt{-1}$$

und spricht von der **imaginären Einheit** (da man lange Zeit nicht wusste, was für eine Zahl das sein sollte). Es ist $\mathrm{i}^2 = -1$ und $\mathrm{i}^{-1} = -\mathrm{i}$. Für eine komplexe Zahl $z = a + b\mathrm{i} \in S[\mathrm{i}]$, $a, b \in S$, heißt demgemäß $\Re z := a$ der **Realteil** und $\Im z := b$ der **Imaginärteil** von z. Es gilt

$$\overline{z} = a - b\mathrm{i}, \quad 2a = 2\Re z = z + \overline{z} = \mathrm{Sp}(z), \quad 2b = 2\Im z = \mathrm{i}^{-1}(z - \overline{z}) = \mathrm{i}(\overline{z} - z),$$

$$\mathrm{N}(z) = a^2 + b^2, \quad z^{-1} = \frac{a}{a^2 + b^2} - \frac{b}{a^2 + b^2}\mathrm{i}, \quad \text{falls} \quad a^2 + b^2 \in S^{\times}.$$

Die Multiplikation in $S[\mathrm{i}]$ wird (wegen $\mathrm{i}^2 = -1$) gegeben durch

$$(a + b\mathrm{i})(c + d\mathrm{i}) = (ac - bd) + (ad + bc)\mathrm{i}, \quad a, b, c, d \in S.$$

Ist 2 ein Nichtnullteiler in S, so sind die Elemente $z \in S$ durch $z = \overline{z}$ charakterisiert und die Elemente $z \in S\mathrm{i}$ der „imaginären Achse" $S\mathrm{i}$ durch $z = -\overline{z}$, d. h. $\mathrm{Sp}(z) = 0$. $S[\mathrm{i}]$ *ist*

---

[55] Bei der Wahl des Buchstabens „ε" hat man durchaus an das ε in der Analysis gedacht, insbesondere in der Differenzialrechnung. Dort ist ε^2 (häufig) „vernachlässigbar klein".

genau dann ein Körper, wenn S ein Körper ist, in dem $a^2 + b^2 = 0$ *nur für* $a = b = 0$ *gilt,*
$a, b \in S$. *Dies ist offenbar äquivalent dazu, dass S ein Körper ist, in dem* -1 *kein Quadrat
ist.* Für den Primkörper $\mathbf{F}_p$, $p \in \mathbb{P}$, ist dies genau dann der Fall, wenn $p \equiv 1 \bmod 4$ ist.
Denn bei $p > 2$ ist $\mathbf{F}_p^\times$ eine Gruppe der Ordnung $p - 1$, in der -1 das einzige Element der
Ordnung 2 ist. -1 ist also genau dann ein Quadrat, wenn $\mathbf{F}_p^\times$ ein Element der Ordnung 4
besitzt. Da die 2-Primärkomponente von $\mathbf{F}_p^\times$ zyklisch ist (sogar $\mathbf{F}_p^\times$ ist zyklisch!) ist dies
äquivalent zu $4 \mid (p - 1)$, vgl. auch Aufg. 2.2.29. Man kann bei $p \equiv 1 \bmod 4$ direkt
eine Quadratwurzel von -1 angeben. Dies ist $m! \in \mathbf{F}_p^\times$ mit $m := \frac{1}{2}(p - 1)$. Wegen
$\frac{1}{2}(p - 1) \equiv 0 \bmod 2$ ist nämlich $(m!)^2 = (-1)^{(p-1)/2}(p - 1)! = (p - 1)! = -1$. Für
$S = \mathbb{R}$ ist der Körper

$$\mathbb{C} := \mathbb{C}_\mathbb{R} = \mathbb{R}[\mathrm{i}]$$

der **komplexe Zahlkörper** schlechthin. Er enthält die quadratischen Algebren $\mathbb{C}_S = S[\mathrm{i}] = S + S\mathrm{i}$ für jeden Unterring $S \subseteq \mathbb{R}$ von $\mathbb{R}$. Zu einer Beschreibung der multiplikativen Gruppe $\mathbb{C}^\times$ von $\mathbb{C}$ sei auf Beispiel 2.2.16 (2) und auch auf Abschn. 3.5 verwiesen.

Wir bemerken zum Schluss, dass *jede quadratische S-Algebra rein-quadratisch ist,
falls* $2 \in S^\times$ *eine Einheit in S ist.* Ist nämlich $S[x]$ eine quadratische S-Algebra mit
definierender Gleichung $x^2 - px + q = 0$, so erhält man durch **quadratische Ergänzung**

$$0 = x^2 - px + q = \left(x - \frac{1}{2}p\right)^2 + \frac{1}{4}(4q - p^2) \quad \text{bzw.} \quad \left(x - \frac{1}{2}p\right)^2 = \frac{1}{4}(p^2 - 4q).$$

Es ist also $S[x] = S[\widetilde{x}]$ für $\widetilde{x} := 2\left(x - \frac{1}{2}p\right)$, und $\widetilde{x}$ erfüllt die rein-quadratische Gleichung
$\widetilde{x}^2 = p^2 - 4q$. Somit gilt

$$S[x] \cong S\left[\sqrt{p^2 - 4q}\right].$$

$p^2 - 4q \in S$ heißt die **Diskriminante** der quadratischen Gleichung $x^2 - px + q = 0$
oder auch des Polynoms $X^2 - pX + q \in S[X]$. Insbesondere gilt:

Proposition 2.9.36 (Babylonische Lösungsformel $=$ p-q-Formel) *Sei S ein kommutativer Ring mit* $2 \in S^\times$ *und* $p, q \in S$. *Die Nullstellen des Polynoms* $X^2 - pX + q \in S[X]$
in einer beliebigen S-Algebra A sind die Elemente $\frac{1}{2}(p + u)$, *wobei* $u \in A$ *die Menge
der Quadratwurzeln aus der Diskriminante* $p^2 - 4q$ *des Polynoms* $X^2 - pX + q$ *in A
durchläuft.* ◇

Aufgaben

Aufgabe 2.9.1 Sei A eine S-Algebra über dem kommutativen Ring $S \neq 0$ und V ein A-Links-Rechts-Bimodul mit $sv = vs$ für alle $s \in S$, $v \in V$. Dann wird die direkte Summe
$A \oplus V$ mit der Multiplikation

$$(x, v) \cdot (y, w) = (xy, xw + vy), \quad x, y \in A, \ v, w \in V,$$

eine S-Algebra, in der $V = \{0\} \oplus V$ ein zweiseitiges Ideal mit $(A \oplus V)/V \xrightarrow{\sim} A$ und $V^2 = 0$ ist. Ferner ist $(A \oplus V)^\times = A^\times \oplus V$. (Es ist $(x, v)^{-1} = (x^{-1}, -x^{-1}vx^{-1})$ für $x \in A^\times$, $v \in V$. – Man nennt die S-Algebra $A \oplus V$ die **Idealisierung** von V. Ist A kommutativ, so ist die Idealisierung für einen beliebigen A-Modul V definiert und wieder kommutativ.)

Aufgabe 2.9.2 Sei M ein reguläres total geordnetes Monoid mit neutralem Element ι und $B = \sum_{\sigma \in M}^{\oplus} B_\sigma$ ein M-graduierter Bereich.

a) Jeder Links- oder Rechtsteiler eines homogenen Elements $\neq 0$ von B ist ebenfalls homogen. Insbesondere sind alle Einheiten von B homogen.
b) Sei B überdies kommutativ (also ein Integritätsbereich), $\mathfrak{p} \subseteq B$ ein homogenes Primideal in B und $b = \sum_{\sigma \in M} b_\sigma \in B$ ein Element $\neq 0$ mit Leitform b_ω und Anfangsform b_α, $\alpha \leq \omega$. Gilt $b_\sigma \in \mathfrak{p}$ für alle $\sigma \neq \omega$, $b_\omega \notin \mathfrak{p}$ und $b_\alpha \notin \mathfrak{p}^2$, so ist jeder Teiler von b in B homogen. Ist speziell p ein homogenes Primelement $\neq 0$ in B und gilt $p \mid b_\sigma$ für $\sigma \neq \omega$ sowie $p \nmid b_\omega$ und $p^2 \nmid b_\alpha$, so sind alle Teiler von b in B homogen. (Dieses sogenannte **Lemma von Eisenstein** (nach G. Eisenstein (1823–1852)) lässt sich in vielfältiger Weise variieren.)

Aufgabe 2.9.3 Sei S ein kommutativer Ring $\neq 0$ und P die frei erzeugte S-Algebra $S\langle X_i, i \in I \rangle$ oder die Polynomalgebra $S[X_i, i \in I]$ in den Unbestimmten $X_i, i \in I$. Für $x = (x_i) \in S^I$ wird der Kern des Einsetzungshomomorphismus $\varphi_a \colon P \to S$, $X_i \mapsto x_i$, $i \in I$, (als zweiseitiges Ideal) von den linearen Polynomen $X_i - x_i, i \in I$ erzeugt.

Aufgabe 2.9.4 Sei S ein kommutativer Ring $\neq 0$ und $P := S[X_i, i \in I]$ die Polynomalgebra über S in den Unbestimmten $X_i, i \in I$. Ferner sei $F = \sum_{\nu \in \mathbb{N}^{(I)}} a_\nu X^\nu \in P$.

a) Es ist $\nu! a_\nu = (D_X^\nu F)(0)$, $\nu \in \mathbb{N}^{(I)}$. (Wir erinnern an die Definition $\nu! = \prod_i \nu_i!$. – Es genügt, die Formel für Monome $F = X^\mu$, $\mu \in \mathbb{N}^{(I)}$, zu verifizieren.)
b) Sei $c = (c_i) \in S^I$. Die Polynome $(X - c)^\nu = \prod_i (X_i - c_i)^{\nu_i}$, $\nu \in \mathbb{N}^{(I)}$, bilden eine S-Modulbasis von P. (Der Einsetzungshomomorphismus $P \to P$, $X_i \mapsto X_i - c_i$, $i \in I$, ist ein S-Algebraautomorphismus von P, ein sogenannter **Translationsautomorphismus** von P.) Ist $F = \sum_{\nu \in \mathbb{N}^{(I)}} b_\nu (X - c)^\nu$, so gilt die **Taylor-Formel**

$$\nu! b_\nu = (D_X^\nu F)(c).$$

(Ist etwa $\mathbb{Q} \subseteq S$, so gilt also $b_\nu = (1/\nu!)(D_X^\nu F)(c)$, $\nu \in \mathbb{N}^{(I)}$.)
c) Sei $r \in \mathbb{N}^*$ und $n \in \mathbb{N}$. Man beweise mit der Taylor-Formel in $\mathbb{Z}[X_1, \ldots, X_r]$ die universelle Polynomialformel

$$(X_1 + \cdots + X_r)^n = \sum_{\nu \in \mathbb{N}^r, |\nu| = n} \binom{n}{\nu} X^\nu.$$

sowie die beiden universellen Polarisationsformeln (vgl. Aufg. 2.6.7)

$$2^{r-1}r!X_1 \cdots X_r = \sum_{\varepsilon} \varepsilon_2 \cdots \varepsilon_r (X_1 + \varepsilon_2 X_2 + \cdots + \varepsilon_r X_r)^r$$

(auf der rechten Seite ist über alle Vorzeichentupel $\varepsilon = (\varepsilon_2, \ldots, \varepsilon_r) \in \{1, -1\}^{r-1}$ zu summieren) und

$$(-1)^r r! X_1 \cdots X_r = \sum_{H \subseteq \{1,\ldots,r\}} (-1)^{|H|} X_H^r = \sum_{e} (-1)^{e_1 + \cdots + e_r} (e_1 X_1 + \cdots + e_r X_r)^r$$

(in der letzten Summe durchläuft e alle Tupel $(e_1, \ldots, e_r) \in \{0, 1\}^r$).

Aufgabe 2.9.5 Sei S ein kommutativer Ring $\neq 0$ und $P := S[X_i, i \in I]$ die Polynomalgebra über S in den Unbestimmten X_i, $i \in I$. Die Abbildung $\mathrm{Der}_S P \xrightarrow{\sim} P^I$, $\delta \mapsto \big(\delta(X_i)\big)_{i \in I}$, ist ein P-Modul-Isomorphismus. Zu dem I-Tupel $(G_i) \in P^I$ gehört die S-Derivation $\delta \colon F \mapsto \sum_{i \in I} (\mathrm{D}_{X_i} F) G_i$. Insbesondere ist $\mathrm{Der}_S P$ ein freier P-Modul vom Rang $|I|$ mit Basis D_{X_i}, $i \in I$, wenn I endlich ist.

Bemerkung Es folgt insbesondere, dass für Mengen I, J mit $|I| \neq |J|$ die S-Algebren P und $Q := S[X_j, j \in J]$ nicht isomorph sind, falls eine der beiden Mengen endlich ist. Dies gilt aber auch, wenn beide Mengen I und J unendlich sind, und folgt dann aus $\mathrm{Rang}_S P = |\mathbb{N}^{(I)}| = |I|$ bei unendlichem I. Man beachte, dass die Algebren P und Q als Ringe isomorph sein können, auch wenn $|I| \neq |J|$ ist. Bei unendlichem I beispielsweise sind P und $P[Y_k, k \in K]$ isomorphe Ringe, wenn $|K| \leq |I|$ ist.

Aufgabe 2.9.6 Sei S ein kommutativer Ring $\neq 0$. Die Polynomalgebra $S[X_i, i \in I]$ ist genau dann noethersch, wenn S noethersch und I endlich ist.

Aufgabe 2.9.7 Sei S ein kommutativer Ring $\neq 0$ und $P := S\langle X_i, i \in I \rangle$ die frei erzeugte Algebra in den Unbestimmten X_i, $i \in I$, über S.

a) Ein P-Modul ist dasselbe wie ein Paar $V = (V, (f_i)_{i \in I})$, bestehend aus einem S-Modul V und einer Familie f_i, $i \in I$, von S-Endomorphismen von V. (f_i ist die Homothetie ϑ_{X_i}, $i \in I$.) Ist $W = (W, (g_i)_{i \in I})$ ein weiteres solches Paar, so ist ein P-Modulhomomorphismus $V \to W$ dasselbe wie ein S-Modulhomomorphismus $h \colon V \to W$ mit $h \circ f_i = g_i \circ h$, $i \in I$. Insbesondere sind V und W genau dann P-isomorph, wenn es einen S-Isomorphismus $h \colon V \to W$ gibt mit $g_i = h \circ f_i \circ h^{-1}$, $i \in I$. (Es ist ein interessantes Problem, etwa für einen Körper $S = K$ die P-Moduln zu klassifizieren, deren K-Dimension eine feste Zahl $m \in \mathbb{N}$ ist. Dabei handelt es sich darum, den Bahnenraum $\big(\mathrm{End}_K K^m\big)^I \backslash \mathrm{Aut}_K K^m = \mathrm{M}_m(K)^I \backslash \mathrm{GL}_m(K)$ der Operation von $\mathrm{Aut}_K K^m = \mathrm{GL}_m(K)$ auf $\big(\mathrm{End}_K K^m\big)^I = \mathrm{M}_m(K)^I$ durch Konjugation:

$(B, (A_i)_{i \in I}) \mapsto (BA_iB^{-1})_{i \in I}$, $B \in \mathrm{GL}_m(K)$, $(A_i)_{i \in I} \in \mathrm{M}_m(K)^I$, übersichtlich zu beschreiben. Der Fall $|I| = 1$ ist einer der Hauptgegenstände der Linearen Algebra und wird im Wesentlichen mit Satz 2.10.17 behandelt, vgl. die Bände 3 und 4 über Lineare Algebra.)

b) Man formuliere und beweise die entsprechenden Aussagen wie in a) für die Polynomalgebra $S[X_i, i \in I]$. (Die $f_i \colon V \to V$, $i \in I$, müssen paarweise kommutieren!)

Aufgabe 2.9.8 Sei K ein Körper, I eine wohlgeordnete Indexmenge und P die frei erzeugte K-Algebra $K\langle X_i, i \in I\rangle$ oder die Polyomalgebra $K[X_i, i \in I]$ jeweils mit der homogenen lexikographischen Ordnung der Monome. Ferner sei α ein zweiseitiges Ideal in P und $\mathrm{LF}(\alpha)$ das Leitformenideal von α. Dann bilden die Restklassen derjenigen Monome in P, die *nicht* zu $\mathrm{LF}(\alpha)$ gehören, eine K-Vektorraumbasis der Restklassenalgebra P/α.

Aufgabe 2.9.9 Sei A eine S-Algebra. Für $x, y \in A$ heißt $[x, y] := xy - yx$ der **Kommutator** von x und y. Die Verknüpfung $A \times A \to A$, $(x, y) \mapsto [x, y]$, auf A heißt die **Lie-Klammer**. Sie ist S-bilinear, und es gilt $[x, x] = 0$ für alle $x \in A$. (Eine solche bilineare Abbildung heißt **alternierend**. Wegen $0 = [x + y, x + y] = [x, x] + [x, y] + [y, x] + [y, y] = [x, y] + [y, x]$ folgt dann $[y, x] = -[x, y]$.) Für $x, y, z \in A$ gilt $[z, xy] = [z, x]y + x[z, y]$, d. h. $\delta_z \colon A \to A$, $x \mapsto [z, x]$, ist eine S-Derivation von A. Diese Derivationen δ_z, $z \in A$, heißen die **inneren Derivationen** von A.

a) Man verifiziere die sogenannte **Jacobi-Identität**: Für alle $x, y, z \in A$ gilt

$$[x, [y, z]] + [y, [z, x]] + [z, [x, y]] = 0.$$

(In der Jacobi-Identität werden die Argumente x, y, z zyklisch vertauscht! – Man nennt einen beliebigen S-Modul L mit einer alternierenden S-bilinearen Verknüpfung $L \times L \to L$, $(x, y) \mapsto [x, y]$, die die Jacobi-Identität erfüllt, eine S-**Lie-Algebra** (nach S. Lie (1842–1899)). Die Jacobi-Identität für die Verknüpfung $[-, -]$ auf der Lie-Algebra L lässt sich auch so interpretieren: Die S-lineare Linkstranslation $\delta_z \colon L \to L$, $x \mapsto [z, x]$, (und damit auch die Rechtstranslation $x \mapsto [x, z] = -\delta_z(x)$) ist für jedes $z \in L$ eine S-Derivation auf L. *Jede (gewöhnliche) S-Algebra A ist mit obiger Lie-Klammer $[-, -]$ eine S-Lie-Algebra.* Sie heißt die zu A **assoziierte Lie-Algebra**, und wird mit $[A]$ bezeichnet. Genau dann ist A kommutativ, wenn die Lie-Klammer $[-, -]$ auf A identisch 0 ist. Generell heißt eine Lie-Algebra L **kommutativ**, wenn ihr Lie-Produkt identisch 0 ist. – Zum allgemeinen Algebrabegriff siehe die Definition im Anschluss an Lemma 2.9.4.)

b) Der Derivationenmodul $\mathrm{Der}_S A$ ist eine S-Lie-Unteralgebra der zu $\mathrm{End}_S A$ assoziierten S-Lie-Algebra $[\mathrm{End}_S A]$, und die Abbildung $[A] \to \mathrm{Der}_S A$, $z \mapsto \delta_z$, ist ein S-Lie-Algebrahomomorphismus, dessen Kern das Zentrum $\mathrm{Z}(A)$ von A ist.

Aufgabe 2.9.10 Sei A eine Algebra über dem kommutativen Ring $S \neq 0$ und $\delta \colon A \to A$ eine S-Derivation.

a) **(Quotientenregeln)** Für $x \in A$ und $y \in A^{\times}$ gilt $\delta(y^{-1}) = -y^{-1}\delta(y)y^{-1}$ sowie

$$\delta(y^{-1}x) = y^{-1}\bigl(\delta(x) - \delta(y)y^{-1}x\bigr) \quad \text{bzw.} \quad \delta(xy^{-1}) = \bigl(\delta(x) - xy^{-1}\delta(y)\bigr)y^{-1}.$$

Ist $y \in Z(A) \cap A^{\times} = Z(A)^{\times}$, so ist $\delta(x/y) = \bigl(\delta(x)y - x\delta(y)\bigr)/y^2$.

b) Sei $T \subseteq Z(A)$ ein zentrales Untermonoid des multiplikativen Monoids von A und $\iota_T \colon A \to A_T$ der kanonische S-Algebrahomomorphismus von A in die S-Algebra $A_T = \{x/t \mid x \in A, t \in T\}$ der Brüche von A bzgl. T. Dann gibt es genau eine S-Derivation $\delta_T \colon A_T \to A_T$ mit $\iota_T \circ \delta = \delta_T \circ \iota_T$. Es ist

$$\delta_T\left(\frac{x}{t}\right) = \frac{\delta(x)t - x\delta(t)}{t^2}, \quad x \in A,\, t \in T.$$

Insbesondere lassen sich die partiellen Ableitungen D_{X_i}, $i \in I$, der Polynomalgebra $P := S[X_i, i \in I]$ eindeutig zu S-Derivationen auf dem totalen Quotientenring $Q(P) = Q(S)(X_i, i \in I)$ von P fortsetzen. Diese Fortsetzungen werden ebenfalls mit D_{X_i} bezeichnet.

Aufgabe 2.9.11 Sei K ein Körper. Die K-Algebraautomorphismen von $K[X]$ sind genau die Einsetzungshomomorphismen $X \mapsto aX + b$, $a, b \in K$, $a \neq 0$. Die Gruppe $\mathrm{Aut}_{K\text{-Alg}}\, K[X]$ der K-Algebraautomorphismen von $K[X]$ ist also anti-isomorph und damit isomorph zur affinen Gruppe $\mathrm{A}_1(K) = K \rtimes K^{\times}$ von K, vgl. Beispiel 2.6.19. (Die K-Automorphismengruppe einer Polynomalgebra $K[X_1, \ldots, X_n]$, $n \geq 2$, in mehr als einer Variablen ist sehr viel schwerer zu beschreiben und immer noch ein aktueller Forschungsgegenstand. Für eine wichtige Untergruppe siehe die nächste Aufgabe.)

Aufgabe 2.9.12 Sei K ein Körper und L_i, $i \in I$, eine Familie von homogenen Polynomen des Grades 1 in der Polynomalgebra $P := K[Y_j]_{j \in J}$. Der Einsetzungshomomorphismus $Y_i \mapsto L_i$, $i \in I$, von $K[Y_i]_{i \in I}$ in P ist genau dann injektiv bzw. surjektiv bzw. bijektiv, wenn die L_i, $i \in I$, linear unabhängig bzw. ein Erzeugendensystem bzw. eine Basis im K-Vektorraum P_1 aller homogenen Polynome vom Grade 1 in $K[Y_j]_{j \in J}$ sind. Insbesondere ist im Fall $I = J$ der Einsetzungsendomorphismus $P \to P$, $Y_j \mapsto L_j$, $j \in J$, genau dann ein K-Algebraautomorphismus, wenn seine Beschränkung auf P_1 ein K-Vektorraumautomorphismus von P_1 ist. (In dieser Weise fasst man die lineare Gruppe $\mathrm{GL}_K(P_1) = \mathrm{Aut}_K(P_1)$ stets als Untergruppe von $\mathrm{Aut}_{K\text{-Alg}}\, P$ auf. Zusammen mit den Translationsautomorphismen aus Aufg. 2.9.4b) erzeugt sie die sogenannte Gruppe der **affinen** K-Algebraautomorphismen von P.)

Aufgabe 2.9.13 Für $m \in \mathbb{N}$ sei $P_m := K[X_1 \ldots, X_m]$ die Polynomalgebra in m Unbestimmten über dem Körper K. Ist $\varphi \colon P_m \to P_n$ ein injektiver (bzw. surjektiver) K-Algebrahomomorphismus, so ist $m \leq n$ (bzw. $m \geq n$). Insbesondere ist $m = n$, wenn φ ein Isomorphismus ist. (Ist Grad $\varphi(X_i) \leq d$, $i = 1, \ldots, m$, so ist Grad $\varphi(F) \leq d \cdot$ Grad F für alle $F \in P_m$. Ferner benutze man, dass die Polynome in P_m vom Grad $\leq r \in \mathbb{N}$ einen K-Vektorraum der Dimension $\binom{r+m}{m}$ bilden. – Den Fall, dass φ surjektiv ist, führt man auf den Fall, dass φ injektiv ist, zurück. – Einen anderen Beweis für $m = n$, falls φ ein K-Algebraisomorphismus ist, findet man in Aufg. 2.9.5. Bei $m \neq n$ sind P_m und P_n auch als Ringe nicht isomorph; denn jeder Ringisomorphismus induziert einen Automorphismus von K wegen $K^\times = P_m^\times = P_n^\times$.)

Aufgabe 2.9.14 Seien K ein unendlicher Körper und F, G Polynome in $K[X_i, i \in I]$. Ist $F \neq 0$ und verschwindet G auf $K^I - \mathrm{NS}_K(F)$, so ist $G = 0$.

Aufgabe 2.9.15 Sei K ein unendlicher Körper und V ein K-Vektorraum. Jede linear unabhängige Familie $f_i \in V^*$, $i \in I$, von K-Linearformen $V \to K$ ist algebraisch unabhängig in der K-Algebra K^V der K-wertigen Funktionen auf V. (Man kann auf den Fall, dass V endlichdimensional ist, reduzieren. – Häufig nennt man die von den K-Linearformen $V \to K$ erzeugte K-Unteralgebra der K-Algebra K^V aller K-wertigen Funktionen auf V die Algebra der **Polynomfunktionen** auf V. Für $V = K^I$ und *endliches* I stimmt dies mit der üblichen Definition überein.)

Aufgabe 2.9.16 Sei K ein Körper und A eine K-Algebra. Ferner sei $x \in A^*$ ein Nichtnullteiler und ganz (d. h. algebraisch) über K. Dann ist $x \in A$ sogar eine Einheit in A und $x^{-1} \in K[x]$. (Die Multiplikation mit x ist auf der endlichen K-Algebra $K[x]$ injektiv und damit bijektiv.) Man bestimme auch das Minimalpolynom $\mu_{x^{-1}}$ von x^{-1} mit Hilfe des Minimalpolynoms μ_x von x. (Der konstante Term von μ_x ist $\neq 0$.) Insbesondere ist A ein Divisionsbereich, wenn A ein Bereich ist und ganz über K.

Aufgabe 2.9.17 Sei A eine Algebra über dem kommutativen Ring $S \neq 0$.

a) Für $x \in A$ sind folgende Aussagen äquivalent: (i) x ist ganz über S. (ii) $S[x]$ ist eine endliche S-Algebra. (iii) $S[x]$ ist in einer endlichen S-Unteralgebra von A enthalten. – Insbesondere ist A ganz über S, wenn A eine endliche S-Algebra ist. (Die Implikation (iii) $\Rightarrow$ (ii) ist trivial, wenn S noethersch ist. Den allgemeinen Fall führe man darauf zurück, vgl. die in Aufg. 2.8.16c) benutzte Methode. Man könnte aber auch direkt schließen. – Ist S noethersch, so ist (iii) natürlich äquivalent zu der folgenden Bedingung: (iv) $S[x]$ ist in einem endlichen S-Unter*modul* von A enthalten. Im Allgemeinen sind die Bedingungen (iii) und (iv) jedoch *nicht* äquivalent. Beispiel?)

b) Ist A kommutativ, so bilden die über S ganzen Elemente von A eine S-Unteralgebra von A. (Sind $x, y \in A$ ganz über S, so ist $S[x, y]$ eine endliche S-Unteralgebra von A.)

c) Ist S selbst eine ganze Algebra über dem kommutativen Ring T und ist A ganz über S, so ist A auch ganz über T (**Transitivität der Ganzheit**). Ist A endlich über S und

S endlich über T, so ist A auch endlich über T. (Eine Unteralgebra einer endlichen S-Algebra braucht nicht endlich über S zu sein. Für ein Beispiel kann man Aufg. 2.9.1 verwenden.)

d) Sei A ganz über S. Ist $x \in A^\times$, so ist $x^{-1} \in S[x]$. Ist $A' \subseteq A$ eine S-Unteralgebra von A, so ist $A'^\times = A' \cap A^\times$. Insbesondere ist A' ein Divisionsbereich, wenn A ein Divisionsbereich ist. Ist umgekehrt A' ein Divisionsbereich und A nullteilerfrei, so ist auch A ein Divisionsbereich. (Nach der ersten Aussage in d) ist der Kern des Strukturhomomorphismus $S \to A' \subseteq A$ ein maximales Ideal in S. Nun benutze man Aufg. 2.9.16.)

Aufgabe 2.9.18 Sei K ein Körper. Man gebe eine K-Algebra A mit algebraischen Elementen $x, y \in A$ an, für die sowohl $x + y$ als auch xy transzendent über K sind. (Man nehme z. B. $A := \mathrm{End}_K V$, wo V ein unendlichdimensionaler K-Vektorraum ist, etwa $V = K^{(\mathbb{N})}$, oder eine passende Gruppenalgebra, etwa $K[\mathbf{D}_0]$.)

Aufgabe 2.9.19 Sei $K \subseteq L$ eine Erweiterung von Körpern. Dann bilden die über K algebraischen Elemente von L einen Unterkörper von L, der K umfasst. Er heißt der **algebraische Abschluss** oder die **algebraische Hülle** von K in L. Ist K endlich, so ist die algebraische Hülle von K in L höchstens abzählbar. Ist K unendlich, so haben K und die algebraische Hülle von K in L dieselbe Kardinalzahl. (Der Polynomring $K[X]$ hat für unendliches K dieselbe Kardinalzahl wie K.)

Bemerkung Die über dem Primkörper von L algebraischen Elemente heißen **algebraisch** schlechthin oder **absolut algebraisch**. Die absolut algebraischen Elemente von L bilden also einen abzählbaren Unterkörper von L. Insbesondere ist der Unterkörper $\overline{\mathbb{Q}}$ der (absolut) algebraischen Zahlen in $\mathbb{C}$ abzählbar, und die Menge $\mathbb{C} - \overline{\mathbb{Q}}$ der (über $\mathbb{Q}$) transzendenten komplexen Zahlen hat die Mächtigkeit $\aleph$ des Kontinuums. Dies ist Cantors Beweis aus dem Jahr 1874 für die Existenz transzendenter komplexer Zahlen, vgl. Cantor, G.: Über eine Eigenschaft des Inbegriffs aller reellen algebraischen Zahlen, J. für die reine und angew. Math. **74**, 258–262 (1874). Er liefert keine einzige komplexe transzendente Zahl explizit. Solche Zahlen wurden erstmals im Jahr 1844 von J. Liouville (1809–1882) angegeben. (Da $\mathbb{C}$ nach dem Fundamentalsatz der Algebra 3.9.7 algebraisch abgeschlossen ist, ist auch $\overline{\mathbb{Q}}$ algebraisch abgeschlossen.)

Aufgabe 2.9.20 Seien $K \subseteq L \subseteq M$ Erweiterungen von Körpern. Ist M algebraisch über L und L algebraisch über K, so ist auch M algebraisch über K mit $\mathrm{Dim}_K M = \mathrm{Dim}_K L \cdot \mathrm{Dim}_L M$. (Die Formel gilt für beliebige Körpererweiterungen $K \subseteq L \subseteq M$.)

Aufgabe 2.9.21 Sei S ein kommutativer Ring $\neq 0$.

a) $G \in S[X]$ sei ein normiertes Polynom vom Grad $m \geq 1$. Zu jedem Polynom $F \neq 0$ gibt es eindeutig bestimmte Polynome $P_0, \ldots, P_r$ mit $P_r \neq 0$ und

$$F = P_0 + P_1 G + \cdots + P_r G^r, \quad P_i = 0 \text{ oder Grad } P_i < m, \ i = 0, \ldots r.$$

(Diese Entwicklung entspricht der g-al-Entwicklung natürlicher Zahlen, vgl. Beispiel 1.7.6, und heißt die G-**al-Entwicklung** von F. Ist $G = X - c$ vom Grad 1, so handelt es sich um die Taylor-Entwicklung von F in c.)

b) Sei $F \in S[X]$ ein Polynom vom Grad n und $c \in S$. Die Koeffizienten $b_0, \ldots, b_{n-1}$ des Quotienten $Q = b_{n-1} + b_{n-2}X + \cdots + b_0 X^{n-1}$ in $F = F(c) + Q \cdot (X - c)$ sind die Werte $F_0(c), \ldots, F_{n-1}(c)$ im Horner-Schema zur Berechnung von $F(c) = F_n(c)$ gemäß Beispiel 2.9.19. Setzt man dieses Verfahren fort mit dem Polynom Q statt F, so gewinnt man sukzessive die Koeffizienten der Taylor-Entwicklung von F in c. – Man entwickle das Polynom $X^4 - 3X^3 + 5X^2 - X + 2 \in \mathbb{Z}[X]$ mit dem Horner-Schema um $c = 2$ und um $c = -1$.

Aufgabe 2.9.22 Sei S ein kommutativer Ring $\neq 0$ und $G = c_0 + c_1 X + \cdots + c_{n-1} X^{n-1} + X^n \in S[X]$ ein normiertes Polynom vom Grad $n \in \mathbb{N}^*$. Ferner sei n eine Einheit in S. In der freien Restklassenalgebra $S[x] = S[X]/(G)$ vom Rang n erfüllt das Element $\widetilde{x} := x + \frac{1}{n}c_{n-1}$ eine Gleichung $\widetilde{c}_0 + \cdots + \widetilde{c}_{n-2}\widetilde{x}^{n-2} + \widetilde{x}^n = 0$ mit Koeffizienten $\widetilde{c}_i$, $i = n-2, \ldots, 0$, in S. Es ist also $S[x] = S[\widetilde{x}] \xleftarrow{\sim} S[X]/(\widetilde{G})$, wobei der Koeffizient bei X^{n-1} im normierten Polynom $\widetilde{G} := \widetilde{c}_0 + \cdots + \widetilde{c}_{n-2}X^{n-2} + X^n \in S[X]$ verschwindet. Man nennt den Übergang von G nach $\widetilde{G}$ die (lineare) **Tschirnhaus(en)-Transformation** (nach W. Tschirnhaus(en) (1651–1708)).

Aufgabe 2.9.23 Sei S ein noetherscher kommutativer Ring $\neq 0$ und G_j, $j \in J$, eine beliebige Familie von Polynomen in der Polynomalgebra $P := S[X_1, \ldots, X_n]$. Dann gibt es eine *endliche* Teilmenge $J' \subseteq J$ mit folgender Eigenschaft: Für jede kommutative S-Algebra A ist $\mathrm{NS}_A(G_j, j \in J) = \{x \in A^n \mid G_j(x) = 0, j \in J\} = \mathrm{NS}_A(G_j, j \in J')$. ($P$ ist ein noetherscher Ring und das Ideal $\sum_j P G_j \subseteq P$ endlich erzeugt.)

Aufgabe 2.9.24 Man bestimme den Quotienten und den Rest bei der Division von $X^m - 1$ durch $X^n - 1$ in $\mathbb{Z}[X]$ für $m, n \in \mathbb{N}^*$. (Vgl. Aufg. 1.7.11.)

2.10 Hauptidealbereiche und faktorielle Integritätsbereiche

Der Ring $\mathbb{Z}$ der ganzen Zahlen war einer der ersten Ringe, der bewusst als Ring studiert wurde. Demgemäß sind viele Begriffe der Ringtheorie abgeleitet aus Eigenschaften des Rings $\mathbb{Z}$. Zum Beispiel ist in $\mathbb{Z}$ jedes Ideal ein Hauptideal, vgl. Satz 2.1.18. Dies führt zu folgenden Begriffen, die bereits früher erwähnt wurden:

Definition 2.10.1 Ein Ring A heißt ein **Hauptidealring**, wenn A kommutativ und jedes Ideal in A ein Hauptideal Ab mit $b \in A$ ist. Ist A sogar ein Integritätsbereich, so heißt A ein **Hauptidealbereich**.

$\mathbb{Z}$ ist also ein Hauptidealbereich. Beim Beweis, dass jedes Ideal in $\mathbb{Z}$ ein Hauptideal ist, wurde die Division mit Rest in $\mathbb{Z}$ benutzt. Auch diese lässt sich axiomatisieren:

Definition 2.10.2 Sei A ein Integritätsbereich. Eine Funktion $\varphi \colon A^* \to \mathbb{N}$ heißt eine **euklidische Gradfunktion** auf A, wenn für alle $a \in A$ und $b \in A^* = A - \{0\}$ Elemente $q, r \in A$ existieren mit

$$a = qb + r \quad \text{und} \quad r = 0 \quad \text{oder} \quad \varphi(r) < \varphi(b).$$

A heißt ein **euklidischer Bereich**, wenn A eine euklidische Gradfunktion besitzt.

Man beachte, dass die Eindeutigkeit des Quotienten q und des Restes r nicht gefordert werden. $\mathbb{Z}$ ist ein euklidischer Bereich mit dem Absolutbetrag $\mathbb{Z}^* \to \mathbb{N}$, $a \mapsto |a|$, als euklidischer Gradfunktion. Wie für $A = \mathbb{Z}$ beweist man:

Satz 2.10.3 *Jeder euklidische Bereich A ist ein Haupidealbereich.*

Beweis Sei $\varphi \colon A^* \to \mathbb{N}$ eine euklidische Gradfunktion auf A und $\mathfrak{a} \subseteq A$ ein Ideal $\neq 0$ in A. *Jedes Element $c \in \mathfrak{a} - \{0\}$, für das $\varphi(c)$ minimal ist, erzeugt dann* $\mathfrak{a}$. Ist nämlich $a \in \mathfrak{a}$ und $a = qc + r$ mit $r = 0$ oder $\varphi(r) < \varphi(c)$, so kann der zweite Fall hier nicht eintreten wegen $r = a - qc \in \mathfrak{a}$. Es ist also $r = 0$ und somit $\mathfrak{a} \subseteq Ac \subseteq \mathfrak{a}$. $\square$

Eine große Klasse von euklidischen Bereichen liefern die Polynomalgebren $K[X]$ in einer Unbestimmten X über Körpern K. Der Grad Grad: $K[X]^* \to \mathbb{N}$, $F \mapsto \operatorname{Grad} F$, ist eine euklidische Gradfunktion. Dies besagt (unter anderem) Satz 2.9.26. *Die Polynomalgebren $K[X]$, K Körper, sind also Hauptidealbereiche*, was bereits früher als Korollar 2.9.17 notiert wurde.

Der Hauptsatz der elementaren Zahlentheorie 1.7.11 besagt, dass das (reguläre kommutative) multiplikative Monoid $\mathbb{Z}^*$ faktoriell ist, d. h. dass $\mathbb{Z}^*/\mathbb{Z}^\times$ ein freies kommutatives Monoid ist, vgl. Definition 2.3.23. Dies führt zur folgenden allgemeinen Definition:

Definition 2.10.4 Sei A ein Integritätsbereich. A heißt **faktoriell**, wenn das multiplikative Monoid $A^* = A - \{0\}$ faktoriell ist.

Man beachte, dass die Eigenschaft eines Integritätsbereichs A faktoriell zu sein nur die multiplikative Struktur von A betrifft. Für faktorielle Monoide verweisen wir auf die Diskussion in Beispiel 2.3.20, insbesondere sind größte gemeinsame Teiler (ggT) und kleinste gemeinsame Vielfache (kgV) in faktoriellen Integritätsbereichen A definiert. Für $a, b \in A^*$ ist $A \operatorname{ggT}(a, b)$ das kleinste *Haupt*ideal, das Aa und Ab umfasst, und $A \operatorname{kgV}(a, b) = Aa \cap Ab$ das größte Ideal, das sowohl in Aa als auch in Ab enthalten ist. Insbesondere ist $Aa + Ab = A \operatorname{ggT}(a, b)$, *falls $Aa + Ab$ ein Hauptideal ist.*[56] Ferner bezeichne $\mathbb{P} = \mathbb{P}_{A^*}$ wie bisher ein Repräsentantensystem für die Assoziiertheitsklassen

---

[56] Gelegentlich ist es bequem, auch das Nullelement $0 \in A$ als absorbierendes Element, d. h. als größtes Element bzgl. der Teilbarkeitsrelation, in Teilbarkeitsüberlegungen einzubeziehen.

der Primelemente des multiplikativen regulären Monoids A^* eines Integritätsbereichs A. Sei nun A faktoriell. Dann hat jedes Element $a \in A^*$ eine eindeutige Primfaktorzerlegung

$$a = \varepsilon \prod_{p \in \mathbb{P}} p^{\nu_p(a)}$$

mit einer Einheit $\varepsilon \in A^\times$ und dem Tupel $(\nu_p(a)) \in \mathbb{N}^{(\mathbb{P})}$ der p-**Exponenten** von a. Lässt man für $(\nu_p(a))$ alle Tupel aus $\mathbb{Z}^{(\mathbb{P})}$ zu, so bekommt man eine eindeutige Darstellung der Elemente der multiplikativen Gruppe $Q(A)^\times$ des Quotientenkörpers $Q(A)$ von A. Insbesondere hat jedes Element $x \in Q(A)^\times$ eine (bis auf Einheiten von A eindeutige) **gekürzte Darstellung** $x = a/b$ mit $a, b \in A^*$, $\mathrm{ggT}(a, b) = 1$. $Q(A)^\times/A^\times$ ist isomorph zur freien abelschen Gruppe $\mathbb{Z}^{(\mathbb{P})}$. Die Elemente des von $\mathbb{P}$ erzeugten freien kommutativen Monoids $M(\mathbb{P})$ bilden ein Repräsentantensystem für die Assoziiertheitsklassen der Elemente von A^*. In der Regel bevorzugen wir diese Repräsentanten (die natürlich von der Wahl von $\mathbb{P}$ abhängen; für $A = \mathbb{Z}$ ist $M(\mathbb{P}) = \mathbb{N}^*$). Jedes Hauptideal $\neq 0$ in A wird von genau einem dieser Repräsentanten erzeugt. Darunter sind die Ideale Ap, $p \in \mathbb{P}$, genau die primen Hauptideale $\neq 0$. Wir erinnern daran, dass ein Hauptideal $\mathfrak{p}$ genau dann ein Primideal ist, d. h. dass $A/\mathfrak{p}$ ein Integritätsbereich ist, wenn ein und damit jedes erzeugende Element von $\mathfrak{p}$ ein Primelement $p \in A$ ist. Mit Lemma 2.3.24 beweist man nun leicht den folgenden Satz, der den Hauptsatz der elementaren Zahlentheorie verallgemeinert:

Satz 2.10.5 *Jeder Hauptidealbereich A ist faktoriell.*

Beweis Gemäß Lemma 2.3.24 zeigen wir Folgendes:

(1) *Jede Nichteinheit $a \in A^*$ ist Produkt von irreduziblen Elementen.* Da aber A noethersch ist, ist die Menge der Hauptideale $\neq 0$ (d.h. die Menge aller Ideale $\neq 0$) noethersch geordnet, und die Behauptung folgt aus Aufg. 2.3.16a).

(2) *Jedes irreduzible Element $p \in A^*$ ist prim.* Definitionsgemäß erzeugt p ein Hauptideal $Ap \neq A$, das maximal ist in der Menge aller Hauptideale $\neq A$. Da aber alle Ideale in A Hauptideale sind, ist Ap ein maximales Ideal in A und folglich prim, da A/Ap sogar ein Körper ist.   □

Wie der letzte Beweis zeigt, gilt:

Korollar 2.10.6 *Sei A ein Hauptidealbereich. Für ein Element $p \in A^* - A^\times$ sind folgende Aussagen äquivalent:* (i) *p ist prim.* (ii) *p ist irreduzibel.* (iii) *Das Ideal Ap ist ein Primideal.* (iv) *Das Ideal Ap ist ein maximales Ideal.* (v) *A/Ap ist ein Integritätsbereich.* (vi) *A/Ap ist ein Körper.*

Man beachte, dass in der Situation von Korollar 2.10.6 auch 0 ein Primelement in A ist. Es erzeugt ein maximales Ideal genau dann, wenn A ein Körper ist. Auch Körper K

sind faktorielle Integritätsbereiche (mit $\mathbb{P}_{K*} = \emptyset$). Da in einem Hauptidealbereich A für $a, b \in A^*$ die Ideale $Aa + Ab$ und $Aa \cap Ab$ per se Hauptideale sind, also

$$Aa + Ab = A\,\mathrm{ggT}(a, b) \quad \text{bzw.} \quad Aa \cap Ab = A\,\mathrm{kgV}(a, b)$$

gilt, lässt sich die Faktorialität von A auch mit den Bedingungen (iv) bzw. (v) aus Lemma 2.3.24 beweisen (nachdem verifiziert wurde, dass jedes Element $a \in A^* - A^\times$ Produkt von irreduziblen Elementen ist). Als erste Beispielklasse zu Satz 2.10.5 erwähnen wir:

Korollar 2.10.7 *Ist K ein Körper, so ist die Polynomalgebra $K[X]$ in einer Unbestimmten über K faktoriell.*

Als Standardrepräsentantensystem $\mathbb{P} = \mathbb{P}_{K[X]^*}$ für die Primelemente in $K[X]^*$ wählen wir die Menge der *normierten* irreduziblen Polynome in $K[X]$. Die einfachsten Elemente in $\mathbb{P}$ sind die normierten Polynome $X - c$, $c \in K$, vom Grad 1. Es ist $\mathrm{M}(\mathbb{P}_{K[X]^*}) \subseteq K[X]^*$ das multiplikative Monoid der normierten Polynome in $K[X]$.

In euklidischen Integritätsbereichen A und insbesondere in den Polynomalgebren $K[X]$ berechnet man den größten gemeinsamen Teiler von zwei Elementen $a, b \in A^*$ (und damit von endlich vielen Elementen) bequem mit dem **Euklidischen Algorithmus**, der ganz analog zum Euklidischen Algorithmus für $\mathbb{Z}$ verläuft, wobei man nur die Betragsfunktion durch eine euklidische Gradfunktion φ auf A zu ersetzen hat. Er liefert darüber hinaus explizit eine Darstellung

$$\mathrm{ggT}(a, b) = sa + tb \quad \text{mit } s, t \in A$$

von $\mathrm{ggT}(a.b)$ als Linearkombination von a und b, vgl. Satz 1.7.7 und die Kommentare dazu.

Sei A wieder ein beliebiger faktorieller Integritätsbereich. Ist $S \subseteq A^*$ ein Untermonoid, so gilt für den Ring der Brüche $A_S = \{a/s \mid a \in A, s \in S\} \subseteq Q(A)$ die Gleichung $(A_S)^* = (A^*)_S$ und aus Aufg. 2.3.10 folgt:

Satz 2.10.8 *Ist A ein faktorieller Integritätsbereich und $S \subseteq A^*$ ein Untermonoid von A^*, so ist auch der Bruchring A_S faktoriell. Ist $\mathbb{P}(S) \subseteq \mathbb{P}_{A^*}$ die Menge der Primelemente in $\mathbb{P}_{A^*}$, die ein Element aus S teilen, so ist $\mathbb{P}_{A^*} - \mathbb{P}(S)$ ein Repräsentantensystem für die Assoziiertheitsklassen der Primelemente $\neq 0$ in A_S.*

Das Lemma von Nagata 2.3.25 liefert die folgende partielle Umkehrung des letzten Satzes:

Satz 2.10.9 *Seien A ein Integritätsbereich und $S \subseteq A^*$ ein Untermonoid mit folgenden Eigenschaften: (1) Jedes Element aus $A^* - A^\times$ ist Produkt von irreduziblen Elementen von A^*. (2) S wird von Primelementen aus A^* erzeugt. – Ist dann der Bruchring $S^{-1}A$ faktoriell, so auch A.*

Als Anwendung des letzten Sazes zeigen wir den Satz von Gauß, dass (kommutative) Polynomalgebren über faktoriellen Integritätsbereichen wieder faktoriell sind und erwähnen vorab das folgende Lemma (das häufig ebenfalls als Gaußsches Lemma bezeichnet wird):

Lemma 2.10.10 *Sei* $\mathfrak{p} \subseteq S$ *ein Primideal im kommutativen Ring* S. *Dann ist das Erweiterungsideal* $\mathfrak{p}S[X_i, i \in I] = \sum_{\nu \in \mathbb{N}^{(I)}}^{\oplus} \mathfrak{p}X^{\nu}$ *ein Primideal in der Polynomalgebra* $S[X_i, i \in I]$. *Insbesondere ist ein Primelement in* S *auch ein Primelement in* $S[X_i, i \in I]$.

Beweis Der Homomorphismus $S[X_i, i \in I] \to (S/\mathfrak{p})[X_i, i \in I]$, der von der kanonischen Projektion $S \mapsto S/\mathfrak{p}$ induziert wird, ist surjektiv und hat den Kern $\mathfrak{p}S[X_i, i \in I]$. Es ist also[57]

$$S[X_i, i \in I]/\mathfrak{p}S[X_i, i \in I] \xrightarrow{\sim} (S/\mathfrak{p})[X_i, i \in I].$$

Da $(S/\mathfrak{p})[X_i, i \in I]$ ein Integritätsbereich ist, ergibt sich die Behauptung. □

Satz 2.10.11 (Gauß) *Sei* A *ein faktorieller Integritätsbereich. Dann ist auch jede Polynomalgebra* $P := A[X_i, i \in I]$ *über* A *faktoriell.*

Beweis Jedes Polynom $F \in P$ liegt in einer Polynomalgebra $P' := A[X_i, i \in I']$ mit einer endlichen Teilmenge $I' \subseteq I$. Da die Primelemente in P' nach Lemma 2.10.10 auch prim in P sind, können wir annehmen, dass I endlich ist und dann (Induktion über $|I|$), dass $|I| = 1$ ist.

Sei also $P = A[X]$ die Polynomalgebra in einer Unbestimmten X über A. Ferner sei S das von den Primelementen $p \in \mathbb{P}_{A^*}$ erzeugte freie kommutative Untermonoid von $A^* \subseteq P^*$. Nach Lemma 2.10.10 sind die $p \in \mathbb{P}_{A^*}$ auch prim in P. Überdies ist $P_S = Q(A)[X]$ nach Korollar 2.10.7 faktoriell. Nach Satz 2.10.9 genügt es nun zu zeigen, dass jedes Polynom $F = a_0 + a_1 X + \cdots + a_n X^n \in P^* - P^{\times} = P^* - A^{\times}$, $a_n \neq 0$, Produkt von irreduziblen Polynomen ist. Dazu schließen wir durch Induktion über $n = \operatorname{Grad} F$. Für $n = 0$ folgt dies daraus, dass jedes Element aus $A^* - A^{\times}$ Produkt von Primelementen und damit von irreduziblen Elementen in A ist.

Sei schließlich $n > 0$. Ist F Produkt von Polynomen kleineren Grades als n, so folgt die Behauptung aus der Induktionsvoraussetzung. Andernfalls sei $d := \operatorname{ggT}(a_0, \ldots, a_n)$. Jeder konstante Teiler von F ist dann ein Teiler von d, und F/d ist irreduzibel. Zusammen mit einer Primfaktorzerlegung von d ergibt das eine Zerlegung von F als Produkt irreduzibler Polynome. □

Wir wollen noch ein kanonisches Repräsentantensystem $\mathbb{P}_{P^*}$ für die Assoziiertheitsklassen der Primelemente $\neq 0$ in der Polynomalgebra $P := A[X_i, i \in I]$ über einem faktoriellen Integritätsbereich A mit Quotientenkörper $K := Q(A)$ beschreiben und benutzen dabei Satz 2.10.8 für $S := A^* \subseteq P^*$ mit $Q := S^{-1}P = K[X_i, i \in I]$. Wir geben

---

[57] Die analoge Isomorphie gilt für beliebige Ideale $\mathfrak{a} \subseteq S$.

uns das Repräsentantensystem $\mathbb{P}_{A^*}$ für die Assoziiertheitsklassen von Primelementen in A^* vor und damit $\mathrm{M}(\mathbb{P}_{A^*}) \subseteq A^*$ als Repräsentantensystem für die Assoziiertheitsklassen aller Elemente von A^*. Ferner verwenden wir die homogene lexikographische Ordnung (oder die reverse homogene lexikographische Ordnung) der Monome X^ν, $\nu \in \mathbb{N}^{(I)}$, bzgl. einer totalen Ordnung von I, um von Leitformen und Leitkoeffizienten sprechen zu können. Ist $A = K$ ein Körper, so wählen wir für $\mathbb{P}_{P^*}$ die normierten Primpolynome in P^* (deren Leitkoeffizienten also 1 sind). Im allgemeinen Fall führen wir zunächst die folgende Sprechweise ein: Ist $F = \sum_\nu a_\nu X^\nu \in P^*$, so heißt

$$ \mathrm{I}(F) := \mathrm{ggT}\left(a_\nu, \nu \in \mathbb{N}^{(I)}\right), $$

der **Inhalt** von F. Dabei wählen wir für $\mathrm{I}(F)$ denjenigen Repräsentanten des ggT, für den der Leitkoeffizient von $(\mathrm{I}(F))^{-1} F$ in $\mathrm{M}(\mathbb{P}_{A^*})$ liegt. Dann gilt

$$ F = \mathrm{I}(F) F^* \quad \text{mit} \quad \mathrm{I}(F^*) = 1. $$

Genau dann ist $F = F^*$, d. h. $\mathrm{I}(F) = 1$, wenn die Koeffizienten von F teilerfremd sind und der Leitkoeffizient zu $\mathrm{M}(\mathbb{P}_{A^*})$ gehört. *F ist genau dann prim in P, wenn F prim in Q ist und $\mathrm{I}(F) \in A^\times$.* Offenbar gibt es zu jedem Polynom $G \in Q^*$ genau ein $c \in K^\times$ derart, dass $G^* := c^{-1} G$ in P liegt und $\mathrm{I}(G^*) = 1$ ist. Für $G = \sum_\nu a_\nu X^\nu \in Q^*$ ist wie oben $c = \mathrm{ggT}_{A^*}(a_\nu, \nu \in \mathbb{N}^{(I)})$ (bis auf eine Einheit $\varepsilon \in A^\times$). Beispielsweise ist

$$ G := 2 + \frac{1}{3} X + 2 Y - \frac{5}{7} X^2 - 3 X Y^2 = -\frac{1}{21}(-42 - 7X - 42Y + 15X^2 + 63XY^2) \in \mathbb{Q}[X, Y], $$

also $c = -1/21$ und $G^* = -42 - 7X - 42Y + 15X^2 + 63XY^2$. c heißt wieder der **Inhalt** $\mathrm{I}(G) \in K^\times$ und $G^* \in P$ der **primitive Anteil** von G. G heißt **primitiv**, wenn $G = G^*$ ist bzw. $\mathrm{I}(G) = 1$. Für beliebige Polynome $G, H \in Q^*$ gilt

$$ G = \mathrm{I}(G) G^*, \quad \mathrm{I}(GH) = \mathrm{I}(G)\mathrm{I}(H), \quad (GH)^* = G^* H^*. $$

Zum Beweis der Produktformeln beachte man nur, dass $\mathrm{LK}(GH) = \mathrm{LK}(G)\mathrm{LK}(H)$ ist und $G^* H^*$ durch kein Primelement $p \in \mathbb{P}_{A^*}$ teilbar ist, da weder G^* noch H^* durch p teilbar sind. Wir nehmen nun

$$ \mathbb{P}_{P^*} := \mathbb{P}_{A^*} \uplus \mathbb{P}_{Q^*}^* \quad \text{mit} \quad \mathbb{P}_{Q^*}^* := \{\pi^* \mid \pi \in \mathbb{P}_{Q^*}\}. $$

$\mathbb{P}_{P^*}$ *ist also die Menge der Primelemente in P^*, deren Leitkoeffizient zu $\mathrm{M}(\mathbb{P}_{A^*})$ gehört.* Als Korollar notieren wir:

Korollar 2.10.12 (**Lemma von Gauß**) *Mit den bisherigen Bezeichnungen gilt: Besitzt das Polynom $F \in P^*$ eine Zerlegung $F = GH$ mit nichtkonstanten Polynomen $G, H \in Q^*$, so besitzt F eine solche Zerlegung auch in P^*. – Sind $G, H \in Q^*$ normierte Polynome, deren Produkt $F := GH$ in P^* liegt, so liegen bereits G und H in P^*. Insbesondere gilt: Ist $G \in A[X]$ ein normiertes Polynom (in einer Unbestimmten) mit einer Nullstelle $c \in K = \mathrm{Q}(A)$, so gilt $c \in A$.*

Beweis Es ist $F = I(F)F^* = I(F)G^*H^*$. – Zum Beweis des Zusatzes seien $G, H \in Q^*$ normiert. Dann ist auch $F = GH \in P^*$ normiert, und es gilt $F = F^* = G^*H^*$. Also sind G^* und H^* normiert und daher gleich G bzw. H. $\square$

Sei A nun speziell ein Hauptidealbereich und $\mathbb{P} = \mathbb{P}_{A^*}$ ein Repräsentantensystem für die Assoziiertheitsklassen seiner Primelemente $\neq 0$. Wegen $Aa + Ab = A\,\mathrm{ggT}(a,b)$ sind zwei (Haupt-)Ideale $Aa, Ab \subseteq A$ genau dann komaximal, wenn a und b teilerfremd sind. Der Chinesische Restsatz lautet jetzt also, vgl. Satz 2.7.11 und die dortigen Bemerkungen:

Satz 2.10.13 (Chinesischer Restsatz für Hauptidealbereiche) *Sind $a_1,\dots,a_n \in A^*$ paarweise teilerfremde Elemente des Hauptidealbereichs A, so ist der kanonische Homomorphismus*

$$\overline{\varphi}: A/Aa \xrightarrow{\sim} A/Aa_1 \times \cdots \times A/Aa_n, \quad a := a_1 \cdots a_n,$$

ein Isomorphismus sowohl von Ringen als auch von A-Moduln.

Sei V ein A-Modul. Für ein $p \in \mathbb{P}$ definieren wir in Analogie zu $\mathbb{Z}$-Moduln (= abelschen Gruppen) die p-**Primärkomponente** von V als den Untermodul

$$V(p) := \bigcup_{n \in \mathbb{N}} \mathrm{T}_{p^n} V = \{x \in V \mid \text{es gibt ein } n \in \mathbb{N} \text{ mit } p^n x = 0\} \subseteq \mathrm{T}_A V \subseteq V$$

derjenigen Elemente von V, die von einer Potenz von p annulliert werden. Wie für abelsche Gruppen beweist man, vgl. Satz 2.2.22:

Satz 2.10.14 (Primärzerlegung von Torsionsmoduln über Hauptidealbereichen) *Sei V ein Modul über dem Hauptidealbereich A. Dann ist der Torsionsuntermodul $\mathrm{T}_A V$ von V die direkte Summe der Primärkomponenten $V(p)$, $p \in \mathbb{P}$, von V, d.h es ist*

$$\mathrm{T}_A V = \sum_{p \in \mathbb{P}}^{\oplus} V(p).$$

Auch die übrigen Resultate über abelsche Gruppen lassen sich mit ganz analogen Beweisen auf Moduln über A verallgemeinern. Wir überlassen es dem Leser, dies auszuführen. *In den folgenden Sätzen sei A wie bisher ein Hauptidealbereich.*

Satz 2.10.15 (Untermoduln freier A-Moduln) *Jeder Untermodul U eines freien A-Moduls V ist frei, und es gilt $\mathrm{Rang}_A U \leq \mathrm{Rang}_A V$. (Vgl. Satz 2.3.28.)*

Satz 2.10.16 *Jeder endliche torsionsfreie A-Modul ist frei. (Vgl. Satz 2.3.30.)*

Satz 2.10.17 (Hauptsatz für endliche A-Moduln) *Jeder endliche A-Modul V ist direkte Summe von zyklischen A-Moduln, d. h.*

$$V \cong A/Aa_1 \oplus \cdots \oplus A/Aa_s \oplus A^r \quad \text{mit} \quad r, s \in \mathbb{N}, a_1,\dots,a_s \in A^*. \quad (Vgl. Satz 2.3.31.)$$

Satz 2.10.18 (Satz von Prüfer) *Jeder A-Modul V mit* $\mathrm{Ann}_A V \neq 0$ *ist direkte Summe von zyklischen A-Moduln. (Vgl. die Bemerkung zu* Aufg. 2.3.6.*)*

Für die nächste Aussage erinnern wir an die folgenden Bezeichnungen: Für $p \in \mathbb{P}_{A^*}$ ist

$$A_p = \{a/p^n \mid a \in A, n \in \mathbb{N}\} \subseteq Q(A) \quad \text{und} \quad A_{(p)} = \{a/b \mid a \in A, p \nmid b\} \subseteq Q(A).$$

$A_{(p)}$ ist die Lokalisierung von A bzgl. des Primideals $(p) = Ap \subseteq A$.

Satz 2.10.19 *Sei* $K := Q(A)$ *der Quotientenkörper von A. Dann gilt (vgl.* Aufg. 2.2.26):

(1) A_p/A *ist die p-Primärkomponente von* K/A. *Es ist also* $K/A = \sum_{p\in\mathbb{P}}^{\oplus} A_p/A$.

(2) *Der A-Modul* $K/A_{(p)}$ *ist gleich seiner p-Primärkomponente. Der kanonische Homomorphismus* $\pi\colon K/A \to \prod_{p\in\mathbb{P}} K/A_{(p)}$ *ist injektiv und sein Bild ist die direkte Summe* $\bigoplus_{p\in\mathbb{P}} K/A_{(p)} \subseteq \prod_{p\in\mathbb{P}} K/A_{(p)}$. *Es ist also* $\pi\colon K/A \xrightarrow{\sim} \bigoplus_{p\in\mathbb{P}} K/A_{(p)}$.

(3) π *induziert einen Isomorphismus* $A_p/A \xrightarrow{\sim} K/A_{(p)}$.

Jeder zu A_p/A isomorphe A-Modul heißt ein **Prüferscher A-p-Modul** und wird mit I(p) bezeichnet. Er hängt natürlich nur vom Primideal (p) und nicht von dessen erzeugendem Element p ab.

Beispiel 2.10.20 (Polynome in $K[X]$) In diesem Beispiel behandeln wir etwas ausführlicher die Polynomringe in einer Unbestimmten über Körpern. Sei K ein Körper und $P := K[X]$ der Polynomring über K. Die Standardrepräsentanten für die Assoziiertheitsklassen der Polynome $F \in P^*$ sind die normierten Polynome. Insbesondere ist $\mathbb{P} = \mathbb{P}_{P^*}$ die Menge der normierten Primpolynome (= Menge der normierten irreduziblen Polynome) in P. Offenbar enthält $\mathbb{P}$ unendlich viele Elemente. (Ist K endlich, so schließe man wie im Beweis von Satz 1.7.2.) Ein Polynom $F \in P^*$ hat die **kanonische Primfaktorzerlegung**

$$F = \varepsilon \prod_{\pi\in\mathbb{P}} \pi^{\mathsf{v}_\pi(F)} = \varepsilon \prod_{c\in K}(X-c)^{\mathsf{v}_c(F)} \prod_{\pi\in\mathbb{P},\,\mathrm{Grad}\,\pi\geq 2} \pi^{\mathsf{v}_\pi(F)}$$

mit $\varepsilon \in K^\times$, $\mathsf{v}_\pi(F) \in \mathbb{N}$, $\pi \in \mathbb{P}$, Grad $\pi \geq 2$, und den Vielfachheiten $\mathsf{v}_c(F) := \mathsf{v}_{X-c}(F)$, $c \in K$. Es ist also $(\mathsf{v}_c(F)) \in \mathbb{N}^{(K)}$, und $\mathrm{NS}_K(F) = \{c \in K \mid \mathsf{v}_c(F) > 0\}$ ist die Menge der Nullstellen von F in K. Insbesondere ist $|\mathrm{NS}_K(F)| \leq \mathrm{Grad}\, F$, genauer: $\sum_{c\in K} \mathsf{v}_c(F) \leq \mathrm{Grad}\, F$. Genau dann ist $|\mathrm{NS}_K(F)| = \mathrm{Grad}\, F$, wenn F in Linearfaktoren zerfällt, d. h. keinen Primteiler vom Grad ≥ 2 besitzt und alle Nullstellen $c \in \mathrm{NS}_K(F)$ einfach sind. *Ein Polynom* $F \in P^*$ *vom Grad* 2 *oder* 3 *ist genau dann irreduzibel und damit genau dann prim, wenn es keine Nullstelle in K besitzt.* Ist $F \in P^*$, so ist die Restklassenalgebra $A := P/(F)$ eine endliche K-Algebra der Dimension $\mathrm{Dim}_K A = n := \mathrm{Grad}\, F$ mit K-Basis $1, x, \ldots, x^{n-1}$, $x = [X]_F$, vgl. Beispiel 2.9.34. Nach Korollar 2.10.6 gilt speziell:

Satz 2.10.21 *Sei* $F \in P^*$. *Genau dann ist* F *ein Primpolynom, wenn* $K[x] := P/(F)$ *ein Körper ist. In diesem Fall ist* $K[x]$ *eine endliche Körpererweiterung von* K *mit* $\text{Dim}_K K[x] = \text{Grad } F$.

Zur allgemeinen Untersuchung der Algebren $P/(F)$ ist der Chinesische Restsatz 2.10.13 nützlich:

Satz 2.10.22 *Ist* $F = F_1 \cdots F_n$ *mit paarweise teilerfremden Polynomen* $F_1, \ldots, F_n \in P^*$, *so ist der kanonische Homomorphismus*

$$\overline{\varphi} \colon P/(F) \xrightarrow{\sim} P/(F_1) \times \cdots \times P/(F_n)$$

ein Isomomorphismus von K-*Algebren der Dimension* $\text{Grad } F = \text{Grad } F_1 + \cdots + \text{Grad } F_n$. *Insbesondere gilt: Ist* $F = \varepsilon(X - c_1)^{\alpha_1} \cdots (X - c_r)^{\alpha_r} \pi_1^{\beta_1} \cdots \pi_s^{\beta_s}$ *mit* $\varepsilon \in K^\times$, $r, s \in \mathbb{N}$, *paarweise verschiedenen* $c_1, \ldots, c_r \in K$, $\alpha_1, \ldots, \alpha_r \in \mathbb{N}^*$ *sowie paarweise verschiedenen* $\pi_1, \ldots, \pi_s \in \mathbb{P}$, $\text{Grad } \pi_1 \geq 2, \ldots, \text{Grad } \pi_s \geq 2$, *und* $\beta_1, \ldots, \beta_s \in \mathbb{N}^*$ *die kanonische Primfaktorzerlegung von* F, *so ist der kanonische* K-*Algebrahomomorphismus*

$$P/(F) \xrightarrow{\sim} P/((X - c_1)^{\alpha_1}) \times \cdots \times P/((X - c_r)^{\alpha_r}) \times {}^{\backprime}P/\left(\pi_1^{\beta_1}\right) \times \cdots \times P/\left(\pi_s^{\beta_s}\right)$$

ein Isomorphismus.

Man bemerke, dass die Surjektivität von $\overline{\varphi}$ bereits aus der Injektivität von $\overline{\varphi}$ folgt, da Urbild- und Bildbereich von $\overline{\varphi}$ dieselbe endliche K-Dimension Grad F haben. Ferner beachte man, dass die Algebren $P/((X - c)^\alpha)$, $c \in K$, $\alpha \in \mathbb{N}$, alle isomorph zu $P/(X^\alpha)$ sind.

Die K-Derivation $F \mapsto F' = \text{D}_X F$ von $P = K[X]$ liefert ein wichtiges Hilfsmittel, um zu unterscheiden, ob die Primfaktoren $X - c_\rho$ bzw. π_σ in Satz 2.10.22 einfach oder mehrfach sind. Grundlage dafür ist das folgende simple Lemma:

Lemma 2.10.23 *Seien* $F, H \in P^*$ *und* $\text{ggT}(H, H') = 1$. *Genau dann ist* H^2 *ein Teiler von* F *in* P, *wenn* H *ein gemeinsamer Teiler von* F *und* F' *ist.*

Beweis Wir können Grad $H \geq 1$ annehmen. Ist $F = GH^\alpha$ mit $\alpha \in \mathbb{N}^*$ und $H \nmid G$, so ist $F' = G'H^\alpha + \alpha GH^{\alpha-1}H' = (G'H + \alpha GH')H^{\alpha-1}$. Bei $\alpha \geq 2$ folgt, dass F' von H geteilt wird. Umgekehrt sei $\alpha \geq 1$ und H überdies ein Teiler von F'. Dann ist H ein Teiler von $GH^{\alpha-1}$ wegen der Teilerfremdheit von H und H'. Bei $\alpha = 1$ wäre H ein Teiler von G. Widerspruch! $\square$

Das Lemma 2.10.23 motiviert folgende Definition:

Definition 2.10.24 Ein Polynom $H \in P^*$ heißt **separabel**, wenn $\text{ggT}(H, H') = 1$ ist.

Ist $F \in P^*$, so ist $F' = 0$ oder Grad $F' <$ Grad F. Genau dann ist $F' = 0$ für ein nichtkonstantes Polynom $F \in P = K[X]$, wenn Char $K = p \in \mathbb{P}$ ist und $F \in K[X^p]$. *Ein Primpolynom $\pi \in P^*$ ist genau dann separabel, wenn $\pi' \neq 0$ ist. Insbesondere ist jedes Polynom vom Grad 1 separabel und bei* Char $K = 0$ *jedes Primpolynom.* Ein separabler Primteiler π von F in P^* ist genau dann einfach, wenn π kein Teiler von F' ist. *Insbesondere ist $c \in K$ eine einfache Nullstelle von $F \in P^*$, wenn $F(c) = 0$ und $F'(c) \neq 0$ ist.* Das Produkt $H = H_1 H_2$ zweier Polynome aus P^* ist genau dann separabel, wenn H_1 und H_2 separabel sind und ggT$(H_1, H_2) = 1$ ist. Jeder Teiler eines separablen Polynoms ist separabel. Ein Polynom der Gestalt $X^n - c \in K[X]$ mit $n \in \mathbb{N}^*$ und $c \in K^\times$ ist genau dann separabel, wenn n kein Vielfaches von Char K ist.

Proposition 2.10.25 *Sei $F = \varepsilon (X - c_1)^{\alpha_1} \cdots (X - c_r)^{\alpha_r} \pi_1^{\beta_1} \cdots \pi_s^{\beta_s}$ mit $\varepsilon \in K^\times$, $r, s \in \mathbb{N}$, paarweise verschiedenen $c_1, \ldots, c_r \in K$, $\alpha_1, \ldots, \alpha_r \in \mathbb{N}^*$ sowie paarweise verschiedenen $\pi_1, \ldots, \pi_s \in \mathbb{P}$, Grad $\pi_1 \geq 2, \ldots,$ Grad $\pi_s \geq 2$, und $\beta_1, \ldots, \beta_s \in \mathbb{N}^*$ die kanonische Primfaktorzerlegung von $F \in P^*$. Genau dann ist F separabel, wenn alle Primfaktoren von F einfach sind und die nichtlinearen Primfaktoren $\pi_1, \ldots, \pi_s$ von F separabel. Insbesondere ist über einem Körper der Charakteristik 0 ein Polynom $\neq 0$ genau dann separabel, wenn alle seine Primfaktoren einfach sind.*

Die Menge $\mathbb{P}$ der normierten Primpolynome in $K[X]$ liefert sofort eine K-Vektorraumbasis des rationalen Funktionenkörpers $K(X)$.

Satz 2.10.26 (Partialbruchzerlegung) *Die Monome X^ν, $\nu \in \mathbb{N}$, bilden zusammen mit den rationalen Funktionen*

$$X^\mu / \pi^\kappa, \quad 0 \leq \mu < \text{Grad } \pi, \ \kappa \in \mathbb{N}^*, \ \pi \in \mathbb{P},$$

eine K-Vektorraumbasis von $K(X)$. Daher gilt

$$\text{Dim}_K K(X) = |K(X)| = \text{Max} (\aleph_0, |K|)$$

(im Gegensatz zu $\text{Dim}_K K[X] = \aleph_0$*). Die Darstellung einer rationalen Funktion $F/G \in K(X)$ als K-Linearkombination dieser Basis heißt die* **Partialbruchzerlegung** *von F/G (über K).*

Beweis Wir zeigen zunächst, dass die angegebenen Funktionen linear unabhängig sind. Dafür genügt es, die π-al-Entwicklungen von Polynomen ausnutzend (vgl. Aufg. 2.9.22a)), Folgendes zu zeigen: Gilt

$$F + \frac{F_1}{\pi_1^{k_1}} + \cdots + \frac{F_s}{\pi_s^{k_s}} = 0$$

mit paarweise verschiedenen $\pi_1, \ldots, \pi_s \in \mathbb{P}$, $k_1, \ldots, k_s \in \mathbb{N}^*$ und Polynomen $F, F_1, \ldots, F_s \in K[X]$, $F_\sigma = 0$ oder Grad $F_\sigma < k_\sigma \cdot$ Grad $\pi_\sigma =$ Grad $\pi_\sigma^{k_\sigma}$, so ist $F = F_1 = \cdots = F_s = 0$. Sei dazu $\pi := \pi_1^{k_1} \cdots \pi_s^{k_s}$ und $\widetilde{\pi}_\sigma := \pi / \pi_\sigma^{k_\sigma}$, $\sigma = 1, \ldots, s$. Multiplikation mit

π liefert dann $\pi F + \widetilde{\pi}_1 F_1 + \cdots + \widetilde{\pi}_s F_s = 0$, d. h. $\pi_1^{k_1} \cdots \pi_s^{k_s} F = -\widetilde{\pi}_1 F_1 - \cdots - \widetilde{\pi}_s F_s$. Für jedes $\sigma = 1, \ldots, s$ teilt also $\pi_\sigma^{k_\sigma}$ das Polynom F_σ, was bei $F_\sigma \neq 0$ zum Widerspruch Grad $F_\sigma \geq$ Grad $\pi_\sigma^{k_\sigma}$ führen würde. Also sind alle $F_\sigma = 0$ und dann auch $F = 0$.

Um eine Darstellung der gewünschten Art zu bekommen, sei $F/G \in K(X)^\times$ eine rationale Funktion $\neq 0$ mit $F, G \in K[X]^*$ und $G = \pi_1^{k_1} \cdots \pi_s^{k_s}$, $\pi_1, \ldots, \pi_s \in \mathbb{P}$ paarweise verschieden und $k_1, \ldots, k_s \in \mathbb{N}^*$. Wir teilen F durch G mit Rest und können so Grad $F <$ Grad G annehmen. Sei nun $\widetilde{G}_\sigma = G/\pi_\sigma^{k_\sigma}$, $\sigma = 1, \ldots, s$. Da die $\widetilde{G}_1, \ldots, \widetilde{G}_s$ teilerfremd sind, gibt es eine Darstellung $H_1 \widetilde{G}_1 + \cdots + H_s \widetilde{G}_s = 1$ mit $H_\sigma \in K[X]$. Sei $H_\sigma F = Q_\sigma \pi_\sigma^{k_\sigma} + F_\sigma$, $\sigma = 1, \ldots, s$, die Division mit Rest von $H_\sigma F$ durch $\pi_\sigma^{k_\sigma}$ mit $Q_\sigma, F_\sigma \in K[X]$ und Grad $F_\sigma <$ Grad $\pi_\sigma^{k_\sigma}$. Dann gilt $F = H_1 F \widetilde{G}_1 + \cdots + H_s F \widetilde{G}_s = F_1 \widetilde{G}_1 + \cdots + F_s \widetilde{G}_s + QG$, $Q := Q_1 + \cdots + Q_s \in K[X]$. Bei $Q \neq 0$ wäre Grad $G \leq$ Grad $QG =$ Grad$(F - (F_1 \widetilde{G}_1 + \cdots + F_s \widetilde{G}_s)) <$ Grad G. Widerspruch. Also ist $Q = 0$ und

$$\frac{F}{G} = \frac{F_1}{\pi_1^{k_1}} + \cdots + \frac{F_s}{\pi_s^{k_s}}.$$

Mit der π_σ-al-Entwicklung der F_σ gewinnt man nun die gewünschte Partialbruchzerlegung von F/G.   □

Wie der Beweis zeigt, kann die Partialbruchzerlegung von $F/G \in K[X]^\times$ explizit gewonnen werden, wenn die Primfaktorzerlegung des Nenners G bekannt ist und die Division mit Rest in $K[X]$ konstruktiv ausführbar ist. Wir bemerken ferner, dass *die obige Darstellung $F/G = F_1/\pi_1^{k_1} + \cdots + F_s/\pi_s^{k_s}$ bereits aus der bewiesenen linearen Unabhängigkeit der $X^{\mu_\sigma}/\pi_\sigma^{\kappa_\sigma}$, $0 \leq \mu_\sigma <$ Grad π_σ, $1 \leq \kappa_\sigma \leq k_\sigma$, $\sigma = 1, \ldots, s$, folgt.* Diese k_1 Grad $\pi_1 + \cdots + k_s$ Grad π_s linear unabhängigen rationalen Funktionen gehören nämlich alle zum Vektorraum

$$V_G := \{F/G \mid F \in K[X], F = 0 \text{ oder Grad } F < \text{Grad } G\}$$

der Dimension Grad $G = k_1$ Grad $\pi_1 + \cdots + k_s$ Grad π_s und erzeugen ihn deshalb. – Sind $F, G \in K[X]^*$ teilerfremd mit Grad $F <$ Grad G und besitzt der Nenner G mindestens zwei nichtassoziierte Primteiler, so empfiehlt es sich die Partialbruchzerlegung von F/G in der Weise auszuführen, dass man $G = G_1 G_2$ nichttrivial mit zwei teilerfremden Faktoren G_1, G_2 zerlegt, eine Darstellung $F/G = F_1/G_1 + F_2/G_2$, Grad $F_i <$ Grad G_i, $i = 1, 2$, mit Hilfe der Division mit Rest bestimmt und dann mit den beiden Summanden F_1/G_1 und F_2/G_2 in analoger Weise fortfährt. Hat der Nenner G eine Nullstelle c der Ordnung $\nu_c > 0$, so ist in der Partialbruchzerlegung von F/G der Koeffizient $a_{c,\nu(c)}$ des Summanden $a_{c,\nu(c)}/(X - c)^{\nu(c)}$ gleich

$$a_{c,\nu(c)} = F(c)/\widetilde{G}(c) \quad \text{mit} \quad \widetilde{G} := G/(X - c)^{\nu_c},$$

wie sich unmittelbar durch Multiplikation dieser Partialbruchzerlegung mit $(X - c)^{\nu_c}$ ergibt. Offenbar ist $\nu_c! \widetilde{G}(c) = G^{(\nu_c)}(c)$ und insbesondere $\widetilde{G}(c) = G'(c)$ bei $\nu_c = 1$, vgl.

Aufg. 2.9.4b). – Ist A ein beliebiger Hauptidealbereich mit Quotientenkörper $L = Q(A)$, so kann man die direkte Summenzerlegung $L/A = \sum_{p \in \mathbb{P}_{A^*}}^{\oplus} A_p/A$ aus Satz 2.10.19 (1) als **Partialbruchzerlegung** für A interpretieren.

Am übersichtlichsten ist die Primfaktorzerlegung in $K[X]^*$ (und damit auch in $K(X)^\times$), wenn es keine Primpolynome in $K[X]^*$ vom Grad ≥ 2 gibt.

Definition 2.10.27 Der Körper K heißt **algebraisch abgeschlossen**, wenn jedes Primpolynom $\neq 0$ in $K[X]$ den Grad 1 hat.

Satz 2.10.28 *Für einen Körper K sind äquivalent:* (i) *K ist algebraisch abgeschlossen.* (ii) *Jedes Primpolynom in $K[X]^*$ hat den Grad* 1. (iii) *Jedes Polynom $F \in K[X]^*$ hat eine eindeutige Darstellung*

$$F = \varepsilon \prod_{c \in K} (X - c)^{\alpha_c} \quad \textit{mit} \quad \varepsilon \in K^\times, (\alpha_c)_{c \in K} \in \mathbb{N}^{(K)}.$$

(iv) *Jedes nichtkonstante Polynom in $K[X]$ besitzt eine Nullstelle in K.* (v) *Jedes Primpolynom in $K[X]$ besitzt eine Nullstelle in K.* (vi) *Ist $K \subseteq L$ ein algebraische Körpererweiterung, so ist $L = K$.* (vii) *Ist $K \subseteq L$ eine endliche Körpererweiterung, so ist $L = K$.*

Beweis Die Äquivalenzen von (i) bis (v) ergeben sich aus den Definitionen oder sind trivial. Zum Beweis von (ii) $\Rightarrow$ (vi) sei $x \in L$. Dann ist x algebraisch und folglich sein Minimalpolynom μ_x von 0 verschieden. Wegen $K[X]/(\mu_x) \overset{\sim}{\longrightarrow} K[x] \subseteq L$ ist $K[X]/(\mu_x)$ ein Integritätsbereich und daher $\mu_x \neq 0$ prim, also nach (ii) vom Grad 1. Aus $\mathrm{Dim}_K K[x] = \mathrm{Grad}\, \mu_x = 1$ folgt $K[x] = K$ und somit $x \in K$. Die Implikation (vi) $\Rightarrow$ (vii) ist wieder trivial, da jede endliche Körpererweiterung algebraisch ist. Schließlich folgt (ii) aus (vii). Ist nämlich $\pi \in K[X]^*$ ein Primpolynom, so ist $L := K[X]/(\pi)$ nach Satz 2.10.21 eine endliche Körpererweiterung der Dimension $\mathrm{Grad}\,\pi$ über K. Nach der vorausgesetzten Gültigkeit von (vii) ist $L = K$, also $\mathrm{Grad}\,\pi = 1$. $\square$

Sei K ein algebraisch abgeschlossener Körper. Dann vereinfacht sich die K-Vektorraumbasis von $K(X)$ gemäß der Partialbruchzerlegung 2.10.26 zu

$$X^\nu, \ \nu \in \mathbb{N}, \quad 1/(X - c)^\kappa, \ \kappa \in \mathbb{N}^*, \ c \in K.$$

Als Satz 3.9.7 beweisen wir später den sogenannten **Fundamentalsatz der Algebra**: *Jedes nichtkonstante Polynom über $\mathbb{C}$ besitzt eine Nullstelle in $\mathbb{C}$.* Mit anderen Worten:

Satz 2.10.29 *Der Körper $\mathbb{C}$ der komplexen Zahlen ist algebraisch abgeschlossen.*

Daraus ergibt sich:

Satz 2.10.30 *Jedes normierte Primpolynom vom Grad ≥ 2 über dem Körper $\mathbb{R}$ der reellen Zahlen ist quadratisch von der Gestalt $X^2 - pX + q$ mit $p, q \in \mathbb{R}$, $p^2 - 4q < 0$.*

Beweis Da das normierte quadratische Polynom $X^2 - pX + q \in \mathbb{R}[X]$ genau dann eine Nullstelle in $\mathbb{R}$ besitzt, wenn seine Diskriminante $p^2 - 4q$ ein Quadrat in $\mathbb{R}$ ist (vgl. das Ende von Beispiel 2.9.35), und da dies genau dann der Fall ist, wenn $p^2 - 4q \geq 0$ ist (vgl. Beispiel 3.3.7), sind die angegebenen quadratischen Polynome genau die normierten Primpolynome über $\mathbb{R}$ vom Grad 2. Es bleibt zu zeigen, dass es keine Primpolynome über $\mathbb{R}$ vom Grad > 2 gibt. Sei $\pi = a_0 + \cdots + a_{n-1}X^{n-1} + X^n \in \mathbb{R}[X]$ normiert und prim vom Grad $n \geq 3$. Insbesondere hat dann π keine Nullstelle in $\mathbb{R}$. Sei $z = a + ib \in \mathbb{C} - \mathbb{R}$, $a, b \in \mathbb{R}$, $b \neq 0$, eine nichtreelle komplexe Nullstelle von π, d. h. es sei $\pi(z) = 0$. Dann folgt $\pi(\overline{z}) = a_0 + \cdots + a_{n-1}\overline{z}^{n-1} + \overline{z}^n = \overline{\pi(z)} = 0$, und somit ist $\overline{z} = a - ib \neq z$ ebenfalls eine Nullstelle von π. Daher ist das Polynom

$$G := (X - z)(X - \overline{z}) = X^2 - \mathrm{Sp}(z)X + \mathrm{N}(z) = X^2 - 2aX + (a^2 + b^2) \in \mathbb{R}[X]$$

vom Grad 2 ein Teiler von π in $\mathbb{C}[X]$. Dann ist G aber auch ein Teiler von π in $\mathbb{R}[X]$, vgl. Korollar 2.9.28. Widerspruch! $\qquad\square$

Die kanonische Primfaktorzerlegung eines reellen Polynoms $F \in \mathbb{R}[X]^*$ hat also folgende Gestalt:

$$F = \varepsilon(X - c_1)^{\alpha_1} \cdots (X - c_r)^{\alpha_r}(X^2 - p_1 X + q_1)^{\beta_1} \cdots (X^2 - p_s X + q_s)^{\beta_s}$$

mit $\varepsilon \in \mathbb{R}^\times$, $r, s \in \mathbb{N}$, paarweise verschiedenen $c_1, \ldots, c_r \in \mathbb{R}$, $\alpha_1, \ldots, \alpha_r \in \mathbb{N}^*$ und den paarweise verschiedenen irreduziblen quadratischen Polynomen $X^2 - p_1 X + q_1, \ldots,$ $X^2 - p_s X + q_s \in \mathbb{R}[X]$, $p_1^2 - 4q_1 < 0, \ldots, p_s^2 - 4q_s < 0$, $\beta_1, \ldots, \beta_s \in \mathbb{N}^*$. *Insbesondere besitzt ein reelles Polynom ungeraden Grades eine reelle Nullstelle.* Ein normiertes quadratisches Polynom $X^2 - pX + q \in \mathbb{R}[X]$ hat bei $p^2 - 4q = 0$ die doppelte Nullstelle $\frac{1}{2}p$ und bei $p^2 - 4q > 0$ die beiden reellen Nullstellen $\frac{1}{2}\left(p \pm \sqrt{p^2 - 4q}\right)$.

Beispiel 2.10.31 Wir bestimmen die Partialbruchzerlegung der reellen rationalen Funktion

$$R := \frac{X^6 + 1}{X^4 - X^2 - 2X + 2}.$$

Division mit Rest liefert

$$R = (X^2 + 1) + \frac{F}{G}, \quad F := 2X^3 - X^2 + 2X - 1, \ G := X^4 - X^2 - 2X + 2.$$

Der Nenner G hat über $\mathbb{R}$ bzw. $\mathbb{C}$ die Primfaktorzerlegungen

$$G = (X - 1)^2(X^2 + 2X + 2) = (X - 1)^2\,(X - (-1 + i))\,(X - (-1 - i)).$$

Die komplexe Partialbruchzerlegung von F/G hat daher die Form

$$\frac{F}{G} = \frac{\alpha}{X - 1} + \frac{\beta}{(X - 1)^2} + \frac{\gamma}{X - (-1 + i)} + \frac{\overline{\gamma}}{X - (-1 - i)}.$$

Nach der Bemerkung im Anschluss an den Beweis von Satz 2.10.26 ergeben sich die Koeffizienten $\gamma, \overline{\gamma}, \beta, \alpha$ zu

$$\gamma = \frac{F(-1+i)}{G'(-1+i)} = \frac{1+8i}{8+6i} = \frac{1}{50}(28+29i), \quad \overline{\gamma} = \frac{1}{50}(28-29i).$$

$$\beta = \frac{F(1)}{\widetilde{G}(1)} = \frac{2}{5}, \quad \alpha = \frac{\widetilde{F}(1)}{\widetilde{G}(1)} = \frac{22}{25},$$

mit

$$\widetilde{G} := \frac{G}{(X-1)^2}, \quad \frac{\widetilde{F}}{(X-1)(X^2+2X+2)} := \frac{F}{G} - \frac{\beta}{(X-1)^2}.$$

Als reelle Partialbruchzerlegung erhält man schließlich

$$\frac{F}{G} = \frac{\alpha}{X-1} + \frac{\beta}{(X-1)^2} + \frac{\gamma\,(X-(-1-i)) + \overline{\gamma}\,(X-(-1+i))}{X^2+2X+2}$$

$$= \frac{\alpha}{X-1} + \frac{\beta}{(X-1)^2} + \frac{\delta X + \varepsilon}{X^2+2X+2}, \quad \alpha = \frac{22}{25}, \beta = \frac{2}{5}, \delta = \frac{28}{25}, \varepsilon = -\frac{1}{25}.$$

Die Koeffizienten $\alpha, \beta, \gamma, \overline{\gamma}$ hätte man auch so bestimmen können, dass man beide Seiten der diese Koeffizienten definierenden Gleichung mit G multipliziert, die Koeffizienten der Potenzen von X vergleicht und das so gewonnene lineare Gleichungssystem löst. Dieses Verfahren ist vor allem dann sinnvoll, wenn der Grad des Nenners G nicht zu groß ist, das lineare Gleichungssystem also nicht zu viele Unbekannte hat. $\diamond$

Ein **Satz von Steinitz** (1871–1928) aus dem Jahr 1910 besagt: *Jeder Körper K lässt sich in einen algebraisch abgeschlossenen Körper einbetten.* Ein erster Schritt dahin ist der Satz 2.10.21: Ist $F \in K[X]^*$ und $\pi \in K[X]$ ein Primfaktor von F, so ist $L :=$ $K[X]/(\pi) = K[x] \supseteq K$ ein Körpererweiterung von K mit $\mathrm{Dim}_K L = \mathrm{Grad}\,\pi$, in der F die Nullstelle $x := [X]_\pi$ hat. In L ist also $F = (X-x)G$ mit $G \in L[X]$. Zerfällt G über L noch nicht in Linearfaktoren, so können wir zu L eine Nullstelle eines Primfaktors von G adjungieren und erhalten – so fortfahrend – den folgenden Satz:

Satz 2.10.32 (Satz von Kronecker) *Sei K ein Körper und $F \in K[X]^*$ ein Polynom vom Grad $n \in \mathbb{N}^*$. Dann gibt es einen Erweiterungskörper L von K, über dem F in Linearfaktoren zerfällt. L kann so gewählt werden, dass L endlich über K ist mit $\mathrm{Dim}_K L \leq n!$.*

Man nennt einen Körper L wie in Satz 2.10.32 einen **Zerfällungskörper** von F. $\diamond$

Beispiel 2.10.33 (Endliche Körper) Mit Satz 2.10.21 oder allgemeiner dem Satz 2.10.32 von Kronecker gewinnt man auch alle endlichen Körper. Diese spielen in der modernen Kryptographie eine zentrale Rolle. Sei K solch ein Körper der Charakteristik $p \in \mathbb{P} =$ $\mathbb{P}_{\mathbb{Z}^*}, (\mathbb{Z}/\mathbb{Z}p =)\mathbf{F}_p \subseteq K$ sein Primkörper und $m := \mathrm{Dim}_{\mathbf{F}_p} K$. Dann besitzt K genau p^m

Elemente. Da die multiplikative Gruppe $K^\times$ die Ordnung $p^m - 1$ hat, ist $x^{p^m-1} = 1$ für alle $x \in K^\times$ und somit $x^{p^m} - x = 0$ für alle $x \in K$. K ist daher die Menge der Nullstellen von $X^{p^m} - X \in \mathbf{F}_p[X]$. Folglich ist

$$X^{p^m} - X = \prod_{x \in K}(X - x).$$

K ist also ein Zerfällungskörper des Polynoms $X^{p^m} - X \in \mathbf{F}_p[X]$. Koeffizientenvergleich bei X liefert $-1 = \prod_{x \in K^\times} x$. (Man beachte, dass dies auch bei $p = 2$ gilt.) Für $K = \mathbf{F}_p$ ergibt sich insbesondere noch einmal der **Satz von Wilson**: *Es gilt* $-1 \equiv (p - 1)! \bmod p$ *für jedes* $p \in \mathbb{P}$. – Wir beweisen nun:

Satz 2.10.34 *Zu jeder Primzahlpotenz* p^m, $p \in \mathbb{P}$ *prim,* $m \in \mathbb{N}^*$, *gibt es bis auf Isomorphie genau einen Körper K mit p^m Elementen. Man bezeichnet ihn mit*[58]

$$\mathbf{F}_{p^m} \quad oder \quad \mathbf{GF}_{p^m} = \mathbf{GF}(p^m).$$

Beweis Gemäß der Vorbemerkung betrachten wir einen Oberkörper L von $\mathbf{F}_p$, über dem das Polynom $F := X^{p^m} - X$ in Linearfaktoren zerfällt (vgl. Satz 2.10.32), und in L die Menge K der Nullstellen von F. Wegen $(x + y)^{p^m} = x^{p^m} + y^{p^m}$ und $(xy)^{p^m} = x^{p^m} y^{p^m}$ für alle $x, y \in L$ (vgl. Korollar 2.6.4), ist K ein Unterkörper von L. Er hat p^m Elemente: Dazu ist nur zu zeigen, dass sämtliche Nullstellen von F einfach sind. Dies folgt aber aus $F' = -1$ und $F'(a) = -1 \neq 0$ für alle Nullstellen a von F (vgl. Lemma 2.10.23) oder auch direkt aus $X^{p^m} - X = (X^{p^m} - a^{p^m}) - (X - a) = (X - a)^{p^m} - (X - a) = (X - a)\big((X - a)^{p^m-1} - 1\big)$. K ist also ein Körper mit p^m Elementen.

Zum Beweis der Eindeutigkeit von K bis auf Isomorphie sei $x \in K$ ein erzeugendes Element der zyklischen multiplikativen Gruppe $K^\times$ von K (vgl. Satz 2.6.22) und $\mu_x \in \mathbf{F}_p[X]$ das Minimalpolynom von x über $\mathbf{F}_p \subseteq K$. Dann ist $K = \mathbf{F}_p[x] \cong \mathbf{F}_p[X]/(\mu_x)$, und wegen $X^{p^m-1} - 1 = \prod_{a \in K^\times}(X - a)$ in $K[X]$ ist μ_x ein Primteiler von $X^{p^m-1} - 1$. Ist K' ein weiterer Körper mit p^m Elementen, so zerfällt $X^{p^m-1} - 1$ auch in $K'[X]$ in Linearfaktoren, insbesondere hat μ_x eine Nullstelle $x' \in K'$. Somit ist $K \cong \mathbf{F}_p[X]/(\mu_x) \cong \mathbf{F}_p[x'] \subseteq K'$, und aus Anzahlgründen gilt $\mathbf{F}_p[x'] = K'$. $\qquad\square$

Der Beweis zeigt, dass die normierten Primteiler des Polynoms $X^{p^m} - X \in \mathbf{F}_p[X]$ genau die normierten Primpolynome in $\mathbf{F}_p[X]$ sind, deren Grad ein Teiler von m ist. Offenbar lässt er sich zu einem Beweis des folgenden Resultats verallgemeinern: *Ist $\mathbf{F}_q$ ein endlicher Körper mit q Elementen, so sind die normierten Primteiler des Polynoms $X^{q^m} - X \in \mathbf{F}_q[X]$ genau die normierten Primpolynome in $\mathbf{F}_q[X]$, deren Grad ein Teiler von m ist.* Dabei tritt jedes dieser Primpolynome mit der Vielfachheit 1 in $X^{q^m} - X$ auf.

Über $\mathbf{F}_2$ sind X^2+X+1 und X^3+X+1 sowie $X^3+X^2+1 = (X+1)^3+(X+1)+1$ die einzigen Primpolynome vom Grad 2 bzw. 3. Sie liefern die Körper $\mathbf{F}_4$ bzw. $\mathbf{F}_8$. Sei nun p

---

[58] Die Bezeichnung $\mathbf{F}$ kommt von der englischen Bezeichnung „field" für Körper. $\mathbf{GF}$ ist die Abkürzung für **Galois-Feld** und erinnert an E. Galois (1811–1832).

eine Primzahl > 2. Dann ist das quadratische Polynom $X^2 - aX + b \in \mathbf{F}_p[X]$ genau dann prim und $\mathbf{F}_p[X]/(X^2 - aX + b)$ ein Körper mit p^2 Elementen, wenn die Diskriminante $a^2 - 4b$ kein Quadrat in $\mathbf{F}_p$ ist, d. h. wenn $((a^2 - 4b)/p) = -1$ für das Legendre-Symbol gilt, vgl. Satz 2.5.24. *Insbesondere sind die komplexen Zahlen* $\mathbb{C}_{\mathbf{F}_p} = \mathbf{F}_p[\mathrm{i}]$, $\mathrm{i}^2 = -1$, *über* $\mathbf{F}_p$ *genau dann ein Körper, wenn* $p \equiv 3 \bmod 4$ *ist.* $\diamond$

Beispiel 2.10.35 (Lucas-Test) Für die Mersenne-Zahl $M(q) = 2^q - 1$ zur Primzahl $q > 2$ gilt $(3/M(q)) = -(M(q)/3) = -1$ (vgl. die Reziprozitätsformel 2.5.27). Ist also auch $p := M(q)$ eine Primzahl, so ist $L := \mathbf{F}_p[\sqrt{3}] = \mathbf{F}_p[X]/(X^2 - 3)$ ein Körper mit p^2 Elementen und $L^\times$ eine zyklische Gruppe mit $p^2 - 1 = (p-1)(p+1) = (2^q - 2)2^q$ Elementen, und folglich $L^\times/\mathbf{F}_p^\times$ eine zyklische Gruppe der Ordnung 2^q. Ist somit $x \in L$ kein Quadrat in L, so erzeugt die Restklasse $[x] \in L^\times/\mathbf{F}_p^\times$ diese Gruppe. Mit anderen Worten: Es ist $y := x^{2^{q-1}} \notin \mathbf{F}_p^\times$, aber $y^2 = x^{2^q} \in \mathbf{F}_p^\times$. Dann ist $\mathrm{Sp}(y) = 0$, vgl. Beispiel 2.9.35. Für x kann man etwa das Element $x := 1 + \sqrt{3} \in L$ wählen; denn $\mathrm{N}(x) = x\overline{x} = (1 + \sqrt{3})(1 - \sqrt{3}) = -2$ ist wegen $(-2/p) = (-1/p)(2/p) = (-1) \cdot (+1) = -1$, vgl. Satz 2.5.26, kein Quadrat in $\mathbf{F}_p$. Daher gilt für die quadratische Algebra $\mathbf{A}_{M(q)}[\sqrt{3}]$: *Ist* $M(q)$ *eine Primzahl, so ist* $\mathrm{Sp}(x^{2^{q-1}}) = 0$ *für* $x := 1 + \sqrt{3}$.

Davon gilt auch die Umkehrung: *Ist* $\mathrm{Sp}(x^{2^{q-1}}) = 0$ *für* $x := 1 + \sqrt{3} \in \mathbf{A}_{M(q)}[\sqrt{3}]$, *so ist* $M(q)$ *prim.* Wegen $(3/M(q)) = -1$ existiert nämlich ein Primteiler p von $M(q)$ mit $(3/p) = -1$. Es ist $M(q) = 2^q - 1 = pr$ mit einem $r \in \mathbb{N}^*$, und $L := \mathbf{F}_p[\sqrt{3}]$ ist wieder ein Körper. Für $x := 1 + \sqrt{3} \in L$ ist $\mathrm{Sp}((x^{2^{q-1}})) = 0$ in $\mathbf{F}_p$. Daher ist $y := x^{2^{q-1}} \in \mathbf{F}_p^\times \sqrt{3}$, vgl. Beispiel 2.9.35, und $y^2 \in \mathbf{F}_p^\times$. Somit besitzt $L^\times/\mathbf{F}_p^\times$ und damit auch $L^\times$ ein Element der Ordnung 2^q, und $2^q = pr + 1$ ist ein Teiler von $|L^\times| = p^2 - 1 = (p-1)(p+1)$. Dies ist, wie man leicht sieht, nur für $r = 1$ möglich. (Zu diesem Schluss siehe auch den Zusatz zu Aufg. 2.7.8.) Zusammengefasst gilt: *Die Mersenne-Zahl* $M(q)$, $q \geq 3$, *ist genau dann eine Primzahl, wenn* $\mathrm{Sp}(x^{2^{q-1}}) = 0$ *ist für* $x = 1 + \sqrt{3} \in \mathbf{A}_{M(q)}[\sqrt{3}]$. Wegen $\mathrm{N}(x) = -2 \in \mathbf{A}_{M(q)}^\times$ ist dies äquivalent zu $r_{q-1} := \mathrm{Sp}(x^{2^{q-1}})/\mathrm{N}(x^{2^{q-2}}) = 0$. Mit $\mathrm{Sp}\, x^2 = \mathrm{Sp}\,(4 + 2\sqrt{3}) = 8$ und $\mathrm{Sp}(y^2) = y^2 + \overline{y}^2 = (y + \overline{y})^2 - 2y\overline{y} = (\mathrm{Sp}(y))^2 - 2\mathrm{N}(y)$ ergibt sich die Rekursion

$$r_1 = \frac{\mathrm{Sp}\left(x^2\right)}{\mathrm{N}(x)} = -4, \quad r_{n+1} = \frac{\mathrm{Sp}\left(x^{2^{n+1}}\right)}{\mathrm{N}\left(x^{2^n}\right)} = \left(\frac{\mathrm{Sp}\left(x^{2^n}\right)}{\mathrm{N}\left(x^{2^{n-1}}\right)}\right)^2 - 2 = r_n^2 - 2, \; n \geq 1,$$

und insgesamt:

Satz 2.10.36 (Lucas-Test) *Sei q eine Primzahl ≥ 3. Genau dann ist die Mersenne-Zahl $M(q) = 2^q - 1$ eine Primzahl, wenn für die durch $r_1 = -4$, $r_{n+1} = r_n^2 - 2$, $n \geq 1$, rekursiv definierte Folge in $\mathbf{A}_{M(q)} = \mathbb{Z}/\mathbb{Z}M(q)$ gilt: $r_{q-1} = 0$.*

Mit den quadratischen Algebren über den Minimalringen $\mathbf{A}_m$, $m \in \mathbb{N}^*$ ungerade, lassen sich generell Primzahltests für solche ungeraden Zahlen $p \in \mathbb{N}^*$ konstruieren, für die

die Primfaktorzerlegung von $p + 1$ überschaubar ist (ähnlich wie die in Aufg. 2.7.9 beschriebenen Fermatschen Primzahltests für Zahlen p, bei denen die Primfaktorzerlegung von $p - 1$ überschaubar ist, vgl. auch den Pépin-Test in Beispiel (2) im Anschluss an Satz 2.5.28).   ◇

Beispiel 2.10.37 (Beispiele euklidischer quadratischer $\mathbb{Z}$-Algebren) Wir betrachten einige weitere Beispiele euklidischer Bereiche aus der Zahlentheorie. Es handelt sich dabei um quadratische Algebren A über $\mathbb{Z}$. Diese lassen sich leicht klassifizieren: Sei $A = \mathbb{Z}[y] \overset{\sim}{\leftarrow} \mathbb{Z}[Y]/(G)$ mit dem normierten quadratischen Polynom $G = Y^2 - pY + q \in \mathbb{Z}[Y]$ und der Diskriminante $\Delta = p^2 - 4q$. *Dann ist $\Delta \equiv 0,1 \bmod 4$, und alle Zahlen $\equiv 0,1 \bmod 4$ treten als Diskriminanten auf.* Der Bequemlichkeit halber (damit 2 eine Einheit wird) betten wir $A = \mathbb{Z}[y]$ in die korrespondierende quadratische $\mathbb{Q}$-Algebra $\mathbb{Q}[y] \overset{\sim}{\leftarrow} \mathbb{Q}[Y]/(G)$ ein. $\mathbb{Q}[y]$ ist dann die rein-quadratische $\mathbb{Q}$-Algebra $\mathbb{Q}[\sqrt{\Delta}]$, und es ist $y = \frac{1}{2}(p + \sqrt{\Delta})$.

Sei zunächst $\Delta = p^2 - 4q = -4q' \equiv 0 \bmod 4$. Dann ist p gerade, und $A = \mathbb{Z}[x]$ mit $x := y - \frac{1}{2}p$ *ist die rein-quadratische Algebra*

$$\mathbb{Z}[x] = \mathbb{Z}\left[\sqrt{\Delta/4}\right] \overset{\sim}{\leftarrow} \mathbb{Z}[X]/\left(X^2 - \frac{1}{4}\Delta\right) \quad \text{mit} \quad x^2 - \frac{1}{4}\Delta = 0.$$

Sei nun $\Delta = p^2 - 4q = 1 - 4q' \equiv 1 \bmod 4$. Dann ist $p - 1$ gerade und $A = \mathbb{Z}[x]$ mit $x := y - \frac{1}{2}(p - 1)$ ist die quadratische Algebra

$$\mathbb{Z}[x] = \mathbb{Z}\left[\frac{1}{2}\left(1 + \sqrt{\Delta}\right)\right] \overset{\sim}{\leftarrow} \mathbb{Z}[X]/\left(X^2 - X + \frac{1}{4}(1 - \Delta)\right)$$

$$\text{mit} \quad x^2 - x + \frac{1}{4}(1 - \Delta) = 0.$$

Die Diskriminante Δ bestimmt also die quadratische $\mathbb{Z}$-Algebra A bis auf Isomorphie.[59] $\mathbb{Z}[x]$ ist genau dann ein Integritätsbereich, wenn G ein Primpolynom ist. Da $\mathbb{Z}$ faktoriell ist, ist dies äquivalent dazu, dass G in $\mathbb{Q}[X]$ prim ist, also keine Nullstelle in $\mathbb{Q}$ besitzt. Es folgt: *Die quadratische $\mathbb{Z}$-Algebra A zur Diskriminante Δ ist genau dann ein Integritätsbereich, wenn Δ kein Quadrat in $\mathbb{Q}$ ist.* Ist dann $\Delta > 0$, so wählen wir die positive Quadratwurzel $\sqrt{\Delta}$ aus Δ, identifizieren A mit der Unteralgebra $\mathbb{Z}[\frac{1}{2}\sqrt{\Delta}]$ bzw. $\mathbb{Z}[\frac{1}{2}(1 + \sqrt{\Delta})]$ von $\mathbb{R}$ und sprechen von einer **reell-quadratischen $\mathbb{Z}$-Algebra**. Bei $\Delta < 0$ wählen wir die komplexe Wurzel $\sqrt{\Delta} = i\sqrt{|\Delta|} \in \mathbb{C}$, identifizieren A mit der Unteralgebra $\mathbb{Z}[\frac{1}{2}\sqrt{\Delta}]$ bzw. $\mathbb{Z}[\frac{1}{2}(1 + \sqrt{\Delta})]$ von $\mathbb{C}$ und sprechen von einer **imaginär-quadratischen $\mathbb{Z}$-Algebra**. Man beachte, dass im letzten Fall die Konjugation von A die Beschränkung

---

[59] Man zeige, dass normierte quadratische Polynome F, G aus $\mathbb{Z}[X]$ mit verschiedenen Diskriminanten nichtisomorphe quadratische $\mathbb{Z}$-Algebren $\mathbb{Z}[X]/(F)$ bzw. $\mathbb{Z}[X]/(G)$ definieren.

der Konjugation von $\mathbb{C}$ auf A ist. Nützlich ist folgende Formel, die ein Spezialfall einer sehr viel allgemeineren Formel ist, vgl. Bd. 3:

Lemma 2.10.38 *Sei z ein Nichtnullteiler in der quadratischen $\mathbb{Z}$-Algebra A. Dann ist $|A/Az|\ (= \mathrm{Kard}\ A/Az) = |\mathrm{N}(z)|$.*

Beweis Mit z ist auch $m := \mathrm{N}(z) = z\overline{z} \in \mathbb{Z}^*$ ein Nichtnullteiler. Ferner ist $|A/Am| = |\mathbb{Z}^2/m\mathbb{Z}^2| = |m|^2 \in \mathbb{N}^*$. Die Konjugation $x \mapsto \overline{x}$ induziert einen Isomorphismus $A/Az \xrightarrow{\sim} A/A\overline{z}$ und die Multiplikation mit z einen Isomorphismus $A/A\overline{z} \xrightarrow{\sim} Az/Az\overline{z} = Az/Am$. Folglich ist $|m|^2 = |A/Am| = |A/Az| \cdot |Az/Am| = |A/Az|^2$, also $|A/Az| = |m|$. $\square$

Zur Diskriminante $\Delta = -4$ gehört die imaginär-quadratische $\mathbb{Z}$-Algebra

$$\mathbb{C}_{\mathbb{Z}} = \mathbb{Z}[i] := \{a + ib \mid a,b \in \mathbb{Z}\} \subseteq \mathbb{C}$$

der komplexen Zahlen über $\mathbb{Z}$, die auch der **Ring der ganzen Gaußschen Zahlen** heißt. Ihr Quotientenkörper ist $\mathbb{Q}[i] \subseteq \mathbb{C}$. Für $z = a + ib \in \mathbb{C} = \mathbb{R}[i]$ ist $\mathrm{N}(z) = z\overline{z} = a^2 + b^2$.

Satz 2.10.39 *Die Norm ist eine euklidische Gradfunktion auf $\mathbb{Z}[i]$.*

Beweis Seien $x = a + ib$ und $y = c + id \neq 0$ aus $\mathbb{Z}[i]$ mit $a,b,c,d \in \mathbb{Z}$. Dann ist $z = x/y = u + iv$ mit $u,v \in \mathbb{Q}$. Es gibt $s,t \in \mathbb{Z}$ mit $|u - s| \leq \frac{1}{2}$ und $|v - t| \leq \frac{1}{2}$. Für $q := s + it \in \mathbb{Z}[i]$ und $r := x - qy = (z - q)y \in \mathbb{Z}[i]$ gilt dann $x = qy + r$ und

$$\mathrm{N}(r) = \mathrm{N}(z - q)\mathrm{N}(y) = \big(|u - s|^2 + |v - t|^2\big)\mathrm{N}(y) \leq \frac{1}{2}\mathrm{N}(y) < \mathrm{N}(y).   \square$$

$\mathbb{Z}[i]$ *ist also ein Hauptidealbereich*, vgl. Satz 2.10.3. Die Ideale in $\mathbb{Z}[i]$ sind genau die Untergruppen $\mathfrak{a} \subseteq \mathbb{Z}^2 = \mathbb{Z} \oplus i\mathbb{Z}$, die bei der Multiplikation mit i (d. h. bei der Drehung der komplexen Zahlenebene um $\pi/2$ in sich und damit auch auf sich abgebildet werden. Die von 0 verschiedenen darunter sind nach dem Bewiesenen genau die **Quadratgitter**

$$\mathbb{Z}x + \mathbb{Z}ix = \mathbb{Z}(a + ib) \oplus \mathbb{Z}(-b + ia), \quad x = a + ib \neq 0,$$

mit den orthogonalen $\mathbb{Z}$-Basen $x = a + ib$, $ix = -b + ia$, deren Elemente überdies jeweils die gleiche Norm $a^2 + b^2$ haben, vgl. Abb. 2.24.

Genau dann ist $z \in \mathbb{Z}[i]$ eine Einheit in $\mathbb{Z}[i]$, wenn $\mathrm{N}(z) = z\overline{z} \in \mathbb{Z}^{\times}$ ist, d. h. wenn z eine der vierten Einheitswurzeln $1, i, -1, -i$ ist. Für $x \in \mathbb{Z}[i]^*$ sind also die vier Elemente

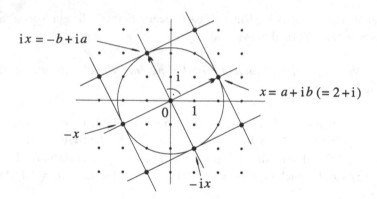

Abb. 2.24 Die vier Erzeugenden des $\mathbb{Z}[i]$- Ideals $\mathbb{Z}[i]x$

$x, ix, -x, -ix$ genau die erzeugenden Elemente des Hauptideals $\alpha = \mathbb{Z}[i]x$.[60] Unter den vier Erzeugenden eines Ideals $\alpha \neq 0$ in $\mathbb{Z}[i]$ wählt man häufig das Element im Quadranten $\Re z > 0, \Im z \geq 0$ oder besser im Sektor $-\Re z < \Im z \leq \Re z$ als natürlichen Vertreter.

Zur Bestimmung der multiplikativen Struktur des faktoriellen Monoids $\mathbb{Z}[i]^*$ und seiner Grothendieck-Gruppe $\mathbb{Q}[i]^\times$ genügt es also, die Menge der Primelemente von $\mathbb{Z}[i]^*$ in einem dieser Bereiche zu kennen. Wir bezeichnen mit $\mathbb{P}_{\mathbb{Z}[i]^*}$ die Menge der Primelemente im zweiten angegebenen Bereich. Man beachte, dass mit x auch $\overline{x}$ prim in $\mathbb{Z}[i]$ ist, da die Konjugation ein Automorphismus von $\mathbb{Z}[i]$ ist. Ferner sind die Primelemente von $\mathbb{Z}[i]^*$ genau die irreduziblen Elemente von $\mathbb{Z}[i]^*$. Wir beweisen zunächst folgendes Lemma:

Lemma 2.10.40 *Sei* $x \in \mathbb{Z}[i]^*$.

(1) *Ist* x *prim in* $\mathbb{Z}[i]$, *so ist* x *ein Teiler von* $N(x) = x\overline{x} \in \mathbb{N}^*$ *und damit Teiler eines Primteilers* $p \in \mathbb{P} \subseteq \mathbb{N}^*$ *von* $N(x)$. *Ist* $N(x) \in \mathbb{P}$ *prim in* $\mathbb{Z}$, *so ist* x *prim in* $\mathbb{Z}[i]$.
(2) *Ist* $p \in \mathbb{P}$ *eine Primzahl* $\equiv 3 \bmod 4$, *so ist* p *prim in* $\mathbb{Z}[i]$.
(3) *Ist* $p \in \mathbb{P}$ *eine Primzahl* $\equiv 1 \bmod 4$, *so ist* $p = N(y) = y\overline{y}$ *mit einem* $y \in \mathbb{P}_{\mathbb{Z}[i]^*}$.
(4) *Es ist* $1 + i \in \mathbb{P}_{\mathbb{Z}[i]^*}$, *und es gilt* $2 = N(1 + i) = (1 + i)(1 - i) = -i(1 + i)^2$.

Beweis (1) Der erste Teil von (1) ist trivial. Sei nun $N(x) \in \mathbb{P}$. Ist $x = yz$ mit $y, z \in \mathbb{Z}[i]^*$, so ist $N(x) = N(y)N(z)$ und damit $N(y) = 1$ oder $N(z) = 1$, d. h. $y \in \mathbb{Z}[i]^\times$ oder $z \in \mathbb{Z}[i]^\times$. Somit ist x irreduzibel und damit prim. Wegen $|\mathbb{Z}[i]/\mathbb{Z}[i]x| = N(x)$ ist nach Lemma 2.10.38 der Restklassenring $\mathbb{Z}[i]/\mathbb{Z}[i]x \cong \mathbf{F}_{N(x)}$ ein Körper.

(2) Für jedes $m \in \mathbb{N}^*$ induziert der kanonische Homomorphismus $\mathbb{Z}[i] \to \mathbf{A}_m[i]$ den kanonischen Isomorphismus $\mathbb{Z}[i]/\mathbb{Z}[i]m \overset{\sim}{\longrightarrow} \mathbf{A}_m[i]$. Wegen $p \equiv 3 \bmod 4$ ist -1 kein Quadrat in $\mathbf{A}_p = \mathbf{F}_p$ und $\mathbf{F}_p[i]$ ein Körper, vgl. Beispiel 2.10.33. Folglich ist $\mathbb{Z}[i]p$ ein Primideal.

---

[60] Dies sind genau diejenigen Punkte $\neq 0$ in α, die minimalen Abstand von 0 haben. Durch Betrachten dieser Punkte zu vorgegebenem Ideal $\alpha \neq 0$ lässt sich leicht elementargeometrisch zeigen, dass $\mathbb{Z}[i]$ ein Hauptidealbereich ist.

Abb. 2.25 Primelemente
in $\mathbb{Z}[i]$

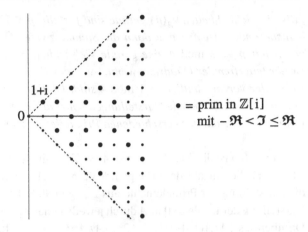

$\bullet = $ prim in $\mathbb{Z}[i]$
mit $-\mathfrak{R} < \mathfrak{I} \leq \mathfrak{R}$

(3) Ist $p \equiv 1 \mod 4$, so ist -1 ein Quadrat in $\mathbf{F}_p$, vgl. Beispiel 2.9.35. Dann ist $\mathbf{F}_p[i] \xrightarrow{\sim} \mathbf{F}_p \times \mathbf{F}_p$ kein Körper und p nicht prim in $\mathbb{Z}[i]$. Daher ist $p = uv$ mit Nichteinheiten $u, v \in \mathbb{Z}[i]$. Wegen $p^2 = \mathrm{N}(p) = \mathrm{N}(u)\mathrm{N}(v)$ ist $\mathrm{N}(u) = \mathrm{N}(v) = p$, und u, v sind prim nach (1). Dann ist $p = u\bar{u}$ (und notwendigerweise $v = \bar{u}$), vgl. Beispiel 2.10.34. Eines der vier zu u assoziierten Elemente gehört dann zu $\mathbb{P}_{\mathbb{Z}[i]^*}$.

(4) Nach (1) ist $1 + i$ prim in $\mathbb{Z}[i]$. $\qquad\qquad\qquad\qquad\qquad\qquad\qquad\qquad$ $\square$

Es folgt:

Satz 2.10.41 *Die Primelemente in* $\mathbb{P}_{\mathbb{Z}[i]^*}$, *d. h. die Primelemente* $x = a + ib$ *in* $\mathbb{Z}[i]^*$ *mit* $-a < b \leq a$, *sind*

$$(1)\ 1 + i. \quad (2)\ p \in \mathbb{P},\ p \equiv 3 \mod 4.$$

$$(3)\ a + ib \quad und \quad a - ib \quad mit\ 0 < b < a\ und\ a^2 + b^2 = p \in \mathbb{P},\ p \equiv 1 \mod 4.$$

Zu $p \in \mathbb{P}$, $p \equiv 1 \mod 4$, *gibt es genau ein* $a + ib \in \mathbb{Z}[i]$ *mit* $0 < b < a$ *und* $a^2 + b^2 = p$.

In Abb. 2.25 sind die ersten Primelemente in $\mathbb{P}_{\mathbb{Z}[i]^*}$ gemäß Satz 2.10.41 markiert. Bis auf $1 + i$ liegen sie symmetrisch zur reellen Achse $\mathbb{R}$. Es ist übrigens unbekannt, ob in $\mathbb{Z}[i]$ unendlich viele Primelemente $a + i$, $a \in \mathbb{N}^*$, existieren, d. h. ob es unendlich viele $a \in \mathbb{N}^*$ gibt, für die $a^2 + 1 \in \mathbb{P}$ ist. Da es nach Aufg. 1.7.6 unendlich viele Primzahlen $\equiv 3 \mod 4$ gibt, liegen aber unendlich viele Primelemente von $\mathbb{Z}[i]$ auf der reellen Achse.

Korollar 2.10.42 (Zwei-Quadrate-Satz von Fermat-Euler) *Die Anzahl* $R(n)$ *der Darstellungen der positiven natürlichen Zahl* $n \in \mathbb{N}^*$ *als Summe zweier Quadrate ganzer Zahlen, d. h. die Anzahl der Paare* $(a, b) \in \mathbb{Z}^2$ *mit* $a^2 + b^2 = n$, *ist*

$$R(n) := 4 \cdot \prod_{p \in \mathbb{P},\ p \equiv 1\ (4)} (\nu_p(n) + 1),$$

falls die Vielfachheiten $v_p(n)$ *gerade sind für alle* $p \in \mathbb{P}$ *mit* $p \equiv 3 \bmod 4$, *und* 0 *sonst.* *– Insbesondere ist* n *genau dann die Summe zweier Quadrate, wenn alle Primteiler* p *von* n *mit* $p \equiv 3 \bmod 4$ *eine gerade Vielfachheit haben. Genau dann ist* n *die Summe zweier teilerfremder Quadrate, wenn* n *von der Form* $n = m$ *oder* $n = 2m$ *ist, wobei die Primteiler von* m *sämtlich* $\equiv 1 \bmod 4$ *sind. Ist diese Bedingung erfüllt, so gibt es genau* $4 \cdot 2^r = 2^{r+2}$ *verschiedene Darstellungen von* n *als Summe zweier teilerfremder Quadrate, wobei* r *die Anzahl der verschiedenen Primteiler* $\equiv 1 \bmod 4$ *von* n *ist.*

Beweis $R(n)$ ist die Anzahl der $z \in A := \mathbb{Z}[\mathrm{i}]$ mit $\mathrm{N}(z) = n = |A/Az|$. Wegen $|A^{\times}| = 4$ ist $\frac{1}{4}R(n)$ die Anzahl der (Haupt-)Ideale $\mathfrak{a} \subseteq A$ mit $|A/\mathfrak{a}| = n$. Wir verwenden nun die Darstellung der Primelemente aus $\mathbb{P}_{A^*}$ gemäß Satz 2.10.41 und damit die eindeutige Darstellung der Ideale $\neq 0$ in A durch jeweils genau ein erzeugendes Element aus $\mathrm{M}(\mathbb{P}_{A^*})$. Da überdies $|A/A(1 + \mathrm{i})^{\alpha}| = 2^{\alpha}$, $|A/Ap^{\alpha}| = p^{2\alpha}$ für $p \in \mathbb{P}$, $p \equiv 3 \bmod 4$ und $|A/A(a + \mathrm{i}b)^{\alpha}| = |A/A(a - \mathrm{i}b)^{\alpha}| = p^{\alpha}$ für $0 < b < a$, $a^2 + b^2 = p \equiv 1 \bmod 4$, $p \in \mathbb{P}$, ist, ergibt sich die Behauptung. – Der erste Zusatz folgt unmittelbar aus der Beschreibung von $R(n)$. Die Ideale Am, $m \in \mathbb{N}^*$, sind genau die Produkte der Hauptideale $A(1 + \mathrm{i})^2$, Ap, $p \equiv 3 \bmod 4$ und $A(a + \mathrm{i}b)(a - \mathrm{i}b)$, wobei $a + \mathrm{i}b$ wie in Satz 2.10.41 (3) gewählt ist. Wir haben diejenigen Ideale $\mathfrak{a}$ in A mit $|A/\mathfrak{a}| = n$ zu finden, die ohne einen Faktor der Form $A(1 + \mathrm{i})^2$ und der Form Ap, $p \equiv 3 \bmod 4$, auskommen. Dies ist genau für die angegebenen n möglich. Auch die Anzahl der dann möglichen Darstellungen von n als Summe zweier teilerfremder Quadrate ergibt sich damit.   □

Auf ähnliche Weise zeigt man, dass wie für die Algebra $\mathbb{Z}[\mathrm{i}]$ mit der Diskriminante -4 die Norm auch eine euklidische Gradfunktion für die imaginär-quadratischen $\mathbb{Z}$-Algebren mit den Diskriminanten $-3, -7, -8, -11$ ist (siehe Aufg. 2.10.25 und 2.10.26) und ebenso für die reell-quadratischen $\mathbb{Z}$-Algebren mit den Diskriminanten $5, 8, 12, 13, 24$. (Es gibt weitere reell-quadratische $\mathbb{Z}$-Algebren, deren Normfunktion eine euklidische Gradfunktion ist, hingegen gibt es keine weiteren euklidischen imaginär-quadratischen $\mathbb{Z}$-Algebren, vgl. Aufg. 2.10.27.) Grundsätzlich sind die reell-quadratischen $\mathbb{Z}$-Algebren schwieriger zu behandeln, u. a. weil ihre Einheitengruppen unendlich sind. Die imaginär-quadratischen $\mathbb{Z}$-Algebren, die noch Hauptidealbereiche sind, sind neben den bereits erwähnten euklidischen Bereichen diejenigen mit den Diskriminanten $-19, -43, -67, -163$. *Es gibt also insgesamt neun imaginär-quadratische* $\mathbb{Z}$-*Algebren, die Hauptidealbereiche sind.* Dieser **Satz von Stark** wurde bereits von Gauß vermutet. Darüber hinaus wird vermutet, dass es unendlich viele reell-quadratische $\mathbb{Z}$-Algebren gibt, die Hauptidealbereiche sind.   ◇

Beispiel 2.10.43 (Quaternionen) Wir betrachten noch ein auch historisch bedeutendes Beispiel nichtkommutativer Algebren. Sei zunächst R ein beliebiger *kommutativer* Ring $\neq 0$. Wie bereits bemerkt, ist jede freie R-Algebra A vom Rang $n \in \mathbb{N}$ isomorph zu einer Unteralgebra der Matrizenalgebra $\mathrm{M}_n(R)$, die selbst frei ist vom Rang n^2 mit der Einheitsmatrix E_n als Einselement. Die Cayley-Darstellung liefert nach Auszeichnen einer R-Basis von A eine Einbettung $A \to \mathrm{End}_R A \xrightarrow{\sim} \mathrm{M}_n(R)$. Das Studium solcher Matrizenalgebren ist ein wesentlicher Gegenstand der Linearen Algebra, die in den Bänden 3 und 4 behandelt wird. Hier betrachten wir nur 2×2-Matrizen. Von fundamentaler Bedeutung ist die **Determinantenabbildung**

$$\mathrm{Det} \colon \mathrm{M}_2(R) \to R, \quad A = \begin{pmatrix} a & b \\ c & d \end{pmatrix} \mapsto \mathrm{Det}\, A := ad - bc.$$

Wie der Leser unmittelbar bestätigt, ist die Abbildung Det multiplikativ, d. h. es ist $\mathrm{Det}\, E_2 = 1$ und $\mathrm{Det}(AB) = (\mathrm{Det}\, A) \cdot (\mathrm{Det}\, B)$. Insbesondere ist die Determinante $ad - bc$ einer invertierbaren Matrix $A = \begin{pmatrix} a & b \\ c & d \end{pmatrix} \in \mathrm{M}_2(R)^\times = \mathrm{GL}_2(R)$ eine Einheit in R. In diesem Fall ist A aber auch invertierbar mit

$$A^{-1} = \frac{1}{ad - bc} \begin{pmatrix} d & -b \\ -c & a \end{pmatrix},$$

wie man wiederum durch direktes Nachprüfen bestätigt. Wir wählen nun für R die S-Algebra $\mathbb{C}_S = S[\mathrm{i}] = S[\sqrt{-1}]$ der komplexen Zahlen über dem kommutativen Ring $S \neq 0$ mit der Konjugation $z = a + b\mathrm{i} \mapsto \overline{z} = a - b\mathrm{i}$, $a, b \in S$, vgl. Beispiel 2.9.35. Dann ist $\mathrm{M}_2(\mathbb{C}_S)$ eine freie $\mathbb{C}_S$ Algebra vom Rang 4 und damit eine freie S-Algebra vom Rang 8. Darin ist

$$\mathbb{H}_S := \left\{ \begin{pmatrix} z & w \\ -\overline{w} & \overline{z} \end{pmatrix} \,\middle|\, z, w \in \mathbb{C}_S \right\}$$

offenbar eine freie S-Unteralgebra vom Rang 4 mit der S-Basis

$$1 = E_2 = \begin{pmatrix} 1 & 0 \\ 0 & 1 \end{pmatrix}, \quad \mathrm{i} := \begin{pmatrix} \mathrm{i} & 0 \\ 0 & -\mathrm{i} \end{pmatrix}, \quad \mathrm{j} := \begin{pmatrix} 0 & 1 \\ -1 & 0 \end{pmatrix}, \quad \mathrm{k} := \begin{pmatrix} 0 & \mathrm{i} \\ \mathrm{i} & 0 \end{pmatrix}.$$

$\diamondsuit$

Die Multiplikation in $\mathbb{H}_S$ ist durch die Produkte

$$\mathrm{i}^2 = \mathrm{j}^2 = \mathrm{k}^2 = -1, \quad \mathrm{ij} = -\mathrm{ji} = \mathrm{k}, \quad \mathrm{jk} = -\mathrm{kj} = \mathrm{i}, \quad \mathrm{ki} = -\mathrm{ik} = \mathrm{j}$$

bestimmt. $\mathbb{H}_S$ heißt die **Quaternionenalgebra** über S. Die Algebra

$$\mathbb{H} := \mathbb{H}_\mathbb{R}$$

über $\mathbb{R}$ ist die Quaternionenalgebra schlechthin.[61] Man beachte, dass $\mathbb{H}_S$ invariant ist sowohl unter der Konjugation von $\mathbb{C}_S$ als auch unter der Transposition von Matrizen. Die Konjugation liefert einen S-Automorphismus von $\mathrm{M}_2(\mathbb{C}_S)$ und die Transposition einen

---

[61] $\mathbb{H}$ erinnert an W. Hamilton, der nach Vorarbeiten von Euler als Erster die Quaternionen einführte.

$\mathbb{C}_S$-Antiautomorphismus von $\mathrm{M}_2(\mathbb{C}_S)$. Insbesondere induziert die Komposition beider Abbildungen einen involutorischen S-Antiautomorphismus

$$x = a + b\mathrm{i} + c\mathrm{j} + d\mathrm{k} = \begin{pmatrix} z & w \\ -\overline{w} & \overline{z} \end{pmatrix} \mapsto \begin{pmatrix} \overline{z} & -w \\ \overline{w} & z \end{pmatrix} =: \overline{x} = a - b\mathrm{i} - c\mathrm{j} - d\mathrm{k},$$

$z := a + b\mathrm{i}$, $w := c + d\mathrm{i}$, von $\mathbb{H}_S$. Er heißt die **Konjugation** von $\mathbb{H}_S$. Die beiden S-Algebren $\mathbb{H}_S$ und $\mathbb{H}_S^{\mathrm{op}}$ sind also isomorph. Die Determinante $\mathrm{N}(x) := \mathrm{Det}\, x = z\overline{z} + w\overline{w} = a^2 + b^2 + c^2 + d^2 = x\overline{x} \in S$ heißt die **Norm** und $\mathrm{Sp}(x) := x + \overline{x} = 2a \in S$ die **Spur** von x. Offenbar ist $x^2 - \mathrm{Sp}(x)x + \mathrm{N}(x) = 0$. Ist also $S = K$ ein Körper und $x \notin S$, so ist $X^2 - \mathrm{Sp}(x)X + \mathrm{N}(x)$ das Minimalpolynom von x. Die Norm ist wie Det multiplikativ und die Spur S-linear. Außerdem ergibt sich: *Genau dann ist $x \in \mathbb{H}_S^{\times}$, wenn $\mathrm{N}(x) \in S^{\times}$ ist. In diesem Fall gilt $x^{-1} = \overline{x}/\mathrm{N}(x)$.* Es folgt: *Genau dann ist $\mathbb{H}_S$ ein Divisionsbereich, wenn S ein Körper ist, in dem die Gleichung $a^2 + b^2 + c^2 + d^2 = 0$ nur die triviale Lösung $a = b = c = d = 0$ besitzt. Somit ist für jeden angeordneten Körper K (vgl.* Definition 3.1.1) *die Quaternionenalgebra $\mathbb{H}_K$ und speziell $\mathbb{H} = \mathbb{H}_{\mathbb{R}}$ ein Divisionsbereich.* Die Einheitengruppe $\mathbb{H}_{\mathbb{Z}}^{\times}$ von $\mathbb{H}_{\mathbb{Z}}$ enthält genau die Quaternionen $x = a + b\mathrm{i} + c\mathrm{j} + d\mathrm{k} \in \mathbb{H}_{\mathbb{Z}}$ mit $\mathrm{N}(x) = a^2 + b^2 + c^2 + d^2 \in \mathbb{Z}^{\times} = \{\pm 1\}$, d. h. die acht Elemente ± 1, $\pm\mathrm{i}$, $\pm\mathrm{j}$, $\pm\mathrm{k}$, und ist die bereits in Aufg. 2.4.7 diskutierte **Quaternionengruppe Q_4**. Der Satz 2.6.22 lässt sich also nicht auf Divisionsbereiche erweitern. Man zeige aber: Eine endliche *abelsche* Untergruppe der multiplikativen Gruppe $L^{\times}$ eines Divisionsbereichs L ist stets zyklisch.[62] Nach einem **Satz von Frobenius**, den wir in einem der späteren Bänden beweisen, sind $\mathbb{R}$, $\mathbb{C}$ *und $\mathbb{H}$ bis auf Isomorphie die einzigen endlichen $\mathbb{R}$-Algebren, die gleichzeitig Divisionsbereiche sind.*

Jeder Homomorphismus $\varphi\colon S \to T$ kommutativer Ringe $\neq 0$ induziert einen Homomorphismus $\mathbb{H}(\varphi)\colon \mathbb{H}_S \to \mathbb{H}_T$ der Quaternionenalgebren mit $\mathbb{H}(\varphi)(a + b\mathrm{i} + c\mathrm{j} + d\mathrm{k}) = \varphi(a) + \varphi(b)\mathrm{i} + \varphi(c)\mathrm{j} + \varphi(d)\mathrm{k}$. Er ist genau dann surjektiv, wenn φ surjektiv ist, Sein Kern ist $(\mathrm{Kern}\,\varphi)\mathbb{H}_S$. Insbesondere gilt die kanonische Isomorphie $\mathbb{H}_S/\mathfrak{a}\mathbb{H}_S \xrightarrow{\sim} \mathbb{H}_{S/\mathfrak{a}}$ für jedes Ideal $\mathfrak{a} \neq S$ in S.

Analog zum Beweis des Zwei-Quadrate-Satzes 2.10.42 mit Hilfe der ganzen Gaußschen Zahlen kann man die Quaternionen zum Beweis des sogenannten **Vier-Quadrate-Satzes** von Lagrange benutzen: *Jede natürliche Zahl $m \in \mathbb{N}$ ist Summe von vier Quadratzahlen.* (Siehe dazu Aufg. 2.10.28. – Drei Quadrate reichen nicht, wie die Zahlen $m \equiv 7 \bmod 8$ zeigen.) Man betrachtet die gegenüber $\mathbb{H}_{\mathbb{Z}}$ etwas größere $\mathbb{Z}$-Unteralgebra $\widetilde{\mathbb{H}}_{\mathbb{Z}} \subseteq \mathbb{H}_{\mathbb{Q}}$ der sogenannten **Hurwitzschen Quaternionen** (nach A. Hurwitz (1859–1919)). Sie enthält genau die Elemente

$$x = \frac{1}{2}(a + b\mathrm{i} + c\mathrm{j} + d\mathrm{k}) \in \mathbb{H}_{\mathbb{Q}} \quad \text{mit} \quad a, b, c, d \in \mathbb{Z}, a \equiv b \equiv c \equiv d \bmod 2,$$

---

[62] Mit dem Satz von Wedderburn erhält man überdies: Jede endliche Untergruppe der multiplikativen Gruppe eines Divisionsbereichs *positiver* Charakteristik ist zyklisch.

und ist die größte $\mathbb{Z}$-Unteralgebra von $\mathbb{H}_\mathbb{Q}$, die $\mathbb{H}_\mathbb{Z}$ umfasst und deren sämtliche Elemente ganzzahlige Norm und Spur haben. $\widetilde{\mathbb{H}}_\mathbb{Z}$ hat die $\mathbb{Z}$-Basis $1, i, j, \frac{1}{2}(1 + i + j + k)$, und es ist $[\widetilde{\mathbb{H}}_\mathbb{Z} : \mathbb{H}_\mathbb{Z}] = 2$. Die Einheitengruppe $\widetilde{\mathbb{H}}_\mathbb{Z}^\times$ enthält neben den acht Elementen von $\mathbb{H}_\mathbb{Z}^\times$ noch die sechzehn halbzahligen Quaternionen $\frac{1}{2}(\varepsilon_0 + \varepsilon_1 i + \varepsilon_2 j + \varepsilon_3 k)$ mit $\varepsilon_0, \dots, \varepsilon_3 \in \{\pm 1\}$, und es ist $\widetilde{\mathbb{H}}_\mathbb{Z} = \widetilde{\mathbb{H}}_\mathbb{Z}^\times \cdot \mathbb{H}_\mathbb{Z}$.

Zum Schluss sei bemerkt, dass sich die obige Konstruktion der Quaternionenalgebra $\mathbb{H}_S$ in analoger Weise für eine beliebige freie quadratische S-Algebra ausführen lässt und ebenfalls eine freie S-Algebra vom Rang 4 ergibt. Wann ist diese kommutativ, wann ein Divisionsbereich?

Aufgaben

Aufgabe 2.10.1 Man bestimme mit dem Euklidischen Algorithmus jeweils den größten gemeinsamen Teiler der Polynome $F, G \in \mathbb{Q}[X]$ und stelle diesen als Linearkombination $SF + TG, S, T \in \mathbb{Q}[X]$, dar:

$$F := X^4 + X^2 + 1, \quad G := X^2 + X + 1;$$
$$F := 3X^4 + \frac{3}{2}X^3 + \frac{7}{2}X^2 + 2X + 2, \quad G := 2X^2 + X + 1;$$
$$F := 2X^3 - 4X^2 + X - 2, \quad G := X^3 - X^2 - X - 2;$$
$$F := X^5 + X - 1, \quad G := X^5 - X^4 + 2X^3 + 1.$$

Aufgabe 2.10.2 A sei ein Integritätsbereich mit euklidischer Gradfunktion $\varphi \colon A^* \to \mathbb{N}$.

a) Jedes Element $a \in A^*$, für das $\varphi(a)$ minimal ist in $\varphi(A^*)$, ist eine Einheit in A.

b) Jedes Element $p \in A^* - A^\times$, für das $\varphi(p)$ minimal ist in $\varphi(A^* - A^\times)$, ist ein Primelement, für das der kanonische Gruppenhomomorphismus $A^\times \to (A/Ap)^\times = (A/Ap) - \{0\}$ surjektiv ist.

c) Ist φ ein Monoidhomomorphismus $(A^*, \cdot) \to (\mathbb{N}, +)$ mit $\varphi(a+b) \leq \mathrm{Max}\,(\varphi(a), \varphi(b))$ für $a, b, a + b \in A^*$, so ist A ein Körper oder isomorph zu einem Polynomring in einer Unbestimmten über einem Körper. (Bei $A^* \neq A^\times$ wähle man ein p wie in b) als Unbestimmte.)

Aufgabe 2.10.3 Ein endliches Produkt von Hauptidealringen ist ein Hauptidealring.

Aufgabe 2.10.4 Sei S ein kommutativer Ring $\neq 0$ und $S[X]$ die Polynomalgebra über S in einer Variablen.

a) Genau dann ist X prim in $S[X]$, wenn S ein Integritätsbereich ist.

b) Genau dann ist X irreduzibel in $S[X]$, wenn S (als Ring) unzerlegbar ist.

c) Genau dann ist $S[X]$ ein Hauptidealbereich, wenn S ein Körper ist. Insbesondere sind die Polynomringe $K[X_i]_{i \in I}$, K Körper, $|I| \geq 2$, und $\mathbb{Z}[X_i]_{i \in I}$, $|I| \geq 1$, keine Hauptidealbereiche. (Wann ist $S[X]$ ein Hauptidealring?)

Aufgabe 2.10.5 Sei A ein Hauptidealbereich und B ein Ring mit $A \subseteq B \subseteq K := Q(A)$.

a) B ist der Ring der Brüche A_S mit $S := A \cap B^\times$ und ebenfalls ein Hauptidealbereich.
b) Die Abbildung $S \mapsto A_S = A_{M(S)}$ ist eine bijektive Abbildung der Menge $\mathfrak{P}(\mathbb{P}_{A^*})$ auf die Menge der Zwischenringe C mit $A \subseteq C \subseteq K$.
c) Ist φ eine euklidische Gradfunktion auf A, so ist die Abbildung $\psi : B^* \to \mathbb{N}$, $x \mapsto$ Min $\varphi(A^* \cap Bx)$, eine euklidische Gradfunktion auf B. (Ist $B = A$, so ist ψ eine euklidische Gradfunktion auf A, die monoton ist bzgl. der Teilbarkeit: Gilt $x \mid y$, so ist $\psi(x) \leq \psi(y)$.)

Aufgabe 2.10.6 Sei A ein faktorieller Integritätsbereich mit $|\mathbb{P}_{A^*}| = r \in \mathbb{N}$ endlich und $\mathbb{P}_{A^*} = \{p_1, \ldots, p_r\}$. Wir setzen $v_\rho := v_{p_\rho}$ für die Vielfachheiten v_{p_ρ} der p_ρ, $\rho = 1, \ldots, r$. Dann ist

$$\varphi : A^* \to \mathbb{N}, \quad \varphi(a) := \sum_{\rho=1}^{r} v_\rho(a),$$

eine euklidische Gradfunktion auf A. Insbesondere ist A ein Hauptidealbereich. (Seien $a, b \in A^*$. Für die Existenz eines Elements $q \in A^*$ mit $\varphi(a - qb) < \varphi(b)$ (bei $a \neq qb$) kann man gleich $a \neq qb$ für alle $q \in A$ annehmen. Dann ist $v_{\rho_0}(b) > v_{\rho_0}(a)$ für wenigstens ein $\rho_0 \in \{1, \ldots, r\}$, und für q kann $\prod_{\rho=1}^{r} p_\rho^{\alpha_\rho}$ mit $\alpha_\rho := 0$, falls $v_\rho(a) \neq v_\rho(b)$, und $\alpha_\rho := 1$, falls $v_\rho(a) = v_\rho(b)$, gewählt werden. Man beachte: $v_\rho(x + y) =$ Min $(v_\rho(x), v_\rho(y))$, falls $v_\rho(x) \neq v_\rho(y)$.)

Bemerkung Ist $r = 1$, d. h. besitzt A bis auf Assoziiertheit genau ein Primelement p, so heißt der Hauptidealbereich A ein **diskreter Bewertungsring** und p eine **(Orts-)Uniformisierende** von A. Die Elemente von A^* haben dann die Darstellung $x = \varepsilon p^{v_p(x)}$ mit $\varepsilon \in A^*$. Der p-Exponent $v_p : A \to \overline{\mathbb{N}} = \mathbb{N} \cup \{\infty\}$ (mit $v_p(0) = \infty$) heißt die **(diskrete) Standardbewertung** von A. Nach dem Bewiesenen ist ihre Beschränkung auf A^* eine euklidische Gradfunktion auf A. Die diskreten Bewertungsringe sind also genau die lokalen Hauptidealbereiche, die keine Körper sind. Ist p ein Primelement $\neq 0$ in einem beliebigen faktoriellen Integritätsbereich A, so ist die Lokalisierung A_{Ap} ein diskreter Bewertungsring mit Ortsuniformisierender p. Ist K ein Körper, so ist der formale Potenzreihenring $K[\![X]\!]$ in einer Unbestimmten X ein diskreter Bewertungsring mit Ortsuniformisierender X. Die Standardbewertung stimmt dabei mit der Ordnung überein, vgl. Bemerkung 2.9.22 (4).

Aufgabe 2.10.7
a) Ein faktorieller Integritätsbereich A ist genau dann ein Hauptidealbereich, wenn jedes Primelement $p \in A^*$ (nicht nur ein Primideal, sondern sogar) ein maximales Ideal erzeugt.

b) Eine endliche Algebra A über einem Hauptidealbereich S, die ein faktorieller Integritätsbereich ist, ist ein Hauptidealbereich. Insbesondere ist jede endliche faktorielle $\mathbb{Z}$-Algebra oder auch jede endliche faktorielle $K[X]$-Algebra, K Körper, ein Hauptidealbereich. (Man kann $S \subseteq A$ annehmen. Ist $p \in A^*$ ein Primelement, so ist $\mathfrak{m} := S \cap Ap$ ein Primideal $\neq 0$, also maximal; denn der konstante Term einer Ganzheitsgleichung von p über S, der in Ap liegt, kann nach (eventuellem) Kürzen einer Potenz von p als von 0 verschieden angenommen werden. Dann ist aber auch A/Ap wie $S/\mathfrak{m} \subseteq A/Ap$ ein Körper, vgl. Aufg. 2.9.17d).)

Aufgabe 2.10.8 Seien $F, G \in S[X]^*$ von 0 verschiedene Polynome über dem Integritätsbereich S mit Grad $G \geq 1$. Dann ist Grad $F(G) = $ Grad $F \cdot$ Grad G.

Aufgabe 2.10.9 Der Körper K sei algebraisch abgeschlossen und $n \in \mathbb{N}$, $n \geq 2$. Dann hat jedes nichtkonstante Polynom $F \in K[X_1, \ldots, X_n]$ unendlich viele Nullstellen in K^n.

Aufgabe 2.10.10 Sei K ein Körper. Dann ist jede nichtkonstante rationale Funktion $F/G \in K(X_i, i \in I)^\times$ transzendent über K. (Ohne Einschränkung sei $|I| = 1$.)

Aufgabe 2.10.11 (Hermite-Interpolation) (nach Ch. Hermite (1822–1901)) Seien $c_1, \ldots, c_r$ paarweise verschiedene Elemente im Körper K und $\alpha_1, \ldots, \alpha_r \in \mathbb{N}^*$. Zu beliebig vorgegebenen $a_1^{(0)}, \ldots, a_1^{(\alpha_1 - 1)}, \ldots, a_r^{(0)}, \ldots, a_r^{(\alpha_r - 1)} \in K$ gibt es ein eindeutig bestimmtes Polynom $F \in K[X]$ vom Grade $< \alpha_1 + \cdots + \alpha_r$, dessen Taylor-Entwicklung um c_ρ die Gestalt

$$F = a_\rho^{(0)} + a_\rho^{(1)}(X - c_\rho) + \cdots + a_\rho^{(\alpha_\rho - 1)}(X - c_\rho)^{\alpha_\rho - 1} + \cdots$$

hat, $\rho = 1, \ldots r$. (Satz 2.10.22)

Bemerkung Ist Char $K = 0$ oder Char $K \geq$ Max $(\alpha_1, \ldots, \alpha_r)$, so kann man die Koeffizienten $a_\rho^{(v_\rho)}$ mit Hilfe der Taylor-Formel $F^{(v_\rho)}(c_\rho) = v_\rho! a_\rho^{(v_\rho)}$ auch durch die Werte der Ableitungen $F^{(v_\rho)}(c_\rho)$ festlegen, vgl. Aufg. 2.9.4b). – In Bd. 2, Abschn. 2.9 werden wir einen Algorithmus zur Bestimmung des interpolierenden Polynoms F beschreiben. Im Fall $\alpha_1 = \cdots = \alpha_r = 1$ lässt sich F mit Hilfe der sogenannten **Lagrangeschen Interpolationsformel** direkt angeben:

$$F = \sum_{\rho=1}^{r} a_\rho^{(0)} G_\rho, \quad G_\rho := \prod_{\sigma \neq \rho} \frac{X - c_\sigma}{c_\rho - c_\sigma}, \; \rho = 1, \ldots, r.$$

Allerdings ist in diesem Fall die sogenannte **Newton-Interpolation** (nach I. Newton (1643–1727)) zum Rechnen häufig bequemer: Dabei bestimmt man sukzessiv Polynome F_i vom Grad $< i$, die an den Stellen $c_1, \ldots, c_i$ bereits die geforderten Werte $a_1^{(0)}, \ldots, a_i^{(0)}$ annehmen, $i = 1, \ldots, r$. Offenbar tun dies die folgenden rekursiv definierten Polynome:

$$F_1 = a_1^{(0)}, \quad F_{i+1} = F_i + \left(a_{i+1}^{(0)} - F_i(c_{i+1})\right) \frac{(X - c_1) \cdots (X - c_i)}{(c_{i+1} - c_1) \cdots (c_{i+1} - c_i)}, \; i = 1, \ldots, r-1.$$

Aufgabe 2.10.12 Seien K ein Körper und A eine K-Algebra.

a) Ist $x \in A$ algebraisch über K vom Grad n, so ist jedes Element $y \in K[x]$ algebraisch vom Grad $\leq n$ und genau dann vom Grad n, wenn $K[y] = K[x]$ ist.

b) Sei $x \in A$ nilpotent. Dann ist x algebraisch über K, und der Grad von x ist gleich dem Nilpotenzgrad von x. Welchen Grad hat $(a + x)^m$ für $a \in K$ und $m \in \mathbb{N}^*$? (Man unterscheide die Fälle $a = 0$ und $a \neq 0$ und betrachte insbesondere auch den bei Char $K = 0$ stets vorliegenden Fall, dass $m = m \cdot 1_K \neq 0$ ist.)

Aufgabe 2.10.13 Sei $\varphi \colon A \to B$ ein surjektiver K-Algebrahomomorphismus von algebraischen Algebren über dem Körper K. Dann ist auch der induzierte Homomorphismus $\varphi^{\times} \colon A^{\times} \to B^{\times}$ surjektiv. (Sei $y \in B^{\times}$ und $\varphi(x) = y$. Dann ist $y \in K[y]^{\times}$. Nun betrachte man die Beschränkung $\varphi|K[x] \colon K[x] \to K[y]$ und verwende Satz 2.10.22. – Man zeigt auf ähnliche Weise: Ist $\varphi \colon A \to B$ ein surjektiver Homomorphismus endlicher Ringe, so ist auch $\varphi^{\times} \colon A^{\times} \to B^{\times}$ surjektiv.)

Aufgabe 2.10.14 Sei $p \in \mathbb{P}$ eine Primzahl ≥ 3. Genau dann gibt es einen Ring mit genau p Einheiten, wenn $p = M(q) = 2^q - 1$ (q prim) eine Mersennesche Primzahl ist.

Aufgabe 2.10.15 Sei $p \in \mathbb{P}$ eine Primzahl. Bis auf Isomorphie gibt es genau 4 Ringe A mit p^2 Elementen, nämlich $\mathbf{A}_{p^2}, \mathbf{F}_{p^2}, \mathbf{F}_p \times \mathbf{F}_p, \mathbf{F}_p[\varepsilon] = \mathbf{F}_p[X]/(X^2)$. (Sie sind alle kommutativ. Ist Char $A = p$, so ist A eine quadratische $\mathbf{F}_p$-Algebra. Für $p = 2$ siehe Aufg. 2.6.9a). – Mit der Bemerkung im Anschluss an den Chinesischen Restsatz 2.7.11 ist damit die Struktur aller endlichen Ringe einer Ordnung m mit $v_p(m) \leq 2$ für alle $p \in \mathbb{P}$ geklärt.)

Aufgabe 2.10.16 Sei $K = \mathbf{F}_q$ ein endlicher Körper mit q Elementen (vgl. Beispiel 2.10.33) und $F \in K[X]$ ein normiertes Polynom mit der Primfaktorzerlegung $F = \pi_1^{\alpha_1} \cdots \pi_r^{\alpha_r}, \pi_1, \ldots, \pi_r \in \mathbb{P}_{K[X]^*}$ paarweise verschieden, $\alpha_1, \ldots, \alpha_r \in \mathbb{N}^*$, sowie der Restklassenalgebra $A = K[x] := K[X]/(F)$. Welche Ordnung hat die Einheitengruppe $A^{\times}$. Wann ist $A^{\times}$ zyklisch?

Aufgabe 2.10.17 Sei $K = \mathbf{F}_q$ ein endlicher Körper mit q Elementen (vgl. Beispiel 2.10.33).

a) Es gibt $\binom{q}{2}$ normierte Primpolynome vom Grad 2 über K und genau $2\binom{q+1}{3}$ normierte Primpolynome vom Grad 3 über K.

b) Sei $s_q(m)$ die Anzahl der normierten Primpolynome vom Grad m in $K[X]$. Dann gilt $q^m = \sum_{d|m} s_q(d)d$ (vgl. die Bemerkung am Ende von Beispiel 2.10.33). Mit der Möbiusschen Umkehrformel aus Aufg. 2.1.23b) folgere man die Gaußsche Formel

$$s_q(m) = \frac{1}{m} \sum_{d|m} \mu\left(\frac{m}{d}\right) q^d.$$

(Übrigens folgt daraus direkt $s_q(m) > 0$ wegen

$$\sum_{d\mid m, d\neq m} q^d \leq \sum_{k=1}^{m-1} q^k = (q^m - q)/(q-1) < q^m$$

und speziell $s_q(p) = q(q^{p-1} - 1)/p$ für eine beliebige Primzahl p.)

Aufgabe 2.10.18 Sei A ein (nicht notwendig faktorieller) Integritätsbereich mit Quotientenkörper K.

a) Zwei Polynome $F, G \in A[X]^*$ sind genau dann teilerfremd in $K[X]$, wenn es Polynome $S, T \in A[X]$ gibt mit $SF + TG \in A^*$.

b) Ein *normiertes* Polynom $F \in A[X]^*$ ist genau dann prim in $A[X]$, wenn es prim in $K[X]$ ist. (Es ist $A[X]/(F) \hookrightarrow K[X]/(F)$. – Man gebe ein Beispiel eines Integritätsbereichs A und eines (nicht normierten) Polynoms $F \in A[X]^*$ ohne einen Teiler $a \in A^* - A^\times$, das prim in $K[X]$, aber nicht prim in $A[X]$ ist.)

c) Sind $a, b \in A^*$ mit $\mathrm{kgV}(a, b) = ab$ (d. h. $Aab = Aa \cap Ab$), so ist $bX - a$ prim in $A[X]$ und der Einsetzungshomomorphismus $X \mapsto a/b \in K$ induziert einen Isomorphismus $A[X]/(bX - a) \overset{\sim}{\longrightarrow} A[a/b](\subseteq K)$.

d) Sei $F = a_0 + a_1 X + \cdots + a_n X^n \in A[X]^*$ ein nichtkonstantes Polynom und $p \in A^*$ ein Primelement mit $v_p(a) < \infty$ für alle $a \in A^*$ (d. h. $\bigcap_{k\in\mathbb{N}} Ap^k = 0$) und $p \mid a_i$ für $i = 0, \ldots, n-1$, $p \nmid a_n$ sowie $p^2 \nmid a_0$. Dann ist F ein Primpolynom in $K[X]$. (Das ist eine klassische Formulierung des **Lemmas von Eisenstein**, vgl. Aufg. 2.9.2b). – Damit sind z. B. alle Polynome $X^n - a$ prim, $n \in \mathbb{N}^*$, wenn A faktoriell ist und ein Primelement $p \in A^*$ existiert mit $v_p(a) = 1$.)

Aufgabe 2.10.19 Sei $p \in \mathbb{P}$ eine Primzahl. Für ein Polynom $F \in \mathbb{Z}[X]$ bezeichne $\overline{F}$ das Bild von F in $\mathbf{F}_p[X]$ unter dem kanonischen Homomorphismus $\mathbb{Z}[X] \to \mathbf{F}_p[X]$. Man zeige: Ist Grad $F = $ Grad $\overline{F}$ und $\overline{F}$ prim in $\mathbf{F}_p[X]$, so ist F prim in $\mathbb{Q}[X]$. – Mit diesem Ergebnis lässt sich häufig sehr einfach die Irreduzibilität eines Polynoms in $\mathbb{Q}[X]$ nachweisen. Da z. B. das Polynom $X^4 + X^3 + 1$ prim in $\mathbf{F}_2[X]$ ist, sind für gerade ganze Zahlen a_1, a_2 und ungerade ganze Zahlen a_0, a_3, a_4 alle Polynome $a_4 X^4 + a_3 X^3 + a_2 X^2 + a_1 X + a_0 \in \mathbb{Z}[X]$ prim in $\mathbb{Q}[X]$. (Es gibt aber normierte irreduzible Polynome F in $\mathbb{Z}[X]$ derart, dass $\overline{F}$ zerlegbar ist für *alle* Primzahlen $p \in \mathbb{P}$, z. B. $F := X^4 + 1 = \mu_{\zeta_8}$, $\zeta_8 = e^{2\pi i/8} = (1 + i)/\sqrt{2}$, Beweis!) – Man formuliere und beweise analoge Aussagen für ein Primelement $p \neq 0$ in einem faktoriellen Ring A und Polynome $F \in A[X]$ bzw. $F \in \mathbb{Q}(A)[X]$.

Aufgabe 2.10.20

a) Man bestimme die Minimalpolynome der folgenden reellen algebraischen Zahlen über $\mathbb{Q}$: $\sqrt[n]{p}$, $n \in \mathbb{N}^*$, p prim; $\sqrt{2} + \sqrt{3}$; $\sqrt{2} + \sqrt[3]{3}$; $\sqrt[3]{2} + \sqrt[3]{3}$.

b) Für eine Primzahl $p \in \mathbb{P}$ sind die Zahlen $p^r \in \mathbb{R}$, $r \in \mathbb{Q}$, $0 \leq r < 1$, linear unabhängig über $\mathbb{Q}$. (Die Polynome $X^n - p$, $n \in \mathbb{N}^*$, sind alle prim in $\mathbb{Q}[X]$, vgl. Aufg. 2.10.18d).

Aufgabe 2.10.21 (Polynome mit Koeffizienten in $k(Z)$) Sei k ein Körper. Wir betrachten die Polynomalgebra $K[X] = k(Z)[X]$ mit dem rationalen Funktionenkörper $K := k(Z)$ als Grundkörper. Dann besitzt jedes Polynom $F \in K[X]$, $F \neq 0$, eine eindeutige Darstellung $F = \mathrm{I}(F)F^*$ mit dem Inhalt $\mathrm{I}(F) \in k(Z)^\times$ von F und dem primitiven Anteil $F^* \in k[Z][X] =: k[Z, X]$ von F (dessen Koeffizienten teilerfremde Polynome in $k[Z]$ sind und dessen Leitkoeffizient überdies normiert ist). Bei der Untersuchung von $F^* \in k[Z, X]$ können die Rollen von Z und X vertauscht werden, d. h. F^* kann auch als Polynom in $k[X][Z] \subseteq k(X)[Z]$ betrachtet werden. Beispielsweise ist das (in X normierte) Polynom $F = F^* = (X - 1)^2(X^2 + Z^2) - X^2$ mit $\mathrm{Grad}_X F = 4$ aus $k(Z)[X]$ bei $\mathrm{Char}\, k \neq 2$ prim wegen $F = (X - 1)^2 Z^2 + X^3(X - 2)$ und da $Z^2 + X^3(X - 2)/(X - 1)^2 \in k(X)[Z]$ prim ist. – Ein anderes einfaches Beispiel ist das folgende: Ist $R \in k(Z)^\times$, $R \notin k$, $R = F/G$ mit teilerfremden Polynomen $F, G \in k[Z]^*$, so ist R transzendent über k (vgl. Aufg. 2.10.10) und $k(Z)$ algebraisch über $k(R)$. Das Minimalpolynom von Z über $k(R)$ ist bis auf einen Normierungsfaktor aus $k(R)^\times$ das (in der Transzendenten R sogar lineare) Polynom $F(X) - G(X)R \in k(R)[X]$. Insbesondere gilt $[k(Z) : k(R)] = \mathrm{Dim}_{k(R)} k(Z) = \mathrm{Max}\,(\mathrm{Grad}\, F, \mathrm{Grad}\, G)$, und genau dann ist $k(R) = k(Z)$, $\varphi_R \colon k(Z) \to k(Z)$, $Q \mapsto Q(R)$, also ein k-Algebraautomorphismus von $k(Z)$, wenn R eine gebrochen lineare Funktion ist:

$$R = \frac{a + bZ}{c + dZ} \quad \text{mit} \quad a, b, c, d \in k,\ ad - bc \neq 0.$$

(Die Bedingung $ad - bc \neq 0$ sichert, dass R nicht in k liegt.) Die Gruppe dieser **gebrochen linearen Funktionen**, also die Gruppe $\mathrm{Aut}_{k\text{-Alg}}\, k(Z)$, heißt die Gruppe der **Möbius-Transformationen** über k oder kurz die **Möbius-Gruppe** von k. (Man beachte die Kontravarianz $\varphi_R \circ \varphi_S = \varphi_{S(R)}$ für zwei gebrochen lineare Funktionen R, S. In Bd. 3 wird die Möbius-Gruppe mit der projektiven Gruppe $\mathrm{PGL}_2(k)$ identifiziert.) – Allgemeiner zeige man: Ist $\pi \in k[X]$ prim und sind die Polynome $F_0, F_1 \in k[Z]$, $F_1 \neq 0$, nicht beide konstant, so sind π und $\pi(F_1 X + F_0)$ prim in $k(Z)[X]$ und es gilt $\mathrm{I}\big(\pi(F_1 X + F_0)\big) = 1$, d. h. genau dann ist $\pi(F_1 X + F_0) \notin k(X)$ auch prim in $k[Z, X]$ und $k(X)[Z]$, wenn $\mathrm{ggT}(\pi(F_0), F_1) = 1$ ist.

Aufgabe 2.10.22 Sei A ein faktorieller Integritätsbereich mit Quotientenkörper K. Ferner seien $F, G \in K[X]$ nichtkonstante teilerfremde Polynome über K. Dann ist die Menge der $\mathrm{ggT}\big(F(a), G(a)\big)$, $a \in A$, endlich (wobei die größten gemeinsamen Teiler als Elemente von $\mathrm{M}(\mathbb{P}_{A^*})$, d. h. als Teilerklassen, zu wählen sind). Ist $A^\times$ endlich (d. h. hat jedes $a \in A^*$ nur endlich viele Teiler in A, z. B. $A = \mathbb{Z}$), so gibt es nur endlich viele $a \in A$, für die die Werte $F(a)/G(a)$ der rationalen Funktion $F/G \in K(X) - K[X]$ (definiert sind und) ebenfalls in A liegen. Man gebe einen Algorithmus an, um diese Zahlen a zu bestimmen.

Aufgabe 2.10.23 Sei $A \subseteq B$ eine Erweiterung faktorieller Integritätsbereiche. Ferner seien $P_A \subseteq P_B$ die Polynomalgebren $P_A := A[X_i, i \in I]$ bzw. $P_B := B[X_i, i \in I]$. Für je zwei Elemente $a, b \in A^*$ sei der $\mathrm{ggT}_A(a, b)$ von a, b in A auch ein größter gemeinsamer Teiler $\mathrm{ggT}_B(a, b)$ von a, b in B (diese Bedingung ist äquivalent zu $\mathrm{kgV}_A(a, b) = \mathrm{kgV}_B(a, b)$ für alle $a, b \in A^*$). Dann gilt auch $\mathrm{ggT}_{P_A}(F, G) = \mathrm{ggT}_{P_B}(F, G)$ für $F, G \in P_A^*$. (Ohne Einschränkung sei $|I| = 1$.) Insbesondere gilt die letzte Gleichung stets, wenn A ein Hauptidealbereich ist. Man gebe ein Beispiel faktorieller Integritätsbereiche $A \subseteq B$, für das die Voraussetzung über die größten gemeinsamen Teiler *nicht* erfüllt ist.

Aufgabe 2.10.24 Sei $A = \sum_{n \in \mathbb{Z}}^{\oplus} A_n$ ein $\mathbb{Z}$-graduierter faktorieller Integritätsbereich. Sind $a_k \in A_k$ und $a_{k+1} \in A_{k+1}$ zwei teilerfremde homogene Elemente $\neq 0$ der benachbarten Grade $k, k+1$, so ist $a_k + a_{k+1}$ prim in A.

Aufgabe 2.10.25 Sei A die imaginär-quadratische $\mathbb{Z}$-Algebra $\mathbb{Z}[\sqrt{-2}] = \{a + ib\sqrt{2} \mid a, b \in \mathbb{Z}\} = \mathbb{Z}[i\sqrt{2}] \subseteq \mathbb{C}$ mit der Diskriminante -8. Es ist $A^{\times} = \{\pm 1\}$. In dieser Aufgabe behandele man die Algebra A ähnlich wie die Algebra $\mathbb{Z}[i]$ der ganzen Gaußschen Zahlen am Ende von Beispiel 2.10.37.

a) A ist ein euklidischer Integritätsbereich mit der Norm $\mathrm{N}(a + ib\sqrt{2}) = a^2 + 2b^2$ als euklidischer Gradfunktion. Insbesondere ist A ein Hauptidealbereich. Für $\mathbb{P}_{A^*}$ wählen wir die Primelemente $a + ib \in A^*$ mit $a > 0$ oder mit $a = 0$ und $b > 0$.
b) Die Elemente von $\mathbb{P}_{A^*}$ sind: (1) $i\sqrt{2}$. (2) $p \in \mathbb{P} = \mathbb{P}_{\mathbb{Z}^*}$, $p \equiv 5$ oder $p \equiv 7 \bmod 8$. (3) $a + ib\sqrt{2}$ und $a - ib\sqrt{2}$ mit $a, b > 0$ und $a^2 + 2b^2 = p \in \mathbb{P}$, $p \equiv 1$ oder $p \equiv 3 \bmod 8$. Dabei gibt es zur Primzahl $p \equiv 1$ oder $p \equiv 3 \bmod 8$ genau ein Paar $(a, b) \in \mathbb{N}^* \times \mathbb{N}^*$ mit $a^2 + 2b^2 = p$. (Es $(-2/p) = (-1/p)(2/p) = 1$, falls $p \equiv 1$ oder $p \equiv 3 \bmod 8$, und $(-2/p) = -1$, falls $p \equiv 5$ oder $p \equiv 7 \bmod 8$.)
c) Sei $n \in \mathbb{N}^*$. Die Anzahl $S(n)$ der Paare $(a, b) \in \mathbb{Z}^2$ mit $a^2 + 2b^2 = n$ ist

$$S(n) = 2 \cdot \prod_{p \in \mathbb{P}, p \equiv 1,3 \, (8)} (\mathsf{v}_p(n) + 1),$$

falls $\mathsf{v}_p(n)$ gerade ist für alle $p \in \mathbb{P}$ mit $p \equiv 5$ oder $p \equiv 7 \bmod 8$, und 0 sonst. – Insbesondere besitzt n eine Darstellung $n = a^2 + 2b^2$ mit $a, b \in \mathbb{N}$ genau dann, wenn alle Primteiler p von n mit $p \equiv 5$ oder $p \equiv 7 \bmod 8$ eine gerade Vielfachheit haben. Wann können dabei a und b teilerfremd gewählt werden?

Aufgabe 2.10.26
a) Sei $D \in \mathbb{N}^*$, $D > 2$. In der imaginär-quadratischen $\mathbb{Z}$-Algebra $A := \mathbb{Z}[\sqrt{-D}] = \mathbb{Z}[i\sqrt{D}]$ (mit der Diskriminante $-4D$) ist das Ideal $\mathfrak{m}$, das von 2 und $i\sqrt{D}$, falls D gerade, bzw. von 2 und $1 + i\sqrt{D}$, falls D ungerade, erzeugt wird, maximal mit $A/\mathfrak{m} = \mathbb{F}_2$. Das Ideal $\mathfrak{m}$ ist kein Hauptideal (da es in A kein Element der Norm 2 gibt). Insbesondere ist A kein Hauptidealbereich und damit auch nicht faktoriell, vgl. Aufg. 2.10.7b). (**Bemerkung** Die Algebra $\mathbb{Z}[\sqrt{-5}]$ ist das Musterbeispiel von R. Dedekind für eine endliche freie $\mathbb{Z}$-Algebra, die ein nicht faktorieller Integritäts-

bereich ist. Beispielsweise gilt in $\mathbb{Z}[\sqrt{-5}]$ die Gleichung $2 \cdot 3 = (1 + \sqrt{-5})(1 - \sqrt{-5}) = N(1 + \sqrt{-5})$, und alle vier Faktoren $2, 3, (1 + \sqrt{-5}), (1 - \sqrt{-5})$ sind unzerlegbar sowie paarweise nicht assoziiert. – In $\mathbb{Z}[\sqrt{-3}]$ hat das normierte Polynom $X^2 - X + 1$ keine Nullstelle, wohl aber im Quotientenkörper $\mathbb{Q}[\sqrt{-3}]$ die Nullstellen $\frac{1}{2}(1 \pm \sqrt{-3}) = \zeta_6^{\pm 1}$. Dieses Polynom ist also irreduzibel in $\mathbb{Z}[\sqrt{-3}][X]$, aber nicht prim, vgl. dazu Lemma 2.10.12. Über $\mathbb{Z}[\sqrt{-5}]$ gibt es solche Beispiele nicht.)

b) Die quadratische $\mathbb{Z}$-Algebra $\mathbb{Z}[\frac{1}{2}(1 + \sqrt{-3})] = \mathbb{Z}[\zeta_6]$ mit der Diskriminante -3 ist ebenso wie die Algebren mit den Diskriminanten -7 und -11 euklidisch mit der Norm als euklidischer Gradfunktion.

Aufgabe 2.10.27 Eine imaginär-quadratische $\mathbb{Z}$-Algebra A mit Diskriminante < -11 kann kein euklidischer Bereich sein. (A hat nur die beiden Einheiten ± 1 und besitzt kein Element mit Norm 2 oder 3. Nun benutze man Aufg. 2.10.2b).)

Aufgabe 2.10.28 Wir betrachten die freien $\mathbb{Z}$-Algebren $\mathbb{H}_{\mathbb{Z}} \subseteq \widetilde{\mathbb{H}}_{\mathbb{Z}}$ der Quaternionen bzw. der Hurwitzschen Quaternionen über $\mathbb{Z}$ und wollen einen Beweis des **Vier-Quadrate-Satzes** vorschlagen, vgl. Beispiel 2.10.43. $N \colon \widetilde{\mathbb{H}}_{\mathbb{Z}} \to \mathbb{N} \subseteq \mathbb{Z}$ bezeichnet die multiplikative Normfunktion.

a) Die natürlichen Zahlen $m \in \mathbb{N}$, die sich als Summe von vier Quadratzahlen darstellen lassen, bilden ein Untermonoid von $(\mathbb{N}, \cdot)$. Zum Beweis des Vier-Quadrate-Satzes genügt es also zu zeigen, dass jede Primzahl $p \in \mathbb{P}$ Summe von vier Quadraten ist.

b) Für jedes Element $x \neq 0$ aus $\mathbb{H}_{\mathbb{Z}}$ bzw. aus $\widetilde{\mathbb{H}}_{\mathbb{Z}}$ ist $|\mathbb{H}_{\mathbb{Z}}/\mathbb{H}_{\mathbb{Z}}x| = N(x)^2$ bzw. $|\widetilde{\mathbb{H}}_{\mathbb{Z}}/\widetilde{\mathbb{H}}_{\mathbb{Z}}x| = N(x)^2$. (Man schließe wie beim Beweis von Lemma 2.10.38.)

c) Sei $p \in \mathbb{P}$, $p > 2$. Dann ist $\mathbb{H}_{\mathbb{F}_p} = \mathbb{H}_{\mathbb{Z}}/\mathbb{H}_{\mathbb{Z}}p \xrightarrow{\sim} \widetilde{\mathbb{H}}_{\mathbb{Z}}/\widetilde{\mathbb{H}}_{\mathbb{Z}}p$ kein Divisionsbereich. (Die Gleichung $a^2 + b^2 + c^2 + d^2 = 0$ (und sogar die Gleichung $a^2 + b^2 + c^2 = 0$) hat nichttriviale Lösungen in $\mathbb{F}_p$. Ist $^2\mathbb{F}_p$ die Menge der $(p+1)/2$ Quadrate in $\mathbb{F}_p$, so ist $^2\mathbb{F}_p + {}^2\mathbb{F}_p = \mathbb{F}_p$, vgl. Aufg. 2.1.14c).) In $\widetilde{\mathbb{H}}_{\mathbb{Z}}$ gibt es also (nach Proposition 2.7.16) ein Linksideal, dessen Index ein nichttrivialer Teiler von p^4 ist.

d) In $\widetilde{\mathbb{H}}_{\mathbb{Z}}$ lässt sich folgende Division mit Rest ausführen: Sind $x, y \in \widetilde{\mathbb{H}}_{\mathbb{Z}}$ mit $x \neq 0$, so gibt es $q, r \in \widetilde{\mathbb{H}}_{\mathbb{Z}}$ mit $y = qx + r$ und $N(r) < N(x)$. (Vgl. den Beweis von Satz 2.10.39.) $\widetilde{\mathbb{H}}_{\mathbb{Z}}$ ist ein Linkshauptidealbereich (und ein Rechtshauptidealbereich). ($\mathbb{H}_{\mathbb{Z}}$ ist kein Linkshauptidealbereich!)

e) Ist $p \in \mathbb{P}$, $p > 2$, so gibt es ein Element $\widetilde{x} \in \widetilde{\mathbb{H}}_{\mathbb{Z}}$ mit $N(\widetilde{x}) = p$. Wegen $\widetilde{\mathbb{H}}_{\mathbb{Z}} = \widetilde{\mathbb{H}}_{\mathbb{Z}}^{\times} \cdot \mathbb{H}_{\mathbb{Z}}$ gibt es auch ein Element $x \in \mathbb{H}_{\mathbb{Z}}$ mit $N(x) = p$, was den Vier-Quadrate-Satz beweist. (Man benutze b), c) und d).)

Aufgabe 2.10.29 Sei A eine Algebra $\neq 0$ über dem Körper K und $x \in A$.

a) Für paarweise verschiedene Elemente $c_1, \ldots, c_n \in K$ mit $x - c_1, \ldots, x - c_n \in A^{\times}$ sind folgende Aussagen äquivalent: (i) $(x - c_1)^{-1}, \ldots, (x - c_n)^{-1}$ sind linear unabhängig über K. (ii) $1, x, \ldots, x^{n-1}$ sind linear unabhängig über K. (iii) Es ist $\text{Dim}_K K[x] \geq n$.

b) Sei A ein Divisionsbereich. Ist $\mathrm{Dim}_K A < |K|$, so ist A algebraisch über K. Insbesondere ist $A = K$, wenn K algebraisch abgeschlossen ist und $\mathrm{Dim}_K A < |K|$.

c) Sei K ein überabzählbarer algebraisch abgeschlossener Körper (z. B. $K = \mathbb{C}$). Dann ist K bis auf Isomorphie der einzige Divisionsbereich, der eine abzählbar erzeugte K-Algebra ist. Ist $\mathfrak{m}$ ein maximales Ideal in der Polynomalgebra $P := K[X_i, i \in I]$ und ist I abzählbar, so ist $\mathfrak{m}$ ein Punktideal $\mathfrak{m}_c = \sum_{i \in i} P \cdot (X_i - c_i)$, $c := (c_i) \in K^I$, vgl. Aufg. 2.10.3. (**Bemerkung** Ist I endlich, so gilt die letzte Aussage auch für abzählbare algebraisch abgeschlossene Körper K. Dies ist der sogenannte **Hilbertsche Nullstellensatz**.)

Aufgabe 2.10.30 Sei $E \subseteq \mathbb{Z}$ eine endliche Teilmenge von $\mathbb{Z}$ mit $m := |E| \geq 2$ und $\sigma \in \mathfrak{S}(E)$. Ferner sei $P \in \mathbb{Q}[X]$ das eindeutig bestimmte interpolierende Polynom vom Grad $< m$ mit $P(x) = \sigma x \, (= \sigma(x))$ für alle $x \in E$.

a) Genau dann ist $P \in \mathbb{Z}[X]$, wenn $|\sigma y - \sigma x| = |y - x|$ ist für alle $x, y \in E$. Dies ist genau dann der Fall, wenn $P = X$ oder $P = -X + a_0$ mit einem $a_0 \in \mathbb{Z}$ ist. (Seien $x, y \in E$ beliebig mit $x \neq y$. Ferner sei $x_0 = x$, $x_1 = y$, $x_2, \ldots, x_{m-1}$ eine Abzählung von E. Dann ist

$$P = a_0 + a_1(X - x_0) + \cdots + a_{m-1}(X - x_0)\cdots(X - x_{m-2})$$

mit $a_0, a_1, \ldots, a_{m-1} \in \mathbb{Q}$, vgl. die Newton-Interpolation in Aufg. 2.10.11. Genau dann ist $P \in \mathbb{Z}[X]$, wenn alle a_i, $i = 0, \ldots, m - 1$, in $\mathbb{Z}$ liegen. Bei $P \in \mathbb{Z}[X]$ gilt insbesondere $a_1 = (\sigma x_1 - \sigma x_0)/(x_1 - x_0) \in \mathbb{Z}$. Wegen

$$\prod_{i<j}(\sigma x_j - \sigma x_i) = (\mathrm{Sign}\,\sigma) \prod_{i<j}(x_j - x_i) \quad \text{folgt} \quad \prod_{i<j}(\sigma x_j - \sigma x_i)/(x_j - x_i) = \mathrm{Sign}\,\sigma$$

und $(\sigma y - \sigma x)/(y - x) = (\sigma x_1 - \sigma x_0)/(x_1 - x_0) = \pm 1$.)

b) Man folgere aus a): Ist $Q \in \mathbb{Z}[X]$ ein Polynom vom Grade $n > 1$, so hat die Menge E_Q der rein-periodischen Punkte des durch Q definierten diskreten dynamischen Systems $Q \colon \mathbb{Z} \to \mathbb{Z}$ höchstens n Elemente. Entweder ist E_Q die Menge der Fixpunkte von Q oder aber E_Q enthält mindestens zwei Elemente und es ist $Q(x) = -x + a_0$ für alle $x \in E_Q$ (mit einem $a_0 \in \mathbb{Z}$). Zu gegebenem Q entscheide man, welcher Fall vorliegt, und gebe einen Algorithmus zur Bestimmung von E_Q an. (Man betrachte z. B. neben Q noch $Q \circ Q$. – Natürlich kann das dynamische System $(\mathbb{Z}, Q)$ periodische Punkte besitzen, die nicht rein-periodisch sind.)

Reelle und komplexe Zahlen 3

3.1 Angeordnete Körper

Ziel einer Theorie der reellen Zahlen ist es u. a., die Menge der Punkte einer Geraden $\mathfrak{g}$ unseres Anschauungsraumes in angemessener Weise mathematisch zu strukturieren. Die ersten Schritte in dieser Richtung wurden schon vor über 2300 Jahren in den „Elementen" des Euklid (um 300 v. Chr.) unternommen. Sie gehen auf Eudoxos (408–355 v. Chr.) zurück, wurden dann von Archimedes (ca. 287–212 v. Chr.) erweitert und fanden erst in der zweiten Hälfte des 19. Jahrhunderts ihren vorläufigen Abschluss durch B. Bolzano (1781–1848), A. Cauchy (1789–1857), K. Weierstraß (1815–1897), R. Dedekind, G. Cantor u. a. Ob mit dem weiter unten eingeführten Begriff des vollständigen angeordneten Körpers eine adäquate Beschreibung der Zahlengeraden gefunden ist, ist letzten Endes ein Problem der Physik. Ohne Zweifel sind aber die reellen Zahlen das Fundament der Mathematik, insbesondere für Analysis, Topologie und Geometrie.

Nach Eichung der Geraden $\mathfrak{g}$ durch Auswahl eines Punktepaares $(O, E) \in \mathfrak{g}^2$ mit $O \neq E$ liefern die elementargeometrischen Operationen der (Parallel-)Verschiebungen längs $\mathfrak{g}$ und Streckungen mit Zentrum O eine Addition bzw. eine Multiplikation auf $\mathfrak{g}$ mit $0 = O$ bzw. $1 = E$ als neutralen Elementen gemäß den bekannten Konstruktionen in Abb. 3.1.

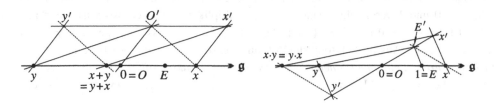

Abb. 3.1 Addition und Multiplikation auf einer Geraden $\mathfrak{g}$

Für die Addition genügt $O \in \mathfrak{g}$ als Eichpunkt. Man konstruiere die Summe $x + y$ und das Produkt $x \cdot y$ auch für den Fall, dass O und E ihre Rollen vertauschen, und konstruiere zu $x \in \mathfrak{g}$ Punkte $-x \in \mathfrak{g}$ mit $x + (-x) = 0$ und, falls $x \neq 0$ ist, $x^{-1} \in \mathfrak{g}$ mit $x \cdot x^{-1} = 1$. Einfachste geometrische Axiome implizieren, dass $\mathfrak{g}$ mit der so definierten Addition und Multiplikation ein Körper ist, vgl. etwa Bd. 3. $\mathfrak{g}$ ist ferner total geordnet durch den von O ausgehenden Halbstrahl durch E, was durch den Pfeil in den Zeichnungen angedeutet ist. Damit wird $(\mathfrak{g}, +)$ eine geordnete Gruppe, deren Positivitätsbereich $\mathfrak{g}_+ = \{y \in \mathfrak{g} \mid y \geq 0 = O\}$ dieser Halbstrahl ist, vgl. Aufg. 2.1.16. Es gilt also das Monotoniegesetz der Addition: Die Verschiebung $\tau_x \colon y \mapsto x + y$ ist für jedes $x \in \mathfrak{g}$ monoton wachsend. Überdies ist $\mathfrak{g}_+$ auch abgeschlossen gegenüber der Multiplikation. Dies ist äquivalent zum Monotoniegesetz der Multiplikation: Die Streckung $\vartheta_x \colon y \mapsto x \cdot y$ ist monoton wachsend für jedes $x \in \mathfrak{g}_+$. Insgesamt ist $\mathfrak{g}$ damit ein angeordneter Körper.[1] Wir werden angeordnete Ringe nicht allgemein behandeln, sondern betrachten nur angeordnete Körper, deren Ordnung von vornherein als total vorausgesetzt wird. Wir definieren also:

Definition 3.1.1 $K = (K, +, \cdot, \leq)$ ist ein **angeordneter Körper**, wenn $(K, +, \cdot)$ ein Körper ist und $\leq$ eine totale Ordnung auf K derart, dass $(K, +)$ eine angeordnete Gruppe ist, deren **Positivitätsbereich** $K_+ := \{y \in K \mid y \geq 0\}$ auch ein Untermonoid von $(K, \cdot)$ ist, wenn also die folgenden **Monotoniegesetze** für alle $x, y, z \in K$ gelten:

(1) **Monotonie der Addition:** Aus $x \leq y$ folgt $x + z \leq y + z$.
(2) **Monotonie der Multiplikation:** Aus $x \leq y$ und $0 \leq z$ folgt $xz \leq yz$.

Sind K' und K angeordnete Körper, so heißt ein Körperhomomorphismus $\varphi \colon K' \to K$ ein **Homomorphismus angeordneter Körper**, wenn φ monoton (wachsend) ist.

Man beachte, dass $x \leq y$ zu $0 \ (= x - x) \leq y - x$ äquivalent ist. Aus den Monotoniegesetzen folgen sofort die entsprechenden echten Ungleichungen für alle $x, y, z \in K$: (1) Aus $x < y$ folgt $x + z < y + z$. (2) Aus $x < y$ und $0 < z$ folgt $xz < yz$. *Insbesondere ist die Menge $K_+^\times := \{x \in K \mid x > 0\}$ der* **positiven** *Elemente von K bzgl. der Multiplikation ebenfalls eine total geordnete Gruppe $((K^\times, \cdot)$ aber nicht!)*. Die Vollständigkeit der Ordnung auf K ist äquivalent zu $K^\times = K_+^\times \uplus K_-^\times$, wobei $K_-^\times := \{y \in K \mid y < 0\} = -K_+^\times$ die Menge der **negativen** Elemente von K ist. Die Ungleichung $0 \leq 1$ folgt bereits daraus, dass 0 und 1 vergleichbar sind und K_+ multiplikativ abgeschlossen ist; denn aus $1 \leq 0$ folgt $-1 \geq 0$ und $1 = (-1)(-1) \geq 0$. Dieser Schluss zeigt generell $y^2 \geq 0$ für alle $y \in K$. Aus $0 < 1$ folgt durch Induktion $0 \leq n \ (= n \cdot 1_K)$ für alle $n \in \mathbb{N}$. *Insbesondere hat ein angeordneter Körper stets die Charakteristik 0*. Er enthält das Modell $\mathbb{N} \cdot 1_K = \{0_K < 1_K < 1_K + 1_K = 2 \cdot 1_K < 2 \cdot 1_K + 1_K = 3 \cdot 1_K < \cdots\}$ der

---

[1] Es hat keinen Sinn, die Monotonie der Multiplikation mit x für alle x zu fordern. Ist nämlich $y < z$, so gilt $-z = -z - y + y < -z - y + z = -y$, die Multiplikation mit -1 ist also nicht monoton wachsend, falls es überhaupt zwei verschiedene vergleichbare Elemente gibt.

natürlichen Zahlen als kleinste induktive Teilmenge von K_+ bzgl. der (injektiven) Nachfolgerfunktion $f\colon y \mapsto y + 1$ und dem Element $0 \notin f(K_+)$, vgl. Bemerkung 1.5.7. In jeder geordneten Gruppe ist die Inversenbildung monoton fallend. Für die Gruppen $(K, +)$ und $(K_+^\times, \cdot)$ bedeutet dies: Aus $x \leq y$ folgt $-x \geq -y$, und aus $0 < x \leq y$ folgt $x^{-1} \geq y^{-1} > 0$. – Ein Homomorphismus $\varphi\colon K' \to K$ angeordneter Körper ist injektiv und wegen $0 = \varphi(0) < \varphi(1) = 1$ notwendigerweise streng monoton wachsend. Ein Körperhomomorphismus $\varphi\colon K' \to K$ ist bereits dann monoton wachsend, wenn $\varphi(K_+') \subseteq K_+$ ist. Sind dann nämlich $x', y' \in K'$ mit $x' \leq y'$, so ist $y' - x' \in K_+'$ und $\varphi(y') = \varphi(y' - x') + \varphi(x') \geq \varphi(x')$.

Beispiel 3.1.2 (1) Der Ring $\mathbb{Z}$ ist mit der natürlichen Ordnung ein angeordneter Ring. Dies ist die einzige Möglichkeit, $\mathbb{Z}$ so anzuordnen, dass $\mathbb{Z}$ ein angeordneter Ring wird; denn aus $0 < 1$ folgt durch Induktion $0 \leq n$ für alle $n \in \mathbb{N}$ und damit $\mathbb{Z}_+ = \mathbb{N}$. Aus der Eindeutigkeit der Ordnung auf $\mathbb{Z}$ ergibt sich auch die Eindeutigkeit der Ordnung auf dem Quotientenkörper $\mathbb{Q}$ von $\mathbb{Z}$, bzgl. der $\mathbb{Q}$ ein angeordneter Körper wird. Generell gilt:

Lemma 3.1.3 *Sei A ein Integritätsbereich mit einer totalen Ordnung $\leq$ derart, dass A ein angeordneter Ring ist, d. h. dass $A_+ = \{a \in A \mid a \geq 0\}$ ein Untermonoid sowohl von $(A, +)$ als auch von $(A, \cdot)$ ist. Dann gibt es genau eine totale Ordnung $\leq$ auf dem Quotientenkörper $K = \mathrm{Q}(A)$, die die auf A gegebene Ordnung so fortsetzt, dass K damit ein angeordneter Körper wird.*

Beweis Wegen $b^2 > 0$ für alle $b \in A^*$ ist ein Bruch $a/b \in K$ genau dann ≥ 0, wenn $(a/b)b^2 = ab \geq 0$ ist. Dies zeigt die Eindeutigkeit der Ordnung auf K. Umgekehrt sieht man leicht, dass K mit

$$K_+ := \{a/b \mid a \in A, b \in A^*, ab \in A_+\} = \{a/b \mid a \in A_+, b \in A_+^*\}$$

als Positivitätsbereich ein angeordneter Körper ist. $\qquad\square$

Neben $\mathbb{Q}$ gewinnt man mit dem Lemma weitere angeordnete Körper: Sei K ein beliebiger angeordneter Körper und $P := K[X_i, i \in I]$ die Polynomalgebra in den Unbestimmten X_i, $i \in I$. Wir wählen eine totale Ordnung auf I und setzen diese auf die Monome X^ν, $\nu \in \mathbb{N}^{(I)}$, mit Hilfe der homogenen lexikographischen Ordnung fort (bzgl. der die Monome ein total geordnetes reguläres Monoid bilden, vgl. Abschn. 2.9). Offenbar ist dann P mit dem Positivitätsbereich $P_+ := \{F \in P^* \mid 0 < \mathrm{LK}(F)\} \uplus \{0\}$ ein total angeordneter Integritätsbereich. Folglich ist auch der Körper $K(X_i, i \in I) = \mathrm{Q}(P)$ der rationalen Funktionen in den Unbestimmten X_i, $i \in I$, ein angeordneter Körper. Die positiven rationalen Funktionen sind dabei genau die Brüche F/G, wobei $F, G \in P^*$ positive Leitkoeffizienten haben. Für jede Unbestimmte X_i und alle $a \in K$ gilt also $a < X_i$. Insbesondere ist $n < X_i$ bzw. $0 < 1/X_i < 1/n$ für alle $i \in I$ und alle $n \in \mathbb{N}^*$.

(2) Jeder Unterkörper eines angeordneten Körpers ist (mit der induzierten Ordnung) ebenfalls ein angeordneter Körper. $\mathbb{R}$ und damit alle Unterkörper von $\mathbb{R}$ sind angeordnete

Körper (wozu auch $\mathbb{Q}$ gehört). In Abschn. 3.4 werden wir den angeordneten Körper $\mathbb{R}$ aus $\mathbb{Q}$ konstruieren. $\diamond$

Sei K weiterhin ein angeordneter Körper. Man nennt wie bei den reellen Zahlen

$$\operatorname{Sign} x := \begin{cases} 1, \text{ falls } x > 0, \\ 0, \text{ falls } x = 0, \\ -1, \text{ falls } x < 0, \end{cases}$$

das **Vorzeichen** oder **Signum** von $x \in K$. Das Vorzeichen ist ein surjektiver Monoidhomomorphismus $(K, \cdot) \to \{-1, 0, 1\}$, d. h. es ist $\operatorname{Sign} xy = \operatorname{Sign} x \cdot \operatorname{Sign} y$ für alle $x, y \in K$ und $\operatorname{Sign} 1 = 1$. Ebenso lässt sich die **Betragsfunktion** wie in $\mathbb{R}$ definieren:

Definition 3.1.4 K sei ein angeordneter Körper. Für $x \in K$ heißt

$$|x| := \begin{cases} x, \text{ falls } x \geq 0, \\ -x, \text{ falls } x < 0, \end{cases}$$

der **(Absolut-)Betrag** von x.

Offenbar ist $|x| = x \cdot \operatorname{Sign} x$. Ferner gilt für alle $x, y \in K$: (1) $|x| = \operatorname{Max}(x, -x)$. (2) $|x| = |-x|$. (3) Es ist $|x| \geq 0$, und $|x| = 0$ gilt genau dann, wenn $x = 0$ ist. (4) $|xy| = |x||y|$, und $|x/y| = |x|/|y|$, falls $y \neq 0$, d. h. $x \mapsto |x|$ ist ein surjektiver Monoidhomomorphismus $(K, \cdot) \to (K_+, \cdot)$ bzw. ein surjektiver Gruppenhomomorphismus $(K^\times, \cdot) \to (K_+^\times, \cdot)$. Die Gruppe $K^\times$ selbst ist das direkte Produkt der Untergruppen $\{\pm 1\}$ und $K_+^\times$. Der Umkehrisomorphismus von $\{\pm 1\} \times K_+^\times \xrightarrow{\sim} K_+^\times$, $(\varepsilon, x) \mapsto \varepsilon x$, ist $y \mapsto (\operatorname{Sign} y, |y|)$. – Von besonderer Bedeutung ist die Dreiecksungleichung:

Satz 3.1.5 (Dreiecksungleichung) *Für Elemente x, y eines angeordneten Körpers gilt*

$$|x + y| \leq |x| + |y|, \quad |x - y| \geq ||x| - |y||.$$

Beweis Wegen $x \leq |x|$ und $y \leq |y|$ ist $x + y \leq |x| + |y|$, und ebenso ist $-(x+y) \leq |x| + |y|$ wegen $-x \leq |x|$ und $-y \leq |y|$. Es ergibt sich $|x+y| = \operatorname{Max}(x+y, -(x+y)) \leq |x| + |y|$. Mit der schon bewiesenen ersten Ungleichung folgt $|x| = |(x-y)+y| \leq |x-y|+|y|$, also $|x|-|y| \leq |x-y|$. Vertauscht man x und y, so erhält man $|y|-|x| \leq |y-x| = |x-y|$. Insgesamt bekommt man $|x - y| \geq \operatorname{Max}(|x| - |y|, |y| - |x|) = ||x| - |y||$. $\square$

Für $x, y \in K$ heißt $d(x, y) := |y - x| \in K_+$ der **Abstand** von x und y. Wir erinnern an die folgenden Bezeichnungen für Intervalle, vgl. Abschn. 1.4: Seien a und b Elemente

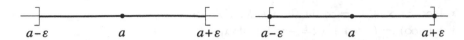

Abb. 3.2 Offene und abgeschlossene ε-Umgebung von a

eines angeordneten Körpers K mit $a \le b$. Dann sind

$$[a,b] = \{x \in K \mid a \le x \le b\} \qquad \text{das } \textbf{abgeschlossene Intervall,}$$

$$]a,b[= \{x \in K \mid a < x < b\} \qquad \text{das } \textbf{offene Intervall,}$$

$$[a,b[= \{x \in K \mid a \le x < b\},$$

$$]a,b] = \{x \in K \mid a < x \le b\} \qquad \text{die } \textbf{halboffenen Intervalle,}$$

die jeweils durch a und b bestimmt sind. Die Differenz $b - a$ der **Intervallgrenzen** a, b heißt die **Länge** dieser Intervalle. Ein Intervall enthält mit je zwei Elementen auch stets alle Elemente, die zwischen diesen beiden Elementen liegen. Für $a, \varepsilon \in K$ mit $\varepsilon > 0$ sei

$$\mathrm{B}(a;\varepsilon) := \,]a - \varepsilon, a + \varepsilon[\, = \{x \in K \mid |x - a| < \varepsilon\} \quad \text{und}$$

$$\overline{\mathrm{B}}(a;\varepsilon) := [a - \varepsilon, a + \varepsilon] = \{x \in K \mid |x - a| \le \varepsilon\}.$$

Wir nennen diese Intervalle die **offene** bzw. die **abgeschlossene** ε**-Umgebung von** a. Sie haben beide die Länge 2ε, vgl. Abb. 3.2.

Eine **Umgebung von** $a \in K$ schlechthin ist eine Teilmenge von K, die solch eine (offene oder abgeschlossene) ε-Umgebung von a mit einem $\varepsilon > 0$ enthält. Diese ε-Umgebung enthält auch alle ε'-Umgebungen von a mit $0 < \varepsilon' < \varepsilon$. *Die Ordnung eines angeordneten Körpers ist stets* **dicht**, d. h. jedes offene Intervall $]a, b[$, $a < b$, ist nichtleer. Z. B. liegt der **Mittelpunkt** $m := \frac{1}{2}(a + b)$ in $]a, b[$, und $]a, b[$ ist die offene ε-Umgebung von m mit $\varepsilon := \frac{1}{2}(b - a)$. Allgemeiner enthält $]a, b[$ genau die Punkte $(1 - t)a + tb$, $0 < t < 1$.

Gelegentlich ist es bequem, K durch Hinzufügen zweier verschiedener Elemente ∞ und $-\infty$ (die nicht schon in K liegen) zu einer geordneten Menge

$$\overline{K} := K \uplus \{\pm\infty\}$$

mit größtem Element $\infty = +\infty$ und kleinstem Element $-\infty$ zu erweitern. Wir setzen also

$$-\infty \le x \le \infty$$

für alle $x \in \overline{K}$. Dann sind die obigen Intervalle auch definiert, wenn die Intervallgrenzen a und b in $\overline{K}$ liegen. Ist $-\infty$ oder ∞ Grenze eines Intervalls mit mehr als einem Punkt, so sprechen wir von einem **unendlichen** oder **unbeschränkten** Intervall, andernfalls von einem **endlichen** oder **beschränkten**. Für das Rechnen mit ∞ und $-\infty$ vereinbaren wir grundsätzlich folgende Regeln:

(1) $x + \infty := \infty + x := \infty$ für alle $x \in \overline{K}, x \neq -\infty$.

(2) $x + (-\infty) := (-\infty) + x := -\infty$ für alle $x \in \overline{K}, x \neq \infty$.

(3) $x \cdot \infty := \infty \cdot x := \infty, x \cdot (-\infty) := (-\infty) \cdot x := -\infty$ für alle $x \in \overline{K}, x > 0$.

(4) $x \cdot \infty := \infty \cdot x := -\infty, x \cdot (-\infty) := (-\infty) \cdot x := \infty$ für alle $x \in \overline{K}, x < 0$.

(5) $0 \cdot \infty := \infty \cdot 0 := 0 \cdot (-\infty) := (-\infty) \cdot 0 := 0$.

Es sind also nur die Summen von $-\infty$ und ∞ bzw. von ∞ und $-\infty$ nicht definiert.[2] Ferner sei $x - y$ für $x, y \in \overline{K}$ genau dann definiert, wenn $x + (-y)$ definiert ist, und dann sei $x - y := x + (-y)$.[3] – Wir wiederholen die Definitionen für beschränkte Mengen, vgl. Abschn. 1.4:

Definition 3.1.6 Sei K ein angeordneter Körper. Eine Teilmenge A von K heißt **nach oben beschränkt**, wenn es ein $S \in K$ gibt mit $x \leq S$ für alle $x \in A$. Sie heißt **nach unten beschränkt**, wenn es ein $s \in K$ gibt mit $x \geq s$ für alle $x \in A$. Sie heißt **beschränkt**, wenn sie nach oben und nach unten beschränkt ist.

Eine Zahl S (bzw. s) wie in der vorangehenden Definition ist eine **obere** (bzw. **untere**) **Schranke** von A in K. Eine Menge $A \subseteq K$ ist genau dann nach oben bzw. nach unten beschränkt, wenn sie Teilmenge eines Intervalls $]-\infty, S]$ bzw. $[s, \infty[$ mit $S, s \in K$ ist. Sie ist beschränkt, wenn sie Teilmenge eines endlichen Intervalls $[s, S] \subseteq K$ ist. Dann ist sie auch Teilmenge eines Intervalls der Form $[-R, R]$ mit einem $R \in K_+$, d. h. es ist $|x| \leq R$ für alle $x \in A$, z. B. für $R := \text{Max}(|s|, |S|)$.

Aufgaben

Falls nichts anderes gesagt wird, liegen in den folgenden Aufgaben die Elemente in einem angeordneten Körper K. Gelegentlich benutzen wir für $K = \mathbb{R}$ die Existenz einer n-ten Wurzel $\sqrt[n]{x} \in \mathbb{R}_+^\times$ mit $(\sqrt[n]{x})^n = x$ für $x \in \mathbb{R}_+^\times$ und $n \in \mathbb{N}^*$, vgl. Beispiel 3.3.7. Ferner empfehlen wir, sich am Fall $K = \mathbb{R}$ (gegebenenfalls mit einer passenden Skizze) zu orientieren.

Aufgabe 3.1.1 Man bestimme jeweils die Menge der $x \in K$ bzw. der $(x, y) \in K^2$, für die die angegebenen Ungleichungen gelten.

a) $1/|x - 2| > 1/(1 + |x - 1|), x \neq 2$.

b) $(2 - |x - 1|)/|x - 4| \geq 1/2, x \neq 4$.

c) $(|x| - 1)/(x^2 - 1) \geq 1/2, x \neq \pm 1$.

d) $2(x + y)^2 \leq y(3x + 2y)^2$.

---

[2] Wir bemerken, dass häufig auch die Produkte von 0 mit $\pm\infty$ nicht festgesetzt werden.

[3] In Kap. 4 werden wir für $K = \mathbb{R}$ gelegentlich auch die Differenzen $\infty - \infty = \infty + (-\infty) = 0$ und $(-\infty) - (-\infty) = (-\infty) + \infty = 0$ erlauben.

Aufgabe 3.1.2
a) Ist $x \geq 0$, so folgt $x \geq \left(3x/(3+x)\right)^2$.
b) Ist $x \geq 1$, so folgt $x \geq \left((3x+1)/(3+x)\right)^2$.

Aufgabe 3.1.3 Für alle $m, n \in \mathbb{N}$ gilt:

a) Aus $0 \leq x < y$ und $n > 0$ folgt $0 \leq x^n < y^n$.
b) Aus $1 \leq x$ und $m \leq n$ folgt $x^m \leq x^n$.
c) Aus $0 \leq x \leq 1$ und $m \leq n$ folgt $x^m \geq x^n$.

Aufgabe 3.1.4
a) $x/y + y/x \geq 2$, falls $x, y > 0$, und $x/y + y/x > 2$, falls überdies $x \neq y$.
b) $2xy \leq \frac{1}{2}(x+y)^2 \leq x^2 + y^2$.
c) $xy + xz + yz \leq x^2 + y^2 + z^2$.
d) $(x+y)(y+z)(z+x) \geq 8xyz$, falls $x, y, z \geq 0$.

Aufgabe 3.1.5 Für alle $n \in \mathbb{N}$ und alle $x, y > 0$ gilt

$$\left(1 + \frac{x}{y}\right)^n + \left(1 + \frac{y}{x}\right)^n \geq 2^{n+1}.$$

Aufgabe 3.1.6 Für alle $n \in \mathbb{N}^*$ gilt $\left(\frac{1}{2}(x+y)\right)^n \leq \frac{1}{2}(x^n + y^n) \leq \frac{1}{2}(x+y)^n$, falls $x, y \geq 0$.

Aufgabe 3.1.7 Für alle x, y mit $x + y \geq 0$ gilt:

a) $x^3 + y^3 \geq xy(x+y)$.
b) $x/y^2 + y/x^2 \geq 1/x + 1/y$, falls $x, y \neq 0$.

Aufgabe 3.1.8 Für alle x, y, z mit $x + y \geq 0$, $x + z \geq 0$, $y + z \geq 0$ gilt:

$$x^3 + y^3 + z^3 \geq \frac{1}{3}(x^2 + y^2 + z^2)(x + y + z).$$

Aufgabe 3.1.9 Es ist $\mathrm{Max}\,(x, y) = \frac{1}{2}\big(x+y+|x-y|\big)$ und $\mathrm{Min}\,(x, y) = \frac{1}{2}\big(x+y-|x-y|\big)$.

Aufgabe 3.1.10 Sei $n \in \mathbb{N}^*$. Für alle $x_1, \ldots, x_n, y_1, \ldots, y_n$ mit $y_1, \ldots, y_n > 0$ gilt:

$$\mathrm{Min}\,\left(\frac{x_1}{y_1}, \ldots, \frac{x_n}{y_n}\right) \leq \frac{x_1 + \cdots + x_n}{y_1 + \cdots + y_n} \leq \mathrm{Max}\,\left(\frac{x_1}{y_1}, \ldots, \frac{x_n}{y_n}\right).$$

Aufgabe 3.1.11

a) $|x| \leq |x + y| + |y|$.

b) Aus $|x| \leq 1$, $|y| \leq 1$ folgt $|x + y| \leq 1 + xy$.

c) $|x + y|/(1 + |x + y|) \leq |x|/(1 + |x|) + |y|/(1 + |y|)$.

Aufgabe 3.1.12 Aus $x = y + z$ und $xz \leq 0$ folgt $x = \theta y$ mit $0 \leq \theta \leq 1$. (Diese triviale Aussage liefert häufig wichtige Fehlerabschätzungen.)

Aufgabe 3.1.13 $\prod_{i=1}^{n}(1 + x_i) \geq 1 + x_1 + \cdots + x_n$, falls alle $x_i \geq 0$ sind oder falls $0 \geq x_i \geq -1$ für alle i gilt. Insbesondere erhält man $(1 + x)^n \geq 1 + nx$ für alle x mit $x \geq -1$ und alle $n \in \mathbb{N}$ (**Bernoullische Ungleichungen**).

Aufgabe 3.1.14

a) $\prod_{i=1}^{n}(1 - x_i) \leq 1/(1 + x_1 + \cdots + x_n)$, falls $0 \leq x_i \leq 1$ für alle $i = 1, \ldots, n$ gilt. Ist dabei $0 < x_i$ für wenigstens ein i, so ist die Ungleichung echt. Für alle $n \in \mathbb{N}^*$ gilt insbesondere $(1 - x)^n < 1/(1 + nx)$, falls $0 < x \leq 1$ ist.

b) $\prod_{i=1}^{n}(1 + x_i) \leq 1/\left(1 - \sum_{i=1}^{n} x_i\right)$, falls alle $x_i \geq 0$ sind und $\sum_{i=1}^{n} x_i < 1$ ist. Wann ist die Ungleichung echt?

Aufgabe 3.1.15 Für $x_1, \ldots, x_n \geq 1$ gilt

$$\prod_{i=1}^{n}(1 + x_i) \geq \frac{2^n}{n + 1}(1 + x_1 + \cdots + x_n).$$

Insbesondere erhält man $(1 + x)^n \geq \frac{2^n}{n+1}(1 + nx)$ für $x \geq 1$ und $n \in \mathbb{N}$.

Aufgabe 3.1.16 Für alle x mit $0 \leq x$ und alle $n \geq 2$ gilt $(1 + x)^n \geq \frac{1}{4}n^2x^2$.

Aufgabe 3.1.17 Für alle x, y mit $(x, y) \neq (0, 0)$ und alle positiven geraden natürlichen Zahlen n gilt $x^n + x^{n-1}y + \cdots + xy^{n-1} + y^n > 0$.

Aufgabe 3.1.18 Bei $x_1, \ldots, x_n > 0$ gilt $(x_1 + \cdots + x_n)(x_1^{-1} + \cdots + x_n^{-1}) \geq n^2$. (Vgl. Aufg. 3.1.23.)

Aufgabe 3.1.19 Für alle $x_1, \ldots, x_n > 0$ mit $x_1 \cdots x_n = 1$ gilt $(1 + x_1) \cdots (1 + x_n) \geq 2^n$. Genau dann gilt dabei das Gleichheitszeichen, wenn $x_1 = \cdots = x_n = 1$ ist. (Beim Schluss von $n \geq 1$ auf $n + 1$ sei x_n die kleinste und x_{n+1} die größte der Zahlen $x_1, \ldots, x_{n+1}$. Dann wende man die Induktionsvoraussetzung auf $x_1, \ldots, x_{n-1}, x_n x_{n+1}$ an.)

Aufgabe 3.1.20 Für alle $x_1, \ldots, x_n$ mit $x_1, \ldots, x_n > 0$ und $x_1 \cdots x_n = 1$ gilt $x_1 + \cdots + x_n \geq n$. Genau dann gilt dabei das Gleichheitszeichen, wenn $x_1 = \cdots = x_n = 1$ ist. (Man verwende den Hinweis zu Aufg. 3.1.19.)

Aufgabe 3.1.21 Für alle $x_1, \ldots, x_n$ mit $x_1, \ldots, x_n > 0$ und $x_1 + \cdots + x_n = n$ gilt $x_1 \cdots x_n \leq 1$. Genau dann gilt dabei das Gleichheitszeichen, wenn $x_1 = \cdots = x_n = 1$ ist. (Man kann dies auf Aufg. 3.1.20 zurückführen oder einen ähnlichen Induktionsbeweis wie in Aufg. 3.1.19 führen, wobei man dann die Induktionsvoraussetzung auf $x_1, \ldots, x_{n-1}, x_n + x_{n+1} - 1$ anwendet.)

Aufgabe 3.1.22 Sei $n \in \mathbb{N}^*$. Für alle $x_1, \ldots, x_n$ mit $x_1, \ldots, x_n > 0$ gilt

$$\left(\frac{x_1 + \cdots + x_n}{n} \right)^n \geq x_1 \cdots x_n \geq \left(\frac{n}{x_1^{-1} + \cdots + x_n^{-1}} \right)^n.$$

Das Gleichheitszeichen gilt jeweils genau dann, wenn $x_1 = \cdots = x_n$ ist. Die zweite Ungleichung folgt aus der ersten. Um diese zu beweisen, kann man Aufg. 3.1.21 auf $x_1/a, \ldots, x_n/a$, $a := (x_1 + \cdots + x_n)/n$, oder, falls in K alle positiven Zahlen eine n-te Wurzel besitzen, etwa bei $K = \mathbb{R}$, Aufg. 3.1.20 auf $x_1/g, \ldots, x_n/g$ anwenden, $g := \sqrt[n]{x_1 \cdots x_n}$, oder generell auch folgendermaßen durch Induktion schließen: Es genügt, für a und $b := (x_1 + \cdots + x_{n+1})/(n+1)$ die Ungleichung $b^{n+1} \geq a^n x_{n+1} = a^n \big((n+1)b - na \big)$ oder $(b/a)^{n+1} \geq (n+1)(b/a) - n$ zu verifizieren, d. h. für $x > 0$ die Ungleichung

$$0 \leq x^{n+1} - (n+1)x + n = (x-1)\big((x^n - 1) + \cdots + (x - 1) \big)$$
$$= (x-1)^2 (x^{n-1} + 2x^{n-2} + \cdots + n).$$

Bemerkung Für positive reelle Zahlen $x_1, \ldots, x_n$ nennt man

$$a = \frac{x_1 + \cdots + x_n}{n}, \quad g = \sqrt[n]{x_1 \cdots x_n} \quad \text{und} \quad h = \frac{n}{x_1^{-1} + \cdots + x_n^{-1}}$$

das **arithmetische, geometrische** bzw. **harmonische Mittel** der Zahlen $x_1, \ldots, x_n$. Es ist also $a \geq g \geq h$. Für $n = 2$ ist die Ungleichung $a \geq g$ wegen $(x_1 + x_2)^2 - 4x_1 x_2 = (x_1 - x_2)^2 \geq 0$ trivial.

Eine Folge positiver reeller Zahlen heißt **arithmetisch** bzw. **geometrisch** bzw. **harmonisch**, wenn jedes Glied der Folge (vom Anfangsglied abgesehen) das arithmetische bzw. geometrische bzw. harmonische Mittel der beiden benachbarten Glieder ist. Eine Folge ist genau dann arithmetisch, wenn die Folge der Kehrwerte harmonisch ist. Aus der arithmetischen Folge $1, 2, 3, \ldots$ der positiven natürlichen Zahlen ergibt sich so die harmonische Folge $1, \frac{1}{2}, \frac{1}{3}, \ldots$ der Stammbrüche.

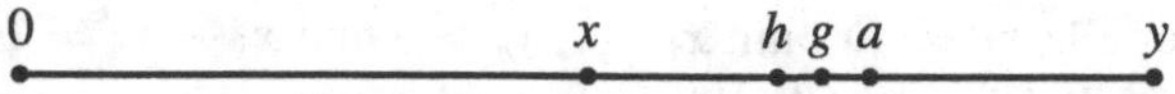

Abb. 3.3 Harmonisches (h), geometrisches (g) und arithmetisches (a) Mittel von x und y

Die Bezeichnung „harmonisches Mittel" hat folgenden Ursprung: Bei konstanter Spannung ist die Frequenz des Tons einer Saite umgekehrt proportional zur Länge ihres schwingenden Teils. Liefern also die Saitenlängen x bzw. y, $x < y$, Töne mit den Frequenzen ν bzw. μ, $\nu > \mu$, so wird das Mittel dieser Töne, d. h. der Ton mit dem arithmetischen Mittel $(\nu + \mu)/2$ als Frequenz, durch eine Saitenlänge geliefert, die das harmonische Mittel h von x und y ist, vgl. Abb. 3.3. Dieses Mittel h lässt sich auch durch die Proportion $(y - h) : (h - x) = y : x$ charakterisieren, wie das bereits in der Antike geschehen ist. Beispielsweise ist die (reine) Quinte das (arithmetische) Mittel von Grundton und Oktave. Daher greift man $2/(\frac{1}{1} + \frac{1}{1/2}) = 2/3$ der Saite ab, um die Quinte zu erzeugen. Die (reine) große Terz ist das Mittel von Grundton und Quinte. Wie greift man sie auf der Saite ab? – Soll das Tonintervall $\nu : \mu$ durch die Frequenz γ so geteilt werden, dass die beiden dadurch gebildeten Teilintervalle $\nu : \gamma$ und $\gamma : \mu$ übereinstimmen, so ist für γ das geometrische Mittel $\sqrt{\mu\nu}$ der Frequenzen ν und μ zu wählen und für die Saitenlänge das geometrische Mittel $g = \sqrt{xy}$ der Saitenlängen x, y. Bei der Oktave $\nu : \mu = 2 : 1$ ergibt sich so das Intervall $\sqrt{2} : 1$. Dies ist bei temperierter Stimmung der Tritonus (= drei Ganztonschritte = verminderte Quinte = übermäßige Quart), der in der klassischen Harmonielehre als „diabolus in musica" zu den Dissonanzen zählt. Beispiele: Martinshorn oder (abwärts) das Hagen-Motiv in den ersten beiden Aufzügen der „Götterdämmerung". Der Halbton „reine Quinte" : „temperierter Tritonus" = $\frac{3}{2} : \sqrt{2} = \frac{3}{4}\sqrt{2} = 1{,}06066\ldots$ ist eine gute Näherung des temperierten Halbtons $\sqrt[12]{2} : 1 = 1{,}05946\ldots$

Aufgabe 3.1.23 Für alle $x_1, \ldots, x_n, y_1, \ldots, y_n$ gilt die **Cauchy-Schwarzsche Ungleichung**

$$\left(\sum_{i=1}^{n} x_i y_i\right)^2 \le \left(\sum_{i=1}^{n} x_i^2\right)\left(\sum_{i=1}^{n} y_i^2\right).$$

(Man kann $x_1, \ldots, x_n, y_1, \ldots, y_n \ge 0$ annehmen und benutze $\left(\sum_{i=1}^{n} x_i^2\right)\left(\sum_{i=1}^{n} y_i^2\right) = \left(\sum_{i=1}^{n} x_i y_i\right)^2 + \sum_{1 \le i < j \le n}(x_i y_j - x_j y_i)^2$ oder addiere im Fall $K = \mathbb{R}$ und $x := \sum_{i=1}^{n} x_i^2 > 0$, $y := \sum_{i=1}^{n} y_i^2 > 0$ die n Ungleichungen

$$\frac{x_i}{\sqrt{x}} \cdot \frac{y_i}{\sqrt{y}} \le \frac{1}{2}\left(\frac{x_i^2}{x} + \frac{y_i^2}{y}\right), \quad i = 1, \ldots, n.)$$

Aufgabe 3.1.24 Für alle $x_1, \ldots, x_n$ gilt $\left(\sum_{i=1}^{n} x_i\right)^2 \le n \sum_{i=1}^{n} x_i^2$.

Aufgabe 3.1.25 Für $n \in \mathbb{N}^*$ gilt:

$$\left(\sum_{k=1}^{n} \frac{1}{k}\right)^2 < 2n \quad \text{und} \quad \left(\sum_{k=n+1}^{2n} \frac{1}{k}\right)^2 < \frac{1}{2}.$$

Aufgabe 3.1.26 Für alle $x_1, \ldots, x_n, y_1, \ldots, y_n \in \mathbb{R}$ gilt

$$\sqrt{\sum_{i=1}^{n}(x_i + y_i)^2} \leq \sqrt{\sum_{i=1}^{n} x_i^2} + \sqrt{\sum_{i=1}^{n} y_i^2} \quad \textbf{(Minkowskische Ungleichung)}$$

(Zum Beweis quadriere man beide Seiten und benutze die Cauchy-Schwarzsche Ungleichung aus Aufg. 3.1.23.)

Aufgabe 3.1.27 Seien $k, n \in \mathbb{N}^*$, $k \leq n$. Für je k der positiven Zahlen $x_1, \ldots, x_n$ sei das Produkt ≥ 1. Dann ist auch $x_1 \cdots x_n \geq 1$.

Aufgabe 3.1.28 Die Vereinigung endlich vieler beschränkter Teilmengen von K ist wieder beschränkt.

Aufgabe 3.1.29 Sei $f \colon \mathbb{R} \to \mathbb{R}$ die Funktion $x \mapsto (x - 1)x(x + 1)$. Man skizziere auf der Zahlengeraden die Punktmengen $\{x \in \mathbb{R} \mid f(x) \geq 0\}$ und $\{x \in \mathbb{R} \mid f(x) \leq 0\}$.

Aufgabe 3.1.30 Man skizziere für die folgenden Funktionen $f \colon \mathbb{R}^2 \to \mathbb{R}$ in der Zahlenebene $\mathbb{R}^2$ jeweils die Menge der Punkte (x, y) mit $f(x, y) > 1$ bzw. $= 1$ bzw. < 1:

a) $f(x, y) = |x - y|$.
b) $f(x, y) = x^2 y^2$.
c) $f(x, y) = x^2 + xy + 1$.

Aufgabe 3.1.31 Man skizziere die Menge $\{(x, y) \in \mathbb{R}^2 \mid x^2 \leq y \leq x^4\} \subseteq \mathbb{R}^2$.

Aufgabe 3.1.32 Man skizziere die Menge der Paare $(x, y) \in \mathbb{R}^2$, für die $xy > x + y$ bzw. $xy = x + y$ bzw. $xy < x + y$ ist.

3.2 Konvergente Folgen

Um unter den angeordneten Körpern K die reellen Zahlkörper auszuzeichnen, benutzen wir die Eigenschaften von Folgen in K. Von fundamentaler Bedeutung ist dabei der Begriff der konvergenten Folge. Im Folgenden bezeichnet K einen angeordneten Körper im Sinne von Definition 3.1.1 (falls nichts anderes gesagt wird).

Definition 3.2.1 Eine Folge $(x_n) = (x_n)_{n \in \mathbb{N}}$ von Elementen aus K heißt **konvergent** (in K), wenn es ein $x \in K$ gibt mit folgender Eigenschaft: Zu jedem (noch so kleinen) positiven $\varepsilon \in K_+^\times$ gibt es ein $n_0 \in \mathbb{N}$ mit $|x_n - x| \leq \varepsilon$ für alle natürlichen Zahlen $n \geq n_0$.

Dieses Element x ist durch die Folge (x_n) eindeutig bestimmt. Wäre nämlich $x' \in K$ ein weiteres davon verschiedenes Element in K mit der entsprechenden Eigenschaft, so

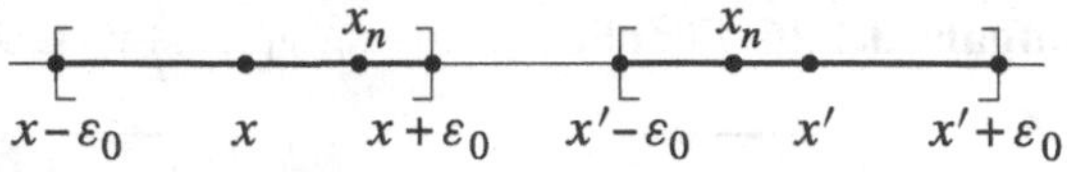

Abb. 3.4 Eindeutigkeit des
Grenzwertes

wäre $\varepsilon_0 := \frac{1}{3}|x - x'| > 0$ und es gäbe natürliche Zahlen n_0 und n'_0 mit $|x_n - x| \leq \varepsilon_0$ für
alle $n \geq n_0$ und $|x_n - x'| \leq \varepsilon_0$ für alle $n \geq n'_0$, vgl. Abb. 3.4. Dann erhält man mit einem
beliebigen $n \geq \mathrm{Max}\,(n_0, n'_0)$ den Widerspruch

$$|x - x'| = |x - x_n + x_n - x'| \leq |x_n - x| + |x_n - x'| \leq \varepsilon_0 + \varepsilon_0 = \frac{2}{3}|x - x'| < |x - x'|.$$

Das somit durch die konvergente Folge (x_n) gemäß Definition 3.2.1 eindeutig bestimmte
Element x heißt der **Grenzwert** oder der **Limes** der Folge (x_n). Wir bezeichnen es mit

$$\lim x_n = \lim_{n \to \infty} x_n.$$

Ist x der Limes von (x_n), so beschreiben wir diese Situation auch kurz durch

$$x_n \longrightarrow x \quad \text{oder} \quad x_n \xrightarrow{n \to \infty} x$$

und sagen, (x_n) **konvergiere gegen** x. Offenbar konvergiert die Folge (x_n) genau dann
gegen x, wenn die Folge $(x_n - x)$ gegen 0 konvergiert. Eine konvergente Folge mit dem
Grenzwert 0 heißt eine **Nullfolge**. Eine Folge, die nicht konvergiert, heißt **divergent**. Eine
konstante Folge (x_n) mit dem Wert $x_n = x$ für alle n oder allgemeiner eine stationäre
Folge mit Limes x konvergiert gegen x.

Wir sagen, dass eine Zahl x durch die Zahl y **bis auf einen Fehler** $\leq \varepsilon$ **approximiert**
wird, wenn $|y - x| \leq \varepsilon$ ist. Zu gegebenem $\varepsilon > 0$ approximieren somit die Glieder einer
gegen x konvergierenden Folge ab einer Stelle n_0 die Zahl x bis auf einen Fehler $\leq \varepsilon$.
Dabei ist für praktische Anwendungen natürlich die **Güte der Approximation** wichtig,
die Frage also, ab welchem n_0 die Glieder der Folge sich von x dem Betrage nach um
höchstens ε unterscheiden. Auf solche Probleme gehen wir später gelegentlich ein. Für
den Konvergenzbegriff selbst spielt diese Konvergenzgeschwindigkeit keine Rolle. *Definitionsgemäß hat eine Folge (x_n) genau dann den Grenzwert x, wenn in jeder Umgebung
von x fast alle Glieder der Folge, d. h. alle Glieder mit höchstens endlich vielen Ausnahmen liegen.* Der obige Beweis für die Eindeutigkeit des Grenzwertes beruht darauf, dass
in den disjunkten ε_0-Umgebungen von x bzw. x' nicht gleichzeitig fast alle Glieder der
Folge (x_n) liegen können. Ferner ergibt sich für jede Permutation $\sigma \in \mathfrak{S}(\mathbb{N})$: *Genau dann
konvergiert die Folge $(x_n)_{n \in \mathbb{N}}$, wenn die Folge $(x_{\sigma n})_{n \in \mathbb{N}}$ konvergiert. Beide Folgen haben
dann denselben Grenzwert.* Die Konvergenz einer Folge hat also nichts mit der Ordnung
von $\mathbb{N}$ zu tun. Man definiert ganz allgemein: Eine *unendliche* Familie $(x_i)_{i \in I}$ aus K konvergiert gegen $x \in K$, wenn in jeder Umgebung von x fast alle Glieder der Familie liegen.

Der Grenzwert x ist dann wieder eindeutig bestimmt.[4] – Aus Definition 3.2.1 ergibt sich sofort:

Proposition 3.2.2 *Sei* (x_n) *eine in* K *konvergente Folge.*

(1) *Jede Teilfolge* $(x_{n_k})_{k \in \mathbb{N}}$ *konvergent mit demselben Grenzwert wie* (x_n).
(2) *Ändert man endlich viele Glieder der Folge, so bleibt die Folge konvergent mit demselben Grenzwert.*

Eine Folge $(x_{n_k})_{k \in \mathbb{N}}$ ist eine **Teilfolge** von (x_n), wenn die Folge $(n_k)_{k \in \mathbb{N}}$ der Indizes *streng* monoton wachsend ist. Aus 3.2.2 (1) folgt zum Beispiel, dass eine Folge, die eine nicht konvergente Teilfolge oder zwei Teilfolgen mit verschiedenen Grenzwerten besitzt, nicht konvergent sein kann.

Definition 3.2.3 Eine Folge (x_n) in K ist **nach oben** bzw. **nach unten beschränkt** bzw. **beschränkt**, wenn Entsprechendes für die Menge $\{x_n \mid n \in \mathbb{N}\} \subseteq K$ der Folgenglieder gilt.

Da in jeder ε-Umgebung des Grenzwertes einer konvergenten Folge fast alle Glieder dieser Folge liegen, ergibt sich:

Proposition 3.2.4 *Jede konvergente Folge ist beschränkt.*

Selbstverständlich ist nicht umgekehrt jede beschränkte Folge konvergent.

Satz 3.2.5 (Rechenregeln für Limiten) *Seien* (x_n) *und* (y_n) *in* K *konvergente Folgen mit den Grenzwerten* x *bzw.* y. *Dann gilt:*

(1) *Die Summenfolge* $(x_n + y_n)$ *konvergiert, und es ist*

$$\lim(x_n + y_n) = \lim x_n + \lim y_n = x + y.$$

(2) *Die Produktfolge* $(x_n y_n)$ *konvergiert, und es ist*

$$\lim(x_n y_n) = (\lim x_n)(\lim y_n) = xy.$$

Insbesondere gilt $\lim(\lambda x_n) = \lambda \cdot \lim x_n = \lambda x$ *für alle* $\lambda \in K$.

---

[4] Eine endliche Familie würde gegen jedes $x \in K$ konvergieren.

(3) *Ist $y_n \neq 0$ für alle $n \in \mathbb{N}$ und ist $y \neq 0$, so konvergiert auch die Quotientenfolge (x_n/y_n) und es ist*

$$\lim \frac{x_n}{y_n} = \frac{\lim x_n}{\lim y_n} = \frac{x}{y}.$$

Insbesondere ist dann $\lim 1/y_n = 1/y$.

Beweis (1) Sei $\varepsilon > 0$ vorgegeben. Zu $\varepsilon' := \varepsilon/2$ gibt es $n_1, n_2 \in \mathbb{N}$ mit $|x_n - x| \leq \varepsilon'$ bzw. $|y_n - y| \leq \varepsilon'$ für alle $n \geq n_1$ bzw. $n \geq n_2$. Für alle $n \geq n_0 := \mathrm{Max}\,(n_1, n_2)$ gilt dann

$$|(x_n + y_n) - (x + y)| = |(x_n - x) + (y_n - y)| \leq |x_n - x| + |y_n - y| \leq \varepsilon' + \varepsilon' = \varepsilon.$$

(2) Sei $\varepsilon > 0$ vorgegeben. Es ist

$$|x_n y_n - xy| = |x_n y_n - x_n y + x_n y - xy| \leq |x_n y_n - x_n y| + |x_n y - xy|$$
$$= |x_n||y_n - y| + |x_n - x||y|.$$

Nach Proposition 3.2.4 gibt es ein $R > 0$ mit $|x_n| \leq R$ für alle $n \in \mathbb{N}$. Wählen wir zu $\varepsilon' := \varepsilon/2\mathrm{Max}\,(R, |y|)$ ein n_0 mit $|x_n - x| \leq \varepsilon'$ und $|y_n - y| \leq \varepsilon'$ für alle $n \geq n_0$, so folgt für diese n:

$$|x_n y_n - xy| \leq |x_n||y_n - y| + |x_n - x||y| \leq R\varepsilon' + \varepsilon'|y| \leq \varepsilon/2 + \varepsilon/2 = \varepsilon.$$

(3) Wegen (2) genügt es, den in (3) angegebenen Spezialfall zu zeigen. Sei dazu $\varepsilon > 0$ vorgegeben. Es ist

$$\left| \frac{1}{y_n} - \frac{1}{y} \right| = \left| \frac{y - y_n}{y\,y_n} \right| = \frac{|y_n - y|}{|y|} \cdot \frac{1}{|y_n|}.$$

Da $\lim y_n = y \neq 0$ ist, liegen in der $(|y|/2)$-Umgebung von 0 nur endlich viele Glieder der Folge (y_n). Wegen $y_n \neq 0$ für alle n gibt es daher ein $r > 0$ mit $|y_n| \geq r$, also mit $1/|y_n| \leq 1/r$ für alle n. Wählen wir jetzt zu $\varepsilon' := \varepsilon r|y|$ ein n_0 mit $|y_n - y| \leq \varepsilon'$ für alle $n \geq n_0$, so gilt für diese n die folgende Abschätzung:

$$\left| \frac{1}{y_n} - \frac{1}{y} \right| = \frac{|y_n - y|}{|y|} \cdot \frac{1}{|y_n|} \leq \frac{\varepsilon'}{|y|} \cdot \frac{1}{r} = \varepsilon. \qquad \square$$

   Satz 3.2.5 lässt sich folgendermaßen zusammenfassen: Die konvergenten Folgen in K bilden eine K-Unteralgebra $K_{\mathrm{kon}}^{\mathbb{N}}$ der Algebra $K^{\mathbb{N}}$ aller K-wertigen Folgen, deren Einheitengruppe $\left(K_{\mathrm{kon}}^{\mathbb{N}}\right)^{\times}$ genau diejenigen Folgen aus $K_{\mathrm{kon}}^{\mathbb{N}} \cap \left(K^{\mathbb{N}}\right)^{\times}$ enthält, deren Grenzwert $\neq 0$ ist. *Die Abbildung* $\lim: K_{\mathrm{kon}}^{\mathbb{N}} \to K$ *ist ein surjektiver K-Algebra-Homomorphismus.* Sein Kern ist das Ideal der Nullfolgen. Diese bilden also ein maximales Ideal $\mathfrak{n}$ in

$K_{\text{kon}}^{\mathbb{N}}$, das das Ideal $K^{(\mathbb{N})}$ der stationären Nullfolgen umfasst. Es ist $K_{\text{kon}}^{\mathbb{N}} = K \oplus \mathfrak{n}$ und $K_{\text{kon}}^{\mathbb{N}}/\mathfrak{n} = K$.[5] – Eine weitere nützliche Rechenregel ist:

Proposition 3.2.6 *Ist (x_n) eine in K konvergente Folge mit Grenzwert x, so ist auch $(|x_n|)$ konvergent und es gilt* $\lim |x_n| = |\lim x_n| = |x|$.

Beweis Die Behauptung folgt aus $||x_n| - |x|| \le |x_n - x|$, vgl. Satz 3.1.5. $\qquad\square$

Zur Bestimmung von Grenzwerten verwendet man häufig das folgende Kriterium:

Proposition 3.2.7 (Einschließungskriterium) *Es seien $(x_n), (y_n)$ und (z_n) Folgen. Für (fast) alle $n \in \mathbb{N}$ gelte $x_n \le y_n \le z_n$. Sind die Folgen (x_n) und (z_n) konvergent mit dem gleichen Grenzwert y, so ist auch (y_n) konvergent mit Grenzwert y.*

Beweis Sei $\varepsilon > 0$ vorgegeben. In der ε-Umgebung um y liegen dann nach Voraussetzung sowohl fast alle Glieder der Folge (x_n) als auch fast alle Glieder der Folge (z_n), also auch fast alle Glieder der Folge (y_n). $\qquad\square$

Neben den bisher betrachteten (im eigentlichen Sinne) konvergenten Folgen sind häufig (divergente) Folgen zu betrachten, die im uneigentlichen Sinne gegen ∞ oder $-\infty$ konvergieren.

Definition 3.2.8 Eine Folge (x_n) in K **konvergiert (uneigentlich)** gegen ∞ (bzw. $-\infty$), wenn es zu jedem $s \in K$ ein $n_0 \in \mathbb{N}$ gibt mit $x_n \ge s$ (bzw. $x_n \le s$) für alle $n \ge n_0$. Man sagt, dass (x_n) **dem Betrage nach gegen ∞ konvergiert**, wenn die Folge $(|x_n|)$ der Beträge gegen ∞ konvergiert.

Genau dann konvergiert die Folge (x_n) gegen ∞, wenn $(-x_n)$ gegen $-\infty$ konvergiert. Natürlich sind Folgen, die gegen ∞ bzw. $-\infty$ konvergieren, nach oben bzw. nach unten unbeschränkt. Wenn im Folgenden von konvergenten Folgen gesprochen wird, sind in der Regel nur die im eigentlichen Sinne konvergenten Folgen gemeint. Ist auch uneigentliche Konvergenz zugelassen, so werden wir dies gewöhnlich explizit erwähnen. Mit den am Ende von Abschn. 3.1 festgelegten Konventionen (1)–(4) für das Rechnen mit $\pm\infty$ gelten die Grenzwertrechenregeln weiter. Die Konvention $0 \cdot (\pm\infty) = 0$ hat allerdings *keine* Entsprechung bei den Grenzwertrechenregeln. In $\mathbb{R}$ beispielsweise ist $\lim 1/n = 0$, aber $\lim b_n/n$ hängt wesentlich von der Folge (b_n) ab. Man betrachte für (b_n) etwa die Folgen $(\sqrt{n}), (n), (n^2)$, vgl. Korollar 3.3.3.

---

[5] Übrigens ist kein maximales Ideal in $K^{\mathbb{N}}$, das $K^{(\mathbb{N})}$ umfasst, explizit bekannt, obschon diese Ideale $\mathfrak{m}$ mit ihren Restklassenkörpern $K^{\mathbb{N}}/\mathfrak{m}$ eine außerordentliche Rolle in der sogenannten **Nicht-Standard-Analysis** spielen, insbesondere für $K = \mathbb{R}$, vgl. auch die Bemerkung zu Aufg. 4.2.31. – Ferner merken wir an, dass es angeordnete Körper K gibt, deren einzige Nullfolgen die stationären Nullfolgen sind, vgl. Aufg. 3.1.12. In diesen Körpern sind die stationären Folgen die einzigen konvergenten Folgen, und es ist $K_{\text{kon}}^{\mathbb{N}} = K \oplus K^{(\mathbb{N})}$.

Aufgaben

Falls nichts anderes gesagt wird, liegen in den folgenden Aufgaben die Elemente in einem festen angeordneten Körper K.

Aufgabe 3.2.1 Sei (x_n) eine konvergente Folge mit $s \geq x_n$ (bzw. $s \leq x_n$) für fast alle $n \in \mathbb{N}$. Dann ist auch $s \geq \lim x_n$ (bzw. $s \leq \lim x_n$).

Aufgabe 3.2.2 Sei (x_n) eine konvergente Folge mit einem positiven (bzw. negativen) Grenzwert. Dann gibt es ein $s > 0$ mit $s \leq x_n$ (bzw. $x_n \leq -s$) für fast alle Glieder der Folge.

Aufgabe 3.2.3 Sei (x_n) eine Folge mit den Teilfolgen (x_{n_k}) und (x_{m_k}) derart, dass jedes Glied x_n in wenigstens einer der beiden Teilfolgen auftritt (d. h. dass jeder Index n in einer der beiden Indexfolgen (n_k) und (m_k) auftritt). Genau dann konvergiert die Folge (x_n), wenn jede der beiden Teilfolgen gegen ein und denselben Grenzwert konvergiert (der dann natürlich gleich $\lim x_n$ ist).

Aufgabe 3.2.4 Genau dann ist (x_n) eine Nullfolge, wenn $(|x_n|)$ eine Nullfolge ist.

Aufgabe 3.2.5 Seien (x_n) eine Nullfolge und (y_n) eine beschränkte Folge. Dann ist auch $(x_n y_n)$ eine Nullfolge.

Aufgabe 3.2.6
a) Eine Folge mit ausschließlich positiven (bzw. ausschließlich negativen) Gliedern konvergiert genau dann gegen ∞ (bzw. $-\infty$), wenn die Folge der Kehrwerte eine Nullfolge ist. Genau dann ist eine Folge, deren Glieder alle von 0 verschieden sind, eine Nullfolge, wenn die Folge der Kehrwerte dem Betrag nach gegen ∞ konvergiert.
b) Sei $\lim x_n = \infty$ und $\lim y_n = a \in \overline{K} - \{0\}$. Dann ist $\lim x_n y_n = \infty$, falls $a > 0$ ist, und $\lim x_n = -\infty$, falls $a < 0$ ist.
c) Die Folge (x_n) konvergiere gegen ∞, und die Folge (y_n) sei nach unten beschränkt. Dann konvergiert $(x_n + y_n)$ auch gegen ∞.

Aufgabe 3.2.7 Die Folgen $(x_n + y_n)$ und $(x_n - y_n)$ seien konvergent mit den Grenzwerten α bzw. β. Dann konvergieren (x_n), (y_n) und $(x_n y_n)$ ebenfalls, und es gilt

$$\lim x_n = (\alpha + \beta)/2, \quad \lim y_n = (\alpha - \beta)/2, \quad \lim x_n y_n = (\alpha^2 - \beta^2)/4.$$

Aufgabe 3.2.8 Für welche konvergenten Folgen lässt sich die Stelle $n_0 \in \mathbb{N}$ in Definition 3.2.1 unabhängig von $\varepsilon(> 0)$ wählen?

Aufgabe 3.2.9 Seien (x_n) und (y_n) Folgen in K. Es sei $y_n \neq 0$ für fast alle n. Dann heißen (x_n) und (y_n) **asymptotisch gleich**, wenn die (für fast alle n definierte) Folge (x_n/y_n) gegen 1 konvergiert, d. h. wenn die Folge $((x_n - y_n)/y_n)$ der **relativen Fehler** eine Nullfolge ist. Wir schreiben dann $x_n \sim y_n$ (für $n \to \infty$).

a) Die asymptotische Gleichheit ist eine Äquivalenzrelation auf der Menge der Folgen in K, deren Glieder fast alle ungleich 0 sind.

b) Es gebe ein $s > 0$ mit $|y_n| \geq s$ für fast alle n. Ist die Folge $(y_n - x_n)$ der **absoluten Fehler** eine Nullfolge, so sind (x_n) und (y_n) asymptotisch gleich.

c) Ist die Folge (y_n) beschränkt und sind (x_n) und (y_n) asymptotisch gleich, so ist die Folge der absoluten Fehler eine Nullfolge.

Aufgabe 3.2.10 Folgende Aussagen über den angeordneten Körper K sind äquivalent: (i) Es gibt eine nicht stationäre Nullfolge in K. (ii) Es gibt eine streng monoton fallende Nullfolge in K. (iii) Es gibt eine abzählbare Teilmenge von $K_+^\times$ mit 0 als unterer Grenze. (iv) Es gibt eine abzählbare unbeschränkte Teilmenge in K.

Aufgabe 3.2.11 Sei $I \neq \emptyset$ und $K(X) := K(X_i, i \in I)$ der rationale Funktionenkörper in den Unbestimmten X_i, $i \in I$, mit einer Anordnung gemäß Beispiel 3.1.2. Wir setzen die Gradfunktion von $K[X]^* = K[X_i, i \in I]^*$ durch $\mathrm{Grad}(F/G) := \mathrm{Grad}\, F - \mathrm{Grad}\, G$, $F, G \in K[X]^*$, nach $K(X)^\times$ fort. Genau dann ist die Folge $(R^n)_{n \in \mathbb{N}}$, $R \in K(X)^\times$, eine Nullfolge, wenn $\mathrm{Grad}\, R < 0$ ist. Insbesondere gibt es nicht stationäre Nullfolgen in $K(X)$.

Aufgabe 3.2.12 Sei $I \neq \emptyset$ und $K(X) := K(X_i, i \in I)$ der rationale Funktionenkörper in den Unbestimmten X_i, $i \in I$, wobei I wohlgeordnet sei. Auf den Monomen X^ν, $\nu \in \mathbb{N}^{(I)}$, definieren wir die reverse lexikographische Ordnung $\leq_{\mathrm{rev\,lex}}$ durch „ $X^\mu <_{\mathrm{rev\,lex}} X^\nu$ genau dann, wenn $\mu \neq \nu$ ist und $\mu_i < \nu_i$ für den *größten* Index i mit $\mu_i \neq \nu_i$". (Die Grade $|\mu|$ bzw. $|\nu|$ der Monome spielen also anders als bei der homogenen reversen lexikographischen Ordnung $<_{\mathrm{rev\,hlex}}$ keine Rolle. Ist etwa $i_1 < i_2$, so ist $X_{i_1}^n <_{\mathrm{rev\,lex}} X_{i_2}$ für alle $n \in \mathbb{N}$.)

a) $\leq_{\mathrm{rev\,lex}}$ ist eine Wohlordnung, bzgl. der die Monome ein reguläres geordnetes Monoid mit 1 als kleinstem Element bilden, und $K(X)$ ist mit

$$K(X)_+^\times := \{F/G \mid F, G \in K[X]^*, \mathrm{LK}(F), \mathrm{LK}(G) > 0\}$$

ein angeordneter Körper.

b) Genau dann besitzt $K(X)$ eine nicht stationäre Nullfolge, wenn I eine abzählbare kofinale Teilmenge enthält. Insbesondere gibt es Beispiele derart, dass $K(X)$ nur stationäre Nullfolgen besitzt. (Vgl. Aufg. 1.8.12e).)

3.3 Reelle Zahlkörper

Zur Charakterisierung reeller Zahlen formulieren wir im Anschluss an C. Carathéodory (1873–1950) das sogenannte Vollständigkeitsaxiom mit Hilfe monotoner Folgen:

Definition 3.3.1 (Vollständigkeitsaxiom) Ein angeordneter Körper K heißt ein **vollständiger angeordneter Körper** oder ein **reeller Zahlkörper**, wenn in K jede beschränkte monotone Folge konvergiert.

Da eine Folge (x_n) genau dann monoton wachsend ist, wenn die Folge $(-x_n)$ monoton fallend ist, hätte es genügt, die Konvergenz von beschränkten monoton wachsenden Folgen zu fordern. Wir werden bald sehen, vgl. Korollar 3.4.10, dass ein reeller Zahlkörper in folgendem Sinn eindeutig bestimmt ist: Sind K_1 und K_2 vollständige angeordnete Körper, so gibt es *genau* einen Isomorphismus (von angeordneten Körpern) $K_1 \xrightarrow{\sim} K_2$. Wir sprechen daher schon jetzt (wie bisher) von *dem* Körper der reellen Zahlen und bezeichnen ihn mit

$$\mathbb{R}.$$

Im Folgenden sei $\mathbb{R}$ stets ein reeller Zahlkörper. Eine erste wichtige Konsequenz aus dem Vollständigkeitsaxiom ist die folgende Aussage:

Satz 3.3.2 *Die Folge der natürlichen Zahlen in $\mathbb{R}$ ist unbeschränkt in $\mathbb{R}$.*

Beweis Die Folge $(n)_{n\in\mathbb{N}}$ ist monoton wachsend. Wäre sie beschränkt, so hätte sie nach Definition 3.3.1 einen Grenzwert x. In der ε-Umgebung von x mit $\varepsilon := 1/3$ liegt aber höchstens eine natürliche Zahl. Widerspruch!   □

Ein angeordneter Körper K, in dem die Menge $\mathbb{N}$ der natürlichen Zahlen unbeschränkt ist, heißt ein **archimedisch angeordneter Körper**. Da für ein Element $S \in K_+^\times$ die Bedingung $S \leq n$ äquivalent ist zu $0 < 1/n \leq 1/S$, $n \in \mathbb{N}^*$, gilt: *Genau dann ist K ein archimedisch angeordneter Körper, wenn $(1/n)_{n\in\mathbb{N}^*}$ eine Nullfolge in K ist.*

Lemma 3.3.3 *Sei K ein archimedisch angeordneter Körper und $\varepsilon, x, y \in K_+^\times$. Dann gilt:*

(1) *Es gibt ein $n \in \mathbb{N}$ mit $n\varepsilon \geq x$.*
(2) *Falls $y > 1$, gibt es ein $n \in \mathbb{N}$ mit $y^n \geq x$, d. h. (y^n) konvergiert (streng monoton wachsend) gegen ∞.*
(3) *Falls $y < 1$, gibt es ein $n \in \mathbb{N}$ mit $y^n \leq \varepsilon$, d. h. (y^n) ist eine (streng monoton fallende) Nullfolge.*

Beweis (1) Da $\mathbb{N}$ nach Voraussetzung nicht nach oben beschränkt ist, gibt es zu x/ε ein $n \in \mathbb{N}$ mit $n \geq x/\varepsilon$, d. h. mit $n\varepsilon \geq x$.

(2) Es ist $y = 1 + h$ mit einem $h > 0$. Dann ist $y^n = (1+h)^n = 1 + nh + \cdots + h^n \geq 1 + nh \geq x$ für alle $n \in \mathbb{N}^*$ mit $n \geq (x-1)/h$.

(3) Wegen $0 < y < 1$ ist $1/y > 1$. Nach (2) gibt es also ein n mit $(1/y)^n \geq 1/\varepsilon$, d. h. mit $y^n \leq \varepsilon$. $\square$

Wie die Beispiele in 3.1.2 zeigen, gibt es angeordnete Körper, die nicht archimedisch angeordnet sind. So ist etwa der rationale Funktionenkörper $K(X)$ in einer Unbestimmten über jedem angeordneten Körper K nicht archimedisch angeordnet. Die Unbestimmte X ist ein obere Schranke für alle Elemente aus $K \supseteq \mathbb{N}$. Wir erinnern daran, dass die positiven Elemente in $K(X)$ genau die rationalen Funktionen der Form F/G, $F, G \in K[X]^*$, mit positiven Leitkoeffizienten $\mathrm{LK}(F)$, $\mathrm{LK}(G)$ sind. Die Bedeutung des archimedischen Axioms hat Archimedes als erster voll erkannt.

Aus Lemma 3.3.3 (3) folgt, dass in einem archimedisch angeordneten Körper K für jedes $x \in K$ mit $|x| < 1$ die Folge (x^n) eine Nullfolge ist, da $|x^n| = |x|^n$, $n \in \mathbb{N}$, eine Nullfolge ist.

Besitzt der angeordnete Körper K eine Nullfolge (ε_m) in $K_+^\times$ (wie ein archimedisch angeordneter Körper die Folge $1/m$, $m \in \mathbb{N}^*$), so konvergiert eine Folge (x_n) aus K bereits dann gegen $x \in K$, wenn für jedes m in der ε_m-Umgebung von x jeweils fast alle Glieder der Folge (x_n) liegen.

Da in einem archimedisch angeordneten Körper K die Menge $\mathbb{Z} = \mathbb{N} \cup (-\mathbb{N})$ weder nach oben noch nach unten beschränkt ist, gibt es zu jedem $x \in K$ genau ein $m \in \mathbb{Z}$ mit $m \leq x < m + 1$. Diese Zahl m heißt der **ganze Teil** oder auch die **Gauß-Klammer** von x und wird mit $[x]$ (oder mit $\lfloor x \rfloor =$ floor von x, vgl. Beispiel 1.2.2 (4)) bezeichnet. Definitionsgemäß gilt also

$$[x] \leq x < [x] + 1, \quad [x] \in \mathbb{Z}.$$

Ferner ist die Bezeichnung

$$\{x\} = x - [x]$$

üblich. Wir notieren noch die folgende Konsequenz des archimedischen Axioms.

Lemma 3.3.4 *Sei K ein archimedisch angeordneter Körper. Dann ist $\mathbb{Q} = \mathbf{F}_0 \subseteq K$ dicht in K, d. h. im jedem Intervall $]a, b[\subseteq K$, $a < b$, liegen eine und damit unendlich viele rationale Zahlen. Insbesondere ist jedes $x \in K$ Grenzwert einer Folge rationaler Zahlen.*

Beweis Sei $n \in \mathbb{N}^*$ so gewählt, dass $1/n < b - a$ ist. Dann gilt $([na] + 1)/n \in]a, b[$, wie der Leser leicht bestätigt. $\square$

Wir wenden uns nun wieder einem reellen Zahlkörper $\mathbb{R}$ zu. Die folgende Kennzeichnung einer reellen Zahl geht schon auf Archimedes zurück.

Satz 3.3.5 (**Intervallschachtelung**) *Es seien (a_n) eine monoton wachsende und (b_n) eine monoton fallende Folge in $\mathbb{R}$ mit folgenden Eigenschaften:*

(1) *Es ist $a_n \leq b_n$ für alle $n \in \mathbb{N}$.*   (2) *Es ist $\lim(b_n - a_n) = 0$.*

Dann gibt es genau ein $x \in \mathbb{R}$ mit $a_n \leq x \leq b_n$ für alle $n \in \mathbb{N}$. Es ist $x = \lim a_n = \lim b_n$.

Beweis Die Folgen (a_n) und (b_n) sind auch beschränkt, also nach 3.3.1 konvergent. Wegen $0 = \lim(b_n - a_n) = \lim b_n - \lim a_n$ haben (a_n) und (b_n) den gleichen Grenzwert x. Aus der Monotonie der Folgen (a_n) und (b_n) ergibt sich $a_n \leq x \leq b_n$ für alle n. Ist x' eine weitere solche Zahl, so gilt $|x - x'| \leq b_n - a_n$ für alle n und daher notwendigerweise $|x - x'| = 0$, d. h. $x = x'$. $\qquad\qquad\square$

Seien (a_n) und (b_n) Folgen reeller Zahlen wie in 3.3.5. $I_n := [a_n, b_n], n \in \mathbb{N}$, ist dann eine Folge von abgeschlossenen Intervallen, für die

$$I_0 \supseteq I_1 \supseteq I_2 \supseteq \cdots \supseteq I_n \supseteq I_{n+1} \supseteq \cdots$$

gilt und deren Längen eine Nullfolge bilden. Man nennt eine solche Folge von abgeschlossenen Intervallen eine **Intervallschachtelung**. Nach Satz 3.3.5 gibt es genau eine Zahl x, die in jedem der Intervalle I_n liegt. Diese Zahl x heißt **die durch die Intervallschachtelung definierte Zahl**. Es ist

$$a_0 \leq a_1 \leq a_2 \leq \cdots \leq x \leq \cdots \leq b_2 \leq b_1 \leq b_0$$

und $x = \lim a_n = \lim b_n$. Der Mittelpunkt $(a_n + b_n)/2$ des n-ten Intervalls I_n approximiert die Zahl x bis auf einen Fehler, der höchstens gleich der halben Intervalllänge $(b_n - a_n)/2$ ist. Nach dem Einschließungskriterium 3.2.7 konvergiert jede Folge (c_n) mit $c_n \in I_n, n \in \mathbb{N}$, gegen x. Umgekehrt gibt es zu einer konvergenten Folge (x_n) in $\mathbb{R}$ eine Intervallschachtelung $I_n, n \in \mathbb{N}$, derart, dass für jedes $n \in \mathbb{N}$ außerhalb I_n nur endlich viele Glieder der Folge liegen. Hierzu hat man aber die Existenz von Nullfolgen in $\mathbb{R}$ zu benutzen. Da $\mathbb{Q}$ dicht in $\mathbb{R}$ liegt, findet man sogar solche Intervallschachtelungen mit Intervallgrenzen in $\mathbb{Q}$.

Beispiel 3.3.6 (Überabzählbarkeit von $\mathbb{R}$) Wir wollen noch den ersten Beweis für die Überabzählbarkeit von $\mathbb{R}$ aus der Arbeit „Über eine Eigenschaft des Inbegriffs aller reellen algebraischen Zahlen" von G. Cantor in Journal für die reine und angew. Math. **74**, 258–262 (1874) bringen (siehe auch Aufg. 1.8.13d) sowie Aufg. 2.9.19): Angenommen die Folge $r_0, r_1, r_2, \ldots$ enthielte alle reellen Zahlen. Im Widerspruch dazu konstruieren wir schrittweise eine Intervallschachtelung $[a_n, b_n], n \in \mathbb{N}$, die eine reelle Zahl definiert, welche in der angegebenen Folge sicher nicht vorkommt. Wir wählen $[a_0, b_0]$ so, dass $r_0 \notin [a_0, b_0]$ ist, und $[a_{n+1}, b_{n+1}] \subseteq [a_n, b_n]$ so, dass $r_{n+1} \notin [a_{n+1}, b_{n+1}]$ liegt. Dabei ist darauf zu achten, dass die Intervalllängen gegen 0 konvergieren. Beispielsweise drittele man jeweils die Intervalle $[a_n, b_n]$. In wenigstens einem der äußeren Drittel liegt dann r_{n+1} nicht, und ein solches Drittel liefert das nächste Intervall $[a_{n+1}, b_{n+1}]$. (Nach Aufg. 3.3.21 kann man darauf verzichten, dass die Intervalllängen gegen 0 gehen. – Für eine Verallgemeinerung siehe Aufg. 3.4.15.) $\qquad\diamond$

Beispiel 3.3.7 (Babylonisches oder Heronisches Wurzelziehen) *Sei* $a \in \mathbb{R}_+^\times$. *Dann ist die durch*

$$x_{n+1} = \frac{1}{2}\left(x_n + \frac{a}{x_n}\right), \quad x_0 > 0 \text{ beliebig, etwa } x_0 = a \text{ oder } x_0 = 1,$$

rekursiv definierte Folge (x_n) *konvergent mit* $\lim x_n = \sqrt{a}$, d. h. für $x := \lim x_n$ ist $x^2 = a$ und $x > 0$. *Beweis.* Offenbar sind alle $x_n > 0$. Ferner gilt $x_{n+1}^2 \geq a$ für alle $n \geq 0$, da das Quadrat des arithmetischen Mittels $\frac{1}{2}(x_n + a/x_n)$ von x_n und a/x_n mindestens so groß ist wie das Quadrat $x_n \cdot a/x_n = a$ ihres geometrischen Mittels. Explizit: Es ist

$$x_{n+1}^2 - a = \left(\frac{1}{2}\left(x_n + \frac{a}{x_n}\right)\right)^2 - a = \frac{1}{4}\left(x_n - \frac{a}{x_n}\right)^2 \geq 0.$$

Die Folge $x_n, n \geq 1$, ist wegen

$$x_n - x_{n+1} = x_n - \frac{1}{2}\left(x_n + \frac{a}{x_n}\right) = \frac{1}{2}\left(x_n - \frac{a}{x_n}\right) = \frac{1}{2x_n}\left(x_n^2 - a\right) \geq 0$$

monoton fallend. Da sie durch 0 nach unten beschränkt ist, konvergiert sie nach Definition 3.3.1 gegen ein $x \in \mathbb{R}$ mit $x \geq 0$. Wegen $x_{n+1}^2 \geq a$ ist $x^2 \geq a > 0$ und folglich sogar $x > 0$. Mit der Rekursionsgleichung und den Rechenregeln für Limiten ergibt sich nun $x^2 = a$ wegen

$$x = \lim x_{n+1} = \frac{1}{2}\left(\lim x_n + \frac{a}{\lim x_n}\right) = \frac{1}{2}\left(x + \frac{a}{x}\right). \qquad \square$$

Um einen Eindruck von der Güte der Approximation von $\sqrt{a}$ durch die x_n zu bekommen, schätzen wir für $n \geq 1$ in folgender Weise ab:

$$x_{n+1} - \sqrt{a} = \frac{1}{2}\left(x_n + \frac{a}{x_n}\right) - \sqrt{a} = \frac{1}{2x_n}\left(x_n - \sqrt{a}\right)^2 \leq \frac{1}{2\sqrt{a}}\left(x_n - \sqrt{a}\right)^2.$$

Der Fehler $x_{n+1} - \sqrt{a}$ beim $(n+1)$-ten Schritt, $n \geq 1$, ist also bis auf den Faktor $1/2\sqrt{a}$ höchstens so groß wie das Quadrat des Fehlers beim n-ten Schritt, d. h. die Anzahl der korrekten Stellen hinter dem Komma verdoppelt sich annähernd bei jedem Schritt. Ferner ist

$$0 \leq x_n - \sqrt{a} = \frac{x_n^2 - a}{x_n + \sqrt{a}} \leq \frac{1}{2\sqrt{a}}\left(x_n^2 - a\right), \quad n \geq 1.$$

Man spricht hier von **quadratischer Konvergenz**.

Generell sagen wir, dass die konvergente Folge (x_n) mit $x := \lim x_n$ von der Ordnung $k > 1$ gegen x konvergiert, wenn es eine Konstante $C \geq 0$ mit $|x_{n+1} - x| \leq C |x_n - x|^k$ für alle $n \geq 0$ gibt. Gilt $|x_{n+1} - x| \leq c |x_n - x|$ für genügend große n mit einer Konstanten $c \in \mathbb{R}, 0 \leq c < 1$, so spricht man von **linearer Konvergenz**. Entsprechend sagen wir, dass die Intervallschachtelung $I_n = [a_n, b_n]$, $n \in \mathbb{N}$, für die Zahl x eine **Konvergenzordnung** $k > 1$ hat, wenn $b_{n+1} - a_{n+1} \leq C(b_n - a_n)^k$ mit einer Konstanten $C \geq 0$ für alle $n \geq 0$ gilt. Die lineare Konvergenz von Intervallschachtelungen ist analog zur linearen Konvergenz von Folgen definiert.

Das Babylonische Verfahren ist das Standardverfahren zum Wurzelziehen und wird gewöhnlich auch in Computern benutzt. Ganz ähnlich zeigt man, dass für beliebiges $k \in \mathbb{N}^*$ die rekursiv definierte Folge (x_n) mit $x_0 > 0$ beliebig und

$$x_{n+1} = \frac{1}{k}\left((k-1)x_n + \frac{a}{x_n^{k-1}}\right), \quad n \in \mathbb{N},$$

für $n \geq 1$ monoton fallend gegen $\sqrt[k]{a}$ konvergiert, vgl. Aufg. 3.3.19. *Insbesondere ist dadurch auch die Existenz der k-ten Wurzel für positive reelle Zahlen bewiesen.* Bei der letzten Rekursion wird die Näherung x_{n+1} als das arithmetische Mittel der Kantenlängen $x_n, \ldots, x_n, a/x_n^{k-1}$ eines k-dimensionalen Quaders vom Volumen a bestimmt.   ◇

Beispiel 3.3.8 (Intervallschachtelungen für die Eulersche Zahl e und für die Eulersche Konstante γ) (1) Die Folgen

$$a_n := \left(1 + \frac{1}{n}\right)^n \quad \text{und} \quad b_n := \left(1 + \frac{1}{n}\right)^{n+1}, \quad n \in \mathbb{N}^*,$$

definieren eine Intervallschachtelung. *Beweis.* Für alle $n \geq 1$ ist $a_n < b_n$. Ferner ist a_n streng monoton wachsend: Die Ungleichung

$$\left(\frac{n+1}{n}\right)^n = \left(1 + \frac{1}{n}\right)^n < \left(1 + \frac{1}{n+1}\right)^{n+1} = \left(\frac{n+2}{n+1}\right)^{n+1}$$

ist nämlich äquivalent zu

$$1 - \frac{1}{n+2} = \frac{n+1}{n+2} < \left(\frac{n(n+2)}{(n+1)^2}\right)^n = \left(1 - \frac{1}{(n+1)^2}\right)^n.$$

Mit der Bernoullischen Ungleichung aus Aufg. 3.1.13, angewandt auf $x := -1/(n+1)^2$, erhalten wir aber

$$\left(1 - \frac{1}{(n+1)^2}\right)^n \geq 1 - \frac{n}{(n+1)^2} > 1 - \frac{1}{n+2}.$$

Die Folge (b_n) ist streng monoton fallend, da $\left(1 + \frac{1}{n}\right)^{n+1} > \left(1 + \frac{1}{n+1}\right)^{n+2}$ äquivalent ist
zu der Ungleichung

$$\frac{n+1}{n+2} > \left(\frac{n^2 + 2n}{n^2 + 2n + 1}\right)^{n+1} = \left(1 - \frac{1}{(n+1)^2}\right)^{n+1},$$

die sich mit Aufg. 3.1.14a) (für $x := 1/(n+1)^2$) ergibt. Schließlich ist $\lim(b_n - a_n) = \lim a_n / n = 0$. $\square$

Die durch diese Intervallschachtelung definierte Zahl heißt die **Eulersche Zahl** e nach
L. Euler (1707–1783). Es ist also

$$\mathrm{e} = \lim_{n \to \infty} \left(1 + \frac{1}{n}\right)^n = 2{,}71828182845904523536\ldots$$

Zum schnellen Berechnen von e ist diese Intervallschachtelung kaum geeignet, da die
Länge a_n / n des n-ten Intervalls $[a_n, b_n]$ immer noch $\geq a_1 / n = 2/n$ ist. Recht günstig
sind jedoch die Mittelwerte $\frac{1}{2}(a_n + b_n)$, $n \in \mathbb{N}^*$, vgl. Bd. 2 für eine Fehlerabschätzung.
Eine hübsche Interpretation der hier beschriebenen Intervallschachtelung für e findet man
in Aufg. 1.7.33.

(2) Bei Benutzung des natürlichen Logarithmus ln zur Basis e (vgl. Abschn. 3.10) sind
die Ungleichungen

$$\left(1 + \frac{1}{n}\right)^n < \mathrm{e} < \left(1 + \frac{1}{n-1}\right)^n \quad \text{und} \quad \ln\left(1 + \frac{1}{n}\right) < \frac{1}{n} < \ln\left(1 + \frac{1}{n-1}\right)$$

für $n \geq 2$ äquivalent. Mit den sogenannten **harmonischen Zahlen**

$$H_n := \sum_{\nu=1}^{n} \frac{1}{\nu}, \quad n \in \mathbb{N},$$

ist die Folge

$$c_n := \sum_{\nu=1}^{n} \left(\frac{1}{\nu} - \ln\left(1 + \frac{1}{\nu}\right)\right) = \sum_{\nu=1}^{n} \left(\frac{1}{\nu} - \ln(\nu+1) + \ln\nu\right)$$
$$= H_n - \ln(n+1), \quad n \in \mathbb{N}^*,$$

also monoton wachsend und die Folge

$$d_n := 1 + \sum_{\nu=2}^{n} \left(\frac{1}{\nu} - \ln\left(1 + \frac{1}{\nu-1}\right)\right) = H_n - \ln n, \quad n \in \mathbb{N}^*,$$

Abb. 3.5 Kreis mit ein- und
umbeschriebenem $2^n m$-Eck

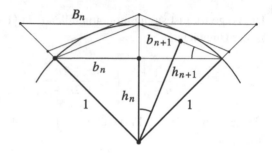

monoton fallend. Wegen $d_n - c_n = \ln(n+1) - \ln n = \ln(1 + \frac{1}{n}) < \frac{1}{n}$ bilden sie ebenfalls eine Intervallschachtelung. Die dadurch definierte Zahl

$$\gamma := \lim_{n \to \infty} (H_n - \ln n) = 0{,}577215664901532860860\ldots$$

heißt die **Eulersche** (oder **Mascheronische**) **Konstante**. *Es ist also*

$$H_n = \ln n + \gamma + \rho_n$$

mit einer monoton fallenden Nullfolge $(\rho_n)_{n \in \mathbb{N}^*}$ und insbesondere $H_n \sim \ln n$ für $n \to \infty$, d. h. $\lim_{n \to \infty}(H_n / \ln n) = 1$. – Die Zahl e ist irrational, vgl. Aufg. 3.6.15c), ja sogar transzendent (über $\mathbb{Q}$), d. h. nicht Nullstelle einer Polynomfunktion $\neq 0$ mit Koeffizienten in $\mathbb{Z}$, vgl. etwa [22], 16.A, Bemerkung zu Aufg. 3.3.4. Man weiß nicht, ob γ irrational ist.   ◇

Beispiel 3.3.9 (Intervallschachtelung für die Kreiszahl π) Der Flächeninhalt eines Kreises ist in der Zahlenebene $\mathbb{R}^2$ wohldefiniert, vgl. etwa Bd. 6 über Maß- und Integrationstheorie. Die **Kreiszahl** π lässt sich daher als Flächeninhalt des Einheitskreises $K := \{(x, y) \in \mathbb{R}^2 \mid x^2 + y^2 \leq 1\}$ einführen, vgl. auch Bd. 2. Im Folgenden benutzen wir einige elementargeometrische Fakten (z. B. den Satz des Pythagoras).

Sei $m \in \mathbb{N}$ mit $m \geq 3$ fest. Für $n \in \mathbb{N}$ sei f_n der Flächeninhalt des einbeschriebenen regelmäßigen $2^n m$-Ecks und F_n der Flächeninhalt des umbeschriebenen regelmäßigen $2^n m$-Ecks von K. Dann ist $f_n < \pi < F_n$. Schließlich sei h_n die Länge der Höhe eines der gleichschenkligen Teildreiecke, das gebildet wird vom Mittelpunkt des Kreises und zwei benachbarten Ecken des einbeschriebenen $2^n m$-Ecks, und b_n die halbe Basislänge dieses Dreiecks, vgl. Abb. 3.5. Dreimaliges Anwenden des Satzes von Pythagoras liefert dann

$$4\left(1^2 - h_{n+1}^2\right) = 4b_{n+1}^2 = (1 - h_n)^2 + b_n^2 = 1 - 2h_n + \left(h_n^2 + b_n^2\right) = 1 - 2h_n + 1^2$$

und folglich $2h_{n+1}^2 = h_n + 1$ oder $h_{n+1}^2 = \frac{1}{2}(h_n + 1)$, $n \in \mathbb{N}$. Ferner sind die beiden in Abb. 3.5 eingezeichneten Winkel offenbar gleich und somit Basiswinkel ähnlicher rechtwinkliger Dreiecke. Es folgt $b_n : 2b_{n+1} = h_{n+1} : 1$, d. h. $b_n = 2b_{n+1}h_{n+1}$ und

$$f_n = 2^n m b_n h_n = 2^{n+1} m b_{n+1} h_{n+1} h_n = f_{n+1} h_n.$$

Bezeichnet B_n die halbe Basislänge des entsprechenden Teildreiecks für das umbeschriebene $2^n m$-Eck, so liefert der Strahlensatz $B_n : b_n = 1 : h_n$, d. h. $b_n = B_n h_n$ und daher

$$F_n h_n^2 = 2^n m B_n h_n^2 = 2^n m b_n h_n = f_n = f_{n+1} h_n,$$

also $F_n h_n = f_{n+1}$ und $h_n = \sqrt{f_n / F_n}$. Wegen $F_n / f_{n+1} = h_n^{-1} = f_{n+1} / f_n$ ergibt sich

$$f_{n+1} = \sqrt{f_n F_n}, \quad F_{n+1} = \frac{f_{n+2}}{h_{n+1}} = \frac{f_{n+1}}{h_{n+1}^2} = \frac{2 f_{n+1}}{h_n + 1} = \frac{2 f_{n+1} F_n}{h_n F_n + F_n} = \frac{2 f_{n+1} F_n}{f_{n+1} + F_n},$$

$n \in \mathbb{N}$. f_{n+1} ist also das geometrische Mittel von f_n und F_n und F_{n+1} das harmonische Mittel von f_{n+1} und F_n. (Man vergleiche dies mit der Rekursion für das harmonisch-geometrische Mittel in Aufg. 3.3.18.) *Die Folgen (f_n) und (F_n) bilden eine Intervallschachtelung für π*. Stets gilt nämlich $f_n < f_{n+1} < F_{n+1} < F_n$. Außerdem hat man

$$\frac{F_{n+1} - f_{n+1}}{F_n - f_n} = \frac{2 f_{n+1} F_n - (f_{n+1} + F_n) f_{n+1}}{(f_{n+1} + F_n)(F_n - f_{n+1}^2 / F_n)} = \frac{1 - f_{n+1} / F_n}{(1 + F_n / f_{n+1})(1 - f_{n+1}^2 / F_n^2)}$$

$$= \frac{1}{(1 + F_n / f_{n+1})(1 + f_{n+1} / F_n)} < \frac{1}{4}$$

wegen $(1 + F_n / f_{n+1})(1 + f_{n+1} / F_n) = 1 + 1 + F_n / f_{n+1} + f_{n+1} / F_n > 2 + 2 = 4$. (Nach Aufg. 3.1.4a) gilt $a + a^{-1} > 2$ für alle $a \in \mathbb{R}_+^{\times}$, $a \neq 1$.) Es folgt

$$F_{n+1} - f_{n+1} < (F_n - f_n)/4 < \cdots < (F_0 - f_0)/4^{n+1} \xrightarrow{n \to \infty} 0.$$

Die Konvergenzordnung der Intervallschachtelung ist linear. Beim n-ten Schritt approximiert die Mitte $\frac{1}{2}(f_n + F_n)$ die Zahl π mit einem Fehler $\leq (F_n - f_n)/2 < (F_0 - f_0)/2 \cdot 4^n = 1/4^n$. (Allerdings ist das gewichtete Mittel $(f_n + 2 F_n)/3$ wesentlich günstiger. Hierzu und für weitere Konvergenzbeschleunigungen siehe Bd. 2.)

Im Fall $m = 4$ ist $h_0 = \frac{1}{2}\sqrt{2}$ und $f_0 = 2$, $F_0 = 4$. Damit ergibt sich

$$f_{11} = 3{,}1415923 \ldots < \pi < F_{11} = 3{,}1415928 \ldots$$

Setzen wir $c_n := 2 h_n$, so ist $c_0 = \sqrt{2}$ und $c_{n+1} = \sqrt{2 + c_n}$ für $n \in \mathbb{N}$, also

$$c_n = \sqrt{2 + \sqrt{2 + \cdots + \sqrt{2}}},$$

wobei in c_n insgesamt $n + 1$ Wurzelzeichen auftreten, und wir erhalten die folgende schon von Vieta (1540–1603) angegebene Produktdarstellung für π:

$$\frac{2}{\pi} = \lim_{n \to \infty} \frac{2}{f_{n+1}} = \lim_{n \to \infty} \frac{2}{f_n} h_n = \cdots = \lim_{n \to \infty} \frac{2}{f_0} h_0 \cdots h_n =: \prod_{n=0}^{\infty} \frac{c_n}{2}.$$

Erlaubt man trigonometrische Funktionen, so ist $h_n = c_n/2 = \cos(2\pi/2^{n+2})$ (woraus sich mit $\cos(\alpha/2) = \sqrt{(1+\cos\alpha)/2}$, $0 \leq \alpha \leq \pi$, ebenfalls die Rekursiongleichung $c_{n+1} = \sqrt{2+c_n}$, $n \in \mathbb{N}^*$, ergibt).

Die Kreiszahl

$$\pi = 3{,}141592653589793238462\ldots$$

heißt gelegentlich auch **Ludolphsche Zahl** nach Ludolph van Ceulen (1540–1610), der 1596 die 20 ersten Nachkommastellen von π publizierte und zur Berechnung die ein- und umbeschriebenen $2^{35} \cdot 15$-Ecke benutzte, allerdings deren Umfänge, siehe dazu weiter unten. Im Fall $m = 15$ ist $f_0 = 15b_0h_0 = 15\sin\frac{\pi}{15}\cos\frac{\pi}{15} = \frac{15}{2}\sin\frac{2\pi}{15}$ und $F_0 = f_0/h_0^2 = \frac{15}{2}\sin\frac{2\pi}{15}/\cos^2\frac{\pi}{15} = 15\sin\frac{2\pi}{15}/\left(1+\cos\frac{2\pi}{15}\right)$. Zur Bestimmung von $\sin\frac{2\pi}{15}$ und $\cos\frac{2\pi}{15}$ rechnet man (heute) bequem komplex mit $\zeta_{15} := \cos\frac{2\pi}{15} + \mathrm{i}\sin\frac{2\pi}{15}$, vgl. Beispiel 2.2.16 (2) und Aufg. 3.5.28. Es ist

$$\zeta_{15} = \zeta_{15}^{16} = \left(\zeta_{15}^5\zeta_{15}^3\right)^2 = \zeta_3^2\zeta_5^2 = \frac{1}{4}(-1+\mathrm{i}\sqrt{3})^2 \cdot \frac{1}{16}\left(\sqrt{5}-1+\mathrm{i}\sqrt{10+2\sqrt{5}}\right)^2$$

$$= \frac{1}{2}\left(-1-\mathrm{i}\sqrt{3}\right) \cdot \frac{1}{4}\left(-1-\sqrt{5}+\mathrm{i}\sqrt{10-2\sqrt{5}}\right)$$

$$= \frac{1}{8}\left(1+\sqrt{5}+\sqrt{30-6\sqrt{5}}\right) + \frac{\mathrm{i}}{8}\left(\sqrt{3}(1+\sqrt{5})-\sqrt{10-2\sqrt{5}}\right)$$

und somit $F_{35} - f_{35} < (F_0 - f_0)/4^{35} < (3{,}19 - 3{,}05)/4^{35} < 1{,}2 \cdot 10^{-22}$. (Stattdessen kann man auch $2\pi/15 = (2\pi/5 + 2\pi/5) - 2\pi/3$ und die Additionstheoreme der trigonometrischen Funktionen benutzen.) Später hat van Ceulen mit den regelmäßigen 2^{62}-Ecken π sogar bis auf 35 Nachkommastellen berechnet.

Startet man allgemein die Rekursion $f_{n+1} = \sqrt{f_n F_n}$, $F_{n+1} = 2f_{n+1}F_n/(f_{n+1} + F_n)$, $n \in \mathbb{N}$, mit den Flächen $f_0 = \sin\alpha\cos\alpha$, $F_0 = f_0/h_0^2 = \tan\alpha$ des ein- bzw. umbeschriebenen Dreiecks eines Kreissektors des Einheitskreises mit Mittelpunktswinkel 2α, $0 < \alpha < \pi/2$, so bilden die Folgen (f_n), (F_n) eine Intervallschachtelung für den Flächeninhalt α dieses Sektors und die Folgen (f_n), (F_n) mit den Anfangsbedingungen $f_0 := \sin\alpha\cos\alpha/\sin\alpha\cos\alpha = 1$, $F_0 := \tan\alpha/\sin\alpha\cos\alpha = 1/\cos^2\alpha = 1+\tan^2\alpha > 1$ eine Intervallschachtelung für $\alpha/\sin\alpha\cos\alpha$. Ersetzt man generell die Anfangsbedingung f_0, F_0 mit $0 < f_0 < F_0$ durch af_0, aF_0 mit einem $a \in \mathbb{R}_+^\times$, so erhält man für die Intervallschachtelung die Folgen (af_n) und (aF_n). Es gilt also: Sind f_0, F_0 beliebige *reelle Zahlen mit* $0 < f_0 < F_0$, *so liefern die beiden Folgen* (f_n), (F_n) *eine Intervallschachtelung für die Zahl*

$$\frac{f_0\arctan\sqrt{F_0/f_0 - 1}}{\sqrt{1-f_0/F_0}\sqrt{f_0/F_0}} = \frac{F_0\arctan\sqrt{F_0/f_0 - 1}}{\sqrt{F_0/f_0 - 1}}.$$

$f_0 = 1$, $F_0 = 2$ liefert also (wie oben) eine Intervallschachtelung für $\pi/2$, und $f_0 = 1$, $F_0 = 4$ eine für $4\pi/3\sqrt{3}$.

Übrigens geht die vorgestellte Methode zur Schachtelung der Kreiszahl π bereits auf Archimedes zurück, der wie van Ceulen die Umfänge U_n und u_n statt der Flächen F_n und f_n des um- bzw. einbeschriebenen regelmäßigen $2^n m$-Ecks des Einheitskreises benutzte. Dafür erhält man die Formeln $U_n = 2^{n+1} m B_n = 2F_n$, $u_n = 2^{n+1} m b_n = 2^{n+2} m b_{n+1} h_{n+1} = 2f_{n+1}$ mit den Rekursionen

$$U_{n+1} = 2F_{n+1} = \frac{4f_{n+1}F_n}{f_{n+1} + F_n} = \frac{2u_n U_n}{u_n + U_n},$$
$$u_{n+1} = 2f_{n+2} = 2\sqrt{f_{n+1}F_{n+1}} = \sqrt{u_n U_{n+1}}.$$

Archimedes startete mit $m = 6$, d. h. mit $u_0 = 6$, $U_0 = 4\sqrt{3}$, rechnete bis zum 96-Eck, also bis $n = 4$, und konnte so die bekannten Abschätzungen $6\frac{20}{71} < u_4 < U_4 < 6\frac{2}{7}$, d. h. $3\frac{10}{71} < \pi < 3\frac{1}{7}$, gewinnen. Man beachte auch den Wert $f_1 = u_0/2 = 3$ für den Inhalt des einbeschriebenen regelmäßigen 12-Ecks. Nebenbei bemerkt ist außer dem ein- bzw. umbeschriebenen Quadrat das einbeschriebene regelmäßige 12-Eck das einzige ein- oder umbeschriebene regelmäßige m-Eck des Einheitskreis ($m \geq 3$), dessen Fläche eine rationale Zahl ist. Beweis? *Für den Umfang U des Einheitskreises ergibt sich noch $U = \lim_{n\to\infty} U_n = 2\lim_{n\to\infty} F_n = 2\pi = 2\lim_{n\to\infty} f_{n+1} = \lim_{n\to\infty} u_n$.* – Die Zahl π ist transzendent (über $\mathbb{Q}$), vgl. etwa den Anhang in [14]. $\diamond$

Beispiel 3.3.10 (g-al-Entwicklung reeller Zahlen) Sei g eine natürliche Zahl ≥ 2. Ferner sei x eine nichtnegative reelle Zahl. Es ist $x = [x] + r$ mit $0 \leq r < 1$. Für den Rest $r = \{x\}$ geben wir eine kanonische r definierende Intervallschachtelung an. Dazu zerlegen wir das halboffene Intervall $[0, 1[$ in g gleichlange halboffene Intervalle $[i/g, (i+1)/g[$, $i = 0, \ldots, g-1$, und definieren die Ziffer z_1 durch $r \in [z_1/g, (z_1+1)/g[$. Dann zerlegen wir dieses letzte Intervall wiederum in g gleich lange Intervalle und definieren die Ziffer z_2 durch

$$r \in \left[\frac{z_1}{g} + \frac{z_2}{g^2}, \frac{z_1}{g} + \frac{z_2 + 1}{g^2} \right[.$$

So fortfahrend erhalten wir eine Folge von Ziffern $z_n \in \{0, 1, \ldots, g-1\}$ derart, dass für alle $n \in \mathbb{N}^*$ gilt:

$$r \in \left[\sum_{i=1}^{n} \frac{z_i}{g^i}, \left(\sum_{i=1}^{n} \frac{z_i}{g^i} \right) + \frac{1}{g^n} \right[.$$

Die Folgen dieser Intervallenden ergeben eine r definierende Intervallschachtelung. Man nennt diese Darstellung die g-al-Entwicklung von r. Insbesondere ist

$$r = \sum_{i=1}^{\infty} \frac{z_i}{g^i} := \lim_{n\to\infty} \sum_{i=1}^{n} \frac{z_i}{g^i}.$$

Verwendet man für den ganzen Teil $[x]$ von x die g-al-Entwicklung $[x] = \sum_{i=0}^{m} a_i g^i$ gemäß Beispiel 1.7.6, so erhält man insgesamt die g-**al-Entwicklung**

$$x = (a_m \ldots a_0, z_1 z_2 z_3 \ldots)_g$$

von x. Die darin auftretenden **Ziffern** sind nach Konstruktion durch x eindeutig bestimmt. Es ist $(a_m \ldots a_0, z_1 \ldots z_k)_g = [xg^k]/g^k$ für $k \in \mathbb{N}$, vgl. Aufg. 3.3.24. Die Ziffern z_i, $i \geq 1$, hinter dem Komma ergeben sich rekursiv mit dem Schema $z_0 = 0$, $r_0 = r$,

$$z_i = [r_{i-1} g], \quad r_i = r_{i-1} g - z_i, \ i \geq 1.$$

Ist dabei r eine rationale Zahl $r = a/b$, so gehören alle Reste r_i zu den b verschiedenen Brüchen $0/b, 1/b, \ldots, (b-1)/b$ und müssen sich wiederholen. *Die g-al-Entwicklungen rationaler Zahlen sind daher periodisch.* Umgekehrt ist jede Zahl mit einer periodischen g-al-Entwicklung rational, vgl. Beispiel 3.6.18. Gewöhnlich wählt man die **Dezimalentwicklung** ($g = 10$). Im Beweis von Satz 1.8.12 wurde die **Dualentwicklung** ($g = 2$) benutzt, wobei allerdings ein endlicher Dualbruch $x = (0, z_1 \ldots z_{m-1} 100 \ldots)_2$ mit $z_m = 1$ und $z_i = 0$ für alle $i > m$ jeweils durch den unendlichen Dualbruch $(0, z_1 \ldots z_{m-1} 011 \ldots)_2$ mit $z_m = 0$ und $z_i = 1$ für alle $i > m$ ersetzt wurde, welcher denselben Wert x hat.

In obigem Algorithmus ist es nicht möglich, dass fast alle Ziffern z_n gleich $g - 1$ sind. Wären nämlich ab einer Stelle $n_0 + 1$ alle z_n gleich $g - 1$, so läge r von da ab bei jedem Schritt jeweils im letzten der g Teilintervalle und wäre daher bereits beim n_0-ten Schritt im $(z_{n_0} + 1)$-ten Teilintervall als Randpunkt enthalten. Umgekehrt beschreibt jede Ziffernfolge z_n, $n \in \mathbb{N}^*$, bei der nicht fast alle Ziffern gleich $g - 1$ sind, eine Intervallschachtelung der obigen Form, die genau eine Zahl $r \in [0, 1[$ definiert. Aus der g-al-Entwicklung folgt insbesondere, dass jede reelle Zahl Grenzwert einer Folge rationaler Zahlen ist, vgl. Lemma 3.3.4. – Für eine Verallgemeinerung der g-al-Entwicklungen siehe Aufg. 3.6.15. $\Diamond$

Beispiel 3.3.11 (Kettenbrüche) Sehr gute rationale Näherungen einer reellen Zahl x liefert die sogenannte **Kettenbruchentwicklung** von x. Diese ist eine Verallgemeinerung des Euklidischen Algorithmus aus Abschn. 1.7 und wird im Wesentlichen ebenfalls schon von Euklid beschrieben, und zwar im X. Buch der „Elemente" als **Wechselwegnahme**. Siehe hierzu insbesondere Beispiel 1.7.12.

Seien $a, b \in \mathbb{R}$ mit $b > 0$. Wir setzen $r_{-1} := a$, $r_0 := b$ und definieren die Quotienten $q_i \in \mathbb{N}$ und die Reste r_i für $i \geq 0$ rekursiv durch

$$r_{i-1} = q_i r_i + r_{i+1}, \quad 0 < r_{i+1} < r_i.$$

Das Verfahren stoppt, falls der Rest 0 wird, andernfalls erhält man zwei unendliche Folgen (q_i), (r_i). Setzen wir

$$x_i := r_{i-1}/r_i,$$

so ist $x_0 = x := a/b$ und die x_i und q_i sind durch

$$x_0 = x, q_0 = [x_0]; \quad x_i = q_i + \frac{1}{x_{i+1}}, \quad q_{i+1} = [x_{i+1}]$$

rekursiv bestimmt. Die q_i hängen also allein vom Quotienten $x = a/b$ ab. Für jedes i, für das x_i noch definiert ist, ist x der **Kettenbruch**

$$x = q_0 + \cfrac{1}{q_1 + \cfrac{1}{\ddots + \cfrac{1}{q_{i-1} + \cfrac{1}{x_i}}}}.$$

Man schreibt kurz

$$x = [q_0, q_1, \ldots, q_{i-1}, x_i].$$

Ist x_{i+1} nicht mehr definiert, so ist $x_i = [x_i] = q_i \geq 2$ und $x = [q_0, \ldots, q_i]$ rational. Ist umgekehrt x eine rationale Zahl, so stoppt die Kettenbruchentwicklung. *Die Kettenbruchentwicklung von $x = a/b$ ist also genau dann endlich, wenn x rational ist.* Mit Euklid nennt man die Zahlen a, b dann **kommensurabel**.

Im allgemeinen Fall heißt, falls q_i noch definiert ist, der Bruch $[q_0, \ldots, q_i]$ der i-te **Näherungsbruch** von x und q_i der i-te **Teilnenner**. Der i-te Näherungsbruch lässt sich leicht rekursiv berechnen. Es ist nämlich

$$[q_0, \ldots, q_i] = \frac{a_i}{b_i},$$

wobei der i-te **Näherungszähler** a_i und der i-te **Näherungsnenner** b_i nach folgendem Rekursionsschema bestimmt werden:

$$a_{-2} = 0, \ a_{-1} = 1; \quad b_{-2} = 1, \ b_{-1} = 0;$$
$$a_i = q_i a_{i-1} + a_{i-2}; \quad b_i = q_i b_{i-1} + b_{i-2}, \ i \geq 0.$$

(Vgl. dazu den Algorithmus zur Darstellung des ggT zweier Zahlen $a, b \in \mathbb{N}^*$ vor dem Lemma 1.7.8 von Bezout.) Man beachte, dass wegen $b_{-1} = 0$ der 0-te Teilnenner q_0 zur Berechnung der Näherungsnenner b_i, $i \geq 1$, nicht benutzt wird. Man beweist das Rekursionsschema leicht durch Induktion: Für $i = 0$ ist $a_0 = q_0$ und $b_0 = 1$, also $[q_0] = a_0/b_0$. Beim Schluss von i auf $i + 1$ hat

$$[q_0, \ldots, q_{i+1}] = [q_0, \ldots, q_{i-1}, q_i + q_{i+1}^{-1}]$$

nach Induktionsvoraussetzung eine Darstellung a_i'/b_i', wobei die $a_0', \ldots, a_i'$ bzw. $b_0', \ldots, b_i'$ nach obigem Schema zur Folge $q_0, \ldots, q_{i-1}, q_i + q_{i+1}^{-1}$ berechnet werden. Es ist offenbar $a_j = a_j'$ und $b_j = b_j'$ für $j \leq i - 1$, ferner

$$q_{i+1}a_i' = q_{i+1}\left((q_i + 1/q_{i+1})a_{i-1} + a_{i-2}\right) = (q_{i+1}q_i + 1)a_{i-1} + q_{i+1}a_{i-2}$$
$$= q_{i+1}(q_i a_{i-1} + a_{i-2}) + a_{i-1} = q_{i+1}a_i + a_{i-1} = a_{i+1}$$

und analog $q_{i+1}b_i' = b_{i+1}$. Daher gilt $[q_0, \ldots, q_{i+1}] = a_{i+1}/b_{i+1}$, wie behauptet.

Aus dem Rekursionsschema ergibt sich ferner mittels einer trivialen Induktion

$$a_{i+1}b_i - a_i b_{i+1} = (-1)^i \quad \text{bzw.} \quad \frac{a_{i+1}}{b_{i+1}} - \frac{a_i}{b_i} = \frac{(-1)^i}{b_i b_{i+1}}, \ i \geq 0.$$

Ist bei der Kettenbruchentwicklung x_{i+1} noch definiert, so erhält man speziell aus $x = [q_0, \ldots, q_i, x_{i+1}]$ die folgende **Approximationsformel**:

$$x - \frac{a_i}{b_i} = \frac{(-1)^i}{b_i(x_{i+1}b_i + b_{i-1})}.$$

Mit $x_{i+1} > 1$ folgt

$$\left| x - \frac{a_i}{b_i} \right| = \frac{1}{b_i(x_{i+1}b_i + b_{i-1})} < \frac{1}{b_i(b_i + b_{i-1})}.$$

Wegen $q_i \geq 1$ bei $i \geq 0$ ist für einen unendlichen Kettenbruch, also eine irrationale Zahl x, die Folge der Näherungsnenner b_i monoton und unbeschränkt. Daher ist insbesondere

$$x = \lim_{i \to \infty} \frac{a_i}{b_i} = \lim_{i \to \infty} [q_0, \ldots, q_i].$$

Überdies sind die Näherungsbrüche a_i/b_i wegen $a_i b_{i-1} - a_{i-1}b_i = (-1)^{i-1}$ gekürzt. Genauer liefert die Approximationsformel: *Die Folgen*

$$\frac{a_{2j}}{b_{2j}}, \ j \in \mathbb{N}, \quad \text{und} \quad \frac{a_{2j+1}}{b_{2j+1}}, \ j \in \mathbb{N},$$

von Näherungsbrüchen der Zahl x definieren eine Intervallschachtelung für die Zahl x, und die Länge des j-ten Intervalls ist

$$\frac{a_{2j+1}}{b_{2j+1}} - \frac{a_{2j}}{b_{2j}} = \frac{1}{b_{2j}b_{2j+1}}.$$

Die Näherungsbrüche a_i/b_i der Kettenbruchentwicklung von x sind sogar **beste Näherungen** von x in folgendem Sinn: *Ist c/d eine rationale Zahl mit $c \in \mathbb{Z}$, $d \in \mathbb{N}^*$ und $|x - c/d| < |x - a_i/b_i|$, so ist $d > b_i$,* d. h. jede rationale Zahl, die x besser approximiert als a_i/b_i, hat einen größeren Nenner als a_i/b_i. *Beweis.* Bei $|x - c/d| < |x - a_i/b_i|$ mit $d \leq b_i$ ist a_{i+1}/b_{i+1} noch definiert und $c/d \neq a_{i+1}/b_{i+1}$, woraus ein Widerspruch folgt:

$$\frac{1}{b_i b_{i+1}} \leq \frac{1}{d b_{i+1}} \leq \left| \frac{c}{d} - \frac{a_{i+1}}{b_{i+1}} \right| \leq \left| \frac{c}{d} - x \right| + \left| x - \frac{a_{i+1}}{b_{i+1}} \right|$$

$$< \left| \frac{a_i}{b_i} - x \right| + \left| x - \frac{a_{i+1}}{b_{i+1}} \right| = \left| \frac{a_i}{b_i} - \frac{a_{i+1}}{b_{i+1}} \right| = \frac{1}{b_i b_{i+1}}. \qquad \square$$

Gute Näherungen von x liefern häufig auch die sogenannten **Nebennäherungsbrüche**

$$[q_0, \ldots, q_{i-1}, q] = \frac{q a_{i-1} + a_{i-2}}{q b_{i-1} + b_{i-2}}, \quad 1 \leq q < q_i \ (i \geq 1).$$

Die Kettenbruchentwicklung von π beispielsweise beginnt mit

$$\pi = [3, 7, 15, 1, 292, 1, 1, 1, 2, 1, 3, 1, 14, 2, 1, 1, 2, 2, 2, 2, 1, 84, \ldots].$$

Damit gewinnt man die Schachtelung

$$[3] = \frac{3}{1} < [3, 7, 15] = \frac{333}{106} < \cdots < \pi < \cdots < [3, 7, 15, 1] = \frac{355}{113} < [3, 7] = \frac{22}{7},$$

wovon die Brüche $[3, 7] = 22/7 > \pi$ und $[3, 7, 15, 1] = 355/113 > \pi$ besonders günstige Näherungen im Verhältnis zur Nennergröße 7 bzw. 113 sind, da die nächsten Teilnenner 15 bzw. 292 relativ groß sind. In der Kettenbruchentwicklung von π ist keine Regelmäßigkeit bekannt. Für e hat man hingegen nach Euler, vgl. etwa [15], Anhang 2.C, die Teilnenner $q_0 = 2, q_{3j-1} = 2j$ für $j \geq$ und $q_i = 1$ sonst, d. h. es ist:

$$e = [2, 1, 2, 1, 1, 4, 1, 1, 6, 1, 1, 8, 1, 1, 10, \ldots].$$

Umgekehrt gehört zu einer beliebigen endlichen Folge ganzer Zahlen $q_0, \ldots, q_n, n \in \mathbb{N}^*$, $q_1, \ldots, q_{n-1} \geq 1$ und $q_n \geq 2$ bzw. zu einer beliebigen unendlichen Folge $q_0, q_1, \ldots$ von ganzen Zahlen mit $q_i \geq 1$ für $i \geq 1$ ein $x \in \mathbb{R}$, dessen Kettenbruchentwicklung gerade diese q_i als Teilnenner hat. Im ersten Fall ist x die rationale Zahl $[q_0, \ldots, q_n]$, andernfalls ist $x = \lim_{i \to \infty} [q_0, \ldots, q_i]$. $\diamond$

Aufgaben

Falls nichts anderes gesagt wird, liegen in den folgenden Aufgaben die Elemente in einem reellen Zahlkörper $\mathbb{R}$.

Aufgabe 3.3.1 Man untersuche die Folgen

$$\frac{(n+1)(n^2-1)}{(2n+1)(3n^2+1)}; \quad \frac{n+1}{n^2+1}; \quad \frac{4^n+1}{5^n}; \quad \frac{1}{n^2} + (-1)^n \frac{n^2}{n^2+1}, \ n \in \mathbb{N}^*,$$

auf Konvergenz und bestimme gegebenenfalls den Grenzwert.

Aufgabe 3.3.2 Seien $t \mapsto F(t) := \sum_{i=0}^{k} a_i t^i$ und $t \mapsto G(t) := \sum_{j=0}^{m} b_j t^j$ Polynom-funktionen $\mathbb{R} \to \mathbb{R}$ mit $a_i, b_j \in \mathbb{R}$, $a_k \neq 0$, $b_m \neq 0$. Für alle $n \geq n_0$ sei $G(n) \neq 0$. Dann ist die Folge $F(n)/G(n)$, $n \geq n_0$, definiert und es gilt:

$$\lim_{n \to \infty} \frac{F(n)}{G(n)} = \begin{cases} 0, \text{ falls } k < m, \\ a_m/b_m, \text{ falls } k = m, \\ \infty, \text{ falls } k > m \text{ und } a_k/b_m > 0, \\ -\infty, \text{ falls } k > m \text{ und } a_k/b_m < 0. \end{cases}$$

Die rationale Funktion $F/G \in \mathbb{R}(T)$ ist genau dann > 0 im Sinne von Beispiel 3.1.3, wenn $F(n)/G(n) > 0$ ist für genügend große n.

Aufgabe 3.3.3 Man berechne

$$\lim_{n \to \infty} \frac{n - \sqrt{n}}{n + \sqrt{n} + 1} \quad \text{und} \quad \lim_{n \to \infty} \frac{\sqrt{n} + 1}{n + 1}.$$

Aufgabe 3.3.4 Man berechne die folgenden Grenzwerte:

$$\lim_{n \to \infty} \left(\sqrt{n+1} - \sqrt{n} \right); \quad \lim_{n \to \infty} \sqrt{n} \left(\sqrt{n+a} - \sqrt{n} \right), a \in \mathbb{R}, n \geq |a|;$$

$$\lim_{n \to \infty} \left(\sqrt{n + \sqrt{n}} - \sqrt{n - \sqrt{n}} \right); \quad \lim_{n \to \infty} n \left(\frac{1}{\sqrt{n+1}} - \frac{1}{\sqrt{n}} \right);$$

$$\lim_{n \to \infty} n \left(\sqrt{1 + \frac{1}{n}} - 1 \right), n \geq 1.$$

Aufgabe 3.3.5 Sei $a > 0$. Dann gilt $\lim_{n \to \infty} \sqrt[n]{a} = 1$. (Bei $a \geq 1$ schreibe man $\sqrt[n]{a} = 1 + h_n$ und verwende die Bernoullische Ungleichung Aufg. 3.1.13) oder nutze aus, dass bei $a \geq 1$ die Folge monoton fallend ist, also gegen ein $x \geq 1$ konvergiert, andererseits $x = \lim \sqrt[n]{a} = \lim (\sqrt[2n]{a})^2 = x^2$ ist.

Aufgabe 3.3.6 Man zeige $\lim \sqrt[n]{n} = 1$. (Man kann ähnlich wie bei Aufg. 3.3.5 vorgehen. Für $n \geq 3$ ist die Folge monoton fallend.)

Aufgabe 3.3.7 Sei (x_n) eine Folge von 0 verschiedener reeller Zahlen.

a) Gibt es ein q mit $0 < q < 1$ und $|x_{n+1}/x_n| \leq q$ für fast alle n, so ist $\lim x_n = 0$.
b) Gibt es ein q mit $q > 1$ und $|x_{n+1}/x_n| \geq q$ für fast alle n, so ist $\lim |x_n| = \infty$.
c) Man zeige für jedes $k \in \mathbb{N}$

$$\lim_{n \to \infty} \frac{1}{2^n} \binom{n}{k} = 0.$$

Aufgabe 3.3.8 Seien $a_1, \ldots, a_m \in \mathbb{R}_+$, $m \geq 1$. Dann gilt

$$\lim_{n \to \infty} \sqrt[n]{a_1^n + \cdots + a_m^n} = \text{Max}\,(a_1, \ldots, a_m).$$

Aufgabe 3.3.9 Sei (x_n) eine evtl. uneigentlich konvergente Folge reeller Zahlen mit $\lim x_n = x \in \overline{\mathbb{R}}$.

a) Die Folge $a_n := \frac{1}{n}(x_1 + \cdots + x_n)$, $n \geq 1$, der arithmetischen Mittel konvergiert ebenfalls gegen x.

b) Sei $x_n > 0$ für alle n. Die Folge

$$h_n := \frac{n}{\frac{1}{x_1} + \cdots + \frac{1}{x_n}}, \quad n \geq 1,$$

der harmonischen Mittel konvergiert ebenfalls gegen x. (Dies folgt aus a).)

c) Sei $x_n > 0$ für alle n. Dann konvergiert auch die Folge $g_n := \sqrt[n]{x_1 \cdots x_n}$ der geometrischen Mittel gegen x. (Man verwende Aufg. 3.1.22. Durch Übergang zu Logarithmen folgt die Aussage übrigens direkt aus a) wegen der Stetigkeit von ln und exp, vgl. Abschn. 3.10.)

d) Mit Hilfe von c) löse man noch einmal die Aufg. 3.3.5 und 3.3.6 und beweise überdies

$$\lim_{n \to \infty} \sqrt[n]{n!} = \infty \quad \text{sowie} \quad \lim_{n \to \infty} \frac{\sqrt[n]{n!}}{n} = \frac{1}{e}.$$

(Die beiden letzten Grenzwertaussagen ergeben sich allerdings auch aus der Stirlingschen Formel, vgl. Bemerkung 1.6.8. Diese liefert sogar die asymptotische Gleichheit $n! \sim \sqrt{2\pi n}(n/e)^n$. Die Folge der absoluten Fehler $n! - \sqrt{2\pi n}(n/e)^n$ konvergiert freilich gegen ∞.)

e) Man zeige an Hand von Gegenbeispielen, dass die Umkehrungen der Aussagen in a), b), c) nicht allgemein richtig sind.

f) Sei (y_n) eine Folge in $\mathbb{R}_+^\times$, für die die Folge (y_{n+1}/y_n) gegen $y \in \mathbb{R}_+ \uplus \{\infty\}$ konvergiert. Dann konvergiert die Folge $(\sqrt[n]{y_n})$ ebenfalls gegen y.

Aufgabe 3.3.10 Sei (x_n) eine evtl. uneigentlich konvergente Folge reeller Zahlen mit $\lim x_n = x$. Dann ist auch die Folge

$$\frac{1}{2^n} \sum_{m=0}^{n} \binom{n}{m} x_m, \quad n \in \mathbb{N},$$

konvergent mit Grenzwert x.

Aufgabe 3.3.11 Seien (x_n) und (y_n) Folgen in $\mathbb{R}$ mit $y_n > 0$ und $\lim_{n \to \infty}(y_0 + \cdots + y_n) = \infty$. Konvergiert dann die Folge (x_n/y_n) gegen a, so auch die Folge

$$\left(\frac{x_0 + \cdots + x_n}{y_0 + \cdots + y_n} \right), \quad n \in \mathbb{N}.$$

Aufgabe 3.3.12

$$\lim_{n\to\infty}\left(1-\frac{1}{n^2}\right)^n = 1, \quad \lim_{n\to\infty}\left(1-\frac{1}{n}\right)^n = e^{-1}, \quad \lim_{n\to\infty}\left(1+\frac{1}{n^2}\right)^n = 1.$$

(Für die erste Formel benutze man die Bernoullische Ungleichung. Die zweite Folge ist übrigens monoton.)

Aufgabe 3.3.13 Man zeige, dass die Folge F_{n+1}/F_n, $n \geq 1$, der Quotienten aufeinander folgender Fibonacci-Zahlen gegen die Zahl $\Phi = \frac{1}{2}(1 + \sqrt{5})$ des Goldenen Schnitts konvergiert. (Vgl. Beispiel 1.5.6. – Übrigens ist F_{n+1}/F_n der $(n - 1)$-te Näherungsbruch der Kettenbruchentwicklung von $\Phi = [1, 1, 1, \ldots]$, vgl. Aufg. 3.3.26a).)

Aufgabe 3.3.14 Man untersuche die folgenden rekursiv definierten Folgen (x_n) auf Konvergenz und berechne gegebenenfalls ihre Grenzwerte.

a) $x_{n+1} = x_n^2 + \frac{1}{4}$, $n \in \mathbb{N}$, mit $0 \leq x_0 \leq \frac{1}{2}$.
b) $x_0 = 0$, $x_{n+1} = \frac{1}{2}\left(a + x_n^2\right)$, $n \in \mathbb{N}$, mit $0 \leq a \leq 1$.
c) $x_0 = 0$, $x_{n+1} = \frac{1}{2}\left(a - x_n^2\right)$, $n \in \mathbb{N}$, mit $0 \leq a \leq 1$.
d) $x_0 = 2$, $x_{n+1} = 2 - x_n^{-1}$, $n \in \mathbb{N}$.
e) $x_0 = 0$, $x_{n+1} = \sqrt{a + x_n}$, $n \in \mathbb{N}$, mit $a > 0$. (Für $a = 2$ erhält man die Folge (c_n) aus Beispiel 3.3.9.)
f) $x_{n+1} = 2x_n - ax_n^2$, $n \in \mathbb{N}$, mit $a \in \mathbb{R}$, $a > 0$ und $0 < x_0 < 2/a$.
g) $x_{n+1} = (x_n + 2)/(x_n + 1)$ mit $x_0 \geq 0$.
h) $x_{n+1} = \frac{1}{3}\left(x_n^2 + 2\right)$ mit x_0 beliebig.

Aufgabe 3.3.15
a) Für $a, b \in \mathbb{R}$ sei die Folge (x_n) rekursiv definiert durch $x_0 = a$, $x_1 = b$ sowie $x_{n+2} = \frac{1}{2}(x_n + x_{n+1})$. Dann ist $\lim x_n = \frac{1}{3}(a + 2b)$. (Man untersuche die Teilfolgen (x_{2n}) und (x_{2n+1}) gesondert.)
b) Die Folge (x_n) sei rekursiv definiert durch $x_0 = a$, $x_1 = 1$, $x_{n+2} = \sqrt{x_n x_{n+1}}$ mit $a \in \mathbb{R}_+^\times$. Dann gilt $\lim x_n = \sqrt[3]{a}$.

Aufgabe 3.3.16 Sei $a \geq 1$. Für die rekursiv definierte Folge (x_n) mit $x_0 = a$, $x_{n+1} = a + x_n^{-1}$, $n \in \mathbb{N}$, zeige man die Konvergenz und berechne den Grenzwert. (Vgl. auch Beispiel 3.3.11 über Kettenbrüche.)

Aufgabe 3.3.17 Seien $a, b > 0$. Die rekursiv definierten Folgen (a_n) und (b_n) mit $a_0 = a$, $b_0 = b$ und

$$a_{n+1} = \frac{2a_n b_n}{a_n + b_n} = \text{harmonisches Mittel von } a_n, b_n,$$

$$b_{n+1} = \frac{a_n + b_n}{2} = \text{arithmetisches Mittel von } a_n, b_n$$

bilden ab $n = 1$ eine Intervallschachtelung für das geometrische Mittel $\sqrt{ab}$ von a und b. (Man beachte, dass $a_n b_n = ab$ ist für alle $n \in \mathbb{N}$. Die Folge (x_n) aus Beispiel 3.3.7 ergibt sich als die Folge (b_n), wenn wir $a_0 = a/x_0$ und $b_0 = x_0$ setzen. Wir haben hier wegen $0 \leq b_{n+1} - a_{n+1} = (b_n - a_n)^2/2(a_n + b_n)$ quadratische Konvergenz der Intervallschachtelung.)

Aufgabe 3.3.18 Seien $a, b > 0$. Die rekursiv definierten Folgen (a_n) und (b_n) mit $a_0 = a$, $b_0 = b$ und

$$a_{n+1} = \frac{a_n + b_n}{2} = \text{arithmetisches Mittel von } a_n, b_n,$$

$$b_{n+1} = \sqrt{a_n b_n} = \text{geometrisches Mittel von } a_n, b_n$$

bilden ab $n = 1$ eine Intervallschachtelung $[b_n, a_n]$, $n \in \mathbb{N}^*$. (Die dadurch definierte Zahl $M(a, b)$ heißt das **arithmetisch-geometrische Mittel** von a und b. Wegen

$$0 \leq a_{n+1} - b_{n+1} = (a_n - b_n)^2/2\left(a_n + b_n + 2\sqrt{a_n b_n}\right)$$

hat man auch hier quadratische Konvergenz der Intervallschachtelung. – Übrigens definiert die analog mit den harmonischen und geometrischen Mitteln konstruierte Intervallschachtelung das sogenannte **harmonisch-geometrische Mittel** von a und b. Dieses ist gleich $1/M(a^{-1}, b^{-1})$. Beweis!

Aufgabe 3.3.19 Man beweise, dass die am Schluss von Beispiel 3.3.7 rekursiv definierte Folge (x_n) gegen $\sqrt[k]{a}$ konvergiert, wobei für $n \geq 1$ die folgende Fehlerabschätzung gilt:

$$0 \leq x_n - \sqrt[k]{a} \leq \frac{1}{k(\sqrt[k]{a})^{k-1}} \left(x_n^k - a\right).$$

Aufgabe 3.3.20 Sei $a \in \mathbb{R}_+^\times$. Die rekursiv definierte Folge (x_n) mit $x_0 > 0$ beliebig und

$$x_{n+1} = \frac{x_n^2 + 3a}{3x_n^2 + a} x_n$$

konvergiert monoton gegen $\sqrt{a}$, wobei wegen $x_{n+1} - \sqrt{a} = (x_n - \sqrt{a})^3/(3x_n^2 + a)$ sogar kubische Konvergenz vorliegt.

Aufgabe 3.3.21 Seien (a_n) eine monoton wachsende und (b_n) eine monoton fallende Folge reeller Zahlen mit $a_n \leq b_n$ für alle $n \in \mathbb{N}$ und $a := \lim a_n$, $b := \lim b_n$. Dann ist $\bigcap_{n=0}^{\infty} [a_n, b_n] = [a, b]$.

Aufgabe 3.3.22

a) Man bestimme die Dual- und Trialentwicklungen von $1/7$, $1/8$, $1/9$, $1/10$.

b) Man bestimme die g-al-Entwicklungen von $a/(g - 1)$ und $a/(g + 1)$. Außerdem bestätige man $1/(g - 1)^2 = (0, \overline{012 \ldots g - 3g - 1})_g$, wobei die überstrichenen Ziffern die Periode angeben.

Aufgabe 3.3.23

a) Jedes Intervall in $\mathbb{R}$ mit mehr als einem Punkt hat die Mächtigkeit von $\mathbb{R}$, d. h. die Mächtigkeit $\aleph$ des Kontinuums.

b) Ist $A \subseteq \mathbb{R}$ abzählbar, so ist $\mathbb{R} - A$ dicht in $\mathbb{R}$. Insbesondere ist die Menge $\mathbb{R} - \mathbb{Q}$ der irrationalen Zahlen dicht in $\mathbb{R}$.

Aufgabe 3.3.24 Sei K ein archimedisch angeordneter Körper. Für $x \in K$ konvergiert die Folge $[nx]/n \in \mathbb{Q}, n \geq 1$, gegen x. (Dies beweist noch einmal, dass $\mathbb{Q}$ dicht in K ist, vgl. Lemma 3.3.4.)

Aufgabe 3.3.25 $c_n = \sqrt{2 + \sqrt{2 + \cdots + \sqrt{2}}} \in \mathbb{R}_+^\times, n \in \mathbb{N}^*$, seien die Zahlen aus Beispiel 3.3.9.

a) Die Produktdarstellung $2/\pi = \prod_{n=1}^{\infty}(c_n/2)$ von Vieta lässt sich folgendermaßen geometrisch interpretieren: Einem Kreis mit Radius $r_0 = 1$ werde ein Quadrat umbeschrieben und diesem ein Kreis mit Radius $r_1 = \sqrt{2}$, diesem ein reguläres Achteck, diesem wiederum ein Kreis mit Radius r_2, diesem ein Sechzehneck usw. Dann konvergiert die Folge (r_n) der so gewonnenen Kreisradien gegen $\pi/2$. (Es ist $r_n = 2^n/c_1 \cdots c_n, n \in \mathbb{N}$.)

b) Die c_n sind algebraisch über $\mathbb{Q}$ vom Grad $2^n, n \in \mathbb{N}^*$. Ihre Minimalpolynome $\mu_n := \mu_{c_n}$ erfüllen die Rekursion $\mu_1 = X^2 - 2, \mu_{n+1} = \mu_n(X^2 - 2), n \in \mathbb{N}^*$. (In μ_n wird $X^2 - 2$ für X eingesetzt. – Es ist zu zeigen, dass die durch diese Rekursion definierten Polynome prim in $\mathbb{Q}[X]$ bzw. $\mathbb{Z}[X]$ sind. Dies ergibt sich etwa mit dem Kriterium von Eisenstein aus Aufg. 2.10.18d). – Wegen $c_n = 2\cos(2\pi/2^{n+2})$ ist übrigens $\mu_n = 2^{2^n} T_{2^n}(X/2)$, wo $T_k, k \in \mathbb{N}$, die Tschebyschew-Polynome aus Beispiel 3.5.8 sind. Insbesondere ist $\mu_n(0) = 2$ für alle $n > 1$.)

Aufgabe 3.3.26 Man beweise die folgenden Kettenbruchentwicklungen.

a) Für $a, b \in \mathbb{N}^*$ ist $[a, b, a, b, a, b, \ldots] = (ab + \sqrt{a^2 b^2 + 4ab})/2b$.

b) Für $n \in \mathbb{N}^*$ gilt $\sqrt{n^2 + 1} = [n, 2n, 2n, 2n, \ldots]$ und $\sqrt{n^2 + 2} = [n, n, 2n, n, 2n, \ldots]$ sowie $\sqrt{(n + 1)^2 - 1} = [n, 1, 2n, 1, 2n, \ldots]$.

Aufgabe 3.3.27 Für $x \in \mathbb{R}_+$ sei $H_x := H_{[x]} = \sum_{n \in \mathbb{N}^*, n \leq x} 1/n$. Für $x \geq 1$ gilt nach Beispiel 3.3.8 $H_x = \ln x + \gamma + c_x/x$ mit $|c_x| < 2$.

a) Seien $(y_k)_{k \in \mathbb{N}^*}, (x_k)_{k \in \mathbb{N}^*}$ Folgen in $\mathbb{R}_+^\times$ mit $\lim_k y_k = \lim_k x_k = \infty$ derart, dass $x := \lim_k(y_k/x_k)$ in $\mathbb{R}_+^\times$ existiert. Dann ist $\lim_{k \to \infty}(H_{y_k} - H_{x_k}) = \ln x$. (Man benutze die Stetigkeit des Logarithmus: Konvergiert die Folge $x_k \in \mathbb{R}_+^\times$ gegen $x \in \mathbb{R}_+^\times$, so konvergiert $\ln x_k$ gegen $\ln x$, vgl. Abschn. 3.10.) – Für $x_k := k, y_k := 2k, k \in \mathbb{N}^*$, ergibt sich beispielsweise

$$\ln 2 = \lim_{k\to\infty} \sum_{n=k+1}^{2k} \frac{1}{n} = \lim_{k\to\infty} \sum_{n=1}^{2k} \frac{(-1)^{n-1}}{n} = \lim_{k\to\infty} \sum_{n=1}^{k} \frac{(-1)^{n-1}}{n} = \sum_{n=1}^{\infty} \frac{(-1)^{n-1}}{n}.$$

Als Anwendung dieser Gleichung, die wir noch mehrmals beweisen werden, bestimmen wir den mittleren Wert der Differenzen $U(n) - G(n)$ der Anzahl $U(n)$ der ungeraden und der Anzahl $G(n)$ der geraden Teiler von $n \in \mathbb{N}^*$. Zunächst ist die Summe $\sum_{m=1}^{n}(U(m) - G(m))$ gleich

$$\sum_{k,\ell\in\mathbb{N}^*,k\ell\leq n} (-1)^{k-1} = \sum_{k\leq\sqrt{n}}(-1)^{k-1}\left[\frac{n}{k}\right] + \sum_{\ell<\sqrt{n}}\left(\sum_{\sqrt{n}<k\leq n/\ell}(-1)^{k-1}\right).$$

Es gilt also

$$\left|\sum_{m=1}^{n}(U(m)-G(m)) - \sum_{k=1}^{[\sqrt{n}]}(-1)^{k-1}\frac{n}{k}\right| \leq \left|\sum_{k\leq\sqrt{n}}(-1)^{k}\left\{\frac{n}{k}\right\}\right| + \left|\sum_{\ell<\sqrt{n}}\left(\sum_{\sqrt{n}<k\leq n/\ell}(-1)^{k-1}\right)\right|$$

$$\leq \sqrt{n} + \sqrt{n}$$

(für $t \in \mathbb{R}$ ist $\{t\} = t - [t]$) und folglich

$$\lim_{n\to\infty} \frac{1}{n}\sum_{m=1}^{n}(U(m)-G(m)) = \sum_{k=1}^{\infty}(-1)^{k-1}\frac{1}{k} = \ln 2.$$

Die Anzahl der ungeraden Teiler einer natürlichen Zahl übertrifft die Anzahl der geraden Teiler im Mittel um $\ln 2$. – Es ist $U(n) - G(n) = (1 - v_2(n))\prod_{p\in\mathbb{P},p>2}(1 + v_p(n))$. Beweis!

b) Sei $x \in \mathbb{R}_+^\times$. Dann ist $\lim_{n\to\infty}\left(H_{n^x} - xH_n\right) = (1-x)\gamma$. Für $x := 1/2$ ergibt sich beispielsweise $\lim_{n\to\infty}(2H_{\sqrt{n}} - H_n) = \gamma$. – Um eine Anwendung dieser Gleichung zu geben, benutzen wir für die harmonischen Zahlen die Darstellung

$$H_n = \sum_{k=1}^{n}\frac{1}{k} = \frac{1}{n}\sum_{k=1}^{n}\left[\frac{n}{k}\right] + \frac{1}{n}\sum_{k=1}^{n}\left\{\frac{n}{k}\right\}, \quad n \in \mathbb{N}^*.$$

$\sum_{k=1}^{n}[n/k]$ ist die Anzahl der Paare $(k, \ell) \in (\mathbb{N}^*)^2$ mit $k\ell \leq n$. Für jedes solche Paar ist $k \leq \sqrt{n}$ oder $\ell \leq \sqrt{n}$, und folglich gilt

$$\sum_{k=1}^{n}\left[\frac{n}{k}\right] = 2\sum_{k=1}^{[\sqrt{n}]}\left[\frac{n}{k}\right] - [\sqrt{n}]^2 = 2nH_{\sqrt{n}} - 2C_n[\sqrt{n}] - [\sqrt{n}]^2 \quad \text{mit} \quad 0 \leq C_n < 1.$$

Mit $\lim_{n\to\infty} \left(2H_{\sqrt{n}} - H_n\right) = \gamma$ erhält man schließlich

$$\lim_{n\to\infty} \frac{1}{n} \sum_{k=1}^{n} \left\{\frac{n}{k}\right\} = \lim_{n\to\infty} \left(H_n - 2H_{\sqrt{n}} + 2C_n \frac{[\sqrt{n}]}{n} + \frac{[\sqrt{n}]^2}{n}\right) = -\gamma + 1.$$

Im ersten Moment könnte man meinen, dieser Grenzwert müsste $1/2$ sein. Der Leser bemerke ferner, dass $\sum_{k=1}^{n}[n/k]$ gleich der Summe $\sum_{m=1}^{n} \tau(m)$ der Anzahlen $\tau(m)$ der Teiler der Zahlen $m = 1, \ldots, n$ ist. Es folgt

$$\frac{1}{n} \sum_{m=1}^{n} \tau(m) = \sum_{k=1}^{n} \frac{1}{k} - \frac{1}{n} \sum_{k=1}^{n} \left\{\frac{n}{k}\right\} = \ln n + 2\gamma - 1 + \varepsilon_n$$

mit einer Nullfolge (ε_n). *Insbesondere ist die mittlere Anzahl der Teiler einer Zahl* $n \in \mathbb{N}^*$ *für* $n \to \infty$ *asymptotisch gleich* $\ln n$. (Es gibt aber immer wieder Zahlen n mit nur zwei Teilern.) Man vgl. auch Teil a), mit dem sich übrigens die folgende Gleichung ergibt:

$$\lim_{n\to\infty} \frac{1}{n} \sum_{k=1}^{n} (-1)^{k-1} \left\{\frac{n}{k}\right\} = 0.$$

3.4 Folgerungen aus der Vollständigkeit

Im Folgenden bezeichnet K einen angeordneten Körper.

Definition 3.4.1 Sei (x_n) eine Folge in K. Ein Punkt $x \in K$ heißt **Häufungspunkt** von (x_n), wenn in jeder (noch so kleinen) Umgebung von x unendlich viele Glieder der Folge liegen.

Eine konvergente Folge hat ihren Grenzwert offenbar als einzigen Häufungspunkt. Die Folge $(-1)^n$, $n \in \mathbb{N}$, hat die beiden Häufungspunkte 1 und -1. Die Folge $n + (-1)^n n$, $n \in \mathbb{N}$, hat den einzigen Häufungspunkt 0, ist aber nicht konvergent. Ist K archimedisch angeordnet und ist (x_n) eine Folge, in der jede rationale Zahl vorkommt, so ist die Menge der Häufungspunkte von (x_n) ganz K, vgl. Lemma 3.3.4.

Lemma 3.4.2 *K besitze eine nicht stationäre Nullfolge und damit eine streng monoton fallende Nullfolge (ε_k). Eine Folge (x_n) in K hat genau dann $x \in K$ als Häufungspunkt, wenn (x_n) eine gegen x konvergierende Teilfolge besitzt.*

Beweis Besitzt (x_n) eine gegen x konvergierende Teilfolge, so liegen in jeder Umgebung von x fast alle Glieder der Teilfolge und damit sicher unendlich viele Glieder von (x_n). (Diese Implikation gilt für jeden angeordneten Körper.) Sei umgekehrt x ein Häufungspunkt von (x_n). Wir konstruieren rekursiv eine Teilfolge (x_{n_k}) mit $|x - x_{n_k}| \le \varepsilon_k$. Diese Teilfolge konvergiert dann gegen x. Da x Häufungspunkt von (x_n) ist, gibt es ein $n_0 \in \mathbb{N}$

mit $|x - x_{n_0}| \le \varepsilon_0$. Sind $n_0, \dots, n_k$ definiert, so wählt man n_{k+1} so, dass $n_{k+1} > n_k$ und $|x_{n_{k+1}} - x| \le \varepsilon_{k+1}$ ist. Dies ist möglich, da in der ε_{k+1}-Umgebung von x unendlich viele Glieder der Folge (x_n) liegen.   □

Die wichtigste Existenzaussage über Häufungspunkte ist der folgende Satz:

Satz 3.4.3 (Satz von Bolzano-Weierstraß) *Jede beschränkte Folge reeller Zahlen besitzt einen Häufungspunkt, d. h. eine konvergente Teilfolge.*

Beweis Sei (x_n) eine beschränkte Folge. Dann liegen alle Glieder in einem beschränkten Intervall $[a, b] \subseteq \mathbb{R}$, $a < b$. Zur Bestimmung eines Häufungspunktes von (x_n) konstruieren wir eine Intervallschachtelung $[a_n, b_n]$, $n \in \mathbb{N}$, derart, dass in jedem Intervall dieser Folge unendlich viele Glieder der Folge (x_n) liegen. Dann ist die durch diese Intervallschachtelung definierte Zahl x Häufungspunkt von (x_n).

Eine solche Intervallschachtelung geben wir mit dem so genannten **Intervallhalbierungsverfahren** an. Dazu setzen wir $a_0 = a, b_0 = b$. Sind a_n und b_n gewählt, so liegen in dem Intervall $[a_n, b_n]$ nach Konstruktion unendlich viele Glieder der Folge (x_n). Dies gilt dann auch für mindestens eines der beiden Teilintervalle $[a_n, \frac{1}{2}(a_n + b_n)]$ und $[\frac{1}{2}(a_n + b_n), b_n]$, dessen Endpunkte wir dann für a_{n+1} und b_{n+1} nehmen. Gilt dies für beide Teilintervalle, so nehmen wir aus Gründen der Eindeutigkeit die „linke" Hälfte $[a_n, \frac{1}{2}(a_n + b_n)]$. Wegen $b_n - a_n = (b - a)/2^n$ ist $\lim(b_n - a_n) = 0$, vgl. Lemma 3.3.3 (3), und es handelt sich um eine Intervallschachtelung.   □

Wir verwenden den Satz von Bolzano-Weierstraß zum Beweis des Cauchyschen Konvergenzkriteriums.

Definition 3.4.4 Eine Folge (x_n) in K heißt eine **Cauchy-Folge**, wenn es zu jedem $\varepsilon \in K_+^\times$ ein $n_0 \in \mathbb{N}$ gibt mit $|x_m - x_n| \le \varepsilon$ für alle $m, n \ge n_0$.

(x_n) ist offenbar genau dann eine Cauchy-Folge, wenn es zu jedem $\varepsilon > 0$ ein $n_0 \in \mathbb{N}$ gibt mit $|x_n - x_{n_0}| \le \varepsilon$ für alle $n \ge n_0$. Diese Charakterisierung einer Cauchy-Folge vermeidet die zusätzliche Indexvariable m. *Cauchy-Folgen sind beschränkt.* Ferner gilt:

Lemma 3.4.5 *Die Cauchy-Folgen in K bilden eine K-Unteralgebra $K_{CF}^{\mathbb{N}}$ der Algebra $K^{\mathbb{N}}$ aller Folgen in K, die die Algebra $K_{kon}^{\mathbb{N}}$ der konvergenten Folgen umfasst.*

Beweis Die konstanten Folgen liegen in $K_{CF}^{\mathbb{N}}$. Der Beweis, dass Summe und Produkt zweier Cauchy-Folgen in K wieder Cauchy-Folgen sind, verläuft völlig analog zum Beweis der entsprechenden Aussage über konvergente Folgen, vgl. Satz 3.2.5. – Sei nun die Folge $(x_n) \in K_{kon}^{\mathbb{N}}$ und $x = \lim x_n$. Zu $\varepsilon > 0$ gibt es ein $n_0 \in \mathbb{N}$ mit $|x_n - x| \le \frac{1}{2}\varepsilon$ für alle $n \ge n_0$. Für alle $m, n \ge n_0$ gilt dann

$$|x_m - x_n| = |x_m - x + x - x_n| \le |x_m - x| + |x_n - x| \le \frac{1}{2}\varepsilon + \frac{1}{2}\varepsilon = \varepsilon.$$

Folglich ist (x_n) eine Cauchy-Folge.   □

Lemma 3.4.6 *Sei $\varphi \colon K' \to K$ ein Homomorphismus angeordneter Körper, also ein monotoner Körperhomomorphismus. Ferner sei (x_n) eine Folge in K' und $x \in K'$. Dann gilt:*

(1) *Ist $\varphi(x_n)$ konvergent in K mit $\lim \varphi(x_n) = \varphi(x)$, so ist (x_n) konvergent in K' mit $\lim x_n = x$. Ist $\varphi(K')$ dicht in K, so gilt davon auch die Umkehrung.*

(2) *Ist $\varphi(x_n)$ eine Cauchy-Folge in K, so ist (x_n) eine Cauchy-Folge in K'. Ist $\varphi(K')$ dicht in K, so gilt davon auch die Umkehrung.*

Beweis Da φ injektiv ist, ist φ streng monoton wachsend, und wir können annehmen, dass K' ein Unterkörper von K ist und φ die kanonische Einbettung.

(1) Gelte $\lim x_n = x$ in K. Trivialerweise gilt dann auch $\lim x_n = x$ in K'. Sei nun K' dicht in K und gelte $\lim x_n = x$ in K. Dann gibt es zu $\varepsilon \in K_+^{\times}$ ein $\varepsilon' \in K_+'^{\times}$ mit $\varepsilon' \leq \varepsilon$ und folglich ein $n_0 \in \mathbb{N}$ mit $|x_n - x| \leq \varepsilon' \leq \varepsilon$ für alle $n \geq n_0$, und (x_n) ist auch konvergent in K mit Grenzwert x.

(2) Der Beweis von (2) verläuft völlig analog zu dem von (1). $\qquad\qquad\square$

Wir bemerken ausdrücklich, dass in der Situation von Lemma 3.4.6 die Folge (x_n) in K' gegen x konvergieren kann, ohne dass $(\varphi(x_n))$ in K gegen $\varphi(x)$ konvergiert. Beispielsweise ist $1/n$, $n \in \mathbb{N}^*$, eine Nullfolge in $\mathbb{Q}$, aber keine Nullfolge im rationalen Funktionenkörper $\mathbb{Q}(X)$ mit der Anordnung gemäß Beispiel 3.1.2. (Gibt es auch Anordnungen auf $\mathbb{Q}(X)$, bzgl. derer $(1/n)$ ebenfalls in $\mathbb{Q}(X)$ gegen 0 konvergiert? Ist $x \in \mathbb{R}$ transzendent (über $\mathbb{Q}$), so ist $\mathbb{Q}(X) \cong \mathbb{Q}(x) \subseteq \mathbb{R}$.)

Den Beweis des grundlegenden Cauchyschen Konvergenzkriteriums für den Körper $\mathbb{R}$ der reellen Zahlen bereiten wir mit folgendem Lemma vor:

Lemma 3.4.7 *Jede Cauchy-Folge in K mit einem Häufungspunkt ist konvergent.*

Beweis Sei x ein Häufungspunkt der Cauchy-Folge (x_n). Wir zeigen, dass (x_n) gegen x konvergiert: Zu $\varepsilon > 0$ gibt es ein n_0 mit $|x_m - x_n| \leq \frac{1}{2}\varepsilon$ für alle $m, n \geq n_0$. Ferner gibt es ein x_{m_0} mit $m_0 \geq n_0$ und $|x_{m_0} - x| \leq \frac{1}{2}\varepsilon$, da x Häufungspunkt der Folge (x_n) ist. Für alle $n \geq n_0$ folgt

$$|x_n - x| = |x_n - x_{m_0} + x_{m_0} - x| \leq |x_n - x_{m_0}| + |x_{m_0} - x| \leq \frac{1}{2}\varepsilon + \frac{1}{2}\varepsilon = \varepsilon. \quad \square$$

Aus dem Satz 3.4.3 von Bolzano-Weierstraß und den vorstehenden Lemmata folgt:

Satz 3.4.8 (**Cauchysches Konvergenzkriterium**) *Eine Folge reeller Zahlen konvergiert genau dann, wenn sie eine Cauchy-Folge ist.*

Zum Beweis, dass eine Cauchy-Folge (x_n) reeller Zahlen konvergiert, lässt sich auch direkt das Intervallschachtelungskriterium 3.3.5 benutzen: Sei $[a_0, b_0]$, $a_0 < b_0$, ein abgeschlossenes Intervall, das fast alle Glieder der Folge (x_n) enthält. Zur rekursiven Konstruktion des Intervalls $[a_{n+1}, b_{n+1}]$ wird das Intervall $[a_n, b_n]$ gedrittelt. In (wenigstens) einem der beiden Randdrittel liegen nur endlich viele Glieder der Folge. (Warum?) Die beiden anderen Drittel zusammen bilden das Intervall $[a_{n+1}, b_{n+1}]$ der Länge $2(b_n - a_n)/3$.

Wir haben nun auch die Mittel, um bequem die Eindeutigkeit eines reellen Zahlkörpers (bis auf Isomorphie) zu beweisen. Genauer zeigen wir:

Satz 3.4.9 *Sei K archimedisch angeordneter Körper und $\mathbb{R}$ ein reeller Zahlkörper. Dann gibt es genau einen Homomorphismus angeordneter Körper $\varphi\colon K \to \mathbb{R}$.*

Beweis Sei $\varphi\colon K \to \mathbb{R}$ ein monotoner Körperhomomorphismus. φ ist auf dem Primkörper $\mathbb{Q}$ von K und $\mathbb{R}$ notwendigerweise die Identität. Sei nun $x \in K$. Dann gibt es eine Folge $(x_n) \in \mathbb{Q}^{\mathbb{N}}$ mit $\lim x_n = x$, und es folgt $\varphi(x) = \lim \varphi(x_n) = \lim x_n$ in $\mathbb{R}$, vgl. Lemma 3.4.6 (1). Somit gibt es höchstens ein φ wie im Satz.

Der Eindeutigkeitsbeweis zeigt auch, wie φ zu definieren ist. Sei $x \in K$ und $(x_n) \in \mathbb{Q}^{\mathbb{N}}$ eine Folge rationaler Zahlen mit $\lim x_n = x$. Nach Lemma 3.4.6 (2) ist (x_n) eine Cauchy-Folge in $\mathbb{R}$ und damit nach Satz 3.4.8 konvergent. Wir setzen $\varphi(x) := \lim \varphi(x_n)$ und haben zunächst zu zeigen, dass $\varphi(x)$ unabhängig von der Wahl der Folge (x_n) ist. Ist aber auch $(x_n') \in \mathbb{Q}^{\mathbb{N}}$ mit $\lim x_n' = x$, so ist $(x_n - x_n')$ eine Nullfolge in K und damit auch in $\mathbb{R}$ nach Lemma 3.4.6 (1). Also gilt in $\mathbb{R}$: $\lim x_n' = \lim x_n$, wie gewünscht.

φ ist ein Körperhomomorphismus wegen der Rechenregeln 3.2.5 für Limiten. φ ist auch monoton wachsend: Ist nämlich $x \in K_+$, so gibt es eine Folge $(x_n) \in \mathbb{Q}_+^{\mathbb{N}}$ mit $\lim x_n = x$, und es ist $\varphi(x) = \lim x_n \geq 0$ auch in $\mathbb{R}$. $\square$

Korollar 3.4.10 *Seien $\mathbb{R}_1$ und $\mathbb{R}_2$ reelle Zahlkörper. Dann gibt es genau einen Homomorphismus $\varphi\colon \mathbb{R}_1 \to \mathbb{R}_2$ angeordneter Körper. Dieser ist ein Isomorphismus. Jeder Körperhomomorphismus $\mathbb{R}_1 \to \mathbb{R}_2$ ist monoton und damit ein Isomorphismus angeordneter Körper. – Die Identität ist der einzige Körperendomorphismus eines reellen Zahlkörpers.*

Beweis Sei $\varphi\colon \mathbb{R}_1 \to \mathbb{R}_2$ ein Körperhomomorphismus. Da jedes Element $x_1 \in (\mathbb{R}_1)_+$ ein Quadrat ist, $x_1 = y_1^2$ (vgl. Beispiel 3.3.7), gilt $\varphi(x_1) = \varphi(y_1)^2 \in (\mathbb{R}_2)_+$, also $\varphi((\mathbb{R}_1)_+) \subseteq (\mathbb{R}_2)_+$. Nach Satz 3.4.9 gibt es somit genau einen Körperhomomorphismus $\varphi\colon \mathbb{R}_1 \to \mathbb{R}_2$ und dann auch genau einen Körperhomomorphismus $\psi\colon \mathbb{R}_2 \to \mathbb{R}_1$. $\psi \circ \varphi\colon \mathbb{R}_1 \to \mathbb{R}_1$ und $\varphi \circ \psi\colon \mathbb{R}_2 \to \mathbb{R}_2$ sind Körperendomorphismen von $\mathbb{R}_1$ bzw. $\mathbb{R}_2$ und daher jeweils die Identität. φ und ψ sind also zueinander inverse Isomorphismen. $\square$

Wir bemerken ausdrücklich, dass ein archimedisch angeordneter Körper Körperautomorphismen besitzen kann, die nicht monoton und damit nicht die Identität sind. Zum

Beispiel besitzt die quadratische $\mathbb{Q}$-Algebra $\mathbb{Q}[\sqrt{2}] \subseteq \mathbb{R}$ die durch $\sqrt{2} \mapsto -\sqrt{2}$ definierte Konjugation $a + b\sqrt{2} \mapsto a - b\sqrt{2}$, $a, b \in \mathbb{Q}$, als (einzigen) nichttrivialen Automorphismus. Es gibt also zwei totale Anordnungen auf $\mathbb{Q}[\sqrt{2}]$, bzgl. derer $\mathbb{Q}[\sqrt{2}]$ ein archimedisch angeordneter Körper ist. – Eine weitere wichtige Konsequenz des Intervallschachtelungsprinzips ist der folgende Satz:

Satz 3.4.11 (**Satz von der oberen und unteren Grenze**) *Jede nichtleere nach oben (bzw. nach unten) beschränkte Menge A reeller Zahlen besitzt eine obere Grenze (bzw. untere Grenze) in $\mathbb{R}$.*

Beweis Wir erinnern daran, dass eine obere (bzw. untere) Grenze von A eine kleinste obere Schranke (bzw. eine größte untere Schranke) von A in $\mathbb{R}$ ist.

Sei nun S eine obere Schranke der nach oben beschränkten Teilmenge $A \subseteq \mathbb{R}$, und sei $a \in A$. Zur Konstruktion der oberen Grenze von A benutzen wir wieder das Intervallhalbierungsverfahren. Wir konstruieren die Intervalle $[a_n, b_n]$ so, dass wenigstens ein Element von A in $[a_n, b_n]$ liegt und dass b_n obere Schranke von A ist. Dann ist klar, dass die durch diese Intervallschachtelung definierte Zahl die obere Grenze Sup A von A ist. Wir setzen $a_0 = a$, $b_0 = S$. Sind a_n und b_n schon definiert, so sei

$$a_{n+1} = \begin{cases} a_n, \text{ falls } \frac{1}{2}(a_n + b_n) \text{ obere Schranke von } A, \\ \frac{1}{2}(a_n + b_n) \text{ sonst;} \end{cases}$$

$$b_{n+1} = \begin{cases} \frac{1}{2}(a_n + b_n), \text{ falls } \frac{1}{2}(a_n + b_n) \text{ obere Schranke von } A, \\ b_n \text{ sonst.} \end{cases}$$

Es ist also $[a_{n+1}, b_{n+1}]$ die „linke" bzw. „rechte" Hälfte von $[a_n, b_n]$ je nachdem, ob der Mittelpunkt von $[a_n, b_n]$ obere Schranke von A ist oder nicht. Die Existenz der unteren Grenze Inf A für eine nach unten beschränkte nichtleere Menge A behandelt man analog oder führt sie durch Betrachten der Menge $-A = \{-x \mid x \in A\}$ auf den bereits behandelten Fall der oberen Grenze zurück. $\qquad\qquad\qquad\qquad\qquad\qquad\square$

Die Gültigkeit von Satz 3.4.11 impliziert die Gültigkeit des Carathéodoryschen Vollständigkeitsaxioms: Ist nämlich (x_n) eine nach oben beschränkte, monoton wachsende Folge und ist x die obere Grenze von $\{x_n \mid n \in \mathbb{N}\}$, so ist $x = \lim x_n$. In $\overline{\mathbb{R}} = \mathbb{R} \cup \{\infty, -\infty\}$ *besitzt jede Teilmenge von $\overline{\mathbb{R}}$ ein Supremum und ein Infimum.* Für die leere Menge ist $-\infty$ das Supremum und ∞ das Infimum. Das Supremum (bzw. das Infimum) einer in $\mathbb{R}$ nach oben (bzw, nach unten) unbeschränkten Menge ist ∞ (bzw. $-\infty$).

Die Existenz eines reellen Zahlkörpers lässt sich jetzt im Anschluss an Cantor leicht beweisen. Sei zunächst $\mathbb{R}$ ein reeller Zahlkörper. Dann ist die Abbildung

$$\lim: \mathbb{Q}_{\mathrm{CF}}^{\mathbb{N}} \to \mathbb{R}, \quad (x_n) \mapsto \lim x_n,$$

ein surjektiver Homomorphismus von $\mathbb{Q}$-Algebren mit dem maximalen Ideal $\mathfrak{n}_\mathbb{Q} \subseteq \mathbb{Q}^{\mathbb{N}}_{\mathrm{CF}}$ der Nullfolgen in $\mathbb{Q}$ als Kern. Nach dem Isomorphiesatz 2.7.3 gilt also

$$\mathbb{Q}^{\mathbb{N}}_{\mathrm{CF}}/\mathfrak{n}_\mathbb{Q} \xrightarrow{\sim} \mathbb{R}.$$

Umgekehrt zeigt man leicht, dass $\mathfrak{n}_\mathbb{Q}$ ein maximales Ideal in $\mathbb{Q}^{\mathbb{N}}_{\mathrm{CF}}$ ist. Ist nämlich $(x_n) \in \mathbb{Q}^{\mathbb{N}}_{\mathrm{CF}}$ keine Nullfolge, so gibt es ein $s \in \mathbb{Q}^{\times}_{+}$ und ein n_0 mit $|x_n| \geq s$ für alle $n \geq n_0$ und jede Folge (y_n) mit $y_n = x_n^{-1}$ für alle $n \geq n_0$ ist ebenfalls eine Cauchy-Folge und repräsentiert ein Inverses zu (x_n) modulo $\mathfrak{n}_\mathbb{Q}$. Der Restklassenkörper $\mathbb{Q}^{\mathbb{N}}_{\mathrm{CF}}/\mathfrak{n}_\mathbb{Q}$ lässt sich auch kanonisch anordnen: Eine rationale Cauchy-Folge (x_n) repräsentiert definitionsgemäß ein Element > 0, wenn es ein $s \in \mathbb{Q}^{\times}_{+}$ gibt mit $x_n \geq s$ für fast alle n. Man zeigt sofort, dass $\mathbb{Q}^{\mathbb{N}}_{\mathrm{CF}}/\mathfrak{n}_\mathbb{Q}$ damit ein archimedisch angeordneter Körper wird. Er ist auch vollständig. Zum *Beweis* der Vollständigkeit sei x_n, $n \in \mathbb{N}$, eine Cauchy-Folge in $\mathbb{Q}^{\mathbb{N}}_{\mathrm{CF}}/\mathfrak{n}_\mathbb{Q}$.[6] Da $\mathbb{Q}$ dicht in $\mathbb{Q}^{\mathbb{N}}_{\mathrm{CF}}/\mathfrak{n}_\mathbb{Q}$ ist, gibt es Elemente $y_n \in \mathbb{Q}$ mit $|x_n - y_n| \leq 1/(n+1)$, $n \in \mathbb{N}$. Dann ist y_n, $n \in \mathbb{N}$, ebenfalls eine Cauchy-Folge, und ihre Restklasse in $\mathbb{Q}^{\mathbb{N}}_{\mathrm{CF}}/\mathfrak{n}_\mathbb{Q}$ ist Grenzwert der gegebenen Folge (x_n), $n \in \mathbb{N}$. $\square$

Insgesamt erhalten wir:

Satz 3.4.12 (Existenz reeller Zahlkörper) *Die Nullfolgen bilden ein maximales Ideal $\mathfrak{n}_\mathbb{Q}$ in der $\mathbb{Q}$-Algebra $\mathbb{Q}^{\mathbb{N}}_{\mathrm{CF}}$ der Cauchy-Folgen in $\mathbb{Q}$, und der Restklassenkörper $\mathbb{Q}^{\mathbb{N}}_{\mathrm{CF}}/\mathfrak{n}_\mathbb{Q}$ ist in natürlicher Weise ein reeller Zahlkörper $\mathbb{R}$.*

Die Unterkörper von $\mathbb{R}$ sind nach Satz 3.4.9 (bis auf Isomorphie) genau die archimedisch angeordneten Körper. Zwei verschiedene solcher Unterkörper von $\mathbb{R}$ sind als *angeordnete* Körper nicht isomorph.

Bemerkung 3.4.13 Sei K ein angeordneter Körper. Der Restklassenkörper $K^{\mathbb{N}}_{\mathrm{CF}}/\mathfrak{n}_K$ der Cauchy-Folgen in K modulo der Nullfolgen in K ist stets in natürlicher Weise ein angeordneter Körper und im Fall, dass K archimedisch angeordnet ist, ein reeller Zahlkörper. Ist in K jede Cauchy-Folge konvergent – man nennt dann K **folgenvollständig** –, d. h. ist $K^{\mathbb{N}}_{\mathrm{CF}} = K^{\mathbb{N}}_{\mathrm{kon}} = K \oplus \mathfrak{n}_K$, so ist $K^{\mathbb{N}}_{\mathrm{CF}}/\mathfrak{n}_K = K$. Dies ist insbesondere der Fall, wenn K nur die stationären Folgen als konvergente Folgen besitzt, d. h. wenn in K keine Nullfolge mit lauter positiven Elementen existiert. Die Folgenvollständigkeit ist dann aber uninteressant.

Der Dedekindsche Ansatz zur Konstruktion der reellen Zahlen liefert auch für diese Fälle noch interessante Körpererweiterungen. Wir führen sie aber nur für $K = \mathbb{Q}$ aus, wobei wir wieder einen reellen Zahlkörper $\mathbb{R}$ erhalten werden.[7] Dedekind verfolgt die Idee

---

[6] Man beachte, dass in einem *archimedisch* angeordneten Körper eine monotone beschränkte Folge offensichtlich eine Cauchy-Folge ist. Es genügt also Cauchy-Folgen zu betrachten.

[7] Die allgemeine Konstruktion ist für nicht archimedisch angeordnete Körper etwas komplizierter als im Folgenden ausgeführt.

von Eudoxos, wonach jede reelle Zahl α durch den Abschnitt $A_\alpha := \{x \in \mathbb{Q} \mid x < \alpha\}$ in $\mathbb{Q}$ bestimmt ist. Generell verstehen wir unter einem **Dedekindschen Abschnitt** (in $\mathbb{Q}$) eine nichtleere, nach oben beschränkte Teilmenge von $\mathbb{Q}$ ohne größtes Element, die mit jedem Element auch alle kleineren Elemente von $\mathbb{Q}$ enthält. Ist $\mathbb{R}$ ein reeller Zahlkörper, so ist jeder solche Dedekindsche Abschnitt A in $\mathbb{Q}$ der Abschnitt A_α zu einer reellen Zahl, nämlich $A = A_\alpha, \alpha := \mathrm{Sup}\, A$, vgl. den Satz 3.4.11. Die Menge $\mathbb{R}$ der reellen Zahlen lässt sich demnach mit der Menge der Dedekindschen Abschnitte in $\mathbb{Q}$ identifizieren.

Man kann nun umgekehrt die Menge $\mathbb{R}$ als die Menge der Dedekindschen Abschnitte in $\mathbb{Q}$ *definieren*, was allein mit Hilfe von $\mathbb{Q}$ ohne Rückgriff auf $\mathbb{R}$ möglich ist. Dann ist $\mathbb{R} \subseteq \mathfrak{P}(\mathbb{Q})$ und die Ordnung auf $\mathbb{R}$ ist die von $\mathfrak{P}(\mathbb{Q})$ induzierte Inklusion. Positiv sind die Dedekindschen Abschnitte, die eine positive Zahl enthalten. Die Gültigkeit des Carathéodoryschen Vollständigkeitsaxioms 3.3.1 ist trivial: Ist $A_0 \subseteq A_1 \subseteq A_2 \subseteq \cdots$ eine nach oben beschränkte, monoton wachsende Folge in $\mathbb{R}$, so ist $\lim A_n = \bigcup_{n\in\mathbb{N}} A_n$. Allgemein ist für eine beliebige nichtleere nach oben beschränkte Menge $\mathfrak{A} \subseteq \mathbb{R} \subseteq \mathfrak{P}(\mathbb{Q})$ die Vereinigung $\bigcup_{A\in\mathfrak{A}} A \in \mathbb{R}$ die obere Grenze von $\mathfrak{A}$. Die Addition in $\mathbb{R}$ ist einfach die Minkowski-Summe

$$A + B = \{x + y \mid x \in A, y \in B\}, \quad A, B \in \mathbb{R}.$$

Allein die Multiplikation ist etwas mühsamer zu beschreiben, was dadurch bedingt ist, dass die Multiplikation mit negativen Zahlen monoton fallend ist. Vielleicht ist es am besten, die Multiplikation zunächst nur für *positive* Abschnitte zu definieren, und zwar durch

$$A \cdot B = \mathbb{Q}_- \uplus \left\{xy \mid x \in A \cap \mathbb{Q}_+^\times, y \in B \cap \mathbb{Q}_+^\times \right\}, \quad A, B \in \mathbb{R}_+^\times.$$

Dann ist $\mathbb{R}_+ = \mathbb{R}_+^\times \uplus \{0\}$ mit $0 \cdot A = A \cdot 0 = 0$ für alle $A \in \mathbb{R}_+$ ein Halbring und $\mathbb{R}$ der zugehörige Grothendieck-Ring, vgl. Beispiel 2.6.10. $\diamond$

Zum Schluss dieses Abschnitts führen wir hier schon einige topologische Begriffe ein, die häufig die Sprechweise erleichtern und in Kap. 4 in wesentlich allgemeinerem Rahmen diskutiert werden. Die hier eingeführten Begriffe beziehen sich dementsprechend immer auf ganz K als Grundraum.

Definition 3.4.14 Sei K ein angeordneter Körper und $A \subseteq K$ sowie $x \in K$.

(1) Der Punkt x heißt ein **Berührpunkt** von A, wenn in jeder Umgebung von x wenigstens ein Element von A liegt.

(2) Der Punkt x heißt ein **Häufungspunkt** von A, wenn in jeder Umgebung von x ein von x verschiedener Punkt (und damit unendlich viele Punkte) von A liegen.

(3) Der Punkt x heißt ein **innerer Punkt** von A, wenn A eine Umgebung von x ist.

(4) Die Menge A heißt **abgeschlossen**, wenn jeder Berührpunkt von A zu A gehört.

(5) Die Menge A heißt **offen**, wenn jeder Punkt von A ein innerer Punkt von A ist.

Die Menge der Berührpunkte und die Menge der inneren Punkte von A in K bezeichnen wir mit

$$\overline{A} \quad \text{bzw.} \quad \mathring{A}.$$

Besitzt K eine nicht stationäre Nullfolge, so ist ein Punkt $x \in K$ offenbar genau dann ein Berührpunkt von A, wenn es eine Folge $(x_n) \in K_{\text{kon}}^{\mathbb{N}}$ gibt mit $x_n \in A$ und $x = \lim x_n$. Genau dann ist x sogar ein Häufungspunkt, wenn die Folgenglieder x_n überdies von x verschieden gewählt werden können. Aus den Definitionen folgt unmittelbar:

Proposition 3.4.15 *Für jede Teilmenge A des angeordneten Körpers K gilt:*

(1) *Jeder Häufungspunkt von A ist ein Berührpunkt von A, und jeder Berührpunkt von A, der nicht zu A gehört, ist ein Häufungspunkt von A.*

(2) *Es ist $\mathring{A} \subseteq A \subseteq \overline{A}$. Genau dann ist $A = \overline{A}$, wenn A abgeschlossen ist, und genau dann ist $A = \mathring{A}$, wenn A offen ist.*

(3) *Genau dann ist A offen (bzw. abgeschlossen) in K, wenn das Komplement $K - A$ von A in K abgeschlossen (bzw. offen) in K ist.*

Offenbar ist $\overline{A}$ die kleinste abgeschlossene Teilmenge von K, die A umfasst, und $\mathring{A}$ die größte offene Teilmenge von K, die in A liegt. Man nennt $\overline{A}$ die **abgeschlossene Hülle** und $\mathring{A}$ den **offenen Kern** oder das **Innere von** A. Ihre Differenzmenge $\overline{A} - \mathring{A}$ heißt der **Rand von** A und wird mit

$$\text{Rd}\, A \ (= \overline{A} - \mathring{A})$$

bezeichnet. Genau dann ist $\text{Rd}\, A = \emptyset$ – A heißt dann **randlos** –, wenn $A = \overline{A} = \mathring{A}$ sowohl offen als auch abgeschlossen ist, vgl. Aufg. 3.4.19. Punkte im Inneren des Komplements von A heißen **äußere Punkte** von A. Sie bilden das Komplement von $\overline{A}$. Beispiele für abgeschlossene (bzw. offene) Teilmengen von K sind die abgeschlossenen (bzw. offenen) Intervalle. Die halboffenen Intervalle $]a, b]$ und $[a, b[$, $a, b \in K$, $a < b$, sind weder offen noch abgeschlossen.

Das Supremum (bzw. Infimum) einer nichtleeren nach oben (bzw. nach unten) beschränkten Teilmenge von $\mathbb{R}$, vgl. Satz 3.4.11, ist ein Berührpunkt dieser Menge. Es gilt also:

Satz 3.4.16 *Jede nichtleere beschränkte abgeschlossene Menge von $\mathbb{R}$ enthält ihr Infimum und ihr Supremum, d. h. ein kleinstes und ein größtes Element.*

Lemma 3.4.17 *Die Menge der Häufungspunkte einer Folge in einem angeordneten Körper ist stets abgeschlossen.*

Beweis Sei x ein Berührpunkt der Menge der Häufungspunkte der Folge (x_n). In jeder offenen ε-Umgebung von x liegt dann ein Häufungspunkt y von (x_n). Da diese ε-Umgebung auch eine Umgebung von y ist, liegen darin unendlich viele Glieder der Folge (x_n). Daher ist x Häufungspunkt von (x_n). $\square$

Sei (x_n) eine beschränkte Folge reeller Zahlen. Nach dem Satz 3.4.3 von Bolzano-Weierstraß ist die Menge ihrer Häufungspunkte nichtleer und natürlich ebenfalls beschränkt. Wegen Lemma 3.4.17 ist sie überdies abgeschlossen und besitzt folglich ein kleinstes und ein größtes Element. Diese Häufungspunkte (die bei konvergenten Folgen übereinstimmen) heißen der **Limes inferior** bzw. der **Limes superior** der Folge und werden mit

$$\liminf x_n \quad \text{bzw.} \quad \limsup x_n$$

bezeichnet. Übrigens ist der Häufungspunkt, den wir im Beweis des Satzes 3.4.3 von Bolzano-Weierstraß konstruiert haben, der Limes inferior.

Für eine beliebige Folge (x_n) in $\mathbb{R}$ zählen wir $-\infty$ bzw. ∞ zu den Häufungspunkten von (x_n), wenn eine Teilfolge von (x_n) existiert, die gegen $-\infty$ bzw. gegen ∞ konvergiert, wenn also (x_n) nicht nach unten bzw. nicht nach oben beschränkt ist. *Auf diese Weise besitzt jede Folge reeller Zahlen in* $\overline{\mathbb{R}} = \mathbb{R} \cup \{-\infty, \infty\}$ *einen kleinsten und einen größten Häufungspunkt, d. h. einen Limes inferior und einen Limes superior.* Beispielsweise ist ∞ der Limes inferior und der Limes superior der Folge n, $n \in \mathbb{N}$, der natürlichen Zahlen.

Aufgaben

Aufgabe 3.4.1 Man bestimme alle Häufungspunkte sowie Limes inferior und Limes superior der Folge $(-1)^n/2 + (-1)^{n(n+1)/2}/3$ in $\mathbb{R}$.

Aufgabe 3.4.2 Man gebe eine Folge in $\mathbb{R}$ an, für die die Menge der Häufungspunkte die Menge der natürlichen Zahlen ist.

Aufgabe 3.4.3 Sei $A \subseteq \mathbb{R}$, $A \neq \emptyset$. Genau dann ist A nach unten beschränkt, wenn die Menge $-A = \{-x \mid x \in A\}$ nach oben beschränkt ist. In diesem Falle gilt $\operatorname{Inf} A = -\operatorname{Sup}(-A)$.

Aufgabe 3.4.4 Seien $A, B \subseteq \mathbb{R}$ nichtleer.

a) Genau dann ist $A + B$ nach oben (bzw. nach unten) beschränkt, wenn A und B beide nach oben (bzw. beide nach unten) beschränkt sind. In diesem Falle ist

$$\operatorname{Sup}(A + B) = \operatorname{Sup} A + \operatorname{Sup} B \quad (\text{bzw.} \ \operatorname{Inf}(A + B) = \operatorname{Inf} A + \operatorname{Inf} B).$$

b) Ist $A \neq \{0\} \neq B$, so ist $A \cdot B$ genau dann beschränkt, wenn A und B beide beschränkt sind.

c) Sind A und B beschränkt und ist $A, B \subseteq \mathbb{R}_+$, so gilt $\operatorname{Sup}(A \cdot B) = (\operatorname{Sup} A) \cdot (\operatorname{Sup} B)$.

Aufgabe 3.4.5 Man beweise den folgenden **Satz vom Dedekindschen Schnitt**: Sind A und B nichtleere Teilmengen von $\mathbb{R}$ mit $a < b$ für alle $a \in A$ und alle $b \in B$, so gibt es eine reelle Zahl x mit $a \leq x \leq b$ für alle $a \in A$ und alle $b \in B$. – Ist überdies $A \cup B = \mathbb{R}$, so ist diese reelle Zahl x eindeutig bestimmt und es gilt $x = \operatorname{Sup} A = \operatorname{Inf} B$. (Man sagt in diesem Fall, x werde durch den sogenannten Dedekindschen Schnitt (A, B) definiert. Häufig benutzt man zur Konstruktion der reellen Zahlen Paare (A, B), $A, B \subseteq \mathbb{Q}$, mit $a < b$, $a \in A$, $b \in B$, $A \neq \emptyset \neq B$, $A \cup B = \mathbb{Q}$ statt der Dedekindschen Abschnitte in Bemerkung 3.4.13. Für $\alpha \in \mathbb{Q}$ hat man die beiden Paare $(\mathbb{Q}_{<\alpha}, \mathbb{Q}_{\geq\alpha})$ und $(\mathbb{Q}_{\leq\alpha}, \mathbb{Q}_{>\alpha})$ zu identifizieren.)

Aufgabe 3.4.6 Sei K ein angeordneter Körper, der eine nicht stationäre Nullfolge besitzt. Ferner sei $A \subseteq K$ und $x \in K$.

a) Genau dann ist x ein Häufungspunkt von A, wenn es eine gegen x konvergierende Folge mit paarweise verschiedenen Gliedern aus A gibt.

b) Genau dann ist x ein Berührpunkt von A, wenn es eine gegen x konvergierende Folge von Elementen aus A gibt.

Aufgabe 3.4.7 Sei K ein angeordneter Körper und $A, B \subseteq K$.

a) Es ist $\overline{A \cup B} = \overline{A} \cup \overline{B}$, $(A \cap B)^\circ = \overset{\circ}{A} \cap \overset{\circ}{B}$, ferner $\overline{A \cap B} \subseteq \overline{A} \cap \overline{B}$ und $(A \cup B)^\circ \supseteq \overset{\circ}{A} \cup \overset{\circ}{B}$. Man zeige an Hand von Beispielen, dass die beiden letzten Inklusionen echt sein können.

b) Die Menge der Häufungspunkte von A ist abgeschlossen in K.

Aufgabe 3.4.8 Man bestimme $\overline{A}$, $\overset{\circ}{A}$ und $\operatorname{Rd} A$ für folgende Teilmengen A von $\mathbb{R}$:

$$\{1/n \mid n \in \mathbb{N}^*\}, \ \mathbb{N}, \ \mathbb{Q}, \ \mathbb{R} - \mathbb{Q}; \ [a,b], \ ]a,b[, \ [a,b[, \ ]a,b] \text{ mit } a,b \in \mathbb{R}, \ a < b;$$
$$\{a/g^n \mid a \in \mathbb{Z}, n \in \mathbb{N}\} \text{ mit } g \in \mathbb{N}, \ g \geq 2 \text{ fest}.$$

Aufgabe 3.4.9 Jede unendliche Folge reeller Zahlen enthält eine unendliche monotone Teilfolge.

Aufgabe 3.4.10 Eine Folge reeller Zahlen ist genau dann konvergent, wenn sie beschränkt ist und genau einen Häufungspunkt besitzt. – Man beweise damit noch einmal das Cauchysche Konvergenzkriterium 3.4.8 (unter Verwendung des Satzes 3.4.3 von Bolzano-Weierstraß).

Aufgabe 3.4.11 Ein archimedisch angeordneter Körper K ist (genau dann) ein reeller Zahlkörper, wenn in ihm das Intervallschachtelungsprinzip 3.3.5 (für K statt $\mathbb{R}$) gilt.

Aufgabe 3.4.12 Sei (x_n) eine beschränkte Folge reeller Zahlen. Dann gilt:

a) $\limsup x_n = \lim_{n\to\infty}\big(\mathrm{Sup}\{x_m \mid m \geq n\}\big)$, $\liminf x_n = \lim_{n\to\infty}\big(\mathrm{Inf}\{x_m \mid m \geq n\}\big)$.

b) $\limsup x_n = \mathrm{Inf}\{x \mid x \geq x_n \text{ für fast alle } n\} = \mathrm{Sup}\{x \mid x \leq x_n \text{ für unendlich viele } n\}$,
$\liminf x_n = \mathrm{Sup}\{x \mid x \leq x_n \text{ für fast alle } n\} = \mathrm{Inf}\{x \mid x \geq x_n \text{ für unendlich viele } n\}$.

Aufgabe 3.4.13 Seien (x_n) und (y_n) beschränkte Folgen reeller Zahlen. Es gilt

$$\liminf x_n + \liminf y_n \leq \liminf(x_n + y_n) \leq \limsup x_n + \liminf y_n$$
$$\leq \limsup(x_n + y_n) \leq \limsup x_n + \limsup y_n.$$

Diese Formeln gelten auch, wenn das Pluszeichen durch das Malzeichen ersetzt wird und überdies alle x_n und alle y_n nichtnegativ sind.

Aufgabe 3.4.14 Eine Teilmenge von $\mathbb{R}$ heißt **perfekt** wenn sie gleich der Menge ihrer Häufungspunkte ist. Eine perfekte Menge ist notwendigerweise abgeschlossen. Man zeige, dass jede nichtleere perfekte Menge überabzählbar ist.[8] (Man kann ähnlich wie in Beispiel 3.3.6 schließen.)

Aufgabe 3.4.15 Sei $A \subseteq \mathbb{R}$. Ein Punkt $x \in \mathbb{R}$ heißt **Verdichtungspunkt** oder **Kondensationspunkt** von A, wenn in jeder Umgebung von x überabzählbar viele Elemente von A liegen.

a) Jede überabzählbare Teilmenge A von $\mathbb{R}$ besitzt wenigstens einen Verdichtungspunkt. (Man kann auf den Fall reduzieren, dass A beschränkt ist, und dann wie bei Satz 3.4.3 schließen.)

b) Die Menge der Verdichtungspunkte von A ist perfekt. Sie ist insbesondere überabzählbar, wenn A selbst überabzählbar ist, vgl. Aufg. 3.4.14.

c) Jede abgeschlossene Teilmenge von $\mathbb{R}$ ist die disjunkte Vereinigung einer abzählbaren und einer perfekten Menge. Diese Zerlegung ist eindeutig. (Jeder Punkt einer perfekten Menge in $\mathbb{R}$ ist ein Kondensationspunkt dieser Menge.)

Aufgabe 3.4.16 Eine Teilmenge $A \subseteq \mathbb{R}$ ist genau dann ein Intervall, wenn A mit je zwei Zahlen auch alle Zahlen, die zwischen diesen liegen, enthält.

Aufgabe 3.4.17 Sei $A \subseteq \mathbb{R}$.

a) Zwei Punkte $a, b \in A$ mögen äquivalent heißen, wenn das abgeschlossene Intervall mit a und b als Endpunkten ganz zu A gehört. Man zeige, dass dadurch eine Äquivalenzrelation auf A definiert wird, deren Äquivalenzklassen Intervalle sind.

---

[8] Man kann zeigen, dass eine nichtleere perfekte Teilmenge $A \subseteq \mathbb{R}$ die Mächtigkeit des Kontinuums hat, vgl. etwa [15], § 6, Aufg. 6.

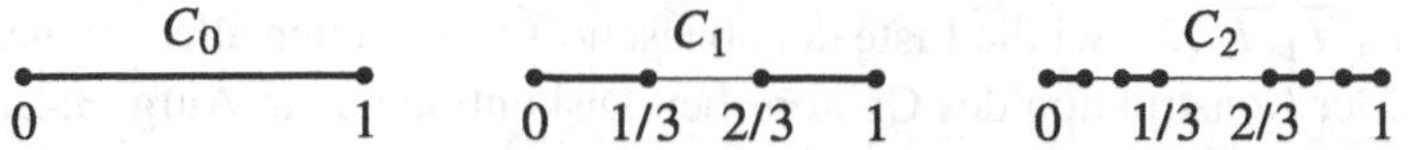

Abb. 3.6 Konstruktion des Cantorschen Diskontinuums

Diese heißen die **Zusammenhangskomponenten** von A. (Sie stimmen mit den Zusammenhangskomponenten von A als topologischem Teilraum von $\mathbb{R}$ überein, vgl. Abschn. 4.3, insbesondere Satz 4.3.6.) Sind alle diese Komponenten von A einpunktig, so heißt A **total unzusammenhängend**. Beispielsweise sind $\mathbb{R} - \mathbb{Q}$ und $\mathbb{Q}$ (sowie jede andere abzählbare Teilmenge von $\mathbb{R}$) total unzusammenhängend. Jede Menge $A \subseteq \mathbb{R}$ hat höchstens abzählbar viele Zusammenhangskomponenten mit mehr als einem Punkt.

b) Ist A offen, so ist A disjunkte Vereinigung abzählbar vieler offener Intervalle (nämlich der Zusammenhangskomponenten von A).

c) Ist A abgeschlossen, so sind alle Zusammenhangskomponenten von A abgeschlossene Intervalle. (Es können jedoch überabzählbar viele sein, vgl. Aufg. 3.4.18.)

Aufgabe 3.4.18 (Cantorsches Diskontinuum) Sei $C_0 := [0,1]$ und $C_1 := C_0 -]1/3, 2/3[$. Allgemein entstehe C_{n+1} aus C_n dadurch, dass aus jeder Zusammenhangskomponente von C_n das offene mittlere Drittel herausgenommen wird, $n \in \mathbb{N}$, vgl. Abb. 3.6. Der Durchschnitt $\mathcal{C} := \bigcap_{n=0}^{\infty} C_n$ heißt das **Cantorsche Diskontinuum** oder die **Cantorsche Wischmenge**. Man zeige:

a) Eine Zahl $x \in [0,1]$ gehört genau dann zu $\mathcal{C}$, wenn x eine Trialentwicklung (vgl. Beispiel 3.3.10) besitzt, in der die Ziffer 1 nicht vorkommt.[9]

b) $\mathcal{C}$ ist eine perfekte (abgeschlossene) total unzusammenhängende Teilmenge von $\mathbb{R}$, die (wie jede nichtleere perfekte Menge) die Mächtigkeit des Kontinuums besitzt. (Für eine rein topologische Charakterisierung des Cantorschen Diskontinuums verweisen wir auf Aufg. 4.4.27b).)

Aufgabe 3.4.19 Sei A eine nichtleere Teilmenge von $\mathbb{R}$, die gleichzeitig offen und abgeschlossen ist. Dann ist $A = \mathbb{R}$. (Man betrachte eine Zusammenhangskomponente von A. – Die Mengen $\emptyset$ und $\mathbb{R}$ sind also die einzigen randlosen Teilmengen von $\mathbb{R}$.)

Aufgabe 3.4.20

a) $\mathbb{R}$ lässt sich nicht als disjunkte Vereinigung von abzählbar vielen abgeschlossenen beschränkten Intervallen darstellen. (Sei $\mathbb{R} = \biguplus_{n \in \mathbb{N}}[a_n, b_n]$. Dann ist $\mathbb{R} - \biguplus_{n \in \mathbb{N}}]a_n, b_n[$ perfekt im Widerspruch zu Aufg. 3.4.14. – Zur Illustration betrachte man folgendes

---

[9] Es ist also zugelassen, dass ab einer Stelle alle Ziffern von x gleich 2 sind, z. B. ist $1/3 = (0,1)_3 = (0,0222\ldots)_3 \in \mathcal{C}$. Die Abbildung $\{0,2\}^{\mathbb{N}^*} \overset{\sim}{\longrightarrow} \mathcal{C}$, $(z_n) \mapsto \sum_{n \in \mathbb{N}^*} z_n/3^n = \lim_{k \to \infty} \sum_{n=1}^{k} z_n/3^n$, ist bijektiv. Vgl. Aufg. 1.8.14a).

Beispiel: $\overline{I}_0, \overline{I}_1, \overline{I}_2, \ldots$ sei die Liste der abgeschossenen Hüllen aller offenen Intervalle, die bei der Konstruktion des Cantorschen Diskontinuums in Aufg. 3.4.18 aus den Mengen $C_0, C_1, C_2, \ldots$ der Reihe nach herausgenommen werden. Dann ist $\bigcup_{n \in \mathbb{N}} \overline{I}_n$ *nicht* das volle (offene) Einheitsintervall $]0, 1[$. Welche Zahlen fehlen?)

b) Allgemeiner als a) gilt: $\mathbb{R}$ lässt sich nicht als disjunkte Vereinigung von abzählbar vielen abgeschlossenen und beschränkten (d. h. kompakten, vgl. Abschn. 3.9) Teilmengen von $\mathbb{R}$ darstellen. (Man führt dies auf a) zurück: Sei etwa $\mathbb{R} = \biguplus_{n \in \mathbb{N}} K_n$ mit beschränkten abgeschlossenen Mengen K_n. Man kann dabei annehmen, dass jedes $K_n \neq \emptyset$ ist und in einer Zusammenhangskomponente der offenen Menge $\mathbb{R} - \bigcup_{k=0}^{n-1} K_k$ liegt, da in jedem Fall nach dem Satz von Bolzano-Weierstraß nur endlich viele dieser Zusammenhangskomponenten K_n treffen. Sei $a_n := \operatorname{Inf} K_n$ und $b_n := \operatorname{Sup} K_n$. Man konstruiert nun abgeschlossene beschränkte Intervalle I_n rekursiv in folgender Weise: $I_0 = [a_0, b_0]$; $I_n := I_{n-1}$, falls $K_n \subseteq \bigcup_{k=0}^{n-1} I_k$, bzw. $I_n := [a_n, b_n]$ sonst. Dann ist $\mathbb{R}$ die disjunkte Vereinigung der verschiedenen Intervalle in der Folge $I_0, I_1, I_2, \ldots$ – Für eine Verallgemeinerung siehe Aufg. 4.3.5b).)

Bemerkung Das Ergebnis der vorliegenden Aufgabe wird seit Zenon von Elea gern als Argument gegen den Atomismus benutzt. Will man das Kontinuum atomistisch beschreiben, so hat man notwendigerweise überabzählbare Mengen zuzulassen. Dies ist eine der großen Entdeckungen Cantors. Er schreibt 1884 (in einem Brief an Mittag-Leffler): „Ich glaube [...], dass die Gesammtheit der Körperatome von der ersten Mächtigkeit, die Gesammtheit der Aetheratome von der zweiten Mächtigkeit ist [...]." Wir verdanken diesen Hinweis J. Suck. Unter der ersten Mächtigkeit versteht Cantor in seinem Brief die Mächtigkeit $\aleph_0$ von $\mathbb{N}$ und unter der zweiten die kleinste überabzählbare Kardinalzahl $\aleph_1$. Dass $\aleph_1$ mit der Mächtigkeit $\aleph$ von $\mathbb{R}$ übereinstimmt, ist die Kontinuumshypothese, vgl. Bemerkung 1.8.21.

Aufgabe 3.4.21

a) Sei $x = a/b$ mit teilerfremden ganzen Zahlen a, b, $b > 0$. Dann besitzt die Folge $x_n := \{nx\} = nx - [nx]$, $n \in \mathbb{N}$, genau die b Häufungspunkte $0, 1/b, \ldots, (b-1)/b$.

b) Sei $x \in \mathbb{R}$ irrational. Dann ist die Menge der Häufungspunkte der Folge $x_n := \{nx\} = nx - [nx]$, $n \in \mathbb{N}$, das abgeschlossene Einheitsintervall $[0, 1]$. (Man gehe etwa in folgenden Schritten vor: (1) (x_n) besitzt einen Häufungspunkt in $[0, 1]$. (2) (x_n) besitzt 0 oder 1 als Häufungspunkt. (3) (x_n) besitzt jeden Punkt aus $]0, 1[$ als Häufungspunkt. – Mit der Kettenbruchentwicklung von x, vgl. Beispiel 3.3.11, lässt sich die Aufgabe sogar konstruktiv lösen. Man gebe beispielsweise für die Zahl $\Phi = (1 + \sqrt{5})/2$ des Goldenen Schnitts mit der Kettenbruchentwicklung $[1, 1, 1, 1, \ldots]$ ein möglichst kleines $n \in \mathbb{N}$ mit $|\{n\Phi\} - \frac{1}{2}| \leq 10^{-6}$ an.)

Aufgabe 3.4.22 In der Potenzmenge $\mathfrak{P}(\mathbb{N})$ von $\mathbb{N}$ gibt es überabzählbare Ketten, also überabzählbare Teilmengen, die (bezüglich der Inklusion) vollständig geordnet sind. (B. Kaup – Dies ist vielleicht überraschend und auf jeden Fall überraschend einfach zu beweisen. Man denke daran, dass $\mathbb{Q}$ wie $\mathbb{N}$ abzählbar ist.) Darüber hinaus gibt es in $\mathfrak{P}(\mathbb{N})$ überabzählbare Teilmengen, deren Elemente paarweise fast disjunkt sind, wobei zwei Mengen **fast disjunkt** heißen, wenn ihr Durchschnitt endlich ist.

Aufgabe 3.4.23 Jede wohlgeordnete Teilmenge von $\mathbb{R}$ ist abzählbar.

3.5 Die komplexen Zahlen

Da in $\mathbb{R}$ wie in jedem angeordneten Körper das Quadrat eines beliebigen Elements nichtnegativ ist, hat die Gleichung $x^2 + 1 = 0$ keine reelle Lösung x. Das Polynom $X^2 + 1 \in \mathbb{R}[X]$ ist also ein Primpolynom und hat in der quadratischen $\mathbb{R}$-Algebra

$$\mathbb{C} = \mathbb{C}_{\mathbb{R}} = \mathbb{R}[i] = \mathbb{R}[\sqrt{-1}] = \mathbb{R}[X]/(X^2 + 1),$$

die ein Körper ist, die beiden Nullstellen $\pm i := \pm X \mod (X^2 + 1)$. Wir haben diesen **Körper der komplexen Zahlen** bereits in Beispiel 2.9.35 beschrieben. Mit der **imaginären Einheit** $i = \sqrt{-1}$ hat jedes Element $z \in \mathbb{C}$ eine eindeutige Darstellung

$$z = a + bi, \quad a = \Re z, \, b = \Im z \in \mathbb{R},$$

und die Multiplikation in $\mathbb{C}$ ist bereits durch die Gleichung $i^2 = -1$ bestimmt:

$$(a + bi) \cdot (c + di) = ac + bdi^2 + adi + bci = (ac - bd) + (ad + bc)i, \quad a, b, c, d \in \mathbb{R}.$$

Für das Rechnen mit dem Computer sei noch bemerkt, dass wegen

$$(a + bi) \cdot (c + di) = (ac - bd) + ((a + b)(c + d) - ac - bd)i$$

das Produkt mit drei statt vier Multiplikationen (und fünf statt zwei Additionen bzw. Subtraktionen) reeller Zahlen berechnet werden kann. Das Inverse zu $z = a + bi \neq 0$ ist

$$z^{-1} = \frac{1}{a + bi} = \frac{a - bi}{(a + bi)(a - bi)} = \frac{a}{a^2 + b^2} + \frac{-b}{a^2 + b^2}i.$$

Bereits hier treten die **komplexe Konjugation**

$$z = a + bi \mapsto \overline{z} = a - bi, \quad a, b \in \mathbb{R},$$

und die **Norm**

$$N(z) = z\overline{z} = a^2 + b^2$$

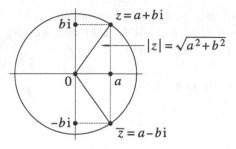

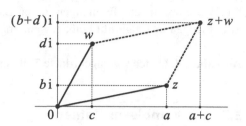

Komplexe (= Gaußsche) Zahlenebene   Addition komplexer Zahlen

Abb. 3.7 Rechnen in der Gaußschen Zahlenebene

auf. Damit ist also $z^{-1} = \bar{z}/z\bar{z} = \bar{z}/\mathrm{N}(z)$ für $z \neq 0$, und für beliebige $z \in \mathbb{C}$ gilt

$$\Re z = \frac{1}{2}\,(z + \bar{z}), \quad \Im z = \frac{1}{2\mathrm{i}}\,(z - \bar{z}).$$

$z \in \mathbb{C}$ ist somit genau dann reell (d. h. es ist $\Im z = 0$), wenn $z = \bar{z}$ ist, und genau dann **rein-imaginär** (d. h. es ist $\Re z = 0$), wenn $z = -\bar{z}$ ist. $2\Re z = z + \bar{z}$ ist die **Spur** $\mathrm{Sp}(z)$ von z. Die komplexe Konjugation ist neben der Identität der einzige $\mathbb{R}$-Algebraendomorphismus ($= \mathbb{R}$-Algebraautomorphismus) von $\mathbb{C}$. Denn ein solcher Endomorphismus bildet eine Nullstelle von $X^2 + 1$ notwendigerweise auf eine Nullstelle von $X^2 + 1$ ab, also i auf i oder auf $-$i, und ist damit die Identität oder die komplexe Konjugation.

Als Elemente des 2-dimensionalen $\mathbb{R}$-Vektorraums $\mathbb{C} = \mathbb{R} + \mathbb{R}\mathrm{i}$ mit der Basis 1, i lassen sich die komplexen Zahlen nach Auszeichnen eines kartesischen Koordinatensystems in einer Ebene unseres Anschauungsraums mit den Punkten dieser Ebene identifizieren (worauf wir in Bd. 3 und 4 noch näher eingehen werden). Man spricht dann von der **komplexen** oder **Gaußschen Zahlenebene**, vgl. Abb. 3.7. Die reelle Zahl a entspricht dem Punkt mit $(a, 0)$ als Koordinatenpaar und die rein-imaginäre Zahl bi dem Punkt mit $(0, b)$ als Koordinatenpaar. Insbesondere sind die Standardbasiselemente $e_1 = (1, 0)$ und $e_2 = (0, 1)$ des $\mathbb{R}^2$ identisch mit den Koordinatenpaaren der Basiselemente 1, i von $\mathbb{C}$. Die Addition komplexer Zahlen lässt sich hiermit leicht veranschaulichen. Die Summe $z + w = (a + c) + \mathrm{i}(b + d)$ zweier Punkte $z = a + \mathrm{i}b$ und $w = c + \mathrm{i}d \in \mathbb{C}$ ist der vierte Eckpunkt des durch 0, z und w bestimmten Parallelogramms (falls diese drei Punkte nicht auf einer Geraden liegen), vgl. Abb. 3.7. Wir können $z + w$ auch beschreiben als den Punkt, der aus z durch Verschieben um w hervorgeht (oder aus w durch Verschieben um z).[10]

Nach dem Satz des Pythagoras ist die Norm $\mathrm{N}(z) = z \cdot \bar{z} = a^2 + b^2$ das Quadrat des Abstands des Punktes $z = a + b\mathrm{i} = (a, b)$ vom Nullpunkt $0 = (0, 0)$, vgl. Abb. 3.7. Den

---

[10] Die geometrische Interpretation der Multiplikation beschreiben wir weiter unten.

Abstand

$$|z| := \sqrt{z \cdot \overline{z}} = \sqrt{a^2 + b^2}$$

selbst nennt man den **Betrag** der komplexen Zahl z. Wenn $z = a$ reell ist, stimmt dieser Betrag $|z| = |a|$ mit dem Betrag von z als reeller Zahl überein. Die Menge der komplexen Zahlen z mit einem festen Betrag r ist der Kreis (d. h. hier die Peripherie des Kreises) mit Radius r um den Nullpunkt. Das Innere dieses Kreises ist die Menge der $z \in \mathbb{C}$ mit $|z| < r$. Dementsprechend ist der Kreis mit dem Radius r um den Punkt $z_0 \in \mathbb{C}$ bzw. sein Inneres die Menge der $z \in \mathbb{C}$ mit $|z - z_0| = r$ bzw. mit $|z - z_0| < r$. Es ist $|\overline{z}| = |z|$. Ferner:

Proposition 3.5.1 *Für beliebige $z, w \in \mathbb{C}$ gilt:*

(1) $|z| \geq 0$, *und nur für $z = 0$ ist $|z| = 0$.*
(2) $\mathrm{Max}\left(|\Re z|, |\Im z|\right) \leq |z| \leq |\Re z| + |\Im z|$.
(3) $|zw| = |z||w|$.
(4) $|z + w| \leq |z| + |w|$ **(Dreiecksungleichung)**.
(5) $|z - w| \geq ||z| - |w||$.

Beweis (1) ist trivial. (2) Ist $z = a + bi$, $a, b \in \mathbb{R}$, so ist $|z| = \sqrt{a^2 + b^2} \geq \sqrt{a^2} = |a|$ und analog $|z| \geq |b|$ sowie

$$|z| = \sqrt{|a|^2 + |b|^2} \leq \sqrt{|a|^2 + 2|a||b| + |b|^2} = |a| + |b|.$$

(3) ergibt sich aus $|zw| = \sqrt{zw\overline{zw}} = \sqrt{z\overline{z}w\overline{w}} = \sqrt{z\overline{z}}\sqrt{w\overline{w}} = |z||w|$.

(4) Die Dreiecksungleichung folgt aus

$$|z + w|^2 = (z + w)(\overline{z} + \overline{w}) = z\overline{z} + z\overline{w} + \overline{z}w + w\overline{w} = z\overline{z} + 2\Re(z\overline{w}) + w\overline{w}$$

$$\leq z\overline{z} + 2|z\overline{w}| + w\overline{w} = |z|^2 + 2|z||w| + |w|^2 = (|z| + |w|)^2.$$

Aus (4) ergibt sich (5) wie im Reellen, vgl. 3.1.5.   □

Die Dreiecksungleichung 3.5.1 (4) ist übrigens ein Spezialfall der Minkowskischen Ungleichung aus Aufg. 3.1.26. Für $z, w \in \mathbb{C}$ heißt $d(z, w) := |z - w| = |w - z| \in \mathbb{R}_+$ der **Abstand** von z und w. Für ein Dreieck $(z, w, v) \in \mathbb{C}^3$ in der komplexen Zahlenebene gilt nach der Dreiecksungleichung

$$d(z, v) = |z - v| = |(z - w) + (w - v)| \leq |z - w| + |w - v| = d(z, w) + d(w, v),$$

was die Bezeichnung „Dreiecksungleichung" motiviert: In einem Dreieck der Gaußschen Zahlenebene ist die Summe der Längen zweier Seiten stets mindestens so groß wie die Länge der dritten Seite.

Abb. 3.8 Offene und abge-
schlossene ε-Umgebung in $\mathbb{C}$

Wir können die Betragsfunktion auf $\mathbb{C}$ benutzen, um Grenzwertbegriffe, die wir in den
Abschn. 3.2 und 3.3 für angeordnete und speziell für reelle Körper eingeführt haben, auch
für komplexe Zahlen zu definieren. Sind $z_0 \in \mathbb{C}$ und $\varepsilon \in \mathbb{R}$, $\varepsilon > 0$, so heißen

$$B(z_0; \varepsilon) := \{z \in \mathbb{C} \mid |z - z_0| < \varepsilon\} \quad \text{bzw.} \quad \overline{B}(z_0; \varepsilon) := \{z \in \mathbb{C} \mid |z - z_0| \leq \varepsilon\}$$

die **offene** bzw. die **abgeschlossene** ε-**Umgebung** von z_0, vgl. Abb. 3.8. Dies sind die
Kreisscheiben mit dem Mittelpunkt z_0 und dem Durchmesser 2ε, einmal ohne und das
andere Mal mit Peripherie. Die Peripherie ist die 1-Sphäre (= Kreis)

$$S(z_0; \varepsilon) := \{z \in \mathbb{C} \mid |z - z_0| = \varepsilon\}.$$

Eine **Umgebung** von z_0 schlechthin ist eine Teilmenge von $\mathbb{C}$, die solch eine (offene oder
abgeschlossene) ε-Umgebung von z_0 mit einem (reellen) $\varepsilon > 0$ enthält.

Eine Teilmenge $A \subseteq \mathbb{C}$ heißt **beschränkt**, wenn sie ganz in einer Kreisscheibe liegt,
d. h. wenn es ein $R \geq 0$ mit $|z| \leq R$ für alle $z \in A$, d. h. mit $A \subseteq \overline{B}(0; R)$ gibt. Genau
dann ist die Menge $A \subseteq \mathbb{C}$ beschränkt, wenn die Mengen $\{\Re z \mid z \in A\}$ und $\{\Im z \mid z \in A\}$
der Real- bzw. Imaginärteile der Elemente von A beschränkte Mengen in $\mathbb{R}$ sind. Eine
Folge heißt **beschränkt**, wenn die Menge ihrer Elemente beschränkt ist. Wie in 3.2.1
definiert man:

Definition 3.5.2 Eine Folge (z_n) in $\mathbb{C}$ heißt **konvergent** (in $\mathbb{C}$), wenn es ein $z \in \mathbb{C}$ gibt
mit folgender Eigenschaft: Zu jedem (noch so kleinen) $\varepsilon \in \mathbb{R}_+^{\times}$ existiert ein $n_0 \in \mathbb{N}$ mit
$|z_n - z| \leq \varepsilon$ für alle natürlichen Zahlen $n \geq n_0$.

Wie im reellen Fall beweist man, dass der **Grenzwert** oder **Limes**

$$z = \lim_{n \to \infty} z_n$$

der konvergenten Folge (z_n) eindeutig bestimmt ist. Er ist dadurch charakterisiert, dass in
jeder seiner Umgebungen fast alle Folgenglieder z_n liegen. Definitionsgemäß konvergiert
die Folge (z_n) genau dann gegen z, wenn die Folge der Abstände $|z_n - z|$, $n \in \mathbb{N}$, eine
Nullfolge in $\mathbb{R}$ ist. Sind alle z_n reell, so kann die Folge (z_n) nur dann in $\mathbb{C}$ konvergent
sein, wenn sie bereits in $\mathbb{R}$ konvergent ist, und für die Bestimmung des Grenzwertes ist
es dann gleichgültig, ob man sie als Folge in $\mathbb{R}$ oder als Folge in $\mathbb{C}$ betrachtet. *Ferner
übertragen sich die Rechenregeln 3.2.5 und 3.2.6 für Limiten* (einschließlich ihrer Beweise
wortwörtlich) *auf den komplexen Fall.* Man kann sie freilich auch aus den Rechenregeln
im Reellen formal herleiten mit Hilfe des folgenden Kriteriums:

Proposition 3.5.3 *Seien (z_n) eine Folge in $\mathbb{C}$, $z_n = a_n + \mathrm{i}b_n$, $a_n, b_n \in \mathbb{R}$, und $z = a + \mathrm{i}b \in \mathbb{C}$, $a, b \in \mathbb{R}$. Dann gilt: Genau dann konvergiert die Folge (z_n) gegen z, wenn die Folge (a_n) der Realteile gegen a konvergiert und die Folge (b_n) der Imaginärteile gegen b. – Es gilt also für konvergente Folgen (z_n)*

$$\lim z_n = \lim(\Re z_n) + \mathrm{i}\lim(\Im z_n).$$

Beweis Die Behauptung ergibt sich unmittelbar aus den Abschätzungen

$$|a_n - a| = |\Re(z_n - z)| \leq |z_n - z| \quad \text{und analog} \quad |b_n - b| \leq |z_n - z|,$$

sowie umgekehrt aus $|z_n - z| = |(a_n - a) + \mathrm{i}(b_n - b)| \leq |a_n - a| + |b_n - b|$. $\square$

Cauchy-Folgen werden im Komplexen wie in $\mathbb{R}$ definiert. Analog zu Proposition 3.5.3 gilt, dass *eine Folge (z_n) komplexer Zahlen genau dann eine Cauchy-Folge ist, wenn die Folgen ihrer Real- bzw. Imaginärteile Cauchy-Folgen reeller Zahlen sind.* Daraus folgt mit Satz 3.4.8:

Satz 3.5.4 (Cauchysches Konvergenzkriterium für $\mathbb{C}$) *Eine Folge komplexer Zahlen konvergiert genau dann, wenn sie eine Cauchy-Folge ist.*

Ein Punkt $z \in \mathbb{C}$ heißt **Häufungspunkt** der Folge (z_n) in $\mathbb{C}$, wenn in jeder (noch so kleinen) Umgebung von z unendlich viele Glieder der Folge liegen, was wiederum damit äquivalent ist, dass eine Teilfolge von (z_n) gegen z konvergiert, vgl. Lemma 3.4.2. Der Satz 3.4.3 von Bolzano-Weierstraß gilt auch im Komplexen:

Satz 3.5.5 (Satz von Bolzano-Weierstraß in $\mathbb{C}$) *Jede beschränkte Folge komplexer Zahlen besitzt einen Häufungspunkt.*

Beweis Wir zeigen, dass jede beschränkte Folge (z_n) in $\mathbb{C}$ eine konvergente Teilfolge besitzt. Mit (z_n) sind auch die reellen Folgen $(\Re z_n)$ und $(\Im z_n)$ beschränkt. Nach 3.4.3 besitzt somit $(\Re z_n)$ eine konvergente Teilfolge. Es gibt also eine Teilfolge von (z_n), für die die Folge der Realteile konvergiert. Ersetzen wir die Folge (z_n) durch diese Teilfolge, so können wir von vornherein annehmen, dass $(\Re z_n)$ konvergiert. Wählen wir dann daraus die Teilfolge so, dass auch noch die Folge der Imaginärteile konvergiert, so erhalten wir eine konvergente Teilfolge von (z_n). $\square$

Die Definitionen aus 3.4.14 für die topologischen Begriffe **Berührpunkt, Häufungspunkt, innerer Punkt** und **abgeschlossene** bzw. **offene Teilmengen** werden wörtlich ins Komplexe übernommen. Dann gelten die Aussagen von Proposition 3.4.15, wenn man dort K durch $\mathbb{C}$ ersetzt. Die **abgeschlossene Hülle** $\overline{A}$ ist wieder die Menge der Berührpunkte, der **offene Kern** (oder das **Innere**) $\mathring{A}$ die Menge der inneren Punkte und

Abb. 3.9 Polarkoordinaten
von $z \in \mathbb{C}^{\times}$

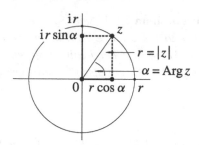

Rd $A = \overline{A} - \mathring{A}$ der **Rand** von $A \subseteq \mathbb{C}$. Für eine Teilmenge A von $\mathbb{R}$ hat man zwischen den Begriffen bzgl. $\mathbb{R}$ und bzgl. $\mathbb{C}$ zu unterscheiden. Bei $A \subseteq \mathbb{R}$ ist natürlich stets $\mathring{A} = \emptyset$ bzgl. $\mathbb{C}$; die abgeschlossene Hülle $\overline{A}$ aber ist in beiden Fällen die gleiche. Gilt $A \subseteq A' \subseteq \overline{A}$, so heißt A **dicht** in A'. Jeder Punkt von A' ist dann also Berührpunkt von A.

Bereits in Beispiel 2.2.16 (2) haben wir die multiplikative Gruppe $\mathbb{C}^{\times}$ von $\mathbb{C}$ unter algebraischen Gesichtspunkten ausführlich diskutiert und dabei die Polarkoordinatendarstellung komplexer Zahlen verwandt. Grundlage ist die eindeutige Zerlegung

$$z = ru, \quad r := |z| \in \mathbb{R}_+^{\times}, \, u \in \mathrm{U} = \{z \in \mathbb{C}^{\times} \mid |z| = 1\}$$

einer komplexen Zahl $z \in \mathbb{C}^{\times}$ als Produkt einer positiven reellen Zahl r und einem Element u der **Kreisgruppe** U der komplexen Zahlen vom Betrag 1. Sie liefert die Produktdarstellung $\mathbb{R}_+^{\times} \times \mathrm{U} \xrightarrow{\sim} \mathbb{C}^{\times}$, $(r, u) \mapsto ru$, der Gruppe $\mathbb{C}^{\times}$. Es ist $u = a + bi$ mit $a^2 + b^2 = 1$. Daher gibt es genau einen Winkel $\mathrm{Arg}\, z = \alpha \in \mathbb{R}/\mathbb{Z}2\pi$ mit $a = \cos\alpha$, $b = \sin\alpha$, und wir erhalten die **Polarkoordinatendarstellung**

$$z = r(\cos\alpha + \mathrm{i}\sin\alpha), \quad r = |z| \in \mathbb{R}_+^{\times}, \, \alpha = \mathrm{Arg}\, z \in \mathbb{R}/\mathbb{Z}2\pi,$$

von $z \in \mathbb{C}^{\times}$, vgl. wieder Beispiel 2.2.16 (2) sowie Abb. 3.9. Den Repräsentanten von $\mathrm{Arg}\, z$ im Intervall $]-\pi, \pi]$ nennt man das **Standardargument** von z. Ist $w = s(\cos\beta + \mathrm{i}\sin\beta)$ eine weitere komplexe Zahl $\neq 0$ in Polarkoordinatendarstellung, so ist

$$zw = rs\,(\cos(\alpha + \beta) + \mathrm{i}\sin(\alpha + \beta)), \text{ also } |zw| = |z||w|, \ \mathrm{Arg}\, zw = \mathrm{Arg}\, z + \mathrm{Arg}\, w.$$

Man multipliziert komplexe Zahlen, indem man ihre Beträge in $\mathbb{R}_+$ multipliziert und ihre Argumente in $\mathbb{R}/\mathbb{Z}2\pi$ addiert. Multiplikation mit einer komplexen Zahl $z \neq 0$ ist daher in der komplexen Zahlenebene eine Drehung um den Nullpunkt mit Drehwinkel $\mathrm{Arg}\, z$, gefolgt von einer Streckung mit Streckungsfaktor $|z|$ und 0 als Streckungszentrum. Natürlich können die Drehung und die Streckung auch in umgekehrter Reihenfolge ausgeführt werden. Das Potenzieren in $\mathbb{C}^{\times}$ liefert in Polarkoordinatendarstellung die sogenannten **Moivreschen Formeln**: Für $z = r(\cos\alpha + \mathrm{i}\sin\alpha) \in \mathbb{C}^{\times}$ und $n \in \mathbb{Z}$ gilt

$$z^n = r^n(\cos n\alpha + \mathrm{i}\sin n\alpha).$$

Mit der komplexen e-Funktion

$$e^w = \exp w = e^a e^{ib} = e^a(\cos b + i \sin b), \quad w = a + bi, \ a, b \in \mathbb{R},$$

vgl. Beispiel 2.2.16 (2), ist die Polarkoordinatendarstellung von $z \neq 0$ einfach die Darstellung

$$z = \exp(\ln|z| + i \operatorname{Arg} z)$$

von z als Bild der e-Funktion, dessen Urbild in $\mathbb{C}$ aber nur bis auf ein ganzzahliges Vielfaches von $2\pi i$ bestimmt ist. Jeden der Werte $\ln|z| + i(\operatorname{Arg} z + 2k\pi)$, $k \in \mathbb{Z}$, nennt man einen **Logarithmus von** z und

$$\ln z := \ln|z| + i \operatorname{Arg} z \quad \text{mit} \quad -\pi < \operatorname{Arg} z \leq \pi$$

seinen **Hauptwert**. Für ein beliebiges $a \in \mathbb{C}^{\times}$ definieren wir die **Potenzfunktion** a^z durch

$$a^z := e^{z \ln a}, \quad z \in \mathbb{C}.$$

Beispiel 3.5.6 (*n*-te Wurzeln) Seien $n \in \mathbb{N}^*$ und $w \in \mathbb{C}$. Ist $w = 0$, so hat die Gleichung $z^n = w$ nur die Lösung $z = 0$. Sei nun $w \neq 0$ mit der Polarkoordinatendarstellung $w = r(\cos \alpha + i \sin \alpha)$. Da der Quotient zweier Lösungen z von $z^n = w$ offenbar eine n-te Einheitswurzel ist, *sind die n paarweise verschiedenen Zahlen*

$$z_k := \zeta_n^k z_0 = \sqrt[n]{r}\left(\cos\frac{\alpha + 2k\pi}{n} + i \sin\frac{\alpha + 2k\pi}{n}\right), \quad k = 0, \ldots, n-1,$$

sämtliche n-ten Wurzeln von w, wobei $z_0 = \sqrt[n]{r}(\cos(\alpha/n) + i \sin(\alpha/n))$ eine spezielle Lösung ist und

$$\zeta_n = \cos(2\pi/n) + i \sin(2\pi/n)$$

die primitive n-te Standardeinheitswurzel. Die n-ten Wurzeln von w bilden die Eckpunkte eines regelmäßigen n-Ecks, dessen Umkreis der Kreis um 0 mit Radius $\sqrt[n]{r}$ ist, und das Polynom $X^n - w$ hat in $\mathbb{C}[X]$ die Primfaktorzerlegung

$$X^n - w = \prod_{k=0}^{n-1}\left(X - \zeta_n^k z_0\right), \quad \text{speziell} \quad X^n - 1 = \prod_{k=0}^{n-1}\left(X - \zeta_n^k\right).$$

Man bezeichnet die Funktion

$$r(\cos \alpha + i \sin \alpha) \longmapsto \sqrt[n]{r}(\cos(\alpha/n) + i \sin(\alpha/n)), \quad r > 0, \ -\pi < \alpha \leq \pi,$$

auf $\mathbb{C}^{\times}$ als den **Hauptwert** $w \mapsto \sqrt[n]{w}$ der n-ten Wurzel. Sie bildet $\mathbb{C}^{\times}$ bijektiv ab auf den halboffenen Sektor

$$\{s(\cos \beta + i \sin \beta) \mid > 0, -\pi/n < \beta \leq \pi/n\}. \qquad \diamond$$

Beispiel 3.5.7 (Quadratische Gleichungen) Nach Definition von $\mathbb{C}$ besitzt die Zahl -1 die beiden Quadratwurzeln i und $-$i in $\mathbb{C}$. Nach dem vorangegangenen Beispiel besitzt nun jede komplexe Zahl $z = a + bi, a, b \in \mathbb{R}$, eine Quadratwurzel und bei $z \neq 0$ genau zwei. Für $z = r(\cos\alpha + i\sin\alpha), r > 0, -\pi < \alpha \leq \pi$, sind dies

$$\pm\sqrt{z} = \pm\sqrt{r}\left(\cos(\alpha/2) + i\sin(\alpha/2)\right).$$

Man bestätigt aber auch direkt durch Quadrieren, dass z die Quadratwurzeln

$$\pm\sqrt{z} := \pm\frac{1}{\sqrt{2}}\left(\sqrt{|z| + a} + i\varepsilon\sqrt{|z| - a}\right), \quad \varepsilon := \begin{cases} \text{Sign } b, \text{ falls } b \neq 0, \\ 1, \text{ falls } b = 0, \end{cases}$$

besitzt. Damit lässt sich in $\mathbb{C}$ jede quadratische Gleichung lösen. Die quadratische Gleichung $x^2 - px + q = 0, p, q \in \mathbb{C}$, hat genau die Lösungen

$$x_{1,2} = \frac{1}{2}\left(p \pm \sqrt{p^2 - 4q}\right),$$

vgl. Proposition 2.9.36. In $\mathbb{C}$ besitzt sogar jedes nichtkonstante Polynom

$$X^n + c_{n-1}X^{n-1} + \cdots + c_1 X + c_0 \in \mathbb{C}[X], \quad n \geq 1,$$

eine Nullstelle in $\mathbb{C}$, d. h. der Körper $\mathbb{C}$ ist algebraisch abgeschlossen. Dies ist die Aussage des **Fundamentalsatzes der Algebra**, vgl. Satz 3.9.7. Im Fall $n \geq 5$ lassen sich aber für die Nullstellen keine expliziten Formeln (die neben den Grundrechenarten nur Wurzelausdrücke benutzen) mehr angeben (**Satz von Abel-Ruffini**).   ◇

Beispiel 3.5.8 (Tschebyschew-Polynome) Für $\varphi \in \mathbb{R}$ und $n \in \mathbb{N}$ ist

$$\cos n\varphi + i\sin n\varphi = (\cos\varphi + i\sin\varphi)^n = \sum_{m=0}^{n} \binom{n}{m} i^m \sin^m\varphi \cos^{n-m}\varphi$$

$$= \sum_{k=0}^{[n/2]} \binom{n}{2k}(-1)^k \sin^{2k}\varphi \cos^{n-2k}\varphi + i\sum_{k=0}^{[(n-1)/2]} \binom{n}{2k+1}(-1)^k \sin^{2k+1}\varphi \cos^{n-2k-1}\varphi.$$

Durch Vergleich von Real- und Imaginärteil erhält man

$$\cos n\varphi = \sum_k (-1)^k \binom{n}{2k}(\cos^{n-2k}\varphi)(1 - \cos^2\varphi)^k,$$

$$\sin n\varphi = \sum_k (-1)^k \binom{n}{2k+1}\cos^{n-2k-1}\varphi \sin^{2k+1}\varphi.$$

Insbesondere ist $\cos n\varphi$ ein Polynom in $\cos\varphi$. Man hat die explizite Darstellung

$$\cos n\varphi = 2^{n-1} T_n(\cos\varphi),$$

mit den sogenannten (für $n \geq 1$ **normierten**) **Tschebyschew-Polynomen**

$$T_0 := 2 \quad \text{und} \quad T_n := \sum_{k=0}^{[n/2]} \left(-\frac{1}{4}\right)^k \frac{n}{n-k} \binom{n-k}{k} X^{n-2k}, \ n \geq 1.$$

Zum *Beweis* der zuletzt angegebenen Darstellung von $\cos n\varphi$ bemerkt man zunächst, dass

$$
\begin{aligned}
\cos(n+2)\varphi &= \cos 2\varphi \cos n\varphi - 2\cos\varphi \sin\varphi \sin n\varphi \\
&= (2\cos^2\varphi - 1)\cos n\varphi + 2\cos\varphi\,(\cos(n+1)\varphi - \cos\varphi \cos n\varphi) \\
&= 2\cos\varphi \cos(n+1)\varphi - \cos n\varphi
\end{aligned}
$$

ist. Daher genügt es zu zeigen, dass die Polynome T_n der folgenden Rekursion genügen:

$$T_0 = 2, \quad T_1 = X, \quad T_{n+2} = X T_{n+1} - T_n/4, \ n \in \mathbb{N}.$$

Dies bestätigt man aber leicht durch Einsetzen. – Einige Autoren nennen die Polynome

$$\widetilde{T}_n := 2^{n-1} T_n, \quad n \in \mathbb{N},$$

Tschebyschew-Polynome. Es ist $\cos n\varphi = \widetilde{T}_n(\cos\varphi)$. Insbesondere gilt also $\widetilde{T}_n(1) = 1$, $\widetilde{T}_n(-1) = (-1)^n$ und $\widetilde{T}_n(0) = (-1)^{n/2}$, falls n gerade, und $\widetilde{T}_n(0) = 0$, falls n ungerade ist. Die $\widetilde{T}_n$ genügen der Rekursion

$$\widetilde{T}_0 = 1, \quad \widetilde{T}_1 = X, \quad \widetilde{T}_{n+2} = 2X\widetilde{T}_{n+1} - \widetilde{T}_n, \ n \in \mathbb{N}$$

und haben ganzzahlige Koeffizienten. *Ferner gilt in* $\mathbb{C}(X)$

$$\frac{X^n + X^{-n}}{2} = \widetilde{T}_n\left(\frac{X + X^{-1}}{2}\right), \quad n \in \mathbb{N}.$$

Beweis Wegen $(X + X^{-1})(X^{n+1} + X^{-(n+1)}) = (X^{n+2} + X^{-(n+2)}) + (X^n + X^{-n})$ gelten die Gleichungen $X^n + X^{-n} = F_n(X + X^{-1})$ mit Polynomen $F_n \in \mathbb{C}[Y]$, die durch die Rekursion

$$F_0 = 2, F_1 = Y, \quad F_{n+2} = Y F_{n+1} - F_n, \ n \in \mathbb{N},$$

bestimmt sind. Diese Rekursion erfüllen aber offenbar auch die Polynome $2\widetilde{T}_n(Y/2)$. $\square$

Die Identität $(X^n + X^{-n})/2 = \widetilde{T}_n\big((X + X^{-1})/2\big)$ lässt sich aber auch folgendermaßen beweisen: Seien $\varphi \in \mathbb{R}$ und $z := \cos\varphi + \mathrm{i}\sin\varphi$. Dann gilt wegen der Moivreschen

Formel und wegen $z^{-1} = \bar{z}$ die Gleichung $(z^n + z^{-n})/2 = \cos n\varphi = \widetilde{T}_n(\cos \varphi) = \widetilde{T}_n\big((z+z^{-1})/2\big)$, woraus sich die Behauptung mit dem Identitätssatz für Polynome 2.9.31 ergibt.

Definitionsgemäß ist $\widetilde{T}_n\big(\cos((2k + 1)\pi/2n)\big) = \cos((2k + 1)\pi/2) = 0$ für $k \in \mathbb{Z}$, d. h. *die Polynome $\widetilde{T}_n$ und T_n vom Grad n haben die n verschiedenen reellen Nullstellen*

$$\cos \frac{(2k + 1)\pi}{2n}, \quad k = 0, \ldots, n - 1,$$

die alle im Intervall $]-1, 1[$ *liegen.* Bei $n \geq 1$ folgt

$$T_n = \prod_{k=0}^{n-1} \left(X - \cos \frac{(2k + 1)\pi}{2n} \right). \qquad \diamond$$

Beispiel 3.5.9 (Joukowski-Funktion) Wir betrachten die bereits oben aufgetretene sogenannte **Joukowski-Funktion** (nach N. Joukowski (1847–1921))

$$f\colon \mathbb{C}^\times = \mathbb{C} - \{0\} \longrightarrow \mathbb{C} \quad \text{mit} \quad f(z) := \frac{1}{2}(z + z^{-1}) = \frac{z^2 + 1}{2z}$$

etwas genauer. Wenn nötig, erweitern wir f (wie jede rationale Funktion $R(z)$, $R \in \mathbb{C}(Z)$) in kanonischer Weise zu einer Abbildung $f\colon \overline{\mathbb{C}} \to \overline{\mathbb{C}} = \mathbb{C} \uplus \{\infty\}$, und zwar im vorliegenden Falle durch $f(0) = f(\infty) = \infty$, vgl. Beispiel 3.8.14. Für eine komplexe Zahl $z = r(\cos \varphi + \mathrm{i} \sin \varphi)$, $r > 0$, ist $z^{-1} = r^{-1}(\cos \varphi - \mathrm{i} \sin \varphi)$ und folglich

$$f(z) = \frac{1}{2}(r + r^{-1}) \cos \varphi + \frac{\mathrm{i}}{2}(r - r^{-1}) \sin \varphi.$$

Insbesondere ist das f-Bild des Kreises mit dem Radius r um den Nullpunkt die Ellipse mit 0 als Mittelpunkt und den Halbachsenlängen

$$\frac{1}{2}(r + r^{-1}) \quad \text{bzw.} \quad \frac{1}{2}|r - r^{-1}|,$$

die bei $r = 1$ zu der (doppelt durchlaufenen) Strecke von $+1$ bis -1 entartet. Die Kreise mit den Radien r und r^{-1} haben dieselbe Bildellipse; bei $r > 1$ wird sie im selben Sinne wie der Kreis durchlaufen, bei $r < 1$ im entgegengesetzten Sinne. Auf der **oberen Halbebene**

$$\mathbb{H} := \{z \in \mathbb{C} \mid \Im z > 0\}$$

ist f also injektiv. Das Bild $f(\mathbb{H})$ ist die doppelt geschlitzte Ebene

$$\mathbb{C} - \{a \in \mathbb{R} \mid |a| \geq 1\}.$$

Der Wert der Umkehrfunktion an der Stelle $w \in f(\mathbb{H})$ ergibt sich durch Lösen der quadratischen Gleichung $w = (z + z^{-1})/2$, d. h. $z^2 - 2zw + 1 = 0$ zu

$$z = w + \sqrt{w^2 - 1} = w + \mathrm{i}\sqrt{1 - w^2} = w + \mathrm{i}\sqrt{1 - w}\sqrt{1 + w}.$$

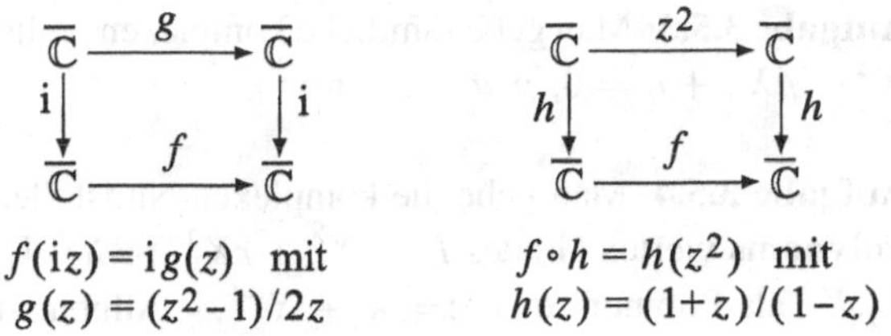

Abb. 3.10 Konjugiertheit der Funktionen $f(z) = (z^2+1)/2$, $g(z) = (z^2-1)/2$ und z^2

$$
\begin{array}{ccc}
\overline{\mathbb{C}} & \xrightarrow{\ g\ } & \overline{\mathbb{C}} \\
{\scriptstyle i}\downarrow & & \downarrow{\scriptstyle i} \\
\overline{\mathbb{C}} & \xrightarrow{\ f\ } & \overline{\mathbb{C}}
\end{array}
\qquad
\begin{array}{ccc}
\overline{\mathbb{C}} & \xrightarrow{\ z^2\ } & \overline{\mathbb{C}} \\
{\scriptstyle h}\downarrow & & \downarrow{\scriptstyle h} \\
\overline{\mathbb{C}} & \xrightarrow{\ f\ } & \overline{\mathbb{C}}
\end{array}
$$

$$f(\mathrm{i}z) = \mathrm{i}\,g(z) \quad \text{mit} \qquad f \circ h = h(z^2) \quad \text{mit}$$
$$g(z) = (z^2-1)/2z \qquad\qquad h(z) = (1+z)/(1-z)$$

Für die beiden Wurzeln im letzten Ausdruck ist jeweils der Hauptwert zu wählen, vgl. Beispiel 3.5.6. Dass dieser in der Tat das korrekte Vorzeichen liefert, prüft der Leser leicht. Es genügt übrigens (aus Stetigkeitsgründen), dies für einen einzigen Wert zu bestätigen, und für $w = 0$ ergibt sich $z = \mathrm{i}$. – Mit der Joukowski-Funktion f übersieht man auch die Funktion $g(z) := \frac{1}{2}(z - z^{-1}) = (z^2 - 1)/2z$. Wegen $f(\mathrm{i}z) = \mathrm{i}g(z)$ für alle $z \in \mathbb{C}^\times$ (und auch für alle $z \in \overline{\mathbb{C}}$) ist nämlich das Diagramm aus Abb. 3.10 kommutativ, wobei i die Multiplikation mit i auf $\mathbb{C}^\times$ bzw. auf $\mathbb{C}$ bezeichnet, d. h. die Drehung um 0 mit dem Winkel $\pi/2$. So ist etwa g auf der **rechten Halbebene** $\{z \in \mathbb{C} \mid \Re z > 0\}$ injektiv mit der doppelt-geschlitzten Ebene $\mathbb{C} - \{a\mathrm{i} \mid a \in \mathbb{R}, |a| \geq 1\}$ als Bild und der Umkehrfunktion $w \mapsto -\mathrm{i}f^{-1}(\mathrm{i}w) = w + \sqrt{1 - \mathrm{i}w}\sqrt{1 + \mathrm{i}w}$. Schließlich bemerken wir die Gleichung

$$f\left(\frac{1+z}{1-z}\right) = \frac{1+z^2}{1-z^2}, \quad \text{d. h.} \quad (f \circ h)(z) = h(z^2) \quad \text{mit} \quad h(z) := \frac{1+z}{1-z},$$

mit deren Hilfe sich häufig Eigenschaften der Joukowski-Funktion auf Eigenschaften der Quadratfunktion zurückführen lassen. Man beachte, dass die Funktion $h\colon \overline{\mathbb{C}} \mapsto \overline{\mathbb{C}}$ bijektiv ist mit Umkehrfunktion $z \mapsto (z - 1)/(z + 1)$. *Die diskreten dynamischen Systeme $(\overline{\mathbb{C}}, f)$ und $(\overline{\mathbb{C}}, z^2)$ sind also konjugiert*, vgl. Aufg. 2.4.16. Als die n-te Iterierte $f_n = f \circ \cdots \circ f$ (n-mal) der Joukowski-Funktion f ergibt sich mit dieser Bemerkung direkt die Funktion $\big((z + 1)^{2^n} + (z - 1)^{2^n}\big)/\big((z + 1)^{2^n} - (z - 1)^{2^n}\big)$, vgl. auch Aufg. 3.5.45. $\diamond$

Aufgaben

Aufgabe 3.5.1 Man bestimme Real- und Imaginärteil, den Betrag und die konjugiert-komplexe Zahl zu

$$\frac{1}{1+\mathrm{i}}; \quad \frac{2-\mathrm{i}}{2+\mathrm{i}}; \quad \frac{3+4\mathrm{i}}{1+2\mathrm{i}}; \quad (2+\mathrm{i})^n, \, n \in \mathbb{Z}; \quad \left(\frac{1-\mathrm{i}}{1+\mathrm{i}}\right)^n, \, n \in \mathbb{Z}.$$

Aufgabe 3.5.2
a) Man bestimme die Quadratwurzeln von i, $8 - 6\mathrm{i}$, $3 - 4\mathrm{i}$.
b) Man bestimme die vierten Wurzeln von $-\mathrm{i}$, $-1 + \mathrm{i}$.
c) Man bestimme die komplexen Nullstellen der Polynome $X^2 + (1 - 4\mathrm{i})X - 5 + \mathrm{i}$ und $X^2 + (2\mathrm{i} - 3)X + 1 + 2\mathrm{i}$ sowie $X^2 - (2 + 2\mathrm{i})X + 3 - 2\mathrm{i}$ und $X^2 + (2 - 6\mathrm{i})X + 3 - 18\mathrm{i} = 0$.

Aufgabe 3.5.3 Man gebe sämtliche komplexen Nullstellen des biquadratischen Polynoms $X^4 - pX^2 + q = 0$, $p, q \in \mathbb{C}$, an.

Aufgabe 3.5.4 Man gebe die komplexen Nullstellen des sogenannten **selbstreziproken Polynoms** vierten Grades $F = X^4 + rX^3 + sX^2 + rX + 1$, $r, s \in \mathbb{C}$, an. (Man schreibe F/X^2 als Polynom in $Y := X + X^{-1}$. – Allgemein gibt es für die Nullstellen von beliebigen Polynomen dritten und vierten Grades explizite Lösungsformeln von Tartaglia/Cardano bzw. Ferrari, vgl. etwa [14], Satz 36.6 und 36.7, oder [16], § 54, Aufg. 41, 42.)

Aufgabe 3.5.5 Man gebe die Primfaktorzerlegung folgender Polynome über $\mathbb{C}$ bzw. $\mathbb{R}$ an:

$$X^3 + 1; \quad X^4 + 1; \quad X^4 - 5; \quad X^4 + 5; \quad X^4 + 4; \quad X^4 + X^2 + 1;$$
$$X^3 - 2X^2 + 2X - 1; \quad X^5 + 2X^4 + 2X^3 + 4X^2 + X + 1.$$

Man bestimme auch die Primfaktorzerlegung dieser Polynome über $\mathbb{Q}$. (Die sogenannte **Identität von Sophie Germain** $X^4 + 4 = (X^2 + 2X + 2)(X^2 - 2X + 2)$ oder in homogener Form $X^4 + 4Y^4 = (X^2 + 2XY + 2Y^2)(X^2 - 2XY + 2Y^2)$ sollte man sich merken.)

Aufgabe 3.5.6 Man gebe die Primfaktorzerlegung der Polynome $X^n + 1$, $n \in \mathbb{N}^*$, und $X^{2n} + a$, $n \in \mathbb{N}^*$, $a \in \mathbb{R}_+^\times$, über $\mathbb{C}$ bzw. $\mathbb{R}$ an.

Aufgabe 3.5.7 Man bestimme das Minimalpolynom einer komplexen Zahl $a + b\mathrm{i}$, $a, b \in \mathbb{R}$, über $\mathbb{R}$. Für jedes quadratische Primpolynom $\mu \in \mathbb{R}[X]$ ist $\mathbb{R}[X]/(\mu) \xrightarrow{\sim} \mathbb{C}$.

Aufgabe 3.5.8 Sei $n \in \mathbb{N}^*$. Das Polynom $F \in \mathbb{C}[X]$ vom Grad $< n$, das für die n-ten Einheitswurzeln $1, \zeta_n, \dots, \zeta_n^{n-1}$ die vorgegebenen Werte $b_0, \dots, b_{n-1}$ hat, ist

$$F = a_0 + a_1 X + \dots + a_{n-1} X^{n-1} \quad \text{mit} \quad a_\nu := \frac{1}{n} \sum_{k=0}^{n-1} b_k \zeta_n^{-\nu k}.$$

Insbesondere hat man für $\nu = 0, \dots, n-1$ die Abschätzung $|a_\nu| \leq \mathrm{Max}\left(|b_0|, \dots, |b_{n-1}|\right)$. (Zur Berechnung der a_ν verwendet man etwa die sogenannte schnelle Fourier-Transformation, die wir in Bd. 6 besprechen werden.)

Aufgabe 3.5.9 Sei $F = a_0 + a_1 X + \dots + a_{n-1} X^{n-1} + X^n$ ein normiertes Polynom aus $\mathbb{C}[X]$. Dann gelten für jede Nullstelle α von F in $\mathbb{C}$ die folgenden Abschätzungen:

a) $|\alpha| \leq \mathrm{Max}\left(1, |a_0| + \dots + |a_{n-1}|\right)$.

b) $|\alpha| \leq \mathrm{Max}\left(|a_0|, 1 + |a_1|, \dots, 1 + |a_{n-1}|\right)$.

c) $|\alpha| \leq 2R$ mit $R := \text{Max}\,(|a_\nu|^{1/(n-\nu)}, \nu = 0, \ldots, n-1)$. (**Cauchysche Nullstellenab-schätzung** – Aus $|\alpha| > 2R$ und $F(\alpha) = 0$ folgte der Widerspruch

$$|\alpha|^n = |a_0 + \cdots + a_{n-1}\alpha^{n-1}| \leq \sum_{\nu=0}^{n-1} R^{n-\nu}|\alpha|^\nu = R\frac{|\alpha|^n - R^n}{|\alpha| - R} < |\alpha|^n.)$$

Aufgabe 3.5.10 Man bestimme die Partialbruchzerlegungen folgender rationaler Funktionen über $\mathbb{C}$ bzw. – soweit es sich um reelle rationale Funktionen handelt – über $\mathbb{R}$, vgl. Satz 2.10.26 und die Bemerkungen dazu sowie Beispiel 2.10.31:

$$\frac{2X^3 - X^2 - 10X + 19}{X^2 + X - 6}; \quad \frac{X^3 - 17X^2 - 39X - 15}{(X-1)(X-2)((X+2)^2+1)}; \quad \frac{1}{X^4 - X^3 - X + 1};$$

$$\frac{3X^4 - 9X^3 + 4X^2 - 34X + 1}{(X-2)^2(X+3)^2}; \quad \frac{X}{(X-1)(X^2+4)}; \quad \frac{2X^2 + 2X + 3}{2X^3 - 11X^2 + 18X - 9};$$

$$\frac{1}{X^6 + 2X^4 + X^2}; \quad \frac{X^5 - X^4 + X + 1}{X^3 + 2}; \quad \frac{X^2 - 2 + 2}{(X^4 - 1)^2}; \quad \frac{1}{X^5 + 3X^4 + 4X^3 + 2X^2};$$

$$\frac{1}{X^3 + 1}; \quad \frac{1}{X^4 + 1}; \quad \frac{1}{X^n - 1}, n \in \mathbb{N}^*; \quad \frac{1}{X^n + 1}, n \in \mathbb{N}^*; \quad \frac{1}{(X^2 + 1)^n}, n \in \mathbb{N}^*;$$

$$\frac{1}{(X - \alpha_1)\cdots(X - \alpha_r)}, \; \alpha_1, \ldots, \alpha_r \in \mathbb{C} \text{ paarweise verschieden,}$$

(für $\alpha_\rho := 1 - \rho$, $\rho = 1, \ldots, r$, vgl. Aufg. 1.6.17a)).

Aufgabe 3.5.11 Man skizziere die folgenden Punktmengen in der Gaußschen Zahlenebene $\mathbb{C}$.

a) $\{z \in \mathbb{C} \mid |z + 1| \leq |z - 1|\}$.
b) $\{z \in \mathbb{C} \mid 1 < |z - 3\mathrm{i}| < 7\}$.
c) $\{z \in \mathbb{C} \mid |z^2 - z| \leq 1\}$.
d) $\{z \in \mathbb{C} \mid z\overline{z} + z + \overline{z} < 0\}$.
e) $\{z \in \mathbb{C} \mid z\overline{z} - 2z - 2\overline{z} = 2\}$.
f) $\{z \in \mathbb{C} \mid |z - \mathrm{i}| + |z + \mathrm{i}| \leq 3\}$.

Welche davon sind offen bzw. abgeschlossen?

Aufgabe 3.5.12
a) Jede komplexe Zahl w vom Betrag 1 hat die Gestalt $w = z/\overline{z} = z^2/\mathrm{N}(z)$ mit einem $z \in \mathbb{C}^\times$, das bis auf einen Faktor $r \in \mathbb{R}^\times$ eindeutig bestimmt ist, d. h. die Gestalt

$$w = \frac{s^2 - t^2}{s^2 + t^2} + \mathrm{i}\frac{2st}{s^2 + t^2}$$

mit einem Paar $(s,t) \neq (0,0)$ reeller Zahlen (das bis auf einen Faktor aus $\mathbb{R}^\times$ eindeutig bestimmt ist). Mit anderen Worten: Die Abbildung $\mathbb{C}^\times \to U$, $z \mapsto z/\overline{z}$, ist ein surjektiver Gruppenhomomorphismus mit $\mathbb{R}^\times$ als Kern. Man vergleiche diesen mit dem Homomorphismus $z \mapsto z/|z|$, dessen Kern $\mathbb{R}_+^\times$ ist.

b) Analog hat jede rationale komplexe Zahl $w \in \mathbb{C}_\mathbb{Q} = \mathbb{Q}[i]$ mit $N(w) = w\overline{w} = 1$ eine Darstellung derselben Form wie in a), wobei aber das Paar (s,t) in $\mathbb{Q}^2 - \{(0,0)\}$ liegt und wieder bis auf einen Faktor aus $\mathbb{Q}^\times$ eindeutig bestimmt ist. Man folgere die sogenannten **indischen Formeln**: Jedes pythagoreische Zahlentripel $(a,b,c) \in (\mathbb{N}^*)^3$ mit $a^2 + b^2 = c^2$ und $\mathrm{ggT}(a,b,c) = 1$ sowie $b \equiv 0 \bmod 2$ besitzt eine Darstellung $a = s^2 - t^2$, $b = 2st$, $c = s^2 + t^2$ mit eindeutig bestimmten $s,t \in \mathbb{N}^*$, $\mathrm{ggT}(s,t) = 1$. (Vgl. die Bemerkung (1) in Aufg. 1.7.13.)

Aufgabe 3.5.13 Sind die Realteile von $z,w \in \mathbb{C}$ beide positiv oder beide negativ, so gilt die Ungleichung $|(z-w)/(z+\overline{w})| < 1$.

Aufgabe 3.5.14 Sind $z,w \in \mathbb{C}$ mit $|z| < 1$, $|w| < 1$, so ist auch $|(z+w)/(1+\overline{z}w)| < 1$. Diese letzte Ungleichung gilt auch, wenn z und w beide dem Betrage nach > 1 sind.

Aufgabe 3.5.15 Sind $z_1,\ldots,z_n \in \mathbb{C}^\times$ mit $|z_1 + \cdots + z_n| = |z_1| + \cdots + |z_n|$, so ist $z_i/z_j \in \mathbb{R}_+^\times$ für alle $i,j = 1,\ldots,n$.

Aufgabe 3.5.16 Sei (z_n) eine konvergente Folge komplexer Zahlen.

a) Die Folge $(z_{n+1} - z_n)$ der Differenzen benachbarter Glieder ist eine Nullfolge.
b) Ist $\lim z_n \neq 0$, so ist $z_n \neq 0$ für fast alle n und die Folge (z_{n+1}/z_n) der Quotienten benachbarter Glieder konvergiert gegen 1.
c) Man zeige an Hand von Beispielen, dass eine Folge (z_n) nicht konvergent sein muss, wenn für sie die Bedingungen aus a) oder aus b) oder sogar beide erfüllt sind.

Aufgabe 3.5.17 Sei $z \in \mathbb{C}$.

a) Genau dann ist (z^n) eine Nullfolge, wenn $|z| < 1$ ist. Genau dann ist (z^n) konvergent, wenn $|z| < 1$ oder $z = 1$ ist.
b) Genau dann konvergiert die Folge $\frac{1}{n+1}\sum_{k=0}^n z^k$, $n \in \mathbb{N}$, wenn $|z| \leq 1$ ist. Ist $|z| \leq 1$ und $z \neq 1$, so ist der Grenzwert 0, für $z = 1$ ist der Grenzwert 1.

Aufgabe 3.5.18 Man bestimme jeweils die Häufungspunkte bzw. gegebenenfalls den Grenzwert der Folgen

$$\left(\frac{(n+i)^2}{n^2+i}\right); \quad \left(\frac{i^n}{1+in}\right); \quad ((-i)^n); \quad \left(\left(\frac{1+i}{2+i}\right)^n\right).$$

Aufgabe 3.5.19 Eine Folge (z_n) komplexer Zahlen **konvergiert** definitionsgemäß **gegen** ∞, wenn die Folge $(|z_n|)$ der Beträge gegen ∞ konvergiert im Sinne von Definition 3.2.8. Man übertrage Aufg. 3.3.2 auf komplexe rationale Funktionen

$$R = F/G \in \mathbb{C}(T)^{\times}, \quad F, G \in \mathbb{C}[T]^*, \quad \text{ggT}(F, G) = 1.$$

(Schließt man die uneigentliche Konvergenz in $\mathbb{C}$ ein, so liegt der Grenzwert einer konvergenten komplexen Zahlenfolge also in $\overline{\mathbb{C}} = \mathbb{C} \cup \{\infty\}$. Vgl. auch Beispiel 3.8.14.)

Aufgabe 3.5.20 Man zeige, dass die abgeschlossene Kreisscheibe $\overline{\mathrm{B}}(z_0; \varepsilon)$, $z_0 \in \mathbb{C}$, $\varepsilon > 0$, die abgeschlossene Hülle der offenen Kreisscheibe $\mathrm{B}(z_0; \varepsilon)$ ist.

Aufgabe 3.5.21 Man konstruiere eine Folge komplexer Zahlen, die jede komplexe Zahl als Häufungspunkt hat. Man zeige allgemein: Ist $A \subseteq \mathbb{C}$ eine beliebige nichtleere abgeschlossene Teilmenge, so gibt es eine Folge (z_n) von Punkten $z_n \in A$, für die die Menge der Häufungspunkte ganz A ist. (Jede Menge $A \subseteq \mathbb{C}$ besitzt eine *abzählbare* Teilmenge, die dicht in A ist.)

Aufgabe 3.5.22 Sei $A \subseteq \mathbb{C}$ randlos (d. h. offen und abgeschlossen) und $\neq \emptyset$. Dann ist $A = \mathbb{C}$, d. h. $\emptyset$ und $\mathbb{C}$ sind die einzigen randlosen Teilmengen von $\mathbb{C}$. (Sei $a_0 \in A$. Für jedes $z \in \mathbb{C}^{\times}$ ist die Menge $\{t \in \mathbb{R} \mid a_0 + tz \in A\}$ offen und abgeschlossen in $\mathbb{R}$, also gleich $\mathbb{R}$, vgl. Aufg. 3.4.19.)

Aufgabe 3.5.23 Die Menge $\{z \in \mathbb{C} \mid |z^2 - 1| \leq 1\}$ ist abgeschlossen. Man skizziere diese Menge und zeige, dass $\{z \in \mathbb{C} \mid |z^2 - 1| < 1\}$ ihr innerer Kern ist. Man betrachte allgemeiner die Menge $\{z \in \mathbb{C} \mid |z^2 - 1| \leq r^2\}$ in Abhängigkeit von $r \in \mathbb{R}_+^{\times}$ (wobei man die Fälle $r < 1$, $r = 1$ und $r > 1$ unterscheide) und ersetze ferner $z^2 - 1$ durch ein beliebiges quadratisches Polynom $z^2 - pz + q = (z - a)(z - b)$. (Man beachte, dass die Menge $\{z \in \mathbb{C} \mid |z^2 - pz + q| = r^2\}$ die Menge derjenigen Punkte in $\mathbb{C}$ ist, für die das Produkt der Abstände von den Nullstellen a bzw. b des quadratischen Polynoms $Z^2 - pZ + q$ den konstanten Wert r^2 hat. Solche Mengen heißen **Cassinische Kurven**.)

Aufgabe 3.5.24 Sei $K \subseteq \mathbb{C}$ beschränkt und abgeschlossen. Dann ist auch die Menge $\{|z| \mid z \in K\} \subseteq \mathbb{R}$ beschränkt und abgeschlossen. Insbesondere gibt es, falls $K \neq \emptyset$ ist, Elemente $u, v \in K$ mit $|u| \leq |z| \leq |v|$ für alle $z \in K$. – Generell ist $\{|z| \mid z \in A\}$ abgeschlossen, wenn A abgeschlossen ist. Man gebe eine abgeschlossene Menge A in $\mathbb{C}$ an, für die weder die Menge $\{\Re z \mid z \in A\}$ noch die Menge $\{\Im z \mid z \in A\}$ abgeschlossen ist. (Mit den Bezeichnungen von Beispiel 4.4.26 gilt: *Die Betragsfunktion* $\mathbb{C} \to \mathbb{R}$, $z \mapsto |z|$, *ist eigentlich.*)

Aufgabe 3.5.25 Eine unendliche beschränkte Menge $A \subseteq \mathbb{C}$ hat wenigstens einen Häufungspunkt.

Abb. 3.11 Polarkoordinaten
von $z \pm w$

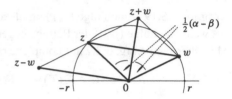

Aufgabe 3.5.26 Sei z_n, $n \in \mathbb{N}$, eine Folge komplexer Zahlen. Dann ist $\bigcap_{n \in \mathbb{N}} \overline{\{z_m \mid m \geq n\}}$
die Menge ihrer Häufungspunkte.

Aufgabe 3.5.27

a) Sei $n \in \mathbb{N}^*$. Die von 1 verschiedenen n-ten Einheitswurzeln sind genau die Lösungen
   x der Gleichung $x^{n-1} + \cdots + x + 1 = 0$. Es folgt $\sum_{\nu=0}^{n-1} X^\nu = \prod_{\nu=1}^{n-1} (X - \zeta_n^\nu)$.
b) Seien $m, n \in \mathbb{N}^*$. Für welche $x \in \mathbb{C}$ ist sowohl $x^n = 1$ als auch $x^m = 1$.

Aufgabe 3.5.28 Für die n-ten primitiven Standardeinheitswurzeln ζ_n, $1 \leq n \leq 8$, $n \neq 7$,
gilt

$$\zeta_1 = 1, \quad \zeta_2 = -1, \quad \zeta_3 = \tfrac{1}{2}(-1 + i\sqrt{3}), \quad \zeta_4 = i,$$

$$\zeta_5 = \frac{1}{4}\sqrt{2}\left(\sqrt{3 - \sqrt{5}} + i\sqrt{5 + \sqrt{5}}\right) = \frac{1}{4}\left(\sqrt{5} - 1 + i\sqrt{2\left(5 + \sqrt{5}\right)}\right),$$

$$\zeta_6 = \frac{1}{2}(1 + i\sqrt{3}) = \zeta_3 + 1 = \sqrt{\zeta_3}, \quad \zeta_8 = \frac{1}{2}\sqrt{2}(1 + i) = \sqrt{i}.$$

(Zur Berechnung von ζ_5 benutze man Aufg. 3.5.4. – Man bestimme auch ζ_{10}, ζ_{12} und ζ_{15}.
Für ζ_{15} siehe Beispiel 3.3.9. Generell beschreibe man, wie man ζ_{mn} mit Hilfe von ζ_m und
ζ_n berechnet, wenn $m, n \in \mathbb{N}^*$ teilerfremd sind.)

Aufgabe 3.5.29 Man gebe die Real- und Imaginärteile *aller* 3-ten, 5-ten und 6-ten Einheitswurzeln an. (Man betrachte diese Einheitswurzeln in der Gaußschen Zahlenebene.)

Aufgabe 3.5.30 Man berechne $\sqrt{1 + \sqrt{-3}} + \sqrt{1 - \sqrt{-3}}$. (Aufgabe von Leibniz an
Huygens – Die Wurzeln seien immer die Hauptwerte.)

Aufgabe 3.5.31 Seien $z, w \in \mathbb{C}$ mit $|z| = |w| = r$, $\operatorname{Arg} z = \alpha$, $\operatorname{Arg} w = \beta$, vgl.
Abb. 3.11. Es ist

$$z \pm w = r\left((\cos\alpha + i\sin\alpha) \pm (\cos\beta + i\sin\beta)\right) = r\left(e^{i\alpha} \pm e^{i\beta}\right)$$

$$= r\left(e^{i(\alpha-\beta)/2} \pm e^{-i(\alpha-\beta)/2}\right)e^{i(\alpha+\beta)/2}$$

$$= \begin{cases} 2r\cos\tfrac{1}{2}(\alpha - \beta)\left(\cos\tfrac{1}{2}(\alpha + \beta) + i\sin\tfrac{1}{2}(\alpha + \beta)\right) \text{ für } z + w, \\ 2ri\sin\tfrac{1}{2}(\alpha - \beta)\left(\cos\tfrac{1}{2}(\alpha + \beta) + i\sin\tfrac{1}{2}(\alpha + \beta)\right) \text{ für } z - w. \end{cases}$$

Man bestimme $|z \pm w|$ und $\mathrm{Arg}(z \pm w)$. (Dabei ist das Vorzeichen von $\cos \frac{1}{2}(\alpha - \beta)$ bzw. $\sin \frac{1}{2}(\alpha - \beta)$ zu beachten.)

Im Fall $\beta = 0$ erhält man

$$(\cos \alpha + \mathrm{i} \sin \alpha) + 1 = 2 \cos \frac{1}{2}\alpha \left(\cos \frac{1}{2}\alpha + \mathrm{i} \sin \frac{1}{2}\alpha \right),$$

$$(\cos \alpha + \mathrm{i} \sin \alpha) - 1 = 2\mathrm{i} \sin \frac{1}{2}\alpha \left(\cos \frac{1}{2}\alpha + \mathrm{i} \sin \frac{1}{2}\alpha \right).$$

Man gewinne daraus Formeln für die folgenden Summen ($n \in \mathbb{N}$):

$$\sum_{k=0}^{n} \binom{n}{k} \cos k\alpha, \quad \sum_{k=0}^{n} \binom{n}{k} \sin k\alpha, \quad \sum_{k=0}^{n} (-1)^{n-k} \binom{n}{k} \cos k\alpha, \quad \sum_{k=0}^{n} (-1)^{n-k} \binom{n}{k} \sin k\alpha.$$

Aufgabe 3.5.32

a) Für $n \in \mathbb{N}$ zeige man (durch Betrachten von $(1 + \mathrm{i})^n$)

$$\sum_{k=0}^{[n/2]} (-1)^k \binom{n}{2k} = \sqrt{2}^n \cos \frac{n\pi}{4}, \quad \sum_{k=0}^{[(n-1)/2]} (-1)^k \binom{n}{2k+1} = \sqrt{2}^n \sin \frac{n\pi}{4}.$$

b) Für $n \in \mathbb{N}$ ist $(X + \mathrm{i}Y)^n = P_n + \mathrm{i}Q_n \in \mathbb{C}[X, Y]$ mit

$$P_n = \sum_{k \geq 0} (-1)^k \binom{n}{2k} X^{n-2k} Y^{2k} = \prod_{k=0}^{n-1} \left(X - Y \cot \frac{(2k+1)\pi}{2n} \right),$$

$$Q_n = \sum_{k \geq 0} (-1)^k \binom{n}{2k+1} X^{n-2k-1} Y^{2k+1} = nY \prod_{k=1}^{n-1} \left(X - Y \cot \frac{k\pi}{n} \right).$$

Aufgabe 3.5.33 Für $\varphi \in \mathbb{R}, \varphi \neq k\pi, k \in \mathbb{Z}$, und $n \in \mathbb{N}^*$ gilt

$$\sin n\varphi / \sin \varphi = 2^{n-1} U_{n-1}(\cos \varphi),$$

wobei die normierten Polynome $U_n \in \mathbb{Q}[X]$ durch

$$U_n := \sum_{k=0}^{[n/2]} \left(-\frac{1}{4} \right)^k \binom{n-k}{k} X^{n-2k}$$

definiert sind. Sie genügen der Rekursion

$$U_0 = 1, \quad U_1 = X, \quad U_{n+2} = X U_{n+1} - \frac{1}{4} U_n, \, n \in \mathbb{N},$$

die sich von der der Tschebyschew-Polynome T_n nur in der Anfangsbedingung für $n = 0$ unterscheidet. (Die U_n heißen (**normierte**) **Tschebyschew-Polynome zweiter Art**.) Man bestimme $U_0, \ldots, U_5$. Es ist

$$U_n = \prod_{k=1}^{n} \left(X - \cos\frac{k\pi}{n+1} \right) \quad \text{und} \quad U_{2n} = \prod_{k=1}^{n} \left(X^2 - \cos^2\frac{k\pi}{2n+1} \right).$$

Man folgere (unter Benutzung von $\sin\varphi \sim \varphi$ für $\varphi \to 0$):

$$n + 1 = 2^n U_n(1) = 2^n \prod_{k=1}^{n} \left(1 - \cos\frac{k\pi}{n+1} \right),$$

$$2n + 1 = 2^{2n} U_{2n}(1) = 2^{2n} \prod_{k=1}^{n} \sin^2\frac{k\pi}{2n+1} = 2^{2n} \prod_{k=1}^{n} \sin^2\frac{2k\pi}{2n+1} = 2^{2n} \prod_{k=1}^{2n} \sin\frac{k\pi}{2n+1}.$$

Aufgabe 3.5.34 Für $\varphi \in \mathbb{R}$ und $n, m \in \mathbb{N}$ gilt

$$\cos^n\varphi = \frac{1}{2^n} \sum_{k=0}^{n} \binom{n}{k} \cos(n - 2k)\varphi,$$

$$\sin^{2m}\varphi = \frac{1}{2^{2m}} \sum_{k=0}^{2m} (-1)^{m+k} \binom{2m}{k} \cos(2m - 2k)\varphi,$$

$$\sin^{2m+1}\varphi = \frac{1}{2^{2m+1}} \sum_{k=0}^{2m+1} (-1)^{m+k} \binom{2m+1}{k} \sin(2m + 1 - 2k)\varphi.$$

(Mit $z = \cos\varphi + \mathrm{i}\sin\varphi$ ist $\cos\varphi = (z + z^{-1})/2$, $\sin\varphi = (z - z^{-1})/2\mathrm{i}$. Vgl. auch Beispiel 3.5.9.)

Aufgabe 3.5.35 Für $\varphi \in \mathbb{R}$, $\varphi \neq 2m\pi$, $m \in \mathbb{Z}$, und $n \in \mathbb{N}$ gilt

$$\sum_{k=0}^{n} \cos k\varphi = \frac{\sin\frac{1}{2}(n+1)\varphi}{\sin\frac{1}{2}\varphi} \cos\frac{n\varphi}{2} = \frac{1}{2} + \frac{\sin\frac{1}{2}(2n+1)\varphi}{2\sin\frac{1}{2}\varphi},$$

$$\sum_{k=0}^{n} \sin k\varphi = \frac{\sin\frac{1}{2}(n+1)\varphi}{\sin\frac{1}{2}\varphi} \sin\frac{n\varphi}{2} = \frac{\cos\frac{1}{2}\varphi - \cos\frac{1}{2}(2n+1)\varphi}{2\sin\frac{1}{2}\varphi}.$$

(Man verwende $\sum_{k=0}^{n} z^k$ mit $z := \cos\varphi + \mathrm{i}\sin\varphi$ oder $\cos k\varphi = (\mathrm{e}^{\mathrm{i}k\varphi} + \mathrm{e}^{-\mathrm{i}k\varphi})/2$ und $\sin k\varphi = (\mathrm{e}^{\mathrm{i}k\varphi} - \mathrm{e}^{-\mathrm{i}k\varphi})/2\mathrm{i}$.)

Aufgabe 3.5.36 Aus dem Ergebnis von Aufg. 3.5.35 folgere man für $\varphi \in \mathbb{R}$, $\varphi \neq m\pi$, $m \in \mathbb{Z}$, und $n \in \mathbb{N}$ unter Verwendung von $\sin^2 k\varphi + \cos^2 k\varphi = 1$ und $\cos^2 k\varphi -$

$\sin^2 k\varphi = \cos 2k\varphi$ die Gleichungen

$$\sum_{k=0}^{n} \cos^2 k\varphi = \frac{n+1}{2} + \frac{\cos n\varphi \sin(n+1)\varphi}{2\sin\varphi} = \frac{2n+3}{4} + \frac{\sin(2n+1)\varphi}{4\sin\varphi},$$

$$\sum_{k=0}^{n} \sin^2 k\varphi = \frac{n+1}{2} - \frac{\cos n\varphi \sin(n+1)\varphi}{2\sin\varphi} = \frac{2n+1}{4} - \frac{\sin(2n+1)\varphi}{4\sin\varphi}.$$

Aufgabe 3.5.37 Für $m, n \in \mathbb{N}^*$ ist $\zeta_m \zeta_n$ eine primitive k-te Einheitswurzel mit $k := mn/\operatorname{ggT}(mn, m+n)$.

Aufgabe 3.5.38
a) Sei $n \in \mathbb{N}, n \geq 2$. Die Summe aller n-ten Einheitswurzeln ist gleich 0.
b) Sei $n \in \mathbb{N}, n \geq 1$. Das Produkt aller n-ten Einheitswurzeln ist gleich $(-1)^{n-1}$.

Aufgabe 3.5.39 Für $n \in \mathbb{N}^*$ ist $\sum_{k=0}^{n-1} \zeta_{2n}^k = 2/(1 - \zeta_{2n})$.

Aufgabe 3.5.40 Für $n \in \mathbb{N}$ ist

$$n + 1 = 2^n \prod_{k=1}^{n} \sin \frac{k\pi}{n+1} = 2^{2n} \prod_{k=1}^{n} \sin^2 \frac{k\pi}{2(n+1)}, \quad 2n + 1 = 2^{2n} \prod_{k=1}^{n} \sin^2 \frac{k\pi}{2n+1}.$$

(Aufg. 3.5.27a) und 3.5.31. – Vgl. auch Aufg. 3.5.33.)

Aufgabe 3.5.41 Man bestimme die Bilder der Kreise $\{z \in \mathbb{C} \mid |z - a| = r\}, r > 0$, $a \in \mathbb{C}$, und der (reellen) Geraden $a + \mathbb{R}b, a, b \in \mathbb{C}, b \neq 0$, unter der Inversenbildung $z \mapsto z^{-1}$ auf $\mathbb{C}^\times$. Man betrachte auch die sogenannte **Inversion** oder **Spiegelung am Einheitskreis** $z \mapsto \overline{z}^{-1} = z/|z|^2$.

Aufgabe 3.5.42 Die Bilder der Strahlen $r(\cos\varphi + i\sin\varphi), r \in \mathbb{R}_+^\times, \varphi$ konstant, unter der Joukowski-Funktion $z \mapsto (z + z^{-1})/2$ sind die Hyperbeläste

$$\frac{a^2}{\cos^2 \varphi} - \frac{b^2}{\sin^2 \varphi} = 1, \quad \operatorname{Sign} a = \operatorname{Sign} \cos\varphi,$$

die bei $\cos\varphi = 0$ zur imaginären Achse $\mathbb{R}i$ entarten und bei $\cos\varphi = \pm 1$, d. h. $\sin\varphi = 0$, zu den Strahlen $\{a \in \mathbb{R} \mid a \leq 1\}$ bzw. $\{a \in \mathbb{R} \mid a \geq -1\}$.

Aufgabe 3.5.43 Die Joukowski-Funktion $z \mapsto (z + z^{-1})/2$ ist auf $\{z \in \mathbb{C} \mid |z| > 1\}$ injektiv mit $D := \mathbb{C} - \{a \in \mathbb{R} \mid |a| \leq 1\}$ als Bild. Man gebe die Umkehrfunktion an. (Das Problem besteht darin, in $z = w + \sqrt{w^2 - 1}, w \in D$, die Wurzel so zu bestimmen, dass $|z| > 1$ ist.)

Abb. 3.12 Quadratwurzeln
in $\mathbb{C}$

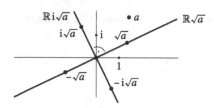

Aufgabe 3.5.44

a) Die Funktion $T: u \mapsto (u-1)/(u+1)$ ist auf $\mathbb{C} - \{-1\}$ injektiv mit Bild $\mathbb{C} - \{1\}$. Die Umkehrfunktion ist dort $w \mapsto (1+w)/(1-w)$. Das Bild von der einfach geschlitzten Ebene $\mathbb{C} - \mathbb{R}_-$ unter T ist die doppelt geschlitzte Ebene $\mathbb{C} - \{a \in \mathbb{R} \mid |a| \geq 1\}$. (Es handelt sich um gebrochen lineare Funktionen, vgl. Aufg. 2.10.21.)

b) Die Funktion $h: z \mapsto (z^2 - 1)/(z^2 + 1)$ ist auf der rechten Halbebene $\{z \in \mathbb{C} \mid \Re z > 0\}$ injektiv wieder mit der doppelt geschlitzten Ebene $\mathbb{C} - \{a \in \mathbb{R} \mid |a| \geq 1\}$ als Bild. Ihre Umkehrfunktion ist $w \mapsto \sqrt{(1+w)/(1-w)}$ (mit dem Hauptwert der Wurzelfunktion).

Aufgabe 3.5.45 Sei $a \in \mathbb{C}^{\times}$, $\sqrt{a}$ eine Quadratwurzel von a (nicht notwendig ihr Hauptwert, vgl. Beispiel 3.5.6) sowie $g_a: \mathbb{C}^{\times} \to \mathbb{C}$ die Funktion

$$g_a(z) := \frac{1}{2}\left(z + \frac{a}{z}\right) = \sqrt{a}\, f\left(\frac{z}{\sqrt{a}}\right),$$

wo f die Joukowski-Funktion $z \mapsto (z + z^{-1})/2$ bezeichnet, vgl. Beispiel 3.5.9. Dann konvergiert die Iteration $z_{n+1} = g_a(z_n)$, $n \in \mathbb{N}$, des Babylonischen Wurzelziehens, vgl. Beispiel 3.3.7, bei beliebigem Startwert $z_0 \in \mathbb{C}$, der nicht auf der Geraden $\mathbb{R}i\sqrt{a}$ liegt, gegen eine Quadratwurzel aus a, und zwar gegen diejenige, die in derselben durch $\mathbb{R}i\sqrt{a}$ bestimmten Halbebene liegt wie z_0, vgl. Abb. 3.12. Insbesondere konvergiert für jedes $z_0 \in \mathbb{C}$ mit $\Re z_0 > 0$ die rekursiv definierte Folge $z_{n+1} = f(z_n)$, $n \in \mathbb{N}$, gegen 1. (Die allgemeine Aussage folgt aus diesem Spezialfall.) Ersetzt man den Startwert z_0 durch $-z_0$, so erhält man die Folge $(-z_n)$ und als Grenzwert die zweite Quadratwurzel aus a. Für $a \notin \mathbb{R}_-$ und $z_0 := 1$ bekommt man immer den Hauptwert $\sqrt{a}$ der Quadratwurzelfunktion. In diesem Fall ist z_n, $n \in \mathbb{N}$, die rationale Funktion $z_n = R_n(a)/S_n(a)$, wobei die Polynome

$$R_n = \sum_{k \geq 0} \binom{2^n}{2k} X^k, \quad S_n = \sum_{k \geq 0} \binom{2^n}{2k+1} X^k \in \mathbb{Z}[X], \quad n \in \mathbb{N},$$

durch die Gleichungen $\left(1 \pm \sqrt{X}\right)^{2^n} = R_n \pm S_n \sqrt{X}$, $n \in \mathbb{N}$, in der quadratischen $\mathbb{Z}[X]$-Algebra $(\mathbb{Z}[X])[\sqrt{X}]$ bzw. durch die Rekursion

$$R_0 = S_0 = 1; \quad R_{n+1} = R_n^2 + X S_n^2, \; S_{n+1} = 2 R_n S_n, \; n \in \mathbb{N},$$

bestimmt sind. Es ist

$$R_n = \prod_{k=0}^{2^{n-1}-1} \left(X + \tan^2 \frac{(2k+1)\pi}{2^{n+1}} \right), \quad S_n = 2^n \prod_{k=1}^{2^{n-1}-1} \left(X + \tan^2 \frac{k\pi}{2^n} \right), \quad n \in \mathbb{N}^*.$$

(Für die Nullstellenbestimmung von R_n und S_n benutze man etwa Aufg. 3.5.32b). Was passiert, wenn der Anfangswert z_0 auf der kritischen Geraden $\mathbb{R}i\sqrt{a}$ liegt? Ohne Einschränkung sei dabei $a = 1$. Die Iteration ist so chaotisch wie die Iteration der Quadratfunktion auf dem Einheitskreis, vgl. das Ende von Aufg. 2.4.16d). – Das Babylonische Wurzelziehen für k-te Wurzeln, vgl. das Ende von Beispiel 3.3.7, hat im Komplexen bei $k \geq 3$ ein sehr viel unübersichtlicheres Konvergenzverhalten als im obigen Fall $k = 2$.)

3.6 Reihen

In diesem Abschnitt sind die betrachteten Zahlen stets reelle oder komplexe Zahlen, falls nichts anderes gesagt wird. Werden Zahlen der Größe nach verglichen, so handelt es sich stets um reelle Zahlen. Auf $\mathbb{C}$ ist die Relation „$z \preceq w$ genau dann, wenn $|z| \leq |w|$" eine Quasiordnung, vgl. Aufg. 1.4.2.

Reihen sind einfach Folgen, unter einem anderen Gesichtspunkt betrachtet. Sei (x_n) eine Folge reeller oder komplexer Zahlen. Um zu untersuchen, wie sich die Folge von Glied zu Glied ändert, betrachtet man die Differenzen

$$a_0 := x_0, \quad a_1 := x_1 - x_0, \quad \ldots, \quad a_n := x_n - x_{n-1}, \quad \ldots$$

Für alle n ist dann $x_n = a_0 + a_1 + \cdots + a_n$.[11] Die Folge (x_n) ist also die Reihe $\sum_{k=0}^{\infty} a_k$ im Sinne der folgenden Definition.

Definition 3.6.1 Sei (a_n) eine Folge reeller oder komplexer Zahlen. Dann heißt die Folge (x_n) der **Partialsummen**

$$x_n := \sum_{k=0}^{n} a_k = a_0 + a_1 + \cdots + a_n, \quad n \in \mathbb{N},$$

---

[11] Dieser Gesichtspunkt kann auch in anderen Situationen nützlich sein. Will man etwa in einem Computer die ersten n Primzahlen $p_1 = 2, p_2 = 3, \ldots, p_n$ speichern, so ist es weniger aufwändig, die Differenzen $d_1 := p_1 = 2, d_2 := p_2 - p_1 = 1, \ldots, d_n := p_n - p_{n-1}$ einzugeben an Stelle der Primzahlen selbst. (Da überdies alle d_k bis auf d_2 gerade sind, kann man sie noch bequem halbieren. – Häufig erzeugt man dabei die Primzahlen $\leq N$ bei vorgegebenem $N \in \mathbb{N}^*$ schnell mit dem Sieb des Eratosthenes, vgl. Aufg. 1.7.7.) Oder: Wegen $n^2 - (n-1)^2 = 2n - 1$ generiert man die Folge $n^2, n \in \mathbb{N}$, der Quadratzahlen bequem, mit 0 beginnend, durch sukzessives Addieren der ungeraden natürlichen Zahlen: $n^2 = 1 + 3 + \cdots + (2n - 1), n \in \mathbb{N}$.

Abb. 3.13 Überhang ge-
schichteter Ziegel

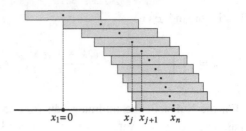

$$x_1 = 0 \qquad\qquad x_j \ x_{j+1} \quad x_n$$

die (**unendliche**) **Reihe** der a_n, $n \in \mathbb{N}$. Sie wird mit

$$\sum_{k=0}^{\infty} a_k, \quad \text{kurz auch mit} \quad \sum_k a_k \quad \text{oder} \quad \sum a_k,$$

bezeichnet. – Konvergiert die Folge (x_n), so heißt die Reihe **konvergent** und ihr Grenzwert die **Summe** der Reihe. Er wird ebenfalls mit $\sum_{k=0}^{\infty} a_k$ bezeichnet.

Trivial ist das folgende *notwendige* Kriterium für die Konvergenz von Reihen.

Proposition 3.6.2 *Konvergiert die Reihe* $\sum_n a_n$, *so ist* (a_n) *eine Nullfolge.*

Beweis Bezeichnet (x_n) die Folge der Partialsummen und ist (x_n) konvergent, so ist
$\lim a_n = \lim(x_n - x_{n-1}) = \lim x_n - \lim x_{n-1} = 0.$ □

Umgekehrt ist die Reihe $\sum a_n$ aber keineswegs schon dann konvergent, wenn die Folge
(a_n) eine Nullfolge ist.

Beispiel 3.6.3 (Harmonische Reihe) *Die harmonische Reihe* $\sum_{n=1}^{\infty} \frac{1}{n}$ *ist divergent.* Ihre
Partialsummen, also die harmonischen Zahlen $H_k = \sum_{n=1}^{k} \frac{1}{n}$, sind nämlich wegen

$$H_{2^n} = 1 + \frac{1}{2} + \left(\frac{1}{3} + \frac{1}{4}\right) + \left(\frac{1}{5} + \frac{1}{6} + \frac{1}{7} + \frac{1}{8}\right) + \cdots + \left(\frac{1}{2^{n-1}+1} + \cdots + \frac{1}{2^n}\right)$$

$$\geq 1 + \frac{1}{2} + \left(\frac{1}{4} + \frac{1}{4}\right) + \left(\frac{1}{8} + \frac{1}{8} + \frac{1}{8} + \frac{1}{8}\right) + \cdots + \left(\frac{1}{2^n} + \cdots + \frac{1}{2^n}\right)$$

$$= 1 + \frac{1}{2} + \frac{1}{2} + \frac{1}{2} + \cdots + \frac{1}{2} = 1 + \frac{n}{2}$$

nicht beschränkt. Nach Beispiel 3.3.8 (2) ist sogar $H_k = \ln k + \gamma + \rho_k$ mit einer monoton fallenden Nullfolge (ρ_k). – Aus der Divergenz der harmonischen Reihe lässt sich
folgendes Ergebnis ableiten: *Gleichartige Ziegel lassen sich ohne Mörtel so aufeinander
legen, dass dabei ein beliebig großer Überhang erreicht wird.* Dazu überlegen wir, welcher Überhang mit n Steinen bei der in Abb 3.13 dargestellten Bauweise erreicht werden

kann: Jeder Stein habe die Länge 2. Wir nummerieren die Ziegelsteine von oben nach unten. Die x-Koordinate des Mittelpunktes des j-ten Steins sei x_j, und es sei $x_1 = 0$. Damit der Turm nicht kippt, muss für jedes j der Schwerpunkt der obersten j Steine oberhalb des $(j + 1)$-ten Steins liegen, d. h. es muss

$$x_{j+1} - 1 \leq \frac{1}{j} \sum_{m=1}^{j} x_m, \quad j = 1, \ldots, n-1,$$

gelten. Wir zeigen durch Induktion über n, dass daraus $x_{j+1} \leq H_j$, $j = 1, \ldots, n-1$, folgt. Der Induktionsanfang $n = 1$ ist trivial. Beim Schluss von n auf $n + 1$ gelten schon die ersten $n - 1$ Ungleichungen. Aus $x_{n+1} - 1 \leq \frac{1}{n} \sum_{m=1}^{n} x_m$ folgt somit

$$x_{n+1} \leq 1 + \frac{1}{n} \sum_{m=1}^{n} H_{m-1} = 1 + \frac{1}{n} \sum_{k=1}^{n-1} \frac{n-k}{k} = 1 + H_{n-1} - \frac{n-1}{n} = H_n.$$

Umgekehrt folgt für $0 < \lambda \leq 1$ aus $x_{j+1} := \lambda H_j$, $j = 1, \ldots, n-1$:

$$\frac{1}{j} \sum_{m=1}^{j} x_m = \frac{\lambda}{j} \sum_{m=1}^{j} H_{m-1} = \frac{\lambda}{j} \sum_{k=1}^{j-1} \frac{j-k}{k} = \lambda H_j - \lambda = x_{j+1} - \lambda \geq x_{j+1} - 1,$$

so dass bei dieser Wahl der x_j die Schwerpunktsbedingungen erfüllt sind. Der Überhang kann also bei n Steinen maximal $x_n = H_{n-1}$ sein und wird mit wachsendem n beliebig groß. Wegen $x_n - \ln n < \gamma < x_n - \ln(n-1)$, vgl. Beispiel 3.3.8, ist $n - 1 < e^{x_n}/e^{\gamma} = e^{x_n} \cdot 0{,}561459\ldots < n$. Für einen Überhang ≥ 10 braucht man also mindestens 12.367 und höchstens 12.368 Steine der Länge 2.[12]   ◇

Beispiel 3.6.4 (Teleskopreihen) Wegen

$$\frac{1}{k(k+1)} = \frac{1}{k} - \frac{1}{k+1}$$

gilt

$$\sum_{k=1}^{n} \frac{1}{k(k+1)} = \left(1 - \frac{1}{2}\right) + \left(\frac{1}{2} - \frac{1}{3}\right) + \cdots + \left(\frac{1}{n-1} - \frac{1}{n}\right) + \left(\frac{1}{n} - \frac{1}{n+1}\right)$$

$$= 1 - \frac{1}{n+1}, \quad n \in \mathbb{N}^*,$$

und somit

$$\sum_{k=1}^{\infty} \frac{1}{k(k+1)} = \frac{1}{1 \cdot 2} + \frac{1}{2 \cdot 3} + \frac{1}{3 \cdot 4} + \cdots = 1,$$

---

[12] In der Tat benötigt man 12.368 Steine. Man benutzt dazu die genauere Darstellung von γ in Bd. 2, Abschn. 3.8. Wie viele Steine braucht man für einen Überhang ≥ 20?

da $1/(n + 1)$, $n \in \mathbb{N}$, eine Nullfolge ist. In ähnlicher Weise lässt sich gelegentlich auch bei anderen Reihen leicht die Summe berechnen. Man spricht von **Teleskopreihen**.   ◇

Besonders wichtig sind die geometrischen Reihen:

Satz 3.6.5 (Geometrische Reihe) *Sei $x \in \mathbb{C}$. Die geometrische Reihe $\sum_{n=0}^{\infty} x^n$ konvergiert genau dann, wenn $|x| < 1$ ist. Es ist dann $\sum_{n=0}^{\infty} x^n = 1/(1 - x)$.*

Beweis Ist $|x| \geq 1$, so ist (x^n) keine Nullfolge und daher $\sum x^n$ divergent. Sei nun $|x| < 1$. Dann gilt $\sum_{n=0}^{k} x^n = (1 - x^{k+1})/(1 - x)$. Da (x^{k+1}) wie $(|x|^{k+1})$ eine Nullfolge ist, vgl. Lemma 3.3.3 (3), ergibt sich die Behauptung.   □

Aus den Rechenregeln 3.2.5 für Limiten erhält man unmittelbar die folgenden Rechenregeln für Reihen.

Proposition 3.6.6 *Für konvergente Reihen $\sum a_n$ und $\sum b_n$ und ein beliebiges $\lambda \in \mathbb{C}$ sind auch $\sum(a_n + b_n)$ und $\sum \lambda a_n$ konvergent, und es gilt:*

$$\sum_{n=0}^{\infty}(a_n + b_n) = \sum_{n=0}^{\infty} a_n + \sum_{n=0}^{\infty} b_n, \quad \sum_{n=0}^{\infty} \lambda a_n = \lambda \sum_{n=0}^{\infty} a_n.$$

Beweis Die Partialsummen der Reihe $\sum(a_n+b_n)$ (bzw. $\sum \lambda a_n$) entstehen durch Addition der Partialsummen der Reihen $\sum a_n$ und $\sum b_n$ (bzw. durch Multiplikation der Partialsummen von $\sum a_n$ mit λ).   □

In der Situation von Satz 3.6.6 ist die Reihe $\sum a_n b_n$ im Allgemeinen nicht konvergent. Beispielsweise folgt aus dem Leibniz-Kriterium 3.6.8 weiter unten, dass die Reihe $\sum a_n$ mit $a_n := (-1)^n/\sqrt{n}$ konvergiert, wohingegen die Reihe $\sum a_n^2$ die divergente harmonische Reihe ist. Wir geben zunächst zwei einfache Konvergenzkriterien für Reihen mit reellen Gliedern an.

Satz 3.6.7 *Sei (a_n) eine Folge nichtnegativer reeller Zahlen. Genau dann konvergiert die Reihe $\sum a_n$, wenn die Folge ihrer Partialsummen beschränkt ist.*

Beweis Wegen $a_n \geq 0$ ist die Folge der Partialsummen von $\sum a_n$ monoton wachsend. Genau dann ist sie also konvergent, wenn sie beschränkt ist.   □

Satz 3.6.8 (Leibniz-Kriterium) *Sei $(a_n)_{n \in \mathbb{N}^*}$ eine monoton fallende Nullfolge reeller Zahlen. Dann ist die alternierende Reihe $\sum_{n=1}^{\infty}(-1)^{n-1} a_n = a_1 - a_2 + a_3 - \cdots$ konvergent, und für ihre Summe gilt*

$$s_{2k+2} \leq \sum_{n=1}^{\infty}(-1)^{n-1} a_n \leq s_{2k+1}, \quad k \in \mathbb{N},$$

wo $s_m = \sum_{n=1}^{m}(-1)^{n-1} a_n$, die m-te Partialsumme ist. Insbesondere gilt die Fehlerabschätzung $\left| \sum_{n=1}^{\infty}(-1)^{n-1} a_n - s_m \right| \leq a_{m+1}$.

Beweis Nach Voraussetzung ist $a_n \geq 0$ für alle $n \in \mathbb{N}^*$. Wir zeigen, dass die Folgen $(s_{2k+2})_{k \in \mathbb{N}}$ und $(s_{2k+1})_{k \in \mathbb{N}}$ eine Intervallschachtelung bilden (die dann notwendigerweise die Summe der Reihe definiert), vgl. Satz 3.3.5. Es ist aber

$$s_{2k+2} = s_{2k+1} - a_{2k+2} \leq s_{2k+1},$$
$$s_{2k+3} = s_{2k+1} + (a_{2k+3} - a_{2k+2}) \leq s_{2k+1},$$
$$s_{2k+4} = s_{2k+2} + (a_{2k+3} - a_{2k+4}) \geq s_{2k+2}.$$

Schließlich ist $s_{2k+1} - s_{2k+2} = a_{2k+2}$, $k \in \mathbb{N}$, eine Nullfolge. $\qquad\square$

Der Beweis von Satz 3.6.8 zeigt, dass das Leibniz-Kriterium völlig mit dem Intervallschachtelungsprinzip 3.3.5 äquivalent ist: Ist $I_k := [b_k, c_k]$, $k \in \mathbb{N}$, eine Intervallschachtelung $I_0 \supseteq I_1 \supseteq \cdots$ mit $\lim_k (c_k - b_k) = 0$ und (ohne Einschränkung) $b_0 = 0$, so sind die Glieder der Folge $b_0, c_0, b_1, c_1, b_2, c_2, \ldots$ die Partialsummen s_m, $m \in \mathbb{N}$, der alternierenden Reihe $\sum_{n=1}^{\infty}(-1)^{n-1}a_n$ zu der monoton fallenden Nullfolge $(a_n)_{n \in \mathbb{N}^*}$ mit $a_{2k+1} = c_k - b_k$, $a_{2k+2} = c_k - b_{k+1}$, $k \in \mathbb{N}$.

Beispiel 3.6.9 Die **alternierende harmonische Reihe** und die **Leibniz-Reihe**

$$\sum_{n=1}^{\infty}(-1)^{n-1}\frac{1}{n} = 1 - \frac{1}{2} + \frac{1}{3} - + \cdots \quad \text{bzw.} \quad \sum_{n=1}^{\infty}(-1)^{n-1}\frac{1}{2n-1} = 1 - \frac{1}{3} + \frac{1}{5} - + \cdots$$

konvergieren nach dem Leibniz-Kriterium. *Die Summe der ersten Reihe ist* $\ln 2$, vgl. Aufg. 3.3.27a), *die der zweiten* $\pi/4$. Wir werden beide Resultate mehrmals u. a. in Bd. 2 beweisen. Die Konvergenzgeschwindigkeit dieser Reihen ist sehr schlecht; sie ist, wie man sich leicht überlegt, nicht besser, als die Abschätzungen in Satz 3.6.8 angeben. $\quad\diamond$

Das Cauchysche Konvergenzkriterium 3.4.8, für Reihen formuliert, lautet:

Satz 3.6.10 (Cauchysches Konvergenzkriterium) *Die Reihe* $\sum a_k$ *komplexer Zahlen konvergiert genau dann, wenn es zu jedem (noch so kleinen)* $\varepsilon > 0$ *ein* $n_0 \in \mathbb{N}$ *gibt mit* $\left|\sum_{k=m}^{n} a_k\right| \leq \varepsilon$ *für alle* $n \geq m \geq n_0$.

Beweis Ist x_n die n-te Partialsumme von $\sum a_k$, so ist $x_n - x_{m-1} = \sum_{k=m}^{n} a_k$ für $n \geq m$. $\qquad\square$

Als Folgerung erhalten wir sofort:

Korollar 3.6.11 *Sei* (a_k) *eine Folge komplexer Zahlen. Konvergiert die Reihe* $\sum |a_k|$, *so konvergiert auch die Reihe* $\sum a_k$.

Beweis Wegen $\left|\sum_{k=m}^{n} a_k\right| \leq \sum_{k=m}^{n} |a_k|$ erfüllt die Reihe $\sum a_k$ wie die Reihe $\sum |a_k|$ das Cauchysche Konvergenzkriterium 3.6.10. $\qquad\square$

Definition 3.6.12 Eine Reihe $\sum a_k$ heißt **absolut konvergent**, wenn die Reihe $\sum |a_k|$ konvergiert.

Korollar 3.6.11 lautet nun: *Absolut konvergente Reihen sind konvergent*, und für die Summe der absolut konvergenten Reihe $\sum a_k$ gilt natürlich $|\sum_{k=0}^{\infty} a_k| \leq \sum_{k=0}^{\infty} |a_k|$. Wie etwa die alternierende harmonische Reihe $\sum (-1)^k/(k+1)$ aus Beispiel 3.6.9 zeigt, ist aber eine konvergente Reihe im Allgemeinen nicht absolut konvergent. Einfach ist:

Satz 3.6.13 *Es seien (a_k) und (b_k) Folgen komplexer Zahlen. Konvergiert die Reihe $\sum a_k$ absolut und ist die Folge (b_k) beschränkt, so konvergiert auch die Reihe $\sum a_k b_k$ absolut.*

Beweis Sei $|b_k| \leq S$ für alle $k \in \mathbb{N}$. Dann ist $\sum_{k=0}^{n} |a_k b_k| \leq \sum_{k=0}^{n} |a_k| S \leq S \sum_{k=0}^{\infty} |a_k|$. Die Behauptung folgt nun aus Satz 3.6.7. □

Sehr häufig beweist man die Konvergenz von Reihen durch Vergleich mit bekannten Reihen.

Satz 3.6.14 (Majorantenkriterium) $\sum b_k$ *sei eine konvergente Reihe nichtnegativer reeller Zahlen b_k und $\sum a_k$ eine Reihe komplexer Zahlen. Gilt $|a_k| \leq b_k$ für alle $k \in \mathbb{N}$, so ist auch $\sum a_k$ konvergent, und zwar sogar absolut. Es ist $|\sum_{k=0}^{\infty} a_k| \leq \sum_{k=0}^{\infty} b_k$.*

Beweis Es ist $\sum_{k=m}^{n} |a_k| \leq \sum_{k=m}^{n} b_k$, woraus mit Satz 3.6.10 die Behauptung folgt. □

Für die Konvergenzaussage von Satz 3.6.14 genügt es, dass die Abschätzung $|a_k| \leq b_k$ für fast alle k gilt. Man nennt dann die Reihe $\sum b_k$ eine **konvergente Majorante** zur Reihe $\sum a_k$. Umgekehrt kann man durch Vergleich mit einer bekannten divergenten Reihe gelegentlich auf die Divergenz einer vorgelegten Reihe schließen. Ist etwa $0 \leq b_k \leq c_k$ für fast alle k und divergiert die Reihe $\sum b_k$, so divergiert auch die Reihe $\sum c_k$. In diesem Fall heißt $\sum b_k$ eine **divergente Minorante** zu $\sum c_k$.

Beispiel 3.6.15 Wegen $1/k^2 < 1/(k-1)k$ für $k \geq 2$ ist die nach Beispiel 3.6.4 konvergente Teleskopreihe $\sum_{k=2}^{\infty} 1/(k-1)k$ eine konvergente Majorante zu $\sum_{k=1}^{\infty} 1/k^2$, und es gilt

$$\sum_{k=1}^{\infty} \frac{1}{k^2} = 1 + \sum_{k=2}^{\infty} \frac{1}{k^2} < 1 + \sum_{k=2}^{\infty} \frac{1}{(k-1)k} = 1 + 1 = 2.$$

In Bd. 2 zeigen wir die von Euler gefundene Formel

$$\sum_{k=1}^{\infty} \frac{1}{k^2} = \frac{\pi^2}{6}.$$

Aus der Divergenz der harmonischen Reihe $\sum 1/k$ folgt wegen $1/k \leq 1/\sqrt{k}$ die Divergenz von $\sum 1/\sqrt{k}$. $\diamond$

Das folgende wichtige Kriterium erhält man durch Vergleich mit der geometrischen Reihe:

Satz 3.6.16 (Quotientenkriterium) *Es sei $\sum_{k=0}^{\infty} a_k$ eine Reihe komplexer Zahlen mit $a_k \neq 0$ für fast alle k. Ferner gebe es eine reelle Zahl q mit $0 < q < 1$ und $|a_{k+1}/a_k| \leq q$ für fast alle $k \in \mathbb{N}$. Dann ist die Reihe $\sum_{k=0}^{\infty} a_k$ absolut konvergent. Insbesondere konvergiert $\sum a_k$ absolut, wenn die Folge der Quotienten $|a_{k+1}/a_k|$ gegen eine Zahl < 1 konvergiert.*

Beweis Sei $|a_{k+1}| \leq q |a_k|$ für $k \geq k_0$. Dann gilt für $m \geq k_0$:

$$|a_m| \leq q |a_{m-1}| \leq \cdots \leq q^{m-k_0} |a_{k_0}|.$$

Da die geometrische Reihe $|a_{k_0}| q^{-k_0} \sum q^m$ wegen $0 < q < 1$ nach Beispiel 3.6.5 konvergiert, liefert das Majorantenkriterium die Behauptung. $\square$

Insbesondere ist eine Folge (a_k), die die Voraussetzungen von Satz 3.6.16 *erfüllt, eine Nullfolge. – Gilt in der Situation von* Satz 3.6.16 *für die Quotienten die Ungleichung $|a_{k+1}/a_k| \geq 1$ für fast alle k, so ist die Reihe $\sum a_k$ divergent.*

Beispiel 3.6.17 Die Reihen $\sum_{k=0}^{\infty} k^n a^k$ sind für beliebiges $n \in \mathbb{N}$ und beliebiges $a \in \mathbb{C}$ mit $|a| < 1$ konvergent. Bei $a \neq 0$ konvergiert nämlich die Folge

$$\left| \frac{(k+1)^n a^{k+1}}{k^n a^k} \right| = \left(1 + \frac{1}{k} \right)^n |a|, \quad k \in \mathbb{N}^*,$$

der Quotienten für $k \to \infty$ gegen $|a| < 1$. *Nicht immer lässt sich das Konvergenzverhalten einer Reihe mit dem Quotientenkriterium entscheiden.* Die Reihen $\sum 1/k$ und $\sum 1/k^2$ erfüllen beide nicht die Bedingung des Quotientenkriteriums. Zwar sind die Quotienten

$$\frac{1}{k+1} \Big/ \frac{1}{k} = \frac{k}{k+1} \quad \text{bzw.} \quad \frac{1}{(k+1)^2} \Big/ \frac{1}{k^2} = \frac{k^2}{(k+1)^2}$$

kleiner als 1, konvergieren aber gegen 1. Die erste Reihe divergiert, die zweite konvergiert. $\diamond$

Beispiel 3.6.18 (g-al-Brüche) Sei $g \in \mathbb{N}$, $g \geq 2$. Die Konvergenz eines g-al-Bruchs

$$\sum_{n=1}^{\infty} \frac{z_n}{g^n}, \quad z_n \in \{0, 1, \ldots, g-1\},$$

vgl. Beispiel 3.3.10, folgt sofort aus der Konvergenz der majorisierenden geometrischen Reihe

$$\sum_{n=1}^{\infty} \frac{g-1}{g^n} = \frac{g-1}{g} \sum_{n=0}^{\infty} \frac{1}{g^n} = 1.$$

Ist die Ziffernfolge $(z_n)_{n \in \mathbb{N}^*}$ ab einer Stelle $\mu + 1 \in \mathbb{N}^*$ periodisch mit der (nicht notwendig minimalen) Periodenlänge $\lambda \geq 1$, d. h. ist $z_{n+\lambda} = z_n$ für alle $n \geq \mu + 1$, so ergibt sich als Wert die rationale Zahl

$$r = \sum_{n=1}^{\mu} \frac{z_n}{g^n} + \frac{z_{\mu+1}g^{\lambda-1} + \cdots + z_{\mu+\lambda}}{g^{\mu+\lambda}} \sum_{n=0}^{\infty} \left(\frac{1}{g^\lambda} \right)^n$$

$$= \frac{1}{g^\mu} \left(z_1 g^{\mu-1} + \cdots + z_\mu + \frac{1}{g^\lambda - 1} \left(z_{\mu+1}g^{\lambda-1} + \cdots + z_{\mu+\lambda} \right) \right) = \frac{m}{g^\mu(g^\lambda - 1)},$$

$$m := c(g^\lambda - 1) + d, \quad c := z_1 g^{\mu-1} + \cdots + z_\mu < g^\mu,$$

$$d := z_{\mu+1}g^{\lambda-1} + \cdots + z_{\mu+\lambda} < g^\lambda - 1.$$

Ist $r > 0$ und $r = a/b$ die gekürzte Darstellung von r mit (eindeutig bestimmten) teilerfremden natürlichen Zahlen a, b, $0 < a < b$, und sind $g = \prod_p p^{\alpha_p}$ und $b = \prod_p p^{\beta_p}$ die Primfaktorzerlegungen von g und b, so ist g^μ ein Vielfaches von $b_1 := \prod_{p|g} p^{\beta_p}$ und $g^\lambda - 1$ ein Vielfaches von $b_2 := \prod_{p \nmid g} p^{\beta_p}$, also $\mu \geq \mathrm{Max}\,(\lceil \beta_p/\alpha_p \rceil, p \mid g)$ und $\lambda \geq \mathrm{Ord}_{b_2}\, g$, wobei $\mathrm{Ord}_{b_2}\, g$ die kleinste positive natürliche Zahl n ist mit $b_2 \mid (g^n - 1)$, d. h. die Ordnung von g in der primen Restklassengruppe $\mathbf{A}_{b_2}^\times$. *Somit hat die Ziffernfolge $(z_1, z_2, z_3, \ldots)$ der g-al-Entwicklung des (gekürzten) Bruchs a/b den Periodizitätstyp $\left(\mathrm{Max}\,(\lceil \beta_p/\alpha_p \rceil, p \mid g), \mathrm{Ord}_{b_2}\, g \right)$* (vgl. Aufg. 1.7.38). Der Periodizitätstyp hängt also nicht vom Zähler a ab. Der Algorithmus zur Berechnung der Ziffern gemäß Beispiel 3.3.10 zeigt, dass die Ziffernfolge denselben Periodizitätstyp hat wie die Folge g^n, $n \in \mathbb{N}^*$, im Minimalring $\mathbf{A}_b = \mathbb{Z}/\mathbb{Z}b$. Genau dann ist die Ziffernfolge rein-periodisch, wenn $\mathrm{ggT}(b, g) = 1$ ist. In diesem Fall ist die Periodenlänge die Ordnung von g in $\mathbf{A}_b^\times$ und insbesondere ein Teiler von $\varphi(b) = |\mathbf{A}_b^\times|$ oder sogar von $\varepsilon(b) = \mathrm{Exp}\,\mathbf{A}_b^\times$, vgl. Beispiel 2.7.10. Genau dann hat sie den maximal möglichen Wert $\varphi(b)$, wenn g ein primitiver Rest modulo b ist, was nur möglich ist, wenn b von der Form $2, 4, p^\alpha, 2p^\alpha$ ist mit $p \in \mathbb{P}$, $p \geq 3$, und $\alpha \geq 1$, vgl. die Bemerkungen im Anschluss an Satz 2.7.14. Alle Brüche $a/175 = a/5^2 \cdot 7$, $0 < a < 175$, $\mathrm{ggT}(a, 175) = 1$, haben im Dezimalsystem die Vorperiodenlänge 2 und die Periodenlänge 6 ($= \varphi(7)$). Welches sind die Werte dafür im Hexadezimalsystem ($g = 16$)? Welche Brüche $1/b$ und wie viele Brüche a/b mit teilerfremden natürlichen Zahlen a, b, $0 < a < b$, insgesamt sind im Dezimalsystem rein-periodisch mit minimaler Periodenlänge 4? Man betrachte auch noch einmal Aufg. 3.3.22.   ◇

Beispiel 3.6.19 (Riemannsche Zeta-Funktion) *Die Reihe $\sum_{n=1}^{\infty} 1/n^s$ konvergiert für $s \in \mathbb{R}$, $s > 1$, und divergiert für $s \in \mathbb{R}$, $s \leq 1$. Die harmonische Reihe ist eine divergente*

Minorante für alle diese Reihen mit $s \leq 1$, bei $s > 1$ hat man

$$
\begin{aligned}
\sum_{n=1}^{2^{k+1}-1} \frac{1}{n^s} &= 1 + \left(\frac{1}{2^s} + \frac{1}{3^s} \right) + \cdots + \left(\frac{1}{(2^k)^s} + \cdots + \frac{1}{(2^{k+1}-1)^s} \right) \\
&\leq 1 + \left(\frac{1}{2^s} + \frac{1}{2^s} \right) + \cdots + \left(\frac{1}{(2^k)^s} + \cdots + \frac{1}{(2^k)^s} \right) \\
&= 1 + 2 \cdot \frac{1}{2^s} + \cdots + 2^k \frac{1}{(2^k)^s} < \sum_{m=0}^{\infty} \left(\frac{1}{2^{s-1}} \right)^m = \frac{2^{s-1}}{2^{s-1} - 1}.
\end{aligned}
$$

Folglich sind die Partialsummen von $\sum 1/n^s$ für $s > 1$ beschränkt, und die Reihe ist somit konvergent. Man setzt für $s > 1$

$$
\zeta(s) := \sum_{n=1}^{\infty} \frac{1}{n^s}
$$

und bezeichnet die Funktion $s \mapsto \zeta(s)$ als **Riemannsche Zeta-Funktion** (nach B. Riemann (1826–1866)). Das hier verwandte Rechnen mit den Potenzen n^s werden wir in Abschn. 3.10 ausführlich begründen. Die Potenzen $1/n^s$ sind sogar für alle komplexen Zahlen s definiert, vgl. Beispiel 2.2.16 (2). Wegen $|1/n^s| = 1/n^{\Re s}$, *konvergiert die Reihe* $\sum 1/n^s$ *für alle* $s \in \mathbb{C}$ *mit* $\Re s > 1$ *absolut*. Zu einer weiteren Ausdehnung der ζ-Funktion verweisen wir auf Bd. 2. $\diamond$

Das folgende Lemma beschreibt einen immer wieder benutzten Summationstrick.

Lemma 3.6.20 (Abelsche partielle Summation) *Seien* $a_0, \ldots, a_n$ *und* $b_0, \ldots, b_n$ *Elemente eines beliebigen Rings. Setzen wir dann* $A_m := \sum_{k=0}^{m} a_k$ *für* $m = 0, \ldots, n$, *so ist*

$$
\sum_{k=0}^{n} a_k b_k = \sum_{k=0}^{n-1} A_k (b_k - b_{k+1}) + A_n b_n.
$$

Beweis Mit $A_{-1} := 0$ gilt

$$
\begin{aligned}
\sum_{k=0}^{n} a_k b_k &= \sum_{k=0}^{n} (A_k - A_{k-1}) b_k = \sum_{k=0}^{n} A_k b_k - \sum_{k=0}^{n} A_{k-1} b_k \\
&= \sum_{k=0}^{n} A_k b_k - \sum_{k=0}^{n-1} A_k b_{k+1} = \sum_{k=0}^{n-1} A_k (b_k - b_{k+1}) + A_n b_n. \qquad \square
\end{aligned}
$$

Satz 3.6.21 (Abelsches Konvergenzkriterium) *Es seien $\sum a_k$ eine konvergente Reihe komplexer Zahlen und (b_k) eine monotone und beschränkte Folge reeller Zahlen. Dann ist auch die Reihe $\sum a_k b_k$ konvergent.*

Beweis Mit $A_m := \sum_{k=0}^{m} a_k$ ist $\sum_{k=0}^{n} a_k b_k = \sum_{k=0}^{n-1} A_k(b_k - b_{k+1}) + A_n b_n$ nach Lemma 3.6.20. Da die Folge (A_n) der Partialsummen konvergiert und $\sum(b_k - b_{k+1})$ wegen der Monotonie der Folge (b_k) absolut konvergiert, konvergiert nach Satz 3.6.13 auch die Reihe $\sum A_k(b_k - b_{k+1})$. Wegen der Konvergenz der Folge $(A_n b_n)$ ist die Folge $\sum_{k=0}^{n} a_k b_k$, $n \in \mathbb{N}$, dann ebenfalls konvergent. $\square$

Satz 3.6.22 (Dirichletsches Konvergenzkriterium) *Es sei (a_k) eine Folge komplexer Zahlen. Die Folge der Partialsummen $A_m = \sum_{k=0}^{m} a_k$, $m \in \mathbb{N}$, sei beschränkt und die Folge (b_k) eine monotone Nullfolge reeller Zahlen. Dann ist die Reihe $\sum a_k b_k$ konvergent.*

Beweis Nach Lemma 3.6.20 ist $\sum_{k=0}^{n} a_k b_k = \sum_{k=0}^{n-1} A_k(b_k - b_{k+1}) + A_n b_n$. Die Folge $(A_n b_n)$ konvergiert gegen 0, und die Reihe $\sum A_k(b_k - b_{k+1})$ konvergiert nach Satz 3.6.13 (aus denselben Gründen wie im Beweis von Satz 3.6.21). Daraus ergibt sich die Behauptung. $\square$

Übrigens entspricht in der Integralrechnung der abelschen partiellen Summation die partielle Integration, die zu analogen Konvergenzkriterien für Integrale führt, vgl. Bd. 2.

Schließlich gehen wir noch kurz auf unendliche Produkte ein. Dabei kommt es im Wesentlichen auf die Konvergenz in der multiplikativen Gruppe $\mathbb{C}^{\times}$ an. Wir schreiben daher die Glieder eines unendlichen Produkts in der Form $1 + a_k$, $k \in \mathbb{N}$, mit den Abweichungen $a_k \in \mathbb{C}$ vom neutralen Element $1 \in \mathbb{C}^{\times}$.

Definition 3.6.23 Sei (a_k) eine Folge komplexer Zahlen. Das **unendliche Produkt**

$$\prod_{k=0}^{\infty}(1 + a_k)$$

heißt **konvergent**, wenn es ein $n_0 \in \mathbb{N}$ gibt derart, dass die Folge $\prod_{k=n_0}^{n}(1 + a_k)$, $n \geq n_0$, gegen einen *von 0 verschiedenen* Grenzwert $\prod_{k=n_0}^{\infty}(1 + a_k)$ konvergiert. In diesem Fall heißt der Grenzwert

$$\prod_{k=0}^{\infty}(1 + a_k) := \lim_{n \to \infty} \prod_{k=0}^{n}(1 + a_k) = \prod_{k=0}^{n_0-1}(1 + a_k) \prod_{k=n_0}^{\infty}(1 + a_k)$$

ebenfalls das **unendliche Produkt** der Folge $(1 + a_k)_{k \in \mathbb{N}}$.

Die Konvergenz und gegebenenfalls der Wert $\prod_{k=0}^{\infty}(1 + a_k)$ eines unendlichen Produkts hängen offenbar nicht von der Wahl von n_0 mit der in der Definition geforderten Eigenschaft ab. *Ein konvergentes unendliches Produkt ist* (wie ein endliches Produkt) *genau dann 0, wenn einer der Faktoren gleich 0 ist.* In einem konvergenten unendlichen

Produkt können nur endlich viele Faktoren gleich 0 sein. Die Folge der Partialprodukte kann (gegen 0) konvergieren, ohne dass das unendliche Produkt im Sinne von Definition 3.6.23 konvergent ist (beispielsweise im Fall $1 + a_k = 1/2$, d. h. $a_k = -1/2$, für alle $k \in \mathbb{N}$). Das Cauchysche Konvergenzkriterium für unendliche Produkte lautet:

Satz 3.6.24 (Cauchysches Konvergenzkriterium für Produkte) *Genau dann konvergiert $\prod_{k=0}^{\infty}(1+a_k)$, wenn zu jedem $\varepsilon > 0$ ein $n_0 \in \mathbb{N}$ existiert mit $\left| \prod_{k=m}^{n}(1+a_k)-1 \right| \leq \varepsilon$ für alle $n \geq m \geq n_0$.*

Beweis Sei $x_n := \prod_{k=0}^{n}(1 + a_k)$, $n \in \mathbb{N}$. Zum Beweis der Notwendigkeit der angegebenen Bedingung können wir gleich annehmen, dass $x = \lim x_n \neq 0$ ist. Dann ist die Differenz $\prod_{k=m}^{n}(1 + a_k) - 1 = (x_n - x_{m-1})/x_{m-1}$ dem Betrage nach beliebig klein für hinreichend große $n \geq m$.

Sei umgekehrt die angegebene Bedingung erfüllt. Dann sind natürlich die Faktoren $1 + a_k$ ab einem Index von 0 verschieden. Wir können daher gleich annehmen, dass alle Faktoren $1 + a_k \neq 0$ sind. Dann liefert die Voraussetzung $|x_n - x_{m-1}| \leq \varepsilon |x_{m-1}|$ für $n \geq m \geq n_0$ und insbesondere wegen $|x_n| \leq (\varepsilon + 1)|x_{m-1}|$ die Beschränktheit der Folge (x_m). Insgesamt erhält man mit dem Cauchyschen Konvergenzkriterium für Folgen die Konvergenz von (x_n). Wäre $x = \lim x_n = 0$, so ergäbe sich $|x_{m-1}| = |x - x_{m-1}| \leq \varepsilon |x_{m-1}|$, was bei $\varepsilon < 1$ ein Widerspruch ist. $\qquad\square$

Damit bekommt man leicht das folgende Konvergenzkriterium für Produkte:

Satz 3.6.25 *Konvergiert die Reihe $\sum a_k$ absolut, so konvergiert das Produkt $\prod(1 + a_k)$.*

Beweis Die Dreiecksungleichung und die Ungleichung aus Aufg. 3.1.14b) liefern für alle $n \geq m$ mit $\sum_{k=m}^{n} |a_k| \leq \frac{1}{2}$ die Abschätzungen

$$\left| \prod_{k=m}^{n} (1 + a_k) - 1 \right| \leq \prod_{k=m}^{n}(1 + |a_k|) - 1 \leq \frac{1}{1 - \sum_{k=m}^{n} |a_k|} - 1 = \frac{\sum_{k=m}^{n} |a_k|}{1 - \sum_{k=m}^{n} |a_k|}$$

$$\leq 2 \sum_{k=m}^{n} |a_k|,$$

woraus mit Satz 3.6.24 die Behauptung folgt. $\qquad\square$

Wir bemerken, dass im Allgemeinen aus der Konvergenz von $\sum a_k$ nicht die von $\prod(1 + a_k)$ folgt und umgekehrt, vgl. Aufg. 3.6.23. *Konvergiert aber $\prod(1 + |a_k|)$, so auch $\prod(1 + a_k)$* wegen $\infty > \prod(1 + |a_k|) \geq 1 + \sum |a_k|$ und Satz 3.6.25.

Die Ungleichung $1 + a \leq \exp a$ für $a \in \mathbb{R}$ (vgl. Aufg. 3.10.8h)) liefert die häufig nützlichen Abschätzungen $\prod_{k=1}^{n}(1 + a_k) \leq \exp\left(\sum_{k=1}^{n} a_k\right)$ für $a_k \in \mathbb{R}, a_k \geq -1$, sowie

$$\left| \prod_{k=1}^{n}(1 + z_k) - 1 \right| \leq \prod_{k=1}^{n}(1 + |z_k|) - 1 \leq \exp\left(\sum_{k=1}^{n} |z_k|\right) - 1 \quad \text{für} \quad z_1, \ldots, z_n \in \mathbb{C}.$$

Aus $\left(1 + \frac{k}{n}\right)^n \leq e^k$ erhält man übrigens

$$\binom{n}{k}\left(\frac{k}{n}\right)^k < e^k \quad \text{oder} \quad \binom{n}{k} < \left(\frac{en}{k}\right)^k, \quad k, n \in \mathbb{N}^*, \ k \leq n.$$

Die komplexe e-Funktion $\mathbb{C} \to \mathbb{C}^\times$ mit den Logarithmusfunktionen als partiellen Umkehrfunktionen liefern einen engen Zusammenhang zwischen der additiven Gruppe $\mathbb{C}$ und der multiplikativen Gruppe $\mathbb{C}^\times$, vgl. Beispiel 2.2.16 (2). Damit lassen sich generell viele Probleme über unendliche Produkte auf solche über Reihen zurückführen. Wir gehen darauf in Bd. 2 noch einmal ein.

Aufgaben

Aufgabe 3.6.1 Man untersuche die folgenden Reihen auf Konvergenz bzw. Divergenz:

$$\sum_{n=2}^{\infty} \frac{1}{\sqrt[3]{n^2 - 1}}; \quad \sum_{n=1}^{\infty} \frac{1}{n\sqrt[n]{n}}; \quad \sum_{n=1}^{\infty} \frac{n-1}{n(n+1)}; \quad \sum_{n=1}^{\infty} {}^{n+1}\!\sqrt{a}\left({}^{n(n+1)}\!\sqrt{a} - 1\right), \ a > 0;$$

$$\sum_{n=1}^{\infty} \frac{(2n)!}{2^n(n!)^2}; \quad \sum_{n=0}^{\infty}(-1)^n \frac{\sqrt{n}}{n+1}; \quad \sum_{n=1}^{\infty} \frac{n^n}{n!3^n}; \quad \sum_{n=0}^{\infty}(-1)^n \frac{(n+1)^{n-1}}{n^n}; \quad \sum_{n=0}^{\infty} \frac{(n!)^2}{(2n)!}3^n;$$

$$\sum_{n=1}^{\infty}\left(\frac{n}{n+1}\right)^{n^2}; \quad \sum_{n=1}^{\infty}(-1)^n\left(\sqrt{n+1} - \sqrt{n}\right); \quad \sum_{n=1}^{\infty} \frac{\sqrt{n} + (-1)^n}{n}; \quad \sum_{n=0}^{\infty} \frac{2^n + n}{3^n}.$$

Aufgabe 3.6.2 Für welche $z \in \mathbb{C}$ konvergieren die folgenden Reihen:

$$\sum_{n=1}^{\infty} \frac{z^n}{n^2}; \quad \sum_{n=0}^{\infty} n!z^n; \quad \sum_{n=1}^{\infty} \frac{n!}{n^n}z^n; \quad \sum_{n=0}^{\infty} \frac{z^n}{1 + |z|^n}; \quad \sum_{n=0}^{\infty} \frac{z^n}{1 + z^{2n}}; \quad \sum_{n=0}^{\infty}\binom{n}{k}\frac{z^n}{n!}, \ k \in \mathbb{N}.$$

Aufgabe 3.6.3 Man berechne die Summen der folgenden Teleskopreihen:

$$\sum_{n=1}^{\infty} \frac{1}{4n^2 - 1}; \quad \sum_{n=0}^{\infty} \frac{1}{9n^2 + 15n + 4}; \quad \sum_{n=0}^{\infty} \frac{1}{4n^2 + 8n + 3}; \quad \sum_{n=1}^{\infty} \frac{2n+1}{n^2(n+1)^2};$$

$$\sum_{n=1}^{\infty} \frac{1}{n^2 + kn}, \ k \in \mathbb{N}^*; \quad \sum_{n=0}^{\infty} \frac{n}{(n+1)!}; \quad \sum_{n=1}^{\infty} \frac{1}{n(n+1)(n+2)};$$

$$\sum_{n=1}^{\infty} \frac{n}{(n+1)(n+2)(n+3)}; \quad \sum_{n=1}^{\infty} \frac{1}{n(n+1)(n+2)(n+3)};$$

$$\sum_{n=1}^{\infty} \frac{4n+1}{(2n-1)2n(2n+1)(2n+2)}; \quad \sum_{n=1}^{\infty} \frac{1}{n(n+1)(n+2)\cdots(n+k)} = \frac{1}{k \cdot k!}, \ k \in \mathbb{N}^*.$$

Für Summen $\sum_{n=1}^{\infty} P(n)/n(n+1)(n+2)\cdots(n+k)$ mit einer beliebigen Polynomfunktion P vom Grad $< k$, $k \in \mathbb{N}^*$, schreibt man

$$P(n) = a_k + a_{k-1}(n+k) + \cdots + a_1(n+2)\cdots(n+k), \quad a_1, \ldots, a_k \in \mathbb{C},$$

und erhält mit der letzten Gleichung

$$\sum_{n=1}^{\infty} \frac{P(n)}{n(n+1)(n+2)\cdots(n+k)} = \sum_{m=1}^{k} \frac{a_m}{m \cdot m!}.$$

Als Beispiel bestimme man

$$\sum_{n=0}^{\infty} \frac{3n^2 - 7n + 1}{(n+2)(n+5)(n+6)(n+8)}.$$

Aufgabe 3.6.4 Man beweise das sogenannte **Wurzelkriterium**: Sei (a_n) eine Folge komplexer Zahlen. Gibt es eine reelle Zahl q mit $0 < q < 1$ und $\sqrt[n]{|a_n|} \leq q$ für fast alle n, so ist die Reihe $\sum a_n$ absolut konvergent. (Liefert das Quotientenkriterium die Konvergenz einer Reihe, so auch das Wurzelkriterium, im Allgemeinen jedoch nicht umgekehrt. Beweis bzw. Gegenbeispiel!)

Aufgabe 3.6.5 Man beweise das sogenannte **Kondensationskriterium** von Cauchy: Ist (a_n) eine monoton fallende Nullfolge reeller Zahlen, so konvergiert $\sum a_n$ genau dann, wenn $\sum 2^n a_{2^n}$ konvergiert. Man untersuche, für welche $s \in \mathbb{R}$ die Reihe $\sum_{n=2}^{\infty} (\ln n)^s / n$ konvergiert.

Aufgabe 3.6.6 Sei (a_n) eine monoton fallende Nullfolge reeller Zahlen. Konvergiert die Reihe $\sum a_n$, so ist die Folge (na_n) eine Nullfolge.

Aufgabe 3.6.7 Es sei (a_n) eine Folge komplexer Zahlen und $q \in \mathbb{R}$, $0 < q < 1$. Es gelte $a_n \neq 0$ und $|a_{n+1}/a_n| \leq q$ für alle $n \geq n_0$. Ist x die Summe der nach dem Quotientenkriterium 3.6.16 konvergenten Reihe $\sum a_n$, so gilt die Fehlerabschätzung $|x - \sum_{k=0}^{n} a_k| \leq |a_{n+1}|/(1-q)$ für alle $n \geq n_0 - 1$.

Aufgabe 3.6.8 Sei (a_n) eine Folge positiver reeller Zahlen.

a) Genau dann konvergiert die Reihe $\sum a_n$, wenn $\sum a_n/(1 + a_n)$ konvergiert.
b) Die Reihe $\sum a_n/(1 + n^2 a_n)$ ist konvergent.
c) Ist (a_n) monoton fallend und konvergiert $\sum a_n/(1 + na_n)$, so konvergiert auch $\sum a_n$.
d) Ist (a_n) monoton wachsend und beschränkt, so konvergiert $\sum \big((a_{n+1}/a_n) - 1\big)$.
e) Ist $\sum a_n$ konvergent, so auch $\sum a_n/\sqrt[n]{a_n}$.

Aufgabe 3.6.9 Seien (a_n) und (b_n) Folgen komplexer Zahlen, wobei $b_n \neq 0$ sei für fast alle n. Konvergiert dann die Folge $(|a_n/b_n|)$ gegen eine positive reelle Zahl, so ist $\sum a_n$ absolut konvergent genau dann, wenn $\sum b_n$ absolut konvergent ist. Man zeige an einem Beispiel, dass die Aussage bei einfacher Konvergenz im Allgemeinen nicht gilt.

Bemerkung Es sei $a_n \neq 0$ und $b_n \neq 0$ für alle n und überdies $\lim a_n/b_n = c \neq 0$. Die Reihe $\sum a_n$ konvergiere absolut. Dann ist

$$\sum_n a_n = \sum_n (a_n - cb_n) + c \sum_n b_n = \sum_n \left(1 - cb_n/a_n\right)a_n + c \sum_n b_n.$$

Ist nun die Summe $\sum b_n$ bekannt, so ist die Berechnung der Summe $\sum a_n$ zurückgeführt auf die Berechnung der Summe $\sum_n (1 - cb_n/a_n)a_n$. Da aber $(1 - cb_n/a_n)$ eine Nullfolge ist, konvergiert die letzte Reihe im Allgemeinen schneller als die Ausgangsreihe. Man führe diese **Konvergenzbeschleunigung** durch mit der Reihe $\sum 1/n^2$ und der Vergleichsreihe $\sum_{n=1}^{\infty} 1/n(n+1) = 1$ und benutze dann noch $\sum_{n=1}^{\infty} 1/n(n+1)(n+2) = 1/4$, vgl. Aufg. 3.6.3.

Aufgabe 3.6.10 Seien (a_n) und (b_n) Folgen komplexer Zahlen.

a) Konvergieren die Reihen $\sum |a_n|^2$ und $\sum |b_n|^2$, so konvergiert die Reihe $\sum a_n b_n$ absolut und es gilt die Cauchy-Schwarzsche Ungleichung

$$\left|\sum_{n=0}^{\infty} a_n b_n\right| \leq \sum_{n=0}^{\infty} |a_n||b_n| \leq \left(\sum_{n=0}^{\infty} |a_n|^2\right)^{1/2} \left(\sum_{n=0}^{\infty} |b_n|^2\right)^{1/2}.$$

(Zum Nachweis der absoluten Konvergenz genügt schon $|a_n b_n| \leq \frac{1}{2}(|a_n|^2 + |b_n|^2)$.)
b) Konvergiert die Reihe $\sum_{n=1}^{\infty} |a_n|^2$, so konvergiert die Reihe $\sum_{n=1}^{\infty} a_n/n$ absolut.
c) Für $c_n \in \mathbb{R}_+^{\times}$, $n \in \mathbb{N}^*$, ist eine der Reihen $\sum_{n=1}^{\infty} c_n$ und $\sum_{n=1}^{\infty} 1/(n^2 c_n)$ divergent.

Aufgabe 3.6.11 Sei $s \in \mathbb{R}$, $s > 1$. Dann gilt:

a) $\sum_{n=1}^{\infty} (-1)^{n-1}/n^s = (1 - 2^{1-s})\zeta(s)$. (Die linke Seite konvergiert sogar für alle $s > 0$, und man erhält eine Definition der ζ-Funktion auf $]0, 1[$, vgl. Beispiel 3.6.19.)
b) $\sum_{n=0}^{\infty} 1/(2n+1)^s = (1 - 2^{-s})\zeta(s)$.
c) Sei $s = a + bi$ eine komplexe Zahl mit $a = \Re s \leq 1$. Dann divergiert die Reihe $\sum_{n=1}^{\infty} n^{-a} \cos(b \ln n)$. (Für $0 < c < d$ gibt es mindestens $\left[e^d(1 - e^{c-d})\right]$ Zahlen $n \in \mathbb{N}^*$ mit $c \leq \ln n \leq d$.) Es folgt die Divergenz der ζ-Reihe

$$\sum_{n=1}^{\infty} \frac{1}{n^s} = \sum_{n=1}^{\infty} \frac{\cos(b \ln n) - i \sin(b \ln n)}{n^a}.$$

Aufgabe 3.6.12 Die Reihe $\sum_{n=0}^{\infty} z^n/n^n$ konvergiert für alle $z \in \mathbb{C}$. Man berechne die Summe für $z = i$ und $z = 1 + 2i$ bis auf einen Fehler, der dem Betrag nach $\leq 10^{-4}$ ist.

Aufgabe 3.6.13 Sei a_n, $n \in \mathbb{N}$, eine Folge komplexer Zahlen. Ferner sei $0 = n_0 < n_1 < \cdots$ eine streng monoton wachsende Folge in $\mathbb{N}$. Für $b_k := \sum_{n=n_k}^{n_{k+1}-1} a_n$ und $c_k := \sum_{n=n_k}^{n_{k+1}-1} |a_n|$, $k \in \mathbb{N}$, gilt dann:

a) Ist $\sum_{n=0}^{\infty} a_n$ konvergent, so auch $\sum_{k=0}^{\infty} b_k$ und beide Summen sind gleich.
b) Ist $\sum_{k=0}^{\infty} b_k$ konvergent und c_k, $k \in \mathbb{N}$, eine Nullfolge, so konvergiert auch $\sum_{n=0}^{\infty} a_n$.

Aufgabe 3.6.14 Seien $p, q \in \mathbb{N}^*$. Die Folge a_n, $n \in \mathbb{N}^*$, entstehe aus der harmonischen Folge $1/n$, $n \in \mathbb{N}^*$, dadurch, dass jeweils p aufeinanderfolgende Glieder mit 1 und die nächsten q Glieder mit -1 multipliziert werden. Genau dann konvergiert $\sum_{n=1}^{\infty} a_n$, wenn $p = q$ ist. (Man berechne die Summe für $p = q = 2$ unter Benutzung von Beispiel 3.6.9; für $p = q \geq 3$ siehe Bd. 2, Aufg. 3.2.24.)

Aufgabe 3.6.15 Sei h_n, $n \in \mathbb{N}^*$, eine Folge natürlicher Zahlen ≥ 2.

a) Es ist

$$\sum_{n=1}^{\infty} \frac{h_n - 1}{h_1 \cdots h_n} = 1.$$

b) Sei c_n, $n \in \mathbb{N}^*$, eine Folge in $\mathbb{N}$ mit $c_n < h_n$ für alle n und $c_n \neq h_n - 1$ für unendlich viele n. Dann ist

$$\sum_{n=1}^{\infty} \frac{c_n}{h_1 \cdots h_n}$$

konvergent, und die Summe ist eine reelle Zahl x mit $0 \leq x < 1$.
c) Zu jeder reellen Zahl x mit $0 \leq x < 1$ gibt es eine eindeutig bestimmte Folge (c_n) wie in b), für die die angegebene Reihe gegen x konvergiert. Genau dann sind fast alle $c_n = 0$, wenn x rational ist und x eine (nicht notwendig gekürzte) Darstellung a/b mit $a, b \in \mathbb{N}$ besitzt, wobei b von der Form $b = h_1 \cdots h_n$ ist. (Ist $h_n := g$ für alle n mit einem $g \in \mathbb{N}$, $g \geq 2$, so erhält man die übliche g-al-Entwicklung, vgl. Beispiel 3.3.10. Die hier gegebene Entwicklung entspricht der Darstellung der natürlichen Zahlen gemäß dem Ende von Beispiel 1.7.6. Ein weiteres interessantes Beispiel liefert die Wahl $h_n := n + 1$ für alle $n \in \mathbb{N}^*$. In diesem Fall ist x genau dann rational, wenn fast alle $c_n = 0$ sind. Daher ist beispielsweise $\sum_{n=1}^{\infty} 1/(n + 1)!$ irrational. Wie wir in Bd. 2 sehen werden, ist diese Zahl gleich $e - 2$.)

Aufgabe 3.6.16 Man beweise folgendes **Konvergenzkriterium von Dubois-Reymond**: Es seien (a_k) und (b_k) Folgen komplexer Zahlen. Die Reihe $\sum a_k$ konvergiere und die Reihe $\sum (b_k - b_{k+1})$ konvergiere absolut. Dann konvergiert auch $\sum a_k b_k$. (Man benutze abelsche partielle Summation 3.6.20.)

Aufgabe 3.6.17 Die Reihe $\sum_{n=1}^{\infty} a_n$ komplexer Zahlen, d. h. die Folge ihrer Partialsummen, sei beschränkt. Dann ist $\sum_{n=1}^{\infty} a_n/n$ konvergent. – Konvergiert $\sum_{n=1}^{\infty} a_n/n$, so ist $\left(\sum_{k=1}^{n} a_k\right)/n$, $n \in \mathbb{N}^*$, eine Nullfolge. (Mit abelscher partieller Summation 3.6.20 erhält man $\sum_{k=1}^{n} a_k = \sum_{k=1}^{n}(a_k/k) \cdot k = -\sum_{k=1}^{n-1} A_k + A_n n$, $A_k := \sum_{m=1}^{k} a_m/m$. Nun benutze man Aufg. 3.3.9a). – Allgemein erhält man mit Aufg. 3.3.11: Ist $(b_n)_{n \in \mathbb{N}^*}$ eine streng monoton wachsende Folge in $\mathbb{R}_+^{\times}$ mit $\lim b_n = \infty$ und konvergiert $\sum_{n=1}^{\infty} a_n/b_n$, so ist $\lim_{n \to \infty} \left(\sum_{k=1}^{n} a_k\right)/b_n = 0$.

Aufgabe 3.6.18 Die Reihen $\sum_{k=1}^{\infty} z^k/k$ bzw. $\sum_{k=0}^{\infty} z^{2k+1}/(2k+1)$ konvergieren genau für alle $z \in \mathbb{C}$ mit $|z| \leq 1$, $z \neq 1$, bzw. mit $|z| \leq 1$, $z \neq \pm 1$. (Bei $|z| = 1$ verwende man Satz 3.6.22.)

Aufgabe 3.6.19 Sei $\varphi \in \mathbb{R}$. Man beweise die Konvergenz folgender Reihen:

$$\sum_{k=1}^{\infty} \frac{\sin k\varphi}{k}; \quad \sum_{k=1}^{\infty} \frac{\cos k\varphi}{k}, \quad \varphi \neq 2m\pi, \, m \in \mathbb{Z};$$

$$\sum_{k=0}^{\infty} \frac{\sin(2k+1)\varphi}{2k+1}; \quad \sum_{k=0}^{\infty} \frac{\cos(2k+1)\varphi}{2k+1}, \quad \varphi \neq m\pi, \, m \in \mathbb{Z}.$$

(Zu den Summen dieser Reihen verweisen wir auf Bd. 2, Abschn. 3.7.)

Aufgabe 3.6.20 Man bestimme alle $z \in \mathbb{C}$, für die folgende Reihen konvergieren:

$$\sum_{n=1}^{\infty} \frac{1}{2n+1} \left(\frac{z-1}{z+1}\right)^{2n+1}; \quad \sum_{n=0}^{\infty} \frac{1}{n} \left(\frac{z-1}{z+1}\right)^n.$$

Aufgabe 3.6.21 Sind die a_k, $k \in \mathbb{N}$, alle reell und alle nichtnegativ oder alle nichtpositiv und konvergiert das Produkt $\prod(1 + a_k)$, so konvergiert auch die Reihe $\sum a_k$.

Aufgabe 3.6.22

a) Man untersuche die folgenden unendlichen Produkte auf Konvergenz:

$$\prod_{n=1}^{\infty} \left(1 + \frac{z}{n}\right), \, z \in \mathbb{C}; \quad \prod_{n=1}^{\infty} \left(1 - \frac{z}{n^3}\right), \, z \in \mathbb{C}; \quad \prod_{n=1}^{\infty} \sqrt[n]{a}, \, a \in \mathbb{R}_+^{\times}.$$

(Beim ersten Produkt ist für $z = 1$ das n-te Partialprodukt gleich $n + 1$. Mit Satz 3.6.25 ergibt sich damit ein neuer Beweis für die Divergenz der harmonischen Reihe.)

b) Man berechne die folgenden Teleskopprodukte:

$$\prod_{n=2}^{\infty} \left(1 - \frac{1}{n^2}\right); \quad \prod_{n=2}^{\infty} \left(1 - \frac{2}{n(n+1)}\right); \quad \prod_{n=1}^{\infty} \left(1 + \frac{1}{n(n+2)}\right); \quad \prod_{n=2}^{\infty} \frac{n^3 - 1}{n^3 + 1}.$$

(Vgl. Aufg. 1.5.4. – Übrigens ist $\prod_{n=2}^{\infty}\left(1+\frac{1}{n^2}\right) = (\sinh\pi)/2\pi$, siehe Bd. 2, Beispiel 1.1.10.)

c) Für $q \in \mathbb{C}$, $|q| < 1$, berechne man $\prod_{n=0}^{\infty}(1 + q^{2^n})$. (Man verwende Aufg. 1.5.5a); das Produkt lässt sich allerdings auch durch „Ausmultiplizieren" direkt als geometrische Reihe interpretieren.)

Aufgabe 3.6.23 Sei (ε_k) eine Nullfolge reeller Zahlen mit $\varepsilon_k \neq -1$ für alle $k \in \mathbb{N}$ und $\sum \varepsilon_k^2 = \infty$ (etwa $\varepsilon_k := 1/\sqrt{k+1}$).

a) Für $a_k := (-1)^k \varepsilon_{[k/2]}$, $k \in \mathbb{N}$, ist $\sum_{k=0}^{\infty} a_k = 0$, aber $\prod_{k=0}^{\infty}(1 + a_k)$ divergiert.
b) Für (a_k) mit $a_{2m} := \varepsilon_m$, $a_{2m+1} := -\varepsilon_m/(1+\varepsilon_m)$ ist $\prod_{k=0}^{\infty}(1+a_k) = 1$, aber $\sum_{k=0}^{\infty} a_k$ divergiert.

Bemerkung Die Voraussetzung über die Divergenz der Reihe $\sum \varepsilon_k^2$ in den obigen Beispielen ist nicht zufällig. Es gilt nämlich: Ist (a_k) eine Folge komplexer Zahlen, für die $\sum |a_k|^2$ konvergiert, so konvergiert das Produkt $\prod(1 + a_k)$ genau dann, wenn die Reihe $\sum a_k$ konvergiert, vgl. wieder Bd. 2, Aufg. 2.2.28.

Aufgabe 3.6.24 Eine weitere Illustration der Divergenz der harmonischen Reihe, vgl. Beispiel 3.6.3, ist das folgende Problem: Eine Schnecke bewege sich tagsüber von einem Ende eines beliebig dehnbaren Gummibandes der Länge $\ell > 0$ zum anderen und lege dabei pro Tag die Längeneinheit zurück, worauf in der folgenden Nacht das Band jeweils um ℓ_0 gedehnt wird. Man untersuche, ob und gegebenenfalls im Laufe welchen Tages die Schnecke das andere Ende des Bandes erreicht. (Solange die Schnecke wandert, ist ihre Entfernung vom Ausgangspunkt am Abend des n-ten Tages gleich nH_n. Man betrachte insbesondere den Fall $\ell = \ell_0$.)

Aufgabe 3.6.25 Sei (q_n) eine beliebige Folge reeller Zahlen mit $0 < q_n < 1$ für alle n.

a) Die (Teleskop-)Reihe $\sum_{n=0}^{\infty} q_0 \cdots q_n(1 - q_{n+1})$ konvergiert.
b) Man beweise die folgende Verallgemeinerung des Quotientenkriteriums: Reihen $\sum a_n$ komplexer Zahlen sind absolut konvergent, wenn für (fast) alle n gilt: $a_n \neq 0$ und

$$\left|\frac{a_{n+1}}{a_n}\right| \leq q_n \frac{1 - q_{n+1}}{1 - q_n}.$$

c) Für $a, c \in \mathbb{R}_+^{\times}$ mit $c > a + 1$ konvergiert die Reihe

$$\sum_{n=0}^{\infty} \frac{(a)_{n+1}}{(c)_{n+1}} = \sum_{n=0}^{\infty} \frac{a(a+1)\cdots(a+n)}{c(c+1)\cdots(c+n)}.$$

3.7 Summierbarkeit

Im Gegensatz zu der Situation bei Folgen hängen die Konvergenz und gegebenenfalls die Summe einer Reihe $\sum a_k$ im Allgemeinen wesentlich von der Reihenfolge der Glieder a_k ab. Ist $\sigma \in \mathfrak{S}(\mathbb{N})$ eine Permutation (mit unendlichem Wirkungsbereich), so sind die Partialsummen der Reihe $\sum_k a_{\sigma k}$ in der Regel ja wesentlich verschieden von denen der Ausgangsreihe $\sum_k a_k$.

Beispiel 3.7.1 Sei x ($= \ln 2$) die von 0 verschiedene Summe der alternierenden harmonischen Reihe $1 - \frac{1}{2} + \frac{1}{3} - \frac{1}{4} + - \cdots$. Dann ist

$$x = \left(1 - \frac{1}{2} + \frac{1}{3} - \frac{1}{4}\right) + \left(\frac{1}{5} - \frac{1}{6} + \frac{1}{7} - \frac{1}{8}\right) + \cdots,$$

$$\frac{1}{2}x = \left(\frac{1}{2} - \frac{1}{4}\right) + \left(\frac{1}{6} - \frac{1}{8}\right) + \cdots,$$

und durch Addition gewinnt man

$$\frac{3}{2}x = \left(1 + \frac{1}{3} - \frac{1}{2}\right) + \left(\frac{1}{5} + \frac{1}{7} - \frac{1}{4}\right) + \cdots = 1 + \frac{1}{3} - \frac{1}{2} + \frac{1}{5} + \frac{1}{7} - \frac{1}{4} + + - \cdots.$$

(Man kann hier die Klammern offenbar weglassen, vgl. Aufg. 3.6.13.) Die letzte Reihe entsteht aber aus der Ausgangsreihe allein durch Umordnen der Glieder. Indem man in geeigneter Weise umordnet, lässt sich sogar erreichen, dass die neue Reihe gegen eine beliebige vorgegebene reelle Zahl konvergiert oder auch divergiert, siehe Aufg. 3.7.13 und Aufg. 3.7.14.   ◇

Um die durch das letzte Beispiel angedeuteten Schwierigkeiten zu vermeiden, führen wir im Anschluss an N. Bourbaki (* 1935) den Summierbarkeitsbegriff ein, bei dem nach Definition von vornherein klar ist, dass die Summierbarkeit und gegebenenfalls die Summe unabhängig von der Reihenfolge der Summanden sind.

Sei a_i, $i \in I$, eine Familie komplexer Zahlen. Wie bei beliebigen additiven abelschen Gruppen setzen wir für eine *endliche* Teilmenge H von I

$$a_H := \sum_{i \in H} a_i$$

und nennen a_H die **Partialsumme** zur Indexmenge H. Mit $\mathfrak{C}(I)$ bezeichnen wir wie bisher die Menge aller endlichen Teilmengen von I.

Definition 3.7.2 Die Familie $a_i, i \in I$, komplexer Zahlen heißt **summierbar**, wenn es eine komplexe Zahl z mit folgender Eigenschaft gibt: Zu jedem (noch so kleinen) $\varepsilon \in \mathbb{R}_+^{\times}$ gibt es ein $H_0 \in \mathfrak{C}(I)$ mit $|a_H - z| \le \varepsilon$ für alle $H \in \mathfrak{C}(I)$ mit $H \supseteq H_0$.

Das Element z *in* Definition 3.7.2 *ist wieder eindeutig bestimmt*: Hat nämlich auch z' die analoge Eigenschaft wie z und ist $z \neq z'$, so gibt es zu $\varepsilon := \frac{1}{3}|z - z'|$ endliche Teilmengen H_0 und H_0' von I mit $|a_H - z| \leq \varepsilon$ und $|a_H - z'| \leq \varepsilon$ für $H := H_0 \cup H_0' \in \mathfrak{E}(I)$. Daraus folgt der Widerspruch $|z - z'| \leq |z - a_H| + |a_H - z'| \leq \varepsilon + \varepsilon = \frac{2}{3}|z - z'|$.

Ist die Familie a_i, $i \in I$, summierbar, so heißt die eindeutig bestimmte Zahl z gemäß 3.7.2 die **Summe** der a_i, $i \in I$, und wird mit

$$\sum_{i \in I} a_i, \quad \text{kurz auch mit} \quad \sum_i a_i \text{ oder } \sum a_i,$$

bezeichnet. In jeder (noch so kleinen) Umgebung der Summe $\sum_{i \in I} a_i$ liegen also alle endlichen Partialsummen a_H, falls $H \in \mathfrak{E}(I)$ nur groß genug ist. Offenbar hängen, wie angekündigt, Summierbarkeit und Summe nicht von der Indizierung ab. Genauer: *Ist* $\sigma \colon J \to I$ *eine bijektive Abbildung, so ist die Familie* a_i, $i \in I$, *genau dann summierbar, wenn die Familie* $a_{\sigma(j)}$, $j \in J$, *summierbar ist, und dann ist* $\sum_{i \in I} a_i = \sum_{j \in J} a_{\sigma j}$. Bei endlichem I ist die hier definierte Summe natürlich die gewöhnliche Summe der a_i.

Ist a_n, $n \in \mathbb{N}$, *eine summierbare Folge komplexer Zahlen mit Summe* a, *so ist die Reihe* $\sum_{n=0}^{\infty} u_n$ *konvergent und es gilt* $a = \sum_{n=0}^{\infty} a_n = \sum_{n \in \mathbb{N}} a_n$. Sei nämlich $\varepsilon > 0$. Dann gibt es ein $H_0 \in \mathfrak{E}(\mathbb{N})$ mit $|a_H - a| \leq \varepsilon$ für alle $H \in \mathfrak{E}(\mathbb{N})$ mit $H \supseteq H_0$. Ist nun $n_0 := \text{Max } H_0 \in \mathbb{N}$, so ist also $\left|\sum_{k=0}^{n} a_k - a\right| \leq \varepsilon$ für alle $n \geq n_0$. Umgekehrt folgt aber aus der Konvergenz der Reihe $\sum_{n=0}^{\infty} a_n$ noch nicht die Summierbarkeit von a_n, $n \in \mathbb{N}$, wie Beispiel 3.7.1 zeigt.

Analog zu Proposition 3.6.6 beweist man die folgenden **Rechenregeln für summierbare Familien**: *Sind* a_i, $i \in I$, *und* b_i, $i \in I$, *summierbare Familien, so sind auch* $a_i + b_i$, $i \in I$, *und* λa_i, $i \in I$, *für* $\lambda \in \mathbb{C}$ *summierbar und es gilt*

$$\sum_{i \in I}(a_i + b_i) = \sum_{i \in I} a_i + \sum_{i \in I} b_i, \quad \sum_{i \in I} \lambda a_i = \lambda \sum_{i \in I} a_i.$$

Ist ferner a_j, $j \in J$, *eine weitere summierbare Familie, deren Indexmenge* J *zu* I *disjunkt ist, so ist* a_k, $k \in I \uplus J$, *summierbar mit*

$$\sum_{k \in I \uplus J} a_k = \sum_{i \in I} a_i + \sum_{j \in J} a_j.$$

Genau dann ist die Familie a_i, $i \in I$, *komplexer Zahlen summierbar, wenn die Familien* $\mathfrak{R} a_i$, $i \in I$, *und* $\mathfrak{I} a_i$, $i \in I$, *reeller Zahlen summierbar sind. In diesem Fall ist*

$$\sum_{i \in I} a_i = \left(\sum_{i \in I} \mathfrak{R} a_i\right) + \mathrm{i} \left(\sum_{i \in I} \mathfrak{I} a_i\right).$$

Sei a_i, $i \in I$, summierbar mit Summe z. Für jedes $\varepsilon > 0$ ist dann $|a_i| > \varepsilon$ für nur endlich viele $i \in I$. Es gibt nämlich ein $H_0 \in \mathfrak{E}(I)$ derart, dass $|a_H - z| \leq \varepsilon/2$ ist für alle

$H \in \mathfrak{E}(I)$ mit $H \supseteq H_0$. Für $i \notin H_0$ gilt dann

$$|a_i| = |a_{H_0 \uplus \{i\}} - a_{H_0}| \leq |a_{H_0 \uplus \{i\}} - z| + |z - a_{H_0}| \leq \varepsilon.$$

Es folgt, *dass die Menge der Indizes $i \in I$ mit $a_i \neq 0$ abzählbar ist.* Diese Menge ist ja die Vereinigung der abzählbar vielen endlichen Mengen $I_n := \{i \in I \mid |a_i| > 1/n\}$, $n \in \mathbb{N}^*$. – Das Analogon zu den Cauchy-Folgen sind die Cauchy-summierbaren Familien.

Definition 3.7.3 Eine Familie $a_i, i \in I$, komplexer Zahlen heißt eine **Cauchy-summierbare Familie**, wenn es zu jedem $\varepsilon > 0$ ein $H_0 \in \mathfrak{E}(I)$ gibt mit $|a_E| \leq \varepsilon$ für alle $E \in \mathfrak{E}(I)$ mit $E \cap H_0 = \emptyset$.

Damit lautet das Cauchysche Summierbarkeitskriterium:

Satz 3.7.4 (Cauchysches Summierbarkeitskriterium) *Eine Familie komplexer Zahlen ist genau dann summierbar, wenn sie Cauchy-summierbar ist.*

Beweis Sei zunächst $a_i, i \in I$, summierbar mit Summe z und sei $\varepsilon > 0$ vorgegeben. Dann gibt es ein $H_0 \in \mathfrak{E}(I)$ mit $|a_H - z| \leq \frac{1}{2}\varepsilon$ für alle $H \in \mathfrak{E}(I)$ mit $H \supseteq H_0$. Ist dann $E \cap H_0 = \emptyset$ für ein $E \in \mathfrak{E}(I)$, so folgt mit $H := E \uplus H_0$

$$|a_E| = |a_H - a_{H_0}| \leq |a_H - z| + |z - a_{H_0}| \leq \frac{1}{2}\varepsilon + \frac{1}{2}\varepsilon = \varepsilon.$$

Es ist nun umgekehrt zu zeigen, dass eine Cauchy-summierbare Familie $a_i, i \in I$, summierbar ist. Sei (ε_n) eine monoton fallende Nullfolge positiver reeller Zahlen. Es gibt nach Voraussetzung eine Folge (H_n) endlicher Teilmengen H_n von I mit $|a_E| \leq \varepsilon_n$, falls $E \in \mathfrak{E}(I)$, $E \cap H_n = \emptyset$. Indem wir H_n durch $H_0 \cup \cdots \cup H_n$ ersetzen, $n \in \mathbb{N}$, können wir annehmen, dass $H_0 \subseteq H_1 \subseteq H_2 \subseteq \cdots$ ist. Wir zeigen, dass die Folge $a_{H_n}, n \in \mathbb{N}$, eine Cauchy-Folge ist und daher gegen eine Zahl z konvergiert. Sei dazu $\varepsilon > 0$ vorgegeben und $\varepsilon_{n_0} \leq \varepsilon$. Für $n \geq m \geq n_0$ gilt dann $|a_{H_n} - a_{H_m}| = |a_{H_n - H_m}| \leq \varepsilon_{n_0} \leq \varepsilon$ wegen $(H_n - H_m) \cap H_{n_0} = \emptyset$. Abschließend zeigen wir, dass $a_i, i \in I$, summierbar mit Summe z ist. Sei dazu wieder $\varepsilon > 0$ und n so gewählt, dass $\varepsilon_n \leq \frac{1}{2}\varepsilon$ und $|a_{H_n} - z| \leq \frac{1}{2}\varepsilon$ ist. Wegen $a_H - a_{H_n} = a_{H - H_n}$ und $(H - H_n) \cap H_n = \emptyset$ gilt dann für alle $H \supseteq H_n$:

$$|a_H - z| \leq |a_H - a_{H_n}| + |a_{H_n} - z| \leq \varepsilon_n + \frac{1}{2}\varepsilon \leq \varepsilon. \qquad \square$$

Da eine Teilfamilie einer Cauchy-summierbaren Familie trivialerweise wieder eine Cauchy-summierbare Familie ist, folgt aus Satz 3.7.4:

Korollar 3.7.5 *Jede Teilfamilie einer summierbaren Familie komplexer Zahlen ist summierbar.*

Wegen $|a_E| \leq \sum_{i \in E} |a_i|$ für $E \in \mathfrak{E}(I)$ ist mit $|a_i|, i \in I$, auch $a_i, i \in I$, selbst eine Cauchy-summierbare Familie, und man erhält:

Korollar 3.7.6 *Es sei* a_i, $i \in I$, *eine Familie komplexer Zahlen. Ist dann die Familie* $|a_i|$, $i \in I$, *summierbar, so auch* a_i, $i \in I$.

Wir nennen eine Familie a_i, $i \in I$, **absolut** oder **normal summierbar**, wenn $|a_i|$, $i \in I$, summierbar ist. Korollar 3.7.6 besagt, dass *jede absolut summierbare Familie auch summierbar* ist. Wir werden gleich sehen, dass hier (anders als bei Korollar 3.6.11) auch die Umkehrung gilt. Zunächst erhalten wir:

Satz 3.7.7 (Majorantenkriterium) *Seien* b_i, $i \in I$, *eine summierbare Familie nichtnegativer reeller Zahlen und* a_i, $i \in I$, *eine Familie komplexer Zahlen. Gilt* $|a_i| \leq b_i$ *für alle* $i \in I$, *so ist* a_i, $i \in I$, *absolut summierbar und* $|\sum a_i| \leq \sum |a_i| \leq \sum b_i$.

Der Aussage 3.6.7 über Reihen mit nichtnegativen Gliedern entspricht:

Satz 3.7.8 *Eine Familie* a_i, $i \in I$, *nichtnegativer reeller Zahlen ist genau dann summierbar, wenn die Familie* a_H, $H \in \mathfrak{E}(I)$, *der endlichen Partialsummen beschränkt ist. In diesem Fall ist* $\sum_{i \in I} a_i = \mathrm{Sup}\{a_H \mid H \in \mathfrak{E}(I)\}$.

Beweis Natürlich ist ganz allgemein die Familie a_H, $H \in \mathfrak{E}(I)$, beschränkt, wenn die Familie a_i, $i \in I$, summierbar ist.

Sei nun $a_i \geq 0$ für alle $i \in I$ und $S := \mathrm{Sup}\{a_H \mid H \in \mathfrak{E}(I)\} \in \mathbb{R}$. Zu $\varepsilon > 0$ gibt es dann ein $H_0 \in \mathfrak{E}(I)$ mit $a_{H_0} \geq S - \varepsilon$. Für alle $H \in \mathfrak{E}(I)$ mit $H \supseteq H_0$ gilt $S - \varepsilon \leq a_{H_0} \leq a_H \leq S$, also $|a_H - S| \leq \varepsilon$. □

Wir können jetzt leicht die Umkehrung zu Korollar 3.7.6 beweisen.

Satz 3.7.9 *Jede summierbare Familie komplexer Zahlen ist absolut summierbar.*

Beweis Sei a_i, $i \in I$, zunächst eine summierbare Familie *reeller* Zahlen. Setzen wir $I_+ := \{i \in I \mid a_i \geq 0\}$ und $I_- := \{i \in I \mid a_i < 0\}$, so sind die Teilfamilien a_i, $i \in I_+$, und a_i, $i \in I_-$, summierbar. Dann ist auch $|a_i| = -a_i$, $i \in I_-$, summierbar und insgesamt $|a_i|$, $i \in I_+ \uplus I_- = I$. Sei nun a_i, $i \in I$, eine beliebige summierbare Familie komplexer Zahlen. Dann sind die Familien $\Re a_i$, $i \in I$, und $\Im a_i$, $i \in I$, summierbar und folglich auch $|\Re a_i|$, $i \in I$, und $|\Im a_i|$, $i \in I$. Wegen $|a_i| \leq |\Re a_i| + |\Im a_i|$ ist schließlich die Familie $|a_i|$, $i \in I$, summierbar. □

Für Familien *reeller* Zahlen a_i, $i \in I$, ist in natürlicher Weise der Begriff der uneigentlichen Summierbarkeit erklärt. Zunächst sei $a_i \geq 0$ für alle $i \in I$. Dann definieren wir

$$\sum_{i \in I} a_i := \infty,$$

falls die Familie a_H, $H \in \mathfrak{E}(I)$, nicht beschränkt ist. Analog sei $\sum a_i = -\infty$, falls alle $a_i \leq 0$ sind und $\{a_H \mid H \in \mathfrak{E}(I)\}$ nicht beschränkt ist. Ist nun a_i, $i \in I$, eine beliebige Familie reeller Zahlen, so setzen wir (wie im Beweis von Satz 3.7.9)

$$I_+ := \{i \in I \mid a_i \geq 0\}, \quad I_- := \{i \in I \mid a_i < 0\}$$

und sagen, dass a_i, $i \in I$, **uneigentlich summierbar** ist, wenn eine der Summen

$$a_+ := \sum_{i \in I_+} a_i \quad \text{bzw.} \quad a_- := \sum_{i \in I_-} a_i$$

in $\mathbb{R}$ liegt, und definieren dann

$$\sum_{i \in I} a_i := a_+ + a_-.$$

In naheliegender Weise erweitert man die uneigentliche Summierbarkeit auf Familien a_i, $i \in I$, mit $a_i \in \overline{\mathbb{R}} = \mathbb{R} \cup \{\infty, -\infty\}$.

Für die Summierbarkeit im engeren Sinne fassen wir noch einmal zusammen: *Ist a_i, $i \in I$, eine Familie komplexer Zahlen, so sind folgende Aussagen äquivalent:*

(1) a_i, $i \in I$, *ist summierbar.*
(2) a_i, $i \in I$, *ist eine Cauchy-summierbare Familie.*
(3) a_i, $i \in I$, *ist abolut summierbar, d. h. $|a_i|$, $i \in I$, ist summierbar.*
(4) *Die Familie der Partialsummen $\sum_{i \in H} |a_i|$, $H \in \mathfrak{E}(I)$, ist beschränkt.*
(5) *Die Familien $\Re a_i$, $i \in I$, und $\Im a_i$, $i \in I$, sind summierbar.*

Die Äquivalenz von (1) und (3) liefert den folgenden wichtigen Zusammenhang zwischen summierbaren Folgen und konvergenten Reihen:

Satz 3.7.10 (Umordnungssatz für absolut konvergente Reihen) *Eine Folge a_n, $n \in \mathbb{N}$, in $\mathbb{C}$ ist genau dann summierbar, wenn die Reihe $\sum_{n=0}^{\infty} a_n$ absolut konvergent ist.*

Von fundamentaler Bedeutung für das Rechnen mit summierbaren Familien ist die folgende allgemeinere Aussage:

Satz 3.7.11 (Großer Umordnungssatz) *Sei a_i, $i \in I$, eine summierbare Familie komplexer Zahlen. Ferner sei $I = \biguplus_{j \in J} I_j$ eine Zerlegung der Indexmenge I in (paarweise disjunkte) Teilmengen $I_j \subseteq I$, $j \in J$. Dann ist jede der Teilfamilien a_i, $i \in I_j$, summierbar und mit $s_j := \sum_{i \in I_j} a_i$ gilt: Die Familie s_j, $j \in J$, ist ebenfalls summierbar, und es ist*

$$\sum_{i \in I} a_i = \sum_{j \in J} s_j = \sum_{j \in J} \left(\sum_{i \in I_j} a_i \right).$$

Beweis Sei $s := \sum_{i \in I} a_i$, und sei $\varepsilon > 0$. Wir suchen ein $F_0 \in \mathfrak{E}(J)$ mit $|s_F - s| \le \varepsilon$ für alle $F \in \mathfrak{E}(J)$ mit $F \supseteq F_0$. Nach Voraussetzung gibt es ein $H_0 \in \mathfrak{E}(I)$ mit $|a_H - s| \le \frac{1}{2}\varepsilon$ für alle $H \in \mathfrak{E}(I)$ mit $H \supseteq H_0$. Jedes der endlich vielen Elemente von H_0 liegt in einem I_j. Daher gibt es eine endliche Teilmenge $F_0 \subseteq J$ derart, dass $H_0 \subseteq \bigcup_{j \in F_0} I_j$ ist.

Sei nun $F \supseteq F_0$ mit $|F| = n \in \mathbb{N}^*$. Da s_j, $j \in F$, die Summe der Familie a_i, $i \in I_j$, ist, gibt es ein $H_j' \in \mathfrak{E}(I_j)$ mit $|a_{H_j'} - s_j| \le \varepsilon/2n$ und $H_j' \supseteq H_0 \cap I_j$. Dann gilt

$$|s_F - s| = \left| \sum_{j \in F} s_j - s \right| \le \sum_{j \in F} |s_j - a_{H_j'}| + \left| \sum_{j \in F} a_{H_j'} - s \right| \le n \frac{1}{2n} \varepsilon + \frac{1}{2} \varepsilon = \varepsilon,$$

da $H := \bigcup_{j \in F} H_j'$ die disjunkte Vereinigung der H_j' ist, also $a_H = \sum_{j \in F} a_{H_j'}$ gilt, und da H nach Konstruktion H_0 umfasst, also $|a_H - s| \le \frac{1}{2}\varepsilon$ ist. $\square$

Die Aussage 3.7.11 heißt oft auch das **große Assoziativgesetz**. Um es bequem anwenden zu können, ist folgende Bemerkung nützlich:

Lemma 3.7.12 *Die Situation sei dieselbe wie in* Satz 3.7.11 *mit der Ausnahme, dass die Summierbarkeit der Familie a_i, $i \in I$, nicht vorausgesetzt wird. Dann ist a_i, $i \in I$, genau dann summierbar, wenn jede der Familien $|a_i|$, $i \in I_j$, und auch noch die Familie $t_j := \sum_{i \in I_j} |a_i|$, $j \in J$, summierbar ist.*

Beweis Für jede endliche Teilmenge $H \subseteq I$ ist offenbar $\sum_{i \in H} |a_i| \le \sum_{j \in J} t_j < \infty$. Die Behauptung folgt daher aus Satz 3.7.8 und Korollar 3.7.6. $\square$

Eine einfache Anwendung des großen Umordnungssatzes ist:

Satz 3.7.13 (**Großes Distributivgesetz**) *Seien a_i, $i \in I$, und b_j, $j \in J$, summierbare Familien komplexer Zahlen. Dann ist auch die Familie der Produkte $a_i b_j$, $(i, j) \in I \times J$, summierbar, und es gilt*

$$\sum_{(i,j) \in I \times J} a_i b_j = \left(\sum_{i \in I} a_i \right) \left(\sum_{j \in J} b_j \right).$$

Beweis Jede endliche Teilmenge H von $I \times J$ liegt in einer endlichen Teilmenge $F \times G$ mit $F \in \mathfrak{E}(I)$, $G \in \mathfrak{E}(J)$. Dann ist

$$\sum_{(i,j) \in H} |a_i b_j| \le \sum_{i \in F, j \in G} |a_i| |b_j| = \left(\sum_{i \in F} |a_i| \right) \left(\sum_{j \in G} |b_j| \right) \le \left(\sum_{i \in I} |a_i| \right) \left(\sum_{j \in J} |b_j| \right) < \infty,$$

da die Familien a_i, $i \in I$, und b_j, $j \in J$, nach Satz 3.7.9 sogar absolut summierbar sind. Die Familie $a_i b_j$, $(i, j) \in I \times J$, ist also nach 3.7.8 und 3.7.6 summierbar. Aus Satz 3.7.11

folgt nun

$$\sum_{(i,j)\in I\times J} a_i b_j = \sum_{i\in I}\Big(\sum_{j\in J} a_i b_j\Big) = \sum_{i\in I}\Big(a_i \sum_{j\in J} b_j\Big) = \Big(\sum_{i\in I} a_i\Big)\Big(\sum_{j\in J} b_j\Big). \qquad \Box$$

Speziell für Folgen erhält man noch:

Satz 3.7.14 (Cauchy-Produkt absolut konvergenter Reihen) *Seien a_n, $n \in \mathbb{N}$, und b_n, $n \in \mathbb{N}$, summierbare Folgen komplexer Zahlen (d. h. die Reihen $\sum a_n$ und $\sum b_n$ seien absolut konvergent). Dann ist auch die Folge c_n, $n \in \mathbb{N}$, mit*

$$c_n := \sum_{i=0}^{n} a_i b_{n-i} = a_0 b_n + a_1 b_{n-1} + \cdots + a_{n-1} b_1 + a_n b_0$$

*summierbar (d. h. die Reihe $\sum c_n$ – man nennt sie das **Cauchy-Produkt** der Reihen $\sum a_n$ und $\sum b_n$ – ist absolut konvergent), und es gilt*

$$\sum_{n=0}^{\infty} c_n = \Big(\sum_{n=0}^{\infty} a_n\Big)\Big(\sum_{n=0}^{\infty} b_n\Big).$$

Beweis Es gilt $\sum_{m,n} a_m b_n = (\sum_m a_m)(\sum_n b_n)$ nach dem großen Distributivgesetz 3.7.13. Aus Satz 3.7.11 folgt $\sum_{m,n} a_m b_n = \sum_j \big(\sum_{m+n=j} a_m b_n\big) = \sum_j c_j$. $\qquad \Box$

Bei den im Folgenden zu besprechenden **unendlichen Produkten** erinnern wir an folgende Bezeichnungen: Für eine Familie a_i, $i \in I$, und eine endliche Teilmenge $H \subseteq I$ sei

$$a^H := \prod_{i\in H} a_i \quad \text{und} \quad (1+a)^H := \prod_{i\in H} (1+a_i).$$

In Analogie zu Definition 3.6.23 definieren wir:

Definition 3.7.15 Die Familie $1 + a_i$, $i \in I$, komplexer Zahlen heißt **multiplizierbar**, wenn es eine endliche Teilmenge $I_0 \subseteq I$ und ein $u \in \mathbb{C}^{\times}$ gibt mit folgender Eigenschaft: Zu jedem $\varepsilon > 0$ existiert ein $H_0 \in \mathfrak{E}(I - I_0)$ derart, dass für alle $H \in \mathfrak{E}(I - I_0)$ mit $H \supseteq H_0$ gilt: $|(1+a)^H - u| \leq \varepsilon$. Dann heißt $(1+a)^{I_0} u$ das **Produkt** $\prod_{i\in I}(1+a_i)$ der Familie $1 + a_i$, $i \in I$.

Das Cauchy-Kriterium, das ganz analog zu Satz 3.7.4 bewiesen wird (vgl. auch Satz 3.6.24), lautet hier:

Satz 3.7.16 (Cauchysches Multiplizierbarkeitskriterium) *Genau dann ist die Familie* $1 + a_i$, $i \in I$, *komplexer Zahlen multiplizierbar, wenn es zu jedem* $\varepsilon > 0$ *ein* $H_0 \in \mathfrak{E}(I)$ *mit* $|(1 + a)^E - 1| \le \varepsilon$ *für alle* $E \in \mathfrak{E}(I)$ *mit* $E \cap H_0 = \emptyset$ *gibt.*

Anders als bei Reihen $\sum a_k$ mit zugehörigen Produkten $\prod(1 + a_k)$, vgl. Aufg. 3.6.23, hat man den folgenden einfachen Zusammenhang zwischen Summierbarkeit und Multiplizierbarkeit.

Satz 3.7.17 *Die Familie* $1 + a_i$, $i \in I$, *ist genau dann multiplizierbar, wenn die Familie* a_i, $i \in I$, *summierbar ist.*

Beweis Sei zunächst a_i, $i \in I$, summierbar. Dann ist $\sum |a_i| < \infty$, und die Konvergenz von $\prod(1 + a_i)$ ergibt sich mit dem Cauchy-Kriterium ganz wie bei Satz 3.6.25.

Sei nun umgekehrt $1 + a_i$, $i \in I$, multiplizierbar. Zum Nachweis der Summierbarkeit von a_i, $i \in I$, benutzen wir der Einfachheit halber den Hauptwert der Logarithmusfunktion auf $\mathbb{C} - \mathbb{R}_-$ und die Exponentialfunktion im Komplexen mit

$$\ln z = \ln |z| + i \operatorname{Arg} z, \quad \operatorname{Arg} z \in {]-\pi, \pi[}; \quad e^z = e^{\Re z}(\cos \Im z + i \sin \Im z),$$

vgl. Beispiel 2.2.16 oder Bd. 2, Abschn. 2.2. Dann ist $e^{\ln z} = z$ für alle $z \in \mathbb{C} - \mathbb{R}_-$. Ferner verwenden wir die folgenden Aussagen:

(1) Es gilt das Additionstheorem $\ln z w = \ln z + \ln w$ für komplexe Zahlen $z, w \in \mathbb{C} - \mathbb{R}_-$, für die $|\operatorname{Arg} z + \operatorname{Arg} w| < \pi$ ist.
(2) Zu jedem $\varepsilon > 0$ gibt es ein $\delta > 0$ mit $|\ln z| \le \varepsilon$, falls nur $|z - 1| \le \delta$ ist. (Dies ist die Stetigkeit von ln im Punkt $z_0 = 1$.)
(3) Es ist $|e^z - 1| \le e^{|z|} - 1 \le |z| e^{|z|}$ für alle $z \in \mathbb{C}$, vgl. die Bemerkung zu Aufg. 3.10.8.

Zum Nachweis der Summierbarkeit der $|a_i|$, $i \in I$, können wir gleich annehmen, dass für *alle* $H \in \mathfrak{E}(I)$ gilt: $|(1 + a)^H - 1| < 1$. Für diese H ist nach (1) dann $\ln(1 + a)^H = \sum_{i \in H} \ln(1 + a_i)$. Wegen (2) erfüllt die Familie $\ln(1 + a_i)$, $i \in I$, daher das Cauchysche Summierbarkeitskriterium und ist summierbar (übrigens mit $\ln \prod(1 + a_i)$ als Summe). Mit (3) erhält man

$$|a_i| = |e^{\ln(1 + a_i)} - 1| \le |\ln(1 + a_i)| e^{|\ln(1 + a_i)|}.$$

Aus der Summierbarkeit von $|\ln(1 + a_i)|$, $i \in I$, (und der Beschränktheit von $e^{|\ln(1 + a_i)|}$, $i \in I$) folgt nun die Summierbarkeit von $|a_i|$, $i \in I$. $\qquad\square$

Es sei noch einmal bemerkt, dass die Formel $\ln \prod(1 + a_i) = \sum \ln(1 + a_i)$ im Allgemeinen schon für endliche Familien a_i nicht gilt (auch dann nicht, wenn beide Seiten definiert sind). Ferner lässt sich Satz 3.7.17 für reelle Familien a_i, $i \in I$, ganz leicht beweisen, indem man Satz 3.6.25 und Aufg. 3.6.21 jeweils auf die Teilfamilien mit $a_i \geq 0$ bzw. mit $a_i < 0$ anwendet. – Der große Umordnungssatz 3.7.11 gilt analog für unendliche Produkte. Wir überlassen die Formulierung und den Beweis dem Leser.

Aufgaben

Aufgabe 3.7.1

a) Seien $z_1, \ldots, z_r \in \mathbb{C}$ mit $|z_i| < 1$ für $i = 1, \ldots, r$. Dann ist die Familie $z^m = z_1^{m_1} \cdots z_r^{m_r}$, $m = (m_1, \ldots, m_r) \in \mathbb{N}^r$, summierbar, und es gilt

$$\sum_{m \in \mathbb{N}^r} z^m = \frac{1}{1 - z_1} \cdots \frac{1}{1 - z_r}.$$

b) Man folgere für $w \in \mathbb{C}$, $|w| < 1$, und alle $r \in \mathbb{N}^*$:

$$\frac{1}{(1-w)^r} = \sum_{k=0}^{\infty} \binom{k+r-1}{r-1} w^k.$$

c) Man verwende b), um die Summen der folgenden Reihen zu berechnen:

$$\sum_{n=0}^{\infty} \left(\frac{2}{3}\right)^n; \quad \sum_{n=0}^{\infty} \frac{n}{(1+i)^n}; \quad \sum_{n=0}^{\infty} \frac{n^2}{2^n}; \quad \sum_{n=0}^{\infty} \frac{n^3}{(3i)^n}; \quad \sum_{n=0}^{\infty} \frac{n^4 i^n}{\left(\sqrt{2}\right)^n}.$$

Aufgabe 3.7.2

a) Die Familie $a_{m,n} := m^{-n}$, $m, n \in \mathbb{N} - \{0, 1\}$, ist summierbar mit Summe

$$\sum_{m,n \geq 2} \frac{1}{m^n} = \sum_{n=2}^{\infty} \left(\zeta(n) - 1\right) = 1.$$

b) Sei $Q := \{m^n \mid m, n \in \mathbb{N} - \{0, 1\}\}$ die Menge der echten Potenzen natürlicher Zahlen. Dann ist die Familie $1/(q-1)$, $q \in Q$, summierbar mit Summe 1.

(Die Ergebnisse von a) und b) widersprechen sich nicht. – Für $\sum_{q \in Q} 1/q$ siehe Aufg. 3.7.11.)

Aufgabe 3.7.3 Für $(m, n) \in \mathbb{N}^* \times \mathbb{N}^*$ sei $a_{m,n} := \begin{cases} 1/(m^2 - n^2), \text{ falls } m \neq n, \\ 0, \text{ falls } m = n. \end{cases}$ Dann gilt: Für jedes feste $m \in \mathbb{N}^*$ ist die Familie $(a_{m,n})_{n \in \mathbb{N}^*}$ summierbar, und für jedes feste $n \in \mathbb{N}^*$ ist die Familie $(a_{m,n})_{m \in \mathbb{N}^*}$ summierbar. Ferner existieren die Summen

$$\sum_{m \in \mathbb{N}^*} \left(\sum_{n \in \mathbb{N}^*} a_{m,n}\right) \quad \text{und} \quad \sum_{n \in \mathbb{N}^*} \left(\sum_{m \in \mathbb{N}^*} a_{m,n}\right),$$

sind jedoch verschieden. Man begründe, weshalb der große Umordnungssatz hier nicht anwendbar ist.

Aufgabe 3.7.4 Man untersuche die folgenden Familien $a_{m,n}$, $(m,n) \in \mathbb{N}^2$, auf Summierbarkeit und bestimme gegebenenfalls die Summe.

a) $a_{m,n} := 1/(m+n+1)$.

b) $a_{m,n} := mnw^{m+n}$, $w \in \mathbb{C}$ fest.

Aufgabe 3.7.5 Für $w \in \mathbb{C}$ mit $|w| < 1$ und $g \in \mathbb{N}$, $g \geq 2$, gilt

$$\prod_{n\in\mathbb{N}} \left(\sum_{k=0}^{g-1} w^{kg^n} \right) = \frac{1}{1-w}.$$

Aufgabe 3.7.6 Die Familie $1 + a_i$, $i \in \mathbb{N}$, ist genau dann multiplizierbar, wenn a^H, $H \in \mathfrak{E}(I)$, summierbar ist. In diesem Falle gilt

$$\prod_{i\in I}(1+a_i) = \sum_{H\in\mathfrak{E}(I)} a^H.$$

Aufgabe 3.7.7 Sei a_i, $i \in I$, eine summierbare Familie komplexer Zahlen. I_n, $n \in \mathbb{N}$, sei eine Folge von Teilmengen von I mit $I_0 \subseteq \cdots \subseteq I_n \subseteq I_{n+1} \subseteq \cdots$ und $\bigcup_{n=0}^{\infty} I_n = I$. (Man nennt in diesem Fall I_n, $n \in \mathbb{N}$, eine **Ausschöpfung** von I und schreibt $I_n \uparrow I$.) Dann gilt

$$\sum_{i\in I} a_i = \lim_{n\to\infty} \sum_{i\in I_n} a_i.$$

Aufgabe 3.7.8

a) Seien $A \subseteq \mathbb{P}$ eine *endliche* Teilmenge der Menge $\mathbb{P}$ der Primzahlen und $N(A)$ die Menge der natürlichen Zahlen $n \in \mathbb{N}^*$, deren Primteiler alle zu A gehören. Dann ist für jedes $s \in \mathbb{R}$ mit $s > 0$ (oder jedes $s \in \mathbb{C}$ mit $\Re s > 0$)

$$\prod_{p\in A}(1 - p^{-s})^{-1} = \sum_{n\in N(A)} n^{-s}.$$

b) Für $s \in \mathbb{R}$, $s > 1$, (oder allgemeiner für $s \in \mathbb{C}$, $\Re s > 1$) gilt:

$$\prod_{p\in\mathbb{P}}(1 - p^{-s})^{-1} = \zeta(s) \quad \textbf{(Formel von Euler)}.$$

Insbesondere hat die ζ-Funktion keine Nullstelle für $\Re s > 1$.

c) Das Produkt $\prod_{p \in \mathbb{P}} (1 - p^{-1})^{-1}$ ist divergent. Man folgere, dass auch die Summe $\sum_{p \in \mathbb{P}} p^{-1}$ divergiert (**Satz von Euler**). (**Bemerkung** $\sum_{p \in \mathbb{P}, p \leq n} p^{-1} - \ln \ln n, n \geq 2$, *konvergiert gegen die Konstante*

$$\beta := \gamma + \sum_{p \in \mathbb{P}} \left(p^{-1} + \ln(1 - p^{-1}) \right) = 0{,}261497\ldots \quad \textbf{(Satz von Mertens)}.$$

Man vgl. damit das Ergebnis $\lim_{n \to \infty} (H_n - \ln n) = \gamma$ aus Beispiel 3.3.8. Einen Beweis des Satzes von Mertens findet man etwa in dem äußerst empfehlenswerten Lehrbuch Hardy, G. H.; Wright, E. M.: An Introduction to the Theory of Numbers, Oxford.)

d) Man folgere aus b): Für $s \in \mathbb{R}$, $s > 1$, (oder allgemeiner für $s \in \mathbb{C}$, $\Re s > 1$,) gilt

$$1/\zeta(s) = \prod_{p \in \mathbb{P}} (1 - p^{-s}) = \sum_{n \in \mathbb{N}^*} \mu(n) n^{-s},$$

wobei $\mu \colon \mathbb{N}^* \to \mathbb{Z}$ die Möbiussche μ-Funktion ist, vgl. Aufg. 2.1.23.

e) Für $s \in \mathbb{R}$ mit $s > 1$ (oder allgemeiner für $s \in \mathbb{C}$ mit $\Re s > 1$) ist

$$\zeta^2(s) = \prod_{p \in \mathbb{P}} (1 - p^{-s})^{-2} = \sum_{n \in \mathbb{N}^*} \frac{\tau(n)}{n^s}, \quad \frac{\zeta(s)}{\zeta(2s)} = \prod_{p \in \mathbb{P}} (1 + p^{-s}) = \sum_{n \in \mathbb{N}^*} \frac{|\mu(n)|}{n^s},$$

$$\frac{\zeta^2(s)}{\zeta(2s)} = \prod_{p \in \mathbb{P}} \frac{p^s + 1}{p^s - 1} = \sum_{n \in \mathbb{N}^*} \frac{2^{\omega(n)}}{n^s},$$

wobei $\tau(n)$ die Anzahl der Teiler $d \in \mathbb{N}^*$ von $n \in \mathbb{N}^*$ ist und $\omega(n)$ die Anzahl der *verschiedenen* Primteiler von n. (Für $s = 2$ ergibt sich mit $\zeta(2) = \pi^2/6$ und $\zeta(4) = \pi^4/90$ die Formel

$$\prod_{p \in \mathbb{P}} \frac{p^2 + 1}{p^2 - 1} = \frac{5}{2}.$$

Übrigens ist $\prod_{n \geq 2} \frac{n^2 + 1}{n^2 - 1} = (\sinh \pi)/\pi = (e^\pi - e^{-\pi})/2\pi = 3{,}67607791\ldots$ Vgl. Aufg. 3.6.22b).)

Aufgabe 3.7.9 Sei $f(n), n \in \mathbb{N}^*$, eine Folge komplexer Zahlen mit $\sum_{n \in \mathbb{N}^*} 2^{\omega(n)} |f(n)| < \infty$, wobei $\omega(n)$ für $n \in \mathbb{N}^*$ die Anzahl der verschiedenen Primteiler von n ist. Ferner sei $g(m) := \sum_{n \in \mathbb{N}^*} f(mn)$ für $m \in \mathbb{N}^*$. Dann gilt die Umkehrformel $f(1) = \sum_{m \in \mathbb{N}^*} \mu(m) g(m)$. (Man wende auf die nach Voraussetzung summierbare Familie $a_{m,n} := \mu(m) f(n)$, $(m, n) \in \mathbb{N}^* \times \mathbb{N}^*$, $m \mid n$, den großen Umordnungssatz und die in Aufg. 2.1.23 angegebene Summatoreigenschaft der Möbiusschen μ-Funktion an.)

Aufgabe 3.7.10 Man beweise als Verallgemeinerung des großen Umordnungssatzes 3.7.11 die folgende **große Siebformel**: Sei a_i, $i \in I$, eine Familie komplexer Zahlen und sei $I = \bigcup_{j \in J} I_j$ eine punktal endliche Überdeckung von I, d. h. für jedes $i \in I$ sei die

Menge $N_i := \{j \in J \mid i \in I_j\}$ (nichtleer und) endlich. Ferner sei die Familie $2^{|N_i|}a_i$, $i \in I$, summierbar. Für $H \in \mathfrak{E}(J)$ sei $I_H := \bigcap_{j \in H} I_j$ und $s_H := \sum_{i \in I_H} a_i$. Dann ist die Familie s_H, $H \in \mathfrak{E}(J)$, summierbar, und es gilt

$$\sum_{H \in \mathfrak{E}(J)} s_H = \sum_{i \in I} 2^{|N_i|}a_i \quad \text{und} \quad \sum_{i \in I} a_i = \sum_{H \in \mathfrak{E}(J), H \neq \emptyset} (-1)^{|H|-1} s_H.$$

(Man betrachte die summierbare Familie $A_k, k \in K := \{(i, H) \in I \times \mathfrak{E}(J) \mid i \in I_H\} = \biguplus_{i \in I} \{(i, H) \mid H \in \mathfrak{E}(N_i)\}$ und $A_k := a_i$ für $k = (i, H) \in K$. – Für endliches I erhält man die sogenannte (**kleine**) **Siebformel**. Dabei dürfen die $a_i, i \in I$, Elemente einer beliebigen additiven abelschen Gruppe sein. Ist I endlich und $a_i = 1$ für alle $i \in I$, so bekommt man die Siebformel aus Aufg. 1.6.23.)

Aufgabe 3.7.11 Sei $Q = \{m^n \mid m, n \in \mathbb{N}^* - \{1\}\}$, vgl. Aufg. 3.7.2. Dann ist die Familie $1/q, q \in Q$, summierbar mit Summe

$$\sum_{q \in Q} \frac{1}{q} = -\sum_{n=2}^{\infty} \mu(n)(\zeta(n) - 1) = 0{,}87446436840\ldots$$

(Man verwende die Überdeckung $Q = \bigcup_{p \in \mathbb{P}} Q_p$ von Q mit $Q_p := \{m^p \mid m \in \mathbb{N} - \{0, 1\}\}$, $p \in \mathbb{P}$, und die große Siebformel aus Aufg. 3.7.10. – Für eine Diskussion der Menge Q der echten Potenzen verweisen wir auf [22], Abschnitt 6.B, Bemerkung (2) zu Aufg. 4.)

Aufgabe 3.7.12 Die folgenden beiden Grenzwerte existieren, sind aber verschieden:

$$\lim_{n \to \infty} \left(\sum_{k \in \mathbb{N}^*} \frac{n}{(n+k)(n+k+1)} \right) \quad \text{und} \quad \sum_{k \in \mathbb{N}^*} \left(\lim_{n \to \infty} \frac{n}{(n+k)(n+k+1)} \right).$$

Aufgabe 3.7.13 Sei $(a_n)_{n \in \mathbb{N}}$ eine Nullfolge reeller Zahlen, die weder eigentlich noch uneigentlich summierbar ist. Dann gibt es zu jedem $r \in \mathbb{R}$ eine Permutation σ von $\mathbb{N}$ mit $\sum_{n=0}^{\infty} a_{\sigma n} = r$. Außerdem kann man erreichen, dass die Reihe $\sum a_{\sigma n}$ gegen ∞ bzw. $-\infty$ uneigentlich konvergiert. (Riemann)

Aufgabe 3.7.14 Seien (r_n) und (s_n) monoton wachsende Folgen natürlicher Zahlen, $n \in \mathbb{N}^*$. Es gelte $r_n + s_n = n$ für alle $n \in \mathbb{N}^*$. Die Reihe $\sum_{k=1}^{\infty} a_k$ sei so beschaffen, dass unter den ersten n Gliedern genau die ersten r_n Glieder der Reihe $\sum_{k=1}^{\infty} 1/(2k-1)$ und die ersten s_n Glieder der Reihe $\sum_{k=1}^{\infty} (-1/2k)$ vorkommen. Dann ist

$$\sum_{k=1}^{n} a_k = \sum_{k=1}^{r_n} \frac{1}{2k-1} - \sum_{k=1}^{s_n} \frac{1}{2k} = H_{2r_n} - \frac{1}{2}(H_{r_n} + H_{s_n})$$

die n-te Partialsumme und $\sum_{k=1}^{\infty} a_k = \frac{1}{2}\ln 4t$, falls $t := \lim r_n/s_n \in \overline{\mathbb{R}}_+$ existiert. (Man benutze Beispiel 3.3.8 und die Stetigkeit des Logarithmus, vgl. Abschn. 3.10.) Insbesondere ist

$$\sum_{k=1}^{\infty} a_k = \frac{1}{2}\ln\frac{4p}{1-p},$$

falls $\lim(r_n/n) = p$ gilt, z. B. bei $r_n := [pn]$, $p \in [0,1]$. Es ergibt sich (mit $p = 1/2$)

$$\sum_{k=1}^{\infty} \frac{(-1)^{k-1}}{k} = \ln 2$$

für die alternierende harmonische Reihe, aus der man also mit dem gewonnenen Ergebnis durch *explizites* Umordnen jeden Wert $x \in \overline{\mathbb{R}}$ gewinnen kann, z. B. ($p = 1/5$)

$$0 = \sum_{k=1}^{\infty} \left(\frac{1}{2k-1} - \frac{1}{2}\left(\frac{1}{4k-3} + \frac{1}{4k-2} + \frac{1}{4k-1} + \frac{1}{4k} \right) \right).$$

In Beispiel 3.7.1 ist übrigens $p = 2/3$.

Aufgabe 3.7.15 Sei $z \in \mathbb{C}$, $|z| < 1$. Man zeige:

a) Die Familie z^{mn}, $m,n \in \mathbb{N}^*$, ist summierbar, und es gilt

$$\sum_{m,n\geq 1} z^{mn} = \sum_{n=1}^{\infty} \tau(n)z^n = \sum_{n=1}^{\infty} \frac{z^n}{1-z^n} = \sum_{n=1}^{\infty} \frac{1+z^n}{1-z^n} z^{n^2}.$$

($\tau(n)$ ist die Anzahl der Teiler $d \in \mathbb{N}^*$ von n ist. – Bei der letzten Gleichung summiere man nach dem in Abb. 3.14 angedeuteten Schema.)

b) Es ist

$$z = \sum_{n=1}^{\infty} \mu(n)\frac{z^n}{1-z^n}, \quad \frac{z}{(1-z)^2} = \sum_{n=1}^{\infty} nz^n = \sum_{n=1}^{\infty} \varphi(n)\frac{z^n}{1-z^n},$$

$$\sum_{n=1}^{\infty} \sigma(n)z^n = \sum_{n=1}^{\infty} \frac{nz^n}{1-z^n}, \quad \frac{z}{1-z} = \sum_{n=0}^{\infty} \frac{z^{2^n}}{1+z^{2^n}}.$$

($\sigma(n) = \sum_{d|n} d$, $n \in \mathbb{N}^*$, ist die Summe der Teiler $d \in \mathbb{N}^*$ von n.)

Abb. 3.14 Summationsschema für Aufg. 3.7.15a)

$$\begin{array}{ccc}
(1,1) & (1,2) & (1,3) \;\cdots \\
(2,1) & (2,2) & (2,3) \;\cdots \\
(3,1) & (3,2) & (3,3) \;\cdots \\
\vdots & \vdots & \vdots
\end{array}$$

Aufgabe 3.7.16 Sei $n \in \mathbb{N}$. Wie in Beispiel 2.5.13 bezeichnet $P(n)$ die Anzahl der **Partitionen** von n, d. h. der Folgen $(\nu_1, \ldots, \nu_n) \in \mathbb{N}^n$ mit $n = \nu_1 \cdot 1 + \cdots + \nu_n \cdot n$. Für $z \in \mathbb{C}, |z| < 1$, gilt

$$\sum_{n \in \mathbb{N}} P(n) z^n = \left(\prod_{n \in \mathbb{N}^*} (1 - z^n) \right)^{-1} .$$

Bemerkung Nach Euler gilt für $|z| < 1$ die Darstellung

$$f(z) := \prod_{n \in \mathbb{N}^*} (1 - z^n) = 1 + \sum_{n=1}^{\infty} (-1)^n \left(z^{(3n-1)n/2} + z^{(3n+1)n/2} \right) = \sum_{n \in \mathbb{Z}} (-1)^n z^{(3n+1)n/2}.$$

Zu diesem sogenannten **Pentagonalzahlensatz** von Euler verweisen wir auf Bd. 2, Aufg. 1.2.27c). Durch Invertieren dieser Potenzreihe berechnet man leicht rekursiv die Zahlen $P(n)$, $n \in \mathbb{N}$. Die ersten 16 Werte findet man in Abb. 2.15. – $P(n)$ kann für $n \in \mathbb{N}$ auch interpretiert werden als die Anzahl der Möglichkeiten, n Gegenstände auf n Fächer zu verteilen, falls zwei solche Verteilungen identifiziert werden, wenn sie durch eine Permutation sowohl der Gegenstände als auch der Fächer auseinander hervorgehen. Bei n Gegenständen und m Fächern ist die entsprechende Zahl die Anzahl $p(n, m)$ der n-Tupel $(\nu_1, \ldots, \nu_n) \in \mathbb{N}^n$ mit $\nu_1 \cdot 1 + \cdots + \nu_n \cdot n = n$ und $\nu_1 + \cdots + \nu_n \leq m$. Die Zahlen $p(n, m)$ erfüllen die Rekursion $p(n, m) = p(n, m - 1) + p(n - m, m)$ mit den Anfangsbedingungen $p(0, m) = 1$ für $m \in \mathbb{N}$, $p(n, 0) = 0$ für $n \in \mathbb{N}^*$ und $p(n, m) = 0$ für $n < 0$, womit sie sich leicht berechnen lassen. Man bemerke, dass $p(n, m)$ auch die Anzahl der m-Tupel $(\mu_1, \ldots, \mu_m) \in \mathbb{N}^m$ mit $\mu_1 \cdot 1 + \cdots + \mu_m \cdot m = n$ ist (Beweis!). Für alle $z \in \mathbb{C}$ mit $|z| < 1$ ist (vgl. Bd. 2, Aufg. 1.2.27b))

$$\sum_{n \in \mathbb{N}} p(n, m) z^n = \frac{1}{(1 - z)(1 - z^2) \cdots (1 - z^m)} .$$

Aufgabe 3.7.17 Für alle $z \in \mathbb{C}, |z| < 1$, gilt

$$\prod_{n \in \mathbb{N}^*} (1 + z^n) = \prod_{n \in \mathbb{N}^*} \frac{1 - z^{2n}}{1 - z^n} = \frac{f(z^2)}{f(z)} = \left(\prod_{m \in \mathbb{N}^*} (1 - z^{2m-1}) \right)^{-1} = \sum_{n \in \mathbb{N}} Q(n) z^n ,$$

wobei $f(z)$ dieselbe Bedeutung wie in Aufg. 3.7.16 hat und $Q(n)$ die Anzahl der Folgen $\nu_1, \nu_3, \nu_5, \ldots$ natürlicher Zahlen mit $n = \nu_1 \cdot 1 + \nu_3 \cdot 3 + \nu_5 \cdot 5 + \cdots$ ist. Es folgt, in der formalen Potenzreihenalgebra $\mathbb{C}[\![z]\!]$ rechnend oder den Identitätssatz für konvergente Potenzreihen, siehe Bd. 2, Satz 1.2.13, vorwegnehmend: *Für $n \in \mathbb{N}$ ist die Anzahl der Partitionen von n mit ausschließlich ungeraden natürlichen Zahlen gleich der Anzahl der Darstellungen von n als Summe verschiedener positiver natürlicher Zahlen (die Reihenfolge der Summanden wieder nicht berücksichtigend).* Mit der Bemerkung von Aufg. 3.7.16 lassen sich die $Q(n)$, $n \in \mathbb{N}$, leicht rekursiv berechnen, vgl. Abb. 3.15.

n	0	1	2	3	4	5	6	7	8	9	10	11	12	13	14	15
$Q(n)$	1	1	1	2	2	3	4	5	6	8	10	12	15	18	22	27

Abb. 3.15 Anzahl $Q(n)$ der Partitionen von n mit ungeraden natürlichen Zahlen

Aufgabe 3.7.18 Seien X eine abzählbare vollständig geordnete Menge und r_x, $x \in X$, eine summierbare Familie *positiver* reeller Zahlen mit Summe $S \in \mathbb{R}_+$.

a) Die Abbildung $x \mapsto \sum_{y < x} r_y$ ist eine (injektive) streng monotone Abbildung von X in $\mathbb{R}$. (Jede abzählbare totale Ordnung lässt sich also bis auf Isomorphie als Teilmenge von $\mathbb{R}$ realisieren. Man beweist leicht direkt, dass dies sogar in $\mathbb{Q}$ möglich ist, vgl. Aufg. 1.8.13a). Keinesfalls lässt sich *jede* total geordnete Menge mit einer Mächtigkeit $\leq \aleph$ ordnungstreu in $\mathbb{R}$ einbetten. Beispiel?)

b) Sei X sogar wohlgeordnet. $X \times [0, 1[$ trage die lexikographische Ordnung (vgl. Beispiel 1.4.8). Dann ist die Abbildung

$$X \times [0, 1[\xrightarrow{\sim} [0, S[, \quad (x, t) \mapsto \left(\sum_{y < x} r_y \right) + t r_x$$

ein Isomorphismus von geordneten Mengen. (Zum Beweis der Surjektivität betrachte man das kleinste Element der Menge $\{x \in X \mid \sum_{y \leq x} r_y > s\}$, wo $s \in [0, S[$ ist. – Wie bereits in Aufg. 3.4.23 bemerkt, ist jede wohlgeordnete Teilmenge von $\mathbb{R}$ abzählbar.)

3.8   Stetige Funktionen

Stetigkeit ist ein allgemeiner topologischer Begriff. Stetige Funktionen ließen sich daher auch auf beliebigen angeordneten Körpern K bzw. allgemeiner auf Teilmengen von K^n, $n \in \mathbb{N}$, definieren. Wir gehen darauf in Kap. 4 ein. Hier betrachten wir nur Funktionen auf Teilmengen D von $\mathbb{C}$ mit Werten in $\mathbb{K}$ und verwenden dabei

$$\mathbb{K}$$

als gemeinsame Bezeichnung für die Körper $\mathbb{R}$ und $\mathbb{C}$. Diese Funktonen bilden die $\mathbb{K}$-Algebra $\mathbb{K}^D$. Die Vollständigkeit von $\mathbb{R}$ und damit auch von $\mathbb{C}$ hat gegenüber allgemeinen angeordneten Körpern gravierende Konsequenzen für stetige Funktionen. Im Fall $\mathbb{K} = \mathbb{R}$ ist $\overline{\mathbb{K}} = \overline{\mathbb{R}} = \mathbb{R} \uplus \{\infty, -\infty\}$, und im Fall $\mathbb{K} = \mathbb{C}$ ist $\overline{\mathbb{K}} = \overline{\mathbb{C}} = \mathbb{C} \uplus \{\infty\}$.

Stetige Funktionen sind dadurch charakterisiert, dass kleine Änderungen der Argumente nur zu kleinen Änderungen der Funktionswerte führen, vgl. Abb. 3.16. Beispielsweise hängt in diesem Sinne der Flächeninhalt $f(x) = x^2$ eines Quadrats stetig von der Länge

Abb. 3.16 f ist stetig im
Punkt a

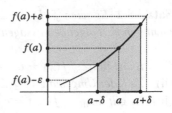

x der Seite ab. Erlaubt man nämlich beim Flächeninhalt eine Abweichung vom Sollwert $f(a) = a^2$, $a \in \mathbb{R}_+$, die dem Betrag nach höchstens gleich $\varepsilon > 0$ ist, so wird dies etwa dadurch erreicht, dass die Seite vom Sollwert a um höchstens $\delta := \mathrm{Min}\left(1, \varepsilon/(2|a| + 1)\right)$ abweicht; denn aus $|x - a| \le \delta$ folgt $|x| \le |a| + 1$ und

$$|f(x) - f(a)| = |x^2 - a^2| = |x - a||x + a| \le \delta\left(|x| + |a|\right) \le \delta(2|a| + 1) \le \varepsilon.$$

In dieser Situation sagt man, dass die Funktion f im Punkt a den Grenzwert $a^2 = f(a)$ habe oder dass f in a stetig sei. Wir besprechen zunächst allgemein Grenzwerte von Funktionen.

Im Folgenden sei D stets eine Teilmenge von $\mathbb{C}$ (insbesondere darf D also auch eine Teilmenge von $\mathbb{R}$ sein).

Definition 3.8.1 Seien $f \colon D \to \mathbb{K}$ eine Funktion und $a \in \mathbb{K}$. Die Zahl $c \in \mathbb{K}$ heißt **Grenzwert** oder **Limes** von f im Punkt a, wenn es zu jedem (noch so kleinen) $\varepsilon > 0$ ein $\delta > 0$ gibt derart, dass $|f(x) - c| \le \varepsilon$ ist für alle $x \in D$ mit $|x - a| \le \delta$.

Ist $a \notin \overline{D}$, so ist nach dieser Definition jeder Punkt von $\mathbb{K}$ Grenzwert von f in a. Ist aber $a \in \overline{D}$, so ist der Grenzwert c von f in a, falls er überhaupt existiert, eindeutig bestimmt. Ist nämlich auch $c' \neq c$ Grenzwert von f in a, so gibt es zu $\varepsilon := |c' - c|/3$ ein $\delta > 0$ und ein $\delta' > 0$ derart, dass für alle $x \in D$ gilt: Aus $|x - a| \le \delta$ folgt $|f(x) - c| \le \varepsilon$ und aus $|x - a| \le \delta'$ folgt $|f(x) - c'| \le \varepsilon$. Da a Berührpunkt von D ist, gibt es nun ein $x \in D$ mit $|x - a| \le \mathrm{Min}\,(\delta, \delta')$. Für solch ein x ergibt sich der Widerspruch

$$|c' - c| \le |c' - f(x)| + |f(x) - c| \le \varepsilon + \varepsilon = \frac{2}{3}|c' - c|.$$

Man bezeichnet im Fall $a \in \overline{D}$ den eindeutig bestimmten Grenzwert c von f in a, falls er existiert, mit

$$\lim_{x \to a, x \in D} f(x) \quad \text{oder kurz mit} \quad \lim_{x \to a} f(x).$$

Ist $a \in D$ und existiert $c = \lim_{x \to a} f(x)$, so ist notwendigerweise $c = f(a)$. Warum?

Satz 3.8.2 *Es seien* $f : D \to \mathbb{K}$ *eine Funktion,* a *ein Berührpunkt von* D *und* c *ein Element von* $\mathbb{K}$. *Folgende Aussagen sind äquivalent:*

(i)   *Es ist* $\lim_{x \to a} f(x) = c$.
(ii) *Zu jeder Umgebung* $V \subseteq \mathbb{K}$ *von* c *gibt es eine Umgebung* U *von* a *mit* $f(U \cap D) \subseteq V$.
(iii) *Es gilt* $\lim_{n \to \infty} f(x_n) = c$ *für jede Folge* (x_n) *in* D *mit* $\lim_{n \to \infty} x_n = a$.

Beweis Aus (i) folgt (ii): Sei V eine Umgebung von c. Es gibt eine ε-Umgebung von c, die ganz in V liegt. Zu diesem $\varepsilon > 0$ gibt es wegen (i) definitionsgemäß ein $\delta > 0$ mit $|f(x) - c| \leq \varepsilon$ für alle $x \in D$, $|x - a| \leq \delta$. Für die δ-Umgebung U von a gilt dann $f(U \cap D) \subseteq V$.

Aus (ii) folgt (iii): Sei (x_n) eine Folge mit $x_n \in D$ und $\lim x_n = a$, und sei V eine Umgebung von c. Nach (ii) gibt es eine Umgebung U von a mit $f(U \cap D) \subseteq V$. Wegen $\lim x_n = a$ und $x_n \in D$ liegen fast alle Glieder der Folge (x_n) in $U \cap D$ und damit fast alle Glieder der Folge $(f(x_n))$ in V. Dies war zu zeigen.

Aus (iii) folgt (i): Angenommen, (i) sei falsch. Dann existiert ein $\varepsilon_0 > 0$, zu dem es kein δ im Sinne von Definition 3.8.1 gibt, d. h. insbesondere: Zu jedem $n \in \mathbb{N}^*$ gibt es ein $x_n \in D$, für das zwar $|x_n - a| \leq 1/n$ ist, aber $|f(x_n) - c| > \varepsilon_0$. Die so erhaltene Folge (x_n) in D konvergiert gegen a, aber $(f(x_n))$ konvergiert nicht gegen c. Widerspruch. $\square$

Vom topologischen Standpunkt aus gibt Bedingung (ii) die beste Charakterisierung eines Grenzwerts. – Das Cauchysche Konvergenzkriterium für Folgen liefert auch eines für Grenzwerte von Funktionen:

Satz 3.8.3 (Cauchysches Konvergenzkriterium für Grenzwerte) *Seien* $f : D \to \mathbb{K}$ *eine Funktion und* a *ein Berührpunkt von* D. *Genau dann existiert der Grenzwert* $\lim_{x \to a} f(x)$, *wenn es zu jedem* $\varepsilon > 0$ *ein* $\delta > 0$ *gibt mit* $|f(x) - f(x')| \leq \varepsilon$ *für alle* $x, x' \in D$ *mit* $|x - a| \leq \delta$ *und* $|x' - a| \leq \delta$.

Beweis $c := \lim_{x \to a} f(x)$ existiere. Zu vorgegebenem ε gibt es ein δ mit $|f(x) - c| \leq \varepsilon/2$ für alle $x \in D$ mit $|x - a| \leq \delta$. Sind dann $x, x' \in D$ mit $|x - a|, |x' - a| \leq \delta$, so ist

$$|f(x) - f(x')| \leq |f(x) - c| + |c - f(x')| \leq \varepsilon/2 + \varepsilon/2 = \varepsilon.$$

Sei nun umgekehrt das Cauchy-Kriterium erfüllt und (x_n) eine Folge in D mit $\lim x_n = a$. Dann ist $(f(x_n))$ eine Cauchy-Folge in $\mathbb{K}$ und damit konvergent. Ist nämlich $\varepsilon > 0$ vorgegeben, so gibt es nach Voraussetzung ein $\delta > 0$ mit $|f(x) - f(x')| \leq \varepsilon$ für alle $x, x' \in D$ mit $|x - a| \leq \delta$, $|x' - a| \leq \delta$. Da (x_n) in $\mathbb{K}$ konvergiert, gibt es ein $n_0 \in \mathbb{N}$ mit $|x_n - a|, |x_m - a| \leq \delta$ für $m, n \geq n_0$. Für diese m, n gilt dann auch $|f(x_n) - f(x_m)| \leq \varepsilon$. Dass der Grenzwert der Folgen $(f(x_n))$ immer derselbe ist und damit gleich dem Grenzwert von f in a, ergibt sich folgendermaßen: Sind (x_n) und (x_n') beides Folgen in D, die gegen a konvergieren, so betrachtet man die gemischte Folge

$x_0, x_0', x_1, x_1', \ldots$, die ebenfalls gegen a konvergiert. Dann ist der Grenzwert der Bild-folge $f(x_0), f(x_0'), f(x_1), f(x_1'), \ldots$ der gemeinsame Grenzwert der Teilfolgen $\big(f(x_n)\big)$ und $\big(f(x_n')\big)$. $\qquad\qquad\qquad\qquad\qquad\qquad\qquad\qquad\qquad\qquad\qquad$ $\square$

Natürlich kann man Satz 3.8.3 analog zu Satz 3.8.2 (2) auch mit Umgebungen formu-lieren: Genau dann existiert $\lim_{x \to a} f(x)$, wenn es zu jeder Umgebung V von 0 in $\mathbb{K}$ eine Umgebung U von a gibt mit $f(x) - f(x') \in V$ für alle $x, x' \in U \cap D$. – Die folgen-den Rechenregeln ergeben sich mit dem Folgenkriterium 3.8.2 (3) unmittelbar aus den entsprechenden Rechenregeln für Limiten von Folgen:

Satz 3.8.4 (Rechenregeln für Limiten von Funktionen) *Seien f und g $\mathbb{K}$-wertige Funktionen auf D. Existieren für $a \in \overline{D}$ die Limiten $\lim_{x \to a} f(x)$ und $\lim_{x \to a} g(x)$, so gilt:*

(1) *Die Summe $f + g$ hat einen Limes in a, und es ist*

$$\lim_{x \to a} (f + g)(x) = \lim_{x \to a} f(x) + \lim_{x \to a} g(x).$$

(2) *Das Produkt fg hat einen Limes in a, und es ist*

$$\lim_{x \to a} (fg)(x) = \left(\lim_{x \to a} f(x)\right)\left(\lim_{x \to a} g(x)\right).$$

Insbesondere hat λf für jedes $\lambda \in \mathbb{K}$ einen Limes, und es ist $\lim_{x \to a}(\lambda f)(x) = \lambda \lim_{x \to a} f(x)$.

(3) *Ist $g(x) \neq 0$ für alle $x \in D$ und $\lim_{x \to a} g(x) \neq 0$, so hat f/g einen Limes in a, und es ist*

$$\lim_{x \to a} \left(\frac{f}{g}\right)(x) = \frac{\lim_{x \to a} f(x)}{\lim_{x \to a} g(x)}.$$

Nach (1) und (2) *bilden also die Funktionen $f \in \mathbb{K}^D$, für die der Grenzwert im Punkt $a \in \overline{D}$ existiert, eine $\mathbb{K}$-Unteralgebra von $\mathbb{K}^D$.* – Neben den (eigentlichen) Grenzwerten definiert man analog zu Definition 3.2.8 **uneigentliche Grenzwerte** $\lim_{x \to a} f(x) = \pm\infty$ für reellwertige Funktionen f sowie $\lim_{x \to a} f(x) := \lim_{x \to a} |f(x)| = \infty$ für komplex-wertige Funktionen f. Man beachte, dass für reellwertige Funktionen der uneigentliche Limes $\lim_{x \to a} |f(x)| = \infty$ existieren kann, ohne dass $\lim_{x \to a} f(x)$ existiert, etwa für $f(x) := 1/x$ auf $\mathbb{R}^\times$ und $a := 0$. Die Rechenregeln 3.8.4 für Limiten übertragen sich auf uneigentliche Grenzwerte, wobei man wie bei Folgen den Fall eines Produkts, in dem ein Faktor den Grenzwert 0 hat, auszuschließen hat.

Zusätzlich zu den Grenzwerten einer Funktion $f \colon D \to \mathbb{K}$, bei denen sich das Ar-gument x einer festen Zahl $a \in \overline{D}$ nähert, ist auch das Grenzverhalten von $f(x)$ für andere Bewegungen von x interessant. Besonders wichtig ist das **Verhalten im Unend-lichen**: Für einen nach oben unbeschränkten Definitionsbereich $D \subseteq \mathbb{R}$ sagt man, es sei

$\lim_{x \to \infty} f(x) = c \in \mathbb{K}$, wenn es zu jedem $\varepsilon > 0$ ein $S \in \mathbb{R}$ gibt mit $|f(x) - c| \leq \varepsilon$ für alle $x \in D$, $x \geq S$. Analog definiert man $\lim_{x \to -\infty} f(x)$ für nach unten unbeschränktes $D \subseteq \mathbb{R}$. Für einen unbeschränkten Definitionsbereich $D \subseteq \mathbb{C}$ setzt man noch $\lim_{x \to \infty} f(x) = \lim_{|x| \to \infty} f(x) = c \in \mathbb{K}$, wenn es zu jedem $\varepsilon > 0$ ein $S \in \mathbb{R}$ gibt mit $|f(x) - c| \leq \varepsilon$ für alle $x \in D$, $|x| \geq S$. Die Kriterien 3.8.2 und 3.8.3 sowie die Rechenregeln 3.8.4 übertragen sich sofort auf diese Situationen. Schließlich lassen sich auch für das Verhalten im Unendlichen uneigentliche Limiten definieren. Wir überlassen es dem Leser, dies auszuführen.

Beispiel 3.8.5 (Links- und rechtsseitige Limiten) Sei $D \subseteq \mathbb{R}$. Ferner seien $f : D \to \mathbb{K}$ eine Funktion und $a \in \mathbb{R}$ eine reelle Zahl, die Berührpunkt (und damit sogar Häufungspunkt) der Menge $D_{<a} := D \cap \;]-\infty, a[$ ist. Dann heißt der Grenzwert von $f|D_{<a}$ im Punkt a der **linksseitige Grenzwert** von f in a und wird mit

$$\lim_{x \to a-} f(x) = \lim_{x \to a, x < a} f(x) \quad \text{oder mit} \quad f(a-)$$

bezeichnet. Analog definiert man den **rechtsseitigen Grenzwert**

$$f(a+) = \lim_{x \to a+} f(x) = \lim_{x \to a, x > a} f(x),$$

falls a Häufungspunkt von $D_{>a} := D \cap \;]a, \infty[$ ist. Existieren beide Werte, so heißt die Differenz $f(a+) - f(a-)$ die **Sprunghöhe** von f in a und a eine **Sprungstelle** von f (auch dann, wenn die Sprunghöhe 0 ist).

Sei a Häufungspunkt von $D_{<a}$ und $D_{>a}$. Genau dann existiert $f(a-)$ (bzw. $f(a+)$), wenn $\lim_{n \to \infty} f(x_n)$ existiert für jede streng monoton steigende (bzw. jede streng monoton fallende) Folge (x_n) in D mit $\lim x_n = a$, vgl. Aufg. 3.8.2. Genau dann existiert $\lim_{x \to a} f(x)$, wenn beide einseitigen Grenzwerte $f(a-)$ und $f(a+)$ existieren und übereinstimmen, die Sprunghöhe in a also 0 ist, und überdies $f(a-) = f(a+) = f(a)$ ist, falls a zu D gehört. Die Vorzeichenfunktion Sign x hat in $a \neq 0$ die Sprunghöhe 0 und in $a = 0$ die Sprunghöhe 2, und die Gaußklammer $[x]$ hat für alle $a \notin \mathbb{Z}$ die Sprunghöhe 0 und für $a \in \mathbb{Z}$ die Sprunghöhe 1. $\diamond$

Zum Vergleich des Grenzverhaltens zweier Funktionen werden die **Landauschen Symbole**

$$O \; (\text{lies: Groß-O}) \quad \text{und} \quad o \; (\text{lies: Klein-o})$$

benutzt. Sind f und g $\mathbb{K}$-wertige Funktionen auf D und ist $a \in \overline{D}$, so schreibt man

$$f = O(g) \quad \text{bzw.} \quad f = o(g) \quad \text{für } x \to a, \; x \in D,$$

wenn es eine Umgebung U von a gibt und $f|(U \cap D) = hg|(U \cap D)$ mit einer beschränkten Funktion $h : U \cap D \to \mathbb{K}$ bzw. mit einer Funktion $h : U \cap D \to \mathbb{K}$, für die

$\lim_{x \to a} h(x) = 0$ ist. Entsprechend definiert man die Symbole O und o für $x \to \pm\infty$ bei $D \subseteq \mathbb{R}$ und für $x \to \infty$ bei $D \subseteq \mathbb{C}$. Schließlich benutzt man Schreibweisen wie $f = h + O(g)$ für $f - h = O(g)$ usw.

Beispiel 3.8.6 Aus $f = o(g)$ folgt $f = O(g)$. Die Funktion f ist für eine Umgebung U von a genau dann beschränkt auf $U \cap D$, wenn $f = O(1)$ für $x \to a$ ist, wohingegen $f = o(1)$ für $x \to a$ mit $\lim_{x \to a} f(x) = 0$ äquivalent ist. Man kann also $O(g)$ bzw. $o(g)$ durch $O(1)g$ bzw. $o(1)g$ charakterisieren. $\diamond$

Beispiel 3.8.7 (**Asymptotische Gleichheit**) Seien f und g $\mathbb{K}$-wertige Funktionen auf D und $a \in \overline{D}$. Dann heißen f und g **asymptotisch gleich in** a, wenn es eine Umgebung U von a gibt derart, dass g auf $U \cap D$ nirgends verschwindet und $\lim_{x \to a} f/g = 1$ ist. Wir schreiben dann

$$f \sim g \quad \text{für} \quad x \to a, \; x \in D.$$

Die Definition der asymptotischen Gleichheit im Unendlichen können wir dem Leser überlassen. Man spricht in diesem Zusammenhang häufig genauer von *multiplikativer* asymptotischer Gleichheit. *Additive* asymptotische Gleichheit liegt vor, wenn der entsprechende Grenzwert von $f - g$ gleich 0 ist. Man vergleiche den Spezialfall von Folgen (d. h. $D = \mathbb{N}$ und $a = \infty$), der bereits in Aufg. 3.2.9 behandelt wurde. Beispielsweise besagt der berühmte **Primzahlsatz** aus dem Jahr 1896 von G. Hadamard (1865–1963) und Ch. de La Vallée Poussin (1866–1962), dass

$$\pi(x) \sim \frac{x}{\ln x}$$

ist für $x \to \infty$ und die Primzahlfunktion π. Wir werden diesen Satz in Bd. 5 beweisen. Für die n-te Primzahl p_n gilt also $n = \pi(p_n) \sim p_n / \ln p_n$, woraus sich

$$p_n \sim n \ln p_n \sim n \ln n$$

ergibt, da aus der additiven asymptotischen Gleichheit von $\ln p_n$ und $\ln n + \ln\ln p_n$ die multiplikative asymptotische Gleichheit $\ln p_n \sim \ln n + \ln\ln p_n$ folgt und da überdies gilt $\ln n + \ln\ln p_n \sim \ln n$, vgl. Aufg. 3.2.9. (Man beachte $\ln x = o(x)$ für $x \to \infty$.) Beispielsweise ist $p_{664.579} = 9.999.991$ die größte Primzahl $\leq 10^7$, und es ist $10^7 / \ln 10^7 \approx 620.421$ bzw. $664.579 \cdot \ln 664.579 \approx 8.909.950$.[13] $\diamond$

Wir präzisieren nun den fundamentalen Begriff der Stetigkeit. Sei wieder $D \subseteq \mathbb{C}$ und $f \colon D \to \mathbb{K}$ eine $\mathbb{K}$-wertige Funktion auf D.

---

[13] Die additiven Abweichungen von p_n und $n \ln n$ sind also beträchtlich. In der Tat ist $p_n - n \ln n$, $n \in \mathbb{N}^*$, unbeschränkt.

Definition 3.8.8 Die Funktion f heißt **stetig** im Punkt $a \in D$, wenn

$$\lim_{x \to a, x \in D} f(x) = f(a)$$

ist. f heißt **stetig** (in D), wenn f in jedem Punkt von D stetig ist.

Nach der Definition des Grenzwerts $\lim_{x \to a} f(x)$ und mit Satz 3.8.2 gilt:

Satz 3.8.9 *Für $f \colon D \to \mathbb{K}$ und $a \in D$ sind äquivalent:*

(i)   *f ist stetig in a.*
(i') *Zu jedem (noch so kleinen) $\varepsilon > 0$ gibt es ein $\delta > 0$ mit $|f(x) - f(a)| \leq \varepsilon$ für alle $x \in D$ mit $|x - a| \leq \delta$.*
(ii) *Zu jeder Umgebung $V \subseteq \mathbb{K}$ von $f(a)$ gibt es eine Umgebung U von a mit $f(U \cap D) \subseteq V$.*
(iii) *Es gilt $\lim_{n \to \infty} f(x_n) = f(a)$ für jede Folge (x_n) in D mit $\lim_{n \to \infty} x_n = a$.*

Die Rechenregeln 3.8.4 implizieren:

Satz 3.8.10 *Sei $D \subseteq \mathbb{C}$ und $a \in D$.*

(1) *Die in a stetigen $\mathbb{K}$-wertigen Funktionen bilden eine $\mathbb{K}$-Unteralgebra der $\mathbb{K}$-Algebra $\mathbb{K}^D = \mathrm{Abb}(D, \mathbb{K})$ aller $\mathbb{K}$-wertigen Funktionen auf D.*
(2) *Die auf D stetigen $\mathbb{K}$-wertigen Funktionen bilden eine $\mathbb{K}$-Unteralgebra der $\mathbb{K}$-Algebra $\mathbb{K}^D$ aller $\mathbb{K}$-wertigen Funktionen auf D, die man mit*

$$C_{\mathbb{K}}(D) \quad \text{oder kurz mit} \quad C(D)$$

bezeichnet. Es ist $C_{\mathbb{K}}(D)^{\times} = C_{\mathbb{K}}(D) \cap (\mathbb{K}^D)^{\times} = C_{\mathbb{K}}(D) \cap (\mathbb{K}^{\times})^D$.

Ist $f \colon D \to \mathbb{K}$ im Punkt $a \in D$ stetig, so ist für jedes $D' \subseteq D$ mit $a \in D'$ trivialerweise auch die Beschränkung $f|D' \colon D' \to \mathbb{K}$ im Punkt a stetig. Insbesondere folgt aus der Stetigkeit von f auf ganz D die Stetigkeit der Beschränkung $f|D'$ von f auf D'. Umgekehrt folgt aus der Stetigkeit von $f|D'$ in $a \in D'$ im Allgemeinen natürlich noch nicht die Stetigkeit der Funktion $f \colon D \to \mathbb{K}$ in a. Offenbar gilt jedoch (vgl. Aufg. 3.8.3):

Proposition 3.8.11 *Es seien $f \colon D \to \mathbb{K}$ eine Funktion und U eine Umgebung von $a \in D$. Ist dann $f|(U \cap D)$ stetig in a, so ist auch f stetig in a.*

Wegen Proposition 3.8.11 sagt man, die Stetigkeit sei eine **lokale Eigenschaft**. Ähnlich elementare Aussagen über stetige Funktionen werden im Folgenden häufig auch ohne Beweis verwendet. Wir erwähnen exemplarisch folgende Konsequenz aus der Stetigkeit reellwertiger Funktionen.

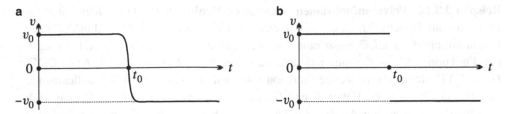

Abb. 3.17 Geschwindigkeitsfunktion $v(t)$ bei elastischem Stoß und ihre Idealisierung mit Sprung-stelle

Proposition 3.8.12 *Es seien $f\colon D \to \mathbb{R}$ eine im Punkt $a \in D$ stetige Funktion und c eine reelle Zahl mit $f(a) > c$. Dann gibt es eine Umgebung U von a mit $f(x) > c$ für alle $x \in U \cap D$.*

Beweis Wegen der Stetigkeit von f in a gibt es zu der Umgebung $V := \,]c, \infty[$ von $f(a)$ eine Umgebung U von a mit $f(U \cap D) \subseteq V$. □

Beispiel 3.8.13
(1) Konstante Funktionen sind offenbar stetig auf ganz $\mathbb{C}$.
(2) Die Identität $x \mapsto x$ ist stetig auf $\mathbb{C}$.
(3) Die Betragsfunktion $x \mapsto |x|$ ist stetig auf $\mathbb{C}$. Dies folgt aus $\big||x| - |a|\big| \le |x - a|$.
(4) Die Gauß-Klammer $x \mapsto [x]$ auf $\mathbb{R}$ ist stetig genau in den Punkten $a \in \mathbb{R} - \mathbb{Z}$. Für $a \in \mathbb{Z}$ gilt nämlich $\lim_{n\to\infty}(a - \frac{1}{n}) = a$, aber $\lim_{n\to\infty}[a - \frac{1}{n}] = a - 1 \neq a = [a]$.
(5) Die Vorzeichenfunktion $x \mapsto \operatorname{Sign} x$ auf $\mathbb{R}$ ist genau im Punkt $a = 0$ nicht stetig.
(6) Die sogenannte **Dirichlet-Funktion** auf $\mathbb{R}$, das ist die Indikatorfunktion $e_{\mathbb{Q}}$ mit

$$e_{\mathbb{Q}}\colon x \mapsto \begin{cases} 1, \text{ falls } x \in \mathbb{Q}, \\ 0, \text{ falls } x \notin \mathbb{Q}, \end{cases}$$

ist in keinem Punkt $x \in \mathbb{R}$ stetig. Auf $\mathbb{C}$ ist sie in allen Punkten $x \in \mathbb{C} - \mathbb{R}$ stetig, da sie auf der offenen Teilmenge $\mathbb{C} - \mathbb{R}$ von $\mathbb{C}$ konstant gleich 0 ist.
(7) Eine Kugel stoße senkrecht auf eine Wand und werde elastisch reflektiert. Die Ge-schwindigkeit v als Funktion der Zeit ist dann eine stetige Funktion, die vor der Reflektion den Wert v_0 und nach der Reflektion den Wert $-v_0$ hat. v wird dann etwa durch den Graphen in Abb. 3.17a dargestellt. Häufig ist es jedoch nützlich, die Situa-tion zu idealisieren und den Geschwindigkeitsverlauf durch die unstetige Funktion in Abb. 3.17b zu beschreiben. Diese Funktion hat im Punkt t_0 eine Sprungstelle mit der Sprunghöhe $-2v_0$, vgl. Beispiel 3.8.5. ◇

Beispiel 3.8.14 (Polynomfunktionen – Rationale Funktionen) Da die Identität $x :=$ $(x \mapsto x)$ auf $\mathbb{C}$ stetig ist, ist die von x erzeugte Unteralgebra $\mathbb{C}[x] \subseteq \mathrm{Abb}(\mathbb{C}, \mathbb{C})$ der Polynomfunktionen auf $\mathbb{C}$ sogar eine $\mathbb{C}$-Unteralgebra der $\mathbb{C}$-Algebra $C_{\mathbb{C}}(\mathbb{C})$ der stetigen Funktionen $\mathbb{C} \to \mathbb{C}$. Eine rationale Funktion $R = F/G \in \mathbb{C}(X)$, $F \in \mathbb{C}[X]$, $G \in \mathbb{C}[X]^*$, definiert eine stetige Funktion außerhalb der (endlichen) Nullstellenmenge $\mathrm{NS}_{\mathbb{C}}(G)$ des Nenners G. Haben F und G keine gemeinsame Nullstelle in $\mathbb{C}$ (was nach dem Fundamentalsatz der Algebra 3.9.7 äquivalent damit ist, dass F und G teilerfremd sind), so ist $\mathbb{C} - \mathrm{NS}_{\mathbb{C}}(G)$ die größte Menge, auf der $R(x) = F(x)/G(x)$ wohldefiniert ist. Für $c \in \mathrm{NS}_{\mathbb{C}}(G)$ ist dann $\lim_{x \to c, x \neq c} R(x) = \infty$. Ist $R \neq 0$, so ist

$$
\lim_{x \to \infty} R(x) = \begin{cases} 0, \text{ falls } \mathrm{Grad}\, F < \mathrm{Grad}\, G \\ \mathrm{LK}(F)/\mathrm{LK}(G), \text{ falls } \mathrm{Grad}\, F = \mathrm{Grad}\, G \\ \infty, \text{ falls } \mathrm{Grad}\, F > \mathrm{Grad}\, G, \end{cases}
$$

vgl. Aufg. 3.8.2. *Genauer gilt $R(x) \sim \mathrm{LK}(F) x^{\mathrm{Grad}\, F - \mathrm{Grad}\, G} / \mathrm{LK}(G)$ für $x \to \infty$. Mit den angegebenen Grenzwerten für $x \to \infty$ fassen wir eine rationale Funktion $R \in \mathbb{C}(X)$ stets als Abbildung $\overline{\mathbb{C}} \to \overline{\mathbb{C}}$ auf.* – Man diskutiere in analoger Weise die rationalen Funktionen $R \in \mathbb{R}(X)$ als Abbildungen $\mathbb{R} \uplus \{\infty\} \to \mathbb{R} \uplus \{\infty\}$. Für ein nichtkonstantes Polynom $F \in \mathbb{R}[X]^*$ ist

$$
\lim_{x \in \mathbb{R}, x \to \infty} F(x) = \mathrm{Sign}\, \mathrm{LK}(F) \cdot \infty, \qquad \lim_{x \in \mathbb{R}, x \to -\infty} F(x) = (-1)^{\mathrm{Grad}\, F} \mathrm{Sign}\, \mathrm{LK}(F) \cdot \infty.
$$

Wann kann man auch eine rationale Funktion $R \in \mathbb{R}[X]$ in natürlicher Weise als eine Abbildung $\mathbb{R} \uplus \{\pm\infty\} \to \mathbb{R} \uplus \{\pm\infty\}$ definieren?   ◇

Kompositionen stetiger Funktionen sind wieder stetig, genauer:

Satz 3.8.15 *Seien $f \colon D \to \mathbb{K}$ und $g \colon D' \to \mathbb{K}$ Funktionen mit $f(D) \subseteq D'$. Ist f stetig in $a \in D$ und ist g stetig in $f(a)$, so ist die Komposition $g \circ f \colon D \to \mathbb{K}$ ebenfalls stetig in a. – Insbesondere ist $g \circ f$ stetig auf ganz D, wenn f stetig auf D ist und g stetig auf D'.*

Beweis Wir benutzen das Stetigkeitskriterium (ii) aus Satz 3.8.9. Sei W eine Umgebung von $(g \circ f)(a) = g(f(a))$. Nach Voraussetzung gibt es Umgebungen V von $f(a)$ und U von a mit $g(V \cap D') \subseteq W$ und $f(U \cap D) \subseteq V \cap D'$. Dann ist $(g \circ f)(U \cap D) \subseteq W$. – Man kann natürlich auch mit Satz 3.8.9 (iii) schließen: Sei (x_n) eine Folge in D mit $\lim x_n = a$. Aus der Stetigkeit von f in a folgt $\lim f(x_n) = f(a)$, und aus der Stetigkeit von g in $f(a)$ folgt $\lim g(f(x_n)) = g(f(a))$.   □

Wir beweisen nun einen Fortsetzungssatz für stetige Funktionen.

Satz 3.8.16 *Seien $f \colon D \to \mathbb{K}$ eine stetige Funktion und $D \subseteq \widetilde{D} \subseteq \overline{D}$, d. h. D liege dicht in $\widetilde{D}$. In jedem Punkt $x \in \widetilde{D} - D$ existiere der Grenzwert*

$$
\widetilde{f}(x) := \lim_{y \to x, y \in D} f(y).
$$

Setzt man noch $\widetilde{f}(x) := f(x)$ für $x \in D$, so ist $\widetilde{f}$ eine stetige Fortsetzung von f nach $\widetilde{D}$.

Beweis Seien $a \in \widetilde{D}$ und $\varepsilon > 0$ vorgegeben. Es gibt dann ein $\delta > 0$ mit $|f(x) - \widetilde{f}(a)| \le \varepsilon/2$ für alle $x \in D$ mit $|x-a| \le \delta$. Für $x \in D$, $|x-a| \le \delta$, gilt also schon $|\widetilde{f}(x)-\widetilde{f}(a)| \le \varepsilon$. Wir zeigen, dass dies auch für alle $\widetilde{x} \in \widetilde{D}$ mit $|\widetilde{x}-a| \le \delta/2$ gilt. Es gibt zu solch einem $\widetilde{x}$ ein $x \in D$ mit $|\widetilde{x} - x| \le \delta/2$ und $|\widetilde{f}(\widetilde{x}) - f(x)| \le \varepsilon/2$. Dann ist $|x - a| \le \delta$ und folglich $|f(x) - \widetilde{f}(a)| \le \varepsilon/2$, woraus sich die Behauptung in folgender Weise ergibt:

$$\left|\widetilde{f}(\widetilde{x}) - \widetilde{f}(a)\right| \le \left|\widetilde{f}(\widetilde{x}) - f(x)\right| + \left|f(x) - \widetilde{f}(a)\right| \le \varepsilon/2 + \varepsilon/2 = \varepsilon. \qquad \square$$

Beispiel 3.8.17 (Schwankung einer Funktion) Mit dem Begriff der Schwankung lässt sich die Stetigkeit einer Funktion charakterisieren bzw. ihre Unstetigkeit in gewissem Sinne quantifizieren. Sei $f\colon D \to \mathbb{K}$ eine beliebige Funktion ($D \subseteq \mathbb{C}$). Dann heißt

$$S(f) := S(f; D) := \mathrm{Sup}\left\{|f(x) - f(y)| \mid x, y \in D\right\} \in \overline{\mathbb{R}}_+ = \mathbb{R}_+ \uplus \{\infty\}$$

die (**globale**) **Schwankung von** f **auf** D. Sie ist genau dann endlich, wenn f auf D beschränkt ist. Für $a \in \overline{D}$ heißt

$$S_a(f) := S_a(f; D) := \mathrm{Inf}\left(S(f; U \cap D), U \in \mathcal{U}(a)\right),$$

wobei $\mathcal{U}(a)$ die Menge aller Umgebungen von a ist, die **Schwankung von** f **im Punkt** a. Das Cauchy-Kriterium 3.8.3 besagt, dass *die Schwankung* $S_a(f)$ *genau dann* 0 *ist, wenn der Grenzwert* $\lim_{x \to a} f(x)$ *existiert. Insbesondere ist* f *im Punkt* $a \in D$ *genau dann stetig, wenn* $S_a(f) = 0$ *ist.* Die Definition der Schwankung im Unendlichen überlassen wir dem Leser. $\diamond$

Beispiel 3.8.18 (Hölder- und Lipschitz-stetige Funktionen) Eine Funktion $f\colon D \to \mathbb{K}$ heißt **Hölder-stetig** mit **Exponent** $\alpha > 0$ (nach O. Hölder (1859–1937)), wenn es eine Konstante $L > 0$ gibt mit

$$|f(x) - f(x')| \le L\,|x - x'|^{\alpha} \quad \text{für alle} \quad x, x' \in D.$$

Dabei benutzen wir allgemeine Potenzen, wie sie in Abschn. 3.10 definiert werden. Da diese Potenzfunktionen für $\alpha > 0$ auf $\mathbb{R}_+$ stetig sind und im Nullpunkt verschwinden, sind Hölder-stetige Funktionen stetig. Hölder-stetige Funktionen f mit dem Exponenten 1 heißen **Lipschitz-stetig** (nach R. Lipschitz (1832–1903)). Zu Lipschitz-stetigen Funktionen gibt es also eine sogenannte **Lipschitz-Konstante** $L > 0$ für f mit $|f(x) - f(x')| \le L|x - x'|$ für alle $x, x' \in D$. Hölder-Exponenten $\alpha > 1$ sind wenig interessant, vgl. Bd. 2, Aufg. 2.3.2.

Gibt es zu einem Punkt $a \in \overline{D}$ eine Umgebung U von a derart, dass $f|(U \cap D)$ Hölder-(bzw. Lipschitz-)stetig ist, so heißt f in a **lokal Hölder-**(bzw. **lokal Lipschitz-**)

stetig. Schließlich heißt f **im Punkt** $a \in D$ **Hölder-**(bzw. **Lipschitz-)stetig**, wenn eine Umgebung U von a und eine Konstante $L > 0$ existieren mit $|f(x) - f(a)| \leq L|x - a|^{\alpha}$ (bzw. $\leq L|x - a|$) für alle $x \in U \cap D$, wenn also $f(x) = f(a) + O(|x - a|^{\alpha})$ (bzw. $f(x) = f(a) + O(|x - a|)$) für $x \rightarrow a$ gilt. Hier ist auch der Fall $\alpha > 1$ interessant. $\diamond$

Beispiel 3.8.19 (Kontrahierende Funktionen) Eine Funktion $f : D \rightarrow \mathbb{K}$ heißt **kontra-hierend**, wenn $|f(x) - f(x')| < |x - x'|$ für alle $x, x' \in D$, $x \neq x'$ gilt. Kontrahierende Funktionen sind insbesondere Lipschitz-stetig mit der Lipschitz-Konstanten $L = 1$. Ist f sogar Lipschitz-stetig mit einer Lipschitz-Konstanten $L < 1$, so heißt f **stark kontra-hierend**. L heißt in diesem Fall auch ein **Kontraktionsfaktor** von f. Für stark kontra-hierende Funktionen f auf einer *abgeschlossenen* Menge $D (\subseteq \mathbb{C})$ mit $f(D) \subseteq D$ gilt folgender Fixpunktsatz, der ein Spezialfall des allgemeinen **Banachschen Fixpunktsat-zes** 4.5.12 (nach S. Banach (1892–1945)) ist.

Satz 3.8.20 *Sei* $f : D \rightarrow D$ *eine stark kontrahierende Funktion der nichtleeren abge-schlossenen Teilmenge* $D \subseteq \mathbb{C}$ *in sich. Dann besitzt* f *genau einen Fixpunkt* x. *Ist* $x_0 \in D$ *ein beliebiger Punkt in* D, *so konvergiert die Folge*

$$x_0, x_1 = f(x_0), \ldots, x_n = f(x_{n-1}) = f^n(x_0), \ldots$$

$(f^n$ ist die n-te Iterierte von f) gegen den einzigen Fixpunkt x von f und mit einem Kontraktionsfaktor $L < 1$ von f ist

$$|x - x_n| \leq \frac{1}{1 - L}|x_{n+1} - x_n| \leq \frac{L^n}{1 - L}|x_1 - x_0| \quad \textit{für alle } n \in \mathbb{N}.$$

Beweis Sind x und x' Fixpunkte von f, so ist $|x - x'| = |f(x) - f(x')| \leq L|x - x'|$, also $|x - x'| = 0$ und $x = x'$. – Sei nun $x_0 \in D$ beliebig und $x_n := f^n(x_0)$, $n \in \mathbb{N}$. Für $n \in \mathbb{N}^*$ gilt

$$|x_{n+1} - x_n| = |f(x_n) - f(x_{n-1})| \leq L|x_n - x_{n-1}|$$

und folglich $|x_{n+1} - x_n| \leq L^n|x_1 - x_0|$ für $n \in \mathbb{N}$. Wir erhalten

$$|x_n - x_m| \leq \sum_{i=0}^{n-m-1} |x_{m+i+1} - x_{m+i}| \leq L^m \frac{1 - L^{n-m}}{1 - L}|x_1 - x_0|$$

für alle $m, n \in \mathbb{N}$ mit $m \leq n$. Somit ist x_n, $n \in \mathbb{N}$, eine Cauchy-Folge in D und daher konvergent mit einem Grenzwert $x := \lim x_n$ in D (da D abgeschlossen ist). Wegen

$$x = \lim x_n = \lim x_{n+1} = \lim f(x_n) = f(\lim x_n) = f(x)$$

ist x Fixpunkt von f. Ferner ergibt sich $|x - x_0| = |\lim x_n - x_0| = \lim |x_n - x_0| \leq |x_1 - x_0|/(1 - L)$. Wenden wir diese Ungleichung mit x_n statt x_0 als Anfangswert an, so

Abb. 3.18 Sukzessive Approximation

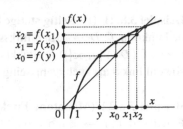

erhalten wir die erste der angegebenen Ungleichungen und wegen $|x_{n+1} - x_n| \leq L^n|x_1 - x_0|$ auch die zweite.   □

Satz 3.8.20 kann zur Lösung der Gleichung $f(x) = x$ durch **sukzessive Approxima-tion** benutzt werden. Dieses Verfahren ist selbstkorrigierend: Eventuelle Rundungs- oder Rechenfehler setzen sich nicht fort. Will man den Fixpunkt x bis auf einen Fehler $\leq \varepsilon$ be-stimmen: $|x - x_n| \leq \varepsilon$, so kann man die **a posteriori-Abschätzung** $L|x_n - x_{n-1}|/(1 - L) \leq \varepsilon$ als Abbruchbedingung wählen. Man kann aber auch zu Beginn die Schrittzahl n mit der **a priori-Abschätzung** $|x - x_n| \leq L^n|x_1 - x_0|/(1 - L)$ durch die Abbruchbedingung $L^n|x_1 - x_0|/(1 - L) \leq \varepsilon$ begrenzen, um einen Fehler $\leq \varepsilon$ zu garantieren. Zur Bestim-mung einer Lipschitz-Konstanten L hilft häufig die folgende Aussage, die unmittelbar aus dem Mittelwertsatz der Differenzialrechnung (vgl. Bd. 2, Satz 2.3.4 bzw. 2.3.7) folgt und die der Leser beim Behandeln von Beispielen zur Vermeidung unnötig komplizierter Abschätzungen bereits benutzen sollte: *Ist $f: D \to \mathbb{C}$ eine differenzierbare Funktion f auf dem Intervall $D \subseteq \mathbb{R}$ oder auf der (offenen) konvexen Menge $D \subseteq \mathbb{C}$ und besitzt f eine beschränkte Ableitung f', so ist f Lipschitz-stetig mit der Lipschitz-Konstanten $L := \mathrm{Sup}\{|f'(t)| \mid t \in D\}$ (aber mit keiner kleineren).*

Soll etwa zu gegebenem $y > e$ die Gleichung

$$y = \frac{x}{\ln x}$$

mit $x > e$ gelöst werden, so handelt es sich um die Fixpunktgleichung $x = y \ln x$. Die Funktion $f(t) = y \ln t$ hat die Ableitung $f'(t) = y/t$ und ist daher auf jedem Intervall $[a, \infty[, a > y$, stark kontrahierend. Wegen $f(y) = y \ln y > y$ bildet f überdies ein solches Intervall in sich ab, falls nur a nahe genug an y liegt. Mit dem Startwert $x_0 = y \ln y = f(y)$ ergibt sich daher nach Satz 3.8.20 als einzige Lösung der Grenzwert der (monoton wachsenden) Folge $x_0 = y \ln y$, $x_1 = y \ln x_0 = y \ln y + y \ln \ln y$, $x_2 = y \ln x_1, \ldots$, vgl. Abb. 3.18.

Übrigens ist asymptotisch $x(y) = x = y \ln x \sim y \ln y = x_0(y)$ für $y \to \infty$, wie bereits am Ende von Beispiel 3.8.7 bemerkt wurde. Im Fall $y = 10^6$ erhält man für $x_n \cdot 10^{-6}$, $n = 0, \ldots, 4$, der Reihe nach die Näherungswerte 13,8155, 16,4413, 16,6153, 16,6258, 16,6265. Nach dem Primzahlsatz, vgl. loc. cit., sind die x_n Abschätzungen für die millionste Primzahl p_{10^6}. Der wahre Wert ist $p_{10^6} = 15.485.863$.[14]   ◇

---

[14] Man ist ständig bemüht, die Abschätzung durch den Primzahlsatz zu verbessern.

Beispiel 3.8.21 (Einseitig stetige Funktionen) Seien $D \subseteq \mathbb{R}$ und $a \in D$. Dann heißt eine Funktion $f \colon D \to \mathbb{K}$ in a **linksseitig** (bzw. **rechtsseitig**) **stetig**, wenn $f \,|\, (D \cap {-}\infty, a])$ (bzw. $f \,|\, (D \cap [a, \infty[)$) im Punkt a stetig ist. Genau dann ist f stetig in a, wenn f in a sowohl links- als auch rechtsseitig stetig ist. $\diamond$

Beispiel 3.8.22 (Monotone Funktionen) Sei $I \subseteq \mathbb{R}$ ein Intervall mit mehr als einem Punkt und $f \colon I \to \mathbb{R}$ monoton. Für einen inneren Punkt a von I existieren dann sowohl der linksseitige Grenzwert $f(a-)$ als auch der rechtsseitige Grenzwert $f(a+)$. (Ist f monoton wachsend, so sind dies $\mathrm{Sup}\{f(x) \mid x \in I, x < a\}$ bzw. $\mathrm{Inf}\{f(x) \mid x \in I, x < a\}$.) Die Sprunghöhe $f(a+) - f(a-)$ ist bei monoton wachsenden Funktionen stets ≥ 0 und bei monoton fallenden Funktionen stets ≤ 0. Ihr Absolutbetrag ist gleich der Schwankung $S_a(f)$ von f in a. Genau dann ist f also stetig in a, wenn die Sprunghöhe in a gleich 0 ist. Nur in abzählbar vielen Punkten $a \in I$ kann $S_a(f) \neq 0$ sein, vgl. Aufg. 3.8.28, und *somit hat f nur abzählbar viele Unstetigkeitsstellen. Ersetzt man $f(a)$ in jedem Punkt $a \in \overset{\circ}{I}$ durch $f(a-)$ (bzw. durch $f(a+)$), so erhält man eine linksseitig (bzw. rechtsseitig) stetige Funktion auf dem Inneren $\overset{\circ}{I}$ von I.* Schließlich existieren auch für die Randpunkte $c < d$ von I in $\overline{\mathbb{R}}$ die (eventuell uneigentlichen) Grenzwerte $f(c+)$ und $f(d-)$. Gehört ein Randpunkt zu I, so ist f dort stetig, wenn der Funktionswert mit dem entsprechenden einseitigen Grenzwert übereinstimmt. $\diamond$

Obwohl die Stetigkeit eine lokale Eigenschaft ist, erlaubt sie Rückschlüsse auf den globalen Verlauf einer stetigen Funktion.[15] Der folgende Satz wurde zuerst von B. Bolzano im Jahr 1817 bewiesen (aber davor schon kommentarlos benutzt).

Satz 3.8.23 (Nullstellensatz) *Es sei $f \colon [a, b] \to \mathbb{R}$, $a < b$, eine stetige reellwertige Funktion auf dem abgeschlossenen Intervall $[a, b] \subseteq \mathbb{R}$. Haben $f(a)$ und $f(b)$ verschiedene Vorzeichen, so besitzt f eine Nullstelle x_0 im Intervall $[a, b]$, d. h. es gibt ein $x_0 \in [a, b]$ mit $f(x_0) = 0$.*

Beweis Es genügt, den Fall $f(a) \leq 0$ und $f(b) \geq 0$ zu betrachten. Wir verwenden das Intervallhalbierungsverfahren und definieren eine Intervallschachtelung $[a_n, b_n]$, $n \in \mathbb{N}$, in $[a, b]$ mit folgenden Eigenschaften:

$$(1)\ f(a_n) \leq 0 \leq f(b_n)\ \text{für alle } n \in \mathbb{N}; \qquad (2)\ b_{n+1} - a_{n+1} = \frac{1}{2}(b_n - a_n).$$

Dann ist die durch diese Intervallschachtelung definierte Zahl $x_0 \in [a, b]$ eine Nullstelle von f: Es ist nämlich $x_0 = \lim a_n$ und wegen der Stetigkeit von f folglich $f(x_0) = f(\lim a_n) = \lim f(a_n) \leq 0$. Analog ist $f(x_0) = f(\lim b_n) = \lim f(b_n) \geq 0$, also

---

[15] Der Schluss vom Lokalen auf das Globale ist eines der Grundmotive für die Analysis.

Abb. 3.19 Intervallhalbierungsverfahren zur
Nullstellenbestimmung

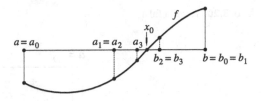

insgesamt $f(x_0) = 0$. Wir definieren nun a_n und b_n rekursiv durch $a_0 = a$, $b_0 = b$ und

$$
a_{n+1} = \begin{cases} \frac{1}{2}(a_n + b_n), \text{ falls } f\left(\frac{1}{2}(a_n + b_n)\right) \le 0, \\ a_n \text{ sonst,} \end{cases}
$$

$$
b_{n+1} = \begin{cases} b_n, \text{ falls } f\left(\frac{1}{2}(a_n + b_n)\right) \le 0, \\ \frac{1}{2}(a_n + b_n) \text{ sonst,} \end{cases}
$$

vgl. Abb. 3.19. Dann sind die Bedingungen (1) und (2) offenbar erfüllt.   □

Eine unmittelbare Folgerung des Nullstellensatzes ist:

Satz 3.8.24 (Zwischenwertsatz) *Es sei* $f : [a, b] \to \mathbb{R}$ *eine stetige reellwertige Funktion. Zu jedem Wert* $c \in \mathbb{R}$ *zwischen* $f(a)$ *und* $f(b)$ *gibt es dann ein* $x_0 \in [a, b]$ *mit*
$f(x_0) = c$.

Beweis Wie f ist auch die Funktion $g : [a, b] \to \mathbb{R}$ mit $g(x) := f(x) - c$ stetig.
Da c zwischen $f(a)$ und $f(b)$ liegt, liegt 0 zwischen $g(a) = f(a) - c$ und $g(b) =
f(b) - c$. Nach dem Nullstellensatz 3.8.23 besitzt g eine Nullstelle $x_0 \in [a, b]$. Dann ist
$f(x_0) = c$.   □

Beispiel 3.8.25 Ist $F \in \mathbb{R}[X]^*$ ein reelles Polynom ungeraden Grades, so haben nach
Beispiel 3.8.14 die Limiten $\lim_{x \to \infty} F(x)$ und $\lim_{x \to -\infty} F(x)$ verschiedene Vorzeichen.
Somit hat F nach dem Zwischenwertsatz eine Nullstelle in $\mathbb{R}$, was wir bereits im An-
schluss an Satz 2.10.30 erwähnt haben.   ◇

Beispiel 3.8.26 (Regula falsi) Das im Beweis des Nullstellensatzes verwandte Intervallhalbierungsverfahren liefert eine einfache und zuverlässige Methode zur Approximation
von Nullstellen einer stetigen Funktion f, bei der die Länge des Intervalls, in dem die
zu konstruierende Nullstelle liegt, bei jedem Schritt halbiert wird. Die im Folgenden beschriebene **Regula falsi** (= Regel des Falschen) gibt eine gelegentlich schneller gegen
eine Nullstelle von f konvergierende Folge. Die Grundidee ist, f im Intervall $[a, b]$,
$a < b$, linear durch die Sekante

$$
h(x) := \frac{f(b) - f(a)}{b - a}(x - a) + f(a)
$$

Abb. 3.20 Regula falsi

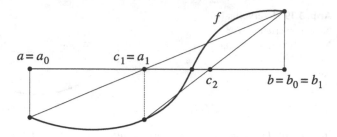

zu den Punkten $(a, f(a))$ und $(b, f(b))$ des Graphen von f zu interpolieren und deren Nullstelle

$$a - \frac{b-a}{f(b)-f(a)} f(a) = \frac{af(b)-bf(a)}{f(b)-f(a)} = b - \frac{a-b}{f(a)-f(b)} f(b)$$

als Approximation einer Nullstelle von f zu nehmen. Bei $f(a) < 0 < f(b)$ erhält man so das folgende Rekursionsschema für die Intervallenden a_n und b_n und die Nullstellen c_n der zugehörigen Sekanten, das in Abb. 3.20 angedeutet ist:

$$a_0 = a, \quad b_0 = b; \quad c_{n+1} = \frac{a_n f(b_n) - b_n f(a_n)}{f(b_n) - f(a_n)},$$

$$a_{n+1} = \begin{cases} c_{n+1}, \text{ falls } f(c_{n+1}) \le 0, \\ a_n \text{ sonst,} \end{cases} \qquad b_{n+1} = \begin{cases} b_n, \text{ falls } f(c_{n+1}) \le 0, \\ c_{n+1} \text{ sonst.} \end{cases}$$

Wir zeigen: *Die Folge (c_n) konvergiert gegen eine Nullstelle von f.* Nach Konstruktion ist stets $f(a_n) \le 0$, $f(b_n) \ge 0$, und die monotonen Folgen (a_n) und (b_n) konvergieren gegen Werte $\alpha, \beta \in [a, b]$ mit $f(\alpha) \le 0 \le f(\beta)$. (Im Allgemeinen ist $\alpha < \beta$, also $[a_n, b_n]$, $n \in \mathbb{N}$, keine Intervallschachtelung.) Außerdem ist offenbar die Folge (s_n) der Sekanten-steigungen $s_n := (f(b_n) - f(a_n))/(b_n - a_n)$ monoton wachsend, vgl. die beiden Skizzen in Abb. 3.21. Daher ist die Folge $(1/s_n)$ monoton fallend und positiv, also konvergent. Somit konvergiert auch die Folge $c_{n+1} = a_n - f(a_n)/s_n = b_n - f(b_n)/s_n$, $n \in \mathbb{N}$, und zwar gegen α oder β, etwa gegen α. Im Fall $\alpha = \beta$ ist natürlich $f(\alpha) = f(\beta) = 0$. Andern-falls ist $(1/s_n)$ sicher keine Nullfolge, und die Rechenregeln für Limiten liefern wieder $f(\alpha) = 0$. – Für eine Variante mit einer Fehlerabschätzung vgl. Bd 2, Aufg. 2.6.10.   ◇

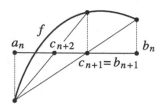 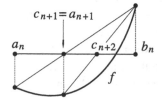

Abb. 3.21 Verhalten der Sekanten bei der Regula falsi

Satz 3.8.27 *Jede stetige Funktion f, die ein abgeschlossenes Intervall $[a, b] \subseteq \mathbb{R}$, $a < b$, in sich abbildet, besitzt einen Fixpunkt, d. h. ein $x_0 \in [a, b]$ mit $f(x_0) = x_0$.*

Beweis Die Hilfsfunktion $g: [a, b] \to \mathbb{R}$ mit $g(x) := f(x) - x$ ist ebenfalls stetig. Wegen $a \leq f(a)$ und $f(b) \leq b$ ist $g(a) = f(a) - a \geq 0$ und $g(b) = f(b) - b \leq 0$. Nach dem Zwischenwertsatz besitzt g somit eine Nullstelle x_0 in $[a, b]$. Diese ist ein Fixpunkt von f. $\qquad \square$

Zur Berechnung eines Fixpunktes von f in Spezialfällen verweisen wir auf den Banachschen Fixpunktsatz 3.8.20 und Aufg. 3.8.34b).

Beispiel 3.8.28 Eine weitere Folgerung aus dem Zwischenwertsatz ist: *Zu jeder stetigen Funktion $f: S^1 \to \mathbb{R}$ auf dem Einheitskreis $S^1 = \mathrm{U} = \{z \in \mathbb{C} \mid |z| = 1\} \subseteq \mathbb{C}$ gibt es antipodale Punkte $z_0, -z_0 \in S^1$ mit $f(z_0) = f(-z_0)$.* Beweis. Mit f ist auch $g: [-1, 1] \to \mathbb{R}, x \mapsto f\left(x + \mathrm{i}\sqrt{1 - x^2}\right) - f\left(-x - \mathrm{i}\sqrt{1 - x^2}\right)$, stetig, da $x \mapsto \sqrt{1 - x^2}$ auf dem Intervall $[-1, 1]$ stetig ist, vgl. Beispiel 3.8.32. Überdies ist $g(1) = -g(-1)$. Nach Satz 3.8.23 hat also g eine Nullstelle $x_0 \in [-1, 1]$, und für $z_0 := x_0 + \mathrm{i}\sqrt{1 - x_0^2} \in S^1$ gilt $f(z_0) = f(-z_0)$. $\qquad \square$

Beispielsweise gibt es auf jedem Großkreis der Erdoberfläche zwei antipodale Punkte, an denen zu einem gegebenen Zeitpunkt dieselbe Temperatur herrscht (wenn man unterstellt, dass die Temperatur stetig vom Ort abhängt). Eine analoge Aussage wie oben über die Existenz antipodaler Punkte mit gleichem Funktionswert gilt natürlich für Funktionen auf einer beliebigen Kreislinie in der komplexen Zahlenebene. *Es gibt daher keine injektive stetige Abbildung $D \to \mathbb{R}$ einer Menge $D \subseteq \mathbb{C}$, die eine Kreislinie enthält.* Hingegen gibt es sogar bijektive Abbildungen $\mathbb{C} \to \mathbb{R}$, da $\mathbb{R}$ und $\mathbb{C} = \mathbb{R} \times \mathbb{R}$ gleichmächtig sind, vgl. Beispiel 1.8.14. Nach dem Gesagten können diese Abbildungen nicht stetig sein. Die obige Aussage lässt sich auf Sphären höherer Dimension verallgemeinern. Auf diesen sogenannten Satz von Borsuk-Ulam gehen wir in späteren Bänden ein. $\qquad \Diamond$

Wir diskutieren weiterhin stetige reellwertige Funktionen auf reellen Intervallen.

Lemma 3.8.29 *Eine reellwertige stetige Funktion auf einem Intervall $I \subseteq \mathbb{R}$ ist genau dann injektiv, wenn sie streng monoton ist.*

Beweis Wenn f streng monoton ist, ist f natürlich injektiv (unabhängig davon, ob f stetig ist oder nicht). Sei umgekehrt f injektiv. Wir betrachten zunächst den Fall, dass I ein abgeschlossenes Intervall $[a, b]$, $a < b$, ist. Sei etwa $f(a) < f(b)$. Dann haben wir zu zeigen, dass f streng monoton wachsend ist. Wir zeigen als Erstes, dass $f\left([a, b]\right) \subseteq [f(a), f(b)]$ ist. Sei $a < x < b$. Wäre $f(x) < f(a) < f(b)$ (bzw. $f(x) > f(b) > f(a)$), so gäbe es nach dem Zwischenwertsatz 3.8.24 im Intervall $[x, b]$

(bzw. $[a, x]$) eine weitere Stelle, an der f den Wert $f(a)$ (bzw. $f(b)$) annimmt im Widerspruch zur Injektivität von f. Sind nun $x, y \in [a, b]$, $x < y$, beliebig, so ist zunächst nach dem Bewiesenen $f(a) \leq f(x) < f(b)$. Wenden wir diesen Schluss auf das Intervall $[x, b]$ an, so folgt $f(x) < f(y) \leq f(b)$.

Sei das Intervall I jetzt beliebig, und es gebe zwei Punkte $x_1, x_2 \in I$, $x_1 < x_2$, für die etwa $f(x_1) < f(x_2)$ ist. Dann ist f streng monoton wachsend. Sind nämlich $x, y \in I$, $x < y$, so gibt es ein abgeschlossenes Intervall $[a, b] \subseteq I$, das die Punkte x_1, x_2, x, y enthält. Nach dem Bewiesenen ist $f\,|\,[a, b]$ streng monoton und wegen $f(x_1) < f(x_2)$ sogar streng monoton wachsend. Also ist $f(x) < f(y)$.   □

Für monotone Funktionen wird die Stetigkeit bereits durch die Gültigkeit des Zwischenwertsatzes charakterisiert. Wir sagen, eine Funktion $f: I \to \mathbb{R}$ auf einem Intervall $I \subseteq \mathbb{R}$ **genüge dem Zwischenwertsatz**, wenn f auf jedem Intervall $[x, y] \subseteq I$ alle Werte zwischen $f(x)$ und $f(y)$ annimmt.

Satz 3.8.30 *Sei $f: I \to \mathbb{R}$ eine reellwertige monotone Funktion auf dem Intervall $I \subseteq \mathbb{R}$, die dem Zwischenwertsatz genüge. Dann ist f stetig.*

Beweis Wir können uns auf den Fall beschränken, dass f monoton wachsend ist. Seien $a \in I$ und $\varepsilon > 0$ vorgegeben. Wir nehmen an, dass a kein Randpunkt von I ist, und überlassen die Modifikationen, die sonst nötig sind, dem Leser. Seien $x_1, y_1 \in I$ mit $x_1 < a < y_1$. Dann ist $f(x_1) \leq f(a) \leq f(y_1)$. Ist $f(x_1) < f(a) - \varepsilon$, so gibt es ein $x_2 \in \,]x_1, a[$ mit $f(x_2) = f(a) - \varepsilon$, da f nach Voraussetzung dem Zwischenwertsatz genügt. In jedem Fall gibt es also ein $x \in I$, $x < a$, mit $f(a) - \varepsilon \leq f(x) \leq f(a)$. Analog gibt es ein $y \in I$, $a < y$, mit $f(a) \leq f(y) \leq f(a) + \varepsilon$. Wegen der Monotonie von f liegt dann $f([x, y])$ in der ε-Umgebung von $f(a)$.   □

Man beachte, dass eine *monotone* Funktion $f: I \to \mathbb{R}$ auf dem Intervall $I \subseteq \mathbb{R}$ genau dann dem Zwischenwertsatz genügt, wenn das Bild $f(I)$ ebenfalls ein Intervall ist, vgl. Aufg. 3.4.16. – Zu Satz 3.8.30 siehe auch Beispiel 3.8.22.

Satz 3.8.31 (Umkehrsatz) *Sei f eine reellwertige stetige und streng monotone Funktion auf dem Intervall $I \subseteq \mathbb{R}$. Dann ist $J := f(I)$ ebenfalls ein Intervall in $\mathbb{R}$, und die Umkehrfunktion $f^{-1}: J \to I$ zur bijektiven Funktion $f: I \to J$ ist ebenfalls stetig und streng monoton (vom gleichen Monotonietyp).*

Beweis Um zu zeigen, dass J ein Intervall ist, genügt es zu zeigen, dass J mit je zwei Punkten $x' < y'$ das ganze Intervall $[x', y']$ enthält (vgl. Aufg. 3.4.16). Dies folgt aber aus der Gültigkeit des Zwischenwertsatzes für die stetige Funktion f.

Mit f ist natürlich auch f^{-1} streng monoton, und zwar vom selben Monotonietyp. Ferner genügt die Funktion f^{-1} wegen $f^{-1}(J) = I$ dem Zwischenwertsatz: Sind nämlich $x', y' \in J$, $x' = f(x)$, $y' = f(y)$ mit $x, y \in I$, und liegt c zwischen $x = f^{-1}(x')$ und $y = f^{-1}(y')$, so ist $c \in I$ und $c = f^{-1}(f(c))$, wobei $f(c)$ zwischen $f(x) = x'$ und $f(y) = y'$ liegt. Nach Satz 3.8.30 ist f^{-1} also stetig.   □

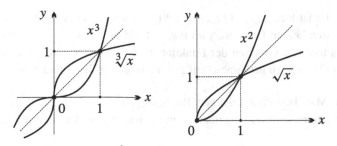

Abb. 3.22 Wurzelfunktionen

Beispiel 3.8.32 (Wurzelfunktionen) Sei $n \in \mathbb{N}^*$. Ist n ungerade, so ist die Potenzfunktion $f: x \mapsto x^n$ auf ganz $\mathbb{R}$ streng monoton wachsend. Da die Werte von f weder nach oben noch nach unten beschränkt sind, liefert Satz 3.8.31: (1) $f(\mathbb{R}) = \mathbb{R}$. (2) $f^{-1}: \mathbb{R} \to \mathbb{R}$ ist stetig und streng monoton wachsend. Die Umkehrfunktion f^{-1} von f ist die **Wurzelfunktion** $\mathbb{R} \to \mathbb{R}$, $x \mapsto \sqrt[n]{x} = x^{1/n}$, vgl. Abb. 3.22 links. – Sei nun $n \in \mathbb{N}^*$ gerade. Dann ist $f: x \mapsto x^n$ auf $\mathbb{R}_+$ streng monoton wachsend. Da $f(0) = 0$ ist und die Werte von f nicht nach oben beschränkt sind, erhält man mit Satz 3.8.31: (1) $f(\mathbb{R}_+) = \mathbb{R}_+$. (2) $f^{-1}: \mathbb{R}_+ \to \mathbb{R}_+$ ist stetig und streng monoton wachsend. In diesem Fall erhält man als Umkehrfunktion f^{-1} die **Wurzelfunktion** $\mathbb{R}_+ \to \mathbb{R}_+$, $x \mapsto \sqrt[n]{x} = x^{1/n}$, vgl. Abb. 3.22 rechts.   ◇

Aufgaben

Aufgabe 3.8.1 Seien $D := \{1/n \mid n \in \mathbb{N}^*\}$ und $f: D \to \mathbb{K}$ eine Funktion. Genau dann existiert $\lim_{x \to 0} f(x)$, wenn die Folge $f(1/n)$, $n \in \mathbb{N}^*$, konvergiert. In diesem Fall ist der Grenzwert der Folge gleich $\lim_{x \to 0} f(x)$. Mit diesem Wert an der Stelle 0 wird eine stetige Fortsetzung von f auf $\overline{D} = D \uplus \{0\}$ definiert. Eine Folge $x_n \in \mathbb{K}$, $n \in \mathbb{N}^*$, konvergiert also genau dann, wenn die Funktion $D \to \mathbb{K}$, $1/n \mapsto x_n$, eine stetige Fortsetzung $\overline{D} \to \mathbb{K}$ besitzt.

Aufgabe 3.8.2 Seien $D \subseteq \mathbb{R}$ und $a \in \overline{D}$. Für eine Funktion $f: D \to \mathbb{K}$ existiert $\lim_{x \to a} f(x)$ genau dann, wenn der Limes $\lim_{n \to \infty} f(x_n)$ für jede *monotone* Folge (x_n) in D mit $\lim_{n \to \infty} x_n = a$ existiert und stets derselbe ist.

Aufgabe 3.8.3 Seien $D \subseteq \mathbb{C}$ und $a \in \overline{D}$. Genau dann existiert der Grenzwert von $f: D \to \mathbb{K}$ im Punkt a, wenn es eine Umgebung U von a gibt derart, dass die Beschränkung $f|(D \cap U)$ einen Grenzwert in a besitzt. In diesem Fall stimmen beide Grenzwerte überein.

Aufgabe 3.8.4 Seien $D = D_1 \cup \cdots \cup D_n \subseteq \mathbb{C}$ und $a \in \overline{D}$ $(= \overline{D_1} \cup \cdots \cup \overline{D_n})$. Genau dann existiert der Grenzwert von $f: D \to \mathbb{K}$ in a, wenn für alle i mit $a \in \overline{D_i}$ die Grenzwerte der Beschränkungen $f|D_i$ existieren und übereinstimmen.

Aufgabe 3.8.5 Es ist $\lim_{z \to 0, z \neq 0} 1/z = \infty$; $\Re(1/z)$ und $\Im(1/z)$ besitzen aber auch im uneigentlichen Sinn keinen Grenzwert im Punkt 0. (Man versuche, eine Vorstellung von den keineswegs trivialen Graphen der Funktionen $\Re(1/z) = (\cos\varphi)/r$ und $\Im(1/z) = -(\sin\varphi)/r$ von $\mathbb{C}^\times$ in $\mathbb{R}$ zu gewinnen (mit $z = r(\cos\varphi + \mathrm{i}\sin\varphi)$ und $r > 0$).)

Aufgabe 3.8.6 Man bestätige folgende Rechenregeln für die Landauschen Symbole. (Die genaue Situationsbeschreibung überlassen wir hier und in der nächsten Aufgabe dem Leser.)

a) Aus $f_1 = O(g)$ und $f_2 = O(g)$ folgt $f_1 + f_2 = O(g)$.

b) Aus $f_1 = O(g_1)$ und $f_2 = O(g_2)$ folgt $f_1 f_2 = O(g_1 g_2)$.

c) Aus $f_1 = O(g_1)$ und $f_2 = o(g_2)$ folgt $f_1 f_2 = o(g_1 g_2)$.

d) $f = O(g)$ (bzw. $f = o(g)$) ist äquivalent mit $|f| = O(|g|)$ (bzw. $|f| = o(|g|)$).

e) Aus $f_1 = O(g_1)$ und $f_2 = O(g_2)$ folgt $f_1 + f_2 = O(\mathrm{Max}\,(|g_1|, |g_2|))$.

f) Aus $f = O(g)$ (bzw. $f = o(g)$) folgt $af = O(g)$ (bzw. $af = o(g)$) für jedes $a \in \mathbb{K}$.

Aufgabe 3.8.7 Man bestätige folgende Rechenregeln für asymptotische Gleichheit:

a) Sei $f \sim g$. Genau dann gilt $h = o(g)$, wenn $f + h \sim g$ ist.

b) Aus $f_1 \sim g_1$ und $f_2 \sim g_2$ folgt $f_1 f_2 \sim g_1 g_2$.

c) Aus $f \sim g$ folgt $g \sim f$.

d) Aus $f \sim g$ und $g \sim h$ folgt $f \sim h$.

Aufgabe 3.8.8 Man untersuche, ob die folgenden Limiten von Funktionen existieren, und bestimme gegebenenfalls ihre Werte, wobei x in den Teilen b) bis e) jeweils in $\mathbb{R}$ läuft:

a) $\lim_{x \to 1, x \in \mathbb{C}-\{1\}} (x^n - 1)/(x^m - 1)$, $m, n \in \mathbb{Z} - \{0\}$. Wie lautet das Ergebnis für den Grenzübergang $x \in \mathbb{C} - \{\zeta\}$, wobei ζ eine beliebige $|m|$-te Einheitswurzel in $\mathbb{C}$ ist?

b) $\lim_{x \to 1} (\sqrt{x + 3} - 2)/(x - 1)$.

c) $\lim_{x \to 1} \dfrac{1}{x - 1} \left(\dfrac{3}{x^2 + 5} - \dfrac{1}{x^2 + 1} \right)$.

d) $\lim_{x \to \infty} \sqrt{x}(\sqrt{1 + x} - \sqrt{x})$.

e) $\lim_{x \to \infty} \sqrt{x + 1}(\sqrt{x + a} - \sqrt{x + b})$, $a, b \in \mathbb{R}$.

Aufgabe 3.8.9 Man untersuche, in welchen Punkten die folgenden Funktionen $\mathbb{R} \to \mathbb{R}$ stetig sind:

a) $x \mapsto \begin{cases} -x, & \text{falls } x < 0 \text{ oder } x > 1, \\ x^2 & \text{sonst.} \end{cases}$

b) $x \mapsto \begin{cases} x^2 + 2x + 1, & \text{falls } -1 \leq x \leq 0, \\ 1 - x & \text{sonst.} \end{cases}$

c) $x \mapsto \begin{cases} x, & \text{falls } x \in \mathbb{Q}, \\ 1 - x & \text{sonst.} \end{cases}$

d) $x \mapsto \begin{cases} 2x^2, \text{ falls } x \in \mathbb{Q}, \\ x^3 + x \text{ sonst.} \end{cases}$

Aufgabe 3.8.10 Für welche Wahl von $a, b \in \mathbb{C}$ sind die folgenden Funktionen $\mathbb{R} \to \mathbb{C}$ stetig:

a) $x \mapsto \begin{cases} 1 + x^2, \text{ falls } x \leq 1, \\ ax - x^3, \text{ falls } 1 < x \leq 2, \\ bx^2 \text{ sonst.} \end{cases}$

b) $x \mapsto \begin{cases} x^2 + a, \text{ falls } x \leq 1, \\ bix + 1 \text{ sonst.} \end{cases}$

Aufgabe 3.8.11 Sei $M \subseteq \mathbb{K}$. Die Indikatorfunktion $e_M \colon \mathbb{K} \to \mathbb{K}$ ist genau in den Punkten des Randes Rd $M = \overline{M} - \overset{\circ}{M}$ von M in $\mathbb{K}$ nicht stetig.

Aufgabe 3.8.12 Sei K ein angeordneter Körper. Die Stetigkeit einer Funktion $f \colon K \to K$ ist wie im Fall $K = \mathbb{R}$ definiert. Folgende Aussagen sind äquivalent: (i) K ist vollständig, d. h. ein reeller Zahlkörper. (ii) $\emptyset$ und K sind die einzigen Teilmengen von K, die sowohl offen als auch abgeschlossen in K sind (d. h. K ist zusammenhängend als topologischer Raum, vgl. 4.3). (iii) Für stetige Funktionen $K \to K$ gilt der Zwischenwertsatz (d. h. jede stetige Funktion $f \colon K \to K$ nimmt mit je zwei Werten auch alle Werte dazwischen an). (Man beachte: Ist $A \subseteq K$ eine nichtleere nach oben beschränkte Menge ohne obere Grenze, so ist die Indikatorfunktion $e_{\mathrm{OS}(A)}$ der Menge $\mathrm{OS}(A) = \mathrm{OS}_K(A)$ der oberen Schranken von A in K stetig.)

Aufgabe 3.8.13 Sei $D \subseteq \mathbb{K}$ und sei $a \in \overline{D}$, $a \notin D$. Genau dann existiert für eine Funktion $f \colon D \to \mathbb{K}$ der Limes $\lim_{x \to a} f(x)$, wenn f sich zu einer in a stetigen Funktion $\overline{f} \colon D \uplus \{a\} \to \mathbb{K}$ fortsetzen lässt. In diesem Fall ist notwendigerweise $\overline{f}(a) = \lim_{x \to a} f(x)$.

Aufgabe 3.8.14 Welche der stetigen Funktionen

$$\mathbb{C}^{\times} \to \mathbb{C}, \ z \mapsto \overline{z}/z, \quad \text{bzw.} \quad \mathrm{U} - \{1\} \to \mathbb{C}, \ z \mapsto (\overline{z} - 1)/(z - 1),$$

sind stetig fortsetzbar nach $\mathbb{C}$ bzw. nach $\mathrm{U} = \{z \in \mathbb{C} \mid |z| = 1\}$?

Aufgabe 3.8.15 Die (von Riemann angegebene) Funktion $f \colon \mathbb{R} \to \mathbb{R}$ mit

$$f(x) := \begin{cases} 0, \text{ falls } x \notin \mathbb{Q}, \\ 1/b, \text{ falls } x = a/b, \ a, b \in \mathbb{Z}, \ b > 0, \ \mathrm{ggT}(a, b) = 1, \end{cases}$$

ist genau in $\mathbb{R} - \mathbb{Q}$ stetig.

Aufgabe 3.8.16 Die Funktion $f: \mathcal{C} \to \mathbb{R}$, $x = \sum_{k=1}^{\infty} 2e_I(k)/3^k \mapsto f(x) :=$ $\sum_{k=1}^{\infty} e_I(k)/2^k$, $I \subseteq \mathfrak{P}(\mathbb{N}^*)$, auf dem Cantorschen Diskontinuum $\mathcal{C}$, vgl. Aufg. 3.4.18, ist stetig. Ihr Bild ist das volle Einheitsintervall $[0, 1] \subseteq \mathbb{R}$. (Man beachte: f ist *nicht* injektiv. Man bestimme auch die Fasern von f.) Jede stetige Abbildung $[0, 1] \to \mathcal{C}$ ist konstant.

Aufgabe 3.8.17 Sei D die Vereinigung von beliebig vielen offenen oder von endlich vielen abgeschlossenen Mengen $D_i \subseteq \mathbb{K}$, $i \in I$. Eine Funktion $f: D \to \mathbb{K}$ ist genau dann stetig, wenn die Beschränkungen $f|D_i$, $i \in I$, alle stetig sind. (Vgl. Aufg. 3.8.3 und 3.8.4. – Man zeige an Beispielen, dass für beliebige Teilmengen $D_1, D_2 \subseteq \mathbb{K}$ die Funktion $f: D \to \mathbb{K}$ auf $D = D_1 \cup D_2$ nicht stetig zu sein braucht, wenn $f|D_1$ und $f|D_2$ stetig sind.)

Aufgabe 3.8.18 Sei $D \subseteq \mathbb{R}$. Eine Funktion $f: D \to \mathbb{K}$ ist genau dann im Punkt $a \in D$ stetig, wenn für jede streng monotone Folge (x_n) mit $x_n \in D - \{a\}$ und $\lim x_n = a$ gilt $\lim f(x_n) = f(a)$. (Vgl. Aufg. 3.8.2.)

Aufgabe 3.8.19 Seien $f, g: D \to \mathbb{K}$ stetig. Dann sind $|f|: x \mapsto |f(x)|$ und bei $\mathbb{K} = \mathbb{R}$ auch die Funktionen $\mathrm{Max}\,(f, g): x \mapsto \mathrm{Max}\,(f(x), g(x))$ bzw. $\mathrm{Min}\,(f, g): x \mapsto$ $\mathrm{Min}\,(f(x), g(x))$ stetig auf D.

Aufgabe 3.8.20 Sei $f: D \to \mathbb{C}$ eine komplexwertige Funktion. Dann heißen die reellwertigen Funktionen $x \mapsto \mathfrak{R}(f(x))$ bzw. $x \mapsto \mathfrak{I}(f(x))$ der **Real-** bzw. der **Imaginärteil** von f und werden mit $\mathfrak{R}f$ bzw. $\mathfrak{I}f$ bezeichnet. Man zeige: Für $a \in \overline{D}$ existiert $\lim_{x \to a} f(x)$ genau dann, wenn $\lim_{x \to a} \mathfrak{R}(f(x))$ und $\lim_{x \to a} \mathfrak{I}(f(x))$ existieren. In diesem Fall ist

$$\lim_{x \to a} f(x) = \lim_{x \to a} \mathfrak{R}(f(x)) + \mathrm{i} \lim_{x \to a} \mathfrak{I}(f(x)).$$

Insbesondere ist f genau dann im Punkt $a \in D$ stetig, wenn $\mathfrak{R}f$ und $\mathfrak{I}f$ in a stetig sind.

Aufgabe 3.8.21

a) Zwei stetige $\mathbb{K}$-wertige Funktionen auf $D \subseteq \mathbb{C}$ stimmen bereits dann überein, wenn ihre Beschränkungen auf eine in D dichte Teilmenge $D' \subseteq D$ übereinstimmen. Beispielsweise sind zwei stetige Funktionen $\mathbb{R} \to \mathbb{K}$ bereits dann gleich, wenn ihre Werte auf $\mathbb{Q}$ übereinstimmen. (Dies wurde bereits in Beispiel 1.8.17 benutzt.)

b) Sei $f: I \to \mathbb{R}$ eine reellwertige stetige Funktion auf dem Intervall $I \subseteq \mathbb{R}$. Ferner sei $I' \subseteq I$ eine dichte Teilmenge von I (die in der Regel kein Intervall ist). Ist $f|I'$ monoton (bzw. streng monoton), so auch f, und zwar vom selben Monotonietyp.

Aufgabe 3.8.22

a) Die Funktionen $f\colon D \to \mathbb{K}$ und $g\colon D \to \mathbb{K}$ seien Hölder-stetig mit dem Exponenten $\alpha > 0$, vgl. Beispiel 3.8.18. Dann sind auch $f + g$ und λf, $\lambda \in \mathbb{K}$, Hölder-stetig mit dem Exponenten α. Ferner ist fg lokal Hölder-stetig mit demselben Exponenten, ebenso f/g (falls g nirgendwo verschwindet). Die lokal Hölder-stetigen Funktionen $D \to \mathbb{K}$ mit Exponent α bilden eine $\mathbb{K}$-Unteralgebra der Algebra $C_{\mathbb{K}}(D)$ der stetigen $\mathbb{K}$-wertigen Funktionen auf D. Man gebe ein Beispiel, dass das Produkt zweier Hölder-stetiger Funktionen mit Exponent α nicht Hölder-stetig mit Exponent α zu sein braucht.

b) Sind $f\colon D \to \mathbb{K}$ und $g\colon D' \to \mathbb{K}$ Hölder-stetig mit den Exponenten α bzw. β und ist $f(D) \subseteq D'$, so ist die Komposition $g \circ f\colon D \to \mathbb{K}$ Hölder-stetig mit dem Exponenten $\alpha\beta$.

Aufgabe 3.8.23

a) Polynomfunktionen sind lokal Lipschitz-stetig.

b) Sei $0 < \alpha < 1$. Dann ist die Funktion $x \mapsto x^{\alpha}$ von $\mathbb{R}_+$ in $\mathbb{R}_+$ im Nullpunkt nicht Lipschitz-stetig. Sie ist jedoch auf jedem Intervall $[a, \infty[$, $a > 0$, Lipschitz-stetig.

Aufgabe 3.8.24 Seien $0 \in D$ und $f\colon D \to \mathbb{K}$ eine im Nullpunkt Hölder-stetige Funktion mit $f(0) = 0$ und dem Exponenten $\alpha > 0$. Für jede summierbare Familie x_i, $i \in I$, in D ist dann auch die Familie $|f(x_i)|^{1/\alpha}$, $i \in I$, summierbar. Insbesondere ist $f(x_i)$, $i \in I$, mit x_i, $i \in I$, summierbar, wenn f im Nullpunkt Lipschitz-stetig ist.

Aufgabe 3.8.25 Seien $f\colon D \to \mathbb{K}$ und $g\colon D' \to \mathbb{K}$ Funktionen mit $f(D) \subseteq D'$. Ferner existiere für $a \in \overline{D}$ der Grenzwert $a' := \lim_{x \to a} f(x)$. Es sei $a' \in D'$, und g sei in a' stetig. Dann existiert auch $\lim_{x \to a} g(f(x))$ und ist gleich $g(a')$.

Aufgabe 3.8.26

a) Sei $f\colon D \to \mathbb{K}$ stetig auf der abgeschlossenen Menge $D \subseteq \mathbb{K}$. Für jede abgeschlossene Menge $A \subseteq \mathbb{K}$ ist dann die Urbildmenge $f^{-1}(A) \subseteq D$ ebenfalls abgeschlossen in $\mathbb{K}$. Insbesondere ist die Menge der Nullstellen von f abgeschlossen.

b) Sei $f\colon D \to \mathbb{K}$ stetig auf der offenen Menge D in $\mathbb{R}$ (oder $\mathbb{C}$). Für jede offene Menge $A \subseteq \mathbb{K}$ ist dann die Urbildmenge $f^{-1}(A) \subseteq D$ ebenfalls offen in $\mathbb{R}$ (oder $\mathbb{C}$).

Aufgabe 3.8.27 Eine monotone Funktion $f\colon I \to \mathbb{R}$ ist in einem inneren Punkt a des Intervalls $I \subseteq \mathbb{R}$ genau dann links-(bzw. rechts-)seitig stetig, wenn es *eine* monoton wachsende (bzw. monoton fallende) Folge (x_n) in $I - \{a\}$ gibt mit $\lim x_n = a$ und $\lim f(x_n) = f(a)$.

Aufgabe 3.8.28 Sei $f\colon I \to \mathbb{R}$ eine monotone Funktion auf dem offenen Intervall $I \subseteq \mathbb{R}$. Für alle $a, b \in I$, $a < b$, gilt $\sum_{x \in]a,b[} |h(x)| \leq |f(b) - f(a)|$, wobei $h(x)$ die Sprunghöhe von f in x bezeichnet. Insbesondere folgt, dass die Menge der echten Sprungstellen $x \in I$ (mit $h(x) \neq 0$) abzählbar ist.

Aufgabe 3.8.29 Sei h_x, $x \in \mathbb{R}$, eine summierbare Familie reeller Zahlen. Dann ist die Funktion $\mathbb{R} \to \mathbb{R}$ mit $H(t) := \sum_{x < t} h_x$ linksseitig stetig und hat in jedem Punkt $x \in \mathbb{R}$ eine Sprungstelle mit Sprunghöhe h_x. Insbesondere sind die Unstetigkeitsstellen von H genau die Punkte $x \in \mathbb{R}$ mit $h_x \neq 0$.

Aufgabe 3.8.30 Sei $f\colon D \to \mathbb{K}$ eine Funktion.

a) Für jedes $r \in \mathbb{R}_+$ ist die Menge der Punkte $a \in \overline{D}$ mit $S_a(f) \geq r$ abgeschlossen. (Zur Schwankung $S_a(f)$ von f in a siehe Beispiel 3.8.17.)

b) Die Menge der Punkte $a \in \overline{D}$, in denen $\lim_{x \to a} f(x)$ nicht existiert, ist die Vereinigung von abzählbar vielen abgeschlossenen Mengen. Insbesondere ist die Menge der Unstetigkeitsstellen einer Funktion f auf einer abgeschlossenen Menge D $(= \overline{D})$ stets die Vereinigung abzählbar vieler abgeschlossener Mengen.

Aufgabe 3.8.31 Man beweise den sogenannten **Baireschen Dichtesatz**: Sei U_n, $n \in \mathbb{N}$, eine Folge dichter offener Mengen in $\mathbb{K}$. Dann ist der Durchschnitt $\bigcap_{n \in \mathbb{N}} U_n$ ebenfalls dicht in $\mathbb{K}$ und überdies überabzählbar. (U_n durch $\bigcap_{k \leq n} U_k$ ersetzend, kann man annehmen, dass (U_n) monoton abnimmt. Im Fall $\mathbb{K} = \mathbb{R}$ findet man zu jedem Intervall $[a, b]$, $a < b$, sukzessiv Intervalle $[a_n, b_n] \subseteq U_n$ mit $a_n < b_n$ und $[a, b] \supseteq [a_0, b_0] \supseteq \cdots \supseteq [a_n, b_n] \supseteq [a_{n+1}, b_{n+1}] \supseteq \cdots$. Im Fall $\mathbb{K} = \mathbb{C}$ schließt man entsprechend mit abgeschlossenen Kreisscheiben. – Für eine Verallgemeinerung siehe Satz 4.5.18.)

Aufgabe 3.8.32 Es gibt keine Funktion $f\colon \mathbb{R} \to \mathbb{R}$, deren Unstetigkeitsstellen genau die irrationalen Zahlen sind. (Dies folgt mit Aufg. 3.8.30b) und Aufg. 3.8.31.)

Aufgabe 3.8.33 Sei $f\colon D \to D$ eine stetige Funktion. Konvergiert für ein $x_0 \in D$ die Folge $x_n = f^n(x_0)$ $(= f(x_{n-1})$, $n \in \mathbb{N}^*)$ für $n \to \infty$ gegen einen Punkt $x \in D$, so ist dieses x notwendigerweise ein Fixpunkt von f.

Aufgabe 3.8.34 Sei $f\colon [a, b] \to [a, b]$, $a, b \in \mathbb{R}$, $a < b$, eine monoton wachsende Funktion.

a) f besitzt einen Fixpunkt (nämlich $\mathrm{Sup}\{x \in [a, b] \mid x \leq f(x)\}$). Man gebe ein Beispiel dafür, dass eine monoton fallende Funktion $[a, b] \to [a, b]$ im Allgemeinen keinen Fixpunkt hat.

b) Ist f überdies stetig, so konvergiert jede Folge (x_n) mit $x_0 \in [a, b]$ beliebig und $x_{n+1} = f(x_n)$, $n \in \mathbb{N}$, gegen einen Fixpunkt von f. Bei $x_0 = a$ konvergiert (x_n)

gegen den kleinsten und bei $x_0 = b$ gegen den größten Fixpunkt von f. (Für monoton fallende stetige Funktionen $g\colon [a,b] \to [a,b]$ lässt sich ein Fixpunkt (der nach Satz 3.8.27 existiert) im Allgemeinen nicht mit einer solchen Rekursion bestimmen, wie das triviale Beispiel $x \mapsto 1 - x$ auf $[0,1]$ zeigt. Hat aber die Komposition $g \circ g$ (die monoton wachsend ist) nur einen Fixpunkt (der dann notwendigerweise mit dem von g übereinstimmt), so konvergiert die Folge (x_n) auch jetzt gegen diesen Fixpunkt. Beweis!)

Aufgabe 3.8.35 Sei $f(x) := ax + b$, $a,b \in \mathbb{C}$, $|a| < 1$. Welche Folge liefert das Verfahren der sukzessiven Approximation in Satz 3.8.20 für den Fixpunkt $x = b/(1-a)$ von f, wenn man mit $x_0 = b$ startet?

Aufgabe 3.8.36 Die folgenden Aufgaben illustrieren den Banachschen Fixpunktsatz 3.8.20 und benutzen teilweise Mittel der Analysis, die erst später behandelt werden. Insbesondere begründe man gegebenenfalls mit Hilfe einer Abschätzung der Ableitung, vgl. die Bemerkung nach Satz 3.8.20, die starke Kontrahierbarkeit der betrachteten Funktionen f, deren Fixpunkt zu bestimmen ist.

a) $f(x) = \frac{1}{4}(1 - x^3)$ auf $[0,1]$. (Der Fixpunkt ist eine Nullstelle von $x^3 + 4x - 1$.)
b) $f(x) = \frac{1}{2}(x - e^x) + 1$ auf $[0, \frac{1}{2}]$. (Der Fixpunkt ist die Nullstelle von $e^x + x - 2$.)
c) $f(x) = \cos x$ auf $[0,1]$. (Man drücke wiederholt die cos-Taste eines gerade gestarteten Taschenrechners.)
d) $f(x) = (x+2)/(x+1)$ auf $[1,2]$. (Der Fixpunkt ist $\sqrt{2}$.)
e) $f(x) = \sqrt{1+x}$ auf $\mathbb{R}_+$. (Der Fixpunkt ist die Zahl Φ des Goldenen Schnitts. Man schreibt deshalb auch

$$\Phi = \sqrt{1 + \sqrt{1 + \sqrt{1 + \cdots}}}.$$

Genauer: Wählt man $x_0 \in \mathbb{R}_+$ als Startwert für die Iteration, so ist $x_n = f^n(x_0) = \sqrt{1 + \sqrt{1 + \sqrt{1 + \cdots + \sqrt{1 + x_0}}}}$ (n Wurzelzeichen), $n \in \mathbb{N}^*$. Ist $x_0 \in \mathbb{Q}_+^\times$, aber $1 + x_0 \notin {}^2\mathbb{Q}_+^\times$, z. B. $x_0 = 1$, so hat x_n den Grad 2^n über $\mathbb{Q}$, $n \in \mathbb{N}$. Die Minimalpolynome $P_n \in \mathbb{Q}[X]$ der x_n lassen sich rekursiv durch $P_0 = X - x_0$, $P_{n+1} = P_n(X^2 - 1)$, $n \in \mathbb{N}$, bestimmen. (Zum Beweis zeige man $x_{n+1} \notin \mathbb{Q}[x_n]$ durch Induktion über n.) Vgl. auch Aufg. 3.3.25b).)
f) $f(x) = a + \arctan x = a + \frac{1}{2}\pi - \arctan x^{-1}$ auf $[a, \infty[$, wobei $a > 0$ ist. (Der Fixpunkt x erfüllt die Gleichung $x = \tan(x - a)$ mit $x \in \,]a, a + \frac{1}{2}\pi[$, vgl. Abb. 3.23.) Man betrachte insbesondere den Fall $a = k\pi$, $k \in \mathbb{N}^*$, d. h. die Gleichung $x = \tan x$. Als Startwert benutze man $x_0 := a + \frac{1}{2}\pi$.
(**Bemerkung** Mit der Potenzreihendarstellung $\arctan x = \sum_{n=0}^\infty (-1)^n x^{2n+1}/(2n+1)$ für $x \in \,]{-1},1]$, vgl. Bd. 2, Abschn. 2.4, erhält man bei $x_0 := a + \frac{1}{2}\pi$ für *große* a die

Abb. 3.23 x als Fixpunkt von
$f(x) = a + \arctan x$ bzw.
$g(x) = \tan(x - a)$

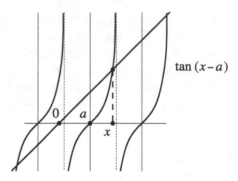

$\tan(x-a)$

Darstellungen

$$x_1 = x_0 - \arctan \frac{1}{x_0} = x_0 - \frac{1}{x_0} + \cdots, \qquad x_2 = x_0 - \arctan \frac{1}{x_1} = x_0 - \frac{1}{x_0} - \frac{2}{3x_0^3} + \cdots,$$

$$x_3 = x_0 - \arctan \frac{1}{x_2} = x_0 - \frac{1}{x_0} - \frac{2}{3x_0^3} - \frac{13}{15x_0^5} + \cdots$$

usw. Für *kleine* a besitzt der Fixpunkt x eine Potenzreihenentwicklung in $a^{1/3}$. Vgl.
Bd. 2, Beispiel 1.2.26.)

g) $f(x) = M + \varepsilon \sin x$ auf $\mathbb{R}$, $M \in \mathbb{R}$, $\varepsilon \in [0, 1[$. Man wähle exemplarisch einige Werte
für M und ε (etwa $M = \pi/4, \pi/2, 3\pi/4$ und $\varepsilon = 1/10, 1/4, 1/2, 3/4$) und starte mit
$x_0 = M$.
(**Bemerkung** Die Gleichung $x = M + \varepsilon \sin x$ heißt die **Keplersche Gleichung**. Bei
Benutzung der Potenzreihendarstellung $\sin x = \sum_{n=0}^{\infty}(-1)^n x^{2n+1}/(2n+1)!$, vgl.
Bd. 2, Abschn. 1.4, erhält man (in Potenzen von ε):

$$x_0 = M, \quad x_1 = M + \varepsilon \sin M,$$

$$x_2 = M + \varepsilon \sin(M + \varepsilon \sin M) = M + \varepsilon \sin M + \varepsilon^2 (\sin 2M)/2 + \cdots,$$

$$x_3 = M + \varepsilon \sin x_2 = M + \varepsilon \sin M + \varepsilon^2 (\sin 2M)/2 + \varepsilon^3 (3 \sin 3M - \sin M)/8 + \cdots$$

usw. Als geschlossenen Ausdruck für x erwähnen wir die für alle $M \in \mathbb{R}$ und $\varepsilon \in [0, 1[$
gültige, von F. W. Bessel (1784–1846) gefundene Darstellung

$$x = M + 2 \cdot \sum_{n=1}^{\infty} \frac{J_n(n\varepsilon)}{n} \sin nM,$$

in der die J_n, $n \in \mathbb{N}^*$, die Bessel-Funktionen sind, die in einem der folgenden Bände diskutiert werden. *Beweis.* Die Ableitung dx/dM ist (bei festem ε) eine gerade
periodische Funktion mit der Periode 2π und besitzt die Fourier-Entwicklung

$$\frac{a_0}{2} + \sum_{n=1}^{\infty} a_n \cos nM, \quad a_n := \frac{1}{\pi} \int_0^{2\pi} \frac{dx}{dM} \cos nM \, dM = \frac{1}{\pi} \int_0^{2\pi} \cos(nx - n\varepsilon \sin x) dx$$

$$= 2J_n(n\varepsilon),$$

woraus durch Integration wegen $x(0) = 0$ die Behauptung folgt. $\square$

Abb. 3.24 Exzentrische
Anomalie x und Flächensatz

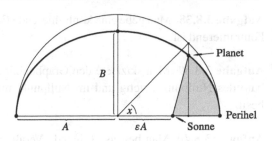

Die Keplersche Gleichung hat große Bedeutung beim Studium der Bewegung eines
Planeten um die Sonne. Hat dessen (Ellipsen-)Bahn die Halbachsenlängen A, B mit
$0 < B \le A$ und die **Exzentrizität** $\varepsilon := \sqrt{A^2 - B^2}/A$ und ist t die Zeit seit dem letzten Periheldurchgang, so hat der Strahl Sonne–Planet in diesem Zeitraum die Fläche
$AB\pi t/T$ überstrichen (Flächensatz = 2. Keplersches Gesetz). Dabei ist T die Um-
laufzeit des Planeten. Ist x, wie in Abb. 3.24 angedeutet, die sogenannte **exzentrische
Anomalie**, so ist bei $\varepsilon \le \cos x$ und $0 \le x \le \pi$ diese Fläche andererseits gleich

$$\frac{1}{2}(A \cos x - A\varepsilon) \cdot B \sin x + \frac{B}{A}\left(\frac{A^2 x}{2} - \frac{A^2}{2} \cos x \sin x\right) = \frac{AB}{2}(x - \varepsilon \sin x).$$

*Die exzentrische Anomalie x erfüllt also die Keplersche Gleichung $x - \varepsilon \sin x = M$
mit der* **mittleren Anomalie** $M := 2\pi t/T$ *zur Zeit* t.[16] Dies gilt auch für die x mit
$\varepsilon > \cos x$ (und $0 \le x \le \pi$) sowie für $x > \pi$, wie ähnliche Rechnungen zeigen.)

Aufgabe 3.8.37 Für $r \in [0, 4]$ ist $f(x) := rx(1 - x)$ eine Funktion von $[0, 1]$ in sich,
die bei $r \in [0, 1[$ stark kontrahierend ist. Für $r \in [0, 1[$ und jeden Anfangswert $x_0 \in [0, 1]$
konvergiert die iterierte Folge (x_n) mit $x_{n+1} = f(x_n)$ also gegen 0. Dies gilt übrigens
auch noch für $r = 1$. Bei $r \in\ ]1, 2]$ definiert f eine monoton wachsende Abbildung des
Intervalls $[0, \frac{1}{2}]$ in sich; für jeden Anfangswert $x_0 \in\ ]0, 1[$ konvergiert die obige Folge (x_n)
dann (ab $n = 1$ monoton wachsend) gegen den von 0 verschiedenen Fixpunkt von f, vgl.
auch Aufg. 3.8.34b). Bei $r \in\ ]2, 3[$ und einem Anfangswert x_0, der sich um weniger als
$(3 - r)/2r$ vom Fixpunkt $(r - 1)/r$ von f unterscheidet, konvergiert die Folge (x_n) noch
gegen diesen Fixpunkt. Man untersuche schließlich experimentell das Verhalten der iterierten Folge (x_n) für andere Startwerte und für Parameterwerte $r \in [3, 4]$. – Für $r \in\ ]1, 3]$
und $x_0 \in\ ]0, 1[$ konvergiert (x_n) übrigens stets gegen $(r - 1)/r$. – Bei den durch die Funktionen $f : [0, 1] \to [0, 1]$ definierten diskreten dynamischen Systemen handelt es sich um
diskrete Varianten der Verhulstschen Differenzialgleichung (die das Wachstum von Popu-
lationen modelliert). Für Parameterwerte $r \in\ ]3, 4]$ sind die rein-periodischen Punkte x_0
mit einer Periode $k \ge 2$ interessant. Dies sind Fixpunkte der k-fach iterierten Abbildung
$f^k = f \circ \cdots \circ f$. (Vgl. dazu auch Aufg. 2.4.16. – Die durch $f(x) = rx(1 - x)$ definierten diskreten dynamischen Systeme $([0, 1], f)$ sind Musterbeispiele für das Verhalten
dynamischer Systeme in Abhängigkeit von Parametern (hier r).)

---

[16] Der Winkel zwischen den Strahlen Sonne–Perihel und Sonne–Planet heißt die **wahre Anomalie**
(zur Zeit t).

Aufgabe 3.8.38 Man gebe eine kontrahierende Funktion $[0, 1] \to [0, 1]$ an, die nicht stark kontrahierend ist.

Aufgabe 3.8.39 Man skizziere den Graphen einer Funktion $f : [-1, 1] \to \mathbb{R}$, die außerhalb des Nullpunkts stetig und im Nullpunkt unstetig ist, dort aber keine Sprungstelle besitzt.

Aufgabe 3.8.40 Man beweise folgende Verallgemeinerung des Banachschen Fixpunktsatzes 3.8.20: Sei $f : D \to D$ eine Funktion auf der nichtleeren abgeschlossenen Menge $D \subseteq \mathbb{C}$ mit den Iterierten f^n, $n \in \mathbb{N}$. Zu jedem $n \in \mathbb{N}$ gebe es ein $L_n \in \mathbb{R}_+$ mit $|f^n(x) - f^n(x')| \leq L_n |x - x'|$ für alle $x, x' \in D$. Dabei sei $M := \sum_{n \in \mathbb{N}} L_n < \infty$. (In Satz 3.8.20 ist $L_n = L^n$ mit $0 \leq L < 1$.) Dann besitzt f genau einen Fixpunkt x. Ist $x_0 \in D$ ein beliebiger Punkt in D, so konvergiert die Folge $x_{n+1} := f^{n+1}(x_0) = f(x_n)$, $n \in \mathbb{N}$, gegen x und es ist

$$|x - x_n| \leq \left(\sum_{i=n}^{\infty} L_i \right) |x_1 - x_0| \quad \text{bzw.} \quad |x - x_n| \leq M|x_{n+1} - x_n| \leq L_n M |x_1 - x_0|.$$

Aufgabe 3.8.41 Man berechne alle Nullstellen der folgenden Funktionen (etwa bis auf einen Fehler $\leq 10^{-5}$) mit dem Intervallhalbierungsverfahren bzw. der Regula falsi und vergleiche die Güte der beiden Verfahren.

a)　$x^3 - 3x + 1$ auf $\mathbb{R}$.

b)　$x^3 - 2x - 5$ auf $\mathbb{R}$.

c)　$\ln x - (x - 2)^2$ auf $\mathbb{R}_+^{\times}$.

d)　$e^x + x - 2$ auf $\mathbb{R}$.

e)　$x - \tan x$ auf $]\frac{1}{2}(2k - 1)\pi, \frac{1}{2}(2k + 1)\pi[$, $k = 1, 2, 3, \ldots$ (Vgl. Aufg. 3.8.36f).)

Aufgabe 3.8.42 Eine stetige Funktion $f : [a, b] \to \mathbb{R}$, die in $[a, b]$ überhaupt eine Nullstelle besitzt, hat dort sowohl eine kleinste als auch eine größte Nullstelle. (Aufg. 3.8.26a).) Insbesondere hat f in $]a, b[$ eine größte und eine kleinste Nullstelle, wenn $f(a)f(b) < 0$ ist.

Aufgabe 3.8.43 Eine Funktion $f : D \to \mathbb{K}$ heißt **lokal konstant**, wenn es zu jedem $a \in D$ eine Umgebung U von a gibt derart, dass $f|(U \cap D)$ konstant ist. Man zeige: Ist D ein Intervall in $\mathbb{R}$ und f lokal konstant, so ist f konstant.

Aufgabe 3.8.44 Eine stetige Funktion f auf einem Intervall $I \subseteq \mathbb{R}$, deren Werte alle rational sind, ist konstant. Allgemeiner: Jede stetige Funktion $I \to \mathbb{K}$, die nur abzählbar viele Werte annimmt, ist konstant.

Aufgabe 3.8.45 Seien $f, g : [a, b] \to \mathbb{R}$ stetige Funktionen mit $f(a) \leq g(a)$ und $f(b) \geq g(b)$. Dann gibt es ein $x_0 \in [a, b]$ mit $f(x_0) = g(x_0)$. (Man betrachte $f - g$.)

Aufgabe 3.8.46 Sei $f\colon [a,b] \to \mathbb{R}$, $a < b$, eine stetige Funktion mit $f(a) = f(b)$. Zu jedem $n \in \mathbb{N}^*$ gibt es dann ein $x_n \in [a, b - (b-a)/n]$ mit $f(x_n) = f(x_n + (b-a)/n)$. (Der Fall $n = 2$ entspricht der Aussage in Beispiel 3.8.28.) Ist $f(x) \geq f(a) = f(b)$ für alle $x \in [a,b]$, so gibt es zu jedem $c \in [0, b-a]$ ein $x_0 \in [a, b-c]$ mit $f(x_0) = f(x_0+c)$.

Aufgabe 3.8.47 Sei $I \subseteq \mathbb{R}$ ein Intervall und $f\colon I \to \mathbb{R}$ stetig. Dann ist $f(I) \neq \mathbb{R}^\times$.

Aufgabe 3.8.48 Seien $I \subseteq \mathbb{R}$ ein Intervall und $f\colon I \to \mathbb{R}$ eine stetige Funktion. Zu $x_1, \ldots, x_n \in I$ und $t_1, \ldots, t_n \in \mathbb{R}_+$ mit $t_1 + \cdots + t_n = 1$ gibt es ein $x_0 \in I$ mit

$$f(x_0) = t_1 f(x_1) + \cdots + t_n f(x_n).$$

Aufgabe 3.8.49 Sei $f\colon [a,b] \to \mathbb{R}$ eine stetige Funktion mit $f(a) \leq 0$ und $f(b) > 0$. Man beweise den Nullstellensatz 3.8.23 für f in folgender Weise: Die Menge der $x \in [a,b]$ mit $f(x) \leq 0$ ist nichtleer und abgeschlossen. Ihr größtes Element ist $< b$ und Nullstelle von f.

Aufgabe 3.8.50 Sei $W \subseteq \mathbb{R}$ dicht in $\mathbb{R}$, d. h. $\overline{W} = \mathbb{R}$. Die Funktion $f\colon I \to \mathbb{R}$ auf dem Intervall $I \subseteq \mathbb{R}$ genüge dem Zwischenwertsatz. Für jede konvergente Folge (a_n) in I mit einem Grenzwert $a \in I$, für die $(f(a_n))$ eine konstante Folge in W ist, gelte $f(a) = f(a_n)$, $n \in \mathbb{N}$. Dann ist f stetig.

Aufgabe 3.8.51 Die Funktion $f\colon I \to \mathbb{R}$ auf dem abgeschlossenen Intervall $I \subseteq \mathbb{R}$ genüge dem Zwischenwertsatz, und die Fasern von f seien abgeschlossen. Dann ist f stetig. (Man benutze das Ergebnis von Aufg. 3.8.50.)

Aufgabe 3.8.52 Man gebe eine Funktion $f\colon I \to \mathbb{R}$ auf einem Intervall $I \subseteq \mathbb{R}$ an, die dem Zwischenwertsatz genügt, aber dort nicht stetig ist.

Aufgabe 3.8.53 Man beweise den Satz 3.8.31 über die Stetigkeit der Umkehrfunktion mit Hilfe des Satzes 3.4.3 von Bolzano-Weierstraß, ohne Satz 3.8.30 zu verwenden.

Aufgabe 3.8.54 Sei $f\colon {]a,b[} \to \mathbb{R}$, $-\infty \leq a < b \leq \infty$, eine linksseitig stetige und monoton wachsende Funktion mit $A := f(a+) = \lim_{t \to a, t > a} f(t)$, $B := f(b-) = \lim_{t \to b, t < b} f(t) \in \overline{\mathbb{R}}$. Die Funktion $h\colon {]A,B[} \to {]a,b[}$ sei definiert durch

$$h(s) := \mathrm{Sup}\{t \in {]a,b[} \mid f(t) \leq s\} \in {]a,b[}.$$

a) h ist monoton wachsend und rechtsseitig stetig.

b) Genau dann ist h im Punkt $s_0 \in {]A,B[}$ stetig, wenn f den Wert s_0 höchstens einmal annimmt.

c) Für alle $t \in {]a,b[}$ und $s \in {]A,B[}$ gilt: Genau dann ist $t \leq h(s)$, wenn $f(t) \leq s$ ist.

d) Ist f streng monoton wachsend und stetig, so ist h die Umkehrfunktion zu f.

s [Mio. qkm]	4,5	88,5	207,5	278,5	303	318	333,5	362
$h(s)$ [km]	-6	-5	-4	-3	-2	-1	-0,2	0
s [Mio. qkm]	443	470	494	504	507	509,5	510	
$h(s)$ [km]	0,5	1	2	3	4	5	8	

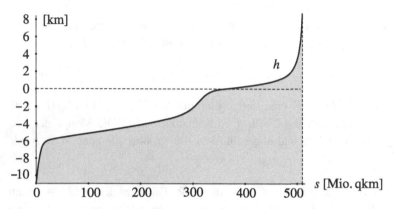

Abb. 3.25 Wertetabelle und Graph der hypsographischen Kurve h

Bemerkung h ersetzt in gewisser Weise die Umkehrfunktion zu f, falls f das Intervall
$]a, b[$ nicht bijektiv auf $]A, B[$ abbildet. Sei $f : \mathbb{R} \to \mathbb{R}$ beispielsweise die Verteilung
der Höhen auf der Erdoberfläche, d. h. $f(t)$, $t \in \mathbb{R}$, sei die Gesamtfläche der Punkte
der Erdoberfläche, die eine Höhe $< t$ relativ zum Meeresspiegel haben. f ist dann (als
Verteilungsfunktion eines Maßes, siehe dazu Bd. 6), linksseitig stetig, und h heißt die
hypsographische Kurve, vgl. Abb. 3.25. Mit ihrer Hilfe beschreibt man gewöhnlich die
Verteilung der Höhen auf der Erdoberfläche.

3.9 Stetige Funktionen auf kompakten Mengen

In diesem Abschnitt behandeln wir stetige Funktionen auf kompakten Mengen in $\mathbb{K}$. Wir
nennen eine Teilmenge $K \subseteq \mathbb{K}$ **kompakt** (in $\mathbb{K}$), wenn sie abgeschlossen und beschränkt
ist. Eine Teilmenge K von $\mathbb{R}$ ist genau dann kompakt in $\mathbb{R}$, wenn sie kompakt in $\mathbb{C}$ ist.
Der Hinweis auf den Körper $\mathbb{R}$ oder $\mathbb{C}$ ist also überflüssig. Die entscheidende Eigenschaft
kompakter Mengen wird in folgendem Satz beschrieben:

Satz 3.9.1 *Sei K eine Teilmenge von $\mathbb{K}$. Genau dann ist K kompakt, wenn jede Folge von
Elementen aus K eine Teilfolge besitzt, die gegen ein Element aus K konvergiert.*

Beweis Sei K kompakt und (x_n) eine Folge in K. Wie K ist dann auch (x_n) beschränkt,
besitzt also nach dem Satz von Bolzano-Weierstraß 3.4.3 konvergente Teilfolgen. Da K

abgeschlossen ist, liegt deren Grenzwert in K. – Sei umgekehrt die angegebene Bedingung für die Folgen in K erfüllt. Dann ist K beschränkt. Andernfalls gäbe es nämlich eine Folge (x_n) in K mit $|x_n| \geq n$, $n \in \mathbb{N}$, und diese Folge besäße keine konvergente Teilfolge. K ist auch abgeschlossen. Dazu ist zu zeigen, dass der Grenzwert x einer beliebigen konvergenten Folge (x_n) mit Elementen aus K ebenfalls in K liegt. Da nach Voraussetzung der Grenzwert einer Teilfolge von (x_n) in K liegt und dieser mit x übereinstimmt, liegt x in K. □

In Abschn. 4.4 werden wir den Begriff der Kompaktheit in allgemeinerem Rahmen diskutieren. Der Hauptsatz dieses Abschnitts ist die folgende Aussage:

Satz 3.9.2 *Sei $f: K \to \mathbb{K}$ eine stetige Funktion auf der kompakten Menge K. Dann ist auch Bild $f = f(K)$ kompakt.*

Beweis Sei $f(x_n)$, $n \in \mathbb{N}$, mit $x_n \in K$ eine Folge von Elementen aus $f(K)$. Nach Satz 3.9.1 gibt es zu (x_n) eine konvergente Teilfolge (x_{n_k}) mit $x := \lim_{k \to \infty} x_{n_k} \in K$. Wegen der Stetigkeit von f gilt dann $\lim_{k \to \infty} f(x_{n_k}) = f(x) \in f(K)$, d. h. die vorgelegte Folge $(f(x_n))$ besitzt eine konvergente Teilfolge $(f(x_{n_k}))$, deren Grenzwert in $f(K)$ liegt, und $f(K)$ ist kompakt wiederum nach Satz 3.9.1. □

Satz 3.9.2 besagt insbesondere, dass jede stetige Funktion auf einer kompakten Menge beschränkt ist, d. h. dass ihr Bild beschränkt ist. Die folgenden Korollare, die auf K. Weierstraß zurückgehen, geben über die Beschränktheit stetiger Funktionen auf kompakten Mengen hinaus zusätzliche Informationen.

Korollar 3.9.3 *Sei $f: K \to \mathbb{R}$ eine stetige reellwertige Funktion auf der kompakten Menge $K \neq \emptyset$. Dann gibt es $x_1, x_2 \in K$ derart, dass für alle $x \in K$ gilt: $f(x_1) \leq f(x) \leq f(x_2)$.*

Beweis Als kompakte Teilmenge von $\mathbb{R}$ ist $f(K)$ beschränkt. Da die Menge ferner abgeschlossen und nichtleer ist, enthält sie nach Satz 3.4.16 ihr Infimum $f(x_1)$ und ihr Supremum $f(x_2)$. □

Wir können Korollar 3.9.3 auch folgendermaßen formulieren: *Eine stetige reellwertige Funktion auf einem nichtleeren Kompaktum nimmt ihr globales Maximum und ihr globales Minimum an.*

Korollar 3.9.4 *Sei $f: [a, b] \to \mathbb{R}$ eine stetige reellwertige Funktion auf dem abgeschlossenen Intervall $[a, b] \subseteq \mathbb{R}$, $a \leq b$. Dann ist $f([a, b])$ ebenfalls ein abgeschlossenes und beschränktes Intervall in $\mathbb{R}$.*

Beweis Das Intervall $[a, b]$ ist kompakt. Daher nimmt die Funktion f ihr globales Maximum und ihr globales Minimum an und nach dem Zwischenwertsatz auch alle Werte dazwischen. □

Korollar 3.9.5 *Sei* $f: K \to \mathbb{K}$ *eine stetige Funktion auf der nichtleeren kompakten Menge* K. *Dann gibt es Elemente* $x_1, x_2 \in K$ *mit* $|f(x_1)| \leq |f(x)| \leq |f(x_2)|$ *für alle* $x \in K$.

Beweis Die Aussage folgt aus Korollar 3.9.3, angewandt auf die stetige Funktion $x \mapsto |f(x)|$. $\qquad\qquad\qquad\qquad\qquad\qquad\qquad\qquad\qquad\qquad\qquad\qquad\qquad\qquad\quad$ □

Beispiel 3.9.6 In den vorstehenden Aussagen ist die Kompaktheit des Definitionsbereichs der stetigen Funktion f wesentlich: Die Funktion $x \mapsto 1/x$ auf dem beschränkten Intervall $]0, 1[$ beispielsweise ist stetig, aber ihr Bild ist das unbeschränkte Intervall $]1, \infty]$. Das Bild der stetigen Funktion $x \mapsto x$ auf $]0, 1[$ ist beschränkt, aber das Supremum 1 und das Infimum 0 der Funktionswerte sind nicht selbst Funktionswerte. $\qquad\qquad\qquad\quad$ ◇

Als schöne Anwendung der Eigenschaften stetiger Funktionen auf kompakten Mengen beweisen wir den bereits in Satz 2.10.29 zitierten Fundamentalsatz der Algebra.

Satz 3.9.7 (Fundamentalsatz der Algebra) *Der Körper* $\mathbb{C}$ *ist algebraisch abgeschlossen, d. h. jedes nichtkonstante Polynom* $F \in \mathbb{C}[X]$ *besitzt eine Nullstelle in* $\mathbb{C}$.

Beweis Wir können $F(0) \neq 0$ annehmen. Wegen $\lim_{z \to \infty} F(z) = \infty$, vgl. Beispiel 3.8.14, gibt es ein $R \geq 0$ derart, dass $|F(z)| \geq |F(0)|$ ist für alle $z \in \mathbb{C}$ mit $|z| \geq R$. Außerdem ist die abgeschlossene und beschränkte Kreisscheibe $\overline{B}(0; R) = \{z \in \mathbb{C} \mid |z| \leq R\}$ kompakt. Nach Korollar 3.9.5 gibt es daher ein $z_0 \in \overline{B}(0; R)$ mit $|F(z_0)| \leq |F(z)|$ für alle $z \in \overline{B}(0; R)$. Dann ist $|F(z_0)| \leq |F(z)|$ für alle $z \in \mathbb{C}$ wegen $|F(z_0)| \leq |F(0)| \leq |F(z)|$ für $|z| \geq R$.

Wir zeigen, dass $F(z_0) = 0$ ist. Dazu nehmen wir an, es sei $b_0 := F(z_0) \neq 0$, und konstruieren ein $z \in \mathbb{C}$ mit $|F(z)| < |F(z_0)|$, was einen Widerspruch zur Wahl von z_0 ergibt. Entwickeln des Polynoms F um z_0 (vgl. etwa die Bemerkung im Anschluss an Korollar 2.9.29) liefert für jedes $z \in \mathbb{C}$ eine Darstellung

$$F(z) = b_0 + b_s (z - z_0)^s + \cdots + b_n (z - z_0)^n$$

mit Konstanten $b_s, \ldots, b_n$, wobei $s \geq 1$ und $b_s \neq 0$ ist. Um ein z mit $|F(z)| < |F(z_0)|$ zu bestimmen, wählen wir zunächst ein $x_0 \in \mathbb{C}$ mit $x_0^s = -b_0/b_s (\neq 0)$, vgl. Beispiel 3.5.6. Für $z := z_0 + r x_0$, $r \in \mathbb{R}_+^{\times}$, ist dann

$$F(z) = b_0 + b_s r^s x_0^s + r^{s+1} G(r) = b_0 (1 - r^s) + r^{s+1} G(r)$$

mit einem Polynom $G \in \mathbb{C}[X]$ und folglich

$$|F(z)| \leq |b_0|(1 - r^s) + r^{s+1}|G(r)| = |b_0| - r^s \left(|b_0| - r|G(r)|\right) < |b_0| = |F(z_0)|,$$

falls überdies noch $r < 1$ und $r|G(r)| < |b_0|$ ist, was wegen $\lim_{r \to 0} r G(r) = 0$ stets erreicht werden kann. $\qquad\qquad\qquad\qquad\qquad\qquad\qquad\qquad\qquad\qquad\qquad\qquad\qquad\qquad\qquad\quad$ □

Der obige Beweis des Fundamentalsatzes der Algebra folgt im Wesentlichen dem Beweis von J. R. Argand (1768–1822) aus dem Jahr 1806. Die Grundidee dazu findet sich bereits 1748 bei d'Alembert (1717–1783). Für die algebraischen Konsequenzen aus dem Fundamentalsatz der Algebra verweisen wir auf Abschn. 2.10, insbesondere auf den Satz 2.10.30 über die Primfaktorzerlegung reeller Polynome.

Bemerkung 3.9.8 Der obige Beweis des Fundamentalsatzes der Algebra liefert kaum eine Möglichkeit, die Nullstellen eines Polynoms mit vertretbarem Aufwand genügend genau zu approximieren. Zu diesem schwierigen numerischen Problem werden wir auch später keine allgemeinen Verfahren angeben. Man wird die für beliebige stetige oder differenzierbare Funktionen entwickelten Methoden (etwa das in Bd. 2 und Bd. 5 zu besprechende Newton-Verfahren) einsetzen. Zur Bestimmung der reellen Nullstellen reeller Polynome kann man auch das Intervallhalbierungsverfahren aus dem Beweis von Satz 3.8.23 oder die Regula falsi gemäß Beispiel 3.8.26 verwenden. Rationale Nullstellen von Polynomen mit ganzzahligen Koeffizienten findet man schon mit Aufg. 1.7.31a). $\diamond$

Beispiel 3.9.9 *Die Nullstellen eines Polynoms hängen stetig von den Koeffizienten ab.* Wir beweisen dazu die folgende Aussage, die wir in Bd. 5 verschärfen werden.

Satz 3.9.10 *Sei $n \in \mathbb{N}^*$. Das normierte Polynom $F = a_0 + a_1 X + \cdots + X^n \in \mathbb{C}[X]$ besitze die Nullstellen $\alpha_1, \ldots, \alpha_n$ (mehrfache Nullstellen mehrfach notiert). Dann gibt es zu jedem $\varepsilon > 0$ ein $\delta > 0$ derart, dass die Nullstellen aller normierten Polynome $G = b_0 + b_1 X + \cdots + X^n \in \mathbb{C}[X]$ mit $|b_i - a_i| \leq \delta$, $i = 0, \ldots, n-1$, in der Vereinigung der offenen ε-Umgebungen $\mathrm{B}(\alpha_j; \varepsilon)$, $j = 1, \ldots, n$, liegen.*

Beweis Sei $\varepsilon > 0$ vorgegeben. Wählen wir dann zunächst $\delta \leq 1/n$, so ist jede Nullstelle β von G offenbar dem Betrage nach $\leq c := |a_0| + \cdots + |a_{n-1}| + 1$, vgl. Aufg. 3.5.9. Überdies sei δ noch $< \varepsilon^n / nc^{n-1}$. Dann gilt die Behauptung. Wäre nämlich β eine Nullstelle von G mit $|\beta - \alpha_j| \geq \varepsilon$ für alle $j = 1, \ldots, n$, so erhielte man den Widerspruch

$$\varepsilon^n \leq |\beta - \alpha_1| \cdots |\beta - \alpha_n| = |F(\beta)| = |F(\beta) - G(\beta)| \leq \sum_{\nu=0}^{n-1} |a_\nu - b_\nu| |\beta|^\nu \leq n\delta c^{n-1} < \varepsilon^n.$$

$\square$ $\diamond$

Zum Schluss dieses Abschnitts gehen wir noch kurz auf den Begriff der gleichmäßigen Stetigkeit ein. Die Funktion $f:]0, 1[\to \mathbb{R}$ mit $f(x) := 1/x$ ist stetig. Zu jedem Punkt $a \in]0, 1[$ und jedem $\varepsilon > 0$ gibt es also ein $\delta > 0$ derart, dass für alle $x \in]0, 1[$ mit $|x - a| \leq \delta$ gilt $|(1/x) - (1/a)| \leq \varepsilon$. Dieses δ hängt dabei nicht nur von ε ab (was selbstverständlich ist), sondern auch wesentlich von der Stelle a. Je näher a an 0 liegt, desto kleiner ist δ zu wählen. Sicherlich muss $\delta < a$ sein. Insbesondere gibt es zu vorgegebenem $\varepsilon > 0$ kein $\delta > 0$, mit dem die Stetigkeitsbedingung für *alle* $a \in]0, 1[$ erfüllt ist. Die Funktion f ist somit *nicht* gleichmäßig stetig im Sinne der folgenden Definition.

Definition 3.9.11 Eine Funktion $f\colon D \to \mathbb{K}$ heißt **gleichmäßig stetig** (in D), wenn es zu jedem (noch so kleinen) $\varepsilon > 0$ ein $\delta > 0$ gibt derart, dass für alle $x, y \in D$ mit $|x - y| \leq \delta$ gilt: $|f(x) - f(y)| \leq \varepsilon$.

Man beachte, dass die gleichmäßige Stetigkeit von f eine globale Eigenschaft ist, die entscheidend auch vom Definitionsbereich $D (\subseteq \mathbb{C})$ abhängt. *Natürlich sind gleichmäßig stetige Funktionen stetig.* Für kompakte Definitionsbereiche gilt auch die Umkehrung:

Satz 3.9.12 *Jede stetige Funktion $f\colon K \to \mathbb{K}$ auf einer kompakten Menge K ist sogar gleichmäßig stetig.*

Beweis Angenommen, die Aussage sei falsch. Dann gibt es ein $\varepsilon_0 > 0$ und dazu Folgen $x_n, n \in \mathbb{N}^*$, und $y_n, n \in \mathbb{N}^*$, in K, für die zwar $|x_n - y_n| \leq 1/n$ ist, aber $|f(x_n) - f(y_n)| > \varepsilon_0$. Da K kompakt ist, gibt es nach Satz 3.9.1 eine konvergente Teilfolge (x_{n_k}) von (x_n) mit $x := \lim_{k \to \infty} x_{n_k} \in K$. Dann ist auch $\lim_{k \to \infty} y_{n_k} = x$ und wegen der Stetigkeit von f

$$\lim_{k \to \infty} \left(f(x_{n_k}) - f(y_{n_k}) \right) = \lim_{k \to \infty} f(x_{n_k}) - \lim_{k \to \infty} f(y_{n_k}) = f(x) - f(x) = 0$$

im Widerspruch zu $|f(x_{n_k}) - f(y_{n_k})| > \varepsilon_0$ für alle k. $\square$

Als Anwendung des Begriffs der gleichmäßigen Stetigkeit bringen wir noch den folgenden Fortsetzungssatz:

Satz 3.9.13 *Jede gleichmäßig stetige Funktion $f\colon D \to \mathbb{K}$ lässt sich zu einer (eindeutig bestimmten) stetigen Funktion auf dem Abschluss $\overline{D}$ von D fortsetzen. Die Fortsetzung $\overline{D} \to \mathbb{K}$ ist ebenfalls gleichmäßig stetig.*

Beweis Nach Satz 3.8.16 genügt es zu zeigen, dass für jedes $x \in \overline{D}$ der Grenzwert $\lim_{y \to x} f(y)$ existiert. Wegen der gleichmäßigen Stetigkeit von f sind aber die Voraussetzungen des Cauchyschen Konvergenzkriteriums 3.8.3 für Grenzwerte erfüllt. Den Beweis des Zusatzes überlassen wir dem Leser. (Vgl. auch Satz 4.5.14.) $\square$

Für die Existenz einer stetigen (nicht notwendig gleichmäßig stetigen) Fortsetzung $\overline{D} \to \mathbb{K}$ genügte es, in Satz 3.9.13 vorauszusetzen, dass zu jedem $x \in \overline{D}$ eine Umgebung U von x existiert derart, dass $f|(D \cap U)$ gleichmäßig stetig ist.

Aufgaben

Aufgabe 3.9.1 Es gibt keine stetige surjektive Funktion $f\colon [0, 1] \to [0, 1[$.

Aufgabe 3.9.2 Sei $n \in \mathbb{N}$, $n \geq 2$. Es gibt auf dem abgeschlossenen Intervall $[a, b] \subseteq \mathbb{R}$ keine stetige reellwertige Funktion, die jeden ihrer Werte genau n-mal annimmt.

Abb. 3.26 Schattenpunkte
beim Sonnenaufgangslemma

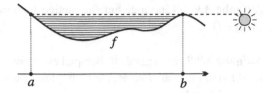

Aufgabe 3.9.3

a) Es gibt keine stetige bijektive Abbildung $f: I \to U = \{z \in \mathbb{C} \mid |z| = 1\}$, wobei I ein offenes oder ein abgeschlossenes beschränktes Intervall in $\mathbb{R}$ ist.

b) Es gibt keine stetige bijektive Abbildung $f: \mathbb{R} \to U$. (Es gibt stetige bijektive Abbildungen $\mathbb{R} \overset{\sim}{\to}]-1, 1[$.)

Aufgabe 3.9.4 Sei $f: D \to \mathbb{R}$ eine stetige Funktion auf der kompakten Teilmenge $D \neq \emptyset$ von $\mathbb{C}$. Ferner sei $E := \{\Re z \mid z \in D\} \subseteq \mathbb{R}$. Dann ist E kompakt, und für jedes $x \in E$ ist die Menge $D_x := \{z \in D \mid \Re z = x\}$ ebenfalls kompakt. Ferner ist die Funktion $g: E \to \mathbb{R}$ mit $g(x) := \mathrm{Sup}\{f(z) \mid z \in D_x\}$ **halbstetig nach oben,** d. h. zu jedem $a \in E$ und jedem $\varepsilon > 0$ gibt es eine Umgebung U von a mit $g(x) \leq g(a) + \varepsilon$ für alle $x \in E \cap U$,[17] und es gilt $\mathrm{Sup}\{f(z) \mid z \in D\} = \{g(x) \mid x \in E\}$. Ist D überdies konvex (d. h. enthält D mit je zwei Punkten auch deren Verbindungsstrecke), so ist $g: E \to \mathbb{R}$ sogar stetig.

Aufgabe 3.9.5 Sei D kompakt und $f: D \to \mathbb{K}$ eine stetige injektive Funktion. Dann ist die Umkehrabbildung $f^{-1}: f(D) \to D$ ebenfalls stetig. Man zeige an Hand von Beispielen, dass die Aussage bei beliebigem $D \subseteq \mathbb{C}$ im Allgemeinen falsch ist.

Aufgabe 3.9.6 Sei $f: D \to D$ eine kontrahierende Abbildung der kompakten Menge $D \neq \emptyset$ in sich, vgl. Beispiel 3.8.19. Dann besitzt f genau einen Fixpunkt. (Man betrachte eine Stelle, an der $|f(x)-x|$ minimal wird.) Für jeden Punkt $x_0 \in D$ konvergiert die Folge $(x_n) = f^n(x_0)$, $n \in \mathbb{N}$, in D mit $x_{n+1} = f(x_n)$, $n \in \mathbb{N}$, gegen diesen Fixpunkt. Man gebe eine abgeschlossene Menge $D \neq \emptyset$ in $\mathbb{C}$ an mit einer kontrahierenden Abbildung $f: D \to D$ ohne Fixpunkt, etwa für $D = \mathbb{R}$.

Aufgabe 3.9.7 Sei $f: \mathbb{R} \to \mathbb{R}$ stetig. Ein Punkt $x \in \mathbb{R}$ heißt ein **Schattenpunkt für** f, wenn es ein $y > x$ in $\mathbb{R}$ gibt mit $f(y) > f(x)$. Die Punkte $a, b \in \mathbb{R}$, $a < b$, seien keine Schattenpunkte, aber das offene Intervall $]a, b[$ enthalte nur Schattenpunkte für f. Dann ist $f(x) < f(b)$ für alle $x \in]a, b[$ und $f(a) = f(b)$, vgl. dazu Abb. 3.26. (Man betrachte eine Stelle in $[x, b]$, an der $f|[x, b]$ das Maximum annimmt. – In dem empfehlenswerten Buch Spivak, M.: Calculus, New York 1967, heißt diese Aussage das **Sonnenaufgangslemma.**)

---

[17] Analog ist die **Halbstetigkeit nach unten** definiert.

Aufgabe 3.9.8 Eine gleichmäßig stetige Funktion $f\colon D \to \mathbb{K}$ auf einer beschränkten Menge $D \subseteq \mathbb{C}$ ist beschränkt.

Aufgabe 3.9.9 Man gebe ein Beispiel einer beschränkten stetigen Funktion auf einem beschränkten Intervall $I \subseteq \mathbb{R}$, die nicht gleichmäßig stetig ist. (Man skizziere den Graphen einer solchen Funktion.)

Aufgabe 3.9.10
a) Für $\alpha \in \mathbb{R}_+$ ist die Funktion $x \mapsto x^\alpha$ auf $\mathbb{R}_+$ genau dann gleichmäßig stetig, wenn $\alpha \leq 1$ ist.
b) Für $\alpha \in \mathbb{R}$ ist die Funktion $x \mapsto x^\alpha$ auf $[1, \infty[$ genau dann gleichmäßig stetig, wenn $\alpha \leq 1$ ist.

Aufgabe 3.9.11
a) Jede Hölder-stetige und insbesondere jede Lipschitz-stetige Funktion $f\colon D \to \mathbb{K}$ ist gleichmäßig stetig.
b) Die Funktionen $x \mapsto x^\alpha$ auf $[0, 1]$ sind für $\alpha \geq 0$ gleichmäßig stetig, aber bei $0 < \alpha < 1$ nicht Lipschitz-stetig.

Aufgabe 3.9.12 Jede beschränkte monotone stetige Funktion $f\colon I \to \mathbb{R}$ auf einem Intervall $I \subseteq \mathbb{R}$ ist gleichmäßig stetig.

Aufgabe 3.9.13 Eine stetige Funktion $f\colon D \to \mathbb{K}$ auf einer abgeschlossenen unbeschränkten Menge $D \subseteq \mathbb{C}$ ist gleichmäßig stetig, falls $\lim_{x \to \infty} f(x) \in \mathbb{K}$ existiert. Ist $D \subseteq \mathbb{R}$ abgeschlossen und D nach oben und nach unten unbeschränkt, so genügt für die gleichmäßige Stetigkeit die Existenz der Limiten $\lim_{x \to -\infty} f(x)$ und $\lim_{x \to \infty} f(x)$.

Aufgabe 3.9.14 Eine Funktion $f\colon D \to \mathbb{C}$ heißt **lokal beschränkt**, wenn zu jedem Punkt $x \in D$ eine Umgebung U von x existiert, für die $f|(D \cap U)$ beschränkt ist. Ist $f\colon D \to \mathbb{C}$ lokal beschränkt und D kompakt, so ist f beschränkt.

Aufgabe 3.9.15 Seien I_1, I_2 Intervalle in $\mathbb{R}$ mit $I_1 \cap I_2 \neq \emptyset$ und $I := I_1 \cup I_2$. Eine Funktion $f\colon I \to \mathbb{C}$ ist bereits dann gleichmäßig stetig, wenn ihre Beschränkungen $f|I_1$ und $f|I_2$ gleichmäßig stetig sind.

Aufgabe 3.9.16 Seien K und L kompakte Teilmengen von $\mathbb{K}$. Dann ist auch ihre Minkowski-Summe $K + L$ kompakt.

Aufgabe 3.9.17 Seien $K \subseteq \mathbb{K}$ eine kompakte Teilmenge und U eine offene Teilmenge von $\mathbb{K}$ mit $K \subseteq U$. Dann gibt es ein $\varepsilon > 0$ derart, dass der ε-Schlauch

$$K_\varepsilon := \bigcup_{x \in K} \overline{\mathrm{B}}_\mathbb{K}(x; \varepsilon) = K + \overline{\mathrm{B}}_\mathbb{K}(0; \varepsilon)$$

um K (der nach Aufg. 3.9.16 ebenfalls kompakt ist) noch ganz in U liegt. (Andernfalls gäbe es Folgen x_n, $n \in \mathbb{N}^*$, und y_n, $n \in \mathbb{N}^*$, in $\mathbb{K}$ mit $x_n \in K$ und $y_n \notin U$ und $|x_n - y_n| \leq 1/n$. Für $x \in \mathbb{K}$ ist $\overline{\mathrm{B}}_{\mathbb{K}}(x; \varepsilon) = \{y \in \mathbb{K} \mid |y - x| \leq \varepsilon\}$.)

Aufgabe 3.9.18 Sei $F \colon \mathbb{K} \to \mathbb{K}, t \mapsto F(t)$, $F \in \mathbb{K}[T]^*$, Grad $F \geq 1$, eine nichtkonstante Polynomfunktion auf $\mathbb{K}$.

a) Das F-Urbild einer jeden kompakten Menge $K \subseteq \mathbb{K}$ ist ebenfalls kompakt.
b) Das F-Bild einer jeden abgeschlossenen Menge $A \subseteq \mathbb{K}$ ist ebenfalls abgeschlossen in $\mathbb{K}$. (Dies folgt aus a).)

Bemerkung Mit den Bezeichnungen von Beispiel 4.4.26 gilt also: *Nichtkonstante Polynomfunktionen $\mathbb{K} \to \mathbb{K}$ sind eigentliche Abbildungen.*

3.10   Reelle Exponential-, Logarithmus- und Potenzfunktionen

Es ist überraschend, zumindest auf den ersten Blick, dass die additive Gruppe $(\mathbb{R}, +)$ und die multiplikative Gruppe $(\mathbb{R}_+^\times, \cdot)$ der positiven reellen Zahlen isomorph sind.[18] In diesem Abschnitt sollen die natürlichen Isomorphismen zwischen den Gruppen $\mathbb{R}$ und $\mathbb{R}_+^\times$ beschrieben werden.

Zunächst ist die multiplikative Gruppe $\mathbb{R}_+^\times$ (wie die Gruppe $K_+^\times$ der positiven Elemente eines jeden angeordneten Körpers K) torsionsfrei. Da das Potenzieren $a \mapsto a^n$ für jedes $n \in \mathbb{N}^*$ nach Beispiel 3.8.32 surjektiv und damit ein Automorphismus von $\mathbb{R}_+^\times$ ist, ist $\mathbb{R}_+^\times$ überdies eine divisible Gruppe. Das Inverse von $a \mapsto a^n$ ist die n-te Wurzel $a \mapsto a^{1/n}$. Insgesamt ist für jede rationale Zahl $x = p/q$, $p, q \in \mathbb{Z}$, $q > 0$, die Potenzabbildung

$$ a \mapsto a^x = a^{p/q} = (a^p)^{1/q} = (a^{1/q})^p, \quad a \in \mathbb{R}_+^\times, $$

ein Endomorphismus von $\mathbb{R}_+^\times$ und $x \mapsto (a \mapsto a^x)$ ein Ringhomomorphismus $\mathbb{Q} \to \mathrm{End}\,\mathbb{R}_+^\times$, vgl. Aufg. 2.8.17 (wo die abelsche Gruppe $(\mathbb{R}_+^\times, \cdot)$, auf der $\mathbb{Q}$ operiert, allerdings multiplikativ geschrieben ist).

Diese Operation des Körpers $\mathbb{Q}$ auf $\mathbb{R}_+^\times$ lässt sich *in natürlicher Weise* zu einer Operation des Körpers $\mathbb{R}$ auf $\mathbb{R}_+^\times$ fortsetzen. Dazu sei zunächst die Basis $a \in \mathbb{R}_+^\times$ fest gewählt. Auf $\mathbb{Q}$ ist dann die Exponentialfunktion $x \mapsto a^x$ (die ein Gruppenhomomorphismus $(\mathbb{Q}, +) \to (\mathbb{R}_+^\times, \cdot)$ ist) monoton, und zwar für $a > 1$ streng monoton wachsend und für $0 < a < 1$ streng monoton fallend sowie für $a = 1$ konstant gleich 1. Dies folgt direkt aus $a^y > 1$ bei $a > 1$, $y > 0$ sowie $a^y < 1$ bei $a < 1$, $y > 0$.

Lemma 3.10.1 *Sei $a \in \mathbb{R}_+^\times$. Die Exponentialfunktion $x \mapsto a^x$ auf $\mathbb{Q}$ lässt sich eindeutig zu einem stetigen Gruppenhomomorphismus $(\mathbb{R}, +) \to (\mathbb{R}_+^\times, \cdot)$ fortsetzen.*

---

[18] Man vergleiche dies etwa mit der Situation bei $(\mathbb{Q}, +)$ und $(\mathbb{Q}_+^\times, \cdot)$.

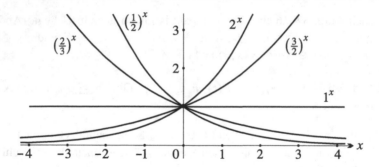

Abb. 3.27 Graphen verschiedener Exponentialfunktionen

Beweis Die Eindeutigkeit und die Homomorphieeigenschaft der stetigen Fortsetzung folgt daraus, dass $\mathbb{Q}$ dicht in $\mathbb{R}$ und $\mathbb{Q} \times \mathbb{Q}$ dicht in $\mathbb{R} \times \mathbb{R}$ ist, vgl. Aufg. 3.8.21a). Nach Satz 3.9.13 genügt es zu zeigen, dass die Funktion $x \mapsto a^x$ auf jedem $\mathbb{Q}$-Intervall der Form $\{x \in \mathbb{Q} \mid |x| \leq m\}$, $m \in \mathbb{N}^*$, gleichmäßig stetig ist. Wir beschränken uns auf den Fall $a \geq 1$. Für $x, y \in \mathbb{Q}$ mit $-m \leq y \leq x \leq m$ und $|x - y| = x - y \leq 1/n$, $n \in \mathbb{N}^*$, gilt dann

$$|a^x - a^y| = a^y(a^{x-y} - 1) \leq a^m(a^{x-y} - 1) \leq a^m(a^{1/n} - 1).$$

Da die Folge $a^{1/n} = \sqrt[n]{a}$, $n \in \mathbb{N}^*$, gegen 1 konvergiert, vgl. Aufg. 3.3.5, folgt die Behauptung. $\square$

Die Fortsetzung gemäß Lemma 3.10.1 bezeichnen wir ebenfalls mit

$$x \mapsto a^x, \quad x \in \mathbb{R}.$$

Sie heißt die (reelle) **Exponentialfunktion zur Basis** a. Auch die Monotonieeigenschaften der Exponentialfunktionen übertragen sich von $\mathbb{Q}$ auf $\mathbb{R}$. Ihre Graphen werden in Abb. 3.27 dargestellt. Für $a \neq 1$ ist die Exponentialfunktion streng monoton, und ihr Bild ist (nach dem Zwischenwertsatz 3.8.24) ganz $\mathbb{R}_+^\times$. Es gilt also:

Satz 3.10.2 *Der Exponentialhomomorphismus* $\mathbb{R} \to \mathbb{R}_+^\times$, $x \mapsto a^x$, *ist für* $a \in \mathbb{R}_+^\times$, $a \neq 1$, *ein stetiger (und damit streng monotoner) Gruppenisomorphismus.*

Der nach Satz 3.8.31 ebenfalls stetige und streng monotone Umkehrisomorphismus $\mathbb{R}_+^\times \to \mathbb{R}$ heißt die (reelle) **Logarithmusfunktion** (oder kurz der (reelle) **Logarithmus**) **zur Basis** a und wird mit

$$\mathbb{R}_+^\times \to \mathbb{R}, \quad x \mapsto \log_a x,$$

Abb. 3.28 Graphen verschiedener Logarithmusfunktionen

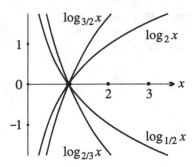

bezeichnet. Die Graphen der Logarithmusfunktionen findet man in Abb. 3.28. Definitionsgemäß gilt die Gleichung

$$y^x = a^{x\ln_a y}, \quad \text{d. h.} \quad \log_a y^x = x\ln_a y, \quad y \in \mathbb{R}_+^\times, \ x \in \mathbb{R},$$

woraus insbesondere folgt, dass *die Funktion* $\mathbb{R} \times \mathbb{R}_+^\times \to \mathbb{R}_+^\times$, $(x, y) \mapsto y^x$, *sogar als Funktion in den beiden Variablen* (x, y) *auf* $\mathbb{R} \times \mathbb{R}_+^\times (\subseteq \mathbb{C})$ *stetig ist.* Ist $b := y \neq 1$ und setzt man $u := y^x = b^x$, so ergibt sich $x = \log_b u$ und $\log_a u = x\log_a b$, also

$$\log_a u = (\log_b u)(\log_a b), \quad \text{d. h.} \quad \log_b u = \frac{\log_a u}{\log_a b},$$

$$\text{insbesondere } \log_{1/a} u = -\log_a u, \quad \log_b a = \frac{1}{\log_a b}, \quad u \in \mathbb{R}_+^\times,$$

womit sich die Logarithmen zur Basis b aus den Logarithmen zur Basis a (und umgekehrt) berechnen lassen. Die spezielle Exponentialfunktion mit der Eulerschen Zahl e $= 2{,}718\ldots$ (vgl. Beispiel 3.3.8) als Basis spielt eine besondere Rolle, wie wir im nächsten Band sehen werden.[19] Man nennt sie daher häufig die **Exponentialfunktion** schlechthin. Vielfach schreibt man

$$\exp x$$

für e^x. Die Umkehrfunktion $\log_e$ heißt der **natürliche Logarithmus**. Wir bezeichnen ihn in der Regel mit

$$\ln x.$$

Vgl. dazu Abb. 3.29. Es ist $a^x = e^{x\ln a} = \exp(x\ln a)$ für alle $x \in \mathbb{R}$ und alle $a \in \mathbb{R}_+^\times$.

---

[19] Die Funktion e^x auf $\mathbb{R}$ stimmt mit ihrer Ableitung überein. Vgl. auch Aufg. 3.10.8 für einen ersten Hinweis.

Abb. 3.29 Exponentialfunktion e^x und natürlicher
Logarithmus $\ln x$

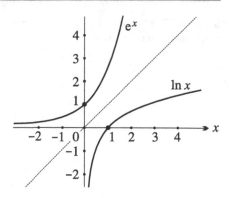

Beispiel 3.10.3 Sei $a > 1$. Durch wiederholtes Quadrieren gewinnt man die Potenzen a^{2^ν}, $\nu \in \mathbb{N}$, und durch wiederholtes Quadratwurzelziehen die Werte $a^{1/2^\nu}$, $\nu \in \mathbb{N}$. Ist dann $x \in \mathbb{R}_+$ und $(p_r \dots p_0, q_1 q_2 \dots)_2$ die Dualentwicklung von x (vgl. Beispiel 3.3.10), so ist (wegen der Stetigkeit der Exponentialfunktion $a \mapsto a^x$)

$$a^x = a^{[x]}a^{x-[x]} = \left(\prod_{\rho,\, p_\rho=1} a^{2^\rho}\right)\left(\prod_{\nu,\, q_\nu=1} a^{1/2^\nu}\right).$$

Diese Berechnung von a^x ist bei $x = [x] \in \mathbb{N}$ das schon in Bemerkung (2) zu Beispiel 2.2.23 besprochene Verfahren des schnellen Potenzierens. Bei $x \in\,]0,1[$ kann a^x durch geeignete Produkte der iterierten Quadratwurzeln $a^{1/2^\nu}$ beliebig genau approximiert werden. Für $n \in \mathbb{N}^*$ und $x = \sum_{\nu=1}^\infty q_\nu/2^\nu$ ist zum Beispiel $0 \le x - \sum_{\nu=1}^n q_\nu/2^\nu < 1/2^n$ und folglich

$$0 \le a^x - \prod_{\nu=1}^n a^{q_\nu/2^\nu} = \prod_{\nu=1}^n a^{q_\nu/2^\nu}\left(a^{x-\sum_{\nu=1}^n q_\nu/2^\nu} - 1\right) < a(a^{1/2^n} - 1).$$

Auf diese Weise wurden die ersten Exponential- und Logarithmentafeln zur Basis $a = 10$ berechnet. H. Briggs (1561–1630) benutzte dafür die Wurzeln $10^{1/2^\nu}$, $\nu = 1, \dots, 54$, und konnte damit die Werte 10^x für alle $x \in\,]0,1[$ mit einem Fehler $< 10(10^{1/2^{54}} - 1) < 1{,}3 \cdot 10^{-15}$ angeben, d. h. 14-stellige Logarithmentafeln gewinnen; die ersten erschienen 1617. Durch das Wirken von Briggs wurden Logarithmen populär. Initiiert wurde die Logarithmenrechnung (motiviert durch den Wunsch, die Multiplikation reeller Zahlen auf die Addition zurückzuführen) von dem Schotten J. Napier (1550–1617) und dem Schweizer J. Bürgi (1552–1632).   ◇

Hält man in der Funktion $\mathbb{R} \times \mathbb{R}_+^\times \to \mathbb{R}_+^\times$, $(x, y) \mapsto y^x$, den Exponenten fest, so erhält man für $\alpha \in \mathbb{R}$ die **Potenzfunktion**

$$\mathbb{R}_+^\times \longrightarrow \mathbb{R}_+^\times, \quad x \mapsto x^\alpha = \exp(\alpha \ln x),$$

die ebenfalls stetig ist. *Bei $\alpha > 0$ lässt sie sich offenbar stetig in den Nullpunkt fortsetzen, indem man $0^\alpha := 0$ setzt.* (0^0 ist 1.)

Satz 3.10.4 *Die Exponentialfunktionen* $x \mapsto a^x$, $a \in \mathbb{R}_+^{\times}$, *sind die einzigen von der Nullfunktion verschiedenen stetigen Funktionen* $f: \mathbb{R} \to \mathbb{R}$, *die der folgenden Funktionalgleichung genügen:* $f(x + y) = f(x)f(y)$, $x, y \in \mathbb{R}$. *(Es gilt dann notwendigerweise* $f(0) = 1$, *d. h. es handelt sich um Homomorphismen der additiven Gruppe* $(\mathbb{R}, +)$ *in das multiplikative Monoid* $(\mathbb{R}, \cdot)$.*)*

Beweis Sei $f(x_0) \neq 0$. Aus $f(x_0) = f(x_0 + 0) = f(x_0)f(0)$ folgt $f(0) = 1$. Wegen $1 = f(0) = f(x + (-x)) = f(x)f(-x)$ ist dann $f(x) \neq 0$ für alle $x \in \mathbb{R}$. Aus $f(x) = f((x/2) + (x/2)) = (f(x/2))^2$ folgt sogar $f(x) > 0$. Sei etwa $a := f(1)$. Wir beweisen $f(x) = a^x$ für alle $x \in \mathbb{R}$. Wegen der Stetigkeit von f und der Exponentialfunktion $x \mapsto a^x$ genügt es, dies für alle $x \in \mathbb{Q}$ zu zeigen.

Für $n \in \mathbb{N}$ gilt $f(n) = f(1 + \cdots + 1) = f(1) \cdots f(1) = a^n$. Ferner ist $f(-n) = f(n)^{-1} = a^{-n}$ wegen $f(n)f(-n) = f(n + (-n)) = f(0) = 1$. Ist schließlich p/q eine rationale Zahl mit $p, q \in \mathbb{Z}$, $q > 0$, so ist $\big(f(p/q)\big)^q = f\big((p/q) + \cdots + (p/q)\big) = f(p) = a^p$, also wie behauptet $f(p/q) = a^{p/q}$. $\qquad \square$

Es sei bemerkt, dass es nichtstetige Gruppenhomomorphismen $\mathbb{R} \to \mathbb{R}_+^{\times}$ gibt (sogar bijektive), vgl. Aufg. 3.10.6 und die Bemerkungen dazu.

Beispiel 3.10.5 Aus Satz 3.10.4 folgt, dass *die Logarithmusfunktionen die einzigen nichttrivialen stetigen Gruppenhomomorphismen* $\mathbb{R}_+^{\times} \to \mathbb{R}$ *sind*. Ist nämlich g solch ein Homomorphismus und ist $g(x_0) \neq 0$, so werden die Werte $g(x_0^n) = ng(x_0)$, $n \in \mathbb{Z}$, beliebig groß und beliebig klein. Nach dem Zwischenwertsatz gibt es ein $a \in \mathbb{R}_+^{\times}$ mit $g(a) = 1$. Wegen $g(1) = 0$ ist $a \neq 1$. Mit dem Exponentialisomorphismus $h: \mathbb{R} \to \mathbb{R}_+^{\times}$, $x \mapsto a^x$, ist dann $f := hgh: \mathbb{R} \to \mathbb{R}_+^{\times}$ ein stetiger Gruppenhomomorphismus. Nach Satz 3.10.4 ist $f(x) = b^x$ mit einem $b \in \mathbb{R}_+^{\times}$. Wegen $g(a) = 1$ ist $b = f(1) = h\big(g(h(1))\big) = a^1 = a$, also $hgh = f = h$ und folglich $hg = \mathrm{id}_{\mathbb{R}_+^{\times}}$ und $gh = \mathrm{id}_{\mathbb{R}}$, d. h. $g = h^{-1} = \log_a$. $\qquad \diamond$

Beispiel 3.10.6 Wichtige Ungleichungen für die Exponentialfunktionen werden durch folgende Aussagen gegeben:

Lemma 3.10.7 *Seien* $a, b, r, s \in \mathbb{R}_+$ *mit* $r + s = 1$. *Dann gilt* $a^r b^s \leq ra + sb$.

Beweis Wir können $a, b, r, s \in \mathbb{R}_+^{\times}$ annehmen und benutzen zum Beweis einen Kunstgriff von Cauchy. Wegen der Stetigkeit der Exponentialfunktionen und da die rationalen Zahlen $u/2^n$, $n \in \mathbb{N}^*$, $0 < u < 2^n$, deren Nenner eine Potenz von 2 ist, dicht in $]0, 1[$ liegen, genügt es, die Ungleichung für $r = u/2^n$, $s = (2^n - u)/2^n$, $n \in \mathbb{N}^*$, $0 < u < 2^n$, u ungerade, zu zeigen. Für $n = 1$ handelt es sich um die Ungleichung vom arithmetischen und geometrischen Mittel, vgl. Aufg. 3.1.22. Beim Schluss von n auf $n + 1$ sei

$$r = (2v + 1)/2^{n+1} = \frac{1}{2}(v/2^n + (v + 1)/2^n),$$

$$s = (2^{n+1} - 2v - 1)/2^{n+1} = \frac{1}{2}\left((2^n - v - 1)/2^n + (2^n - v)/2^n\right), \quad 0 \leq v < 2^n.$$

Dann gilt nach Induktionsvoraussetzung

$$a^r b^s = \left(a^{v/2^n} a^{(v+1)/2^n}\right)^{1/2} \left(b^{(2^n-v-1)/2^n} b^{(2^n-v)/2^n}\right)^{1/2}$$

$$\leq \left(\frac{va}{2^n} + \frac{(2^n-v)b}{2^n}\right)^{1/2} \left(\frac{(v+1)a}{2^n} + \frac{(2^n-v-1)b}{2^n}\right)^{1/2}.$$

Wendet man auf das letzte Produkt wiederum die Ungleichung vom arithmetischen und geometrischen Mittel an, so ergibt sich die Behauptung.   □

Zu einem anderen Beweis von Lemma 3.10.7 mit Hilfe der Differenzialrechnung verweisen wir auf Bd. 2, Aufg. 2.5.2a).

Korollar 3.10.8 (Höldersche Ungleichung) *Für beliebige* $a_i, b_i \in \mathbb{R}_+$, $i \in I$, *und* $p, q \in \mathbb{R}_+^\times$ *mit* $p^{-1} + q^{-1} = 1$ *gilt*

$$\sum_{i \in I} a_i b_i \leq \left(\sum_{i \in I} a_i^p\right)^{1/p} \left(\sum_{i \in I} b_i^q\right)^{1/q}.$$

Beweis Wir können $0 < \alpha := \left(\sum_i a_i^p\right)^{1/p} < \infty$ und $0 < \beta := \left(\sum_i b_i^q\right)^{1/q} < \infty$ annehmen. Nach Lemma 3.10.7 (angewandt mit $a = \alpha^{-p} a_i^p$, $b = \beta^{-q} b_i^q$, $r = p^{-1}$, $s = q^{-1}$) gilt $\alpha^{-1}\beta^{-1} a_i b_i \leq p^{-1} \alpha^{-p} a_i^p + q^{-1}\beta^{-q} b_i^q$, $i \in I$, also

$$\alpha^{-1}\beta^{-1} \sum_i a_i b_i \leq p^{-1}\alpha^{-p} \sum_i a_i^p + q^{-1}\beta^{-q} \sum_i b_i^q = p^{-1} + q^{-1} = 1. \qquad \square$$

Für $p = q = 2$ ergibt die Höldersche Ungleichung die **Cauchy-Schwarzsche Ungleichung**, die bereits in Aufg. 3.6.10a) betrachtet wurde.   ◇

Bemerkung 3.10.9 (Komplexe Exponentialfunktion) Mit der reellen Exponentialfunktion und den reellen trigonometrischen Funktionen cos, sin lässt sich die komplexe Exponentialfunktion $\exp \colon \mathbb{C} \to \mathbb{C}$ durch

$$e^{x+iy} = \exp(x + iy) = e^x (\cos y + i \sin y), \quad x, y \in \mathbb{R},$$

erklären. Wir haben sie schon in Beispiel 2.2.16 (2) und in Abschn. 3.5 besprochen. Sie ist ein surjektiver Gruppenhomomorphismus $(\mathbb{C}, +) \to (\mathbb{C}^\times, \cdot)$ mit $\mathbb{Z}2\pi i$ als Kern, der ebenfalls stetig ist (da neben exp auch cos und sin stetig sind). Ihre Beschränkung auf den Streifen $\mathbb{R} +]-\pi, \pi]i$ ist bijektiv und liefert als deren Umkehrabbildung den (Hauptwert des) komplexen natürlichen Logarithmus $\ln \colon \mathbb{C}^\times \to \mathbb{C}$, vgl. loc. cit., der allerdings nur auf der geschlitzten Ebene $\mathbb{C} - \mathbb{R}_-$ stetig ist, aber beispielsweise auch auf Sektoren der Form $\{z \in \mathbb{C}^\times \mid \alpha \leq \operatorname{Arg} z \leq \pi\}$ mit $-\pi < \alpha < \pi$.   ◇

Aufgaben

Aufgabe 3.10.1 Für $a \in \mathbb{R}_+^\times$ gilt

$$\lim_{x \to \infty} a^x = \begin{cases} \infty, \text{ falls } a > 1, \\ 0, \text{ falls } a < 1; \end{cases} \qquad \lim_{x \to -\infty} a^x = \begin{cases} 0, \text{ falls } a > 1, \\ \infty, \text{ falls } a < 1. \end{cases}$$

Aufgabe 3.10.2 Sei $a \in \mathbb{R}_+^\times$, $a \neq 1$. Es gilt

$$\lim_{x \to \infty} \log_a x = \begin{cases} \infty, \text{ falls } a > 1, \\ -\infty, \text{ falls } a < 1; \end{cases} \qquad \lim_{x \to 0+} \log_a x = \begin{cases} -\infty, \text{ falls } a > 1, \\ \infty, \text{ falls } a < 1. \end{cases}$$

Aufgabe 3.10.3 Sei $a \in \mathbb{R}$, $a > 1$, und $n \in \mathbb{N}^*$. Dann gilt $\lim_{x \to \infty} x^n/a^x = 0$, d. h. $x^n = o(a^x)$ für $x \to \infty$. (Wegen $x^n/a^x = \left(x/(\sqrt[n]{a})^x \right)^n$ genügt es, den Fall $n = 1$ und dabei wegen $a^x = 2^{(\log_2 a)x}$ den Fall $a = 2$ zu betrachten. Für $x \geq 4$ ist aber $2^x \geq 2^{[x]} \geq [x]^2 \geq x^2/2$.)

Aufgabe 3.10.4 Sei $a \in \mathbb{R}_+^\times$, $a \neq 1$, und $\alpha \in \mathbb{R}_+^\times$. Es gilt:

a) $\lim_{x \to \infty} (\log_a x)/x^\alpha = 0$, also $\log_a x = o(x^\alpha)$ für $x \to \infty$. (Man benutze Aufg. 3.10.3.)
b) $\lim_{x \to 0+} x^\alpha \log_a x = 0$, also $\log_a x = o(x^{-\alpha})$ für $x \to 0$.
c) Die Funktion $f: [0, 1/2] \to \mathbb{R}$ mit $f(x) := 1/\log_a x$ für $x > 0$ und $f(0) = 0$ ist stetig, aber im Nullpunkt nicht Hölder-stetig.

Aufgabe 3.10.5 Für $a_i \in \mathbb{R}_+$, $i \in I$, und $p \geq 1$ gilt $\sum_i a_i^p \leq \left(\sum_i a_i \right)^p$. (Man kann annehmen, dass $0 < \alpha := \sum_i a_i < \infty$ ist. Dann ist $a_i/\alpha \leq 1$ und folglich $(a_i/\alpha)^{p-1} \leq 1$, also $a_i^p/\alpha^p = (a_i/\alpha)^p \leq a_i/\alpha$.)

Aufgabe 3.10.6 Sei $f: \mathbb{R} \to \mathbb{R}$ eine additive Funktion, d. h. ein Endomorphismus der additiven Gruppen. (Man sagt auch, f genüge der sogenannten **Cauchyschen Funktionalgleichung** $f(x+y) = f(x)+f(y)$, $x, y \in \mathbb{R}$.) Beispiele solcher additiver Funktionen sind die Homothetien $L_a: x \mapsto ax$ mit einem festen $a \in \mathbb{R}$, d. h. die Bilder der Cayley-Darstellung $L: \mathbb{R} \to \text{End}\,\mathbb{R}$, vgl. Beispiel 2.6.19.

a) Ist f stetig, so ist $f = L_a$ mit einem $a \in \mathbb{R}$. (Man schließe wie bei Satz 3.10.4.)
b) Ist f monoton, so ist $f = L_a$ mit einem $a \in \mathbb{R}$.
c) Ist f in einer Umgebung von 0 beschränkt, so ist $f = L_a$ mit einem $a \in \mathbb{R}$.

(Teil a) und b) folgen aus c). Umgekehrt beweist man c) am bequemsten durch Zurückführen auf a).)

Bemerkung Es gibt (sogar bijektive) nicht-stetige additive Funktionen $f : \mathbb{R} \to \mathbb{R}$. Dies folgt aus der Existenz Hamelscher Basen von $\mathbb{R}$ über $\mathbb{Q}$, vgl. Beispiel 2.8.19. – Aus b) folgt aber: Ist $f : \mathbb{R}_+ \to \mathbb{R}_+$ additiv, so ist $f = L_a | \mathbb{R}_+$ mit einem $a \in \mathbb{R}_+$ (denn durch $\widetilde{f}(x - y) := f(x) - f(y)$, $x, y \in \mathbb{R}_+$, ist eine Fortsetzung $\widetilde{f} : \mathbb{R} \to \mathbb{R}$ von f auf (die Grothendieck-Gruppe $G(\mathbb{R}_+) =) \mathbb{R}$ wohldefiniert, *die überdies monoton ist*). Dieses Ergebnis rechtfertigt die knappe Angabe „a Euro/kg" auf Preistafeln in Geschäften, ohne neben der Additivität noch die Stetigkeit der Preisfunktion a priori unterstellen zu müssen.

Aufgabe 3.10.7

a) Man beweise mit Aufg. 3.10.6 noch einmal Satz 3.10.4 und das Ergebnis von Beispiel 3.10.5, wobei man die Voraussetzung der Stetigkeit auch durch eine Monotoniebedingung ersetzen kann.

b) Die einzigen stetigen oder monotonen Gruppenendomorphismen von $\mathbb{R}_+^\times$ sind die Potenzfunktionen $x \mapsto x^\alpha$, $\alpha \in \mathbb{R}$.

Aufgabe 3.10.8 Die reelle Exponentialfunktion exp lässt sich in gleicher Weise wie ihr spezieller Wert $\exp 1 = \mathrm{e} = \lim_{n \to \infty} \left(1 + \frac{1}{n}\right)^n$ direkt einführen, nämlich durch

$$\mathrm{e}^x = \exp x = \lim_{n \to \infty} \left(1 + \frac{x}{n}\right)^n, \quad x \in \mathbb{R}.$$

Dies verdeutlicht schon ihren besonderen Charakter und soll in dieser Aufgabe beschrieben werden.

a) Für $x \in \mathbb{R}$, $|x| < 1$, und $n \in \mathbb{N}^*$ gilt

$$\left| \left(1 + \frac{x}{n}\right)^n - 1 \right| \leq \left(1 + \frac{|x|}{n}\right)^n - 1 \leq \frac{1}{1 - |x|} - 1 = \frac{|x|}{1 - |x|}.$$

(Die zweite Abschätzung ist sehr grob. Die erste gilt sogar für *alle* $x \in \mathbb{C}$.)

b) Für $x \in \mathbb{R}^\times$ und $n_0 \in \mathbb{N}^*$ mit $x + n_0 \geq 0$ ist die Folge $\left(1 + \frac{x}{n}\right)^n$, $n \geq n_0$, streng monoton wachsend. (Man schließe wie in Beispiel 3.3.8. – Ist $x > 0$ ein jährlicher Zinssatz und beträgt der Zinssatz für ein n-tel des Jahres x/n, $n \in \mathbb{N}^*$, so wächst ein Kapital $K_0 > 0$ nach einem Jahr auf $K_0 \left(1 + \frac{x}{n}\right)^n$, falls das bereits verzinste Kapital jeweils nach Ablauf eines n-tel des Jahres neu verzinst wird (Zinseszins). Dies macht die Monotonie für $x > 0$ „anschaulich". Bei $x < 0$ finde man eine ähnliche Interpretation mit einem Zerfallsprozess.[20]

c) Für $x > 0$ und $n \in \mathbb{N}^*$ ist

$$\left(1 + \frac{x}{n}\right)^n \leq \left(1 + \frac{\lceil x \rceil}{n}\right)^n \leq \left(1 + \frac{\lceil x \rceil}{n \lceil x \rceil}\right)^{n \lceil x \rceil} = \left(1 + \frac{1}{n}\right)^{n \lceil x \rceil} < \mathrm{e}^{\lceil x \rceil}.$$

---

[20] Heute sind ja auch negative Zinsen möglich.

d) Für $x \in \mathbb{R}$ konvergiert die Folge $\left(1 + \frac{x}{n}\right)^n$, $n \in \mathbb{N}^*$. (Man benutze b) und c).) – Wir definieren $\exp^* x := \lim_{n \to \infty} \left(1 + \frac{x}{n}\right)^n$ (> 0).

e) Für $x, y \in \mathbb{R}$ ist $\exp^*(x + y) = \exp^* x \exp^* y$. (Mit Hilfe von a) erkennt man leicht, dass

$$\left(1 + \frac{x}{n}\right)^n \left(1 + \frac{y}{n}\right)^n \Big/ \left(1 + \frac{x + y}{n}\right)^n$$

für $n \to \infty$ gegen 1 konvergiert.)

f) $\exp^* \colon \mathbb{R} \to \mathbb{R}_+^\times$ ist streng monoton wachsend und stetig. (Man benutze e) und a).)

g) Es ist $\exp^* x = \exp x$ für alle $x \in \mathbb{R}$. (Nach Beispiel 3.3.8 ist $\exp^* 1 = e = \exp 1$.)

h) Es ist $1 + x \leq e^x$ für alle $x \in \mathbb{R}$. (Man benutze b).)

Bemerkung Mit dem Satz von Dini (vgl. Bd. 2, Aufg. 1.1.14) und b) folgt, dass $\left(1 + \frac{x}{n}\right)^n$ lokal gleichmäßig auf $\mathbb{R}$ gegen $\exp x$ konvergiert. Dies gilt auch im Komplexen, wird dort aber wohl am schnellsten durch direkten Vergleich mit der **Exponentialreihe**

$$\sum_{k=0}^{\infty} \frac{x^k}{k!},$$

die die Funktion $\exp$ sowohl im Reellen als auch im Komplexen darstellt, bewiesen. Insbesondere ist $|e^x - 1| \leq e^{|x|} - 1$ für alle $x \in \mathbb{C}$, vgl. a). – Zur vorliegenden Aufgabe siehe auch Kap. 22 („Algebra") aus den „Feynman Vorlesungen über Physik", Bd. I.

Aufgabe 3.10.9

a) Seien a, b reelle Zahlen > 1. Die Folgen $q_i \in \mathbb{N}$, $c_i \in \mathbb{R}_+^\times$, $i \in \mathbb{N}$, seien rekursiv durch

$$c_{-2} = b, c_{-1} = a; \quad c_{i-1}^{q_i} \leq c_{i-2} < c_{i-1}^{q_i+1}, \quad c_i = c_{i-2}/c_{i-1}^{q_i}$$

bestimmt, wobei das Verfahren stoppt, falls $c_i = 1$ ist. (c_i ist stets ≥ 1.) $\log_a b$ hat dann die Kettenbruchentwicklung (vgl. Beispiel 3.3.11)

$$\log_a b = [q_0, q_1, q_2, \ldots].$$

b) Man berechne $q_0, \ldots, q_5$ für $\log_{10} 2$, $\log_2 10 = 1 + \log_2 5$ (diese Werte haben Bedeutung beim Vergleich von Dual- und Dezimalentwicklungen), $\ln 10 = \log_e 10$, $\log_{10} e = 1/\ln 10$, $\log_2 3 = 1 + \log_2(3/2)$. (Der letzte Wert spielt eine Rolle bei der Entwicklung von Tonleitersystemen, die (neben der Oktave 2 : 1) die reine Quinte 3 : 2 $= \frac{3}{2}$: 1 zum Leitintervall wählen. Der vierte Näherungsbruch $\log_2 \frac{3}{2} \approx$ $[0, 1, 1, 2, 2] = \frac{7}{12}$ (also $2^{7/12} \approx \frac{3}{2}$ oder $2^7 \approx (3/2)^{12}$) identifiziert 12 Quintensprünge mit 7 Oktavensprüngen und liefert den klassischen Quintenzirkel. Die dritte Näherung $\log_2 \frac{3}{2} \approx [0, 1, 1, 2]$ ($= [0, 1, 1, 1, 1]$) $= \frac{3}{5}$ identifiziert 5 Quinten mit 3 Oktaven. Dies geschieht im pentatonischen System, das im klassischen System (z. B.) mit den Quinten c, g, d', a', e" und der fehlerhaften (kleinen) Sexte e", c''' simuliert wird. (Seine Töne sind also c, d, e, g, a.) Bei temperierter pentatonischer Stimmung ist eine Quinte das Intervall $2^{3/5} : 1$ gegenüber dem Intervall $2^{7/12} : 1 (< 2^{3/5} : 1)$ bei klassischer temperierter Stimmung. Die reine Quinte $\frac{3}{2} : 1$ selbst liegt (natürlich) dazwischen. Was für Tonleitersysteme liefern der fünfte Näherungsbruch von $\log_2 \frac{3}{2}$ und seine Nebennäherungsbrüche?)

Topologische Grundlagen

4

4.1 Metrische Räume

In der Theorie der Körper $\mathbb{R}$ und $\mathbb{C}$ (für die wir weiterhin die gemeinsame Bezeichnung $\mathbb{K}$ verwenden) spielen die Abstände von Punkten eine entscheidende Rolle. Mit ihrer Hilfe haben wir in Kap. 3 Grenzwerte und weitere topologische Begriffe für $\mathbb{K}$ eingeführt. Das Konzept des metrischen Raumes verallgemeinert diese Überlegungen und motiviert gleichzeitig die Betrachtung allgemeiner topologischer Räume in diesem Kapitel.

Definition 4.1.1 Sei X eine Menge. Eine Abbildung $d\colon X \times X \to \overline{\mathbb{R}}_+ = \mathbb{R}_+ \uplus \{\infty\}$ heißt eine **Metrik** auf X, wenn für alle $x, y, z \in X$ gilt:

(1) Genau dann ist $d(x, y) = 0$, wenn $x = y$ ist.
(2) Es ist $d(x, y) = d(y, x)$. **(Symmetrie)**
(3) Es ist $d(x, z) \le d(x, y) + d(y, z)$. **(Dreiecksungleichung)**

Eine Menge X zusammen mit einer Metrik d auf X heißt ein **metrischer Raum** $X = (X, d)$. Der Wert $d(x, y)$, $x, y \in X$, heißt der **Abstand** von x und y (bzgl. d).

Induktion über n liefert für eine Metrik d auf X sofort: Sind $x_0, \dots, x_n \in X$, so ist

$$d(x_0, x_n) \le d(x_0, x_1) + d(x_1, x_2) + \cdots + d(x_{n-1}, x_n).$$

Ferner gilt für beliebige $v, w, x, y \in X$ die Ungleichung

$$|d(v, w) - d(x, y)| \le d(v, x) + d(w, y),$$

wobei wir hier die Differenz $\infty - \infty = 0$ erlauben. Es ist nämlich $d(v, w) \le d(v, x) + d(x, y) + d(y, w)$ und $d(x, y) \le d(x, v) + d(v, w) + d(w, y)$.

© Springer-Verlag GmbH Deutschland 2017
U. Storch, H. Wiebe, *Grundkonzepte der Mathematik*, Springer-Lehrbuch,
https://doi.org/10.1007/978-3-662-54216-3_4

Sind keine Missverständnisse zu befürchten, bezeichnen wir auch verschiedene Metriken mit dem gleichen Symbol d. Jede Teilmenge $X' \subseteq X$ eines metrischen Raumes (X, d) ist mit der Beschränkung $d\,|\,(X' \times X')$ ebenfalls ein metrischer Raum. Wenn nichts anderes gesagt wird, wird eine Teilmenge $X' \subseteq X$ stets mit dieser **induzierten Metrik** als metrischer Raum betrachtet. Sind die Werte der Metrik d alle endlich, d. h. liegen sie alle in $\mathbb{R}_+$ (und soll dies betont werden), so sprechen wir von einer **reellen Metrik**. Ist d eine beliebige Metrik auf X, so wird durch

$$x \sim_d y \iff d(x, y) < \infty$$

offenbar eine Äquivalenzrelation auf X definiert. Auf jeder der Äquivalenzklassen ist die induzierte Metrik reell, und der Abstand von zwei Punkten aus verschiedenen Äquivalenzklassen ist ∞. Man kann also jeden metrischen Raum als Summe (d. h. als disjunkte Vereinigung) von Räumen mit reellen Metriken auffassen, wobei Punkte aus verschiedenen Summanden unendlichen Abstand haben.[1]

Gelegentlich hat man die Bedingung (1) für eine Metrik abzuschwächen zu

(1′) Es ist $d(x, x) = 0$ für alle $x \in X$.

Man spricht dann von einer **Pseudometrik**. Ist d eine Pseudometrik auf X, so wird durch

$$x \equiv_d y \iff d(x, y) = 0$$

trivialerweise eine Äquivalenzrelation auf X definiert, und auf der Menge $\overline{X}$ der Äquivalenzklassen ist durch
$$\overline{d}\,(\overline{x}, \overline{y}) := d(x, y), \quad x, y \in X,$$
eine Metrik $\overline{d}$ mit $\overline{d} \circ (\pi \times \pi) = d$ für die kanonische Projektion $\pi \colon X \to \overline{X}$ wohldefiniert. Generell gilt: Ist $f \colon X \to Y$ eine Abbildung und d eine Pseudometrik auf Y, so wird durch $d(x, y) := d\big(f(x), f(y)\big)$, $x, y \in X$, eine Pseudometrik auf X definiert. In dieser Weise wird also jede Pseudometrik durch eine Metrik induziert.

Sei X ein metrischer Raum, $x \in X$ und $r \in \overline{\mathbb{R}}_+$. Dann heißen die Mengen

$$\mathrm{B}(x; r) = \mathrm{B}_{(X,d)}(x; r) := \{y \in X \mid d(x, y) < r\},$$
$$\overline{\mathrm{B}}(x; r) = \overline{\mathrm{B}}_{(X,d)}(x; r) := \{y \in X \mid d(x, y) \le r\},$$
$$\mathrm{S}(x; r) = \mathrm{S}_{(X,d)}(x; r) := \{y \in X \mid d(x, y) = r\}$$

die **offene (Voll-)Kugel** bzw. die **abgeschlossene (Voll-)Kugel** bzw. die **Sphäre** mit **Mittelpunkt** x und **Radius** r. Statt „Kugel" sagt man auch „**Ball**". $\overline{\mathrm{B}}(x; r)$ ist die disjunkte

---

[1] Man betrachte die Äquivalenzklassen bzgl. $\sim_d$ als Inseln in einem nicht zu X gehörenden unüberwindlichen Ozean.

Abb. 4.1 Offene Kugeln und
Komplemente abgeschlossener
Kugeln sind offen

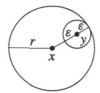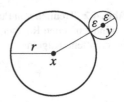

Vereinigung von $B(x; r)$ und $S(x; r)$. Für $x \in X$ ist die offene Kugel $B_d(x; \infty)$ die Äquivalenzklasse von x bzgl. der oben eingeführten Äquivalenzrelation $\sim_d$ auf X. Die offenen Kugeln mit Radius ∞ bilden also eine Partition von X. Eine Teilmenge $A \subseteq X$ heißt **beschränkt** (bzgl. der Metrik d), wenn es ein $r \in \mathbb{R}_+$ gibt und ein $x_0 \in X$ mit $A \subseteq \overline{B}(x_0; r)$. Eine beschränkte Menge liegt ganz in einer der Äquivalenzklassen bzgl. $\sim_d$. Mit den Kugeln werden wie schon in $\mathbb{R}$ und $\mathbb{C}$ Umgebungen und offene Mengen in beliebigen metrischen Räumen definiert:

Definition 4.1.2 Sei X ein metrischer Raum.

(1) Eine Teilmenge U von X heißt eine **Umgebung** des Punktes $x \in X$, wenn es ein $\varepsilon > 0$ mit $B(x; \varepsilon) \subseteq U$ gibt.

(2) Eine Teilmenge U von X heißt **offen** (in X), wenn es zu jedem $x \in U$ ein (von x abhängendes) $\varepsilon > 0$ mit $B(x; \varepsilon) \subseteq U$ gibt, d. h. wenn U Umgebung eines jeden Punktes $x \in U$ ist.

(3) Eine Teilmenge F von X heißt **abgeschlossen** (in X), wenn das Komplement $\complement_X F = X - F$ von F in X offen ist.

Mit $B(x; \varepsilon)$ ist auch jede Kugel $\overline{B}(x; \varepsilon')$ für $0 < \varepsilon' < \varepsilon$ eine Teilmenge von U. Ferner gilt, vgl. dazu Abb. 4.1:

Lemma 4.1.3 *In einem metrischen Raum X sind die offenen Kugeln $B(x; r)$ offene und die abgeschlossenen Kugeln $\overline{B}(x; r)$, $x \in X$, $r \in \overline{\mathbb{R}}_+$, abgeschlossene Teilmengen von X.*

Beweis Wir können ohne Einschränkung $r < \infty$ annehmen. Seien $y \in B(x; r)$ und $\varepsilon := r - d(x, y) > 0$. Dann ist $B(y; \varepsilon) \subseteq B(x; r)$ wegen $d(x, z) \le d(x, y) + d(y, z) < d(x, y) + \varepsilon = r$ für alle $z \in B(y; \varepsilon)$. Es bleibt zu zeigen, dass das Komplement von $\overline{B}(x; r)$ in X offen ist. Sei dazu $y \notin \overline{B}(x; r)$. Ist $d(x, y) < \infty$, so ist $B(y; \varepsilon) \subseteq X - \overline{B}(x; r)$ für $\varepsilon := d(x, y) - r > 0$ wegen $d(x, z) \ge d(x, y) - d(y, z) > d(x, y) - \varepsilon = r$ für alle $z \in B(y; \varepsilon)$. Ist $d(x, y) = \infty$, so ist $B(y; \varepsilon) \subseteq X - \overline{B}(x; r)$ für jedes $\varepsilon \in \mathbb{R}_+^{\times}$. $\qquad \square$

Aus Lemma 4.1.3 folgt sofort, dass eine Menge $U \subseteq X$ genau dann eine Umgebung von $x \in X$ ist, wenn es eine offene Menge U' gibt mit $x \in U' \subseteq U$. Die folgenden Aussagen über offene Mengen eines metrischen Raumes sind zwar elementar aber wesentlich:

Abb. 4.2 Trennen von Punkten in metrischen Räumen durch offene Kugeln

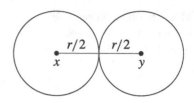

Proposition 4.1.4 *Sei X ein metrischer Raum.*

(1) *$\emptyset$ und X sind offene Teilmengen von X.*
(2) *Ist U_i, $i \in I$, eine beliebige Familie von offenen Teilmengen von X, so ist auch ihre Vereinigung $\bigcup_{i \in I} U_i$ offen in X.*
(3) *Ist U_j, $j \in J$, eine endliche Familie von offenen Teilmengen von X, so ist auch ihr Durchschnitt $\bigcap_{j \in J} U_j$ offen in X.*
(4) *Zu je zwei Punkten $x, y \in X$ mit $x \neq y$ gibt es Umgebungen U von x und V von y mit $U \cap V = \emptyset$.*

Beweis (1) und (2) sind trivial. Zum Beweis von (3) sei $J \neq \emptyset$ und $x \in U := \bigcap_j U_j$. Es gibt $\varepsilon_j > 0$ mit $\mathrm{B}(x; \varepsilon_j) \subseteq U_j$, $j \in J$. Für $\varepsilon := \mathrm{Min}\,(\varepsilon_j, j \in J) > 0$ ist $\mathrm{B}(x; \varepsilon) \subseteq U$. Zum Beweis von (4) sei zunächst $0 < r := d(x, y) < \infty$. Dann ist $\mathrm{B}(x; r/2) \cap \mathrm{B}(y; r/2) = \emptyset$. Mit einem z aus diesem Durchschnitt ergäbe sich nämlich der Widerspruch $r = d(x, y) \leq d(x, z) + d(z, y) < r/2 + r/2 = r$, vgl. Abb. 4.2. Ist aber $d(x, y) = \infty$, so ist $\mathrm{B}(x; s) \cap \mathrm{B}(y; t) = \emptyset$ für alle $s, t \in \mathbb{R}_+^\times$, d. h. es ist $\mathrm{B}(x; \infty) \cap \mathrm{B}(y; \infty) = \emptyset$. $\square$

Durch Übergang zu den Komplementen ergibt sich aus Proposition 4.1.4:

Korollar 4.1.5 *Sei X ein metrischer Raum.*

(1) *X und $\emptyset$ sind abgeschlossene Teilmengen von X.*
(2) *Ist F_i, $i \in I$, eine beliebige Familie von abgeschlossenen Teilmengen von X, so ist auch ihr Durchschnitt $\bigcap_{i \in I} F_i$ abgeschlossen in X.*
(3) *Ist F_j, $j \in J$, eine endliche Familie von abgeschlossenen Teilmengen von X, so ist auch ihre Vereinigung $\bigcup_{j \in J} F_j$ abgeschlossen in X.*
(4) *Zu je zwei Punkten $x, y \in X$ mit $x \neq y$ gibt es in X abgeschlossene Mengen A und B mit $y \notin A$, $x \notin B$ und $A \cup B = X$.*

Zwei Metriken d und d' auf ein- und derselben Menge X heißen **äquivalent**, wenn es Zahlen $\alpha, \beta \in \mathbb{R}_+^\times$ mit $\alpha d \leq d' \leq \beta d$ gibt. Offenbar definiert dies eine Äquivalenzrelation auf der Menge aller Metriken auf X. *Für solche äquivalenten Metriken stimmen die Mengen der offenen und damit auch die Mengen der abgeschlossenen Mengen jeweils überein* wegen $\mathrm{B}_d(x; r) \subseteq \mathrm{B}_{d'}(x; \beta r)$ und $\mathrm{B}_{d'}(x; r) \subseteq \mathrm{B}_d(x; \alpha^{-1} r)$ für alle $x \in X$ und $r \in \overline{\mathbb{R}}_+$.

Beispiel 4.1.6 (1) Wir kennen bereits $\mathbb{R}$ und $\mathbb{C}$ als metrische Räume mit dem üblichen Abstand $d(x,y) = |y - x|$ als Metrik. Dabei ist $\mathbb{R}$ ein metrischer Teilraum von $\mathbb{C}$. Wir betonen aber, dass jetzt *jede* Teilmenge von $\mathbb{C}$ als eigenständiger metrischer Raum aufgefasst wird.

(2) Auf jeder Menge X wird durch

$$d(x,y) := \begin{cases} 1, \text{ falls } x \neq y, \\ 0, \text{ falls } x = y, \end{cases} \quad x,y \in X,$$

eine Metrik definiert, bzgl. der alle Teilmengen von X offen und abgeschlossen sind. Sie heißt die **diskrete Metrik** auf X. Dabei kann der konstante Abstand 1 für $x \neq y$ durch ein beliebiges Element aus $\mathbb{R}_+^\times \cup \{\infty\}$ ersetzt werden. Die natürliche Wahl dafür ist ∞. $\diamond$

Beispiel 4.1.7 (Metriken auf Produkten) Neben den Teilmengen metrischer Räume besitzen auch die Produkte metrischer Räume wieder kanonische Metriken, wobei man allerdings eine große Wahlfreiheit hat. – Sei $X_i = (X_i, d_i)$, $i \in I$, eine Familie metrischer Räume und $X := \prod_i X_i$ ihr Produkt. Dann sei

$$d_p\left((x_i),(y_i)\right) := \left(\sum_{i \in I} d_i(x_i,y_i)^p\right)^{1/p}, \quad \text{falls } p \in \mathbb{R}, \ p \geq 1, \text{ sowie}$$

$$d_\infty\left((x_i),(y_i)\right) := \mathrm{Sup}(d_i(x_i,y_i), i \in I), \quad (x_i),(y_i) \in X.$$

(Dabei ist natürlich $\infty^r := \infty$ für alle $r \in \mathbb{R}_+^\times \cup \{\infty\}$.) *All dies sind Metriken auf dem Produktraum X.* d_1 heißt die **Summenmetrik**, d_2 die **euklidische Metrik**, d_∞ die **Tschebyschew-** oder **Supremumsmetrik** und allgemein d_p die **p-Metrik** auf X, $p \in [1,\infty]$.

Dass die Werte der angegebenen Funktionen in $\overline{\mathbb{R}}_+$ liegen und nur für $(x_i) = (y_i)$ gleich 0 sind, ist trivial, ebenso ihre Symmetrie in den Argumenten (x_i), (y_i). Ferner ist die Dreiecksungleichung für die Fälle $p = 1$ und $p = \infty$ klar. – Zum *Beweis* der Dreiecksungleichung für $1 < p < \infty$ sei $q := p/(p - 1)$, also $1/p + 1/q = 1$, und es seien $(x_i), (y_i), (z_i) \in X$. Wegen $d_i(x_i,z_i) \leq d_i(x_i,y_i) + d_i(y_i,z_i)$, $i \in I$, genügt es für Familien $a_i, b_i \in \overline{\mathbb{R}}_+$, $i \in I$, die Ungleichung

$$\left(\sum_{i \in I}(a_i + b_i)^p\right)^{1/p} \leq \left(\sum_{i \in I} a_i^p\right)^{1/p} + \left(\sum_{i \in I} b_i^p\right)^{1/p}$$

zu beweisen, wobei wir überdies gleich annehmen können, dass alle a_i, b_i, $i \in I$, und sogar die Summen $\alpha^p := \sum_i a_i^p$, $\beta^p := \sum_i b_i^p$ endlich sind sowie $\alpha, \beta > 0$. Dann ist

Abb. 4.3 Sphären im $\mathbb{R}^2$ zu
den Metriken d_1, d_2, d_3, d_∞

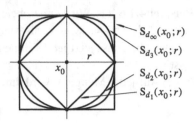

auch die Summe $\sum_i (a_i + b_i)^p$ endlich (z. B. wegen $(a_i + b_i)^p \leq 2^p \mathrm{Max}\,(a_i, b_i)^p \leq 2^p(a_i^p + b_i^p)$). Mit der Hölderschen Ungleichung 3.10.8 folgt nun wegen $(p-1)q = p$

$$\sum_{i \in I} a_i (a_i + b_i)^{p-1} \leq \left(\sum_{i \in I} a_i^p \right)^{1/p} \left(\sum_{i \in I} (a_i + b_i)^{(p-1)q} \right)^{1/q} < \infty,$$

$$\sum_{i \in I} b_i (a_i + b_i)^{p-1} \leq \left(\sum_{i \in I} b_i^p \right)^{1/p} \left(\sum_{i \in I} (a_i + b_i)^{(p-1)q} \right)^{1/q} < \infty, \quad \text{also}$$

$$\sum_{i \in I} (a_i + b_i)^p \leq \left(\left(\sum_{i \in I} a_i^p \right)^{1/p} + \left(\sum_{i \in I} b_i^p \right)^{1/p} \right) \left(\sum_{i \in I} (a_i + b_i)^p \right)^{1/q}$$

und nach Kürzen von $\left(\sum_i (a_i + b_i)^p \right)^{1/q}$ die gewünschte Ungleichung.   □

Es ist

$$d_p \geq d_q \quad \text{für } p, q \text{ mit } 1 \leq p \leq q \leq \infty.$$

Dies ist trivial für $q = \infty$. Bei $q < \infty$ haben wir $(\sum_i a_i^p)^{1/p} \geq (\sum_i a_i^q)^{1/q}$ für alle $a_i \in \overline{\mathbb{R}}_+, i \in I$, zu zeigen, wobei wir $\sum_i a_i^p < \infty$ annehmen können. Nach Aufg. 3.10.5 ist aber $\sum_i a_i^q = \sum_i (a_i^p)^{q/p} \leq (\sum_i a_i^p)^{q/p}$. Bei endlicher Indexmenge I gilt offenbar

$$|I| \cdot d_\infty \geq d_1.$$

Es folgt: *Ist I endlich, so sind alle Metriken d_p, $1 \leq p \leq \infty$, auf $X = \prod_{i \in I} X_i$ äquivalent.*

Wenn wir ein endliches Produkt metrischer Räume wieder als metrischen Ram betrachten, so trägt dieser Produktraum stets eine der äquivalenten p-Metriken d_p, $1 \leq p \leq \infty$, solange nichts anderes gesagt wird. Abb. 4.3 zeigt einige Sphären im $\mathbb{R}^2$ zu verschiedenen Metriken. Als **Standardkugeln** und **Standardsphären** wählt man

$$B^n := \mathrm{B}_{\mathbb{R}^n}(0;1), \quad \overline{B}^n := \overline{\mathrm{B}}_{\mathbb{R}^n}(0;1) \quad \text{bzw.} \quad S^{n-1} := \mathrm{S}_{\mathbb{R}^n}(0;1)$$

im $\mathbb{R}^n$ mit der euklidischen Metrik d_2, $n \in \mathbb{N}$.

Sei I wieder beliebig. Tragen in dem Produkt $X = \prod_{i \in I} X_i$ alle Faktoren X_i die diskrete Metrik mit $d(x_i, y_i) = 1$ für $x_i, y_i \in X_i$, $x_i \neq y_i$, vgl. Beispiel 4.1.6 (2), so ist für $1 \le p < \infty$ die p-Metrik auf X gleich

$$d_p(x, y) = \begin{cases} n^{1/p}, \text{ falls } x \text{ und } y \text{ sich in genau } n \in \mathbb{N} \text{ Komponenten unterscheiden,} \\ \infty \text{ sonst.} \end{cases}$$

Insbesondere ist $d_1(x, y)$ die Anzahl der Komponenten, in denen sich x und y unterscheiden. d_1 heißt die **Hamming-Metrik** auf X. Die Kugel $\mathrm{B}_{d_p}(x; \infty)$ ist in jedem Fall die Menge derjenigen I-Tupel aus X, die sich von x nur in endlich vielen Komponenten unterscheiden, die also fast gleich zu x sind. d_∞ ist wieder die diskrete Metrik auf X.

Sei $\eta_i \in \mathbb{R}_+^\times$, $i \in I$, eine Familie mit $\sum_i \eta_i^p < \infty$. Gilt dann $d_i \le \eta_i$ für die Metriken d_i auf X_i, $i \in I$, so gilt $d_p \le \left(\sum_i \eta_i^p \right)^{1/p} < \infty$ für die p-Metrik d_p auf dem Produkt X. $\diamond$

Ist $X_i = \mathbb{K}$ für alle $i \in I$ und trägt $\mathbb{K}$ die Standardmetrik, so erhalten wir auf dem $\mathbb{K}$-Vektorraum $\mathbb{K}^I$ der $\mathbb{K}$-wertigen Funktionen auf I die p-Metriken

$$d_p(x, y) = \left(\sum_{i \in I} |y_i - x_i|^p \right)^{1/p}, \quad 1 \le p < \infty, \quad \text{bzw.}$$

$$d_\infty(x, y) = \mathrm{Sup}\left(|y_i - x_i|, \; i \in I \right),$$

$x = (x_i), y = (y_i) \in \mathbb{K}^I$, vgl. das vorangegangene Beispiel. Insbesondere ist der Abstand von x zum Nullpunkt gleich

$$\|x\|_p := d_p(0, x) = \left(\sum_{i \in I} |x_i|^p \right)^{1/p}, \quad \text{und es ist} \quad d_p(x, y) = \|y - x\|_p.$$

Neben den Metrikeigenschaften

(1) $\|x\|_p \in \overline{\mathbb{R}}_+$ und $\|x\|_p = 0$ genau dann, wenn $x = 0$,
(2) $\|x + y\|_p \le \|x\|_p + \|y\|_p$

gelten noch die Gleichungen

(3) $\|ax\|_p = |a| \|x\|_p$ für alle $a \in \mathbb{K}$.

Generell heißt eine Funktion $\|-\|: V \to \overline{\mathbb{R}}_+$ auf einem $\mathbb{K}$-Vektorraum V mit den Eigenschaften (1), (2), (3) (für alle $x, y \in V$, $a \in \mathbb{K}$ und mit $\|-\|$ statt $\|-\|_p$) eine **Norm** auf V. V, versehen mit einer Norm, heißt ein **normierter $\mathbb{K}$-Vektorraum**. Eine Norm auf V

definiert eine Metrik auf V durch

$$d(x, y) := \|y - x\|, \quad x, y \in V,$$

die **translationsinvariant** ist (d. h. für die $d(x + z, y + z) = d(x, y)$ ist) und für die überdies $d(ax, ay) = |a| d(x, y)$ gilt, $x, y, z \in V$, $a \in \mathbb{K}$. Eine Norm $\|-\|$ auf V ist bestimmt durch ihre (endlichen) Werte auf der Kugel

$$V_{<\infty} := \mathrm{B}_V(0; \infty) = \{x \in V \mid \|x\| < \infty\},$$

die ein $\mathbb{K}$-Untervektorraum von V ist. Für ein beliebiges $x \in V$ ist $\mathrm{B}_V(x; \infty)$ die Nebenklasse $x + V_{<\infty}$. In der Regel betrachtet man bei gegebener Norm $\|-\|$ nur diesen Unterraum $V_{<\infty}$, auf dem alle Werte der Norm endlich sind.[2] Zwei Normen $\|-\|$ und $\|-\|'$ auf V heißen **äquivalent**, wenn ihre zugehörigen Metriken äquivalent sind, d. h. wenn es $\alpha, \beta \in \mathbb{R}_+^\times$ mit $\alpha \|-\| \leq \|-\|' \leq \beta \|-\|$ gibt. Extrem ist die Norm mit $\|x\| = \infty$ für alle $x \in V - \{0\}$, die die diskrete Topologie auf V induziert.

Für die p-**Normen** $\|-\|_p$, $1 \leq p < \infty$, auf $\mathbb{K}^I$ setzt man

$$\ell_{\mathbb{K}}^p(I) := \mathrm{B}_{d_p}(0; \infty) = \left\{ (x_i) \in \mathbb{K}^I \ \middle| \ \sum_i |x_i|^p < \infty \right\}.$$

Dieser Raum heißt der $\mathbb{K}$-ℓ^p-**Raum** zur Indexmenge I. Seine Elemente sind die sogenannten p-**summierbaren** Familien $(x_i) \in \mathbb{K}^I$. Die Elemente von $\ell_{\mathbb{K}}^1(I)$ sind die summierbaren Familien, und die Elemente von $\ell_{\mathbb{K}}^2(I)$ heißen auch die **quadratsummierbaren** Familien in $\mathbb{K}^I$. Für die **Tschebyschew-** oder **Supremumsnorm** $\|-\|_\infty$ auf $\mathbb{K}^I$ ist

$$\ell_{\mathbb{K}}^\infty(I) := \mathrm{B}_{d_\infty}(0; \infty)$$

einfach der Raum $\mathrm{B}_{\mathbb{K}}(I)$ der beschränkten $\mathbb{K}$-wertigen Funktionen x auf I mit der Tschebyschew-Norm $\|x\|_\infty = \mathrm{Sup}(|x_i|, i \in I)$. Es ist $\mathbb{K}^{(I)} \subseteq \ell_{\mathbb{K}}^p(I)$ für alle p mit $1 \leq p \leq \infty$ und insbesondere $\mathbb{K}^I = \ell_{\mathbb{K}}^p(I)$ für endliche Mengen I. In letzterem Fall sind alle p-Normen auf $\mathbb{K}^I$, $1 \leq p \leq \infty$, äquivalent.

Wir empfehlen dem Leser schon jetzt, den metrischen Raum $\mathbb{R}^3$ mit Hilfe eines Koordinatensystems mit unserem **Anschauungsraum** zu identifizieren. Ist das Koordinatensystem kartesisch, so entsprechen die Kugeln $\overline{\mathrm{B}}_{d_2}(x; r)$ und $\mathrm{B}_{d_2}(x; r)$, $r \in \mathbb{R}_+$, im $\mathbb{R}^3$ bzgl. der euklidischen Norm $\|-\|_2$ den Kugeln mit Radius r und Mittelpunkt P im Anschauungsraum, wobei P das Koordinatentripel $x \in \mathbb{R}^3$ besitzt, einmal mit und einmal ohne Randsphäre, die der Sphäre $\mathrm{S}_{d_2}(x; r) \subseteq \mathbb{R}^3$ entspricht. Was sind die Kugeln und Sphären bzgl. der Summennorm $\|-\|_1$ und der Maximumsnorm $\|-\|_\infty$? Analog veranschauliche man sich die Räume $\mathbb{R}^2$ und $\mathbb{C}$ bzw. $\mathbb{R} = \mathbb{R}^1$ mit Hilfe einer Ebene bzw. einer Geraden im Anschauungsraum. In den Bänden 3 und 4 wird darauf noch einmal ausführlich eingegangen.

---

[2] Grundsätzlich lassen wir aber den Wert ∞ für eine Norm zu. Ist dieser Wert jedoch ausdrücklich ausgeschlossen, so sprechen wir von einer **reellen Norm** oder von einer Norm mit Werten in $\mathbb{R}$.

Ist $v = (v_i)_{i \in I}$ eine Basis des $\mathbb{K}$-Vektorraums V, so heißt die von $\mathbb{K}^{(I)}$ auf V mittels des Isomorphismus $\mathbb{K}^{(I)} \overset{\sim}{\longrightarrow} V$, $(x_i)_{i \in I} \mapsto \sum_{i \in I} a_i v_i$, übertragene Norm

$$\left\| \sum_{i \in I} x_i v_i \right\|_p := \left(\sum_{i \in I} |x_i|^p \right)^{1/p}$$

die p-**Norm** auf V bzgl. der Basis v, $1 \leq p \leq \infty$. Sie ist reellwertig auf ganz V, hängt aber im Allgemeinen wesentlich von der gewählten Basis v ab.

Die normierten $\mathbb{K}$-Vektorräume und Verallgemeinerungen davon spielen eine wichtige Rolle in der gesamten Analysis. Sie stehen im Zentrum der sogenannten **Funktionalanalysis**. Wir kommen darauf in den folgenden Bänden mehrfach zurück.

Der Konvergenzbegriff für Folgen in $\mathbb{R}$ und $\mathbb{C}$ lässt sich unmittelbar auf Folgen in beliebigen metrischen Räumen übertragen:

Definition 4.1.8 Eine Folge $(x_n)_{n \in \mathbb{N}}$ von Elementen eines metrischen Raumes X heißt **konvergent** (in X), wenn ein $x \in X$ mit folgender Eigenschaft existiert: Zu jedem positiven $\varepsilon > 0$ gibt es ein $n_0 \in \mathbb{N}$ mit $d(x_n, x) \leq \varepsilon$ für alle $n \geq n_0$, $n \in \mathbb{N}$, d. h. fast alle Glieder der Folge (x_n) liegen in der Kugel $\mathrm{B}(x; \varepsilon)$. Ein solches x heißt **Grenzwert** oder **Limes** der Folge (x_n) und wird bezeichnet mit

$$\lim x_n = \lim_{n \to \infty} x_n.$$

Mit dem Umgebungsbegriff lässt sich die Konvergenz folgendermaßen charakterisieren:

Lemma 4.1.9 *Eine Folge im metrischen Raum X besitzt genau dann den Grenzwert $x \in X$, wenn in jeder Umgebung von x fast alle Glieder der Folge liegen.*

Es folgt, dass *der Grenzwert x einer konvergenten Folge (x_n) im metrischen Raum X eindeutig bestimmt ist*; denn verschiedene Punkte in X besitzen nach Proposition 4.1.4 (4) disjunkte Umgebungen.

Auch der Stetigkeitsbegriff überträgt sich auf Abbildungen metrischer Räume.

Definition 4.1.10 Sei $f \colon X \to Y$ eine Abbildung metrischer Räume.

(1) f heißt **stetig im Punkt** $a \in X$, wenn es zu jedem $\varepsilon > 0$ ein $\delta > 0$ gibt derart, dass $d\big(f(x), f(a)\big) \leq \varepsilon$ für alle $x \in X$ mit $d(x, a) \leq \delta$ gilt, d. h. wenn zu jedem Ball $\overline{\mathrm{B}}(f(a); \varepsilon) \subseteq Y$, $\varepsilon > 0$, ein Ball $\overline{\mathrm{B}}(a; \delta) \subseteq X$ mit $\delta > 0$ und $f\big(\overline{\mathrm{B}}(a; \delta)\big) \subseteq \overline{\mathrm{B}}(f(a); \varepsilon)$ existiert.

(2) Die Abbildung f heißt **stetig** (auf ganz X), wenn f in jedem Punkt von X stetig ist.

In Analogie zu Satz 3.8.9 gilt:

Proposition 4.1.11 *Sei* $f: X \to Y$ *eine Abbildung metrischer Räume.*

(1) *Für einen Punkt* $a \in X$ *sind folgende Aussagen äquivalent:*
   (i) f *ist stetig in* a.
   (ii) *Zu jeder Umgebung* V *von* $f(a)$ *in* Y *gibt es eine Umgebung* U *von* a *in* X *mit* $f(U) \subseteq V$.
   (iii) *Für jede Umgebung* V *von* $f(a)$ *in* Y *ist das Urbild* $f^{-1}(V)$ *eine Umgebung von* a *in* X.
   (iv) *Für jede konvergente Folge* (x_n) *in* X *mit* $\lim x_n = a$ *ist die Bildfolge* $(f(x_n))$ *konvergent in* Y *mit* $\lim f(x_n) = f(a)$.
(2) *Genau dann ist* f *stetig auf* X, *wenn das Urbild einer jeden offenen Menge in* Y *eine offene Menge in* X *ist.*

Beweis (1) (i) $\Rightarrow$ (ii): Zu jeder Umgebung V von $f(a)$ gibt es ein $\varepsilon > 0$ mit $\overline{\mathrm{B}}(f(a); \varepsilon) \subseteq V$. Nach Voraussetzung gibt es dazu ein $\delta > 0$ mit $f(\overline{\mathrm{B}}(a; \delta)) \subseteq \overline{\mathrm{B}}(f(a); \varepsilon) \subseteq V$, und $U := \overline{\mathrm{B}}(a; \delta)$ ist eine Umgebung von a. – Die Implikation (ii) $\Rightarrow$ (iii) ist trivial.

Zum Beweis von (iii) $\Rightarrow$ (iv) sei $\lim x_n = a$ und V eine Umgebung von $f(a)$. Nach Voraussetzung ist dann $f^{-1}(V)$ eine Umgebung von a, enthält also fast alle Glieder der Folge (x_n). Dann liegen aber auch fast alle Glieder der Folge $(f(x_n))$ in V.

Die Implikation (iv) $\Rightarrow$ (i) ist die am wenigsten selbstverständliche. Sei $\varepsilon > 0$ vorgegeben. Gäbe es dazu kein $\delta > 0$ mit $f(\overline{\mathrm{B}}(a; \delta)) \subseteq \overline{\mathrm{B}}(f(a); \varepsilon)$, so gäbe es zu jedem $n \in \mathbb{N}^*$ ein $x_n \in X$ mit $d(x_n, a) \leq 1/n$, aber $d(f(x_n), f(a)) > \varepsilon$. Die Folge (x_n) konvergiert gegen a, aber $(f(x_n))$ konvergiert nicht gegen $f(a)$. Widerspruch!

Zum Beweis von (2) erinnern wir an die Charakterisierung offener Mengen: Eine Menge ist genau dann offen, wenn sie Umgebung eines jeden ihrer Punkte ist. Sei nun f stetig und V eine offene Teilmenge von Y. Dann ist wegen (i) $\Rightarrow$ (iii) das Urbild $f^{-1}(V)$ eine Umgebung eines jeden seiner Punkte und damit offen in X. Sind umgekehrt die Urbilder offener Mengen unter f stets offen und ist V eine Umgebung von $f(a)$ für den Punkt $a \in X$, so enthält V eine offene Umgebung V' von $f(a)$. Dann ist $f^{-1}(V')(\subseteq f^{-1}(V))$ eine offene Umgebung von a, und f ist stetig in a. $\qquad\square$

Da äquivalente Metriken dieselben offenen Mengen und Umgebungen definieren, kann man bei Stetigkeitsüberlegungen zu äquivalenten Metriken übergehen (was gelegentlich Rechnungen vereinfacht).

Definition 4.1.12 Eine Abbildung $f: X \to Y$ metrischer Räume heißt **abstandserhaltend** oder **isometrisch**, wenn $d(f(x), f(y)) = d(x, y)$ gilt für alle $x, y \in X$. – f heißt ein **Isomorphismus metrischer Räume** oder eine **Isometrie**, wenn f bijektiv und abstandshaltend ist.

Eine abstandserhaltende Abbildung ist notwendigerweise injektiv und stetig. Ist $f\colon X \to Y$ eine Isometrie, so auch die inverse Abbildung $f^{-1}\colon Y \to X$. Die Isometrien eines metrischen Raumes X auf sich bilden eine Untergruppe der Permutationsgruppe von X. Trägt X die diskrete Metrik, so ist die Gruppe der Isometrien von X die volle Permutationsgruppe $\mathfrak{S}(X)$. Eine Abschwächung der Isometrien sind die Lipschitz-stetigen Abbildungen metrischer Räume, vgl. Beispiel 3.8.18.

Definition 4.1.13 Eine Abbildung $f\colon X \to Y$ metrischer Räume heißt **Lipschitz-stetig** mit **Lipschitz-Konstante** $L \in \mathbb{R}_+$, wenn für alle $x, x' \in X$ gilt $d\big(f(x), f(x')\big) \leq Ld(x, x')$. Ist dabei $X = Y$ und $L < 1$, so heißt f **stark kontrahierend**. In diesem Fall heißt die Lipschitz-Konstante $L < 1$ auch ein **Kontraktionsfaktor** von f. – f heißt **im Punkt** $a \in X$ **Lipschitz-stetig**, wenn es eine Umgebung U von a in X gibt und ein $L \in \mathbb{R}_+$ mit $d\big(f(a), f(x)\big) \leq Ld(a, x)$ für alle $x \in U$.

Lipschitz-stetige Abbildungen sind stetig. Wir bemerken noch, dass eine Selbstabbildung $f\colon X \to X$ eines metrischen Raums **kontrahierend** heißt, wenn für alle $x, x' \in X$ gilt $\big(f(x), f(x')\big) < d(x, x')$. Kontrahierende Abbildungen sind Lipschitz-stetig mit Lipschitz-Konstante 1, aber nicht notwendig stark kontrahierend, vgl. Aufg. 3.8.38.

Aufgaben

Aufgabe 4.1.1 Sei $f\colon \mathbb{R}_+ \to \mathbb{R}_+$ eine **subadditive Funktion**, d. h. es sei $f(x + y) \leq f(x) + f(y)$ für alle $x, y \in \mathbb{R}_+$. Ferner sei $f \neq 0$, $f(0) = 0$ und f monoton wachsend und stetig im Nullpunkt. (f ist dann stetig auf ganz $\mathbb{R}_+$ und > 0 auf ganz $\mathbb{R}_+^\times$.) Wir erweitern f zu einer Funktion $f\colon \overline{\mathbb{R}}_+ \to \overline{\mathbb{R}}_+$ durch $f(\infty) := \lim_{x \to \infty, x < \infty} f(x)$. Ist dann d eine Metrik auf X, so ist auch $f \circ d$ eine Metrik auf X und für beide Metriken sind genau dieselben Teilmengen von X offen. Häufig benutzte Beispiele für solche Funktionen f sind $\mathrm{Min}\,(r, x)$, $r \in \mathbb{R}_+^\times$; $x/(1 + x)$; $\arctan x$; x^α, $0 < \alpha < 1$. Ohne die Menge der offenen Mengen eines metrischen Raumes X zu verändern, kann man also annehmen, dass in X alle Abstände $\leq r$ mit festem $r \in \mathbb{R}_+^\times$ sind. (Stetige konkave Funktionen $f\colon \mathbb{R}_+ \to \mathbb{R}_+$ (siehe Bd. 2, Abschn. 2.5) mit $f \neq 0$ und $f(0) = 0$ erfüllen die angegebenen Bedingungen.)

Aufgabe 4.1.2 Sei d die diskrete Metrik auf X. Man charakterisiere die konvergenten Folgen in X.

Aufgabe 4.1.3 Sei (x_n) eine konvergente Folge im metrischen Raum X mit $\lim x_n = x$. Genau dann konvergiert die Folge (y_n) in X ebenfalls gegen x, wenn $d(x_n, y_n)$, $n \in \mathbb{N}$, eine Nullfolge in $\mathbb{R}$ ist.

Aufgabe 4.1.4 Zwei Metriken auf einer Menge X definieren genau dann dieselben offenen Mengen, wenn die Mengen der konvergenten Folgen bzgl. der einzelnen Metriken übereinstimmen.

Aufgabe 4.1.5 Sei $1 \leq p < q \leq \infty$ und I eine *unendliche* Menge. Dann sind die p-Norm $\|-\|_p$ und die q-Norm $\|-\|_q$ auf $\mathbb{K}^I$ nicht äquivalent. Es ist $\ell_{\mathbb{K}}^p(I) \subset \ell_{\mathbb{K}}^q(I) \subset \mathbb{K}^I$. Auch auf $\mathbb{K}^{(I)}$ sind die Normen $\|-\|_p$ und $\|-\|_q$ nicht äquivalent.

Aufgabe 4.1.6 Sei $V = (V, \|-\|)$ ein normierter $\mathbb{K}$-Vektorraum.

a) Die Addition $V \times V \to V$, $(x, y) \mapsto x + y$, und die Negativbildung $V \to V$, $x \mapsto -x$, sind stetig.

b) Ist $V = V_{<\infty} = \mathrm{B}_V(0; \infty)$, die Norm $\|-\|$ also reellwertig, so ist die Skalarmultiplikation $\mathbb{K} \times V \to V$, $(a, x) \mapsto ax$, stetig. Gibt es ein $x \in V$ mit $\|x\| = \infty$, so ist die Skalarmultiplikation nicht stetig.

($V \times V$ bzw. $\mathbb{K} \times V$ trage jeweils eine der äquivalenten p-Metriken, etwa d_1.)

4.2 Topologische Räume und stetige Abbildungen

Die Aussagen 4.1.9 und 4.1.11 zeigen, dass Konvergenz und Stetigkeit in metrischen Räumen allein mit Hilfe der Umgebungen oder auch der offenen Mengen definiert werden können. Daher empfiehlt es sich, diese Begriffe zur Grundlage einer allgemeinen Theorie zu machen. Anhaltspunkt dafür ist Proposition 4.1.4.

Definition 4.2.1 Seien X eine Menge und $\mathfrak{T}$ eine Teilmenge der Potenzmenge $\mathfrak{P}(X)$. Dann heißt $\mathfrak{T}$ eine **Topologie** auf X, wenn folgende Bedingungen erfüllt sind:

(1) $\emptyset$ und X gehören zu $\mathfrak{T}$.

(2) Ist U_i, $i \in I$, eine beliebige Familie von Elementen in $\mathfrak{T}$, so ist auch ihre Vereinigung $\bigcup_{i \in I} U_i$ ein Element von $\mathfrak{T}$.

(3) Ist U_j, $j \in J$, eine *endliche* Familie von Elementen in $\mathfrak{T}$, so ist auch ihr Durchschnitt $\bigcap_{j \in J} U_j$ ein Element von $\mathfrak{T}$.

Die Elemente von $\mathfrak{T}$ heißen die **offenen** Mengen von X (bzgl. $\mathfrak{T}$). – Erfüllt $\mathfrak{T}$ zusätzlich die Bedingung:

(4) Zu je zwei Punkten $x, y \in X$ mit $x \neq y$ gibt es offene Mengen $U, V \in \mathfrak{T}$ mit $x \in U$, $y \in V$ und $U \cap V = \emptyset$;

so heißt X ein **Hausdorff-Raum** (oder ein **separierter topologischer Raum**). – Eine Menge $X = (X, \mathfrak{T})$ mit einer Topologie $\mathfrak{T}$ auf X heißt ein **topologischer Raum**.

Abb. 4.4 U und V trennen x
und y

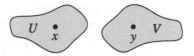

Bedingung (4) in obiger Definition ist das sogenannte **Hausdorffsche Trennungsaxi-om**: Die offenen Mengen U und V separieren die Punkte x und y, vgl. Abb. 4.4. Man beachte, dass (1) aus (2) und (3) für $I = \emptyset$ folgt.

Nach Proposition 4.1.4 *ist jeder metrische Raum in natürlicher Weise ein Hausdorff-Raum.* Einen metrischen Raum (X, d) fassen wir immer in dieser Weise als topologischen Raum auf. Verschiedene Metriken können dieselbe Topologie definieren. Zum Beispiel definieren zwei äquivalente Metriken stets dieselbe Topologie.[3] Gibt es auf einem topologischen Raum X eine Metrik, deren zugehörige Topologie mit der gegebenen überein-stimmt, so heißt X **metrisierbar**. Viele wichtige topologische Räume sind metrisierbar. Der Beweis dafür ist aber nicht immer ganz einfach. Ferner wären diese Metriken in vielen Fällen künstlich. *Es ist daher im Allgemeinen weit übersichtlicher, auch in metrisierba-ren Räumen allein mit der Topologie zu argumentieren, wenn keine natürlich definierten Metriken zur Verfügung stehen.*

Definition 4.2.2 Sei X ein topologischer Raum.

(1) Eine Teilmenge $U \subseteq X$ heißt eine **Umgebung des Punktes** $x \in X$, wenn es eine offene Menge $U' \subseteq X$ mit $x \in U' \subseteq U$ gibt. U heißt eine **Umgebung der Teilmenge** $A \subseteq X$, wenn es eine offene Menge $U' \subseteq X$ mit $A \subseteq U' \subseteq U$ gibt.

(2) Eine Teilmenge $F \subseteq X$ heißt **abgeschlossen** (in X), wenn das Komplement $X - F$ von F in X offen in X ist.

Für die abgeschlossenen Mengen ergibt sich aus Definition 4.2.1 durch Übergang zu den Komplementen:

Proposition 4.2.3 *Sei X ein topologischer Raum. Dann gilt:*

(1) *X und $\emptyset$ sind abgeschlossen in X.*
(2) *Ist F_i, $i \in I$, eine beliebige Familie von abgeschlossenen Mengen in X, so ist auch ihr Durchschnitt $\bigcap_{i \in I} F_i$ abgeschlossen in X.*
(3) *Ist F_j, $j \in J$, eine endliche Familie von abgeschlossenen Mengen in X, so ist auch ihre Vereinigung $\bigcup_{j \in J} F_j$ abgeschlossen in X.*

Eine offene Menge $U \subseteq X$ ist eine Umgebung eines jeden ihrer Punkte, und umgekehrt, eine Menge $U \subseteq X$ ist offen, wenn sie Umgebung eines jeden ihrer Punkte ist. Dann ist

---

[3] Aber auch nicht äquivalente Metriken können dieselbe Topologie definieren. Beispiel? Vgl. Aufg. 4.1.1.

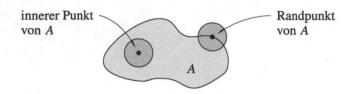

Abb. 4.5 Innerer Punkt und Randpunkt der Menge A

nämlich $U = \bigcup_{x \in U} U(x)$, wobei $U(x)$ für $x \in U$ eine offene Menge mit $x \in U(x) \subseteq U$ ist. Eine Menge $U \subseteq X$ ist genau dann Umgebung einer Teilmenge $A \subseteq X$, wenn U Umgebung eines jeden Punktes $x \in A$ ist. Nach Bedingung (3) in Definition 4.2.1 ist *der Durchschnitt* endlich *vieler Umgebungen eines Punktes* $x \in X$ *oder einer Teilmenge* $A \subseteq X$ *wieder eine Umgebung von* x *bzw.* A. – *In einem Hausdorff-Raum* X *ist jede einpunktige und damit jede endliche Teilmenge* $\{x\}$ *abgeschlossen.* Ist nämlich $x \in X$, so besitzt definitionsgemäß jeder Punkt $\neq x$ eine Umgebung, die x nicht enthält.[4]

Dem Leser sei empfohlen, zu den folgenden Begriffen stets einfache Beispiele in unserem Anschauungsraum oder einer Ebene dieses Raumes zu betrachten, vgl. Abb. 4.5, und sie mit den entsprechenden Begriffsbildungen in den Abschn. 3.4 und 3.5 zu vergleichen. Bei der Untersuchung allgemeiner topologischer Räume sollte man sich aber nicht zu sehr auf die Anschauung verlassen.

Definition 4.2.4 Seien X ein topologischer Raum und $A \subseteq X$.

(1) Ein Punkt $x \in X$ heißt ein **innerer** Punkt von A, wenn A eine Umgebung von x ist. – Die Menge aller inneren Punkte heißt das **Innere** oder der **offene Kern** von A und wird mit

$$\mathring{A}$$

   bezeichnet.

(2) Ein Punkt $x \in X$ heißt ein **Berührpunkt** von A, wenn in jeder Umgebung von x ein Element von A liegt. – Die Menge der Berührpunkte von A heißt der **Abschluss** oder die **abgeschlossene Hülle** von A und wird mit

$$\overline{A}$$

   bezeichnet. – Ist $\overline{A} = X$, so heißt A **dicht** (in X).

---

[4] Es gibt jedoch (notwendigerweise unendliche) Räume, die nicht hausdorffsch sind, in denen aber jede einpunktige Menge abgeschlossen ist. Jeder unendliche Raum X, in dem genau die endlichen Teilmengen von X und X selbst abgeschlossen sind, ist ein Beispiel dafür. Man zeige generell, dass folgende Aussagen für einen topologischen Raum X äquivalent sind: (i) Die einpunktigen Teilmengen $\{x\} \subseteq X$ sind abgeschlossen in X. (ii) Sind $x, y \in X$, $x \neq y$, so gibt es eine Umgebung U von x mit $y \notin U$. (iii) Ist $x \in X$, so ist $\{x\}$ der Durchschnitt aller Umgebungen von x. Topologische Räume, die diese Bedingungen erfüllen, heißen auch T_1-**Räume**. Hausdorff-Räume heißen auch T_2-**Räume**.

(3) Ein Punkt $x \in X$ heißt ein **Randpunkt** von A, wenn in jeder Umgebung von x sowohl ein Element von A als auch ein Element des Komplements $X - A$ liegt. – Die Menge aller Randpunkte von A heißt der **Rand** von A und wird mit

$$\partial A \quad \text{oder} \quad \text{Rd}\, A$$

bezeichnet.

(4) Ein Punkt $x \in X$ heißt ein **Häufungspunkt** von A, wenn in jeder Umgebung von x ein von x verschiedener Punkt aus A liegt.

In Abb. 4.5 ist der angedeutete Randpunkt auch Häufungspunkt von A. Offenbar gilt

$$\overset{\circ}{A} \subseteq A \subseteq \overline{A}; \quad \overset{\circ}{A} \uplus \text{Rd}\, A = \overline{A}; \quad \text{Rd}\, A = \overline{A} \cap \overline{(X - A)} = \overline{A} - \overset{\circ}{A}.$$

Eine Teilmenge $A \subseteq X$ ist also genau dann **randlos**, d. h. es ist $\text{Rd}\, A = \emptyset$, wenn sie offen und abgeschlossen in X ist.[5] Jeder Häufungspunkt von A ist ein Berührpunkt von A. Jeder Berührpunkt von A, der nicht zu A gehört, ist umgekehrt ein Häufungspunkt von A. Genau dann ist A dicht in X, wenn jede nichtleere offene Menge in X mit A einen nichtleeren Durchschnitt hat. Ein innerer Punkt des Komplements $X - A$ von A in X heißt ein **äußerer Punkt** von A.

Proposition 4.2.5 *Sei A eine Teilmenge des topologischen Raumes X.*

(1) *Der offene Kern $\overset{\circ}{A}$ von A ist die größte in A enthaltene offene Teilmenge von X.*
(2) *Die abgeschlossene Hülle $\overline{A}$ von A ist die kleinste abgeschlossene Teilmenge von X, die A umfasst. Eine offene Menge U in X trifft also genau dann A, wenn sie $\overline{A}$ trifft.*
(3) *Der Rand $\text{Rd}\, A$ von A ist abgeschlossen in X.*

Beweis (1) Sei $x \in \overset{\circ}{A}$. Dann gibt es eine offene Umgebung U von x mit $U \subseteq A$. Da U Umgebung für alle $y \in U$ ist, folgt $U \subseteq \overset{\circ}{A}$. Folglich ist $\overset{\circ}{A}$ offen in X. Sei $V \subseteq A$ und V offen in X. Dann ist V wieder Umgebung für alle $y \in V$ und somit $V \subseteq \overset{\circ}{A}$.

(2) Sei $x \in X$, $x \notin \overline{A}$. Es gibt eine offene Umgebung U von x mit $U \cap A = \emptyset$. Dann ist $U \cap \overline{A} = \emptyset$, da U Umgebung für alle $y \in U$ ist. Folglich ist $X - \overline{A}$ offen und $\overline{A}$ selbst abgeschlossen. Sei umgekehrt B abgeschlossen in X mit $A \subseteq B$. Dann ist $\overline{A} \cap (X - B) = \emptyset$, da $X - B$ für jeden Punkt $y \in X - B$ eine Umgebung mit $A \cap (X - B) = \emptyset$ ist. Also ist $\overline{A} \subseteq B$.

(3) ergibt sich wegen $\text{Rd}\, A = \overline{A} \cap \overline{(X - A)}$ aus (2). $\qquad\Box$

Den Beweis der nächsten Aussage überlassen wir dem Leser, vgl. Aufg. 4.2.4. Wir werden im Folgenden häufiger ähnlich einfache mengentheoretische Beziehungen zwischen den angegebenen topologischen Begriffen benutzen, ohne sie im Einzelnen immer zu beweisen. Wie schon bemerkt, sollte sich der Leser dabei nicht zu sehr auf die Intuition verlassen. Siehe hierzu auch die Aufgaben zu diesem Abschnitt.

---

[5] Im Englischen heißen randlose Mengen „clopen (= closed and open) sets".

Proposition 4.2.6 *Sei A eine Teilmenge des topologischen Raumes X.*

(1) *Folgende Aussagen sind äquivalent:* (i) *A ist offen in X.* (ii) *Es ist $A = \overset{\circ}{A}$.* (iii) *Es ist $A \cap \mathrm{Rd}\, A = \emptyset$.*

(2) *Folgende Aussagen sind äquivalent:* (i) *A ist abgeschlossen in X.* (ii) *Es ist $A = \overline{A}$.* (iii) *Es ist* $\mathrm{Rd}\, A \subseteq A$. (iv) *A enthält alle seine Häufungspunkte.*

Jeder Unterraum $X' \subseteq X$ eines topologischen Raums $X = (X, \mathcal{T})$ ist in natürlicher Weise wieder ein topologischer Raum mit der sogenannten **induzierten** oder **Relativtopologie**

$$\mathcal{T} \cap X' = \{U \cap X' \mid U \in \mathcal{T}\}.$$

Im Folgenden fassen wir Teilmengen topologischer Räume stets mit ihrer Relativtopologie als topologische Räume auf (falls nichts anderes gesagt wird). Ist $A \subseteq X'$ ein Teilmenge von $X' \subseteq X$, so hat man bei den oben eingeführten topologischen Begriffen und auch später sorgfältig darauf zu achten, ob A als Teilmenge des topologischen Raums X oder des topologischen Raums X' betrachtet wird. Beispielsweise ist X' stets offen in X', aber nicht notwendigerweise offen in X. Ist X hausdorffsch, so auch X' für jedes $X' \subseteq X$. Ist X metrisch, so stimmt die Relativtopologie auf X' mit derjenigen Topologie überein, die durch die auf X' induzierte Metrik definiert wird.

In Analogie zu Definition 4.1.8 und unter Berücksichtigung von Lemma 4.1.9 heißt eine Folge (x_n) eines topologischen Raumes X **konvergent** (in X) mit **Grenzwert** oder **Limes** $x \in X$, wenn in jeder Umgebung von x fast alle Glieder der Folge liegen. *Ist X ein Hausdorff-Raum, so besitzt eine Folge in X höchstens einen Grenzwert in X.* Denn verschiedene Punkte in X haben disjunkte Umgebungen, in denen nicht gleichzeitig fast alle Glieder einer Folge liegen können. Ein Punkt $x \in X$ heißt **Häufungspunkt** (oder auch **Berührpunkt**) der Folge (x_n), wenn in jeder Umgebung von x unendlich viele Glieder der Folge (x_n) liegen. Besitzt (x_n) eine gegen x konvergierende Teilfolge, so ist x Häufungspunkt von (x_n).

Beispiel 4.2.7 Sei X eine Menge. Wir betrachten auf X die beiden extremen Topologien, und zwar zunächst die **diskrete Topologie**, bei der alle Teilmengen von X offen sind. Dies ist genau dann der Fall, wenn jede einpunktige Teilmenge von X offen in X ist. Die diskrete Topologie wird von der diskreten Metrik auf X induziert, vgl. Beispiel 4.1.6 (2). Ist (x_n) eine Folge in X und $x \in X$ ein Punkt, so ist $\{x\}$ eine Umgebung von x und folglich x nur dann ein Grenzwert von (x_n), wenn die Folge (x_n) stationär mit Limes x ist, d. h. wenn $x_n = x$ gilt für alle $n \geq n_0$ mit einem $n_0 \in \mathbb{N}$. Der Konvergenzbegriff ist in diesem Fall also sehr restriktiv, im Fall der Konvergenz liefern die Folgenglieder aber sehr präzise Informationen über den Grenzwert. Die Frage, ob überhaupt Konvergenz vorliegt und wie die Stelle n_0 zu finden ist, kann dabei freilich durchaus noch schwierig sein. – Ein Teilraum X' eines beliebigen topologischen Raums X heißt **diskret**, wenn die induzierte

Topologie auf X' die diskrete Topologie ist. Dies ist genau dann der Fall, wenn jeder Punkt $x \in X'$ ein diskreter Punkt in X' ist. Dabei heißt $x \in X'$ ein **diskreter Punkt** von X', wenn x eine Umgebung U in X besitzt mit $U \cap X' = \{x\}$.[6] Ein Punkt $x \in X$ ist genau dann diskret in X, wenn $\{x\}$ offen in X ist.

Im zur diskreten Topologie engegengesetzten Extremfall sind $\emptyset$ und X die einzigen offenen Mengen in X. Man spricht dann von der **Klumpentopologie** auf X. Bzgl. dieser Topologie besitzt ein Punkt $x \in X$ nur X selbst als Umgebung. Folglich konvergiert jede Folge in X gegen jeden Punkt $x \in X$. Die Konvergenz ist in diesem Fall also völlig nichtssagend.

In beiden Fällen ist der Konvergenzbegriff recht banal, wenn auch aus verschiedenen Gründen. Die Wahl einer „guten" Topologie ist häufig ein Kompromiss zwischen zu groß und zu klein, der jeweils nach dem verfolgten Ziel entschieden werden muss. Als ein ausgezeichneter Kompromiss für die Menge der reellen Zahlen hat beispielsweise die natürliche Topologie von $\mathbb{R}$ zu gelten, die den gesamten Betrachtungen der Analysis zu Grunde liegt. $\diamond$

Generell heißt eine Topologie $\mathcal{T}$ auf einer Menge X **feiner** als die Topologie $\mathcal{U}$ (und $\mathcal{U}$ **gröber** als $\mathcal{T}$), wenn $\mathcal{U} \subseteq \mathcal{T}$ gilt.[7] Die diskrete Topologie ist also die feinste Topologie auf X und die Klumpentopologie auf X die gröbste. Ist $\mathcal{T}_i$, $i \in I$, eine beliebige Familie von Topologien auf X, so ist der Durchschnitt $\bigcap_i \mathcal{T}_i$ ebenfalls eine Topologie auf X. Sie ist die feinste Topologie, die gröber ist als alle $\mathcal{T}_i$. Die Vereinigung $\bigcup_i \mathcal{T}_i$ ist im Allgemeinen keine Topologie auf X. Es gibt aber eine gröbste Topologie auf X, die feiner ist als alle $\mathcal{T}_i$, nämlich den Durchschnitt derjenigen Topologien auf X, die feiner sind als alle $\mathcal{T}_i$. Die Topologien bilden also einen vollständigen Verband bzgl. der Inklusion.

Ist $\mathcal{E} \subseteq \mathfrak{P}(X)$ eine Menge von Teilmengen von X, so gibt es eine gröbste Topologie $\mathcal{T}$ auf X mit $\mathcal{E} \subseteq \mathcal{T}$, nämlich den Durchschnitt aller Topologien auf X, die $\mathcal{E}$ umfassen. Sie heißt **die von $\mathcal{E}$ erzeugte Topologie** und werde mit $\mathcal{T}(\mathcal{E})$ bezeichnet. $\mathcal{E}$ selbst heißt ein **Erzeugendensystem** von $\mathcal{T}(\mathcal{E})$. Z.B. ist $\{\emptyset, U, X\}$ die von einer einzigen Teilmenge $U \subseteq X$ erzeugte Topologie. Welche Mengen gehören zu der von zwei Mengen $U, V \subseteq X$ erzeugten Topologie? Generell umfasst $\mathcal{T}(\mathcal{E})$ die Menge $\mathcal{B}(\mathcal{E})$ der *endlichen* Durchschnitte von Elementen aus $\mathcal{E}$ und damit auch *beliebige* Vereinigungen von Elementen aus $\mathcal{B}(\mathcal{E})$. Da diese Vereinigungen aber offenbar bereits eine Topologie bilden, ist $\mathcal{T}(\mathcal{E})$ gleich der Menge dieser Vereinigungen. $\mathcal{B}(\mathcal{E})$ *ist also eine Basis der Topologie $\mathcal{T}(\mathcal{E})$ im Sinn der folgenden Definition.

---

[6] Einige Autoren nennen einen Teilraum X' von X nur dann diskret in X, wenn die auf X' induzierte Topologie die diskrete ist *und X' überdies abgeschlossen in X ist*. Z.B. ist die Menge der Stammbrüche $1/n$, $n \in \mathbb{N}^*$, diskret, aber nicht abgeschlossen in $\mathbb{R}$. Ihre abgeschlossene Hülle $\{1/n \mid n \in \mathbb{N}^*\} \uplus \{0\}$ ist nicht diskret.

[7] Man beachte, dass diese Komparative auch dann benutzt werden, wenn es sich um identische Topologien handelt.

Definition 4.2.8 Sei $X = (X, \mathcal{T})$ ein topologischer Raum.

(1) Eine **Basis** von $\mathcal{T}$ ist eine Familie $\mathcal{B} = (U_i)_{i \in I}$ von offenen Mengen $U_i \in \mathcal{T}$ derart, dass jede offene Menge $U \in \mathcal{T}$ Vereinigung von Elementen der Familie $\mathcal{B}$ ist.
(2) Sei $x \in X$. Eine **Umgebungsbasis** von x (bzgl. $\mathcal{T}$) ist eine Familie $\mathcal{B}(x) = (U_i)_{i \in I}$ von (nicht notwendig offenen) Umgebungen von x derart, dass jede Umgebung U von x ein Element der Familie $\mathcal{B}(x)$ umfasst.

Ein Erzeugendensystem einer Topologie $\mathcal{T}$ heißt auch eine **Subbasis** von $\mathcal{T}$. Eine Umgebungsbasis von $x \in X$ enthält beliebig kleine Umgebungen von x. *Eine Familie $\mathcal{B} = (U_i)_{i \in I}$, von offenen Mengen $U_i \in \mathcal{T}$ ist genau dann eine Basis von $\mathcal{T}$, wenn für jedes $x \in X$ die Teilfamilie derjenigen U_i, für die $x \in U_i$ ist, eine Umgebungsbasis von x bilden.* Ist $(U_i)_{i \in I}$ eine Basis von $\mathcal{T}$und $x_i \in U_i$, $i \in I$, so ist offenbar $\{x_i \mid i \in I\}$ eine dichte Teilmenge von X. Ein wichtiges Beispiel für eine Basis einer Topologie bilden die offenen Kugeln $B_d(x; \varepsilon)$, $x \in X$, $\varepsilon \in \mathbb{R}_+^\times$, eines metrischen Raumes $X = (X, d)$. Es genügte sogar, wenn die ε eine Nullfolge $(\varepsilon_n)_{n \in \mathbb{N}}$ in $\mathbb{R}_+^\times$ durchlaufen. Die Kugeln $B_d(x; \varepsilon_n)$, $n \in \mathbb{N}$, bilden dann nämlich eine Umgebungsbasis von x in X. Insbesondere besitzt jeder Punkt eines metrischen Raums eine abzählbare Umgebungsbasis, d. h. *ein metrischer Raum erfüllt das erste Abzählbarkeitsaxiom* im Sinne der folgenden Definition.

Definition 4.2.9 Sei $X = (X, \mathcal{T})$ ein topologischer Raum.

(1) $(X, \mathcal{T})$ erfüllt das **erste Abzählbarkeitsaxiom**, wenn jeder Punkt $x \in X$ eine abzählbare Umgebungsbasis besitzt.
(2) $(X, \mathcal{T})$ erfüllt das **zweite Abzählbarkeitsaxiom** oder hat **abzählbare Topologie**, wenn $\mathcal{T}$ eine abzählbare Basis besitzt.[8]

Erfüllt X das erste bzw. das zweite Abzählbarkeitsaxiom, so gilt Entsprechendes auch für jeden Unterraum $X' \subseteq X$. Besitzt $x \in X$ eine abzählbare Umgebungsbasis $U_n, n \in \mathbb{N}$, so auch die abzählbare Umgebungsbasis $\mathring{U}_n$, $n \in \mathbb{N}$, aus offenen Umgebungen von x. Ferner ist dann $V_n := \bigcap_{k=0}^n U_k$, $n \in \mathbb{N}$, eine abzählbare Umgebungsbasis von x mit $V_0 \supseteq V_1 \supseteq V_2 \supseteq \cdots$. Erfüllt X das zweite Abzählbarkeitsaxiom, so natürlich auch das erste. Die Umkehrung gilt im Allgemeinen nicht: Beispielsweise erfüllt ein überabzählbarer topologischer Raum mit der diskreten Topologie das erste aber nicht das zweite Abzählbarkeitsaxiom. Ein topologischer Raum hat bereits dann abzählbare Topologie, wenn er eine abzählbare Subbasis besitzt, vgl. Beispiel 1.8.8. *Ein topologischer Raum mit abzählbarer Topologie besitzt stets eine abzählbare dichte Teilmenge.* Für metrische Räume gilt auch die Umkehrung:

---

[8] Man beachte, dass diese Definition etwas missverständlich ist, da im Allgemeinen nicht die Topologie $\mathcal{T}$ selbst abzählbar ist, sondern nur eine geeignete Basis $\mathcal{B}$ von $\mathcal{T}$.

Lemma 4.2.10 *Für einen metrischen Raum X sind folgende Aussagen äquivalent:*

(i) *X besitzt eine abzählbare Topologie.*
(ii) *X besitzt eine abzählbare dichte Teilmenge.*

Beweis Wie bereits erwähnt folgt (ii) aus (i). – Zum Beweis von (ii) $\Rightarrow$ (i) seien $x_i \in X$, $i \in I$, abzählbar viele Punkte, für die $A = \{x_i \mid i \in I\}$ dicht in X ist. *Dann bilden die offenen Kugeln* $B(x_i; 1/n)$, $(i,n) \in I \times \mathbb{N}^*$, *eine abzählbare Basis der Topologie von X.* Sei nämlich U eine beliebige offene Menge in X und $x \in U$. Es gibt ein $m \in \mathbb{N}^*$ mit $B(x; 1/m) \subseteq U$. In der offenen Kugel $B(x; 1/2m)$ liegt ein Punkt x_i der dichten Teilmenge A. Dann ist $x \in B(x_i; 1/2m)$. Ferner ist $B(x_i; 1/2m) \subseteq B(x; 1/m)$ und damit $B(x_i; 1/2m) \subseteq U$ wegen $d(x,y) \leq d(x, x_i) + d(x_i, y) < 1/2m + 1/2m = 1/m$ für $y \in B(x_i; 1/2m)$. Somit ist U Vereinigung von Kugeln der Form $B(x_i; 1/n)$, $(i,n) \in I \times \mathbb{N}^*$. $\qquad\square$

Metrische Räume, die die äquivalenten Bedingungen von Lemma 4.2.10 erfüllen, heißen auch **separable** metrische Räume.

Ist x Grenzwert einer Folge (x_n) von Elementen einer Teilmenge A des topologischen Raumes X, so ist x Berührpunkt von A, liegt also in $\overline{A}$. Sind die x_n, $n \in \mathbb{N}$, überdies von x verschieden, so ist x sogar ein Häufungspunkt von A. Erfüllt X das erste Abzählbarkeitsaxiom, so gilt jeweils auch die Umkehrung:

Lemma 4.2.11 *Sei A eine Teilmenge des topologischen Raumes X, der dem ersten Abzählbarkeitsaxiom genügt.*

(1) *Ein Punkt $x \in X$ ist genau dann Berührpunkt von A, wenn es eine Folge (x_n) von Elementen in A mit $x = \lim x_n$ gibt.*
(2) *Ein Punkt $x \in X$ ist genau dann Häufungspunkt von A, wenn es eine Folge (x_n) von Elementen in A mit $x_n \neq x$ für alle $n \in \mathbb{N}$ und $x = \lim x_n$ gibt.*
(3) *A ist genau dann abgeschlossen in X, wenn der Grenzwert jeder in X konvergenten Folge $x_n \in A$, $n \in \mathbb{N}$, sogar in A liegt.*

Beweis Sei x Berühr- bzw. Häufungspunkt von A und sei U_n, $n \in \mathbb{N}$, eine Umgebungsbasis von x mit $U_0 \supseteq U_1 \supseteq U_2 \supseteq \cdots$. Zu jedem $n \in \mathbb{N}$ gibt es ein Element $x_n \in U_n$, das im Fall eines Häufungspunktes von x verschieden gewählt werden kann. Es ist dann $x = \lim x_n$. Ist nämlich U eine Umgebung von x, so gibt es ein $n_0 \in \mathbb{N}$ mit $U_{n_0} \subseteq U$ und folglich mit $x_n \in U$ für $n \geq n_0$. Das beweist (1) und (2). – (3) folgt aus (1). $\qquad\square$

Wie bereits bemerkt, hat eine Folge (x_n) in X den Punkt $x \in X$ als Häufungspunkt, wenn sie eine gegen x konvergierende Teilfolge besitzt. In Räumen, die dem ersten Abzählbarkeitsaxiom genügen, gilt wieder die Umkehrung:

Lemma 4.2.12 *Sei X ein topologischer Raum, der dem ersten Abzählbarkeitsaxiom genügt. Ein Punkt $x \in X$ ist genau dann Häufungspunkt der Folge (x_n) in X, wenn (x_n) eine gegen x konvergierende Teilfolge besitzt.*

Beweis Sei x Häufungspunkt der Folge (x_n) und U_n, $n \in \mathbb{N}$, eine Umgebungsbasis von x mit $U_0 \supseteq U_1 \supseteq U_2 \supseteq \cdots$. Dann gibt es zu jedem $k \in \mathbb{N}$ unendlich viele Glieder x_n der Folge mit $x_n \in U_k$. Es gibt daher eine Indexfolge $n_0, n_1, \ldots$ mit $n_0 < n_1 < \cdots$ und $x_{n_k} \in U_k$, $k \in \mathbb{N}^*$, und die Teilfolge $(x_{n_k})_k$ konvergiert gegen x. $\square$

Die folgende einfache Aussage wird immer wieder verwendet:

Proposition 4.2.13 *Sei X ein topologischer Raum mit abzählbarer Topologie. Dann besitzt jede offene Überdeckung von X eine abzählbare Teilüberdeckung.*

Beweis Unter einer **offenen Überdeckung** von X verstehen wir natürlich eine Überdeckung von X mit offenen Mengen. Sei U_i, $i \in I$, solch ein offene Überdeckung. Ferner sei $\mathcal{B} \subseteq \mathcal{T}$ eine abzählbare Basis der Topologie $\mathcal{T}$ von X. Jedes U_i ist Vereinigung der Elemente einer Teilmenge $\mathcal{B}_i \subseteq \mathcal{B}$, $i \in I$. Sei $\mathcal{B}'$ die (abzählbare) Vereinigungsmenge $\bigcup_{i \in I} \mathcal{B}_i \subseteq \mathcal{B}$. Für jedes $V \in \mathcal{B}'$ sei $i_V \in I$ ein Index mit $V \subseteq U_{i_V}$. Bezeichnet dann J die abzählbare Teilmenge $J := \{i_V \mid V \in \mathcal{B}'\} \subseteq I$, so gilt

$$X = \bigcup_{V \in \mathcal{B}'} V \subseteq \bigcup_{V \in \mathcal{B}'} U_{i_V} = \bigcup_{i \in J} U_i.$$

Also ist U_i, $i \in J$, eine abzählbare Teilüberdeckung von U_i, $i \in I$. $\square$

Nach Proposition 4.1.11 ist folgende Definition der Stetigkeit von Abbildungen topologischer Räume nicht überraschend:

Definition 4.2.14 Seien X und Y topologische Räume und $f \colon X \to Y$ eine Abbildung.

(1) Die Abbildung f heißt **stetig im Punkt** $a \in X$, wenn es zu jeder Umgebung V von $f(a)$ in Y eine Umgebung U von a in X mit $f(U) \subseteq V$ gibt.

(2) Die Abbildung f heißt **stetig** (auf ganz X), wenn f in jedem Punkt von X stetig ist.

$$C(X, Y)$$

bezeichnet die Menge der stetigen Abbildungen $X \to Y$.

(3) Die Abbildung f heißt ein **Homöomorphismus**, wenn f bijektiv ist und sowohl f als auch die Umkehrabbildung f^{-1} stetig sind.

Die Bedingung (1) ist dazu äquivalent, dass das Urbild $f^{-1}(V)$ einer jeden Umgebung V von $f(a)$ eine Umgebung von a ist. Man betrachte die stetigen Abbildungen als die Homomorphismen topologischer Räume und die Homöomorphismen als ihre Isomorphismen. Die Identität eines topologischen Raumes ist stets ein Homöomorphismus, ebenso die Umkehrabbildung eines Homöomorphismus. – Wie bei metrischen Räumen gilt:

Satz 4.2.15 *Für eine Abbildung $f: X \to Y$ zwischen topologischen Räumen X und Y sind folgende Aussagen äquivalent:*

(i)   *f ist stetig.*
(ii) *Das Urbild jeder offenen Menge in Y ist eine offene Menge in X.*
(iii) *Das Urbild jeder abgeschlossenen Menge in Y ist eine abgeschlossene Menge in X.*

Beweis Die Äquivalenz von (i) und (ii) ergibt sich wie bei Proposition 4.1.11 (2) daraus, dass eine Menge genau dann offen ist, wenn sie Umgebung eines jeden ihrer Punkte ist. Die Äquivalenz von (ii) und (iii) erhält man durch Übergang zu Komplementen. □

Satz 4.2.15 impliziert, dass eine Abbildung $f: X \to Y$ topologischer Räume bereits dann stetig ist, wenn für jedes Element V einer Subbasis der Topologie von Y das Urbild $f^{-1}(V)$ offen in X ist. – Der folgende Satz behandelt die Stetigkeit von hintereinandergeschalteten Abbildungen.

Satz 4.2.16 *Seien $f: X \to Y$ und $g: Y \to Z$ Abbildungen zwischen den topologischen Räumen X, Y, Z.*

(1) *Ist f stetig in $a \in X$ und g stetig in $f(a) \in Y$, so ist die Komposition $g \circ f: X \to Z$ stetig in a.*
(2) *Sind f und g stetig, so ist auch die Komposition $g \circ f$ stetig.*

Beweis (1) Für eine Umgebung W von $(gf)(a) = g\big(f(a)\big)$ ist $g^{-1}(W)$ eine Umgebung von $f(a)$, da g stetig in $f(a)$ ist, und somit $f^{-1}\big(g^{-1}(W)\big) = (gf)^{-1}(W)$ eine Umgebung von a, da f stetig in a ist. – (2) folgt aus (1). □

Sei $X' \subseteq X$ ein Unterraum von X, $\iota: X' \hookrightarrow X$ die kanonische Einbettung und $g: Z \to X'$ eine Abbildung eines topologischen Raums Z in X'. Wegen $(\iota \circ g)^{-1}(U) = g^{-1}(\iota^{-1}(U)) = g^{-1}(U \cap X')$ ist nach Definition der Relativtopologie von X' *die Abbildung $g: Z \to X'$ genau dann stetig, wenn $\iota \circ g: Z \to X$ stetig ist.* $h: Z \to X$ heißt eine **Einbettung** (topologischer Räume), wenn h injektiv ist und h einen Homöomorphismus $Z \xrightarrow{\sim} h(Z)$ induziert. Ist dabei $h(Z)$ abgeschlossen (bzw. offen) in X, so spricht man von einer **abgeschlossenen** (bzw. einer **offenen**) **Einbettung**. Da die kanonische Einbettung $\iota: X' \hookrightarrow X$ stetig ist, ist für jede stetige Abbildung $f: X \to Y$ auch ihre Beschränkung $f|X' = f \circ \iota: X' \to Y$ auf X' stetig. Natürlich kann $f|X'$ in einem Punkt $a \in X'$ stetig sein, ohne dass f in a stetig ist. Ist allerdings a ein innerer Punkt von X', so ist f genau dann stetig in a, wenn $f|X'$ stetig in a ist. Beweis! Somit ist $f\colon X \to Y$ *genau dann in einem Punkt $a \in X$ stetig, wenn es eine Umgebung U von a in X gibt derart, dass $f|U$ stetig in a ist.* Man sagt, die Stetigkeit sei eine **lokale Eigenschaft**.

Ein Homöomorphismus $f\colon X \to Y$ induziert eine Bijektion der Menge der offenen Mengen (und auch eine Bijektion der abgeschlossenen Mengen) von X auf die Menge der offenen Mengen (bzw. der abgeschlossenen Mengen) von Y. Ferner ist die Komposition von Homöomorphismen wieder ein Homöomorphismus. *Die Homöomorphismen eines topologischen Raumes auf sich bilden also eine Untergruppe seiner Permutationsgruppe.* Ausdrücklich sei darauf hingewiesen, dass die Umkehrabbildung einer stetigen bijektiven Abbildung im Allgemeinen *nicht* stetig ist. Beispielsweise ist die Identität von X stetig, aber kein Homöomorphismus, wenn X als Urbildbereich mit der diskreten Topologie und als Bildbereich mit der Klumpentopologie versehen ist und X mehr als einen Punkt enthält. Für weniger grobe Beispiele siehe Aufg. 4.2.23.

Die Stetigkeit der Abbildung $f\colon X \to Y$ im Punkte $a \in X$ lässt sich auch als Grenzwertbeziehung

$$f(a) = \lim_{x \to a} f(x)$$

beschreiben, wenn für den Grenzwert von Abbildungen zwischen topologischen Räumen folgende Definition zugrunde gelegt wird (vgl. 3.8.8):

Definition 4.2.17 Seien D ein Unterraum des topologischen Raumes X, $a \in X$ und $f\colon D \to Y$ eine Abbildung von D in den topologischen Raum Y. Dann heißt $y \in Y$ ein **Grenzwert** oder **Limes** von f im Punkt a, in Zeichen

$$y = \lim_{x \to a, x \in D} f(x),$$

wenn zu jeder Umgebung V von y in Y eine Umgebung U von a in X mit $f(U \cap D) \subseteq V$ existiert.

Ist $a \notin \overline{D}$, so ist jeder Punkt von Y Grenzwert von f in a. *Ist Y hausdorffsch und $a \in \overline{D}$, so ist der Grenzwert y (falls er existiert) eindeutig bestimmt.* Ist $a \in D$ und f in a stetig, so ist $f(a)$ ein Grenzwert von f in a. Ist $a \in D$ und Y hausdorffsch, so existiert $\lim_{x \to a, x \in D}$ genau dann, wenn f in a stetig ist (und der Grenzwert ist notwendigerweise $f(a)$). Im Fall $a \notin D$ gilt $\underset{\sim}{y} = \lim_{x \to a, x \in D} f(x)$ offenbar genau dann, wenn die auf $D \cup \{a\}$ definierte Funktion $\widetilde{f}$ mit

$$\widetilde{f}(x) := \begin{cases} f(x), \text{ falls } x \in D, \\ y, \text{ falls } x = a, \end{cases}$$

in a stetig ist. – Erfüllt X das erste Abzählbarkeitsaxiom, so lassen sich Grenzwerte mit Hilfe von Folgen charakterisieren:

Lemma 4.2.18 *Seien* $f\colon D \to Y$ *und* $a \in X$ *wie in* Definition 4.2.17. *Ferner besitze* a *in* X *eine abzählbare Umgebungsbasis. Für einen Punkt* $y \in Y$ *sind äquivalent:*

(i) *Es ist* $y = \lim_{x \to a, x \in D} f(x)$.
(ii) *Für jede Folge* (x_n) *in* D *mit* $\lim x_n = a$ *gilt* $\lim f(x_n) = y$.

Beweis Die Implikation (i) $\Rightarrow$ (ii) gilt offenbar für jeden topologischen Raum X. – Zum Beweis der Umkehrung (ii) $\Rightarrow$ (i) sei U_n, $n \in \mathbb{N}$, eine abzählbare Umgebungsbasis von a in X mit $U_0 \supseteq U_1 \supseteq U_2 \supseteq \cdots$. Angenommen, es gebe eine Umgebung V von y in Y mit $f(U \cap D) \not\subseteq V$ für alle Umgebungen U von x in X. Insbesondere gibt es dann Punkte $x_n \in U_n \cap D$ mit $f(x_n) \notin V$. Dann ist $\lim x_n = a$, aber die Folge $f(x_n)$, $n \in \mathbb{N}$, konvergiert nicht gegen y. Widerspruch! $\qquad\square$

Als Korollar bemerken wir:

Korollar 4.2.19 *Sei* $f\colon X \to Y$ *eine Abbildung topologischer Räume und* $a \in X$. *Besitzt* a *eine abzählbare Umgebungsbasis, so ist* f *genau dann in* a *stetig, wenn* $\lim f(x_n) = f(a)$ *ist für jede Folge* (x_n) *in* X *mit* $\lim x_n = a$. *Insbesondere gilt: Erfüllt* X *das erste Abzählbarkeitsaxiom, so ist* f *genau dann stetig, wenn für jede in* X *konvergente Folge* (x_n) *gilt*

$$\lim f(x_n) = f(\lim x_n).$$

Beispiel 4.2.20 (Topologien auf $\overline{\mathbb{R}}$) Da wir häufig Abbildungen mit dem Bildbereich $\overline{\mathbb{R}} = \mathbb{R} \uplus \{\pm\infty\}$ zu betrachten haben, wollen wir $\overline{\mathbb{R}}$ zu einem topologischen Raum machen. Je nach Situation verwenden wir dazu eine der beiden folgenden Topologien: Als erstes definieren wir eine Metrik auf $\overline{\mathbb{R}}$ durch $d(x, y) := |y - x|$, wobei wir hier ausnahmsweise die beiden Differenzen $\infty - \infty = (-\infty) - (-\infty) = 0$ erlauben. Dann ist $\mathbb{R}$ ein offener Teilraum von $\overline{\mathbb{R}}$, und auf $\mathbb{R}$ wird die natürliche Metrik von $\mathbb{R}$ induziert. Ferner sind ∞ und $-\infty$ offene Punkte in $\overline{\mathbb{R}}$. Mit anderen Worten: Eine Teilmenge $U \subseteq \overline{\mathbb{R}}$ ist genau dann offen, wenn $U \cap \mathbb{R}$ offen in $\mathbb{R}$ ist. (Die Topologie auf $\overline{\mathbb{R}}$ ist also die Bildtopologie von $\mathbb{R}$ bzgl. der Einbettung $\mathbb{R} \hookrightarrow \overline{\mathbb{R}}$, vgl. Beispiel 4.2.24 weiter unten.) In dieser **metrischen Topologie** konvergiert die Folge der natürlichen Zahlen nicht gegen ∞. Vielmehr ist $\mathbb{R}$ abgeschlossen in $\overline{\mathbb{R}}$ bzgl. der metrischen Topologie (was mit der Bezeichnung $\overline{\mathbb{R}}$ kollidiert). Eine Abbildung $f\colon X \to \overline{\mathbb{R}}$ eines topologischen Raumes X in $\overline{\mathbb{R}}$ ist genau dann stetig, wenn die beiden Fasern $f^{-1}(\infty)$ und $f^{-1}(-\infty)$ jeweils offen in X sind und die Beschränkung $f \mid f^{-1}(\mathbb{R})$ stetig ist.

Für die Analysis ist die folgende sogenannte **Ordnungstopologie** auf $\overline{\mathbb{R}}$ in der Regel wichtiger. Diese Topologie auf $\overline{\mathbb{R}}$ wird definitionsgemäß erzeugt von allen offenen Teilmengen von $\mathbb{R}$ und den Intervallen $]a, \infty]$, $[-\infty, a[$, $a \in \mathbb{R}$. (Vgl. Aufg. 4.2.35.) $\overline{\mathbb{R}}$ *ist dann homöomorph zu jedem abgeschlossenen Intervall* $[a, b]$, $a, b \in \mathbb{R}$, $a < b$. Offenbar ist etwa $\overline{\mathbb{R}} \xrightarrow{\sim} [-1, 1]$, $x \mapsto x/(1 + |x|)$ für $x \in \mathbb{R}$, $\pm\infty \mapsto \pm1$, ein Homöomorphismus. Auf $\mathbb{R}$ induziert auch die Ordnungstopologie die natürliche Topologie, und $\mathbb{R}$ ist jetzt dicht in $\overline{\mathbb{R}}$, die Folgen $(n)_{n\in\mathbb{N}}$ und $(-n)_{n\in\mathbb{N}}$ konvergieren gegen ∞ bzw. $-\infty$. Die Ordnungstopologie ist also gröber als die obige metrische Topologie. Sie ist gleichwohl auch metrisierbar, da das Intervall $[-1, 1]$ ein metrischer Raum ist. Eine Abbildung $f: X \to \overline{\mathbb{R}}$ eines topologischen Raumes X in $\overline{\mathbb{R}}$ ist genau dann stetig bzgl. der Ordnungstopologie, wenn ihre Beschränkung $f|f^{-1}(\mathbb{R})$ stetig ist und für jeden Punkt $x \in X$ mit $f(x) = \infty$ (bzw. $f(x) = -\infty$) und zu jedem $a \in \mathbb{R}$ eine Umgebung U von x existiert mit $f(x) > a$ (bzw. $f(x) < a$) für alle $x \in U$. Ist f stetig bzgl. der metrischen Topologie, so auch bzgl. der Ordnungstopologie auf $\overline{\mathbb{R}}$. – Welche Abbildungen $\overline{\mathbb{R}} \to Y$ von $\overline{\mathbb{R}}$ in den topologischen Raum Y sind stetig bzgl. der metrischen bzw. bzgl. der Ordnungstopologie auf $\overline{\mathbb{R}}$? $\quad\diamond$

Bemerkung 4.2.21 (Allgemeine Limiten) In allgemeinen topischen Räumen lassen sich Limiten in der Regel nicht mit Hilfe der Konvergenz von Folgen charakterisieren. Man hat vielmehr den Begriff der konvergenten Folge zu verallgemeinern. Wie schon früher bemerkt, wird bei der Konvergenz einer Folge (x_n) in einem topologischen Raum X die Ordnung der natürlichen Zahlen nicht wirklich benutzt. (x_n) konvergiert genau dann gegen $x \in X$, wenn zu jeder Umgebung $U \in \mathcal{U}(x)$ von $x \in X$ eine endliche Menge $E \subseteq \mathbb{N}$ existiert mit $x_n \in U$ für alle $n \in \mathbb{N} - E$. Die Menge $\mathcal{F}$ der Komplemente endlicher Teilmengen von $\mathbb{N}$ hat die folgenden Eigenschaften: (1) Der Durchschnitt endlich vieler Elemente von $\mathcal{F}$ gehört wieder zu $\mathcal{F}$. (2) Gilt $F \subseteq F' \subseteq \mathbb{N}$ und ist $F \in \mathcal{F}$, so ist such $F' \in \mathcal{F}$. Analoge Eigenschaften hat die Menge der Komplemente endlicher Teilmengen einer jeden Menge I. $\mathcal{F}$ ist also ein Filter im Sinne der folgenden Definition:

Definition 4.2.22 Sei I eine Menge. $\mathcal{F} \subseteq \mathfrak{P}(I)$ heißt ein **Filter** auf I, wenn gilt:

(1) Der Durchschnitt endlich vieler Elemente von $\mathcal{F}$ gehört wieder zu $\mathcal{F}$.
(2) Gilt $F \subseteq F' \subseteq I$ und ist $F \in \mathcal{F}$, so ist such $F' \in \mathcal{F}$.

Nach (1) gilt insbesondere $I \in \mathcal{F}$ für jeden Filter $\mathcal{F}$ auf I. Die Bedingung (1) fasst die folgenden beiden Bedingungen zusammen: (1_1) Es ist $I \in \mathcal{F}$, und (1_2) der Durchschnitt zweier Elemente von $\mathcal{F}$ gehört wieder zu $\mathcal{F}$. $\mathfrak{P}(I)$ ist der größte Filter auf I und $\{I\}$ der kleinste. Der Filter $\mathfrak{P}(I)$ ist durch die Bedingung $\emptyset \in \mathcal{F}$ charakterisiert. Die Menge der Filter auf I ist bzgl. der Inklusion (strikt) induktiv geordnet. Ein Antiatom in der Menge der Filter heißt ein **Ultrafilter**. Nach dem Zornschen Lemma ist jeder Filter $\neq \mathfrak{P}(I)$ auf I in einem Ultrafilter enthalten. Der Filter der Komplemente endlicher Mengen auf I heißt der **Fréchet-Filter** $\mathcal{F}r(I)$ auf I. Für jeden topologischen Raum X und jeden Punkt $x \in X$ ist die Menge $\mathcal{U}(x)$ der Umgebungen von x ein Filter auf X, der sogenannte **Umgebungsfilter** von x. Ist $\mathcal{F}$ ein Filter auf I und $I' \subseteq I$, so ist $\mathcal{F} \cap I' = \{F \cap I' \mid F \in \mathcal{F}\}$ ein Filter auf I'. In der Regel beschreibt man einen Filter durch Angabe einer **Filterbasis**: Dies ist einfach eine Teilmenge $\mathcal{B} \subseteq \mathfrak{P}(I)$ derart, dass der Durchschnitt von je endlich vielen Elemente von $\mathcal{B}$ stets ein Element von $\mathcal{B}$ umfasst. (Insbesondere ist also $\mathcal{B} \neq \emptyset$.) Der zugehörige Filter $\mathcal{F}(\mathcal{B})$ mit Basis $\mathcal{B}$ ist dann die Menge aller Teilmengen von I, die ein Element von $\mathcal{B}$ umfassen. Beispielsweise ist eine Umgebungsbasis eines Punktes x im topologischen Raum X definitionsgemäß eine Filterbasis des Umgebungsfilters $\mathcal{U}(x)$ von x. Die Abschnitte $\mathbb{N}_{\geq n_0}$, $n_0 \in \mathbb{N}$, bilden eine Basis des Fréchet-Filters auf $\mathbb{N}$. Ist $\mathcal{E}$ eine beliebige Teilmenge von $\mathfrak{P}(I)$, so bildet die Menge $\mathcal{B}(\mathcal{E})$ der endlichen Durchschnitte von Elementen aus $\mathcal{E}$ eine Filterbasis des **von $\mathcal{E}$ erzeugten Filters** auf I. – Die Konvergenz einer Folge und auch Definition 4.2.17 sind nun Spezialfälle des folgenden allgemeinen Grenzwertbegriffs:

Definition 4.2.23 Sei $I = (I, \mathcal{F})$ eine Menge mit einem Filter $\mathcal{F}$ auf I und x_i, $i \in I$, eine Familie von Elementen im topologischen Raum X. Dann heißt $x \in X$ **Grenzwert** oder **Limes** von x_i, $i \in I$, (bzgl. $\mathcal{F}$), wenn zu jeder Umgebung U von x ein $F \in \mathcal{F}$ existiert mit $x_i \in U$ für alle $i \in F$. Man schreibt dann

$$x = \lim_{\substack{\mathcal{F} \\ i \in I}} x_i = \lim_{i \in I} x_i.$$

Ist $\mathcal{F} = \mathfrak{P}(I)$, so ist jedes $x \in X$ Grenzwert der Familie x_i, $i \in I$.[9] *Ist X hausdorffsch und $\mathcal{F} \neq \mathfrak{P}(I)$, so ist der Grenzwert x, wenn er existiert, eindeutig bestimmt. Ist $\mathcal{F} = \{I\}$ und $x \in X$, so gilt $x = \lim x_i$ genau dann, wenn $x_i \in \bigcap_{U \in \mathcal{U}(x)} U$ für alle $i \in I$ ist.* Die Limiten einer Folge (x_n) bzw. die Limiten einer Abbildung $f \colon D \to Y$ in $a \in X$ wie in Definition 4.2.17 sind somit die Limiten $\lim_{n \in \mathbb{N}} {}_{\mathcal{F}r(\mathbb{N})} x_n$ bzw. $\lim_{x \in D, \ \mathcal{U}(a) \cap D} f(x)$. Eine Abbildung $f \colon X \to Y$ topologischer Räume ist genau dann stetig in $a \in X$, wenn $f(a) = \lim_{x \in X, \ \mathcal{U}(a)} f(x)$ ist. *Genau dann ist also f in a stetig, wenn Folgendes gilt: Ist x_i, $i \in I$, eine Familie in X mit gefilterter Indexmenge $I = (I, \mathcal{F})$ und $a = \lim_{\mathcal{F}} x_i$, so gilt $f(a) = \lim_{\mathcal{F}} f(x_i)$.* Beweis!

Viele Autoren betrachten nur die Filter zu induktiv geordneten Mengen $I = (I, \leq)$. Wir erinnern daran, dass eine geordnete Menge (bzw. auch nur quasigeordnete Menge) I induktiv (quasi)geordnet ist, wenn zu je zwei Elementen $i, j \in I$ ein $k \in I$ mit $i, j \leq k$ existiert. Dann bilden die Abschnitte $I_{\geq i}$, $i \in I$, zusammen mit I eine Filterbasis eines Filters $\mathcal{F}$ auf I. Mit einer induktiv geordneten Menge I indizierte Familien $x_i \in X$, $i \in I$, heißen auch **Netze** oder **Moore-Smith-Folgen** (nach E. Moore (1862–1932) und H. Smith (1892–1950)). *Ist dabei $I \neq \emptyset$, so gilt offenbar $x = \lim_{i \in I, \ \mathcal{F}} x_i$ genau dann, wenn zu jeder Umgebung $U \in \mathcal{U}(x)$ von x ein $i_0 \in I$ existiert mit $x_i \in U$ für alle $i \geq i_0$.* Da der Fréchet-Filter auf $\mathbb{N}$ der Filter zur natürlichen Ordnung auf $\mathbb{N}$ ist, erweisen sich die Netze ebenfalls als kanonische Verallgemeinerungen von Folgen. Allgemeine Filter wurden 1937 von H. Cartan (1904–2008) eingeführt. Für eine algebraische Interpretation der Filter auf einer Menge I siehe Aufg. 4.2.31.   ◇

Wie in der Mathematik üblich, konstruiert man aus gegebenen Strukturen neue, vgl. das Diktum von Kronecker zu Beginn von Bemerkung 1.5.7. Im Folgenden geben wir einige Beispiele dafür aus der Theorie der topologischen Räume.

---

[9] Wegen dieser Pathologie verlangen viele Autoren, dass die leere Menge nicht zu einem Filter $\mathcal{F}$ gehört, dass also $\mathcal{F} \neq \mathfrak{P}(I)$ ist.

Beispiel 4.2.24 (Bildtopologien – Quotiententopologien) Sei $X = (X, \mathcal{T})$ ein topologischer Raum und $f: X \to Y$ eine Abbildung von X in eine (beliebige) Menge Y. Dann ist

$$f_*\mathcal{T} := \{V \subseteq Y \mid f^{-1}(V) \in \mathcal{T}\}$$

die feinste Topologie auf Y, bzgl. der f stetig ist. Sie heißt die **Bildtopologie** von X bzgl. f. $(Y, f_*\mathcal{T})$ hat folgende universelle Eigenschaft:

Für jeden topologischen Raum Z ist eine Abbildung $g: Y \to Z$ genau dann stetig, wenn ihre Komposition $g \circ f: X \to Z$ stetig ist.

Eine Teilmenge $V \subseteq Y$ gehört genau dann zu $f_*\mathcal{T}$, wenn $f^{-1}(V) = f^{-1}(V \cap \mathrm{Bild}\, f)$ offen in X ist. Der Unterraum Bild f trägt also die Bildtopologie bzgl. der surjektiven Abbildung $f: X \to \mathrm{Bild}\, f$ und das Komplement $Y - \mathrm{Bild}\, f$ die diskrete Topologie. Ferner sind sowohl Bild f als auch $Y - \mathrm{Bild}\, f$ offen bzgl. $f_*\mathcal{T}$. *Es genügt also, Bildtopologien für surjektive Abbildungen $f: X \to Y$ zu studieren.* In diesem Fall können wir Y identifizieren mit dem Quotienten X/R_f, wobei R_f die von f induzierte Äquivalenzrelation auf X ist (mit „$xR_f y \Leftrightarrow f(x) = f(y)$"). Man spricht daher auch von einer **Quotiententopologie**. Dies ist besonders dann üblich, wenn f selbst schon die kanonische Projektion $\pi_R: X \to X/R$ von X auf die Quotientenmenge X/R bzgl. einer Äquivalenzrelation R auf X ist. Die offenen Mengen in X/R entsprechen dann genau den R-saturierten offenen Mengen in X, und die stetigen Abbildungen von X/R in einen topologischen Raum Z denjenigen stetigen Abbildungen $X \to Z$, die auf den Äquivalenzklassen bzgl. R konstant sind. Die Quotiententopologie ist leicht zu definieren, aber häufig schwer zu überblicken. Eine *surjektive* stetige Abbildung $f: X \to Y$ topologischer Räume heißt eine **Quotientenabbildung**, wenn die Topologie von Y die Bildtopologie von X bzgl. f ist. *Ist $f: X \to Y$ eine surjektive stetige Abbildung, so ist f sicher dann eine Quotientenabbildung, wenn f eine offene Abbildung oder eine abgeschlossene Abbildung ist.* Dabei heißt eine (nicht notwendig stetige) Abbildung $f: X \to Y$ topologischer Räume **offen** (bzw. **abgeschlossen**), wenn die f-Bilder offener (bzw. abgeschlossener) Mengen in X offen (bzw. abgeschlossen) in Y sind. Eine Äquivalenzrelation R auf X heißt **offen** (bzw. **abgeschlossen**), wenn die kanonische Projektion $\pi_R: X \to X/R$ offen (bzw. abgeschlossen) ist. Wichtige Beispiele für offene Äquivalenzrelationen ergeben sich auf folgende Weise: Die Gruppe G operiere auf X als Gruppe von Homöomorphismen. *Dann ist die kanonische Projektion $X \to X\backslash G$ von X auf den Bahnenraum $X\backslash G$ (der die Quotiententopologie trägt, wenn nichts anderes gesagt wird) offen.* Ist nämlich $U \subseteq X$ offen, so ist die G-invariante Hülle $GU = \bigcup_{g \in G} gU$ ebenfalls offen.

*Für eine beliebige Familie $f_i: (X_i, \mathcal{T}_i) \to Y$, $i \in I$, ist die **Bildtopologie** bzgl. der f_i, $i \in I$, dadurch charakterisiert, dass eine Abbildung $g: Y \to Z$ genau dann stetig ist, wenn alle Kompositionen $g \circ f_i$, $i \in I$, stetig sind.* Sie ist der Durchschnitt $\bigcap_{i \in I} f_{i*}\mathcal{T}_i$ der Bildtopologien der einzelnen f_i. Insbesondere sind alle $f_i: X_i \to Y$, $i \in I$, stetig bzgl. dieser Bildtopologie. $\diamond$

Beispiel 4.2.25 (Summen topologischer Räume) Sei $X_i = (X_i, \mathcal{T}_i)$, $i \in I$, eine Familie topologischer Räume und $X := \biguplus_{i \in I} X_i \ (= \bigcup_{i \in I} \{i\} \times X_i)$ ihre disjunkte Vereinigung mit den kanonischen Injektionen $\iota_i \colon X_i \to X$, $x_i \mapsto (i, x_i)$, mit denen wir die X_i als Teil-räume von X betrachten. Bzgl. der Bildtopologie der ι_i, $i \in I$, ist eine Menge $U \subseteq X$ genau dann offen, wenn $U_i := \iota_i^{-1}(U) = U \cap X_i$ offen in X_i ist für alle $i \in I$. Diese Topologie heißt die **Summentopologie** auf X. Sie ist die von den $\mathcal{T}_i \subseteq \mathfrak{P}(X_i) \subseteq \mathfrak{P}(X)$ erzeugte Topologie und die feinste Topologie, bzgl. der alle ι_i stetig sind. Den topologi-schen Raum X, versehen mit dieser Topologie, bezeichnen wir auch mit $\coprod_{i \in I} X_i$. Die X_i, $i \in I$, bilden eine offene Zerlegung von X. Zusammen mit den Injektionen ι_i, $i \in I$, hat die **Summe** $\coprod_{i \in I} X_i$ der topologischen Räume X_i, $i \in I$, die auch das **Koprodukt** der X_i heißt, folgende universelle Eigenschaft: *Für jeden topologischen Raum Z ist die Abbildung*

$$\mathrm{C}\left(\coprod_{i \in I} X_i, Z \right) \xrightarrow{\sim} \prod_{i \in I} \mathrm{C}(X_i, Z), \quad f \longmapsto (f \circ \iota_i)_{i \in I}$$

bijektiv. Die stetige Abbildung $\coprod_{i \in I} X_i \to Z$, die zu dem Tupel $(f_i)_{i \in I}$ von stetigen Ab-bildungen $f_i \colon X_i \to Z$ gehört, bezeichnen wir mit $\uplus_i f_i$. Ist $X = \uplus_{i \in I} X_i$ eine offene Zerlegung des topologischen Raumes X, so ist X offenbar die Summe der offenen Unter-räume $X_i \subseteq X$, $i \in I$. Für eine Familie $f_i \colon X_i \to Y$ von Abbildungen der topologischen Räume X_i in eine Menge Y ist die Bildtopologie der f_i, $i \in I$, gleich der Bildtopologie der einen Abbildung $\uplus_i f_i \colon \coprod_{i \in I} X_i \to Y$. Sind die $X_i = (X_i, d_i)$ metrische Räume, so ist auch $\coprod_{i \in I} X_i$ ein metrischer Raum bzgl. der Metrik d mit $d \,|\, X_i = d_i$ und $d(x_i, x_j) = \infty$, falls $x_i \in X_i$, $x_j \in X_j$, $i \neq j$. Ein gegebener metrischer Raum (X, d) ist die Summe der offenen Äquivalenzklassen bzgl. der zu Anfang von Abschn. 4.1 definierten Äquivalenz-relation $\sim_d$ auf X. $\diamond$

Beispiel 4.2.26 (Urbildtopologien) Sei $Y = (Y, \mathcal{U})$ ein topologischer Raum und $f \colon X \to Y$ eine Abbildung einer (beliebigen) Menge X in den Raum Y. Dann ist

$$f^* \mathcal{U} := \{ f^{-1}(V) \subseteq X \mid V \in \mathcal{U} \}$$

die gröbste Topologie auf X, bzgl. der f stetig ist. Sie heißt die **Urbildtopologie** von Y bzgl. f und hat folgende universelle Eigenschaft:

Für jeden topologischen Raum W ist eine Abbildung $g \colon W \to X$ genau dann stetig, wenn ihre Komposition $f \circ g \colon W \to Y$ stetig ist.

Ist $Y' \subseteq Y = (Y, \mathcal{U})$, so ist die von Y auf Y' induzierte Topologie die Urbildtopolgie $\iota_* \mathcal{U}$ bzgl. der kanonischen Einbettung $\iota \colon Y' \hookrightarrow Y$. *Die **Urbildtopologie** bzgl. einer belie-bigen Familie $f_i \colon X \to (Y_i, \mathcal{U}_i)$, $i \in I$, ist dadurch charakterisiert, dass eine Abbildung $g \colon W \to X$ genau dann stetig ist, wenn alle Kompositionen $f_i \circ g \colon W \to Y_i$, $i \in I$, stetig sind.* Sie ist die von den Urbildtopologien $f_i^* \mathcal{U}_i$, $i \in I$, erzeugte Topologie auf X. Insbesondere sind die $f_i \colon X \to Y_i$, $i \in I$, bzgl. dieser Urbildtopologie stetig. $\diamond$

Beispiel 4.2.27 (Produkttopologien) Sei $X_i = (X_i, \mathcal{T}_i)$, $i \in I$, eine Familie topologi-scher Räume und $X := \prod_{i \in I} X_i$ ihr Produkt mit den kanonischen Projektionen $p_i \colon X \to$

X_i, $i \in I$. Wir suchen eine Topologie auf X, für die die Projektionen $p_i \colon X \to X_i$ stetig sind und die folgende typische universelle Eigenschaft eines Produkts hat: *Eine Abbildung* $f \colon W \to X$ *ist genau dann stetig, wenn die Kompositionen* $p_i \circ f \colon W \to X_i$ *alle stetig sind, d. h. die Abbildung*

$$C\left(W, \prod_{i \in I} X_i\right) \xrightarrow{\sim} \prod_{i \in I} C(W, X_i), \quad f \longmapsto (p_i \circ f)_{i \in I},$$

ist für jeden topologischen Raum W bijektiv. Wir bezeichnen die stetige Abbildung $W \to \prod_i X_i$, die zu dem I-Tupel stetiger Abbildungen $f_i \colon W \to X_i$, $i \in I$, gehört, wie bisher ebenfalls mit $(f_i)_{i \in I}$. Die universelle Eigenschaft impliziert insbesondere: *Eine Folge* $x_n = (x_{in})_{i \in I}$, $n \in \mathbb{N}$, *in* $X = \prod_i X_i$ *konvergiert genau dann, wenn für jedes* $i \in I$ *die Komponentenfolge* x_{in}, $n \in \mathbb{N}$, *konvergiert; ist* $x_i = \lim_n x_{in}$ *für* $i \in I$, *so ist* $(x_i)_{i \in I} = \lim_n x_n$. Eine analoge Aussage gilt allgemein für Limiten von Familien mit gefilterten Indexmengen, vgl. Bemerkung 4.2.21 und Aufg. 4.2.32.

Nach Beispiel 4.2.26 hat genau die Urbildtopologie auf X bzgl. der Familie der Projektionen $p_i \colon X \to X_i$, $i \in I$, die gewünschte universelle Eigenschaft. Die Urbildtopologie bzgl. einer einzelnen Projektion p_j enthält genau die offenen Mengen $\prod_{i \in I} U_i$ mit $U_j \in \mathcal{T}_j$ und $U_i = X_i$ für $i \neq j$. Die gesuchte sogenannte **Produkttopologie** auf $X = \prod_i X_i$ hat also die Mengen

$$\prod_{i \in I} U_i \quad \text{mit} \quad U_i \in \mathcal{T}_i \text{ für alle } i \in I \text{ und } U_i = X_i \text{ für fast alle } i \in I$$

als Basis. Dabei genügt es, dass die U_i selbst jeweils eine Basis der Topologie $\mathcal{T}_i$ von X_i durchlaufen. Insbesondere sind die Projektionen $p_j \colon \prod_i X_i \to X_j$, $j \in I$, nicht nur stetig, sondern auch offen (aber in der Regel nicht abgeschlossen, z. B. sind die Projektionen $\mathbb{R}^2 \to \mathbb{R}$ nicht abgeschlossen). *Offenbar ist ein Produkt nichtleerer topologischer Räume genau dann hausdorffsch, wenn jeder seiner Faktoren hausdorffsch ist.* – Weiter folgt (vgl. Satz 1.8.4 und Beispiel 1.8.8):

Proposition 4.2.28 *Sei* X_i, $i \in I$, *eine* abzählbare *Familie topologischer Räume. Erfüllt jedes* X_i, $i \in I$, *das erste bzw. das zweite Abzählbarkeitsaxiom, so gilt Entsprechendes auch für den Produktraum* $\prod_i X_i$.

Offenbar hat die Produkttopologie auf X die folgende universelle Eigenschaft für die Stetigkeit von $f = (f_i) \colon W \to \prod_i X_i$ in einem Punkt $a \in W$: *Genau dann ist* f *in* a *stetig, wenn alle* f_i *in* a *stetig sind,* $i \in I$. – Ist $f_i \colon W \to X_i$ eine Familie von Abbildungen der Menge W in die topologischen Räume X_i, $i \in I$, so ist die Urbildtopologie bzgl. der Familie f_i, $i \in I$, gleich der Urbildtopologie bzgl. der einen Abbildung $f = (f_i) \colon W \to \prod_i X_i$.

Sind die $X_i = (X_i, d_i)$, $i \in I$, metrische Räume, so wird die Produkttopologie auf $\prod_i X_i$ im Allgemeinen von keiner der p-Metriken d_p, $1 \leq p \leq \infty$, aus Beispiel 4.1.7 induziert. Ist I jedoch endlich, so gilt:

Abb. 4.6 Faserprodukt =
Basiswechsel = Pullback

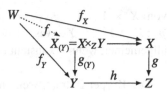

Proposition 4.2.29 *Ist* $X_i = (X_i, d_i)$, $i \in I$, *eine* endliche *Familie metrischer Räume, so induziert jede p-Metrik* d_p, $1 \le p \le \infty$, *auf dem Produktraum* $X = \prod_{i \in I} X_i$ *die Produkttopologie.*

Beweis Da die Metriken nach Beispiel 4.1.7 alle äquivalent sind, genügt es, dies für die Tschebyschew-Metrik d_∞ auf X zu zeigen. Es ist jedoch

$$\mathrm{B}_{d_\infty}((x_i)_i; r) = \prod_{i \in I} \mathrm{B}_{d_i}(x_i; r), \quad (x_i) \in X, \, r \in \overline{\mathbb{R}}_+.$$

Die offenen Kugeln eines metrischen Raumes bilden aber eine Basis seiner Topologie, und es gilt $\prod_{i \in I} \mathrm{B}_{d_i}(x_i; r_i) \supseteq \prod_{i \in I} \mathrm{B}_{d_i}(x_i; \mathrm{Min}\,(r_i, i \in I))$ für $r_i \in \overline{\mathbb{R}}_+, i \in I$. $\square$

Für unendliche Produkte metrischer Räume siehe Aufg. 4.2.15. – Eine leichte Verallgemeinerung von Produkträumen sind die sogenannten **Faserprodukte** topologischer Räume $X_i = (X_i, \mathcal{T}_i)$, $i \in I$. Dazu ist eine Familie von stetigen Abbildungen $h_i \colon X_i \to Z, i \in I$, gegeben. Zum **Faserprodukt** $\prod_{Z,i \in I} X_i$ gehört eine Familie stetiger Abbildungen $p_{Z,i} \colon \prod_{Z,i \in I} X_i \to X_i, i \in I$, mit $h_i \circ p_{Z,i} = h_j \circ p_{Z,j}$ für alle $i, j \in I$, die die folgende universelle Eigenschaft hat: *Zu jeder Familie* $f_i \colon W \to X_i$ *stetiger Abbildungen topologischer Räume mit* $h_i \circ f_i = h_i \circ f_j$ *für alle* $i, j \in I$ *gibt es genau eine stetige Abbildung* $f \colon W \to \prod_{Z,i \in I} X_i$ *mit* $f_i = p_{Z,i} \circ f$ *für alle* $i \in I$. Offenbar leisten dies der Unterraum

$$\prod_{Z,i \in I} X_i := \left\{ (x_i)_{i \in I} \in \prod_{i \in I} X_i \,\middle|\, h_i(x_i) = h_j(x_j) \text{ für alle } i, j \in I \right\}$$

des Produkts $\prod_{i \in I} X_i$, versehen mit der Relativtopologie, und die Beschränkungen $p_{Z,i} := p_i | \prod_{Z,i \in I} X_i$. Ist Z einpunktig, so ist das Faserprodukt das gewöhnliche Produkt. Das Faserprodukt zweier Räume X, Y über Z mit stetigen Abbildungen $g \colon X \to Z$ und $h \colon Y \to Z$ schreibt man auch in der Form $X \times_Z Y$.

Ein topologischer Raum X zusammen mit einer stetigen Abbildung $g \colon X \to Z$ heißt auch ein **Faserraum** (X, g) mit Basis Z. Der Übergang von $g \colon X \to Z$ zum Faserraum $X \times_Z Y \to Y$ heißt dann der **Basiswechsel** oder der **Pullback** von Z nach Y mittels der stetigen Abbildung $h \colon Y \to Z$. Man schreibt dafür $g_{(Y)} \colon X_{(Y)} \to Y$. Seine universelle Eigenschaft wird in Abb. 4.6 illustriert. Der Pullback ist der Teilraum

$$X_{(Y)} = X \times_Z Y = \{ (x, y) \mid x \in X, y \in Y, h(x) = g(y) \} \subseteq X \times Y$$

von $X \times Y$, und $g_{(Y)} = p_Y|X_{(Y)}$ ist die Beschränkung auf $X_{(Y)}$ der Projektion $p_Y: X \times Y \to Y$. Was ist der Pullback, wenn die neue Basis Y einpunktig ist bzw. allgemeiner, wenn h konstant ist? $\diamond$

Der Körper $\mathbb{K}$ trägt, wenn nichts anderes gesagt wird, stets die natürliche Topologie, die durch die Norm $|-|$ gegeben wird. Auf $\mathbb{C}$ ist diese Norm identisch mit der euklidischen Norm $\|-\|_2$ auf dem Produkt $\mathbb{C} = \mathbb{R} \times \mathbb{R}$.[10] Insbesondere trägt $\mathbb{C}$ die Produkttopologie von $\mathbb{R} \times \mathbb{R}$. Fundamental ist, dass die algebraischen Operationen auf $\mathbb{K}$ stetige Abbildungen sind. Genauer:

Proposition 4.2.30 *Folgende Abbildungen sind stetig:*

$$\mathbb{K} \times \mathbb{K} \to \mathbb{K}, \ (y,z) \mapsto y + z; \quad \mathbb{K} \times \mathbb{K} \to \mathbb{K}, \ (y,z) \mapsto y \cdot z;$$
$$\mathbb{K} \times \mathbb{K}^\times \to \mathbb{K}, \ (y,z) \mapsto y/z.$$

Beweis Da die Stetigkeit in metrischen Räumen mit der Konvergenz von Folgen beschrieben werden kann, vgl. Proposition 4.1.11, ist die Aussage lediglich eine Umformulierung der Rechenregeln für Limiten. $\square$

Eine wichtige Konsequenz ist:

Satz 4.2.31 *Sei X ein topologischer Raum. Dann ist die Menge*

$$C_\mathbb{K}(X) = C(X, \mathbb{K})$$

der stetigen $\mathbb{K}$-wertigen Funktionen auf X eine $\mathbb{K}$-Unteralgebra der $\mathbb{K}$-Akgebra $\mathbb{K}^X$ aller $\mathbb{K}$-wertigen Funktionen auf X mit

$$C_\mathbb{K}(X)^\times = C_\mathbb{K}(X) \cap \left(\mathbb{K}^X\right)^\times = C_\mathbb{K}(X) \cap (\mathbb{K}^\times)^X,$$

d. h. sind $f: X \to \mathbb{K}$ und $g: X \to \mathbb{K}$ stetige $\mathbb{K}$-wertige Funktionen auf X sowie $a \in \mathbb{K}$, so sind auch die Funktionen $f + g$, $f \cdot g$, af sowie, falls $g(x) \neq 0$ ist für alle $x \in X$, f/g stetig auf X.

Beweis Die Abbildung $(f,g): X \to \mathbb{K}^2$ mit $x \mapsto \big(f(x), g(x)\big)$ ist stetig (da $\mathbb{K}^2$ die Produkttopologie trägt). Dann sind nach Satz 4.2.16 auch $f + g$, $f \cdot g$ bzw. f/g als Komposition von (f,g) mit den stetigen Funktionen $(y,z) \mapsto y + z$, $(y,z) \mapsto y \cdot z$ bzw. $(y,z) \mapsto y/z$ auf $\mathbb{K}^2$ bzw. $\mathbb{K} \times \mathbb{K}^\times$ stetig. Da konstante Abbildungen stetig sind, ist $C_\mathbb{K}(X)$ eine $\mathbb{K}$-Unteralgebra von $\mathbb{K}^X$ mit der angegebenen Einheitengruppe. $\square$

---

[10] Man beachte, dass die Norm $N_\mathbb{R}^\mathbb{C}(x)$, wo $\mathbb{C}$ als quadratische $\mathbb{R}$-Algebra betrachtet wird, das Quadrat von $|x| = \|x\|_2$ ist.

Beispiel 4.2.32 (Polynomfunktionen) Die kanonischen Projektionen $x_i \colon \mathbb{K}^I \to \mathbb{K}$, $i \in I$, sind nach Definition der Produkttopologie auf $\mathbb{K}^I$ stetig. Daher ist die von diesen Funktionen erzeugte $\mathbb{K}$-Unteralgebra $\mathbb{K}[x_i, i \in I] \subseteq \mathbb{K}^{\mathbb{K}^I}$ der Polynomfunktionen auf $\mathbb{K}^I$ eine Unteralgebra der Algebra $C_{\mathbb{K}}(\mathbb{K}^I)$ der stetigen Funktionen auf $\mathbb{K}^I$. *Polynomfunktionen sind also stetig.* Damit sind auch alle Abbildungen $\mathbb{K}^I \to \mathbb{K}^J$, $x \mapsto (F_j(x))_{j \in J}$, stetig, wobei die Komponentenfunktionen $F_j(x)$, $j \in J$, Polynomfunktionen auf $\mathbb{K}^I$ sind. Insbesondere sind alle linearen Abbildungen $\mathbb{K}^I \to \mathbb{K}^J$ stetig, *wenn I endlich ist*, da dann alle Linearformen $\mathbb{K}^I \to \mathbb{K}$, $x \mapsto \sum_{i \in I} a_i x_i$, $(a_i) \in \mathbb{K}^I$, Polynomfunktionen sind.[11] Ebenso ist jede rationale Funktion $R(x) = F(x)/G(x)$, $F, G \in \mathbb{K}[X_i, i \in I]$, $G \neq 0$, stetig außerhalb der Nullstellenmenge $\mathrm{NS}_{\mathbb{K}}(G) = G^{-1}(0) = \{x \in \mathbb{K}^I \mid G(x) = 0\} \subseteq \mathbb{K}^I$ des Nenners G. Diese Nullstellenmenge ist als Faser der $\mathbb{K}$-wertigen Polynomfunktion G über dem abgeschlossenen Punkt $0 \in \mathbb{K}$ nach 4.2.15 abgeschlossen in $\mathbb{K}^I$. Um diese Ausnahmemenge $\mathrm{NS}_K(G)$ möglichst klein halten zu können, wählt man die Darstellung $R = F/G$ der rationalen Funktion $R \in \mathbb{K}(X_i, i \in I)$ gekürzt, d. h. mit $\mathrm{ggT}(F, G) = 1$. Aus dem Identitätssatz für Polynome 2.9.32 folgt unmittelbar, *dass die Nullstellenmenge $\mathrm{NS}_{\mathbb{K}}(G)$ nirgends dicht in $\mathbb{K}^I$ ist* oder – äquivalent dazu – dass das Komplement $\mathbb{K}^I - \mathrm{NS}_{\mathbb{K}}(G)$ dicht in $\mathbb{K}^I$ ist, vgl. Aufg. 4.2.12.

Die Stetigkeit der Polynomfunktionen liefert wichtige Beispiele offener und abgeschlossener Mengen. Zum Beispiel ist für jede reelle Polynomfunktion $F \colon \mathbb{R}^I \to \mathbb{R}$ und beliebige $a, b \in \mathbb{R}$, $a \leq b$, die Menge $\{x \in \mathbb{R}^I \mid a \leq F(x) \leq b\}$ als Urbild $F^{-1}([a, b])$ des abgeschlossenen Intervalls $[a, b] \subseteq \mathbb{R}$ abgeschlossen in $\mathbb{R}^I$. Analog sind die Mengen $\{x \in \mathbb{R}^I \mid F(x) > c\} = F^{-1}(]c, \infty[)$ offen in $\mathbb{R}^I$ für $c \in \mathbb{R}$. $\diamond$

Beispiel 4.2.33 (Natürliche Topologie von $\mathbb{K}$-Vektorräumen) Wir wollen die natürlichen Topologien der $\mathbb{K}$-Vektorräume $\mathbb{K}^n$ (d. h. die Produkttopologien auf $\mathbb{K}^n$), $n \in \mathbb{N}$, auf beliebige, zunächst endlichdimensionale $\mathbb{K}$-Vektorräume übertragen. Sei also V ein n-dimensionaler $\mathbb{K}$-Vektorraum, $n \in \mathbb{N}$. Eine $\mathbb{K}$-Basis $v = (v_1, \dots, v_n)$ von V definiert den $\mathbb{K}$-Vektorraumisomorphismus $f_v \colon \mathbb{K}^n \xrightarrow{\sim} V$, $(x_1, \dots, x_n) \mapsto x_1 v_1 + \dots + x_n v_n$. Mit Hilfe von f_v übertragen wir die Produkttopologie von $\mathbb{K}^n$ auf V, d. h. V trägt die Bildtopologie bzgl. f_v: Eine Menge $U \subseteq V$ ist definitionsgemäß genau dann offen, wenn $f_v^{-1}(U)$ offen in $\mathbb{K}^n$ ist, vgl. Beispiel 4.2.24. f_v ist also nicht nur ein linearer Isomorphismus, sondern auch ein Homöomorphismus topologischer Räume. Man kann diese Topologie auf V auch durch eine p-Norm $\|x_1 v_1 + \dots + x_n v_n\|_p = (|x_1|^p + \dots + |x_n|^p)^{1/p}$, $1 \leq p < \infty$, bzw. $\|x_1 v_1 + \dots + x_n v_n\|_\infty = \mathrm{Sup}(|x_1|, \dots, |x_n|)$ bzgl. der Basis v definieren, vgl. Abschn. 4.1. *Diese Topologie auf V ist unabhängig von der Wahl der Basis v* und heißt die **natürliche Topologie** auf V. Sei nämlich $w = (w_1, \dots, w_n)$ eine weitere Basis von V. Dann ist die Abbildung $h := f_w^{-1} f_v \colon \mathbb{K}^n \to \mathbb{K}^n$ ein $\mathbb{K}$-linearer Automorphismus, also nach Beispiel 4.2.32 stetig. Da auch die Umkehrabbildung $h^{-1} = f_v^{-1} f_w$ stetig ist, ist h ein Homöomorphismus von $\mathbb{K}^n$. Folglich ist für $U \subseteq V$ das Urbild $f_v^{-1}(U)$ genau

---

[11] Bei unendlichem I sind Linearformen auf $\mathbb{K}^I$ im Allgemeinen nicht stetig (bzgl. der Produkttopologie auf $\mathbb{K}^I$).

dann offen in $\mathbb{K}^n$, wenn $h(f_v^{-1}(U)) = f_w^{-1}(U)$ offen in $\mathbb{K}^n$ ist. Da jede lineare Abildung $\mathbb{K}^n \to \mathbb{K}^m$, $n, m \in \mathbb{N}$, stetig ist, *gilt dies auch für jede $\mathbb{K}$-lineare Abbildung zwischen endlichdimensionalen $\mathbb{K}$-Vektorräumen mit ihren natürlichen Topologien.*

Ist V ein beliebiger $\mathbb{K}$-Vektorraum, so definieren wir die **natürliche Topologie** auf V als die Bildtopologie bzgl. der kanonischen Einbettungen $W \hookrightarrow V$, wo W die endlichdimensionalen $\mathbb{K}$-Unterräume von V durchläuft. Eine Teilmenge $U \subseteq V$ ist also genau dann offen in V, wenn $U \cap W$ offen in W ist für jeden endlichdimensionalen $\mathbb{K}$-Unterraum W von V. Ist v_i, $i \in I$, eine $\mathbb{K}$-Basis von V, so ist U in V bereits dann offen, wenn $U \cap V_J$ offen ist in V_J für jede endliche Teilmenge $J \subseteq I$ und $V_J := \sum_{i \in J} \mathbb{K} v_i$. Es genügt sogar, wenn J eine kofinale Teilmenge von $\mathfrak{E}(I)$ durchläuft. Beweis! Häufig ist es bequemer, mit den abgeschlossenen Mengen in V zu argumentieren. $F \subseteq V$ ist genau dann abgeschlossen bzgl. der natürlichen Topologie, wenn $F \cap W$ in W abgeschlossen ist für jeden endlichdimensionalen Unterraum W von V. Den Raum $\mathbb{K}^{(\mathbb{N}^*)}$ mit der natürlichen Topologie bezeichnet man häufig auch mit $\mathbb{K}^\infty$ oder mit $\mathbb{K}^{(\infty)}$. Ist I unendlich, so ist die natürliche Topologie auf dem Produkt $\mathbb{K}^I = \mathrm{Abb}(I, \mathbb{K})$ echt feiner als die Produkttopologie auf K^I, vgl. Aufg. 4.2.33f).

Die natürliche Topologie eines $\mathbb{C}$-Vektorraums V ist identisch mit der natürlichen Topologie von V, aufgefasst als $\mathbb{R}$-Vektorraum. Ferner bemerken wir bereits hier, dass auf einem endlichdimensionalen $\mathbb{K}$-Vektorraum V alle Normen, die nur endliche Werte annehmen, äquivalent sind, vgl. Satz 4.4.12, und damit *jede reelle Norm auf V die natürliche Topologie von V liefert.* Auf einem unendlichdimensionalen $\mathbb{K}$-Vektorraum gibt es keine Norm, die die natürliche Topologie definiert. *Jede lineare Abbildung zwischen $\mathbb{K}$-Vektorräumen ist stetig bzgl. ihrer natürlichen Topologien*, vgl. Aufg. 4.2.33a).

Da $\mathbb{K}$ und damit auch $\mathbb{K}^n$ für jedes $n \in \mathbb{N}$ eine abzählbare Topologie besitzt (z. B. bilden die offenen Intervalle $]a, b[$, $a, b \in \mathbb{Q}$, $a < b$, eine Basis der Topologie von $\mathbb{R}$), *erfüllt jeder endlichdimensionale $\mathbb{K}$-Vektorraum bzgl. seiner natürlichen Topologie das zweite Abzählbarkeitsaxiom.* Für unendlichdimensionale $\mathbb{K}$-Vektorräume siehe Aufg. 4.2.33d).

Der Satz 3.4.3 bzw. 3.5.5 von Bolzano-Weierstraß überträgt sich sofort von $\mathbb{R}$ und $\mathbb{C} = \mathbb{R}^2$ auf beliebige *endlichdimensionale* $\mathbb{K}$-Vektorräume V mit ihrer natürlichen Topologie. Eine Teilmenge A eines solchen $\mathbb{K}$-Vektorraums V heißt **beschränkt**, wenn ihr Urbild $f^{-1}(A)$ bzgl. eines $\mathbb{K}$-linearen Isomorphismus $f \colon \mathbb{K}^n \xrightarrow{\sim} V$ in einem Polyzylinder $\overline{\mathrm{B}}_{\mathbb{K}}(0; R)^n \subseteq \mathbb{K}^n$, $R \in \mathbb{R}_+$, liegt. Diese Bedingung ist offenbar unabhängig von der Wahl des Isomorphismus f. *Eine Teilmenge $A \subseteq V$ ist genau dann beschränkt, wenn für jede Linearform $h \colon V \to \mathbb{K}$ das Bild $h(A)$ beschränkt in $\mathbb{K}$ ist.* Eine Folge in V heißt beschränkt, wenn die Menge ihrer Glieder beschränkt ist. Mit diesen Bezeichnungen gilt:

Satz 4.2.34 (Bolzano-Weierstraß) *Sei V ein endlichdimensionaler $\mathbb{K}$-Vektorraum mit seiner natürlichen Topologie. Dann besitzt jede beschränkte Folge x_m, $m \in \mathbb{N}$, in V einen Häufungspunkt in V, d. h. eine konvergente Teilfolge.*

Beweis Wir können annehmen, dass $V = \mathbb{K}^n$ ist und die Folgenglieder x_m alle im Polyzylinder $\overline{\mathrm{B}}_{\mathbb{K}}(0; R)^n$ liegen. Wir schließen durch Induktion über n. Der Fall $n = 1$ ist der klassische Satz von Bolzano-Weierstraß. Beim Schluss von $n \geq 1$ auf $n + 1$ sei $x_m = (x'_m, a_m)$ mit $x'_m \in \overline{B}_\mathbb{K}(0, R)^n$ und $a_m \in \overline{B}_\mathbb{K}(0, R)$, $m \in \mathbb{N}$. Nach Induktionsvoraussetzung besitzt die Folge (x'_m) eine konvergente Teilfolge. Ersetzen wir (x_m) durch die entsprechende Teilfolge, so können wir annehmen, dass bereits (x'_m) konvergiert. Da (a_m) eine konvergente Teilfolge $(a_{m_k})_{k \in \mathbb{N}}$ besitzt, ist dann $x_{m_k} = (x'_{m_k}, a_{m_k}) \in \mathbb{K}^n \times \mathbb{K}$, $k \in \mathbb{N}$, eine konvergente Teilfolge von (x_m). □

In Abschn. 4.4 werden wir den Satz von Bolzano-Weierstraß mit dem Begriff des kompakten Raumes auf den Punkt bringen, vgl. den Satz 4.4.11 von Heine-Borel. ◇

Beispiel 4.2.35 Natürliche Topologien lassen sich auf Vektorräumen über einem beliebigen angeordneten Körper K definieren. Zunächst trägt K eine natürliche Topologie mit den offenen Intervallen $]a, b[$, $a, b \in K$, $a < b$, als Basis der Topologie. Die offenen ε-Umgebungen $B(a; \varepsilon) =]a - \varepsilon, a + \varepsilon[$, $\varepsilon \in K^\times_+$, eines Punktes $a \in K$ bilden eine Umgebungsbasis von a. K erfüllt offenbar genau dann das erste Abzählbarkeitsaxiom, wenn K eine Nullfolge $\varepsilon_n \in K^\times_+$, $n \in \mathbb{N}$, besitzt. Dann ist bereits $]a - \varepsilon_n, a + \varepsilon_n[$, $n \in \mathbb{N}$, eine Umgebungsbasis von a für jedes $a \in K$. *Die algebraischen Operationen* $(x, y) \mapsto x + y$, $(x, y) \mapsto x \cdot y$ *sowie* $(x, y) \mapsto x/y$ *auf* K^2 *bzw.* $K \times K^\times$ *sind wieder stetig. Beweis.* Da im Allgemeinen K nicht das erste Abzählbarkeitsaxiom erfüllt, genügt es nicht, mit den Rechenregeln 3.2.5 für Limiten zu argumentieren. Sei also ε mit $0 < \varepsilon \leq 1$ vorgegeben. Dann bildet die Addition das abgeschlossene Quadrat $\overline{B}(y_0; \varepsilon/2) \times \overline{B}(z_0; \varepsilon/2)$ in die abgeschlossene ε-Umgebung $\overline{B}(y_0 + z_0; \varepsilon)$ von $y_0 + z_0$ ab. Also ist die Addition stetig. Ferner bildet die Multiplikation das abgeschlossene Rechteck $\overline{B}(y_0; \varepsilon/2\text{Max}(|z_0|, 1)) \times \overline{B}(z_0; \varepsilon/2(|y_0| + 1))$ in $\overline{B}(y_0 z_0; \varepsilon)$ ab. Daher ist die Multiplikation stetig. Für $z_0 \neq 0$ bildet schließlich $z \mapsto 1/z$ das abgeschlossene Intervall $\overline{B}(z_0; \text{Min}(\varepsilon|z_0|^2, |z_0|)/2)$ in $\overline{B}(1/z_0; \varepsilon)$ ab. □

Damit sind wieder auf K^I alle Polynomfunktionen $K^I \to K$ stetig und bei endlichem I alle K-linearen Abbildungen $K^I \to K^J$. Wie im Fall $K = \mathbb{R}$ induziert dann die Produkttopologie auf K^n eine **natürliche Topologie** auf jedem n-dimensionalen K-Vektorraum, $n \in \mathbb{N}$. Schließlich definiert man die natürliche Topologie auf einem beliebigen K-Vektorraum als Bildtopologie bzgl. der Inklusionen seiner endlichdimensionalen Teilräume. Wie im Fall $K = \mathbb{R}$ ist bei unendlichem I die natürliche Topologie auf K^I sorgfältig zu unterscheiden von der Produkttopologie auf K^I, die dann echt gröber ist als die natürliche Topologie, vgl. Aufg. 4.2.33f). ◇

Wir beschließen diesen Paragraphen mit zwei bedeutenden Existenzsätzen für stetige reellwertige Funktionen, die auf H. Tietze (1880–1964) bzw. P. Urysohn (1898–1924) zurückgehen und beim ersten Lesen übergangen werden können.

Satz 4.2.36 (Fortsetzungssatz von Tietze-Urysohn) *Seien A eine nichtleere abgeschlossene Teilmenge des metrischen Raumes X und $f : A \to \mathbb{R}$ eine stetige und beschränkte reellwertige Funktion auf A. Dann lässt sich f zu einer stetigen Funkti-*

on $g\colon X \to \mathbb{R}$ *fortsetzen, die folgende Bedingungen erfüllt:*

$$\operatorname{Inf}\{g(x) \mid x \in X\} = \operatorname{Inf}\{f(x) \mid x \in A\} \quad \text{und}$$
$$\operatorname{Sup}\{g(x) \mid x \in X\} = \operatorname{Sup}\{f(x) \mid x \in A\}.$$

Die Fortsetzung g *ist also ebenfalls beschränkt, und zwar mit denselben Schranken wie* f.

Beweis (nach [6], Abschnitt 4.5) Wir können $\operatorname{Inf}\{f(x) \mid x \in A\} = 1$ annehmen und $\operatorname{Sup}\{f(x) \mid x \in A\} = 2$ sowie $d(x, y) \in \mathbb{R}_+$ für alle $x, y \in X$.[12] Dann erfüllt die Funktion $g\colon X \to \mathbb{R}$ mit

$$g(x) := \begin{cases} f(x), \text{ falls } x \in A, \\ \operatorname{Inf}\{f(y)d(x, y) \mid y \in A\}/d(x, A), \text{ falls } x \in X - A, \end{cases}$$

die geforderten Bedingungen. Dabei ist $d(x, A) = \operatorname{Inf}\{d(x, y) \mid y \in A\} \in \mathbb{R}_+$ der Abstand von x und A, vgl. Aufg. 4.2.27. Die Abschätzungen $1 \le g \le 2$ sind trivial. Den Beweis der Stetigkeit von g auf $X - \operatorname{Rd} A$ überlassen wir dem Leser, vgl. Aufg. 4.2.36.

Sei nun $x \in \operatorname{Rd} A$ und $|f(y) - f(x)| \le \varepsilon$ für alle $y \in A \cap \overline{B}(x; \delta)$, wobei $\varepsilon > 0$ vorgegeben sei. Für $z \in \overline{B}(x; \delta/4)$ und $y \in A - B(x; \delta)$ ist $d(z, y) \ge 3\delta/4$, also $f(y)d(z, y) \ge 3\delta/4$. Wegen $f(x)d(z, x) \le \delta/2$ ist somit

$$g(z) = \frac{\operatorname{Inf}\{f(y)d(z, y) \mid y \in A \cap \overline{B}(x; \delta)\}}{d(z, A)}$$

für $z \in \overline{B}(x; \delta/4) - A$. Mit $d(z, A) = \operatorname{Inf}\{d(z, y) \mid y \in A \cap \overline{B}(x; \delta)\}$ für $z \in \overline{B}(x; \delta/4)$ und

$$(f(x) - \varepsilon)d(z, y) \le f(y)d(z, y) \le (f(x) + \varepsilon)d(z, y)$$

für $y \in A \cap \overline{B}(x; \delta)$ ergibt sich schließlich $f(x) - \varepsilon \le g(z) \le f(x) + \varepsilon$ für $z \in \overline{B}(x; \delta/4) - A$, also insgesamt $|g(z) - f(x)| \le \varepsilon$ für alle $z \in \overline{B}(x; \delta/4)$. $\qquad\square$

Satz 4.2.36 gilt für beliebige normale Räume X (**Satz von Urysohn**). Dabei heißt ein Hausdorff-Raum X **normal**, wenn je zwei disjunkte abgeschlossene Teilmengen von X disjunkte Umgebungen in X besitzen. Metrische Räume sind normal. Dies folgt aus Satz 4.2.36, lässt sich aber viel einfacher einsehen, vgl. Aufg. 4.2.28. Für weitere Beispiele siehe Lemma 4.4.17. Ein Hausdorff-Raum X heißt **regulär**, wenn jede abgeschlossene Menge $A \subseteq X$ und jeder Punkt $x \in X - A$ disjunkte Umgebungen in X besitzen. Normale Räume sind regulär. Für normale Räume beweisen wir hier nur den folgenden häufig benutzten Spezialfall des Satzes von Urysohn:

Satz 4.2.37 (Urysohnsches Trennungslemma) *Sei* X *ein normaler (Hausdorff-)Raum und seien* $A, B \subseteq X$ *disjunkte nichtleere abgeschlossene Teilmengen von* X. *Dann gibt es eine stetige Funktion* $g\colon X \to [0, 1] (\subseteq \mathbb{R})$ *mit* $g(A) = \{0\}$ *und* $g(B) = \{1\}$.

---

[12] Es genügt, für jedes $x_0 \in X$ die Beschränkung $f|(A \cap B_X(x_0; \infty))$ nach $B_X(x_0; \infty)$ fortzusetzen.

Beweis Die Normalität von X lässt sich offenbar folgendermaßen ausdrücken: *Zu jeder offenen Umgebung V einer abgeschlossenen Menge $C \subseteq X$ gibt es eine offene Umgebung U von C mit $C \subseteq \overline{U} \subseteq V$.* – Zum Beweis von 4.2.37 sei nun y_n, $n \in \mathbb{N}$, eine Folge paarweise verschiedener Zahlen in $]0, 1[$, die eine dichte Teilmenge von $]0, 1[$ bilden. Nach der Vorbemerkung lassen sich rekursiv offene Mengen $U_n \subseteq X$, $n \in \mathbb{N}$, wählen mit $A \subseteq U_n \subseteq \overline{U}_n \subseteq X - B$ und $\overline{U}_m \subseteq U_n$, falls $y_m < y_n$ (was nicht $m < n$ bedeutet). Sind nämlich $U_0, \dots, U_n$ bereits gewählt und sind $i_1, \dots, i_r$ bzw. $j_1, \dots, j_s$ die Indizes $\leq n$ mit $y_{i_\rho} < y_{n+1} < y_{j_\sigma}$, so ist bei der Wahl von U_{n+1} neben $A \subseteq U_{n+1} \subseteq \overline{U}_{n+1} \subseteq X - B$ noch die Bedingung

$$\overline{U}_{i_1} \cup \cdots \cup \overline{U}_{i_r} = \overline{U_{i_1} \cup \cdots \cup U_{i_r}} \subseteq U_{n+1} \subseteq \overline{U}_{n+1} \subseteq U_{j_1} \cap \cdots \cap U_{j_s}$$

zu berücksichtigen. Dann ist $g\colon X \to [0, 1]$ mit

$$g(x) := \mathrm{Inf}\{y_n \mid x \in U_n\} \in [0, 1]$$

eine Funktion der gewünschten Art: Es ist $g(x) = 0$ für $x \in A$ und $g(x) = 1$ für $x \in B$. Für $y \in]0, 1[$ sind überdies

$$g^{-1}([0, y[) = \bigcup_{y_n < y} U_n \quad \text{und} \quad g^{-1}([0, y]) = \bigcap_{y < y_n} U_n = \bigcap_{y < y_m} \overline{U}_m$$

offen bzw. abgeschlossen in X, woraus die Stetigkeit von g folgt.   □

Aufgaben

Aufgabe 4.2.1 Für die folgenden Teilmengen A des $\mathbb{R}^2$ (versehen mit der natürlichen Topologie) bestimme man das Innere $\overset{\circ}{A}$, die abgeschlossene Hülle $\overline{A}$ und den Rand Rd A:

a) $A := \{(x_1, x_2) \mid x_1 < |x_2|\} \subseteq \mathbb{R}^2$.
b) $A := \{(x_1, x_2) \mid x_1^2 \leq |x_2|\} \subseteq \mathbb{R}^2$.

Aufgabe 4.2.2 Seien A, A_1, A_2 Teilmengen des topologischen Raumes X. Man zeige:

a) Genau dann ist $x \in X$ kein Berührpunkt von A, wenn x ein innerer Punkt des Komplements $X - A$ ist, d. h. es ist $(X - A)^\circ = X - \overline{A}$ und somit $\overline{A} = X - (X - A)^\circ$. Ferner ergibt sich $\overset{\circ}{A} = X - \overline{(X - A)}$.
b) $(A_1 \cap A_2)^\circ = \overset{\circ}{A}_1 \cap \overset{\circ}{A}_2$, $\overline{A_1 \cup A_2} = \overline{A}_1 \cup \overline{A}_2$.
c) $(A_1 \cup A_2)^\circ \supseteq \overset{\circ}{A}_1 \cup \overset{\circ}{A}_2$, $\overline{A_1 \cap A_2} \subseteq \overline{A}_1 \cap \overline{A}_2$. Man gebe Beispiele dafür, dass diese Inklusionen echt sein können.
d) $\overline{(\overline{A})} = \overline{A}$, $(\overset{\circ}{A})^\circ = \overset{\circ}{A}$.
e) Sei $A \subseteq X' \subseteq X$. Die abgeschlossene Hülle von A, aufgefasst als Teilmenge des Unterraums X', ist $X' \cap \overline{A}$, wobei $\overline{A}$ die abgeschlossene Hülle von A in X ist. Ist A dicht in X und $U \subseteq X$ offen, so ist $U \cap A$ dicht in U und $\overline{U \cap A} = \overline{U}$.
f) Sind $U_1, \dots, U_n$ offen und dicht in X, so ist auch $U_1 \cap \cdots \cap U_n$ offen und dicht in X.

Abb. 4.7 $\overline{B(x;r)} \subset \bar{B}(x;r)$

Aufgabe 4.2.3 Seien A, A_1, A_2 Teilmengen des topologischen Raumes X. Dann gilt:

a) $\mathrm{Rd}(X - A) = \mathrm{Rd}\,A$.
b) $\mathrm{Rd}(A_1 \cup A_2) \subseteq (\mathrm{Rd}\,A_1) \cup (\mathrm{Rd}\,A_2)$.

Aufgabe 4.2.4 Man beweise Proposition 4.2.6.

Aufgabe 4.2.5 Sei X ein metrischer Raum. Dann gelten für jedes $x \in X$ und jedes $r > 0$ die Inklusionen $\overline{B(x;r)} \subseteq \bar{B}(x;r)$, $\mathrm{Rd}\,B(x;r) \subseteq S(x;r)$ und $B(x;r) \subseteq \left(\bar{B}(x;r) \right)^{\circ}$. Man zeige an Hand von Beispielen, dass diese Inklusionen echt sein können, vgl Abb. 4.7.

Aufgabe 4.2.6
a) Man bestimme die Quotiententopologie von $\mathbb{R}^n / \mathbb{Q}^n$, $n \in \mathbb{N}^*$, wobei $\mathbb{R}^n$ die natürliche Topologie trägt.
b) Die Komposition $g \circ f \colon X \to Z$ zweier Quotientenabbildungen $f \colon X \to Y$, $g \colon Y \to Z$ topologischer Räume ist ebenfalls eine Quotientenabbildung. (Jedoch braucht das Produkt $f_1 \times f_2 \colon X_1 \times X_2 \to Y_1 \times Y_2$ zweier Quotientenabbidungen f_1, f_2 *keine* Quotientenabbildung zu sein. Beispiel?)

Aufgabe 4.2.7 X_i, $i \in I$, sei eine Familie topologischer Räume. Für beliebige Teilmengen $A_i \subseteq X_i$, $i \in I$, gilt dann im Produkt $\prod_{i \in I} X_i$ (versehen mit der Produkttopologie)

$$\left(\prod_{i \in I} A_i \right)^{\circ} \subseteq \prod_{i \in I} \mathring{A}_i \quad \text{und} \quad \overline{\left(\prod_{i \in I} A_i \right)} = \prod_{i \in I} \overline{A}_i.$$

Insbesondere ist das Produkt abgeschlossener Mengen abgeschlossen. Ist I endlich, so gilt auch in der ersten Formel das Gleichheitszeichen. Man gebe ein Beispiel für die echte Inklusion.

Aufgabe 4.2.8 Für Teilmengen A und B der topologischen Räume X bzw. Y gilt:

$$\mathrm{Rd}(A \times B) = \left((\mathrm{Rd}\,A) \times \overline{B} \right) \cup \left(\overline{A} \times (\mathrm{Rd}\,B) \right)$$
$$= \left((\mathrm{Rd}\,A) \times B \right) \cup \left(A \times (\mathrm{Rd}\,B) \right) \cup \left((\mathrm{Rd}\,A) \times (\mathrm{Rd}\,B) \right).$$

Aufgabe 4.2.9
a) Der topologische Raum X ist genau dann ein Hausdorff-Raum, wenn die Diagonale $\Delta_X = \{(x, x) \mid x \in X\}$ abgeschlossen ist in $X \times X$.
b) Seien f und g stetige Abbildungen des topologischen Raumes W in den Hausdorff-Raum X. Dann ist die Menge $\{f = g\} := \{w \in W \mid f(w) = g(w)\}$ abgeschlossen

und die Menge $\{f \neq g\} := \{w \in W \mid f(w) \neq g(w)\}$ offen in W. Insbesondere stimmen f und g bereits dann auf ganz W überein, wenn sie auf einer dichten Teilmenge von W übereinstimmen.

c) Sei $R \subseteq X \times X$ eine Äquivalenzrelation auf dem topologischen Raum X. Ist der Quotientenraum X/R (mit der Quotiententopologie) ein Hausdorff-Raum, so ist R abgeschlossen in $X \times X$. (Hiervon gilt in der Regel nicht die Umkehrung, vgl. aber Aufg. 4.4.22.) Genau dann ist X/R ein Hausdorff-Raum, wenn zwei verschiedene Äquivalenzklassen $A, B \subseteq X$ stets disjunkte R-saturierte Umgebungen besitzen.

Aufgabe 4.2.10 Sei X ein topologischer Raum.

a) Besitzt X abzählbare Topologie, so auch jeder Teilraum von X, und jede Basis der Topologie von X enthält eine abzählbare Teilfamilie, die ebenfalls eine Basis ist.

b) X besitze eine abzählbare offene Überdeckung U_i, $i \in I$, wobei jedes U_i eine abzählbare Topologie besitzt. Dann besitzt auch X eine abzählbare Topologie.

Aufgabe 4.2.11 Sei X ein Raum mit abzählbarer Topologie. Dann besitzt die Menge $\mathcal{T}$ der offenen (und damit auch die der abgeschlossenen) Mengen von X höchstens die Mächtigkeit des Kontinuums. Insbesondere besitzt X selbst höchstens die Mächtigkeit des Kontinuums, wenn X zusätzlich hausdorffsch ist.

Aufgabe 4.2.12 Eine Teilmenge A eines topologischen Raumes X heißt **nirgends dicht**, wenn das Komplement von $\overline{A}$ in X dicht ist.

a) Teilmengen nirgends dichter Mengen sind nirgends dicht.

b) Endliche Vereinigungen von nirgends dichten Mengen sind nirgends dicht.

c) Folgende Aussagen sind äquivalent: (i) A ist nirgends dicht. (ii) $(X - A)^\circ$ ist dicht in X. (iii) $\overline{A}$ ist nirgends dicht. (iv) $(\overline{A})^\circ = \emptyset$. (v) $A \subseteq \mathrm{Rd}\,\overline{A}$. (vi) Für jede offene Menge U in X ist $A \cap U$ eine nirgends dichte Teilmenge in U. (vii) Zu jedem Punkt $x \in X$ gibt es eine Umgebung V von x derart, dass $A \cap V$ nirgends dicht in V ist. (viii) Für jede nichtleere offene Menge $U \subseteq X$ ist $A \cap U$ nicht dicht in U. (Bedingung (viii) motiviert die Bezeichnung „nirgends dicht".)

Aufgabe 4.2.13 Sei X ein topologischer Raum.

a) Ist X diskret mit abzählbarer Topologie, so besitzt X nur abzählbar viele Punkte. Insbesondere ist ein diskreter Teilraum eines Raumes mit abzählbarer Topologie abzählbar. Dies gilt insbesondere für die Räume $\mathbb{K}^n$, $n \in \mathbb{N}$.

b) Sei $A \subseteq X$. Genau dann ist ein Punkt $x \in A$ ein diskreter Punkt von A, wenn x Berührpunkt, aber kein Häufungspunkt von A ist.

c) Ein Hausdorff-Raum mit nur endlich vielen Punkten ist diskret.

d) Eine Teilmenge A eines Hausdorff-Raumes X ist genau dann diskret *und* abgeschlossen, wenn jeder Punkt $x \in X$ eine Umgebung U besitzt, in der nur endlich viele Punkte von A liegen.

e) Die Vereinigung endlich vieler *abgeschlossener* diskreter Unterräume von X ist diskret.

f) Ein unendlicher Hausdorff-Raum X besitzt einen unendlichen diskreten (nicht notwendig abgeschlossenen) Teilraum. (Es gibt einen Punkt $x \in X$ mit einer Umgebung U derart, dass auch $X - U$ noch unendlich ist.)

Aufgabe 4.2.14 Sei X eine Menge. Eine Teilmenge $\mathcal{B} \subseteq \mathfrak{P}(X)$ mit $\bigcup_{U \in \mathcal{B}} U = X$ ist genau dann Basis einer Topologie auf X, wenn zu je zwei Elementen $U, V \in \mathcal{B}$ und jedem $x \in U \cap V$ ein $W \in \mathcal{B}$ mit $x \in W \subseteq U \cap V$ existiert.

Aufgabe 4.2.15 Seien X_i, $i \in I$, eine beliebige Familie von topologischen Räumen und $X := \prod_{i \in I} X_i$ ihr Produktraum. Ferner sei $p \in [1, \infty[$.

a) Ist I abzählbar und sind die X_i, $i \in I$, metrisch mit Metriken d_i, für die $d_i \leq \varepsilon_i \in \mathbb{R}_+^\times$ und $\sum_i \varepsilon_i^p < \infty$ gilt (was man nach Aufg. 4.1.1 ohne Weiteres annehmen kann), so induziert die p-Metrik $d_p((x_i), (y_i)) = \left(\sum_{i \in I} d_i(x_i, y_i)^p \right)^{1/p}$, vgl. Beispiel 4.1.7, die Produkttopologie auf X. Entsprechendes gilt für die Tschebyschew-Metrik d_∞ auf X, falls $\lim_i \varepsilon_i = 0$ ist. Insbesondere ist X mit der Produkttopologie metrisierbar.

b) Ist I nicht abzählbar und haben die Räume X_i, $i \in I$, alle mehr als ein Element, so ist X nicht metrisierbar. (Der Durchschnitt abzählbar vieler Umgebungen eines Punktes $x \in X$ ist in diesem Fall stets $\neq \{x\}$.) Der Folgenraum $\mathbb{R}^\mathbb{N}$ ist also metrisch, der Raum $\mathbb{R}^\mathbb{R}$ aber nicht.

Aufgabe 4.2.16 Sei $X = (X, \mathcal{T})$ ein topologischer Raum und $A \subseteq X$ ein Teilmenge.

a) Genau dann ist A abgeschlossen in X, wenn es zu jedem Punkt $x \in X$ eine Umgebung U von x gibt derart, dass $A \cap U$ abgeschlossen in U ist.

b) A heißt **lokal abgeschlossen** in X, wenn es zu jedem Punkt $x \in A$ eine Umgebung U von x gibt derart, dass $A \cap U$ abgeschlossen in U ist. Man zeige: Genau dann ist A lokal abgeschlossen in X, wenn es eine abgeschlossene Menge $F \subseteq X$ und eine offene Menge $U \subseteq X$ gibt mit $A = F \cap U$. Der Durchschnitt endlich vieler lokal abgeschlossener Mengen ist wieder lokal abgeschlossen.

c) Eine Teilmenge $C \subseteq X$ heißt **konstruierbar** (in X), wenn sie Vereinigung von endlich vielen lokal abgeschlossenen Mengen ist. Die lokal abgeschlossenen Mengen bilden einen Unterring $\mathcal{C}(X) = \mathcal{C}_{\mathcal{T}}(X)$ des Mengenrings $\mathfrak{P}(X)$, vgl. Aufg. 2.6.1b), d. h. $\mathcal{C}(X)$ ist abgeschlossen bzgl. endlicher Vereinigungen, endlicher Durchschnitte und Komplementbildung.

Aufgabe 4.2.17 Sei $f: X \to Y$ eine Abbildung topologischer Räume.

a) X bzw. Y sei diskret. Wann ist f stetig?

b) X bzw. Y trage die Klumpentopologie Wann ist f stetig?

Aufgabe 4.2.18 Die folgenden Abbildungen sind stetig:

a) $f: \mathbb{R}^2 - \{0\} \to \mathbb{R}$ mit $(x, y) \mapsto 1/\sqrt{x^2 + y^2}$.
b) $f: \mathbb{R} \to \mathbb{R}^2$ mit $x \mapsto (e^x, \cos x)$.
c) $f: \mathbb{R}^2 \to \mathbb{R}^2$ mit $(x, y) \mapsto \left(\sqrt{1 + \sin^2 xy}, xy/(1 + e^{xy}) \right)$.

(Man benutze, dass $\cos, \sin: \mathbb{R} \to \mathbb{R}$ stetig sind.)

Aufgabe 4.2.19 Seien f und g stetige reellwertige Funktionen auf dem topologischen Raum X. Dann ist die Menge $\{f < g\} := \{x \in X \mid f(x) < g(x)\}$ offen und die Menge $\{f \leq g\} := \{x \in X \mid f(x) \leq g(x)\}$ abgeschlossen in X.

Aufgabe 4.2.20 Man untersuche, ob die folgenden Mengen in $\mathbb{R}^2$ offen, abgeschlossen oder weder offen noch abgeschlossen sind:

a) $\{(x, y) \mid x^2 < |y|\}$.
b) $\{(x, y) \mid \frac{1}{2} \leq xy \leq \cos xy\}$.
c) $\{(x, y) \mid y < x^2 \leq 2y\}$.

Aufgabe 4.2.21 Seien X, Y und Z topologische Räume. Für alle $y_0 \in Y$, $x_0 \in X$ sind die Injektionen $\sigma_{y_0}: x \mapsto (x, y_0)$ und $\tau_{x_0}: y \mapsto (x_0, y)$ von X bzw. Y in den Produktraum $X \times Y$ stetig. Mit einer stetigen Abbildung $f: X \times Y \to Z$ sind damit auch die partiellen Abbildungen $f \circ \sigma_{y_0}: x \mapsto f(x, y_0)$ und $f \circ \tau_{x_0}: y \mapsto f(x_0, y)$ stetig für alle $y_0 \in Y$ bzw. $x_0 \in X$. (Umgekehrt folgt aber aus dieser partiellen Stetigkeit von f im Allgemeinen nicht schon die Stetigkeit von f, vgl. die folgende Aufgabe.)

Aufgabe 4.2.22
a) Die Funktion $f: \mathbb{R}^2 \to \mathbb{R}$ mit

$$f(x, y) := \begin{cases} xy/(x^2 + y^2), & \text{falls } (x, y) \neq (0, 0), \\ 0, & \text{falls } (x, y) = (0, 0), \end{cases}$$

ist in $\mathbb{R}^2 - \{0\}$ stetig, in 0 jedoch nicht. Jede der partiellen Abbildungen $x \mapsto f(x, y_0)$ und $y \mapsto f(x_0, y)$ ist jedoch auf ganz $\mathbb{R}$ stetig.
b) Die Funktionen f bzw. g von $\mathbb{R}^2$ in $\mathbb{R}$ mit

$$f(x, y) := \begin{cases} xy^2/(x^2 + y^4), & \text{falls } (x, y) \neq (0, 0), \\ 0, & \text{falls } (x, y) = (0, 0); \end{cases}$$

$$g(x, y) := \begin{cases} 0, & \text{falls } (x, y) = (0, 0) \text{ oder } y \neq x^2, \\ 1 & \text{sonst} \end{cases}$$

sind in 0 nicht stetig; die Beschränkungen auf alle Geraden $\mathbb{R}(x_0, y_0)$, $(x_0, y_0) \in \mathbb{R}^2 - \{0\}$, durch den Nullpunkt sind aber in 0 stetig. Außerdem ist f in $\mathbb{R}^2 - \{0\}$ stetig. Wo ist g stetig?

Abb. 4.8 Umgebungen der
Diagonale

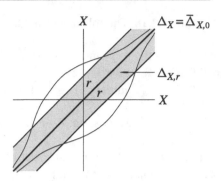

Aufgabe 4.2.23 Für eine Abbildung $f\colon X \to Y$ von topologischen Räumen sind äquivalent: (i) f ist stetig. (ii) Für jede Teilmenge $A \subseteq X$ gilt $f\left(\overline{A}\right) \subseteq \overline{f(A)}$. (iii) Die (bijektive) Abbildung $x \mapsto \left(x, f(x)\right)$ von X auf den Graphen $\Gamma_f \subseteq X \times Y$ von f ist ein Homöomorphismus. (Man beachte, dass die Umkehrabbildung $\Gamma_f \to X$, $(x, f(x)) \mapsto x$, bei *beliebigem* $f\colon X \to Y$ stetig ist. Die Äquivalenz von (i) und (iii) liefert daher eine Fülle von Beispielen stetiger bijektiver Abbildungen, die keine Homöomorphismen sind.)

Aufgabe 4.2.24 Sei A_i, $i \in I$, eine beliebige offene oder eine endliche abgeschlossene Überdeckung des topologischen Raumes X. Genau dann ist eine Abbildung $f\colon X \to Y$ von X in den topologischen Raum Y stetig, wenn alle Beschränkungen $f|A_i, i \in I$, stetig sind.

Aufgabe 4.2.25 Jede bijektive Isometrie zwischen metrischen Räumen ist ein Homöomorphismus.

Aufgabe 4.2.26 Ist $X = (X, d)$ ein metrischer Raum, so ist die Metrik $d\colon X \times X \to \overline{\mathbb{R}}_+$ stetig bzgl. der metrischen Topologie (und dann auch bzgl. der Ordnungstopologie) auf $\overline{\mathbb{R}}_+ \subseteq \overline{\mathbb{R}}$. (Zu den Topologien auf $\overline{\mathbb{R}}$ siehe Beispiel 4.2.20.) Insbesondere sind die Mengen $\Delta_{X,r} := \{(x, y) \in X \times X \mid d(x, y) < r\}$ bzw. $\overline{\Delta}_{X,r} = \{(x, y) \in X \times X \mid d(x, y) \leq r\}$ für $r > 0$ offene bzw. abgeschlossene Umgebungen der Diagonalen $\Delta_X = \overline{\Delta}_{X,0} \subseteq X \times X$. (Im Allgemeinen bilden die $\Delta_{X,r}$, $r > 0$, aber keine Umgebungsbasis von Δ_X, vgl. Abb. 4.8. Siehe jedoch Aufg. 4.4.10b).)

Aufgabe 4.2.27 Sei X ein metrischer Raum. Für Teilmengen $A, B \subseteq X$ heißt

$$d(A, B) := \mathrm{Inf}\{d(x, y) \mid x \in A, y \in B\} = d(B, A) \in \overline{\mathbb{R}}_+$$

der **Abstand** von A und B. Ist $A = \emptyset$ oder $B = \emptyset$, so ist $d(A, B) = \infty$. (d ist aber im Allgemeinen keine Metrik auf $\mathfrak{P}(X) - \{\emptyset\}$, nicht einmal eine Pseudometrik. Vgl. aber Beispiel 4.5.29.)

Abb. 4.9 Fasersumme =
Pushout

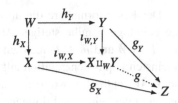

a) Für jede Menge A ist $X \to \overline{\mathbb{R}}_+$, $x \mapsto d(A, x) := d(A, \{x\})$ stetig auf X bzgl. der metrischen Topologie auf $\overline{\mathbb{R}}$. Genau dann ist $d(A, x) = 0$, wenn $x \in \overline{A}$ ist.

b) Es ist $d(A, B) = d(A, \overline{B}) = d(\overline{A}, \overline{B})$.

c) Es ist $|d(A, x) - d(A, y)| \leq d(x, y)$ für alle $x, y \in X$.

d) Man gebe abgeschlossene Mengen $A, B \subseteq \mathbb{R}$ an mit $A \cap B = \emptyset$ und $d(A, B) = 0$.

Aufgabe 4.2.28 Seien A, B disjunkte abgeschlossene Teilmengen des metrischen Raumes X. Dann sind

$$U := \{x \in X \mid d(A, x) < d(B, x)\} \quad \text{und} \quad V := \{x \in X \mid d(B, x) < d(A, x)\}$$

offene und disjunkte Umgebungen von A bzw. B. (Metrische Räume sind also normal.)

Aufgabe 4.2.29 (Fasersummen) Die Fasersummen sind die zu den Faserprodukten dualen Objekte. Wir betrachten zunächst zwei stetige Abbildungen $h_X \colon W \to X$ und $h_Y \colon W \to Y$ topologischer Räume. Gesucht ist ein topologischer Raum $X \amalg_W Y$ und zwei stetige Abbildungen $\iota_{W,X} \colon X \to X \amalg_W Y$ und $\iota_{W,Y} \colon Y \to X \amalg_W Y$, für die $\iota_{W,X} \circ h_X = \iota_{W,Y} \circ h_Y$ ist, mit folgender universellen Eigenschaft: Sind $g_X \colon X \to Z$ und $g_Y \colon Y \to Z$ stetige Abbildungen mit $g_X \circ h_X = g_Y \circ h_Y$, so gibt es genau eine stetige Abbildung $g \colon X \amalg_W Y \to Z$ mit $g_X = g \circ \iota_{W,X}$ und $g_Y = g \circ \iota_{W,Y}$, vgl. Abb. 4.9.

Man zeige, dass der Quotientenraum

$$X \amalg_W Y := X \amalg Y / R_{h_X = h_Y}$$

mit den kanonischen Abbildungen $\iota_{W,X} := \pi \circ \iota_X$ und $\iota_{W,Y} := \pi \circ \iota_Y$, wobei $R_{h_X = h_Y}$ die kleinste Äquivalenzrelation auf $X \amalg Y = X \uplus Y$ ist, die die Paare $\big(\iota_X(h_X(w)), \iota_Y(h_Y(w))\big)$ enthält, und $\pi \colon X \amalg Y \to X \amalg Y / R_{h_X = h_Y}$ die kanonische Projektion ist, diese universelle Eigenschaft besitzt. $X \amalg_W Y$ heißt die **Fasersumme** oder der **Pushout** von X und Y bzgl. der Abbildungen h_X und h_Y. Da der Pushout eine Quotientenbildung involviert, ist er häufig unübersichtlicher als etwa der Pullback, siehe Beispiel 4.2.27. Ein Standardbeispiel für einen Pushout ist das **Zusammenblasen eines Unterraums** $A \subseteq X$ auf einen Punkt. In diesem Fall sind $W = A$, $Y = \{P\}$ einpunktig und h_X, h_Y die kanonischen Abbildungen $A \hookrightarrow X$ bzw. $A \to \{P\}$. Diese Fasersumme wird auch mit X/A bezeichnet. Man beschreibe sie wenigstens mengentheoretisch. (Der Fall $A = \emptyset$ ist ein Sonderfall mit $X/\emptyset = X \amalg \{P\}$. Für Beispiele siehe Aufg. 4.4.19 und 4.4.20.)

Der Leser formuliere die universelle Eigenschaft der Fasersumme $\coprod_{i \in I, W} X_i$ für eine beliebige Familie stetiger Abbildungen $h_i : W \to X_i$, $i \in I$, und zeige, dass sie bei $I \neq \emptyset$ und $i_0 \in I$ aus dem Summenraum $\coprod_{i \in I} X_i$ durch Identifizieren mittels der kleinsten Äquivalenzrelation auf $\coprod_{i \in I} X_i$, die die Paare $\left(\iota_i(h_i(w)), \iota_{i_0}(h_{i_0}(w)) \right)$, $i \in I$, $w \in W$, enthält, gewonnen werden kann. Sie kann auch identifiziert werden mit dem Pushout der beiden Abbildungen $h' : \coprod_{i \neq i_0} \{i\} \times W \to \coprod_{i \neq i_0} W$, $(i, w) \mapsto \iota_i(h_i(w))$, und $h'' : \coprod_{i \neq i_0} \{i\} \times W \to X_{i_0}$, $(i, w) \mapsto h_{i_0}(w)$. (Viele weitere Konstruktionen topologischer Räume können häufig auf Faserprodukte und Fasersummen zurückgeführt werden.)

Aufgabe 4.2.30 Sei X ein Hausdorff-Raum. Dann sind äquivalent: (i) X ist regulär. (ii) Eine abgeschlossene Menge in X ist der Durchschnitt ihrer abgeschlossenen Umgebungen. (iii) Jeder Punkt $x \in X$ besitzt eine Umgebungsbasis aus abgeschlossenen Umgebungen von x. (iv) Für jede abgeschlossene Menge $A \subseteq X$ ist der durch Zusammenblasen von A entstehende Raum X/A (vgl. Aufg. 4.2.29) ebenfalls hausdorffsch.

Aufgabe 4.2.31 Seien I eine Menge und K ein Körper. Für eine Funktion $f \in K^I$ sei $\mathrm{NS}(f) = \mathrm{NS}_K(f) = \{i \in I \mid f(i) = 0\}$ die Nullstellenmenge von f.

a) Die Abbildungen

$$\mathcal{F} \mapsto \mathfrak{a}(\mathcal{F}) := \{f \in K^I \mid \mathrm{NS}(f) \in \mathcal{F}\} \quad \text{und} \quad \mathfrak{a} \mapsto \mathcal{F}(\mathfrak{a}) := \{\mathrm{NS}(f) \mid f \in \mathfrak{a}\}$$

sind zueinander inverse monoton wachsende Abbildungen von der Menge der Filter $\mathcal{F}$ auf I auf die Menge der Ideale $\mathfrak{a}$ der K-Algebra K^I. Den Ultrafiltern auf I entsprechen dabei die maximalen Ideale der K-Algebra K^I. Dem von $f \in K^I$ erzeugten Hauptideal entspricht der sogenannte **Hauptfilter**

$$\mathcal{F}(\mathrm{NS}(f)) := \{J \subseteq I \mid J \supseteq \mathrm{NS}(f)\}$$

zur Nullstellenmenge $\mathrm{NS}(f)$ von f. Ein Hauptfilter $\mathcal{F}(N)$, $N \subseteq I$, ist genau dann ein Ultrafilter, wenn $N = \{x\}$, $x \in I$, einpunktig ist. Diese Filter entsprechen den sogenannten **Punktidealen** $\mathfrak{m}_x = \{f \in K^I \mid f(x) = 0\}$, $x \in I$. (Die Existenz von Ultrafiltern auf nichtleeren Mengen folgt also auch aus dem Satz von Krull 2.7.18 über die Existenz maximaler Ideale. – Die Algebra K^I kann dabei ersetzt werden durch einen Produktring $\prod_{i \in I} K_i$, wobei alle Faktoren K_i Körper sind.)

b) Jedes endlich erzeugte Ideal in K^I ist ein Hauptideal. (Es genügt, den Fall von zwei Erzeugenden zu behandeln.) Insbesondere erzeugen $f_1, \dots, f_n \in K^I$ genau dann das Einheitsideal, wenn $\mathrm{NS}(f_1) \cap \cdots \cap \mathrm{NS}(f_n) = \emptyset$ ist. Ist $|I| < |K| + 1$, so gibt es in diesem Fall sogar eine Linearkombination $a_1 f_1 + \cdots + a_n f_n$ mit Koeffizienten $a_1, \dots, a_n \in K$, die keine Nullstelle besitzt.

Bemerkung Die Restklassenkörper $K^{\mathbb{N}}/\mathfrak{m}$ zu einem maximalen Ideal $\mathfrak{m} \subseteq K^{\mathbb{N}}$ mit $K^{(\mathbb{N})} \subseteq \mathfrak{m}$ (d. h. $\mathfrak{m}$ ist kein Hauptideal) heißen **Ultraprodukte** von K. Sie sind echte Erweiterungskörper von K, können aber zu K isomorph sein. Beispielsweise sind die

Ultraprodukte von $\mathbb{C}$ alle zu $\mathbb{C}$ isomorph. (Sie sind nämlich offenbar wie $\mathbb{C}$ algebraisch abgeschlossen, haben die Charakteristik 0 und überdies die Kardinalzahl $\aleph$. Siehe dazu Bd. 13.) Ist K ein angeordneter Körper, so ist auch jedes Ultraprodukt von K ein angeordneter Körper, der nie archimedisch angeordnet ist. Seine positiven Elemente werden von den Folgen $(a_n) \in K^{\mathbb{N}}$ mit $\{n \in \mathbb{N} \mid a_n > 0\} \in \mathcal{F} = \mathcal{F}(\mathfrak{m})$ repräsentiert. Man betrachte explizit den Fall $K = \mathbb{R}$, der in der **Nicht-Standard-Analysis** untersucht wird.

Aufgabe 4.2.32 Sei $\mathcal{F}$ ein Filter auf der Menge I. Diesem lässt sich in kanonischer Weise ein topologischer Raum $I \uplus \{\infty\}$, zuordnen derart, dass $\mathcal{F} = \mathcal{U}(\infty) \cap I$ ist, wobei $\mathcal{U}(\infty)$ der Umgebungsfilter von ∞ ist. Die offenen Mengen bzgl. dieser Topologie sind alle Teilmengen von I sowie die Mengen der Form $F \uplus \{\infty\}$, $F \in \mathcal{F}$. (Offenbar ist dies eine Topologie auf $I \uplus \{\infty\}$, bzgl. der I ein offener diskreter Unterraum ist. Welchen Raum erhält man für den Fréchet-Filter $\mathcal{F} = \mathcal{F}r(\mathbb{N})$ von $I = \mathbb{N}$?) Man zeige: Ist x_i, $i \in I$, eine Familie von Punkten in einem topologischen Raum X und x eine weiterer Punkt in X, so gilt $x = \lim_{i \in I} \mathcal{F} x_i$ genau dann, wenn die Abbildung $f : I \uplus \{\infty\} \to X$ mit $i \mapsto x_i$, $\infty \mapsto x$, stetig ist oder – äquivalent dazu – stetig im Punkt ∞, d. h. wenn $x = \lim_{i \to \infty} f(i)$ ist. (Allgemeine Limiten lassen sich also auf Stetigkeitsüberlegungen zurückführen. Beispielsweise ergibt sich: Ist $x_i = (x_{ji})_{j \in J}$, $i \in I$ eine Familie von Elementen im Produktraum $X = \prod_{j \in J} X_j$ der topologischen Räume X_j und ist $x = (x_j)_{j \in J} \in X$, so gilt $x = \lim_{i \in I} \mathcal{F} x_i$ genau dann, wenn komponentenweise gilt $x_j = \lim_{i \in I} \mathcal{F} x_{ji}$ für alle $j \in J$.)

Aufgabe 4.2.33 Seien V, W $\mathbb{K}$-Vektorräume mit ihren natürlichen Topologien, vgl. Beispiel 4.2.33.

a) Jede $\mathbb{K}$-lineare Abbildung $f : V \to W$ ist stetig.

b) Jeder $\mathbb{K}$-Unterraum von V ist abgeschlossen in V. (Es genügt, dies für endlichdimensionale V zu zeigen.)

c) Die auf einem $\mathbb{K}$-Unterraum V' von V induzierte Topologie ist die natürliche Topologie von V'.

d) Ist V unendlichdimensional, so gibt es keine Norm auf V, die die natürliche Topologie von V induziert. (Man reduziert leicht auf den Fall, dass alle Werte der Norm $\| - \|$ endlich sind. Dann gibt es $\mathbb{K}$-Linearformen $f : V \to \mathbb{K}$, die nicht stetig sind. Sind v_n, $n \in \mathbb{N}$, linear unabhängig in V, so betrachte man etwa eine Linearform f mit $f(v_n) = n\|v_n\|$, $n \in \mathbb{N}$.)

e) Hat V unendliche Dimension, so erfüllt die natürliche Topologie von V nicht das erste Abzählbarkeitsaxiom. (Es genügt den Fall $V = \mathbb{R}^{\infty} = \mathbb{R}^{(\mathbb{N}^*)}$ zu betrachten. In diesem Fall bilden die Quader $\sum_{i \in \mathbb{N}^*}[-r_i, r_i]e_i$, $(r_i) \in (\mathbb{R}_+^{\times})^{\mathbb{N}^*}$, eine Umgebungsbasis der $0 \in \mathbb{R}^{\infty}$ aus abgeschlossenen Umgebungen. Ist U eine Umgebung der 0, so definiere man rekursiv die $r_i > 0$ derart, dass $\sum_{i \in \mathbb{N}^*}[-r_i, r_i]e_i \subseteq U$ ist, und benutze dabei den Satz von Bolzano-Weierstraß, vgl. dazu Aufg. 3.9.17 und Abb. 4.10.) Hat V abzählbare Dimension, so besitzt V noch eine abzählbare dichte Teilmenge.

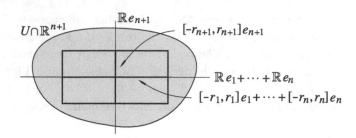

Abb. 4.10 Konstruktion einer abzählbaren Umgebungsbasis in $\mathbb{R}^{\infty}$

($\mathbb{Q}^{\infty} = \mathbb{Q}^{(\mathbb{N}^*)}$ ist dicht in $\mathbb{R}^{\infty}$.) Ist die Dimension von V nicht abzählbar, so ist besitzt V keine abzählbare dichte Teilmenge.

f) Ist I unendlich, so ist die natürliche Topologie auf $\mathbb{K}^I$ echt feiner als die Produkttopologie auf $\mathbb{K}^I$. Jede $\mathbb{K}$-Linearform $f : \mathbb{K}^I \to \mathbb{K}$ mit $f(e_i) \neq 0$ für unendlich viele $i \in I$ – solche Linearformen gibt es – ist nicht stetig bzgl. der Produkttopologie.

(Diese Aussagen mit Ausnahme von denen in d) und e) gelten analog auch noch für Vektorräume mit den natürlichen Topologien über einem beliebigen angeordneten Körper, vgl. Bemerkung 4.2.35.)

Aufgabe 4.2.34 Sei K ein Unterkörper des angeordneten Körpers L (mit der von L induzierten Ordnung). Dann ist die natürliche Topologie von K feiner als die von der natürlichen Topologie von L induzierte Topologie. Ist K dicht in L, so sind beide Topologien gleich. Man gebe ein Beispiel dafür, dass die natürliche Topologie auf K echt feiner als die induzierte Topologie ist.

Aufgabe 4.2.35 Die natürliche Topologie auf einem angeordneten Körper ist ein Beispiel einer sogenannten Ordnungstopologie. Sei allgemein $X = (X, \leq)$ eine vollständig geordnete Menge. Dann bilden die offenen Intervalle $]a, b[$, $a, b \in X$, zusammen mit den Intervallen $[-\infty, b[$, $b \in X$, falls $-\infty$ ein kleinstes Element von X ist, und den Intervallen $]a, \infty]$, $a \in X$, falls ∞ ein größtes Element von X ist, eine Basis einer Topologie auf X. (Sie heißt die durch $\leq$ definierte **Ordnungstopologie** auf X. Auch hier ist zu beachten, dass die Ordnungstopologie auf einer Teilmenge $X' \subseteq X$ im Allgemeinen nicht mit der von der Ordnungstopologie auf X induzierten Topologie übereinstimmt.) Man vergleiche die auf $\mathbb{R}^2$ durch die lexikographische Ordnung definierte Ordnungstopologie mit der natürlichen Topologie von $\mathbb{R}^2$.

Aufgabe 4.2.36 Man beweise die Stetigkeit der Funktion g im Beweis von Satz 4.2.36 auf $X - \mathrm{Rd}\, A$.

4.3 Zusammenhängende Räume

Ein Kreis in einer Ebene unseres Anschauungsraumes ist ein zusammenhängender topologischer Raum, die Vereinigung zweier disjunkter abgeschlossener Kreise oder zweier disjunkter offener Kreise jedoch nicht, vgl. Abb. 4.11. Im vorliegenden Abschnitt soll dieses grundlegende Phänomen erörtert werden.

Definition 4.3.1 Ein topologischer Raum X heißt **zusammenhängend**, wenn $X \neq \emptyset$ ist und keine Zerlegung $X = U_1 \uplus U_2$ von X in nichtleere disjunkte offene Teilmengen U_1, U_2 von X existiert, wenn also $X \neq \emptyset$ ist und nicht der Summenraum zweier nichtleerer Teilräume, vgl. Beispiel 4.2.25.[13]

Ein *nichtleerer* topologischer Raum X ist genau dann zusammenhängend, wenn er eine der folgenden Bedingungen erfüllt:

(i)   Es gibt keine Zerlegung $X = A_1 \uplus A_2$ von X in nichtleere disjunkte abgeschlossene Mengen A_1, A_2 in X.

(ii) Ist $X = U \cup V$ mit nichtleeren offenen Teilmengen $U, V \subseteq X$, so ist $U \cap V \neq \emptyset$.

(iii) Sind U, V nichtleere offene Teilmengen von X mit $U \cap V = \emptyset$, so ist $U \cup V \neq X$.

(iv) Ist $X = A \cup B$ mit nichtleeren abgeschlossenen Teilmengen $A, B \subseteq X$, so ist $A \cap B \neq \emptyset$.

(v)   Sind A, B nichtleere abgeschlossene Teilmengen von X mit $A \cap B = \emptyset$, so ist $A \cup B \neq X$.

(vi) $\emptyset$ und X sind die einzigen randlosen Teilmengen von X, d. h. X besitzt genau zwei randlose Teilmengen.

Eine Teilmenge X' eines topologischen Raumes X heißt **zusammenhängend**, wenn X', versehen mit der von X induzierten Topologie, zusammenhängend ist. X heißt **lokal zusammenhängend**, wenn jeder Punkt $x \in X$ eine Umgebungsbasis aus zusammenhängenden Umgebungen besitzt. Stetige Bilder zusammenhängender Räume sind zusammenhängend:

Abb. 4.11 Zusammenhängender und nicht zusammenhängender topologischer Raum

zusammenhängend

nicht zusammenhängend

---

[13] Einige Autoren erlauben auch den leeren Raum als zusammenhängenden topologischen Raum.

Satz 4.3.2 *Sei* $f: X \to Y$ *eine stetige Abbildung topologischer Räume. Ist* X *zusammenhängend, so ist auch* Bild $f = f(X) \subseteq Y$ *zusammenhängend.*

Beweis Wir ersetzen Y durch Bild f und können dann annehmen, dass f surjektiv ist. Mit X ist auch $f(X)$ nichtleer. Seien U, V nichtleere offene Mengen in Y mit $Y = U \cup V$. Dann ist $X = f^{-1}(U \cup V) = f^{-1}(U) \cup f^{-1}(V)$ mit den nichtleeren offenen Mengen $f^{-1}(U)$ und $f^{-1}(V)$. Folglich ist $f^{-1}(U) \cap f^{-1}(V) = f^{-1}(U \cap V)$ und damit auch $U \cap V = f\left(f^{-1}(U \cap V)\right)$ nichtleer. Also ist Y zusammenhängend. $\square$

Wichtig sind die folgenden beiden Lemmata:

Lemma 4.3.3 *Sei* A *eine zusammenhängende Teilmenge des topologischen Raumes* X. *Dann ist auch jede Menge* $B \subseteq X$ *mit* $A \subseteq B \subseteq \overline{A}$ *zusammenhängend.*

Beweis Mit A ist auch B nichtleer. Seien U und V offene Mengen in X mit $B \subseteq U \cup V$ und $U \cap B \neq \emptyset$ und $V \cap B \neq \emptyset$. Dann ist auch $U \cap \overline{A} \neq \emptyset \neq V \cap \overline{A}$ und folglich $U \cap A \neq \emptyset \neq V \cap A$. Da A zusammenhängend ist, folgt $U \cap V \cap A \neq \emptyset$, also erst recht $U \cap V \cap B \neq \emptyset$. $\square$

Natürlich kann $\overline{A}$ zusammenhängend sein, ohne dass A zusammenhängend ist. Beispiel?

Lemma 4.3.4 *Seien* X_i, $i \in I$, *zusammenhängende Teilmengen des topologischen Raumes* X *mit einem nichtleeren Durchschnitt. Dann ist die Vereinigung* $X' := \bigcup_{i \in I} X_i$ *ebenfalls zusammenhängend.*

Beweis Seien U, V offene Mengen in X mit $U \cap X' \neq \emptyset \neq V \cap X'$ und $X' \subseteq U \cup V$. Wir haben $U \cap V \cap X' \neq \emptyset$ zu zeigen. Nehmen wir das Gegenteil an. Dann ist $U \cap V \cap X_i = \emptyset$ für alle $i \in I$. Ferner gibt es Indizes $j, k \in I$ mit $U \cap X_j \neq \emptyset \neq V \cap X_k$. Da X_j und X_k zusammenhängend sind, ist $V \cap X_j = \emptyset$, also $X_j \subseteq U$, und $U \cap X_k = \emptyset$, also $X_k \subseteq V$. Es folgt $X_j \cap X_k \subseteq U \cap V \cap X' = \emptyset$ im Widerspruch dazu, dass der Durchschnitt der X_i, $i \in I$, nichtleer ist. $\square$

Sei X ein topologischer Raum und $x \in X$. Aus Lemma 4.3.4 folgt, dass die Vereinigung aller zusammenhängenden Teilmengen von X, die den Punkt x enthalten (wozu die Menge $\{x\}$ gehört), ebenfalls zusammenhängend ist. Diese Menge ist die größte zusammenhängende Teilmenge von X, die x enthält, und heißt die **Zusammenhangskomponente** von x in X. Haben zwei Zusammenhangskomponenten einen Punkt gemeinsam, so sind sie – wiederum wegen Lemma 4.3.4 – identisch. *Die Zusammenhangskomponenten von* X *bilden also eine Partition von* X. Genau dann ist X zusammenhängend, wenn X genau eine Zusammenhangskomponente besitzt. Nach Lemma 4.3.3 *sind die Zusammenhangskomponenten von* X *abgeschlossen in* X. Zwei Punkte $x, y \in X$ liegen genau dann in derselben Zusammenhangskomponente, wenn sie in einer zusammenhängenden

Teilmenge von X liegen. Diese Bedingung ist also eine Äquivalenzrelation auf X. Der Raum X heißt **total unzusammenhängend**, wenn seine Zusammenhangskomponenten einpunktig sind, d. h. wenn die einpunktigen Mengen $\{x\}$, $x \in X$, die einzigen zusammenhängenden Teilmengen von X sind. Jeder Teilraum eines total unzusammenhängenden Raums ist ebenfalls total unzusammenhängend. – Die folgende Aussage beschreibt eine Situation, in der die Zusammenhangskomponenten leicht zu bestimmen sind.

Proposition 4.3.5 *Sei X ein topologischer Raum und $X = \biguplus_{i \in I} U_i$ eine Zerlegung von X in paarweise disjunkte offene Teilmengen U_i von X. Dann liegt jede Zusammenhangskomponente von X in einer der Mengen U_i. Insbesondere sind die U_i, $i \in I$, die Zusammenhangskomponenten von X, wenn die U_i, $i \in I$, zusammenhängend sind.*

Beweis Sei $X' \subseteq X$ zusammenhängend. Wir haben zu zeigen, dass $X' \subseteq U_{i_0}$ gilt für ein $i_0 \in I$. Sei aber $X' \cap U_{i_0} \neq \emptyset$ für $i_0 \in I$. Dann ist $X' = (X' \cap U_{i_0}) \uplus (X' \cap \bigcup_{i \neq i_0} U_i)$ eine Zerlegung von X' in offene Teilmengen von X'. Da der Raum X' zusammenhängend ist, ist $X' \cap \bigcup_{i \neq i_0} U_i = \emptyset$ und $X' \subseteq U_{i_0}$. $\square$

Man beachte, dass in der Situation von Proposition 4.3.5 alle U_i auch abgeschlossen in X sind. – Nichttriviale zusammenhängende Räume ergeben sich aus dem folgenden grundlegenden Satz:

Satz 4.3.6 *Die zusammenhängenden Teilmengen von $\mathbb{R}$ (mit der natürlichen Topologie) sind genau die nichtleeren Intervalle in $\mathbb{R}$.*

Beweis Wir wiederholen den Beweis, vgl. Aufg. 3.8.12. Sei $I \subseteq \mathbb{R}$ ein nichtleeres Intervall und sei $I = U_1 \uplus U_2$ eine Zerlegung von I in zwei nichtleere disjunkte offene Mengen von I. Sei etwa $a \in U_1$, $b \in U_2$ und $a < b$. Wir betrachten die Funktion $f : I \to \mathbb{R}$ mit

$$f(x) = \begin{cases} -1, \text{ falls } x \in U_1, \\ 1, \text{ falls } x \in U_2. \end{cases}$$

f ist stetig, da U_1 und U_2 offen in I sind. Die Beschränkung von f auf das Intervall $[a, b] \subseteq I$ ist dann ebenfalls stetig, genügt aber nicht dem Zwischenwertsatz 3.8.24. Widerspruch!

Sei umgekehrt $M \subseteq \mathbb{R}$ nichtleer, aber kein Intervall. Dann gibt es Punkte $a, b \in M$ und $c \in \mathbb{R} - M$ mit $a < c < b$, vgl. Aufg. 3.4.16, und $M = (M \cap]-\infty, c[) \uplus (M \cap]c, \infty[)$ ist eine Zerlegung in nichtleere offene Teilmengen von M. $\square$

Zu Satz 4.3.6 siehe auch Aufg. 3.4.19. – Satz 4.3.6 ergibt mit Satz 4.3.2:

Satz 4.3.7 (Allgemeiner Zwischenwertsatz) *Sei $f : X \to \mathbb{R}$ eine stetige reellwertige Funktion auf dem zusammenhängenden topologischen Raum X. Dann ist Bild $f = f(X)$ ein Intervall in $\mathbb{R}$, d. h. f nimmt mit je zwei Werten auch alle Werte zwischen diesen an.*

Abb. 4.12 Weg von $x = \gamma(a)$
nach $y = \gamma(b)$

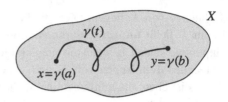

Aus den Sätzen 4.3.6 und 4.3.2 folgt weiterhin, dass das Bild jeder stetigen Abbildung $\gamma\colon [a,b] \to X$ eines nichttrivialen abgeschlossenen Intervalls $[a,b] \subseteq \mathbb{R}$, $a < b$, in einen topologischen Raum X eine zusammenhängende Teilmenge von X ist. Eine solche stetige(!) Abbildung γ heißt ein **Weg** in X, vgl. Abb. 4.12. Das Bild $\gamma\big([a,b]\big)$ von γ heißt die **Trajektorie von** γ, *die somit zusammenhängend ist*. Ferner heißen $\gamma(a)$ **Anfangspunkt** und $\gamma(b)$ **Endpunkt von** γ. Man sagt, γ **verbinde** $\gamma(a)$ **und** $\gamma(b)$ **in** X. Da die Trajektorie von γ zusammenhängend ist, liegt sie stets in der offenen Kugel $\mathrm{B}(\gamma(a); \infty)$. *Insbesondere haben Anfangs- und Endpunkt eines Weges immer einen endlichen Abstand.* Der **Rückweg** $\overleftarrow{\gamma}\colon [a,b] \to X$ mit $\overleftarrow{\gamma}(t) := \gamma(a + b - t)$ verbindet dann $\gamma(b)$ mit $\gamma(a)$. Statt des Intervalls $[a,b]$ kann man ein beliebiges anderes Intervall $[a',b']$, $a' < b'$, wählen. Man betrachtet dann statt γ etwa den Weg

$$ t \mapsto \gamma\left(a + \frac{b - a}{b' - a'}\,(t - a')\right) $$

auf $[a',b']$. Häufig wählt man zur Normierung als Definitionsintervall für einen Weg das Einheitsintervall $[0,1]$. Generell führt eine beliebige stetige bijektive Abbildung $\varphi\colon [a',b'] \xrightarrow{\ \sim\ } [a,b]$ (φ ist also ein Homöomorphismus, vgl. Satz 3.8.31) zu dem **umparametrisierten Weg** $\gamma \circ \varphi\colon [a',b'] \to X$ des Weges $\gamma\colon [a,b] \to X$. Ist φ monoton wachsend, spricht man von einer **eigentlichen Umparametrisierung**, andernfalls von einer **uneigentlichen**. Bei eigentlichen Umparametrisierungen bleiben Anfangs- und Endpunkt erhalten, bei uneigentlichen werden sie vertauscht. Die Trajektorie ändert sich bei Umparametrisierungen nicht. Häufig identifiziert man zwei Wege, die durch eine *eigentliche* Umparametrisierung auseinander hervorgehen.

Verbindet der Weg $\gamma\colon [a,b] \to X$ die Punkte $x = \gamma(a)$ und $y = \gamma(b)$ und $\eta\colon [b,c] \to X$ die Punkte $y = \eta(b)$ und $z = \eta(c)$ in X, so verbindet der **Summenweg** $\gamma\eta\colon [a,c] \to X$ mit $\gamma\eta|[a,b] = \gamma$ und $\gamma\eta|[b,c] = \eta$ die Punkte $x = (\gamma\eta)(a)$ und $z = (\gamma\eta)(c)$. Man geht mit γ von x nach y und dann mit η weiter von y nach z. Da schließlich für jedes $x \in X$ der **konstante Weg** mit $\gamma(t) = x$ für alle $t \in [a,b]$ den Punkt x mit sich selbst verbindet, ergibt sich: Für jeden topologischen Raum X ist die Relation $\sim$ mit „$x \sim y$ genau dann, wenn x und y mit einem Weg in X verbindbar sind", eine Äquivalenzrelation auf X. Die Äquivalenzklassen bezüglich dieser Relation heißen die **Wegzusammenhangskomponenten** von X. *Die Wegzusammenhangskomponenten eines topologischen Raumes X sind zusammenhängend.* Sei nämlich Z eine davon und nehmen wir an, es gäbe eine Zerlegung von Z in zwei disjunkte (in Z) offene nichtleere Teilmengen U und V. Dann lassen sich ein $x \in U$ und ein $y \in V$ in Z durch einen Weg γ verbinden, und die Zerlegung

Abb. 4.13 Zusammenhang von $X_1 \times X_2$

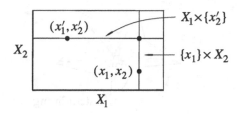

von Z würde eine ebensolche Zerlegung der Trajektorie von γ induzieren. Diese ist aber – wie bereits bemerkt – zusammenhängend. Widerspruch! Natürlich folgt die Aussage aber auch direkt mit Lemma 4.3.4. Jede Zusammenhangskomponente von X ist Vereinigung gewisser Wegzusammenhangskomponenten von X.

Der topologische Raum X heißt **wegzusammenhängend**, wenn er genau eine Wegzusammenhangskomponente besitzt, d. h. wenn $X \neq \emptyset$ ist und je zwei Punkte $x, y \in X$ mit einem Weg γ in X verbindbar sind. Analog zu Satz 4.3.2 gilt: *Stetige Bilder wegzusammenhängender Räume sind wieder wegzusammenhängend.* X heißt **lokal wegzusammenhängend**, wenn jeder Punkt $x \in X$ eine Umgebungsbasis aus wegzusammenhängenden Umgebungen besitzt. Speziell ergibt sich:

Proposition 4.3.8 *Jeder wegzusammenhängende topologische Raum X ist zusammenhängend.*

Da die Wegzusammenhangskomponenten eines lokal wegzusammenhängenden Raumes offen sind, stimmen sie nach Proposition 4.3.5 mit den Zusammenhangskomponenten überein. – Für Produkträume gilt:

Satz 4.3.9 *Das Produkt $X = \prod_i X_i$ einer Familie X_i, $i \in I$, topologischer Räume ist genau dann zusammenhängend (bzw. wegzusammenhängend), wenn alle Komponenten X_i, $i \in I$, zusammenhängend (bzw. wegzusammenhängend) sind.*

Beweis Mit X sind auch die stetigen Bilder $X_i = p_i(X)$, $i \in I$, von X zusammenhängend (bzw. wegzusammenhängend). – Seien umgekehrt alle X_i, $i \in I$, zusammenhängend. Dann ist $X \neq \emptyset$ (Auswahlaxiom!). Sei nun zunächst I endlich. Induktion über $|I|$ zeigt, dass es genügt, den Fall $I = \{1, 2\}$ zu behandeln. Sind dann $(x_1, x_2), (x_1', x_2') \in X_1 \times X_2$, so liegen beide Punkte in der zusammenhängenden Teilmenge $\big(X_1 \times \{x_2'\}\big) \cup \big(\{x_1\} \times X_2\big) \subseteq X_1 \times X_2$, vgl. Abb. 4.13. – Sei nun I beliebig und $U \uplus V = X$ eine Zerlegung von X in disjunkte nichtleere offene Mengen. Es gibt eine *endliche* Teilmenge $J \subseteq I$ und nichtleere offene Mengen $U', V' \subseteq X_J := \prod_{i \in J} X_i$ mit $U' \times \prod_{i \notin J} X_i \subseteq U$ und $V' \times \prod_{i \notin J} X_i \subseteq V$. Dann gilt die Zerlegung $p_J(U) \uplus p_J(V) = X_J$ mit den nichtleeren offenen Mengen $p_J(U), p_J(V) \subseteq X_J$, wobei $p_J = (p_i)_{i \in J} \colon X \to X_J$ die kanonische (offene(!)) Projektion ist. Widerspruch zum bereits bewiesenen Fall endlicher Indexmengen! – Seien nun alle X_i, $i \in I$, wegzusammenhängend und $(x_i), (x_i') \in X$. Sind dann

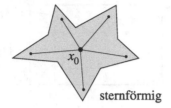 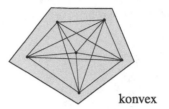

sternförmig   konvex

Abb. 4.14 Sternförmige Menge und konvexe Menge

$\gamma_i \colon [0, 1] \to X_i$ Wege in X_i von x_i nach x_i', $i \in I$, so ist $\gamma := (\gamma_i) \colon [0, 1] \to X$ ein Weg in X von (x_i) nach (x_i'). $\qquad\qquad\qquad\qquad\qquad\qquad\qquad\qquad\qquad\qquad\qquad\qquad$ $\square$

Sei $V = (V, \|-\|)$ ein normierter $\mathbb{K}$-Vektorraum. Für zwei Vektoren $x, y \in V$ mit *endlichem* Abstand $\|y - x\|$ ist der gerade Weg $\gamma \colon t \mapsto x + t(y - x)$, $t \in [0, 1]$, von x nach y stetig, vgl. Aufg. 4.1.6. Seine Trajektorie ist die **Strecke**

$$[x, y] = \{sx + ty \mid s, t \in \mathbb{R}_+, s + t = 1\}\ (= [y, x]) \subseteq V.$$

Insbesondere ist jede offene Kugel $\mathrm{B}(x_0; r) \subseteq V$, $r \in \overline{\mathbb{R}}_+$, wegzusammenhängend. Allgemeiner ist jede bzgl. x_0 sternförmige Menge $S \subseteq \mathrm{B}(x_0; \infty)$ wegzusammenhängend. Dabei heißt eine Teilmenge $S \subseteq V$ **sternförmig** bezüglich eines Punktes $x_0 \in V$, wenn für alle $x \in S$ die Strecke $[x_0, x]$ zu S gehört, vgl. Abb. 4.14 links. Jede Kugel $\mathrm{B}(x_0; r)$ ist sogar konvex. Generell heißt eine Teilmenge $K \subseteq V$ **konvex**, wenn K sternförmig bzgl. eines jeden Punktes $x_0 \in K$ ist. Die leere Menge ist konvex, vgl. Abb. 4.14 rechts.

Es folgt beispielsweise:

Proposition 4.3.10 *Sei V ein normierter $\mathbb{K}$-Vektorraum. Dann ist V lokal wegzusammenhängend, und folglich stimmen die Zusammenhangskomponenten einer jeden offenen Menge $G \subseteq V$ mit den Wegzusammenhangskomponenten von G überein. Diese sind offen. Insbesondere ist G genau dann zusammenhängend, wenn G wegzusammenhängend ist.*

Proposition 4.3.11 *Jeder $\mathbb{K}$-Vektorraum V ist bzgl. der natürlichen Topologie wegzusammenhängend und damit zusammenhängend. – Allgemeiner ist jede nichtleere sternförmige Menge und speziell jede nichtleere konvexe Menge in V zusammenhängend.*

· In der Situation von Proposition 4.3.10 heißt eine offene zusammenhängende (und damit wegzusammenhängende) Teilmenge $G \subseteq V$ ein **Gebiet** in V In einem Gebiet $G \subseteq V$ lassen sich je zwei Punkte $x, y \in G$ sogar stets durch einen Streckenzug in G verbinden, vgl. Aufg. 4.3.18. Es sei betont, dass im Allgemeinen ein zusammenhängender topologischer Raum X nicht wegzusammenhängend ist, die Zusammenhangskomponenten von X also nicht immer gleich den Wegzusammenhangskomponenten sind, vgl. Aufg. 4.3.12.

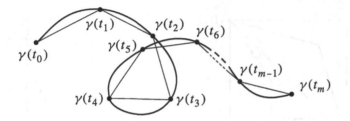

Abb. 4.15 Approximation einer Weglänge

Beispiel 4.3.12 (Länge eines Weges) Sei $\gamma\colon [a,b] \to X$ ein Weg im metrischen Raum $X = (X,d)$. Ist $a = t_0 \leq t_1 \leq \cdots \leq t_m = b$ eine Unterteilung des Intervalls $[a,b]$, so nehmen wir die Summe $\sum_{i=0}^{m-1} d\big(\gamma(t_i), \gamma(t_{i+1})\big)$ der Abstände $d\big(\gamma(t_0), \gamma(t_1)\big), \dots,$ $d\big(\gamma(t_{m-1}), \gamma(t_m)\big)$ als eine Approximation der Länge des Weges γ, vgl. Abb. 4.15. Verfeinern wir die Unterteilung durch Hinzunahme eines weiteren Punktes $t \in [a,b]$ mit $t_i \leq t \leq t_{i+1}$, so ist $d\big(\gamma(t_i), \gamma(t_{i+1})\big) \leq d\big(\gamma(t_i), \gamma(t)\big) + d\big(\gamma(t), \gamma(t_{i+1})\big)$ nach der Dreiecksungleichung. Die Approximation der Weglänge wird also bei einer Verfeinerung der Unterteilung nicht verkleinert. Dies motiviert die folgende Definition:

Definition 4.3.13 Die **Länge** des Weges $\gamma\colon [a,b] \to X$ ist das Supremum

$$L_a^b(\gamma) = L(\gamma)$$

der Summen $\sum_{i=0}^{m-1} d\big(\gamma(t_i), \gamma(t_{i+1})\big)$, wobei $a = t_0 \leq t_1 \leq \cdots \leq t_m = b$ die endlichen Unterteilungen des Intervalls $[a,b]$ durchläuft. Ist $L(\gamma) < \infty$, so heißt γ **rektifizierbar**.

Es gibt nicht rektifizierbare Wege. Betrachten wir etwa in $\mathbb{R}^2$ mit der Summennorm $\|(a,b)\|_1 = |a| + |b|$ den Weg $\gamma\colon [0,1] \to \mathbb{R}^2$, $\gamma(t) := (t, th(1/t))$, $t > 0$, und $\gamma(0) = (0,0)$, wo $h\colon \mathbb{R} \to \mathbb{R}$ der Abstand zur nächsten ganzen Zahl ist, vgl. Aufg. 1.2.1b). Für die Unterteilung

$$0 < \frac{2}{2n+1} < \frac{1}{n} < \frac{2}{2n-1} < \frac{1}{n-1} < \cdots < \frac{2}{3} < 1$$

des Intervalls $[0,1]$ hat der zugehörige Streckenzug die Länge $1 + \sum_{\nu=1}^{n} 2/(2\nu + 1)$, und diese Längen wachsen mit $n \to \infty$ über alle Grenzen. *Jeder* Weg in der Trajektorie von γ, der 0 und 1 verbindet, hat unendliche Länge.

Sei wieder allgemein $\gamma\colon [a,b] \to X$ ein Weg im metrischen Raum X. Definitionsgemäß gilt $L(\gamma) \geq d(x,y)$, wo $x := \gamma(a)$ und $y := \gamma(b)$ Anfangs- bzw. Endpunkt von γ sind, und $L(\gamma) = 0$ genau dann, wenn γ konstant ist. Eine Umparametrisierung $\varphi\colon [a',b'] \xrightarrow{\sim} [a,b]$ ändert die Weglänge $L(\gamma)$ nicht, da φ wegen der strengen Monotonie von φ die Unterteilungen des Intervalls $[a',b']$ bijektiv in die Unterteilungen des Intervalls $[a,b]$ überführt (eventuell mit Änderung der Ordnung $\leq$ in $\geq$). *Allgemeiner haben γ und $\gamma \circ \varphi$ dieselbe Länge, wenn $\varphi\colon [a',b'] \to [a,b]$ eine stetige und monotone surjektive Abbildung ist*, vgl. Aufg. 4.3.25a). Ist $L(\gamma) = d(x,y)(< \infty)$, so heißt γ eine **Geodät(isch)e**

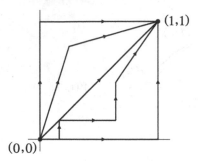 

Abb. 4.16 Geodätische bzgl. $\|-\|_1$ bzw. $\|-\|_\infty$

in X von x nach y. In diesem Fall ist auch $\gamma|[c,d]$ eine Geodätische in X für jedes Teilintervall $[c,d] \subseteq [a,b]$. Der metrische Raum X heißt **geodätisch**, wenn je zwei Punkte $x,y \in X$ mit einer Geodätischen in X verbunden werden können. (Insbesondere ist ein geodätischer Raum wegzusammenhängend, und der Abstand von je zwei Punkten darin ist endlich.) Ist V ein normierter $\mathbb{K}$-Vektorraum und sind $x,y \in V$ zwei Punkte mit endlichem Abstand $\|y-x\|$, so hat der gerade Wege $t \mapsto x + t(y-x)$, $t \in [0,1]$, offenbar die Länge $\|y-x\|$ und ist damit eine Geodätische von x nach y. Sind also alle Werte von $\|-\|$ endlich, so ist V ein geodätischer Raum. Im Allgemeinen gibt es aber zu zwei Punkten $x,y \in V$ Geodätische mit verschiedenen Trajektorien, die x und y verbinden. Ist z. B. $V = \mathbb{R}^2$ mit der Summennorm $\|(a,b)\|_1 = |a| + |b|$ versehen, so gibt es unendlich viele wesentlich verschiedene Geodätische von $(0,0)$ nach $(1,1)$. Analoges gilt für Geodätische von $(0,0)$ nach $(0,1)$ bzgl. der Tschebyschew-Norm $\|(a,b)\|_\infty = \mathrm{Max}\big(|a|,|b|\big)$, vgl. Abb. 4.16. Für die p-Normen $\|-\|_p$ auf $\mathbb{R}^2$ mit $1 < p < \infty$ ist allerdings die Strecke $[x,y]$ die einzige Geodätische, die x und y verbindet.

Weglängen sind additiv: Ist $\gamma\colon [a,b] \to X$ ein Weg und ist $c \in [a,b]$, so gilt

$$L_a^b(\gamma) = L_a^c(\gamma) + L_c^b(\gamma)$$

(wobei wir der Einfachheit halber die Beschränkungen von γ auf die Teilintervalle $[a,c]$ bzw. $[c,b]$ wieder mit γ bezeichnet haben). Ferner ist die Längenfunktion $L\colon [a,b] \to \overline{\mathbb{R}}_+$, $t \mapsto L_a^t(\gamma)$, monoton wachsend. Ist γ rektifizierbar, so ist L genau dann streng monoton wachsend, wenn γ auf keinem Teilintervall von $[a,b]$ mit mehr als einem Punkt konstant ist. Es gilt:

Lemma 4.3.14 *Ist $\gamma\colon [a,b] \to X = (X,d)$ ein rektifizierbarer Weg der Länge $\ell :=$ $L(\gamma) < \infty$, so ist die (monoton wachsende) Längenfunktion*

$$L\colon [a,b] \to [0,\ell], \quad t \mapsto L_a^t(\gamma),$$

stetig.

Beweis Wegen der Additivität von L genügt es zu zeigen, dass L in a (rechtsseitig) stetig ist. (Für die (linksseitige) Stetigkeit in b betrachte man den Rückweg.) Da L monoton wachsend ist, existiert der rechtsseitige Limes $\mu := L(a+) = \lim_{t\to a, t>a} L(t) \in \mathbb{R}_+$, vgl. Beispiel 3.8.22. Angenommen, es wäre $\mu > 0 = L(a)$. Dann gibt es ein $\delta > 0$ mit $0 \le L(d) - L(c) = L_c^d(\gamma) \le \mu/3$ für alle c, d mit $a < c \le d \le a + \delta$. Da γ in a stetig ist, können wir δ noch so klein wählen, dass $d(\gamma(a), \gamma(t)) \le \mu/3$ ist für alle t mit $a \le t \le a + \delta$. Nach Definition von $L(a+\delta) \ge \mu$ gibt es eine Unterteilung $a = t_0 < t_1 \le t_2 \le \cdots \le t_m = a + \delta$ des Intervalls $[a, a+\delta]$ mit $\sum_{i=0}^{m-1} d\big(\gamma(t_i), \gamma(t_{i+1})\big) > 2\mu/3$. Andererseits ist $d(\gamma(a), \gamma(t_1)) \le \mu/3$ und

$$\sum_{i=1}^{m-1} d\big(\gamma(t_i), \gamma(t_{i+1})\big) \le L_{t_1}^{a+\delta}(\gamma) = L(a+\delta) - L(t_1) \le \mu/3,$$

insgesamt also $\sum_{i=0}^{m-1} d\big(\gamma(t_i), \gamma(t_{i+1})\big) \le 2\mu/3$. Widerspruch! □

Sei $\gamma: [a, b] \to X$ ein rektifizierbarer Weg der Länge ℓ wie in Lemma 4.3.14. γ ist dann auf den Fasern der surjektiven Längenfunktion $L: [a, b] \to [0, \ell]$, $t \mapsto L_a^t(\gamma)$, konstant und induziert folglich eine Abbildung $\overline{\gamma}: [0, \ell] \to X$ mit $\gamma = \overline{\gamma} \circ L$, die ebenfalls stetig und damit ein Weg von $\gamma(a)$ nach $\gamma(b)$ ist, da L eine Quotientenabbildung ist, vgl. Korollar 4.4.6. Wir können dies aber auch leicht mit den bis jetzt bewiesenen Mitteln einsehen: Sei $A \subseteq X$ abgeschlossen in X. Dann ist $\gamma^{-1}(A)$ abgeschlossen in $[a, b]$, also kompakt, und folglich $\overline{\gamma}^{-1}(A) = L(L^{-1}(\overline{\gamma}^{-1}(A))) = L(\gamma^{-1}(A))$ nach Satz 3.9.2 ebenfalls kompakt und damit abgeschlossen. Für alle $s \in [0, \ell]$ ist $\overline{\gamma}(s) = L_0^s(\overline{\gamma}) = L_a^t(\gamma) = s$, wobei $t \in L^{-1}(s)$ ist. Man nennt solch einen Weg $\overline{\gamma}$ **bogenparametrisiert**. Ist bereits γ auf keinem nichttrivialen Teilintervall von $[a, b]$ konstant, so ist L bijektiv und $\overline{\gamma}$ eine bogenparametrisierte Umparametrisierung von γ.

Im Allgemeinen ist es schwierig, die Länge eines Weges zu bestimmen. Im nächsten Band werden wir für einen stetig differenzierbaren Weg $\gamma: [a, b] \to V$ in einem $\mathbb{R}$-Banach-Raum V die folgende Integraldarstellung seiner Länge erhalten:

$$L(\gamma) = \int_a^b \|\dot{\gamma}(t)\| dt,$$

wobei $\dot{\gamma}(t) = \lim_{s \to t, s \ne t} (\gamma(s) - \gamma(t))/(s - t)$ die Ableitung (= Geschwindigkeit) von γ ist. (Vgl. Bd. 2, Satz 3.3.5. Man zeigt, dass $L: [a, b] \to \mathbb{R}$, $t \mapsto L_a^t(\gamma)$, differenzierbar mit Ableitung $\|\dot{\gamma}\|$ ist.) Damit erhält man z. B. sofort, dass der einmal durchlaufene Einheitskreis $\gamma: t \mapsto (\cos t, \sin t)$, $t \in [0, 2\pi]$, im $\mathbb{R}^2$ bzgl. der euklidischen Norm $\|-\|_2$ die Länge 2π hat; denn es ist $\dot{\gamma}(t) = (-\sin t, \cos t)$, also $\|\dot{\gamma}(t)\|_2 = (\sin^2 t + \cos^2 t)^{1/2} \equiv 1$. *Somit ist γ eine Bogenparametrisierung des Einheitskreises.* (Vgl. auch das Ende von Beispiel 3.3.9.) ◇

Aufgaben

Aufgabe 4.3.1 Man bestimme die Zusammenhangskomponenten folgender Mengen, jeweils bzgl. der natürlichen Topologie des $\mathbb{R}^n$, $n \in \mathbb{N}$:

a) $\{(x,y) \mid x^2 + y^2 = 1\} \subseteq \mathbb{R}^2$.

b) $\{(x,y) \mid x^2 - y^2 = 1\} \subseteq \mathbb{R}^2$.

c) $\{(x_1, \ldots, x_n) \mid x_1 \cdots x_n \neq 0\} \subseteq \mathbb{R}^n$.

d) $\{(x_1, \ldots, x_n) \mid x_1 \cdots x_n = 0\} \subseteq \mathbb{R}^n$.

e) $\{(x,y) \mid x^2 < |y|\} \subseteq \mathbb{R}^2$.

f) $\{(x,y) \mid x^2 \geq y\} \subseteq \mathbb{R}^2$.

Aufgabe 4.3.2 Man skizziere die Mengen

$$A := \{(x,y) \mid 0 \leq 3x^2 + 3y^2 - 2xy < 8\}, \quad B := \{(x,y) \mid 0 \leq x^2 + y^2 - 6xy < 8\}$$

im $\mathbb{R}^2$ und gebe die Mengen $\mathring{A}, \overline{A}, \mathring{B}, \overline{B}$ an. Ferner bestimme man die Zusammenhangskomponenten der Mengen $A, \mathring{A}, \overline{A}, B, \mathring{B}, \overline{B}, A \cup B, (A \cup B)^\circ, \overline{A} \cup \overline{B} = \overline{A \cup B}$.

Aufgabe 4.3.3

a) Man bestimme die Zusammenhangskomponenten von $\mathbb{Q}$ und $\mathbb{R} - \mathbb{Q}$. Man zeige allgemein: Ein abzählbarer metrischer Raum ist total unzusammenhängend.

b) Ist $M \subseteq \mathbb{R}^2$ eine abzählbare Menge, so ist $\mathbb{R}^2 - M$ wegzusammenhängend.

c) Sei $m \in \mathbb{N}^*$. Wie viele Zusammenhangskomponenten hat das Komplement von m paarweise verschiedenen affinen Geraden im $\mathbb{R}^2$ höchstens, wie viele mindestens? Wie lautet die Antwort, wenn die Geraden durch Kreise (mit positiven Radien) ersetzt werden? Man behandle das analoge Problem für den $\mathbb{R}^n$, $n \in \mathbb{N}^*$, die affinen Geraden durch affine Hyperebenen bzw. die Kreise durch (euklidische) Sphären ersetzend.

Aufgabe 4.3.4 Besitzt der topologische Raum X nur endlich viele Zusammenhangskomponenten, so sind diese gleichzeitig offen und abgeschlossen.

Aufgabe 4.3.5

a) Das Einheitsintervall $[0,1]$ besitzt keine abzählbare Zerlegung $[0,1] = \biguplus_{i \in I} K_i$ mit $|I| > 1$ in paarweise disjunkte, abgeschlossene Mengen $K_i \neq \emptyset$. (Dies folgert man leicht aus dem Ergebnis von Aufg. 3.4.20b).)

b) Sei $X = \biguplus_{i \in I} A_i$ eine abzählbare Zerlegung des topologischen Raumes X in paarweise disjunkte, *abgeschlossene* Mengen A_i. Dann liegt jede Wegzusammenhangskomponente von X in einer der Mengen A_i. Insbesondere sind die A_i die Wegzusammenhangskomponenten von X, wenn sie überdies wegzusammenhängend sind. (Entsprechende Aussagen gelten nicht für zusammenhängende Teilmengen von X, selbst dann nicht, wenn man sich auf Hausdorff-Räume beschränkt.)

Aufgabe 4.3.6 Sei X_i, $i \in I$, eine Familie topologischer Räume. Man bestimme die Zusammenhangs- und die Wegzusammenhangskomponenten des Produktraums $\prod_i X_i$. (Vgl. Satz 4.3.9.)

Aufgabe 4.3.7 Seien A und B Teilmengen eines topologischen Raumes X. Sind A und B beide abgeschlossen oder beide offen und sind $A \cup B$ und $A \cap B$ zusammenhängend, so sind auch A und B zusammenhängend.

Aufgabe 4.3.8 A und B seien echte Teilmengen der zusammenhängenden topologischen Räume X bzw. Y. Dann ist auch das Komplement $(X \times Y) - (A \times B)$ von $A \times B$ in $X \times Y$ zusammenhängend.

Aufgabe 4.3.9 $f: X \to Y$ sei eine surjektive offene oder eine surjektive abgeschlossene stetige Abbildung topologischer Räume. Sind Y und die Fasern $f^{-1}(y)$, $y \in Y$, zusammenhängend, so ist auch X zusammenhängend. (Gilt eine analoge Aussage auch für wegzusammenhängende Räume?)

Aufgabe 4.3.10 $f: X \to Y$ sei eine Abbildung des zusammenhängenden topologischen Raumes X in die Menge Y. Ist f **lokal konstant,** d. h. gibt es zu jedem $x \in X$ eine Umgebung U von x derart, dass $f|U$ konstant ist, so ist f bereits konstant. Ist Y ein diskreter topologischer Raum und f stetig, so ist f konstant.

Aufgabe 4.3.11 Seien A und B zusammenhängende Teilmengen eines normierten $\mathbb{K}$-Vektorraumes V. Die Minkowski-Summe $A + B := \{x + y \mid x \in A, y \in B\} \subseteq V$ ist dann ebenfalls zusammenhängend.

Aufgabe 4.3.12 Sei $h: \mathbb{R} \to \mathbb{R}$ der Abstand zur nächsten ganzen Zahl, vgl. Aufg. 1.2.1b). Der Graph der Funktion $f: \mathbb{R} \to \mathbb{R}$ mit $f(x) := h(1/x)$ für $x \neq 0$ und $f(0) := 0$ ist zusammenhängend, aber nicht wegzusammenhängend. Man bestimme die drei Wegzusammenhangskomponenten dieses Graphen.

Aufgabe 4.3.13 Eine offene Menge in einem endlichdimensionalen $\mathbb{K}$-Vektorraum mit der natürlichen Topologie besitzt höchstens abzählbar viele Zusammenhangskomponenten (die nach Proposition 4.3.10 oder 4.3.11 alle offen sind).

Aufgabe 4.3.14 Sei $\mathcal{U} = (U_i)_{i \in I}$ eine Überdeckung des topologischen Raumes X. Der **Nerv** $N(\mathcal{U})$ von $\mathcal{U}$ ist der Graph mit der Eckenmenge I, bei dem $\{i, j\} \in \mathfrak{E}_2(I)$ genau dann eine Kante ist, wenn $U_i \cap U_j \neq \emptyset$ gilt. Sei $\mathfrak{N} \subseteq \mathfrak{P}(I)$ die Menge der Zusammenhangskomponenten des Graphen $N(\mathcal{U})$. Die Mengen $U_N := \bigcup_{i \in N} U_i$, $N \in \mathfrak{N}$, bilden eine Zerlegung von X. Zwei Punkte $x, y \in X$ heißen **verbindbar bzgl.** $\mathcal{U}$, wenn es ein

Abb. 4.17 x und y sind bzgl.
$\mathfrak{U}$ verbindbar

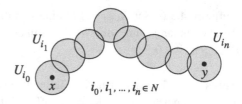

$N \in \mathfrak{N}$ gibt mit $\{x, y\} \in U_N$, vgl. Abb. 4.17. Diese $\mathfrak{U}$-Verbindbarkeit ist eine Äquivalenzrelation auf X. Ihre Äquivalenzklassen U_N, $N \in \mathfrak{N}$, $U_N \neq \emptyset$, nennen wir die $\mathfrak{U}$-**Verbindbarkeitsklassen**.

a) Sind die U_i, $i \in I$, zusammenhängend, so ist jede Verbindbarkeitsklasse bzgl. $\mathfrak{U}$ zusammenhängend.

b) Ist $\mathfrak{U}$ eine offene Überdeckung von X (d. h. sind alle U_i, $i \in I$, offen), so liegt jede Zusammenhangskomponente von X in einer Verbindbarkeitsklasse bzgl. $\mathfrak{U}$, vgl. Proposition 4.3.5. Insbesondere sind dann je zwei Punkte von X verbindbar bzgl. $\mathfrak{U}$, wenn X zusammenhängend ist. (Die letzte Aussage charakterisiert die zusammenhängenden Räume unter den nichtleeren topologischen Räumen.)

c) Ist $\mathfrak{U}$ eine offene Überdeckung von X und sind alle U_i zusammenhängend, so sind die Verbindbarkeitsklassen die Zusammenhangskomponenten von X. Insbesondere ist X genau dann zusammenhängend, wenn der Nerv $\mathrm{N}(\mathfrak{U})$ ein zusammenhängender Graph ist.

d) Analoge Aussagen zu b) und c) gelten, wenn $\mathfrak{U}$ eine *endliche* abgeschlossene Überdeckung von X ist.

Aufgabe 4.3.15 Sei X ein topologischer Raum.

a) Besitzt jeder Punkt $x \in X$ eine zusammenhängende Umgebung, so sind alle Zusammenhangskomponenten von X offen.

b) Besitzt jeder Punkt $x \in X$ eine wegzusammenhängende Umgebung, so sind alle Zusammenhangskomponenten von X offen und gleich den Wegzusammenhangskomponenten von X.

c) Folgende Aussagen sind äquivalent: (i) X ist lokal (weg)zusammenhängend. (ii) Die (Weg-)Zusammenhangskomponenten offener Mengen $U \subseteq X$ sind offen. (iii) Jeder Punkt $x \in X$ besitzt eine Umgebungsbasis aus *offenen* (weg)zusammenhängenden Umgebungen.

Aufgabe 4.3.16 Sei X ein topologischer Raum. Der Raum $[X]$ der Zusammenhangskomponenten von X (versehen mit der Quotiententopologie) ist total unzusammenhängend. (Man zeige, dass jede abgeschlossene Menge $A \subseteq [X]$ mit mehr als einem Punkt nicht zusammenhängend ist, indem man für ihr Urbild in X eine Zerlegung in nichtleere abgeschlossene Teilmengen findet, die Vereinigungen von Zusammenhangskomponenten von X sind.)

Aufgabe 4.3.17 Sei $X = (X, \mathfrak{T})$ ein topologischer Raum.

a) Die randlosen Mengen bilden einen Unterring $\mathcal{B} = \mathcal{B}_{\mathfrak{T}}(X) \subseteq \mathfrak{P}(X)$ des booleschen Mengenrings $(\mathfrak{P}(X), \triangle, \cap)$. Bei der kanonischen Isomorphie $\mathfrak{P}(X) \xrightarrow{\sim} \mathbf{F}_2^X$, $A \mapsto e_A$, entspricht $\mathcal{B}$ die $\mathbf{F}_2$-Unteralgebra $\mathrm{C}_{\mathbf{F}_2}(X) = \mathrm{C}(X, \mathbf{F}_2)$ der stetigen $\mathbf{F}_2$-wertigen Funktionen $X \to \mathbf{F}_2$ (wobei $\mathbf{F}_2$ die diskrete Topologie trägt). Insbesondere ist X genau dann zusammenhängend, wenn $X \neq \emptyset$ ist und jede stetige Funktion $X \to \mathbf{F}_2$ konstant. Genau dann hat X endlich viele Zusammenhangskomponenten, wenn der boolesche Ring $\mathcal{B}$ endlich ist. In diesem Fall ist $\mathcal{B} \cong \mathbf{F}_2^s$, wobei s die Anzahl der Zusammenhangskomponenten von X ist. Besitzt X unendlich viele Zusammenhangskomponenten, so gibt es zu jedem $n \in \mathbb{N}$, $n \geq 2$, eine Zerlegung von X in genau n nichtleere offene Teilmengen.

b) Genau dann ist X zusammenhängend, wenn die $\mathbb{K}$-Algebra $\mathrm{C}_{\mathbb{K}}(X)$ (als Ring) zusammenhängend ist.

Aufgabe 4.3.18 Sei G ein Gebiet im normierten $\mathbb{K}$-Vektorraum V. Dann lassen sich je zwei Punkte $x, y \in G$ mit einem **Streckenzug** verbinden, d. h. es gibt Punkte $x_0, x_1, \ldots, x_n \in G$ mit $x_0 = x$, $x_n = y$ und $[x_0, x_1, \ldots, x_n] := \bigcup_{i=0}^{n-1}[x_i, x_{i+1}] \subseteq G$ bei $n > 0$ (und $[x_0] := \{x_0\}$).

Aufgabe 4.3.19 Sei I eine Menge und F eine von 0 verschiedene Polynomfunktion auf $\mathbb{K}^I$ mit der Nullstellenmenge $N := \mathrm{NS}_{\mathbb{K}}(F)$. ($\mathbb{K}^I$ trägt die natürliche Topologie!) Im Fall $\mathbb{K} = \mathbb{R}$ ist das (in $\mathbb{R}^I$ offene) Komplement $\mathbb{R}^I - N$ in der Regel nicht zusammenhängend. (Es besitzt jedoch nur endlich viele Zusammenhangskomponenten, wie ohne Beweis mitgeteilt sei.) Ganz anders im komplexen Fall: $\mathbb{C}^I - N$ ist stets zusammenhängend. (Man kann annehmen, dass I endlich ist. Dann gilt allgemein: Ist G ein Gebiet in $\mathbb{C}^I \cong \mathbb{C}^{|I|}$, so ist auch $G - N$ ein Gebiet.)

Aufgabe 4.3.20 Seien V ein endlichdimensionaler $\mathbb{R}$-Vektorraum einer Dimension ≥ 2 mit der natürlichen Topologie und $U_1, \ldots, U_r$ (affine) Unterräume in V der Kodimension ≥ 2. Ist G ein Gebiet in V, so ist auch $G - \bigcup_{\rho=1}^r U_\rho$ ein Gebiet. (Es genügt, den Fall $r = 1$ zu behandeln. Ist $x \in G - U_1$, so lässt sich jeder Punkt $y \in G$ durch einen Streckenzug von x nach y verbinden, der ganz (evtl. mit Ausnahme des Endpunkts y) in $G - U_1$ liegt.)

Aufgabe 4.3.21 Für eine Menge X und eine natürliche Zahl n bezeichne $\Delta_n = \Delta_n(X)$ die **verallgemeinerte Diagonale** derjenigen n-Tupel $(x_1, \ldots, x_n) \in X^n$, deren Komponenten *nicht* paarweise verschieden sind. Dann ist $X^n - \Delta_n(X)$ die Menge der n-Tupel $(x_1, \ldots, x_n) \in X^n$, deren Komponenten paarweise verschieden sind. Die Räume $\mathbb{K}^n$, $n \in \mathbb{N}$, tragen im Folgenden die natürliche Topologie.

a) Ist G ein Gebiet in $V := \mathbb{K}^n$, $n \geq 2$, so ist $G^n - \Delta_n(G)$ ebenfalls ein Gebiet (in V^n). (Aufg. 4.3.20.)

Abb. 4.18 Θ-Raum

b) Wie viele Zusammenhangskomponenten haben $\mathbb{R}^n - \Delta_n(\mathbb{R})$ bzw. $T^n - \Delta_n(S^1)$, wo
$T^n = (S^1)^n$ der n-dimensionale Torus ist? (Die Abbildung $\mathbb{R} \to S^1$, $t \mapsto e^{2\pi i t}$, ist
eine Quotientenabbildung und induziert einen Homöomorphismus $\mathbb{T} = \mathbb{R}/\mathbb{Z} \xrightarrow{\sim}$
$S^1 = \mathrm{U} = \{z \in \mathbb{C} \mid |z| = 1\}$. Daher gilt auch die Homöomorphie $\mathbb{T}^n \xrightarrow{\sim} T^n$, und
die hier benutzte Bezeichnung „Torus" kollidiert nicht mit der in Beispiel 2.2.16 (2)
eingeführten Bezeichnung.)

Bemerkung Das Problem, die (Weg-)Zusammenhangskomponenten von $X^n - \Delta_n(X)$
für einen topologischen Raum X zu bestimmen, ist ein **Rangierproblem**: n (punktför-
mige) Lokomotiven, die die (paarweise verschiedenen) Punkte $x_1, \dots, x_n \in X$ besetzen,
sind so ohne Zusammenstöße zu bewegen, dass sie die (paarweise verschiedenen) Punkte $y_1, \dots, y_n \in X$ besetzen. Dies bedeutet, einen Weg in $X^n - \Delta_n(X)$ zu finden, der
$(x_1, \dots, x_n)$ und $(y_1, \dots, y_n)$ verbindet. Unter diesem Gesichtspunkt bestimme man für
den topologischen Raum $X := S^1 \cup [-1, 1]e_1 \subseteq \mathbb{R}^2$ in Abb. 4.18 (den sogenannten
Θ-**Raum**) die (Anzahl der) Zusammenhangskomponenten ($=$ Wegzusammenhangskomponenten) von $X^n - \Delta_n(X)$.

Aufgabe 4.3.22 $\mathbb{R}^n$ trage die natürliche Topologie. Der Durchschnitt zweier offener zusammenhängender Mengen im $\mathbb{R}^n$ ist in der Regel nicht zusammenhängend, auch dann,
wenn dieser Durchschnitt nicht leer ist. Es gilt aber: Sind $G_1, G_2 \subseteq \mathbb{R}^n$ Gebiete mit
$G_1 \cup G_2 = \mathbb{R}^n$, so ist auch $G_1 \cap G_2$ ein Gebiet. (Der Beweis ist für $n \geq 2$ wohl nicht ganz
einfach. Einen Vorschlag dazu findet man im Bd. 5. – Entsprechendes gilt für die Sphären
S^n (statt $\mathbb{R}^n$), $n \geq 2$, nicht aber für S^1. Ein allgemeines Resultat findet man ebenfalls in
einem der weiteren Bände.)

Aufgabe 4.3.23 $\mathbb{R}^n$ trage im Folgenden die natürliche Topologie.

a) Sei $H = x + U \subseteq \mathbb{R}^n$, $U \subseteq \mathbb{R}^n$ 1-kodimensionaler Unterraum, eine affine Hyperebene
im $\mathbb{R}^n$, $n \geq 1$. Dann besitzt $\mathbb{R}^n - H$ genau zwei Zusammenhangskomponenten, die
die **offenen Halbräume** zu H genannt werden. (Ihre abgeschlossenen Hüllen sind die
abgeschlossenen Halbräume.)

b) Sei F ein (affiner) Unterraum von $\mathbb{R}^n$, $n \geq 1$, und $M \subseteq \mathbb{R}^n$ eine offene Menge mit
$\mathrm{Rd}\, M = F$. Dann ist M einer der durch F bestimmten offenen Halbräume des $\mathbb{R}^n$,
falls F eine Hyperebene ist, und $M = \mathbb{R}^n - F$, falls $\mathrm{Kodim}_{\mathbb{R}^n} F > 1$ ist.

c) Es sei daran erinnert, dass eine Teilmenge $M \subseteq \mathbb{R}^n$ beschränkt heißt, falls sie in
einem Quader $[-R, R]^n = \overline{\mathrm{B}}_{d_\infty}(0; R)$, $R \in \mathbb{R}_+$, liegt. Sei $G \subseteq \mathbb{R}^n$, $n \geq 2$, eine nicht
beschränkte offene Menge mit beschränktem Rand. Dann umfasst G das Komplement
eines Quaders $\overline{\mathrm{B}}_{d_\infty}(0; R)$, $R \in \mathbb{R}_+$.

Aufgabe 4.3.24 Sei V ein mindestens 2-dimensionaler $\mathbb{R}$-Vektorraum (mit der natürlichen Topologie). Ist die Abbildung $f: V - \{0\} \to \mathbb{R}$ stetig, so gibt es ein $x \neq 0$ mit $f(x) = f(-x)$. (Man betrachte die Differenz $x \mapsto f(x) - f(-x)$. – Allgemeiner gilt: Ist V mindestens $(n + 1)$-dimensional und $f: V - \{0\} \to \mathbb{R}^n$ stetig, so gibt es ein $x \neq 0$ mit $f(x) = f(-x)$. Dies ist der Satz von Borsuk-Ulam, der in Bd. 12 behandelt wird.)

Aufgabe 4.3.25 Sei $\gamma: [a, b] \to X$ ein Weg im metrischen Raum $X = (X, d)$.

a) Ist $\varphi: [c, d] \to [a, b]$ eine monotone und surjektive stetige Funktion, so ist $L_c^d(\gamma \circ \varphi) = L_a^b(\gamma)$.

b) Ist $f: X \to Y$ eine Abbildung metrischer Räume, die Lipschitz-stetig ist mit Lipschitz-Konstante $\lambda \in \mathbb{R}_+$ auf der Trajektorie $\gamma([a, b])$ von γ, d. h. ist $d(f(x), f(y)) \leq \lambda d(x, y)$ für alle $x, y \in \gamma([a, b])$, so gilt $L_a^b(f \circ \gamma) \leq \lambda L_a^b(\gamma)$.

c) Ist d' eine zu d äquivalente Metrik auf X, so ist γ genau dann bzgl. d rektifizierbar, wenn γ bzgl. d' rektifizierbar ist.

Aufgabe 4.3.26 Sei V ein endlichdimensionaler normierter $\mathbb{R}$-Vektorraum mit einer Norm, die die natürliche Topologie auf V induziert. (Nach Satz 4.4.12 gilt dies genau für die Normen auf V mit $\|x\| < \infty$ für alle $x \in V$.) Genau dann ist ein Weg $\gamma: [a, b] \to V$ rektifizierbar, wenn für jede $\mathbb{R}$-Linearform $f: V \to \mathbb{R}$ der Weg $f \circ \gamma$ in $\mathbb{R}$ rektifizierbar ist. Dies ist bereits dann der Fall, wenn dies für ein Erzeugendensystem des $\mathbb{R}$-Vektorraums $V^* = \text{Hom}(V, \mathbb{R})$ gilt. (Ist $v_1, \ldots, v_n$ eine $\mathbb{R}$-Basis von V, so sind die Linearformen f auf V die Funktionen $\sum_{i=1}^n a_i v_i \mapsto \sum_{i=1}^n a_i b_i$, wobei $b_1 = f(e_1), \ldots, b_n = f(e_n) \in \mathbb{R}$ jeweils feste Werte sind.)

Aufgabe 4.3.27 Nach der vorangegangenen Aufgabe interessieren die rektifizierbaren Wege $\gamma: [a, b] \to \mathbb{R}$ (wobei $\mathbb{R}$ mit dem natürlichen Abstand versehen ist). Die Länge eines solchen Weges heißt auch seine Variation. So ist der Graph $\Gamma_h \subseteq \mathbb{R}^2$ einer stetigen Funktion $h: [a, b] \to \mathbb{R}$ genau dann rektifizierbar, wenn h endliche Variation hat. Der Begriff der **Variation** ist für beliebige (nicht notwendig stetige) Funktionen $h: [a, b] \to \mathbb{R}$ definiert als das Supremum über alle Summen $\sum_{j=0}^{m-1} |h(t_{j+1}) - h(t_j)|$, wobei $t_0, \ldots, t_m$ alle endlichen Zerlegungen $a = t_0 \leq \cdots \leq t_m = b$ des Intervalls $[a, b]$ durchläuft. Man zeige: Genau dann hat $h: [a, b] \to \mathbb{R}$ endliche Variation, wenn $h = f - g$ mit monoton wachsenden Funktionen $f, g: [a, b] \to \mathbb{R}$ ist. Bei stetigem h mit endlicher Variation können f und g als stetige Funktionen gewählt werden. (Hat h endliche Variation, so definiere man $f(t)$ für $t \in [a, b]$ als das Supremum über alle Summen $\sum_{j=0}^{m-1} \text{Max}\big(h(t_{j+1}) - h(t_j), 0\big)$, $a = t_0 \leq \cdots \leq t_m = t$.)

4.4 Kompakte Räume

Der Satz 3.4.3 oder (allgemeiner) der Satz 4.2.34 von Bolzano-Weierstraß ist grundlegend für den Aufbau der Analysis. Mit dem Begriff der Kompaktheit wird er topologisch fundiert.

Definition 4.4.1 Ein topologischer Raum X heißt **quasikompakt**, wenn X folgende Bedingung erfüllt: Ist U_i, $i \in I$, eine offene Überdeckung von X (d. h. ist U_i, $i \in I$, eine Familie offener Mengen in X mit $\bigcup_{i \in I} U_i = X$), so gibt es eine *endliche* Teilmenge $J \subseteq I$ mit $\bigcup_{i \in J} U_i = X$. – Der Raum X heißt **kompakt**, wenn er quasikompakt und hausdorffsch ist.

Die Bedingung der Quasikompaktheit in obiger Definition formuliert man gewöhnlich so: Jede offene Überdeckung U_i, $i \in I$, von X besitzt eine endliche Teilüberdeckung. *Offenbar genügt es, diese Eigenschaft für Überdeckungen U_i, $i \in I$, zu verifizieren, deren Elemente U_i zu einer gegebenen Basis $\mathcal{B}$ der Topologie von X gehören.* Für abgeschlossene Mengen formuliert, lautet die Bedingung der Quasikompaktheit folgendermaßen: *Ist A_i, $i \in I$, eine Familie von abgeschlossenen Mengen in X mit $\bigcap_{i \in I} A_i = \emptyset$, so gibt es eine endliche Teilmenge $J \subseteq I$ mit $\bigcap_{i \in J} A_i = \emptyset$.*

Ein Teilraum X' von X ist quasikompakt genau dann, wenn für jede Familie U_i, $i \in I$, von offenen Mengen in X mit $X' \subseteq \bigcup_{i \in I} U_i$ eine endliche Teilmenge $J \subseteq I$ mit $X' \subseteq \bigcup_{i \in J} U_i$ existiert. Man sagt auch hier wieder kurz: Die offene Überdeckung U_i, $i \in I$, von X' besitzt eine endliche Teilüberdeckung. Ist X hausdorffsch und $X' \subseteq X$ ein quasikompakter Teilraum, so ist X' ebenfalls hausdorffsch und damit kompakt.

Proposition 4.4.2 *Sei X ein Hausdorff-Raum.*

(1) *Ist X' ein kompakter Teilraum von X, so ist X' abgeschlossen in X.*
(2) *Ist X kompakt und $X' \subseteq X$ abgeschlossen in X, so ist X' ebenfalls kompakt.*

Beweis (1) Sei $x \in X$, $x \neq X'$. Zu jedem Punkt $y \in X'$ gibt es offene Umgebungen $U(y)$ von y und $V(y)$ von x mit $U(y) \cap V(y) = \emptyset$. Die Überdeckung $U(y)$, $y \in X'$, von X' besitzt eine endliche Teilüberdeckung $U(y_1), \dots, U(y_n)$. $V := V(y_1) \cap \cdots \cap V(y_n)$ ist dann eine (offene) Umgebung von x mit $V \cap X' = \emptyset$. Also ist $X - X'$ offen und X' abgeschlossen.

(2) *Allgemein ist eine abgeschlossene Teilmenge X' eines quasikompakten Raums wieder quasikompakt.* Zum Beweis sei U_i, $i \in I$, eine Überdeckung von X' mit in X offenen Mengen U_i. Dann ist U_i, $i \in I$, zusammen mit $X - X'$ eine offene Überdeckung von X, die nach Voraussetzung eine endliche Teilüberdeckung besitzt. Daraus erhält man nach Weglassen von $X - X'$ eine endliche Teilüberdeckung U_i, $i \in J$, von X'. ∎

Stetige Bilder quasikompakter Räume sind quasikompakt:

Satz 4.4.3 *Sei $f : X \to Y$ eine stetige Abbildung topologischer Räume. Ist X quasikompakt, so auch* Bild $f = f(X)$. *Insbesondere gilt: Ist X quasikompakt und Y hausdorffsch, so ist* Bild f *kompakt und damit abgeschlossen in Y.*

Beweis Wir ersetzen Y durch Bild f und können annehmen, dass f surjektiv ist. Sei V_i, $i \in I$, eine offene Überdeckung von Y. Dann ist $U_i := f^{-1}(V_i)$, $i \in I$, eine offene

Überdeckung von X. Da X quasikompakt ist, enthält diese eine endliche Teilüberdeckung U_i, $i \in J$, und $V_i = f(f^{-1}(V_i)) = f(U_i)$, $i \in J$, ist eine endliche Überdeckung von Bild f. $\qquad\square$

Korollar 4.4.4 *Sei $f\colon X \to Y$ eine stetige Abbildung von Hausdorff-Räumen. Ist X kompakt, so ist f abgeschlossen (d. h. f-Bilder abgeschlossener Teilmengen von X sind abgeschlossen in Y). Insbesondere ist* Bild f *abgeschlossen in Y.*

Beweis Sei X kompakt und $A \subseteq X$ abgeschlossen. Dann ist A kompakt nach Proposition 4.4.2 und $f(A)$ abgeschlossen nach Satz 4.4.3. $\qquad\square$

Das folgende Korollar ist ein wichtiges Kriterium für Homöomorphismen:

Korollar 4.4.5 *Sei $f\colon X \to Y$ eine bijektive stetige Abbildung von Hausdorff-Räumen. Ist X kompakt, so ist f ein Homöomorphismus.*

Beweis Es ist zu zeigen, dass auch f^{-1} stetig ist, d. h. dass $(f^{-1})^{-1}(A) = f(A)$ abgeschlossen in Y ist für jede abgeschlossene Menge $A \subseteq X$. Dies besagt Korollar 4.4.4. $\quad\square$

Korollar 4.4.6 *Sei $f\colon X \to Y$ eine stetige surjektive Abbildung von Hausdorff-Räumen. X sei kompakt. Dann ist f eine Quotientenabbildung, d. h. die Topologie auf Y ist die Bildtopologie von X bzgl. f, und f induziert einen Homöomorphismus $X/R_f \xrightarrow{\sim} Y$, wo R_f die von f induzierte Äquivalenzrelation auf X ist.*

Beweis Wir haben zu zeigen, dass das Urbild $f^{-1}(B)$ einer Teilmenge $B \subseteq Y$ genau dann abgeschlossen in X ist, wenn B abgeschlossen in Y ist. Ist B aber abgeschlossen in Y, so ist $f^{-1}(B)$ abgeschlossen in X, da f stetig ist. Ist umgekehrt $f^{-1}(B)$ abgeschlossen in X, so ist $B = f(f^{-1}(B))$ abgeschlossen in Y nach Korollar 4.4.4. $\qquad\square$

Korollar 4.4.6 entspricht völlig dem Isomorphiesatz Bild $f \cong X/\text{Kern } f$ für einen Homomorphismus $f\colon X \to Y$ von Gruppen, Ringen, Moduln, ...

Die Quasikompaktheit lässt sich überraschenderweise bereits mit Subbasen testen:

Lemma 4.4.7 *Sei $\mathcal{E} \subseteq \mathcal{T}$ eine Subbasis des topologischen Raums $X = (X, \mathcal{T})$. X ist bereits dann quasikompakt, wenn jede Überdeckung von X mit Elementen aus $\mathcal{E}$ eine endliche Teilüberdeckung besitzt.*

Beweis Definitionsgemäß ist die Menge $\mathcal{B} := \mathcal{B}(\mathcal{E})$ der endlichen Durchschnitte von Elementen aus $\mathcal{E}$ eine Basis der Topologie von X. Wir nehmen an, dass jede Überdeckung von X mit Elementen von $\mathcal{E}$ eine endliche Teilüberdeckung besitzt, X aber nicht quasikompakt ist. Dann betrachten wir die Menge $\mathfrak{M}$ aller derjenigen offenen Überdeckungen $\mathcal{U} \subseteq \mathcal{B}$, die keine endliche Teilüberdeckung besitzen. Diese Menge $\mathfrak{M}$ ist nach Voraussetzung nicht leer und bzgl. der Inklusion (sogar strikt) induktiv geordnet. Istnämlich $\mathfrak{U}_i$, $i \in I$, eine nichtleere Kette in $\mathfrak{M}$, so ist $\bigcup_i \mathfrak{U}_i$ offenbar eine obere Grenze der betrachteten Kette. Nach dem Zornschen Lemma 1.4.15 gibt es ein maximales Element $\mathfrak{U}_0 \in \mathfrak{M}$. Wir zeigen, dass $\mathcal{E} \cap \mathfrak{U}_0$ ebenfalls eine Überdeckung von X ist, was einen Widerspruch ergibt. Sei dazu $x \in X$. Wäre $x \notin U$ für jedes $U \in \mathcal{E} \cap \mathfrak{U}_0$, so wäre doch $x \in V = V_1 \cap \cdots \cap V_r$ für ein $V \in \mathfrak{U}_0$, $V_1, \dots, V_r \in \mathcal{E}$. Wegen $V_\rho \notin \mathfrak{U}_0$ und der Maximalität von $\mathfrak{U}_0$ besitzt $\mathfrak{U}_0 \uplus \{V_\rho\}$ für jedes ρ eine endliche Teilüberdeckung. Es gibt also $U_1, \dots, U_s \in \mathfrak{U}_0$ derart, dass $U_1, \dots, U_s, V_\rho$ für jedes ρ den Raum X überdecken. Dann überdecken aber auch $U_1, \dots, U_s, V = V_1 \cap \cdots \cap V_r$ ganz X. Widerspruch! Also gibt es ein $U \in \mathfrak{U}_0$ mit $x \in U$. $\qquad\square$

Eine direkte Konsequenz dieses Lemmas ist der folgende wichtige Satz.

Satz 4.4.8 (Satz von Tychonoff) *Sei X_i, $i \in I$, eine Familie nichtleerer topologischer Räume. Das Produkt $X = \prod_{i \in I} X_i$ ist genau dann quasikompakt (bzw. kompakt), wenn jeder Faktor X_i, $i \in I$, quasikompakt (bzw. kompakt) ist.*

Beweis Ist X quasikompakt, so auch jedes Bild $X_i = p_i(X)$, $i \in I$. – Seien nun alle X_i quasikompakt. Die Produkte $\prod_i U_i$ mit U_i offen in X_i und $U_i = X_i$ bis auf *genau einen* Index bilden eine Subbasis $\mathcal{E}$ der Topologie von X. Wegen Lemma 4.4.7 genügt es zu zeigen, dass jede Überdeckung W_j, $j \in J$, von X mit Elementen aus $\mathcal{E}$ eine endliche Teilüberdeckung besitzt. Für jedes $i \in I$ sei dazu $\mathfrak{U}_i$ die Menge der offenen Mengen in X_i, die $\neq X_i$ sind und als i-ter Faktor eines W_j auftreten. Wäre $U_i := \bigcup_{U \in \mathfrak{U}_i} U \neq X_i$ für jedes $i \in I$ und $x_i \in X_i - U_i$, so wäre das I-Tupel (x_i) in keinem W_j, $j \in J$, enthalten. Also gibt es ein $i_0 \in I$ mit $U_{i_0} = X_{i_0}$. Wegen der Quasikompaktheit von X_{i_0} gibt es eine endliche Teilmenge $J' \subseteq J$ derart, dass die i-ten Komponenten der W_j, $j \in J'$, für $i \neq i_0$ ganz X_i sind und ihre i_0-ten Komponenten eine Überdeckung von X_{i_0} bilden. Dann sind die W_j, $j \in J'$, aber eine endliche Teilüberdeckung der Überdeckung W_j, $j \in J$, von X. $\qquad\square$

Für endliche Indexmengen I lässt sich der Satz 4.4.8 von Tychonoff leicht ohne das Lemma 4.4.7 (und damit ohne das Zornsche Lemma) durch Induktion über $|I|$ beweisen. Wir empfehlen dem Leser, dies auszuführen. Ein weiterer Spezialfall des Satzes von Tychonoff wird in Satz 4.5.7 behandelt.

Den Zusammenhang zwischen dem Begriff der Quasikompaktheit und der Gültigkeit des Satzes von Bolzano-Weierstraß beschreibt das folgende Lemma:

Lemma 4.4.9 *Sei X ein topologischer Raum.*

(1) *Ist X quasikompakt, so besitzt jede Folge (x_n) in X einen Häufungspunkt in X.*

(2) *Hat umgekehrt jede Folge (x_n) in X einen Häufungspunkt in X und besitzt die Topologie von X eine abzählbare Basis, so ist X quasikompakt.*

Beweis (1) Sei X quasikompakt. Angenommen, die Folge (x_n) in X habe keinen Häufungspunkt. Dann besitzt jeder Punkt $y \in X$ eine offene Umgebung $U(y)$, in der nur endlich viele Glieder der Folge (x_n) liegen. Zu $U(y)$, $y \in X$, gibt es eine endliche Teilüberdeckung $U(y_1), \ldots, U(y_n)$. In $X = U(y_1) \cup \cdots \cup U(y_n)$ liegen aber alle Glieder der Folge. Widerspruch!

(2) Da X eine abzählbare Basis hat, genügt es nach der Bemerkung im Anschluss an Definition 4.4.1 zu zeigen, dass jede abzählbare offene Überdeckung U_n, $n \in \mathbb{N}$, von X eine endliche Teilüberdeckung besitzt (vgl. auch Proposition 4.2.13). Wäre aber $\bigcup_{i=0}^{n} U_i \neq X$ für alle $n \in \mathbb{N}$ und $x_n \in X - \bigcup_{i=0}^{n} U_i$, so hätte die Folge (x_n) wegen $x_m \notin U_n$ für alle $m, n \in \mathbb{N}$, $m \geq n$, keinen Häufungspunkt in X im Widerspruch zur Voraussetzung. $\square$

Man beachte, dass in einem topologischen Raum, der dem ersten Abzählbarkeitsaxiom genügt, eine Folge (x_n) genau dann einen Häufungspunkt hat, wenn sie eine konvergente Teilfolge von (x_n) besitzt, vgl. Lemma 4.2.12. Aus Lemma 4.4.9 ergibt sich daher:

Korollar 4.4.10 *Ein topologischer Raum X mit abzählbarer Topologie ist genau dann quasikompakt, wenn jede Folge in X eine in X konvergente Teilfolge besitzt.*

Der fundamentale Satz von Heine-Borel (nach E. Heine (1821–1881) und E. Borel (1871–1956)) ist nun nur eine Umformulierung des Satzes 4.2.34 von Bolzano-Weierstraß und rechtfertigt die zu Beginn von Abschn. 3.9 eingeführte Sprechweise.

Satz 4.4.11 (Satz von Heine-Borel) *Sei V ein endlichdimensionaler $\mathbb{K}$-Vektorraum mit der natürlichen Topologie. Eine Teilmenge $K \subseteq V$ ist genau dann kompakt, wenn sie beschränkt und abgeschlossen ist.*

Beweis Wir erinnern daran, dass V ein Hausdorff-Raum mit abzählbarer Topologie ist. Ist nun $K \subseteq V$ kompakt, so ist K abgeschlossen nach Proposition 4.4.2. K ist auch beschränkt. Ist nämlich $h \colon V \to K$ eine $\mathbb{K}$-Linearform, so ist $h(K) \subseteq \mathbb{K}$ ebenfalls kompakt und daher beschränkt (da $h(K)$ von endlich vielen der offenen Kugeln $B_{\mathbb{K}}(0; n)$, $n \in \mathbb{N}$, überdeckt wird). – Ist umgekehrt K beschränkt und abgeschlossen, so besitzt jede Folge in K nach dem Satz 4.2.34 von Bolzano-Weierstraß eine konvergente Teilfolge, deren Limes in K liegt, da K abgeschlossen ist. Nach Korollar 4.4.10 ist K kompakt. $\square$

Nach dem Satz von Heine-Borel sind z. B. die abgeschlossenen Kugeln $\overline{B}_{\|-\|_p}(x_0; r)$ und die Sphären $S_{\|-\|_p}(x_0; r)$, $r \in \mathbb{R}_+$, kompakt in $\mathbb{K}^n$, $n \in \mathbb{N}$, versehen mit der p-Norm, $1 \leq p \leq \infty$. Dies gilt sogar für beliebige (nicht notwendig reelle) Normen auf dem $\mathbb{K}^n$:

Satz 4.4.12 *Je zwei Normen mit Werten in $\mathbb{R}_+$ auf einem endlichdimensionalen $\mathbb{K}$-Vektorraum V sind äquivalent. Insbesondere induziert jede solche Norm die natürliche Topologie auf V.*

Beweis Es genügt, den Fall $V = \mathbb{K}^n$, $n \in \mathbb{N}^*$, zu behandeln. Sei also $\|-\|$ eine Norm auf $\mathbb{K}^n$ mit $M := \mathrm{Max}\left(\|e_1\|, \ldots, \|e_n\|\right) \in \mathbb{R}_+^\times$. Wir zeigen, dass die Norm $\|-\|$ äquivalent ist zur Tschebyscheff-Norm $\|-\|_\infty$. Zunächst gilt für ein beliebiges $x = a_1 e_1 + \cdots + a_n e_n \in \mathbb{K}^n$

$$\|x\| = \|a_1 e_1 + \cdots + a_n e_n\| \le |a_1|\|e_1\| + \cdots + |a_n|\|e_n\| \le nM\|x\|_\infty.$$

Also ist $\|-\| \le nM\|-\|_\infty$. Insbesondere ist die Identität $\mathrm{id}_{\mathbb{K}^n}$ eine stetige Abbildung $(\mathbb{K}^n, \|-\|_\infty) \to (\mathbb{K}^n, \|-\|)$ und folglich nach Korollar 4.4.4 die Einheitssphäre $S_{\|-\|_\infty}(0;1)$ auch kompakt und somit abgeschlossen bzgl. der durch $\|-\|$ definierten Topologie. Es gibt daher eine Kugel $B_{\|-\|}(0;r)$, $r \in \mathbb{R}_+^\times$, mit $B_{\|-\|}(0;r) \cap S_{\|-\|_\infty}(0;1) = \emptyset$. Ist nun $x \in \mathbb{K}^n - \{0\}$, so ist $x/\|x\|_\infty \in S_{\|-\|_\infty}(0;1)$ und folglich $\|x/\|x\|_\infty\| = \|x\|/\|x\|_\infty \ge r$, d. h. $\|x\|_\infty \le r^{-1}\|x\|$. Somit ist auch umgekehrt $\|-\|_\infty \le r^{-1}\|-\|$, und $\|-\|$, $\|-\|_\infty$ sind äquivalente Normen. $\qquad\square$

Satz 4.4.12 erlaubt es bei topologischen Überlegungen in endlichdimensionalen $\mathbb{K}$-Vektorräumen jeweils eine dem Problem angepasste Norm (mit Werten in $\mathbb{R}_+$) zu benutzen.[14] – Der folgende Satz verallgemeinert Korollar 3.9.5:

Satz 4.4.13 (**Satz von Weierstraß**) *Sei $f\colon X \to \mathbb{R}$ eine stetige Funktion auf dem quasikompakten Raum X. Dann ist $f(X) \subseteq \mathbb{R}$ beschränkt und abgeschlossen. – Insbesondere gibt bei $X \ne \emptyset$ Punkte $x_1, x_2 \in X$ mit $f(x_1) = \mathrm{Inf}\, f(X) = \mathrm{Min}\, f(X)$ und $f(x_2) = \mathrm{Sup}\, f(X) = \mathrm{Max}\, f(X)$. Ist X überdies zusammenhängend, so ist $f(X)$ das kompakte Intervall $[\mathrm{Min}\, f(X), \mathrm{Max}\, f(X)]$.*

Beweis Nach Satz 4.4.3 ist $f(X)$ kompakt und dann nach dem Satz von Heine-Borel 4.4.11 beschränkt und abgeschlossen. Der Zusatz ergibt sich aus dem Zwischenwertsatz 4.3.7. $\qquad\square$

Der folgende Satz charakterisiert allgemein die kompakten metrischen Räume durch die Gültigkeit des Satzes von Bolzano-Weierstraß.

Satz 4.4.14 *Ein metrischer Raum X ist genau dann kompakt, wenn jede Folge (x_n) in X einen Häufungspunkt in X besitzt, d. h. eine in X konvergente Teilfolge. – Die Topologie eines kompakten metrischen Raumes besitzt eine abzählbare Basis.*

Beweis Nach Lemma 4.4.9 genügt es zu zeigen, dass die Topologie eines metrischen Raumes X, in dem jede Folge einen Häufungspunkt hat, eine abzählbare Basis besitzt.

Sei $m \in \mathbb{N}^*$. Dann besitzt die offene Überdeckung $B(x; 1/m)$, $x \in X$, eine endliche Teilüberdeckung $B(x; 1/m)$, $x \in X_m$. Andernfalls gäbe es nämlich eine Folge $y_0, y_1, \ldots$

---

[14] Man beachte, dass die Werte einer Norm auf dem $\mathbb{K}$-Vektorraum V bereits dann alle in $\mathbb{R}_+$ liegen, wenn dies für die Werte auf einer $\mathbb{K}$-Basis von V gilt.

in X mit $y_{n+1} \notin \bigcup_{i=0}^{n} B(y_i; 1/m)$, und diese Folge (y_n) hätte offenbar keinen Häufungspunkt. Die abzählbare Familie $B(x; 1/m)$, $m \in \mathbb{N}^*$, $x \in X_m$, ist nun eine Basis der Topologie von X. Sei dazu $U \subseteq X$ offen und $y \in U$. Es gibt ein $m \in \mathbb{N}^*$ mit $B(y; 1/m) \subseteq U$ und ein $x \in X_{2m}$ mit $y \in B(x; 1/2m) \subseteq B(y; 1/m) \subseteq U$. $\square$

Bemerkung 4.4.15 Es sei erwähnt, dass ein topologischer Raum bzw. ein Hausdorff-Raum X, in dem jede Folge einen Häufungspunkt besitzt, **folgenquasikompakt** bzw. **folgenkompakt** heißt. Satz 4.4.14 besagt dann, *dass ein metrischer Raum genau dann kompakt ist, wenn er folgenkompakt ist.* Nach 4.4.9 ist jeder quasikompakte Raum folgenquasikompakt und jeder folgenquasikompakte Raum, dessen Topologie eine abzählbare Basis besitzt, quasikompakt.

Quasikompaktheit lässt sich in jedem Fall mit der Existenz von Häufungspunkten für Familien mit gefilterten Indexmengen charakterisieren. Sei $\mathcal{F}$ ein Filter auf der Indexmenge I, vgl. Definition 4.2.22, und x_i, $i \in I$, eine Familie von Punkten im topologischen Raum X. Ein Punkt $x \in X$ heißt **Häufungspunkt** (oder **Berührpunkt**) **der Familie** x_i, $i \in I$**, bzgl.** $\mathcal{F}$, wenn für jede Umgebung U von x und jedes $F \in \mathcal{F}$ ein $i \in F$ mit $x_i \in U$ existiert, d. h. wenn $x \in \overline{\{x_i \mid i \in F\}}$ ist für jedes $F \in \mathcal{F}$. Für Folgen entspricht dies (bzgl. des Fréchet-Filters) genau der vor Beispiel 4.2.7 eingeführten Sprechweise. Ist $\mathcal{F} = \mathfrak{P}(I)$, so gibt es wegen $\emptyset \in \mathcal{F}$ keinen Häufungspunkt, aber jeder Punkt $x \in X$ ist Grenzwert der Familie x_i, $i \in I$. Ist $\mathcal{F} \neq \mathfrak{P}(I)$, so ist jeder dieser Grenzwerte auch ein Häufungspunkt. Es gilt nun:

Lemma 4.4.16 *Ein topologischer Raum X ist genau dann quasikompakt, wenn jede Familie x_i, $i \in I$, in X mit einem Filter $\mathcal{F} \neq \mathfrak{P}(I)$ auf der Indexmenge I einen Häufungspunkt besitzt.*

Beweis Sei X quasikompakt und x_i, $i \in I$, eine Familie wie im Lemma. Angenommen, sie hätte keinen Häufungspunkt. Dann gäbe es zu jedem Punkt $x \in X$ eine offene Umgebung U_x von x und ein $F_x \in \mathcal{F}$ mit $U_x \cap F_x = \emptyset$. Da X quasikompakt ist, gäbe es endlich viele Punkte $x_1, \ldots, x_n \in X$ mit $U_{x_1} \cup \cdots \cup U_{x_n} = X$ und es wäre $F := F_{x_1} \cap \cdots \cap F_{x_n} = \emptyset$. Da F zu $\mathcal{F}$ gehört, ist dies ein Widerspruch zur Voraussetzung $\mathcal{F} \neq \mathfrak{P}(I)$. – Erfülle umgekehrt X die im Lemma angegebene Bedingung. Sei dann A_j, $j \in J$, eine Familie abgeschlossener Mengen in X mit $\bigcap_{j \in J} A_j = \emptyset$. Angenommen, es wäre $A_K := \bigcap_{j \in K} A_j \neq \emptyset$ für alle endlichen Teilmengen K von J. Dann bildeten die A_K die Basis eines Filters $\mathcal{F}$ auf X, der von $\mathfrak{P}(X)$ verschieden ist. Es gäbe also nach Voraussetzung einen Häufungspunkt $x \in X$ für diesen Filter. Wegen $A_i \in \mathcal{F}$ wäre dann insbesondere $x \in \overline{A_i} = A_i$ für alle $i \in I$. Widerspruch! $\square \diamond$

Die folgenden Lemmata beschreiben wichtige Eigenschaften kompakter Mengen.

Lemma 4.4.17 *Seien K, L disjunkte kompakte Mengen im Hausdorff-Raum X. Dann besitzen K und L in X disjunkte Umgebungen. Insbesondere ist ein kompakter Raum X normal (d. h. disjunkte abgeschlossene Mengen in X besitzen disjunkte Umgebungen).*

Beweis Wir behandeln zunächst den Fall, dass $L = \{y\}$ einpunktig ist. Da X hausdorffsch ist, gibt es zu jedem $x \in K$ disjunkte offene Umgebungen U_x von x und V_x
von y. Da K kompakt ist, überdecken endlich viele $U_{x_1}, \ldots, U_{x_m}$ ganz K. Dann sind
$U_{x_1} \cup \cdots \cup U_{x_m}$ und $V_{x_1} \cap \cdots \cap V_{x_m}$ offene disjunkte Umgebungen von K bzw. y. –
Sei nun L beliebig (aber kompakt). Dann gibt es nach dem Bewiesenen zu jedem Punkt
$y \in L$ disjunkte Umgebungen U_y von K und V_y von y. Da L kompakt ist, überdecken
endlich viele $V_{y_1}, \ldots, V_{y_n}$ ganz L. Daher sind $U_{y_1} \cap \cdots \cap U_{y_n}$ und $V_{y_1} \cup \cdots \cup V_{y_n}$ disjunkte
Umgebungen von K bzw. L. $\qquad\qquad\qquad\qquad\qquad\qquad\qquad\qquad\qquad\qquad\qquad\qquad$ $\square$

Auf beliebige kompakte Räume lässt sich also das Urysohnsche Trennungslemma 4.2.37 anwenden.

Lemma 4.4.18 (Lebesguesches Lemma (nach H. Lebesgue (1875–1941))) *K sei eine
kompakte Teilmenge des metrischen Raumes Y und U_i, $i \in I$, eine Überdeckung von K
durch offene Mengen in Y. Dann gibt es ein $\lambda > 0$ derart, dass jede Kugel $\overline{\mathrm{B}}(x; \lambda)$, $x \in K$,
in einer der Mengen U_i liegt.*

Beweis Jedes $x \in K$ liegt in einer Menge U_{i_x}, $i_x \in I$, der Überdeckung. Da U_{i_x} offen
ist, gibt es eine Kugel $\overline{\mathrm{B}}(x; r_x) \subseteq U_{i_x}$ mit $r_x > 0$. Dann ist $\mathrm{B}(x; r_x/2)$, $x \in K$, eine
offene Überdeckung von K, besitzt also wegen der Kompaktheit von K eine endliche
Teilüberdeckung $\mathrm{B}(x; r_x/2)$, $x \in E$. Wir setzen $\lambda := \mathrm{Min}\{r_x/2 \mid x \in E\}$. Für jedes
$y \in K$ gibt es dann ein $x \in E$ mit $y \in \mathrm{B}(x; r_x/2)$, also $\overline{\mathrm{B}}(y; \lambda) \subseteq \mathrm{B}(x; r_x) \subseteq U_{i_x}$. $\qquad$ $\square$

Eine Verallgemeinerung von Lemma 4.4.18 findet man in Aufg. 4.4.9. – In Verallgemeinerung von 3.9.11 definieren wir den Begriff der gleichmäßigen Stetigkeit für Abbildungen zwischen beliebigen metrischen Räumen:

Definition 4.4.19 Eine Abbildung $f : X \to Y$ metrischer Räume X, Y heißt **gleichmäßig
stetig**, wenn zu jedem $\varepsilon > 0$ ein $\delta > 0$ existiert derart, dass $d\big(f(x), f(y)\big) \leq \varepsilon$ ist für alle
$x, y \in X$ mit $d(x, y) \leq \delta$.

Jede gleichmäßig stetige Abbildung ist natürlich stetig. Als partielle Umkehrung gilt:

Satz 4.4.20 *Jede stetige Abbildung $f : X \to Y$ eines kompakten metrischen Raumes X
in einen metrischen Raum Y ist gleichmäßig stetig.*

Beweis Wir geben eine Variante des Beweises von Satz 3.9.12. Sei $\varepsilon > 0$ vorgegeben.
Nach Lemma 4.4.18 gibt es ein $\delta > 0$ derart, dass jede Kugel $\overline{\mathrm{B}}(x; \delta)$ in einer der offenen
Mengen $f^{-1}\big(\mathrm{B}(f(x); \varepsilon/2)\big)$ liegt. Für $x, y \in X$ mit $d(x, y) \leq \delta$ gilt dann $f(x), f(y) \in$
$\mathrm{B}\big(f(x_0); \varepsilon/2\big)$ für ein $x_0 \in X$ und insbesondere $d(f(x), f(y)) \leq \varepsilon$. – Man kann auch
so schließen: Das Urbild $(f \times f)^{-1}(\Delta_{Y,\varepsilon})$, $\Delta_{Y,\varepsilon} = \{(z, z') \in Y \times Y \mid d(z, z') < \varepsilon\}$, ist

eine Umgebung der Diagonalen $\Delta_X \subseteq X \times X$ und umfasst daher nach Aufg. 4.4.10b) eine Menge $\Delta_{X,\delta}$ mit einem $\delta > 0$. Auch dies charakterisiert die gleichmäßige Stetigkeit. $\square$

Kompaktheit ist oft nicht gegeben, wohl aber lokale Kompaktheit.

Definition 4.4.21 Ein topologischer Raum heißt **lokal kompakt**, wenn er hausdorffsch ist und jeder Punkt $x \in X$ eine kompakte Umgebung besitzt.

Endlichdimensionale $\mathbb{K}$-Vektorräume V mit ihrer natürlichen Topologie sind lokal kompakt, aber bei $V \neq 0$ nicht kompakt. *Jeder Punkt eines lokal kompakten Raumes X besitzt sogar eine Umgebungsbasis aus kompakten Umgebungen.*[15] Zum *Beweis* kann man annehmen, dass X kompakt ist. Ist dann U eine offene Umgebung von $x \in X$, so gibt es nach Lemma 4.4.17 disjunkte offene Umgebungen U' von x und V von $X - U$. Dann ist $U' \subseteq X - V \subseteq U$ und $X - V$ eine abgeschlossene und damit kompakte Umgebung von x. Es folgt: *Jeder offene oder abgeschlossene Unterraum und damit jeder lokal abgeschlossene Unterraum eines lokal kompakten Raums ist wieder lokal kompakt,* vgl. Aufg. 4.4.8.

Beispiel 4.4.22 (Ein-Punkt-Kompaktifizierung) Jedem lokal kompakten Raum X lässt sich in kanonischer Weise ein kompakter Raum X' derart zuordnen, dass X ein offener Unterraum von X' ist. Die lokal kompakten Räume sind also genau die offenen Unterräume der kompakten Räume. Sei $X = (X, \mathcal{T})$ lokal kompakt und $X' := X \uplus \{\omega\}$ mit einem Punkt ω, der nicht zu X gehört. Dann ist

$$\mathcal{T}' := \mathcal{T} \cup \{X' - K \mid K \subseteq X \text{ kompakt}\}$$

offenbar eine Topologie auf X', bezüglich der X ein offener Unterraum von X' ist, dessen Topologie mit der auf X gegebenen übereinstimmt. X' *ist kompakt. Beweis.* Die Überdeckungseigenschaft der Kompaktheit ist trivial.[16] X ist hausdorffsch: Zwei Punkte $x, y \in X$ lassen sich nach Voraussetzung mit disjunkten Umgebungen sogar in X trennen. Ist aber $x \in X$ und K eine kompakte Umgebung von x in X, so sind K und $X' - K$ Umgebungen von x und ω, die diese Punkte trennen. $\square$

$X' = X \uplus \{\omega\}$ heißt die **Ein-Punkt-** oder **Alexandroff-Kompaktifizierung** des lokal kompakten Raums X. ω nennt man häufig auch den **unendlich fernen Punkt**. Ist X bereits kompakt, so ist ω ein diskreter Punkt von X'. *Die Ein-Punkt-Kompaktifizierung* $\mathbb{R}^n \uplus \{\omega\}$ *von* $\mathbb{R}^n$, $n \in \mathbb{N}$, *ist homöomorph zur Sphäre* $S^n = \{x \in \mathbb{R}^{n+1} \mid \|x\|_2 = 1\}$ (die

---

[15] Für die **lokale Quasikompaktheit** *fordert* man, dass jeder Punkt $x \in X$ eine Umgebungsbasis aus quasikompakten Umgebungen besitzt.

[16] Sie gilt auch, wenn X (hausdorffsch aber) nicht notwendig lokal kompakt ist; X' ist also stets quasikompakt.

Abb. 4.19 Stereographische
Projektion der Sphäre S^n vom
„Nordpol" N aus

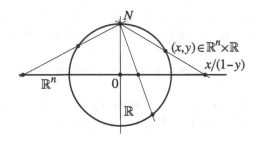

nach dem Satz von Heine-Borel a priori kompakt ist). Eine konkrete Homöomorphie wird
zum Beispiel durch die **stereographische Projektion** gegeben, vgl. Abb. 4.19. Jedem
vom „Nordpol" $N := (0,1) \in S^n \subseteq \mathbb{R}^{n+1} = \mathbb{R}^n \times \mathbb{R}$ verschiedenen Punkt $(x,y) \in S^n$,
$x \in \mathbb{R}^n$, $y \in \mathbb{R}$, $\|x\|_2^2 + y^2 = 1$, wird dabei der Schnittpunkt der Geraden durch N
und (x,y) mit dem $\mathbb{R}^n = \mathbb{R}^n \times \{0\} \subseteq \mathbb{R}^{n+1}$ zugeordnet, also $(x,y) \mapsto x/(1-y)$. Die
Umkehrabbildung ist die Abbildung $z \mapsto \left(2z/(\|z\|_2^2+1), (\|z\|_2^2-1)/(\|z\|_2^2+1)\right)$ von $\mathbb{R}^n$
auf $S^n - \{N\}$. Setzt man diesen Homöomorphismus $S^n - \{N\} \longrightarrow \mathbb{R}^n$ mittels $N \mapsto \omega$
fort, so erhält man die gewünschte Homöomorphie $S^n \xrightarrow{\sim} \mathbb{R}^n \uplus \{\omega\}$. Beweis! (Es genügt,
die Stetigkeit zu zeigen.) $\Diamond$

Ein topologischer Raum X heißt σ-**kompakt**, wenn er lokal kompakt ist und der
Punkt ω der Ein-Punkt-Kompaktifizierung $X' = X \uplus \{\omega\}$ von X eine abzählbare Umgebungsbasis besitzt. Ein lokal kompakter und σ-kompakter topologischer Raum heißt auch
abzählbar im Unendlichen.

Proposition 4.4.23 *Für einen lokal kompakten Raum X sind folgende Aussagen äquivalent:*

(i)   *X ist σ-kompakt.*
(ii) *X besitzt eine abzählbare Überdeckung mit kompakten Mengen.*
(iii) *Es gibt eine Folge K_k, $k \in \mathbb{N}$, kompakter Teilmengen $K_k \subseteq X$ mit*

$$K_k \subseteq \mathring{K}_{k+1}, \ k \in \mathbb{N}, \quad und \quad \bigcup_{k \in \mathbb{N}} \mathring{K}_k = X.$$

Beweis (i) $\Rightarrow$ (ii): Ist U_n, $n \in \mathbb{N}$, eine abzählbare Umgebungsbasis von ω mit offenen
Mengen U_n, so sind die Komplemente $X' - U_k$, $k \in \mathbb{N}$, eine Überdeckung von X mit
kompakten Mengen; denn es ist $\bigcap_{k \in \mathbb{N}} U_k = \{\infty\}$. – (ii) $\Rightarrow$ (iii): Sei L_k, $k \in \mathbb{N}$, eine
Überdeckung von X mit kompakten Mengen $L_k \subseteq X$. Dann definiert man die gesuchte
Folge K_k, $k \in \mathbb{N}$, mit $L_0 \cup \cdots \cup L_n \subseteq \mathring{K}_n$ rekursiv. Für K_0 wählt man eine kompakte
Umgebung von L_0. Sind die kompakten Mengen $K_0, \ldots, K_n$ mit $K_k \subseteq \mathring{K}_{k+1}, k < n$, und
$L_0 \cup \cdots \cup L_n \subseteq \mathring{K}_n$ bereits definiert, so wählt man für K_{n+1} eine kompakte Umgebung
von $K_n \cup L_{n+1}$. – (iii) $\Rightarrow$ (i): Ist K_k, $k \in \mathbb{N}$, eine Folge kompakter Teilmengen von
K wie in (iii), so ist $(X - K_k) \uplus \{\omega\}$, $k \in K$, eine Umgebungsbasis von ω. Für eine

beliebige kompakte Teilmenge $K \subseteq X = \bigcup_{k \in \mathbb{N}} \overset{\circ}{K}_k$ gibt es nämlich ein $k_0 \in \mathbb{N}$ mit $K \subseteq \overset{\circ}{K}_{k_0} \subseteq K_{k_0}$ und folglich $X' - K_{k_0} \subseteq X' - K$. $\qquad\qquad\qquad\qquad$ □

Beispiel 4.4.24 (Kompakt erzeugte Topologien) Sei X ein Hausdorff-Raum. Ist A eine abgeschlossene Teilmenge von X, so ist für jede kompakte Menge $K \subseteq X$ der Durchschnitt $A \cap K$ ebenfalls abgeschlossen und damit kompakt. Die Topologie von X heißt **kompakt erzeugt**, falls diese Eigenschaft die abgeschlossenen Mengen in X charakterisiert, falls also eine Teilmenge $A \subseteq X$ *genau dann* abgeschlossen ist, wenn $A \cap K$ für jede kompakte Menge $K \subseteq X$ kompakt ist. *Die Topologie eines lokal kompakten Raumes ist kompakt erzeugt*, vgl. Aufg. 4.2.16a). *Ebenso ist die Topologie eines beliebigen Hausdorff-Raums, dessen Topologie das erste Abzählbarkeitsaxiom erfüllt, kompakt erzeugt.* Dies folgt aus Lemma 4.2.11 (3) und der folgenden trivialen Aussage: Ist $(x_n)_{n \in \mathbb{N}}$ eine konvergente Folge im Hausdorff-Raum X mit Grenzwert x, so ist $\{x\} \cup \{x_n \mid n \in \mathbb{N}\} \subseteq X$ kompakt.

Jedem Hausdorff-Raum X lässt sich in natürlicher Weise ein Raum mit kompakt erzeugter Topologie zuordnen. Man definiert dazu eine weitere, im Allgemeinen echt feinere Topologie auf X durch die Bedingung, dass eine Menge $A \subseteq X$ genau dann abgeschlossen sein soll, wenn $A \cap K$ abgeschlossen ist für jede bzgl. der gegebenen Topologie kompakte Menge $K \subseteq X$. Dabei kommen keine weiteren *kompakten* Mengen hinzu, so dass die neue Topologie in der Tat kompakt erzeugt ist.

Wichtige Beispiele von Räumen mit kompakt erzeugter Topologie sind die $\mathbb{K}$-Vektorräume mit ihrer natürlichen Topologie. Genaueres besagt die folgende Proposition:

Proposition 4.4.25 *Sei V ein $\mathbb{K}$-Vektorraum mit seiner natürlichen Topologie. Genau dann ist eine Teilmenge $K \subseteq V$ kompakt, wenn sie ganz in einem endlichdimensionalen Unterraum $V' \subseteq V$ liegt und dort kompakt ist. Insbesondere ist die Topologie von V kompakt erzeugt.*

Beweis Der Zusatz ergibt sich daraus, dass die endlichdimensionalen $\mathbb{K}$-Vektorräume als lokal kompakte Räume kompakt erzeugt sind. – Sei nun $K \subseteq V$ kompakt. Wir können annehmen, dass V von K als $\mathbb{K}$-Vektorraum erzeugt wird, und haben dann zu zeigen, dass V endlichdimensional ist. Sei dazu $x_i \in K$, $i \in I$, eine $\mathbb{K}$-Basis von V, vgl. Satz 2.8.18. Für jedes $i_0 \in I$, ist $B_{\mathbb{K}}(1;1)x_{i_0} + \sum_{i \neq i_0} B_{\mathbb{K}}(0;1)x_i$ eine (offene) Umgebung von x_{i_0}, die kein x_i, $i \neq i_0$, enthält. Da die Menge B der x_i, $i \in I$, (wie jede linear unabhängige Menge in einem $\mathbb{K}$-Vektorraum bzgl. der natürlichen Topologie) auch abgeschlossen ist, ist B eine kompakte diskrete Teilmenge von K und daher endlich. $\qquad$ □ ◇

Beispiel 4.4.26 (Eigentliche Abbildungen) Eine wichtige Klasse abgeschlossener Abbildungen topologischer Räume sind die eigentlichen Abbildungen:

Definition 4.4.27 Eine stetige Abbildung $f \colon X \to Y$ topologischer Räume heißt **eigentlich**, wenn f abgeschlossen ist und alle Fasern von f quasikompakt sind.

Bei $X \neq \emptyset$ ist eine konstante Abbildung $X \to \{P\} \subseteq Y$ ist also genau dann eigentlich, wenn X quasikompakt und $\{P\}$ abgeschlossen in Y ist. Ist $X' \subseteq X$ ein Teilraum von X, so ist die kanonische Inklusion $X' \hookrightarrow X$ genau dann eigentlich, wenn X' abgeschlossen in X ist, $X' \hookrightarrow X$ also eine abgeschlossene Einbettung ist. – *Ist X quasikompakt, so ist jede stetige Abbildung $f\colon X \to Y$ in einen Hausdorff-Raum Y eigentlich.* Da die Punkte in Y abgeschlossen sind, sind die Fasern von f nämlich abgeschlossen und folglich quasikompakt. Ist ferner $A \subseteq X$ abgeschlossen, so ist A quasikompakt und damit das Bild $f(A) \subseteq Y$ kompakt, also abgeschlossen in Y, da Y hausdorffsch ist. – *Ist $f\colon X \to Y$ eigentlich und $Y' \subseteq Y$ sowie $X' := f^{-1}(Y')$, so ist die Beschränkung $f|X'\colon X' \to Y'$ ebenfalls eigentlich.* Ist nämlich $A' = A \cap X'$ eine abgeschlossene Teilmenge von X' mit einer abgeschlossenen Teilmenge $A \subseteq X$, so ist $f(A') = f(A) \cap Y'$ abgeschlossen in Y', da f eigentlich ist. – Gibt es umgekehrt eine offene Überdeckung V_i von Y mit $U_i := f^{-1}(V_i)$, $i \in I$, derart, dass alle Beschränkungen $f|U_i\colon U_i \to V_i$, $i \in I$, eigentlich sind, so ist offenbar auch f eigentlich.

Nicht nur die Fasern, sondern die Urbilder beliebiger quasikompakter Mengen sind bzgl. eigentlicher Abbildungen quasikompakt:

Satz 4.4.28 *Sei $f\colon X \to Y$ eine eigentliche Abbildung topologischer Räume und sei $L \subseteq Y$ quasikompakt. Dann ist auch das Urbild $f^{-1}(L)$ quasikompakt.*

Beweis Indem man f auf das Urbild $f^{-1}(L)$ beschränkt, genügt es zu zeigen, dass X quasikompakt ist, wenn Y quasikompakt ist. Sei K_i, $i \in I$, eine Familie abgeschlossener Mengen in X derart, dass jede endliche Teilfamilie einen nichtleeren Durchschnitt hat. Es ist zu zeigen, dass $\bigcap_{i \in I} K_i \neq \emptyset$ ist. $f(K_i)$, $i \in I$, ist eine Familie abgeschlossener Mengen in Y mit der Eigenschaft, dass jede endliche Teilfamilie einen nichtleeren Durchschnitt hat. Also ist $\bigcap_{i \in I} f(K_i) \neq \emptyset$, da Y quasikompakt ist. Sei y ein Element dieses Durchschnitts. Dann ist $f^{-1}(y) \cap K_i \neq \emptyset$ für jedes i und somit auch $f^{-1}(y) \cap \bigcap_{i \in I} K_i \neq \emptyset$, da $f^{-1}(y)$ quasikompakt ist. Insbesondere ist $\bigcap_{i \in I} K_i \neq \emptyset$. $\square$

Korollar 4.4.29 *Sind $f\colon X \to Y$ und $g\colon Y \to Z$ eigentliche Abbildungen, so ist auch die Komposition $g \circ f\colon X \to Z$ eigentlich.*

Für das nächste Korollar, das wir als Satz deklarieren, erinnern wir an die Definition einer kompakt erzeugten Topologie: Die Topologie eines Hausdorff-Raums X ist kompakt erzeugt, wenn eine Teilmenge $A \subseteq X$ genau dann abgeschlossen in X ist, wenn $A \cap K$ für jede kompakte Menge $K \subseteq X$ abgeschlossen (d. h. kompakt) ist, vgl. Beispiel 4.4.24.

Satz 4.4.30 *Sei $f\colon X \to Y$ eine stetige Abbildung von topologischer Räume. Y sei hausdorffsch mit kompakt erzeugter Topologie. Genau dann ist f eigentlich, wenn die f-Urbilder beliebiger kompakter Teilmengen von Y quasikompakt in X sind.*

Beweis Die angegebene Bedingung ist nach Satz 4.4.28 notwendig dafür, dass f eigentlich ist. – Seien umgekehrt die f-Urbilder kompakter Mengen quasikompakt. Es bleibt zu zeigen, dass f abgeschlossen ist. Ist aber $A \subseteq X$ abgeschlossen und $L \subseteq Y$ kompakt, so ist $f(A) \cap L = f\left(A \cap f^{-1}(L)\right)$ als Bild der quasikompakten Menge $A \cap f^{-1}(L)$ kompakt und $f(A)$ damit abgeschlossen in Y, da die Topologie von Y kompakt erzeugt ist. $\qquad \square$

Die Voraussetzung, dass die Topologie von Y kompakt erzeugt ist, ist offenbar notwendig für die Gültigkeit von Satz 4.4.30.

Eigentliche Abbildungen lassen sich charakterisieren als die universell abgeschlossenen Abbildungen. Dabei heißt eine stetige Abbildung $f\colon X \to Y$ topologischer Räume **universell abgeschlossen**, wenn für jeden topologischen Raum Z die Produktabbildung $\mathrm{id}_Z \times f\colon Z \times X \to Z \times Y$, $(z, x) \mapsto (z, f(x))$, abgeschlossen ist. Dann ist für jede stetige Abbildung $g\colon Z \to Y$ auch die Pullbackabbildung $f_{(Z)}\colon X_{(Z)} \to Z$ abgeschlossen (vgl. das Ende von Beispiel 4.2.27). Beweis!

Satz 4.4.31 *Eine stetige Abbildung $f\colon X \to Y$ topologischer Räume ist genau dann eigentlich, wenn sie universell abgeschlossen ist.*

Beweis Sei f eigentlich und Z ein topologischer Raum. Ferner sei $A \subseteq Z \times X$ abgeschlossen. Es ist zu zeigen, dass das Bild $B := \{(z, f(x)) \mid (z, x) \in A\}$ von A unter $\widetilde{f} := \mathrm{id}_Z \times f$ abgeschlossen in $Z \times Y$ ist. Sei dazu $(z_0, y_0) \notin B$. Dann ist $\widetilde{f}^{-1}(z_0, y_0) = \{z_0\} \times f^{-1}(y_0)$ quasikompakt, da f eigentlich ist. Da $\left(\{z_0\} \times f^{-1}(y_0)\right) \cap A = \emptyset$ ist und da A abgeschlossen ist, gibt es nach dem Tubenlemma aus Aufg. 4.4.7 offene Umgebungen W von z_0 in Z und U von $f^{-1}(y_0)$ in X mit $(W \times U) \cap A = \emptyset$. Dann ist $f(X - U)$ abgeschlossen in Y, da f abgeschlossen ist, und die in $Z \times Y$ offene Menge $W \times \left(Y - f(X - U)\right)$ ist disjunkt zu B. Wäre nämlich $(z, f(x))$ mit $(z, x) \in A$ ein Element von $W \times \left(Y - f(X - U)\right)$, so wäre $x \in U$, was $(W \times U) \cap A = \emptyset$ widerspricht. Also ist B abgeschlossen in $Z \times Y$.

Sei umgekehrt f universell abgeschlossen. Dann ist f insbesondere abgeschlossen. Um zu zeigen, dass die Fasern von f quasikompakt sind, können wir annehmen, dass Y einpunktig ist, und haben dann zu zeigen, dass X quasikompakt ist, denn nach Voraussetzung ist für jeden Punkt $y_0 \in Y$ die Projektion $Z \times f^{-1}(y_0) \to Z$ als Pullback der konstanten Abbildung $Z \to \{y_0\} \subseteq Y$ abgeschlossen. Sei nun A_i, $i \in I$, eine Familie abgeschlossener Mengen in X derart, dass für jede endliche Teilmenge $J \subseteq I$ der Durchschnitt $\bigcap_{j \in J} A_j \neq \emptyset$ ist. Wir haben zu zeigen, dass $\bigcap_{i \in I} A_i \neq \emptyset$ ist. Sei dazu $\mathcal{F}$ der von den A_i erzeugte Filter auf X und $Z := X \uplus \{\infty\}$ der zu $\mathcal{F}$ assoziierte topologische Raum, dessen offene Mengen neben den Teilmengen von X noch die Mengen $F \uplus \{\infty\}$, $F \in \mathcal{F}$, sind, vgl. Aufg. 4.2.32. Dann ist $X \subseteq Z$ ein offener diskreter Teilraum und ∞ ein Berührpunkt von X, da jede Umgebung von ∞ den Unterraum X wegen $F \neq \emptyset$ für alle $F \in \mathcal{F}$ trifft. Nach Voraussetzung ist die Projektion $p\colon Z \times X \to Z$ abgeschlossen. Die abgeschlossene Hülle A der Diagonalen $\Delta_X \subseteq X \times X \subseteq Z \times X$ in $Z \times X$ trifft also die Faser $\{\infty\} \times X$, da das p-Bild von Δ_X der Unterraum $X \subseteq Z$ ist. Sei (∞, x_0) ein Element von A. Für jedes A_i ist dann $x_0 \in A_i$. Andernfalls wäre nämlich $(A_i \uplus \{\infty\}) \times (X - A_i)$ eine Umgebung von (∞, x_0) und $\left((A_i \uplus \{\infty\}) \times (X - A_i)\right) \cap \Delta_X = \emptyset$, also (∞, x_0) kein Berührpunkt von Δ_X. Daher ist $x_0 \in \bigcap_{i \in I} A_i \neq \emptyset$. $\qquad \square$

Korollar 4.4.32 *Sei* $f_i\colon X_i \to Y_i$, $i \in I$, *eine endliche Familie eigentlicher Abbildungen topologischer Räume. Dann ist auch die Produktabbildung* $\prod_{i \in I} f_i\colon \prod_{i \in I} X_i \to \prod_{i \in I} Y_i$, $(x_i) \mapsto (f_i(x_i))$, *eigentlich.*

Beweis Zum Beweis durch Induktion über $|I|$ kann man annehmen, dass $I = \{1, 2\}$ ist. Dann ist $f_1 \times f_2$ die Komposition der beiden nach Satz 4.4.31 eigentlichen Abbildungen $\mathrm{id}_{X_1} \times f_2$ und $f_1 \times \mathrm{id}_{X_2}$ und damit ebenfalls eigentlich nach Korollar 4.4.29. $\qquad\square$

Wir bemerken ohne Beweis, dass Korollar 4.4.32 auch für unendliche Familien $f_i\colon X_i \to Y_i$, $i \in I$, eigentlicher Abbildungen topologischer Räume gilt. Dies ist eine Verallgemeinerung des Satzes 4.4.8 von Tychonoff. $\qquad\qquad\diamond$

Aufgaben

Aufgabe 4.4.1 Sei X ein topologischer Raum. Eine Vereinigung von endlich vielen quasikompakten Teilmengen von X ist wieder quasikompakt.

Aufgabe 4.4.2 Sei (x_n) eine konvergente Folge im topologischen Raum X mit dem Grenzwert x. Dann ist die Menge $\{x_n \mid n \in \mathbb{N}\} \cup \{x\}$ quasikompakt.

Aufgabe 4.4.3 Seien A und B kompakte Teilmengen in einem normierten $\mathbb{K}$-Vektorraum V. Dann ist auch die Minkowski-Summe $A + B \subseteq V$ kompakt.

Aufgabe 4.4.4 Sei V ein $\mathbb{R}$-Vektorraum mit der natürlichen Topologie. Die konvexe Hülle $\widehat{A}$ einer Teilmenge $A \subseteq V$ von V ist definitionsgemäß die kleinste konvexe Teilmenge von V, die A umfasst. ($\widehat{A}$ ist der Durchschnitt aller konvexen Mengen in V, die A umfassen.)

a) Man beweise das sogenannte **Carathéodory-Lemma**: Ist $\mathrm{Dim}_{\mathbb{R}} V = n \in \mathbb{N}$ und $A \subseteq V$, so ist $\widehat{A}$ das Bild unter der (stetigen) Abbildung

$$\triangle_n \times A^{n+1} \longrightarrow V, \quad ((a_0, \dots, a_n), (x_0, \dots, x_n)) \longmapsto \textstyle\sum_{i=0}^{n} a_i x_i,$$

wobei $\triangle_n := \{(a_0, \dots, a_n) \mid a_i \in \mathbb{R}_+, \sum_{i=0}^{n} a_i = 1\} \subseteq \mathbb{R}_+^{n+1}$ das sogenannte (konvexe) **Standard-n-Simplex** ist. (Es ist zu zeigen, dass das Bild konvex ist. – Ist V ein $\mathbb{R}$-Vektorraum und sind $x_0, \dots, x_n \in V$, so nennt man eine Linearkombination der Form $a_0 x_0 + \cdots + a_n x_n$ mit $(a_0, \dots, a_n) \in \triangle_n$ eine **konvexe Linearkombination** der $x_0, \dots, x_n$.)

b) Ist V endlichdimensional und $K \subseteq V$ kompakt, so ist auch $\widehat{K}$ kompakt

Aufgabe 4.4.5 Sei V ein normierter $\mathbb{K}$-Vektorraum.

a) Ist $V_{<\infty} = \mathrm{B}_V(0; \infty)$ nicht endlichdimensional, so ist die Einheitssphäre $\mathrm{S}(0; 1)$ in V nicht kompakt.

b) Genau dann ist V lokal kompakt, wenn $V_{<\infty}$ endlichdimensional ist.

Aufgabe 4.4.6 Sei X ein Hausdorff-Raum.

a) X ist genau dann kompakt, wenn die folgende Bedingung erfüllt ist: Zu jeder Familie U_x, $x \in X$, wobei U_x jeweils eine Umgebung von x ist, gibt es endlich viele Punkte $x_1, \dots, x_n \in X$ derart, dass bereits die Umgebungen $U_{x_1}, \dots, U_{x_n}$ ganz X überdecken.

b) Ist X lokal kompakt, so besitzt jede kompakte Teilmenge von X eine kompakte Umgebung in X.

Aufgabe 4.4.7 (Tubenlemma) Seien K und L quasikompakte Teilmengen der topologischen Räume X bzw. Y. Ferner sei W eine Umgebung von $K \times L$ in $X \times Y$. Dann gibt es offene Mengen U und V in X bzw. Y mit $K \times L \subseteq U \times V \subseteq W$. (Man betrachte zunächst den Fall, dass L nur einen Punkt enthält. – Das Tubenlemma impliziert Lemma 4.4.17. Sind $K, L \subseteq X$ disjunkte kompakte Mengen, so ist $K \times L \subseteq W := (X \times X) - \Delta_X$.)

Aufgabe 4.4.8 Sei X ein lokal kompakter topologischer Raum. Ein Teilraum $Y \subseteq X$ ist genau dann lokal kompakt, wenn Y lokal abgeschlossen in X ist, vgl. Aufg. 4.2.16b).

Aufgabe 4.4.9 (Variante des Lebesgueschen Lemmas) Sei $f \colon X \to Y$ eine stetige Abbildung des kompakten metrischen Raumes X in den topologischen Raum Y. Ferner sei U_i, $i \in I$, eine offene Überdeckung von $f(X)$. Dann gibt es ein $\lambda > 0$ derart, dass für jedes $x \in X$ das Bild von $\overline{\mathrm{B}}(x; \lambda)$ in einer der Mengen U_i, $i \in I$, liegt.

Aufgabe 4.4.10 Sei $X = (X, d)$ ein metrischer Raum.

a) Ist $K \subseteq X$ kompakt, so bilden die offenen ε-Schläuche $\mathrm{B}(K; \varepsilon) = \bigcup_{x \in K} \mathrm{B}(x; \varepsilon)$, $\varepsilon > 0$, eine Umgebungsbasis von K in X. (Ist U eine offene Umgebung von K, so betrachte man die stetige Funktion $x \mapsto d(X - U, x)$ auf X.)

b) Ist X kompakt, so bilden die Mengen $\Delta_{X,\varepsilon} = \{(x, y) \in X \times X \mid d(x, y) < \varepsilon\}$, $\varepsilon > 0$, eine Umgebungsbasis der Diagonalen $\Delta_X \subseteq X \times X$.

Aufgabe 4.4.11 $X = (X, d)$ sei ein metrischer Raum. Für Teilmengen $A, B \subseteq X$ übernehmen wir den Begriff des Abstands aus Aufg. 4.2.27. Ferner bezeichne

$$\|A\| := \mathrm{Sup}\{d(x, y) \mid x, y \in A\} \ \left(\in \overline{\mathbb{R}}_+\right)$$

den sogenannten **Durchmesser** von A. Genau dann ist A beschränkt (bzgl. d), wenn $\|A\| < \infty$ ist. Im Folgenden seien die Teilmengen $A, B \subseteq X$ nichtleer und A sei kompakt.

a) Es gilt $A \cap \overline{B} = \emptyset$ genau dann, wenn $d(A, B) > 0$ ist. Außerdem gibt es ein $x \in A$ mit $d(x, B) = d(A, B)$. Ist auch B kompakt, so gibt es $x \in A$ und $y \in B$ mit $d(x, y) = d(A, B)$.

b) Es gibt $x, y \in A$ mit $d(x, y) = \|A\|$. Sind die Werte von d alle endlich, so ist $\|A\| < \infty$. Insbesondere ist dann die Metrik d beschränkt, wenn X kompakt ist.

Aufgabe 4.4.12 Sei $f : [a, b] \to \mathbb{R}$, $a, b \in \mathbb{R}$, $a < b$, eine Funktion mit dem Graphen $\Gamma(f) \subseteq [a, b] \times \mathbb{R}$. Folgende Aussagen sind äquivalent: (i) f ist stetig. (ii) $\Gamma(f)$ ist kompakt. (iii) $\Gamma(f)$ ist abgeschlossen und zusammenhängend. (iv) $\Gamma(f)$ ist abgeschlossen und f genügt dem Zwischenwertsatz. (v) $\Gamma(f)$ ist wegzusammenhängend. (Beim Schluss von (iii) nach (iv) zeige man mit Hilfe von Aufg. 4.4.7, dass für jedes Teilintervall $[\alpha, \beta]$ von $[a, b]$ auch der Graph der Beschränkung $f|[\alpha, \beta]$ abgeschlossen und zusammenhängend ist.)

Aufgabe 4.4.13 Welche der folgenden Mengen sind kompakt (jeweils bzgl. der natürlichen Topologie)?

a) $\{(x, y, z) \in \mathbb{R}^3 \mid x^n + y^n + z^n \leq 1\}, n \in \mathbb{N}^*$.
b) $\{(x, y) \in \mathbb{R}^2 \mid 0 \leq 3x^2 + 3y^2 - 2xy \leq 8\}$.
c) $\{(x, y) \in \mathbb{R}^2 \mid 0 \leq x^2 + y^2 - 6xy \leq 8\}$.

Aufgabe 4.4.14 Ein kompakter diskreter Raum besitzt nur endlich viele Punkte. Eine diskrete *und abgeschlossene* Teilmenge eines kompakten Raumes ist endlich.

Aufgabe 4.4.15 Sei X ein Hausdorff-Raum. Eine Teilmenge $M \subseteq X$ heißt **relativ kompakt**, wenn der Abschluss $\overline{M}$ von M in X kompakt ist.

a) Genau dann ist $M \subseteq X$ relativ kompakt, wenn M in einem kompakten Teilraum von X liegt.
b) Erfüllt X das erste Abzählbarkeitsaxiom, so ist $M \subseteq X$ genau dann relativ kompakt, wenn jede Folge (x_n) von Elementen in M einen Häufungspunkt in X hat.
c) In einem endlichdimensionalen $\mathbb{K}$-Vektorraum mit der natürlichen Topologie ist eine Teilmenge genau dann relativ kompakt, wenn sie beschränkt ist.

Aufgabe 4.4.16 In einem kompakten Raum ist eine Folge x_n, $n \in \mathbb{N}$, genau dann konvergent, wenn sie höchstens einen Häufungspunkt hat.

Aufgabe 4.4.17 Ein kompakter Raum X' ist für jeden Punkt $\omega \in X'$ die Ein-Punkt-Kompaktifizierung von $X := X' - \{\omega\}$. (Vgl. Beispiel 4.4.22.)

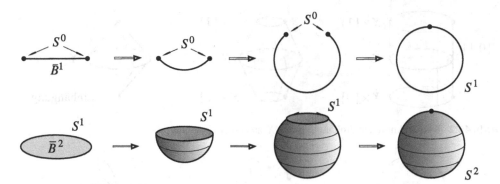

Abb. 4.20 Konstruktion der Sphäre S^n durch Zusammenblasen des Randes von $\overline{B}^n$

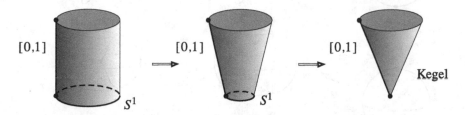

Abb. 4.21 Konstruktion eines Kegels durch Zusammenblasen der Grundfläche eines Zylinders

Aufgabe 4.4.18 Seien X ein kompakter metrischer Raum $\neq \emptyset$ und $f \colon X \to X$ eine kontrahierende Abbildung von X in sich (d. h. es gelte $d(f(x), f(y)) < d(x, y)$ für alle $x, y \in X$, $x \neq y$). Dann besitzt f genau einen Fixpunkt x. Für jeden Anfangswert $x_0 \in X$ konvergiert die Folge $x_n = f^n(x_0)$, $n \in \mathbb{N}$, gegen den Fixpunkt x von f. (Vgl. Aufg. 3.9.6.)

Aufgabe 4.4.19 Sei $\overline{B}^n = \overline{B}_{\|-\|_2}(0; 1) \subseteq \mathbb{R}^n$ die abgeschlossene Standardkugel im $\mathbb{R}^n$ mit Rand S^{n-1}, $n \in \mathbb{N}^*$.

a) Durch Zusammenblasen des Randes $S^{n-1} \subseteq \overline{B}^n$ von $\overline{B}^n$ entsteht ein zur Sphäre S^n homöomorpher kompakter Raum $\overline{B}^n / S^{n-1}$, vgl. Abb. 4.20.

b) Durch Zusammenblasen des Grundkreises $S^1 \times \{0\}$ des Zylinders $S^1 \times [0, 1]$ entsteht der Raum $(S^1 \times [0, 1])/(S^1 \times \{0\})$. Dieser Raum ist kompakt und homöomorph zum Kegel $\{(x, y, z) \in \mathbb{R}^3 \mid z \in [0, 1], x^2 + y^2 = z^2\}$, vgl. Abb. 4.21. Dieser wiederum ist homöomorph zur Kreisscheibe $\overline{B}^2$. Welchen Raum erhält man, wenn man die Vereinigung $(S^1 \times \{0\}) \uplus (S^1 \times \{1\})$ von Grund- und Deckkreis zu einem Punkt zusammenbläst? (**Bemerkung** Generell heißt für einen topologischen Raum X der durch Zusammenblasen der Grundfläche $X \times \{0\}$ des Zylinders $X \times [0, 1]$ über X entstehende Raum der **Kegel über** X. Bläst man auch noch die Deckfläche $X \times \{1\}$ zu einem Punkt zusammen, so erhält man die sogenannte **Einhängung** von X, vgl. Abb. 4.22.)

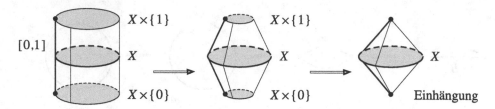

Abb. 4.22 Konstruktion der Einhängung von X aus einem Zylinder über X

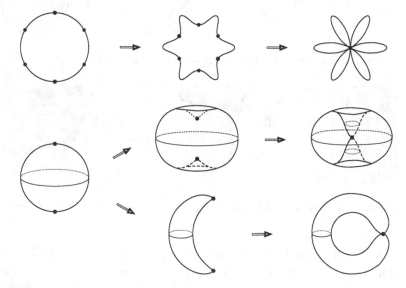

Abb. 4.23 Identifizieren von Punkten einer 1- bzw. 2-Sphäre

c) Welche Räume gewinnt man durch Zusammenblasen endlich vieler Punkte der Sphä-ren S^1 oder S^2, vgl. Abb. 4.23? Welcher Raum entsteht durch Zusammenblasen des Äquators der 2-Sphäre S^2? Man betrachte weitere ähnliche Beispiele, etwa das Zu-sammenblasen endlich vieler Punkte der Kreisscheibe $\overline{B}^2$ (die im Inneren oder auf dem Rand liegen können).

Aufgabe 4.4.20

a) Seien $I \subseteq \mathbb{R}$ das Intervall $[-1, 1]$ und Q das Quadrat $I^2 \subseteq \mathbb{R}^2$. Identifiziert man in Q die Kanten $I \times \{-1\}$ und $I \times \{1\}$ gleichsinnig, d. h. jeweils die Punkte $(a, -1)$ und $(a, 1), a \in I$, so gewinnt man als Quotientenraum (bis auf Homöomorphie) den (kom-pakten) Zylinder $I \times S^1$. Identifiziert man überdies die Kanten $\{-1\} \times I$ und $\{1\} \times I$ gleichsinnig, so erhält man (bis auf Homöomorphie) den Torus $S^1 \times S^1$. Identifiziert man aber die Kanten $I \times \{-1\}$ und $I \times \{1\}$ gleichsinnig und die Kanten $\{-1\} \times I$ und $\{1\} \times I$ gegensinnig, d. h. neben $(a, -1)$ und $(a, 1), a \in I$, jeweils die Punk-te $(-1, b)$ und $(1, -b), b \in I$, so erhält man die (ebenfalls kompakte) sogenannte

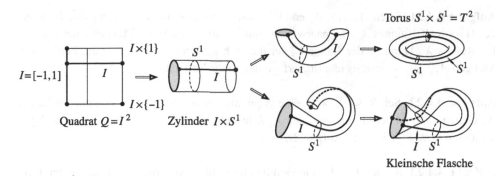

Abb. 4.24 Konstruktion von Torus und Kleinscher Flasche aus einem Quadrat

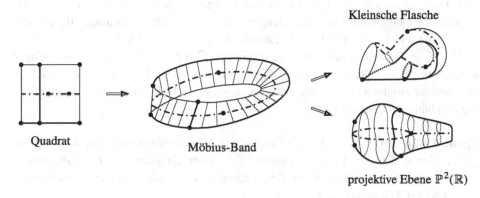

Abb. 4.25 Konstruktion von Kleinscher Flasche und projektiver Ebene aus dem Möbius-Band

Kleinsche Flasche, vgl. Abb. 4.24.[17] Natürlich kann man in Q auch zuerst die Kanten $\{-1\} \times I$ und $\{1\} \times I$ gegensinnig identifizieren. Dann erhält man aus Q das sogenannte (**kompakte**) **Möbius-Band**. Identifiziert man anschließend die Kanten $I \times \{-1\}$ bzw. $I \times \{1\}$ gleichsinnig, so erhält man aus dem Möbius-Band wieder die Kleinsche Flasche, vgl. Abb. 4.25. Identifiziert man die Kanten $I \times \{-1\}$ bzw. $I \times \{1\}$ jedoch ebenfalls gegensinnig, so erhält man aus dem Möbiusband die sogenannte **projektive Ebene** $\mathbb{P}^2(\mathbb{R})$. Abb. 4.25 mag eine Vorstellung von diesen Identifzierungsprozessen geben.

b) Sei Z der Kreisring $\{z \in \mathbb{C} \mid 1 \leq |z| \leq 2\}$, der zum kompakten Zylinder $I \times S^1$ homöomorph ist. Identifiziert man jeweils antipodale Punkte $z, -z$ des inneren Kreises $\{|z| = 1\}$, so erhält man wieder ein Möbius-Band, das man in dieser Darstellung eine **Kreuzhaube** nennt. Identifiziert man auch noch jeweils antipodale Punkte des äußeren Kreises $\{|z| = 2\}$, so erhält man eine Kleinsche Flasche, vgl. a).

---

[17] Die Kleinsche Flasche lässt sich nicht als Unterraum des Anschauungsraums realisieren. Die Skizze in Abb. 4.24 benutzt Selbstdurchdringungen und kann nur eine vage Vorstellung vermitteln. Ähnliches gilt für die projektive Ebene $\mathbb{P}^2(\mathbb{R})$, die weiter unten eingeführt wird.

Aufgabe 4.4.21 Seien $A_1, \ldots, A_n$ endlich viele paarweise disjunkte kompakte Mengen des Hausdorff-Raumes X oder paarweise disjunkte abgeschlossene Mengen eines normalen Raums X. Dann ist der Raum $\overline{X}$, der dadurch gewonnen wird, dass die Punkte der Mengen $A_1, \ldots, A_n$ jeweils identifiziert werden, hausdorffsch.

Aufgabe 4.4.22 Sei $R \subseteq X \times X$ eine Äquivalenzrelation auf dem kompakten Raum X. Genau dann ist der Quotientenraum X/R hausdorffsch, d. h. kompakt, wenn R abgeschlossen in $X \times X$ ist, vgl. Aufg. 4.2.9c).

Aufgabe 4.4.23 Sei K_i, $i \in I$, eine Familie abgeschlossener zusammenhängender Teilmengen des kompakten Raums X, die zu jeder endlichen Teilfamilie deren Durchschnitt enthält. Dann ist auch $K := \bigcap_i K_i$ zusammenhängend. (Es ist $K \neq \emptyset$. Wäre $K = L \uplus M$ mit disjunkten nichtleeren kompakten Mengen L und M, so gäbe es disjunkte offene Mengen U, V in X mit $L \subseteq U$ und $M \subseteq V$. Dann ist $K_i \subseteq U \uplus V$ (und $K_i \cap U \neq \emptyset \neq K_i \cap V$, $K_i \cap U \cap V = \emptyset$) für geeignete $i \in I$, da andernfalls $\bigcap_i \left(K_i \cap (X - U \cup V) \right) \neq \emptyset$ wäre.) Insbesondere ist der Durchschnitt $\bigcap_{n=0}^{\infty} K_n$ einer absteigenden Folge $K_0 \supseteq K_1 \supseteq K_2 \supseteq \cdots$ kompakter zusammenhängender Teilmengen K_n eines Hausdorff-Raums X ebenfalls zusammenhängend (und kompakt).

Aufgabe 4.4.24 Sei X_i, $i \in I$, eine Familie von Hausdorff-Räumen und $A \subseteq X := \prod_{i \in I} X_i$. Genau dann ist A relativ kompakt in X, wenn für jedes $i \in I$ die Projektion $p_i(A) \subseteq X_i$ relativ kompakt in X_i ist. Genau dann ist A kompakt, wenn A abgeschlossen in X ist und $p_i(A)$ kompakt in X_i, $i \in I$.

Aufgabe 4.4.25 Seien X ein kompakter Raum und $x \in X$. Die Zusammenhangskomponente von x in X ist der Durchschnitt der randlosen Umgebungen K_i, $i \in I$, von x. (Zu zeigen ist, dass dieser Durchschnitt $K := \bigcap_i K_i$ zusammenhängend ist. Wie in Aufg. 4.4.23 führt man eine Darstellung $K = L \uplus M$, $x \in L$, zum Widerspruch $K_i \subseteq U \uplus V$, da dann $K_i \cap U$ eine offene und als Komplement von $K_i \cap V$ in K_i auch abgeschlossene Umgebung von x ist.) Ist X überdies total unzusammenhängend, so bilden die randlosen Mengen in X eine Basis der Topologie von X. (Ein kompakter, total unzusammenhängender topologischer Raum heißt auch ein **boolescher Raum**, vgl. Aufg. 4.4.30.)

Aufgabe 4.4.26 Sei X ein kompakter Raum. Der Raum $\overline{X}$ der Zusammenhangskomponenten von X (versehen mit der Quotiententopologie) ist ein boolescher Raum. (Vgl. Aufg. 4.3.16.)

Aufgabe 4.4.27 $\mathcal{C} \subseteq [0, 1]$ sei das Cantorsche Diskontinuum aus Aufg. 3.4.18.

a) $\mathcal{C}$ ist ein boolescher Raum mit abzählbarer Topologie und ohne diskrete Punkte. Die Abbildung $\chi \colon \{0, 1\}^{\mathbb{N}^*} \xrightarrow{\sim} \mathcal{C}$, $(a_n) \mapsto \sum_{n=1}^{\infty} 2a_n/3^n$, ist ein Homöomorphismus.

b) Jeder boolesche Raum Y mit abzählbarer Topologie und ohne diskrete Punkte ist homöomorph zu $\{0, 1\}^{\mathbb{N}^*}$ und damit zu $\mathcal{C}$. (Jeder solche Raum Y heißt ein **Cantorsches Diskontinuum** (oder auch ein **Cantor-Raum**). – Zum Beweis beachte man, dass nach Aufg. 4.4.25 die randlosen Teilmengen $K \subseteq Y$ eine Basis der Topologie von Y bilden. Somit gibt es eine Folge $K_1, K_2, \ldots$ randloser Mengen, die eine Basis der Topologie von Y bilden. (Y besitzt überhaupt nur abzählbar viele randlose Mengen.) Mit dieser Folge konstruiere man nun nichtleere randlose Mengen $Y(i_1, \ldots, i_n)$, $n \in \mathbb{N}$, $i_1, \ldots, i_n \in \{0, 1\}$, mit folgenden Eigenschaften: (1) $Y(\emptyset) = Y$. (2) $Y(i_1, \ldots, i_n) = Y(i_1, \ldots, i_n, 0) \uplus Y(i_1, \ldots, i_n, 1)$. (3) $Y(i_1, \ldots, i_n, 0) = K_{n+1} \cap Y(i_1, \ldots, i_n)$, falls K_{n+1} weder $Y(i_1, \ldots, i_n)$ umfasst noch dazu disjunkt ist. – Zu jedem Punkt $y \in Y$ gibt es dann eine eindeutig bestimmte 0-1-Folge i_n, $n \in \mathbb{N}^*$, mit $y \in Y(i_1, \ldots, i_n)$ für alle $n \in \mathbb{N}^*$, und die Abbildung $y \mapsto (i_n)$, $n \in \mathbb{N}^*$, ist ein Homöomorphismus von Y auf $\{0, 1\}^{\mathbb{N}^*}$.)

Bemerkung Nach b) sind also alle Produkte $\prod_{n=1}^{\infty} X_n$ Cantorsche Diskontinua, wobei die X_i endliche diskrete Räume mit mehr als einem Punkt sind. Ebenso sind Produkte abzählbarer nichtleerer Familien von Cantorschen Diskontinua wieder Cantorsche Diskontinua. Als eine Anwendung geben wir die folgende Konstruktion von **Peano-Kurven**. Dies sind definitionsgemäß surjektive Wege $[0, 1] \to [0, 1]^n$, $n \in \mathbb{N}^*$, $n \geq 2$. Sie wurden erstmals von Peano angegeben. Sei dazu $f: \mathcal{C} \to [0, 1]$ die surjektive stetige Abbildung aus Aufg. 3.8.16 mit $f \circ \chi : \{0, 1\}^{\mathbb{N}^*} \to [0, 1]$, $(a_n) \mapsto \sum_{n=1}^{\infty} a_n / 2^n$. Für jedes $n \in \mathbb{N}^*$ ist dann auch $f_n := f \times \cdots \times f : \mathcal{C}^n \to [0, 1]^n$ surjektiv und stetig. Ferner gibt es einen Homöomorphismus $g: \mathcal{C} \xrightarrow{\sim} \mathcal{C}^n$. Dann ist $h := f_n \circ g : \mathcal{C} \to [0, 1]^n$ eine stetige surjektive Abbildung, die sich zu einer Peano-Kurve $[0, 1] \to [0, 1]^n$ fortsetzen lässt. Dazu braucht man nicht den Fortsetzungssatz 4.2.36 von Tietze-Urysohn zu verwenden. Ist $]a, b[$ eine Zusammenhangskomponente von $[0, 1] - \mathcal{C}$, so interpoliert man auf $]a, b[$ einfach linear: $h(sa + tb) := sh(a) + th(b)$, $s, t \in \mathbb{R}_+^\times$, $s + t = 1$. Da $\mathcal{C}^{\mathbb{N}^*}$ ebenfalls ein Cantorsches Diskontinuum ist, gibt es auch stetige surjektive Wege $[0, 1] \to [0, 1]^{\mathbb{N}^*}$, die den sogenannten **Hilbert-Würfel** $[0, 1]^{\mathbb{N}^*}$ ausfüllen.

Aufgabe 4.4.28 Ein topologischer Raum X heißt **noethersch**, wenn die Menge der offenen Mengen von X (bzgl. der Inklusion) noethersch geordnet ist bzw. – äquivalent dazu – wenn die Menge der abgeschlossenen Mengen von X artinsch geordnet ist.

a) X ist genau dann noethersch, wenn jeder offene Teilraum von X quasikompakt ist.

b) Ist X noethersch, so ist auch *jeder* Teilraum $X' \subseteq X$ noethersch.

c) Ein noetherscher Hausdorff-Raum X ist endlich. (Jeder Unterraum von X ist kompakt.)

d) Ein noetherscher Raum X besitzt nur endlich viele Zusammenhangskomponenten und ist lokal zusammenhängend. (Man schließe durch artinsche Induktion über die abgeschlossenen Teilmengen von X.)

(Für Beispiele siehe Aufg. 4.4.29f).)

Aufgabe 4.4.29 (Zariski-Topologien) Sei A ein kommutativer Ring. Wir erinnern an die Bezeichnungen Spek$A$ für die Menge der Primideale in A und Spm A für die Menge der maximalen Ideale von A, vgl. Abschn. 2.7. Für eine Familie a_i, $i \in I$, bezeichnet $V(a_i, i \in I) = \bigcap_{i \in I} V(a_i) \subseteq$ Spek$A$ die Menge der Primideale in A, die alle a_i, $i \in I$, enthalten, und $D(a_i, i \in I) = \bigcup_{i \in I} D(a_i)$ das Komplement Spek$A - V(a_i, i \in I)$. Es ist $V(a_i, i \in I) = V(\mathfrak{a})$ und $D(a_i, i \in I) = D(\mathfrak{a})$, wo $\mathfrak{a} := \sum_{i \in I} Aa_i$ das von den a_i erzeugte Ideal in A ist. Genau dann ist $V(\mathfrak{a}) =$ Spek$A$, wenn das Ideal $\mathfrak{a} \subseteq A$ nur nilpotente Elemente enthält, also $\mathfrak{a} \subseteq \mathfrak{n}_A$ ist, vgl. Aufg. 2.7.16. Genau dann gilt $V(\mathfrak{a}) = \emptyset$, wenn $\mathfrak{a} = A$ ist.

a) Die Mengen $D(\mathfrak{a})$, $\mathfrak{a}$ Ideal in A, bilden eine Topologie auf Spek$A$, deren abgeschlossene Mengen also die Mengen $V(\mathfrak{a})$, $\mathfrak{a} \subseteq A$ Ideal, sind. Die Mengen $D(a)$, $a \in A$, sind eine Basis dieser Topologie. (Diese Topologie heißt die **Zariski-Topologie** auf Spek$A$ (nach O. Zariski (1899–1986)). Wenn nichts anderes gesagt wird, betrachten wir Spek$A$ stets als topologischen Raum mit der Zariski-Topologie und Spm A mit der induzierten Topologie.)

b) Für jeden Homomorphismus $\varphi: A \to B$ von kommutativen Ringen ist die (kontravariant) zugeordnete Abbildung Spekφ: Spek$B \to$ Spek$A$, $\mathfrak{q} \mapsto \varphi^{-1}(\mathfrak{q})$, stetig, vgl. Aufg. 2.7.14. – Ist φ surjektiv, so ist Spekφ eine abgeschlossene Einbettung mit $V(\text{Kern}\,\varphi)$ als Bild. Dann ist also Spek$B$ homöomorph zu $V(\text{Kern}\,\varphi) \cong$ Spek$(A/\text{Kern}\,\varphi)$. Insbesondere ist Spek$A =$ SpekA_{red}, wobei $A_{\text{red}} = A/\mathfrak{n}_A$ die Reduktion von A ist. – Ist $S \subseteq A$ ein Untermonoid des multiplikativen Monoids von A und $\iota_S: A \to A_S$ der kanonische Homomorphismus mit $a \mapsto a/1$, so ist die zugeordnete Abbildung Spekι_S: Spek$A_S \to$ Spek$A$ eine Einbettung topologischer Räume, deren Bild der Unterraum Spek$_S A = \{\mathfrak{p} \in$ Spek$A \mid \mathfrak{p} \cap S = \emptyset\} \subseteq$ Spek$A$ ist, und insbesondere für $S := S_f = \{f^n \mid n \in \mathbb{N}\}$, $f \in A$, eine offene Einbettung mit Bild $D(f) \cong$ SpekA_f, vgl. Aufg. 2.7.15.

c) Spek$A$ ist genau dann zusammenhängend, wenn der Ring A zusammenhängend ist. (Man kann $A = A_{\text{red}}$ annehmen, vgl. Aufg. 2.7.17.)

d) Spek$A$ und Spm A sind quasikompakt. (Sind a_i, $i \in I$, Elemente in A mit $\sum_{i \in I} Aa_i = A$, so gibt es eine endliche Teilmenge $J \subseteq I$ mit $\sum_{i \in J} Aa_i = A$.) Genau dann ist Spek$A$ hausdorffsch (d. h. kompakt), wenn Spek$A =$ Spm A ist. In diesem Fall ist Spek$A$ überdies total unzusammenhängend, also ein boolescher Raum. (Sei Spm $A =$ Spek$A$. Es genügt zu zeigen: Sind $\mathfrak{m}, \mathfrak{n} \in$ Spm A, $\mathfrak{m} \neq \mathfrak{n}$, so gibt es ein idempotentes Element $e \in \mathfrak{m} - \mathfrak{n}$. Dann ist nämlich Spm $A = D(e) \uplus D(1 - e)$ eine Zerlegung von Spm A in offene Mengen mit $\mathfrak{m} \in D(1 - e)$ und $\mathfrak{n} \in D(e)$. Dazu kann man annehmen, dass A reduziert ist, vgl. Aufg. 2.7.17. Dann sind alle Lokalisierungen $A_{\mathfrak{m}} \xrightarrow{\sim} A/\mathfrak{m}$, $\mathfrak{m} \in$ Spm A, Körper, und es gilt $Aa = Aa^2$ für alle $a \in A$, denn alle Restklassenringe $A/\mathfrak{a}$, $\mathfrak{a} \subseteq A$ Ideal, sind ebenfalls reduziert, vgl. Aufg. 2.7.16. Ist nun $b \in \mathfrak{m} - \mathfrak{n}$ und $b = rb^2$, $r \in A$, so ist $e := rb$ ein idempotentes Element der gewünschten Art.)

e) Sei $A = \prod_{i \in I} A_i$ das Produkt der kommutativen Ringe A_i, $i \in I$. Ist I endlich, so gilt $\mathrm{Spek}\, A = \coprod_{i \in I} \mathrm{Spek}\, A_i$. Ist die Menge der $i \in I$ mit $A_i \neq 0$ unendlich, so gibt es keinen kommutativen Ring, dessen Spektrum homöomorph zum Summenraum $\coprod_{i \in I} \mathrm{Spek}\, A_i$ ist.

f) Ist A noethersch, so ist $\mathrm{Spek}\, A$ noethersch. ($\mathrm{Spek}\, A$ kann noethersch sein, ohne dass A noethersch ist. Beispiel!) Man beschreibe die Zariski-Topologie des Spektrums eines Hauptidealbereichs, z. B. von $\mathrm{Spek}\,\mathbb{Z}$ oder von $\mathrm{Spek}\, K[X]$, K Körper.

Aufgabe 4.4.30

a) Sei B ein boolescher Ring mit dem Spektrum $X := \mathrm{Spek}\, B = \mathrm{Spm}\, B$, das ein boolescher Raum ist, vgl. Aufg. 4.4.29d). Für jedes $\mathfrak{m} \in \mathrm{Spm}\, B$ ist $B/\mathfrak{m}$ der einzige boolesche Körper $\mathbf{F}_2$. Jedes Element $b \in B$ definiert daher die Funktion $f_b \colon X \to \mathbf{F}_2$, $\mathfrak{m} \mapsto b \bmod \mathfrak{m}$. Man zeige: $b \mapsto f_b$ ist ein injektiver Homomorphismus $B \to \mathbf{F}_2^X$ boolescher Ringe, dessen Bild die boolesche Unteralgebra $\mathrm{C}_{\mathbf{F}_2}(X) = \mathrm{C}(X, \mathbf{F}_2) \subseteq \mathbf{F}_2^X$ der stetigen $\mathbf{F}_2$-wertigen Funktionen auf X ist (die kanonisch isomorph ist zur booleschen Algebra $\mathcal{B}(X)$ der randlosen Mengen von X, vgl. Aufg. 4.3.17) (**Stonescher Darstellungssatz für boolesche Ringe** nach M. Stone (1903–1983)). Für einen beliebigen kommutativen Ring A ist die boolesche Funktionenalgebra $\mathrm{C}_{\mathbf{F}_2}(\mathrm{Spek}\, A) \xrightarrow{\sim} \mathcal{B}(\mathrm{Spek}\, A)$ kanonisch isomorph zum booleschen Ring $\mathrm{Idp}(A)$ der idempotenten Elemente von A, vgl. Aufg. 2.6.6a).

b) Sei X ein boolescher Raum und $B := \mathrm{C}_{\mathbf{F}_2}(X)$ der boolesche Ring der stetigen $\mathbf{F}_2$-wertigen Funktionen auf X. Für einen Punkt $x \in X$ sei $\mathfrak{m}_x = \{f \in B \mid f(x) = 0\} \in \mathrm{Spm}\, B$ das Punktideal zu x in X. Dann ist die Abbildung $x \mapsto \mathfrak{m}_x$ ein Homöomorphismus $X \xrightarrow{\sim} \mathrm{Spm}\, B$ boolescher Räume. (Man verwende u. a. Aufg. 4.4.25.)

Aufgabe 4.4.31 Sei X ein kompakter Raum und $A := \mathrm{C}_{\mathbb{K}}(X)$ die $\mathbb{K}$-Algebra der stetigen $\mathbb{K}$-wertigen Funktionen auf X. Für einen Punkt $x \in X$ sei $\mathfrak{m}_x \in \mathrm{Spm}\, A$ das Punktideal $\mathfrak{m}_x := \{f \in A \mid f(x) = 0\}$ derjenigen stetigen $\mathbb{K}$-wertigen Funktionen auf X, die in x verschwinden.

a) Es ist $\mathrm{Spm}\, A = \{\mathfrak{m}_x \mid x \in X\}$. (Sei $\mathfrak{m} \in \mathrm{Spm}\, A$. Angenommen, es wäre $\mathfrak{m} \not\subseteq \mathfrak{m}_x$ für alle $x \in X$. Dann gäbe es zu jedem $x \in X$ ein $f_x \in \mathfrak{m}$ mit $f_x(x) \neq 0$. Da X kompakt ist, gäbe es endlich viele $x_1, \ldots, x_n \in X$ mit $X = (X - \mathrm{NS}(f_{x_1})) \cup \cdots \cup (X - \mathrm{NS}(f_{x_n}))$. Dann hätte $|f_{x_1}|^2 + \cdots + |f_{x_n}|^2 = \overline{f}_{x_1} f_{x_1} + \cdots + \overline{f}_{x_n} f_{x_n} \in \mathfrak{m}$ keine Nullstelle in X. Widerspruch!)

b) Die Abbildung $X \to \mathrm{Spm}\, A$, $x \mapsto \mathfrak{m}_x$, ist ein Homöomorphismus. Insbesondere ist $\mathrm{Spm}\, A$ kompakt. (Man benutze das Urysohnsche Trennungslemma 4.2.37. Die offenen Mengen $X - \mathrm{NS}(f)$, $f \in A$, bilden eine Basis der Topologie von X. Für eine weitere Diskussion der Algebren $\mathrm{C}_{\mathbb{K}}(X)$, X kompakt, siehe Bd. 2, Abschn. 1.1. Vgl. auch L. Gillman, M. Jerison, Rings of Continuous Functions, New York [2]1976.)

Aufgabe 4.4.32 Seien X und Y lokal kompakte Räume und $f\colon X \to Y$ stetig. Die kanonische Fortsetzung $f'\colon X \uplus \{\omega_X\} \to Y \uplus \{\omega_Y\}$ von f auf die Ein-Punkt-Kompaktifizierungen von X bzw. Y (vgl. Beispiel 4.4.22) mit $f'(\omega_X) := \omega_Y$ ist genau dann stetig, wenn f eigentlich ist.

Aufgabe 4.4.33 Ein lokal kompakter Raum X mit abzählbarer Topologie ist σ-kompakt. Ist umgekehrt X metrisch und σ-kompakt, so besitzt X eine abzählbare Topologie.

Aufgabe 4.4.34 Für einen topologischen Raum X sind äquivalent. (i) X ist metrisch und kompakt. (ii) X ist kompakt, und es gibt eine abzählbare Familie f_i, $i \in I$, stetiger Funktionen $f_i\colon X \to \mathbb{R}$, die die Punkte von X trennt, d. h. zu $x, y \in X$, $x \neq y$, gibt es ein $i \in I$ mit $f_i(x) \neq f_i(y)$. (iii) X ist homöomorph zu einem abgeschlossenen Unterraum des Hilbert-Würfels $[0, 1]^{\mathbb{N}^*}$. (iv) X ist kompakt mit abzählbarer Topologie. (Zum Beweis von (i) $\Rightarrow$ (ii) beachte man: Ist Y eine dichte Teilmenge des metrischen Raums X, so trennen die Abstandsfunktionen $x \mapsto \mathrm{Min}\,(1, d(x, y))$, $y \in Y$, die Punkte von X. Zum Beweis der Implikation (iv) $\Rightarrow$ (ii) benutze man das Urysohnsche Trennungslemma 4.2.37. – Durch Übergang zur Ein-Punkt-Kompaktifizierung, vgl. Beispiel 4.4.22, erhält man das folgende wichtige **Metrisierbarkeitskriterium**: *Ein lokal kompakter Raum X mit abzählbarer Topologie ist stets metrisierbar.* Man beachte, dass die Ein-Punkt-Kompaktifizierung von X ebenfalls abzählbare Topologie besitzt, vgl. die vorstehende Aufgabe.)

4.5 Vollständige metrische Räume und gleichmäßige Konvergenz

In diesem Abschnitt soll unter anderem untersucht werden, inwieweit sich das Cauchysche Konvergenzkriterium 3.4.8 bzw. 3.5.4 auf beliebige metrische Räume übertragen lässt.

Definition 4.5.1 Sei X ein metrischer Raum.

(1) Eine Folge (x_n) in X heißt eine **Cauchy-Folge**, wenn es zu jedem $\varepsilon > 0$ ein $n_0 \in \mathbb{N}$ gibt mit $d(x_m, x_n) \leq \varepsilon$ für alle $m, n \geq n_0$.

(2) X heißt **vollständig**, wenn jede Cauchy-Folge in X konvergent in X ist.

Natürlich ist jede konvergente Folge in X eine Cauchy-Folge. Eine Folge (x_n) in X ist bereits dann eine Cauchy-Folge, wenn zu jedem $\varepsilon > 0$ ein $n_0 \in \mathbb{N}$ existiert mit $d(x_{n_0}, x_n) \leq \varepsilon$ für alle $n \geq n_0$. Insbesondere gibt es für jede Cauchy-Folge (x_n) ein $n_0 \in \mathbb{N}$ derart, dass die Folge $(x_n)_{n \geq n_0}$ beschränkt ist. Ist (x_n) eine Cauchy-Folge in X und ist (y_n) eine weitere Folge in X mit $\lim_n d(x_n, y_n) = 0$, so ist auch (y_n) eine Cauchy-Folge. Die Vollständigkeit eines metrischen Raumes X hängt ganz wesentlich von der Metrik und nicht nur von seiner Topologie ab. So ist der diskrete Raum der Stammbrüche

$1/n$, $n \in \mathbb{N}^*$, bzgl. der von $\mathbb{R}$ induzierten Metrik nicht vollständig, wohl aber bzgl. der diskreten Metrik, vgl. auch Aufg. 4.5.1 für ein anderes solches Beispiel. Bei äquivalenten Metriken freilich ist X genau dann bezüglich der einen Metrik vollständig, wenn dies bezüglich der anderen gilt. $\mathbb{R}$ und $\mathbb{C}$ sind vollständige metrische Räume. X ist genau dann vollständig, wenn die Kugeln $B(x; \infty)$, $x \in X$, (die offen und abgeschlossen in X sind) vollständig sind. Wie Lemma 3.4.7 beweist man:

Lemma 4.5.2 *Sei X ein metrischer Raum. Jede Cauchy-Folge in X mit einem Häufungspunkt in X ist konvergent. X ist also genau dann vollständig, wenn jede Cauchy-Folge in X einen Häufungspunkt in X besitzt.*

Die folgende Aussage behandelt Unterräume metrischer Räume in Bezug auf Vollständigkeit.

Proposition 4.5.3 *Seien X ein metrischer Raum und $X' \subseteq X$ ein Unterraum.*

(1) *Ist X' vollständig, so ist X' abgeschlossen in X.*
(2) *Ist X vollständig und X' abgeschlossen in X, so ist auch X' vollständig.*

Beweis (1) Sei (x_n) eine Folge in X', die in X konvergiert. Wir haben zu zeigen, dass $x := \lim x_n \in X'$ ist. Da (x_n) eine Cauchy-Folge in X' ist, konvergiert (x_n) in X'. Wegen der Eindeutigkeit des Grenzwerts ist $x \in X'$.

(2) Sei (x_n) eine Cauchy-Folge in X'. Dann ist (x_n) auch eine Cauchy-Folge in X und besitzt folglich einen Grenzwert, der in X' liegt, da X' abgeschlossen in X ist. □

Beispiel 4.5.4 Sei $X_i = (X_i, d_i)$, $i \in I$, eine Familie metrischer Räume.

(1) Offenbar ist *die Summe $\coprod_{i \in I} X_i$ bzgl. der in* Beispiel 4.2.25 *angegebenen Metrik genau dann vollständig, wenn alle X_i, $i \in I$, vollständig sind. Insbesondere ist $\overline{\mathbb{R}} = \mathbb{R} \amalg \{\infty\} \amalg \{-\infty\}$ ein vollständiger metrischer Raum,* vgl. Beispiel 4.2.20.

(2) *Das Produkt $X := \prod_i X_i$ ist bzgl. jeder p-Metrik d_p, $1 \leq p \leq \infty$, vollständig, wenn alle Faktoren X_i vollständig sind. Insbesondere ist für jede Menge I und jeden vollständigen metrischen Raum Y der Raum Y^I der Abbildungen von I in Y ein vollständiger metrischer Raum bzgl. jeder p-Metrik.* Zum *Beweis* sei zunächst $p = \infty$ und $x_n = (x_{in})_{i \in I} \in X$, $n \in \mathbb{N}$, eine Cauchy-Folge in X. Offenbar ist dann auch für jedes $i \in I$ die Folge $(x_{in})_{n \in \mathbb{N}}$ eine Cauchy-Folge in X_i. Sei $x_i \in \mathbb{K}$ ihr Grenzwert, $i \in I$. Dann ist $(x_i)_{i \in I} \in X$ Grenzwert der Ausgangsfolge x_n, $n \in \mathbb{N}$. Sei nun $p < \infty$ und wieder $x_n = (x_{in})_{i \in I} \in X$, $n \in \mathbb{N}$, eine Cauchy-Folge bzgl. der Metrik d_p. Dann ist auch jetzt x_{in}, $n \in \mathbb{N}$, für jedes $i \in I$ eine Cauchy-Folge in X_i, die gegen ein $x_i \in \mathbb{K}$ konvergiert. Jetzt zeigt man, dass auch die Familie $x = (x_i)_{i \in I}$ Grenzwert der Folge x_n, $n \in \mathbb{N}$, bzgl. d_p ist. Wir überlassen dies dem Leser. □

Sind alle $X_i \neq \emptyset$, so sind umgekehrt auch alle X_i vollständig, wenn (X, d_p) vollständig ist für ein $p \in [1, \infty]$. $\diamond$

Mit Lemma 4.4.9 (1) und Lemma 4.5.2 erhält man:

Satz 4.5.5 *Jeder kompakte metrische Raum ist vollständig.*

Umgekehrt gilt:

Satz 4.5.6 *Sei X ein vollständiger metrischer Raum. Gibt es zu jedem $\varepsilon > 0$ endlich viele Kugeln $B(y_1; \varepsilon), \ldots, B(y_r; \varepsilon)$, $y_1, \ldots, y_r \in X$, die X überdecken, so ist X ein kompakter metrischer Raum.*

Beweis Sei $(x_n)_{n \in \mathbb{N}}$ eine Folge in X. Wir haben zu zeigen, dass sie eine konvergente Teilfolge besitzt, vgl. Satz 4.4.14. Auf Grund der Voraussetzung definiert man rekursiv eine absteigende Folge $N_1 \supseteq N_2 \supseteq N_3 \supseteq \cdots$ von unendlichen Teilmengen $N_k \subseteq \mathbb{N}$, $k \in \mathbb{N}^*$, mit $d(x_\nu, x_\mu) \leq 1/k$ für alle $\mu, \nu \in N_k$. Dann ist jede Teilfolge $(x_{n_k})_{k \in \mathbb{N}^*}$ von (x_n) mit $n_k \in N_k$ für alle $k \in \mathbb{N}^*$ eine Cauchy-Folge und damit konvergent. $\square$

Metrische Räume, die die in Satz 4.5.6 vorausgesetzte Überdeckungseigenschaft besitzen, heißen **präkompakt**. Mit 4.5.6 beweist man sehr übersichtlich den folgenden Spezialfall des Satzes 4.4.8 von Tychonoff, den wir dabei allerdings für *endliche* Produkte benutzen:

Satz 4.5.7 *Sei X_i, $i \in I$, eine abzählbare Familie kompakter metrischer Räume. Dann ist auch der Produktraum $X := \prod_{i \in I} X_i$ metrisch und kompakt.*

Beweis Wir können $I = \mathbb{N}$ und $X_i \neq \emptyset$ für alle $i \in \mathbb{N}$ annehmen. Dann ist X metrisch (z. B.) mit der Metrik

$$d\left((x_i), (y_i)\right) = \sum_{i=0}^{\infty} 2^{-i} \mathrm{Min}\left(d_i(x_i, y_i), 1\right),$$

vgl. Aufg. 4.2.15a). Nach Beispiel 4.5.4 (2) ist (X, d) vollständig. Nach Satz 4.5.6 bleibt zu zeigen, dass X präkompakt ist. Sei $\varepsilon > 0$ vorgegeben und sei $i_0 \in \mathbb{N}$ so groß gewählt, dass $\sum_{i=i_0+1}^{\infty} 2^{-i} \leq \varepsilon/2$ ist. Da das endliche Produkt $\prod_{i=0}^{i_0} X_i$ kompakt ist, gibt es Punkte $z_1', \ldots, z_r' \in \prod_{i=0}^{i_0} X_i$ derart, dass die Kugeln $B(z_\rho'; \varepsilon/2)$, $\rho = 1, \ldots, r$, den Raum $\prod_{i=0}^{i_0} X_i$ überdecken, wobei wir auf $\prod_{i=0}^{i_0} X_i$ die Metrik $\sum_{i=0}^{i_0} 2^{-i} \mathrm{Min}\left(d_i(x_i, y_i), 1\right)$ wählen. Verlängern wir dann die Folgen z_ρ' (in beliebiger Weise) zu Folgen $z_\rho \in X$, $\rho = 1, \ldots, r$, so überdecken die Kugeln $B(z_\rho; \varepsilon)$, $\rho = 1, \ldots, r$, ganz X. $\square$

Sei V ein endlichdimensionaler normierter $\mathbb{K}$-Vektorraum. Sind die Werte der Norm alle endlich, so induziert die gegebene Norm nach Satz 4.4.12 auf V die natürliche Topologie von V. Da dann jede Cauchy-Folge in V beschränkt ist, besitzt sie nach dem Satz 4.2.34 von Bolzano-Weierstraß einen Häufungspunkt und ist folglich konvergent. Wir haben bewiesen:

Satz 4.5.8 *Ein endlichdimensionaler normierter $\mathbb{K}$-Vektorraum ist vollständig.*

Sei V ein beliebiger normierter $\mathbb{K}$-Vektorraum und $V_{<\infty} = \mathrm{B}(0;\infty)$ der Unterraum der Vektoren aus V mit endlicher Norm. V *ist genau dann vollständig, wenn $V_{<\infty}$ vollständig ist.* Für jede Nebenklasse $x_0 + V_{<\infty} \subseteq V$ ist $V_{<\infty} \xrightarrow{\sim} x_0 + V_{<\infty} \subseteq V, x \mapsto x_0 + x$, eine Isometrie. Auf Grund dieser Bemerkung geben wir die folgende Standarddefinition:

Definition 4.5.9 Ein normierter $\mathbb{K}$-Vektorraum $V = (V, \|-\|)$ heißt ein $\mathbb{K}$-**Banach-Raum**, wenn $V = V_{<\infty} = \mathrm{B}_{\|-\|}(0;\infty)$ ist (d. h. wenn seine Norm $\|-\|$ nur endliche Werte annimmt) und wenn $(V, \|-\|)$ vollständig ist.

Sind die Normen $\|-\|$ und $\|-\|'$ auf V äquivalent, so ist V bzgl. $\|-\|$ genau dann ein Banach-Raum, wenn V bzgl. $\|-\|'$ ein Banach-Raum ist. *Nach Satz 4.5.8 ist ein endlichdimensionaler $\mathbb{K}$-Vektorraum bzgl. jeder Norm, die nur endliche Werte annimmt, ein Banach-Raum, und seine Topologie stimmt mit der natürlichen Topologie überein.*

Beispiel 4.5.10 Für eine Menge I und ein $p \in \mathbb{R}$ mit $p \geq 1$ sei $\ell_{\mathbb{K}}^p(I)$ der Raum der p-summierbaren Familien $(x_i) \in \mathbb{K}^I$, und $\ell_{\mathbb{K}}^\infty(I)$ sei der Raum der beschränkten Familien $(x_i) \in \mathbb{K}^I$, vgl. Abschn. 4.1. Das Ergebnis von Beispiel 4.5.4 (2) impliziert:

Proposition 4.5.11 *Für jede Menge I und jedes p mit $1 \leq p \leq \infty$ ist der Raum $\ell_{\mathbb{K}}^p(I)$ bzgl. der p-Norm $\|-\|_p$ ein $\mathbb{K}$-Banach-Raum.*

Proposition 4.5.11 ist ein Spezialfall eines sehr viel allgemeineren Satzes aus der Maß- und Integrationstheorie, vgl. Bd. 6. ◇

Viele Anwendungen des Begriffs der Vollständigkeit beruhen auf dem folgenden einfachen, aber wichtigen Banachschen Fixpunktsatz, den man wörtlich wie den Spezialfall 3.8.20 beweist, nur $|z - y|$ jeweils durch den Abstand $d(y,z)$ ersetzend:

Satz 4.5.12 (Banachscher Fixpunktsatz) *Sei $f: X \to X$ eine stark kontrahierende Abbildung des nichtleeren vollständigen metrischen Raumes X in sich. Dann besitzt f genau einen Fixpunkt x. Ist $x_0 \in X$ ein beliebiger Punkt in X, so konvergiert die Folge*

$$x_0, x_1 = f(x_0), \quad x_2 = f(x_1) = f^2(x_0), \quad \ldots, \quad x_n = f(x_{n-1}) = f^n(x_0), \quad \ldots$$

gegen den einzigen Fixpunkt x von f. Ist L < 1 ein Kontraktionsfaktor von f, so gilt

$$d(x_n, x) \leq \frac{1}{1-L} d(x_n, x_{n+1}) \leq \frac{L^n}{1-L} d(x_0, x_1), \quad n \in \mathbb{N}.$$

Das in Satz 4.5.12 beschriebene Verfahren zur Lösung der Fixpunktgleichung

$$f(x) = x$$

in X ist das Verfahren der **sukzessiven Approximation**. Es ist selbstkorrigierend: Eventuelle Rundungs- oder Rechenfehler pflanzen sich nicht fort. Wie in Aufg. 3.8.40 erwähnt, besitzt Satz 4.5.12 eine Verallgemeinerung, vgl. Aufg. 4.5.8b).

Jeder metrische Raum $X = (X, d)$ lässt sich in natürlicher Weise als Unterraum eines vollständigen metrischen Raumes $\widehat{X}$ auffassen (in dem X dicht liegt). Wir gehen dazu vor wie bei der Konstruktion von $\mathbb{R}$ als Komplettierung des Raums $\mathbb{Q}$ der rationalen Zahlen in Satz 3.4.12. Sei also

$$X_{\mathrm{CF}}^{\mathbb{N}} \subseteq X^{\mathbb{N}}$$

die Menge der Cauchy-Folgen in X. Die Relation „$(x_n) \sim (y_n)$ genau dann, wenn $d(x_n, y_n)$, $n \in \mathbb{N}$, eine Nullfolge (in $\overline{\mathbb{R}}_+$) ist", ist (wegen der Dreiecksungleichung) eine Äquivalenzrelation auf $X_{\mathrm{CF}}^{\mathbb{N}}$ (sogar auf $X^{\mathbb{N}}$). Den zugehörigen Quotientenraum bezeichnen wir mit

$$\widehat{X} := X_{\mathrm{CF}}^{\mathbb{N}}/{\sim}.$$

X betten wir in $\widehat{X}$ ein, indem wir jedem $x \in X$ die Äquivalenzklasse der konstanten Folge (x) zuordnen. Wir betrachten also X stets als Teilmenge von $\widehat{X}$ bzgl. dieser kanonischen Inklusion. Ist X vollständig, so ist offenbar $X \hookrightarrow \widehat{X}$ bijektiv. Generell lässt sich die Metrik d auf X zu einer Metrik $\widehat{d}$ auf $\widehat{X}$ fortsetzen. Dazu setzt man

$$\widehat{d}(\widehat{x}, \widehat{y}) := \lim_{n \to \infty} d(x_n, y_n), \quad \widehat{x} = [(x_n)], \ \widehat{y} = [(y_n)] \in \widehat{X}.$$

Zunächst ist die Folge $d(x_n, y_n)$, $n \in \mathbb{N}$, konvergent in $\overline{\mathbb{R}}_+$. Sie ist entweder stationär mit Limes ∞ oder aber ab einer Stelle n_0 eine Cauchy-Folge in $\mathbb{R}_+$. Ist nämlich $d(x_n, y_n) \in \mathbb{R}_+$ für $n \geq n_0$, so gibt es zu vorgegebenem $\varepsilon > 0$ ein $n_1 \geq n_0$ mit $d(x_n, x_{n_1}), d(y_n, y_{n_1}) \leq \varepsilon/2$ für alle $n \geq n_1$ und folglich $|d(x_n, y_n) - d(x_{n_1}, y_{n_1})| \leq d(x_n, x_{n_1}) + d(y_n, y_{n_1}) \leq \varepsilon$ für alle $n \geq n_1$ (vgl. den Kommentar zu Definition 4.1.1). Ähnlich beweist man die Unabhängigkeit des Grenzwerts $\lim d(x_n, y_n)$ von der Wahl der Repräsentanten $(x_n), (y_n)$. Die Dreiecksungleichung für $\widehat{d}$ ergibt sich aus der Dreiecksungleichung für d und den Rechenregeln für Grenzwerte. Für $x, y \in X$ ist $\widehat{d}(x, y) = d(x, y)$. X liegt sogar dicht in $\widehat{X}$; denn es ist $[(x_n)] = \lim x_n$ für alle $[(x_n)] \in \widehat{X}$. Schließlich ist $\widehat{X}$ vollständig. Dies ergibt sich sofort aus folgendem Lemma:

Lemma 4.5.13 *Sei X ein dichter Unterraum des metrischen Raums Y. Besitzt jede Cauchy-Folge in X einen Grenzwert in Y, so ist Y vollständig.*

Beweis Sei (y_n) eine Cauchy-Folge in Y. Da X dicht ist in Y, gibt es zu jedem $n \in \mathbb{N}$ ein $x_n \in X$ mit $d(x_n, y_n) \leq 1/(n+1)$. Dann ist auch (x_n) eine Cauchy-Folge und besitzt nach Voraussetzung einen Grenzwert $y \in Y$, und es ist $\lim_n y_n = \lim_n x_n = y$. $\qquad\square$

Wir fassen zusammen:

Satz 4.5.14 *Zu jedem metrischen Raum $X = (X, d)$ gibt es einen vollständigen metrischen Raum $\widehat{X} = (\widehat{X}, \widehat{d})$, der X als dichten metrischen Unterraum besitzt. (Es ist also $d = \widehat{d}|X$.) $(\widehat{X}, \widehat{d})$ hat folgende universelle Eigenschaft: Ist $f : X \to Y$ eine gleichmäßig stetige Abbildung von X in einen vollständigen metrischen Raum Y, so gibt es genau eine stetige Fortsetzung $\widehat{f} : \widehat{X} \to Y$ von f. Die Fortsetzung $\widehat{f}$ ist ebenfalls gleichmäßig stetig. Der Raum $(\widehat{X}, \widehat{d})$ ist bis auf Isometrie eindeutig durch X bestimmt und heißt die* **Vervollständigung** *oder* **Komplettierung** *von X. Als konkretes Modell für $\widehat{X}$ kann man den Raum $X_{\mathrm{CF}}^{\mathbb{N}}/\sim$ der Äquivalenzklassen von Cauchy-Folgen in X wählen.*

Beweis Es ist noch die universelle Eigenschaft zu beweisen, die offenbar auch die Eindeutigkeit von $\widehat{X}$ impliziert. Sei also $f : X \to Y$ gleichmäßig stetig mit einem vollständigen metrischen Raum Y und $\widehat{x} \in \widehat{X}$. Da X dicht in $\widehat{X}$ liegt, gibt es eine Folge (x_n) in X mit $\lim_n x_n = \widehat{x}$. Insbesondere ist (x_n) eine Cauchy-Folge. Da f gleichmäßig stetig ist, ist auch $(f(x_n))$ eine Cauchy-Folge in Y und daher konvergent. Notwendigerweise ist $\widehat{f}(\widehat{x}) := \lim_n f(x_n)$ zu setzen. Diese Definition ist unabhängig von der Wahl der gegen $\widehat{x}$ konvergierenden Folge (x_n). Ist nämlich auch $\lim_n u_n = \widehat{x}$ für eine Folge (u_n) in X, so ist $(d(x_n, u_n))$ eine Nullfolge und damit auch $(d(f(x_n), f(u_n)))$ – wiederum wegen der gleichmäßigen Stetigkeit von f.[18] Also ist $\lim_n f(x_n) = \lim_n f(u_n)$. Diese Fortsetzung $\widehat{f}$ von f ist wie f gleichmäßig stetig. Zum Beweis sei $\varepsilon > 0$ vorgegeben. Da f gleichmäßig stetig ist, gibt es dazu ein $\delta > 0$ mit $d(f(x), f(u)) \leq \varepsilon$ für alle $x, u \in X$ mit $d(x, u) \leq \delta$. Sind nun $\widehat{x}, \widehat{u} \in \widehat{X}$ mit $\widehat{d}(\widehat{x}, \widehat{u}) \leq \delta/2$, so gibt es Folgen $(x_n), (u_n)$ in X mit $x_n \to \widehat{x}$ und $u_n \to \widehat{u}$ und $d(x_n, u_n) \leq \delta$, also $d(f(x_n), f(u_n)) \leq \varepsilon$ für alle $n \in \mathbb{N}$. Dann ist $d(\widehat{f}(\widehat{x}), \widehat{f}(\widehat{u})) = d(\lim_n f(x_n), \lim_n f(u_n)) = \lim_n d(f(x_n), f(u_n)) \leq \varepsilon$ wegen der Stetigkeit der Metrik $d : Y \times Y \to \overline{\mathbb{R}}_+$. $\qquad\square$

Mit Proposition 4.5.3 (2) folgt:

Korollar 4.5.15 *Sei $X \subseteq Z$ ein beliebiger Unterraum des vollständigen metrischen Raums Z. Dann ist die abgeschlossene Hülle $\overline{X}$ in Z die Vervollständigung von X.*

---

[18] Man beachte: Ist $f : X \to Y$ eine Abbildung metrischer Räume, so ist f *genau dann* gleichmäßig stetig, wenn für beliebige Folgen $x_n, u_n, n \in \mathbb{N}$, in X, für die $d(x_n, u_n), n \in \mathbb{N}$, eine Nullfolge ist, auch $d(f(x_n), f(u_n)), n \in \mathbb{N}$, eine Nullfolge ist. Beweis!

Beispiel 4.5.16 Sei (X_i, d_i), $i \in I$, eine Familie nichtleerer metrischer Räume mit den Komplettierungen $(\widehat{X}_i, \widehat{d}_i)$, $i \in I$, und den Produkten $X = \prod_{i \in I} X_i$ bzw. $Y := \prod_{i \in I} \widehat{X}_i$. Bzgl. jeder p-Norm, $1 \leq p \leq \infty$, ist dann $(X, d_{X,p})$ ein metrischer Teilraum von $(Y, d_{Y,p})$, und letzterer ist nach Beispiel 4.5.4 (2) vollständig. Daher ist nach Korollar 4.5.15 die Komplettierung $(\widehat{X}, \widehat{d}_p)$ von X die abgeschlossene Hülle $\overline{X}$ von X in $(Y, d_{Y,p})$. Bei endlichem I oder – allgemeiner – bei beliebigem I, aber $p = \infty$ ist natürlich $\overline{X} = \widehat{X} = Y$. Sei nun $p < \infty$. Ist $X_i \neq \widehat{X}_i$ für überabzählbar viele $i \in I$, so ist sicher $\overline{X} \subset Y$. Beispielsweise ist ein Element $(y_i) \in Y$ mit $y_i \notin X_i$ für überabzählbar viele i sicher nicht in $\overline{X}$ enthalten. Ist aber I abzählbar, $(y_i) \in Y$ beliebig und $\varepsilon > 0$ vorgegeben, so gibt es $\varepsilon_i > 0$ mit $\sum_{i \in I} \varepsilon_i^p \leq \varepsilon^p$ sowie $x_i \in X_i$ mit $\widehat{d}_i(x_i, y_i) \leq \varepsilon_i$. Dann ist $d_{Y,p}((x_i), (y_i)) \leq \varepsilon$, d. h. X ist dicht in Y und $\widehat{X} = \overline{X} = Y$. Es gilt also: *Ist I abzählbar, so ist $(\widehat{X}, \widehat{d}_p) = \left(\prod_{i \in I} \widehat{X}_i, d_p \right)$ für jedes $p \in [1, \infty]$.* $\diamond$

Ein wichtiger Spezialfall ist die Vervollständigung von normierten $\mathbb{K}$-Vektorräumen. Sei $\widehat{V}$ die Vervollständigung des normierten $\mathbb{K}$-Vektorraums $(V, \|{-}\|)$. Dann ist die Äquivalenzrelation $\sim$ auf $V_{\mathrm{CF}}^{\mathbb{N}}$ offenbar die Kongruenzrelation modulo des Raumes $\mathfrak{n}_V$ der Nullfolgen in V und $\widehat{V} = V_{\mathrm{CF}}^{\mathbb{N}}/\mathfrak{n}_V$ als Restklassenraum ebenfalls ein $\mathbb{K}$-Vektorraum. $\|\widehat{x}\| = \widehat{d}(0, \widehat{x})$ ist eine Norm auf $\widehat{V}$, deren zugehörige Metrik $\widehat{d}$ ist. Offenbar ist $(V_{<\infty})\widehat{} = \widehat{V}_{<\infty} \subseteq \widehat{V}$, $V_{<\infty} = \widehat{V}_{<\infty} \cap V$ und die kanonische Injektion $V/V_{<\infty} \to \widehat{V}/\widehat{V}_{<\infty}$ ist ein Isomorphismus diskreter $\mathbb{K}$-Vektorräume. Wir notieren:

Satz 4.5.17 *Sei V ein normierter $\mathbb{K}$-Vektorraum mit $V = V_{<\infty} = \mathrm{B}_V(0; \infty)$. Dann ist die Vervollständigung $\widehat{V} = \widehat{V}_{<\infty}$ ein $\mathbb{K}$-Banach-Raum, der V als dichten Teilraum enthält und folgende universelle Eigenschaft besitzt: Ist $f \colon V \to W$ eine stetige $\mathbb{K}$-lineare Abbildung von V in einen $\mathbb{K}$-Banach-Raum W, so gibt es eine eindeutige stetige $\mathbb{K}$-lineare Fortsetzung $\widehat{f} \colon \widehat{V} \to W$ von f.*

Beweis Nach Satz 4.5.14 ist nur noch zu zeigen, *dass eine stetige $\mathbb{K}$-lineare Abbildung $f \colon V \to W$ gleichmäßig stetig ist.* (Die Linearität der stetigen Fortsetzung $\widehat{f}$ von f ist dann klar.) Sei also $\varepsilon > 0$ vorgegeben. Wegen der Stetigkeit von f im Nullpunkt gibt es ein $\delta > 0$ mit $f\left(\overline{\mathrm{B}}(0; \delta)\right) \subseteq \overline{\mathrm{B}}(0; \varepsilon)$. Sind dann $x, x' \in V$ mit $\|x' - x\| \leq \delta$, so folgt $\|f(x') - f(x)\| = \|f(x' - x)\| \leq \varepsilon$. $\square$

Beispielsweise ist der $\mathbb{K}$-Banach-Raum $\ell_{\mathbb{K}}^p(I)$, $1 \leq p \leq \infty$, vgl. Proposition 4.5.11, die Vervollständigung des Unterraums $(\mathbb{K}^{(I)}, \|{-}\|_p)$.

Eine wichtige Eigenschaft vollständiger metrischer Räume, die sie mit den lokal kompakten Räumen teilen, beschreibt der folgende Satz, der auf R. Baire (1874–1932) zurückgeht und für den in Aufg. 3.8.31 bereits ein Spezialfall angegeben wurde:

Satz 4.5.18 (Bairescher Dichtesatz) *Sei X ein vollständiger metrischer Raum oder ein lokal kompakter topologischer Raum. Dann ist der Durchschnitt $\bigcap_{i \in I} U_i$ einer abzählbaren Familie offener dichter Teilmengen $U_i \subseteq X$, $i \in I$, ebenfalls dicht in X.*

Beweis Ohne Einschränkung der Allgemeinheit sei $I = \mathbb{N}$ und die Folge U_i, $i \in \mathbb{N}$, monoton fallend. (Andernfalls ersetze man U_i durch $\bigcap_{j \le i} U_j$, $j \in \mathbb{N}$.) Sei $D := \bigcap_{i \in \mathbb{N}} U_i$.

Sei X zunächst ein vollständiger metrischer Raum. Wir haben $\overline{B}(x; \varepsilon) \cap D \ne \emptyset$ für alle Kugeln $\overline{B}(x; \varepsilon)$, $x \in X$, $\varepsilon > 0$, zu zeigen. Da die U_i offen und dicht sind, konstruiert man leicht induktiv eine Folge von Kugeln $\overline{B}(x_i; \varepsilon_i) \subseteq U_i \cap \overline{B}(x; \varepsilon)$ mit $\varepsilon_i > 0$, $\overline{B}(x_i; \varepsilon_i) \supseteq \overline{B}(x_{i+1}; \varepsilon_{i+1})$, $i \in \mathbb{N}$, und $\lim \varepsilon_i = 0$. Dann ist aber x_i, $i \in \mathbb{N}$, eine Cauchy-Folge in X und $x := \lim x_i \in \bigcap_i \overline{B}(x_i; \varepsilon_i) \subseteq \overline{B}(x; \varepsilon) \cap \bigcap_i U_i = \overline{B}(x; \varepsilon) \cap D$.

Ist X lokal kompakt, so ersetzt man $\overline{B}(x; \varepsilon)$ durch eine kompakte Menge K mit $\overset{\circ}{K} \ne \emptyset$ und konstruiert statt der $\overline{B}(x_i; \varepsilon_i)$ eine Folge K_i kompakter Mengen mit $K_i \subseteq U_i \cap K$, $\overset{\circ}{K_i} \ne \emptyset$, $K_i \supseteq K_{i+1}$, $i \in \mathbb{N}$. Dann ist $\emptyset \ne \bigcap_{i \in I} K_i \subseteq K \cap \bigcap_i U_i = K \cap D$. $\quad\square$

Beispiel 4.5.19 (1) Als einfache Konsequenz von Satz 4.5.18 ergibt sich etwa: Ist X ein nichtleerer vollständiger metrischer Raum bzw. ein lokal kompakter topologischer Raum jeweils ohne diskrete Punkte, so ist das Komplement einer jeden abzählbaren Teilmenge von X dicht in X. *Insbesondere ist X selbst überabzählbar.*

(2) Seien V ein $\mathbb{K}$-Banach-Raum unendlicher Dimension und x_n, $n \in \mathbb{N}$, eine Folge von Elementen in V. Der von diesen Elementen erzeugte Unterraum $W := \sum_{n \in \mathbb{N}} \mathbb{K} x_n$ ist die Vereinigung der abzählbar vielen endlichdimensionalen Unterräume $W_i := \sum_{n=0}^{i} \mathbb{K} x_n$, $i \in \mathbb{N}$, die alle vollständig und damit abgeschlossen und überdies nirgends dicht in W sind, d. h. $U_i := V - W_i$ ist offen und dicht in V. Nach Satz 4.5.18 ist auch $\bigcap_{i \in \mathbb{N}} U_i = V - W$ dicht in V. Insbesondere ist $V \ne W$. *Ein $\mathbb{K}$-Banach-Raum, der nicht endlichdimensional ist, hat also stets eine überabzählbare Vektorraumdimension.* $\qquad\diamond$

Wir diskutieren noch Räume von Abbildungen zwischen topologischen Räumen und beschränken uns dabei auf Hausdorff-Räume, wodurch die Eindeutigkeit von Limiten gewährleistet wird. Sei Y ein Hausdorff-Raum. Die Menge der Abbildungen einer Menge X in Y ist der Produktraum

$$Y^X = \mathrm{Abb}(X, Y).$$

Die Produkttopologie auf Y^X ist die sogenannte **Topologie der punktweisen Konvergenz**: Eine Folge $f_n \colon X \to Y$, $n \in \mathbb{N}$, konvergiert genau dann gegen $f \in Y^X$ bzgl. der Produkttopologie, wenn sie punktweise gegen f konvergiert, d. h. wenn für jedes $x \in X$ die Folge $f_n(x)$, $n \in \mathbb{N}$, in Y konvergiert, vgl. Beispiel 4.2.27. In der Regel betrachtet man aber feinere Topologien auf Y^X als die recht grobe Produkttopologie. Ein wichtiger Spezialfall wird durch die Tschebyschew-Metrik auf Y^X gegeben, wenn Y ein metrischer Raum ist. Die Konvergenz bzgl. dieser Metrik ist die sogenannte **gleichmäßige Konvergenz**. Eine Folge $f_n \colon X \to Y$, $n \in \mathbb{N}$, von Abbildungen von X in Y konvergiert gleichmäßig gegen $f \in Y^X$, wenn sie bzgl. der Tschebyschew-Metrik d_∞ gegen f konvergiert, d. h. wenn es zu jedem $\varepsilon > 0$ ein $n_0 \in \mathbb{N}$ gibt mit $d_\infty(f_n, f) \le \varepsilon$ für alle $n \ge n_0$, wenn also $d\big(f_n(x), f(x)\big) \le \varepsilon$ ist für alle $n \ge n_0$ und *alle* $x \in X$. Daher heißt die von der Metrik d_∞ definierte Topologie auf Y^X die **Topologie der gleichmäßigen Konvergenz**. Die gleichmäßige Konvergenz von $f_n \colon X \to Y$, $n \in \mathbb{N}$, impliziert die punktweise Konvergenz, da die Topologie der gleichmäßigen Konvergenz auf Y^X feiner ist als die Produkttopologie auf Y^X. Ist Y vollständig, so ist auch Y^X bzgl. der Tschebyschew-Metrik vollständig, vgl. Beispiel 4.5.4 (2), d. h. jede Cauchy-Folge in $Y^X = (Y^X, d_\infty)$ konvergiert. Es gilt also:

Proposition 4.5.20 (Cauchysches Kriterium für gleichmäßige Konvergenz) *Eine Folge (f_n) von Abbildungen $f_n \colon X \to Y$ der Menge X in einen vollständigen metrischen Raum Y konvergiert genau dann gleichmäßig, wenn es zu jedem $\varepsilon > 0$ ein $n_0 \in \mathbb{N}$ gibt derart, dass für alle $m, n \geq n_0$ und alle $x \in X$ gilt $d\big(f_m(x), f_n(x)\big) \leq \varepsilon$.*

Bei gleichmäßiger Konvergenz überträgt sich die Stetigkeit von Abbildungen auf den Limes. Genauer:

Satz 4.5.21 *Sei Y ein metrischer Raum und X ein topologischer Raum. Dann ist der Raum $\mathrm{C}(X, Y)$ der stetigen Abbildungen von X in Y ein abgeschlossener Unterraum von $Y^X = (Y^X, d_\infty)$. Insbesondere ist der Grenzwert $f = \lim_n f_n$ einer gleichmäßig konvergenten Folge stetiger Abbildungen $f_n \colon X \to Y$, $n \in \mathbb{N}$, stetig. Ist Y vollständig, so auch $(\mathrm{C}(X, Y), d_\infty)$.*

Beweis Seien $f \in Y^X$ ein Berührpunkt von $\mathrm{C}(X, Y) \subseteq Y^X$. Wir zeigen, dass auch f stetig ist. Seien dazu $a \in X$ und $\varepsilon > 0$. Dann gibt es ein $g \in \mathrm{C}(X, Y)$ mit $d(f(x), g(x)) \leq \varepsilon/3$ für alle $x \in X$. Da g stetig ist, existiert eine Umgebung U von a mit $d(g(x), g(a)) \leq \varepsilon/3$ für alle $x \in U$. Für diese x gilt somit

$$d\left(f(a), f(x)\right) \leq d\left(f(a), g(a)\right) + d\left(g(a), g(x)\right) + d\left(g(x), f(x)\right) \leq \varepsilon. \qquad \square$$

Da die Stetigkeit eine lokale Eigenschaft ist, folgt:

Korollar 4.5.22 *Sei $f_n \colon X \to Y$, $n \in \mathbb{N}$, eine lokal gleichmäßig konvergente Folge stetiger Abbildungen des topologischen Raumes X in den metrischen Raum Y. Dann ist auch $\lim f_n$ stetig.*

Dabei heißt die Folge $f_n \colon X \to Y$ **lokal gleichmäßig konvergent**, wenn zu jedem $x \in X$ eine Umgebung U von x in X existiert derart, dass die Folge $f_n | U, n \in \mathbb{N}$, gleichmäßig auf U konvergiert. Um auch zu dieser Konvergenz die passende topologische Grundlage zu geben, definieren wir für eine beliebige Familie $\mathcal{R} = (A_i)_{i \in I}$ von Teilmengen von X die **Topologie der $\mathcal{R}$-gleichmäßigen Konvergenz** auf Y^X als die kleinste Topologie, bzgl. der alle Beschränkungsabbildungen $p_{A_i} \colon Y^X \to (Y^{A_i}, d_\infty)$, $f \mapsto f|A_i$, $i \in I$, stetig sind, oder – was dasselbe ist – als die Urbildtopologie von $(p_{A_i})_{i \in I} \colon Y^X \to \prod_i Y^{A_i}$, $f \mapsto (f|A_i)_{i \in I}$. Den Raum Y^X, versehen mit dieser Topologie, und auch jeden Teilraum $F \subseteq Y^X$, versehen mit der induzierten Topologie, bezeichnen wir mit $Y^X_{\mathcal{R}}$ bzw. mit $F_{\mathcal{R}}$. Eine Folge $f_n \colon X \to Y$, $n \in \mathbb{N}$, ist also konvergent in $Y^X_{\mathcal{R}}$ mit Grenzwert $f \in Y^X$, d. h.

konvergiert $\mathcal{R}$-gleichmäßig gegen $f: X \to Y$ genau dann, wenn für jedes $i \in I$ die Folge $f_n | A_i, n \in \mathbb{N}$, auf A_i gleichmäßig gegen $f | A_i$ konvergiert. Insbesondere konvergiert (f_n) genau dann lokal gleichmäßig gegen f, wenn es eine Überdeckung $\mathcal{U} = (U_i)_{i \in I}$ von X mit $\bigcup_{i \in I} \overset{\circ}{U}_i = X$ gibt derart, dass (f_n) $\mathcal{U}$-gleichmäßig gegen f konvergiert. Generell gilt: Ist $\mathcal{R}$ eine Überdeckung von X, so ist $(p_{A_i})_{i \in I} \colon Y_{\mathcal{R}}^X \to \prod_i Y^{A_i}$ injektiv. In diesem Fall identifizieren wir $Y_{\mathcal{R}}^X$ mit einem Unterraum von $\prod_{i \in I} (Y^{A_i}, d_\infty)$. Dieser Unterraum ist sogar abgeschlossen:

Lemma 4.5.23 *Sei* $\mathcal{R} = (A_i)_{i \in I}$ *eine Überdeckung der Menge* X *und* Y *ein metrischer Raum. Dann ist* $Y_{\mathcal{R}}^X$ *ein abgeschlossener Unterraum von* $\prod_{i \in I} Y^{A_i} = \prod_{i \in I} (Y^{A_i}, d_\infty)$.

Beweis Sei $f = (f_{A_i})_{i \in I}$ ein Berührpunkt von $Y_{\mathcal{R}}^X$. Wir haben zu zeigen, dass für alle $i, j \in I$ gilt $f_{A_i} | (A_i \cap A_j) = f_{A_j} | (A_i \cap A_j)$. Angenommen, es gäbe ein $x \in A_i \cap A_j$ mit $\varepsilon := d(f_{A_i}(x), f_{A_j}(x)) > 0$. Da f Berührpunkt von $Y_{\mathcal{R}}^X$ ist, gibt es ein $g \in Y_{\mathcal{R}}^X$ mit $g \in \mathrm{B}_{Y^{A_i}}(f_{A_i}; \varepsilon/2) \times \mathrm{B}_{Y^{A_j}}(f_{A_j}; \varepsilon/2) \times \prod_{k \neq i, j} Y^{A_k}$. Damit ergibt sich der Widerspruch $d(f_{A_i}(x), f_{A_j}(x)) \leq d(f_{A_i}(x), g(x)) + d(g(x), f_{A_j}(x)) < \varepsilon/2 + \varepsilon/2 = \varepsilon$. $\square$

Ist $\mathcal{R} = (A_i)_{i \in I}$ eine *abzählbare* Familie von Teilmengen von X, so ist $\prod_{i \in I} Y^{A_i}$ metrisierbar, vgl. Aufg. 4.2.15a), und $Y_{\mathcal{R}}^X$ erfüllt das erste Abzählbarkeitsaxiom. Insbesondere ist dann die Topologie auf $Y_{\mathcal{R}}^X$ durch die Menge der konvergenten Folgen bestimmt, vgl. Korollar 4.2.19. Ist $\mathcal{R}$ sogar eine abzählbare Überdeckung von X, so ist $Y_{\mathcal{R}}^X \subseteq \prod_{i \in I} Y^{A_i}$ ebenfalls metrisierbar. Ist $\mathcal{R} = (A_i)_{i \in I}$ eine *endliche* Überdeckung von X. so ist offenbar die Topologie der $\mathcal{R}$-gleichmäßigen Konvergenz gleich der Topologie der gleichmäßigen Konvergenz, d. h. die Topologie des Unterraums $Y_{\mathcal{R}}^X \subseteq \prod_{i \in I} Y^{A_i}$ ist die Topologie der gleichmäßigen Konvergenz auf Y^X. Dies lässt sich verallgemeinern. Zur Formulierung dieses allgemeineren Resultats führen wir folgende Sprechweise ein: Sind $\mathcal{R} = (A_i)_{i \in I}$ und $\mathcal{S} = (B_j)_{j \in J}$ Familien von Teilmengen von X, so heiße $\mathcal{R}$ **feiner** als $\mathcal{S}$, wenn zu jedem $i \in I$ eine endliche Teilmenge $J' \subseteq J$ existiert mit $A_i \subseteq \bigcup_{j \in J'} B_j$. Wir schreiben dann $\mathcal{R} \preceq \mathcal{S}$. Mit diesen Bezeichnungen gilt:

Lemma 4.5.24 *Seien* Y *ein metrischer Raum und* X *eine Menge. Ferner seien* $\mathcal{R} = (A_i)_{i \in I}$ *und* $\mathcal{S} = (B_j)_{j \in J}$ *Familien von Teilmengen von* X. *Gilt* $\mathcal{R} \preceq \mathcal{S}$, *so ist die Topologie der* $\mathcal{S}$-*gleichmäßigen Konvergenz feiner als die Topologie der* $\mathcal{R}$-*gleichmäßigen Konvergenz, d. h. die Identität* $Y_{\mathcal{S}}^X \to Y_{\mathcal{R}}^X$ *ist stetig. Insbesondere stimmen die Topologien auf* $Y_{\mathcal{R}}^X$ *und* $Y_{\mathcal{S}}^X$ *überein, wenn* $\mathcal{R} \preceq \mathcal{S}$ *und* $\mathcal{S} \preceq \mathcal{R}$ *gilt.*

Beweis Wir haben zu zeigen, dass für jedes $i \in I$ die kanonische Abbildung $Y_{\mathcal{S}}^X \to Y^{A_i}$, $f \mapsto f | A_i$, stetig ist. Nach Voraussetzung gilt aber $A_i \subseteq B_{J'} := \bigcup_{j \in J'} B_j$ mit einer endlichen Teilmenge $J' \subseteq J$. Dann ist $Y^{B_{J'}} \to Y^{A_i}$, $g \mapsto g | A_i$, stetig (sogar Lipschitz-stetig mit Lipschitz-Konstante 1), und die kanonische Abbildung $Y_{\mathcal{S}}^X \to Y^{B_{J'}} \subseteq \prod_{j \in J'} Y^{B_j}$ ist ebenfalls stetig. $\square$

Von nun an sei X ein topologischer Raum (und Y weiterhin ein metrischer Raum), und wir konzentrieren uns auf stetige Abbildungen $X \to Y$. Der folgende Satz verallgemeinert Satz 4.5.21 und auch Korollar 4.5.22.

Satz 4.5.25 *Seien Y ein metrischer Raum und X eine topologischer Raum. Ferner sei $\mathfrak{U} = (U_i)_{i \in I}$ eine Überdeckung von X mit $\bigcup_{i \in I} \mathring{U}_i = X$. Dann ist der Raum $C(X, Y)_{\mathfrak{U}} = Y_{\mathfrak{U}}^X \cap \prod_{i \in I} C(U_i, Y)$ der stetigen Abbildungen von X in Y ein abgeschlossener Unterraum von $\prod_{i \in I} C(U_i, Y)$ und von $Y_{\mathfrak{U}}^X \subseteq \prod_{i \in I} Y^{U_i}$, also auch von $\prod_{i \in I} Y^{U_i}$.*

Beweis Nach Satz 4.5.21 und Aufg. 4.2.7 ist $\prod_{i \in I} C(U_i, Y)$ ein abgeschlossener Unterraum von $\prod_{i \in I} Y^{U_i}$. Daraus folgen die Behauptungen, die letzte mit Lemma 4.5.23. □

Sei nun X ein Hausdorff-Raum und $\mathcal{K}$ die Menge der kompakten Teilmengen von X. Dann heißt die Topologie auf $Y_{\mathcal{K}}^X$ die **Topologie der kompakten Konvergenz** und die Konvergenz bzgl. dieser Topologie die **kompakte Konvergenz**. Diese Topologie ist – wie jede Topologie der $\mathcal{R}$-gleichmäßigen Konvergenz auf Y^X bzgl. einer Überdeckung $\mathcal{R}$ von X – feiner als die Topologie der punktweisen Konvergenz. Ist X diskret, so ist sie damit identisch. Bei kompaktem X handelt es sich um die Topologie der gleichmäßigen Konvergenz. Ist X lokal kompakt, so ist die Topologie auf $Y_{\mathfrak{U}}^X$ für jede Überdeckung $\mathfrak{U} = (U_i)_{i \in I}$ mit $\bigcup_{i \in I} \mathring{U}_i = X$ nach Lemma 4.5.24 feiner als die Topologie auf $Y_{\mathcal{K}}^X$. Da auch $\bigcup_{K \in \mathcal{K}} \mathring{K} = X$ ist, ist die Topologie der kompakten Konvergenz die gröbste unter den Topologien auf $Y_{\mathfrak{U}}^X$ für die obigen Überdeckungen $\mathfrak{U}$. Insbesondere *konvergiert für einen lokal kompakten Raum X eine Folge $f_n \colon X \to Y$, $n \in \mathbb{N}$, genau dann kompakt, wenn sie lokal gleichmäßig konvergiert.*

Der folgende Satz von Arzelà-Ascoli (nach C. Arzelà (1847–1912) und G. Ascoli (1887–1957)) charakterisiert die kompakten Teilmengen des vollständigen metrischen Raumes $C(X, Y) = (C(X, Y), d_\infty) \subseteq (Y^X, d_\infty)$, wo X kompakt ist und Y ein vollständiger metrischer Raum. Er kann als Verallgemeinerung des Satzes 4.4.11 von Heine-Borel aufgefasst werden (für den X endlich und $Y = \mathbb{K}$ ist). Zunächst führen wir die folgende Sprechweise ein: Eine Menge F von Abbildungen $X \to Y$ heißt **gleichgradig stetig**, wenn zu jedem Punkt $x \in X$ und jedem $\varepsilon > 0$ eine Umgebung U von x mit $d(f(x), f(y)) \le \varepsilon$ für alle $y \in U$ und *alle* $f \in F$ existiert. Ist F gleichgradig stetig, so auch die abgeschlossene Hülle $\overline{F}$ von F in $C(X, Y)$. Es gilt dann:

Satz 4.5.26 (Satz von Arzelà-Ascoli) *Seien X ein kompakter topologischer Raum und Y ein vollständiger metrischer Raum. Die Teilmenge $F \subseteq C(X, Y)$ von stetigen Abbildungen erfülle folgende Bedingungen:*

(1) *Für jedes $x \in X$ ist die Menge $\{f(x) \mid f \in F\} \subseteq Y$ relativ kompakt.*
(2) *F ist gleichgradig stetig.*

Dann ist F relativ kompakt in $C(X, Y)$ (bzgl. der Topologie der kompakten (= gleichmäßigen) Konvergenz).

Beweis Wir können annehmen, dass $F = \overline{F}$, F also abgeschlossen in $C(X,Y)$ ist, und haben dann zu beweisen, dass F kompakt ist. Da F wie $C(X,Y)$ vollständig ist, genügt es nach Satz 4.5.6 zu zeigen, dass F präkompakt ist, d. h. dass für jedes $\varepsilon > 0$ endlich viele Kugeln $\overline{B}(f_1;\varepsilon),\ldots,\overline{B}(f_r;\varepsilon)$, $f_1,\ldots,f_r \in F$, die Menge F überdecken.

Sei $\varepsilon > 0$ vorgegeben. Zu jedem $x \in X$ gibt es wegen Voraussetzung (2) eine offene Umgebung $U(x)$ von x in X mit $d(f(x),f(y)) \le \varepsilon/4$ für alle $f \in F$ und alle $y \in U(x)$. Da X kompakt ist, überdecken bereits endlich viele Umgebungen $U(x_1),\ldots,U(x_m)$ ganz X. Da nach Voraussetzung (1) die Mengen $F(x_i) := \{f(x_i) \mid f \in F\} \subseteq Y$ relativ kompakt sind, gibt es ferner endlich viele Kugeln $\overline{B}(y_1;\varepsilon/4),\ldots,\overline{B}(y_n;\varepsilon/4)$ in Y, die $F(x_1) \cup \cdots \cup F(x_m)$ überdecken. Dann ist F die Vereinigung der endlich vielen Mengen

$$F_{j_1\ldots j_m} := \left\{f \in F \mid f(x_i) \in \overline{B}(y_{j_i};\varepsilon/4),\ i = 1,\ldots,m\right\},\quad 1 \le j_1,\ldots,j_m \le n,$$

und es gilt $d_\infty(f,g) \le \varepsilon$ für alle $f,g \in F_{j_1\ldots j_m}$, d. h. es ist $F_{j_1\ldots j_m} \subseteq \overline{B}(f;\varepsilon)$ für jedes $f \in F_{j_1\ldots j_m} \subseteq F$. Ist nämlich $x \in X$, etwa $x \in U(x_i)$, so ist

$$d(f(x),g(x)) \le d(f(x),f(x_i)) + d(f(x_i),g(x_i)) + d(g(x_i),g(x))$$
$$\le \varepsilon/4 + \varepsilon/2 + \varepsilon/4 = \varepsilon.$$

Somit liegt jede Menge $F_{j_1\ldots j_m}$ ganz in einer ε-Kugel von $C(X,Y)$.   □

Korollar 4.5.27 *In der Situation von* Satz 4.5.26 *ist eine Teilmenge* $F \subseteq C(X,Y)$ *genau dann kompakt, wenn sie folgende Bedingungen erfüllt:*

(1) *Für jedes* $x \in X$ *ist die Menge* $\{f(x) \mid f \in F\} \subseteq Y$ *relativ kompakt (und dann sogar kompakt).*

(2) *F ist gleichgradig stetig.*

(3) *F ist abgeschlossen in* $C(X,Y)$.

Beweis Nach dem Satz 4.5.26 von Arzelà-Ascoli (und Satz 4.4.14) sind die angegebenen Bedingungen hinreichend dafür, dass F kompakt ist.

Sei umgekehrt F kompakt. Dann ist F abgeschlossen in $C(X,Y)$ nach Proposition 4.4.2 (1). Ferner ist $\{f(x)\mid f \in F\}$ für jedes $x \in X$ nach Satz 4.4.3 als Bild von F unter der stetigen Abbildung $f \mapsto f(x)$ kompakt und insbesondere relativ kompakt. Zum Beweis, dass F gleichgradig stetig ist, sei $x \in X$ und $\varepsilon > 0$. Da F kompakt ist, gibt es endlich viele Funktionen $f_1,\ldots,f_n \in F$ derart, dass die Kugeln $\overline{B}(f_i;\varepsilon/3)$ in $C(X,Y)$, $i = 1,\ldots,n$, ganz F überdecken. Es gibt dann eine Umgebung U von x mit $d(f_i(x),f_i(y)) \le \varepsilon/3$ für alle $y \in U$ und alle $i = 1,\ldots,n$. Ist nun $f \in F$ beliebig und $f \in \overline{B}(f_{i_0};\varepsilon/3)$, so ergibt sich für alle $y \in U$

$$d\left(f(x),f(y)\right) \le d\left(f(x),f_{i_0}(x)\right) + d\left(f_{i_0}(x),f_{i_0}(y)\right) + d\left(f_{i_0}(y),f(y)\right) \le \varepsilon \quad □$$

Der Satz 4.5.26 von Arzelá-Ascoli lässt sich leicht auf lokal kompakte Räume übertragen. Sei X lokal kompakt und $\mathcal{K}$ die Menge der kompakten Teilmengen $K \subseteq X$ sowie Y weiterhin ein vollständiger metrischer Raum. Da $C(X, Y)_{\mathcal{K}}$ nach Satz 4.5.25 ein abgeschlossener Teilraum von $\prod_{K \in \mathcal{K}} C(K, Y)$ ist, ist eine Teilmenge $F \subseteq C(X, Y)$ genau dann relativ kompakt in $C(X, Y)_{\mathcal{K}}$, wenn für jede kompakte Menge $K \in \mathcal{K}$ die Menge $F|K := \{ f|K \mid f \in F \}$ relativ kompakt in $C(K, Y)$ ist (bzgl. der Topologie der gleichmäßigen Konvergenz), und genau dann kompakt, wenn F abgeschlossen in $C(X, Y)_{\mathcal{K}}$ ist und die Mengen $F|K$ kompakt in $C(K, Y)$ sind, $K \in \mathcal{K}$, vgl. Aufg. 4.4.24. Die Aussagen 4.5.26 und 4.5.27 implizieren:

Satz 4.5.28 *Sei X ein lokal kompakter topologischer Raum und Y ein vollständiger metrischer Raum. Eine Teilmenge $F \subseteq C(X, Y)_{\mathcal{K}}$ ist genau dann relativ kompakt, wenn sie folgende Bedingungen erfüllt:*

(1) *Für jedes $x \in X$ ist die Menge $\{ f(x) \mid f \in F \}$ relativ kompakt in Y.*
(2) *F ist gleichgradig stetig.*

Genau dann ist F sogar kompakt, wenn F zusätzlich die folgende Bedingung erfüllt:

(3) *F ist abgeschlossen in $C(X, Y)_{\mathcal{K}}$.*

Die Topologie von $C(X, Y)_{\mathcal{K}}$ lässt sich sehr übersichtlich beschreiben, wenn der lokal kompakte Raum X sogar σ-kompakt ist, also ein abzählbare Überdeckung aus kompakten Mengen besitzt. Sei dann $\mathcal{K}' = (K_k)_{k \in \mathbb{N}}$ eine Ausschöpfungsfolge von X wie in Proposition 4.4.23 (iii). Dann ist $C(X, Y)_{\mathcal{K}} = C(X, Y)_{\mathcal{K}'}$ nach Lemma 4.5.23. Insbesondere ist $C(X, Y)_{\mathcal{K}}$ metrisierbar und eine Folge von Funktionen $f_n \colon X \to Y, n \in \mathbb{N}$, ist genau dann lokal gleichmäßig konvergent, wenn die Folge (f_n) auf jedem $K_k, k \in \mathbb{N}$, gleichmäßig konvergiert. Eine Teilmenge $F \subseteq C(X, Y)_{\mathcal{K}}$ ist nach Satz 4.4.14 genau dann relativ kompakt in $C(X, Y)_{\mathcal{K}}$, wenn jede Folge (f_n) in F eine in $C(X, Y)_{\mathcal{K}}$ konvergente Teilfolge besitzt.

Wir überlassen es dem Leser, den Satz 4.5.26 von Arzelà-Ascoli und seine Folgerungen speziell für die Funktionenräume $C_{\mathbb{K}}(X) = C(X, \mathbb{K})$ zu formulieren. Man beachte dabei, dass die relativ kompakten Teilmengen von $Y = \mathbb{K}$ genau die beschränkten Teilmengen sind.

Beispiel 4.5.29 (Hausdorff-Abstand) Als eine erste Anwendung der zuletzt besprochenen Theorie der gleichmäßigen Konvergenz, diskutieren wir den Hausdorff-Abstand für abgeschlossene Mengen eines metrischen Raumes.

Sei X ein metrischer Raum. Mit $\mathcal{F} = \mathcal{F}(X)$ bezeichnen wir die Menge der abgeschlossenen Teilmengen von X. Für jedes $A \in \mathcal{F}$ ist die Abstandsfunktion $d_A \colon X \to \overline{\mathbb{R}}_+$, $x \mapsto d(A, x) = \operatorname{Inf}(d(z, x), z \in A)$, eine stetige Funktion auf X mit $A = d_A^{-1}(0)$, wobei $\overline{\mathbb{R}}_+$ mit der Metrik $d(x, y) = |y - x|$ versehen ist, bzgl. der $\overline{\mathbb{R}}_+$ ein vollständiger metrischer Raum ist, vgl. Beispiel 4.2.20. Es ist $d_\emptyset \equiv \infty$. Die Abbildung $A \mapsto d_A$ ist eine Einbettung von $\mathcal{F}$ in den vollständigen metrischen Raum $C(X, \overline{\mathbb{R}}_+)$, versehen mit der Tschebyschew-Metrik, d. h. mit der Topologie der gleichmäßigen Konvergenz. Bezüglich der Einbettung $A \mapsto d_A$ fassen wir $\mathcal{F}$ als metrischen Teilraum von $C(X, \overline{\mathbb{R}}_+)$ auf. Zur Vermeidung von Missverständnissen bezeichnen wir diese Metrik auf $\mathcal{F}$ mit ∂. Für $A, B \in \mathcal{F}$ ist also $\partial(A, B) = \|d_B - d_A\|_{X,\infty}$. Ist $A \neq \emptyset$, so ist $\partial(A, \emptyset) = \infty$. Die leere Menge ist insbesondere ein isolierter Punkt von $\mathcal{F}$.[19] Ferner gilt die wichtige Darstellung

$$\partial(A, B) = \text{Max} \left(\text{Sup}(d(A, y), y \in B), \text{Sup}(d(x, B), x \in A) \right)$$
$$= \text{Sup} \left(\{ d(x, B) \mid x \in A \} \cup \{ d(A, y) \mid y \in B \} \right).$$

Bezeichnet man nämlich mit $\partial'(A, B)$ die rechte Seite dieser Gleichung, so ergibt eine einfache Überlegung für jedes $z \in X$ die Ungleichung $d(A, z) \leq d(B, z) + \partial'(A, B)$ und damit wegen $\partial'(B, A) = \partial'(A, B)$ auch die Ungleichung $d(B, z) \leq d(A, z) + \partial'(A, B)$, woraus $\partial(A, B) \leq \partial'(A, B)$ folgt. Die Ungleichung $\partial'(A, B) \leq \partial(A, B)$ ist aber trivial. Man nennt $\partial(A, B) = \partial'(A, B)$ den **Hausdorff-Abstand** von A und B.[20] Man beachte, dass $x \mapsto \{x\}$ eine isometrische Einbettung von X in $\mathcal{F}(X) \subseteq C(X, \overline{\mathbb{R}}_+)$ definiert. Für eine mehr geometrische Interpretation von $\partial(A, B)$ sei auf Aufg. 4.5.12 verwiesen. Das folgende Lemma, dessen einfachen Beweis wir dem Leser überlassen, zeigt, dass man sich bei der Untersuchung des Hausdorff-Abstandes im Wesentlichen auf Räume mit reellen Metriken beschränken kann.

Lemma 4.5.30 *Ist $X = (X, d) = \coprod_{i \in I}(X_i, d_i)$ die Summe der metrischen Räume $X_i = (X_i, d_i)$ (mit $d|(X_i \times X_i) = d_i$ und $d(X_i \times X_j) \subseteq \{\infty\}$ für $i \neq j$), so ist die Abbildung $\mathcal{F}(X) \xrightarrow{\sim} \prod_{i \in I} \mathcal{F}(X_i)$, $A \mapsto \left(A \cap X_i \right)_{i \in I}$, ein isometrischer Homöomorphismus (wobei die Metrik auf $\prod_{i \in I} \mathcal{F}(X_i)$ die Tschebyschew-Metrik ist).*

Eine direkte Folgerung des Satzes 4.5.26 von Arzelà-Ascoli ist der folgende Satz:

Satz 4.5.31 *Ist X ein vollständiger metrischer Raum, so ist auch der Raum $\mathcal{F} = \mathcal{F}(X)$ der abgeschlossenen Teilmengen von X bzgl. des Hausdorff-Abstands vollständig. Ist X sogar kompakt, so auch $\mathcal{F}$.*

Beweis Wir können nach Lemma 4.5.30 annehmen, dass die Metrik d auf X reell ist. Da $C(X, \overline{\mathbb{R}}_+) \subseteq (\overline{\mathbb{R}}_+)^X$ nach Satz 4.5.21 wie $\overline{\mathbb{R}}_+$ vollständig ist, ist für die Vollständigkeit von $\mathcal{F}$ zu zeigen, dass $\mathcal{F}$ in $C(X, \overline{\mathbb{R}}_+)$ abgeschlossen ist. Sei A_n, $n \in \mathbb{N}$, eine Folge abgeschlossener Teilmengen von X, für die die Folge $f_n := d_{A_n}$, $n \in \mathbb{N}$, *gleichmäßig* gegen eine (stetige) Funktion $f: X \to \overline{\mathbb{R}}_+$ konvergiert. Wir haben $f = d_A$ zu zeigen für $A := f^{-1}(0)$. Sind unendlich viele der A_n leer, so ist f konstant gleich ∞ und $f = d_\emptyset$.

---

[19] Aus diesem Grund wird die leere Menge häufig aus den Betrachtungen ausgeschlossen.
[20] Der Hausdorff-Abstand $\partial(A, B)$ darf nicht mit dem Abstand $d(A, B)$ aus Aufg. 4.2.27 verwechselt werden.

Wir können also voraussetzen, dass die A_n, $n \in \mathbb{N}$, nicht leer sind. Dann ist $f(x) < \infty$ für alle $x \in X$.

Wir beweisen zunächst $f(x) \geq d(A, x)$ für jedes $x \in X$. Zu gegebenem $\varepsilon > 0$ gibt es ein $k \in \mathbb{N}$ mit $d(A_n, z) = |d(A_n, z) - d(A_m, z)| \leq \varepsilon$ für alle $z \in A_m$ und $n \geq m \geq k$. Sei jetzt ε_i, $i \in \mathbb{N}$, eine Folge in $\mathbb{R}_+^\times$ mit $\sum_i \varepsilon_i \leq \varepsilon$. Ferner sei $k_0 \in \mathbb{N}$ ein Index mit $|d(A_{k_0}, x) - f(x)| \leq \varepsilon_0$ für alle $x \in X$ und $d(A_n, z) \leq \varepsilon_1$ für alle $z \in A_m, n \geq m \geq k_0$. Es gibt ein $y_0 \in A_{k_0}$ mit $d(y_0, x) \leq d(A_{k_0}, x) + \varepsilon_0$.

Man wählt nun rekursiv natürliche Zahlen k_i und Punkte $y_i \in A_{k_i}$, $i \in \mathbb{N}^*$, mit $k_0 < k_1 < k_2 < \cdots$, $d(y_i, y_{i-1}) \leq 2\varepsilon_i$ und $d(A_m, y_i) \leq \varepsilon_{i+1}$ für $m \geq k_i$. Wegen

$$ d(y_j, y_k) \leq \sum_{i=j+1}^{k} d(y_i, y_{i-1}) \leq 2 \sum_{i=j+1}^{k} \varepsilon_i \quad \text{für} \quad j \leq k $$

ist (y_k) eine Cauchy-Folge in X und damit konvergent in X. Sei $y := \lim_{i \to \infty} y_i$. Dann ist $f(y) = \lim_i f(y_i) = \lim_i f_{k_i}(y_i) = \lim_i d(A_{k_i}, y_i) = 0$, also $y \in A$. Außerdem ergibt sich

$$ d(y, y_0) = \lim_i d(y_i, y_0) \leq \sum_{i=1}^{\infty} d(y_i, y_{i-1}) \leq 2 \sum_{i=1}^{\infty} \varepsilon_i \leq 2\varepsilon - 2\varepsilon_0 \quad \text{sowie} $$

$$ f(x) \geq d(A_{k_0}, x) - \varepsilon_0 \geq d(y_0, x) - 2\varepsilon_0 \geq d(y, x) - d(y, y_0) - 2\varepsilon_0 $$
$$ \geq d(y, x) - (2\varepsilon - 2\varepsilon_0) - 2\varepsilon_0 = d(y, x) - 2\varepsilon \geq d(A, x) - 2\varepsilon. $$

Für jedes $\varepsilon > 0$ gilt also $f(x) \geq d(A, x) - 2\varepsilon$. Daher ist $f(x) \geq d(A, x)$, wie behauptet. Insbesondere ist $A \neq \emptyset$.

Zum Nachweis von $f(x) \leq d(A, x)$ seien $a \in A$ und $\varepsilon > 0$ vorgegeben. Es gibt $b_n \in A_n$ mit $f_n(a) = d(A_n, a) \geq d(b_n, a) - \varepsilon$. Wegen $a \in A$, d.h. $\lim f_n(a) = f(a) = 0$, ist $d(b_n, a) \leq f_n(a) + \varepsilon \leq 2\varepsilon$ für $n \geq n_0$. Für diese n ergibt sich dann $f_n(x) = d(A_n, x) \leq d(b_n, x) \leq d(b_n, a) + d(a, x) \leq 2\varepsilon + d(a, x)$. Es folgt $f(x) \leq d(a, x)$. Dies gilt für jedes $a \in A$, d.h. es ist $f(x) \leq d(A, x)$.

Zum Beweis des Zusatzes haben wir zu zeigen, dass die in $C(X, \overline{\mathbb{R}}_+)$ abgeschlossene Menge $\mathcal{F}$ bei kompaktem X auch die Bedingungen (1) und (2) von Korollar 4.5.27 erfüllt. Für jede abgeschlossene und damit kompakte Menge $A \subseteq X$ und jedes $x \in X$ liegt aber $d_A(x) = d(A, x)$ in der kompakten Menge $d(X \times X) \subseteq \mathbb{R}_+$. Dass $\mathcal{F}$ gleichgradig stetig ist, folgt unmittelbar daraus, dass jede Funktion $d_A \in \mathcal{F}$ Lipschitz-stetig mit der Lipschitz-Konstanten 1 ist: $|d(A, x) - d(A, y)| \leq d(x, y)$ für alle $x, y \in X$, vgl. Aufg. 4.2.27c). $\square$

Seien weiterhin X kompakt, $A \in \mathcal{F}$ und $\varepsilon > 0$. Endlich viele der ε-Kugeln $\overline{B}(x; \varepsilon)$, $x \in A$, überdecken A. Sind dies die Kugeln mit den Mittelpunkten $x_1, \ldots, x_n$, so liegt A in der ε-Kugel $\overline{B}(E; \varepsilon) \subseteq \mathcal{F}$, $E := \{x_1, \ldots, x_n\}$. Mit anderen Worten: *Die endlichen Teilmengen von X bilden eine dichte Teilmenge von $\mathcal{F}$.* Etwas allgemeiner folgt:

Satz 4.5.32 *Ist D eine dichte Teilmenge des kompakten metrischen Raumes X, so ist die Menge $\mathfrak{E}(D)$ der endlichen Teilmengen von D eine bzgl. des Hausdorff-Abstands dichte Teilmenge der Menge $\mathfrak{F}$ der abgeschlossenen Teilmengen von X.*

Betrachten wir als Beispiel den Raum $\mathbb{R}^n$, versehen etwa mit der euklidischen Metrik d_2, und darin eine kompakte Kugel $X := \overline{\mathrm{B}}(0; R) \subseteq \mathbb{R}^n$, $R \in \mathbb{R}_+^\times$. *Dann ist die Menge der abgeschlossenen konvexen Teilmengen von X eine abgeschlossene und damit kompakte Teilmenge des nach* Satz 4.5.31 *kompakten Raums* $\mathfrak{F} = \mathfrak{F}(X)$. Beweis! Aus Satz 4.5.32 folgt: *Die (konvexen) Polytope in X (das sind die konvexen Hüllen endlicher Teilmengen von X) bilden bzgl. des Hausdorff-Abstands eine dichte Teilmenge in der Menge aller abgeschlossenen konvexen Mengen in X. Dasselbe gilt sogar für die Polytope, deren Ecken in $\mathbb{Q}^n \cap X$ liegen.* Mit diesem Ergebnis lässt sich in vielen Fällen die Untersuchung kompakter konvexer Mengen auf die Untersuchung von Polytopen zurückführen. Kommt es dabei auf eine Streckung nicht an, kann man sogar annehmen, dass die Eckpunkte der Polytope Punkte des Standardgitters $\mathbb{Z}^n \subseteq \mathbb{R}^n$ sind. $\diamond$

Zum Schluss dieses Kapitels soll der Begriff der Summierbarkeit für Familien reeller oder komplexer Zahlen aus Abschn. 3.7 verallgemeinert werden. Beim Begriff der Summierbarkeit wurde benutzt, dass $(\mathbb{R}, +)$ bzw. $(\mathbb{C}, +)$ kommutative topologische Gruppen sind. Entsprechend ist für die Multiplizierbarkeit entscheidend, dass $(\mathbb{R}^\times, \cdot)$ bzw. $(\mathbb{C}^\times, \cdot)$ kommutative topologische Gruppen sind. Wir definieren zunächst allgemein:

Definition 4.5.33 Sei G eine (multiplikativ geschriebene) Gruppe, versehen mit einer Topologie. G heißt eine **topologische Gruppe**, wenn die Multiplikation $G \times G \to G$ und die Inversenbildung $G \to G$ stetig sind (wobei $G \times G$ die Produkttopologie trägt). Eine Abbildung $\varphi\colon G \to H$ topologischer Gruppen heißt ein **Homomorphismus (topologischer Gruppen)**, wenn φ ein stetiger Gruppenhomomorphismus ist. Ist φ ein Gruppenisomorphismus und überdies ein Homöomorphismus, so heißt φ ein **Isomorphismus (topologischer Gruppen)**.

Sei G eine topologische Gruppe. Untergruppen von G sind mit der induzierten Topologie ebenfalls topologische Gruppen. Für jedes $g \in G$ sind die Translationen $L_g\colon x \mapsto gx$ bzw. $R_g\colon x \mapsto xg$ Homöomorphismen von G mit $L_{g^{-1}}$ bzw. $R_{g^{-1}}$ als Umkehrungen. Die Inversenbildung ist ein involutorischer Homöomorphismus. Für jede offene Menge $U \subseteq G$ und *beliebiges* $A \subseteq G$ sind die Komplexprodukte $AU = \bigcup_{a \in A} aU$ und $UA = \bigcup_{a \in A} Ua$ offen. Dass die Multiplikation und die Inversenbildung stetig sind, lässt sich zu der Bedingung zusammenfassen, dass die Quotientenbildung $f\colon G \times G \to G$, $(x, y) \mapsto xy^{-1}$, stetig ist. Die Faser $f^{-1}(e_G)$ ist die Diagonale Δ_G. Da G genau dann hausdorffsch ist, wenn Δ_G abgeschlossen in $G \times G$ ist, vgl. Aufg. 4.2.9a), folgt:

Proposition 4.5.34 *Eine topologische Gruppe ist genau dann hausdorffsch, wenn $\{e_G\}$ abgeschlossen in G ist.*

$$
\begin{array}{ccc}
G \times G & \longrightarrow & G \\
\scriptstyle \pi_N \times \pi_N \downarrow & & \downarrow \scriptstyle \pi_N \\
G/N \times G/N & \longrightarrow & G/N
\end{array}
$$

Abb. 4.26 Zusammenhang der Multiplikationen in den topologischen Gruppen G und G/N, $N \subseteq G$ Normalteiler

Ist N ein Normalteiler in G, so ist die Quotientengruppe G/N mit der Quotiententopologie ebenfalls eine topologische Gruppe und die kanonische Projektion $\pi_N \colon G \to G/N$ ist ein offener Homomorphismus topologischer Gruppen; denn für jede offene Menge $U \subseteq G$ ist die saturierte Hülle NU offen in G. Die Produktabbildung $\pi_N \times \pi_N \colon G \times G \to G/N \times G/N$ ist offen und damit eine Quotientenabbildung. Daraus und aus dem kommutativen Diagramm in Abb. 4.26 folgt dann, dass – wie behauptet – die Multiplikation von G/N stetig ist. Die Stetigkeit der Inversenabbildung ist trivial. Nach Proposition 4.5.34 ist G/N genau dann hausdorffsch, wenn N in G abgeschlossen ist. Genau dann ist G/N diskret, wenn N offen in G ist. G/N hat folgende universelle Eigenschaft: *Ist $\varphi \colon G \to H$ eine Homomorphismus topologischer Gruppen mit $N \subseteq \operatorname{Kern} \varphi$, so gibt es genau einen Homomorphismus topologischer Gruppen $\overline{\varphi} \colon G/N \to H$ mit $\varphi = \overline{\varphi} \circ \pi_N$.* Anders als bei Gruppen schlechthin braucht $\overline{\varphi}$ aber kein Isomorphismus topologischer Gruppen zu sein, wenn φ surjektiv und $N = \operatorname{Kern} \varphi$ ist. Sonst wäre ja jeder bijektive Homomorphismus topologischer Gruppen ein Homöomorphismus. Vielmehr induziert der surjektive Homomorphismus $\varphi \colon G \to H$ genau dann einen Isomorphismus $\overline{\varphi} \colon G/\operatorname{Kern} \varphi \xrightarrow{\sim} H$ topologischer Gruppen, genau dann ist φ also eine Quotientenabbildung, wenn φ offen ist.

Beispiel 4.5.35 (1) Produkte topologischer Gruppen sind (mit der Produkttopologie) wieder topologische Gruppen.

(2) Jede Gruppe ist mit der diskreten Topologie eine topologische Gruppe. Dieses Beispiel ist zwar simpel, aber unendliche Produkte diskreter Gruppen und ihre Untergruppen sind als topologische Gruppen durchaus interessant (und nur in trivialen Fällen diskret).

(3) $(\mathbb{R}, +)$ und $(\mathbb{C}, +)$ sowie $(\mathbb{R}^\times, \cdot)$ und $(\mathbb{C}^\times, \cdot)$ sind hausdorffsche topologische Gruppen. Allgemein sind für jeden angeordneten Körper K mit der Ordnungstopologie die Gruppen $(K, +)$ und $(K^\times, \cdot)$ topologische Gruppen, vgl. Beispiel 4.2.35. Generell heißt ein Divisionsbereich K mit einer Topologie ein **topologischer Divisionsbereich**, wenn die Addition, die Multiplikation und die Inversenbildung $K^\times \to K^\times$ stetig sind.

(4) Die Kreisgruppe $\mathrm{U} = \{z \in \mathbb{C} \mid |z| = 1\}$ ist eine kompakte Untergruppe von $\mathbb{C}^\times$. Der kanonische Isomorphismus $\mathbb{T} = \mathbb{R}/\mathbb{Z} \to \mathrm{U}$, $t + \mathbb{Z} \mapsto \mathrm{e}^{2\pi \mathrm{i} t} = \cos 2\pi t + \mathrm{i} \sin 2\pi t$, ist ein Isomorphismus topologischer Gruppen. Folglich sind auch alle Torusgruppen $\mathbb{T}^n \xrightarrow{\sim} \mathrm{U}^n$ kompakte topologische Gruppen, die überdies isomorph zu $\mathbb{R}^n/\mathbb{Z}^n$ sind, $n \in \mathbb{N}$. Die Exponentialabbildung $\exp \colon \mathbb{C} \to \mathbb{C}^\times$ ist ein offener surjektiver Homomorphismus topologischer Gruppen, der einen Isomorphismus $\mathbb{C}/2\pi \mathrm{i}\mathbb{Z} \xrightarrow{\sim} \mathbb{C}^\times$ topologischer Gruppen induziert. Überdies ist $\mathbb{R}_+^\times \times \mathrm{U} \xrightarrow{\sim} \mathbb{C}^\times$, $(r, u) \mapsto ru$, ein Isomorphismus topologischer Gruppen.

(5) Die additive Gruppe eines normierten $\mathbb{K}$-Vektorraums V ist eine hausdorffsche topologische Gruppe, vgl. Aufg. 4.1.6a). Sind die Werte der Norm auf V alle endlich, so ist auch die Skalarmultiplikation $\mathbb{K} \times V \to V$ stetig, vgl. Aufg. 4.1.6b). Allgemein heißt ein $\mathbb{K}$-Vektorraum V mit einer Topologie ein **topologischer $\mathbb{K}$-Vektorraum**, wenn $(V, +)$ eine hausdorffsche topologische Gruppe ist und seine Skalarmultiplikation stetig ist.[21] Jeder normierte $\mathbb{K}$-Vektorraum V mit $V = V_{<\infty}$ und insbesondere jeder $\mathbb{K}$-Banach-Raum ist also ein topologischer $\mathbb{K}$-Vektorraum. $\diamond$

Sei wieder allgemein G eine (multiplikative) topologische Gruppe mit neutralem Element $e = e_G$. Ist U eine Umgebung von e, so ist U^{-1} ebenfalls eine Umgebung von e und damit auch $\widetilde{U} := U \cap U^{-1}$. Es ist $\widetilde{U}^{-1} = \widetilde{U}$. Umgebungen von e mit dieser Eigenschaft heißen **symmetrisch**. *Die symmetrischen Umgebungen von e bilden also eine Umgebungsbasis von e.* Sei $n \in \mathbb{N}^*$. Da auch die mehrfache Produktbildung $G^n \to G$, $(x_1, \ldots, x_n) \mapsto x_1 \cdots x_n$, stetig ist (Induktion über n), gibt es zu jeder Umgebung V von e eine Umgebung U von e mit $U^n = U \cdots U \subseteq V$. Man beachte, dass auch U^n eine Umgebung von e ist. *Die Umgebungen U^n, U Umgebung von e, bilden also eine Umgebungsbasis von e.* Bilden die Umgebungen V von e eine Umgebungsbasis von e, so sind für jedes $g \in G$ sowohl die Translate gV als auch Vg eine Umgebungsbasis von g. *Insbesondere erfüllt G genau dann das erste Abzählbarkeitsaxiom, vgl. Definition 4.2.9, wenn e eine abzählbare Umgebungsbasis besitzt.*

Summierbare bzw. multiplizierbare Familien definieren wir nur für abelsche und hausdorffsche topologische Gruppen. Dabei bevorzugen wir die additive Schreibweise und überlassen die entsprechenden Formulierungen für den multiplikativen Fall dem Leser. *Im Folgenden sei also $G = (G, +)$ eine kommutative hausdorffsche topologische Gruppe mit neutralem Element 0 und a_i, $i \in I$, eine Familie von Elementen aus G.* Für eine endliche Teilmenge $J \in \mathfrak{E}(I)$ bezeichnet wie bisher a_J die **Partialsumme** $a_J = \sum_{i \in J} a_i$.[22] Analog zu Definition 3.7.2 definieren wir:

Definition 4.5.36 Die Familie a_i, $i \in I$, in $G = (G, +)$ heißt **summierbar in G**, wenn es ein $c \in G$ gibt mit folgender Eigenschaft: Zu jeder Umgebung U von c gibt es ein $J_0 \in \mathfrak{E}(I)$ mit $a_J \in U$ für alle $J \in \mathfrak{E}(I)$ mit $J \supseteq J_0$. – Existiert c, so ist c eindeutig bestimmt (da G hausdorffsch ist) und heißt die **Summe** der a_i, $i \in I$. Man bezeichnet sie mit

$$\sum_{i \in I} a_i .$$

Bei multipliktaiver Schreibweise spricht man natürlich von **multiplizierbaren Familien**. Die Summe $\sum_{i \in I} a_i$ ist offenbar gleich dem Grenzwert $\lim_{\mathcal{F}(I)} a_J$ der Partialsummen a_J, $J \in \mathfrak{E}(I)$, bzgl. desjenigen Filters $\mathcal{F}(I)$ auf $\mathfrak{E}(I)$ ist, für den die Mengen $\{J \in \mathfrak{E}(I) \mid J \supseteq J_0\} \in \mathfrak{P}(\mathfrak{E}(I))$, $J_0 \in \mathfrak{E}(I)$, eine Basis bilden, vgl. Bemerkung 4.2.21. Daraus ergibt sich sofort:

---

[21] Einige Autoren verlangen nicht, dass ein topologischer Vektorraum hausdorffsch ist.
[22] Bei multiplikativer Schreibweise ist $a^J = \prod_{i \in J} a_i$ das entsprechende **Partialprodukt**.

Proposition 4.5.37 *Sei* $\varphi\colon G \to H$ *ein Homomorphismus kommutativer hausdorffscher topologischer Gruppen. Ist die Familie* a_i, $i \in I$, *summierbar in* G, *so ist die Bildfamilie* $\varphi(a_i)$, $i \in I$, *summierbar in* H *und es gilt*

$$\sum_{i \in I} \varphi(a_i) = \varphi\left(\sum_{i \in I} a_i\right).$$

Benutzt man dies für die Negativbildung $x \mapsto -x$ und den Summenhomomorphismus $(x, y) \mapsto x + y$ von G, so erhält man folgende Rechenregeln: Sind a_i, $i \in I$, und b_i, $i \in I$, summierbare Familien in G, so sind auch die Familien $-a_i$, $i \in I$, und $a_i + b_i$, $i \in I$, summierbar, und es gilt

$$\sum_{i \in I}(-a_i) = -\sum_{i \in I} a_i, \quad \sum_{i \in I}(a_i + b_i) = \sum_{i \in I} a_i + \sum_{i \in I} b_i.$$

Ferner ergibt sich für eine Zerlegung $I = I' \uplus I''$ von I: Sind a_i, $i \in I'$, und a_i, $i \in I''$, summierbare Familien in G, so ist auch a_i, $i \in I$, summierbar und es gilt

$$\sum_{i \in I} a_i = \sum_{i \in I'} a_i + \sum_{i \in I''} a_i.$$

Man beachte, dass eine Teilfamilie einer summierbaren Familie *nicht* summierbar zu sein braucht. Beispiel? Man vergleiche aber das Korollar 4.5.42 und die Bemerkung 4.5.45.

Der große Umordnungssatz 3.7.11, der auch das **große Assoziativgesetz** heißt, lässt sich allgemein folgendermaßen formulieren.

Satz 4.5.38 (Großer Umordnungssatz) *Sei* G *eine hausdorffsche kommutative topologische Gruppe und* a_i, $i \in I$, *eine summierbare Familie in* G. *Ferner sei* $I = \biguplus_{j \in J} I_j$ *eine Zerlegung der Indexmenge* I *(mit paarweise disjunkten Teilmengen* $I_j \subseteq I$, $j \in J$) *derart, dass jede der Teilfamilien* a_i, $i \in I_j$, *ebenfalls summierbar ist (was in der Situation von* Satz 4.5.41 *stets der Fall ist) mit*

$$s_j := \sum_{i \in I_j} a_i.$$

Dann gilt: Die Familie s_j, $j \in J$, *ist ebenfalls summierbar, und es ist*

$$\sum_{i \in I} a_i = \sum_{j \in J} s_j = \sum_{j \in J}\left(\sum_{i \in I_j} a_i\right).$$

Beweis Der Beweis verläuft analog zum Beweis von Satz 3.7.11. Sei $s := \sum_{i \in I} a_i$ und U eine Umgebung von 0 in G. Wir suchen ein $L_0 \in \mathfrak{E}(J)$ mit $s_L \in s + U$ für alle $L \in \mathfrak{E}(J)$ mit $L \supseteq L_0$. Sei dazu V eine Umgebung von 0 in G mit $V + V \subseteq U$. Nach Voraussetzung gibt es ein $K_0 \in \mathfrak{E}(I)$ mit $a_K \in s + V$ für alle $K \in \mathfrak{E}(I)$ mit $K \supseteq K_0$. Jedes der endlich vielen Elemente von K_0 liegt in einem I_j. Daher gibt es eine endliche Teilmenge $L_0 \subseteq J$ derart, dass $K_0 \subseteq \bigcup_{j \in L_0} I_j$ ist.

Sei nun $L \supseteq L_0$ mit $|L| = n \in \mathbb{N}^*$ und W eine symmetrische Umgebung von 0 mit $nW = W + \cdots + W \subseteq V$. Da s_j, $j \in L$, die Summe der Familie a_i, $i \in I_j$, ist, gibt es ein $K'_j \in \mathfrak{E}(I_j)$ mit $a_{K'_j} \in s_j + W$ und $K'_j \supseteq K_0 \cap I_j$. Dann gilt

$$s_L - s = \sum_{j \in L} s_j - s = \sum_{j \in L} \left(s_j - a_{K'_j} \right) + \left(\sum_{j \in L} a_{K'_j} - s \right) \in nW + V \subseteq V + V \subseteq U,$$

da $K := \biguplus_{j \in L} K'_j$ die disjunkte Vereinigung der K'_j ist, also $a_K = \sum_{j \in L} a_{K'_j}$ gilt, und da K nach Konstruktion K_0 umfasst, also $a_K \in s + V$ ist. $\qquad\square$

Um ein Cauchy-Kriterium für Summierbarkeit formulieren zu können, brauchen wir den Begriff der Cauchy-summierbaren Familie und den Begriff der vollständigen topologischen kommutativen Gruppe. Den ersten der beiden Begriffe können wir direkt von $\mathbb{K}$ übertragen, vgl. Definition 3.7.3.

Definition 4.5.39 Eine Familie a_i, $i \in I$, in G heißt **Cauchy-summierbar**, wenn es zu jeder Umgebung U von 0 in G ein $J_0 \in \mathfrak{E}(I)$ gibt derart, dass $a_E \in U$ ist für alle $E \in \mathfrak{E}(I)$ mit $E \cap J_0 = \emptyset$.

Die Cauchy-Summierbarkeit einer Familie a_i, $i \in I$, in G lässt sich auch folgendermaßen ausdrücken: *Zu jeder Umgebung U von 0 gibt es ein $J_0 \in \mathfrak{E}(I)$ mit $a_J - a_{J'} \in U$ für alle $J, J' \in \mathfrak{E}(I)$ mit $J, J' \supseteq J_0$. Teilfamilien Cauchy-summierbarer Familien sind offenbar wieder Cauchy-summierbar. – Eine summierbare Familie a_i, $i \in I$, ist Cauchy-summierbar.* Sei nämlich $c := \sum_{i \in I} a_i$, U eine Umgebung von 0 in G und V eine symmetrische Umgebung von 0 mit $V + V \subseteq U$. Nach Voraussetzung gibt es ein $J_0 \in \mathfrak{E}(I)$ mit $a_J \in c + V$ für alle $J \in \mathfrak{E}(I)$ mit $J \supseteq J_0$. Für $E \in \mathfrak{E}(I)$ mit $E \cap J_0 = \emptyset$ ist dann $a_E = a_{J_0 \uplus E} - a_{J_0} \in (c + V) - (c + V) = V - V \subseteq U$.

Die Umkehrung gilt, wenn G vollständig ist. Wie bereits mehrfach erwähnt, reichen Folgen für Grenzwertbetrachtungen nicht aus, wenn der topologische Raum nicht das erste Abzählbarkeitsaxiom erfüllt. Daher sind auch Cauchy-Folgen im Allgemeinen nicht ausreichend, um Vollständigkeit zu definieren. Dies ist aber möglich, wenn G das erste Abzählbarkeitsaxiom erfüllt, d. h. wenn 0 in G eine abzählbare Umgebungsbasis U_n, $n \in \mathbb{N}$, besitzt, von der wir überdies annehmen können, dass die U_n offen und symmetrisch sind und die Folge (U_n) monoton fällt: $U_0 \supseteq U_1 \supseteq U_2 \supseteq \cdots$. Wir nennen G **metrisierbar (als topologische Gruppe)**, wenn G eine *translationsinvariante* Metrik d besitzt, die die Topologie von G erzeugt. Dann ist $d(x, y) = d(y, x) = d(0, x - y) = d(-x, -y)$ für $x, y \in G$. Die Negativbildung ist also (wie jede Translation) eine Isometrie. Eine metrisierbare Gruppe erfüllt natürlich das erste Abzählbarkeitsaxiom, und etwa die Umgebungen $U_n := \{x \in G \mid d(0, x) < 1/(n + 1)\}$, $n \in \mathbb{N}$, von $0 \in G$ genügen den obigen Bedingungen.[23]

Definition 4.5.40 Sei $G = (G, +)$ eine hausdorffsche kommutative topologische Gruppe.

(1) Eine Folge x_n, $n \in \mathbb{N}$, in G heißt eine **Cauchy-Folge**, wenn zu jeder Umgebung U von 0 in G ein $n_0 \in \mathbb{N}$ existiert mit $x_n - x_m \in U$ für alle $n, m \geq n_0$.

(2) G heißt **folgenvollständig**, wenn jede Cauchy-Folge in G konvergiert. Erfüllt G das erste Abzählbarkeitsaxiom, so heißt G **vollständig**, wenn G folgenvollständig ist.

Ist die topologische Gruppe G metrisierbar mit Metrik d, so ist eine Folge x_n, $n \in \mathbb{N}$, genau dann eine Cauchy-Folge bzgl. d, wenn sie eine Cauchy-Folge gemäß Definition 4.5.1 ist. G ist in diesem Fall also genau dann eine vollständige topologische Gruppe, wenn (G, d) ein vollständiger metrischer Raum ist. *Insbesondere ist ein vollständiger normierter $\mathbb{K}$-Vektorraum $V = (V, \|-\|)$ und speziell ein $\mathbb{K}$-Banach-Raum eine vollständige topologische Gruppe bzgl. der Addition.*

Jede hausdorffsche kommutative Gruppe G, die das erste Abzählbarkeitsaxiom erfüllt, besitzt analog zu einem metrischen Raum eine kanonische **Komplettierung** (oder **Vervollständigung**) $\widehat{G}$, die ebenfalls hausdorffsch und kommutativ ist, dem ersten Abzählbarkeitsaxiom genügt sowie G als dichte Untergruppe enthält. Zur Konstruktion betrachtet man jetzt die Gruppe $G_{\mathrm{CF}}^{\mathbb{N}}$ der Cauchy-Folgen in G und darin die Untergruppe $\mathfrak{n}_G$ der Nullfolgen. Dann ist eine solche Komplettierung die Quotientengruppe

$$\widehat{G} = G_{\mathrm{CF}}^{\mathbb{N}}/\mathfrak{n}_G.$$

Die Elemente von G werden in $\widehat{G}$ durch die konstanten Folgen repräsentiert. Ist U eine Umgebung von 0 in G, so ist die Menge $\widetilde{U}$ der Elemente aus $\widehat{G}$, die von einer Cauchy-Folge mit Elementen aus U repräsentiert werden, eine Umgebung von 0 in $\widehat{G}$. – Das Cauchysche Summierbarkeitskriterium für topologische Gruppen lautet nun:

Satz 4.5.41 (Cauchysches Summierbarkeitskriterium) *Sei G eine vollständige hausdorffsche kommutative topologische Gruppe, die das erste Abzählbarkeitsaxiom erfüllt. Eine Familie a_i, $i \in I$, in G ist genau dann summierbar, wenn sie Cauchy-summierbar ist.*

Beweis Der Beweis verläuft analog zum Beweis von Satz 3.7.4. Wie bereits bemerkt, ist jede summierbare Familie Cauchy-summierbar. Sei nun umgekehrt a_i, $i \in I$, Cauchy-summierbar und $U_0 \supseteq U_1 \supseteq U_2 \supseteq \cdots$ eine Basis aus symmetrischen Umgebungen von 0 in G. Nach Voraussetzung gibt es eine Folge $J_n \in \mathfrak{E}(I)$, $n \in \mathbb{N}$, mit $a_E \in U_n$, falls

---

[23] Man beachte, dass etwa die von den natürlichen Metriken auf $\mathbb{R}$ bzw. $\mathbb{C}$ induzierten Metriken nicht translationsinvariant sind für die topologischen Gruppen $\mathbb{R}^{\times}$ bzw. $\mathbb{C}^{\times}$. Man gebe translationsinvariante Metriken an, die die Topologie dieser Gruppen definieren.

$E \in \mathfrak{E}(I)$ und $E \cap J_n = \emptyset$. Indem wir J_n durch $\bigcup_{k=0}^{n} J_k$ ersetzen, können wir annehmen, dass $J_0 \subseteq J_1 \subseteq J_2 \subseteq \cdots$ gilt. Wir zeigen, dass die Folge a_{J_n}, $n \in \mathbb{N}$, eine Cauchy-Folge ist und daher gegen ein $c \in G$ konvergiert. Sei dazu U eine Umgebung von 0 in G. Es gibt ein $n_0 \in \mathbb{N}$ mit $U_{n_0} \subseteq U$. Für $n \geq m \geq n_0$ gilt dann $a_{J_n} - a_{J_m} = a_{J_n - J_m} \in U_{n_0} \subseteq U$ wegen $(J_n - J_m) \cap J_{n_0} = \emptyset$.

Abschließend zeigen wir, dass $c = \sum_{i \in I} a_i$ ist. Sei dazu wieder U eine Umgebung von 0 in G und V eine Umgebung von 0 mit $V + V \subseteq U$. Ferner sei n so gewählt, dass $U_n \subseteq V$ und $a_{J_n} \in c + V$ ist. Für jedes $J \in \mathfrak{E}(I)$ mit $J \supseteq J_n$ gilt dann wegen $a_J - a_{J_n} = a_{J - J_n}$ und $(J - J_n) \cap J_n = \emptyset$

$$a_J - c = (a_J - a_{J_n}) + (a_{J_n} - c) \in U_n + V \subseteq V + V \subseteq U. \qquad \square$$

Da Teilfamilien von Cauchy-summierbaren Familien wieder Cauchy-summierbar sind, erhält man:

Korollar 4.5.42 *Sei G wie in* Satz 4.5.41. *Dann ist jede Teilfamilie einer summierbaren Familie in G ebenfalls summierbar.*

Beispiel 4.5.43 (1) Seien G_k, $k \in K$, hausdorffsche kommutative Gruppen. Eine Familie $a_i = (a_{ik})_{k \in K}$, $i \in I$, im Produkt $G = \prod_{k \in K} G_k$ (versehen mit der Produkttopologie) ist nach Definition der Produkttopologie genau dann summierbar, wenn jede der Komponentenfamilien a_{ik}, $i \in I$, summierbar ist in G_k, $k \in K$. In diesem Fall ist $\sum_{i \in I} a_i = \left(\sum_{i \in I} a_{ik}\right)_{k \in K}$. Beispielsweise ist in einer diskreten Gruppe H eine Familie b_i, $i \in I$, genau dann Cauchy-summierbar, wenn fast alle b_i verschwinden. H ist also vollständig. Eine Familie in einem Produkt $\prod_{k \in K} H_k$ diskreter Gruppen ist genau dann summierbar, wenn in jeder Komponente fast alle Glieder der Familie verschwinden. Insbesondere ist also $h = \sum_{k \in K} h_k$ für jedes Element $h = (h_k)_{k \in K} \in \prod_{k \in K} H_k$ (wobei H_k in kanonischer Weise mit einer Untergruppe des Produkts identifiziert wird). Diese Konvention wird häufig verwandt, ohne dass der topologische Hintergrund ausdrücklich erwähnt wird. Beispielsweise gilt dies für die formalen Monoidalgebren $A[\![M]\!] = A^M$, wo A ein S-Algebra ist und M ein Monoid, in dem jedes Element ρ nur endlich viele Produktdarstellungen $\rho = \sigma\tau$ mit $\sigma, \tau \in M$ hat, vgl. das Ende von Beispiel 2.9.6. Auch die Multiplikation von $A[\![M]\!]$ ist stetig. $A[\![M]\!]$ ist also ein topologischer Ring. Dabei heißt generell ein Ring R mit einer Topologie ein **topologischer Ring**, wenn Addition und Multiplikation von R stetig sind. (Dann ist auch die Negativbildung stetig, $(R, +)$ also eine topologische Gruppe.)

(2) Sei $V = (V, \|-\|)$ ein normierter $\mathbb{K}$-Vektorraum. Eine Familie x_i, $i \in I$, ist offenbar genau dann summierbar, wenn es ein $I_0 \in \mathfrak{E}(I)$ gibt derart, dass $x_i \in V_{<\infty}$ ist für alle $i \in I - I_0$ und x_i, $i \in I - I_0$, in $V_{<\infty}$ summierbar ist. In diesem Fall ist $\sum_{i \in I} x_i = x_{I_0} + \sum_{i \in I - I_0} x_i \in x_{I_0} + V_{<\infty}$. Wir wollen daher gleich annehmen, dass $V = V_{<\infty}$ und überdies V vollständig, also ein Banach-Raum ist. Dann ist die folgende Proposition nützlich:

Proposition 4.5.44 *Sei x_i, $i \in I$, eine Familie im $\mathbb{K}$-Banach-Raum V. Ist $\|x_i\|$, $i \in I$, summierbar (in $\mathbb{R}$), so ist x_i, $i \in I$, summierbar in V.*

Beweis Nach Satz 4.5.41 genügt es zu zeigen, dass die Familie x_i, $i \in I$, Cauchy-summierbar ist. Sei dazu $\varepsilon > 0$ vorgegeben. Dann gibt es ein $J_0 \in \mathfrak{E}(I)$ mit $\sum_{i \in E} \|x_i\| \leq \varepsilon$ für alle $E \in \mathfrak{E}(I)$ mit $E \cap J_0 = \emptyset$. Für diese E gilt dann auch $\|x_E\| \leq \sum_{i \in E} \|x_i\| \leq \varepsilon$. $\qquad\qquad\Box$

Eine Familie x_i, $i \in I$, wie in der Proposition mit $\sum_{i \in I} \|x_i\| < \infty$ heißt **normal summierbar**. *Normal summierbare Familien in Banach-Räumen sind also summierbar.* Wir bemerken ausdrücklich, dass eine summierbare Familie nicht notwendig normal summierbar sein muss. Für $x = (1/(n+1))_{n \in \mathbb{N}} \in \ell^2_{\mathbb{R}}(\mathbb{N})$ beispielsweise ist $x = \sum_{n \in \mathbb{N}} e_n/(n+1)$ (Beweis?), aber $\sum_{n \in \mathbb{N}} \|e_n/(n+1)\|_2 = \sum_{n \in \mathbb{N}} 1/(n+1) = \infty$. *Ist allerdings V ein endlichdimensionaler Banach-Raum, so ist eine Familie x_i, $i \in I$, genau dann summierbar, wenn sie normal summierbar ist.* Beweis! Vgl. Satz 3.7.9, auf den sich der allgemeine Fall zurückführen lässt.

(3) Sei K ein angeordneter Körper, versehen mit der Ordnungstopologie. Wie bereits in Beispiel 4.5.35 (3) bemerkt, ist dann K ein topologischer Körper, d. h. $(K, +)$ und $(K^\times, \cdot)$ sind topologische Gruppen. In Analogie zu $\mathbb{R}$ und $\mathbb{C}$ wird die Multiplizierbarkeit einer Familie $a_i \in K$, $i \in I$, durch folgende Bedingung definiert: Es gibt eine endliche Menge $I_0 \in \mathfrak{E}(I)$ derart, dass a_i, $i \in I - I_0$, eine multiplizierbare Familie in $(K^\times, \cdot)$ ist. In diesem Fall setzt man $\prod_{i \in I} a_i = a^{I_0} \prod_{i \in I - I_0} a_i$. Wir setzen nun voraus, dass die Topologie von K dem ersten Abzählbarkeitsaxiom genügt, d. h. dass es eine nichtstationäre Nullfolge in K gibt. Man hat zunächst zu unterscheiden zwischen Cauchy-Folgen in $(K, +)$ und solchen in $(K^\times, \cdot)$. Definitionsgemäß heißt K **vollständig**, wenn die additive Gruppe $(K, +)$ vollständig ist. Dann ist auch die multiplikative Gruppe $(K^\times, \cdot)$ vollständig. Für eine Folge x_n, $n \in \mathbb{N}$, in $K^\times$ sind nämlich folgende Bedingungen äquivalent: (i) (x_n) ist eine Cauchy-Folge in $K^\times$. (ii) Es gibt ein $s \in K^\times_+$ mit $|x_n| \geq s$ für (fast) alle $n \in \mathbb{N}$ und (x_n) ist eine Cauchy-Folge in $(K, +)$. Vgl. Aufg. 4.5.17. Da die Nullfolgen nicht nur eine Untergruppe, sondern offenbar sogar ein maximales Ideal $\mathfrak{n}_K$ in der K-Algebra $K^{\mathbb{N}}_{\mathrm{CF}}$ der Cauchy-Folgen bilden, ist die Komplettierung

$$\widehat{K} = K^{\mathbb{N}}_{\mathrm{CF}}/\mathfrak{n}_K$$

nicht nur eine additive vollständige topologische Gruppe, sondern sogar ein angeordneter Körper. Die Elemente des Positivitätsbereichs $\widehat{K}_+$ von $\widehat{K}$ werden von denjenigen Cauchy-Folgen repräsentiert, deren Glieder fast alle in K_+ liegen. Als Beispiel betrachte man etwa für einen angeordneten Körper k den rationalen Funktionenkörper $K = k(X) = Q(k[X])$ in einer Unbestimmten X mit der in Beispiel 3.1.2 (1) angegeben Ordnung, in dem X^{-n}, $n \in \mathbb{N}$, eine streng monoton fallende Nullfolge ist. $\qquad\qquad\Diamond$

Bemerkung 4.5.45 Sei G wieder eine beliebige hausdorffsche kommutative additive topologische Gruppe. Um allgemein die Vollständigkeit zu charakterisieren hat man – wie schon betont – allgemeine Familien a_i, $i \in I$, in G über gefilterten Indexmengen I zu betrachten, vgl. Beispiel 4.2.21. Sei $\mathcal{F}$ ein Filter auf I. Dann heißt a_i, $i \in I$, eine **Cauchy-Familie** bzgl. $\mathcal{F}$, wenn $\mathcal{F} \neq \mathfrak{P}(I)$ ist und zu jeder Umgebung U von 0 in G ein $F \in \mathcal{F}$ existiert mit $a_i - a_j \in U$ für alle $i, j \in F$. Beispielsweise ist eine Familie a_i, $i \in I$, genau dann Cauchy-summierbar, wenn die Familie s_J, $J \in \mathfrak{E}(I)$, der endlichen Partialsummen eine Cauchy-Familie bzgl. des im Anschluss an Definition 4.5.36 angegebenen Filters $\mathcal{F}(I)$ auf $\mathfrak{E}(I)$ ist. Existiert $\lim_{\mathcal{F}} a_i$, so ist a_i, $i \in I$, natürlich eine Cauchy-Familie bzgl. $\mathcal{F}$. Ist umgekehrt jede Cauchy-Familie konvergent (jeweils bzgl. des gegebenen Filters), so heißt G **vollständig**. In Verallgemeinerung von Satz 4.5.41 zeige man: *Erfüllt G das erste Abzählbarkeitsaxiom und ist G folgenvollständig, so konvergiert jede Cauchy-Familie in G, d. h. G ist vollständig.* Dies rechtfertigt Definition 4.5.40 (2). *Jede kompakte topologische Gruppe G ist vollständig.* Man beweis dies wie Satz 4.5.5: Ist a_i, $i \in I$, eine Cauchy-Familie in G, so besitzt sie nach Lemma 4.4.16 einen Häufungspunkt und ist daher konvergent, da jeder Häufungspunkt einer Cauchy-Folge ein Grenzwert der Familie ist. Die topologische Gruppe $(\mathbb{C}^\times, \cdot)$ ist isomorph zum Produkt $\mathbb{R}_+^\times \times \mathrm{U}$, wo U die kompakte Kreisgruppe ist, und damit wie $\mathbb{R}_+^\times \cong \mathbb{R}$ und U vollständig. Wegen $\mathrm{U} \cong \mathbb{T} = \mathbb{R}/\mathbb{Z}$ folgt die Vollständigkeit von U auch direkt aus der von $\mathbb{R}$. Ebenso liefert die Isomorphie $\mathbb{C}^\times \cong \mathbb{C}/2\pi i\mathbb{Z}$ die Vollständigkeit von $\mathbb{C}^\times$ aus der von $(\mathbb{C}, +)$, vgl. den Beweis von Satz 3.7.17. – Wir erwähnen, dass zu jeder topologischen Gruppe G wie zu Beginn dieser Bemerkung eine Vervollständigung $\widehat{G}$ konstruiert werden kann und verweisen dazu auf die Literatur, etwa auf [2]. $\diamondsuit$

Aufgaben

Aufgabe 4.5.1 Sei $V = (V, \|-\|)$ ein normierter $\mathbb{K}$-Vektorraum mit $V = V_{<\infty}$. Dann ist die Abbildung $x \mapsto x/(1 + \|x\|)$ ein Homöomorphismus von V auf die offene Kugel $\mathrm{B}_V(0; 1)$. Ist V ein Banach-Raum $\neq 0$, so ist V vollständig, $\mathrm{B}_V(0; 1)$ aber nicht. (Die Vollständigkeit eines metrischen Raumes hängt also wesentlich von der Metrik selbst und nicht nur von der Topologie ab.)

Aufgabe 4.5.2 Sei X ein metrischer Raum mit folgender Eigenschaft: Es gibt ein (festes) $\varepsilon > 0$ derart, dass alle Kugeln $\overline{\mathrm{B}}(x; \varepsilon)$, $x \in X$, kompakt sind. Dann ist X vollständig. (Ein lokal kompakter metrischer Raum ist aber im Allgemeinen nicht vollständig.)

Aufgabe 4.5.3 Ein metrischer Raum X ist genau dann präkompakt, wenn seine Vervollständigung kompakt ist.

Aufgabe 4.5.4 Sei x_{mn}, $(m, n) \in \mathbb{N} \times \mathbb{N}$, eine Doppelfolge in einem endlichdimensionalen $\mathbb{K}$-Banach-Raum V mit folgender Eigenschaft: Für jedes $m \in \mathbb{N}$ ist die Folge $(x_{mn})_{n \in \mathbb{N}}$ beschränkt. Dann gibt es eine Folge $0 \leq n_0 < n_1 < \cdots$ von Indizes derart, dass die Folgen $(x_{mn_k})_{k \in \mathbb{N}}$ für alle $m \in \mathbb{N}$ konvergieren. (Vgl. Satz 4.5.7.)

Aufgabe 4.5.5 Ein lokal kompakter oder metrischer Raum mit abzählbar vielen Punkten ist total unzusammenhängend. (Für metrische Räume siehe schon Aufg. 4.3.3a). – Es gibt abzählbar unendliche, zusammenhängende Hausdorff-Räume. Beispiel?)

Aufgabe 4.5.6 Sei $X = (X, d)$ ein vollständiger metrischer Raum.

a) Sei x_n, $n \in \mathbb{N}$, eine Folge in X mit $\sum_{n=0}^{\infty} d(x_n, x_{n+1}) < \infty$. Dann ist (x_n) eine Cauchy-Folge, und für $x := \lim x_n$ und jedes $n \in \mathbb{N}$ gilt $d(x_n, x) \leq \sum_{i=n}^{\infty} d(x_i, x_{i+1})$.

b) Sei $d(x, y) < \infty$ für alle $x, y \in X$. Die n-te Iterierte $f^n : X \to X$ der Abbildung $f : X \to X$ besitze die Lipschitz-Konstante L_n, $n \in \mathbb{N}$. Es sei $M := \sum_{n=0}^{\infty} L_n < \infty$. Dann besitzt f genau einen Fixpunkt x, und für jeden Punkt $x_0 \in X$ konvergiert die Folge $x_n := f^n(x_0)$, $n \in \mathbb{N}$, gegen x, und es gelten die Abschätzungen $d(x_n, x) \leq \left(\sum_{i=n}^{\infty} L_i \right) d(x_0, x_1)$ bzw. $d(x_n, x) \leq M d(x_n, x_{n+1}) \leq L_n M d(x_0, x_1)$. (Vgl. Aufg. 3.8.40.) Die Folge f^n, $n \in \mathbb{N}$, konvergiert auf jeder nichtleeren Teilmenge von X mit endlichem Durchmesser *gleichmäßig* gegen die Konstante x.

Aufgabe 4.5.7 Es gibt keine bijektive stetige Abbildung $f : \mathbb{R} \to \mathbb{R}^n$, $n \geq 2$. (Ein solches f würde nach Korollar 4.4.5 für jedes kompakte Intervall I einen Homöomorphismus $I \to f(I)$ induzieren, und $f(I) \subseteq \mathbb{R}^n$ enthielte keine inneren Punkte, vgl. Beispiel 3.8.28. Man verwende nun den Baireschen Dichtesatz. – Man beachte, dass es für alle $n > m \geq 1$ surjektive stetige Abbildungen $\mathbb{R}^m \to \mathbb{R}^n$ gibt. Dies folgt leicht aus der Existenz von Peano-Kurven, vgl. die Bemerkung zu Aufg. 4.4.27. Allgemeiner als das Ergebnis der Aufgabe gilt aber: Es gibt für $n \neq m$ keine bijektive stetige Abbildung von $\mathbb{R}^m$ auf $\mathbb{R}^n$. Dies folgt z. B. aus dem Satz von Borsuk-Ulam, siehe Aufg. 4.3.24.)

Aufgabe 4.5.8 Seien X ein topologischer Raum und $F \subseteq \mathrm{C}_{\mathbb{K}}(X)$ eine gleichgradig stetige Menge $\mathbb{K}$-wertiger stetiger Funktionen auf X. Für jede quasikompakte Teilmenge $K \subseteq X$ ist dann die Menge $\{ \| f \|_K \mid f \in F \} \subseteq \mathbb{K}$ beschränkt.

Aufgabe 4.5.9 Sei $V \neq 0$ ein normierter $\mathbb{R}$-Vektorraum und $\overline{\mathrm{B}}(x_n; R_n)$, $n \in \mathbb{N}$, eine Folge von abgeschlossenen Kugeln in V mit Mittelpunkten x_n und Radien $R_n \in \mathbb{R}_+$. Wann konvergiert diese Folge bzgl. der Hausdorff-Metrik, und welche Menge ist dann der Limes?

Aufgabe 4.5.10 Seien X ein metrischer Raum, A, B abgeschlossen in X und $\varepsilon \in \overline{\mathbb{R}}_+^{\times}$.

a) Aus $\partial(A, B) < \varepsilon$ folgt $A \subseteq \mathrm{B}(B; \varepsilon)$ und $B \subseteq \mathrm{B}(A; \varepsilon)$. (Dabei bezeichnet $\mathrm{B}(Y; \varepsilon)$ für $Y \subseteq X$ und $\varepsilon > 0$ den offenen ε-Schlauch $\bigcup_{y \in Y} \mathrm{B}(y; \varepsilon)$ um Y und $\partial(A, B)$ den Hausdorff-Abstand, vgl. Beispiel 4.5.29.)

b) Aus $A \subseteq \mathrm{B}(B; \varepsilon)$ und $B \subseteq \mathrm{B}(A; \varepsilon)$ folgt $\partial(A, B) \leq \varepsilon$.

c) $\partial(A, B)$ ist das Infimum der Menge der $\varepsilon \in \overline{\mathbb{R}}_+^\times$ mit $A \subseteq \mathrm{B}(B; \varepsilon)$ und $B \subseteq \mathrm{B}(A; \varepsilon)$.

Aufgabe 4.5.11 Sei X ein metrischer Raum und $\mathcal{F}$ der Raum der abgeschlossenen Teilmengen von X mit dem Hausdorff-Abstand. Konvergiert die Folge (A_n) mit $A_n \neq \emptyset$ für alle $n \in \mathbb{N}$ in $\mathcal{F}$ gegen $A \in \mathcal{F}$, so ist A die Menge der $x \in X$, für die eine Folge von Punkten $x_n \in A_n$ mit $\lim x_n = x$ existiert.

Aufgabe 4.5.12 Sei X ein metrischer Raum und $\mathcal{K}$ die Menge der kompakten Teilmengen im Raum $\mathcal{F}$ der abgeschlossenen Teilmengen von X, versehen mit dem Hausdorff-Abstand.

a) Ist X vollständig, so ist $\mathcal{K}$ abgeschlossen in $\mathcal{F}$ und insbesondere ebenfalls vollständig.

b) Ist X lokal kompakt, so ist $\mathcal{K}$ offen in $\mathcal{F}$ und lokal kompakt. (Vgl. Satz 4.5.31.)

Aufgabe 4.5.13 $(a_n) \mapsto [a_0 + 1, a_1 + 1, \ldots] = \lim_{n \to \infty}[a_0 + 1, a_1 + 1, \ldots, a_n + 1]$ (mit der Kettenbruchentwicklung aus Beispiel 3.3.11) ist ein Homöomorphismus von $\mathbb{N}^{\mathbb{N}}$ auf den Raum der Irrationalzahlen > 1. Speziell folgt: Der Raum $X := \mathbb{R} - \mathbb{Q}$ aller Irrationalzahlen hat abzählbare Topologie und besitzt eine seine Topologie definierende Metrik, bzgl. der er *vollständig* ist. (Solche Räume X heißen **polnisch**.) Ist auch $\mathbb{Q}$ ein polnischer Raum? Ein abzählbares Produkt polnischer Räume ist ebenfalls ein polnischer Raum.

Aufgabe 4.5.14 Sei H eine Untergruppe der topologischen Gruppe G.

a) Die abgeschlossene Hülle $\overline{H}$ ist ebenfalls eine Untergruppe von G. Ist H ein Normalteiler in G, so auch $\overline{H}$.

b) Ist H offen in G, so ist H auch abgeschlossen in G.

c) Ist H abelsch und G hausdorffsch, so ist auch $\overline{H}$ abelsch.

d) Die Zusammenhangskomponente von G, die e_G enthält, ist ein abgeschlossener Normalteiler in G.

Aufgabe 4.5.15 Sei G eine topologische Gruppe mit neutralem Element e.

a) Die abgeschlossenen Umgebungen von e bilden eine Umgebungsbasis von e. Insbesondere ist G ein regulärer topologischer Raum, wenn G hausdorffsch ist. (Ist U eine Umgebung von e und V eine Umgebung von e mit $V \cdot V^{-1} \subseteq U$, so ist $\overline{V} \subseteq U$.)

b) $\overline{\{e\}}$ ist der Durchschnitt aller Umgebungen von e.

c) Die hausdorffsche topologische Gruppe $\overline{G} := G / \overline{\{e\}}$ mit der kanonischen Projektion $\pi \colon G \to \overline{G}$ hat folgende universelle Eigenschaft: Ist $\varphi \colon G \to H$ ein Homomorphismus topologischer Gruppen und ist H hausdorffsch, so gibt es genau einen Homomorphismus $\overline{\varphi} \colon \overline{G} \to H$ topologischer Gruppen mit $\varphi = \overline{\varphi} \circ \pi$.

Aufgabe 4.5.16 Sei a_i, $i \in I$, eine summierbare Familie in einer vollständigen hausdorff-schen kommutativen topologischen Gruppe, die das erste Abzählbarkeitsaxiom erfüllt, und sei n_i, $i \in I$, eine beschränkte Familie ganzer Zahlen. Dann ist auch die Familie $n_i a_i$, $i \in I$, summierbar. (Diese Aussage verallgemeinert Satz 3.7.9.)

Aufgabe 4.5.17 Sei K ein angeordneter Körper. In den Teilen b) bis e) besitze K eine nichtstationäre Nullfolge.

a) Für eine Folge x_n, $n \in \mathbb{N}$, in $K^\times$ sind folgende Bedingungen äquivalent: (i) (x_n) ist eine Cauchy-Folge in $(K^\times, \cdot)$. (ii) Es gibt ein $s \in K_+^\times$ mit $|x_n| \geq s$ für (fast) alle $n \in \mathbb{N}$ und (x_n) ist eine Cauchy-Folge in $(K, +)$.

b) Genau dann ist K vollständig, d. h. die additive Gruppe $(K, +)$ ist vollständig, wenn die multiplikative Gruppe $(K^\times, \cdot)$ vollständig ist.

c) K sei vollständig. Eine Familie a_i, $i \in I$, in K ist genau dann summierbar, wenn die Familie $|a_i|$, $1 \in I$, der Beträge summierbar ist. (Vgl. Satz 3.7.9 und Aufg. 4.5.16.)

d) K sei vollständig. Eine Familie $1 + a_i$, $i \in I$, in K ist genau dann multiplizierbar, wenn die Familie a_i, $i \in I$, summierbar ist. (Vgl. Satz 3.7.17.)

e) Die Nullfolgen bilden ein maximales Ideal $\mathfrak{n}_K$ in der K-Algebra $K_{\mathrm{CF}}^{\mathbb{N}}$ aller Cauchy-Folgen, und der Restklassenkörper $\widehat{K} = K_{\mathrm{CF}}^{\mathbb{N}}/\mathfrak{n}_K$ ist in natürlicher Weise ein angeordneter Körper, der überdies vollständig ist.

Literatur

1. Aigner, M.: A Course in Enumeration. Springer, Berlin Heidelberg (2007)
2. Bourbaki, N.: General Topology. Springer, Berlin Heidelberg (2008)
3. Cohn, P.M.: Basic Algebra. Springer, London (2003)
4. Conway, J.: A Course in Point Set Topology. Springer (2014)
5. Deiser, O.: Einführung in die Mengenlehre, 2. Aufl. Springer, Heidelberg (2004)
6. Dieudonné, J.: Grundzüge der modernen Analysis, Bd. 1, 3. Aufl. Vieweg, Braunschweig (1986)
7. Ebbinghaus, H.-D.: Einführung in die Mengenlehre, 4. Aufl. Spektrum Akademischer Verlag, Heidelberg (2003)
8. Ebbinghaus, H.-D. et al.: Zahlen, 3. Aufl. Springer, Berlin Heidelberg (1992)
9. Fischer, G.: Lehrbuch der Algebra, 3. Aufl. Springer Spektrum, Heidelberg (2013)
10. Gerritzen, L.: Grundbegriffe der Algebra. Springer Vieweg, Wiesbaden (1994)
11. Kunz, E.: Algebra. Vieweg Teubner, (1991)
12. Laures, G., Szymik, M.: Grundkurs Topologie, 2. Aufl. Springer Spektrum, Heidelberg (2015)
13. Munkres, J.: Topology. Pearson Educational, London (2013)
14. Schafmeister, W., Wiebe, H.: Grundzüge der Algebra. B. G. Teubner, Stuttgart (1978)
15. Scheja, G., Storch, U.: Lehrbuch der Algebra, Teil 1, 2. Aufl. B. G. Teubner, Stuttgart (1994)
16. Scheja, G., Storch, U.: Lehrbuch der Algebra, Teil 2. B. G. Teubner, Stuttgart (1988)
17. Stanley, R.P.: Enumerative Combinatorics, Bd. 1, 2. Aufl. Cambbridge University Press, Cambridge (2011)
18. Storch, U., Wiebe, H.: Lehrbuch der Mathematik, Bd. 1, 3. Aufl. Spektrum Akademischer Verlag, Heidelberg (2010)
19. Storch, U., Wiebe, H.: Lehrbuch der Mathematik, Bd. 2, 2. Aufl. Spektrum Akademischer Verlag, Heidelberg (2010)
20. Storch, U., Wiebe, H.: Lehrbuch der Mathematik, Bd. 3. Spektrum Akademischer Verlag, Heidelberg (2010)
21. Storch, U., Wiebe, H.: Lehrbuch der Mathematik, Bd. 4. Spektrum Akademischer Verlag, Heidelberg (2011)
22. Storch, U., Wiebe, H.: Arbeitsbuch zur Analysis einer Veränderlichen. Springer Spektrum, Heidelberg (2014)
23. Storch, U., Wiebe, H.: Arbeitsbuch zur Linearen Algebra. Springer Spektrum, Heidelberg (2015)

© Springer-Verlag GmbH Deutschland 2017
U. Storch, H. Wiebe, *Grundkonzepte der Mathematik*, Springer-Lehrbuch,
https://doi.org/10.1007/978-3-662-54216-3

Symbolverzeichnis

$\mathbb{N}, \mathbb{N}^*, \mathbb{Z}, \mathbb{Q}, \mathbb{R}, \mathbb{R}^\times, \mathbb{R}_+, \mathbb{R}_-, \mathbb{R}_+^\times, \mathbb{C}, \mathbb{C}^\times$, 2

$A \subseteq B, B \supseteq A, A \subset B, B \supset A$, 3

$a \in A, a \notin A, \{\ldots\}$, 1, 2

$\emptyset, A \cup B, A \cap B, A - B, A \triangle B, \complement_A B$, 3

$\mathfrak{P}(A)$, 5

$(x, y), A \times B$, 5

$\alpha \Rightarrow \beta, \alpha \Leftrightarrow \beta$, 6

$f : A \longrightarrow B, A \xrightarrow{f} B, x \longmapsto f(x)$, 7

$\Gamma = \Gamma(f) = \Gamma_f$, 8

$\mathrm{Abb}(A, B) = B^A$, 8

$\mathrm{id} = \mathrm{id}_A, \Delta_A$, 9

$\mathrm{Fix}\, f = \mathrm{Fix}(f, A)$, 9

$|x|, \mathrm{Sign}\, x$, 9, 364

$[x] = \lfloor x \rfloor, \lceil x \rceil, \{x\} = x - [x]$, 9, 17, 379

$f(A'), f^{-1}(B'), f^{-1}(x), f|A$, 10

$A \hookrightarrow B, A \xrightarrow{\sim} B$, 11

$\mathfrak{S}(A), \mathfrak{S}_n$, 11

f^{-1}, 12

$g \circ f = gf$, 12

$\bigcap_{i \in I} A_i, \bigcup_{i \in I} A_i$, 15

$\prod_{i \in I} A_i, e_j, \delta_{ij}$, 16

$M_{I,J}(A), M_I(A), f_{i\bullet}, f_{\bullet j}$, 20

$[a] = \bar{a} = [a]_\sim$, 23

$A/R = A/\!\sim = \bar{A} = [A] = [A]_R = [A]_\sim$, 24

R_f, 25

$\biguplus_{i \in I} A_i$, 25

$a \equiv b \bmod n, a \equiv b(n)$, 26

$\mathbb{Z}/\mathbb{Z}n$, 26

$\mathbb{R}/\mathbb{Z}T, \mathrm{DIV}, \mathrm{MOD}$, 28

$\leq, \geq = \leq^{\mathrm{op}}$, 29

$A_{\leq a}, A_{\geq a}, A_{<a}, A_{>a}$, 30

$[a, b], \,]a, b[, \,]a, b], [a, b[$, 30, 365

$\mathrm{B}(a; \varepsilon), \overline{\mathrm{B}}(a; \varepsilon)$, 365

$\mathrm{Max}, \mathrm{Min}$, 30

$\mathrm{OS}(B) = \mathrm{OS}_A(B), \mathrm{US}(B) = \mathrm{US}_A(B)$, 34

$\mathrm{Sup}\, B = \mathrm{Sup}_A B, \mathrm{Inf}\, B = \mathrm{Inf}_A B$, 34

$x \vee y, x \sqcup y, x \wedge y, x \sqcap y$, 34

$\sum_{i \in I} a_i, \prod_{i \in I} a_i, \sum_{i=m}^n a_i, \prod_{i=m}^n a_i$, 42, 108, 449, 605

$\mathrm{F}_n, \Phi = \frac{1}{2}(1 + \sqrt{5})$, 45

$|A| = \mathrm{Kard}\, A$, 52, 91

$\mathfrak{E}(A), \mathfrak{E}_n(A)$, 52

$[\alpha]_m, (\alpha)_m := [\alpha + m - 1]_m$, 54

$n! := [n]_n$, 55

$\binom{\alpha}{m}$, 56

$|m| = m_1 + \cdots + m_r$, 59

$m! := m_1! \cdots m_r!, \binom{n}{m} := \frac{n!}{m_1! \cdots m_r!}$, 59

v_p, 72, 73, 128

$T(a) = T_M(a), \tau(a) = \tau_M(a)$, 66, 112, 113

$M(p)$, 67

$\mathrm{ggT}, \mathrm{kgV}$, 69, 114

$\mathrm{Idp}(H), \mathrm{Idp}(A)$, 110, 255

$G/H, G \backslash H, [G : H]$, 121

$\aleph, \aleph_0$, 88

$\mathrm{Ord}\, A, \omega := \mathrm{Ord}\, \mathbb{N}$, 96

$a * b, ab, a + b$, 103

L_a, R_a, 104

$1 = 1_M, 0 = 0_M$, 105

$a^{-1}, -a, b - a$, 106

$M^\times, A^\times$, 107, 245

$\mathrm{Ord}\, G$, 107

$x^I = \prod_{i \in I} x_i, x_I = \sum_{i \in I} x_i, a^n, na$, 109, 111

$\mathrm{H}(a_i, i \in I), \mathrm{H}(a)$, 111

$\sum_{i \in I} \mathbb{Z}a_i, \mathbb{Z}a_1 + \cdots + \mathbb{Z}a_n$, 111

H^*, A^*, 112, 245

$| = |_M, || = {}_M||_M$, 67, 113, 126

$\mathbb{P}, \mathbb{P}_M, \mathbb{I}_M$, 67, 114

A^{op}, 116

$\prod_{i \in I} M_i, M^I$, 118, 278

$\prod_{i \in I}' M_i, \bigoplus_{i \in I} M_i, M^{(I)}$, 119, 278

$\mu(n)$, 129

$\mathrm{Hom}(M, N), \mathrm{Iso}(M, N)$, 131

$\mathrm{End}\,M$, $\mathrm{Aut}\,M$, $M \cong N$, 131
$\mathrm{Kern}\,\varphi$, 134
$\mathrm{Ord}\,a$, 136
$\mathbf{Z}_m$, $\mathbf{Z}_0$, 137
$\varphi(m)$, 138
$\mathrm{T}_n G$, $\mathrm{T}G = \bigcup_{n \in \mathbb{N}^*} \mathrm{T}_n G$, 140
$\exp z = \mathrm{e}^z$, $a^z = \mathrm{e}^{z \ln a}$, 141, 417
$\exp z = \mathrm{e}^z$, 499
$\ln w$, $\log w$, $\mathrm{Arg}\,w$, 142, 417
$\mathbb{U}$, $\mathbb{T} = \mathbb{R}/\mathbb{Z}$, $\mathbb{T}^n$, 143
$\mathbb{E}$, $_m\mathbb{E}$, ζ_m, 144
$\sum_{i \in I}^{\oplus} M_i$, 148
$G(p) = \bigcup_{n \in \mathbb{N}} \mathrm{T}_{p^n} G$, 149
$\mathrm{Exp}\,G$, 150
$\mathrm{Ord}_m a$, 151, 265
$\mathrm{Log}_a x$, 152
$\mathrm{I}(p)$, 159, 335
$\mathrm{Inn}\,M$, $\mathrm{Out}\,M = \mathrm{Aut}\,M/\mathrm{Inn}\,M$, 153
$\mathbf{Z}_\infty = \mathbb{Q}/\mathbb{Z}$, 159
$[a,b] = aba^{-1}b^{-1}$, $[G,G] = \mathrm{D}(G)$, G_{ab}, 163
$a/s = \frac{a}{s}$, 167
$S^{-1}M = M_S$, $\mathrm{Q}(M)$, $M_T = M_{\langle T \rangle}$, 167
$\mathrm{G}(M)$, $\mathrm{G}(A)$, 168, 247
$\mathrm{W}(I) := \biguplus_{n \in \mathbb{N}} \mathrm{W}_n(I)$, 176
$\langle x_i, i \in I \mid F_j(x) = G_j(x), j \in J \rangle$, 178, 181
$\mathbb{F}^n$, 181
$G_m^{[n]}$, $G_{n,p} = \sum_{m=0}^n G_m^{[n]}(p)$, 184
ϑ_a, 188, 274
$\coprod_{i \in I} X_i$, 189, 533
$X \backslash G = X \backslash_\vartheta G\ (= G \backslash X)$, 190
$G_x = \mathrm{Stab}(x, G) = \mathrm{Stab}(x, G, \vartheta)$, 190
$\mathrm{Fix}(G, X)\ (= X^G)$, 191
$\mathrm{C}_{M^\times}(x)$, 193
$\mathrm{N}_G(A)$, $\mathrm{Z}_G(A)$, 193
$N \rtimes H = N \rtimes_\vartheta H$, 196
$\mathrm{Hol}\,N$, $\mathrm{Hol}_H N$ ($H \subseteq \mathrm{End}N$), 197
$\mathbf{D}(H)$, $\mathbf{D}_0$, $\mathbf{D}_n$, $\mathbf{D}_\infty$, 198
$\cdots \to H_{i+1} \to H_i \to H_{i-1} \to \cdots$, 201
$\mathbf{Q}_4$, 203
$\mathrm{Per}_k(g) = \mathrm{Per}_k(g, X)$, 207
$\mathrm{W}(\sigma)$, 209
$\langle i_0, \ldots, i_{k-1} \rangle$, 210
$\mathrm{Sign}\,\sigma = (-1)^{\mathrm{Par}\,\sigma}$, $F(\sigma)$, 212
$\mathfrak{A}(I)$, $\mathfrak{A}_n$, $\mathfrak{V}_4$, 213, 219
$(1^{\nu_1}, 2^{\nu_2}, \ldots)$, 216
$\left(\frac{a}{b}\right) = (a/b)$, $\left(\frac{a}{p}\right) = (a/p)$, 220
$\mathrm{Char}\,A$, 242
ff, ff_A, 243
$\mathrm{Z}_A(x)$, $\mathrm{Z}(A)$, 245

$\chi = {}_A\chi$, 248
$\mathbf{A}_m$, $\mathbf{A}_0$, 248
$S^{-1}A = A_S$, $\mathrm{Q}(A)$, $A_T = A_{\langle T \rangle}$, 249
$\mathbf{F}_p$, $\mathbf{F}_0$, 250
$\mathrm{Spm}\,A$, $\mathrm{Spek}\,A$, $\mathrm{Spek}\,\varphi$, 269, 272
$A_{\mathfrak{p}}$, 269
$\mathrm{Hom}_A(V, W)$, $\mathrm{End}_A V$, 275
$V^* = \mathrm{Hom}_A(V, A)$, 277
$\mathrm{GL}_A V = \mathrm{Aut}_A V = \mathrm{Iso}_A(V, V)$, 275
$\mathrm{Ann}_A V$, $\mathrm{Ann}_A x$, 277
$\mathrm{T}_A V$, 278
$\mathrm{Ann}_A V$, $\mathrm{Ann}_A x$, $\mathrm{T}_A V$, 277
$\mu_A(V)$, 282
$e_i = (\delta_{ij})_{j \in I}$, $A^{(I)}$, 285
$\mathrm{Rel}_A(v_i, i \in I) = \mathrm{Syz}_A(v_i, i \in I)$, 285
$\mathrm{Rang}\,V = \mathrm{Rang}_A V$, 288
$\mathrm{Dim}\,V = \mathrm{Dim}_K V$, 288
$\mathrm{Kodim}_K(U, V) = \mathrm{Dim}_K(V/U)$, 291
$V_S = S^{-1}V$, 292
$S\langle x_i, i \in I \rangle$, $S[x_i, i \in I]$, 298
$\mathrm{M}_I(S)$, $\mathrm{M}_n(S)$, 299
$A[M]$, $A[\![M]\!]$, $A[M, \vartheta]$, $A[\![M, \vartheta]\!]$, 301, 304
$\mathrm{Hom}_{S\text{-Alg}}(A, B)$, 297
$\mathrm{GL}_I(S) = \mathrm{M}_I(S)^\times$, $\mathrm{GL}_n(S)$, 299
$\mathrm{Grad}\,b$, $\mathrm{LF}(b)$, $\mathrm{LK}(b)$, $\mathrm{LM}(b)$, 302
$\mathrm{AF}(b)$, $\mathrm{AK}(b)$, $\mathrm{AM}(b)$, 302
$S\langle X_i, i \in I \rangle$, $S[X_i, i \in I]$, 305, 308
$\langle x_i, i \in I \mid G_j(x) = 0, j \in J \rangle$, 306, 309
$\mathrm{NS}_A(G_j, j \in J)$, 306, 309
$\mathrm{Grad}\,F$, $\mathrm{Grad}_\gamma F$, 307
F', $F^{(\nu)}$, 313
$\mathrm{Der}_S A$, $\partial_{X_i} = \mathrm{D}_{X_i}$, 313
$\mathrm{v}_a(F)$, 317
$[x, y] = xy - yx$, 324
F^*, $\mathrm{I}(F)$, 333
$S[\varepsilon]$, $\mathbb{C}_S = S[\mathrm{i}]$, $\mathbb{H}_S$, $\widetilde{\mathbb{H}}_{\mathbb{Z}}$, 320, 349, 351
$\mathrm{N}(x) = x\overline{x}$, $\mathrm{Sp}(x) := x + \overline{x}$, 350
$K_+^\times$, $K_-^\times$, 362
$\overline{K} = K \uplus \{\pm\infty\}$, $\overline{\mathbb{C}} = \mathbb{C} \uplus \{\infty\}$, 365, 420
$\lim x_n = \lim_{n \to \infty} x_n$, 372, 515
$H_n := \sum_{\nu=1}^n \frac{1}{\nu}$, $H_x = H_{[x]}$, 383, 396
$\gamma := \lim_{n \to \infty}(H_n - \ln n)$, 384
$(a_m \ldots a_0, z_1 z_2 z_3 \ldots)_g$, 388
$[q_0, q_1, \ldots, q_{i-1}, x_i]$, 389
$\tau(m)$, 398
$\mathbb{Q}_{\mathrm{CF}}^{\mathbb{N}}$, $\mathfrak{n}_{\mathbb{Q}}$, 403
$\mathrm{Rd}\,A = \partial A$, $\overline{A}$, $\mathring{A}$, 405, 521
$\liminf x_n$, $\limsup x_n$, 406
$\mathfrak{C}$, 409

$\Re z, \Im z, \overline{z} = \Re z - i\Im z, |z|$, 320, 412

$N(z) = z\overline{z}, \mathrm{Sp}(z) = z + \overline{z}$, 320, 412

$B(z_0; \varepsilon), \overline{B}(z_0; \varepsilon)$, 414

$T_n, \overline{T}_n$, 419

$\mathbb{H}$, 420

$\zeta(s) = \sum_{n=1}^{\infty} 1/n^s$, 439

$\lim_{x \to a, x \in D} f(x) = \lim_{x \to a} f(x)$, 463, 528

$O(g), o(g)$, 466

$C(D) = C_{\mathbb{K}}(D), C_{\mathbb{K}}(X)$, 468, 536

$S(f) = S(f; D), S_a(f) = S_a(f; D)$, 471

$a^x, \log_a x, \ln x$, 499

$X = (X, d), X = (X, \mathcal{T})$, 507, 518

$B(x; r), \overline{B}(x; r), S(x; r)$, 508

d_1, d_2, d_p, d_∞, 511

$B^n, \overline{B}^n, S^n$, 512

$\|-\|, \|-\|_p, \|-\|_\infty, \ell^p_{\mathbb{K}}(I), \ell^\infty_{\mathbb{K}}(I)$, 514

$C(X, Y)$, 526

$\overline{\mathbb{R}} = \mathbb{R} \uplus \{\pm\infty\}$ (als top. Raum), 529

$\lim_{i \in I} \mathcal{F} x_i$, 531

$f_* \mathcal{T}, f^* \mathcal{U}$, 532, 533

$\prod_{i \in I} X_i, \prod_{Z, i \in I} X_i, X \times_Z Y, X_{(Y)}$, 535

$\mathbb{K}^\infty$, 538

$\mathcal{C}(X) = \mathcal{C}_{\mathcal{T}}(X)$, 544

$\Delta_{X, r}, \overline{\Delta}_{X, r}$, 546

$\mathcal{B} = \mathcal{B}_{\mathcal{T}}(X)$, 563

$\coprod_{i \in I} X_i, \coprod_{i \in I} {}_W X_i, X \amalg_W Y$, 548

$d(A, B), \partial(A, B), \|A\|$, 546, 579, 601

$V(\mathfrak{a}) = V_A(\mathfrak{a}) \subseteq \mathrm{Spek} A, D(\mathfrak{a})$, 272, 586

$\widehat{X} = (\widehat{X}, \widehat{d}), \widehat{G}, \widehat{K}$, 592, 608, 610

$\mathbf{F}_{p^m} = \mathbf{GF}_{p^m} = \mathbf{GF}(p^m)$, 342

Sachverzeichnis

A

Abbildung, 7
  abgeschlossene, 532
  abstandserhaltende (= isometr.), 516
  additive, 130
  affine, 253, 325
  alternierende bilineare, 324
  biadditive, 133, 244
  bijektive, injektive, surjektive, 11
  bilineare, 298
  eigentliche, 575, 588
  induzierte, 13, 24
  M-invariante, 199
  inverse, 12
  lineare, 274
  monoton wachsende, fallende, 33
  multiadditive, 244
  multilineare, 298
  multiplikative, 130
  offene, 532
  partielle, 20
  (stark) kontrahierende, 472, 517
  stetige, 468, 515, 526
  (streng) monotone, 33
  universell abgeschl (= eigentl.), 577
Abelisierung, 163
Abelsche partielle Summation, 439
Abelsches Konvergenzkriterium, 440
abgeschlossene Abbildung, 532
abgeschlossene Hülle, 405, 415, 520
abgeschlossene Kugel (= Ball), 508
abgeschlossene Menge, 404, 415, 509, 519
Ableitung (partielle), 313
Abschluss (einer Menge), 405, 415, 520
absolut algebraisch, 327
absolut konvergente Reihe, 436

absolut summierbare Familie, 451
Absolutbetrag, 9, 364, 413
absorbierendes Element, 119
Abstand, 364, 413, 507, 546
abstandserhaltende Abbildung, 516
abzählbar (unendlich), 86
abzählbar im Unendlichen, 574
abzählbare Topologie, 524
Abzählbarkeitsaxiom, erstes, zweites, 524
Addition, 103
additive Abbildung, 130
additive Gruppe eines Rings, 240
additive Schreibweise, 103
Adjazenzmatrix (Relation, Graph), 23
affine Abbildung, 253, 325
affine Gruppe, 125, 253
G-affiner Raum, 191
affiner Unterraum, 281
Aktion(shomomorphismus), 188
g-al-Entwicklung, 68, 328, 388, 437, 445
Alexandroff-Kompaktifizierung, 573
Algebra, 297
  der dualen Zahlen, 320
  der komplexen Zahlen, 320
  der Quaternionen, 349
  endliche, 299
  frei erzeugte, 305
  freie, 299
  graduierte, 302
  (rein-)quadratische, 319
  verallgemeinerte, 298
  von endlichem Typ, 299
algebraisch (Element, Algebra), 309, 327
algebraisch (un)abhängig, 309
algebraisch abgeschlossener Körper, 339
algebraische(r) Abschluss, Hülle, 327

Alphabet, 63, 176
alternierende bilineare Abbildung, 324
alternierende Gruppe, 213, 217, 236, 238
alternierende harmonische Reihe, 435
Anfangsabschnitt, 29
Anfangsform, -koeff., -monom, 302, 312
Anfangspunkt (eines Weges), 554
Anfangszahl (einer Zahlklasse), 99
angeordneter Körper, 362, 614
    (folgen)vollständiger, 378, 403, 610
Annullator (eines Elements, Moduls), 277
Anomalie, exz., mittlere, wahre, 487
Antidarstellung, 136
Antihomomorphismus, 130
Antikette, 31
antireflexive Relation, 23
antisymmetrische Relation, 23
aperiodischer Punkt, 206
a posteriori-, a priori-Abschätzung, 473
Approximation bis auf Fehler $\leq \varepsilon$, 372
Approximationsformel (Kettenbr.), 390
äquivalente Metriken, Normen, 510, 514
äquivalente Aussagen, 6
Äquivalenzklasse, 23
Äquivalenzrelation, 23
    abgeschlossene, offene, 532
    kompatible, 161
archimedisch angeordneter Körper, 378
Argument (= Stelle), 8
Argument (einer kompl. Z.), 142, 416
arithmetische Folge, 369
arithmetisches Mittel, 369
arithmetisch-geometrisches Mittel, 395
artinsche Ordnung, 38
artinscher Modul, Ring, 283
assoziative Verknüpfung, 104
Assoziativgesetz, 13, 104
    allgemeines, 14, 108
    großes, 453, 606
assoziierte Elemente, 113
asymmetrische Relation, 23
asymptotisch gleich, 377, 467, 480
Atom, Antiatom, 30
aufspaltende Sequ., stark, schwach, 201
Augmentation(sideal), 302
Ausschöpfung (einer Menge), 457
äußerer Automorphismus, 153, 405
äußerer Punkt, 521
Auswahlaxiom, 2, 36, 38

Automorphismus, 131, 275

B
Babylonische Lösungsformel, 321, 418
Babylonisches Wurzelziehen, 381, 430
Babystep-Giantstep-Methode, 152
Bahn (= Orbit), 188, 206, 209
Bahnenraum, 190
Bairescher Dichtesatz, 484, 594
Ball (= Kugel), 508
Banach-Raum, 591
Banachscher Fixpunktsatz, 472, 591
Basis, 174, 177, 180, 183, 286
Basis (einer Topologie), 524
Baum, 22, 235
Bellsche Zahlen, 63
Bereich, 245
Bernoullische Ungleichung, 368
Bernsteinscher Äquivalenzsatz, 92
Bertrandsches Postulat, 77
Berührpunkt, 404, 415, 520, 522, 571
beschränkt, nach oben, unten, 34, 366
beschränkte Menge, 414, 509, 538
Beschränkung (einer Abb.), 10
beste Näherungen (Kettenbr.), 390
Betrag(sfunktion), 9, 364, 413
biadditive Abbildung, 133, 244
bijektive (= umkehrbare) Abbildung, 11
Bild (einer Abb.), 10
Bildtopologie, 532
bilineare Abbildung, 298
Bimodul, 276
Binetsche Formel, 45
Binomialkoeffizient, 56
binomische Umkehrformeln, 229
Binomischer Lehrsatz, 59, 242
bogenparametrisierter Weg, 559
boolescher (top.) Raum, 584
boolescher Ring, 255, 563, 587
Brüche, 246
Bruchmonoid (totales), 167, 168
Bruchring, -modul, 249, 292
Burnside-Funktion, -Ring, 200

C
Calkin-Wilf-Baum, 74
Cantorsches Diagonalverfahren, 88, 89
Cantorsches Diskontinuum (= Wischmenge),
    409, 482, 585

Carmichael-Zahlen, 271
Cassinische Kurven, 425
Cauchy-Familie, 611
Cauchy-Folge, 399, 415, 588, 608
Cauchy-Problem, 288, 503
Cauchy-Produkt (von Reihen), 454
Cauchysches Diagonalverfahren, 86, 100
Cauchysches Konvergenzkriterium, 400, 415,
    435, 441, 464, 596
Cauchysches Multiplizierbarkeitskriterium, 455
Cauchysches Summierbarkeitskriterium, 450,
    608
Cauchy-Schwarzsche Ungl., 370, 502
Cauchy-summierbare Familie, 450, 607
Cayleysche Darstellung, 135, 192, 252
Charakteristik (eines Rings), 242
charakteristische Funktion, 16
Chinesischer Restsatz, 145, 262, 263, 334

D
Darstellung, 135, 178, 181, 302, 306, 309
    endliche, 306, 309
Dedekindscher Abschnitt, 404
Definitionsbereich (einer Abb.), 8
Derivation, 313, 323
    innere, 324
derivierte Gruppe, 163, 182
Determinante (einer 2×2-Matrix), 349
Dezimalentwicklung, 69, 388
Diagonale, 9, 21, 563
Diagonaleinbettung, 119
Diagonaloperation, 189
dicht (bzgl. einer Ordnung), 101, 365
dichte Menge, 416, 520
Diedergruppe, 198, 208, 229
Differenz(menge), 3
Differenzengruppe, -ring, 168, 247
Dimension (eines Vektorraums), 183, 288
Dimensionsformel, 291, 292
direkte Summe, 119, 148, 278
direkter Summand, 294
direktes Produkt, 144, 278
Dirichletsches Konvergenzkriterium, 440
disjunkte Mengen, 4
diskrete Metrik, Topologie, 511, 522
diskreter Bewertungsring, 352
diskreter Punkt, 523
diskretes Logarithmusproblem (DLP), 152
Diskriminante (eines quadr. Pol.), 321

Distributivgesetze, 133, 240, 241, 281, 453
divergente Folge, 372
divisible Gruppe, 140
Division mit Rest, 68, 315
Divisionsbereich, 245
    topologischer, 604
Dreiecksungleichung, 364, 413, 507
Dreiersequenz (kurze), 201
Dualentwicklung, 69, 388
Dualitätsprinzip (für Verb.), 117
Dualmodul, 277
Durchmesser (einer Menge), 580
Durchschnitt (von Mengen), 3, 15
dynamisches System, diskretes, 206

E
echter Teiler, 113
eigentliche Abbildung, 575, 588
Einbettung (abgeschlossene, offene), 527
einfache Gruppe, 164
einfache Nullstelle (eines Pol.), 317
einfacher Modul, 292
einfacher Ring, 258
eingeschränktes Produkt, 147
Einhängung, 581
Einheit(engruppe), 107, 245
Einheitsideal, 260
Einheitsmatrix, 280
Einheitswurzel, 144
Ein-Punkt-Kompaktifizierung, 573
Einselement, 105, 240
Einsetzungshomomorphismus, 305, 308
Einwegfunktion, 151, 266
Element, 1
    größtes, kleinstes, 30
    idempotentes, 110, 123, 251, 273
    involutorisches, 256
    maximales, minimales, 30
    nilpotentes, unipotentes, 254, 273
elementare abelsche 2-Gruppe, p-Gruppe, 116,
    124, 183
Elementarteiler(satz), 159, 175
Elementezahl (= Kardinalzahl), 52
Endabschnitt, 30
endliche Algebra, 299
endliche Darstellung, 181, 309
endliche Körper, 341
endliche Menge, 52
endlicher Modul, 282

Endomorphismenring, 252
Endomorphismus, 131
Endpunkt (eines Weges), 554
Erzeugendensystem, 111, 282
Erzeugendensystem (einer Top.), 523
erzeugender Baum (eines Graphen), 235
euklidische Gradfunktion, 329
euklidische Metrik, 511
Euklidischer Algorithmus, 70, 73, 331
euklidischer Bereich, 329, 345, 357
euklidisches Nim-Spiel, 85
Euler-Kriterium (für n-te Potenzen), 159, 221
Eulersche (= Mascheronische) Konstante γ, 384
Eulersche Formel, 138, 150, 457
Eulersche φ-Funktion, 138
Eulersche Gleichung, 143
Eulersche Zahl e, 383
exakte Sequenz, 201, 282
p-Exponent, 72, 73, 80, 128, 330
Exponent (einer Gruppe), 150
Exponentialfunktion, 141, 498, 499, 504
extensionaler Standpunkt, 1, 8
Exzentrizität (einer Ellipse), 487

F

Faktor, schwacher, starker (einer Gr.), 156
Faktorgruppe, 162
Faktorielle, absteigende, aufsteig., 54
faktorieller Integritätsbereich, 329
faktorielles Monoid, 171, 185
Fakultät, 55
Falltürfunktion, 151, 266
Familie, 15
Farey-Paar (rationaler Zahlen), 90
Faser (einer Abb.), 10
Faserprodukt, -summe, 535, 547
Faserraum, 535
fast alle, 69
fast disjunkte Mengen, 411
Fehler, absoluter, relativer, 377
Fehlstand (einer Permutation), 214
feinere, gröbere Äquiv.rel., 24
feinere, gröbere Topologie, 523
Fermat-Exponent, 208
Fermatsche Zahlen, 78, 84, 224
Fibonacci-Nim-Spiel, 65
Fibonacci-Zahlen, 45, 51, 65, 394
Filter(basis), 530, 548, 549, 571

Fixpunkt, 9, 191
Folge, 15
    arithmetische, 369
    divergente, 372
    geometrische, 369
    harmonische, 369
    konvergente, 371, 414, 515
    periodische, rein-period., aperiod., 85
folgen(quasi)kompakt, 571
folgenvollständig, 403, 608
formale Monoidalgebra, 304
Formel von Cauchy-Frobenius-Burnside, 205
Fréchet-Filter, 530
frei erzeugte Algebra, 305
freie (abelsche) Gruppe, 173, 180
freie Algebra, 299
freier Modul, 285, 286
freies (kommutatives) Monoid, 170, 177
freies Objekt, 182
Frobenius-Homomorphismus, 243
Führer (eines num. Monoids), 82
Fundamentalbereich, 24, 190
Fundamentalsatz der Algebra, 339, 492
Funktion, 8
    einseitig stetige, 474
    monotone, 474, 478
    rationale, 311
    stetige, 468
Funktionenalgebra, -ring, 252, 300

G

Galois-Feld (= endlicher Körper), 342
ganz (algebraisch), 309, 326
ganze Gaußsche Zahlen, 345
Gauß-Klammer, 10, 379
Gauß-Polynome, 184
Gaußsche Vorzeichenformel, 221
Gaußsche Zahlenebene, 412
Gebiet, 556
gebrochen lineare Funktion, 356
gekürzte Darstellung, 330
gekürzte Darstellung (einer rat. Zahl), 73
Geodät(isch)e, 557
geodätischer metrischer Raum, 558
geometrische Folge, 369
geometrische Reihe, 43, 243, 434
geometrisches Mittel, 369
geordnete(s) Magma, Monoid, Gruppe, 126
gerade Permutation, 212

gerichtete Menge, nach oben, unten, 35
gerichteter Graph, 21
gleichgradig stetig, 598
gleichmächtige Mengen, 88
gleichmäßig stetig, 494, 572
gleichmäßige Konvergenz, 595
Gödelisierung, Gödelnummer, 82
Goldener Schnitt, 46, 394
Grad, 177, 180, 302, 307
Grad (eines alg. Elements), 318
Grad(funktion), γ-Grad, 171
Gradformel, 311
graduierte(r) Algebra, Ring, 302
Graduierung, 302
Graph, 21, 230
Graph (einer Abb. bzw. Rel.), 8, 21
Grenzwert, 372, 414, 463, 515, 522, 528, 531
    links- bzw. rechtsseitiger, 466
    uneigentlicher, 465
Gröbner-Basis, 303
große Siebformel, 458
großer Umordnungssatz, 452, 606
großes Distributivgesetz, 453
größter gemeinsamer Teiler (ggT), 69, 72, 114,
    126, 127, 172, 331
größtes Element (= Maximum), 30
Grothendieck-Gruppe, 181
Grothendieck-Gruppe, -Ring, 168
Grothendieck-Ring, 247
Gruppe, 107
    freie (abelsche), 173, 180
    topologische, 603
Gruppenalgebra, 301

H
Halbebene, obere, rechte, 420
Halbgruppe, 105
Halbring, 246
halbstetig, nach oben bzw. unten, 495
Hamelsche Basis, 288
Hamming-Metrik, 513
harmonische Folge, 369
harmonische Zahlen, Reihe, 383, 432
harmonisches Mittel, 369
harmonisch-geometrisches Mittel, 395
Hasse-Diagramm, 31
Häufungspunkt, 398, 404, 415, 521, 522, 571
Hauptfilter, 548
Hauptideal(ring, -bereich), 260, 328

Hauptsatz der element. Zahlentheorie, 71
Hauptsatz über
    endl. abelsche Gruppen, 158, 183
    endl. erzeugte abelsche Gruppen, 176
    endl. Mod. über Hauptidealber., 334
Hauptwert der n-ten Wurzel, 417
Hauptwert des Logarithmus, 142, 417
Hausdorff-Abstand, 601, 612
Hausdorff-Raum, 518
Hausdorffsches Trennungsaxiom, 519
Hermite-Interpolation, 353
Hilbertscher Basissatz, 311
Hilbertscher Nullstellensatz, 359
Hilbert-Würfel, 585, 588
Hintereinanderschaltung (von Abb.), 12
Hölder-stetig, 471, 502
Holomorph (volles), 197
homogene Komponente, 302
homogene lexikograph. Ordn., 306, 311
homogenes Element, 302
homogenes Ideal, 303
Homologie(gruppe), 201
Homomorphismus, 130, 132, 240, 274, 362,
    603
    induzierter, 160, 259, 281
Homöomorphismus, 526
Homothetie, 275
Horner-Schema, 69, 310, 318
Hurwitzsche Quaternionen, 350, 358
hypsographische Kurve, 490

I
Ideal, 258
    eines Monoids, 186
    eines Rings, 257
    homogenes (= graduiertes), 303
    maximales, 267
    primes, 269
Idealisierung (eines Moduls), 322
idempotentes El., 110, 123, 251, 273
Identität (einer Menge), 9
Identität von Sophie Germain, 422
Identitätssatz, 317
Identitätssatz (für Polynome), 317
imaginäre Einheit, 320, 411
imaginär-quadratische $\mathbb{Z}$-Algebra, 344
Imaginärteil (einer kompl. Zahl), 320
Index(satz) für Untergruppe, 121, 129
Indexmenge, 15

Indikatorfunktion, 16
indische Formeln, 79, 424
Induktion, 42, 44
    artinsche, noethersche, 39
    transfinite, 39, 95
    vollständige, 42
Induktionsanfang, -behauptung, -schluss,
    -voraussetzung, 42
induktiv geordnete Menge (strikt), 35
induktive Menge, 47
induzierte Abbildung, 13, 24
induzierte Verknüpfung, 103
induzierter Homomorph., 160, 259, 281
Infimum (= untere Grenze), 34
Inhalt (eines Polynoms), 333
injektive Abbildung, 11
Inklusion (echte) von Mengen, 3
innere Derivation, 324
innerer Automorphismus, 153
innerer Punkt, 404, 415, 520
Inneres, 405, 415, 520
Integritätsbereich, 245
    euklidischer, 329
    faktorieller, 329
Intervall, 30, 364, 365
Intervallhalbierungsverfahren, 399, 402
Intervallschachtelung, 380
invariant (unter einer Abbildung), 10
invariant (unter einer Operation), 189
M-invariante Abbildung, 199
inverse Abbildung, 12
inverses (links-, rechtsinv.) Element, 106
Inversion, 429
Involution, 15, 116
involutorisches Element, 116, 256
irreduzibler Modul, 294
irreduzibles (= unzerl.) El., 71, 84, 114
isometrische Abbildung, 516
isomorph, 131
Isomorphieklasse, 131
Isomorphiesatz, 161, 163, 165, 259, 281
Isomorphismus, 33, 130, 199, 275, 603
Isotropiegruppe, klasse, 190
Iterierte (einer Abbildung), 14

J
Jacobi-Identität, 324
Jacobi-Symbol, 220
Jacobson-Radikal, 268, 293

Joukowski-Funktion, 420

K
kanonische Projektion, 16, 24, 190
kanonische Zyklendarstellung (einer
    Permutation), 210
Kardinalzahl, 52, 91
Kegel, 581
Keplersche Gleichung, 486
Kern, 133, 189
Kette, 29
Kettenbruch, 389
Klassengleichung, 191, 193
Klassenzahl, 193, 216
Kleiner Fermatscher Satz, 80, 139, 194, 207
Kleinsche Flasche, 583
Kleinsche Vierergruppe, 154, 219, 238
kleinstes Element (= Minimum), 30
kleinstes gemeinsames Vielfaches (kgV), 72,
    114, 126, 127, 172, 331
Klumpentopologie, 523
Köcher, 22
Kodimension(sformel), 291
kofinal (schwach), 41
Kohomologie(gruppe), 201
komaximale (= teilerfr.) Ideale, 262, 272
kombinatorische Gruppentheorie, 182
kombinatorisches Prinzip, 54
kommutative Verknüpfung, 104
kommutativer Ring, 240
kommutatives Diagramm, 13
Kommutativgesetz (allgemeines), 109
Kommutator, 310, 324
Kommutator(gruppe), 163, 182
kommutierende Elemente, 104, 240
kompakt, 490, 566
kompakt erzeugte Topologie, 575
kompakte Konvergenz, 598
kompatible Äquivalenzrelation, 161
Komplement (einer Menge), 3
Komplement (in einer Gruppe)
    schwaches, starkes, 156
komplementärer Teiler, 115
Komplettierung, 403, 404, 593, 608
Komplex (= Nullsequenz), 201
komplexe Konjugation, 411
komplexe Zahlen, 320
komplexer Zahlkörper, 321, 411, 412
Komplexprodukt, -multiplikation, 119

Komponente (eines Tupels), 15
Komposition (von Abbildungen), 12
Kondensationskriterium, 443
Kondensationspunkt, 408
Kongruenzrelation, 26, 28, 121
Konjugation, 153, 193, 215
Konjugation (einer quadr. Alg.), 319
Konjugation (einer Quaternionenalg.), 350
Konjugationsklasse, 193
Konkatenation von Wörtern, 177
konstante Funktion, 8
konstanter Term, 306
konstruierbare Menge, 544
Kontinuumshypothese, 95, 99
kontrahierende Abbildung, 472
kontrahierende Funktion, Abb., 517
Kontraktionsfaktor, 472, 517
konvergente Folge, 371, 414, 515
konvergente Reihe, 432
Konvergenz, lineare, quadratische, 381
Konvergenz, uneigentliche, 375, 425
Konvergenzbeschleunigung, 444
Konvergenzkrit. v. Dubois-Reymond, 445
Konvergenzordnung, 382
konvexe Menge, 556
Körper, 245
    algebraisch abgeschlossener, 339
    angeordneter, 362, 377, 614
    archimedisch angeordneter, 378
    der komplexen Zahlen, 321, 411
    der reellen Zahlen, 378
    endliche, 341
Kreisgruppe, 143, 416
Kreiszahl π, 384
Kreuzhaube, 583
Kroneckersche Unbest.methode, 314
Kronecker-Symbol, 16
Kugel, offene, abgeschlossene, 508
Kürzungsregel, 112, 246

L

Lagrange-Interpolation, 353
Landausche Symbole, 466, 480
Länge eines Intervalls, 365
Länge eines Weges, 557
Länge eines Zyklus, 210
Lebesguesches Lemma, 572, 579
leere Menge, 3
leeres Produkt, leere Summe, 108

Legendre-Symbol, 220
Leibniz-Kriterium, 434
Leibniz-Reihe, 435
Leitform, -koeff., -monom, 302
Leitformenideal, 303
Lemma von
    Bezout, 70
    Carathéodory, 578
    Dickson, 187
    Eisenstein, 322, 355
    Euklid, 71
    Gauß, 83, 332, 333
    Goursat, 184
    Nagata, 172, 331
    Nakayama, 295
    Schur, 293
lexikographische Ordnung, 32
Lie-Algebra, 324
    assoziierte, 324
    kommutative, 324
Lie-Klammer, 324
Limes, 372, 414, 463, 515, 522, 528, 531
    inferior, superior, 406
    von Ordinalzahlen, 98
Limeszahl, 98
linear unabhängig, 286
lineare Abbildung, 274
lineare Konvergenz, 382
Linearform, 277
Linearkombination, 282
Linkshauptideal(ring, -bereich), 260
Linksideal, -modul, 257, 276
Linksnebenklasse, 121, 192
linksseitig stetige Funktion, 474
linksseitiger Grenzwert, 466
Linkstranslation, 104
Lipschitz-Konstante, 471, 517
Lipschitz-stetig, 471, 517
Logarithmus, 141, 142, 417, 498
    diskreter, 152
lokal (weg)zusammenhängend, 551, 555
lokal abgeschlossene Menge, 544
lokal gleichmäßige Konvergenz, 596
lokal kompakt, 573
lokaler Ring, 268, 270
Lokalisierung, 270
$\ell_{\mathbb{K}}^p$-Raum, 514, 591
Lucas-Test, 67, 343
Ludolphsche Zahl π, 386

M

Mächtigkeit (von Mengen), 91
    des Kontinuums, 88
Magma (= Verknüpfungsgebilde), 103
Majorante, Minorante (einer Reihe), 436
Matrix, 20, 279
Matrizenalgebren, 299
maximales Element, 30
maximales Ideal, 267
maximales Spektrum, 268
Maximalkettensatz (von Hausdorff), 36
Maximum (= größtes Element), 30
M-Menge, M-invariante Abb., 1, 188, 199
    abgeschlossene, 404, 415, 509, 519
    beschränkte, 414, 509, 538
    dichte, 416
    endliche, 52
    offene, 404, 415, 509, 518
Mengenring, 254
Mersenne-Zahl, 67, 78, 343
p-Metrik, 507, 511
    diskrete, 511
    euklidische, 511
    induzierte, 508
    reelle, 508
Metriken, äquivalente, 510
metrischer Raum, 507
metrisierbare topologische Gruppe, 607
metrisierbarer topologischer Raum, 519
Metrisierbarkeitskriterium, 588
Meyer-Vietoris-Sequenzen, 291
Minimalpolynom, 318
Minimalring, 244, 248, 262
Minimum (= kleinstes Element), 30
Minkowskische Ungleichung, 371
Minkowski-Summe, 119, 561
Mittel, 200
    arithmetisches, 369
    arithmetisch-geometrisches, 395
    geometrisches, 369
    harmonisches, 369
    harmonisch-geometrisches, 395
Möbius-Band, 583
Möbiussche μ-Funktion, 129, 458
Möbiussche Umkehrformel, 130
Möbius-Transformation, -Gruppe, 356
Modul, 274
    einfacher, 292
    endlicher, 282

freier, 285, 286
    mit Rang, 292
    unzerlegbarer = irreduzibler, 294
    zyklischer, 282
Moivresche Formeln, 416
Monoid, 105
    faktorielles, 171, 185
    freies (kommutatives), 170, 177
    reguläres, 112
    spitzes, 107
Monoidalgebra, 301
    formale, verschränkte, 304
Monoidoperation, 188
Monom, 170, 177, 180
monoton wachsende, fallende Abb., 33
monotone Funktion, 474, 478
Monotoniegesetze, 126, 362
Moore-Smith-Folge, 531
multiadditive Abbildung, 244
multilineare Abbildung, 298
Multiplikation, 103
multiplikative Abbildung, 130
multiplikative Schreibweise, 103
multiplikatives Monoid (eines Rings), 240
multiplizierbare Familie, 454, 605, 610

N

Nachfolger(funktion), 30, 41, 46
Näherungsbruch, -nenner, -zähler (eines
        Kettenbruchs), 389
natürliche Topologie (eines $\mathbb{K}$- bzw.
        K-Vektorraums), 537, 539, 549
Nebenklasse, 121, 122, 192
Nebennäherungsbruch, 391
Nenneraufnahme, 167, 249, 292
Nerv (einer Überdeckung), 561
Netz, 531
Neunerprobe, 80
neutrales (links-, rechtsneutr.) El., 104
Newton-Interpolation, 353
Nichtnullteiler, 245
Nicht-Standard-Analysis, 375, 549
nilpotentes Element, 254, 273
Nilpotenzgrad, 254
Nilradikal, 255, 273
nirgends dichte Menge, 543
Niveaumenge, 18
Noetherisieren (eines Problems), 296
noethersche Ordnung, 38

noetherscher Modul, Ring, 283
noetherscher top. Raum, 585
noethersches Monoid, 187
Norm, 200, 319, 350, 411
Norm, p-Norm (eines Vektorr.), 513, 514
normal summierbare Familie, 451, 610
normale Untergruppe (= Normalteiler), 122
normaler topologischer Raum, 540
Normalisator, 193
Normalteiler, 122
normierter $\mathbb{K}$-Vektorraum, 513
normiertes Element, Polynom, 302, 310
Nullelement, 105, 240
Nullfolge, 372
Nullsequenz (= Komplex), 201
Nullstelle, einfache (eines Pol.), 317
Nullstellenabschätzungen, 423
Nullstellensatz, 474
Nullteiler, 245
Nulltest (in einem Ring), 270
numerisches Monoid, 186

O
obere Grenze (= Supremum), 34
obere Schranke, 34
offene Abbildung, 532
offene Kugel (= Ball), 508
offene Menge, 404, 415, 509, 518
offene Überdeckung, 526
offener Halbraum, 564
offener Kern, 405, 415, 520
Operation, 188
    (einfach) transitive, 191
    freie, 191
    induzierte, 189
    natürliche, 189
    treue (= effektive), 189
    triviale, 189
oppositionelle Struktur, 116, 240
Orbit (= Bahn), 188
Ordinalzahl, 95
Ordnung
    der Ecke eines Graphen, 23
    einer Gruppe, 107
    einer Potenzreihe, 312
    eines Gruppenelements, 136
    homogene lexikographische, 306, 311
    reverse homogene lexikograph., 311
Ordnung(srelation), 29

artinsche, 38
entgegengesetzte, 29
lexikographische, 32
noethersche, 38
totale (= vollständige), 29
Ordnungsisomorphismus, -typ, 33
Ordnungstopologie, 550
orthogonale idempotente Elemente, 251

P
Paar, 5
Parität (einer Permutation), 212
Partialbruchzerlegung, 337, 339
Partialsumme (einer Reihe), 431
partielle Abbildung, 20
partielle Ableitung (höhere), 314
partieller Grad (eines Polynoms), 317
Partition (einer Menge), 25
Partition (einer nat. Zahl), 215, 461
Pascalsches Dreieck, 57
Peano-Axiome, 41, 46
Peano-Kurve, 585
Pépin-Test, 224
perfekte Gruppe, 164
perfekte Menge, 408
Periode (einer Folge), 85, 178, 206
Periodenlänge, -paar, 85, 178
periodische Folge, 85
periodischer Punkt, 206
Periodizitätstyp, 85, 206
Permutation (einer Menge), 11
Permutationsgruppe, 116, 208
p-Gruppe, 149
    elementare abelsche, 116, 124, 183
Pochhammer-Symbol (= aufsteigende
    Faktorielle), 54
Polarisationsformeln, 256, 323
Polarkoordinaten, 142, 416
polnischer Raum, 613
Pólyasche Abzählformel, 227
Polynomalgebren, 308, 335
Polynome in nichtkommut. Unbest., 305
Polynomfunktion, 309, 326, 470, 537
Polynomial-(= Multinomial-)koeff., 59
Polynomialsatz, 242
Positivitätsbereich, 127, 362
Potenzen, 110
Potenzfunktion, 417, 500
Potenzmenge, 5

präkompakter metrischer Raum, 590
Primärkomponente, -zerlegung, 149, 334
Primelement, -zahl, 67, 114
Primfaktorzerlegung (eindeutige), 72, 128, 171, 330, 335
Primideal, 269
primitive m-te Einheitswurzel, 144
primitiver Rest modulo m, 265
primitives Polynom, 333
Primkörper, 250
Primrestklassengruppe, 150, 248, 262, 438
Primspektrum, 269
Primzahlfunktion, 67, 467
Primzahlsatz, 467
Primzahltest, Fermatscher, 271
Prinzip des doppelten Abzählens, 62
Produkt, 103
    unendliches, 440, 454
Produkt (Mengen, Strukturen), 5, 16, 32, 118, 189, 251, 511, 534, 590
    direktes, 144, 156, 278
    eingeschränktes, 118, 147
    semidirektes, 156, 196
Produktmatrix, 279
Produktordnung, 32
Produktregel (für Derivationen), 313
Produktsatz (für unendl. Kardinalz.), 94
Produkttopologie, 534
Projektion, 16, 19, 110, 155, 190, 294
    kanonische, 24
projektive Ebene, 583
Prüfersche(r) p-Gruppe, p-Modul, 159, 335
Pseudometrik, 508
Public-Key-Kryptosystem, 151, 265
Pullback (= Faserprodukt), 535
Punkt, diskreter (eines top. Raums), 523
Punktideal, 548, 587
punktweise Konvergenz, 595
Pushout (= Fasersumme), 547
pythagoreisches Dreieck, Zahlentripel (primitives), 79

Q

quadratische Algebra, 344
quadratische Gleichungen, 321, 418
quadratische Konvergenz, 381
quadratisches Reziprozitätsgesetz, 223
quadratsummierbare Familie, 514
quasikompakter Ram, 566

Quasiordnung, 40
Quaternionenalgebra, 349, 358
Quaternionengruppe, 204, 208, 350
Quersumme, 80
Quotientenabbildung, -topologie, 532
Quotientenkörper, -ring, totaler, 250
Quotientenkriterium, 437, 447
Quotientenmagma, -gruppe, 134, 162
Quotientenmenge, -raum, 24
Quotientenregeln (für Deriv.), 325

R

Rand (einer Menge), 405, 416, 521
randlose Menge, 405, 521, 563, 584
Rang, 171, 174, 176, 177, 180, 183, 288
Rangformel, 291
Rangsatz, 289
rationale Funktion, 311, 470, 537
Raum, metrischer, 507
Raum, topologischer, 518
Realteil (einer komplexen Zahl), 320
Rechenregeln für Limiten, 373, 465
Rechtshauptideal(ring, -bereich), 260
Rechtsideal, -modul, 257, 276
Rechtsnebenklasse, 121, 192
Rechtsoperation, 192
rechtsseitig stetige Funktion, 474
rechtsseitiger Grenzwert, 466
Rechtstranslation, 104
reduzierter Ring, 254
reelle Metrik, 508
reeller (Zahl-)Körper, 378
reell-quadratische $\mathbb{Z}$-Algebra, 344
reflexive Relation, 23
Regeln von De Morgan, 4
Regula falsi, 475
reguläre Darstellung, 135, 192, 253
reguläre(s) Halbgruppe, Monoid, 112
regulärer topologischer Raum, 540, 548
reguläres (links-, rechtsreguläres) Element, 112, 245, 275
Regularisierung (eines Monoids), 166
Reihe, 432
    geometrische, 43, 243
rein-periodische Folge, 85
rein-imaginäre Zahl, 412
rein-periodischer Punkt, 206
rein-quadratische Algebra, 319
rektifizierbarer Weg, 557

Rekursion (tranfinite), 44
Rekursion (transfinite), 98
Relation, 21, 23
Relationen (von Elementen), 178, 181, 286,
    306, 309
Relationenideal, 306, 309
Relationenmodul, 286
relativ kompakt, 580
Relativtopologie, 522
Repräsentant (einer Äquiv.klasse), 24
Repräsentantensystem (volles), 24
Restklasse, 26, 122
Restklassengruppe, 162
Restklassenring, 258
Retraktion, 18
reverse homogene lex. Ordnung, 311
Reziprozitätsformel (nach Jacobi), 223
Riemannsche Zeta-Funktion, 439, 444, 457
Ring, 240
    der ganzen Zahlen, 246
    graduierter, 302
    kommutativer, 240
    lokaler, 268, 270
    topologischer, 609
    verallgemeinerter, 244
Ringschluss, 6
RSA-Code, 266
Rückweg, 554
Russellsche Antinomie, 1

S
saturierte Menge (bzgl. Äquiv.rel.), 24
Satz vom induzierten Homomorphismus, 160,
    259, 281
Satz von
    Arzelà-Ascoli, 598
    Bernstein-Schröder, 92
    Bolzano-Weierstraß, 399, 415, 538
    Cauchy, 194
    Cayley, 235
    Dirichlet, 77
    Euler, 458
    Feit-Thompson, 183
    Frobenius, 350
    Gauß, 332
    Heine-Borel, 569
    Hopkins, 283
    Kronecker, 341
    Krull (über max. Ideale), 267

Lagrange, 121, 192
Mertens, 458
Nielsen-Schreier, 182
Schur-Zassenhaus, 183
Stark, 348
Steinitz, 341
Sylow, 195
Tietze-Urysohn, 539
Tychonoff, 568
Urysohn, 540
Wedderburn, 246
Weierstraß, 570
Wilson, 342
Zeckendorf, 65
Satz von der oberen, unteren Grenze, 402
Schiefkörper, 245
schnelles Potenzieren, 151
Schnitt (zu einer Abbildung), 18
Schranke, obere, untere, 34, 366
Schubfachprinzip, Dirichletsches, 55
Schwankung (einer Funktion), 471
selbstreziprokes Polynom, 422
semidirektes Produkt, 156, 196
separabler metrischer Raum, 525
separables Polynom, 336
Sequenz, exakte, 201, 282
Shuffle-Permutation, 232
Sieb des Eratosthenes, 77
Siebformeln, 66, 458
σ-kompakter Raum, 574, 588
Signum, 9, 364
    einer Permutation, 212
Skalar(multiplikation), 274
p-Sockel, 140
Sophie-Germain-Primzahlpaare, 271
Spalte (einer Matrix), 20
Spektrum (Prim-), 269, 272, 273
Spektrum, maximales, 268
Sphäre (in einem metr. Raum), 508
Spiegelung, 15, 117
    am Einheitskreis, 429
spitzes Monoid, 107
Sprunghöhe, -stelle, 466
Spur(abbildung), 200, 319, 350
Stabilisator, 190
Standardargument (einer komplexen Zahl),
    143, 416
Standardbasis, 286
Standardkugeln, -sphären, 512

Standard-n-Simplex, 578
Standgruppe (= Stabilitätsuntergr.), 190
stark kontrahierende Abbildung, 472, 517
stereographische Projektion, 574
Stern-Brocot-Folge, 75
sternförmige Menge, 556
stetige Abbildung, 515, 526
stetige Funktion, 468
Stirlingsche Formel, 56
Stirlingsche Zahl zweiter Art, 63
Stonescher Darstellungssatz, 587
Strecke(nzug), 556, 563
Streckung, 240, 275
streng monotone Abbildung, 33
Strukturkonstanten einer Algebra, 299
subadditive Funktion, 517
Subbasis (einer Topologie), 524
Subquotient (einer Gruppe), 184
sukzessive Approximation, 473
Summatorfunktion, 130
Summe, 103, 189, 605
    direkte, 119, 148, 278
Summe (von Ordnungen), 32
Summenmetrik, 511
Summenordnung, 32
Summenweg, 554
p-summierbare Familie, 448, 514, 605
Supremum (= obere Grenze), 34
Supremumsmetrik, -norm, 511, 514
surjektive Abbildung, 11
p-Sylow-Gruppe, 194
symmetrische Differenz, 4
symmetrische Relation, 23
symmetrische Umgebung, 605
Syzygie(nmodul), 286

T
Taylor-Entwickung, -Formel, 316, 322
Teiler, 66, 112
teilerfremd, 69, 81, 115
teilerfremde (= komax.) Ideale, 262, 272
Teilerklasse, 113
Teilfolge, 373
Teilmenge (= Untermenge), 3
Teilnenner (eines Kettenbruchs), 389
Teleskopreihen, 434, 442
Topologie, 518
    abzählbare, 524
    der gleichmäßigen Konvergenz, 595

    der kompakten Konvergenz, 598
    der punktweisen Konvergenz, 595
    der $\mathcal{R}$-gleichmäßigen Konvergenz, 596
    diskrete, 522
    induzierte, 522
topologische Gruppe, 603
topologischer Div.bereich, Ring, 604, 609
topologischer Raum, 518
topologischer $\mathbb{K}$-Vektorraum, 605
n-Torsion (einer Gruppe), 140
Torsionselement, 140, 277
Torsionsgruppe, torsionsfreie Gruppe, 140
Torsionsmodul, torsionsfreier Modul, 278
Torusgruppe, 143
total unzusammenhängend, 409, 553
T_1-Raum, T_2-Raum, 520
Trajektorie (eines Weges), 554
transfinite Rekursion, 98
transitive Relation, 23
Translationsautomorphismus, 322
Transposition, 11, 211
transzendente Familie, 309
treue (= effektive) Operation, 189
treue Darstellung, 135
treuer Modul, 277
Trialentwicklung, 69
trivialer Homomorphismus, 132
trivialer Teiler, 113
Tschebyschew-Metrik, -Norm, 511, 514
Tschebyschew-Polynome 1. Art, 419
Tschebyschew-Polynome 2. Art, 428
Tschirnhaus(en)-Transformation, 328
Tubenlemma, 579
Tupel, 15
Typ (einer Permutation), 215

U
überabzählbare Menge, 86
Überdeckung (einer Menge), 25
Überabzählbarkeit von $\mathbb{R}$, 88, 101, 380
Ultrafilter, 530, 548
Ultraprodukt, 548
ε-Umgebung, offene, abgeschl., 365, 414, 509, 519
Umgebungsbasis, 524
Umgebungsfilter, 530
Umkehrabbildung, 12
Umkehrsatz (für stetige Funktionen), 478
Umparametrisierung (eines Wegs), 554

Unbestimmte, kommutierende, nichtkommutierende, 170, 177
uneigentlich summierbare Familie, 452
uneigentliche Konvergenz, 375, 425
uneigentlicher Grenzwert, 465
unendlich ferner Punkt, 573
unendliches Produkt, 440, 454
Unendlichkeitsaxiom, 47
ungerade Permutation, 212
Uniformisierende (eines diskreten Bewertungsrings), 352
unipotentes Element, 254
universell abgeschlossene Abb., 577
untere Grenze (= Infimum), 34
untere Schranke, 34
Untergrad, 302
Untergruppe, 107
Unterhalbgruppe, -monoid, 105
Untermagma, 103
Untermodul, 275
Unterring, 244
Unterverband, 117
unzerlegbarer (= zusammenh.) Ring, 252
unzerlegbarer Modul, 294
unzerlegbares (= irred.) El., 71, 84, 114
Urbildtopologie, 533
Urysohnsches Trennungslemma, 540

V

Vandermondesche Identität, 62
Variation (einer Funktion), 565
Vektorraum, 274
verallgemeinerte Diagonale, 563
verallgemeinerte Fakultät (= absteigende Faktorielle), 54
Verband (vollständiger), 34, 117
verbindbar (in einem Graphen, in einem top. Raum), 26, 554
Verdichtungspunkt, 408
Vereinigung (von Mengen), 3, 15
vergleichbare Elemente (bzgl. einer Ordnung), 29
Vergleichssatz für Kardinalzahlen, 93
Vergleichssatz für Ordinalzahlen, 96
Verhalten im Unendlichen, 465
Verknüpfung, 103
Verknüpfungsgebilde (= Magma), 103
Verschiebung, 104, 240, 275
Verschmelzungsregeln, 117

Vervollständigung, 403, 404, 593, 608
Vielfaches, 66, 110, 112
Vielfachheit (einer Nullstelle), 317
Vier-Quadrate-Satz, 350
vollständige Induktion, 42, 44
vollständige top. Gruppe, 608, 611
vollständiger angeordneter Körper, 378, 610
vollständiger metrischer Raum, 588
vollständiger Verband, 34
Vollständigkeitsaxiom, 378
Vorgänger, 30, 41
Vorperiode(nlänge), 85, 178, 206
Vorzeichen, 9, 364
    einer Permutation, 212

W

Wahrheitstafeln, 115
Wald, 22
Weg (in einem Graphen, in einem top. Raum), 22, 554
wegzusammenhängend, 555
Wegzusammenhangskomponente, 554
Wert (einer Abb.), 8
Wertebereich (einer Abb.), 8
Wirkungsbereich (einer Permutation), 209
Wohlordnung, 30, 37, 44, 94, 97
Wohlordnungssatz (von Zermelo), 38
Wort (über einem Alphabet), 63, 176
Würfelgruppe, 231, 239
n-te Wurzel(funktion), 417, 479
Wurzelkriterium, 443

Y

Young-Tableau (assoziiertes), 216

Z

Zahlklasse, 99
Zariski-Topologie, 586
Zeile (einer Matrix), 20
Zentralisator, 123, 193
Zentrum, 123, 193, 245
Zerfällungskörper, 341
Zerlegung einer Menge (eigentliche), 25
Zeta-Funktion, Riemannsche, 439, 444, 457
Ziffer, 68, 388
Zornsches Lemma, 36–38
Zusammenblasen eines Unterr., 547
zusammenhängende Teilmenge, 551
zusammenhängender (= unz.) Ring, 252

zusammenhängender Graph, 22
zusammenhängender top. Raum, 551
Zusammenhangskomponente (eines Graphen,
    top. Raums), 26, 409, 552
Zwei-Quadrate-Satz, 347
zwischen bzgl. einer Ordnung, 30
Zwischenwertsatz, 475, 478, 553

Zyklendarstellung, kanonische (einer
    Permutation), 210
Zyklenpolynom (einer Operation), 225
zyklische Gruppe, 111, 136, 163, 228
zyklischer Modul, 282
zyklisches Monoid, 178
Zyklus (einer Permutation), 210

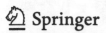

Printed in the United States
By Bookmasters